Energiepolitik

Springer
Berlin
Heidelberg
New York
Barcelona
Budapest
Hongkong
London
Mailand
Paris
Santa Clara
Singapur
Tokio

Hans Günter Brauch (Hrsg.)

Energiepolitik

Technische Entwicklung, politische Strategien, Handlungskonzepte zu erneuerbaren Energien und zur rationellen Energienutzung

Mit einem Geleitwort von Rolf Linkohr, MdEP, Präsident der Europäischen Energiestiftung

Mit 76 Abbildungen und 100 Tabellen

Springer

Dr. Hans Günter Brauch
Alte Bergsteige 47
74821 Mosbach
Fax: 06261-15695

ISBN 3-540-61759-0 Springer-Verlag Berlin Heidelberg New York

Die Deutsche Bibliothek - CIP-Einheitsaufnahme
Energiepolitik: technische Entwicklung, politische Strategien, Handlungskonzepte zu erneuerbaren Energien und zur rationellen Energienutzung ; mit 100 Tabellen / Hans Günter Brauch (Hrsg.). Mit einem Geleitw. von Rolf Linkohr. - Berlin; Heidelberg; New York, Barcelona; Budapest; Hongkong; London; Mailand; Paris; Sanata Clara; Singapur; Tokio : Springer, 1997
ISBN 3-540-61759-0
NE: Brauch, Hans Günter [Hrsg.]

Satz: Reproduktionsfertige Vorlage: Thomas Bast, AFES-PRESS, Mosbach
Herstellung: B. Schmidt-Löffler
Umschlaggestaltung: E. Kirchner

SPIN: 10500191 30/3136 - 5 4 3 2 1 0 - Gedruckt auf säurefreiem Papier

Geleitwort

Energiepolitik muß heute als Auftrag verstanden werden, Risiken zu senken. An vornehmster Stelle ist dabei das Klima zu nennen. Nach unserem derzeitigen Wissen müssen wir wohl davon ausgehen, daß die voraussichtliche Zunahme von Kohlendioxid und anderen Treibhausgasen unseren Planeten Erde um einige Grade erwärmen wird. Die ökologischen, wirtschaftlichen und politischen Folgen können wir nur ahnen, doch dürften sie verheerend sein. Unterstellen wir einmal, daß die Welt in 50 Jahren mit 8-10 Mrd. Menschen bevölkert sein wird, die alle nach einem gedeihlichen Auskommen verlangen, so braucht es wenig Phantasie, um sich mögliche Auswirkungen auf das Zusammenleben der Völker vorzustellen. Gewiß, auch in früheren Erdzeiten hat es Klimaschwankungen gegeben. Auch gab es Völkerwanderungen, seit es die heute lebende Spezies Mensch gibt, also seit 200 000 oder 300 000 Jahren. Doch die Migrationen fanden in dünn- oder unbesiedelten Räumen statt, und es lebten nur wenige Menschen auf der Erde. Heute hingegen müssen Flüchtende bei anderen Aufnahme finden oder sie vielleicht sogar vertreiben. Die möglichen Ursachen von Kriegen sind damit bereits gelegt. Klimaveränderungen stellen deshalb die Weltpolitik vor ganz neue Aufgaben. So verlangen sie z.B. nach neuen globalen Entscheidungen. Es führt daher kein Weg an einer Stärkung internationaler Institutionen vorbei, auch wenn dies in Zeiten kleinlicher nationaler Konflikte wie die Stimme des Rufers in der Wüste klingen mag.

Wenn wir mit diesen Problemen nicht fertig werden, wird das veränderte Klima vermutlich unsere Nachkommen „fertigmachen". Oder noch drastischer ausgedrückt: das 20. Jahrhundert mit seinen Grausamkeiten könnte, im Vergleich zum 21. Jahrhundert, geradezu paradiesisch sein, wenn es nicht gelingt, die angekündigten klimatischen Veränderungen wenigstens zu dämpfen. Gewiß, man sollte vorsichtig mit solchen Vergleichen sein, denn die Zukunft vorherzusagen ist noch selten gelungen, und die reale Welt hat sich oft anders verhalten als unsere Projektionen uns vermuten ließen. Doch wenn wir verantwortungsvoll handeln wollen, müssen wir nach heutigem Wissensstand das Ruder herumwerfen.

Die Prognosen über Klimaveränderungen gründen sich weitgehend auf Modellrechnungen der Klimatologen. Doch gibt es auch plausible Belege über die Folgen der massiven Eingriffe in die natürlichen Gleichgewichtszustände der Natur, etwa die drastische Erhöhung der Katastrophenschäden. So schreibt die Münchener Rückversicherungs-Gesellschaft in ihrem Jahresrückblick, daß die Naturkatastrophen des Jahres 1994 die höchsten volkswirtschaftlichen und die zweithöchsten versicherten Schäden seit 1960 verursachten. Vergleicht man die letzten zehn mit den 60er Jahren, so stieg die Zahl der großen Naturkatastrophen auf mehr als das Vierfache, und die volkswirtschaftlichen Schäden erhöhten sich um das Sechsfache, die versicherten Schäden - inflationsbereinigt - sogar um das Vierzehnfache. Es liegt nahe, die Zunahme von Stürmen, Überschwemmungen, Sturmfluten und Unwetter mit der meßbaren Erhöhung der Temperatur in der Atmosphäre und den Ozeanen in Zusammenhang zu bringen. Bedenkt man, daß die Schäden auf weit über 100 Mrd. US $ beziffert werden, und unterstellt man, daß ein Teil der Schäden durch menschliche Eingriffe in das Klima verursacht sind, so kann man sich ungefähr vorstellen, wie hoch bereits heute die Kosten unserer energieintensiven Lebensweise sind.

Nun hat es in der Vergangenheit viele Stimmen gegeben, die einer Verringerung der CO_2-Emissionen das Wort geredet haben. Auch liegen genügend Vorschläge auf dem Tisch, wie mit Energie vernünftiger umgegangen werden kann. So könnte zum Beispiel die weltweite Produktion von CO_2 von derzeit etwa 22 auf 8 Mrd. t abgesenkt werden, wenn alle Länder der Erde die Technologie nutzen könnten, die heutzutage den Japanern oder den Deutschen zur Verfügung steht. Doch wir beobachten das Gegenteil. Selbst im hochindustrialisierten Westeuropa nimmt die CO_2-Emission noch zu. Die Europäische Kommission geht zum Beispiel davon aus, daß in der Europäischen Union Ende des Jahrzehnts mindestens 6% mehr CO_2 erzeugt wird als heute. Die reale Welt folgte also nicht den Drehbüchern, die in vielen Studien mit großer Begeisterung für die Sache des Energiesparens geschrieben wurden. Die Energiewende fand, zumindest bis jetzt, noch nicht statt.

Woran vernünftige Initiativen scheitern, mögen zwei Beispiele beleuchten. So wird im sibirischen Yamal jährlich etwa so viel Gas bei der Erdölförderung abgefackelt wie Deutschland aus Rußland kauft, also etwa 30 Mrd. m^3. Ein deutsches Gasunternehmen hat sich mit dem russischen Erdölkonzern darauf geeinigt, das Gas in Zukunft einzufangen und zu vermarkten. Die Weltbank sagte zu, sich an dem 10 Mrd US $-Projekt zu beteiligen. Gescheitert ist es an Interessenkonflikten zwischen dem russischen Ölunternehmen und Gazprom, dem größten Gaskonzern der Welt, denn Gazprom möchte sein Geld selbst verdienen.

Das zweite Beispiel stammt auch aus Rußland. In Moskau wurden am Verwaltungsgebäude der regionalen Elektrizitätsgesellschaft auf meine Anregung hin einfache Änderungen vorgenommen, um Energie einzusparen. Dazu gehörte eine vernünftigere Regelung der Wärmeversorgung sowie eine Verbesserung der Beleuchtung. 30% der Energie konnten damit sofort eingespart werden. Bei den derzeitigen Energiepreisen amortisiert sich die Investition bereits in drei Jahren. Das Ganze ist alles andere als revolutionär, sondern eher naheliegend. Doch der Demonstration folgen keine Taten. Die Banken stellen keine Kredite zur Verfügung. Drei Jahre seien eine zu lange Laufzeit. Wäre der Westen wirklich an einer CO_2-Senkung interessiert, so würde er die Investitionen durch eigene Kredite vorfinanzieren. Würden alle Bürogebäude Rußlands nach diesem Modell umgebaut, ließen sich mühelos 10 bis 15% des russischen Primärenergiebedarfs einsparen. Viele Menschen fänden Arbeit.

Ehrgeiziger ist zweifellos die Idee einer Ökosteuer, mit deren Umsetzung einige Länder der Europäischen Union, etwa Dänemark und die Niederlande, bereits begonnen haben. Energie soll teurer werden, die menschliche Arbeit hingegen billiger. Diese säkulare Reform unseres Steuerwesens ist schon nötig, um die Arbeitslosigkeit abzubauen. Sie ist aber auch ökologisch sinnvoll, weil nur teure Energie gespart wird. Auch wenn derzeit in Deutschland wenig Begeisterung für die Ökosteuer zu spüren ist, so wird längerfristig kein Weg an ihr vorbeiführen, denn wir müssen uns zu einer ökologischen Marktwirtschaft durchringen und der Natur ein Preisschild umhängen. Die Natur steht uns nicht mehr kostenlos zur Verfügung. Sie hat einen ungefähr berechenbaren Wert.

Doch nicht nur CO_2 und andere Treibhausgase stellen Risiken dar. Auch die Kernenergie, die in einigen Ländern über die Hälfte des Stroms erzeugt, ist zum Risiko geworden. Three Miles Island und Tschernobyl haben gezeigt, wohin ein zuweilen lässiger Umgang mit Sicherheitstechnik führt. Seit dem Zerfall der Sowjetunion haben wir aber auch von anderen nuklearen Katastrophen gehört, etwa in der ersten Atombombenfabrik der UdSSR, in Mayak im Ural, wo bis in die sechziger Jahre hinein unglaubliche Unfälle passiert sind, die noch heute große Gebiete unbewohnbar machen. Wir wissen aus Veröffentlichungen geheimer Akten durch die Clinton-Administration auch mehr über Schlampereien in amerikanischen Atomfabriken, etwa in Hanford, wo die Kosten der Aufräumarbeiten auf über 60 Mrd. US $ geschätzt werden. Ebenso das britische Sellafield, früher Windscale genannt, blickt auf eine Phase der unverantwortlichen Sorglosigkeit zurück, die seinerzeit sogar Menschenleben gekostet hat. Gewiß, alle Unfälle hätten sich bei sorgsamem Umgang mit der Technik vermeiden lassen, und man darf auch unterstellen, daß aus der Vergangenheit Lehren gezogen wurden, doch risikofrei ist die Kernenergie nie.

Selbst wenn es in Europa keine ehrgeizigen Pläne zum Ausbau der Kernenergie gibt, so nimmt die Zahl der Kernkraftwerke weltweit dennoch zu. Insbesondere Asien hat große Pläne. Japan, Südkorea, Taiwan, aber auch China und Indien bauen die Kernenergie aus und versuchen teilweise, von der Urangewinnung bis zur Endlagerung ihren Brennstoffkreislauf zu schließen. Damit nimmt der Transport radioaktiven Materials zu, Überwachungsmaßnahmen müssen optimiert werden, um der Proliferation von Atomwaffen vorzubeugen, die Sicherheit der Anlagen muß ständig verbessert werden, und nicht zuletzt muß die Endlagerung radioaktiven Materials gelöst werden. An dieser Stelle scheiden sich nun die Meinungen: die einen halten den weiteren Umgang mit der Kernkraft für unverantwortlich, weil prinzipiell nicht beherrschbar, die anderen - und dazu gehöre ich selbst - sind der Meinung, daß wir noch lange mit der Kernkraft leben werden und daß uns deshalb jede Maßnahme willkommen sein muß, die zu einer Minderung der Risiken beiträgt.

Auch die atomare Teilabrüstung wirft Fragen auf. Was geschieht mit dem waffenfähigen Material, das nach Zerstörung der Bomben und Raketen übrigbleibt? Sollen damit nicht eines Tages neue Waffen gebaut werden, so muß für die Beseitigung des hochangereicherten Urans und des Plutoniums gesorgt werden. Im Prinzip gibt es dafür nicht viele Möglichkeiten. Entweder man „bringt es unter die Erde“ oder man „verbrennt“ es in Reaktoren. Soweit wir wissen, wollen die beiden Atommächte USA und Rußland als Eigentümer des spaltbaren Stoffs den zweiten Weg gehen, was darauf hindeutet, daß für sie ein Ausstieg aus der Atomenergie nicht auf der Tagesordnung steht. Für die Europäer stellt sich deshalb die Frage, ob sie ihr Wissen und Können zur Verfügung stellen wollen, um eine möglichst risikoarme Lösung bei der Beseitigung des waffenfähigen Materials zu suchen oder ob sie sich verweigern.

Einer Kooperation käme entgegen, daß uns heute bessere Techniken zur Verfügung stehen als in der Vergangenheit. Europa stellt mit fortgeschrittenen Reaktorkonzepten Wissen zur Verfügung, das es anbieten kann. Soll es anderen dieses Wissen verwehren? Auch besteht berechtigte Hoffnung, daß langlebige Isotope wie Pu239 mittels der sogenannten Transmutation in kurzlebige verwandelt werden können, so daß uns eine Antwort auf die Endlagerung leichter fällt.

Das derzeit dringendste Problem ist jedoch die Sicherheit der Atomreaktoren in den früheren Staatshandelsländern. Geradezu symbolhaft ist dabei die Zukunft der Druckröhrenreaktoren, also des sog. Tschernobyl- oder RBMK-Typs. Diese müssen abgeschaltet werden. Wohl haben sich die ukrainische Regierung und die sog. G-7-Staaten Ende 1995 in einem „memorandum of understanding“ auf die Schließung bis zum Jahre 2000 geeinigt, doch steht diese Verpflichtung lediglich auf dem Papier. Weder sind alle ukrainischen Politiker vom Sinn dieser Verpflichtung überzeugt, noch ist die Finanzierung der Kosten durch den Westen - etwa 2,3 Mrd. US $ - gesichert. So könnte es durchaus sein, daß die ukrainischen Techniker bald damit beginnen, die drei nicht zerstörten Reaktoren der Reihe einer Revision zu unterziehen, die Druckröhren und andere verschlissene Teile zu erneuern, um anschließend die Kraftwerke weiter zu betreiben. Sie würden damit nicht anders verfahren als die Russen in Sosnowy Bor bei St. Petersburg, wo vier RBMK-Reaktoren nach einer Modernisierung weitere zehn Jahre bis zum Ende ihrer vermutlich dreißigjährigen Laufzeit betrieben werden. Wir sind also noch weit davon entfernt, das Sicherheitsproblem in den früheren Staatshandelsländern gelöst zu haben.

Fast verdrängt haben wir inzwischen die Risiken einer sicheren Versorgung mit Öl und Gas. Dabei waren es gerade die Ölpreiskrisen der 70er Jahre, die unsere europäische Wirtschaft nachhaltig gerüttelt haben. So war der massive Ausbau der Kernenergie in den 70er und 80er Jahren eine direkte Antwort auf die künstliche Verknappung von Rohöl. Auch das damals heftig umstrittene Erdgas-Röhrengeschäft der Bundesrepublik Deutschland mit der UdSSR war eine direkte Folge des Ölschocks. Doch besonders lehrreich war, daß Forschung und Technik auf einmal mit Konzepten aufwarteten, wie man mit Energie intelligenter umgehen kann, ohne an Lebensqualität einzubüßen. Primärenergieverbrauch und Wirtschaftswachstum wurden entkoppelt. Mit derselben Menge an Energie konnte auf einmal mehr produziert werden als früher.

Die Frage bleibt aber, ob sich eine Versorgungskrise wiederholen könnte. Sie ist trotz ausreichender Energiequellen nicht überflüssig. So ist nicht ausgeschlossen, daß es in der ölreichsten Region der Welt, im persisch-arabischen Golf noch vor Ende dieses Jahrhunderts zu Unruhen kommt. Die Herrschenden verfügen heute über weit weniger Geld als noch vor zehn Jahren. Sie können sich die Zustimmung ihrer Untertanen nicht mehr so leicht erkaufen. Auch bilden religiöse Konflikte in Verbindung mit sozialen Problemen bereits heute eine solch explosive Mischung, daß zur Zündung nur ein Funke genügt. Die gewalttätigen

Ausschreitungen in Saudi-Arabien und einigen kleineren Golfstaaten häufen sich. Niemand kann deshalb vorhersehen, ob die Welt in fünf oder zehn Jahren immer noch mit einem berechenbaren Bezug von Öl aus dieser Region rechnen kann. Gewiß, inzwischen wurden die Bezugsquellen diversifiziert, und der Golf erhält im Kaspischen Meer Konkurrenz. Auch gibt es derzeit eher Überfluß als Mangel auf dem Ölmarkt, was sich an den niedrigen Preisen bemerkbar macht. Und wenn man dem Irak erlaubte, sein Öl zu exportieren, würde der Preis vielleicht sogar von 17 auf 12 US $ pro Barrel fallen. Dennoch bleibt die Versorgungslage labil, und Begriffe wie Versorgungssicherheit haben ihren Wert nicht verloren. Die alten Risiken sind nicht überwunden.

Die größten Energiereserven bilden aber weder Erdöl noch Gas, sondern die Kohle. Und aller Voraussicht nach wird sie auch in Zukunft den größten Teil der Weltversorgung übernehmen. In Zahlen heißt dies: 7 Mrd. t SKE im Jahr 2020, mehr als doppelt so viel wie heute. Es bedarf deshalb keiner großen Worte, um deutlich zu machen, daß die Verbesserung der Verbrennungstechnik, also die Erhöhung des Wirkungsgrads von fossil befeuerten Anlagen, im Mittelpunkt einer globalen CO_2-Minderungsstrategie stehen muß. Daß es dabei nicht bloß um technische Details geht, sondern auch um Fragen der Finanzierung, soll nur am Rande angemerkt werden. Kohle muß aber auch gefördert werden, bevor sie verfeuert wird, und weltweit kommen immer noch viele Bergleute bei Unfällen um oder leben mit einer Staublunge. Die Verbesserung der Arbeitsbedingungen unter Tage ist deshalb genauso Objekt internationaler Zusammenarbeit wie die Verringerung des Ausstoßes von Treibhausgasen und kann dazu beitragen, solides Vertrauen zu schaffen, das für eine globale Energiepolitik unerläßlich ist.

Wir können bereits heute die Produktivität unserer Ressourcen wesentlich verbessern, ohne an Wohlstand zu verlieren. Ernst Ulrich von Weizsäcker, Amory B. und L. Hunter Lovins sprechen vom Faktor Vier. Wie rasch allerdings der Wandel erfolgt, ist schwer zu sagen. Es wird sich eher um einen evolutionären Prozeß handeln, wie wir auch in der Vergangenheit Effizienzfortschritte dank neuerer Technik zu verzeichnen hatten. Doch die Geschwindigkeit des Fortschritts ist von der Politik nicht ganz unabhängig. Sie kann beschleunigt oder verlangsamt werden. Das ist unser Spielraum und unsere Verantwortung.

Voraussetzung für eine spürbare Erhöhung der Energieproduktivität ist aber auch unsere Neugier, d.h. eine ständige Suche nach neuen Konzepten, sowie die Bereitschaft, sich von Entdeckungen überraschen zu lassen. Wenn wir heute über Energietechnologie reden, so halten wir uns an das Bekannte. Doch wer weiß, ob wir nicht in fünfzig Jahren einen Teil unserer Energie in Form von Wasserstoff einsetzen, der über pflanzliche oder bakterielle Prozesse mittels Sonnenlicht gewonnen wird? Vielleicht versehen unsere Enkel die Fassaden ihrer Häuser mit einer hauchdünnen Schicht aus Silizium und gewinnen dabei einen Teil des Stroms? Oder vielleicht gelingt es, in den nächsten zehn oder zwanzig Jahren eine Brennstoffzelle auf den Markt zu bringen, die mit hohem Wirkungsgrad Erdgas in Strom verwandelt? Unser gesamtes Energiesystem würde sich verändern, die zentralen Einheiten würden mehr und mehr den dezentralen Systemen weichen. Forschung und mit ihr der Wunsch, mehr wissen zu wollen, kurzum, die Neugierde als Triebkraft unseres Handelns darf deshalb nicht verkümmern, im Gegenteil, wir müssen für sie einen größeren Anteil unseres Bruttosozialprodukts reservieren. Die Forschungsergebnisse müssen aber auch verwertet werden. Das gilt vor allem für die erneuerbaren Energiequellen. Hier haben wir bereits einen Stand des Wissens erreicht, der verdiente, mehr genutzt zu werden. Nicht alles ist übrigens so teuer wie die Photovoltaik. Wind und Wasserkraft, aber auch Biomasse brauchen zur Umsetzung oft mehr den Willen als das Geld. Kulturelle Blockaden sind häufig größere Hindernisse als die vermeintlich mangelnde Wirtschaftlichkeit. Sonst wäre nicht zu erklären, warum manche sonnenreiche Länder weniger Solarenergie nutzen als andere.

Für die Europäer wird das Mittelmeer zum Testfall für die Ernsthaftigkeit einer Solarstrategie. Die Europäische Union hat sich bekanntlich mit den übrigen Anrainern des Mittelmeers darauf verständigt, bis zum Jahr 2010 eine Freihandelszone zu schaffen. Der politische und kulturelle Dialog soll vertieft werden. Und über ein eigens geschaffenes MEDA-Programm will die EU finanzielle Hilfen für Infrastrukturprojekte, u.a. auch für erneuerbare Energien, zur Verfügung stellen. Es liegt nahe, die erneuerbaren Energien mit der Wasserversorgung in Verbindung zu bringen. Bereits heute braucht z.B. Malta 20% seiner elektrischen Energie, um aus Salzwasser mittels umgekehrter Osmose Trinkwasser zu machen. Wenn Nordafrika mit seiner rasch wachsenden Bevölkerung den gleichen Weg beschreitet, wird der Verbrauch an Öl und damit die Erzeugung von CO_2 allein schon des Wassers wegen gewaltig zunehmen. Um das Ruder herumzureißen, brauchen wir aber einen Strategieplan mit einer klaren Finanzierung.

Die Energiepolitik ist nicht frei von Zwängen. So läßt sich mühelos zeigen, daß die Verwendung bestimmter Energiequellen in aller Regel vom Preis, weniger von politischen Entscheidungen abhängig war. Die erste Abweichung von der Regel war die Einführung der Kernenergie, die politisch gewollt war und deren Entwicklung deshalb von der öffentlichen Hand vorfinanziert wurde. Wer heute für die Solarenergie ein vergleichbares Programm fordert, kann auf ein methodisch ähnliches Vorbild verweisen.

Wir haben also trotz der Zwänge Spielraum zum Handeln. Ihn zu nutzen ist deshalb kein dirigistischer Sündenfall, sondern praktische ökologische Vernunft. Immerhin gibt es dafür nationale Vorbilder. Doch neu und weitgehend unbekannt sind die Schaffung globaler Entscheidungsstrukturen und die Herstellung einer öffentlichen Weltmeinung. An ihnen zu arbeiten, haben sich auch die Autoren des vorliegenden Buchs vorgenommen.

Brüssel/Stuttgart, im August 1996

Dr. Rolf Linkohr, MdEP
Vorsitzender der Europäischen Energiestiftung

Inhaltsverzeichnis

Anhang

Tabellenverzeichnis

Abbildungsverzeichnis

Abkürzungsverzeichnis*

ABL.	Amtsblatt (der Europäischen Gemeinschaft)
ACM	Association for Computing Machinery
ADB	African Development Bank (Afrikanische Entwicklungsbank)
ADEME	Französische Umwelt- und Energieagentur, Paris
ADF	African Development Fund (Afrikanischer Entwicklungsfond)
AFREPREN	African Energy Policy Research Network (afrikanischer energiepolitischer Forschungsverbund)
AG	Arbeitsgruppe, Arbeitsgemeinschaft
AID	Agency for International Development (U.S. Behörde für internationale Entwicklung)
AIST	Amt für Industriewissenschaften und Technologie, Japan
AKE	Arbeitskreis Energie der DPG
AKW	Atomkraftwerk, auch Bewegung gegen Kernkraftwerke
ALTENER	EU-Förderungsprogramm für alternative Energiequellen zur Vergrößerung des Marktanteils
ANRE	Amt für natürliche Ressourcen und Energie (Japan)
AOSIS	Alliance of Small Island States (Gruppe der tieferliegenden Küstenstaaten)
AP	Teamleiter
APAS-RENA	Rahmenprogramm der EU (DG XII) für erneuerbare Energien
APEC	Asian-Pacific Economic Cooperation (Asiatisch-Pazifische Wirtschaftliche Zusammenarbeit)
ASE	Angewandte Solarenergie GmbH
a-Si	amorphes Silizium
AVICENNE	Rahmenprogramm der EU (1992-1994) für erneuerbare Energien
BauGB	Baugesetzbuch
BDI	Bundesverband der Deutschen Industrie
BFR	Byggforskningsrådet (Schwedische Bauforschungsagentur)
BHKW	Blockheizkraftwerk
BImSchG	Bundes-Immissionsschutzgesetz
BINE	Bürger-Information Neue Energietechniken, Nachwachsende Rohstoffe, Umwelt
BIP	Bruttoinlandsprodukt
BLAK	Bund-Länder-Arbeitskreis
BM	Bundesminister(ium)
BMBF	Bundesministerium für Bildung, Wissenschaft, Forschung und Technologie (seit 1994)
BMFT	Bundesministerium für Forschung und Technologie
BML	Bundesministerium für Ernährung, Landwirtschaft und Forsten
BMU	Bundesministerium für Umwelt, Naturschutz und Reaktorsicherheit

* Maßeinheiten, vgl. Anhang A: 565-566.

BMWi	Bundesministerium für Wirtschaft
BMZ	Bundesministerium für wirtschaftliche Zusammenarbeit und Entwicklung
BNatSchG	Bundesnaturschutzgesetz
BP	British Petroleum
BRGM	Bureau des Recherches Géologiques et Minières, Orléans, Frankreich (Forschungsbehörde im Bereich der Geologie und des Bergbaus)
BSE	Bundesverband für Solarenergie
BSP	Bruttosozialprodukt
BT-Drs.	Bundestagsdrucksache
BVerfG	Bundesverfassungsgericht
CDER	Centre de Développement des Energies Renouvelables, Marokko (Zentrum für die Entwicklung erneuerbarer Energien)
CDU	Christlich Demokratische Union
CEC	California Energy Commission (kalifornische Energiekommission)
CEC	Kommission der Europäischen Gemeinschaften
CH_4	Methan
CIEMAT	Centro de Investigationes Energéticas Medioambientales y Technologías (spanisches Energieforschungszentrum)
CILLS	Comité Permanent Inter-Etats de Lutte contre la Sécheresse dans le Sahel (ständiges zwischenstaatliches Komitee zur Bekämpfung der Dürre im Sahel)
CIS	Kupfer-Indium-Diselenid-Zellen
CO	Kohlenmonoxid
CO_2	Kohlendioxid
COEECT	Committee on Energy Efficiency Commerce and Trade (interministerielles Komitee für Energieeffizienz und Handel)
CORECT	Committee on Renewable Energy Commerce and Trade (interministerielles Komitee für erneuerbare Energien und Handel)
CRADA	Cooperative Research and Development Agreements (kooperative Forschungs- und Entwicklungsvereinbarungen)
CRES	The Greek Centre for Renewable Energy Sources (griechisches Zentrum für erneuerbare Energiequellen)
CRIEPI	Central Research Institute of Electric Power Industry, Japan (zentrales Forschungsinstitut der Elektrizitätswirtschaft)
CRS	Congressional Research Service
c-Si	einkristallines Silizium
CSU	Christlich Soziale Union
CTA	Konstruktive Technikfolgenabschätzung
DASA	Deutsche Aerospace
DBU	Deutsche Bundesstiftung Umwelt (Osnabrück)
DEG	Deutsche Investitions- und Entwicklungsgesellschaft mbH
DEWI	Deutsches Windenergie-Institut
DFS	Deutscher Fachverband Solarenergie

DG	Directorate General (Generaldirektion in der EU-Kommission)
DIW	Deutsches Institut für Wirtschaftsforschung, Berlin
DLR	Deutsche Gesellschaft für Luft- und Raumfahrt
DMG	Deutsche Meteorologische Gesellschaft
DOD	Department of Defense (U.S. Verteidigungsministerium)
DOE	Department of Energy (U.S. Energieministerium)
DPG	Deutsche Physikalische Gesellschaft
DRAM	Dynamic Random Access Memory (dynamischer Schreib-Lese-Speicher eines Computers)
DSM	Demand-Side Management
DtA	Deutsche Ausgleichsbank
DWD	Deutscher Wetterdienst
e. E.	erneuerbare Energien
EBÖK	Institut für Energieberatung, Haustechnik und ökologische Konzepte
ECA	Economic Commission for Africa (Wirtschaftskommission für Afrika)
ECC	Energieeinsparzentrum, Japan
ECE	Economic Commission for Europe (Wirtschaftskommission für Europa) des Wirtschafts- und Sozialrats der Vereinten Nationen
ECIP	Programm der EU (DG I) zur Stimulierung von Investitionen
ECOSOC	Economic and Social Council (Wirtschafts- und Sozialrat der VN)
ECU	European Currency Unit (Europäische Währungseinheit)
EDU	Energiedienstleistungsunternehmen
EE	U.S. Department of Energy, Office of Energy Efficiency and Renewable Energy (U.S. Energieministerium, Büro für Energieeffizienz und erneuerbare Energien)
EEF	European Energy Foundation (Europäische Energiestiftung)
EFG	edge defined film growth
EG	Europäische Gemeinschaft(en)
EGKS	Europäische Gemeinschaft für Kohle und Stahl
EGV	Vertrag zur Gründung der Europäischen Gemeinschaft (Maastricht und Beitrittsvertrag vom 24. Juni 1994)
EIA	Energy Information Administration (Büro für Energieinformationen im U.S. Energieministerium)
EIB	European Investment Bank (Europäische Investitionsbank)
EigZulG	Eigenheimzulagengesetz
EK	Enquête-Kommission
EK I	Enquête-Kommission des 11. Deutschen Bundestages „Vorsorge zum Schutz der Erdatmosphäre“ (1987-1990)
EK II	Enquête-Kommission des 12. Deutschen Bundestages „Schutz der Erdatmosphäre“ (1991-1994)

EK-TA	Enquête-Kommission des 11. Deutschen Bundestages „Gestaltung der technischen Entwicklung, Technikfolgen-Abschätzung und -Bewertung“
EnWG	Energiewirtschaftsgesetz
EP	Europäisches Parlament
EPA	Environmental Protection Agency (U.S. Umweltschutzbehörde)
EPA	Wirtschaftsplanungsamt (Japan)
EPAct	Energy Policy Act (U.S. Gesetz zur Energiepolitik)
EPR	Europäischer Druckwasserreaktor
ERDA	Energy Research and Development Agency (U.S. Behörde für Energieforschung und -entwicklung)
ERP	European Recovery Programme (zinsgünstige Kreditprogramme der Bundesregierung auf Basis des ehemaligen Marshall-Plans)
ETH	Eidgenössische Technische Hochschule
ETL	Elektrotechnisches Laboratorium (Japan)
EU 12	Europäische Union der 12 Mitgliedstaaten
EU	Europäische Union
EUFORES	The European Forum for Renewable Energy Sources (Europäisches Forum für erneuerbare Energien)
EURATOM	Europäische Atomgemeinschaft
EUREC	European Renewable Energy Centers Agency (Agentur der Europäischen Zentren für erneuerbare Energien)
EVU	Elektrizitätsversorgungsunternehmen, auch Energieversorgungsunternehmen
EWG	Europäische Wirtschaftsgemeinschaft
EWI	Energiewirtschaftliches Institut, Universität Köln
EZ	Entwicklungszusammenarbeit
F&E	Forschung und Entwicklung
FAO	Food and Agriculture Organisation of the United Nations (Welternährungsorganisation der VN)
FCKW	Fluorkohlenwasserstoff
FDP	Freie Demokratische Partei
FE&D	Forschung, Entwicklung und Demonstration
FFU	Forschungsstelle für Umweltpolitik, FU Berlin
FhG-ISE	Fraunhofer Gesellschaft - Institut für Solare Energiesysteme
FhG-ISI	Fraunhofer Gesellschaft - Institut für Systemtechnik und Innovationsforschung
FÖS	Förderverein Ökologische Steuerreform
FW	Fernwärme
FZ	Finanzielle Zusammenarbeit
G-7	Gruppe der sieben führenden Industrieländer
GATT	General Agreement on Tariffs and Trade (Allgemeines Zoll- und Handelsabkommen)

GD I	Generaldirektion I (Internationale Beziehungen) der Europäischen Kommission
GD XII	Generaldirektion XII (Forschung und Wissenschaft)
GD XVII	Generaldirektion XVII (Energie)
GEF	Global Environment Facility (Globale Umweltfazilität)
GEMIS	Gesamt-Emissions-Modell Integrierter Systeme
GPO	U.S. Government Printing Office (U.S. Amt für Regierungspublikationen)
GtV	Geothermische Vereinigung e.V.
GTZ	Deutsche Gesellschaft für Technische Zusammenarbeit
GuD	Gas- und Dampftechnologie
GUS	Gemeinschaft Unabhängiger Staaten
GVE	Großvieheinheiten
GWP	global warming potential (Treibhauspotential)
H_2O	Wasser(dampf)
H_2S	Schwefelwasserstoff
Heizöl EL	leichtes Heizöl
HEW	Hamburger Elektrizitätswerke
HFC	Hydrofluorocarbons (teilhalogenierte Fluorkohlenwasserstoffe)
HGÜ	Hochspannungs-Gleichstrom-Übertragung
HJ	Haushaltsjahr
HOAI	Honorarordnung für Architekten und Ingenieure
HT	Hochtarif
HTR	Hochtemperaturreaktor
HTWS	Hochschule für Technik, Wirtschaft und Sozialwesen (FH)
IAEA	International Atomic Energy Agency (Internationale Atomenergiebehörde)
IBRD	International Bank for Reconstruction and Development (Weltbank)
ICETT	Internationales Zentrum für Umwelttechnologien, Japan
IEA	International Energy Agency (Internationale Energie-Agentur)
IEE	Institut für Energiewirtschaft, Japan
IEEE	Institute of Electrical and Electronics Engineers (Institut der Elektro- und Elektronikingenieure)
IER	Institut für Energiewirtschaft und Rationelle Energieanwendung
IG	Industriegewerkschaft
IGA	International Geothermal Association, Auckland, Neuseeland (Internationale Geothermische Gesellschaft)
IGC	Intergovernmental Conference - Regierungskonferenz der EU-Staaten zur Überprüfung des Vertrags von Maastricht, 1996-1997
IIASA	International Institute for Applied Systems Analysis (Internationales Institut für angewandte Systemanalyse)
IIEC	International Institute for Energy Conservation (Internationales Institut für Energiesparmaßnahmen)
IKARUS	Instrumente für Klimagasreduktionsstrategien (Projekt des BMBF)

ILK	Institut für Luft- und Kältetechnik, Dresden
INCO-DC	Rahmenprogramm der EU zur Forschung und Entwicklung für die Beziehungen zwischen der EU und Staaten der Dritten Welt
INITEC	spanische Einrichtung im Bereich der Energiepolitik
IÖW	Institut für ökologische Wirtschaftsforschung
IPCC	Intergovernmental Panel on Climate Change (zwischenstaatliches Gremium zu Fragen des Klimawandels)
IRP	Integrierte Ressourcenplanung
ISET	Institut für Solare Energieversorgungstechnik e.V., Kassel
ITER	Internationaler Fusionsreaktor
ITW	Institut für Thermodynamik und Wärmetechnik der Universität Stuttgart
IWU	Institut Wohnen und Umwelt
IZE	Informationszentrale der Elektrizitätswirtschaft e.V., Frankfurt/M.
IZW	Informationszentrum Wärmepumpen am Fachinformationszentrum Karlsruhe
J+S	Jäger- und Sammlergesellschaft
JAERI	Japanisches Atomforschungsinstitut
JOULE	EU-Rahmenprogramm für nichtnukleare Energie und rationelle Energienutzung
KEA	kumulierter Energieaufwand
KFA-BEO	Forschungszentrum Jülich GmbH, Projektträger Biologie, Energie und Ökologie
KfW	Kreditanstalt für Wiederaufbau
KGS	Eidgenössische Kommission für Geothermie und unterirdische Speicherung
KKW	Kernkraftwerk
KOM	Kommission der Europäischen Gemeinschaft
KRK	Klimarahmenkonvention
KWK	Kraft-Wärme-Kopplung
KWU	Kraftwerksunion
LCP	Least-Cost Planning
LH_2	Lignefied Hydrogen (Flüssigwasserstoff)
Lkw	Lastkraftwagen
LN	landwirtschaftliche Nutzfläche
LP	Leistungspreis
LTG	Lufttechnische GmbH
MCFC	Karbonatschmelzen-Brennstoffzelle
mc-Si	multikristallinens Silizium
MECU	Million ECU
MEDA	Mediterranean Assistance (EU-Hilfsprogramm für den Mittelmeerraum)
MEM	Ministerium für Energie und Bergbau, Marokko

MESAP	Microcomputer based Energy Sector Analysis and Planning
METAP	gemeinsames Förderprogramm von EIB und Weltbank zum Mittelmeer
MIT	Massachusetts Institute of Technology, Cambridge, MA, USA
MITI	Ministerium für Internationalen Handel und Industrie, Japan
MMR, MR	Mittelmeerraum
MOX	Mischoxid
MSR	Meß-Steuer-Regel-Technik
N_2O	Distickstoffoxid
NBL	neue Bundesländer
NEA	Nuclear Energy Agency (Kernenergiebehörde der OECD) in Paris
NEDO	Organisation für neue Energie und Industrieentwicklung, Japan
NE-Metalle	Nichteisenmetalle
NIES	Nationales Institut für Umweltstudien, Japan
NISTEP	Nationales Institut für Wissenschafts- und Technologiepolitik, Japan
NMCH	Nicht methanhaltige Kohlenwasserstoffe
NOVEM	Nederlandse Organisatie voor Energie en Milieu (Niederländische Energie- und Umweltagentur)
NO_X	Stickstoffoxid ($NO + NO_2$)
NPT	Nonproliferation Treaty (Atomwaffensperrvertrag)
NR	nachwachsende Rohstoffe
NRC	Nuclear Regulatory Commission (Nukleare Regulierungskommission in den USA)
NRDC	Natural Resources Defense Council (Rat zur Verteidigung der natürlichen Ressourcen)
NRO	Nichtregierungsorganisation
NRW	Nordrhein-Westfalen
NUP	non-utility parties (Vertragspartner, die keine EVUs sind)
OAPEC	Organisation der arabischen Erdöl exportierenden Staaten
OECD	Organisation for Economic Cooperation and Development (Organisation für wirtschaftliche Zusammenarbeit und Entwicklung)
OJEC	Official Journal of the European Communities, vgl. ABL.
OLADE	Organización Latinamericano de Energia (Lateinamerikanische Energieorganisation)
OME	Observatoire Méditerranéen de l´Energie (Französisches Institut zur Energiepolitik im Mittelmeer)
ONE	Office National d'Electricité, Marokko
OPEC	Organization of the Petroleum Exporting Countries (Organisation der Erdöl exportierenden Staaten)
ORC	Organic Rankine Cycle (thermodynamischer Kreisprozeß mit niedrigsiedendem, i.d.R. organischem Arbeitsmittel)
ÖSR	Ökologische Steuerreform

OTA	U.S. Congress, Office of Technology Assessment (Büro für Technikfolgenabschätzung)
OTTI	Ostbayerisches Technologie-Transfer-Institut
ÖTV	Gewerkschaft Öffentliche Dienste, Transport und Verkehr
PC	Personalcomputer
PEM-FC	Membran-Brennstoffzelle
PERU	EU-Förderprogramm für kommunale und regionale Energiemanagementagenturen
PEV	Primärenergieverbrauch
PFC	Perfluoro compounds
Pkm	Personen-Kilometer
Pkw	Personenkraftwagen
PL	Public Law (amerikanisches Bundesgesetz)
PSA	Plataforma Solar de Almería (Solarforschungseinrichtung in spanien)
PSI	Paul Scherrer Institut, Schweiz
PU239	Plutonium 239
PURPA	Public Utility Regulatory Policies Act (amerikanisches Stromeinspeisungsgesetz)
PV	Photovoltaik
RE	erneuerbare Energien
REFAD	Renewable Energy for African Development (erneuerbare Energien für die Entwicklung Afrikas)
REG	Regenerative Energiequellen (bzw. erneuerbare Energiequellen)
REI	Renewable Energies Indonesia (erneuerbare Energien, Indonesien)
REN	rationelle Energienutzung (bzw. Energieeinsparung)
RET	Renewable Energy Technology (Erneuerbare Energietechnologie)
REV	Rationelle Energieverwendung
REVK	regionales Energieversorgungskonzept
RGW	Rat für gegenseitige Wirtschaftsentwicklung
RITE	Forschungsinstitut für innovative Technologie der Erde, Japan
ROG	reactive organic gases (reaktive organische Gase)
RTA	Research and Technical Analysis (Forschung und Technikanalyse)
RWE	Rheinisch-Westfälische Elektrizitätswerke
RWI	Rheinisch-Westfälisches Institut für Wirtschaftsforschung
SADC	Southern African Development Community (Entwicklungsgemeinschaft für das südliche Afrika)
SAEG	Statistisches Amt der Europäischen Gemeinschaft
SAVE	EU-Rahmenprogramm zur Förderung der Energieeffizienz
SDI	Strategic Defense Initiative (Strategisches Raketenabwehrsystem des U.S. DOD)
SEGS	Solar Electricity Generation System (System zur Erzeugung von Elektrizität durch Sonnenenergie)
SEP	Sonderenergieprogramm

SERDP	Strategic Environmental Research and Development Program (interministerielles strategisches Umweltforschungs- und Entwicklungsprogramm)
SERI	Solar Energy Research Institute (U.S. Institut für Solarenergieforschung)
SHS	Solar Home System (Solaranlage zur Hausstromversorgung)
Si	Silizium, auch Silicium
SMES	supraleitender magnetischer Energiespeicher
SO_2	Schwefeldioxid
SOFC	Oxidkeramik-Brennstoffzelle
SO_X	Schwefeloxide
SPD	Sozialdemokratische Partei Deutschlands
SPIE	The International Society of Optical Engineering (Internationale Vereinigung für optisches Ingenieurwesen)
SRF	short rotation forestry (schnell wachsende Wälder)
STA	Amt für Wissenschaft und Technologie, Japan
StaBuA	Statistisches Bundesamt
StrEG	Stromeinspeisungsgesetz
SVG	Schweizerische Vereinigung für Geothermie
SYNERGY	EU-Förderprogramm zur Energiepolitik für Nichtmitgliedstaaten
TA	Technikfolgenabschätzung
TEM	Terrestrial Ecosystem Model (Modell für terrestrische Ökosysteme)
TEPCO	Tokyo Electric Power Company (Elektrizitätsversorgungsunternehmen von Tokio)
TERES	The European Renewable Energy Study (EU-Studie zu erneuerbaren Energien)
TEU	Treaty on European Union (EU-Vertrag)
THERMIE	Rahmenprogramm der EU zur Förderung von Energietechnologien für Europa
tkm	Tonnen-Kilometer
TPA	Third Party Access (Zugang für Dritte)
TrS	Trockensubstanzertrag
TZ	Technische Zusammenarbeit
U.S. ECRE	United States Export Council for Renewable Energy (U.S. Exportrat für erneuerbare Energien)
U.S. AID	U.S. Agency for International Development (U.S. Behörde für Entwicklungshilfe)
U235	spaltbares Uran
UMA	Union du Maghreb Arabe (Union des Arabischen Maghreb)
UNCED	United Nations Conference on Environment and Development (Konferenz für Umwelt und Entwicklung der VN, 1992)
UNDP	United Nations Development Programme (Entwicklungsprogramm der VN)

UNEP	United Nations Environment Programme (Umweltprogramm der VN)
UNESCO	United Nations Educational, Scientific, and Cultural Organization (Organisation der Vereinten Nationen für Erziehung, Wissenschaft und Kultur)
UNIDO	United Nations Industrial Development Organization (Organisation der Vereinten Nationen für industrielle Entwicklung)
UNO	United Nations Organisation (Vereinte Nationen)
UStG	Umsatzsteuergesetz
VALOREN	EU-Förderprogramm für die regionale Entwicklung im Energiesektor der EU-Mitgliedstaaten
VDEW	Vereinigung Deutscher Elektrizitätswerke e. V.
VEBA AG	Vereinigte Elektrizitätswerke und Bergbau AG
VIAG	Vereinigte Industrie Unternehmen AG
VLSI	Very Large Scale Integrated Circuit (sehr große integrierte Schaltkreise)
VN	Vereinte Nationen
VO	Verordnung
VSI	Vakuumsuperisolationstechnik
VWEW	Verlags- und Wirtschaftsgesellschaft der Elektrizitätswerke mbH
WBGU	Wissenschaftlicher Beirat der Bundesregierung für Globale Umweltveränderungen
WDL	Working days lost (verlorene Arbeitstage)
WEA	Windenergieanlage
WEC	World Energy Council (Weltenergierat)
WEGA	Windenergie-Großanlage
WE-NET	World-Energy Network (Weltenergienetzwerk des MITI, Japan)
WKA	Windkraftanlage
WMEP	Wissenschaftliches Meß- und Evaluierungsprogramm zur Fördermaßnahme 250 MW-Wind des BMBF
WMNO	Wärmenutzungsverordnung
W_p	Wattpeak (Watt Spitzenleistung)
WSA	Wirtschafts- und Sozialausschuß (der EU)
WSchVo95	Wärmeschutzverordnung von 1995
WTO	World Trading Organization (Welthandelsorganisation)
ZfS	Zentrum für Solartechnik
ZSW	Zentrum für Sonnenenergie- und Wasserstoff-Forschung in Stuttgart und Ulm

Dank des Herausgebers

„Konsequenzen aus der Klimakonvention für die internationale Energiepolitik" war das Thema einer zweisemestrigen Ringvorlesung, die der Herausgeber im Wintersemester 1994/95 und im Sommersemester 1995 im Rahmen einer Vertretungsprofessur mit dem Schwerpunkt Internationale Beziehungen am Fachbereich Gesellschaftswissenschaften der Johann Wolfgang Goethe-Universität Frankfurt am Main durchführte. Alle Referentinnen und Referenten dieser Ringvorlesung sprachen ohne Honorar und nur bei vier Referenten fielen minimale Reisekosten an, für deren Übernahme ich der Wissenschaftlichen Betriebseinheit Internationale Beziehungen und ihrem damaligen Direktor, Prof. Dr. Lothar Brock, ganz herzlich danke. Für die Unterstützung bei der Durchführung der Vortragsreihe danke ich der Institutssekretärin Annerose Buchs sowie den mir zugeordneten Frankfurter Tutorinnen Andrea Liese und Ulrike Wagner sowie den Tutoren Thilo Maurer, Jerôme Friedrich, Markus Gögele und Sven Dietrich.

Mit wenigen Ausnahmen waren die ReferentInnen keine Politik- bzw. Gesellschaftswissenschaftler, sondern Naturwissenschaftler, Ingenieure und Praktiker von Bundes- und Landesministerien, Kommunen sowie aus der Wirtschaft. Dennoch standen im Mittelpunkt der insgesamt 30 Vorträge stets „politische Fragen und Probleme" der internationalen sowie nationalen Klima- und Energiepolitik generell sowie als Thema der Forschungs-, Wirtschafts-, Entwicklungshilfe-, aber auch der Bundes-, Landes- und Kommunalpolitik.

Ziel dieser Gastvorlesungen war es, in einem *interdisziplinären Dialog* zwei neue Problemfelder der Politikwissenschaft einzuführen und durch die Einbeziehung von Praktikern aus Politik, Verwaltung und Wirtschaft den häufig fehlenden *Praxisbezug* in einer existentiellen Frage der Menschheit: der möglichen Klimakatastrophen als Folge eines von Menschen verursachten „anthropogenen" Treibhauseffekts herzustellen und zur *Aufklärung* über wissenschaftliche Erkenntnisse in Nachbardisziplinen beizutragen. Das Ergebnis dieses Projekts führte zu zwei interdisziplinären Studienbüchern zur *Klima-* und zur *Energiepolitik*, dessen zweiter Band hiermit vorgelegt wird.

Ohne jegliche gesonderte öffentliche oder private Förderung wurde dieses interdisziplinäre didaktische Experiment allein durch das Engagement der ReferentInnen der Vortragsreihe und durch die AutorInnen der beiden interdisziplinären Studienbücher möglich, denen mein ganz besonderer Dank gilt, da sie neben ihren beruflichen Aufgaben uneigennützig an diesem Projekt mitarbeiteten.

Von den Autoren dieses Bandes wirkten an der Frankfurter Vortragsreihe mit: Prof. Dr. Carl-Jochen Winter (Univ. Stuttgart), Prof. Dr. Alfred Voß (Univ. Stuttgart), Dr. Christian Ahl (Univ. Göttingen), Dr. Burkhard Sanner (Univ. Gießen), Dipl. Wirtschaftsing. Michael Schreiber (LTG Management, Frankfurt), MR Dr. Paul-Georg Gutermuth (BMWi), Dipl. Ing. Rolf-p. Owsianowski (GTZ), Prof. Dr. Joachim Grawe (Hauptgeschäftsführer der VDEW e.V.),

Dipl. Phys. Harry Lehmann (Wuppertal Institut für Umwelt - Klima - Energie und EUROSOLAR), Dr. Rainer Walz (FHG-ISI, Karlsruhe), Daniel Nottarp (Energieberater, Bad Soden), Dipl. Phys. Dr. Joachim Nitsch (DLR, Stuttgart) und Dr. Dr. Jacob Emmanuel Mabe (Univ. Frankfurt). Ihnen allen sei hier nochmals nachdrücklich gedankt.

Die Editionsarbeit an diesem Band erfolgte nach meiner Übernahme einer Vertretungsprofessur für internationale Wirtschaftsbeziehungen am Institut für Politikwissenschaft an der Universität Leipzig. Mein besonderer Dank gilt Frau Prof. Dr. Sigrid Meuschel, der geschäftsführenden Direktorin des Instituts für Politikwissenschaft, die mir die Benutzung der Leipziger Infrastruktur gestattete und Herrn Prof. Dr. Wolfgang Fach sowie Herrn Prof. Dr. Christian Fenner, aus deren Haushaltsmitteln die drei mir zugeordneten wissenschaftlichen Hilfskräfte finanziert wurden. Jörg Machenbach M.A. las als ideeller Leser alle Texte sorgfältig Korrektur, prüfte sie auf ihre Verständlichkeit für die Zielgruppe dieses Studienbuches und machte Vorschläge für das Glossar. Beatrice Neumann und Mirko Stops unterstützten mich bei der Zusammenstellung des integrierten Literaturverzeichnisses und beim Korrekturlesen. Allen wissenschaftlichen Hilfskräften gilt mein besonderer Dank für ihre zuverlässige Mitarbeit.

Der Mitarbeiter der AG Friedensforschung und Europäische Sicherheitspolitik (AFES-PRESS), Thomas Bast, übernahm folgende Arbeiten: Erstellung der reproreifen Druckvorlage, Zusammenstellung aller Verzeichnisse einschließlich des Index, der Angaben zu den Autoren, des gemeinsamen Glossars und des Literaturverzeichnisses. Ihm sei hier ganz besonders herzlich gedankt.

Im Springer-Verlag Heidelberg gilt mein ganz besonderer Dank Christian Witschel, dem Planer für den Bereich der Geowissenschaften, der die beiden Studienbücher vorzüglich betreute, sowie seiner Mitarbeiterin Marion Schneider und Frau Ute Meyer-Krauß von der Redaktion für die sorgfältige Durchsicht des gesamten Manuskripts und für zahlreiche Korrekturvorschläge. Last but not least danke ich Herrn Dr. Rolf Linkohr MdEP, dem Präsidenten der European Energy Foundation in Brüssel, der diesen Band mit einem Geleitwort eröffnet.

Dieser Sammelband ist - stellvertretend - den Studierenden meines Leipziger Hauptseminars zur „Klima- und Energiepolitik in der Triade" gewidmet, welche die von den Klimaforschern prognostizierten Klimakatastrophen wahrscheinlich noch erleben werden, sollte es die „internationale Politik" versäumen, rechtzeitig die erforderlichen Kurskorrekturen kooperativ einzuleiten. Dies setzt ein „Lernen" über Ursachen und Folgen des Treibhauseffekts auf allen Ebenen voraus: in Staat, Wirtschaft und Gesellschaft bzw. in der Staaten-, Wirtschafts- und Gesellschaftswelt, d.h. in der *nationalen*, der *internationalen* und der *transnationalen Politik*. Zu diesem „Lernprozeß" sollen dieses interdisziplinäre Studienbuch *Energiepolitik* und der ergänzende Band zur *Klimapolitik* beitragen.

Leipzig, Mosbach, im August 1996 *Hans Günter Brauch*

1 Energiepolitik im Zeichen der Klimapolitik beim Übergang zum 21. Jahrhundert

Hans Günter Brauch

1.1 Energiepolitik im Zeichen der Klimapolitik

Vor hundert Jahren (1896) behauptete der schwedische Physiker und Chemiker Svante Arrhenius (1859-1927) erstmals einen Zusammenhang zwischen der industriellen Kohleverbrennung und der Atmosphärenphysik (v. Weizsäcker/Lovins/Lovins, 1995: 249). Heute wissen wir, daß die *energiebedingten CO_2-Emissionen* für ca. 50% des Treibhauseffekts verantwortlich sind: weitere 20% entfallen auf die chemische Produktion und auf FCKW sowie je 15% auf die Vernichtung des tropischen Regenwaldes und auf die Landwirtschaft (Reisanbau, Rinderhaltung, Düngung, Mülldeponien). Die Enquête-Kommission: „Vorsorge zum Schutz der Erdatmosphäre" kam in ihrem Bericht: „Schutz der Erde: eine Bestandsaufnahme mit Vorschlägen für eine neue Energiepolitik" (EK I, 1990c, Bd. I: 47) zu dem Ergebnis:

> In den vergangenen beiden Jahrzehnten stieg der weltweite Energieeinsatz jährlich um durchschnittlich rund 2 Prozent, wobei der Anstieg im Jahr 1989 rund 3,5 Prozent betrug. Wenn der Trend des Energieverbrauchs der vergangenen beiden Jahrzehnte sich unverändert fortsetzen würde, würden sich ... die weltweiten Emissionen aus dem Energiebereich - bezogen auf das hier verwendete Basisjahr 1987 - bis zum Jahr 2005 um rund 40 Prozent erhöhen und bis zum Jahr 2050 etwa verdoppeln. Die Eindämmung des zusätzlichen Treibhauseffektes erfordert es jedoch, bezogen auf die Werte des Jahres 1987,
>
> - die Emissionen von Kohlendioxid bis Mitte des nächsten Jahrhunderts zu halbieren, das heißt gegenüber der Trendentwicklung (Verdopplung bis zum Jahr 2050) um 75 Prozent zu vermindern, sowie
> - die Emissionen der weiteren energiebedingten klimarelevanten Spurengase, in erster Linie von Methan, Stickoxiden, Kohlenmonoxid und flüchtigen organischen Verbindungen (ohne Methan), um mehr als 50 Prozent zu reduzieren.

Vor dieser schwierigen Herausforderung steht die nationale und die internationale Energiepolitik im 21. Jahrhundert. Die parlamentarischen Mitglieder und die beratenden Experten leiteten hieraus für die wirtschaftsstarken westlichen Industrieländer mit besonders hohen CO_2-Emissionen bis zum Jahr 2005 (bezogen auf 1987) ein Reduktionsziel von 30% und bis zum Jahr 2050 von 80% ab (EK I, 1990c, Bd. I: 71, 73; vgl. Tabelle 33.4). Bisher konnten sich die Mitgliedsstaaten der Klimarahmenkonvention (KRK) auf den beiden ersten Staatenkonferenzen in Berlin (1995) und in Genf (1996) auf keine verbindlichen CO_2-Reduktionsziele einigen. Nach dem „Berliner Mandat" (Brauch, 1996a: 354-356) sollen die KRK-Staaten bis zur dritten Staatenkonferenz (1997) in Kyoto ein verbindliches Reduktionsziel vereinbaren. Die Vorsitzende der internationalen Kommission für Umwelt und Entwicklung, Gro Harlam Brundtland (1987), wies zurecht darauf hin, daß die Abwendung einer Klimakatastrophe der Vermeidung eines Atomkrieges gleichkommt (Müller/Hennicke, 1995: 161).

Die *Energiepolitik im Zeichen der Klimapolitik* erfordert im 21. Jahrhundert mutige und zukunftsgerichtete nationale politische Grundsatzentscheidungen und internationale Vereinbarungen, die von der Verantwortung für die kommenden Generationen getragen sind, mit dem Ziel, die CO_2-Emissionen um einen *Faktor Vier* (v. Weizsäcker/Lovins/Lovins, 1995) bei einer erwarteten *Verdopplung des Energiebedarfs* zu senken.

Wenn die politische Verantwortung tragenden Akteure die Folgen einer Klimakatastrophe - mit einem Anstieg der Weltmitteltemperatur und des Weltmeeresspiegels und der Verschiebung der Klimazonen (vgl. IPCC, 1996) - sowie der politischen Folgen: Dürre, Hungersnöte, Massenmigration, Konflikte und Kriege in den semiariden und ariden Zonen (z.B. im Sahel oder im Maghreb, vgl. EK II, 1992: 133) vermeiden wollen, dann sind neben einer Debatte über *technische Lösungsmöglichkeiten*, z.B. Steigerung der Energieeffizienz der Produktion, Ausschöpfen von Energiesparpotentialen beim Wärmebedarf und beim Individualverkehr, sowie dem Übergang zu CO_2-armen oder -freien Energiequellen, z.B. Kernenergie als Übergangsenergie oder erneuerbare Energien als langfristige Alternativen, eine *sozialwissenschaftliche Begleitforschung* über die *gesellschaftliche Akzeptanz* und *Implementationschancen* der technisch möglichen Lösungsstrategien erforderlich.

Die Endlichkeit der fossilen CO_2-emittierenden Energien und die Gefahr von anthropogen verursachten *Klimakatastrophen* machen grundsätzliche Veränderungen in der Energiepolitik der Industriestaaten und der Entwicklungsländer im 21. Jahrhundert unvermeidbar, die einen Übergang vom *fossilen industriellen Zeitalter* zu einem *zweiten postindustriellen solaren Zeitalter* bewirken sollen.

1.2 Historische Grundlagen der Energiepolitik

Hinsichtlich der primär eingesetzten Energiequellen lassen sich in der Geschichte der Menschheit bisher zwei Zeitalter unterscheiden: das erste *solare Zeitalter* (vgl. Kap. 2), das mit der Industriellen Revolution von einem fossilen Zeitalter abgelöst wurde, das durch den Einsatz „billiger" Kohle, Erdöl und Erdgas die Industrialisierung und damit auch die Modernisierung der Volkswirtschaften durch hohe Wachstumsraten ermöglichte. Welche Veränderungen im Energieverbrauch und im Energiemix sind zwischen 1850 und 1990 eingetreten?

Weltweit sank der Anteil der Biomasse (v.a. Holz und Holzkohle) von über 80% (1850) auf unter 20% (1990). Um 1885 wurde die Biomasse erstmals von der Kohle und diese wiederum gegen 1965 vom Erdöl als der wichtigsten Energiequelle abgelöst (Smil 1994: 233). Während sich der Erdölverbrauch seit den Erdölkrisen von 1973/74 und 1979/80 weitgehend stabilisierte, nahm der Erdgasanteil mit über 20% bis zum Jahr 1990 überdurchschnittlich zu (vgl. Abb. 1.1).

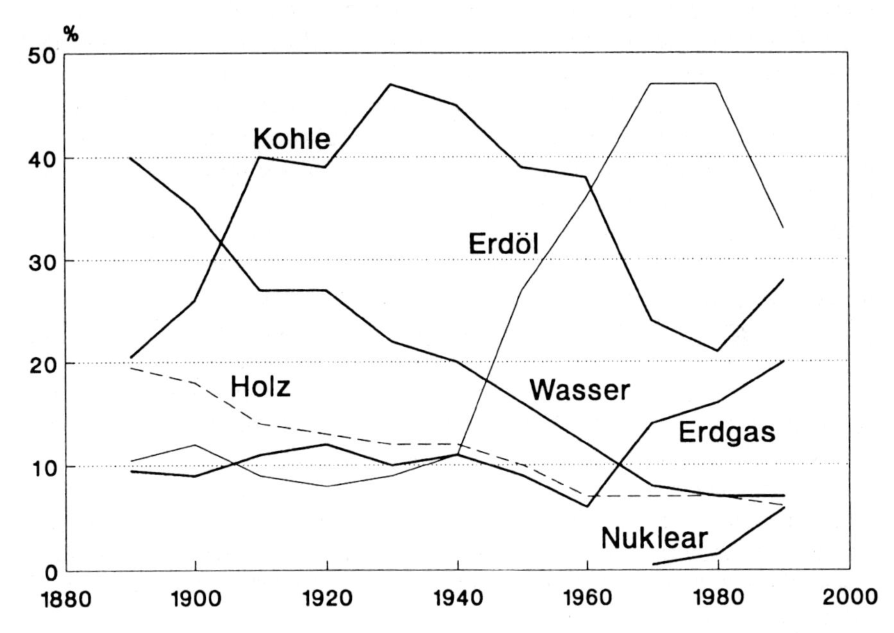

Abb. 1.1. Weltweite Anteile der einzelnen Energiequellen (Quelle: Nentwig, 1995: 222)

Zwischen 1890 und 1990 nahm die Weltbevölkerung von 1,49 auf 5,32 Mrd. um das 3,57fache, der gesamte Energieverbrauch auf der Erde aber um das 13,73fache zu (vgl. Tabelle 1.1).

Tabelle 1.1. Trends beim Wachstum der Bevölkerung und des Energieverbrauchs (Quelle: Holdren, 1991: 122)

	1890	1910	1930	1950	1970	1990
Weltbevölkerung in Mrd. Menschen	1,49	1,70	2,02	2,51	3,62	5,32
Tradit. Energieverbrauch pro Person in kW	0,35	0,30	0,28	0,27	0,27	0,28
Industriel. Energieverbrauch pro Pers. in kW	0,32	0,64	0,85	1,03	2,04	2,30
Summe Weltenergieverbrauch (TW)	**1,00**	**1,60**	**2,28**	**3,26**	**8,36**	**13,73**
Kumulierter industrieller Energieverbrauch seit 1850 in TW-Jahren	10	26	54	97	196	393

Die Zunahme der Weltbevölkerung und des Primärenergieverbrauchs pro Person löste ein exponentielles Wachstum des Weltenergieverbrauchs aus, das jedoch sehr ungleich verteilt war. Während in den Entwicklungsländern durchschnittlich 15 GJ pro Person/Jahr verbraucht wurden, waren es in den Industriestaaten dagegen ca. 220 GJ pro Person/Jahr. In den Ländern der EU hat sich der Primärenergieverbrauch von 1955 bis 1991 bei konstanter Bevölkerungszahl verdreifacht (Schaefer/Geiger/Rudolph, 1995: 74).

Wie lange werden die bekannten fossilen Energiereserven bei gleichbleibender Förderung noch ausreichen? Nach Angaben des BMWi (1994a: 90) werden die weltweit sicher gewinnbaren *Erdölvorräte* von 135,7 Mrd. t noch 43 Jahre, die europäischen (ohne GUS) Ölreserven noch 10, die nordamerikanischen noch 8, die asiatischen noch 18, die afrikanischen noch 24, aber die Reserven im Nahen Osten noch 97 Jahre reichen. Die sicher gewinnbaren Erdgasreserven von 142 038 Mrd. m^3 werden bei der gegenwärtigen Förderung noch 65 Jahre, die nordamerikanischen aber nur noch ca. 10 und die europäischen noch ca. 49 Jahre verfügbar sein (BMWi, 1994a: 91-92). Mit ca. 238 Jahren dürften demnach die globalen Kohlevorräte von 739 Mrd. t SKE bei gleichbleibender Förderung noch am längsten reichen (BMWi, 1994a: 93).

Geht man bei einer weiter wachsenden Erdbevölkerung davon aus, daß der Energiebedarf pro Person weltweit zunimmt, dann wird sich die Reichweite der verfügbaren fossilen Energiereserven entsprechend verkürzen. Auch wenn noch neue Erdöl-, Erdgas- und Kohlevorräte erschlossen werden und sich damit die Reichweite noch etwas verlängern wird, muß jedoch vorausgesetzt werden, daß die klimatischen Folgen einer weiter exponentiell steigenden CO_2-Konzentration in der Atmosphäre zu den von den Meteorologen prognostizierten Klimakatastrophen führen werden (vgl. IPCC, 1996; Schönwiese, 1996b). Inwieweit hat sich die Politikwissenschaft generell und in der Bundesrepublik Deutschland speziell mit diesen globalen Herausforderungen für die Energiepolitik befaßt?

1.3 Energiepolitik - ein politikwissenschaftliches Desiderat?

In der Bundesrepublik Deutschland ist die Energiedebatte als Gegenstand des innenpolitischen Diskurses und der politischen Auseinandersetzung seit Mitte der 70er Jahre mit Entstehen der neuen sozialen Bewegungen (z.B. AKW-Bewegung) und seit Anfang der 80er Jahre an dem Streit über die Zukunft der Kernenergie festgefahren, wobei sowohl eine Erörterung des längerfristigen globalen Kontextes als auch die Suche nach konsensfähigen Lösungsstrategien unterbleibt (vgl. Kap. 29). Welchen Beitrag haben die Sozialwissenschaften bisher zu diesem fehlenden Diskurs geleistet?

Bei einer Bestandsaufnahme der politikwissenschaftlichen Arbeiten zur Energiepolitik von 1951 bis 1986 stellten Fischer/Häckel (1987: 6-9) fest, daß von insgesamt 90 000 dokumentierten Artikeln 30 000 in den Bereich internationale Beziehungen fallen, wovon sich 885 (bzw. 2,8%) mit Fragen der Energiepolitik im weitesten Sinne befaßten. Hiervon entfielen auf Erdölfragen 366 Titel bzw.

42,8%, auf Kernenergie 351 Titel bzw. 40,9%, auf Energie allgemein 99 Titel bzw. 11,7%, aber nur 6 Titel bzw. 0,7% auf erneuerbare Energien. Es verwundert deshalb nicht, daß auch Anfang der 90er Jahre das *Politikfeld der Energiepolitik* in deutschen politikwissenschaftlichen Lexika und Handbüchern entweder gar nicht vorkommt oder auf die Erdölkrise der 70er Jahre und auf die innenpolitischen Aspekte (Akzeptanz der Kernenergie) bzw. auf die internationalen Bemühungen um die Nichtweitergabe von Kernwaffen (Nonproliferation) beschränkt wird. In *keinem* der ausgewerteten Handbücher - mit einer Ausnahme - werden die Problemzusammenhänge von Energiepolitik und Klimakatastrophe sowie die alternativen erneuerbaren Energien überhaupt erwähnt.[1]

Der Begriff *Energie* (vom griech. enérgeia = Tatkraft, wirkende Kraft) wird in der Physik (Mechanik, Elektrizitäts- und Wärmelehre), der Chemie und der Technik sowie in der Philosophie und Sprachwissenschaft benutzt (Brockhaus, Bd. 6, 1988: 368-370). Winter (1993a: 33) definiert Energie als

> die Fähigkeit stofflicher oder nichtstofflicher Systeme, an ihrer Umgebung Arbeit zu verrichten sowie Wärme oder Strahlung an sie zu übertragen. Man unterscheidet u.a. thermische, mechanische, elektrische, chemische, nukleare und Strahlungsenergie. Energien sind bis zum Energieniveau der Umweltwärme ineinander umwandelbar. Nach dem Energieerhaltungssatz bleibt die Summe der Energien konstant; Energie kann nicht verlorengehen.

Schaefer/Geiger/Rudolph (1993: 5) bezeichnen Energie als die „Fähigkeit eines Systems, äußere Wirkungen hervorzubringen (Max Planck). Sie kann gespeichert, an ein System gebunden oder Systemgrenzen überschreitend auftreten." Die Autoren unterscheiden zwischen sechs Erscheinungsformen der Energie: der

1 Vgl. die 1. Auflage von Woyke (1977: 75-79, 250-256) enthält noch zwei Beiträge zur *Energiekrise* von Dammann und zur *OPEC* von Braun. Die 2. Auflage (Woyke, 1980: 162-171) enthält zusätzlich einen Beitrag von Häckel zur *internationalen Nuklearpolitik*. In der 4. Auflage (Woyke, 1990) entfällt der Beitrag zur *Energiekrise*, während in der 5. Auflage (Woyke, 1993: 155-164) ein Beitrag von Häckel zur internationalen Energiepolitik aufgenommen worden ist, die beide auch in der 6. Auflage (Woyke, 1995: 156-165 und 178-189) ohne Bezug zur Klimaproblematik wieder abgedruckt worden sind. Das Wörterbuch *Staat und Politik* von Nohlen (1991: 112-116) enthält nur einen Beitrag von Häusler zur *Energiepolitik,* der sich auf die Energiekrise und die AKW-Bewegung beschränkt, der bereits zuvor in *Pipers Wörterbuch zur Politik* (Bd. 2, M.G. Schmidt, 1983: 88-93) erschienen ist. In der Neuausgabe von *Staat und Politik* (Nohlen, 1995: 124-129) ist ein Beitrag von Krennerich aufgenommen, der erneuerbare Energien und die Frage der Umweltverträglichkeit thematisiert. Der Bd. 5: *Internationale Beziehungen* (Boeckh, 1984: 117-120; 248-253) enthält zwei Beiträge von Mommer zur *Energiekrise* und von Wilker zur *internationalen Nuklearpolitik.* Band 3 des *Lexikon der Politik* (M.G. Schmidt, 1992: 91-95) enthält einen aktualisierten Beitrag von Häusler zur *Energiepolitik*, der sich auf die Ölkrise und die Kernenergie im gesellschaftlichen Konflikt beschränkt. Band 6 des *Lexikon der Politik* (Boeckh, 1994: 95-103, 349-355) enthält einen aktualisierten Beitrag von Mommer zur *internationalen Energiepolitik* und einen neuen Beitrag von H. Müller zur *internationalen Nuklearpolitik.*

mechanischen Energie (potentielle, kinetische), *thermischen Erscheinungsformen* (innere Energie, Enthalpie), der *chemischen* und *physikalischen Bindungsenergie* sowie der *elektrischen Energie* und der *elektromagnetischen Strahlung*. Sie unterscheiden ferner die technischen Begriffe: *Primärenergie* („Energieinhalt von Energieträgern, die noch keiner Umwandlung unterworfen wurden."), *Sekundärenergie* („Energieinhalt von Energieträgern, die aus der Umwandlung von Primärenergieträgern gewonnen wurden."), *Endenergie* („Bezugsenergie, vermindert um den nichtenergetischen Verbrauch sowie die Umwandlungsverluste und den Eigenbedarf bei der Strom- und Gasenergieerzeugung beim Endverbraucher.") und *Nutzenergie* („Technische Form der Energie, welche der Verbraucher für den jeweiligen Zweck letztendlich benötigt, also Wärme, Licht, Nutzelektrizität und elektromagnetische Strahlung, um die Energiedienstleistung wie Heizen, Beleuchten, Transportieren usw. durchführen zu können").

Nach Olsson/Piepenbrock (1993: 95) handelt es sich bei der *Energiepolitik* um einen „Bereich der sektoralen Wirtschaftspolitik, durch die der Staat die Energiewirtschaft (Gewinnung, Außenhandel, Bevorratung, Umwandlung und Verbrauch von Energieträgern) beeinflußt" mit dem Ziel: „Gewährleistung einer längerfristig sicheren, kostengünstigen und umweltgerechten Energieversorgung". *Energiepolitik* umfaßt nach der Definition von M.G. Schmidt (1995: 259):

> im engeren Sinne die Staatstätigkeit, die auf verbindliche Regelungen des Systems der Erzeugung, Verteilung und Verwendung von Energie zielt. Im weiteren Sinne die Gesamtheit der institutionellen Bedingungen, Kräfte und Bestrebungen, die darauf gerichtet sind, gesellschaftlich verbindliche Entscheidungen über die Struktur und Entwicklung der Bereitstellung, Verteilung und Verwendung von Energie zu treffen. Die Energiepolitik ist eine sektorale Strukturpolitik und insbesondere ein Bestandteil der Wirtschaftspolitik mit Querverbindungen vor allem zur Forschungs- und Entwicklungs- sowie zur Technologiepolitik.

Die Energiepolitik steht auch in enger Wechselbeziehung zur Wettbewerbs- und Finanzpolitik, der Regional-, Industrie- und der Umweltpolitik sowie der Außenwirtschafts-, der Außen- und Sicherheitspolitik und der Entwicklungshilfepolitik. Aus der Sicht der Wirtschaftswissenschaft strebt die *Energiepolitik* an:

> die Sicherung der (zentralen) Energieversorgung, indem sie, kurz- und langfristig, die Entwicklung des Angebots und der Nachfrage *marktkonform* beeinflußt. Die Preispolitik ergibt sich aus dem (technisch wie wirtschaftlich bedingten) geringen Wettbewerb, während die Einwirkung auf Angebot und Nachfrage mit der Erschöpfung der Reserven an spaltbaren und fossilen Energieträgern und dem rapide steigenden Energiebedarf zusammenhängt. Die Maßnahmen richten sich darauf, neue Energiequellen ... zu erschließen, das Energiesparen technisch und durch finanzielle Anreize zu fördern, den Wirkungsgrad bei der Umwandlung und im Verbrauch von Energie (unter Beachtung der Umweltschäden) zu steigern (Grüske/Recktenwald, 1995: 155).

Wichtiger Partner des Staates ist dabei die *Energiewirtschaft,* unter der man die „in unterschiedlichen Wirtschaftsbereichen erfolgenden Aktivitäten der Erzeugung, der Umwandlung und des Transports sowie der Verteilung und Nutzung von Energie" (Brockhaus, 1988, Bd. 6: 376) zusammenfaßt. Dazu gehören

„Wasser-, Wind-, Kohleenergie nutzende Heiz-, Dampf- sowie Öl-, namentlich Diesel-, Gezeiten-, Atom- und Kernkraftwerke sowie die Solarenergiegewinnung“ (Grüske/Recktenwald, 1995: 156).

1.4 Energiepolitik als Politikfeld der Innen-, der Außen- und der internationalen Politik

Probleme der *Energiepolitik* sind Gegenstand der Wirtschaftswissenschaft (z.B. Energiewirtschaftliches Institut der Universität Köln), der Jurisprudenz (z.B. Lehrstühle zum Energierecht in Bochum), der Geschichtswissenschaft (Energiegeschichte) und der Politikwissenschaft, die sich mit den Institutionen und Strukturen *(polity)*, den politischen Entscheidungsprozessen *(politics)* sowie mit Politikfeldern *(policy)* befaßt.

Die *Energiepolitik* ist ein wichtiges Politikfeld der Innen-, der Außen- und der internationalen Politik, an dem neben staatlichen und wirtschaftlichen auch zunehmend gesellschaftliche Akteure (z.B. Gewerkschaften, Umweltgruppen, Kirchen u.a.) sowie internationale Organisationen (z.B. OPEC, OAPEC und IEA) und transnationale Akteure (z.B. multinationale Erdölunternehmen, aber auch Umweltorganisationen) beteiligt sind.

Die *Energie(innen)politik* wird in der Bundesrepublik Deutschland durch direkte und indirekte *staatliche Eingriffe* im Rahmen einer regulativen Politik (Gebote und Verbote) sowie durch indirekte (Anreize zum Energiesparen und Förderprogramme für erneuerbare Energien) und prozedurale Steuerung vollzogen. Die Energiepolitik folgt dabei keiner durchgängig marktwirtschaftlichen Orientierung, zumal der heimische Steinkohlenbergbau gegen internationale Konkurrenz geschützt und der Absatz der Kohle an die Elektrizitätswirtschaft gesetzlich gesichert ist. Bei der leitungsgebundenen Energieversorgung (Strom und Erdgas) war bis Mitte der 90er Jahre der Wettbewerb auf der Grundlage des Energiewirtschaftsgesetzes von 1935 ausgeschaltet.

Die Regelung der Energiewirtschaft ist Gegenstand der „konkurrierenden Gesetzgebung“, wobei innerhalb der Bundesregierung die Hauptzuständigkeit bei der Energieabteilung des *Bundesministeriums für Wirtschaft* (vgl. Kap. 18), bei der Forschungs- und Technologieförderung beim *Bundesministerium für Bildung, Wissenschaft, Forschung und Technologie* (vgl. Kap. 17), bei Fragen der Nuklearsicherheit und zum Klimaschutz beim *Bundesministerium für Umwelt, Naturschutz und Reaktorsicherheit* liegt, das auch in der interministeriellen Arbeitsgruppe CO_2-Reduktion (vgl. Schafhausen, 1996) die Federführung inne hat. Neben dem Bund und den Ländern nehmen auch die Kommunen häufig als Eigentümer lokaler Versorgungsunternehmen bzw. durch die Vergabe von Wegerechten energiepolitische Aufgaben wahr, weshalb sie auch für dezentrale auf erneuerbaren Energien beruhenden Konzepte - nicht zuletzt auch als Genehmigungsbehörde - eine wichtige Aufgabe wahrnehmen. Die Energiepolitik zeichnet sich nach Schmidt (1995: 260-262) in der Bundesrepublik Deutschland:

> durch hochgradige Fragmentierung, punktuelle Intervention, Addition uneinheitlicher und oftmals widersprüchlicher Einzelbestrebungen und durch 'Durchwursteln' aus. Andererseits erwies sich das hiermit gegebene System schrittweiser Politikanpassung und Politikveränderung bislang als ausreichend leistungsfähig, um Versorgungssicherheit zu gewährleisten und Trendwenden herbeizuführen. ... Überdies hat die neuere Forschung verdeutlicht, daß das Zusammenspiel von inkrementaler Politik, bundesstaatlicher Gliederung und politischen Neuerungen aufgrund von Regierungswechseln die Qualität der [Energiepolitik] in bestimmten Feldern, wie z.B. der Kernkraftsicherheit, erheblich verbessert hat (Czada, 1993).

Zu Fragen der *Energieaußenpolitik* stimmt sich die zuständige Wirtschaftsabteilung des Auswärtigen Amtes eng mit den jeweils sachlich zuständigen Referaten des BMWi, des BMBF, des BMU, des Bundesministeriums für Wirtschaftliche Zusammenarbeit (BMZ) und der GTZ ab, um in internationalen Organisationen, z.B. in der EU (EGKS, EURATOM) in Brüssel, bei der Internationalen Energieagentur (IEA) in Paris oder bei der Internationalen Atomenergiebehörde (IAEA) in Wien sowie bei der UNO in New York, die Interessen der Bundesregierung effektiv vertreten zu können.

In der *internationalen Energiepolitik* besitzt die Europäische Kommission, als Hüterin der vergemeinschafteten Politikbereiche der EG, neben den 15 Mitgliedstaaten eine eigenständige Kompetenz. Für die Förderung der friedlichen Nutzung der Kernenergie wurde 1956 die *IAEA* gegründet, die durch ein Kooperationsabkommen mit der UNO enge Bindungen zur UN-Generalversammlung, der sie regelmäßig Bericht erstattet, und zum Sicherheitsrat unterhält, dem sie unmittelbar Fragen unterbreiten kann. Die IAEA ist zugleich auch das Kontrollorgan für die Einhaltung des Atomwaffensperrvertrages (NPT).

Als Interessenvertretung der *Erdölexportierenden Staaten* wurde am 14.9.1960 in Bagdad die *OPEC* gegründet, der heute 12 Staaten angehören. Nach dem Oktoberkrieg von 1973 konnten die OPEC-Staaten 1973/74 und 1979/80 durch eine Reduzierung der Fördermengen einen deutlichen Anstieg der Erdölpreise am Weltmarkt erzwingen. Seit Mitte der 80er Jahre und vor allem nach dem 2. Golfkrieg hat die OPEC an Einfluß eingebüßt, da die Energieabhängigkeit der Importländer vom Erdöl und besonders von den OPEC-Staaten sank, zusätzliche Ölquellen in der Nordsee und in Rußland erschlossen wurden und sich einige Förderländer nicht länger an die Absprachen halten.

Die *Internationale Energieagentur (IEA)* wurde am 15.11.1974 als Antwort auf die Erdölkrise in Paris zur Durchführung des Abkommens über internationale Energieprogramme von 16 westlichen Industrieländern als autonome Organisation innerhalb der OECD mit dem Ziel gegründet, die weltweite Energieversorgung durch Energieeinsparung und Senkung der Importabhängigkeit von Erdöl zu verbessern, einen Krisenmechanismus zu entwickeln, die Zusammenarbeit bei der Entwicklung alternativer Energien zu unterstützen und Zielkonflikte mit der Umweltpolitik zu reduzieren. Heute gehören der IEA 23 OECD-Staaten (alle außer Island und Mexiko) sowie die EU-Kommission als Mitglieder an. Die IEA arbeitet dabei auch eng mit anderen internationalen Organisationen, wie z.B. der Kernenergieagentur der OECD (NEA), der IAEA, der Economic Commission for Europe (ECE), der Lateinamerikanischen Energieagentur (OLADE), zusammen.

Bei den internationalen Klimakonferenzen konnte bereits eine Allianz zwischen den OPEC-Staaten und den großen Erdölunternehmen sowie deren Lobbyisten festgestellt werden, die sich in dem Ziel einig waren, drastische CO_2-Reduzierungsziele im Rahmen des *Berliner Mandats* zur KRK zu verhindern. Zugleich wurden internationale Umweltverbände zu wichtigen Partnern der Interessen der Entwicklungsländer, die von einem Klimawandel betroffen würden.

Für den Bereich der erneuerbaren Energien gibt es neben einem Ausschuß des ECOSOC keine eigene internationale Organisation. Vorschläge gesellschaftlicher Organisationen - wie z.B. von Eurosolar - neben EURATOM, der NEA und der IAEA für die Kernenergie und der IEA bzw. der OPEC für den Erdölsektor, eine *Internationale Solarenergiebehörde* zu schaffen, wurden bisher von der Staatenwelt nicht aufgegriffen.

Es gibt dagegen bereits zahlreiche internationale professionelle Organisationen für alle erneuerbaren Energien: Wasser, Sonne, Wind, Geothermie und Biomasse und einen regen wissenschaftlichen Meinungsaustausch bei internationalen Konferenzen sowie mit Anbietern von Aggregaten auf internationalen Fachmessen (vgl. Anhang B: 567ff.).

1.5 Energiestatistik für die Bundesrepublik Deutschland

Im Jahre 1992 entsprach der Primärenergieverbrauch Deutschlands mit 4% weltweit dem Afrikas (BMWi, 1994a: 76). Wie hat sich der Primärenergieverbrauch und der Energiemix in der Bundesrepublik Deutschland von 1950 bis 1990 und seit der Wiedervereinigung bis 1993 verändert?

Seit der Erdölkrise von 1973 sank der Anteil des Mineralöls am Primärenergieverbrauch in den alten Bundesländern bis 1990 von 55,2 auf 40,9%, um dann bis 1993 für das vereinigte Deutschland wieder auf 42,0% anzusteigen. Der Anteil der Steinkohle sank von 22,2 (1973) auf 18,7 (1990) und 17,2% (1993) und der der Braunkohle von 8,7 (1973) auf 8,2 (1990) und 7,7% (1993), während der Anteil des Naturgases von 10,2 (1973) über 17,7 (1990) auf 18,6% (1993) stieg sowie der Kernenergie von 1,0 (1973) auf 12,0% (1990, 1993) zunahm (vgl. Tabelle 1.2).

Der Anteil der fossilen Energiequellen am Primärenergieverbrauch ging für die alten Bundesländer von 96,6 (1973) über 93,9 (1980), 86,9 (1985), 85,7 (1990) auf 85,5% (1993) zurück. Für beide deutsche Staaten - und seit 1990 für das vereinigte Deutschland - ging der Anteil der fossilen Energiequellen am

Primärenergieverbrauch von 97,0 (1973) über 94,2 (1980), 89,1 (1985), 88,2 (1990) auf 87,7% (1993) zurück (BMWi: 1994a: 28-29, Tabellen 4.1 und 4.2).

Tabelle 1.2. Primärenergieverbrauch in der Bundesrepublik Deutschland 1950-1990 in Mio. t SKE (Quelle: Arbeitsgemeinschaft Energiebilanzen; für 1950-1985: Fischer/Häkkel, 1987: 26; vgl. die Angaben zur Importabhängigkeit bei Czakainski, 1993: 22)

	1950	1955	1960	1965	1970	1975	1980	1985	1990[a]	1993[b]
Steinkohle	98,7	131,5	128,3	114,5	96,8	66,5	77,1	79,3	74,0	72,6
Braunkohle	20,7	27,3	29,2	30,0	30,6	34,4	39,2	36,0	32,8	67,3
Feste Brennstoffe	119,4	158,8	157,7	144,5	127,4	100,9	116,3	115,3	106,8	139,9
Mineralöl	6,3	15,5	4,4	108,0	178,9	181,0	185,7	159,3	160,6	196,5
Erdgas	0,1	0,4	0,8	3,2	18,1	48,7	63,9	59,6	69,4	86,5
Wasserkraft	6,2	6,1	0,6	6,8	8,4	7,8	7,6	5,9	4,8	5,9
Kernenergie	0,0	0,0	0,0	0,0	2,1	7,1	14,3	41,1	47,2	49,1
Sonstige	3,5	2,6	2,2	2,1	1,9	2,2	2,7	3,8	4,1	4,6
Insgesamt	135,5	183,4	211,5	264,6	315,0	347,7	390,2	385,0	392,2	483,5
Importabhängigkeit		2%	9%	33%		57%	61%			

a) Angaben für die Bundesrepublik (Quelle: BMWi, 1994a: 29, Tabelle 4.2)
b) Angaben für alte und neue Bundesländer (Quelle: BMWi, 1994a: 28, Tabelle 4.1)

Der Anteil der erneuerbaren Energien zur Energieversorgung der alten Bundesländer nahm zwischen 1975 und 1988 von 206 auf 294 Petajoule (PJ) bzw. von 7,0 auf 10,1 Mio. t SKE zu und ging bis 1991 wieder auf 273 PJ bzw. 9,3 Mio. t SKE zurück. Davon entfielen 1991 auf die Wasserkraft 4,7, auf Brennholz 1,5, auf Klärschlamm 2,7, auf Klärgas 0,4 Mio. t SKE. Der zusätzliche Beitrag von Solarkollektoren und Wärmepumpen betrug nach Schätzungen der AG Energiebilanzen 1991 0,3 Mio. t SKE (BMWi, 1994a: 59). Im vereinigten Deutschland war der Anteil erneuerbarer Energien zur Energieversorgung mit insgesamt 10 Mio. t SKE nur um 0,4 Mio. t SKE höher.

Im früheren Bundesgebiet stieg die Bruttoerzeugung von elektrischer Energie von 301,8 Mrd. kWh (1975) auf 462,4 (1992) an. Davon wurden durch Wasserkraftwerke 1975 17,1 (5,7%) und 1992 19,5 Mrd. kWh (4,2%), durch herkömmliche Wärmekraftwerke 1975 263,3 (87,2%) und 1992 279,6 Mrd. kWh (61,7%) und durch Kernkraftwerke 1975 21,4 (7,1%) und 1992 158,8 Mrd. kWh (33,9%) erzeugt. Das Wachstum der Nachfrage nach Elektrizität wurde demnach weitgehend durch Kernenergie gedeckt (BMWi, 1994: 66).

Im Zeitraum von 1973 bis 1993 sank der Anteil der *Industrie* am Endenergieverbrauch in den alten Bundesländern von 37,6 (1973) über 30,3 (1990) auf 26,3% (1993), in den neuen Bundesländern von 49,7 (1973) über 42,6 (1989) auf 22,9% (1993) bzw. für Deutschland insgesamt von 40,2 (1973) über 31,5 (1990) auf 26,3% (1993). Dagegen stieg der *Anteil des Verkehrs* am Endenergieverbrauch in den alten Bundesländern von 18,0 (1973) über 28,1 (1990) auf 28,2% (1993), in der ehemaligen DDR von 11,6 (1973) über 10,7 (1989) auf

24,5% (1993) bzw. für Gesamtdeutschland von 16,6 (1973) über 25,2 (1990) auf 28,2% (1993) an.

Der Anteil der *Haushalte* am Endenergieverbrauch in den alten Bundesländern ging von 26,7 (1973) auf 25,0 (1990) zurück und erhöhte sich bis 1993 auf 27,4%. In den neuen Bundesländern war der Anstieg der Haushalte von 17,9 (1973) über 21,7 (1989) auf 26,0% (1993) noch deutlicher, während der Anteil in Gesamtdeutschland von 24,8 (1973) bis 1990 mit 25,2 konstant blieb und seitdem bis 1993 auf 27,4% zunahm. Der Anteil der *Kleinverbraucher* blieb in den alten Bundesländern von 15,9 (1973) bis 1990 mit 15,4 stabil und stieg dann bis 1993 auf 17,6% an, während er in den neuen Bundesländern von 18 (1973) über 21 (1990) auf 26,4% (1993) wuchs und in Deutschland von 16,4 (1973) über 16,6 (1990) auf 17,6% (1993) zunahm. Der Anteil der *militärischen Dienststellen* am Endenergieverbrauch fiel in Deutschland von 2,0 (1973) über 1,5 (1990) im Jahr 1993 auf 0,5% (BMWi: 1994a: 31-33, Tabellen 5.1, 5.2, 5.3).

1989 lebten in der Bundesrepublik Deutschland und in der DDR mit 77,7 Mio. Einwohnern ca. 23% der Bevölkerung der damals 12 EG-Staaten, die ca. 28,4% der Energie verbrauchten und 31,4% CO_2 emittierten (vgl. Tabelle 1.3):

Tabelle 1.3. Energiestatistik der 12 EG-Mitgliedstaaten für 1989 (Quelle: Grubb et al., 1991, Bd. 2: 192; die Daten für die Bundesrepublik Deutschland beziehen die Angaben für die DDR mit ein)

	B&L	DK	IRL	F	D	GR	I	NL	P	E	UK	Insg.
Bevölkerung (in Mio.)	10,2	5,0	3,6	55,2	77,7	9,9	57,1	14,5	10,2	38,6	56,6	339
Energieverbrauch in MTOE												
Kohle	9,4	5,6	0,1	18,7	142,2	7,9	14,3	8,2	2,9	19,2	61,4	290
Erdöl	23,1	9,1	4,0	88,4	123,4	13,6	94,3	34,3	9,3	46,6	81,2	527
Erdgas	9,3	1,7	1,4	24,4	21,6	0,1	37,0	30,8	-	4,5	44,9	176
Kernenergie	9,1	-	-	59,9	37,6	-	-	1,0	-	12,5	15,0	135
Wasserkraft	0,1	-	0,2	10,0	3,7	0,5	9,4	0,0	1,0	3,8	1,4	30
Summe	51,0	16,4	5,7	201,4	328,5	22,1	155,0	74,3	13,2	86,6	2039	1158
CO_2-Emissionen von fossilen Energieträgern (in Mio. t C)												
C	35	15	4	108	269	20	116	56	11	62	161	856
C pro Kopf	3,4	2,9	1,2	2,0	3,5	2,0	2,0	3,9	1,1	1,6	2,8	2,5
C/BIP	308	237	298	199	320	527	389	382	481	369	457	329

Bei den energiebedingten globalen CO_2-Emissionen entfiel 1993 auf das vereinigte Deutschland ein Anteil von 4% und im Vergleich dazu auf den Mittleren Osten und Afrika von je 3% und auf Lateinamerika von 5%. In *Deutschland* stiegen die CO_2-Emissionen von 1 010 Mio. t (1975) bis 1987 auf 1 058 an und gingen seitdem bis 1993 auf 903 Mio. t zurück. Während die Emissionen aus der Verbrennung von Steinkohle mit 191 Mio. t von 1975 und 1993 konstant blieben, sank der Anteil der Braunkohle von 335 (1975) auf 217 Mio. t (1993) und der des Mineralöls von 398 (1975) auf 366 Mio. t (1993). Dagegen stieg der

Anteil des Naturgases von 84 auf 126 Mio. t an. (BMWi, 1994a: 46, Tabelle 9.1).

In den *neuen Bundesländern* ging der Anteil der Emissionen durch die Verbrennung von Steinkohle von 17 (1987) über 11 (1990) auf 5 Mio. t (1993) und bei der Braunkohle von 281 (1987) über 243 (1990) auf 116 Mio. t (1993) zurück, während der Anteil des Naturgases von 13 (1987, 1989) bis 1993 nur geringfügig auf 12 Mio. t sank, und der Anteil des Mineralöls von 31 (1988, 1989) auf 44 Mio. t (1993) zunahm (BMWi, 1994a: 46, Tabelle 9.3).

Der bisher erfolgte Rückgang der CO_2-Emissionen für das *vereinigte Deutschland* von 1058 (1987) auf 903 Mio. t (1993) ist weitgehend auf den Zusammenbruch der Industrie in den *neuen Bundesländern* und den Rückgang der Emissionen aus dem dortigen Braunkohleverbrauch (-167 Mio. t CO_2-Ausstoß) zurückzuführen (BMWi, 1994a: 46, Tabelle 9.1).

Diese statistischen Angaben verdeutlichen den überdurchschnittlichen Energieverbrauch Deutschlands sowohl innerhalb der EG als auch weltweit. 1989 lagen beide deutsche Staaten zusammen bei den CO_2-Emissionen pro Kopf und Jahr (von 21 ausgewählten Ländern) nach den USA mit 22 t, Kanada mit 18 t, Australien mit 16 t und der Tschechoslowakei mit 15 t zusammen mit der ehemaligen UdSSR und den Niederlanden mit 13 t auf dem 5. Platz, während Japan mit 8,6 t auf dem 13. Platz, China mit 2,0 t auf dem 19., Brasilien mit 1,4 t auf dem 20. und Indien mit 0,7 t auf dem 21. Platz lagen (EK II, 1992: 62). Seit wann sind Fragen der CO_2-Reduzierung Gegenstand der Energiepolitik der Bundesrepublik Deutschland?

1.6 Energiepolitik in Deutschland: Prinzipien und Phasen

Die deutsche Energiepolitik wurde seit 1949 durch vier Zielsetzungen bestimmt: *Wirtschaftlichkeit, Versorgungssicherheit, Sozialverträglichkeit* und ihre *Vereinbarkeit mit der Umwelt- und Klimapolitik*. Die 50er und 60er Jahre standen unter dem Primat der *Wirtschaftlichkeit* (preisgünstige Energieversorgung). Seit den Ölpreiskrisen von 1973/74 und 1979/80 trat die *Versorgungssicherheit* neben den Energiekosten ins Zentrum, während mit dem wachsenden Protest gegen den Bau neuer Kernkraftwerke seit der zweiten Hälfte der 70er Jahre Fragen der *Sozialverträglichkeit* und der *Akzeptanz* an Gewicht gewannen. Seit Ende der 80er Jahre traten Fragen der *Klimavorsorge* hinzu (Czakainski, 1993: 17-18). Die Energiepolitik für das vereinte Deutschland wird durch folgende Leitlinien geprägt:

- Versorgungssicherheit, Wirtschaftlichkeit, Umweltverträglichkeit und Ressourcenschonung bleiben ... unverzichtbare und gleichrangige Ziele der Energiepolitik.
- Bei allen energiepolitischen Entscheidungen sind ökologische Aspekte zu beachten. Das ökologisch Notwendige ist ökonomisch effizient zu gestalten.

- Energiepolitik ist marktwirtschaftlich auszurichten. Auch in der Umweltpolitik sind neben dem Ordnungsrecht verstärkt ökonomische Instrumente einzusetzen.
- Versorgungssicherheit wird vor allem durch Diversifizierung nach Energieträgern und Bezugsquellen sowie durch Nutzung heimischer Energieträger gewährleistet. ...
- Zur Klimavorsorge, zur Ressourcenschonung und zur Versorgungssicherheit haben sparsame und rationelle Energieversorgung sowie die stärkere Erschließung und Nutzung erneuerbarer Energien besonderes Gewicht.
- Wirtschaftlichkeit der Energieversorgung erfordert die Bereitstellung der Energie zu den günstigsten gesamtwirtschaftlichen Kosten. Die volkswirtschaftlichen Kosten des Umweltschutzes und der Versorgungssicherheit sind dabei soweit wie möglich einzubeziehen.
- Die nationale Energieversorgung ist weiter in die europäische und internationale Energiepolitik einzubinden. Dies macht intensive Abstimmungen in der Europäischen Gemeinschaft, engen Kontakt mit den Partnern in der Internationalen Energie-Agentur und verstärkte Zusammenarbeit mit den Ländern Mittel- und Osteuropas sowie [Rußlands] notwendig (BMWi, 1992: 10-11).

Die Handlungsspielräume der deutschen Energiepolitik sind in den 90er Jahren vor allem durch das Spannungsverhältnis zwischen den vier zentralen Zielgrößen bestimmt bzw. eingeengt. Bisher ist es nicht gelungen, die Spannungen zwischen *Wirtschaftlichkeit, Versorgungssicherheit, Sozial- und Umweltverträglichkeit* durch einen neuen Energiekonsens abzubauen.

Die Energiepolitik der Bundesrepublik Deutschland läßt sich in fünf Phasen einteilen (Fischer/Häckel, 1987: 28ff.; Czakainski, 1993; Düngen, 1993):

- *Erste Phase des Wiederaufbaus* (bis 1957) der Energiewirtschaft auf der Grundlage der heimischen Stein- und Braunkohle und der Integration in die EGKS.
- *Zweite Phase des verschärften Wettbewerbs* zwischen Kohle und billigem Erdöl und Erdgas (1958-1972), in der die Energiepolitik im Zeichen der Kohlekrisen zum einen weitgehend *Kohleschutzpolitik, d.h. weitgehend Struktur- und Sozialpolitik*, z.B. Verstromungsgesetze von 1965, 1966 und 1974, und zum anderen *Förderungspolitik für die Atomphysik und den Aufbau einer kerntechnischen Industrie* war („Angebotssicherungspolitik").
- *Dritte Phase des Strebens nach Energiesicherheit im Zeichen der Erdölpreiskrisen* (1973-1980), in der das Importöl bereits die Hälfte des Primärenergiebedarfs abdeckte. Ziel der Energiepolitik war das Streben nach Versorgungssicherheit durch ein gemeinsames Vorgehen der OECD-Staaten im Rahmen der hierfür gegründeten IEA, die Diversifizierung der Erdölversorgung durch die Erschließung neuer Öllagerstätten (Nordsee-Öl), die verstärkte Nutzung von Kohle, Erdgas und Kernenergie, die Förderung von Energieeinsparung und Effizienzsteigerung sowie von Forschung und Entwicklung erneuerbarer Energien. In dieser Phase setzte auch der Massenprotest gegen die Kernenergie ein („Versorgungssicherheitspolitik").
- *Vierte Phase im Zeichen des Umweltschutzes* (1981-1989), die - ausgelöst durch die Debatte über das Waldsterben - zu zahlreichen Umweltschutzgesetzen (Bundes-Immissionsschutzgesetze) und Verordnungen über Klein- (1985,

1988) und Großfeuerungsanlagen (1983), TA-Luft von 1986 und in Reaktion auf die Nuklearunfälle in Harrisburg (1979) und Tschernobyl (1986) zu einer Debatte über die Akzeptanz der Kernenergie führte und vom Einzug der Grünen in den Bundestag sowie dem Ausstiegsbeschluß der SPD auf ihrem Nürnberger Parteitag (1986) beeinflußt war.

- *Die fünfte Phase der Energiepolitik im Zeichen der Klimaschutzpolitik* (seit 1990) setzte mit der Vorlage des Abschlußberichts der EK I zur Erdatmosphäre (1990) und den Beschlüssen des Bundeskabinetts vom 13.6. und 7.11.1990 zur Reduktion der CO_2-Emissionen um 25-30% bis zum Jahr 2005 ein (vgl. Schafhausen, 1996), u.a. durch den Ersatz CO_2-reicher durch CO_2-ärmere (Erdgas) oder CO_2-freie Energieträger (Kernenergie, erneuerbare Energien) u.a. durch die Förderung von Forschung, Entwicklung und Demonstration (Kap. 17) und die Verbesserungen der Rahmenbedingungen durch Investitionszuschüsse, Steuerabschreibungen, Finanzierungshilfen und den Erlaß des Stromeinspeisungsgesetzes (BMWi, 1992; Kap. 18).

Seit 1990 steht die Energiepolitik der Bundesrepublik sowohl deklaratorisch als auch operativ im Zeichen der *Klimaschutzpolitik*. Damit wurde auch das *vierte Energieforschungsprogramm* der Bundesregierung für die Jahre 1996 bis 2000 begründet (vgl. Kap. 17.6). Um die nationalen CO_2-Reduktionsziele erreichen zu können, gewinnen *kurzfristig* Maßnahmen der Energieeinsparung und der Steigerung der Energieeffizienz, *mittelfristig* die Nutzung von Erdgas und Kernenergie als Übergangsenergien und *längerfristig* die Ersetzung fossiler Energiequellen durch nicht-fossile sozial- und umweltverträgliche Energiesysteme an Bedeutung.

Wenn die Klimaabnormitäten zunehmen, die fossilen Energiequellen knapper und teurer werden, die Wirkungsgrade erneuerbarer Energiesysteme wachsen (z.B. von PV-Zellen) und ihre Herstellungskosten sinken, dann wird national und international ein neuer Markt entstehen. Frühzeitig die Tür für diesen neuen Markt weltweit zu öffnen, gewinnt für den Industriestandort Deutschland im 21. Jahrhundert auch vor dem Hintergrund der Triadenkonkurrenz mit den USA (vgl. Kap. 15) und Japan (vgl. Kap. 16) im Bereich der Hochtechnologien für den Energiesektor an Bedeutung (vgl. Kap. 36). Von welcher Energienachfrage gehen Prognosen für das 21. Jahrhundert aus?

1.7 Energieprognosen für das 21. Jahrhundert

Zahlreiche Energieprognosen, mit denen global und für die Bundesrepublik in den 70er Jahren der Bedarf an Kernkraftwerken begründet wurde, haben sich als überhöht erwiesen. Allzu unkritisch wurden vergangene Trends in die Zukunft verlängert und dabei politische Einfluß- und Störfaktoren (wie z.B. die Folgen der Erdölkrisen) ignoriert. Nach Fischer/Häckel (1987: 50) bestimmen drei Variablen die Entwicklung der globalen Energienachfrage: a) das *Bevölkerungs-*

wachstum und der Energieverbrauch pro Kopf, b) die Wachstumsrate des *gesellschaftlichen Gesamtprodukts* und c) der *Energieelastizitätskoeffizient*.

Folgt man der IIASA-Studie von Lutz/Prinz (1994), dann muß bis zum Jahr 2010 für weitere 2 Mrd., bis zum Jahr 2030 für zusätzliche 4 Mrd. und bis zum Jahr 2050 für weitere 6 Mrd. Menschen Energie bereitgestellt werden (vgl. Tabelle 1.4). Weit schwieriger sind Prognosen über den Zusammenhang von Wirtschaftswachstum und Energieverbrauch, vor allem wenn man Energieeffizienzsteigerungen zugrunde legt, wie sie in allen Industriestaaten - hauptsächlich bei der Industrieproduktion[2] - in Reaktion auf die Erdölkrisen festgestellt wurden. Der *Elastizitätskoeffizient* erfaßt diese Effizienzsteigerungen bei der Energienutzung als Folge des technologischen Wandels, den Übergang zum Dienstleistungssektor mit einem geringeren Energieeinsatz und den Verzicht auf energiekonsumierende Aktivitäten.

Tabelle 1.4. Weltbevölkerungsprognosen bis zum Jahr 2200 in Mio. (Quelle: Lutz/Prinz, 1994: 7; Birg, 1995: 209-210)

	1990	2010	2030	2050	2070	2100	2200
Mittleres IIASA-Szenario (Lutz/Prinz)							
Westeuropa (EU 12)	377	404	416	416	415	426	
Nordamerika	277	325	376	420	475	577	
Japan, Australien, Neuseeland	144	158	160	158	154	151	
Industriestaaten	1 142	1 255	1 333	1 378	1 437	1 582	
Entwicklungsländer	4 149	6 097	8 167	9 859	10 897	10 980	
Welt (insgesamt)	5 291	7 352	9 499	11 238	12 334	12 562	
Projektionen von Birg							
niedrigste Schätzung	5 275			8 059		8 011	7 841
höchste Schätzung				10 484		12 033	11 045

Die bis Mitte der 80er Jahre vorliegenden Energieszenarien, die von Fischer/Häckel (1987: 49-71) kritisch ausgewertet wurden, gingen alle - mit Ausnahme von Lovins (1981) - bis zum Jahr 2030 von einem deutlichen Anstieg des Weltenergieverbrauchs von 7 GTOE (1985) auf 12 bis 26,5 GTOE aus. Zusammenfassend stellten sie fest,

> daß die globalen Nachfragekurven sowohl im Energieverbrauch insgesamt als auch bei Erdgas und (gedämpft) bei Mineralöl nach oben zeigen. Das gilt trotz aller ökologischen Einwände noch deutlicher für den dritten ... fossilen Energieträger, die Kohle. ... Wenn menschliche und tierische Muskelkraft, Biomasse ... durch kommerzielle Ener-

2 Vgl. Jänicke, 1995: 119-136; Jänicke/Mönch/Binder, 1992; Jänicke/Weidner, 1995 u.a. zu Japan, Deutschland und USA; vgl. die Angaben in WBGU, 1996: 125. Danach lag der Brennstoffverbrauch je BIP-Einheit (GJ/1000 US $ BIP) in Nordamerika bei 11,9, in Westeuropa bei 7,1 und in Japan bei 3,9, in Asien einschließlich China jedoch bei 34,9, in Osteuropa bei 28,8 und in Indien bei 13,7.

gieträger ersetzt werden, wächst das Energiesystem automatisch und irreversibel in eine neue Dimension hinein. Auch insofern erweist sich die Zukunft der Entwicklungsländer als das Kernproblem des internationalen Energiesystems (Fischer/Häckel, 1987: 71).

Neuere globale Energieprognosen des World Energy Council (WEC, 1993: 27) gehen davon aus, daß die globale Primärenergienachfrage von 8,8 GTOE (1990) nach dem Szenario A (High Growth, Wachstumsrate jährlich 3,8%) bis zum Jahr 2020 auf 17,2 GTOE, nach dem Szenario B_1 (Modified Reference, Wachstumsrate jährlich 3,3%) auf 16,0 GTOE und beim Referenzszenario B auf 13,4 GTOE sowie beim ökologisch motivierten Szenario C, das von hohen Energieeffizienzsteigerungen und einem Nord-Süd-Technologietransfer ausgeht, auf 11,3 GTOE ansteigen werde. Nach diesen vier Alternativszenarien wird die CO_2-Konzentration in der Atmosphäre von 355 ppm (1990) beim Szenario A auf 434, beim Szenario B_1 auf 426, beim Szenario B auf 416 und beim Szenario C auf 404 steigen.

Die neueste IIASA-Studie für den World Energy Council (1995) mit globalen Energieperspektiven bis zum Jahr 2050 und darüber hinaus geht davon aus, daß sich die Weltbevölkerung bis Mitte des 21. Jahrhunderts verdoppeln, das globale BSP verfünffachen und die Weltenergienachfrage bis 2050 um das anderthalb- bis dreifache und bis zum Jahr 2100 um das zwei- bis fünffache zunehmen wird.

Der Hauptgrund für die reduzierte Weltenergienachfrage ist die Annahme einer höheren Zunahme der Energieeffizienz von 0,8 bis 1,4% pro Jahr. In dieser Studie werden sechs alternative Szenarien für die Welt von 2050 untersucht (vgl. Tabelle 1.5): drei Szenarien hohes Wachstum (A1, A2, A3), ein mittleres Szenario (B) und zwei ökologische Szenarien (C1, C2).

Keines dieser sechs Energieszenarien geht von einem völligen Ausstieg aus der *Kernenergie* noch von einem massiven Ausbau aus. Während das Szenario A2 von einem Anstieg der Primärenergienachfrage von 8,8 GTOE (1990) auf 25 (2050) und der CO_2-Emissionen von 5,9 Gt (1990) auf 15 (2050) ausgeht, nehmen die beiden ökologisch motivierten Szenarien bei einem Anstieg der Primärenergienachfrage von 8,8 GTOE (1990) auf 14 (2050) einen leichten Rückgang der CO_2-Emissionen auf 5,0 Gt an und bleiben jedoch damit weit hinter der Forderung des IPCC (1990) und der EK I (1990c, Bd. I: 70-76) zurück, wonach eine Stabilisierung der CO_2-Konzentration in der Atmosphäre nur dann erreicht werden kann, wenn die CO_2-Emissionen weltweit um 50% und bei den Industriestaaten sogar um 80% bezogen auf 1987 gesenkt werden.

Alle sechs hier vorgestellten Szenarien nehmen für 2050 einen signifikanten Anteil der erneuerbaren Energien von 16 (A1) bis 30 (A3) über 22 (B) bis zu 39 (C1) und 36% (C2) an. Die beiden Ökologieszenarien gehen ferner davon aus, daß durch Energiesparmaßnahmen und durch die Förderung der Energieeffizienz, die Primärenergienachfrage von 25 auf 14 GTOE gesenkt und bereits in der Übergangszeit der Bedarf an Kohle, Erdöl und Erdgas deutlich reduziert werden kann sowie die Bereitstellungskosten sich pro TOE mit 50 US $ auf dem unteren Spektrum bewegen. Die IIASA-WEC-Studie legt bei dem Szenario A2 bis 2050 einen mittleren Anstieg der Erdmitteltemperatur von 1,5°C und bis

Tabelle 1.5. Sechs IIASA-WEC-Szenarien zur globalen Energienachfrage im Jahr 2050 (Quelle: WEC, 1995a: 49)

Szenarien	A: großes Wachstum			B	C: Ökologieszenario	
	A1	A2	A3	B	C1	C2
Primärenergie in GTOE	25	25	25	20	14	14
	Primärenergiemix in %					
Kohle	24	32	9	21	11	10
Erdöl	30	19	18	20	19	18
Erdgas	24	22	32	23	27	14
Kernenergie	6	4	11	14	4	12
Erneuerbare Energien	16	23	30	22	39	36
	Ressourcenverbrauch, 1990-2050 in GTOE					
Kohle	235	324	180	226	143	141
Erdöl	323	302	284	257	210	210
Erdgas	241	247	285	227	210	197
Investitionen im Energiesektor in Billionen US $	1,2	1,7	1,2	1,1	0,7	0,7
US$ pro bereitgestellter TOE	50	67	47	56	50	50
als % des globalen BSP	1,2	1,7	1,2	1,5	0,9	0,9
Endenergie in GTOE	17	17	17	14	10	10
	Endenergiemix in %					
Fest	16	19	18	23	19	20
Flüssig	42	36	33	33	34	34
Elektrizität	17	18	18	16	18	17
Andere	25	27	31	28	29	29
	Schadstoffemissionen					
Schwefel, Mio. t S	23	86	15	35	4	3
Stickstoff, Mio. t N	21	55	21	22	14	12
Kohlendioxid, Gt C	12	15	9	10	5	5

2100 von ca. 2,6°C zugrunde. Nach den Ökologieszenarien steigt die Erdmitteltemperatur bis 2050 um ca. 1°C und bis zum Jahr 2100 um 1,4°C an.

Der IPCC geht in seiner zweiten Einschätzung vom 16.12.1995 davon aus, daß sich die Weltmitteltemperatur zwischen 1990 und 2100 um 0,8 bis 3,5°C erhöhen werde, was zu einem Anstieg der Weltmeere um 15 bis 95 cm führen könne (vgl. Lashof, 1996: 1-3).

Die IIASA-WEC Energieszenarien einerseits und die Klimaprojektionen des IPCC andererseits skizzieren die politische Aufgabe im Übergang zum 21. Jahrhundert, eine neue Energiepolitik zu entwickeln, die zum einen dem wachsenden Bedarf nach Energie, vor allem in der Dritten Welt, entspricht und zum anderen die Klimaerfordernisse nicht vernachlässigt. Dies setzt - unabhängig davon, ob mit oder ohne Kernenergie - immense Anstrengungen voraus, durch Sparmaßnahmen die *Energienachfrage zu senken*, die *Energieeffizienz der Produktion und im Verkehr weiter zu erhöhen* und *erneuerbare Energiequellen* schon heute mit

Nachdruck *voranzutreiben*, um das *Modell einer nachhaltigen Entwicklung* im 21. Jahrhundert sowohl in den Industriestaaten als auch in den Entwicklungsländern zu verwirklichen.

Von welchen Zielvorstellungen und alternativen Energieszenarien gingen Untersuchungen für die EU und für Deutschland vor und nach der Vereinigung aus?

1.8 Bedeutung der erneuerbaren Energien in Energieszenarien für die Europäische Union und für Deutschland

Im Jahr 1994 veröffentlichte die für Energiefragen in der Europäischen Kommission zuständige DG XVII eine Studie zu den erneuerbaren Energien in der EU der 12 und in Osteuropa bis zum Jahr 2010 (TERES-Studie, vgl. Kap. 14). Im Ausgangsjahr 1990 betrug der Anteil der erneuerbaren Energien 10% der EG-Nachfrage nach Elektrizität aber nur 3,3% bei der Wärmeerzeugung und insgesamt 4,3% beim Primärenergiebedarf (TERES, 1994: XII).

Nach dem ALTENER-Programm sollte der Anteil der e. E. am Primärenergieangebot bis zum Jahr 2005 bei den damals 12 EG-Staaten auf 8% steigen, die Elektrizitätsgewinnung auf der Grundlage e. E. (ohne Großwasserkraftwerke) sich verdreifachen und der Anteil der Biotreibstoffe auf 5% des gesamten Energieverbrauchs für Motorfahrzeuge ansteigen (TERES, 1994: XIII).

Mit Hilfe eines Computermodells wurden für die 12 EG-Staaten vier alternative Szenarien erörtert (TERES, 1994: XIV-XV):

- das *Base Case-Szenario*, das die bestehenden politischen Aktionen der Mitgliedsstaaten in die Zukunft projiziert;
- das Szenario *Existing Programmes*, das die Auswirkungen der bestehenden Umwelt- und Energietechnologien einschließlich THERMIE, SAVE, JOULE und des 5. Umweltaktionsprogramms der EG erörtert;
- das Programm *Proposed Policies*, das die erfolgreiche Umsetzung der vorgeschlagenen energiepolitischen Rahmenprogramme einschließlich des Energiebinnenmarktes, ALTENER, und CO_2-/Energiesteuer zugrunde legt und
- die Alternative *Full Social Costs*, welche die Internalisierung aller externen Kosten im Zusammenhang mit der Energieproduktion und -nachfrage berücksichtigt und von der Überwindung der Hemmnisse ausgeht, die bisher die Markteinführung e. E. behindert haben (vgl. Abb. 1.2).

Nach dem *zweiten* Szenario würde der Anteil der e. E. von 4,3% (1990) auf 6,4% (2010) steigen, nach dem *dritten* Szenario, das die bisher innerhalb der EU nicht konsensfähige CO_2-/Energiesteuer zugrunde legt, würden die e. E. 2010 ca. 9,2% des Primärenergiebedarfs decken und nach dem *vierten* Szenario würde ihr Anteil bis zum Jahr 2010 auf 13,3% steigen.

Nach dieser TERES-Studie (1994: 106) würden beim ersten Szenario bis zum Jahr 2000 (bezogen auf 1990) die CO_2-Emissionen um 1,2 und bis zum Jahr 2010 um 2,6% zurückgehen. Beim zweiten Szenario wären die Vergleichswerte

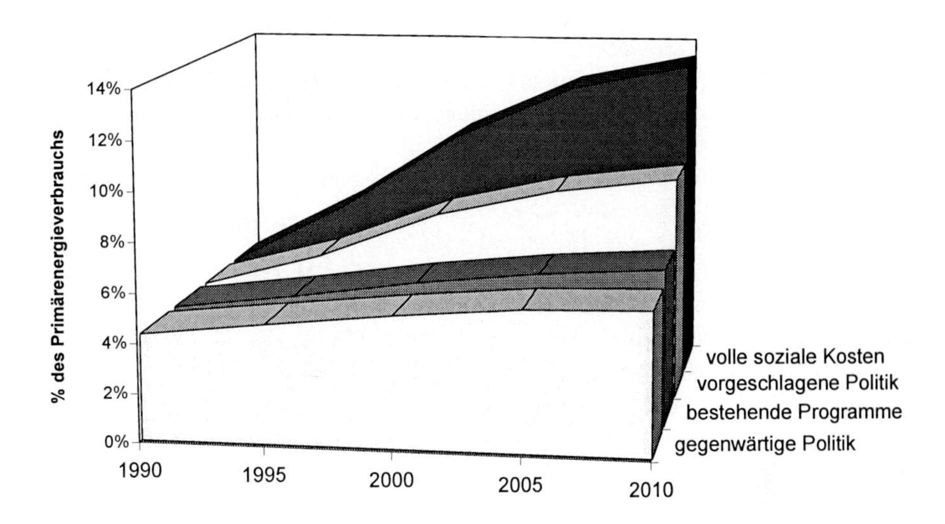

Abb. 1.2. Marktdurchdringung der erneuerbaren Energien als % der Primärenergie für die 12 EG-Staaten in vier alternativen Energieszenarien (Quelle: TERES, 1994: 79)

1,5% (2000) und 3,4% (2010), beim dritten 2,8% (2000) und 6,5% (2010) und beim vierten Szenario sogar 5,1% (2000) und 12,1% (2010). Diese CO_2-Reduktionsziele würden zwar für den Energiebereich die Selbstverpflichtung nach der KRK erfüllen, bis zum Jahr 2000 die CO_2-Emissionen auf das Niveau von 1990 zu stabilisieren, aber die Empfehlungen des IPCC und der EK I (1990) für das Jahr 2010 verfehlen.

Darüber hinausgehend schlugen die Teilnehmer einer Konferenz in Madrid (16.-18.3.1994) in der *„Deklaration von Madrid für einen Aktionsplan für erneuerbare Energien"* vor, den Anteil der erneuerbaren Energien von gegenwärtig 5,4% bis zum Jahr 2010 auf 15% der Primärenergienachfrage in der EU anzuheben, wodurch 300 000 bis 400 000 neue Arbeitsplätze geschaffen und 350 Mio. t CO_2 vermieden werden könnten. Voraussetzung hierfür seien u.a. günstigere politische, legislative und fiskalische Rahmenbedingungen, die durch den vorgeschlagenen Maßnahmenkatalog erreicht werden sollten. In einer *„Übereinkunft von Athen"* schlugen die Teilnehmer einer Konferenz für erneuerbare Energien im Mittelmeer (Athen, 9.-11.11.1995) vor, daß die EU zumindest 25% ihrer Ausgaben im Energiebereich für e. E. einsetzen müsse (vgl. Kap. 33).

Im März 1989 beauftragte die Enquête-Kommission „Technikfolgen-Abschätzung und Bewertung" des Deutschen Bundestages eine Studiengruppe der DLR, Szenarien einer zukünftigen Energieversorgung mit dem Horizont (2050) in Anlehnung an die Empfehlungen der 2. Klimakonferenz von Toronto (Juni 1988) zu entwickeln, die „von einer 25%igen Reduktion der energiebedingten CO_2-Emissionen bis zum Jahr 2005 und einer 75%igen Reduktion bis zum Jahr 2050 ausgehen sollten“ (EK-TA, 1990: 7). Hauptpfad I geht von einem Ausstieg aus der Kernenergie bis zum Jahr 2005 aus und Hauptpfad II bis 2050 von einem steigenden Einsatz der Kernenergie (vgl. Tabelle 33.5).

Der *kernenergiefreie* Energiepfad (I) fordert für die alte Bundesrepublik bei den erneuerbaren Energien einen Anstieg des Primärenergieanteils von 2,5% (1988) über 11,3% (2005), 34,8% (2025) auf 63,4% (2050), wovon 2025 ca. 9,5% und 2050 etwa 26,8% durch Überlandleitungen aus Südeuropa und Nordafrika sowie durch Wasserstoff als Energieträger - z.B. in Pipelines - importiert werden sollten. Der *zweite Hauptpfad* geht von einem steigenden Anteil der Kernenergie von 12,1% (1988) über 22,7% (2005), 29,8% (2025) auf 34,6% (2050) aus, während der Anteil der erneuerbaren Energien bis 2005 auf 6,7%, bis 2025 auf 19,8% und bis 2050 auf 38,7% steigen sollte (EK-TA, 1990: 10).

Alle hier skizzierten globalen (WEC, 1995a), regionalen (TERES, 1994) und auf die Bundesrepublik Deutschland bezogenen (EK-TA, 1990) Energieszenarien stimmen in einigen zentralen Punkten überein, daß die *Energiepolitik im Zeichen der Klimapolitik* im 21. Jahrhundert:

- die *energiebedingten CO_2-Emissionen* deutlich senken muß, um Klimakatastrophen als Folge eines Anstiegs der Weltmitteltemperatur zu vermeiden;
- *Energiesparmaßnahmen* und die *Steigerung der Energieeffizienz* nicht ausreichen werden, bei dem prognostizierten steigenden Energiebedarf, die *energiebedingten CO_2-Emissionen* zu senken;
- den *erneuerbaren Energien* eine wichtige Aufgabe zukommt, die Schere zwischen wachsendem Energiebedarf und klimabedingten CO_2-Reduzierungen umwelt- und sozialverträglich zu schließen.

Der politische Dissens in der Bewertung der Kernenergie im Rahmen einer Klimaschutzstrategie hat in der Bundesrepublik seit über einem Jahrzehnt energiepolitische Grundsatzentscheidungen behindert. Dennoch ist auch bei Kernenergiebefürwortern (vgl. Tabelle 1.5, sowie für die Bundesrepublik Deutschland Tabelle 33.5) unstrittig, daß bis zum Jahr 2050 die erneuerbaren Energien nicht nur den Anteil der fossilen, sondern auch der Kernenergie zurückdrängen werden.

Die *Energiepolitik im Zeichen des Klimaschutzes* wird damit im Übergang zum 21. Jahrhundert zu einer *zentralen politischen Herausforderung*, um zum einen eine nachhaltige sozial-, umwelt- und klimaverträgliche Entwicklung in den Industriestaaten wie auch in den Entwicklungsländern zu ermöglichen und zum anderen die internationalen Folgen zu vermeiden, die bei Verzicht auf eine verantwortungsbewußte Energiepolitik zu ganz neuen weltpolitischen Erschütterungen als Folge von Klimakatastrophen und fortschreitender Desertifikation führen können, die sich möglicherweise in militärisch ausgetragenen Konflikten entladen.

1.9 Energiepolitik als politische Herausforderung: zwischen Nachfragebefriedigung und Klimaerfordernissen

In der Sahelzone können einige der Folgen eines anthropogenen Wandels des natürlichen Gleichgewichts seit 1960 beobachtet werden: Rückgang der Niederschläge und Absenkung des Grundwasserspiegels u.a. durch Abholzung, Vermehrung der Viehherden, Plantagenbewirtschaftung, Ausweitung der Wüsten (Desertifikation), Zunahme von Dürreperioden, Hunger, Unterernährung, Migration sowie kriegerischen Auseinandersetzungen in und zwischen den meisten Ländern im Sahel.

Die Folgen eines Nichthandelns bzw. Entscheidungsaufschubs werden - folgt man den Ergebnissen der 2. Klima-Enquête-Kommission (EK II, 1992: 132-135) zu Klimaänderungen in den klimatologisch sensiblen ariden und semiariden Zonen der Erde: im Maghreb, in der Sahelzone (Westafrika und Horn von Afrika), in Südostasien sowie in Mexiko, Zentralamerika und im östlichen Brasilien zu einer Abnahme der Niederschläge und einer Zunahme extremer Wetterereignisse wie Dürren, Stürme und Überschwemmungen führen. Diese Regionen zeichnen sich schon heute durch ein überdurchschnittliches Bevölkerungswachstum aus, und dieses wird - nach den Prognosen der Bevölkerungswissenschaftler - im 21. Jahrhundert nicht zurückgehen. Einige Folgen sind voraussehbar: Der *Migrationsdruck der „Klimaflüchtlinge"* auf die Länder der EU, auf die USA, Kanada und die anderen OECD-Staaten (Japan, Australien, Neuseeland) wird steigen.

Damit wird die Vermeidung der politisch-sozialen und internationalen Folgen von Klimakatastrophen zu einer der zentralen Herausforderungen der *Friedenspolitik im 21. Jahrhundert*, d.h. zu zentralen Aufgabenfeldern einer längerfristig orientierten *präventiven Diplomatie* gehören die *Klimaschutzpolitik* und über die Eindämmung ihrer zentralen Ursachen auch die *Energiepolitik*.

In der Bundesrepublik haben die Politikwissenschaft, ihre Teildisziplin die Internationalen Beziehungen und das Forschungsprogramm der Friedens- und Konfliktforschung diese Herausforderungen bisher weder erkannt noch sich damit perspektivisch auseinandergesetzt (vgl. 1.3). Die Sozialwissenschaften sind noch ganz auf die Probleme der *Risikogesellschaft* (Beck, 1986) fokussiert und haben die komplexen Herausforderungen, mit denen das Überleben im 21. Jahrhundert konfrontiert wird, bisher vernachlässigt.

Nach dem Wissenschaftsverständnis des Verfassers soll Politikwissenschaft sich nicht auf die Analyse der politischen Strukturen, Prozesse und Felder der Vergangenheit und der Gegenwart beschränken, vielmehr soll *politische* Wissenschaft auch das *Verständnis der global challenges* (Aufklärungsaufgabe) fördern, zur *Erklärung ihrer Ursachen* (Erklärungsfunktion) mit sozialwissenschaftlichen Methoden beitragen und einen *konzeptionellen Beitrag zu Problemlösungsdiskursen* leisten. Für dieses dem „Prinzip Verantwortung" (Jonas) folgende Wissenschaftsverständnis ist Friedensforschung immer normativ an dem Wert Frieden mit dem Ziel der *Gewaltminderung* und *Überlebenssicherung orientiert.*

Wenn die Menschheit heute und morgen dem anthropogen verursachten Treibhauseffekt keinen Einhalt gebietet, dann werden von den für das 21. Jahrhundert prognostizierten Klimakatastrophen alle betroffen: Nord und Süd, Arm und Reich gleichermaßen. Die Vermeidung dieser Katastrophen durch die frühzeitige Erkennung und Überwindung der Herausforderungen verlangt eine neue *internationale Ordnung im 21. Jahrhundert,* die an die ideengeschichtliche Tradition von Kant und Grotius (Bull, 1977) anknüpft und das *Überleben der Menschheit* ins Zentrum stellt.

Die internationale Politik im 21. Jahrhundert benötigt nicht nur ein neues *Wohlstandsmodell*, sondern auch ein *neues Modell internationaler Ordnung*, welches das Überleben der Menschheit an die Stelle der nationalen Sicherheit stellt und damit das *Sicherheitsdilemma* durch ein *Überlebens- oder Klimadilemma* ablöst (vgl. Brauch, 1996b: 315-319). Die traditionellen Mittel der Sicherheitspolitik sind weder für die Früherkennung der neuen Konfliktursachen noch für die Lösung der internationalen Klimafolgen geeignet. Das *Überlebensdilemma* setzt die Einsicht in die Notwendigkeit vielfältiger multilateraler internationaler Zusammenarbeit in internationalen Regimen, Organisationen und regionalen Staatenverbänden sowie Organisationen voraus, in denen die Staaten den gemeinsamen Nutzen, die Schaffung von Bedingungen für das Überleben der Menschheit zu maximieren streben.

Nach dem Wissenschaftsverständnis des Autors darf *Politikwissenschaft* keine reine Reflexionswissenschaft bleiben, sondern sie sollte einen Beitrag zur *Problemerkenntnis,* zur *Problemstrukturierung*, zur *Problemerklärung* und zur *Problemlösung* leisten. *Friedensforschung*, als ein am Wert Frieden orientiertes Forschungsprogramm, sollte einen Beitrag zur Aufklärung über die Gefährdungen der Menschheit und auch zur Entwicklung von Strategien der Überlebenssicherung leisten. Die Integration der *Energiepolitik im Zeichen der Klimapolitik* in die Internationalen Beziehungen setzt die Hinzufügung eines *vierten* zentralen Problemzusammenhangs *Zukunft* (neben Herrschaft, Sicherheit und wirtschaftlicher Wohlfahrt) und die Verdrängung der vom Sicherheitsdilemma bestimmten realistischen Denkkategorien und Handlungslehren durch ein *Klima- oder Überlebensdilemma* als Begründungszusammenhang für umwelt-, außen- und sicherheitspolitisches Handeln voraus. Die Entwicklung von Perspektiven einer *Überlebensgesellschaft* (Hillmann, 1993, 1994) sollte zu einer konzeptionellen Aufgabe der Friedensforschung im Übergang zum 21. Jahrhundert werden.

Die *Energiepolitik* ist eines der zentralen Politikfelder des 21. Jahrhunderts. *Energieeinsparung, Steigerung der Energieeffizienz* in der Produktion, im Verkehr und bei der Heizung sowie der *Übergang von fossilen zu nicht-fossilen Energiequellen* sind wichtige Mittel, um den energiebedingten Treibhauseffekt einzudämmen. Während die *politikwissenschaftliche* Analyse zur Klimapolitik erst begann, steht eine *politikwissenschaftliche* Beschäftigung mit der *Energiepolitik im Zeichen der Klimapolitik* im Übergang zum 21. Jahrhundert noch aus. Diese politikfeldbezogene Lücke versucht dieses zweite *interdisziplinäre Studienbuch zur Energiepolitik* zu schließen.

1.10 Zur Konzeption dieses interdisziplinären Studienbuches

Die fortschreitende Spezialisierung, die Abschottung der Fakultäten und das weitgehende Fehlen von problemfeldorientierten interdisziplinären Studiengängen in der Bundesrepublik Deutschland (im Gegensatz zu den USA) erschwert den interdisziplinären Dialog. Die Aufspaltung der Politik in Kompetenzbereiche, in Generaldirektionen (bei der EU), Ministerien (auf Bundes- und Landesebene), Dezernate und Abteilungen (auf der kommunalen Ebene) erfordert einen immensen horizontalen Koordinationsbedarf, um Anliegen der Energiepolitik in bestehende Aufgabenfelder der Wirtschafts-, Forschungs-, Umwelt-, Außen- und Entwicklungspolitik zu integrieren sowie der vertikalen Abstimmung auf mehreren politischen Ebenen (Jachtenfuchs/Kohler-Koch, 1996: 15-44).

Dieses Buch soll dazu beitragen, die enge Spezialisierung der zahlreichen Disziplinen, die sich mit Aspekten der Energiepolitik beschäftigen, zu überwinden. Durch eine allgemeinverständliche Darstellung will dieser Sammelband die thematischen Bezüge zu den Gegenständen anderer Disziplinen herausarbeiten und durch eine multidisziplinäre Herangehensweise eine wissenschaftlich abgesicherte Diskussion zu zentralen Fragen der Energiepolitik im Zeichen der Klimapolitik ermöglichen.

Probleme der *Energiepolitik* sind Gegenstand wissenschaftlicher Publikationen von Naturwissenschaftlern (Physikern, Chemikern, Biologen, Mathematikern, Geo- und Agrarwissenschaftlern), Ingenieuren (Maschinenbau, Elektrotechnik), von Volks- und Betriebswirten, von Politikwissenschaftlern und Historikern sowie von Praktikern bei internationalen Organisationen, in Ministerien, Parlamenten, bei Entwicklungshilfeorganisationen und bei Verbänden. Diese Publikationen richten sich häufig an ein kleines, hochspezialisiertes Fachpublikum und eignen sich meist nicht als Grundlage für eine disziplinübergreifende Diskussion sowie für sozialwissenschaftliche Seminare, für Projekttage an Gymnasien und für Einführungsseminare im Bereich der außerschulischen Weiter- und Erwachsenenbildung zu Fragen der internationalen und nationalen Wirtschafts- und Umweltpolitik. Dieser Anspruch, wissenschaftliche Forschungsergebnisse für wissenschaftlich interessierte Leser aus anderen Disziplinen zu vermitteln und ihnen - über die Literaturliste - den Zugang zu den vielfältigen wissenschaftlichen und politischen Aspekten der Energieproblematik zu ermöglichen, erfordert von den Autoren dieses Bandes zweierlei:

- eine *Sachkompetenz* in der jeweiligen Disziplin bzw. in einem Praxisfeld,
- eine *allgemeinverständliche Darstellung der Forschungsergebnisse* bzw. *praktische Erfahrungen* für eine breitere wissenschaftliche Leserschaft.

Dieses anspruchsvolle interdisziplinäre Studienbuch soll den Leserinnen und Lesern aus verschiedenen Disziplinen einen Zugang zum aktuellen wissenschaftlichen Forschungsstand (bis Mai 1996) vermitteln. Eine gemeinsame Literaturliste, ein Glossar, ein Anschriftenverzeichnis und ein Index ergänzen diesen Sammelband, wodurch er sich auch als Nachschlagewerk eignet.

1.11 Zur Struktur und den Autoren dieses Sammelbandes

Dieser Band ist in zehn Teile gegliedert: Während im *ersten Teil* (Kap. 2-4) ein Aspekt der Energiegeschichte und die Hauptsätze der Thermodynamik erörtert werden, behandelt der *zweite Teil* (Kap. 5-10) Grundlagen der Energietechnik und die Potentiale der erneuerbaren Energiequellen (Wasser- und Windkraft, Biomasse, Geo- und Solarthermie sowie Photovoltaik).

Der *dritte Teil* (Kap. 11-13) behandelt am Beispiel der Energiesteuer, von Energiezertifikaten und des Contracting ausgewählte Probleme der Verbesserung der ökonomischen Rahmenbedingungen für die Markteinführung der erneuerbaren Energien, während im *vierten Teil* (Kap. 14-16) Handlungskonzepte und Förderungsschwerpunkte der Europäischen Union, der USA und Japans bei erneuerbaren Energien vorgestellt werden.

Im *fünften Teil* (Kap. 17-20) behandeln Ministerialbeamte im BMBF und BMWi sowie Praktiker aus der Entwicklungszusammenarbeit (GTZ) die Aktivitäten und Schwerpunkte der Bundesregierung zu erneuerbaren Energien bei der Forschung, der Markteinführung und im Rahmen der Entwicklungspolitik. Daran schließen sich im *sechsten Teil* (Kap. 21-24) Handlungskonzepte und Vorschläge nichtstaatlicher Akteure zur Reduzierung von CO_2-Emissionen durch Kernenergie bzw. durch erneuerbare Energien an.

In *Teil sieben* (Kap. 25-28) stellen zwei Autorenteams alternative Strategien und Vorschläge zur rationellen Energieerzeugung, Energieeinsparung am Beispiel der Kernenergie und des Erdgases sowie der erneuerbaren Energiequellen vor, und zwei Autoren erörtern Strategien zur CO_2-Reduktion durch Energieeinsparung auf der Ebene der Bundesregierung und des Individuums. Im *achten Teil* (Kap. 29-31) behandeln drei Autoren den Ablauf der Energiekonsensgespräche sowie Methoden und Kriterien für die Bewertung alternativer Energiesysteme.

Im *neunten Teil* (Kap. 32-35) erörtern zwei Naturwissenschaftler, ein Politologe, ein Philosoph und ein Ökonom Handlungskonzepte und Vorschläge für den Ausbau der Sonnenenergie im Mittelmeerraum und in Afrika südlich der Sahara. Daran schließt sich in *Teil zehn* (Kap. 36) ein Schlußkapitel des Herausgebers an, in dem politische Optionen und Hindernisse bei der Markteinführung und Exportförderung für erneuerbare Energien in der Triade diskutiert werden.

Dieser Band verbindet die Expertise von Wissenschaftlern (aus Forschungsinstituten und Universitäten) und Praktikern (aus dem Europäischen Parlament, Bundesministerien und der GTZ, aus Verbänden und Unternehmen) aus Deutschland, der Schweiz und den Niederlanden, von Kernenergiebefürwortern wie auch von deren Kritikern, die in den erneuerbaren Energien einen Ausweg aus den festgefahrenen Energiekonsensgesprächen in der Bundesrepublik Deutschland und auch ein längerfristiges wirtschaftliches Potential im industriellen Wettbewerb innerhalb der Triade sehen. Dieses zweite interdisziplinäre Studienbuch zur *Energiepolitik* wurde gemeinsam mit dem Band zur *Klimapolitik* konzipiert, der wichtige Grundlagen für die Energiepolitik im Zeichen der Klimapolitik legt.

Teil I
Energiegeschichte und Energiesysteme

2 Das vorindustrielle Solarenergiesystem

Rolf Peter Sieferle

2.1 Überblick

Die Universalgeschichte der Menschheit kann in drei Abschnitte unterteilt werden, denen jeweils ein bestimmtes Energiesystem entspricht. Dieses Energiesystem setzt die Rahmenbedingungen, unter denen sich gesellschaftliche, ökonomische oder kulturelle Strukturen bilden können. Energie ist daher nicht nur ein Wirkungsfaktor unter anderen, sondern es ist prinzipiell möglich, von den jeweiligen energetischen Systembedingungen her formelle Grundzüge der entsprechenden Gesellschaft zu bestimmen.

Den größten Teil ihrer Entwicklungsgeschichte hat die Menschheit unter den Bedingungen des Jagens und Sammelns gelebt. Universalgeschichtlich ging dieses Stadium der Jäger- und Sammlergesellschaften im Zuge der sogenannten „neolithischen Revolution", d.h. dem Übergang zum Ackerbau, vor etwa 10 000-12 000 Jahren zu Ende. Das Stadium der Agrargesellschaften kann noch einmal grob in zwei Abschnitte eingeteilt werden: 1. die frühen bäuerlichen Gesellschaften sowie 2. die agrarischen Hochkulturen, die sich vor etwa 5 000 Jahren formierten. Letztere besaßen einen städtisch-gewerblichen Sektor, betrieben Metallurgie, waren sozial stark geschichtet und verfügten über eine schriftlich fixierte Kultur. In einer dieser agrarischen Hochkulturen hat sich vor etwa dreihundert Jahren eine historische Dynamik in Gang gesetzt, die zur „industriellen Revolution", d.h. zum Übergang in eine neuartige gesellschaftliche Formation führte. Dieser Prozeß der „Industrialisierung" und „Modernisierung" hat, ausgehend von seinem Ursprung in Europa, inzwischen die gesamte Menschheit ergriffen und ist immer noch nicht abgeschlossen.

Energetisch beruhen alle drei Formationen - Jäger- und Sammlergesellschaften, Agrargesellschaften und auch die Industriegesellschaft - letztlich auf der Nutzung von Solarenergie, doch bestehen hierbei gravierende Unterschiede. Diese liegen im Grad der Manipulation von Energieflüssen, vor allem aber in dem Maß, in welchem auf Energiepuffer zurückgegriffen wird. Die traditionellen, vorindustriellen Solarenergiesysteme schalten sich im wesentlichen in den gegebenen Fluß von Solarenergie ein, d.h. ihre Energienutzung ist prinzipiell mit der Sonneneinstrahlung synchronisiert. Das Energiesystem der Industriegesellschaft dagegen beruht auf dem Verbrauch fossiler Energieträger, also auf Solarenergie, die während langer Zeiträume in Gestalt von fossilierter Biomasse gespeichert wurde. Diese Gesellschaft nutzt daher einen einmalig vorhandenen

Bestand, der sich selbstverständlich im Zuge dieser Nutzung vermindert und irgendwann aufgebraucht sein wird. Aus diesem Grund ist das industrielle Energiesystem prinzipiell nicht auf Dauer angelegt. Es handelt sich vielmehr um ein Phänomen des Übergangs: Früher oder später muß an die Stelle des fossilen Energiesystems ein anderes, dauerhaftes System treten. Dieses kann, wenn es sehr langfristig angelegt sein soll, nach heutigem Kenntnisstand nur auf dem Prinzip der Kernfusion beruhen. Eine entscheidende Alternative besteht dann aber darin, ob diese Fusionsreaktionen weit entfernt in der Sonne oder aber auf der Erde selbst stattfinden sollen, ob es sich also um ein technisches Solarenergiesystem oder ein nukleares Energiesystem handeln wird.

In diesem Kapitel werden die Grundzüge des vorindustriellen Solarenergiesystems skizziert. Das Energiesystem der Jäger- und Sammlergesellschaften ist weitgehend identisch mit der Sicherung der metabolischen Grundlagen dieser Gesellschaften, d.h. es ist im wesentlichen ein Nahrungsenergiesystem. Im Stadium der Agrargesellschaften, vor allem der agrarischen Hochkulturen, läßt sich dagegen eine Differenzierung des Systems ausmachen: Neben die Produktion von Nahrungsmitteln tritt nun die Bereitstellung von mechanischen und chemischen Energieformen, was im Zuge von Bevölkerungswachstum und gewerblicher Entwicklung zu spezifischen Optimierungsproblemen führt. Solarenergiesysteme hängen prinzipiell von der Verfügbarkeit von Flächen ab, auf welche die Sonnenenergie einstrahlt und wo sie in die jeweils nutzbare Form gebracht werden muß. Die Strukturierung des Energiesystems ist daher weitgehend identisch mit dem Management spezifischer Flächennutzungsformen, sei es als Acker, als Weide oder als Wald, wozu spezielle technische Nutzungen von Wind- und Wasserkraft treten. Schließlich kann demonstriert werden, wie aus Knappheitsproblemen der historische Übergang zum fossilen Energiesystem eingeleitet wurde, wobei sich eine neuartige Dynamik formieren konnte, welche schließlich zu den aktuellen Energieproblemen führte.

2.2 Jäger- und Sammlergesellschaften

Die Biosphäre der Erde kann als ein großes Solarenergiesystem verstanden werden, in welches sich die einzelnen Spezies je nach ihrer metabolischen Grundstrategie einnischen. Prinzipiell unterscheidet man autotrophe von heterotrophen Organismen: Pflanzen synthetisieren und erhalten ihre Biomasse, indem sie sich photosynthetisch direkt der Sonnenenergie bedienen, während heterotrophe Organismen energetisch von der Oxidation pflanzlicher oder tierischer Biomasse leben. Die Gesamtmenge der von Organismen umgesetzten Energie ist daher letztlich von der Gesamtmenge der Energie abhängig, die Pflanzen photosynthetisch speichern.

Das Energiesystem paläolithischer Jäger- und Sammlergesellschaften unterscheidet sich nicht grundsätzlich von dem Energiesystem anderer Primatenpopulationen. Sie schalten sich in natürliche Energieflüsse ein, ohne diese stark zu modifizieren. Auch ist ihre Nutzung von Biomasse im wesentlichen mit deren Neubildung synchronisiert, d.h. sie greifen kaum auf gespeicherte Energievorräte zurück. Wie alle Primaten sind die Menschen Omnivoren; sie verzehren sowohl pflanzliche wie auch tierische Nahrung. Damit ist ihre Bevölkerungsdichte notwendigerweise geringer als die von Herbivoren, nicht zuletzt deshalb, weil sie die am häufigsten verfügbare pflanzliche Nahrung, die Zellulose, nicht verdauen können. Als Allesfresser bedient sich der Mensch eines sehr großen Nahrungsspektrums, er kann und muß aber auch vielfältige Nahrung zu sich nehmen, damit keine Mangelerscheinungen auftreten.

Sofern man aus der Untersuchung rezenter Jäger- und Sammlergesellschaften Rückschlüsse auf primitive Gesellschaften ziehen kann, waren sie, was die Qualität der Nahrung (Proteine, Vitamine, Mineralien) betrifft, gut ernährt, doch lagen sie kalorisch eher an der Knappheitsgrenze. Üblich sind bei heutigen Wildbeutergesellschaften 8 000 kJ/Tag und Person, was zwar über dem Niveau der traditionellen Agrargesellschaften liegt, aber weit unter dem der Industrieländer. Der Grund hierfür ist, daß stark energiehaltige Nahrung knapp ist (Zucker, Fett). Muskelfleisch von Großwild in Afrika hat einen Fettgehalt von nur 4%, während er bei modernen Nutztieren bei 25-30% liegt.

Allerdings ist die Jagdeffizienz rezenter Wildbeuter wie der gut untersuchten !Kung San, die in der Kalahari-Wüste leben, wegen Mangels an Großwild relativ gering. Dies bedeutet aber, daß die kalorische Effizienz bei paläolithischen J+S höher gewesen sein könnte. Der Nahrungsenergiebedarf dürfte zu etwa einem Drittel durch Fleisch und zu etwa zwei Dritteln durch Pflanzen gedeckt worden sein. Die !Kung San, von deren Ernährungsgewohnheiten diese Werte abgeleitet wurden, verzehren rund 100 Wurzel- und Knollenarten sowie 54 Tierarten (Lee, 1968). Rein vegetarische Jäger- und Sammlergesellschaften sind nicht bekannt.

Man vermutet, daß es bei Jäger- und Sammlergesellschaften um „optimal foraging“ in dem Sinne geht, daß ein Maximum an Kalorien mit einem Minimum an (Arbeits-) Einsatz gewonnen werden soll. Nach dem Maßstab von Kalorienertrag pro Arbeitsstunde ist die Großwildjagd am effizientesten. Hier kann bereits ein Gegensatz von „ökologischer“ und „ökonomischer“ Energieeffizienz auftreten: Der ökologische Wirkungsgrad ist beim Sammeln von Pflanzen am höchsten, da man sich hierbei auf einer niedrigeren trophischen Ebene befindet, während der „ökonomische“ Ertrag als Relation von input und output bei der Großwildjagd höher ist.

Technischer Fortschritt im Sinne von energetischen Wirkungsgradverbesserungen spielt bei der Großwildjagd, im Gegensatz zur Landwirtschaft, praktisch keine Rolle. So steigert eine metallene Speerspitze kaum den Jagderfolg, während eine Eisensichel deutlich wirkungsvoller ist als eine Feuersteinsichel. Auf jeden Fall ist die Energieeffizienz bei der Großwildjagd weitaus größer als bei der Landwirtschaft, jedenfalls solange es jagdbares Großwild gibt. Jagd auf Großwild mit dem (primitiven) Speer ist energetisch effizienter als Jagd auf Kleinwild mit der fortgeschrittenen Technik von Pfeil und Bogen.

Tabelle 2.1. Energetischer Ertrag unterschiedlicher Produktionsweisen (kJ pro Arbeitsstunde, nach Cohen, 1989)

Großwildjagd (günstige Umwelt)	40 000-60 000
Großwildjagd (dürftige Umwelt)	10 000-25 000
Nüssesammeln	20 000-25 000
Breitspektrumjagd	4 000-6 000
Erntewirtschaft	3000-4 500
Muschelsammeln	4 000-8 000
Bäuerliche Landwirtschaft	12 000-20 000

Aus Tabelle 2.1 wird deutlich, daß der energetische Ertrag beim Übergang von der Großwildjagd zur Breitspektrumjagd (Kleintiere, Vögel) deutlich sinkt, im Übergang zur Landwirtschaft aber wieder steigt. Gegenüber der post-glazialen mesolithischen „broad-spectrum-revolution" bedeutet die neolithische Revolution also eine energetische Effizienzverbesserung, nicht aber gegenüber der paläolithischen Großwildjagd.

Während die Bevölkerungsdichte bei Jägern und Sammlern je nach Ökosystem zwischen 1 und 50 Personen/km^2 schwankte, lag sie bei Hirten bei nur 1-2 Personen/km^2 und bei Brandrodung zwischen 15-55 Personen/km^2.

Ein wesentlicher energetischer Unterschied zwischen Primaten und primitiven menschlichen Gesellschaften liegt im gezielten Gebrauch von Feuer, d.h. der beschleunigten Oxidation pflanzlicher Biomasse. Feuer wird für mehrere Zwekke eingesetzt: zur Denaturierung, Konservierung und Desinfizierung pflanzlicher und tierischer Nahrung, zur Erzeugung eines künstlichen Kleinklimas in Höhlen oder Hütten, zur Abschreckung von Raubtieren und schließlich als Mittel zur Jagd. Nur letzteres hatte eine größere ökologische Bedeutung: Wenn zum Zweck der Jagd Flächenbrände angelegt werden, führt dies nicht nur zur nachhaltigen Veränderung von Pflanzengesellschaften (Verdrängung von Bäumen und Büschen zugunsten von Gräsern), sondern auch zur Überjagung von Wild, das in Panik versetzt und in Abgründe getrieben wird.

2.3 Agrargesellschaft

Prinzipiell kann die vorindustrielle Landwirtschaft als ein System zur Kontrolle von Energieflüssen auf der Basis natürlicher und technischer Energiekonverter verstanden werden. Auch hier ist die einzige nennenswerte Energiequelle der Zustrom von Solarenergie. Im Gegensatz zu dem Energiesystem der Jäger- und Sammlergesellschaften ist das der landwirtschaftlichen Produktionsweise jedoch stark modifiziert. Der energetische Zweck der Landwirtschaft besteht darin, mehr chemische Energie in Form von Biomasse zu gewinnen, als dafür chemische in mechanische Energie verwandelt werden muß. Die vorindustrielle Landwirtschaft muß daher, im Gegensatz zur Landwirtschaft der Industriegesellschaft, prinzipiell mit einem positiven energetischen Erntefaktor arbeiten. Längerfristige Energiedefizite sind hier nicht möglich. Auch kann nicht auf Energiespeicher zurückgegriffen werden, die größere Mengen an Biomasse enthalten, als etwa in 300 Jahren photosynthetisch fixiert worden sind, was z.B. bei der Rodung eines Urwalds anfällt. Als Solarenergiesystem muß sich die vorindustrielle Landwirtschaft daher mit dem dauerhaften Energieeinkommen der Biosphäre begnügen, das allerdings in starkem Maße technisch gelenkt und transformiert werden kann.

Das agrarische Solarenergiesystem beruht auf der Nutzung qualitativ unterschiedlicher Energieformen, die zwar alle letztlich auf die Einstrahlung von Sonnenenergie zurückgehen, im Rahmen der gegebenen technischen Möglichkeiten aber nur über Umwege ineinander transformiert werden konnten. Die Rekonstruktion eines idealtypischen agrarischen Solarenergiesystems basiert auf einer Perspektive, welche diese Gesellschaften selbst nicht einnehmen konnten: Ihnen war der Gedanke fremd, daß Wärme, Nahrung, Arbeit und Licht unter dem gemeinsamen Begriff „Energie" zusammengefaßt werden oder daß Feuer, Wasser, Wind oder Getreide in irgendeiner Hinsicht das Gleiche sein könnten. Man muß sich daher über den Modellcharakter einer solchen Rekonstruktion klar sein. Auch sollte man im Bewußtsein halten, daß die Wirklichkeit der Agrargesellschaften gerade von großer Partikularität und regionaler Differenzierung gekennzeichnet ist und keine realen Durchschnittsbildungen kennt.

2.3.1 Die Produktion von Nahrung für den Menschen

Zum Zweck der Nahrungsgewinnung muß eine bestimmte Fläche des landwirtschaftlichen Lebensraums bereitgestellt werden, auf welchem die favorisierten Pflanzen angebaut werden. Limitierender Faktor für das Pflanzenwachstum ist in der Regel nicht die verfügbare Sonnenenergie, sondern die Anwesenheit zur Assimilation erforderlicher Stoffe, vor allem Wasser, Stickstoff, Phosphor und andere Spurenelemente, andererseits aber auch die Abwesenheit schädlicher Faktoren, wie Salz, Nahrungskonkurrenten („Unkräuter", „Ungeziefer") oder zu starker Wind. In der Kontrolle dieser Faktoren liegt daher ein enormes Innovationspotential, das letztlich auf eine gelungene Monopolisierung der gewünschten Biomassenproduktion für menschliche Zwecke zielt.

Da die Ernährung der Menschen bei gegebener Technik von der verfügbaren Fläche abhängt, ist bei Bevölkerungswachstum mit Verknappung der Nahrung zu rechnen. Ein Ausweg besteht darin, auf eine niedrigere trophische Ebene auszuweichen, also den Anteil von pflanzlicher zuungunsten tierischer Nahrung zu vergrößern. Der Wirkungsgrad bei der Bildung tierischer Biomasse beträgt etwa 20%, d.h. bei Verzicht auf Fleisch kann die menschliche Bevölkerung auf gleicher Fläche um das Fünffache wachsen. Aus diesem Grund ist in fortgeschrittenen und tendenziell übervölkerten Agrargesellschaften ein Rückgang fleischlicher Nahrung zu beobachten. Jedoch darf man die Ernährungssysteme auch ökologisch nicht nur unter Energieaspekten betrachten. Schweine wurden trotz Energieverlusts gehalten, weil sie Proteine und Fette liefern, die auf rein pflanzlicher Basis viel schwieriger zu beschaffen waren. Allerdings tendieren reife Agrargesellschaften dazu, nur solche Tiere zu halten, die geringe Flächenansprüche stellen: Schweine und Hühner, die sich von Abfällen ernähren; Enten und Fische, die im Wasser leben.

Es ist möglich, für eine bestimmte Produktionsweise den Nettoenergieertrag der gesamten Nutzfläche, also inklusive der Brache, zu berechnen. Boyden (1987, in Anschluß an Leach, 1976) kommt zu den folgenden Zahlen für den jährlichen Ertrag:

- Reis mit Brandrodung (Iban, Borneo) 850 MJ/ha
- Gartenbau (Papua, Neuguinea) 1 390 MJ/ha
- Weizen (Indien) 11 200 MJ/ha
- Mais (Mexiko) 29 400 MJ/ha
- intensive bäuerliche Landwirtschaft (China) 281 000 MJ/ha

Im Vergleich dazu beträgt der Nettoenergieertrag bei Jäger- und Sammlergesellschaften 0,6-6,0 MJ/ha im Jahr, d.h. auf der Basis der chinesischen Intensivlandwirtschaft könnten 50 000mal so viele Menschen auf einer bestimmten Fläche leben wie unter Jäger- und Sammler-Bedingungen.

2.3.2 Mechanische Energie

Muskelkraft. Hierbei handelt es sich um die Konversion in Biomasse gebundener chemischer in mechanische Energie durch Menschen oder Nutztiere. Die Zugkraft von Tieren liegt bei 10% des Körpergewichts, beim Pferd sind es 14%. Seine dauerhafte Zugkraft beträgt 80 kg. Zum Tiefpflügen benötigt man eine Zugkraft von 120-170 kg, zum Mähen 80-120 kg. Die Durchschnittsleistung eines Pferdes beträgt 600-700 W. Der Mensch hat im Vergleich dazu eine Leistung von etwa 50-100 W. Die Leistung des Pferdes beträgt also das Achtfache des Menschen. Ein Pferd verrichtet am Tag eine Arbeit von 10-20 MJ. Unter Streß kann das Pferd auch 30 MJ am Tag arbeiten, also 13mal mehr als ein Mensch. Dabei frißt das Pferd Nahrung mit einem Energiegehalt von etwa 100 MJ/Tag. Sein energetischer Wirkungsgrad liegt also bei 15-20% und ähnelt damit dem des Menschen (Zahlen nach Smil, 1991).

Das Pferd ist stark, schnell, intelligent, einfach zu lenken, doch oft zu leicht, um wirklich schwere Lasten zu befördern. Sein Geschirr ist teuer, es ist aufwendig zu ernähren (wenig Grobfutter, statt dessen Hafer). Daher hat sich das Pferd in der Landwirtschaft erst spät durchgesetzt; lange blieb es auf den Militärsektor beschränkt, wo die Kosten nicht entscheidend sind. Ochsen dagegen sind schwer abzurichten, arbeiten langsam, doch sind sie robust, einfach anzuschirren und billig zu ernähren, so daß sie lange Zeit die bäuerliche Landwirtschaft dominierten.

Beim Verzicht auf das Pferd wird eine Fläche frei, die acht Menschen ernähren kann, welche prinzipiell die gleiche Arbeit leisten können. Allerdings besteht bei beschränkter Vegetationsperiode das Problem, daß bestimmte Arbeiten (Pflügen, Abtransport der Ernte) innerhalb recht kurzer Zeit verrichtet werden müssen, so daß sich der Einsatz von Arbeitstieren lohnt. Smil (1991) berechnet, daß die USA im Jahr 1910, also vor Umstellung auf motorengetriebene Fahrzeuge, 20-25% ihrer landwirtschaftlichen Anbaufläche für die Fütterung von Pferden bereitstellen mußten. In China waren es in den fünfziger Jahren für Zugtiere nur 7% der Fläche. Allerdings benötigte in den USA ein Pferd eine Fläche von 1,2 ha, in China ein Wasserbüffel nur 0,13 ha. Ähnliches gilt auch für Menschen: USA 1913: 1,5 ha/Kopf; China 1950: 0,16 ha/Kopf.

Auf der Basis der genannten Werte kann das theoretische Potential für animalische Konversion in Deutschland abgeschätzt werden. Gehen wir von den folgenden Zahlen aus: Wenn die Weidefläche insgesamt 30 000 km^2 umfaßt, also etwa 20% der landwirtschaftlichen Nutzfläche, ein Pferd die Leistung von 700 W zur Verfügung stellt und dafür eine Futterfläche von 1 ha benötigt, so beträgt die Gesamtleistung 2,1 GW. Im Vergleich dazu beträgt die „installierte Leistung" sämtlicher Automobile in der Bundesrepublik (40 Mio. Autos à 50 kW) nicht weniger als 2 TW, ist also um den Faktor 1 000 höher.

Für bestimmte mechanische Arbeiten wurden Göpel eingesetzt: Ein Mensch leistet dauerhaft nicht mehr als 100 W, ein Esel etwa 400 W. Da man kaum mehr als 2-4 Tiere vor einen Göpel spannen konnte, war dessen Leistung auf 1-2 kW beschränkt. Pferde waren für Göpelbetrieb (abgesehen von Bergwerken) zu teuer (Landes, 1973).

Beim Gütertransport über Land ist die einfachste Methode das Tragen, das vor allem den Vorteil hat, daß dafür keine Straße angelegt werden muß. Ein Mensch kann am Tag maximal 40 kg Getreide über eine Entfernung von 25 km transportieren und konsumiert dabei selbst 1 kg. Wenn man den Rückweg mitzählt und jeweils einen Tag Aufenthalt einrechnet, so verbraucht er bei einer Entfernung von 50 km 16%, bei 100 km 25% der Traglast. Traglasten dürfen 30% des Gewichts des Lasttiers nicht überschreiten, bei Steigungen 25%, bei einer Geschwindigkeit von weniger als 5 km/h.

Energetisch ist Tragen ineffizient, da die Last bei jedem Schritt gehoben und gesenkt wird. Beim Ziehen muß dagegen ein Reibungswiderstand überwunden werden, der allerdings durch eine glatte Oberfläche (Straße) und schließlich durch die Ersetzung des Schlittens durch den Wagen stark verringert werden kann. Um eine Wagenladung von 1 t zu befördern, benötigte man auf einer glatten, harten, trockenen Straße eine Zugkraft von 30 kg, auf einer rauhen Straße 150 kg, auf einer sandigen oder lehmigen Straße mehr als 200 kg. Ein Mensch kann mit einem Handkarren etwa 150 kg transportieren. Ein Pferd verzehrt in einer Woche eine Wagenladung Futter, d.h. der Nettoertrag beim Futtertransport wäre nach einer Woche negativ. Damit werden die energetischen Grenzen des Überlandtransports deutlich.

Technische Konversion. Hierbei handelt es sich um den Einsatz von Wasser- und Windkraft für menschliche Zwecke. Die Gezeiten wie auch die Passatwinde beziehen ihre Energie vom Abbremsen der Erdrotation. Die übrigen Formen von Wasser- und Windenergie sind solaren Ursprungs.

Wasserkraft. Die einfachste Nutzungsform von Wasserkraft ist das Floß, dessen Gebrauch schon in paläolithischen Gesellschaften üblich war, das aber für den Transport schwerer Güter, vor allem von Holz, bis ins 19. und 20. Jahrhundert verbreitet war. Das Floß hat einen prinzipiellen Nachteil: Mit ihm ist Transport nur in eine Richtung möglich. Dies begünstigt aber eine spezifische Asymmetrie der Flächennutzung, wie sie in vorindustriellen Gesellschaften verbreitet ist. Bevölkerungs- und Verbrauchszentren liegen eher am Unterlauf von Flüssen, so daß sie mit Flößen oder Booten versorgt werden können, ohne daß dabei ein größerer Energieaufwand entsteht. Da die in die Verbrauchszentren transportierten schweren Güter aber bezahlt werden müssen (sofern es sich nicht um Tribut, Steuern oder Renten handelt), muß es einen stofflichen Rückfluß gegen die Fließrichtung geben, der gewöhnlich aus leichteren (Luxus-) Gütern besteht. Für diesen Transport gegen die Fließrichtung durch Treideln müssen Arbeitskräfte (Menschen, Zugtiere) eingesetzt werden, auch ist die Anlage spezieller Treidelpfade erforderlich. Dennoch ist Treideln gegen den Strom energetisch effizienter als Transport auf dem Landweg, vor allem, wenn das Gefälle nicht zu groß ist.

Eine weitere Form der technischen Konversion der Wasserkraft ist die Wassermühle. Sie ist ursprünglich in den orientalischen Hochkulturen entstanden, vermutlich aus der Wasserschöpfanlage. Die Wassermühle ist gegenüber dem Göpel weitaus günstiger, da ihrem Betrieb keine spezifische (Weide-) Fläche gewidmet werden muß. Allerdings hat auch sie ihre Probleme, die vor allem in der Verfügbarkeit von Wasser liegen. An Flüssen können nur unterschlächtige, häufig schwimmende Wassermühlen betrieben werden, die nicht nur einen geringen Wirkungsgrad haben, sondern auch von Überschwemmungen gefährdet sind und Schiffahrt sowie Flößen behindern. An Bächen dagegen besteht das Problem, daß sie im Sommer austrocknen und im Winter einfrieren können, so daß die Wassermühle ausfällt.

Auch im Normalbetrieb konnten Knappheitsprobleme auftreten. Der Irwell in den englischen Midlands etwa hat ein Gesamtgefälle von 300 m. Im frühen 19. Jahrhundert lagen an ihm nicht weniger als 300 Fabriken mit Wassermühlen, so daß auf eine Mühle lediglich ein Gefälle von einem Meter kam. Da die potentielle Gesamtenergie eines Wasserlaufs in dem Produkt von Wassermenge und Gefälle besteht, versuchte man, durch Anlage von Speichern (Staubecken) die Gesamtmenge des Wassers, die in 24 Stunden an der Fabrik vorbeifloß, während der Arbeitszeit von 14-16 Stunden zu nutzen. Hierzu wurden umfangreiche Anlagen errichtet, die auf eine verbesserte Ausnutzung wie auch auf eine Erhöhung des Wirkungsgrads zielten; auch mußten Konflikte zwischen Anliegern am Ober- und Unterlauf um die Wassernutzung geschlichtet werden.

Das prinzipielle Problem der Wassermühle lag in ihrer Standortgebundenheit. Mechanische Energie konnte durch mechanische Transmission (Stangen, Wellen, Bänder, Räder) nicht über Entfernungen von mehr als tausend Metern transportiert werden. Größere Mengen an mechanischer Energie konnten daher abseits von Wasserläufen kaum verfügbar gemacht werden. Dies galt vor allem für den Bergbau, wo zur Entwässerung Hebeanlagen erforderlich waren. Wollte man Erze in einiger Entfernung von nutzbaren Wasserläufen fördern, blieb man auf kostspielige Göpel-Anlagen angewiesen. Hier lag eine enorme technische Prämie auf der Entwicklung von Pumpen, die mit fossiler Energie arbeiteten (Newcomens Dampfpumpe).

Windkraft. Die größte Bedeutung hatte die Nutzung von Windkraft beim Transport über das Wasser. Das Segelschiff bildete die eigentliche Basis für den Ferntransport der agrarischen Hochkulturen. Sobald die Probleme der Steuerung (Kreuzen gegen den Wind) und der Navigation gelöst waren, war der metabolische Aufwand beim Segeln (im Gegensatz zum Rudern) minimal. Auf dem militärischen Sektor konnte sich die mit Muskelkraft operierende Galeere allerdings trotz ihrer enormen Betriebskosten und geringen Reichweite bis ins 18. Jahrhundert halten, da sie die Hauptnachteile des Segelschiffs nicht besaß: Sie war enorm wendig, konnte beschleunigen, konnte abgebremst werden und war auch in der Flaute einsatzfähig.

Die Windmühle war gegenüber dem Segelschiff dagegen von geringerer Bedeutung. Entwickelt wurde sie erst seit dem 7. Jahrhundert n. Chr., und ihre Durchsetzung verlief recht zögerlich. Die Konstruktion einer Windmühle ist technisch aufwendiger als die der Wassermühle, da sie in den Wind gedreht werden muß. Ihr Hauptnachteil besteht jedoch darin, daß ihre Energiezufuhr nicht gesteuert, dosiert oder abgepuffert werden kann. Bei zu wenig oder zu viel Wind ist sie nicht einsatzfähig, d.h. sie kann nicht für Prozesse eingesetzt werden, die keine plötzliche Unterbrechung erlauben (Pochhämmer, Blasebälge für die Eisenverhüttung, Wasserkünste). Sie blieb daher auf anspruchslosere Anwendungen beschränkt, vor allem Wasserpumpen in Poldern oder Getreidemahlen. In der Spätphase des traditionellen Solarenergiesystems, als dieses an inhärente Knappheitsgrenzen stieß, konnte die Windmühle mit der Wassermühle gekoppelt werden: Sie pumpte Wasser in ein höher gelegenes Reservoir, von dem aus ein kontinuierlicher mechanischer Prozeß durch die Wassermühle gespeist wurde, vor allem im Textilgewerbe.

2.3.3 Chemische Energie

Zur Gewinnung von Wärme mußte Biomasse verbrannt werden, vor allen Dingen Holz oder Torf. Hierbei ist zunächst die Raumheizung zu erwähnen. Der energetische Wirkungsgrad lag beim offenen Herdfeuer bei weniger als 10%, da die Räume wegen des Abtransports der Rauchgase nicht isoliert sein durften. Hier lag allerdings ein großes Potential zur Wirkungsgradverbesserung, das vor allem in der Zeit der „Holzknappheit“ während des 18. Jahrhunderts realisiert wurde, als eine Vielzahl von „Sparöfen“ konstruiert wurde, welche den Wirkungsgrad auf über 20% steigerten.

Von großer Bedeutung war schließlich die Bereitstellung von Energie für chemische Prozesse im engeren Sinne: Kochen, Brennen von Keramik oder Ziegeln, der Glasherstellung, der Metallurgie bis hin zum protochemischen Gewerbe (Herstellung von Soda, Vitriol usw.). Einige Verbrauchszahlen sollen demonstrieren, welche Dimensionen hier erreicht wurden (Sieferle, 1982: 83-92): Man rechnet, daß zur Herstellung von 1 kg Glas nicht weniger als 2 400 kg Holz benötigt wurden. Der Wärmebedarf betrug im Mittelalter bei direkter Holzfeuerung etwa 21 000 kcal/kg Glas, bei einem Wirkungsgrad von 0,3%. Für die Konzentration von 15-100 kg Salzlauge wurden im 16. Jahrhundert etwa 1 m^3 Holz benötigt. So verbrauchte etwa die Saline Hall in Tirol im Jahre 1515 bei der Produktion von 14 000 t Salz etwa 1 Mio. m^3 Holz, was dem jährlichen Zuwachs von 200 000 ha Wald entspricht. Der Holzbedarf der Oberpfälzer Eisenhämmer stieg zwischen 1387 und 1464 von 175 000 m^3 auf 400 000 m^3. Die Eisenindustrie in Kärnten verbrauchte im Jahre 1768 in 300 Hütten etwa 700 000 m^3 Holz.

2.3.4 Die Struktur des agrarischen Energiesystems

Es wurde darauf hingewiesen, daß die vorindustrielle Ökonomie keinen Energiebegriff besaß. Dieser wäre insofern auch abwegig gewesen, da für die konkrete Nutzung Nahrung, Wärme und Bewegung qualitativen Charakter hatten. Eine technisch brauchbare Konversion einer Energieform in eine andere war nicht möglich. Wenn etwa ausreichende Mengen mechanischer Energie in Gestalt eines Wasserlaufs verfügbar waren, bestand doch keine Möglichkeit, diese in nutzbare Wärme zu verwandeln. Umgekehrt konnte pflanzliche Biomasse nur auf dem Umweg über animalische Konversion in mechanische Energie umgesetzt werden, und auch dann mußte sie in bestimmten Qualitäten (Getreide, Heu) vorliegen. Aus Holz konnte keine Bewegung gewonnen werden. Dies wurde erst mit der Erfindung der Wärme-Kraft-Maschine seit dem frühen 18. Jahrhundert prinzipiell möglich. Technisch und ökonomisch sinnvoll wurde es sogar erst durch die Wirkungsgradverbesserungen im 19. Jahrhundert.

Sieht man von der Nutzung des Windes und der Wasserkraft ab, die innerhalb des gesamten Energiebudgets der Agrargesellschaften nur eine untergeordnete Rolle spielten, so stellte sich das Problem der Energienutzung als eines der alternativen Flächennutzung. Der Nahrung wurde ein Acker, der Zugkraft wurde eine Weide und der Wärme wurde ein Wald zugerechnet. Wenn also etwa der Anteil von Zugkraft zu Lasten von Wärme vermehrt werden sollte, bestand der einzige Weg darin, ein Stück Wald zu roden und als Weidefläche zu nutzen.

Hieraus wird das erste und wichtigste Charaktermerkmal des traditionellen Solarenergiesystems deutlich: Es lag in seiner *Flächenabhängigkeit*. Die Gesamtfläche etwa eines Landes bestimmte die theoretische Gesamtmenge an Energie, die in diesem Land verfügbar sein konnte. Den einzelnen Energieformen mußten daher bestimmte qualitative Flächen zugeordnet werden, wobei es sich insgesamt um ein Nullsummenspiel handelte: Die Vermehrung einer Energieart mußte zu Lasten einer anderen Energieart gehen, da es sich um alternative Nutzungen einer gegebenen Gesamtfläche handelte.

Aus dieser Flächenabhängigkeit und Flächengebundenheit folgte eine Reihe weiterer Merkmale, die das traditionelle Solarenergiesystem auszeichneten. Zunächst ist sein prinzipiell *dezentraler Charakter* zu nennen. Es gibt keine natürlichen Konzentrationen von Energie, sondern diese ist (als Biomasse) über die Gesamtfläche einigermaßen gleichmäßig verteilt. Wenn größere Mengen an Energie an einem Ort benötigt werden, so müssen sie dort gezielt konzentriert werden, was mit einem bestimmten energetischen Transportaufwand verbunden ist. Dies grenzt jedoch die Gesamtfläche ein, von der Energie für einen bestimmten Standort gewonnen werden kann. Handelt es sich um Überlandtransport, so ist diese Fläche sehr klein. Bestehen Möglichkeiten, Wasser- und Windkraft einzusetzen (Flößen und Segeln), so können größere Agglomerationen entstehen. Grundsätzlich liegt aber keine Prämie auf Größe und Konzentration von Siedlungen oder Gewerbezentren, sondern es besteht die Tendenz einer dezentralen Verteilung. Die Gesamtstruktur ist gewissermaßen von einem Nebeneinander von Knappheitsinseln gekennzeichnet, wobei Durchschnittswerte umfassenderer Räume praktisch irrelevant sind: So kann in einer Siedlung große Energieknappheit herrschen, obwohl innerhalb des Landes noch freie Flächen existieren, die jedoch nicht mit vertretbarem Aufwand (d.h. mit positivem energetischen Erntefaktor) nutzbar sind. Im Zweifelsfall bilden sich daher immer wieder neue kleinere Siedlungen oder ziehen energieintensive Gewerbe wie Glashütten in Gebiete, in denen ausreichend Fläche (vor allem Wälder) vorhanden sind.

Aus diesem Grundmerkmal der Flächenabhängigkeit und Dezentralität folgt die den Agrargesellschaften inhärente Tendenz, einem stationären Zustand zuzustreben. Explosive und längerfristige Prozesse des „Wachstums" sind hier nur in Ausnahmefällen möglich, etwa bei einer Landnahme (Paradefall Amerika) oder bei einer technischen Innovation, welche die Wachstumsgrenze ein Stück nach oben rückt. Diese Pionierphasen münden jedoch in der Regel recht schnell in einen neuen stationären Zustand ein, der ein Zustand allgemeiner Land- und Energieknappheit ist.

Auf der Basis dieser Tendenz zu einem stationären Zustand ergibt sich die Notwendigkeit eines Managements des Energiesystems, das in seinem Kern in einer Optimierung der Flächennutzung besteht. Es geht hierbei um die Organisation eines Flusses, wobei die Durchflußmenge als solche gegeben ist, die lediglich angemessen verteilt werden muß. Diesem Verteilungsdenken entspricht paradigmatisch ein Nullsummenprinzip, nach dem man in Agrargesellschaften die Welt geordnet sieht: Reichtum setzt Armut voraus, Macht Ohnmacht, Glück Unglück. Innerhalb dieser Struktur kann dann ein permanentes Tauziehen stattfinden, ein Verteilungskampf um einen Kuchen, der prinzipiell nicht wachsen kann. Ausdruck dieses zentralen Motivs des agrarischen Nullsummenspiels ist das Nachhaltigkeitsprinzip: Es ist der Inbegriff des wohlgeregelten, störungsfreien und dauerhaften Gleichgewichts zwischen gegebener Ressourcenmenge und ihrer stabilen Nutzung.

2.4 Der Übergang zum fossilen Energiesystem

2.4.1 Die Krise des agrarischen Solarenergiesystems

Aus der Perspektive des historischen Nachfolgers dieses agrarischen Solarenergiesystems stellt sich die Frage, aufgrund welcher Prozesse dieses von dem völlig anders gearteten fossilen Energiesystem abgelöst werden konnte. Geriet das europäische Solarenergiesystem in eine Krisensituation, aus welcher es der Übergang zum fossilen Energiesystem befreite? In der Tat gibt es Indizien für eine drohende allgemeine Krise des Systems im 18. Jahrhundert. Hintergrund ist das allgemeine Bevölkerungswachstum, welches sich durch sämtliche Schwankungen und Störungen hindurch fast kontinuierlich vollzog (vgl. Abb. 2.1).

Bevölkerungswachstum bedeutet, daß der Druck auf die gegebenen Flächen zunimmt, was aus heutiger Perspektive als Energieverknappung interpretiert werden kann. Wenn Bevölkerungswachstum, wie in Europa seit der frühen Neu-

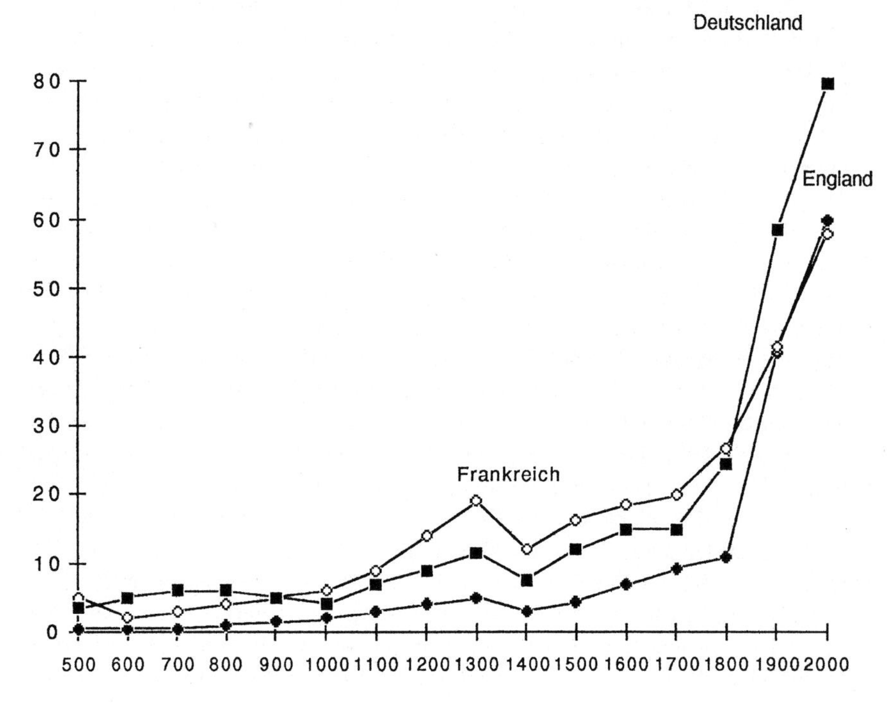

Abb. 2.1. Bevölkerungsentwicklung in Mittel- und Westeuropa (in Mio.)

zeit geschehen, mit gewerblicher Entwicklung, d.h. mit einer Steigerung des Pro-Kopf-Durchflusses von Stoffen und Energie einhergeht, so wird dieses Problem verschärft. Natürlich gibt es auch entgegenwirkende Faktoren, zu denen vor allem technische Verbesserungen (etwa in der Landwirtschaft) zu rechnen sind, die als Steigerung des energetischen Wirkungsgrads interpretiert werden können. Dennoch sind bis zur Schwelle der Industrialisierung zwei Tendenzen zu beobachten, die im Sinne einer wachsenden Energieverknappung interpretiert werden können.

1. Die allgemeine Ernährungslage verschlechterte sich, was in einem generellen Rückzug auf eine tiefere trophische Ebene deutlich wird. In Deutschland sank der jährliche Fleischverbrauch von 100 kg/Kopf im 14. und 15. Jh. auf 14 kg/Kopf im 18./frühen 19. Jh.. Der Rückgang des Fleischkonsums wird auch darin erkennbar, daß in vielen Städten die Zahl der Metzger trotz Bevölkerungswachstums zurückging. Zugleich stieg der Brotverbrauch auf 500-1 000 g/Tag, je nach sozialer Schicht. Armenhäuser in Paris versorgten ihre Klientel im 17./18. Jh. mit 1 500 g Brot am Tag, was als Indiz dafür gelten kann, daß Brot zum einzigen Nahrungsmittel der Armen geworden war. Zugleich verschlechterte sich die Brotqualität für die Masse der Bevölkerung. Der eigentlich favorisierte Weizen (Weißbrot) blieb der Oberschicht vorbehalten, Graubrot (Roggen) wurde von den Mittelschichten gegessen, Schwarzbrot (Gerste, Hafer, Hülsenfrüchte, Eicheln, Kastanien) von der Unterschicht und den Bauern. Manches weist auf chronische Mangelernährung hin, die auf den geringen Proteinanteil an der Nahrung zurückzuführen ist. Es gab bis an die Schwelle der Industrialisierung zahlreiche, sich verschärfende Hungersnöte, regional, aber auch gesamteuropäisch (etwa 1709/10). Die Zahl der Hungerjahre pro Jahrzehnt nahm im 18. Jahrhundert bis zur sogenannten Pauperismuskrise im frühen 19. Jahrhundert zu. (Abel, 1978; Montanari, 1993).
2. Im 18. und frühen 19. Jahrhundert scheint sich der Zustand der mitteleuropäischen Wälder dramatisch verschlechtert zu haben. Die Klage über aktuellen oder in unmittelbarer Zukunft drohenden Holzmangel war weit verbreitet, auch gab es eine Vielzahl von Bemühungen zu einer besseren Bewirtschaftung der Wälder wie auch Maßnahmen, die auf technische Methoden zur Energieeinsparung zielten (Gleitsmann, 1980). Insgesamt ist es in der Literatur umstritten, mit welchem Recht von einem generellen Holzmangel an der Schwelle zur Industrialisierung die Rede sein kann. Schließlich war ja lokale Energieknappheit dem traditionellen Solarenergiesystem prinzipiell inhärent, doch wenn sämtliche Siedlungen gewissermaßen auf Knappheitsinseln lebten, sagt dies nichts über das Energiepotential der gesamten Landesfläche aus. Die zeitgenössische Wahrnehmung einer drohenden Knappheitskrise läßt daher nicht den zwingenden Schluß auf eine tatsächlich bevorstehende Energiekrise zu. Auch könnten die obrigkeitlichen Versuche zur verstärkten Bewirtschaftung und Regulierung von Energieträgern wie Brennholz aus einem generellen Wunsch zur Herrschaftsausweitung erklärt werden (Radkau, 1986).

Trotz dieser Einwände sprechen prinzipielle Überlegungen dafür, daß sich das vorindustrielle Solarenergiesystem im 18. Jahrhundert an einer Schwelle befand, die weiteres Wachstum wichtiger physischer Parameter (Bevölkerungsgröße, Stoffdurchsatz) verhindert hätte. Das energetische Potential der Fläche war gewissermaßen ausgereizt. Technische Fortschritte, die zu Wirkungsgradverbesserungen der Flächennutzung führten, waren zwar möglich, doch standen sie immer vor dem Problem des rapide abnehmenden Grenznutzens. Dies kann ein Beispiel verdeutlichen: Die mittelalterliche Dreifelderwirtschaft mußte jeweils ein Drittel der Anbaufläche brach liegen lassen. Wenn es nun gelang, durch komplexere Formen der Bodenbestellung und des Fruchtwechsels auf die Brache zu verzichten, so hatte dies den gleichen Effekt, als wenn die Anbaufläche um 50% zugenommen hätte. Allerdings war eine solche Innovation nur ein einziges Mal möglich.

Gerade der Wald als wenig intensiv genutzte Restfläche geriet durch den wachsenden Flächenbedarf gewissermaßen in eine Schere: Der Umfang seiner „Nebennutzungen" (Waldweide, Streuentnahme usw.) wuchs in dem Maße, wie auch der Holzbedarf zunahm. Aus den (weitgehend geschätzten) Daten der Bevölkerungsbewegung und der Waldfläche wurde für Deutschland die folgende Entwicklung der verfügbaren Holzmenge pro Kopf der Bevölkerung errechnet: Im frühen Mittelalter waren es 33 m^3, im 13. Jahrhundert 6-8 m^3, Mitte des 18. Jahrhunderts schließlich nur noch 1,5 m^3 Holz, die nachhaltig zur Verfügung standen (Mitscherlich, 1963).

Diese Tendenz zur Holzverknappung kann vor allem am Beispiel von England gut demonstriert werden. Gerade England als Insel hat für solche Berechnungen den enormen Vorteil, daß die Fläche insgesamt gegeben ist und nicht politischen Veränderungen unterliegt, wie dies auf dem Kontinent der Fall war. Wenn wir davon ausgehen, daß von einem Hektar Land dauerhaft 5 m^3 Holz im Jahr gewonnen werden können und wenn wir pro Kopf der Bevölkerung einen Flächenbedarf von einem Hektar für nichtforstliche Zwecke ansetzen, so ergibt sich das folgende Bild (vgl. Abb. 2.2).

Hieraus wird deutlich, daß das Solarenergiepotential Englands im 18. Jahrhundert weitgehend erschöpft war, jedenfalls auf Basis der seinerzeit üblichen agrarischen bzw. forstlichen Technik. Dies bedeutet natürlich nicht, daß das System kurz vor dem Zusammenbruch gestanden hätte. Ein Solarenergiesystem hat prinzipiell die Eigenschaft der Nachhaltigkeit, d.h. es kann auf einem erreichten Niveau des Energieflusses dauerhaft gewirtschaftet werden. Allerdings ist dann, wenn das Energiepotential ausgeschöpft ist, kein weiteres Wachstum der Wirtschaft oder der Bevölkerung mehr möglich, sofern dieses auf der Nutzung von Energie beruht. Umgekehrt bedeutet dies, daß Wirtschaftswachstum in dem Umfang, wie es mit der Industrialisierung verbunden war, nur möglich wurde, da die Grenzen des agrarischen Solarenergiesystems durch den Übergang zum fossilen Energiesystem gesprengt wurden.

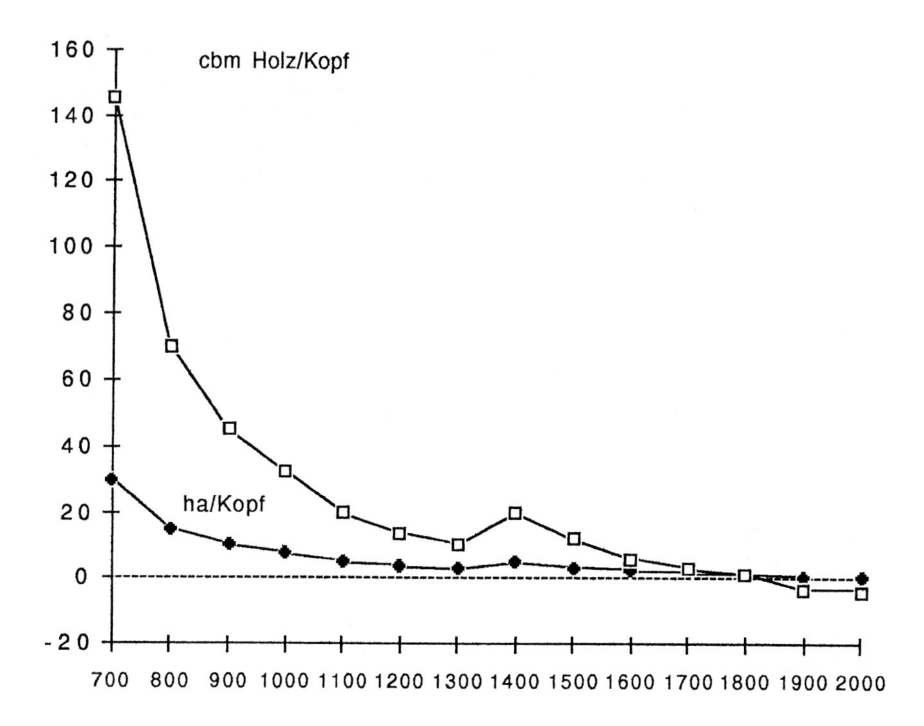

Abb. 2.2. Flächen- und Holzverfügung in England (bei 1 ha/Kopf für nichtforstliche Zwecke)

2.4.2 Struktur und Dynamik des fossilen Energiesystems

Aus der Perspektive des agrarischen Solarenergiesystems wurde die Nutzung von Steinkohle zunächst nur als willkommenes Mittel angesehen, auf eine immer wieder bestehende lokale Energieknappheit zu reagieren. Die Anfänge der Kohlenförderung gehen bis in die Antike zurück, und seit dem Mittelalter wurde in Großbritannien, aber auch in bestimmten Gebieten Mitteleuropas, etwa im Raum Aachen, Kohle genutzt, ohne daß dies eine sprengende Wirkung für das traditionelle Solarenergiesystem entfaltet hätte. Zur Formierung eines neuartigen Energiesystems mußte sich zunächst eine spezifische gesellschaftliche und ökonomische Dynamik aufbauen; zudem waren auch beträchtliche technische Schwierigkeiten zu überwinden. Man kann daher sagen, daß von der energetischen Seite nicht die entscheidenden Impulse ausgingen: Kohle war nicht die "Ursache" der Industrialisierung, doch ist kaum vorstellbar, daß es ohne die Nutzung von Kohle und anderen fossilen Energieträgern je zu einer Industrialisierung gekommen wäre.

Die neuzeitliche ökonomische Dynamik entfaltete sich zunächst unabhängig vom Energiesystem. Für sie bildete die Energieversorgung lediglich eine Randbedingung, die sich im Laufe der Zeit allerdings als ernsthafter Engpaß erweisen sollte. Das fossile Energiesystem formierte sich nicht auf einem Schlag, sondern es gab eine Reihe von Stadien, in denen Kohle das Holz als Energieträger substituierte, von der einfachen thermischen Nutzung, etwa beim Hausbrand oder der Salzsiederei über anspruchsvollere Nutzungen wie Ziegelbrennen, Keramik, Glasherstellung, Brauerei, Bäckerei bis hin zur Meisterung der schwierigsten Probleme in der Metallurgie, vor allem der Eisenverhüttung. Das Hauptproblem kam von den chemischen Eigenschaften der Steinkohle, die einen größeren Gehalt unerwünschter Stoffe wie Schwefel oder Phosphor enthält als Holz(kohle).

Zwei technische Schlüsselinnovationen, welche die Penetration des fossilen Energiesystems ermöglichten, fanden im Laufe des 18. Jahrhundert statt: Durch Verkokung und die Entwicklung des Puddle-Verfahrens wurde es möglich, Eisen auf der Basis von Steinkohle zu verhütten. Dies brachte einen explosiven Anstieg zunächst der britischen, dann der mitteleuropäischen und amerikanischen Eisenproduktion, wodurch die stoffliche Basis der Schwerindustrie und des Maschinenbaus geschaffen wurde. Der zweite Durchbruch hatte mit einem Engpaß der Steinkohleförderung selbst zu tun: Zur Entwässerung von Kohlengruben wurden Pumpen gebaut, die auf dem Prinzip der Dampfexpansion beruhten und aus denen sich schließlich die Dampfmaschine entwickelte, welche das mechanische Kraftzentrum von Industrie und Transport bilden sollte. Die Dampfmaschine ermöglichte zum ersten Mal eine technische Konversion von chemischer in mechanische Energie und stellte damit die Weichen für weitreichendes Wachstum von Transport und mechanischer Arbeit, unabhängig von der Verfügbarkeit von Weideflächen.

Diese Durchbrüche führten zu dem Ergebnis, daß sich ein neuartiges Energiesystem formierte. Was dies bedeutete, sollen die folgenden Zahlen illustrieren: Holz hat einen Heizwert von etwa 12 MJ/kg, während der Heizwert von Kohle bei etwa 30 MJ/kg liegt. Das mittlere spezifische Gewicht von Holz liegt bei 0,5 g/cm^3, d.h. der Heizwert von 1 t Kohle entspricht dem von etwa 5 m^3 Holz, also dem nachhaltigen jährlichen Ertrag von 1 ha Wald. Wir können somit bekannten historischen Daten über geförderte Mengen von Kohle jeweils eine Fläche zurechnen, auf welcher man Holz mit dem gleichen Heizwert hätte gewinnen müssen. Dies ergibt für England (inkl. Wales) das folgende Bild (vgl. Abb. 2.3).

Bereits im ersten Jahrzehnt des 19. Jahrhunderts wurde also die energetische Flächenkapazität von England und Wales überschritten! Aus dieser einfachen Überlegung wird deutlich, was der Übergang zur Nutzung fossiler Energieträger aus der Perspektive des traditionellen Solarenergiesystems bedeutete: Das System entkoppelte sich prinzipiell von der Fläche, deren Nutzung zuvor seinen Bewegungsspielraum definiert hatte. Dieser Prozeß wurde mit der Mechanisierung und Chemisierung der Landwirtschaft abgeschlossen: Diese transformierte sich von einem Bestandteil des Energiesystems zu einem Betrieb der Stoffumwandlung, welcher weitgehend auf Inputs fossiler Energieträger angewiesen ist. Die moderne Landwirtschaft kann im Unterschied zur traditionellen Landwirtschaft mit einem negativen energetischen Erntefaktor operieren, also mehr fossile Energieträger verbrauchen, als sie Nahrungsenergie produziert.

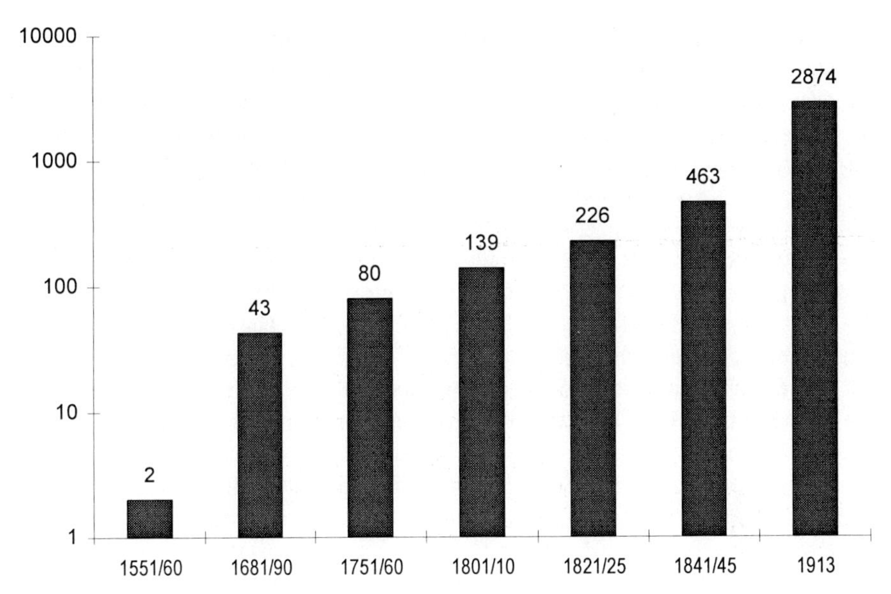

Abb. 2.3. Flächenkorrelate der jährlichen britischen Kohleproduktion in km^2 (logarithmische Darstellung, 150 000 km^2 = Fläche von England und Wales)

Der Übergang zu fossilen Energieträgern schuf neue energetische Systembedingungen, die sich fundamental von denen des traditionellen Solarenergiesystems unterscheiden. Aus dieser Ablösung vom Flächenprinzip werden die folgenden Charaktermerkmale des fossilen Energiesystems verständlich:

- Der Energieträger ist nicht mehr gleichmäßig über eine Fläche verteilt, so daß er mit hohem Transportaufwand beim Verbraucher konzentriert werden muß, sondern er fällt von vornherein in verdichteter Form am Schachtausgang an. Daher begünstigt das fossile Energiesystem industrielle Konzentration mit hohem Verbrauch an bestimmten Standorten. Dies gilt vor allem unter den Bedingungen des Eisenbahntransports, wodurch Ballungszentren von Bevölkerung, Stoffen und Energie miteinander verbunden werden können. Erst jetzt können sich die eigentlichen Industriereviere bilden, in denen sich Produktion und Umweltzerstörung konzentrieren.
- Fossile Energieträger alimentieren energetisch eine rasche Expansion von Produktion und Verbrauch. Das stationäre Nachhaltigkeitsprinzip wird (zumindest vorübergehend) überwunden. Innovationen werden jetzt nicht mehr von Energieknappheit ausgebremst, sondern sie können sich ohne Rücksicht auf physische Beschränkungen entfalten.
- Es wird eine neue Pioniersituation eingeleitet, d.h. eine Phase von sensationellem Wirtschaftswachstum und damit verbundenen physischen Parametern wie Bevölkerungszahl, Pro-Kopf-Verbrauch, Stoffdurchsatz und Umweltproblemen. Dies bedeutet den Abschied vom überkommenen Nullsummenprinzip, an dessen Stelle eine sich verfestigende Erwartung materiellen Fortschritts tritt.

- Durch Verbrennung fossiler Energieträger werden große Mengen an Kohlenstoff mobilisiert und in die Atmosphäre entlassen, die zuvor in der Erdkruste deponiert waren. Die damit verbundene rasche Veränderung der Gaszusammensetzung der Erdatmosphäre führt zu neuartigen, bislang noch nicht völlig verstandenen Umweltproblemen: Änderung des Strahlungsmilieus, Treibhauseffekt, Änderung der Selektionsbedingungen für (Mikro-) Organismen.
- Schließlich steht das fossile Energiesystem vor einem historischen Horizont der Endlichkeit. Da mit Steinkohle, Erdöl und Erdgas ein gegebener und beschränkter Bestand von Ressourcen verbraucht wird, kann dieses System nicht auf einem bestimmten Niveau auf Dauer gestellt werden, sondern es ist zu einer permanenten „Flucht nach vorn" genötigt, zu einer nicht abbrechenden Spirale von Erschöpfung, Substitution und Innovation. Dies verleiht ihm die Merkmale von Dynamik, aber auch den Zwang zu einer nicht abbrechenden Dynamik.

Was dies bedeutet, können die Abb. 2.4. und 2.5 illustrieren:

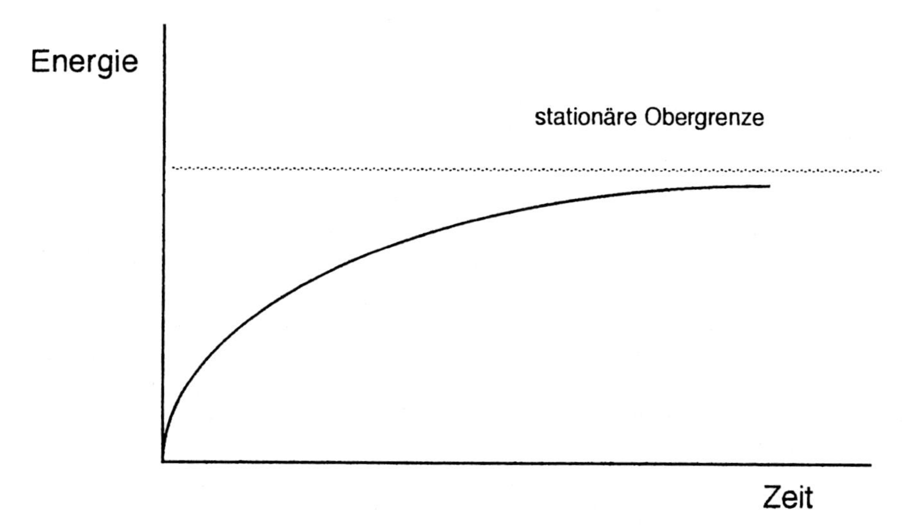

Abb. 2.4. Zeitliche Struktur eines Solarenergiesystems

An Abb. 2.4 ist zweierlei bemerkenswert. Zum einen tendiert ein Solarenergiesystem immer zur asymptotischen Annäherung an eine Obergrenze, welche zwar durch technische Innovationen verrückt, aber nicht dauerhaft beseitigt werden kann. Rasche Expansionen physischer Parameter sind hier daher nicht zu erwarten, sondern Wachstumsphasen münden immer wieder in stabile Zustände ein. Zugleich kann das System aber (ceteris paribus) auf einem gegebenen Niveau dauerhaft existieren. Die Fläche unter der Kurve ist zur Zukunft hin offen, d.h. die kumulierte Energiemenge tendiert gegen unendlich, solange mit der Einstrahlung von Solarenergie gerechnet werden kann.

Es besteht in zweierlei Hinsicht ein Kontrast zur Struktur des Solarenergiesystems. Zum einen weist das fossile Energiesystem in seinem frühen Stadium eine

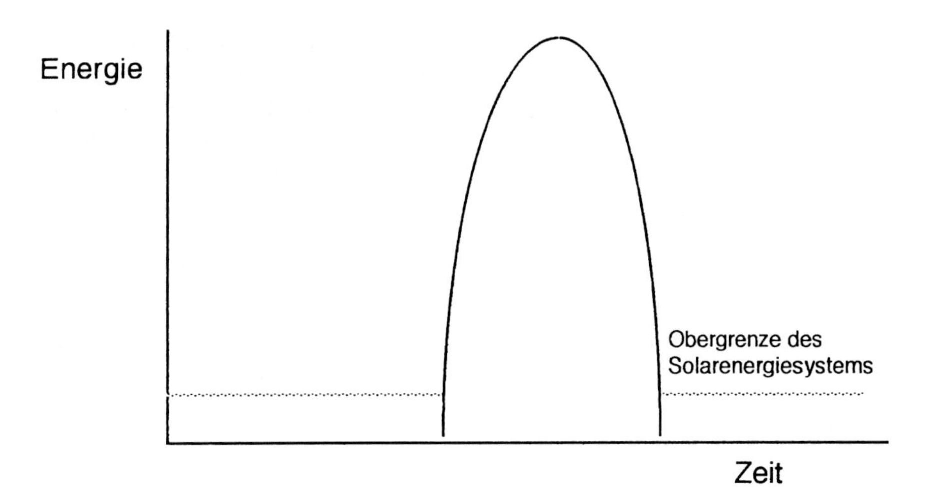

Abb. 2.5. Zeitliche Struktur des fossilen Energiesystems

gewaltige Expansion innerhalb kurzer Zeiträume auf. Es macht weitaus größere Zuwächse an Energieumsätzen verfügbar, als dies auf der Basis einer technischen Ausreizung des vorindustriellen Solarenergiesystems möglich gewesen wäre. Hier wird von der energetischen Seite aus verständlich, weshalb es in den vergangenen zweihundert Jahren zu so sensationellen Wachstumsprozessen hat kommen können. Zum anderen aber muß die Verbrauchskurve irgendwann wieder die Nullinie erreichen, nämlich dann, wenn der gesamte Bestand verzehrt ist. Die Energiemenge insgesamt ist sehr groß (und in einem bestimmten Zeitraum sicherlich weitaus größer, als dies unter den Bedingungen des agrarischen Solarenergiesystems je möglich gewesen wäre). Dennoch ist sie, im Gegensatz zum Solarenergiesystem, nicht unendlich. Auch ist es nicht möglich, das System auf einem bestimmten Niveau dauerhaft zu betreiben. Es steht daher vor dem Horizont einer Transformation (vgl. Abb. 2.5).

Überlegungen dazu, wie die Struktur eines künftigen Dauerenergiesystems aussehen und unter welchen Bedingungen dieses erreicht werden könnte, finden sich in den folgenden Beiträgen dieses Bandes. Prinzipiell scheint ein industrielles, auf avancierter Technik beruhendes Solarenergiesystem nicht unmöglich zu sein. Dies können die folgenden Zahlen illustrieren: Die jährliche Sonneneinstrahlung liegt bei 5,5 x 10^{24} Joule. Der globale Verbrauch fossiler Energieträger lag 1990 dagegen bei 3 x 10^{20} J, das sind weniger als 1/10 000 der Sonneneinstrahlung (Smil, 1991: 15). Die Solarenergiepotentiale sind daher bei weitem noch nicht ausgeschöpft. Auch spricht die Tatsache, daß das agrarische Solarenergiesystem in eine Knappheitskrise geraten und von einem anderen System abgelöst worden ist, nicht generell gegen die Möglichkeit eines modernen Solarenergiesystems auf weit höherem Niveau: Der limitierende Faktor des vorindustriellen Solarenergiesystems war nämlich nicht etwa die Solarkonstante, sondern es waren die ökologischen Randbedingungen des Pflanzenwachstums. Da ein künftiges Solarenergiesystem aber sicherlich nicht mit den Methoden traditioneller Landwirtschaft operieren würde, ist der Untergang des vorindustriellen Solarenergiesystems kein Argument, das gegen Realisierbarkeit einer modernen Variante spräche.

3 Energie, Entropie und Umwelt - Worin unterscheiden sich fossile/nukleare und erneuerbare Energiesysteme?

*Carl-Jochen Winter**

Es gibt vier Hauptsätze der Thermodynamik, die mit 0, 1, 2 und 3 (Nullter Hauptsatz, Erster Hauptsatz...) numeriert sind.[1] Dieses Kapitel konzentriert sich auf den 1. und 2. Hauptsatz. Den 3. Hauptsatz, das Nernst'sche Wärmetheorem, übergehe ich hier, da er für diese Argumentation ohne Belang ist.

3.1 Der 1. Hauptsatz der Thermodynamik

Der *1. Hauptsatz* entsteht gegen Ausgang des 18. und in der ersten Hälfte des 19. Jahrhunderts und kennzeichnet die Abkehr von der stofflichen Auffassung von Wärme. Graf Rumford beobachtet 1798 beim Kanonenrohrbohren in München, daß mechanische Reibung in Wärme umgewandelt wird. Robert Mayer, Arzt in Heilbronn, formuliert 1840 das mechanische Wärmeäquivalent, die Umwandelbarkeit von mechanischer Arbeit in Wärme und umgekehrt. Es geht niemals Energie verloren, es kommt keine Energie aus dem Nichts; Energie kann immer nur in eine andere Form von Energie umgewandelt werden.

Ein perpetuum mobile 1. Art ist nicht möglich: Es gibt keine dauernd Arbeit leistende Maschine, ohne daß ein gleicher Betrag anderer Energie verschwindet. Ein Dieselmotor kann nicht ständig einen Traktor antreiben, ohne daß Dieselöl verbrannt wird. Oder umgekehrt: Es gibt keine dauernd Energie einer Form verbrauchende Maschine, ohne daß ein gleicher Betrag Energie einer anderen Form entsteht. Der Turbinengenerator eines Wasserkraftwerks kann nicht ständig potentielle Energie aus dem Stausee entnehmen, ohne daß elektrischer Strom ins Netz eingespeist wird.

Der 1. Hauptsatz der Thermodynamik ist der *Energieerhaltungssatz*. Bei Energieumwandlung sind die Energiebeträge vor und nach der Umwandlung gleichgeblieben, wenn auch ihre Nützlichkeit für den Menschen vor und nach der Um-

* Ich habe für Kritik und Kommentierung zu danken: S. Giegerich, K. Heinloth, K.-M. Meyer-Abich, J. Nitsch, R. Sizmann, E. Shpilrain.

1 Die Anwendung des 2. Hauptsatzes auf Stoffsysteme gilt gelegentlich als 4. Hauptsatz.

wandlung ungleich ist. Wir sagen, eine Maschine wandelt Energie in einen für den Menschen nützlichen Teil (energetische Arbeitsfähigkeit = *Exergie*) um und läßt einen für den Menschen nicht brauchbaren Teil (*Anergie*) zurück. Ingenieure sind bemüht, den Exergieanteil zu Lasten des Anergieanteils zu mehren. (Die thermodynamische Wirklichkeit ist komplizierter als sie hier darstellbar ist: Sie unterscheidet wärmegeführte Energiewandlungsprozesse nach Carnot und (weitgehend) wärmeungeführte, etwa elektrochemische Prozesse; ihre jeweiligen Exergie- und Anergieanteile unterscheiden sich merklich.)

Unsere Umgangssprache ist physikalisch unscharf oder falsch: Nach dem 1. Hauptsatz gibt es keine Energie„erzeuger“, sondern nur Energiewandler. Es gibt Energie„verluste“ allenfalls gemessen an der Nützlichkeit für den Menschen, nicht in der Physik; hier sind sie schlicht eine andere Energie, etwa Anergie. Auch bei des Menschen Energie„anwendung“, -„verwendung“, -„nutzung“, bei Energiespeicherung und -transport geht es immer nur um Energiewandlung in Energiewandlungsketten. Auch die ganze Volkswirtschaft, ja die Weltwirtschaft sind Energiewandler, miserable, wie wir noch sehen werden, die Energie in - betrüblicherweise - sehr kleine Anteile Exergie und überwiegende Anteile Anergie umwandeln.

Jedes Kettenglied bei Durchlauf durch die Energiewandlungskette stellt eine andere Energie(-form) dar, vom Primärenergierohstoff zur Primärenergie, von dieser zur Sekundärenergie, weiter zur Endenergie und Nutzenergie, schließlich zu den Energiedienstleistungen, um derentwillen alle Energiewandlung durch den Menschen allein und ausschließlich geschieht; es gibt keinen anderen Grund! Immer bleiben die Energiebeträge des vorstehenden Kettenglieds und des nachfolgenden einander gleich, wenn auch, aus der Sicht der Menschen bedauerlicherweise, der Exergiestrom von Kettenglied zu Kettenglied kleiner wird und der Anergiestrom entsprechend anschwillt. Die Natur weiß nichts von Exergie und Anergie. Letztlich werden beide, bei welcher Energiewandlungskette auch immer, der solaren, der fossilen oder der nuklearen, bei Wärme von der Temperatur der Umgebung abhängig sein. Sie, die Umgebungswärme, wird in den Weltraum abgestrahlt. Sie ist für die Nutzung durch den Menschen auf immer verloren, aber im Sinne des 1. Hauptsatzes nicht „weg“, sondern „da“, wenn auch nicht mehr auf der Erde, sondern im Weltraum.

Zur Illustration vier Beispiele praktischer Energiewandlungsketten, einer solaren, einer solar-wasserstofflichen, einer fossilen, einer nuklearen:

- Der Energiewandler Solarhaus: Die solare Energiewandlungskette kennt keinen Primärenergierohstoff und folglich keinen Rest- oder Schadstoff aus ihm. Die Kette ist kurz. Sie beginnt mit der Primärenergie Sonnenstrahlung, die im Kollektor oder passiv in transparenter Wärmedämmung oder in der Photovoltaikfassade des Solarhauses in die Sekundärenergien Wärme und Strom umgewandelt wird, diese in andere Sekundärenergien wie gespeicherte Wärme geeigneter Temperatur, gespeicherten Strom geeigneter Spannung und Frequenz oder gespeicherten solaren Wasserstoff, diese in die Nutzenergien Heizkörperwärme, Kochwärme am Herd, Licht etc., diese letztlich in die

Energiedienstleistungen warme und kühle Räume, Beleuchtung, maschinelle Unterstützung in Haus und Hof sowie Kommunikationsdienste. Arbeitsfähigkeit (Exergie) im Sinne unserer vorstehenden Definition bieten solare Niedertemperaturwärme und solarer Strom; die Verlustwärme bei Umgebungstemperatur ist Anergie.

- Der Energiewandler Wasserstoff-Flugzeug: Auch die Solar-Wasserstoff-Energiewandlungskette kennt keinen Primärenergierohstoff und folglich auch keine Rest- oder Schadstoffe aus ihm. Aber sie ist länger als die rein solare Kette, weil die Wasserstoff-Energiewandlungsschritte hinzukommen. Die Solar-Wasserstoff-Energiewandlungskette beginnt mit den Primärenergien der verwendeten erneuerbaren Energien der Sonnenstrahlung, der Wasserkraft, des Windes, der Biomasse, der Meeresenergie und Gezeiten sowie der Geothermie, die als Sekundärenergien Wärme und Strom liefern. Sie dienen der elektrolytischen Spaltung von Wasser in Wasserstoff und Sauerstoff. Der Sauerstoff wird in die Atmosphäre entlassen oder vor Ort genutzt. Der Wasserstoff wird verflüssigt, transportiert, gespeichert und an Bord des Flugzeugs genommen. Hier rekombiniert er mit Luft als Oxidans in den Brennkammern der Triebwerke, deren Schub für den Vortrieb sorgt. Nutzenergie ist die Energie des Schubes, die Energiedienstleistung ist der Transport der Passagiere oder der Fracht von A nach B. Arbeitsfähigkeit bieten der Triebwerksschub und die Energien für die Hilfsantriebe. Anergien sind die Verlustwärmen auf der ganzen Länge der Energiewandlungskette, letztlich die Rollreibungsverluste des Flugzeugs und die Reibungsverluste im Flug, die Abdampfverluste aus den kryogenen Speichertanks und der Fluglärm.
- Der Energiewandler Automobil: Der Primärenergierohstoff Rohöl wird exploriert, erbohrt, verladen, transportiert, zu Primär- und Sekundärenergie verschiedener Destillate wie Schweröl, Leichtöl, Diesel- oder Ottokraftstoff raffiniert, er wird zur chemischen Endenergie im Automobiltank, zur rotatorischen Endenergie des automobilen Kraftstrangs, schließlich zur translatorischen Bewegungsenergie des Automobils und der Energiedienstleistung der Bewegung des Passagiers von A nach B. Im Verlauf und am Ende der Energiewandlungskette werden Schad- und Reststoffe wie Kohlendioxid, Unverbranntes, Wasserdampf u.a.m. an die Geosphäre abgegeben. Arbeitsfähigkeit bietet der automobile Vortrieb; Anergien sind Verlustwärmen und Reibung sowie Unverbranntes im Abgasstrom.
- Der Energiewandler Kernkraftwerk: Uran in bestimmter chemischer Verbindung wird als Primärenergierohstoff bergmännisch gewonnen, es wird yellow cake daraus gemacht, Uranhexafluorid hergestellt, dieses in Gasultrazentrifugen in seinem spaltbaren Anteil U235 angereichert und zu Reaktorbrennstäben verarbeitet; diese enthalten die Primärenergie, die durch Reaktorabbrand in die Sekundärenergien Wärme und Strom umgewandelt wird. Der Strom wird hochtransformiert in Überlandleitungen transportiert, wieder heruntertransformiert auf geeignete Spannungen und Frequenz als Endenergie zur Gewährleistung der verschiedenen Nutzenergien Licht und „Kraft" in In-

dustrie und Transport und Haushalten bereitgestellt. Im Verlauf und am Ende der Wandlungskette fallen - mit oder ohne Aufarbeitung abgebrannter Brennelemente - Plutonium und radioaktive Spaltprodukte sowie kontaminiertes Material als Schad- und Reststoffe an. Arbeitsfähigkeit bietet der im Kernkraftwerk hergestellte Strom; Anergien sind die Verlustwärme im Kühlwasser oder in der Kühlluft, das Plutonium[2] und die radioaktiven Spaltprodukte.

In allen Fällen, in denen Schad- und Reststoffe aus offenen Enden offener Energiewandlungsketten (Kohlendioxid aus fossiler Energiewandlung, radioaktive Spaltprodukte aus nuklearer Energiewandlung, Stickstoffoxide aus der Wasserstoff/Luft-Rekombination u.a.m.) potentiell mit der Umwelt in Konflikt treten können, ist Energie aufzuwenden, um die Enden zu schließen und damit die offene Kette in eine Kette mit quasi-geschlossenem Stoffkreislauf zu überführen. Die hier aufzuwendende Energie kann nicht mehr der Arbeitsfähigkeit = Exergie dienen. Schadstoffhaltigkeit von Energiesystemen wirkt folglich immer energieentwertend und entropievermehrend.

3.2 Der 2. Hauptsatz der Thermodynamik

Der *2. Hauptsatz* der Thermodynamik wird um die Mitte des 19. Jahrhunderts erstmals formuliert; Erweiterungen und Verfeinerungen gibt es im 20. Jahrhundert bis in die heutige Zeit (Chaos-Theorie). Der 2. Hauptsatz unterscheidet umkehrbare (reversible) und unumkehrbare (irreversible) Prozesse. Theoretische Prozesse der Mechanik ohne Reibung wären umkehrbar. Praktisch aber kommen nur reibungsbehaftete Prozesse vor; diese sind nicht umkehrbar.

- Rudolf Clausius, Physiker, findet 1850 für irreversible Prozesse, daß Wärme von selbst nie von einem Körper niedriger Temperatur auf einen anderen Körper höherer Temperatur übergeht.
- Sir William Thomson (später Lord Kelvin), Physiker, veröffentlichte 1851, daß keine Maschine möglich ist, die einem Wärmespeicher Wärme entzieht und in Arbeit umwandelt, ohne daß mit beiden Körpern noch andere Veränderungen vor sich gehen; die Unmöglichkeit eines perpetuum mobiles 2. Art wird ausgesprochen.
- Es ist auf keine Weise möglich, einen Vorgang, bei dem Wärme durch Reibung entsteht, vollständig rückgängig zu machen.
- Die Expansion eines Gases ohne Arbeitsleistung und ohne Wärmezufuhr von außen ist auf keine Weise wieder vollständig umzukehren.

Es wird der Begriff der *Entropie* (gr. εντρεπειν, entrépein, umwandeln, umkehren) eingeführt als Funktion der an der Umwandlung beteiligten Energie und der

2 Endgelagertes Plutonium und in Kernwaffen verwendetes Plutonium sind im Sinne der vorstehenden Exergie-/Anergiedefinition des anthropogenen zivilen Energiesystems Anergie; Plutonium in MOX - Mischoxidbrennelementen - enthält Exergieanteile.

absoluten Temperatur, bei der sie stattfindet. Der 2. Hauptsatz ist der *Entropiesatz*. Nur für umkehrbare Prozesse bleibt die Entropie konstant. Für alle - praktischen - unumkehrbaren Prozesse nimmt die Entropie zu. Sie ist ein Maß für die sukzessive Energieentwertung bei Durchlauf durch die Energiewandlungskette. Während nach dem 1. Hauptsatz die Energie der Welt (eines geschlossenen Systems) eine konstante Größe ist, nimmt nach dem 2. Hauptsatz die Entropie unaufhörlich zu und strebt nach Clausius ein Maximum an. Der eher unwahrscheinliche Ordnungszustand niedriger Entropie der mit fossilen und nuklearen Energierohstoffen gefüllten Lagerstätten der Erde geht infolge der Ausbeutung durch den Menschen in den eher wahrscheinlichen Unordnungszustand maximaler Entropie, d.i. maximaler Energieentwertung über. Entnimmt der Mensch der Erde ein Stück Kohle (einen Liter Mineralöl, einen Kubikmeter Erdgas, ein Kilogramm Uran), verbrennt es, oxidiert es also zu Kohlendioxid und Wasser (und zu anderen Stoffen) oder „verbrennt" es nuklear zu abgebrannten Brennelementen, radioaktiven Spaltprodukten und Plutonium, so hat er im Sinne des 1. Hauptsatzes den Energieinhalt der Energierohstoffe (Energie) nur umgewandelt in Nutzwärme bestimmter Arbeitsfähigkeit (Exergie) und „Verluste" (Wärmeverluste, Strahlungsverluste, Plutonium u.a. entspricht Anergie): Der Energiebetrag vor und nach der Umwandlung bleibt erhalten. Aber die vergleichsweise niedrige Entropie des Stücks Kohle (des Öls, des Erdgases, des Urans) wurde im Sinne des 2. Hauptsatzes in die hohe Entropie des - im weitesten Sinne - „Abbrandes", also der Abwärme, des Plutoniums, der Radioaktivität verwandelt. Das fossile und nukleare Energiewandlungssystem im Einklang mit dem 1. Hauptsatz hat am Energieinhalt der Welt vor und nach seinen aufeinanderfolgenden Energiewandlungsschritten nichts geändert. Aber es ist nach dem 2. Hauptsatz - gleichsam - eine gigantische Energieentwertungsmaschine für derzeit 13 Milliarden Tonnen Steinkohleneinheiten (1992) entstanden, ein Entropiegenerator, der von Energiewandlungsschritt zu Energiewandlungsschritt jeweils höhere Entropie erzeugt und geringerwertige Energie zurückläßt, die letztlich zu Wärme von Umgebungstemperatur wird, tauglich nur noch zum Abstrahlen in den Weltraum; auf der Erde gibt es kein niedrigeres Temperaturniveau mehr, zu dem sie fließen könnte. (Es gibt von Menschen gemachte thermodynamische Prozesse, etwa den Wärmepumpenprozeß, der die Nutzung auch eines Teils der Umgebungswärme gestattet und selbstverständlich auch unter den Gesetzen des 1. und 2. Hauptsatz steht; auf diese Prozesse wird hier nicht eingegangen.)

So prinzipiell der Mensch beim Betreiben seines Energiesystems an dem Tatbestand des natürlichen Strebens nach immer wahrscheinlicheren Endzuständen geringsten Energiewertes und höchster entropischer Unordnung nichts ändern kann, so trachtet er durch Maßnahmen der rationellen Energiewandlung und rationellen Energieanwendung danach, den Entwertungsprozeß durch Effizienzsteigerung im Sinne entschleunigten Entropiezuwachses und höheren Exergie- / niedrigeren Anergieanteils für sich zu beeinflussen - das allerdings in höchster Not. Denn erinnern wir uns, das Energiesystem hat auch nach zwei bis drei Jahrhunderten Industrialisierung weltweit keinen höheren Energienutzungsgrad als etwa 10 bis 15%. Nur 10 bis 15% der von ihm eingesetzten Energie dient der Bereitstellung von Arbeitsfähigkeit (Exergie), 85 bis 90% sind Anergie. Und das vielleicht nur mehr ein weiteres Jahrhundert lang, bevor durch immer weiter beschleunigte Energierohstoffentnahme aus den Vorratslagern der Erde diese zur Neige gegangen sein werden.

Man kann dies auch noch schärfer formulieren: Wenn der Mensch es in zwei bis drei Jahrhunderten nicht vermocht hat, sein fossil/nukleares Energiewandlungssystem mit einem höheren Energienutzungsgrad zu betreiben als etwa 10 bis 15%, ist es eigentlich bereits zu spät, in den verbleibenden Jahrzehnten des 21. Jahrhunderts bis zur weitgehenden Erschöpfung der nicht erneuerbaren fossilen/nuklearen Energierohstoffe für den Nutzungsgrad der fossil/nuklearen Energienutzung Wunderdinge zu erwarten. Selbst bei Anhebung um einen Faktor 2, was technisch und vor allem finanziell wahrlich einer großen (vielleicht nicht möglichen) Anstrengung bedürfte, wäre der Vorrat an fossilen Energierohstoffen doch nur auf das Doppelte gestreckt. Nein, es geht hier nicht eigentlich um Graduelles, sondern um Prinzipielles: Sonnenenergie statt fossiler Energie!

3.3 Sonnenenergie

Kann die Sonne helfen, deren bis dahin ausschließliche Nutzung während der vorindustriellen *Ersten Solaren Zivilisation* mit der Industrialisierung der Kohlenförderung in England im 18. Jahrhundert verlassen wurde und die nach dem fossil/nuklearen Zwischenakt von wenigen Jahrhunderten in der *Zweiten Solaren Zivilisation* als - wohl - einzige Energiequelle bleibt?[3] Ja und Nein.

Zunächst das Nein: Selbstverständlich gelten auch für die Energie der Sonne die beiden Hauptsätze der Thermodynamik, der Energieerhaltungssatz und der Entropiesatz. Auch die Energie der Sonne wird zu Ende gehen, wenn der Reaktionsstoff (Wasserstoff) des Fusionsreaktors aufgebraucht sein wird und der Stern verlischt. Viele Milliarden Jahre strahlt die Sonne schon, die Erwartung ist, daß sie noch viele Milliarden Jahre strahlen wird. Gemessen an den 10 000-40 000 Jahren der Anwesenheit des modernen Menschen (homo sapiens) auf der Erde ist das ein Zeitmaß, für das ihm jegliche Vorstellung fehlt. Am Ende wird Sonnenenergie beim Entropiemaximum als elektromagnetische Strahlung im Weltraum dissipiert, aber noch „da“ sein: Der „Wärmetod“ wird eingetreten sein, aber eben erst in Jahrmilliarden.

Bis es soweit ist, wird die Sonne den Menschen (aller Kreatur) auf Erden in der Tat helfen: Mit dem „unaufhörlichen“ Strom elektromagnetischer Energie sendet sie einen ebenso unaufhörlichen Strom *Negentropie* (wenig Entropie pro Energieeinheit) auf die Erde, welche dem anthropogenen Entropiezuwachs (viel Entropie pro Energieeinheit) entgegenwirkt. Nur durch ihn, den Negentropie-

3 Auf den irdischen Fusionsreaktor wird hier nicht eingegangen.

strom, konnte sich das Biom entwickeln, Pflanzen, Tiere, schließlich der Mensch. Nur durch ihn bleiben sie am Leben und entwickeln sich weiter, selbst wenn der Mensch in wenigen Jahrhunderten die von der Sonne angelegten Speicher fossiler Energie entwertet, und selbst wenn der Mensch dabei ist, durch die von ihm verursachte globale Erwärmung die Strahlungsbilanz der Erde zu verändern. Voraussetzung ist, er schafft es, die durch ihn ausgelöste nukleare oder klimatische Endkatastrophe zu vermeiden, was aber nicht sicher ist, denn irdische anthropogene Energiedichten kommen inzwischen durchaus in die Nähe der natürlichen (Wasserstoffbombe, Treibhauseffekt), lokal überschreiten sie diese bereits (Atombombentests, Reaktorkerne, Agglomerate wie New York City oder Tokio/Yokohama).

3.4 Der 4. Hauptsatz der Thermodynamik

Der (gelegentlich so numerierte) 4. Hauptsatz, der eigentlich die Anwendung des 2. Hauptsatzes auf stoffliche Prozesse ist, ist ein Kind unseres Jahrhunderts und hat bislang kaum Niederschlag in der wissenschaftlichen Literatur gefunden. Er geht auf den rumänischen Mathematiker und Ökonomen Nikolas Georgescu-Roegen zurück, der der ökonomischen Kreislauftheorie den 2. Hauptsatz der Thermodynamik entgegensetzt. Alle Arbeit geht mit Stoffentwertung und Zuwachs an Stoffentropie einher. Wiederverwendung gebrauchter Stoffe, ihre Regenerierung und Rezyklierung vermeidet nicht letztlich, daß verbleibende Reststoffe verstreut werden und mit noch soviel Einsatz an Energie und Kapital für den Menschen nicht wiederbringbar sind. Stoffe verstauben unter der Hand des Menschen und eutrophieren Land, Wasser und Luft. Das hoffnungsvolle Wort der Versöhnung von Ökonomie und Ökologie ist physikalisch falsch. Die noch so umweltbewußte Wirtschaft vermeidet nicht prinzipiell Stoffentwertung und Stoffentropiezunahme. Es geht immer nur um das relative (zeitliche, energetische, kapitalabhängige) Maß. Offene Wirtschaftssysteme mit mindestens zwei, meist vielen offenen Enden zur Umwelt hin müssen per se mit der Umwelt in Konflikt treten, solange, bis sie durch geschlossene Kreislaufsysteme abgelöst werden. Umweltkonflikte sind immer Ausdruck für Stoffentwertung und Stoffentropiezunahme.

Manchmal liest man, Umweltschutz ist gut, umweltgerechtes (Energie-) Wirtschaften ist besser. Dieser Satz ist richtig und verharmlosend zugleich. Richtig ist, per se mit dem 4. Hauptsatz in Konflikt befindliche offene Systeme durch Maßnahmen des nachträglichen - besser: integrierten - Umweltschutzes zu akkomodieren, so gut es geht. Hierzu gehören Entschwefelungs- und Entstickungsanlagen von Kraftwerken, hierzu gehören Katalysatoren von Automobilen, hierzu müßten Kohlendioxidvermeidungs- oder Kohlendioxidrückhaltetechniken zählen, würden sie denn eingeführt. Deutlich wird, daß alle von Energierohstoffen abhängigen fossilen und nuklearen Energiewandlungssysteme große

Probleme haben, vor allem mit dem 2. und 4. Hauptsatz ins reine zu kommen. Dies wird letztlich nur gelingen, wenn die heute vorherrschenden offenen Systeme sukzessive in weitgehend geschlossene Stoffkreisläufe überführt werden. Was dies aber heißt, ist ganz und gar nicht harmlos, sondern hochdramatisch: Jedes Kohlendioxidmolekül aus den Milliarden Feuerungen der Menschen (Hausheizungen, Industriefeuerungen, Kraftwerke, Automobile etc.) dürfte - so es nicht von den Pflanzen aufgenommen wird - entweder gar nicht erst entstehen (Effizienz der Energiewandlung) oder müßte im Kreislauf geführt werden und dürfte zum Verbleib nicht in die Atmosphäre entlassen werden. Jedes Milligramm Plutonium, jedes radioaktive Spaltprodukt, jedes kontaminierte Material dürfte die derzeit offenen Systeme nicht verlassen, es müßten geschlossene Stoffkreisläufe aufgebaut werden. Großenteils gibt es hierfür noch keine verläßlichen technischen Verfahren. Aber nehmen wir an, es gäbe sie. Dann könnte dem 4. Hauptsatz Genüge getan werden. Aber zu welchem energetischen Preis! Denn für die Schließung der anthropogenen Stoffkreisläufe ist Energie aufzuwenden, Energie, die nicht der Bereitstellung nützlicher Exergie = Arbeitsfähigkeit dient, sondern nach dem 2. Hauptsatz die Energieentwertung und damit die Entropievermehrung beschleunigt. Die Energierohstoffe in der Erdkruste würden noch schneller verzehrt als ohnedies. Berechnungen des Energieäquivalents der kompletten Kohlendioxidrückhaltung bei Kohlekraftwerken zeigen, daß der Nutzungsgrad um ca. 10 Prozentpunkte zurückgeht. Ein gutes Kraftwerk läge also nicht bei 38, sondern bei 28%, alle Kohlekraftwerke der Welt durchschnittlich nicht bei 20, sondern bei 10%, und kämen damit der Nutzlosigkeit bedenklich nahe - ein Kriterium, so bitter es ist, hier formuliert zu werden, das die Fragwürdigkeit des bisherigen anthropogenen Energiewandlungssystems offenlegt.

3.5 Solare Energiewandlung

Solare Energiewandlung ist von all dem frei, weil sie keines Primärenergierohstoffs bedarf und folglich keine Rest- oder Schadstoffe aus ihm entstehen können. Nur die einzusetzenden Materialien der Techniken der Energiewandlungskette haben dem 4. Hauptsatz Genüge zu tun. Aber auch sie treten für solare Energiewandlungsketten selbst vergleichbar hoher Materialintensität gegenüber fossilen und nuklearen Ketten zurück, denn die solare Kette ist kurz. Das Sonnenkraftwerk ist die „Kette“, der Sonnenkollektor, das Windkraftwerk, das solarthermische Kraftwerk und ihre nachgeschalteten Endenergie- und Nutzenergietechniken. Alle Techniken für den - fehlenden - Energierohstoffbereich und alle für den - gleichfalls fehlenden - Rest- und Schadstoffbereich sind für den 4. Hauptsatz (und selbstverständlich auch den 2. Hauptsatz) ohne Belang. Heute emittiert ein Solarkraftwerk wegen seiner Wandlungstechniken (aus Stahl, Glas, Zement u.a.), die aus fossil befeuerten Industrien stammen, ca. 0,01 kg Kohlendioxid pro Kilowattstunde (z. Vgl. Kohlekraftwerke 1 kg/kWh), und das wird noch weniger werden, wenn die Materialintensität im Zuge der Leichtbauentwicklung und Serienfertigung weiter sinken wird. Überdies werden in der Zweiten Solaren Zivilisation im 21. Jahrhundert selbstverständlich auch die Stahl-, Glas-, Zementindustrie solar „befeuert“ werden müssen.

Man kann es auch anders formulieren: Da die Sonne nichts von der Anwesenheit des Menschen auf der Erde weiß, sie also auch nicht wissen kann, ob der Mensch Sonnenenergie für seine Zwecke nutzt oder nicht, ist Sonnenenergiewandlung per se „Hauptsatz-fest“, solange anthropogene und natürliche solare Energiewandler sich hinsichtlich des 2. und 4. Hauptsatzes, also der Energie- und Stoffentwertung sowie der Energie- und Stoffentropievermehrung kaum voneinander unterscheiden. Das ist im einzelnen nicht leicht auszumachen.

In diesem Zusammenhang gebührt der Materialintensität und, damit verbunden, der Energieintensität solarer und solar-wasserstofflicher Energiewandler und ganzer Energiewandlungsketten ein besonderer Gedanke: Wieviel Material ist für die Techniken der Energiewandlung aufzuwenden, und wieviel Energie dient der Bereitstellung dieses Materials während seines ganzen Lebensdauerzyklus', gleichsam von der bergmännischen Gewinnung des Ausgangsrohstoffs, etwa Metallerz, am Anfang bis zur letztlichen Rezyklierung und Endlagerung der ausgemusterten Bauteile am Ende ihres Funktionslebens.

Zwar haben wir gesehen, daß allen solaren (besser: allen erneuerbaren, incl. Gezeiten- und Meeresenergie, geothermische Energie) Energiewandlungsketten die Primärenergierohstoffe fehlten und folglich auch die Rest- und Schadstoffe aus ihm fehlen müssen; wir brauchen uns bei unseren energetischen und entropischen Betrachtungen nicht weiter um sie zu kümmern. Aber die Angebotsdichte von Sonnenenergie (aller erneuerbarer Energie) ist vergleichsweise klein. Soll sie auf Dichten gebracht werden, die dem gewachsenen (fossil/nuklearen) Energiesystem der Menschen entsprechen, so ist Sonnenenergie zu „komprimieren“. Hierfür ist Material einzusetzen, um so mehr, je länger die Energiewandlungskette ist, je mehr Energiewandlungsschritte die Kette hat. Und, um Material herzustellen, zu bearbeiten, seine Funktionstüchtigkeit lebenslang zu gewährleisten, schließlich außer Dienst zu stellen, zu regenerieren und wiederzuverwenden, zu rezyklieren und endzulagern, ist Energie aufzuwenden, Energie, welche der Arbeitsfähigkeit für uns Menschen entzogen ist. Wieviel Energie, das hängt wieder von der Länge der Energiewandlungskette und der Zahl ihrer Wandlungsschritte ab.

Die Länge der verschiedenen solaren Energiewandlungsketten und die Zahl ihrer Wandlungsschritte variieren sehr. Kurze Ketten mit einer kleinen Zahl von Wandlungsschritten sind diejenigen der heimischen Sonnenenergienutzung. Hier wird Sonnenenergie *vor Ort* eingesammelt und genutzt, ohne daß lange Transportwege überwunden oder Speicherzeiten aufgebracht werden müssen. Alle Mittel der lokalen passiven oder aktiven solarthermischen Hausenergieversorgung zählen hierzu, etwa transparente Wärmedämmung, Wärmeschutz- oder thermochrome/elektrochrome Fenstergläser, thermische Kollektoren und Wärmepumpen. Photovoltaikpaneele sollten mit Dünnschicht-Solarzellen mit Dicken von Mikrometern versehen sein. Schon regionale Wasser- oder Windkraftwerke und größere Biomassegeneratoren, erst recht dann überregionale Sonnen- oder Wasserkraftwerke und Solar-Wasserstoff-Anlagen bedecken nicht nur große Flächen, auch die Zahl ihrer Energiewandlungsschritte ist groß: Die längste Kette ist wohl die des globalen Solar-Wasserstoff-Systems, das dem derzeitigen Erdgassystem am ehesten vergleichbar ist, dessen Bohrstelle durch Sonnen- (Wind-, Wasser- etc.) kraftwerk und Elektrolyseur ersetzt gedacht werden muß. Die große Zahl von Gemeinsamkeiten und die wenigen, wirklichen Unterschiede gehen aus Tabelle 3.1 hervor.

Tabelle 3.1. Erdgas und solarer Wasserstoff - Ähnlichkeiten und Unterschiede

<table>
<tr><th></th><th>Gewinnung</th><th>Transport
Speicherung</th><th>Nutzung</th><th>Schadstoffe</th></tr>
<tr><td>Erdgas</td><td>Exploration
Bohrloch
Entfeuchtung</td><td rowspan="2">Gasförmig:
Pipeline
Kompressoren
Ausgleichs-
speicher
Aquifere

Verflüssigt:
Verflüssigung
Flüssiggas-
speicher
Flüssiggas-
Tankschiff
Flüssiggas-
Pipeline</td><td>Gasbrenner
Gaskraftwerke
Brennstoffzelle
Flüssiggas-
Triebwerke</td><td>Methan
Kohlendioxid
Stickstoffoxid
Wasserdampf [a]</td></tr>
<tr><td>Solarer Was-
serstoff</td><td>Solarthermisches
Kraftwerk
Photovoltaisches
Kraftwerk
Wasserkraftwerk
Windkraftwerk
Meereskraftwerk
Geothermisches
Kraftwerk
Elektrolyse
Entfeuchtung</td><td>Katalytischer
Brenner
Wasserstoff/
Sauerstoff-
Dampfkraftwerke
Gaskraftwerke
Brennstoffzellen
LH_2/Luft-
Triebwerke</td><td>Stickstoffoxide[b]
Wasserdampf [a]</td></tr>
</table>

a) Nur in der oberen Atmosphäre, wo auch Wasserdampf ein Treibhausgas ist;
b) nur bei Oxidation nicht mit Sauerstoff, sondern mit Luft als Oxidans und hohen Temperaturen.

Im Sinne der minimalen Energieentwertung und minimalen Entropievermehrung bei Energiewandlung in Energiewandlungsketten erneuerbarer Energien ist folglich auf minimale Material- und damit Energieintensität des verwendeten Materials zu achten. Je kürzer die Kette, je weniger Energiewandlungsschritte aneinandergereiht werden müssen, um eine bestimmte Energiedienstleistung zu garantieren, um so geringer ist die mit dem Materialeinsatz einhergehende Energieentwertung und konsequenterweise auch die Entropiemehrung. Führen wenige Schritte zum Ziel, ist die zu durchlaufende Kette kurz, so haben sie den Vorzug vor vielen Schritten in langer Kette: Der lokalen thermischen Kilowattstunde zur Hausheizung aus dem Dachkollektor ist der regionalen oder gar globalen solar-wasserstofflichen Kilowattstunde immer vorzuziehen, es sei denn, etwa im Winter, sie wäre nicht hinreichend, das Haus zu heizen. Die lokale elektrische Kilowattstunde vom Photovoltaikpaneel des Hauses gebührt solange der Vorrang vor der regionalen oder globalen Kilowattstunde aus Windparks oder Sonnenkraftwerken, wie sie die Aufgabe der Elektrizitätsversorgung allein erfüllen kann. Erst wenn die lokalen Mittel kurzer Ketten nicht ausreichen, vermiedene Kilowattstunden aus regionaler oder globaler Produktion zu garantieren, kommen auch jene ins Spiel. Aber auch dann sind die kurzen Ketten längeren vorzuziehen, solange dies infrastrukturell sinnvoll ist: Strom aus Sonnenkraftwerken ist entropisch die bessere Lösung, wenn im Nutzerbereich Strombedarf besteht und die Entfernung zwischen Sonnenkraftwerk und Nutzer nicht zu groß ist. Solarer Wasserstoff stammt zwar aus der längeren Kette größeren Entropiezuwachses; die Kette muß aber durchlaufen werden, es gibt keine Alternative, wenn beispielsweise mit solarem Wasserstoff Flugzeuge betankt werden sollen; man kann eben mit Strom nicht fliegen, es wird ein speicherbarer chemischer solarer Sekundärenergieträger gebraucht.

In den obigen Ausführungen zur entropischen Konsequenz der langen, material- und energieintensiven, solaren Energiewandlungskette - so wichtig sie seien -, darf nicht vergessen werden, daß solare Energiewandlungsketten im Vergleich zu fossil-nuklearen prinzipiell immer kürzer sein müssen, weil der Energierohstoff und die Schad- und Reststoffe aus ihm fehlen. Wenn Material- und Energieintensitäten sowie deren entropische Konsequenzen die Energierohstoff- und Schadstoff-/Reststoffbereiche fossil/nuklearer Energiewandlungsketten mit einbeziehen müssen (vom Bohrloch bis zur CO_2-Emission in die Atmosphäre; von der Uranmine bis zur Endlagerung radioaktiver Spaltprodukte), so genügen bei solaren (erneuerbaren) Energiewandlungsketten die Techniken der Energiewandlung, -speicherung, -verteilung und -nutzung: das Sonnenkraftwerk, der Windenergiekonverter, die Solar-Wasserstoff-Anlage samt ihren nachgeschalteten Techniken der Verteilung, Speicherung und Nutzung sind die „Kette“!

3.6 Das Fazit

Eine nachhaltige Entwicklung der Menschheit ist nach der Erschöpfung der fluiden Kohlenwasserstofflagerstätten und dem Abbau der Kohlelager möglich, wenn die nuklearen Brennstoffe aus ökologischen oder gesellschaftlichen Gründen nicht weiter aufgebraucht werden dürfen:

1. Die menschengemachte *nukleare und klimatische Endkatastrophe darf nicht stattfinden*. Ganz im Sinne der vorstehenden Argumentation wären andernfalls dem 2. und 4. Hauptsatz gemäß *spontan* so große Anteile zur beschleunigten Energie- und Stoffentwertung sowie Energie- und Stoffentropiemaximierung geleistet worden, daß des Menschen Verbleib auf der Erde unmöglich geworden wäre.

2. Das Wirtschaftssystem muß weg von den Rohstoffen (außer nachwachsenden Naturstoffen), sein Energiesystem muß *weg von den Energierohstoffen, hin zu den Wandlungstechniken* und zu Kapital, um die unablässige Entropiezunahme zu verzögern. Alle Maßnahmen der radikalen rationellen Energiewandlung auf allen Wandlungsstufen und der rationellen Energieanwendung gehören hierher, ebenso alle Effizienz steigernden Maßnahmen. Die Niedrigenergiewirtschaft der 2-Kilowattgesellschaft (2 Kilowattjahre pro Kopf und Jahr) als derzeitigen Mittelwert der Welt beizubehalten, könnte ein erster Schritt sein. Die Vergangenheit der stetigen Angebotsausweitung für Energierohstoffe ist nicht länger das Maß für die Zukunft der Minimierung des Nutzenergiebedarfs und dessen Deckung durch Sonnenenergie und solaren Wasserstoff.
3. Das Stoffwandlungssystem der Menschen muß hin zu *minimalem Stoffverbrauch*, zu wenig materialintensiver Stoffwirtschaft, zu geschlossenen Stoffkreisläufen hoher Wiederverwendungs-, Regenerierungs- und Rezyklierungsraten, geringer Umweltbelastung und *minimalem Stoffentropiezuwachs*.
4. *Sonnenenergienutzung ist die ultima ratio*, manche sagen, die prima ratio, vor allem aus drei Gründen:
   - Weil sie frei von Energierohstoffen ist, erfüllt Sonnenenergienutzung den 4. Hauptsatz insoweit per se, ob ohne oder mit Zutun des Menschen.
   - Der die Erde treffende erneuerbare, unerschöpfliche (mit Maßstäben des Menschen gemessen) und risikofreie solare Energiestrom erfüllt den 2. Hauptsatz, ob mit oder ohne Beteiligung des Menschen an der irdischen solaren Energiewandlung. Erst wenn der Mensch gegenüber natürlichen solaren Energiewandlern unmäßig viel Investivmaterial und damit viel Investivenergie für seine Energiewandlertechniken einsetzt, müßte er die entropischen Konsequenzen nach dem 2. und 4. Hauptsatz gewärtigen.
   - Der unablässig von der Sonne auf die Erde ausgesandte Negentropiestrom ist ein Geschenk - auch - an die Menschen und wirkt ihrer Entropievermehrung entgegen. Dabei leistet sich die Sonne eine bemerkenswerte Großzügigkeit: Nur ein winziger Teil des Angebots an die Erde wird von Pflanzen, Tieren und Menschen genutzt, der weitaus überwiegende Teil wird sogleich umgewandelt in minderwertigere Umgebungswärme und in den Weltraum gestrahlt. Welch ein Potential also für solarthermische, solarelektrische und solarchemische Energiewandlung bietet sich dem Menschen! Nützte er es nicht, würde nur ein winziges Mehr an Umgebungswärme ohne sein Zutun sogleich zusammen mit dem Gros abgestrahlt. Nützte er dieses winzige Mehr materialarm mit Energiewandlungstechniken, die denen der Natur nahekommen, und ließe es erst nach der Nutzung zeitversetzt von der Erde abstrahlen, erfüllte er gleichwohl den 2. und 4. Hauptsatz und setzte der beschleunigten Entropieproduktion in offenen fossilen/nuklearen Energiewandlungssystemen ein Ende: unabdingbare Voraussetzung für beständige und nachhaltige (sustainable) Anwesenheit seiner Art auf der Erde.

4 Leitbilder und Wege einer umwelt- und klimaverträglichen Energieversorgung

Alfred Voß

4.1 Die Herausforderungen

Die Perspektiven der Menschheit enthalten bei einer Fortsetzung der Trends der Vergangenheit durchaus auch unvorstellbare Katastrophen, ausgelöst durch Hunger und Armut oder durch die Zerstörung der natürlichen Lebensgrundlagen. Zu den zentralen Herausforderungen der Zukunft zählen die Schaffung humaner Lebensbedingungen für eine wachsende Weltbevölkerung, die Vermeidung nicht tolerierbarer Klimaveränderungen sowie die Sicherung der Zukunftsfähigkeit des Wirtschaftsstandorts und Lebensraums Deutschland bei einem gleichzeitigen Übergang auf ein Wirtschafts- und Produktionssystem, das eine dauerhafte Entwicklung ermöglicht und die natürlichen Lebensgrundlagen erhält.

Diese Herausforderungen haben einen direkten Bezug zur Energieversorgung,

- da die Verfügbarmachung von mehr Energie bzw. von mehr Arbeitsfähigkeit, eine notwendige Voraussetzung zur Überwindung von Hunger und Armut und auch zur Begrenzung des Bevölkerungswachstums ist,
- da 50% der anthropogenen Emissionen von Treibhausgasen aus der Energieversorgung stammen,
- da die derzeitige Energienutzung die Hauptquelle der Luftbelastung sowie in den Ländern der Dritten Welt eine wesentliche Ursache der Vernichtung von Wäldern ist,
- da die Sicherung des Wirtschaftsstandortes Deutschland ohne eine leistungsfähige Energieinfrastruktur und wettbewerbsfähige Energiekosten nicht gelingen wird.

In der Diagnose der zukünftigen Herausforderungen besteht weitgehende Übereinstimmung; ebenso, was den dringenden Handlungsbedarf betrifft, der sich auch aus unserer ethisch-moralischen Verpflichtung gegenüber den Menschen in den ärmeren Ländern der Welt und den kommenden Generationen als auch aus Sorge um Umwelt und Natur ergibt.

Die Übereinstimmung ist schon geringer, was die anzustrebenden Ziele und Leitbilder angeht, und über die einzuschlagenden Wege bestehen zwischen wichtigen gesellschaftlichen Gruppen kontroverse, ja teilweise gegensätzliche Auffassungen. Dies hat in Deutschland in den letzten Jahren zu einer Energiepolitik geführt, die mutlos nur verwaltet, aber keine Weichen zur Bewältigung der Herausforderungen gestellt hat. Mehr als am Zielkonsens fehlt es am Wegekonsens. Wo und wie lassen sich Orientierungen für die Wege aus der Gefahr finden?

Anhaltender Anstieg der Weltbevölkerung, wachsender Energie- und Rohstoffbedarf, Abholzung der Tropenwälder, Klimaveränderung, die deutlich sichtbar werdenden Grenzen der Belastung von Umwelt und Natur, läßt dies überhaupt noch Raum für Hoffnung zur Lösung der vor uns liegenden globalen Probleme? Oder stehen wir nicht vor den „Grenzen des Wachstums", auf die der Club of Rome vor mehr als zwanzig Jahren bereits warnend hingewiesen hat? Kann der technisch-wissenschaftliche Fortschritt, dem wir in der Vergangenheit eine beispiellose Entfaltung unserer Produktionskräfte verdanken, was zumindest in den Industrieländern zur Humanisierung der Lebensbedingungen und zu einem nie dagewesenen materiellen Wohlstand geführt hat, dessen Schädlichkeitsnebenfolgen, zumindest die der heutigen Technik, aber immer deutlicher hervortreten und globale Dimension erreichen, kann technisch-wissenschaftlicher Fortschritt der Grundpfeiler zur Lösung der drängenden Zukunftsprobleme sein?

Manche verneinen dies und sind in der Tat der Auffassung, daß die Katastrophe nur zu vermeiden ist, wenn wir auf zivilisatorische Annehmlichkeiten verzichten und zu einem naturnahen Leben zurückfinden. Unabhängig von dem Faktum, daß die Natur wohl nur naturnahe Existenzbedingungen für vielleicht 5 Mio., nicht aber 5 Mrd. Menschen bietet, wird diese Auffassung nicht geteilt. Die von den Neo-Malthusianern ins Feld geführte Begrenztheit der natürlichen Ressourcen sowie der Belastbarkeit der Umwelt sind sicher limitierende Faktoren, sie stehen aber einer weiteren Entwicklung des Weltsystems und der Lösung der vor uns liegenden Herausforderungen nicht entgegen. Wir verfügen bereits heute über die technischen Möglichkeiten, auch bei steigender weltweiter Bereitstellung von Gütern und Dienstleistungen, die Inanspruchnahme von Natur und Umwelt auf ein vertretbares Maß, im Sinne einer nachhaltigen Entwicklung, zurückzuführen. Dies gilt auch für die Umweltbelastungen, die mit der derzeitigen Energieversorgung verbunden sind. Wir dürfen uns also von dem Leitbild durch technisch-wissenschaftlichen Fortschritt erweiterbarer Horizonte führen lassen, die einen Zustand des Weltsystems ermöglichen, der verträglich in die Kreisläufe der Natur eingebunden ist, wo ein quasi metastabiles Gleichgewicht besteht, in dem auch 10 bis 14 Mrd. Menschen auskömmlich und frei von materieller Not sowie in Würde leben können.

Die wichtigere Frage, die sich stellt, lautet: Werden wir die Einsicht und Kraft aufbringen, rechtzeitig das Notwendige in des Wortes voller Bedeutung zu tun? Werden wir in der Lage sein, die emotionale Distanz in den wohlhabenden Gesellschaften, gerade auch in unserem Land, zum wissenschaftlich-technischen Fortschritt abzubauen, und zwar im vollen Bewußtsein, daß mit Technikeinsatz, egal welchem, Glück und Leid gefördert werden können? Werden wir der mentalen Wohlstandsfalle entgehen, mit der Verhaltensbiologen die Ablehnungshaltung gegenüber technologischer Innovation als einer Folge von technologisch erzeugtem Überfluß erklären, und werden wir vermeintlich einfachen Lösungen widerstehen?

Damit ist die Überwindung der Kluft zwischen der naturwissenschaftlich-technischen Kultur und der geisteswissenschaftlichen Kultur in den westlichen Industrieländern angesprochen, die sich weitgehend verständnislos gegenüberstehen.

Um das notwendige Handeln in der Technik zur Bewältigung der Probleme zu ermöglichen, bedarf es auch der Unterstützung der Geisteswissenschaften, weil alles menschliche Handeln sich an akzeptierten ethischen Werten orientieren sollte, will es breite Zustimmung einfordern. Diese ethischen Kategorien müssen ihrerseits mit den Naturgesetzen im Einklang stehen. Mit einer reinen Gesinnungsethik, mit Forderungen, die zwar ethisch begründet, aber nur am Realisierungswürdigen, nicht jedoch am Realisierbaren orientiert sind, ist verantwortlichem Handeln nicht gedient.

Der 2. Hauptsatz der Thermodynamik, den der Chemiker und Philosoph Wilhelm Ostwald (1902) „Das Gesetz des Geschehens" nannte, scheint dazu geeignet zu sein, eine Brücke zwischen beiden Kulturen zu schlagen, die zu rational gesicherten ethischen Grundsätzen für unser Handeln und für die notwendige Güterabwägung zur Bewältigung der globalen Herausforderungen führen kann.

4.2 Die Gesetze des Geschehens

Die Hauptsätze der Thermodynamik und der analog dazu formulierte Hauptsatz der Stoffdissipation haben als Naturgesetze eine grundlegende Bedeutung für das Leben und alles menschliche Handeln, also auch für die Wirtschaft. Wesentlich für das Verständnis der Hauptsätze der Thermodynamik ist die Unterscheidung zwischen verfügbarer und nicht verfügbarer Energie. Verfügbare Energie läßt sich in Arbeit umwandeln, sie ist notwendig für alles Leben und den Aufbau lebenserhaltender Strukturen. Sie sei deshalb hier als „Arbeitsfähigkeit" bezeichnet. Nicht verfügbare Energie ist Anergie, sie ist die Energie der ungeordneten Bewegung von Atomen und Molekülen bei Umgebungstemperatur. Sie läßt sich nicht in Arbeitsfähigkeit umwandeln, um nützliche Dinge zu bewirken.

Der erste Hauptsatz der Thermodynamik, der Energieerhaltungssatz, lautet in einer alle Energieformen umfassenden Formulierung: „Die Gesamtenergie eines abgeschlossenen Systems ändert sich nicht". Oder anders ausgedrückt, Energie geht niemals verloren, sie kann immer nur von einer in eine andere Form umgewandelt werden. Nach der von Einstein 1905 formulierten Äquivalenz von Masse und Energie, ist damit auch der Satz von der Erhaltung der Masse nur ein Sonderfall des ersten Hauptsatzes der Thermodynamik.

Der für unsere Überlegungen wichtigere zweite Hauptsatz der Thermodynamik beschreibt das Entropieprinzip. Rudolf Clausius hat ihn 1865 wie folgt formuliert: „Die Entropie eines isolierten Systems kann nicht abnehmen, sie bleibt konstant bei reversiblen Prozessen und wächst bei irreversiblen Prozessen in diesem System." Oder anders ausgedrückt, die in einem isolierten System vorhandene Energie strebt einer Dissipation, einer Entwertung, dem Übergang in gleichmäßig verteilte Wärmeenergie, also einem Zustand geringerer Ordnung, zu, die Entropie nimmt zu.

Wir sollten nun aber beachten, daß die genannten Formulierungen der Hauptsätze für isolierte, d.h. abgeschlossene Systeme gelten, und daß es richtig betrachtet, ggf. nur ein abgeschlossenes System, nämlich das Universum, gibt. In offenen, d.h. nicht abgeschlossenen Systemen, die durch einen Stoff- und/oder Energieaustausch mit ihrer Umgebung verbunden sind - und es sei hier angemerkt, daß alle lebenden wie auch technischen Systeme und somit auch unser Wirtschaftssystem eben nicht abgeschlossen sind, sondern in einem ständigen Austausch mit ihrer Umgebung stehen -, in diesen offenen Systemen kann die Entropie durch die Zufuhr von Arbeitsfähigkeit sehr wohl abnehmen, allerdings nur auf Kosten einer entsprechenden Energieentwertung an anderer Stelle.

Ludwig Boltzmann hat bereits 1886 darauf hingewiesen, daß lebende Strukturen Arbeitsfähigkeit verbrauchen müssen, um leben zu können. Die verfügbare Energie wird dabei entwertet, sie wird überführt in gleichmäßig verteilte Wärmeenergie, also einen Zustand geringerer Ordnung. Dabei nimmt die Entropie, also die Unordnung zu.

In neuerer Zeit hat der Mathematiker und Ökonom Georgescu-Roegen (1981) das Entropieprinzip des 2. Hauptsatzes der Thermodynamik auf die Dissipation von Materie ausgedehnt. Er schreibt:

> Ich möchte zu bedenken geben, daß es eine elementare Tatsache ist, daß Materie ebenso in zwei Zuständen existiert, nämlich verfügbar und nicht verfügbar, und daß sie genau wie Energie ständig und unwiderruflich von dem einen in den anderen Zustand übergeht. Materie löst sich ebenso wie Energie in Staub auf; dies läßt sich am besten durch Rost und durch Verschleiß von Automotoren und Autoreifen veranschaulichen.

Alle stofflichen Prozesse sind nach diesem manchmal als 4. Hauptsatz bezeichneten Gesetz mit einem Zuwachs an Stoffentropie, einer Stoffzerstreuung bis zu einem Zustand verbunden, für den ein Einsammeln und Aufkonzentrieren praktisch unmöglich wird. Natürlich sieht auch Georgescu-Roegen, daß die Stoffentropiezunahme, d.h. die Stoffzerstreuung, durch Wiederverwertung und Recycling reduziert werden kann, aber sie läßt sich nicht gänzlich vermeiden.

An dieser Stelle scheint der Hinweis wichtig, daß Umweltbelastungen, auch die im Zusammenhang mit unserer heutigen Energieversorgung, vorrangig durch anthropogen hervorgerufene Stoffströme, durch Stoffdissipation verursacht werden. Es ist also nicht die mit der Nutzung von Arbeitsfähigkeit - gemäß dem 2. Hauptsatz der Thermodynamik - verbundene Entropievermehrung, die die Umwelt schädigt, sondern es sind die mit dem jeweiligen Energiesystem verbundenen stofflichen Freisetzungen, wie z.B. das SO_2 oder das CO_2, die zu Umweltbelastungen führen. Dies wird deutlich an der Sonnenenergie, die mit ihrer zur Verfügung gestellten Arbeitsfähigkeit in Form der solaren Strahlung, einerseits Hauptquelle allen Lebens auf der Erde, andererseits aber der bei weitem größte Entropiegenerator ist, weil nahezu die gesamte Energie der solaren Strahlung nach ihrer Entwertung als Wärme bei Umgebungstemperatur wieder in den Weltraum abgestrahlt wird. Da ihre Energie, die solare Strahlung, nicht an einen stofflichen Energieträger gebunden ist, resultieren daraus aber keine Umweltbelastungen im heutigen Sinn. Was natürlich Stoffdissipationen und damit verbundene Umweltbelastungen im Zusammenhang mit der Herstellung von Solaranlagen nicht ausschließt.

Der hier angesprochene Sachverhalt ist deshalb von besonderer Bedeutung, weil er die Möglichkeit einer Entkopplung von Energieverbrauch (Verbrauch an Arbeitsfähigkeit) und Umweltbelastung beinhaltet. Das heißt, wachsender Verbrauch an Arbeitsfähigkeit (Energie) und sinkende Umwelt- und Klimabelastungen sind kein Widerspruch.

Kommen wir zurück auf die zuvor erläuterten Hauptsätze, die zeigen, daß in offenen oder nicht abgeschlossenen Systemen der Entropievermehrung und Stoffentwertung nur durch Zufuhr von Arbeitsfähigkeit und verfügbarer Materie entgegengewirkt werden kann. Dies gilt in gleichem Maße für lebende Organismen, wie auch für alle technischen und wirtschaftlichen Systeme, die Leben fördern und unterstützen sollen. Der Nobelpreisträger Erwin Schrödinger (1951) hat darauf Bezug genommen:

> Das, wovon ein Organismus sich ernährt, ist negative Entropie. Oder um es etwas weniger paradox auszudrücken, das Wesentliche am Stoffwechsel ist, daß es dem Organismus gelingt, sich von der Entropie zu befreien, die er, solange er lebt, erzeugen muß.

Lebewesen erhalten oder erhöhen also ihren Ordnungszustand durch Arbeitsfähigkeit aus ihrer Umgebung, z.B. durch die Nahrungsaufnahme. In ihrer Umgebung erzeugen sie dabei eine größere Unordnung, sie vermehren die Entropie. Das gilt analog auch für alle Ordnungszustände, die durch den Menschen geschaffen werden. Dabei sind mit Ordnungszuständen alle materiellen und energetischen Güter, wie auch immaterielle Güter und Dienstleistungen gemeint. Das Entwertungs- bzw. das Entropie- und das Entwicklungsprinzip, d.h. der Aufbau von Ordnungen, sind also miteinander untrennbar verknüpft, und sie werden durch die Hauptsätze beschrieben.

Verfügbare Materie und Verfügung über Arbeitsfähigkeit sind aber nur eine notwendige und noch keine hinreichende Bedingung für den Aufbau lebensnotwendiger bzw. lebensfördernder Ordnungszustände und damit für Leben überhaupt. Hinzukommen muß noch Information oder Wissen, um dem Leben dienende Ordnungen zu schaffen. Bei lebenden Organismen ist diese Information im genetischen Code der Zelle angelegt.

Die Nützlichkeit und den Zweck anthropogener Ordnungszustände bestimmt der Mensch. Nur Steine aufeinander zu schichten, verbraucht zwar Arbeitsfähigkeit, schafft aber noch keinen nützlichen, dem Leben dienenden Ordnungszustand. Zusammengefügt zu einem Haus dienen sie aber dem Leben, schützen vor Wind und Kälte und können als Schule oder Krankenhaus verwendet werden. Wissen, Information und Kreativität seien hier als „Gestaltungsfähigkeit" bezeichnet. Sie ist neben der Arbeitsfähigkeit und verfügbaren Materie die dritte notwendige Komponente zur Schaffung nützlicher und dem Leben dienender Ordnungszustände.

Die Gestaltungsfähigkeit stellt dabei eine besondere Ressource dar. Sie ist zwar zu jedem Zeitpunkt begrenzt, wird aber nicht verbraucht, sondern sie ist sogar vermehrbar. Wissen wächst. Dies zeichnet die Ressource Gestaltungsfähigkeit gegenüber den erschöpfbaren Energie- und Rohstoffvorräten und auch dem großen, aber begrenzten Energiestrom der Sonne aus und gibt ihr eine besondere Bedeutung für die Lösung der vor uns liegenden Probleme.

Die durch Wissenszuwachs steigende Gestaltungsfähigkeit und die damit mögliche Weiterentwicklung von Technik ermöglichen es uns,

- lebensnotwendige Ordnungszustände mit weniger Arbeitsfähigkeit und weniger verfügbarer Materie bereitzustellen, also mit knappen Ressourcen haushälterischer umzugehen,
- die Entropieerzeugung bei der Energiewandlung zu reduzieren, d.h. mehr Arbeitsfähigkeit aus den Energievorräten und Energiequellen zu gewinnen,
- höher entropische, d.h. minderwertige Energievorräte und neue Energiequellen zu erschließen und damit die Energiebasis zu verbreitern,
- die Stoffentwertung verfügbarer Materie durch Verschleißminderung und Recycling zu reduzieren,
- die verfügbare Materie durch die Nutzbarmachung neuer Materialien zu erhöhen (Beispiel: Keramik),
- die notwendige Arbeitsfähigkeit für den Aufbau gleichwertiger Ordnungszustände zu reduzieren, anders nennen wir das rationellere Energienutzung,
- Umweltbelastungen durch die Dissipation von Materie und Produktion von Stoffabfällen zu reduzieren, gegebenenfalls durch Mehreinsatz an Arbeitsfähigkeit.

Es gibt eine Fülle von Beispielen, mit denen sich der energie- und materialsparende Effekt von technologischem Fortschritt belegen läßt. So konnte z.B. der spezifische Brennstoffeinsatz fossil gefeuerter Kraftwerke seit 1900 auf ein Zehntel und der spezifische Stahlbedarf auf ein Drittel reduziert werden.

Die bisher gemachten Ausführungen sollten die Bedeutung der Hauptsätze der Thermodynamik und des Entropieprinzips für alles Geschehen und das Leben sowie den Aufbau lebensnützlicher Ordnungszustände verdeutlichen. Die Hauptsätze als Naturgesetze können wir nicht außer Kraft setzen oder umgehen. Was wir vermögen ist, das diesen Gesetzen folgende Geschehen mit den Interessen des Lebens und der Menschen in Einklang zu bringen.

4.3 Nachhaltige Entwicklung und Energie

Die Brundtland-Kommission (1987) versteht unter „nachhaltiger Entwicklung" (sustainable development) die Bedürfnisse der gegenwärtig lebenden Menschen zu befriedigen, ohne ähnliche Bedürfnisse in Zukunft lebender Menschen zu beeinträchtigen.

Wenn Leben - entsprechend den Hauptsätzen - mit dem ständigen Verbrauch von Arbeitsfähigkeit und verfügbarer Materie verbunden ist und den Menschen verfügbare Quellen an Arbeitsfähigkeit und an verfügbarer Materie zwar groß, aber dennoch endlich sind (auch der Energiestrom der Sonne wird in einigen Milliarden Jahren erlöschen), so ist auch eine nachhaltige Entwicklung zeitlich unbegrenzt nicht möglich, da irgendwann der „Wärmetod" oder die „Materiedissipation" dem Leben auf diesem Planeten ein Ende setzen werden. Dieses unvermeidliche Ende liegt aber soweit in der Zukunft, quasi außerhalb des menschlichen Zeitmaßes, daß es heute ohne Handlungsrelevanz ist.

Vor diesem Hintergrund läßt sich eine nachhaltige, auf Dauer angelegte Entwicklung besser beschreiben als eine Entwicklung, die zwar aufgrund äußerer, nicht-anthropogener Gegebenheiten im Prinzip begrenzt wird, nicht jedoch durch ihre selbst bewirkten Folgen. Die Erhaltung der natürlichen Lebensgrundlagen, oder anders ausgedrückt, die Nichtüberschreitung der Regenerations- und Assimilationsfähigkeit der natürlichen Stoffkreisläufe ist somit eine wesentliche Bedingung für eine nachhaltige Entwicklung.

Andererseits bedeutet eine nachhaltige Entwicklung nicht den Verzicht auf Wachstum, und auch die Nutzung begrenzter Energie- und Rohstoffvorräte ist mit einer nachhaltigen Entwicklung vereinbar, wenn die verfügbare Ressourcenbasis durch technischen Fortschritt, durch die Verfügbarmachung neuer Energiequellen und Rohstoffe für die folgenden Generationen erweitert werden kann und die Inanspruchnahme von Umwelt und Natur auf ein verträgliches Maß begrenzt bleibt. Gerade für den Energiebereich gilt, daß in der Vergangenheit trotz steigendem Verbrauch an fossilen Energieträgern, die nachgewiesenen Reserven, d.h. die verfügbaren Energiemengen, stetig zugenommen haben. Darüber hinaus konnten durch technisch-wissenschaftlichen Fortschritt neue Energiequellen wie die Kernenergie oder auch die erneuerbaren Energieströme nutzbar gemacht werden.

Eine nachhaltige, auf Dauer angelegte Entwicklung im zuvor beschriebenen Sinne ist sicher leichter erreichbar, wenn das Wachstum der Bevölkerung begrenzt und die Zahl der Menschen auf der Erde stabilisiert werden kann. Die Bevölkerungsprognosen gehen von einem weiteren Anstieg der Weltbevölkerung von derzeit 5,5 Mrd. auf 10 bis 14 Mrd. Menschen in der Mitte des nächsten Jahrhunderts aus. Dieser Bevölkerungszuwachs wird dabei nahezu ausnahmslos in der Dritten Welt stattfinden, was eine gewaltige Herausforderung in bezug auf die Nahrungs- und die Güterproduktion zur Schaffung humaner Lebensumstände darstellt. Viele Anstrengungen zur Geburtenkontrolle haben nicht die erwünschte Wirkung erzielt, und eine Stabilisierung der Bevölkerung ist nur dort erreicht worden, wo die materiellen und sozialen Lebensumstände der Menschen verbessert werden konnten. Wenn die Weltbevölkerung nur bei Überwindung von Hunger und Armut, d.h. durch ein ausreichendes Güterangebot, zu stabilisieren ist, dann gilt aber auch, daß eine Stabilisierung um so eher erreicht wird, je eher die Bedürfnisse der Menschen befriedigt werden können. Die dazu notwendige Ausweitung der Nahrungsmittel- und Güterproduktion sowie des Angebots an

Dienstleistungen wird aber um so eher möglich sein, je geringer der Aufwand für die Bereitstellung der dazu notwendigen Materie und Arbeitsfähigkeit ist. Aus diesem Grund gewinnen effiziente und kostengünstige Energiesysteme ihre besondere Bedeutung für die Überwindung von Hunger und Armut als einzig humanem Weg zur Begrenzung der Weltbevölkerung sowie als notwendige Vorbedingung für eine nachhaltige Entwicklung.

Kosteneffizienz ist aber auch der Schlüssel zur Lösung der Umweltprobleme und zur Vermeidung nicht tolerierbarer Klimaveränderungen. Eine klimaverträgliche Begrenzung der Treibhausgasemissionen wird wohl nur erreicht werden, wenn, soweit es die Energieseite betrifft, kosteneffiziente Alternativen zu der Gewinnung von Arbeitsfähigkeit aus fossilen Energieträgern verfügbar sind. Dem ökonomischen Grundprinzip, menschliches Handeln nach Effizienzkriterien zu gestalten, kommt also für die Erreichung von Nachhaltigkeit eine besondere Bedeutung zu. Dies gilt natürlich auch für die Bereitstellung von Arbeitsfähigkeit. Darüber hinaus schließen sich die intuitiv oft als unvereinbar empfundenen Forderungen nach schonender Umweltnutzung und nach weiterer wirtschaftlicher Entwicklung unter dem Leitbild der Nachhaltigkeit keineswegs aus.

4.4 Energiesysteme im Vergleich

Für die Gewinnung von Arbeitsfähigkeit aus den natürlichen Energievorräten und der Sonnenenergie zum Aufbau von Ordnungszuständen, d.h. zur Produktion von Gütern und Dienstleistungen, sind geeignete Energiewandlungs- und -nutzungsanlagen vonnöten. Der Aufbau von Energiewandlungs- und -nutzungsanlagen sowie die gegebenenfalls notwendige Gewinnung von Primärenergieträgern erfordert zunächst die Investition von Arbeitsfähigkeit, verfügbarer Materie und Gestaltungsfähigkeit. Anders ausgedrückt, die Energie der Sonne, des Windes und des Wassers, aber auch die fossilen und nuklearen Energien sind gleichermaßen kostenfrei. Investieren müssen wir jedoch in Anlagen, z.B. Bergwerke, Bohrinseln, Kraftwerke, Kollektoren oder Heizungskessel, um ihre Arbeitsfähigkeit verfügbar zu machen.

Die notwendige Investition, d.h. der Aufwand an Arbeitsfähigkeit, Rohstoffen und Gestaltungsfähigkeit für die Bereitstellung von Arbeitsfähigkeit in der entsprechenden zweckmäßigen Form für den Aufbau von Ordnungszuständen, ist dabei von der genutzten Primärenergiequelle und der eingesetzten Technik abhängig und bewegt sich in weiten Grenzen.

Zur Bewältigung des Übergangs zu einer nachhaltigen Entwicklung und der dazu notwendigen Begrenzung des Bevölkerungswachstums wird es darauf ankommen, diejenigen Energiesysteme zur Bereitstellung von Arbeitsfähigkeit zu nutzen, die effizient mit den knappen Ressourcen Arbeitsfähigkeit, verfügbarer Materie und Gestaltungsfähigkeit umgehen, d.h. deren Aufwand zur Bereitstellung von Arbeitsfähigkeit (Energie) möglichst gering ist.

Trotz der grundlegenden Bedeutung der Hauptsätze für das phänomenologische Verständnis aller natürlichen, technischen und ökonomischen Vorgänge lassen sie zwei Aspekte offen. Der erste betrifft die Quantität der den Menschen im Prinzip zugänglichen Mengen an Energie und verfügbarer Materie. Ohne dies hier im einzelnen genauer auszuführen, ist die Feststellung gerechtfertigt, daß mit den fossilen Energievorräten, den Vorräten für die Erzeugung von Energie aus Kernspaltung und Kernfusion sowie dem Energiestrom der Sonne, von dem wir annehmen dürfen, daß er noch viele Milliarden Jahre aus dem Fusionsofen der Sonne gespeist werden wird, uns für die der menschlichen Vorsorge bedürfenden Zeiträume ressourcenseitig praktisch nicht limitierte Energiemengen für die Gewinnung von Arbeitsfähigkeit zur Verfügung stehen. Ferner gilt, daß die Erschöpfung verfügbarer Materie weit in der Zukunft, außerhalb unseres menschlichen Zeitmaßes liegt, wenn wir die Möglichkeiten der Rückführung und Materialsubstitution nutzen und den Einsatz hochentroper, d.h. minderwertiger Rohstofflagerstätten für möglich erachten.

Wichtiger für die heute anstehenden energiepolitischen Weichenstellungen ist es, daß aus den Hauptsätzen eine Bewertungsgröße, eine neue Maßzahl bisher nicht abgeleitet werden konnte, die es uns erlauben würde, die verschiedenen Energiesysteme zur Gewinnung von Arbeitsfähigkeit aus den fossilen und nuklearen Energievorräten sowie dem Energiestrom der Sonne, in eine Rangfolge einzuordnen, entsprechend dem für das jeweilige Energiesystem notwendigen Aufwand an Arbeitsfähigkeit, Gestaltungsfähigkeit, verfügbarer Materie sowie der durch die Stoffdissipation verursachten Umweltbelastungen.

Der Erntefaktor, als das Verhältnis der über die gesamte Lebensdauer einer Energiewandlungsanlage bereitgestellten Arbeitsfähigkeit zu der für die Errichtung und die Brennstoffbereitstellung aufgewandten Arbeitsfähigkeit, trägt zwar dem 2. Hauptsatz der Thermodynamik, aber nur diesem Rechnung. Er erfaßt und bewertet nicht die Inanspruchnahme der anderen knappen Faktoren, wie die nicht energetischen Rohstoffe, die Umwelt und die Gestaltungsfähigkeit. Er ist daher für eine Bewertung nur begrenzt aussagefähig.

Allgemein läßt sich formulieren, daß ein Energiewandlungssystem bei gleicher Bereitstellung von Arbeitsfähigkeit dann effizienter als ein anderes ist, wenn es weniger Arbeitsfähigkeit, Gestaltungsfähigkeit und Rohstoffe bedarf und geringere Umweltschäden zur Folge hat. In der Ökonomie dienen Kosten und Preise als Maß für die Inanspruchnahme knapper Ressourcen. Geringere Kosten bei gleichem Nutzen bedeuten eine ökonomisch effizientere Lösung. Gegen Kosten als Bewertungskriterium von Energiewandlungssystemen mag man einwenden, daß gegenwärtig die Kosten externer Effekte in den Kostenkalkülen von Energiewandlungssystemen nicht erfaßt werden. Diesem Umstand kann natürlich durch die Internalisierung externer Kosten abgeholfen werden, ohne die Schwierigkeiten und Probleme der Ermittlung externer Kosten hier zu verkennen.

Dennoch sind Kosten, die externe Effekte so weit wie möglich mit berücksichtigen, gegebenenfalls ergänzt durch weitere Kenngrößen, die aus einer über den gesamten Lebenszyklus und allen vor- und nachgelagerten Prozeßschritten umfassenden ganzheitlichen Bilanzierung der Energie- und Stoffströme von Energiesystemen gewonnen werden, der derzeit brauchbarste Maßstab, die Effizienz von Umwandlungssystemen anzugeben und sie damit bezüglich ihres Verbrauchs an knappen Ressourcen zu bewerten.

Es wird nun der Versuch gemacht, die Effizienz der verschiedenen, uns zur Verfügung stehenden Quellen von Arbeitsfähigkeit, nämlich der fossilen und nuklearen Energievorräte und des Energiestroms der Sonne, anhand verschiedener Kenngrößen zu charakterisieren. Als Kenngrößen werden dabei benutzt:

- die Kosten,
- der kumulierte Energieaufwand,
- der Materialaufwand,
- die kumulierten Emissionen und
- die Risiken für das menschliche Leben und die Gesundheit.

Bisher wurde sehr allgemein von der Nutzung der Sonnenenergie gesprochen. Natürlich ist dies eine Simplifizierung, die insbesondere zwischen den verschiedenen Möglichkeiten der Nutzung solarer Strahlung und der von ihr abgeleiteten erneuerbaren Energieströme nicht differenziert. Für quantitative Aussagen ist diese Differenzierung aber notwendig. Angesichts der Vielfalt der Wege zur Gewinnung von Arbeitsfähigkeit aus regenerativen Energiequellen ist hier aber nicht der Raum für Vollständigkeit, sondern es muß bei exemplarischen Betrachtungen ausgewählter Techniken, hier zur Stromerzeugung, bleiben. Die im folgenden genannten Zahlen sind dabei in ihren Relationen bedeutsamer als in ihren absoluten Werten. Sie gelten für die Situation in Deutschland.

In Tabelle 4.1 sind die Stromerzeugungskosten aus Wind, mittels Photovoltaik, Steinkohle und Kernenergie dargestellt. Die Kosten aus betriebswirtschaftlicher Sicht, die im Falle der Windenergie und Photovoltaik anteilige Kosten für ein Backup-System enthalten, stützen die Aussage, daß eine Stromerzeugung aus

Tabelle 4.1. Kosten unterschiedlicher Stromerzeugungsoptionen in Pf/kWh (Quelle: eigene Berechnungen)

	Windenergie[e]	Photovoltaik	Steinkohle	Kernenergie
Kosten aus Investition und Betrieb	11,0-20,0	100-230[c]	9,7-11,1[a] (14,4-15,7[b])	8,6-9,6
Zusätzliche Kosten aus Backup	~3,3	~4	-	-
Betriebswirtschaftliche Kosten	14,3-23,3	104-234	9,7-11,1	8,6-9,6
Externe Kosten	0,02-0,42	0,06-1,44	0,46-2,49[d]	0,03-0,73

a) Importkohle;
b) heimische Steinkohle;
c) Bandbreite für monokristalline, polykristalline oder amorphe Zellen; Einstrahlung 1 045 bis 1 265 kWh/(m²a), jährliche Einstrahlung auf die geneigt ausgerichtete Fläche;
d) ohne Kosten einer Klimaveränderung;
e) jahresmittlere Windgeschwindigkeit in 10 m Höhe über Grund: 5,5 m/s.

Wind und Sonne derzeit nicht wirtschaftlich ist. Der Kostenabstand zur Stromerzeugung aus Steinkohle und Kernenergie beträgt im Falle der Windenergie 50 bis 100% und für die photovoltaische Stromerzeugung liegen die Kosten um einen Faktor 10 bis 20 höher. Zusätzlich sind in Tabelle 4.1 auch Abschätzungen der externen Kosten der Stromerzeugung angegeben.

Die hier aufgeführten externen Kosten erfassen die Gesundheitsauswirkungen, die Schäden durch Umweltbelastung und Unfälle, den Ressourcenverzehr und die Subventionen. Nicht erfaßt sind die externen Kosten einer möglichen Klimaveränderung durch die Anreicherung von Spurengasen in der Atmosphäre, die z.Z. nicht quantifizierbar sind. Diese quantifizierten externen Kosten machen nur einen Bruchteil der Kosten aus Investition und Betrieb der Stromerzeugungssysteme aus. Ihre Berücksichtigung verschiebt die Kostenrelationen zwischen den erneuerbaren und konventionellen Stromerzeugungssystemen nicht nennenswert. Die höheren Kosten der Stromerzeugung aus erneuerbaren Energiequellen deuten darauf hin, daß sie volkswirtschaftlich knappe Ressourcen stärker in Anspruch nehmen.

Die Gewinnung von für den Menschen nutzbarer Arbeitsfähigkeit über Energiewandlungsanlagen ist immer mit einem investiven Energieaufwand für die Errichtung der Anlagen und im Falle der nuklearen und fossilen Energieträger

Tabelle 4.2. Kumulierter Primärenergieaufwand (KEA), Erntefaktoren (EF) und Amortisationszeiten (AZ) für Herstellung und Betrieb (Quelle: eigene Berechnungen)

	KEA in kWh/MWh_{el}[c]	EF_{Prim}	AZ_{Prim} in Monaten
Windenergie			
4,5 m/s	65-218	13-44	5-18
5,5 m/s	44-142	20-65	4-12
6,5 m/s	33-106	27-86	3-9
Photovoltaik			
Monokristallin	800-1 030	2,8-4,3	84-108
Polykristallin	650-840	3,4-5,3	68-88
Amorph	570-730	3,9-6,1	60-77
Steinkohle			
Durch Materialaufwand (KEA_H)	11-23		
In vorgelagerter Prozeßkette[a] (KEA_N)	163		
Summe	173-185	15-16	2-4
Kernenergie			
Durch Materialaufwand (KEA_H)	6		
In vorgelagerter Prozeßkette[b] (KEA_N)	57-91		
Summe	63-97	29-45	0,8

a) KEA der Brennstoffbereitstellung für Mix aus Importkohle und heimischer Steinkohle;
b) KEA der Brennstoffbereitstellung für Mix bei Anreicherung, 70% Zentrifuge und 30% Diffusion;
c) bezogen auf die während der gesamten Lebensdauer erzeugten Energie.

auch für die Bereitstellung des Brennstoffs verbunden. Der Verbrauch von Arbeitsfähigkeit zur Bereitstellung von nutzbarer Energie, in unserem Fall von Strom, läßt sich durch Kenngrößen wie dem kumulierten Energieaufwand, dem Erntefaktor oder der energetischen Amortisationszeit beschreiben.

Der kumulierte Energieaufwand (vgl. Tabelle 4.2) bezeichnet den Aufwand an Primärenergie (an Arbeitsfähigkeit) für die Herstellung des Kraftwerks und die Gewinnung und Bereitstellung des Brennstoffs, um eine kWh Elektrizität herzustellen. Für die Windenergie liegt er in einem Bereich von 3,3 bis 22%. Bei der Steinkohle (etwa 18%) und der Kernenergie (6 bis 10%) wird er wesentlich durch den Energieaufwand für die Gewinnung, Aufbereitung und den Transport des Brennstoffs bestimmt. Die Photovoltaik ist derzeit noch durch einen hohen kumulierten Energieaufwand und hohe energetische Amortisationszeiten gekennzeichnet und im Sinne der Hauptsätze damit ein wenig effizienter Energiewandler. Da der kumulierte Energieaufwand eines Energiewandlungssystems in die Erzeugungskosten eingeht, gibt es einen Zusammenhang zwischen den Kosten der Energieerzeugung und dem kumulierten Energieaufwand.

Tabelle 4.3 zeigt für ausgewählte Materialien die Materialintensität der hier betrachteten Stromerzeugungssysteme. Erfaßt ist der jeweilige Materialaufwand für den Bau des Kraftwerks und der Anlagen zur Bereitstellung des Brennstoffs. In der Tabelle ist dabei nur ein kleiner Teil aller Materialien erfaßt; sie stellt

Tabelle 4.3. Gesamtmaterialaufwand in kg/GWh$_{el}$[a] (Quelle: eigene Berechnungen)

	Stahl	NE-Metalle	Zement	Kunststoff	Glas/Quarz
Windenergie[b]					
4,5 m/s	2 910-6 640	90-130[e]	1 050-2 420	380-570	-
5,5 m/s	1 940-4 470	60-90[e]	710-1 630	250-370	-
6,5 m/s	1 460-3 370	50-70[e]	530-1 230	180-280	-
Photovoltaik					
Monokristallin	8 900-11 400	1 290-1 660	3 560-4 580	90-120[h]	13 710-17 630
Polykristallin	10600-13 600	1 510-1 940	4 310-5 540	90-120[h]	18 120-23 300
Amorph	16 700-21 500	2 510-3 220	6 930-8 910	90-120[h]	5 650-7 250
Steinkohle[c]	1 200-2 550[d]	15[f]	360-520[g]	8	-
Kernenergie	530	-	1 280	-	-

a) Bezogen auf die während der gesamten Lebensdauer erzeugte elektrische Energie;
b) alle Anlagen mit horizontaler Achse, Zwei- oder Dreiblattrotor aus Kunststoff, Stahlturm;
c) Materialaufwand für das Kraftwerk, die Förderung und den Transport;
d) unterer Wert: Förderung im Tagebau, Transport mit dem LKW; oberer Wert: Förderung im Tiefbau, Transport mit dem Schiff;
e) Kupfer;
f) Kupfer und Aluminium;
g) unterer Wert: Förderung im Tagebau; oberer Wert: Förderung im Tiefbau;
h) Kunststoff einschließlich Propylen.

also keine vollständige Materialbilanz dar. Sie läßt aber erkennen, daß die geringe Energiedichte der solaren Strahlung und des Windes über die notwendigen großen Energiesammlungsflächen zu einem vergleichsweise hohen Materialaufwand führt.

Dem hohen Materialaufwand für die Umwandlungsanlage bei Wind und Photovoltaik steht andererseits gegenüber, daß die Stromerzeugung nicht an eine stoffliche Umsetzung eines Energieträgers gebunden ist. Diesbezügliche Stofffreisetzungen, die zu Umweltbelastungen führen, treten somit nicht auf. Umweltbelastungen, die aus Stoffemissionen resultieren, können demnach nur im Zusammenhang mit der Erstellung des Kraftwerks entstehen.

In Tabelle 4.4 sind die kumulierten Emissionen ausgewählter Schadstoffe für die hier betrachteten Stromerzeugungssysteme gegenübergestellt. Erfaßt sind die Emissionen, die direkt bei der Stromerzeugung im Kraftwerk entstehen sowie die indirekten Emissionen bei der Herstellung der Anlage und der Förderung und Bereitstellung des Brennstoffs.

Die Emissionen der Steinkohleverstromung resultieren hauptsächlich aus der Verbrennung der Kohle. Bei den regenerativen Energiesystemen treten Emissionen nur bei der Herstellung der Anlagen auf. Bei den hier betrachteten Schadgasen liegen die kumulierten Emissionen der Kernenergie- und der Windstromerzeugung in der gleichen Größenordnung. Verglichen mit der Steinkohle sind die kumulierten Emissionen der Photovoltaik durchaus beachtlich. Hier drückt

Tabelle 4.4. Kumulierte Emissionen für Herstellung und Betrieb in kg/GWh_{el} (Quelle: eigene Berechnungen)

	SO_2	NO_X	Staub	CO_2
Windenergie				
4,5 m/s	16,3-34,9	24,1-50,7	3,0-6,3	16 300-35 700
5,5 m/s	10,9-23,5	16,0-34,2	2,0-4,3	10 800-24 000
6,5 m/s	8,1-17,7	12,0-25,8	1,5-3,2	8 100-18 100
Photovoltaik				
Monokristallin	270-340	320-410	100-120	247 000-318 000
Polykristallin	300-380	300-380	60-80	232 000-298 000
Amorph	170-220	210-270	20-30	206 000-265 000
Steinkohle				
Durch Materialaufwand	6-11	10-14	1-2	4 400-7 300
In vorgelagerter Prozeßkette	128	137	9	93 000
Emissionen Kraftwerk	570	570	140	781 000
Summe	704-709	717-721	150	878 400-881 300
Kernenergie				
Durch Materialaufwand	5	9	1	5 400
In vorgelagerter Prozeßkette[a]	28-45	55-87	5-7	13 000-20 000
Emissionen Kraftwerk	0	0	0	0
Summe	33-50	64-96	6-8	18 400-25 400

a) Die Bandbreite ergibt sich aus den unterschiedlichen Annahmen bezüglich der Verluste in der vorgelagerten Prozeßkette.

sich der Umstand aus, daß ein hoher kumulierter Energieaufwand, d.h. ein kleiner Erntefaktor, bei energierohstofflosen Wandlungssystemen mit hohen indirekten Schadstoffemissionen verbunden sein kann.

In Tabelle 4.5 sind die den einzelnen Stromerzeugungssystemen zuzurechnenden Risiken für das menschliche Leben und die Gesundheit vergleichend gegenübergestellt. Erfaßt sind die heute quantifizierbaren Gesundheitsrisiken im Zusammenhang mit der Material- und Anlagenherstellung, dem Transport von Material und Energieträgern sowie die Risiken, die durch Schadstoffemissionen und durch Stör- und Unfälle verursacht werden. Bei den Risiken wird zwischen beruflichen und öffentlichen Risiken unterschieden.

Tabelle 4.5. Berufliche und öffentliche Risiken (Quelle: eigene Berechnungen)

	Berufliche Risiken		Öffentliche Risiken	
	Todesfälle	Verletzungen/ Erkrankungen	Todesfälle	Verletzungen/ Erkrankungen
	Anzahl/TWh_{el}[c]	WDL/TWh_{el}	Anzahl/TWh_{el}	WDL/TWh_{el}
Windenergie				
4,5 m/s	0,02-0,08	120-300	0,008	0,35-0,38
5,5 m/s	0,02-0,05	80-200	0,005	0,23-0,25
6,5 m/s	0,01-0,04	60-150	0,004	0,18
Photovoltaik[a]	0,10-0,19	600-1 100	0,009-0,011	0,44-0,54
Steinkohle	0,22	2 300	0,21-0,74	0,80-12,0
Kernenergie[b]	0,04-0,11	209-218	0,002-0,1	0,06-0,31

a) Keine Differenzierung nach der Art der Solarzellen;
b) die Zahlen zu den öffentlichen Risiken beinhalten unter anderem die Ergebnisse der Deutschen Risikostudie Kernkraftwerke (Phase A) zu hypothetischen Unfällen;
c) bezogen auf die gesamte, während der Lebensdauer der Anlage, erzeugte elektrische Energie.

In der großen Bandbreite der Zahlenangaben kommen die Unsicherheiten bei der Quantifizierung von Risiken zum Ausdruck. Eine qualitative Interpretation der Zahlenangaben läßt die Aussagen zu, daß es eine risikofreie Option nicht gibt und die Risiken der Stromerzeugung aus Kohle vergleichsweise hoch sind. Die Risiken der Kernenergie liegen zahlenmäßig in der gleichen Größenordnung wie die der Windenergie und Photovoltaik.

4.5 Orientierungen

Die Ausführungen zu den Hauptsätzen der Naturwissenschaften und zur nachhaltigen Entwicklung sollten viererlei verdeutlichen.

1. Die Hauptsätze haben als Naturgesetze eine grundlegende Bedeutung für das Leben, nicht nur für die Vorgänge in der Natur, sondern ihren Zwängen un-

terliegt alles Handeln des Menschen. Auch unsere ethischen Handlungsmaximen müssen diesen Naturgesetzen Rechnung tragen, sollen sie brauchbare Maßstäbe für die notwendigen Güterabwägungen sein.

2. Leben erfordert die ständige Zuführung von Arbeitsfähigkeit, ist also mit einer Entwertung von Energie oder unpräziser gesagt, mit dem Verbrauch von Energie, untrennbar verknüpft und geht mit einer Stoffdissipation, Stoffentwertung einher. Wissenszuwachs und der damit verbundene technisch-wissenschaftliche Fortschritt steigern unsere Gestaltungsfähigkeit. Sie ist der Schlüssel für die Bereitstellung von mehr Arbeitsfähigkeit oder Energie, einen schonenderen Umgang mit den Rohstoffen sowie die Reduzierung der Belastung von Umwelt und Natur.
3. Wachsender Verbrauch an Arbeitsfähigkeit (Energie) und sinkende Umwelt- und Klimabelastungen sind kein Widerspruch.
4. Eine humane Begrenzung des Bevölkerungswachstums, als eine notwendige Bedingung für eine nachhaltige und dauerhafte Entwicklung auf dem Planeten Erde, ist nur über die Brücke eines ausreichenden materiellen Wohlstandes der Menschen erreichbar. Dazu ist nicht nur mehr Arbeitsfähigkeit oder Energie bereitzustellen, sondern diese Arbeitsfähigkeit muß auch mit möglichst geringem Aufwand an Arbeitsfähigkeit, verfügbarer Materie und Gestaltungsfähigkeit und bei einer tolerierbaren Inanspruchnahme von Umwelt und Natur bzw. möglichst kostengünstig bereitgestellt werden.

Für das Idealbild einer Wirtschaft und ihrer Energieversorgung bedeutet dies einen Energieverbrauch (Verbrauch an Arbeitsfähigkeit) für die Bereitstellung von Gütern und Dienstleistungen, der auf den Umfang zurückgeführt ist, der einem effizienten Einsatz der knappen Ressourcen Gestaltungsfähigkeit, verfügbarer Materie und Umwelt entspricht, und wo diese Arbeitsfähigkeit mit einem möglichst geringen Aufwand dieser Faktoren und an Arbeitsfähigkeit selbst verfügbar gemacht wird. Die Mehrung von technischem Wissen, d.h. die Steigerung der Gestaltungsfähigkeit, wird darüber hinaus gezielt darauf abgestellt, den Verbrauch der anderen Ressourcen zu reduzieren.

Dieses Leitbild der gezielten Nutzung von technisch-wissenschaftlichem Fortschritt zur Sicherstellung des nach den Hauptsätzen ständig notwendigen Zuflusses von Arbeitsfähigkeit, um humane Lebensbedingungen für eine wachsende Weltbevölkerung zu ermöglichen und gleichzeitig die natürlichen Lebensgrundlagen zu erhalten, hat wenig gemein mit anderen Leitbildern, die primär auf Verzicht setzen oder den Abschied vom Energiewachstum als neues Leitbild propagieren. Die gezielte Nutzung des technisch-wissenschaftlichen Fortschritts zum effizienteren Einsatz aller knappen Ressourcen weist dagegen den Weg zu einer nachhaltigen Entwicklung des Weltsystems wie zu einer entsprechenden Wirtschaftsweise und Energieversorgung der Industrieländer. Es enthebt uns aber nicht der Mühe, die jeweils verfügbaren Optionen der Energieversorgung im Hinblick auf ihren spezifischen Aufwand an Arbeitsfähigkeit, Gestaltungsfähigkeit, verfügbarer Materie und hinsichtlich der Umweltbelastungen durch Stoffdissipation vorurteilsfrei vergleichend zu bewerten und sie anschließend auf dem

Weg zur Realisierung einer nachhaltigen auf Dauer angelegten Entwicklung einzusetzen.

Nach Ansicht des Schriftstellers Carl Amery erfordert die Logik des Überlebens der Menschheit, unseren wissenschaftlich-technischen Zivilisationsweg beinahe um jeden Preis aufzugeben. Es wird höchste Zeit, diese im Hinblick auf die Notlage des größeren Teils der Weltbevölkerung und die vor uns liegenden globalen Herausforderungen geradezu lebensgefährliche Fehleinschätzung zu korrigieren. Die Logik des Überlebens, abgeleitet aus den Hauptsätzen der Naturwissenschaften, weist uns einen ganz anderen Weg, nämlich unsere nicht begrenzte Kreativität zur Mehrung des Wissens, zur Weiterentwicklung der Technik zu nutzen, um die notwendige Arbeitsfähigkeit zur humanen Begrenzung des Bevölkerungswachstums effizient und umweltverträglich bereitzustellen.

Diesen Weg vorzubereiten, ihn gangbar zu machen für die kommenden Generationen, ist die Aufgabe und Verantwortung der Industrienationen. Die eigentliche Gefahr für unsere Zukunft besteht nicht in der Bedrohung durch äußere Ereignisse oder in der Insuffizienz unseres Wissens, sondern in dem Erlahmen unserer geistig-moralischen Kraft, den Herausforderungen der Zeit zu begegnen. Betroffenheit tritt in unserer Gesellschaft immer häufiger an die Stelle von Kompetenz und Urteilsfähigkeit. Die Bereitschaft, Sachfragen zu politisieren statt sie sachverständig zu durchdringen, nimmt ständig zu.

Gerade in Deutschland brauchen wir ein stärkeres, rational begründetes Mißtrauen gegen Utopien und vermeintlich einfachen Lösungen sowie gleichzeitig die Rückgewinnung des Vertrauens, wie es Knizia (1992) formuliert hat,

> daß uns Technik und Naturwissenschaft die Mittel in die Hand geben, eine Welt zu schaffen, in der die Menschen im Gleichgewicht mit der Natur und ohne materielle Sorgen leben können, wenn sie es schaffen, mit ihren Dämonen fertig zu werden - mit Dämonen, die sie immer wieder in kultische Ersatzhandlungen zurückfallen lassen, wo sie rationalem Vorgehen verpflichtet wären.

In diesem Sinne sind dann auch die gewaltigen globalen Herausforderungen, denen wir uns im Energie- und Umweltbereich an der Schwelle zum dritten Jahrtausend gegenübersehen, kein Anlaß zur Resignation, sondern eher die Aufforderung die heute schon möglichen Schritte zur Lösung der Probleme auch einzuleiten und nicht weiter zu verzögern. Angesichts der Konsequenzen des Nichthandelns und eines weiter andauernden Unterlassens wäre sonst auch die Feststellung von Carl Friedrich von Weizsäcker (1978), daß „alle Gefahren, die wir vor uns sehen, keine technischen Ausweglosigkeiten sind, sondern eher umgekehrt, die Unfähigkeit unserer Kultur, mit den Geschenken ihrer eigenen Erfindungskraft vernünftig umzugehen“, kein Trost mehr.

Teil II
Energietechnik und Potentiale der erneuerbaren Energiequellen

5 Energietechnik der Wasserkraftnutzung: Globales und nationales Potential der Hydroenergie

Hans-Burkhard Horlacher

5.1 Einleitung

Die Wasserkraft nimmt weltweit die dritte Stelle in der Erzeugung von elektrischer Energie (ca. 18%) nach Kohle (40%) und Öl/Gas (24%) ein. Sie ist damit die wichtigste erneuerbare Energiequelle und leistet einen bedeutsamen Beitrag zur Reduktion der CO_2-Emissionen und somit zur Minderung der Gefahr einer globalen Klimaveränderung. Durch die Einwirkung der Sonne wird Wasser, wie im Wasserkreislauf beschrieben, auf ein höheres ausnutzbares Energieniveau gehoben. Die Energieumwandlung selbst ist mit keinen oder nur geringen Umweltbelastungen verbunden. Der bei der Errichtung und dem Betrieb einer Wasserkraftanlage ohne Zweifel vorhandene erhebliche Eingriff in den Naturhaushalt kann bei sorgfältiger Planung und Berücksichtigung aller ökologischen Belange sehr abgemindert werden. Dieser Energiequelle kann man die Nachhaltigkeit zuweisen. Die schnelle Bereitstellung der Energie sowie deren wirtschaftliche Speicherung zeichnen darüber hinaus die Wasserkraft aus. Sie trägt insgesamt dazu bei, die elektrische Energie in großen Netzen wirtschaftlicher und sicherer bereitstellen zu können.

Es ist somit verständlich, daß man vielerorts bestrebt ist, die Wasserkraftnutzung durch den Bau neuer Anlagen oder durch Rekonstruktion und Modernisierung alter Anlagen zu erweitern. Weltweit gesehen bestehen hierfür noch beträchtliche Möglichkeiten.

5.2 Leistung und Arbeitsvermögen von Wasserkraftanlagen

Wenn man von der Wasserkraftnutzung spricht, wird dabei in der Regel die Ausnutzung der Lageenergie verstanden. Ein Volumenstrom Q (m^3/s) fließt von einem höheren Energieniveau zu einem tieferen, wobei mit einer Turbine und einem Generator elektrische Energie erzeugt werden kann, die dem Produkt aus dem Volumenstrom und der Differenz des Energieniveaus (Fallhöhe) proportional ist. Die Leistung P errechnet sich aus der Beziehung

$$P = \eta \cdot g \cdot Q \cdot h_F \quad [W]$$

mit
- η [-] Gesamtwirkungsgrad der Anlage (~ 0,7 - 0,85)
- g [m/s²] Normalbeschleunigung
- Q [m³/s] Durchfluß durch die Turbine (n)
- h_F [m] Fallhöhe

Aus obiger Gleichung wird das Bestreben verständlich, Wasserkraftanlagen zu bauen, bei denen sowohl der Durchfluß als auch die Fallhöhe groß sind. Dies läßt sich jedoch bei den geographischen und hydrologischen Gegebenheiten unserer Erde meistens nicht verwirklichen.

So lassen sich bei Anlagen, die in Flüssen errichtet werden, große Durchflüsse bei geringer Fallhöhe erzielen. Ein Beispiel hierfür ist die große Wasserkraftanlage Itaipu (12 600 MW) an der Grenze von Brasilien und Paraguay mit einem Durchsatz von maximal 12 000 m^3/s. In Gebirgen können dagegen große Fallhöhen bei kleinen Durchflüssen erreicht werden, wie z.B. die Wasserkraftanlage Cleuson-Dixance in der Schweiz, deren Fallhöhe im Endausbau 1 883 m beträgt.

Neben der Leistung einer Wasserkraftanlage interessiert besonders deren Energieerzeugung (Arbeitsvermögen). Das Arbeitsvermögen einer Wasserkraftanlage errechnet sich aus dem Produkt der Leistung und der vorgegebenen Zeiteinheit.

$$A = P \cdot t \quad [Ws]$$

Gewöhnlich wird als Zeiteinheit eine Stunde (h) gewählt.

Der mögliche turbinierbare Abfluß eines Gewässers hängt mittelbar von dem Niederschlagsgeschehen (Naß- oder Trockenjahr) des Einzugsgebietes ab, folglich unterliegt auch die Energieerzeugung in jedem Jahr Schwankungen. Das Arbeitsvermögen einer Wasserkraftanlage wird daher meistens auf ein Jahr (Regeljahr) bezogen, z.B. GWh/a oder TWh/a.

5.3 Technik der Wasserkraftnutzung

Durch den Aufstau eines Gewässers wird in der Regel die zur Wasserkraftnutzung erforderliche Fallhöhe erreicht. Durch ein Sperrenbauwerk wird ein Staubecken geschaffen, wobei es für die Wasserkraftnutzung wichtig ist, ob in dem Staubecken Wasser gespeichert werden kann. Ist dies, wie bei vielen Flußkraftwerken, nicht der Fall, so wird der Abfluß entsprechend der Ganglinie durch die Turbinen abgearbeitet. Die Energieerzeugung ist somit direkt vom natürlichen Abflußgeschehen eines Gewässers abhängig. Man ist daher bestrebt, diese Wasserkraftanlagen ständig mit größtmöglicher Leistung laufen zu lassen. Sie dienen zur Grundlastabdeckung des Bedarfs in einem elektrischen Versorgungsnetz.

Solche Laufwasserkraftwerke werden mit geringen Stauhöhen (ca. 5 bis 20 m) im Flußquerschnitt selbst oder in Seiten- bzw. Umgehungskanälen (Ausleitungskraftwerk) errichtet. Bei kleinen Anlagen dient als Sperrenbauwerk ein festes Wehr, bei mittleren und größeren Anlagen werden bewegliche Wehre angeordnet. Bei flachen und breiten Talquerschnitten müssen neben dem Sperrenbauwerk auch seitliche Dämme errichtet werden, um den Staubereich einzugrenzen. Es wird verständlich, daß diese Stauhaltungsdämme um so länger werden, je geringer das Gefälle eines Flusses ist. Alle Bauwerke müssen so bemessen werden, daß ein Hochwasser schadlos abgeführt werden kann. Als Bemessungshochwasser wird ein Hochwasser mit einem Wiederkehrintervall von 100 Jahren herangezogen.

Im Krafthaus selbst werden die Turbinen und die Generatoren angeordnet. Weitere wichtige Komponenten sind der Rechen, die Einlaufspirale und der Saugschlauch. Der Rechen verhindert, daß Treibgut zur Turbine gelangt. Dieser muß von Zeit zu Zeit mit Hilfe von Rechenreinigungsmaschinen (meist automatisch betrieben) gereinigt werden. Die Einlaufspirale dient zur gleichmäßigen Beaufschlagung der Turbine. Bei Laufwasserkraftwerken kommen propellerartige Turbinen mit vertikaler und horizontaler Achse zum Einsatz (u.a. Kaplan-, Rohr- oder Straflowturbinen). Durch den Saugschlauch wird das turbinierte Wasser verlustarm dem Unterlauf zugeführt.

Besteht die Möglichkeit, Wasser in dem Staubecken zu speichern und es erst bei Bedarf energiewirtschaftlich zu nutzen, so werden solche Kraftwerke zur Spitzenstromerzeugung herangezogen. Ein großer Vorteil der Wasserkraftanlagen ist hier ihre schnelle Einsatzbereitschaft (z.B. 1 000 MW in ca. 2 bis 3 min). Mit Hilfe dieser Spitzenkraftwerke können schnelle extreme Laständerungen in einem elektrischen Versorgungsnetz ausgeglichen werden. Für ein Versorgungsnetz sind daher gerade diese Spitzenkraftwerke sehr wichtig und unverzichtbar.

Die bewirtschaftbaren Speicher erfüllen meistens neben der Energieerzeugung weitere wasserwirtschaftlich bedeutsame Aufgaben, z.B. Hochwasserschutz, Bewässerung, Wassergewinnung. Darüber hinaus sind auch soziale und ökologische Aspekte zu nennen: Schaffung von Naherholungs- oder Naturschutzgebieten, Fischerei; man spricht hier von sogenannten Mehrzweckprojekten.

Um große Speicher errichten zu können, werden ganze Täler mit Talsperren aufgestaut. In solchen Speichern kann dann meistens die Abflußfracht eines ganzen Einzugsgebietes gespeichert werden. Durch Beileitungen können gegebenenfalls weitere Einzugsgebiete energiewirtschaftlich erschlossen werden. Solche großen Speicher können nur in Gebirgen gebaut werden, wobei man dann meistens nicht nur die Fallhöhe des Aufstaus ausnützt, sondern das gestaute Wasser mit Druckleitungen zu einem in einem tiefer gelegenen Tal angeordneten Krafthaus leitet. Wie schon erwähnt, können hier Druckhöhen bis nahezu 2000 m erreicht werden. Bei Wasserkraftanlagen mit mittleren Fallhöhen kommen Francisturbinen zum Einsatz, bei größeren Fallhöhen Peltonturbinen.

Die bei Wasserkraftanlagen verwendete Technik kann als ausgereift und in hohem Maße als zuverlässig angesehen werden. Ferner zeichnet sie sich durch ihren geringen Wartungsaufwand und ihre lange Betriebslebensdauer (bis zu 100 Jahren und mehr) aus. Die Wasserkraftanlagen weisen im Vergleich mit allen anderen Energieerzeugungsanlagen den höchsten Wirkungsgrad auf. Sie sind mit anerkannter Technik (vielfach automatisch) einfach und mit geringen Betriebskosten zu betreiben. Nur mit Speicheranlagen (Pumpspeicherwerke) können große Energiemengen wirtschaftlich gespeichert werden.

5.4 Ökologische Aspekte

Der Aufstau eines Gewässers stellt einen massiven Eingriff in sein Ökosystem dar. Der natürliche Geschiebe- und Schwebstoffhaushalt wird gestört. Die Durchgängigkeit für Fische und andere aquatische Lebewesen wird verhindert. Durch die Errichtung einer Stauhaltung wird aus dem Fließgewässer ein See mit geringer Durchströmung, d.h. es tritt eine Veränderung des Gewässercharakters ein. Durch Stauhaltungsdämme erfolgt eine Abtrennung des Gewässers von seiner Auenregion. Bei Ausleitungskraftwerken wird dem Mutterbett Wasser entzogen, was zu einer Beeinträchtigung der Abflußdynamik führen kann.

Diese kurze Schilderung zeigt wesentliche Eingriffe in das Gewässersystem, die bei der Errichtung einer Stauhaltung für eine Wasserkraftanlage unbedingt zu beachten sind. Die Auswirkungen davon reichen weit über den eigentlichen Kraftwerksbereich hinaus.

Bei der Planung, beim Bau und beim Betrieb einer Wasserkraftanlage muß man daher bestrebt sein, schädliche ökologische Folgen zu vermeiden bzw. zu minimieren sowie durch Ausgleichsmaßnahmen die Gesamtsituation zu kompensieren oder zu bessern. Hier sollen nur einige Aspekte zusammengestellt werden:

- Einbeziehung der Auengebiete in den Stauraum,
- variable, natürliche Ufergestaltung des Stauraumes,
- Schaffung von Flachwasserzonen,
- Anordnung von Fischaufstiegsanlagen (Durchgängigkeit auch für Fische und Kleintiere, die sich vorwiegend im Bereich der Gewässersohlen aufhalten),
- geringe Rechenabstände,
- Mindestwasserführung im Mutterbett.

Viele unserer Flüsse befinden sich heute nicht mehr im naturbelassenen Zustand, sondern sind im Zuge der Industrialisierung in ein kanalartiges Fließgewässer umgestaltet worden. Hier kann man beim Bau einer Wasserkraftanlage, bei dem obige ökologischen Maßnahmen gleichlaufend berücksichtigt werden, Naturnähe für das Gewässer wieder zurückgewinnen. Generell ist festzuhalten, daß sich bei kleinen Anlagen die ökologischen Forderungen in der Regel besser beherrschen lassen.

Die Begradigung von Flußläufen führt häufig zu Erosionserscheinungen an der Sohle und somit zur Eintiefung des Flusses. Die Folge davon ist eine Grundwasserabsenkung in den Vorländern. Hier konnte mit Stauhaltungen, in die auch meistens eine Wasserkraftnutzung mit eingebunden wurde, eine dauerhafte Abhilfe geschaffen werden.

5.5 Wasserkraftpotentiale

5.5.1 Definition der Wasserkraftpotentiale

Zur Charakterisierung eines Gebietes oder eines Landes bezüglich seiner Wasserkraftmöglichkeiten ermittelt man sogenannte Wasserkraftpotentiale. Dabei wird zwischen dem theoretischen, dem technischen, dem wirtschaftlichen und dem ausschöpfbaren Potential unterschieden.

Theoretisches Potential. Als das theoretische Potential wird die potentielle Energie aller Gewässer eines Gebietes definiert, ohne daß physikalische, technische und wirtschaftliche Nutzungsgrenzen beachtet werden. Die theoretischen Potentiale können aufgrund u.a. technischer Restriktionen (z.B. Hochwässer und des damit verbundenen, ungenutzt abfließenden Wassers), baulicher Einschränkungen infolge der Topographie und vorhandener oder geplanter Bebauung, umweltrelevanter Belange und wirtschaftlicher Einschränkungen nur zum kleinen Teil in Nutzenergie umgewandelt werden.

Man unterscheidet zwischen Flächen- und Linienpotential. Das Flächen- oder Gebietspotential bildet in der Regel die theoretische Obergrenze des Wasserkraftpotentials eines Untersuchungsgebietes. Das Flächenpotential bezeichnet diejenige Energie, die durch eine nahezu lückenlose Bedeckung des Gebietes mit Speicherbecken zu gewinnen wäre. Das Potential ergibt sich aus dem Produkt der mittleren jährlichen Abflußspende mit der geodätischen Höhendifferenz der jeweiligen Teilflächen des Untersuchungsgebietes zu einem Referenzniveau; es wird in der Regel auf ein Jahr bezogen. Die Summe der Teilflächenpotentiale führt auf die flächenbezogene Maßzahl des gesamten Gebietes.

Das Linien- oder theoretische Flußpotential beschreibt das Arbeitsvermögen eines Flußlaufs oder Fließgewässerabschnitts. Es berechnet sich als Produkt aus dem langjährigen mittleren Abfluß und der Fallhöhe einer bestimmten Flußstrecke. Die Aufsummierung ergibt das Linienpotential des gesamten Flußlaufes. Bei einem Gebiet mit mehreren Flußläufen muß die Größenordnung der Gewässer, die mit einbezogen werden sollen, definiert werden.

Flächen- als auch Linienpotentiale geben in der Regel das jährliche Arbeitsvermögen (in kWh/km^2) an. Wenn bei der Flächen- und Linienpotentialbestimmung die Einzugsgebiete aller betrachteten Fließgewässer im Untersuchungsgebiet liegen, ist das Flächenpotential in der Regel größer als das Linienpotential.

Ist das nicht der Fall, wird ein Teil des Abflusses „importiert“. Das Linienpotential kann dann das Flächenpotential des Untersuchungsgebietes übersteigen.

Technisches Potential. Das technische Potential des Energieträgers Wasser bezeichnet das Arbeitsvermögen, das unter Berücksichtigung technischer, ökologischer, infrastruktureller und anderer Belange tatsächlich nutzbar ist. Selbst beim vollständigen Flußausbau kann wegen nicht horizontal verlaufender Wasserspiegel (Staulinie) im Oberwasser eines Kraftwerkes nie die gesamte geodätische Fallhöhe ausgenutzt werden. Auch reduzieren Fallhöhenschwankungen infolge von Wasserstandsänderungen im Unterwasser bei unterschiedlichen Durchflüssen die technisch mögliche Stromerzeugung. Ökologische Forderungen, z.B. Mindestwasserauflagen, können das nutzbare Potential zusätzlich erheblich einschränken. Auch ist der Gesamtwirkungsgrad einer Wasserkraftanlage meist kleiner als 75%. Weiterhin liegt die Anlagenverfügbarkeit bei den üblichen Wasserkraftanlagen aufgrund von Wartungs- und Reparaturarbeiten im Mittel zwischen 93 und 97%. Näherungsweise liegt daher das technische Potential bei 20 bis 35% des theoretischen Potentials.

Wirtschaftliches Potential. Das wirtschaftlich nutzbare bzw. ausbauwürdige Potential entspricht dem Anteil des technischen Wasserkraftpotentials, der wirtschaftlich im Vergleich zu anderen Energieformen genutzt werden kann. Als Kriterium dafür wird die Amortisation des investierten Kapitals innerhalb der Anlagennutzungsdauer herangezogen. Hierbei sind u.a. die Kosten für die Nutzung alternativer Energien, die Höhe des Diskontsatzes und die Struktur des Versorgungssystems (Inselbetrieb oder Verbund) zu berücksichtigen.

Ausschöpfbares Potential. Das ausschöpfbare oder Erwartungspotential beschreibt den zu erwartenden tatsächlichen Beitrag zur Energieversorgung. Es ist in der Regel geringer als das wirtschaftliche Potential, da es im allgemeinen nicht sofort, sondern allenfalls innerhalb eines längeren Zeitraumes vollständig erschließbar ist. Dies liegt u.a. in den nur begrenzten Kapazitäten für die Herstellung von Wasserkraftanlagen, der noch gegebenen funktionsfähig vorhandenen Anlagen sowie einer Vielzahl sonstiger Hemmnisse (u.a. mangelnde Information, rechtliche und administrative Begrenzungen) begründet, die selbst einer wirtschaftlichen Nutzung entgegenstehen. Das Erwartungspotential kann aber auch größer als das wirtschaftliche Potential sein, wenn eine staatliche Förderung gewährt wird (z.B. Kleinwasserkraftwerk).

Gerade bei Kleinwasserkraftwerken (< 0,5 MW) ist eine staatliche Förderung dringend geboten, da sie wegen der hohen Investitionskosten sehr schnell im Vergleich zu anderen Stromerzeugungsarten unwirtschaftlich werden.

Werden noch in die Stromerzeugungspotentiale die Transport- bzw. Netzverluste (ca. 5%) berücksichtigt, so spricht man von *Endenergiepotentialen*.

5.5.2 Potentiale der Wasserkraft in der Bundesrepublik Deutschland

Das wassertechnische Arbeits- und das Regelarbeitsvermögen in der Bundesrepublik Deutschland und in den einzelnen Bundesländern können der Tabelle 5.1 entnommen werden (Horlacher/Kaltschmitt, 1994).

Tabelle 5.1. Technisch mögliches Arbeits- und Regelarbeitsvermögen in einzelnen Bundesländern und in der Bundesrepublik Deutschland

	Technisches Arbeitsvermögen in GWh/a	Regelarbeitsvermögen in GWh/a
Baden-Württemberg	6 294	3 970
Bayern	13 614	11 006
Brandenburg	101	7
Hessen	815	287
Mecklenburg-Vorpommern	45	
Niedersachsen	350	233
Nordrhein-Westfalen	700	388
Rheinland-Pfalz	1 500	849
Saarland	169	133
Sachsen	320	75
Sachsen-Anhalt	362	14
Schleswig-Holstein	ca. 5	5
Thüringen	414	62
Bundesrepublik Deutschland	ca. 24 689	ca. 17 029

Demnach liegt das technische Potential der Wasserkraftnutzung in der Bundesrepublik bei ca. 24 TWh/a. Bayern und Baden-Württemberg sind aufgrund der hier befindlichen Mittelgebirge und den vergleichsweise hohen mittleren Niederschlägen durch das größte wassertechnische Arbeitsvermögen gekennzeichnet (80% bezogen auf das Gesamtpotential der BRD). Topographisch bedingt konzentriert sich - entsprechend den vorhandenen Potentialen - die Wasserkraftnutzung im wesentlichen auf die Länder Bayern, Baden-Württemberg, Rheinland-Pfalz, Hessen und Thüringen. Es ist hervorzuheben, daß ca. 70% der Energie aus Wasserkraft an den großen Flußläufen Inn, Rhein, Donau, Lech, Isar, Main, Neckar und Saar gewonnen wird. Im Norden Deutschlands sind kaum Möglichkeiten für den Bau von Wasserkraftanlagen gegeben. Aus Abb. 5.1 geht die Verteilung des technischen Potentials auf die einzelnen Länder der Bundesrepublik Deutschland hervor.

In Tabelle 5.1 ist neben dem technischen Arbeits- auch das Regelarbeitsvermögen aufgeführt. Hieraus ist ersichtlich, daß ca. 6 bis 7 TWh/a noch ausbaubar sind. Zur Steigerung des derzeit genutzten Wasserkraftpotentials ist grundsätzlich eine Revitalisierung stillgelegter Anlagen, ein Ausbau bzw. eine Modernisierung bestehender Anlagen und ein Neubau möglich.

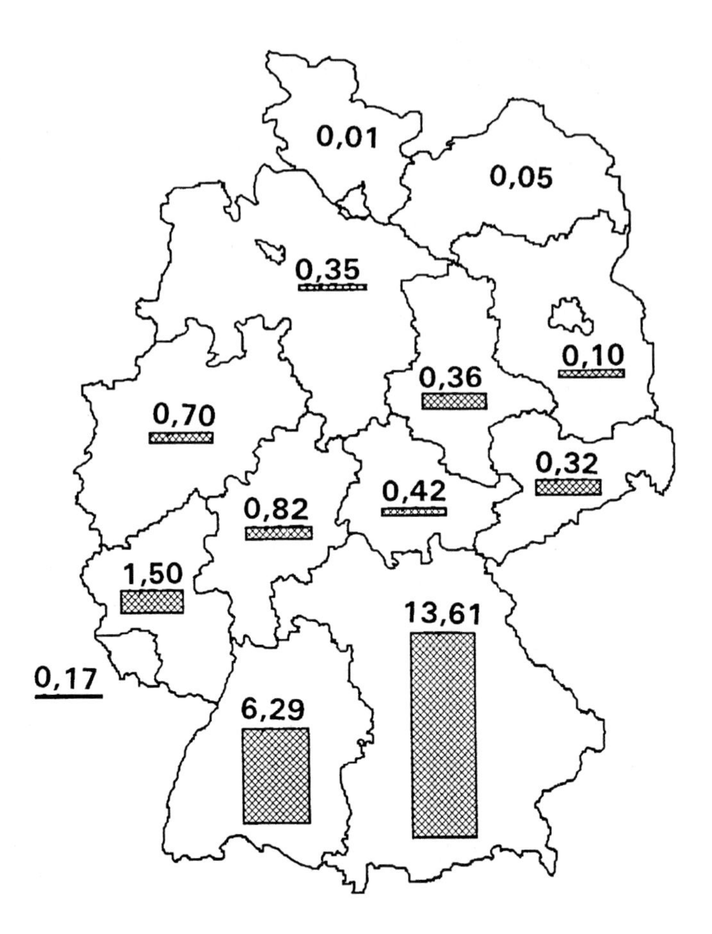

Abb. 5.1. Technisches Wasserkraftpotential in der Bundesrepublik Deutschland

Die Mehrzahl der Wasserkraftanlagen mit einer installierten Leistung von mehr als 1 MW wurde vor 1960 gebaut; hier können Modernisierungen der maschinellen Ausstattung und der hydraulischen Auslegung zu einer Leistungssteigerung bis zu 30% führen. Da bei dem Ausbau und der Modernisierung auf die bereits vorhandene Bausubstanz und auf noch gültige Wasserrechte zurückgegriffen werden kann, sind die Hemmnisse deutlich geringer als bei Neubauten. Dabei bedingt beispielsweise eine Vergrößerung der Ausbauwassermenge eine entsprechende Leistung, die bei Großwasserkraftanlagen bei 15% und mehr liegen kann. Durch künstliche Retentionsmaßnahmen im Rahmen des Hochwasserschutzes könnte beispielsweise die Wasserführung eines Flußlaufes besser reguliert und damit auch die Wasserkraftnutzung erhöht werden. Zu den Retentionsmaßnahmen zählen der Bau von Hochwasserrückhaltebecken, in denen Hochwasser temporär gespeichert werden können, sowie gezielte Maßnahmen im gesamten Einzugsgebiet des Flußlaufes, die zu einer Abflußverzögerung führen (Aufforstungen, Vermeidung von Flächenversiegelungen etc.). Darüber hinaus weisen ältere Wasserkraftmaschinen Wirkungsgrade auf, die unterhalb des heute Machbaren liegen; nach dem aktuellen Stand der Technik wäre hierdurch eine Steigerung von 5% der Jahresenergieerzeugung möglich.

5.5.3 Globale Wasserkraftpotentiale

Wie die vorausgegangenen Erläuterungen gezeigt haben, ist in Deutschland die Wasserkraft zum großen Teil ausgenutzt. Wenn man dagegen die Wasserkraftnutzung der Erde insgesamt betrachtet, so liegen hier noch erhebliche Entwicklungsmöglichkeiten vor.

Das theoretische Wasserkraftpotential der Erde wird auf ca. 40 000 TWh/a geschätzt. Davon können 13 000 TWh/a als technisches Potential und ca. 9 000 TWh/a als wirtschaftliches Potential eingestuft werden.

Tabelle 5.2. Wirtschaftliches Wasserkraftpotential der Erde (Quelle: WEC, 1995b)

Wirtschaftliches Potential in TWh/a				
	gesamt	ausgenutzt	im Ausbau befindlich	noch nicht ausgebaut
Europa	1 651	660	48	943
Nordamerika	1 145	624	15	506
Süd- und Mittelamerika	2 288	427	81	1 780
Asien (mit Rußland)	2 595	465	125	2 005
Afrika	1 000	55	7	938

Wie man Tabelle 5.2 entnehmen kann, ist das wirtschaftliche Potential der Erde bisher nur zu ca. 25% ausgenutzt worden, wobei der Grad der Ausnutzung zwischen den Ländern und Regionen sich erheblich unterscheidet.

Beispielsweise hat die Schweiz 90%, Rußland dagegen bisher nur 7% seiner Wasserkraftreserven ausgebaut. In Afrika sind die Wasserkräfte am wenigsten ausgenutzt worden, obwohl hier gute Möglichkeiten bestehen, z.B. in Zaire, Kamerun oder Äthiopien.

Bisher ist weltweit eine Gesamtleistung aller Wasserkraftanlagen von ca. 690 GW ausgebaut worden, die eine elektrische Energie von ca. 2 300 TWh/a erzeugen, was ungefähr 18,5% des jährlich erzeugten Stromes entspricht.

So können heute Norwegen zu 99,5%, Südamerika zu 75%, Kanada zu 65% und China zu 25% ihren Bedarf an elektrischem Strom durch Wasserkraft dekken. Zur Zeit befinden sich zu den bestehenden Wasserkraftanlagen mit einer Leistung von ca. 690 GW weitere 100 GW (14%) im Bau. Davon werden 25 GW in China mit den neuen Wasserkraftwerken Three Gorges, Erton, Lijiaxia und Xiaolangi errichtet.

5.6 Perspektiven der Wasserkraftnutzung

Es kann davon ausgegangen werden, daß sich die Menschheit bis zur Mitte des nächsten Jahrhunderts nahezu verdoppeln wird (auf ca. 11 Mrd. Menschen, vgl. Kap. 1, 36). Der Energiebedarf wird sich sehr wahrscheinlich mehr als verdoppeln, da der Bevölkerungszuwachs ausschließlich in den Entwicklungsländern stattfindet, wo bekanntlich ein erheblicher Nachholbedarf an Energie besteht. Die Prognosen wiesen daher eine Energiezunahme im nächsten Jahrhundert aus, die unseren heutigen Stand um das 3- bis 5fache übersteigt. Vor dem Hintergrund, daß die Energieoptionen - Öl, Erdgas, Uran - im nächsten Jahrhundert nahezu aufgebraucht sein werden, gewinnen zunehmend die erneuerbaren Energien an Bedeutung. Es kann davon ausgegangen werden, daß die Wasserkraft noch einen Zuwachs von ca. 100% erfährt.

6 Stand und Perspektiven der Windkraftnutzung in Deutschland

Andreas Wiese und Martin Kaltschmitt

Von allen Möglichkeiten, regenerative Energien in Deutschland zu nutzen, war die Stromerzeugung aus Windkraft in den letzten Jahren durch die höchsten Zuwachsraten gekennzeichnet. Vor diesem Hintergrund wird im folgenden zunächst kurz der Stand der Technik der Windenergienutzung dargestellt. Darauf aufbauend werden kennzeichnende Größen einer Windstromerzeugung (Flächenverbrauch, Materialeinsatz, Energieaufwands- zu Energieertragsverhältnis, ausgewählte Stofffreisetzungen) sowie die Kosten analysiert. Anschließend wird auf die Potentiale eingegangen und die derzeitige Nutzung diskutiert. Schließlich werden die Perspektiven einer weitergehenden Windkraftnutzung in Deutschland aufgezeigt.

6.1 Einleitung

Die zunehmend sichtbar werdenden Auswirkungen des menschlichen Handelns auf die natürliche Umwelt werden mehr und mehr zu einem der beherrschenden Themen in Politik und Gesellschaft; dies gilt nicht zuletzt auch für die Gefahr einer möglichen Veränderung des Klimas infolge des anthropogenen Treibhauseffekts. An diesen Umweltproblemen hat die Deckung der Energienachfrage, die derzeit hauptsächlich durch fossile und nukleare Energieträger erfolgt, einen erheblichen Anteil.

In diesem Kontext gewinnt die Suche nach Möglichkeiten, die Energienachfrage durch umweltfreundlichere Energien bzw. Techniken zu decken, immer mehr an Bedeutung. Hier werden insbesondere auf die erneuerbaren Energien als weitgehend umweltverträgliche und kohlendioxidneutrale Energiebereitstellungsmöglichkeiten große Hoffnungen gesetzt. Sie werden aber derzeit nur in vergleichsweise geringem Ausmaß genutzt, da die Technik oft noch nicht ausgereift und deshalb eine wirtschaftliche Nutzung meist nicht gegeben ist. Von allen regenerativen Energien scheint die Windenergie aber eine Option darzustellen, die, neben der Wasserkraft, sowohl technisch ausgereift verfügbar ist als auch zunehmend ökonomisch interessanter wird. Daher war sie auch in den letzten Jahren sowohl weltweit als auch insbesondere in Deutschland durch hohe Zuwachsraten gekennzeichnet. Vor diesem Hintergrund ist es das Ziel der folgenden Ausführungen, den Stand und die Perspektiven der Windkraftnutzung zu analysieren und zu diskutieren.

6.2 Technik

Die möglichen technischen Ausführungsformen von Windkraftanlagen zur Stromerzeugung sind mannigfaltig. Dennoch ist das Spektrum der derzeit marktgängigen Anlagentechniken vergleichsweise gering; mit wenigen Ausnahmen handelt es sich um Horizontalachsenkonverter. Bei diesem Typ befinden sich an der horizontal liegenden Rotorachse zumeist bis zu drei Rotorblätter, die den bewegten Luftmassen die Energie entziehen. Am anderen Achsenende ist der Generator montiert, der die Drehbewegung der Rotorachse in elektrische Energie wandelt. Dazwischen befindet sich meist ein Umsetzungsgetriebe. Durch eine Bremse an der Achse kann der Rotor abgebremst und festgestellt werden. Diese Systemkomponenten sind in einer Gondel untergebracht, die sich drehbar gelagert auf der Spitze eines Turmes befindet. Mit Hilfe einer Windrichtungsnachführung kann die Gondel und damit auch der Rotor immer optimal zum Wind ausgerichtet werden. Der Turm ist zur Gewährleistung einer ausreichenden Standfestigkeit im Boden verankert. Die gesamte Anlage wird mit Hilfe eines vollautomatisch arbeitenden Betriebssystems im Normalfall ohne manuelle Eingriffe betrieben.

Derzeit marktgängige Anlagen haben eine installierte Leistung im Bereich zwischen wenigen kW und bis zu 750 kW bei einer Nabenhöhe von bis zu 60 m. Die Anlagen laufen bei einer Windgeschwindigkeit von 3 bis 4 m/s an und erreichen im Bereich von rund 12 m/s ihre Nennleistung. Bei höheren Windgeschwindigkeiten ist eine Abregelung der aus dem Wind entnommenen Leistung notwendig; es muß sichergestellt werden, daß der Generator dauerhaft nicht mit mehr als seiner Nennleistung betrieben wird. Dies erfolgt entweder über einen gewollten Strömungsabriß an den Rotorblättern (stall-Regelung) oder über ein mechanisches Verdrehen der Rotorflügel (pitch-Regelung); beide Systeme sind am Markt vertreten. Ab einer Windgeschwindigkeit von rund 25 m/s werden die Konverter abgeschaltet, um einer mechanischen Zerstörung vorzubeugen. Die technische Verfügbarkeit moderner Anlagen liegt bei etwa 98%. Der Wirkungsgrad der Energiewandlung zwischen der in den bewegten Luftmassen enthaltenen Energie und der von der Anlage abgegebenen elektrischen Energie liegt theoretisch maximal bei 59,3% (Betz-Leistungsbeiwert); tatsächlich sind gegenwärtig im Nennbetrieb je nach Anlagentechnik rund 35 bis 45% realisierbar.[1]

Die Technik der marktgängigen Windkonverter hat sich im vergangenen Jahrzehnt rasant entwickelt. Aufbauend auf den anfänglich auch kommerziell einge-

1 Vgl. Kaltschmitt/Wiese, 1995; Hau, 1988; Molly, 1990; Gasch, 1991; Heier, 1994.

setzten 30 kW-Anlagen wurden innerhalb relativ weniger Jahre Konverter mit Leistungen von 500 bis knapp 1 MW zur Marktreife weiterentwickelt.

Zukünftig wird es zu einem weiteren Anstieg der installierten Anlagenleistungen bei gleichzeitiger Zunahme der durchschnittlichen Turmhöhen kommen; Konverter mit Leistungen bis zu mehreren Megawatt werden verfügbar sein. Gleichzeitig wird der mittlere Wirkungsgrad durch eine weitere Anlagenoptimierung steigen; dies gilt im wesentlichen für den Rotor, der optimaler gestaltet und damit verlustärmer den bewegten Luftmassen die Energie entzieht. Weitere Verbesserungen sind auch durch entsprechende Innovationen an verschiedenen Systemkomponenten und durch neue Konzepte zu erwarten; die gegenwärtig bereits angebotenen getriebelosen Anlagen stellen ein Beispiel dafür dar. Zusätzlich werden die Anlagen geräuschärmer betrieben werden können. Außerdem werden mittelfristig verstärkt Anlagen angeboten werden, die für eine Aufstellung im flachen Wasser vor der Küste geeignet sind. Sie entsprechen im wesentlichen den auf dem Festland installierbaren Konvertern, sind jedoch insgesamt robuster und wartungsärmer, um den erhöhten Anforderungen eines Betriebs im Meer gewachsen zu sein.

6.3 Bilanzen

Die Windkraftanlagentechnik kann mit Hilfe typischer in Serie gefertigter Referenzanlagen, wie sie das gegenwärtige und kurzfristig zu erwartende Marktspektrum repräsentieren, beschrieben werden (vgl. Tabelle 6.1). Da die Windstromerzeugung stark vom Windenergieangebot abhängt, werden dazu neben repräsentativen Leistungsklassen jeweils drei Referenzstandorte mit jahresmittleren Windgeschwindigkeiten von 4,5 m/s (typischer Standort im Mittelgebirge), 5,5 m/s (guter Standort kurz vor der Küste) und 6,5 m/s (sehr guter Standort an der Küste), jeweils bezogen auf eine Meßhöhe von 10 m Höhe über Grund, zugrunde gelegt (vgl. Hau, 1988; Molly, 1990; Gasch, 1991).

6.3.1 Bilanzen einer windtechnischen Stromerzeugung

Ausgehend von den in Tabelle 6.1 definierten Referenztechniken können die Bilanzen der eingesetzten Materialien, der Energie und der Stofffreisetzungen sowie des Flächenverbrauchs bestimmt werden.

Zusätzlich dazu wird unterstellt, daß die Konverter auf normal tragfähigem Boden installiert werden und damit Flachfundamente für einen sicheren Anlagenbetrieb ausreichend sind. Außerdem wird von einer einheitlichen Entfernung zum nächsten Netzanschluß (200 m) ausgegangen. Bei sämtlichen Bilanzbetrachtungen werden weder die mit der Entsorgung der Windkraftkonverter verbundenen Energie- und Stoffströme noch die dafür benötigten Flächen berück-

Tabelle 6.1. Charakteristische Kenngrößen der Referenzwindkraftanlagen (Kaltschmitt/Wiese, 1995)

	Kleine Anlage	Mittlere Anlage	Große Anlage
Nennleistung in kW	100	500	1 000
Rotordurchmesser in m	20	39	60
Rotorblattanzahl	3	3	3
Rotorblattmaterial	Kunststoff	Kunststoff	Kunststoff
Turmhöhe in m	30	41	50
Turmbauart	Rohrturm	Rohrturm	Rohrturm
Turmmaterial	Stahl	Stahl	Stahl
Techn. Verfügbarkeit in %	97	97	95
Lebensdauer in Jahren	20	20	20
Systemnutzungsgrad in %	21-33	20-30	19-29
Vollaststunden in h/a			
4,5 m/s[a]	1 400	1 500	1 680
5,5 m/s[a]	2 200	2 250	2 450
6,5 m/s[a]	2 750	2 950	3 170

a) Bezogen auf 10 m Höhe über Grund für typische Standorte in Deutschland

sichtigt. Da beim Anlagenbetrieb Betriebsmittel nur in sehr geringem Umfang anfallen, werden sie ebenfalls vernachlässigt (vgl. Kaltschmitt/Wiese, 1995). Außerdem wird der Einfluß der notwendigen Fertigungshallen und Betriebsgebäude sowie die anteilmäßige Inanspruchnahme von Infrastruktur (u.a. öffentliche Verkehrswege) aufgrund des nur geringen Einflusses auf das Endergebnis nicht behandelt.

Materialbilanzen. Ausgehend von den definierten Rahmenannahmen kann das für die eigentliche Windkraftanlage eingesetzte Material bestimmt werden (vgl. Kaltschmitt/Wiese, 1995).

Tabelle 6.2 zeigt für einige ausgewählte Materialien die aus den Materialbilanzen berechenbaren und auf die im Verlauf der gesamten Anlagenlebensdauer erzeugte elektrische Energie bezogenen spezifischen Materialaufwendungen; hier wird unterschieden zwischen Stahl, Nichteisenmetallen (NE-Metallen), Zement und Kunststoff. Demnach wird von allen betrachteten Materialien Stahl mit 1,4 bis 3,7 t/GWh und Zement mit 0,8 bis 3,5 t/GWh am meisten benötigt. Kommen demgegenüber z.B. anstelle von Stahlrohrtürmen Stahlbetontürme zum Einsatz, verschiebt sich die Relation zwischen dem spezifischen Stahl- und dem spezifischen Zementverbrauch entsprechend. Da alle Anlagen über Rotorblätter verfügen, die aus Kunststoff gefertigt wurden, liegt auch der Verbrauch an Kunststoff in einer nicht zu vernachlässigenden Größenordnung; er bewegt sich zwischen 180 und 610 kg/GWh. Wird unterstellt, daß die Rotorblätter nicht die gesamte technische Lebensdauer überstehen und daher nach zehn Jahren ein Ersatz notwendig wird, verdoppelt sich der Kunststoffverbrauch (Kaltschmitt/Wiese, 1995).

Tabelle 6.2. Material-, Energie- und Emissionsbilanzen sowie Flächenverbrauch einer windtechnischen Stromerzeugung (Kaltschmitt/Wiese, 1995)

	4,5 m/s[d]	5,5 m/s[d]	6,5 m/s[d]
Materialbilanzen[a]			
Stahl in kg/GWh	2 740-3 710	1 880-2 360	1 450-1 890
NE-Metalle in kg/GWh[b]	90-140	60-90	50-70
Zement in kg/GWh	1 610-3 460	1 100-2 200	850-1 760
Kunststoff in kg/GWh	340-610	230-390	180-310
Energiebilanz			
KEA[c] in kWh/MWh[a]	70-230	50-150	35-120
Erntefaktor	44-12	64-19	82- 24
Amortisationszeit in Monaten	6-20	4-13	2-8
Emissionsbilanzen[a]			
SO_2 in kg/GWh	18-32	13-20	10-16
NO_x in kg/GWh	26-43	18-27	14-22
CO_2 in t/GWh	19-34	13-22	10-17
Flächenverbrauch			
Flächentyp I in m^2/(GWh/a)	670-3 710	460-2 360	360-1 890
Flächentyp II in m^2/(GWh/a)	21 700-116 500	14 800-74 200	11 400-59 300

a) Bezogen auf die während der gesamten Lebensdauer der Anlage erzeugte elektrische Energie;
b) Kupfer;
c) kumulierter Energieaufwand;
d) jahresmittlere Windgeschwindigkeit bezogen auf 10 m über Grund.

Energiebilanz. Entsprechend kann für die betrachteten Windkraftanlagen bzw. für jedes einzelne Bauelement der energetische Herstellungsaufwand bestimmt werden (vgl. Kaltschmitt/Wiese, 1995). Daraus lassen sich die primärenergetischen Amortisationszeiten und Erntefaktoren ermitteln (vgl. Tabelle 6.2).

Demnach liegen die primärenergetischen Erntefaktoren der Windenergie etwa zwischen 12 und 82 für jahresmittlere Windgeschwindigkeiten zwischen 4,5 und 6,5 m/s; damit ist mit dem Betrieb der Windkraftanlagen hier ein Nettoenergiegewinn des 12- bis 82fachen des Energieaufwands für die Anlagenherstellung verbunden. Die entsprechenden primärenergetischen Amortisationszeiten liegen bei 2 bis 20 Monaten; damit stellt auch unter den ungünstigsten Bedingungen ein Konverter nach weniger als zwei Jahren netto Energie bereit (vgl. Tabelle 6.2). Dabei hat bei der Energiebilanz das Windenergieangebot einen ergebnisbestimmenden Einfluß; steigt beispielsweise die jahresmittlere Windgeschwindigkeit um knapp 50% von 4,5 auf 6,5 m/s, verdoppelt sich der Erntefaktor im Mittel, und die energetischen Amortisationszeiten halbieren sich (Kaltschmitt/Wiese, 1995).

Emissionsbilanzen. Ausgehend von den Energieströmen können die direkt bei der Stromerzeugung und die indirekt in den vorgelagerten Prozessen stattfindenden Stofffreisetzungen bestimmt werden (vgl. Kaltschmitt/Wiese, 1995). Hier werden exemplarisch aus der Vielzahl von möglicherweise freigesetzten Stoffen nur die toxikologisch relevanten Luftschadstoffe SO_2 und NO_x sowie zusätzlich das klimarelevante CO_2 betrachtet. Dabei sind nur die bei der Materialherstellung - vorwiegend verursacht durch den benötigten fossilen Energieaufwand - freigesetzten Schadstoffe und zusätzlich die Emissionen infolge der Materialverarbeitung und des Zusammenbaus der Konverter, des Transports und der Installation vor Ort zu berücksichtigen; der Anlagenbetrieb ist demgegenüber weitgehend frei von luftgetragenen Schadstofffreisetzungen.

Unter diesen Rahmenannahmen errechnen sich spezifische kumulierte SO_2-Emissionen von 10 bis 32 kg/GWh und NO_x-Emissionen zwischen 14 und 43 kg/GWh. Vom klimarelevanten Kohlendioxid (CO_2) werden je GWh erzeugter elektrischer Energie rund 10 bis 34 t freigesetzt (vgl. Tabelle 6.2; Kaltschmitt/Wiese, 1995).

Flächenverbrauch. Die für eine Energiebereitstellung aus Windenergie benötigten Flächen werden in einem unterschiedlichen Ausmaß von den Windkraftanlagen in Anspruch genommen. Hier wird deshalb der spezifische Flächenverbrauch für zwei unterschiedliche Flächentypen bestimmt. Flächentyp I entspricht dabei den notwendigen Flächen für die Fundamente und bei Windparks für die Betriebsgebäude und die u.U. für Wartungszwecke zu bauenden Straßen. Zum Flächentyp II zählen die mit nur leichten Einschränkungen weiterhin landwirtschaftlich nutzbaren Flächen um die Konverter, die infolge des notwendigen Anlagenabstands zur Vermeidung von Abschattungsverlusten benötigt werden (vgl. Kaltschmitt/Wiese, 1995). Weitere Flächen, z.B. für die Fabrikgebäude zur Herstellung der Anlagen oder die für den Transport in Anspruch genommenen öffentlichen Verkehrswege, werden aufgrund der nur sehr kurzfristigen Inanspruchnahme nicht betrachtet.

Tabelle 6.2 zeigt den resultierenden spezifischen Flächenverbrauch. Demnach werden an direkt genutzter Fläche (Flächentyp I) je nach Windgeschwindigkeit zwischen 360 und 3 710 m^2/(GWh/a) benötigt. Deutlich größer ist der Verbrauch an indirekt genutzter Fläche; er liegt zwischen 11 400 und 116 500 m^2/(GWh/a) (vgl. Kaltschmitt/Wiese, 1995).

6.3.2 Vergleich mit anderen Stromerzeugungstechniken

Bei einem Vergleich mit anderen Stromerzeugungsmöglichkeiten aus erneuerbaren Energien zeigt sich, daß die diskutierten Kenngrößen der Windstromerzeugung in Deutschland zwischen denen der Wasserkraftnutzung und denen der photovoltaischen Stromgewinnung liegen. Der spezifische Materialverbrauch und der kumulierte Energieaufwand, die kumulierten Emissionen und der Flächenverbrauch sind demnach bei der Windenergie im Durchschnitt deutlich niedriger als bei der Photovoltaik, aber zumeist geringfügig höher als bei der Wasserkraft. Nur an günstigen Standorten mit hohen mittleren Windgeschwindigkeiten erreichen diese Kenngrößen Werte, die im Bereich einer wassertechnischen Stromerzeugung liegen (vgl. Kaltschmitt/Wiese, 1995).

Verglichen mit Stromerzeugungsmöglichkeiten aus fossilen Energieträgern weist die Windenergienutzung im Durchschnitt höhere spezifische Materialaufwendungen und Flächenverbräuche auf; sie können allerdings an Standorten mit hohen Windgeschwindigkeiten auch etwa in der Größenordnung liegen, die der Materialaufwendung und dem Flächenverbrauch einer Verstromung von Erdgas und Steinkohle mit moderner Technologie entspricht. Dagegen liegen die spezifischen kumulierten Energieaufwendungen und Emissionen fossiler Stromerzeugungsmöglichkeiten deutlich über denen der Windstromerzeugung. Dies resultiert vorwiegend aus den Energieaufwendungen in den vorgelagerten Prozeßketten zur fossilen Brennstoffbereitstellung sowie aus den direkt im Kraftwerk bei der Verbrennung frei werdenden Emissionen (vgl. Kaltschmitt/ Wiese, 1995; Frische et al., 1995; Frischknecht et al., 1994).

6.4 Kosten

Für die derzeit installierten Windkraftanlagen mit Nennleistungen zwischen 300 und 750 kW liegen die spezifischen Investitionen ab Werk bei rund 1 400 bis 2 500 DM/kW. Für die in demnächst auf den Markt kommenden MW-Anlagen dürften die zu veranschlagenden Aufwendungen bei etwa 2 000 DM/kW bzw. auch darunter liegen. Dann ist eine Windkraftanlage mit einer installierten Leistung von 1 MW für rund 2 Mio. DM verfügbar.

Zusätzlich zu den Anlagenaufwendungen ab Werk fallen bei der Installation eines Windkonverters standortspezifische Kosten an. Darunter werden die Aufwendungen für das Standortgutachten, die Planung, die Bereitstellung einer entsprechenden Zufahrtsmöglichkeit zum potentiellen Standort, der Netzanschluß, das Fundament usw. zusammengefaßt. In Abhängigkeit der jeweiligen Standortbedingungen liegen diese Ausgaben zwischen 20 und 45% der Investitionen ab Werk.

Daneben sind betriebs- und verbrauchsgebundene sowie sonstige laufende Kosten zu berücksichtigen. Sie ergeben sich im wesentlichen aus den Wartungs- und Instandhaltungskosten, ggf. den Pachtkosten für das Aufstellungsgelände und den Versicherungskosten. Insgesamt liegt der jährliche Betriebsaufwand zwischen 2,5 und 4,5% der Anlagenkosten ab Werk.

Aus diesen Aufwendungen lassen sich die realen mittleren volkswirtschaftlichen Jahreskosten berechnen (Zinssatz 4%; Abschreibungsdauer entspricht der unterstellten technischen Lebensdauer von 20 Jahren) und daraus mit dem jeweiligen Stromertrag die Stromgestehungskosten. Abb. 6.1 zeigt die spezifischen Gestehungskosten für durchschnittliche Standortgegebenheiten mit unterschiedlichem Windenergieangebot und für Anlagen mit verschiedenen installierten Leistungen. Demnach liegen die spezifischen Kosten zwischen 15 und 27 Pf/kWh

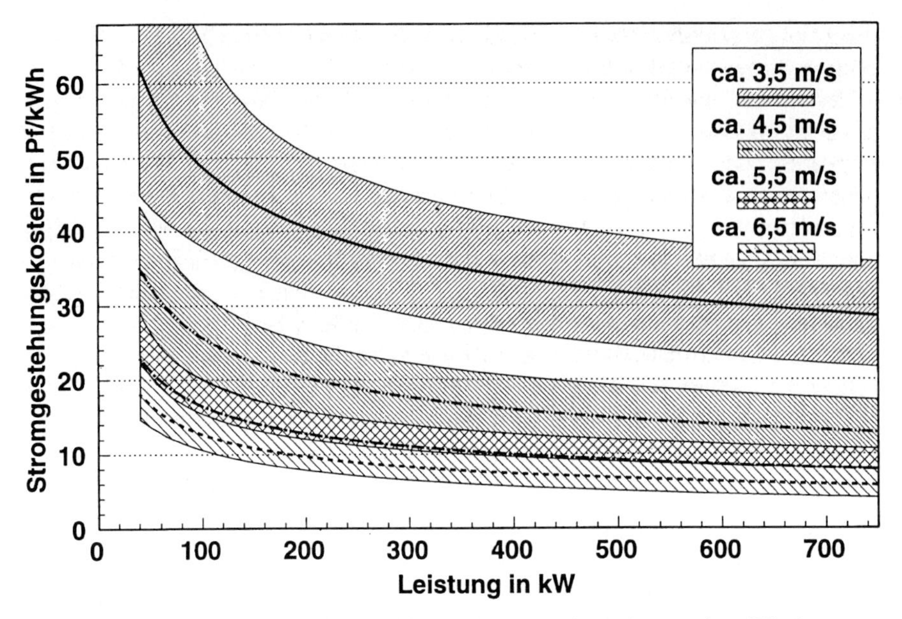

Abb. 6.1. Durchschnittliche reale spezifische Stromgestehungskosten einer Windstromerzeugung in Deutschland auf der Basis des derzeitigen Marktspektrums (Kaltschmitt/Wiese, 1995)

bei mittleren Windgeschwindigkeiten von 4 bis 5 m/s, zwischen 10 und 18 Pf/kWh bei Geschwindigkeiten von 5 bis 6 m/s und zwischen 7 und 13 Pf/kWh über 6 m/s. Die Stromgestehungskosten zeigen eine deutliche Abnahme mit zunehmender elektrischer Leistung der Windkraftanlagen.

In Deutschland sind potentielle Standorte mit jahresmittleren Windgeschwindigkeiten von mehr als 6 m/s kaum vorhanden. Im Normalfall liegen die Windgeschwindigkeiten an potentiell guten Anlagenstandorten bei 4 bis 6 m/s (jeweils bezogen auf 10 m über Grund). Bei den derzeit in Deutschland primär installierten Anlagen sind damit durchschnittliche reale Stromgestehungskosten zwischen 9 und 20 Pf/kWh gegeben. Im Vergleich dazu bewegen sich die spezifischen Stromgestehungskosten unter sonst günstigen Randbedingungen dann im Bereich oder ggf. auch unterhalb der gesetzlich festgelegten Netzeinspeisevergütung (derzeit etwa 17 Pf/kWh).

Ein direkter Vergleich der Windstromgestehungskosten mit denjenigen einer Elektrizitätsgewinnung aus konventionellen Kraftwerken ist aufgrund des stochastischen Energieangebots der windtechnischen Stromerzeugung nicht unmittelbar möglich; eine definierte Versorgungsaufgabe mit einer bestimmten Versorgungssicherheit kann durch Windkraftanlagen nur sehr eingeschränkt erfüllt werden (vgl. Kaltschmitt/Wiese, 1995; Wiese, 1994). Deshalb muß der zusätzlich benötigte konventionelle Backup-Kraftwerkspark zur Gewährleistung einer entsprechenden Versorgungssicherheit anteilig monetarisiert werden; dies kann durch sogenannte Backup-Kosten (vgl. Kaltschmitt/Wiese, 1995) geschehen, die bei

0,6 bis 1,6 Pf/kWh liegen und der Windstromerzeugung zusätzlich anzulasten sind. Zusammen mit den diskutierten Windstromgestehungskosten können die resultierenden spezifischen Gesamtkosten den Stromgestehungskosten konventioneller Kraftwerke gegenübergestellt werden; dabei zeigt sich, daß die Gestehungskosten für elektrische Energie aus Windkraft nur bei vergleichsweise hohen jahresmittleren Windgeschwindigkeiten im Bereich der spezifischen Stromkosten fossil gefeuerter Kraftwerke liegen (Kaltschmitt/Wiese, 1995).

Diese Relation kann sich zugunsten der Windstromerzeugung dann verschieben, wenn die mit einer Nutzung der Windenergie verbundenen Umweltentlastungen im Vergleich zu alternativen Möglichkeiten der Strombereitstellung monetarisiert werden. Durch eine Internalisierung dieser externen Effekte verschiebt sich das Verhältnis der Kosten tatsächlich geringfügig in Richtung auf die Windenergie (European Commission, 1994).

6.5 Potentiale und Nutzung

Unter dem theoretischen Potential wird das physikalische Angebot innerhalb einer gegebenen Region verstanden. Das technische Potential beschreibt das „technisch Machbare“ unter Berücksichtigung der verfügbaren Energiewandlungstechniken und ihren Nutzungsgraden, der Höhe, dem zeitlichen Verlauf und der räumlichen Verteilung von Energieangebot und -nachfrage sowie der Verfügbarkeit von Standorten und konkurrierenden Nutzungen. Das wirtschaftliche Potential umfaßt den Anteil des technischen Potentials, der im Vergleich zu anderen Optionen nach Ort, Zeit und gegebenen Bedingungen wirtschaftlich konkurrenzfähig ist. Das daraus resultierende Erschließungspotential ist i. allg. geringer, da das wirtschaftliche Potential nicht direkt, sondern allenfalls langfristig vollständig ausgeschöpft werden kann (z.B. aufgrund begrenzter Herstellkapazitäten, der Funktionsfähigkeit der vorhandenen und funktionsfähigen, ggf. noch nicht abgeschriebenen Konkurrenzsysteme); bei einer entsprechenden staatlichen Förderung kann es aber auch größer sein (vgl. BMWi, 1994d).

6.5.1 Weltweite Potentiale

Das theoretische Potential der Windkraft und damit die durch die Sonneneinstrahlung erzeugte Strömungsenergie im Bereich bis etwa 100 m über dem Erdboden liegt bei etwa 11 000 EJ/a. Davon ist weltweit nur ein Anteil von etwa 100 bis 150 EJ/a als technisch nutzbares Potential anzusehen. Gebiete mit jahresmittleren Windgeschwindigkeiten von mehr als 4 m/s, die für eine technische Nutzung derzeit in Frage kommen, sind dabei vor allem die Küstenbereiche der Weltmeere und einige Gebirgsregionen.

6.5.2 Potentiale in Deutschland

Über der Gebietsfläche Deutschlands ist ein theoretisches Potential der Windenergie zwischen 47 und 76 EJ/a gegeben; dem entspricht ein theoretisches Stromerzeugungspotential von 8 bis 12 PWh/a (vgl. Tabelle 6.3). Das technische Erzeugungspotential errechnet sich daraus unter Berücksichtigung des regional sehr unterschiedlichen Windenergieangebots in den bodennahen Atmosphärenschichten (vgl. Tabelle 6.3). Werden nur Gebiete mit Geschwindigkeiten über 4 m/s für eine Windkraftnutzung als geeignet angesehen (vgl. Abb. 6.2), die

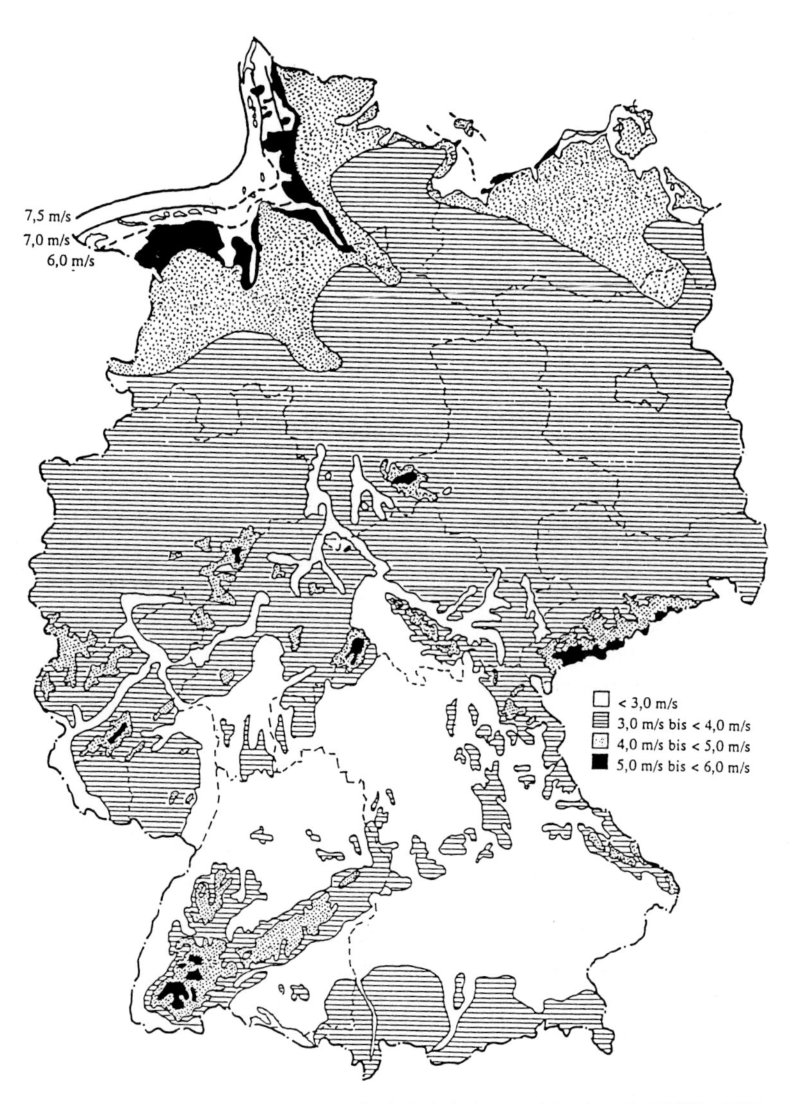

Abb. 6.2. Zonen ähnlicher Windgeschwindigkeit in Deutschland nach DWD, 1991

Tabelle 6.3. Theoretische und technische Potentiale sowie substituierbare End- und Primärenergieäquivalente einer Windstromerzeugung in Deutschland, ohne Off-shore-Installation (Kaltschmitt/Wiese, 1993, 1995)

		4-5 m/s[g]	5-6 m/s[g]	> 6 m/s[g]
Theoretisches Potential in EJ/a[e]			← 47-76 →	
Theoretisches Stromerzeugungspotential in PWh/a[f]			← 8-12 →	
Technisches Flächenpotential in Mio. ha		4,75	0,75	0,09
Technisch installierbare Leistung in GW		49,3-74,2	7,8-11,7	1,3-2,0
Technisches Stromerzeugungspotential in TWh/a (brutto)		81,1-99,1	18,9-23,2	4,4-5,4
Technisch substituierbare Endenergie in TWh/a (brutto)	Ansatz I[a]		← 84 →	
	Ansatz II[b]		← 20 →	
	Ansatz III[c]		← 14 →	
Technisch substituierbare Primärenergieäquivalente in PJ/a (netto)[d]	Ansatz I[a]		← 693-774 →	
	Ansatz II[b]		← 170-184 →	
	Ansatz III[c]		← 119-129 →	

Die Werte errechnen sich auf der Basis des gegenwärtigen Standes der Technik, der momentanen kumulierten Energieaufwendungen und der derzeit existierenden Prozeßketten mit ihren energetischen Kennzahlen:

a) Auf der Basis der momentanen Charakteristik der Nachfrage nach elektrischer Energie sowie unter der Bedingung, daß die in einem Bundesland erzeugte Energie auch dort genutzt wird und die über die aktuelle Nachfrage hinausgehende regenerative Stromerzeugung entweder in Pumpspeicherkraftwerken (Wirkungsgrad 70%) oder in Wasserstoffspeichern (Wirkungsgrad 40%) zwischengespeichert wird;
b) vgl. Ansatz I sowie unter der Annahme, daß kein zusätzlicher Speicherbedarf auftritt;
c) vgl. Ansatz II, jedoch zusätzlich unter der Vorgabe, daß jederzeit die Hälfte der minimalen im Jahr auftretenden stundenmittleren Last durch konventionelle Grundlastkraftwerke bereitgestellt wird;
d) Verhältnis zwischen dem substituierbaren Primärenergieäquivalent (brutto) und der substituierbaren Endenergie (brutto) von ca. 9,41 PJ/TWh (d.h. mittlerer Nutzungsgrad von ca. 38%);
e) gesamtes Windenergieangebot über der Gebietsfläche Deutschlands;
f) berechnet auf der Basis „idealer Konverter";
g) jahresmittlere Windgeschwindigkeit in 10 m Höhe über Grund.

einer technischen Nutzung entgegenstehenden Restriktionen (z.B. Waldflächen, Siedlungsgebiete, Naturschutzgebiete) beachtet und der mittlere Flächenverbrauch derzeit marktgängiger Anlagen (vgl. Tabelle 6.1) berücksichtigt, könnte auf diesen Flächen eine Anlagenleistung zwischen 58,4 und 87,9 GW installiert werden. Daraus errechnet sich ein technisches Stromerzeugungspotential von ca. 104 TWh/a bei kleinen, ca. 118 TWh/a bei mittleren und ca. 128 TWh/a bei großen Anlagen (Tabelle 6.3). Bezogen auf die gesamte Bruttostromerzeugung in Deutschland im Jahr 1994 (525,9 TWh) entspricht dieses Potential einem Anteil zwischen 20 und 24 %.

Bei der Betrachtung der regionalen Verteilung dieser Potentiale in Deutschland wird deutlich, daß der Norden und hier insbesondere die Küstenlinie durch hohe windtechnische Stromerzeugungspotentiale gekennzeichnet ist. Im Süden sind die Potentiale deutlich geringer; hier sind nennenswerte Möglichkeiten einer Windstromerzeugung vorwiegend in günstigen Mittel- und Hochgebirgslagen gegeben.

Zusätzlich ist eine Windkraftnutzung vor der Küste (Off-shore) möglich. In Deutschland wurden jedoch wesentliche Teile des Wattenmeers vor der deutschen Nordseeküste bis zu einer mittleren Wassertiefe von 10 m zum Nationalpark erklärt; deshalb ist hier eine Windkraftnutzung nicht möglich. Unabhängig davon sind aber an der Nord- und Ostseeküste auch in geringen Wassertiefen Gebiete vorhanden, in denen eine Aufstellung von Windkraftkonvertern möglich ist. Bis zu einer mittleren Wassertiefe von 40 m und einer maximalen Entfernung von der Küste von 30 km ist bei mittleren Windgeschwindigkeiten zwischen 6 und 9 m/s dort ein technisches Stromerzeugungspotential von rund 237 TWh/a gegeben (Matthies et al., 1994); es übersteigt damit das technische Erzeugungspotential auf dem Festland erheblich. Bezogen auf die gesamte Bruttostromerzeugung in Deutschland in 1994 (525,9 TWh) entspricht dieses technische Off-shore-Stromerzeugungspotential aus Windkraft einem Anteil von ca. 45%.

Unter Berücksichtigung der Netz- und Speicherverluste kann ausgehend von den Onshore-Potentialen eine Endenergie von etwa 84 TWh/a mit dieser windtechnischen Stromerzeugung substituiert werden (vgl. Tabelle 6.3). Wird zusätzlich eine über die momentane Nachfrage hinausgehende aktuelle windtechnische Stromerzeugung ausgeschlossen (Vermeidung von Speicherverlusten dadurch, daß die aktuelle Windstromerzeugung zeitgleich auch genutzt wird), reduziert sich die substituierbare Endenergie deutlich. Wird gleichzeitig davon ausgegangen, daß die Hälfte der minimalen stundenmittleren Last im Jahresverlauf durch den konventionellen Kraftwerkspark zur Sicherstellung der gewohnten Frequenz- und Spannungsstabilität im Netz gedeckt werden soll, vermindert sich die technisch substituierbare Endenergie auf etwa 14 TWh/a. Bezogen auf den Endenergieverbrauch an elektrischer Energie in Deutschland (1 539 PJ im Jahr 1994) entspricht diese Bandbreite Anteilen zwischen 3,3 und 19,6%.

Bei der Bestimmung der dieser technisch substituierbaren Endenergie entsprechenden substituierbaren Primärenergie muß zusätzlich der kumulierte Energieaufwand (vgl. Tabelle 6.2) berücksichtigt werden. Damit und mit den technischen Stromerzeugungspotentialen sowie der substituierbaren Endenergie kann für die potentielle windtechnische Stromerzeugung auf dem Festland die netto substituierbare Primärenergie mit 119 bis 774 PJ/a bestimmt werden (vgl. Tabelle 6.3). Bezogen auf den Primärenergieverbrauch in Deutschland (14 006 PJ in 1994) entspricht dies 0,8 bis 5,5%.

Eine kostengünstige Stromerzeugung aus Windenergie ist gegenwärtig nur an Standorten möglich, die durch hohe bis sehr hohe mittlere Windgeschwindigkeiten (über 5 m/s) gekennzeichnet sind. Hier ist für einen privaten Betreiber die Windkraftnutzung aufgrund der gesetzlich festgelegten Einspeisevergütung in vielen Fällen wirtschaftlich; ein Teil der besonders vorteilhaften Standorte werden deshalb derzeit bereits genutzt. Auf der Basis der gesetzlich festgelegten

Einspeisevergütung ist deshalb an der Küste durchaus noch ein beachtliches wirtschaftliches Potential gegeben.

Von den genannten technischen Potentialen könnte, entsprechende staatliche Maßnahmen vorausgesetzt, in Deutschland in den nächsten Jahren ein Potential der Windenergie zwischen 2 000 und 3 500 MW erschlossen werden. Bei unterstellten Vollaststunden zwischen 2 000 und 2 500 h/a resultiert daraus ein Erschließungspotential von 4,0 bis 8,7 TWh/a (d. h. 0,8 bis 1,7% bezogen auf die Bruttostromerzeugung in Deutschland im Jahr 1994).

6.5.3 Nutzung

Weltweit sind rund 3 500 MW in mehr als 125 000 Windkraftanlagen installiert (Stand 1994); dabei handelt es sich zu einem überwiegenden Teil aber um sehr kleine Anlagen im Kilowattbereich.

In Deutschland waren am 31. Dezember 1995 3 655 Windkraftanlagen mit einer insgesamt installierten Leistung von rund 1 137 MW in Betrieb. Davon handelt es sich bei etwas mehr als zwei Drittel (ca. 793 MW) um Anlagen mit einer installierten Nennleistung von mehr als 400 kW. Etwa 21% (ca. 209 MW) sind Anlagen mit Nennleistungen zwischen 200 und 400 kW. Der verbleibende Rest ist durch installierte Leistungen von weniger als 200 kW gekennzeichnet. Zusammengenommen liegt damit der potentielle Jahresenergieertrag des vorhandenen Anlagenbestandes bei rund 2,6 TWh. Bezogen auf die gesamte Bruttostromerzeugung in Deutschland in 1994 (525,9 TWh) entspricht dies rund 0,55% (Rehfeldt, 1996).

6.6 Schlußbetrachtung

Zusammenfassend kann der Stand der Windenergie wie folgt beschrieben werden:

- Moderne marktgängige Windkraftanlagen sind heute durch eine horizontale Achse, Turmhöhen bis 60 m, zwei bis drei Rotorblätter, Leistungen zwischen 100 kW und knapp 1 MW, hohe Verfügbarkeiten, geringen Wartungsaufwand und Investitionskosten zwischen 1 400 und 2 500 DM/kW (ab Werk) gekennzeichnet.
- Die Windenergienutzung hat in den letzten Jahren, insbesondere in Deutschland, beachtlich zugenommen; sie trägt heute bereits mit einem Anteil von rund 3,3% zur Deckung der Stromnachfrage der fünf Küstenländer bei.
- Die windtechnische Stromerzeugung ist an guten Standorten mit hoher Windgeschwindigkeit, guter Netzanbindung und günstiger Infrastruktur für einen privaten Netzeinspeiser, der die gesetzlich festgelegte Einspeisevergütung erhält, wirtschaftlich.

- Zunehmende Akzeptanzprobleme resultieren im wesentlichen aus der möglichen Geräuschentwicklung, den Sichtreflexen und der visuellen Beeinträchtigung des Landschaftsbildes.

Ausgehend davon zeichnen sich folgende Perspektiven ab:

- Der Trend zu Anlagen größerer Nennleistung setzt sich weiter fort. In den nächsten Jahren werden Konverter mit Nennleistungen von deutlich über 1 MW verfügbar sein und sich am Markt aufgrund ihrer ökonomischen Vorteile zunehmend durchsetzen. Derzeit ist aber noch nicht absehbar, wo die Grenze dieser Entwicklung liegen wird. Das technisch-ökonomisch sinnvoll Machbare dürfte aber weniger durch die eigentliche Windkraftanlagentechnik vorgegeben werden; beispielsweise stellen die Transportwege zwischen Werk und Aufstellungsort (Straßen, Brücken usw.) für die zu transportierenden Massen bzw. die benötigten 200 bis 400 t-Kranwagen eine erhebliche Einschränkung dar.
- Auch zukünftig werden Horizontalachsenkonverter als der Windkraftanlagentyp mit den höchsten Wirkungsgraden den Markt weitgehend dominieren.
- In Zukunft werden drei- und zunehmend auch zweiblättrige Rotoren als günstigster Kompromiß zwischen Material- und Kostenaufwand, Schnelläufigkeit und Leistungssteuerung zum Einsatz kommen. Aufgrund der größeren Laufstabilität sowie der höheren optischen Laufruhe und der damit verbundenen höheren Akzeptanz dürfte der Dreiblattrotor auch weiterhin marktführend bleiben.
- Die Kosten einer windtechnischen Stromerzeugung werden weiter sinken. Dies gilt insbesondere für die Anlageninvestitionen. Gleichzeitig dürfte die technische Lebensdauer leicht zunehmen, die Ausfallwahrscheinlichkeit erneut geringfügig sinken und aufgrund höherer Wirkungsgrade und größerer Turmhöhen die mögliche Stromerzeugung bei gleichen Standortbedingungen ansteigen.
- Durch weitere Optimierungen der Rotorform und anderer lärmemittierender Bauteile wird es zu einer zunehmenden Reduktion der Lärmemissionen kommen. Mittel- bis langfristig dürften deshalb die von Windkraftanlagen verursachten Geräuschfreisetzungen nicht mehr erheblich über den Windgeräuschen und damit dem Hintergrundrauschen liegen.
- Die Sichtreflexe lassen sich durch eine entsprechende Oberflächengestaltung reduzieren.
- Windkraftanlagen werden zukünftig hinsichtlich des Erscheinungsbilds und der Farbgestaltung so konzipiert, daß sie sich zunehmend unauffälliger ins Landschaftsbild einfügen.

Damit könnte die Windkraft zukünftig etwa eine ähnliche Rolle im Energiesystem der Bundesrepublik Deutschland spielen, wie sie die Laufwasserkraft gegenwärtig innehat. Dies dürfte jedoch nur erreichbar sein, wenn die sich gegenwärtig abzeichnenden, z.T. erheblichen Akzeptanzprobleme gelöst werden können. Die Windkraft ist damit durchaus eine vielversprechende Option, die ihren Platz im Energiemix Deutschlands finden wird.

7 Wirtschaftlichkeit und Perspektiven der Windenergietechnik in Deutschland

Werner Kleinkauf

7.1 Rahmenbedingungen, Entwicklung

Die derzeitige Energieversorgung basiert überwiegend auf Techniken, die mit umweltbelastenden und klimabeeinflussenden Emissionen, dem Raubbau an fossilen Ressourcen sowie Sicherheitsrisiken verbunden sind. Eine *umweltverträgliche Energiebereitstellung* wird vordringlicher. Diese macht gewaltige Anstrengungen in Forschung und Technik sowie in Wirtschaft, Politik und Gesellschaft notwendig.

Die Bundesregierung hat sich zum Ziel gesetzt, bis zum Jahr 2005 die CO_2-Emissionen um 25% zu reduzieren (vgl. Schafhausen, 1996). Zur Erfüllung dieser Vorgaben und weiterführender Zielsetzungen für die nächsten Jahrzehnte ist es unerläßlich, umweltschonende Verfahren zur Energieversorgung und rationellen Energieverwendung (erneuerbare Energie) zur Lösung dieser Probleme heranzuziehen. Neben der Wasserkraft ist die Windenergie von allen „Regenerativen" technisch am weitesten vorangeschritten und unter günstigen Verhältnissen hinsichtlich Windgeschwindigkeit und Stromerlös bereits wirtschaftlich einsetzbar.

Die Nutzung der Windenergie hat in den Jahren seit 1990, maßgeblich unterstützt durch *Förderprogramme* der Länder und des Bundes - insbesondere das „250 MW Wind"-Programm -, enorme Fortschritte gemacht. Entscheidend gefördert wurde diese Entwicklung durch das *Stromeinspeisungsgesetz* vom Dezember 1990. Dieses regelt die Abnahme und Vergütung von Strom aus erneuerbaren Energien (z.B. Wind, Sonne, Wasser) durch die öffentlichen Energieversorgungsunternehmen (EVU). Für Strom aus Windkraft beträgt die Vergütung 90% des Durchschnittserlöses je kWh aus der Stromabgabe der EVU an Endverbraucher. Im Jahr 1995 waren dies 17,28 Pf.

Der Aufschwung der Windenergienutzung in Deutschland zeigt sich anhand mehrerer Aspekte. So haben die günstigen Rahmenbedingungen nicht nur einen Einfluß auf die Installationsrate neuer Windenergieanlagen (WEA), sondern wirken sich auch auf die Verbesserung der Anlagentechnik und letztendlich auf die Reduktion der Produktionskosten aus. In Abb. 7.1 ist zu erkennen, daß das Wachstum der WEA-Installationsrate in energiewirtschaftlich relevanter Größenordnung nun auch unabhängig von der auf 250 MW Gesamtleistung begrenzten Bundesförderung Bestand hat.

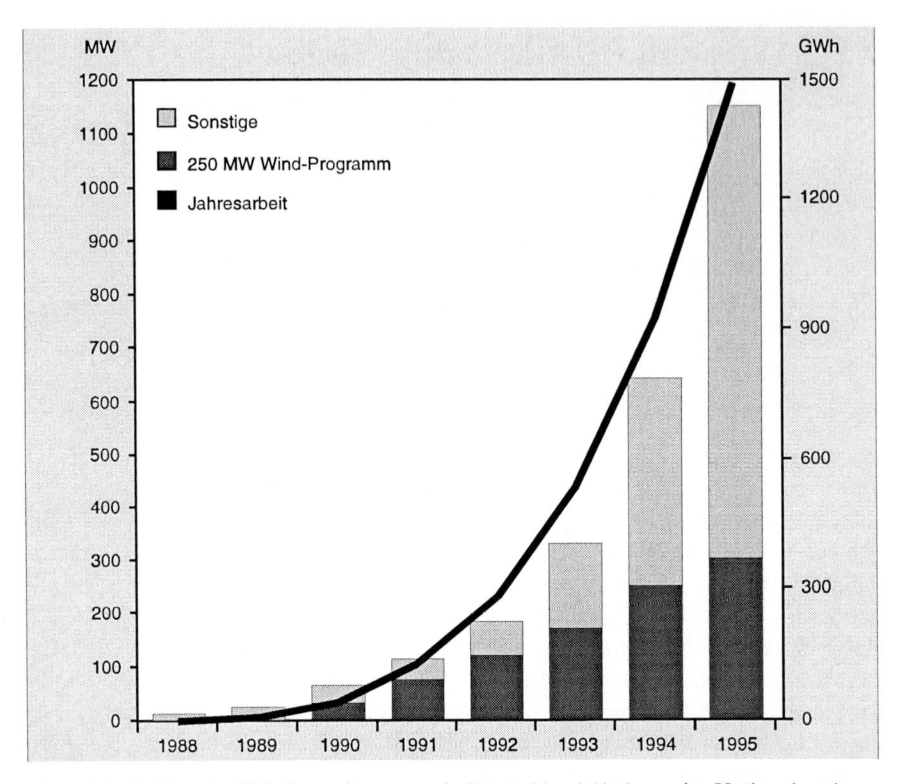

Abb. 7.1. Ausbau der Windenergienutzung in Deutschland (Anlagen im Verbundnetz)

Seit 1989 werden alle im Breitentest „250 MW Wind" geförderten Anlagen durch ein Wissenschaftliches Meß- und Evaluierungsprogramm (WMEP) im laufenden Betrieb begleitet. Dadurch stehen sehr verläßliche Daten zur Verfügung. Bis Ende 1995 wurden bereits 1 450 WEA mit 300 MW installierter Nennleistung in das Meßprogramm aufgenommen, das vom Institut für Solare Energieversorgungstechnik (ISET) im Auftrag des BMBF durchgeführt wird. Der größte Teil der 1995 neu aufgenommenen Anlagen hat eine gegenüber früheren Jahren wiederum erhöhte Nennleistung. Durch diese Anlagenklasse von 500 bis 600 kW hat sich die durchschnittliche WEA-Nennleistung im WMEP auf über 200 kW vergrößert.

Die obigen Maßnahmen bewirkten, daß Deutschland im *internationalen Vergleich* mittlerweile hinsichtlich der Windenergienutzung einen Spitzenplatz einnimmt. So wurden in den EU-Ländern bis Ende 1994 etwa 1 670 MW Windleistung installiert (8 600 Anlagen). Deutschland ist Spitzenreiter mit 643 MW (1995 bereits mit etwa 1 100 MW), gefolgt von Dänemark mit 540 MW, den Niederlanden mit 154 MW, Großbritannien mit 147 MW und Spanien mit 72 MW. Zusammen mit der Windleistung weiterer europäischer Länder und mit den in den USA installierten 1 630 MW (15 000 Anlagen) haben die Industriestaaten bereits mehr als 3 700 MW Leistung errichtet (Stand Juni 1995).

7.2 Energieertrag, Verfügbarkeit, Potentiale

Die Auswertung der Betreibermeldungen zur *Stromproduktion* der Windenergieanlagen im *250 MW-Programm* ergibt für 1995 die summierte Jahresarbeit von ca. 570 GWh. Mit diesem Ergebnis ist im Vergleich zum Vorjahr (460 GWh) eine Steigerung der Windstromproduktion von rund 25% erreicht worden. In Schleswig-Holstein wurden 270 GWh Strom durch WEA des Programms erzeugt, danach folgt Niedersachsen mit ca. 185 GWh und Mecklenburg-Vorpommern mit rund 56 GWh. Werden die Jahreserträge der Windenergieanlagen nach Standortkategorien differenziert, so ergibt sich folgende Aufteilung: Rund 75% wurden an Küstenstandorten, 16% an Binnenlandstandorten sowie 9% an Standorten der Kategorie Mittelgebirge erzeugt. Die *gesamte Windstromproduktion* aller WEA in Deutschland - d.h. inklusive der Anlagen ohne Förderung durch das 250 MW-Programm - liegt für 1995 bei etwa 1 500 GWh.

Die verbesserte Anlagentechnik wird an den inzwischen üblichen *Verfügbarkeitswerten* von 98 bis 99% deutlich, die von den marktgängigen WEA-Typen in unterschiedlichen Regionen erreicht werden (ISET, 1995). Wenn die hiermit dokumentierte Zuverlässigkeit der WEA auch auf die nächste Anlagengeneration übertragen werden kann, ist bei entsprechend größeren Nabenhöhen und weiteren Wirkungsgradverbesserungen mit einer erheblichen Steigerung der spezifischen Jahresenergieerträge zu rechnen (vgl. Abb. 7.2). Dennoch werden, nicht zuletzt durch verbesserte Fertigungsverfahren, die derzeitigen spezifischen Herstellkosten gehalten.

Zur Stromerzeugung aus Windenergie ist während der letzten beiden Jahrzehnte eine Reihe von *Potentialabschätzungen* (vgl. Kleinkauf et al., 1976; Windheim, 1980; Fichtner Development Engineering, 1991; Consulectra, 1991) durchgeführt worden. Dabei wurden sehr unterschiedliche Ergebnisse gewonnen. Auf aktuellen Standortanalysen basierende Ausführungen für Niedersachsen (DEWI, 1993) und Schleswig-Holstein (Glocker et al., 1992) kommen ebenfalls zu verschiedenen Erwartungen.

Alle Abschätzungen zeigen jedoch, daß die Windenergie über *erhebliche Ausbaupotentiale* verfügt, die einige Prozent des momentanen Stromverbrauchs in der Bundesrepublik Deutschland ausmachen würden. Um auch nur einen Teil der unteren Potentialwerte in absehbarer Zeit nutzen zu können, müssen hinsichtlich der Anlagentechnik, der Standortplanung, des Netzanschlusses und der Leittechnik die notwendigen Voraussetzungen geschaffen und aufkommende Akzeptanzprobleme berücksichtigt werden. Schleswig-Holstein und Niedersachsen haben mit ihren Landesprogrammen deutliche Signale gesetzt. In Schleswig-Holstein wird bis zum Jahr 2010 ein Stromversorgungsbeitrag von knapp 25% aus Windenergie anvisiert. Bei einem Übergang zu großtechnischen Lösungen müssen allerdings Markteinbrüche mit Auswirkungen auf die Produktion und den Aufbau der Anlagen, die z.B. durch lange Planungsphasen hinsichtlich der Standorte, des Netzausbaus etc. entstehen könnten, vermieden werden.

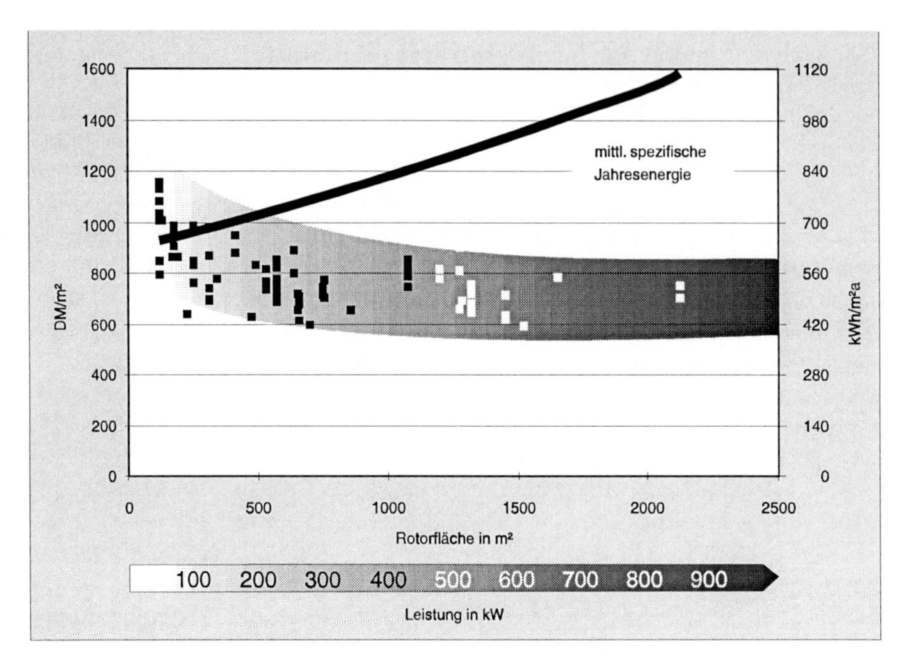

Abb. 7.2. Spezifische Anlagenkosten und Jahresenergie

7.3 Betriebsanforderungen, Umwelt- und Naturschutz

Die momentan hauptsächlich in der Errichtungsphase befindlichen Anlagen der 500/600 kW-Klasse zeichnen sich i.allg. dadurch aus, daß sie aus bewährten Konzeptionen und Komponenten kleinerer Vorgängertypen weiterentwickelt wurden. Um bei zunehmender Anzahl von größeren Turbinen mit erhöhten Netzeinwirkungen den *Betriebsanforderungen* der Windenergieanlagen und des Netzes gerecht werden zu können, müssen die zukünftigen Systemkonzeptionen in steigendem Maße auf niedrige Netzbeeinflussung ausgerichtet werden.

Aufgrund der angebotenen Potentiale lassen vor allem Anlagenstandorte an der norddeutschen Küste einen besonders wirtschaftlichen Betrieb erwarten. Diese Gebiete sowie die in geringerem Maße in Frage kommenden Mittelgebirgsstandorte stellen in der Regel die äußeren Äste oder Ausläufer des vermaschten elektrischen Verbundnetzes dar, das auf die bisherige Verbrauchs- und Erzeugungsstruktur ausgelegt ist. Beim Ausbau der Windenergie müssen daher in zunehmendem Maße höhere Netzspannungsebenen für den Anschluß von Windkraftwerken aufgebaut und in Anspruch genommen werden (Büchner, 1992). Dabei wird neben dem Leistungsvermögen des Netzes die Qualität des Windstroms eine größere Rolle spielen. Qualitätsmerkmale des Windstroms, die z.B. durch niedrige Leistungsschwankungen, geringen Blindleistungsbedarf, geringen Oberschwingungsanteil u.a. geprägt werden, sind zu fördern und zu honorieren. Dies ist sinnvoll, da durch verminderte Netzeinwirkungen die Netzaufnahmekapazitäten in gewissen Grenzen erweitert werden können, ohne Ausbaukosten zu verursachen.

Um die angestrebten Ausbauziele zu erreichen, wird sich für die EVU die Notwendigkeit ergeben, den aktuellen Betriebsstatus eines „weiträumig verteilten Windkraftwerkes" zu kennen (Durstewitz et al., 1992). Dies wird erforderlich sein, um eine verläßliche Prognose über den zu erwartenden Energiebeitrag für die nächsten Stunden zu erhalten und gegebenenfalls in den Betrieb von Anlagen eingreifen bzw. kostengünstig Leistung von anderen Kraftwerken bereitstellen zu können. Dazu muß eine auf diese Systeme zugeschnittene Leittechnik entwickelt werden. Darüber hinaus ließen sich auch durch Früherkennung von Fehlern in Anlagen und Teilsystemen bei rechtzeitig vorgenommenen Maßnahmen hohe Kosten durch Folgeschäden und Betriebsausfälle vermeiden.

Der Eingriff in *Natur und Umwelt*, der durch die Errichtung von Windenergieanlagen entsteht, wird nach dem Einfluß auf den Naturhaushalt und auf das Landschaftsbild bewertet. Eine Vorgehensweise, bei der die positiven Umwelteffekte der Windenergienutzung zukünftig in die Beurteilung einbezogen werden, ist unabdingbar. Damit ließen sich die Einwirkungen der Windenergieanlagen auf Natur und Umwelt aus gesamtheitlicher Sicht abwägen. Aufgrund der übergeordneten CO_2- und Emissionsproblematik sind die gesetzlichen Grundlagen der Bau- und Naturschutzbehörden neu zu durchdenken.

Um insbesondere in windreichen Gebieten aufkommenden *Akzeptanzfragen* entgegenzuwirken, müssen in Hinblick auf eine effektive Nutzung des Windenergiepotentials optische Landschaftsbeeinflussungen beachtet werden. Dazu empfiehlt sich u.a. der verstärkte Einsatz von Großwindanlagen. Diese ernten - bezogen auf die Rotorkreisfläche - aufgrund der größeren und gleichmäßigeren Windgeschwindigkeiten in den höheren Luftschichten 20-50% mehr Jahresenergie als mittelgroße Anlagen. Eine Großanlage kann somit mehrere mittelgroße Konverter ersetzen. Eine Beeinträchtigung des Landschaftsbildes durch viele kleine oder mehrere mittelgroße Anlagen - auch infolge ihrer höheren Drehzahl und des damit verbundenen unruhigeren Eindrucks - ist daher erheblich stärker als durch eine Großwindanlage (Ad-hoc-Ausschuß, 1992).

7.4 Wirtschaftlichkeit, Stromgestehungskosten

Die Wirtschaftlichkeit eines WEA-Projektes hängt wesentlich von den betreiberspezifischen Rahmenbedingungen ab. Insbesondere ist hinsichtlich der Kalkulationsbasis zwischen EVU mit eigener Stromerzeugung und EVU ohne eigene Stromerzeugung sowie Privatpersonen und Betreibergemeinschaften zu unterscheiden. Mit einem vereinfachten Ansatz werden nachfolgend die Stromgestehungskosten in DM pro erzeugter kWh für die Investorengruppe der Privatpersonen und Betreibergesellschaften ermittelt. Hierbei kommen folgende Kosten zum Ansatz:

- *Investitionskosten*: WEA-Kosten, Nebenkosten für Grundstück, Fundament, Netzanbindung, Planung, Genehmigung usw.;
- *Betriebskosten*: Wartung, Instandsetzung, Versicherungen, Überwachung, Leitung usw.;
- *Kapitalkosten*: Zins und Tilgung der Kreditaufnahme.

Der weitaus größte Teil der in Deutschland errichteten Windenergieanlagen wird mit besonderen, zinsgünstigen Darlehen für Umweltschutzmaßnahmen finanziert. Das Bundesministerium für Wirtschaft gewährt zur Finanzierung umweltrelevanter Maßnahmen, wie zur Errichtung von Windenergieanlagen über die Deutsche Ausgleichsbank (DtA), langfristige, zinsvergünstigte Darlehen, die etwa 1%-Punkt unter dem üblichen Marktzins liegen. Die Auszahlungshöhe der Darlehen ist abhängig vom prozentualen Darlehensanteil an der Gesamtinvestition und kann bis zu 100% betragen. Die ersten beiden Jahre sind tilgungsfrei, der Zins ist für die gesamte Dauer des Darlehens fest. Im Juni 1995 lag der Zinssatz für Kredite im DtA-Umweltprogramm bei 6,5% in West- und 6,0% in Ostdeutschland. Die Laufzeit des Kredites beträgt i.allg. zehn Jahre.

Die definierte Laufzeit der Anlagenfinanzierung über Bankdarlehen (hier zehn Jahre) hat dabei wesentlichen Einfluß auf die Höhe der Stromgestehungskosten. Die Erfassung der Investitionsnebenkosten und der laufenden Betriebskosten von Windenergieprojekten bedarf, um verläßliche Zahlen zu erhalten, eines erheblichen Aufwandes. Die im Rahmen einer Umfrage unter mehreren hundert WEA-Betreibern im WMEP erfaßten Investitionsnebenkosten sind in Tabelle 7.1 dargestellt. Sie betragen im Mittel 34,5% des WEA-Kaufpreises, der auch Transport, Montage und Inbetriebnahme umfaßt. Der für die einzelnen Kosten aufgeführte Maximalwert stellt die Höchstgrenze für 90% aller Nennungen dar.

Tabelle 7.1. Investitionsnebenkosten laut Betreiberumfrage

Art	Mittelwert [%]	Maximalwert [%]
Netzanschluß	8,7	18,0
Fundament	9,1	15,0
Interne Verkabelung	5,3	11,0
Planung	1,5	2,9
Genehmigung	3,4	8,0
Infrastruktur	2,0	4,1
Grundstückskauf	2,7	5,7
Sonstige Nebenkosten	1,8	3,8

Die im WMEP ermittelten, durchschnittlichen WEA-Betriebskosten für Wartungen, Instandsetzungen und Versicherungen etc. liegen für Anlagen mit einer Betriebszeit von mehr als zwei Jahren bei ca. 2,5% der Anlagenkosten ab Werk. Für eine zehnjährige Finanzierungszeit der WEA läßt sich hieraus bei einer jährlichen Steigerungsrate der Betriebskosten um 5% p.a. ein mittlerer Wert von ca. 3,0% als Betriebskosten für das dritte bis zehnte Betriebsjahr abschätzen. In den ersten beiden WEA-Betriebsjahren fallen auf Grund der Gewährleistung i.allg. nur geringe Betriebskosten an.

Unter Berücksichtigung der genannten Kostenarten ergeben sich bei Verwendung dynamischer Berechnungsverfahren Stromgestehungskosten (in DM/kWh) für die Stromerzeugung aus Windenergie, die maßgeblich von den spezifischen Kosten (DM/kW) der eingesetzten Anlagentypen (bzw. der WEA-Größenklasse) abhängen. Bei der Berechnung der Stromgestehungskosten in Abb. 7.3 nach der Annuitätenmethode sind folgende Randbedingungen vorgegeben:

- Finanzierungszeitraum: 10 Jahre
- Finanzierungsanteil: 100%
- Förderungsanteil: 0%
- Zinssatz (Mischkalkulation): 7,5%
- Investitionsnebenkosten: 33%
- durchschnittliche Betriebskosten: 3%

Die nominelle Jahresarbeit der betrachteten WEA ist aus vermessenen Kennlinien berechnet und bezieht sich jeweils auf einen Referenzstandort mit einer mittleren Jahreswindgeschwindigkeit von 6,0 m/s in 30 m Höhe (Rauhigkeitslänge Z_0 = 0,05 m) unter Annahme einer Rayleighverteilung. Die nominelle Jahresarbeit der betrachteten Anlagen ist mit etwa 0,29 GWh (150 kW), 0,58 GWh (300 kW) und 1,25 GWh für die 600 kW-Anlage angegeben.

Trägt man für Anlagen der 150 kW-Klasse sowie für 300 kW- und 600 kW-Anlagen jeweils die berechneten Stromgestehungskosten über der Bezugsgröße „Jahresarbeit" auf (Abb. 7.3), dann erreichen die größeren Anlagentypen deutlich günstigere Stromgestehungskosten. Darüber hinaus zeigen größere Anlagen auch eine höhere Stabilität bezüglich Schwankungen der resultierenden jährlichen Stromgestehungskosten bei negativen Abweichungen von der nominellen Jahresarbeit. So steigen die Stromgestehungskosten von WEA der Leistungsklasse 600 kW bei einer 10%igen negativen Abweichung von der nominellen Jahresarbeit (1,25 GWh) um ca. 2,0 Pf. Für WEA der Leistungsklasse 150 kW liegt die Änderung der Stromgestehungskosten mit der gleichen Schwankungsbreite bei ca. 3,2 Pf. Die Stromgestehungskosten mit nomineller Jahresarbeit liegen hiernach bei 0,2784 DM/kWh (150 kW), 0,2088 DM/kWh (300 kW) und bei 0,1830 DM/kWh für die 600 kW-Anlage.

Aus den im Kasten der Abb. 7.3 angegebenen Randbedingungen ergeben sich für eine WEA der Leistungsklasse 600 kW jährliche Kosten von ca. 228 000 DM, die sich aus den Finanzierungskosten für das eingesetzte Fremdkapital in Höhe von rund 198 000 DM/a sowie den Kosten für Betrieb und Wartung von 30 000 DM/a zusammensetzen. Bei der derzeitigen Einspeisevergütung (1995: 0,1728 DM/kWh) ist zur Finanzierung der Windenergieanlage über einen Zeitraum von zehn Jahren eine Jahresarbeit von ca. 1,30 GWh/a erforderlich.

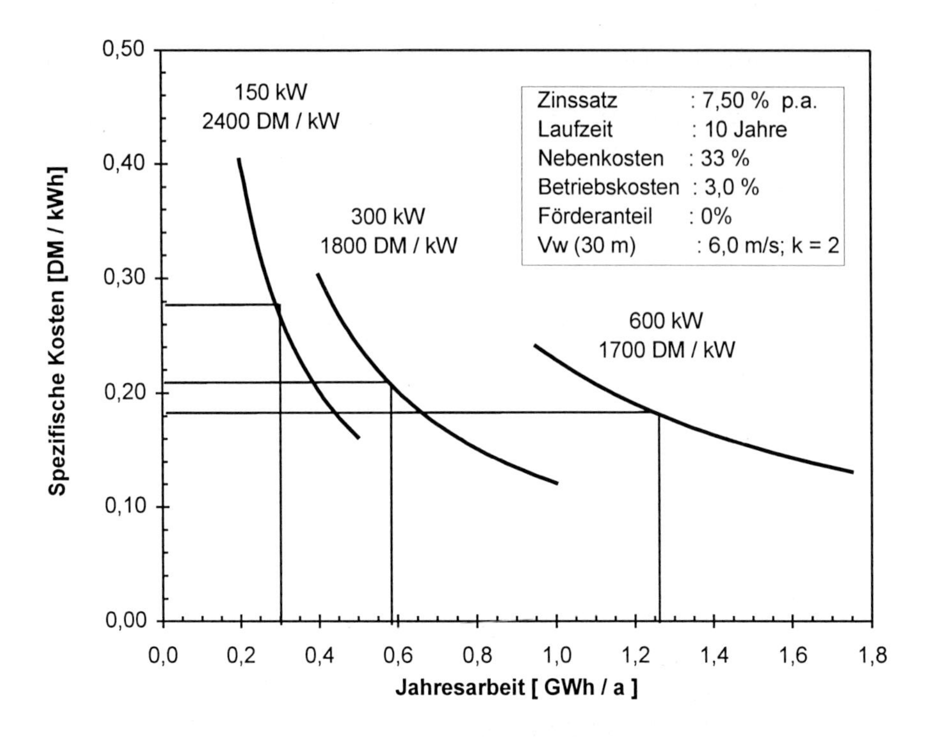

Abb. 7.3. Stromgestehungskosten unterschiedlicher WEA-Leistungsklassen

Wird die Jahresarbeit auf die WEA-Nennleistung bezogen, so erhält man die Kenngröße „Vollaststunden". Im oben berechneten Beispiel der 600 kW-Anlage erfordert das „return on investment" in einem Zeitraum von zehn Jahren eine jährliche Vollaststundenzahl von rund 2 200 Stunden (300 kW-Anlage: 2 300 h). Diese Vollaststundenzahl wird in der Regel nur von Anlagen erreicht, die an windstarken, d.h. für Deutschland, an küstennahen Standorten errichtet sind. Hier liegt das Jahresmittel der Windgeschwindigkeit in 10 Meter Höhe je nach Standort etwa zwischen 5,5 und 6,5 m/s. Im windschwächeren Küstenhinterland sowie in den Mittelgebirgsregionen liegen die bislang ermittelten Vollaststunden deutlich unter diesen Werten.

Die Ergebnisse einer Datenanalyse zu Vollaststunden in verschiedenen Standortkategorien sind in Tabelle 7.2 sowie in Abb. 7.4 zusammengefaßt. Die Auswertung berücksichtigt insgesamt mehr als 1 000 WEA, von denen rund 50% an Küstenstandorten, 35% an Binnenlandstandorten und ca. 15% in Mittelgebirgslagen betrieben werden. Hiernach erreichen an Küstenstandorten rund 85% der Anlagen mehr als 2 000 Vollaststunden. An Binnenland- bzw. Mittelgebirgsstandorten werden über 2 000 Vollaststunden jedoch nur von ca. 13 bzw. 11% der dort installierten Anlagen erreicht. Das bedeutet, daß an den vergleichsweise windschwächeren Standorten im Binnenland sowie im Mittelgebirge unter den derzeitigen technischen und ökonomischen Randbedingungen der Betrieb von

Tabelle 7.2. Vollaststunden-Häufigkeit nach Standortkategorien

Vollaststunden	Küste	Binnenland	Mittelgebirge
bis 500	0,2%	2,2%	6,6%
bis 1000	0,2%	16,0%	19,9%
bis 1500	2,6%	38,9%	32,5%
bis 2000	12,2%	30,0%	30,1%
bis 2500	37,3%	10,4%	10,2%
bis 3000	33,4%	2,5%	0,6%
bis 3500	12,2%	0,0%	0,0%
über 3500	1,8%	0,0%	0,0%
Summe	100,0%	100,0%	100,0%

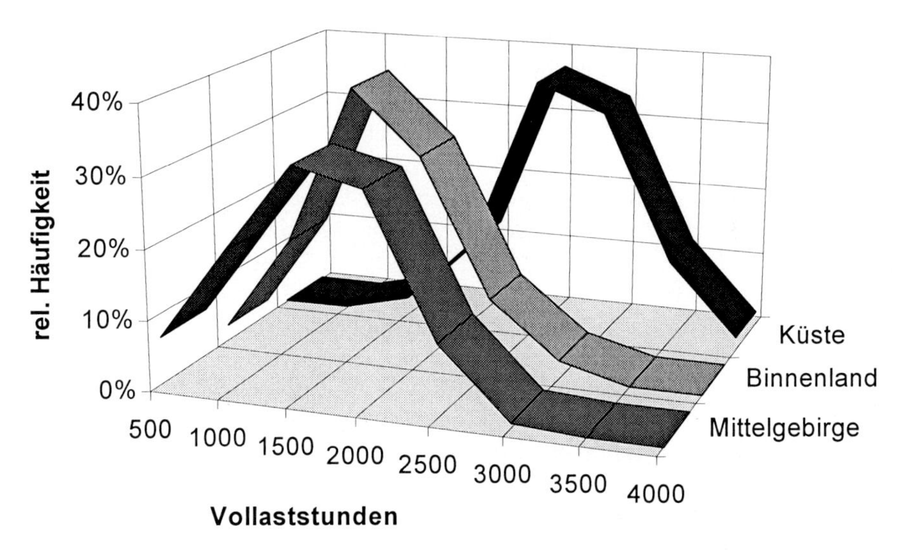

Abb. 7.4. Vollaststunden-Häufigkeitsverteilung in unterschiedlichen Standortkategorien - Darstellung mit quasikontinuierlichem Verlauf anstatt diskreter Werte

Windenergieanlagen derzeit auf investive und/oder ertragsabhängige Förderung angewiesen ist (Durstewitz et al., 1995).

7.5 Perspektiven, Erfordernisse

Die Nutzung der Windenergie zeigt neben den positiven Umwelteffekten auch entsprechende *arbeitsmarktpolitische Aspekte*. Momentan sind direkt ca. 5 000 Arbeitsplätze durch die Windenergienutzung gesichert. Wird weiterhin berücksichtigt, daß diese Technik - Anlagenbau und -betrieb - ein höheres Beschäftigungspotential gegenüber konventioneller elektrischer Energiewandlungstechnik erfordert, so lassen sich durch Ausbau der Windenergie - insbesondere über Steigerungen des *Exports* - auch auf dem Arbeitsmarkt in Deutschland nennenswerte Entlastungen erreichen. Gerade für die in eher strukturschwachen Gebieten angesiedelte WEA-Industrie ist dieser Gesichtspunkt von ganz besonderer Bedeutung.

In Entwicklungs- und Schwellenländern hat nach Angaben der Weltbank nahezu 50% der Bevölkerung keinen Zugriff auf eine zentrale Energieversorgung. *Dezentrale Energieversorgungseinheiten* mit Einbindung von Windenergieanlagen (Hybridversorgungssysteme) haben - abhängig von gegebenen Strukturen - oft erhebliche Kostenvorteile gegenüber zentralen Systemen. Hier liegt einerseits ein großer Absatzmarkt - auch für WEA aus Deutschland - andererseits könnte mit erneuerbaren Energiequellen ein sinnvoller Beitrag zur Entwicklung der Schwellenländer und der sogenannten Dritten Welt geleistet werden. Auch aus diesem Grund sollten, parallel zum weiteren Ausbau der Windenergie im Inland, die deutschen Hersteller zunehmend versuchen, den internationalen Markt zu bedienen und den unterschiedlichen Einsatzbedingungen Rechnung zu tragen. Erste Ansätze mit Verkaufsbüros, Niederlassungen und Kooperationsabkommen sind bereits erkennbar. Dabei können politische Rahmenbedingungen die Erfolgsaussichten der Firmen ganz wesentlich beeinflussen.

Damit sich die Windenergietechnik auf breiter Ebene durchsetzen kann, müssen auch im Inland noch vorhandene Errichtungshemmnisse abgebaut und den Absatzmarkt steigernde *Erfordernisse* erfüllt werden. So ist z.B. bei der Planung und Genehmigung von Windenergieprojekten der unbestritten positive Umwelteffekt dieser Technik hinreichend zu berücksichtigen. Weiterhin sind Genehmigungskompetenzen zu bündeln und die Rahmenbedingungen für die Nutzung der Windenergie so zu gestalten, daß auch aus wirtschaftlicher Sicht Anreize für leistungsfähige Betreiber von Großanlagen entstehen (Ad-hoc-Ausschuß, 1992). Die in windgünstigen Gebieten entstandenen wirtschaftlichen Nachteile regionaler EVU müssen ausgeräumt - Stichwort „Lastenausgleich" - und die Engpässe in der Stromaufnahmefähigkeit der entsprechenden Leitungsnetze beseitigt werden.

Abschließend ist festzustellen, daß die in den letzten Jahren entstandene Firmenstruktur im Windenergieanlagenbereich - überwiegend kleine und mittlere Unternehmen - sich als außerordentlich leistungsfähig erwiesen hat. Diese Firmen haben die notwendige Flexibilität, um wichtige Trends aufzugreifen und fortzuführen. Damit sich die aufgebaute, innovationsfreundliche Struktur stabil weiterentwickeln kann, ist ein kontinuierlicher Ausbau der Windenergie - d.h. Kontinuität am Markt sowie im Forschungs- und Entwicklungsbereich - notwendig. Diese Perspektive wird nicht vom Windpotential begrenzt, sondern ganz wesentlich vom politischen Willen zur verstärkten Nutzung erneuerbarer Energiequellen beeinflußt.

8 Das Potential der CO_2-Minderung durch zyklierenden Kohlenstoff als Energieträger - Von der Region zu größeren Einheiten

Christian Ahl

8.1 Einleitung

Kohle, Öl, Torf, Holz und Stroh werden in den unterschiedlichsten geographischen Räumen z.T. seit Urzeiten als Brennstoff zum Heizen oder Kochen genutzt. Alle genannten Kohlenstoffträger besitzen eine gewisse Entstehungszeit: Kohle und Öl bilden sich in Jahrmillionen, Torf kann sich unter Hochmoorbedingungen in wenigen Jahrhunderten aus der Pflanzensubstanz regenerieren, Fichtensetzlinge wachsen unter mitteleuropäischen Klimabedingungen in 100 Jahren zu einem stattlichen Forst heran, und die jährlichen Gräser stellen im Herbst nach ihrer Reifung und Abtrocknung einen Kohlenstoffträger dar, der zwar in seiner Energiedichte den vorhergenannten unterlegen ist, dafür aber einen kurzen Zyklus besitzt.

Im vorindustriellen Solarenergiesystem (vgl. Kap. 2) beschränkte sich die Energiebereitstellung hauptsächlich auf die kurzlebigen Kohlenstoffträger. Gleiches gilt heute noch für die Entwicklungsländer. So erhöhte sich z.B. in Brasilien die Holzkohleproduktion zwischen 1978 und 1990 von 28 auf 61 Mio. m^3 (Woods/Hall, 1994), gleichzeitig wurden 3,9 Mio. ha (von ca. 803 Mio. ha Gesamtfläche Wald, Grasland und Ackerland) zur industriellen Alkoholproduktion aus Zuckerrohr (Planalsucar, 1984) genutzt. Der Anteil der Pro-Kopf-Energieversorgung aus Biomasse liegt in Brasilien bei ca. 35% und beträgt absolut ca. 12 GJ pro Einwohner.

In diesem Kapitel werden nach einer kurzen Begriffsdefinition die möglichen Beiträge von nachwachsenden Rohstoffen zur Energieversorgung aufgezeigt. Hierbei bilden die regional exakt zu erfassenden Grunddaten eine punktuelle Aussage, während die stärker global gefaßten Daten Größenordnungen angeben, die von verschiedenen Parametern unterschiedlicher Schwankungsbreite abhängen.

8.2 Begriffsdefinition

Ein *Potential* oder eine potentielle Energie beschreibt die Fähigkeit eines Systems oder eines Vorganges, unter bestimmten Randbedingungen ein anderes System oder einen dynamischen Ablauf durch einen Austausch von Masse (oder Energie) zu beeinflussen. Die Gesamtenergie des Systems bleibt dabei konstant.

Der Anteil einer Energie, die zur Verrichtung von Arbeit genutzt werden kann (elektrische und chemische Energie, Gas- und Dampfturbinen), wird als Exergie bezeichnet. Die einzelnen Energieträger unterscheiden sich in ihrer Fähigkeit, Exergie auf ein anderes System zu übertragen. Kohlenstoffträger wie Biomasse müssen erst eine Konversion erfahren, um Arbeit verrichten zu können.

$$A = H - H_o - T_o (S - S_o) \quad (1)$$

H: Enthalpie
S: Entropie
T: Temperatur
o: Umgebungsbedingung

Dabei stellt die speicherfähige Wärmeenergie die Energiedifferenz von $Q = H - H_O$, wobei die Exergie bei gleichbleibender thermischer Energie abnehmen kann.

Eine *CO_2-Minderung* wird als quantitative Verminderung in Form einer Freisetzungsrate, bezogen auf Energieeinheiten, angegeben. Zum Vergleich verschiedener Energieträger wie Erdöl, Erdgas, Stein- oder Braunkohle untereinander bewertet und kennzeichnet man die CO_2-Emissionen pro Energieeinheit. Energieträgerersatz, technische Verbesserungen (Topping-Zyklus, Rankine-Zyklus, Kraft-Wärme-Kopplung (KWK), Kohlevergasung, Stirling-Motor etc.) und/oder kaskadenförmige Energienutzung führen in ihrer Gesamtheit gleichfalls zu CO_2-Minderungen. In der Quantität, als absolute Menge bezogen auf die regional-geographische oder sektorielle Einheit bzw. als prozentuale Angabe bezogen auf eine politische Vorgabe, beleuchtet sie die mögliche kleinräumige Entlastung und deren Beitrag zum Gesamt-CO_2-Haushalt der politischen oder staatlichen Einheit.

Der Begriff *zyklierender Kohlenstoff* beschreibt ein Kreislaufsystem unabhängig von der Zeitvariablen. Erdgeschichtliche, geologische Zeiträume sind mit dekadischen und jährlichen Zeitabschnitten verknüpft. Soll die CO_2-Minderung durch den pflanzlichen Entzug in Form von Kohlenwasserstoffen als Zyklus betrachtet werden, beschränkt sich der Zeitraum auf 1 bis 100 Jahre. Die Speicherung des CO_2 als abgestorbene Pflanzensubstanz in Mooren, in Gesteinen, in mineralischen Öllagerstätten wird hier nicht betrachtet.

Den *Energieträger* stellt also die pflanzliche Biomasse dar. Verschiedene Stoffgruppen wie Lignine (Holz), pflanzliche Öle, Stärke, Zucker, Fasern etc. können als Energieträger zur spezifischen Verwendung herangezogen werden.

Die *Region* ergibt sich aus geographischen Einheiten, administrativ politisch willkürlichen oder auch historisch gewachsenen Umgrenzungen. Sie ist durch die

Randbedingungen des Naturraums mit den Klima-, Boden-, Wasser- und den politisch-wirtschaftlichen Rahmenbedingungen gekennzeichnet.

Die *größere Einheit* setzt sich aus Einzelregionen zusammen. Nationalstaat, Europäische Union oder wirtschaftlich-politische Einheiten wie OECD, APEC oder die World Trading Organization (WTO), aber auch durch den tradierten Sprachgebrauch umrissene Einheiten wie Dritte Welt, lateinamerikanischer Raum o.ä. können je nach Autor und Quelle gemeint sein. „Größere Einheiten" und deren Rahmenbedingungen (GATT, jetzt WTO) fördern oder unterdrücken Aktivitäten der Region.

Durch effiziente Speicherfähigkeit der Sonnenenergie in der Pflanzensubstanz und energetisch intelligente Nutzung der Biomasse können die fossilen Kohlenstoffspeicher (Erdgas, Erdöl) in ihrer Nutzung geschont werden. Kleinräumig und großräumig könnte eine CO_2-Minderung erfolgen.

8.3 Einige Überlegungen zu Energie- und Stoffbilanzen der primären Pflanzenproduktion

Der Zweck der gezielten Pflanzenproduktion ist es, den Mehrwert der wachsenden Pflanze, den Bestandszuwachs, zum Ende der Lebensperiode der Pflanze einzusammeln, zu ernten, um die interne Ordnung anderer Systeme, z.B. des Menschen, durch äußere heterotrophe Energiezufuhr aufrechtzuerhalten und den energetischen Zerfall zu verhindern. Die Verknüpfung beider Systeme ist durch einen Energietransfer gegeben. Der Wirkungsgrad η ist:

$$\eta = 1 - (T_o (S_\infty - S_o))/(H_\infty - H_o) \qquad (2)$$

wobei aber jedes System selbst als ein Gesamtsystem aus unendlich vielen Teilsystemen zu betrachten ist. Zur Erstellung von Energie- und Massenbilanzen ist die Abgrenzung einzelner Teilsysteme untereinander erforderlich und/oder die implizierte Bilanzierung bis zu den angegebenen Randgrenzen (Klöpffer, 1993).

8.3.1 Stoffbilanzen der primären Pflanzenproduktion

Die in der Lebenszeit eines Pflanzensystems gebundenen CO_2-Mengen aus der Atmosphäre und die Ascheanteile aus dem Mineralsystem des Bodens ergeben die Trockensubstanzerträge (TrS) auf einer Flächeneinheit, einem Hektar (ha) oder einem km^2. Klima und Wasser begünstigen oder begrenzen den TrS-Ertrag und führen zur Einteilung von zonalen Großräumen bei globaler Betrachtung (Tundren, humider Forst, tropischer Forst, Grasland und Savannen, Feuchtgebiete). Der TrS-Aufwuchs ist immer eine größere Masse als die erntbare bzw. geerntete Masse. Zur Abschätzung der realistisch geernteten TrS-Masse werden je nach Erntesystem Korrekturen vorgenommen und Feld- bzw. Waldesrand als Rahmen der ersten Betrachtung gesetzt.

Die Produktionsfunktion $y = f(x_1, x_2 \ldots x_n)$ vermittelt den Zusammenhang zwischen den einzelnen Faktoren und dem erzielbaren Produktionsergebnis. In der Pflanzenproduktion wird das „Gesetz der physiologischen Beziehungen" (Mitscherlich-Gesetz) zur Beschreibung der Ertragszuwächse in Abhängigkeit der einzelnen Wachstumsfaktoren formuliert. Auf kleinräumige Einheiten mit gleichen Randbedingungen können diese Ertragsfunktionen das Produktionspotential von landwirtschaftlichen Produktionssystemen beschreiben. Diese standortspezifischen Ertragsfunktionen sind wiederum Bestandteil von Modellrechnungen, in denen über Klima, Bodenparameter und Nährstoffhaushalt verschiedener Standorte Potentiale größerer Einheiten geschätzt werden. In den über einen Klimaraum hinaus entwickelten Modellen wie TEM (Terrestrial Ecosystem Model) (Woods/Hall, 1994) werden die Stickstoff- und Kohlenstoff-Pools und -Flüsse der Erde simuliert, wobei sich die engste Korrelation zwischen Ertrag und verfügbarer Bodenfeuchte als ertragsbeeinflussendem Faktor ergab.

8.3.2 Energiebilanzen der primären Pflanzenproduktion

Als Eintrag in die Energiebilanz wird zwischen technischer Energie in Form von Düngemitteln, Treibstoff, Maschinen u.ä. und der natürlichen Strahlungsenergie unterschieden.

Von der *natürlichen Strahlungsenergie* erreichen im Mittel nur 47% als direkte Sonnenstrahlung und diffuse Strahlung den Erdboden. Reflexion und ausgehende, langwellige Strahlung belassen je nach Standort zwischen 20 und 30% für die Nutzung „Verdunstung, Erwärmung von Boden, Pflanze und Luft sowie Pflanzenwachstum". Nur 1,5-2% der nutzbaren Strahlungsenergie werden in pflanzliche Biomasse umgewandelt, in Speichern wie den fossilen Verwesungsprodukten pflanzlicher Masse (Kohleprodukten oder Torf) als auch im hier betrachteten pflanzlichen Aufwuchs sowie als organische Substanz im Boden. Die Effizienz der Energienutzung aus den einzelnen Lichtquanten zur Fixierung von CO_2 im Photosyntheseapparat ist vom chemischen Pfad abhängig. Sogenannte C4-Pflanzen (Mais, Hirse, Schilfgrasarten etc.) verfügen über eine effektivere CO_2-Bindung als die im gemäßigten Klimabereich bekannteren C3-Pflanzen (Gräser, alle Bäume).

Die *technische Energie* stellt eine Unterbilanzierung der natürlichen Strahlungsenergie dar. Fossile Speicher werden entweder direkt über Treib- und Schmierstoffe in das System Pflanzenproduktion eingeführt oder in den vorgelagerten Bereichen zur Erstellung von Düngemitteln (inkl. Bergbau, Transport und Verteilung), der Maschinen, der Pflanzenschutzmittel etc. genutzt. Wird die Energiebilanzierung über den Feldrand hinaus geführt, kommen weitere energiezehrende Prozesse hinzu: Transport, Konditionierung und Aufbereitung, Verarbeitung, Verteilung des Endproduktes. In einigen Bilanzierungen wird die technische Energie durch nicht-fossile Energiebereitstellungen in Ansatz gebracht (z.B. Wasser, Wind oder Photovoltaik) und ein günstiges Input-Output-Verhältnis erreicht.

8.4 Energiebilanzierungen und Kohlenstoffsequestration nachwachsender Rohstoffe

8.4.1 Ausgewählte Beispiele auf Hektargröße

Die zur Produktion in landwirtschaftlichen Ackerbausystemen der humiden, entwickelten Industrieregionen eingesetzte Energie liegt in der Größenordnung von 10 GJ bis ca. 25 GJ pro Hektar (Hartmann/Strehler, 1995). Hierin sind sämtliche indirekte Vorleistungen (Düngemittel, Pflanzenschutzmittel, anteilige Gebäudeenergiekosten, Maschinen etc.) und der direkte Energieeinsatz (Treibstoffe für Feldarbeit, Transport) enthalten. Die Unterschiede rühren aus der unterschiedlichen Dateninterpretation und den Produktionsverfahren her. Insbesondere dem Stickstoffdünger kommt in der energetischen Bewertung eine herausragende Bedeutung zu: einerseits kann er teilweise oder ganz durch organische Dünger (Gülle, Stallmist) oder auch Leguminosenanbau (Haas et al., 1995) ersetzt werden, andererseits ist auch das Handelsdüngemittel Stickstoff unterschiedlich in seinen Energieherstellungsgrößen zu beurteilen, da sie mit 35 MJ/kg (Bøckman et al., 1990) bis zu 55 MJ/kg Stickstoff (Reinhardt, 1993) in Ansatz gebracht werden. Insgesamt hat aber der fossile Energieeinsatz in der konventionellen Landwirtschaft seinen Höhepunkt der 70er Jahre überschritten; durch eine verbesserte Betriebsführung befindet sich der Index der *„Landwirtschaftsproduktion/gesamter Energieeinsatz"* auf dem ungefähren Stand von 1910 (Cleveland, 1995).

Die energetischen Vorleistungen entsprechen industriellen Prozessen, bei denen CO_2 erzeugt worden ist. Die freigesetzte Menge CO_2 pro Energieeinheit sollte in ihrem Ansatz bis zur Bereitstellung der Primärenergie zurückgehen und auch hier die Vorleistungen (Förderung, Pumpenbetrieb, Raffinerie) beinhalten.

So differiert dieser CO_2-Emissionsfaktor von 0,172 kg CO_2/MJ für die Stromerzeugung im Mittel aller Kraftwerksarten bis zu 0,058 kg CO_2/MJ für Erdgas bei Wärmenutzung (vgl. Hartmann/Strehler, 1995).

Die durch das Pflanzenwachstum gebundene Menge an CO_2 wird nicht direkt als Brutto-Kohlenstoffminderung in die Bilanzierung eingesetzt, vielmehr wird die entsprechende Pflanzensubstanz (als Rapsöl, Rapsmethylester, Ganzpflanzennutzung etc.) in ihrer Wirkung als alternativer Energieträger im Primärenergieersatz des zu ersetzenden fossilen Energieträgers berücksichtigt. Die sich ergebende CO_2-Minderung berechnet sich aus dem Substitutionseffekt der gewonnenen Energieform zur fossilen Energiequelle. Die hier dargestellten Annahmen der einzelnen nachwachsenden Rohstoffe stellen das nach dem heutigen Stand der Technik in der Verwertung und im Vermarktungswesen Machbare dar und nicht den etwaig günstigsten Fall. Die Spannbreite ist bei Hartmann und Strehler (1995) dargestellt (vgl. Tabelle 8.1).

Ähnlich den Waldhackschnitzeln aus Durchforstungsmaßnahmen oder als Waldreststoffe sind die Hackschnitzel der Hecken an Böschungen, aus Parkanla-

Tabelle 8.1. CO_2-Bilanzierung ausgesuchter nachwachsender Rohstoffproduktionen auf der Grundlage der eingesetzten und ersetzten Primärenergie (Quelle: Hartmann/Strehler, 1995)

	CO_2-Input	CO_2-Output	CO_2-Minderung	
	t/ha*a	t/ha*a	t/ha*a	t/GJ Primären.
Raps[a]	1,26	5,98	4,50	0,063
Getreide[b]	1,03	15,02	13,99	0,074
SRF[c]	0,83	15,1	14,27	0,075
Hackschnitzel[d]	0,03	0,65	0,62	0,076

a) Rapsmethylester inkl. Rapskuchen, ohne Stroh, aber mit Gülledüngung;
b) Ganzpflanzenballen, 12 t TrS/ha, mit Gülledüngung;
c) short rotation forestry, Kurzumtriebsforsten, 20 Jahre Nutzung;
d) Waldhackschnitzel, belüftungsgetrocknet, als Waldreststoffe 3,5 m^3 pro ha.

gen, in der Feldmark und längs der Verkehrswege zu bilanzieren. Hackschnitzel aus Reststoffen fallen mehr oder weniger ohne CO_2-Input an. In der Rangfolge der CO_2-Minderung liegen die Kurzforstrotationen in ihrer Hektarleistung vor den landwirtschaftlichen Kulturen, bedeuten aber auch eine 20jährige Festschreibung der Nutzung für den Landwirt und den Landschaftsraum.

8.4.2 Regionalbilanzen: Beispiel Nord-Ost-Studie

Die Einbeziehung des mitteldeutschen Raumes in die Gemeinsame Agrarpolitik der Europäischen Union löste einen Agrarstrukturwandel in den besonders ertragsschwachen Regionen aus, der neben den sozialen und ökonomischen Umwälzungen auch im Natur- und Kulturraum für den Landschaftshaushalt Veränderungen mit sich brachte. Aus der Nord-Ost-Studie (Bork et al., 1995) interessieren in diesem Zusammenhang besonders die Veränderung des Energiehaushaltes der Landschaft (Ahl/Eulenstein, 1995) und die Nutzungsalternativen. Regionalbilanzen orientieren sich an den naturräumlichen und forstagrarstrukturellen Gegebenheiten, um von der Angebotsseite her (ohne Abfallstoffe aus Kommunen etc.) die räumliche Verteilung und Schwerpunktbildung der Biomasseerzeugung zu erkennen.

Für die Bewertung der Auswirkungen von großräumigen Landnutzungsänderungen in einer Region in Nordostdeutschland (ca. 600 000 ha LN) wurden von der derzeitigen Situation ausgehend insgesamt vier Szenarien definiert (Eulenstein, 1995): hohe (I) bzw. geringe (II) Anpassungsfähigkeit der landwirtschaftlichen Betriebe an die künftigen Rahmenbedingungen und vorrangige Aufforstung der frei werdenden Fläche (Ia, IIa) bzw. vorrangige Offenhaltung der Landschaft (Ib, IIb). Die in der Studie vorgenommene Kalkulationsbasis der potentiellen Erträge auf der Grundlage der exakten Bodengüte, der Landnutzungsverteilung und der jährlichen durchschnittlichen Niederschläge ergibt, z.B. für eine 30%ige

Umwidmung der landwirtschaftlichen Flächen und einer vorrangigen Aufforstung durch eine Kurzumtriebsforstwirtschaft, eine Zunahme in der pflanzlichen Biomasse-Fixierung um 5% auf 105% im Vergleich zum Ausgangszustand. Gemeindeunterschiede spiegeln die Bodengüte, aber insbesondere auch den Einfluß des pflanzenverfügbaren Wassers in der Wurzelzone wider (vgl. Tabelle 8.2).

Tabelle 8.2. Ergebnisse und relative Veränderungen der energetischen Bilanzierung als flächengewichtete Durchschnittswerte des Untersuchungsgebietes

	Ausgang	Ia	Ib	IIa	IIb
	Giga-Joule $*ha^{-1}*a^{-1}$	Angaben in % bezogen auf die Ausgangssituation Ausgangssituation = 100%			
Output	110	99	98	105	96
Input	8	7 GJ (12)	7 GJ (12)	6 GJ (15)	6 GJ (17)

(): Verhältnis von Energiefixierung in Biomasse zu landnutzungsbedingtem Energieeinsatz.

Unter der Annahme von Szenario I bzw. II fallen ca. 164 000 bzw. 287 000 ha in der betrachteten Region aus der Nutzung und könnten mit einer Energiepflanzenfruchtfolge (Ganzpflanzennutzung und Rapsmethylester) bestellt werden und zwischen ca. 24 bzw. ca. 39 TJ Bruttoenergie erzeugen.

Reduziert man den Bruttoenergieertrag um den Erzeugungsenergieanteil aus Tabelle 8.1, bezogen auf die Primärenergie, kann für die Region der Nord-Ost-Studie der CO_2-Minderungsanteil kalkuliert werden (vgl. Tabelle 8.3). Ca. 3,2 Mio. t CO_2-Minderung entsprechen ca. 0,45% des Ausgangswertes der CO_2-Emissionen von 1987 (ohne die neuen Bundesländer) oder 0,3% des CO_2-Ausstoßes bezogen auf den Primärenergieverbrauch von 1992 (14 093 PJ/a).

Tabelle 8.3. CO_2-Minderung durch Triticale-Triticale-Raps Anbau auf Flächen, die aus der landwirtschaftlichen Nutzung im Gebiet der Nord-Ost-Studie fallen (Nutzung der Energie unter Annahmen in Tabelle 8.1)

	Ausgangssituation	Szenario I	Szenario II
$^2/_3$ Getreide $^1/_3$ Raps	64 000 ha	164 000 ha	287 000 ha
CO_2-input	ca. 71 000 t	ca. 182 000 t	ca. 319 000 t
CO_2-output	ca. 767 000 t	ca. 1 979 000 t	ca. 3 458 000 t
CO_2-Minderung	ca. 696 000 t	ca. 1 797 000 t	ca. 3 139 000 t

Zur besseren Veranschaulichung sind für vier Landkreise des betrachteten Gebietes die möglichen Wärmelieferungen in kWh/Einwohner und die entsprechenden CO_2-Gutschriften/Einwohner dargestellt (vgl. Tabelle 8.4).

Tabelle 8.4. Potentielle Wärmelieferung pro Einwohner aus nachwachsenden Rohstoffen

Altkreis	Einwohner (1988)	30% Umwidmung (Szenario IIa) ha	TJ/a	kWh/Einwohner 1 kWh = 3,6 MJ Effizienz: 60%	kg CO_2-Verminderung Einwohner/a[a]
Strausberg	90 038	13 487	1 520	2 814 kWh/a	1 260
Bernau	73 204	16 734	2 826	6 434 kWh/a	2 895
Pasewalk	42 669	28 251	3 589	14 018 kWh/a	6 300
Angermünde	34 802	37 274	5 058	24 223 kWh/a	10 900

a) 1 MJ = 0,075 kg CO_2

8.4.3 Potentielle CO_2-Minderung durch nachwachsende Rohstoffe in einer staatlichen Einheit

Kaltschmitt und Wiese (1993) stellen auf der Ebene der Bundesländer die Potentiale der erneuerbaren Energien dar und aggregieren für die Fläche der Bundesrepublik Deutschland je nach Ausschöpfungsgrad und Energiepflanzenanbau ein Potential von 1,9 bis 2,9% (100 PJ bis 300 PJ) am Endenergiebedarf.

Flaig und Mohr (1993) erstellten hingegen ein kurz- und langfristiges Szenario (vgl. Tabelle 8.5). In der langfristigen Vorausschau werden 67,9 Mio. t CO_2, das entspricht 6,4% der CO_2-Emisssionen des Jahres 1992 oder rund 26% der vorgegebenen CO_2-Minderung, als technisch-realistische Zielgröße mit den im Anbau befindlichen landwirtschaftlichen Kulturpflanzen angesehen.

Tabelle 8.5. Energiepotential und CO_2-Minderungspotential für Deutschland in PJ/a und t CO_2/a (1 MJ = 0,075 kg CO_2) bei einer Flächenstillegung von 15% der Getreidefläche - kurzfristig 0,9 Mio. ha - und langfristig von 3,9 Mio. ha.

	kurzfristig		langfristig	
	PJ/a	Mio. t CO_2/a	PJ/a	Mio. t CO_2/a
Stroh	90	6,8	70	5,3
Holz	140	10,5	140	10,5
Raps	-	-	39	2,9
Energiepflanzen	174	13	656	49,2
Summe	404	30,3	905	67,9

Wie aber vorhandene Umsetzungsschwierigkeiten vermindert oder umgangen werden können, lehren uns u.a. die Beispiele Österreich und Dänemark (Ahl, 1993a; Grübl et al., 1995). Eine konsequente Energiepolitik im Bereich der erneuerbaren Energien fördert die Technologie und erreichte, z.B. im Verbund mit Investitionsbeihilfen in Österreich, einen Anteil von 13% (147 PJ) an der

Primärenergieversorgung. Der Landesenergieplan sieht bis zum Jahr 2015 zusätzlich eine Verdoppelung der Biomassenutzung vor.

8.4.4 CO_2-Minderungspotentiale durch nachwachsende Rohstoffe in der EU

Mit der Vergrößerung einer festumrissenen politischen Einheit vermehren sich die Unsicherheitsfaktoren in der Annahme und Vorausschätzung, bedingt durch naturräumliche Unterschiede und einzelstaatliche Maßnahmen in der Förderung der erneuerbaren Energien. Im Bereich der nachwachsenden Rohstoffe für energetische Zwecke werden sehr weitreichende Schätzungen, je nach den politischen Rahmengebungen, vorgenommen. So werden von Wright (1991) 40 Mio. ha landwirtschaftliche Nutzfläche (EU-12) als aus der Produktion fallend betrachtet. Deren Beitrag zur Energieversorgung wird mit bis zu 320 Mio. t Erdöläquivalente angenommen, entsprechend ca. 28% des Primärenergieverbrauchs der EU auf der Basis von 1990 (48 EJ). Ähnlich hoch fiele die CO_2-Reduktion aus. Die TERES-Studie (1994; vgl. Kap. 14) sagt einen 13%igen Anteil der erneuerbaren Energien im weitreichendsten Modell (Internalisierung der externen Kosten, Beseitigung sämtlicher Hemmnisse auf dem Energieversorgungssektor etc.) am Energiemarkt der EU bis zum Jahre 2010 voraus. Biomasse aus speziell angebauten Energiepflanzen würde hierbei auf ca. 22 Mio. ha ungefähr zur Verminderung eines CO_2-Ausstoßes von 185 Mio. t (Annahmen Tabelle 8.1 und geringere Ertragserwartung in der EU) oder ca. 6% beitragen.

Neben der Betrachtung der CO_2-Reduktion durch angebaute Energiepflanzen soll auch der Aspekt der Nutzung des Abfallholzes, des organischen Abfalles etc. betrachtet werden. Für die EU wären unter realistischen Annahmen nochmals 70 Mio. t Erdöläquivalente, entsprechend ca. 5 Mio. t CO_2, hinzuzurechnen (Fabry, 1994). Holz, Stroh, tierische Abfälle, Müllverbrennung bzw. Bio- und Deponiegas stellen Energiereservoirs dar, die zum gesamten Bereich des zyklierenden Kohlenstoffes gerechnet werden sollten.

8.4.5 Weltweite CO_2-Minderungspotentiale durch Nutzung der nachwachsenden Rohstoffe

In den Entwicklungsländern beträgt der Anteil der Biomasse an der Energiebereitstellung ca. 35% (Hall, 1991), bedingt durch einen insgesamt geringeren Pro-Kopf-Verbrauch an fossilen Energien und eine in der Industrialisierung begriffenen Gesellschaft. In diesen Ländern steht weniger die Ausnutzung der Potentiale im Vordergrund, da oftmals ein Brennstoffmangel vorherrscht, sondern eine entsprechende Balancierung des CO_2-Ausstoßes mit Hilfe von Aufforstung, Agroforstwirtschaft und verbesserten Techniken der Biomassenutzung, verbunden mit einer Erhöhung des Wirkungsgrades. Woods und Hall (1994) berechneten auf der Grundlage der FAO-Datenbanken eine Landverfügbarkeit in den Entwicklungsländern (ohne China) zum Anbau von nachwachsenden Rohstoffen - nach Befriedigung des Nahrungsmittelbedarfs - von ca. 1 633 Mio. ha. Die gesamte potentielle landwirtschaftliche Nutzfläche wird mit 2 719 Mio. ha angegeben, von denen 1 059 Mio. ha im Jahr 2025 zur Ernährungssicherung benötigt werden. Wird der zukünftig steigende Energiebedarf der Entwicklungsländer teils durch eine nachhaltige Biomasseproduktion gedeckt, würden die CO_2-Umsatzraten ansteigen, sich aber keine absoluten Einsparungen im Sinne einer CO_2-Verminderung ergeben.

Daher soll an dieser Stelle das Fixierungspotential in nachwachsenden Rohstoffen betrachtet werden. Global könnten 0,04 bis 0,2 Pg C/a durch Energieeinsparung bzw. 0,5 bis 3,8 Pg C/a durch Energieproduktion dem CO_2-Kreislauf entzogen werden (Wisniewski/Sampson, 1993):

1. *Energieeinsparung*: Bäume und Alleen zur Beschattung und Klimaregulation in den Städten, ebenso könnte Holz als Baustoff, anstatt Eisen und Zement in Betracht kommen. In der Agroforstwirtschaft sollten zur Bereitstellung von Nährstoffen, Winderosionsvermeidung etc. ca. 4% des landwirtschaftlichen Landes als Hecke, Schutzzonen etc. angelegt werden. Dadurch ergibt sich eine C-Sequestration von 0,1 t C/ha*a. In der mechanisierten Landwirtschaft sind nur ca. 1-2% als Hecke oder *shelterbelt* angelegt, bei 2-4% könnten 0,008 - 0,016 Pg C/a gespeichert werden.
2. In den *städtischen und ländlichen Forsten* eröffnen sich ebenfalls noch große Potentiale, um Kohlenstoff zu speichern. Falls in den Vereinigten Staaten nur 10% des Wohnhausbereiches und 5-20% des städtischen Raumes mit Bäumen bewachsen wären, würden ca. 0,007-0,029 Pg C/a gebunden.
3. In der *Energieproduktion* wird vom Weltwaldbestand von 3,6 Gha (26% der Erdoberfläche) nur 10% bewirtschaftet. Wünschenswert wären 30%. Von der jährlichen Holzernte von 3,4 x 10^9 m^3 werden 0,85 Pg als Feuerungsholz genutzt. Ein bewirtschafteter tropischer Forst hat einen jährlichen Zuwachs von 2-6 t C/ha, z.Z. werden aber nur 4% des tropischen Waldes nachhaltig bewirtschaftet.
4. Die *Aufforstung* von degradierten Landstrichen (Tropen und gemäßigte Zonen) kann mit bis zu 1,9 Pg C/a die Emissionen vermindern.
5. Die *Produktion von salztoleranten Pflanzen* in Trockengebieten kann auf ca. 43 Mio. ha ausgeführt werden, jährliche C-Mengen von 3-7 t/ha addieren sich bei einem 20-30%igen Verbrauch für die Beregnung auf 211 Mio. t C/a, gleich 0,211 Pg.
6. Aus *Zucker, Stärke und Ölsaaten* können flüssige Energieträger erstellt werden.
7. Die *Umwandlung von Ackerland* in Energieproduktionsland in der Agroforstwirtschaft bedeutet eine Speicherung von 0,010 bis 0,055 Pg C/a in den temperierten Zonen und 0,046 bis 0,205 Pg C/a in den tropischen Zonen.
8. *Energiepflanzenanbau* selbst kann auf 67 bis 130 Mio. ha (nur 12% der FAO-Zahl!) betrieben werden (0,085 bis 0,493 Pg C/a in den temperierten Zonen und 0,160 bis 0,513 Pg C/a in den tropischen Zonen).
9. *Bioabfälle* werden mit 0,214 bis 0,319 Pg C/a angerechnet.

10. Im *tropischen Regenwald* beträgt die Abholzung seit 1980 ca. 17 Mio. ha/a, aber während der letzten 30 Jahre sind nur 30 Mio. ha als Plantagen angelegt worden.

8.5 Bewertung der CO_2-Minderungsmöglichkeiten durch nachwachsende Rohstoffe

Die zur Verfügung stehenden oder bereitzustellenden finanziellen Mittel sind sowohl insgesamt begrenzt als auch für die unterschiedlichsten CO_2-Minderungsstrategien einsetzbar (vgl. Kap. 25-27). Daher bewerben sich die nachwachsenden Rohstoffe nicht nur regional oder im Einzelstaat um die CO_2-Sequestration, sondern auch im überstaatlichen Wirtschaftsraum. Nationale oder auf einen Wirtschaftsraum begrenzte CO_2-Minderungspolitik kann zu einem Trittbrettfahrereffekt führen, der die insgesamt erreichten Ziele geringer ausfallen lassen könnte als vorgesehen (Felder/Rutherford, 1993), falls nicht eine Leasing- oder Kaufvariante die frei werdenden fossilen Energien vom Weltmarkt abschöpft (Bohm, 1993).

Die Kosten für die CO_2-Verminderung spannen sich allein bei einem Vergleich der zusätzlichen Kohlenstoffspeicherung in der Forst- oder Landwirtschaft pro Tonne Kohlenstoff über einen weiten Bereich (vgl. Dixon et al., 1993; Wintzer et al., 1993; Baldauf et al., 1995).

Im allgemeinen gilt, daß die Maßnahmen im humiden Klimabereich teurer sind als im Trocken- oder borealen Gebiet, aber die Investition sich sicherer gestaltet.

Daher müssen alle CO_2-Einsparungs- und Fixierungsmöglichkeiten als Einheit betrachtet werden, um je nach Standort und Rahmenbedingungen den bestmöglichen Effekt zu erzielen. Die CO_2-Reduktion durch nachwachsende Rohstoffe im energetischen Bereich kann nur im Verbund mit politischen Maßnahmen Erfolg haben.

Tabelle 8.6. Kosten zur CO_2-Sequestration

System	Kosten (DM/t C)
International:	
Nachhaltige Forstwirtschaft	0,3-5,25
Verbesserte Waldbrandbekämpfung	0,75-1,50
Agroforstwirtschaft	15
Boreale Forstwirtschaft	1,50-90
Aufforstung der Trockengebiete	4,50
National:	
50 kW Heizanlage	1 500,-
5 MW Heizwerk	660,-
Rapsmethylester	5 250,-

8.6 Schlußbemerkungen

Einige Koppeleffekte in den eng begrenzten regionalen Wirtschaftskreisläufen für die vorgesehene Biomassenutzung spannen sich über den energetischen Nutzen hinaus.

Neben der für den einzelnen schwer mit den Sinnen erfaßbaren CO_2-Entlastung der Atmosphäre können Nahwärmeversorgungsheizwerke mit zentralen Rauchgasreinigungen spürbar das Kleinklima verbessern. So haben in den engen Tälern der Steiermark die zentralen Holzhäckselheizwerke die Rauchgasbelastung bei Inversionswetterlagen beseitigt.

Die Holzhäcksel aus dem Privat- oder Staatsforst stammen weiterhin oftmals von Durchforstungsmaßnahmen, aus Holzchargen, die sonst am Markt nicht absetzbar wären. Die Nutzung im Heizwerk erbringt mindestens den Erlös der Kosten für Beschaffung, Häckselung und Zwischenlagerung und vermindert im Forst die Entwicklungsmöglichkeiten für Forstschädlinge auf großflächig vorhandenem Altholz. Mit dieser Holznutzung könnte ungefähr ein Arbeitsplatz pro 750 t Holz pro Jahr geschaffen oder erhalten werden (Fabry, 1994).

Gleiches gilt auch für die landwirtschaftliche Produktion. Alternative Fruchtfolgen zur herrschenden Marktfruchtfolge können positive Umweltaspekte nachziehen und somit Befürchtungen vor einer monotonen Energiegetreidesteppe schon aus Fruchtfolgegründen entgegentreten (vgl. OTA, 1993a). Die vor einigen Jahren prognostizierte Lösung aller Umwelt- und Energieprobleme mittels des Riesenschilfgrases (*Miscanthus sinensis*) haben sich als wissenschaftlich völlig unhaltbar erwiesen, und eine Schilfgrasflur hat sich in West- oder Ostdeutschland nicht etablieren können.

Betrachtet man den geringen Primärenergieverbrauch von 2,4% der hoch rationalisierten westeuropäischen Landwirtschaft, dann erscheinen die Spannweiten von 6 bis 28% CO_2-Minderung als eine attraktive Größe, die Land- und Forstwirtschaft leisten können.

9 Das Potential der geothermischen Energie für Wärme und Strom in Europa und dem Mittelmeerraum

Burkhard Sanner

9.1 Einleitung

Geothermische Energie wird heute definiert als die in Form von Wärme gespeicherte Energie unterhalb der Oberfläche der festen Erde (Syn.: Erdwärme). Die Temperatur im Erdkörper nimmt zur Tiefe hin zu (vgl. Abb. 9.1). Dies wird wesentlich durch den geothermischen Wärmefluß bestimmt, der ständig vom Erdinneren zur Erdoberfläche fließt und durch den heißen Erdkern sowie radioaktive Zerfallsprozesse im Erdmantel gespeist wird. Im oberflächennahen Bereich beeinflussen auch Sonneneinstrahlung, Sicker- und Grundwasser den Wärmehaushalt. Die Wärme im Erdkörper ist Lieferant der geothermischen Energie und kann über verschiedene Methoden, auf die weiter unten eingegangen wird, nutzbar gemacht werden.

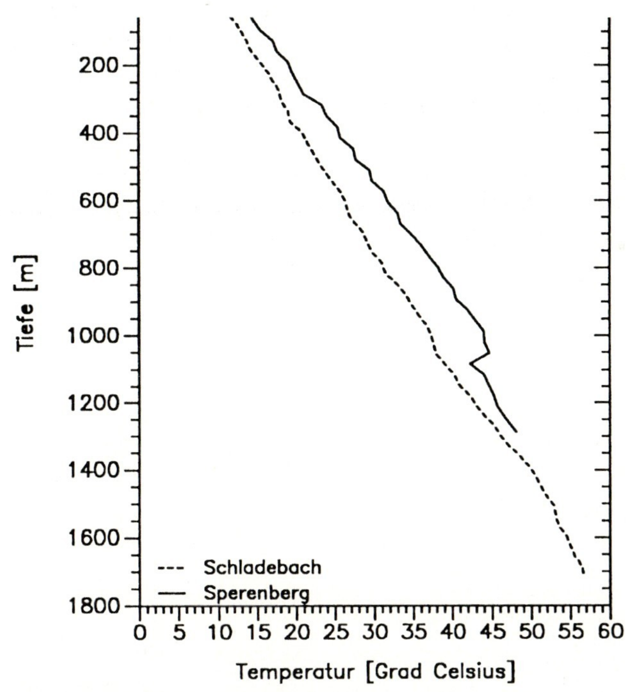

Abb. 9.1. Temperaturentwicklung in der Tiefe nach Werten aus frühen Messungen (Quelle: Dunker, 1872, 1889)

Bereits sehr lange nutzen Menschen diese Energie, zuerst aus warmen Quellen wie in Japan und bei manchen römischen Bädern. Ein interessantes Detail ist der

„Liubeiting"-Pavillion aus der Tang-Dynastie (7. Jh.) in der chinesischen Provinz Hebei, wo ca. 60°C warmes Thermalwasser verwendet wurde, um in gewundenen Kanälen schwimmende Becher mit Reiswein zu erwärmen (Wang, 1995). Die erste Stromerzeugung aus geothermischer Energie gelang dem Grafen Piero Ginori Conti im Jahre 1904 mit einem Generator und einer kleinen Dampfmaschine, die mit geothermischem Dampf aus einer Bohrung bei Larderello, Toskana, gespeist wurde. Bereits 1913 ging an gleicher Stelle die erste 250-kW-Turbine in Betrieb.

Geothermische Energienutzung führt in Europa bislang eher ein Schattendasein. Dies nicht nur, weil sich der wichtigste Teil von Geothermieanlagen unter der Erde befindet und sich so unserer Beobachtung entzieht, sondern auch, weil Geothermie in einer nicht von aktiven Vulkanen bestimmten Region wie Mitteleuropa kaum zur allgemeinen Lebenserfahrung gehört. Dabei hat die Geothermie Vorzüge, die in einem großen Potential, ständiger, wetterunabhängiger Verfügbarkeit und nur noch geringem, im Vergleich zu anderen regenerativen Energien, verschwindend kleinem Abstand zur Wirtschaftlichkeit bestehen; ja, unter günstigen Bedingungen kann Geothermie bereits heute wirtschaftlich für Wärme und Strom genutzt werden.

Um so wichtiger ist es, in diesem Buch der Geothermie ihren Stellenwert einzuräumen. Es soll nicht nur versucht werden, möglichst exakte Zahlen für Europa vorzulegen, sondern es sollen auch Perspektiven und die in den einzelnen Ländern sehr unterschiedliche Einstellung zur Nutzung geothermischer Energie aufgezeigt werden. Die Zahlen entstammen zum großen Teil den Länderberichten anläßlich des World Geothermal Congress im Mai 1995 in Florenz (Barbier et al., 1995: 3-369). Dieses Ereignis hat erstmals in diesem Jahrzehnt die weltweite „Geothermiegemeinde" zusammengeführt und eine Bestandsaufnahme der Entwicklung ermöglicht.

Mit Tabelle 9.1 wird versucht, einen Überblick über die verschiedenen Varianten, Nutzungstechniken und zugehörigen Anwendungsmöglichkeiten zu geben. Sie sollen im weiteren näher beschrieben und in ihrer Bedeutung für die einzelnen europäischen und mediterranen Länder gewertet werden. Dabei wird zuerst die Wärmeversorgung in verschiedenen Größenordnungen und anschließend die Stromerzeugung diskutiert, wobei jeweils die Technik kurz vorgestellt und dann das Potential aufgezeigt wird.

9.2 Geothermie zur Wärmeversorgung

9.2.1 Heizung und Kühlung von Einzelgebäuden

Für Einzelgebäude kommen, wegen des üblicherweise geringen Wärmebedarfs im Bereich von unter 10 kW_{th} bis maximal einigen 100 kW_{th}, nur Methoden der oberflächennahen Geothermie in Frage (vgl. Tabelle 9.1). Lediglich tiefe Erd-

Tabelle 9.1. Möglichkeiten der Extraktion und Nutzung geothermischer Energie (E: Stromerzeugung; H: Heizung; K: Kühlung; PW: Prozeßwärme; PK: Prozeßkühlung)

Lagerstättentypus	Wärmequelle	Nutzungstechnik	Nutzung
Oberflächennahe Geothermie 1-100 m (max. 200 m) 0-15°C	Locker- oder Festgestein, Grundwasser	Wärmepumpe mit: Grundwasserbrunnen Erdkollektor, Erdwärmesonden, thermische Energiespeicherung	H, K, PK
Tiefe Erdwärmesonde 400-3000 m 10-40°C	Locker- oder Festgestein	Wärmepumpe, evtl. Wärmetauscher	H, (PW)
Hydrothermale Geothermie 500 - 3000 m 35-100°C	Thermalwasser Tiefenaquifere	Wärmetauscher, evtl. Wärmepumpe, Tiefbohrbrunnen „Doublettenbetrieb“	H, PW, (E)
Hochenthalpie 500-4000 m > 150°C	Heißwasser Dampf	Bohrung, Dampfabscheider, Turbine, Kondensator	E, (PW, H)
Hot-Dry-Rock-Technologie > 2000 m 150-250°C	Trockenes, heißes Gestein	Tiefbohrungen, künstliche Risse im Gestein	E, (PW, H)

wärmesonden können bei großen Gebäuden sonst noch sinnvoll sein. Da die gewinnbaren Temperaturen niedrig sind, muß in der Regel eine Wärmepumpe eingesetzt werden, um ausreichend hohe Nutzwärmetemperaturen zu erreichen (erdgekoppelte Wärmepumpe). Für die Raumkühlung oder bei Einspeicherung von Wärme auf höherem Temperaturniveau kann teilweise auch auf Wärmepumpen verzichtet werden.

Erdgekoppelte Wärmepumpen. Einen umfassenden Überblick über die Technik der erdgekoppelten Wärmepumpe gibt Sanner (1992). Die Ankoppelung an das Erdreich erfolgt entweder über geschlossene Wärmetauscher, in denen ein Wärmeträgermedium zirkuliert (meist Wasser mit einem Frostschutzzusatz, manchmal auch reines Wasser oder das Wärmepumpen-Arbeitsmittel direkt), oder über direkte Entnahme von Grundwasser aus Brunnen. Als neue Varianten der Grundwasserentnahme werden auch Wässer aus stillgelegten Bergwerken (Beispiel: Zinnerzgrube Ehrenfriedersdorf im Erzgebirge, seit 1994) und Tunnels verwendet (Planung zur Nutzung des Wassers aus dem Simplontunnel für die Beheizung des Neubaus des Bahnhofs Brig, Schweiz).

Geschlossene Wärmetauscher können aus horizontalen Rohren im Erdreich in 1-1,5 m Tiefe (Erdkollektoren), aus in schräge oder senkrechte Bohrungen eingebauten Rohren oder aus direkt ins Erdreich eingerammten oder eingespülten Rohren bestehen (Erdwärmesonden; in Bohrungen bis etwa 200 m Tiefe, meist um 100 m). Meist werden in Mitteleuropa zwei U-förmig gebogene Rohre pro Bohrloch (Bohrdurchmesser 100-140 mm) eingesetzt. Außerdem gibt es noch Varianten wie Grabenkollektor, spiralförmige Rohre (z.B. Svec-Kollektor), mit Wärmetauscherrohren ausgerüstete Gründungspfähle („Energiepfähle“) etc.

Ob eine Energieeinsparung durch erdgekoppelte Wärmepumpen erreicht wird, hängt davon ab, daß mehr Nutzenergie abgegeben als durch den Wärmepumpenbetrieb verbraucht wird. Bei durch einen Elektromotor angetriebenen Wärmepumpen ist dies der Fall bei Jahresarbeitszahlen größer als etwa 2,8-3. Werden erdgekoppelte Wärmepumpen auch zur Kühlung verwendet, ergibt sich gegenüber herkömmlichen Kühlaggregaten stets eine Energieeinsparung. Diese läßt sich noch erhöhen, wenn ein möglichst großer Anteil der Kühlenergie unter Umgehung der Wärmepumpe direkt aus dem relativ kalten Erdreich entnommen wird (Sanner/Knoblich, 1993; Sanner et al., 1994).

Unterirdische thermische Energiespeicherung. Der Untergrund läßt sich auch zur saisonalen Speicherung von Wärme oder Kälte verwenden. Die vorgenannte direkte Kühlung aus dem Erdreich ist bereits ein Schritt in diese Richtung. Abhängig von der Wärmeein- bzw. -auskopplung kann man wieder Anlagen mit geschlossenen Wärmetauschern (Erdwärmesondenspeicher) und solche mit Nutzung des Grundwassers als Wärmeträger (Aquiferspeicher) unterscheiden. Derartige Speicher können der Wärmespeicherung, Kältespeicherung oder kombinierten Wärme-/Kältespeicherung dienen. Der Stand der Technik ist bei Bakema et al. (1995) dokumentiert. Saisonale Wärmespeicher können z.B. thermische Sonnenenergie speichern (Dalenbäck, 1990) oder Abwärme aus Industrieprozessen, Stromerzeugung etc. Kältespeicher nutzen kalte Außenluft im Winter, die Verdampferkälte von Wärmepumpen oder die Vorwärmung kalter Zuluft von Lüftungsanlagen als Kältequelle.

Nutzung und Potential. Erdgekoppelte Wärmepumpen haben in Mitteleuropa noch keinen durchgreifenden Markterfolg erzielt, im Gegensatz zu Nordamerika, wo die Verkaufszahlen stetig steigen und auch einige sehr große Anlagen mit mehreren MW_{th} Heiz- und Kühlleistung erstellt wurden (Sanner/Stiles, 1995). Eine Ausnahme bildet die Schweiz; sie weist mit z.Z. über 6 000 Anlagen allein mit Erdwärmesonden in Europa die größte Nutzungsdichte auf. Für Deutschland schätzen Kaltschmitt et al. (1995: 362) die Zahl erdgekoppelter Wärmepumpen aller Varianten auf momentan 15 000-27 500.

Das Potential zur Nutzung oberflächennaher geothermischer Energie ist recht groß. Es beträgt mit etwa 1 000 PJ/a allein in Deutschland rund 10-12% des deutschen Endenergieverbrauchs im Jahr 1993 (Kaltschmitt et al., 1995: 361). Außer in der Schweiz und in Deutschland sind erdgekoppelte Wärmepumpen vor allem in Österreich und Schweden zu finden, einzelne Anlagen auch in anderen Ländern, z.B. in Frankreich und Griechenland.

Unterirdische thermische Energiespeicherung hat sich in Europa hauptsächlich in Schweden und den Niederlanden etabliert. In der Region Malmö (Südschweden) bestehen diverse Anlagen, aber auch in anderen Landesteilen bis hin nach Luleå nahe dem Polarkreis, wo sich ein Hochtemperaturspeicher für bis zu 80°C mit 120 Bohrungen in Granit befindet, sind Aquifer- und Erdwärmesondespeicher zu finden (Sanner, 1994).

In den Niederlanden hat die unterirdische saisonale Kältespeicherung bislang die weiteste Verbreitung gefunden; als Beispiele seien das Krankenhaus „Groene Hart" in Gouda, das Rijksmuseum in Amsterdam und die Prinz-von-Oranje-Halle auf dem Messegelände (Jaarbeurs) in Utrecht genannt (Bakema/Sanner, 1994). Aber auch Wärmespeicherung gibt es in den Niederlanden; auf dem Campus der Universität Utrecht wird Wärme aus Kraft-Wärme-Kopplung, die im Sommer nicht verwertet werden kann, in einem über 200 m tief gelegenen Aquifer bei bis zu 90°C gespeichert und im Winter zur Heizung mit herangezogen.

Die guten geologischen Voraussetzungen und die große Sensitivität für Energiesparmaßnahmen in den durch die vermuteten Folgen einer Klimaänderung besonders bedrohten Niederlanden haben dazu geführt, daß Aquiferspeicher als Standardalternative in der Planung berücksichtigt werden und sich ein entsprechender, allerdings noch kleiner Industriezweig herausbilden konnte.

9.2.2 Fernwärmeversorgung

Hydrogeothermie, Doublettenanlagen. Warme Wässer aus größerer Tiefe können direkt zum Heizen herangezogen werden. Wegen der hohen Kosten für Tiefbohrungen müssen solche Anlagen allerdings für größere Leistungen im Bereich von mehreren MW_{th} aufwärts ausgelegt sein und eignen sich daher z.B. für Grundlastversorgung in Fernwärmenetzen. Bei einer Temperaturzunahme zur Tiefe hin (geothermischer Gradient) von im Mittel 3°C pro 100 m sind in 1 000 m Tiefe etwa 40°C und in 2 000 m Tiefe 70°C zu erwarten. Geothermische Anomalien variieren dieses Bild stark. Für Europa gibt es inzwischen gute Informationen hierzu in geothermischen Atlanten (Haenel/Staroste, 1988; Hurtig, 1992).

Neben der Temperatur ist das Vorhandensein von durchlässigen, wasserführenden Schichten in der Tiefe eine Voraussetzung. Damit sind die Nutzungsmöglichkeiten der Hydrogeothermie auf die geologischen Beckengebiete Europas beschränkt, in Deutschland also auf die Norddeutsche Tiefebene, den Oberrheintalgraben und das Alpenvorland (Molassebecken).

Warmes oder heißes Wasser wird über Produktionsbohrungen von 500 bis über 2 000 m Tiefe erschlossen. Dieses Wasser enthält gelöste Mineralien, in Norddeutschland beträgt der Salzgehalt bis zu 15%; derartige Thermalwässer können teilweise balneologisch genutzt werden. In der Regel müssen solche Wässer durch eine zweite Bohrung (Injektionsbohrung) den wasserführenden Schichten (Aquifer) in der Tiefe wieder zugeführt werden. Sie dürfen an der Oberfläche nicht abgeleitet werden; außerdem hält das Wiedereinleiten den Druck im Aquifer aufrecht. Derartige Anlagen werden als „Doubletten" bezeichnet.

In einzelnen Fällen, so im aquitanischen Becken (Westfrankreich) oder im Molassebecken (Alpenvorland), wird Wasser sehr guter Qualität gefördert, das nach Abkühlung in Wasserversorgungsnetze eingespeist werden kann. Hierbei ist eine Injektionsbohrung nicht erforderlich, was sich in geringeren Kosten niederschlägt, doch muß der Aquiferdruck besonders gut beachtet werden. Generell werden Anlagen der Hydrogeothermie so ausgelegt, daß sie etwa 30 Jahre lang ohne Temperatur- und Druckänderungen und danach noch weitere Jahrzehnte mit leicht sinkenden Temperaturen betrieben werden können.

Dampfvorkommen (Island). In Regionen mit sehr hohen geothermischen Gradienten kann unter Druck stehendes Wasser mit mehr als 100°C angetroffen werden. Dies trifft für einen Teil der isländischen Geothermiebohrungen zu, wie z.B. für das Gebiet Nesjavellir, von dem aus ein wichtiger Teil der Fernwärmeversorgung der Hauptstadt Reykjavik gespeist wird. Ein Wiedereinleiten ist hier in der Regel weder möglich noch vorgesehen.

Tiefe Erdwärmesonde (Schweiz, Deutschland). Vorhandene und nicht mehr genutzte Bohrlöcher aus Erdöl- und Erdgasförderung, Geothermie o.a. können zu tiefen Erdwärmesonden umgestaltet werden. Dabei wird in 400-3 000 m tiefen Bohrungen ein geschlossener Wärmetauscher ausgebildet, der Wärme aus dem umgebenden Erdreich aufnehmen kann. Dieses Verfahren ist nicht auf wasserführende Gesteinsschichten angewiesen, doch liegen die möglichen Leistungen mit 100-500 kW_{th} eine Größenordnung unter den Leistungen von Anlagen der hydrothermalen Geothermie. Daher lassen sich tiefe Erdwärmesonden wirtschaftlich nur vertreten, wenn die Bohrung selbst für andere Zwecke ausgeführt wurde und deswegen keine Kosten anfallen.

Nutzung und Potential. Geothermisch gespeiste Fernwärmeversorgungen gibt es in vielen Ländern Europas. Die Vulkaninsel Island, in der 85% der Haushalte derartig beheizt werden, nimmt hier eine Sonderstellung ein; aber auch in Mitteleuropa gibt es die unterschiedlichsten Anlagen (vgl. Abb. 9.2). Dabei wird in Frankreich, Deutschland, der Schweiz und Italien geothermische Fernwärmeversorgung überwiegend zur Gebäudeheizung betrieben, in Südosteuropa und im Mittelmeerraum überwiegt dagegen das Interesse an landwirtschaftlicher Nutzung (Treibhäuser, z.B. in Griechenland, Tunesien, Türkei, Israel und Ägypten).

Deutschland verfügt momentan über 40 MW_{th} installierte Leistung in hydrothermaler Geothermie. Es sind im wesentlichen die Doublettenanlagen aus der ehemaligen DDR, deren erste 1984 in Waren/Müritz (Mecklenburg) in Betrieb genommen wurde. Neben dieser immer noch in Betrieb befindlichen Anlage sind noch Neubrandenburg und, mit Inbetriebnahme Ende 1994, die jüngste Anlage in Neustadt/Glewe mit einer Wassertemperatur um 100°C zu nennen. Daneben gibt es einige kleinere Nutzungen geothermaler Wässer, z.B. in Wiesbaden oder Straubing.

Generell beschränken sich die Möglichkeiten der Hydrogeothermie in Deutschland auf den Raum nördlich der Mittelgebirge, den Oberrheintalgraben und das Alpenvorland. Tabelle 9.2 führt die für diese Regionen errechnete maximal installierbare Leistung auf. Nach Bachmann et al. (1995) könnten allerdings wegen nachfrageseitiger Einschränkungen von den theoretisch erschließbaren 220 000

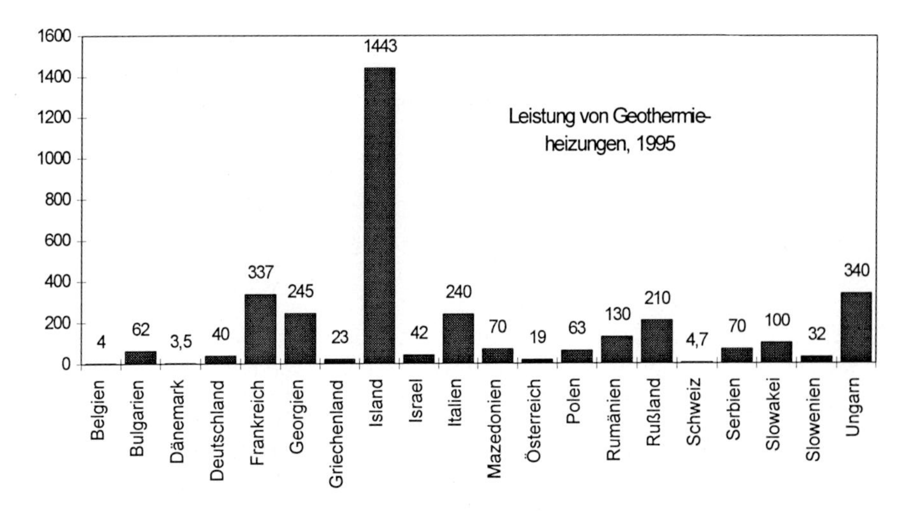

Abb. 9.2. Nutzung geothermischer Energie zur Wärmegewinnung in Europa, Anfang 1995 (ohne oberflächennahe Geothermie, Zahlen in MW_{th})

MW_{th} nur höchstens 40 000 MW_{th} tatsächlich genutzt werden. Bei einer Jahresnutzungszeit von 4 000 Stunden im Anlagendurchschnitt wären dies 576 PJ/a.

Tabelle 9.2. Potential der Hydrogeothermie in Deutschland (nach Werten aus Bachmann et al., 1995)

Region	Fläche ca., km^2	Installierbare Leistung, MW_{th}
Norddeutsches Tiefland	100 000	55 000
Oberrheingraben	5 000	67 000
Alpenvorland	20 000	98 000
Deutschland (gesamt)	125 000	220 000

Neben der hydrothermalen Geothermie gibt es eine tiefe Erdwärmesonde mit etwa 2 700 m Tiefe in Prenzlau. Diese Anlage ist als Nachnutzung einer nicht mehr verwendbaren Geothermiebohrung konzipiert worden und speist dauernd etwa 300-350 kW_{th} in das Fernwärmenetz der Stadtwerke Prenzlau ein. Da eine tiefe Erdwärmesonde jeweils vorhandene, stillgelegte Bohrungen erfordert, läßt sich über das tatsächlich wirtschaftlich erschließbare Potential noch keine Aussage machen.

Frankreich. In Frankreich sind z.Z. 337 MW_{th} geothermische Heizleistung installiert. Die Anlagen befinden sich überwiegend im Pariser Becken (insgesamt 38 Doubletten), einige auch im aquitanischen Becken (Region Bordeaux). Die größte Anlage in Chevilly-Larue, einem südlichen Vorort von Paris, versorgt 13 500 Wohneinheiten. Die Anlage ist seit 1985 abschnittsweise in Betrieb genommen worden, die Baukosten einschließlich Bohrungen und Fernwärmenetz beliefen sich auf ca. 5 000 DM pro Wohnung. Wegen geänderter Abschreibungsbedingungen und fallenden Ölpreisen Ende der 80er Jahre sind in den letzten Jahren keine neuen Anlagen hinzugekommen. In Frankreich hat sich, mit Unterstützung staatlicher Stellen wie BRGM (Orleans) und ADEME (Paris), eine regelrechte Geothermieindustrie gebildet, die auch über die Landesgrenzen hinaus aktiv ist.

Italien verfügt über hydrothermale Geothermie, z.B. in der Po-Ebene. Allein in den Städten Vicenza, Ferrara und Bagno di Romagna wird für Fernwärme insgesamt 294 TJ (81,7 GWh) pro Jahr an geothermischer Energie gewonnen. Dazu kommen Gewächshäuser - die größte Anlage bei Civitavecchia leistet 169 TJ (47 GWh) pro Jahr - und sogar Fischfarmen wie in Castelnuovo di Valcecina, wo Abwärme aus den geothermischen Kraftwerken der Larderello-Region zur Optimierung der Fischzucht verwendet wird.

Schweiz. In der Schweiz hat es eine intensive Suche nach hydrogeothermischen Ressourcen gegeben, unterstützt durch die Schweizerische Vereinigung für Geothermie (SVG) und die Ende 1994 aufgelöste Eidgenössische Kommission für Geothermie und Unterirdische Speicherung (KGS). Als Ergebnis gibt es heute mehrere kleinere Anlagen, die Wasser mit 20-30°C aus mittlerer Tiefe aus dem Molassebecken über Wärmepumpen nutzen und lokale Nahwärmenetze versorgen, zwei tiefe Erdwärmesonden in Weggis am Vierwaldstätter See und in Weissbad bei Appenzell, und die Doublettenanlage Riehen bei Basel (Bußmann, 1994). In Riehen, das direkt an der deutsch-schweizerischen Grenze liegt, wird ein lokales Fernwärmenetz versorgt, und da die Kapazität der Geothermieanlage ausreichend groß ist, wird momentan über einen grenzüberschreitenden Zusammenschluß eine Einspeisung in die Fernwärmeversorgung der deutschen Stadt Lörrach geplant.

Ungarn ist ein weiteres Land mit intensiver Geothermienutzung, hier aus dem sogen. Pannonischen Becken. Im heutigen Ungarn wurden übrigens schon zu römischer Zeit Häuser geothermisch beheizt, indem man durch die Kanäle einer Hypokaustenheizung statt der Rauchgase eines Feuers Wasser aus warmen Quellen leitete! Mit 340 MW_{th} Heizleistung aus Geothermie (vierzehn Anlagen in neun Städten) werden heute in Ungarn 0,25% des Gesamtenergieverbrauches oder 0,38% des Gebäudewärmebedarfs abgedeckt. Im Gegensatz zum Standard in Ländern wie Frankreich und Deutschland werden in Ungarn allerdings keine Doubletten verwendet, sondern das geförderte geothermische Wasser wird nach Gebrauch oberflächlich in Flüsse und Seen abgeleitet. Hierdurch kommt es bereits zu einem Nachlassen des Reservoirdrucks, und die Umstellung auf Reinjektion des benutzten Wassers muß dringend erfolgen. Eine Potentialstudie ergab bei weiterhin erfolgendem Nichteinleiten eine mögliche geothermische Wärmegewinnung von 43,5 PJ/a, bei Wiedereinleitung jedoch von 63,5 PJ/a.

Osteuropa. In Polen, den meisten GUS-Staaten und auf dem Balkan befindet sich ein mit Ausnahme von Ungarn noch weitgehend unerschlossenes geothermisches Potential. Besonders aktiv wird z.Z. in Rumänien, Bulgarien und der Republik Mazedonien auf eine Ausweitung der Nutzung hingearbeitet.

Grundsätzlich haben die osteuropäischen Staaten erhebliche Finanzprobleme und können die mit hohen Investitionskosten aufwartenden Geothermieanlagen nur schwer aus eigener Kraft erstellen. Solche Anlagen ermöglichen zwar eine kostengünstige Wärmeerzeugung ohne Energieimport, doch müssen zuerst die Gelder für den Anlagenbau beschafft werden. Westliche Hilfe ist erforderlich, und auch ein gemeinsames Handeln der beteiligten Länder, wie es auf dem Technologie- und Forschungssektor durch das Intergeo-Network mit Sitz im mazedonischen Skopje versucht wird, kann die Chancen erhöhen. Leider ist von deutscher Seite noch keine aktive politische Unterstützung auf diesem Gebiet zu erkennen.

9.3 Geothermie zur Stromerzeugung

9.3.1 Technik

Heißwasser- und Dampf-Lagerstätten. In Gebieten mit hohen geothermischen Gradienten, typischerweise in Gebieten mit junger Tektonik und jungem Vulkanismus, kann über Bohrungen Wasser oder Dampf mit derart hohen Temperaturen erschlossen werden, daß eine Stromerzeugung über Dampfturbinen möglich ist. Damit werden in der Regel Kondensationskraftwerke konzipiert, bei relativ niedrigeren Temperaturen von 120-150°C auch ORC-Kraftwerke.

Hot Dry Rock. Noch ist die Hot-Dry-Rock-Technologie nicht im wirtschaftlichen Maßstab demonstriert worden. Sie basiert darauf, daß zwischen zwei tiefen Bohrungen im Grundgebirge durch Einpressen von Wasser mit hohem Druck eine Verbindung über Klüfte und Risse geschaffen werden kann. Dann wird in eine Bohrung kaltes Wasser eingepreßt, das an der zweiten so stark erhitzt wieder austritt, daß es zur Stromerzeugung mit Dampfturbinen verwendet werden kann (Rummel/Kappelmeyer, 1993). Seit mehreren Jahrzehnten wird geforscht und entwickelt, und in den Versuchen in Los Alamos (USA), an zwei Standorten in Japan und dem europäischen Projekt in Soultz-sous-Forêts im Elsaß wurden inzwischen wichtige Durchbrüche erreicht. In Los Alamos wurde schon vor längerer Zeit Strom erzeugt, und in Soultz konnte im Sommer 1994 erstmals in Mitteleuropa geothermischer Dampf erzeugt und 1995 eine Zirkulation erreicht werden.

9.3.2 Nutzung und Potential

Eine Summierung der beim World Geothermal Congress 1995 in den Länderreports (vgl. Barbier et al., 1995: 3-369) angegebenen Zahlen ergibt für die Stromerzeugung mit Geothermie folgendes Bild für die weltweite Entwicklung:

1990: 5 832 MW_{el}
1995: 6 798 MW_{el}
2000: 9 960 MW_{el} (geschätzt nach derzeitigen Planungen)

Die Verteilung der installierten elektrischen Leistung in den europäischen Ländern ist aus Abb. 9.3 zu ersehen. Zu den einzelnen Ländern können die nachfolgenden Anmerkungen gemacht werden.

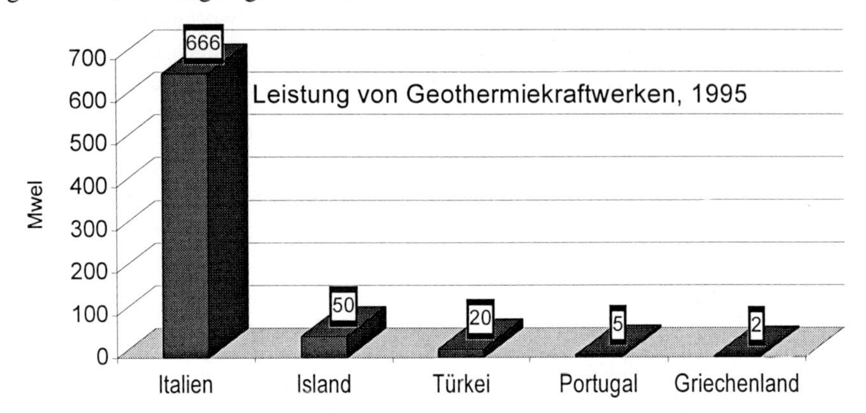

Abb. 9.3. Nutzung geothermischer Energie zur Stromerzeugung in Europa

Griechenland. Es gibt Versuche mit geothermischer Stromerzeugung in der Ägäis auf den Kykladen (Mylos) und Dodekanesos (Nisyros). Wegen des Widerstands der Bevölkerung (vor allem gegen Geruchsbelästigung durch H_2S) werden die installierten 2 MW auf Mylos z.Z. nicht genutzt.

Island. In Island kann ausreichend Strom durch Wasserkraft erzeugt werden. Es gibt dennoch zwei geothermische Kraftwerke mit zusammen etwa 50 MW elektrischer Leistung in Svartsengi (Reikjanes-Halbinsel) und Krafla (Nordisland). Das in einem aktiven Vulkangebiet liegende Kraftwerk Krafla wird seit 1977 betrieben, jedoch im Sommer jeweils wegen Überkapazitäten in der Stromversorgung für einige Monate stillgelegt. Die Abwärme des Kraftwerks Svartsengi wird für Heizzwecke genutzt, so werden z.B. Flughafen und NATO-Basis Keflavik versorgt. Um die reichlich vorhandene Energie nutzen zu können, wird versucht, energieintensive Industrie anzusiedeln. In der Region Reykjavik existiert eine Aluminiumfabrik, die systembedingt einen hohen Strombedarf hat. Der Bauxit wird mit Schiffen direkt am Werk angeliefert und Rohaluminium abgefahren, der energieintensive Elektrolyse-Prozeß findet in der Nähe der umweltfreundlichen Energieerzeugung aus Wasserkraft und Erdwärme statt.

Italien. Italien ist das klassische Land geothermischer Stromerzeugung seit den ersten Versuchen des Grafen Conti im Jahr 1904. Momentan werden etwa 666 MW Strom aus Geothermie gewonnen und damit 1,6% des italienischen Strombedarfs gedeckt. Vor allem die elektrifizierten Eisenbahnstrecken Norditaliens erhalten geothermisch erzeugten Strom. Die Felder befinden sich in der Toskana

Abb. 9.4. Explorationsbohrung auf geothermische Energie im Val Cornia, Region Larderello, Toskana

(Larderello, Travale-Radicondoli) und Latium (Monte Amiata). Weiter südlich geht die Exploration und Erschließung geothermischer Felder weiter, bis zur schon nahe an Nordafrika liegenden Insel Pantelleria (vgl. Abb. 9.4).

Kroatien. Noch aus Explorationen aus jugoslawischer Zeit sind Lagerstätten für etwa 3-4 MW geothermisch erzeugten Stromes bekannt. Wegen der Wirren der letzten Jahre hat man keine Fortschritte gemacht und bislang auch keine Demonstrationsanlage erstellt. Grundsätzlich sind weitere Lagerstätten geologisch nicht unwahrscheinlich.

Portugal. Auf den zu Portugal gehörenden Azoren werden in einer Demonstrationsanlage etwa 5 MW Strom erzeugt. Ein Ausbau ist vorgesehen, um das isolierte Versorgungsnetz der Inseln zu unterstützen. Die geologische Lage der Azoren auf dem mittelatlantischen Rücken entspricht etwa derjenigen Islands.

Rußland. Die bestehenden Anlagen befinden sich im äußersten Osten Sibiriens, nämlich auf der Halbinsel Kamtschatka und den Kurilen und damit nicht mehr in Europa. Diese Region gehört zum zirkumpazifischen Vulkangürtel, und die dortigen Geothermieanlagen bilden quasi die naturgegebene nördliche Fortsetzung der japanischen Geothermienutzung. Am südöstlichen Rande Europas, im Kaukasus, wurde noch zu UdSSR-Zeiten Exploration betrieben; über den aktuellen Stand ist nichts bekannt.

Türkei. Einige geothermische Felder sind im Süden Anatoliens bekannt. In Kizildere werden etwa 20 MW Strom aus Geothermie gewonnen. Die Planungen sehen bis zum Jahr 2010 eine Steigerung auf 260 MW vor. Für die sonst auf

Energieimporte angewiesene Türkei kann die geothermische Stromerzeugung eine wichtige einheimische Energiequelle werden. Die türkische Geothermieindustrie ist entsprechend aktiv; auch zeigt sich hier ein Markt für Technologie aus Deutschland.

Ungarn. Dieses Land verfügt zwar über eine breite geothermische Wärmenutzung, aber noch über keine geothermische Stromerzeugung. Die meisten Lagerstätten sind dazu nicht heiß genug. Etwa 25 MW Strom könnten aus bekannten Feldern gewonnen werden, weitere sind zu vermuten. Dennoch dürfte die thermische Nutzung weiterhin vorherrschend bleiben.

Auch in anderen südosteuropäischen Staaten wie Albanien, Bosnien und Serbien/ Montenegro können regional gute Bedingungen für die geothermische Stromerzeugung vorliegen. Leider fehlen hier Daten fast vollständig. Lediglich aus Slowenien ist bekannt, daß Pläne für ein Geothermiekraftwerk auf der Basis von Heißwasservorkommen im Osten des Landes bestehen.

Während in Italien Exploration und Nutzung von Hochenthalpielagerstätten weiter steigend sind, muß in den mitteleuropäischen Ländern die erfolgreiche Demonstration der Hot-Dry-Rock-Technik abgewartet werden. Außer in Nischen, in denen Stromerzeugung aus hydrothermaler Geothermie mittels ORC-Technik (s.o.) sinnvoll sein kann, wird erst die Hot-Dry-Rock-Technologie in größerer Tiefe einen wesentlichen Beitrag der Geothermie zur Stromerzeugung, z.B. in Frankreich oder Deutschland, ermöglichen können. Allerdings stimmen nach Jahrzehnten der Grundlagenforschung nun die Zeichen eher optimistisch, und es ist nicht ausgeschlossen, daß noch vor der Jahrtausendwende in Soultz-sous-Forêts eine Pilotanlage mit Hot-Dry-Rock-Technik geothermisch erzeugten Strom liefert. Einige Stromversorgungsunternehmen beginnen jedenfalls, sich für diese Technik zu interessieren (Hartlieb, 1996). Andere Standorte wie Bad Urach sind ebenso bereits gut untersucht und könnten bald folgen. Für die mitteleuropäische Geothermie jedenfalls könnte das 21. Jahrhundert die Zeit der Hot-Dry-Rock-Nutzung werden.

9.4 Schluß

Geothermische Energie beginnt, sich einen festen Platz unter den erneuerbaren Energien zu sichern. Mit ihrer Unabhängigkeit von Klimaeinflüssen kann sie Energiequellen wie Sonne und Wind ergänzen. Ein Hindernis sind noch die hohen Investitionskosten für die Erschließung der Energie; bei niedrigen Preisen für fossile Energieträger lassen sich diese Kosten durch Einsparungen im Betrieb nur über lange Zeiträume (oder gar nicht) erwirtschaften. Hier besteht noch ein weites Handlungsfeld für die Energiepolitik, um der umweltfreundlichen geothermischen Energie eine weitere Verbreitung zu sichern.

10 Solarthermie und Photovoltaik - Technische Grundlagen und Potential

Joachim Luther, Wolfram Wettling und Volker Wittwer

10.1 Einleitung

Solarthermie und Photovoltaik sind - neben der Solarchemie - direkte Wege der Konversion von Sonnenlicht in technisch nutzbare Energie. Die erzeugten Energieformen sind bei Photovoltaik elektrischer Strom und bei der solarthermischen Energiewandlung Niedertemperaturwärme (z.B. für Brauchwasser und die Heizung von Wohnungen), Prozeßwärme und Hochtemperaturwärme, die in thermischen Kraftwerken in elektrische Energie umgewandelt werden kann. Aus Platzgründen und wegen des hohen Anwendungspotentials in Mitteleuropa wird hier nur die Niedertemperaturwärme näher behandelt. Solarthermische Kraftwerke werden umfassend von Winter et al. (1991) diskutiert.

Das physikalische Potential dieser Energiebereitstellungsverfahren ist gewaltig: Theoretisch könnte die Nutzung von etwa einem Promille der solaren Energieströme den derzeitigen Energiebedarf der Menschheit decken. Dabei setzt auch das Flächenproblem keine Grenzen (Nitsch/Luther, 1990). Für konkrete Energiestrategien relevanter sind die technischen und wirtschaftlichen Potentiale. Die aus heutiger Sicht technisch machbaren Potentiale (vgl. Tabelle 10.1) lassen sich verhältnismäßig sicher abschätzen (vgl. DIW, 1994a; BMWi, 1994f; Altner et al., 1995) und sind langfristig gesehen praktisch nicht begrenzt, wenn man den Stromimport aus photovoltaischen und insbesondere auch solarthermischen Kraftwerken aus Südeuropa oder Nordafrika mit in die Energieversorgungsstrategien einbezieht.

Die wirtschaftlichen Potentiale solarer Energiekonversionsverfahren hängen selbstverständlich stark von politischen Setzungen - nämlich den Energiepreisen aus fossilen und nuklearen Quellen - ab. Einige Ausführungen hierzu werden in den Abschnitten 10.2 und 10.3 gemacht; eine ausführliche Diskussion befindet

Tabelle 10.1. Ober- und Untergrenzen der technischen Potentiale erneuerbarer Energien in Deutschland (ohne Import) im Verhältnis zum Endenergieverbrauch 1992 (Quelle: Altner et al., 1995). Die direkte Solarenergiekonversion umfaßt hiervon etwa 50%.

Strom (Nettostromerzeugung)	25% - 70%
Wärme (Endenergie)	12% - 57%
Primäräquivalent	13% - 43%

sich in Altner et al. (1995). Für die mittelfristige Energie- und Wirtschaftspolitik sind in diesem Zusammenhang u.a. drei Punkte entscheidend:

- Die Nutzung der Sonnenenergie ist bereits heute in wesentlichen Bereichen wirtschaftlich sinnvoll (z.B. Solarenergie im Gebäudebereich).
- Bei einer wirklichen industriellen Massenproduktion werden die Kosten von Energie aus Solarstrahlungskonversion soweit fallen, daß sie mit den Kosten konventioneller Energiebereitstellung konkurrieren können, wenn in diesen - auf politischem Wege - die externen (sozialen) Kosten berücksichtigt werden.
- Photovoltaik und Solarthermie haben bereits heute einen beständig und deutlich wachsenden Markt, der alleine wegen seines Volumens an Industrieprodukten zunehmend an Bedeutung gewinnen wird.

10.2 Solarthermie

10.2.1 Thermischer Energiebedarf und seine Deckung über Solarenergie

Verwendet man die grobe Definition „thermische Energie“ = „Heizenergie und Warmwasser“, so beträgt der Anteil der thermischen Energie am Endenergieverbrauch in Deutschland etwa ein Drittel. Ähnliche Verhältnisse ergeben sich auch für andere industrialisierte Länder. Schlüsselt man den Energiebedarf für verschiedene Sektoren weiter auf, so ergeben sich z.B. für den privaten Wohnbereich Anteile der thermischen Energie von über 85% (vgl. Abb. 10.1), wovon ein deutlicher Anteil über solare Energiekonversion bereitgestellt werden kann.

Thermische Solarenergiekonversion ermöglicht jedoch auch die Bereitstellung von Energie für solarbetriebene Kühleinheiten auf der Basis sorptiver Systeme und die Bereitstellung von Warmwasser für Spül- und Waschmaschine im Haushalt.

Ein weiterer schwer abgrenzbarer, aber nicht unerheblicher Anteil der Solarenergie wird passiv umgesetzt, z.B. über die Aufwärmung unserer Umgebung

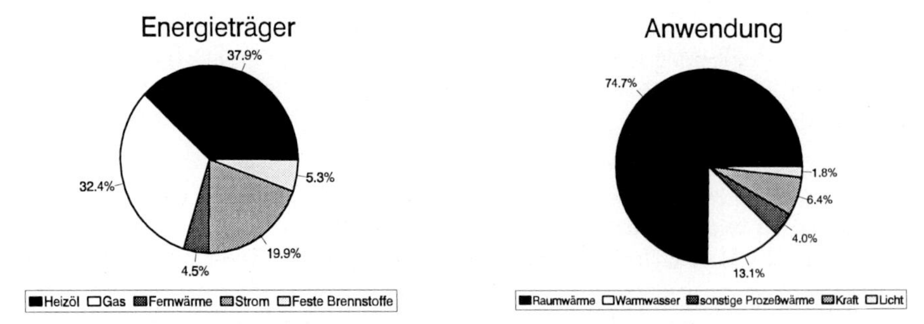

Abb. 10.1. Anwendungsbereiche der Endenergie im privaten Wohnbereich und ihre Aufteilung auf verschiedene Energieträger (Quelle: IZE, 1991)

durch die Sonneneinstrahlung im Winterhalbjahr. Diese Einstrahlung legt sozusagen das Temperaturniveau fest, auf dem aufbauend wir im Winter unsere Häuser heizen müssen. Die zweite, schon etwas exakter bestimmbare Nutzung von Sonnenenergie betrifft die Gewinne, die man mittels Sonneneinstrahlung durch die Fenster erreicht. Heute erhältliche Fenster ermöglichen im Mittel bereits höhere solare Gewinne in der Heizperiode im Laufe des Tages als gleichzeitig auftretende thermische Verluste.

Ein weiterer, vor allem aus gesamtenergetischen Gesichtspunkten nicht zu vernachlässigender Punkt stellt die gezielte Nutzung von Tageslicht in Bürogebäuden dar. In Verbindung mit intelligenten Regelungen von Kunstlicht lassen sich hier deutliche Energieeinsparungen und eine Erhöhung des Lichtkomforts erreichen.

Die im obigen Sinne erweiterte „thermische“ Solarenergie wird meist direkt im Gebäude eingesetzt. Ihre effiziente Verwendung ist damit sehr eng mit der rationellen Energienutzung im Gebäude verknüpft. Der Einsatz von thermischer Solarenergie wird deshalb immer stark mit der Reduzierung des Energiebedarfs im Gebäude verbunden sein.

10.2.2 Stand der Technik

Fenster. Energetisch sind Fenster durch den Wärmeverlustkoeffizienten (k-Wert [W/m²K]) und den Gesamtenergietransmissionsgrad (g-Wert) charakterisiert. Während die erste Kenngröße die Transmissionswärmeverluste eines Fensters in der Heizperiode festlegt, gibt der g-Wert den Anteil der auf das Fenster einfallenden Solarstrahlung an, der im Gebäude genutzt werden kann. Nach der neuen Wärmeschutzverordnung (1995) kann aus diesen beiden Kenndaten unter Berücksichtigung der klimatischen Randbedingungen ein effektiver k-Wert bestimmt werden, der für die Berechnung des Heizenergiebedarfs eines Gebäudes genutzt wird. Abb. 10.2 zeigt die Kenndaten für typische auf dem Markt befindliche Fenster und einige Prototypen, die in Entwicklung sind.

Man erkennt, daß mit den neu entwickelten beschichteten Gläsern und Edelgasfüllung k-Werte von unter 1 W/m²K erreicht werden können. Das vermindert die Transmissionswärmeverluste gegenüber der herkömmlichen Doppelverglasung deutlich. Gleichzeitig zeigt sich jedoch eine Abnahme der Transmission, die wiederum die möglichen solaren Gewinne vermindert. Das physikalisch gewünschte Zielgebiet für maximale solare Gewinne und minimale Wärmetransmissionsverluste ist mit + markiert. Der Bereich minimaler Energiegewinne liegt im - Bereich.

Zusätzlich eingezeichnet sind einige Kenndaten transparenter Wärmedämmsysteme und zwei schraffierte Bereiche für Kenndaten zukünftiger Fenster. Man erkennt einen Bereich mit hohen Transmissionsgraden. Dies kann zum einen durch den Einsatz neuartiger Antireflexionsschichten erreicht werden, zum anderen durch verbesserte selektive Beschichtungen. Andererseits sind auch Bereiche mit sehr niedriger Transmission eingezeichnet, die durch die Kombination dieser

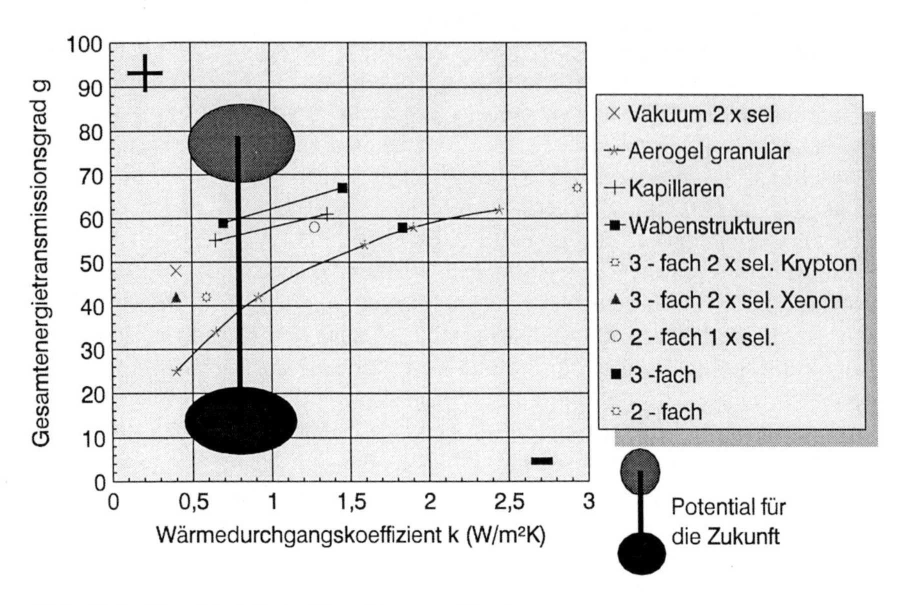

Abb. 10.2. Charakteristische Kenndaten von Verglasungen

neuen Fenster mit optisch schaltbaren Systemen erzielt werden. Derzeit wird sehr intensiv an zwei speziellen Systemen gearbeitet, den thermotropen Systemen, die ihre Transmission bei einer bestimmten Temperatur verändern und den elektrochromen Systemen, in denen die optischen Eigenschaften durch Einbringung elektrischer Ladungen geändert werden (Wittwer et al., 1995). Schaltbare Schichten sind immer dann wichtig, wenn in Räumen die Gefahr der Überhitzung besteht. Mit steuerbaren Systemen läßt sich der solare Eintrag in ein Gebäude gut regeln; damit lassen sich die Energiegewinne einerseits und die Kühllasten andererseits optimieren.

Abb. 10.3 zeigt das prinzipielle Energieeinsparpotential von Fenstern in Deutschland. Die Daten wurden nach den Richtlinien der Wärmeschutzverordnung von 1995 berechnet. Die Abschätzungen wurden unter den Voraussetzungen gemacht, daß die klimatischen Bedingungen in Deutschland im Mittel 3 500 Gradtagzahlen entsprechen und die Fenster gleichmäßig über alle Himmelsrichtungen verteilt sind. Geht man vom heutigen Fensterbestand von etwa 800 Mio. m² in Deutschland aus, so bedeutet dies, daß unter der Annahme, daß im Mittel Standardfenster eingesetzt sind, die Wärmetransmissionsverluste im Bereich von 10% unseres Endenergieverbrauches liegen und durch die solaren Gewinne im Zeitraum der Heizperiode auf etwa 6% reduziert werden.

Durch verbesserte Fenster können noch weitere deutliche Reduktionen und zum Teil sogar Gewinne erzielt werden. Verbunden mit geeigneten Speichermassen im Gebäude ermöglicht dies auch einen großen Spielraum für eine energetisch sinnvolle Solararchitektur.

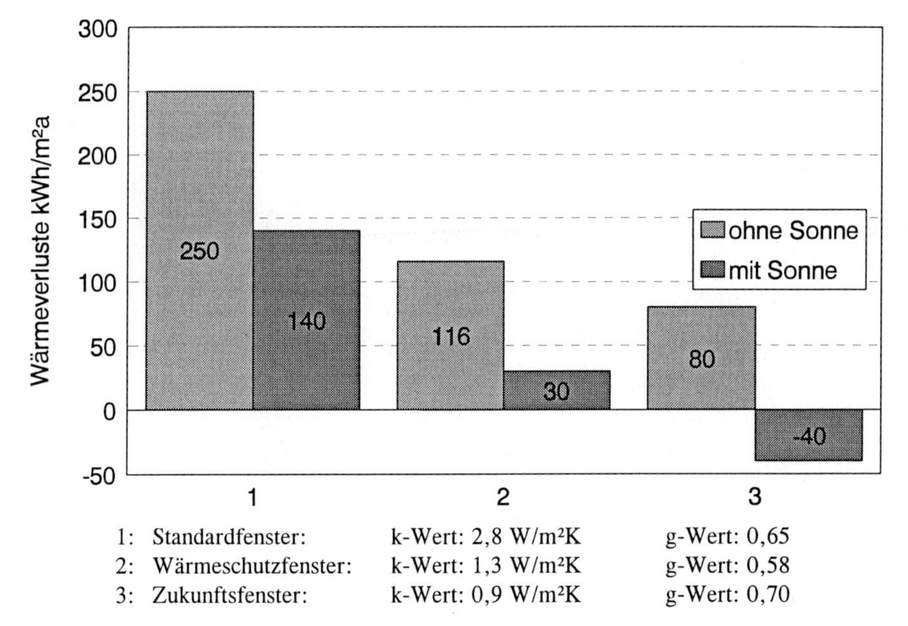

Abb. 10.3. Wärmeverluste bzw. Gewinne von verschiedenen Fenstern in Deutschland. Negative Wärmeverlustwerte bedeuten Energiegewinne

Kollektoren. Für die Anwendung von Kollektoren in unserer Klimazone lassen sich prinzipiell drei Bereiche unterscheiden, die auch weitgehend durch drei Typen von Kollektoren besetzt sind. Der erste ist der Niedertemperaturbereich für die Erwärmung von Schwimmbädern im Sommerhalbjahr. Hier werden größtenteils unabgedeckte Kunststoffabsorber eingesetzt. Den größten Anwendungsbereich derzeit stellt die Bereitstellung von Warmwasser im Hausbereich dar, in dem überwiegend Flachkollektoren mit selektivem Absorber und einer Abdeckung eingesetzt werden. Der dritte Anwendungsbereich liegt im Bereich der Niedertemperaturprozeßwärme. Typische Anwendungen sind hier z.B. die Erzeugung von Dampf für Sterilisation in der Industrie oder die Bereitstellung von thermischer Energie für sorptive Kühlsysteme. Aufgrund der benötigten höheren Temperaturen werden in diesem Bereich vor allem höher effiziente Vakuumkollektorsysteme eingesetzt (vgl. Nast/Ufheil, 1994; Fisch et al., 1992).

Mittelfristig besonders interessant erscheint der Bereich der solarunterstützten Heizsysteme. Je nach Gesamtkonzept können in diesen Fällen unterschiedliche Kollektorvarianten eingesetzt werden. Sehr wichtig für diesen Bereich ist die Konzeption großflächiger und damit kostengünstiger Kollektorsysteme, an deren Entwicklung zur Zeit intensiv gearbeitet wird.

Abb. 10.4 zeigt die Entwicklung des Kollektormarktes in Deutschland. Deutlich erkennbar sind die Höhen und Tiefen vor allem bedingt durch die Ölkrisen und ihre Folgen. Seit fünf Jahren ist jedoch ein stetiger Anstieg zu erkennen, der die Bereitschaft der Bevölkerung zeigt, in diesem Bereich zu investieren.

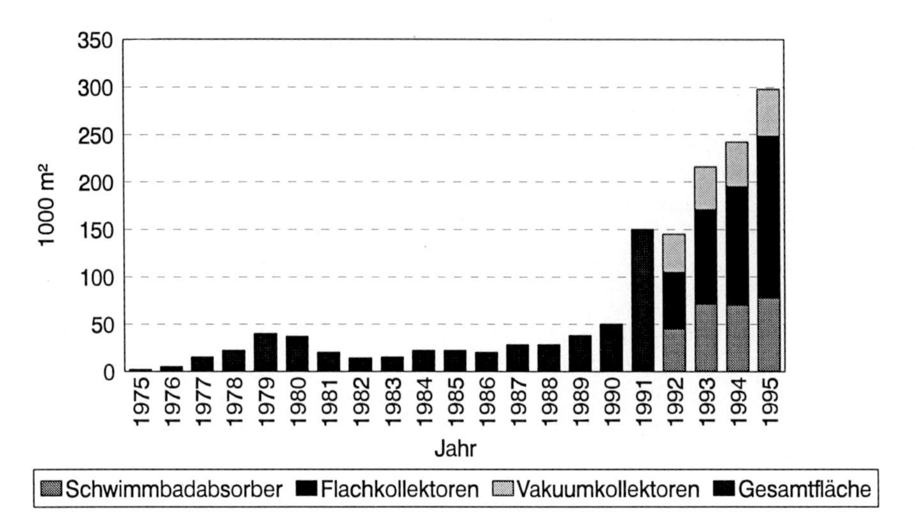

Abb. 10.4. Entwicklung des Kollektormarktes in Deutschland in den letzten 20 Jahren, ab 1992 aufgeschlüsselt in die verschiedenen Bauformen (Quelle: DFS, 1996)

Tabelle 10.2. zeigt eine Übersicht über derzeit typisch eingesetzte Kollektorsysteme. Neben der Kollektorfeldgröße sind auch Angaben über die verwendeten Speichergrößen, die jährliche Energieausbeute, die Systemkosten und den erzielten Wärmepreis angegeben. Man sieht, daß die Energiekosten im Schwimmbadbereich bereits mit fossilen Energien vergleichbar sind. Interessant ist, daß das Haupteinsatzgebiet derzeit im Bereich der Einfamilienhäuser liegt und damit nicht im Bereich der rein betriebswirtschaftlich günstigen Systeme.

Speicherung. Durch die zeitliche Verschiebung zwischen solarem Angebot und dem Bedarf an thermischer Energie ist die Verfügbarkeit kostengünstiger, effek-

Tabelle 10.2. Typische Kenngrößen unterschiedlicher Kollektorsysteme (EFH = Einfamilienhaus, MFH = Mehrfamilienhaus, WW = Warmwasser)

System	Solarer Deckungsgrad [%]	Kollektorfläche [m²]	Speichervolumen [m³]	Ausbeute [kWh/m²a]	Investitionen (Systempreise) [DM/m²]	Wärmepreis [Pf/kWh]
Freibad	100	1 200		300	120-150	5-10
EFH						
nur WW	60	6	0,4	405	1 850	25-50
WW und Heizung	40	25	1,2	176	1 200	35-60
MFH						
nur WW	50	100	50	425	950	15-25
Nahwärmeversorgung	15	1 000	50	500	670	20-30
	25	2 500	160	430	600	20-30

tiver Speicher sehr wichtig. Bedingt durch die gewünschte Speicherzeit lassen sich mindestens drei verschiedene Speichervarianten unterscheiden:

- die Tag-Nachtspeicher, vor allem im Bereich der Warmwasserversorgung;
- die Wochenspeicher zur Nutzung von Schönwetterperioden im Winterhalbjahr, die häufig mit der Bereitstellung von Wärme für das Heizsystem in Verbindung stehen, und
- die saisonalen Speicher, die Wärme vom Sommer bis zum Winterhalbjahr übertragen sollen.

Entsprechend ihres Einsatzgebietes liegen die typischen Speichergrößen im Bereich von einigen 100 Litern im ersten Fall, einigen 1 000 Litern im zweiten und vielen 1 000 Kubikmetern im letzten Fall. Die meisten dieser Systeme arbeiten mit konventionellen Wasserspeichern. Entwicklungsarbeiten gibt es speziell im Bereich der Wärmetauscher, der Temperaturschichtung innerhalb der Speicher und der guten thermischen Isolation der Speicher gegenüber der Umwelt. Das betrifft vor allem die kleineren Systeme. Sehr wichtig ist in allen Fällen die richtige Ankopplung an das zusätzliche Heizsystem, das in den meisten Fällen noch benötigt wird. Hier gibt es interessante Ansätze zur Kopplung von thermischen Speichern mit Wärmepumpensystemen.

Ein prinzipielles Problem der Wasserspeicher ist ihre relativ geringe Energiedichte und die Begrenzung der Einsatztemperatur. Daher wird sehr intensiv an der Entwicklung von latenten und chemischen Speichern gearbeitet, die deutlich höhere Speicherdichten und Einsatztemperaturen erlauben.

Im Bereich der Latentspeicher gibt es derzeit interessante Entwicklungen für die Vorwärmung der Automotoren. Die Ladung der Speicher erfolgt in diesem Fall durch die Abwärme des Motors. Die Umsetzung dieser in den letzten Jahren durchgeführten Arbeiten bei der Heizungs- und Warmwasserinstallation könnte zu Neuentwicklungen führen, in denen auch Solarenergie effektiv gespeichert werden kann. Ein weiteres Feld, in dem derzeit sehr viele Forschungsarbeiten laufen, sind die sorptiven Speicher. Prinzipiell gibt es hier verschiedene Systemausführungen und Anwendungen. Gebräuchliche Materialien sind derzeit Kieselgele und Zeolithe bei den Feststoffen sowie Calciumchlorid und Lithiumbromid bei den Salzlösungen.

Die Einsatzbereiche liegen neben der rein thermischen Speicherung vor allem in den Gebieten der Klimatisierung, der Kühlung und der kombinierten Anwendung in thermisch betriebenen Wärmepumpensystemen. Probleme ergeben sich derzeit durch die benötigten großen Volumenströme bei den Luftsystemen und allgemein durch die vom Volumen her deutlich größeren Systeme im Vergleich zu den elektrisch betriebenen Kompressionsmaschinen. Eine Übersicht über den Stand der Entwicklungen im Bereich der solarunterstützten Klimatisierung findet sich in Henning/Erpenbeck (1996).

Tageslichtnutzung. Die Nutzung des Tageslichtes zur effektiven Beleuchtung von Räumen vor allem im Bürogebäudebereich ist eine sehr interessante und wichtige Aufgabe für die Zukunft. Die Nutzung von Tageslicht reduziert den

Bedarf an Kunstlicht und somit an elektrischer Energie. Damit vermindert sie die Kühllasten für das Gebäude; eine Reduktion der Spitzenleistung der Klimaanlage wird so möglich. Ein nicht zu vernachlässigender Vorteil liegt jedoch auch im höheren Lichtkomfort geeignet ausgerüsteter Büroräume, die das Wohlbefinden der Nutzer und damit ihre Leistungsfähigkeit deutlich steigern können (Sick, 1996).

Die Entwicklungsarbeiten liegen derzeit hauptsächlich bei der Material- und Komponentenentwicklung für lichtlenkende Strukturen. Neben völlig neuen Materialentwicklungen auf der Basis von Mikrostrukturen sind hier auch lichtregelnde Systeme, wie sie bereits im Bereich der Fenster erwähnt wurden, von großer Bedeutung. Zentraler Schwerpunkt in diesem Bereich sind geeignete Computerprogramme zur Visualisierung der Räume im Planungszustand. Eng verknüpft mit dem Einsatz von Tageslicht ist die optimale Regelung von Kunstlicht. Das energetische Einsparpotential von Tageslichtnutzung und intelligenter Regelung zeigen Ergebnisse von Simulationsrechnungen in Abb. 10.5.

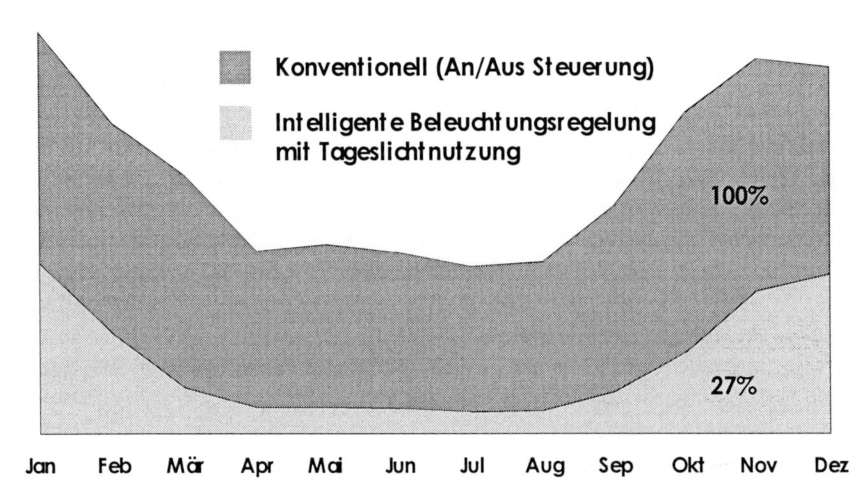

Abb. 10.5. Einsparpotential in einem Bürogebäude mit optimierter Tages-/Kunstlichtnutzung

10.2.3 Wirtschaftliches und technisches Potential

Das wirtschaftliche Potential für den Einsatz von Solarenergie in den Bereichen der thermischen Nutzung, inklusive Kühlung und Tageslicht, wird entscheidend von den politischen Randbedingungen abhängen, die in den nächsten Jahren gegeben sein werden. Doch unabhängig davon werden durch neue Material- und Systementwicklungen und den Ausbau des bereits anlaufenden Marktes im Bereich der Kollektoren, dem Einsatz besserer Fenster und anderer nahe der Wirtschaftlichkeit stehender Systeme neue wachsende Märkte entstehen.

In Tabelle 10.3 sind die typischen Kosten für einen Kollektor, wie er heute in kleiner Stückzahl gebaut wird, und die Kosten für ein zukünftiges Massenprodukt zusammengestellt. Man erkennt deutlich das große Kostenreduktionspotential, das sich natürlich in einem weiteren Anwachsen des Marktes auswirkt.

Tabelle 10.3. Geschätzte Herstellungskosten für Flachkollektoren in (heutiger) kleiner und (zukünftiger) großer Stückzahl

	kleine Stückzahl	große Stückzahl
Abdeckung (Glas)	250 DM/m²	40 DM/m²
Absorber	150 DM/m²	80 DM/m²
Rahmen und Dämmung	60 DM/m²	40 DM/m²
Produktion	250 DM/m²	150 DM/m²
Summe	**710 DM/m²**	**310 DM/m²**

Besonders groß ist das technische Einsparpotential im Bereich des Wohnens. Auch in Zukunft wird hier die Kombination von rationeller Energienutzung in Verbindung mit der Deckung des Restenergieverbrauchs durch die Sonnenenergie von zentraler Bedeutung sein. Wann sich diese volkswirtschaftlich sinnvollen Maßnahmen betriebswirtschaftlich rechnen, hängt von politischen Rahmenbedingungen und Entscheidungen ab. Tabelle 10.4 gibt eine Übersicht über die Energiekennzahlen heutiger Standardhäuser und das bereits verfügbare technische Potential im Bereich des privaten Bauens und der Forschung.

Im Rahmen einer Studie der EUREC-Agency (1996), eines Zusammenschlus-

Tabelle 10.4. Energiekennzahlen verschiedener Niedrigenergiehäuser im Vergleich (Endenergie in kWh/m²a)

	Neue WSchVo 95	Niedrig-energie-haus	„Passiv-haus“[b]	Energieautarkes Solarhaus Freiburg Messung 1994
Haushalt Strom und Kochgas	20,0[a]	20,0[a]	8,8	7,9
Lüftung	—	6,0	2,9	0,8
Warmwasser	30	30	6,1	—
Heizung	100	50	11,9	0,5
Summe	**150**	**106**	**29,7**	**9,2**[c]

a) Ergebnis der VDEW Haushaltskundenbefragung 1992 abzüglich Stromverbrauch für Heizung Warmwasserbereitung und Betriebstechnik für einen 3-Personenhaushalt;

b) Quelle: IWU, Darmstadt, Meßergebnisse 1992,1993, Haushaltsverbrauch ohne Gemeinschaftsstrom und Betriebstechnik;

c) Neben den aufgeführten Verbrauchswerten wurden 12 kWh/(m²/a) für die Meß- und Prozeßleittechnik aufgewendet.

Tabelle 10.5. Realistische Ziele für die Nutzung thermischer Energie in Europa (Quelle: EUREC, 1996)

Anwendungsbereich	Arbeitsschwerpunkte	Ziele	Einsparpotential	Sonstige Forderungen
Energieeffiziente Solarhäuser	Material- und Komponentenentwicklung, Massenproduktion	50% Energieeinsparung im Vergleich zu heute	17% Endenergie in Europa	Energieziffer <70 kWh/m²a
Warmwassersysteme	Neue Materialien, Massenproduktion, Integration in Gebäuden	30% Anteil Heizung 50% Warmwasser	5% Endenergie in Europa	
Solare Kühlung, Speicherung, Thermisch betr. Wärmepumpen	Materialentwicklung, Systemtests	FCKW-freie Systeme	50% solarer Anteil bei Kühlsystemen	

ses mehrerer europäischer Forschungsinstitute, wurde versucht, eine Zusammenstellung über das Potential der thermischen Solarenergienutzung zu geben (vgl. Tabelle 10.5). Sie zeigt das prinzipiell sehr große wirtschaftliche Potential mit der Möglichkeit, sowohl neue Märkte aufzubauen als auch Entscheidendes zur Lösung unserer Umweltprobleme beizutragen.

10.3 Photovoltaik

10.3.1 Was ist Photovoltaik?

Unter Photovoltaik (PV) versteht man die Gesamtheit aller Techniken zur direkten Umwandlung von Sonnenenergie in elektrische Energie mittels des inneren Photoeffektes. Das „Herzstück" einer derzeitigen PV-Anlage ist das PV-Modul von etwa 1 m² Fläche. Es ist entweder aus Einzelzellen aus kristallinem Silicium zusammengesetzt, die unter Glas eingebettet sind, oder es besteht aus großflächig auf Glas aufgebrachten Schichtfolgen (Dünnschichtmodul, vgl. unten). Ein Modul liefert je nach Größe und Bauart etwa 50 bis 200 W im vollen Sonnenlicht (Die Sonne strahlt unter Standardbedingungen an der Erdoberfläche etwa 1 kW/m² ein; bei einem Wirkungsgrad von typischerweise 13% liefert ein Modul von ½ m² Fläche also eine Leistung von 65 W).

PV-Module können zu beliebig großen Flächen, Feldern und Anlagen zusammengesetzt werden. Diese Modularität ist ein entscheidendes Merkmal und ein großer Vorteil für die Entwicklung der Photovoltaik. Zu einer PV-Anlage gehören außer den Modulen die elektrische Verarbeitung (Konditionierung) der Leistung (Inverter, Transformatoren, Kontrollgeräte) sowie ggf. ein Batteriespeicher.

Die Photovoltaik hat seit den 70er Jahren bedeutende Fortschritte gemacht und dabei ein immer breiteres Anwendungsspektrum gefunden (vgl. 10.3.3). Dennoch bleibt für die F&E noch sehr viel zu tun, um die Kosten der PV-Energieerzeugung für größere Anwendungen konkurrenzfähig zu machen.

In den folgenden Abschnitten werden die wichtigsten technischen und wirtschaftlichen Aspekte der Photovoltaik kurz umrissen (vgl. z.B. Green, 1986; Goetzberger et al., 1994; Würfel, 1996).

10.3.2 Kurzer Überblick über den technischen Stand der Photovoltaik

Die Wirkungsweise einer Solarzelle soll am Beispiel einer einfachen Si-Zelle erläutert werden (vgl. Abb. 10.6). Eine 0,3 bis 0,4 mm dicke p-(= positiv) dotierte Si-Scheibe wird an der Oberseite durch einen Diffusionsprozeß mit Phosphoratomen in einer Tiefe von ca. 0,3 μm n-(= negativ) leitend dotiert. Es entsteht ein sog. pn-Übergang. Das einfallende Licht wird absorbiert und erzeugt dadurch energiereiche Minoritätsladungsträger, d.h. negative Ladungsträger im p-Gebiet und positive Träger im n-Gebiet. Diese bewegen sich durch Diffusion zum pn-Übergang. Durch das dort vorhandene elektrische Feld werden negative Ladungsträger vom p- ins n-Gebiet und positive Ladungsträger vom n- ins p-Gebiet gezogen. Dadurch entsteht eine Spannung. Durch äußere Metallkontakte am n- und p-Gebiet können die Ladungen abfließen und Arbeit verrichten. Um die Reflexion des Lichtes an der Oberfläche zu reduzieren, wird eine Antireflex- (AR) Beschichtung aufgebracht.

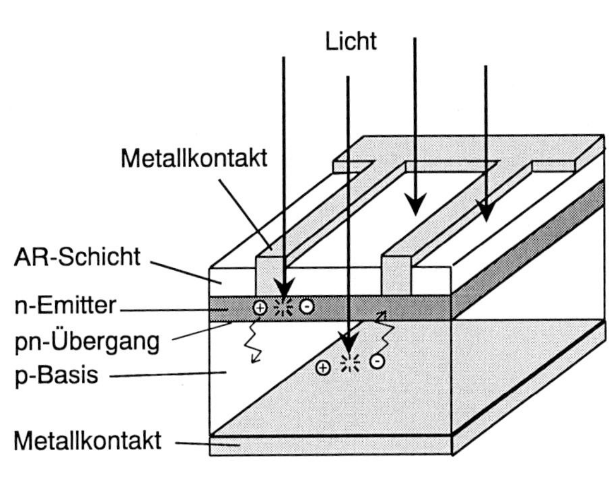

Abb. 10.6. Prinzipieller Aufbau einer einfachen Silicium-Solarzelle (vgl. Text).

So einfach das Prinzip der Solarzelle ist, so komplex sind die technologischen Probleme der Optimierung des Wirkungsgrads durch Reduzierung aller optischen und elektrischen Verluste. In der Laborfertigung konnten einzelne monokristalline Si-Solarzellen mit Wirkungsgraden bis zu 24% hergestellt werden. In der industriellen Fertigung müssen Kompromisse zwischen technologischem Aufwand und Fertigungskosten gemacht werden. Infolgedessen entwickeln sich die

Tabelle 10.6. Zusammenfassung der wichtigsten Solarzellen mit ihren derzeitigen Spitzenwirkungsgraden (P = Produktion, KS = Kleinserien)

Material	Labor		Produktion		
	A [cm^2]	η [%]	A [cm^2]	η [%]	Status
Silicium (kristallin)					
Monokristallin	4	24,0	100	17,5	P
Konzentratorzelle	0,15	27,5	26	17,2	P
Multikristallin	1	18,8	100	14,2	P
EFG	50	14,8	100	12,5	KS
Dünnschicht	1	15,7			
Silicium (amorph)					
Monojunction	1	11,5		5-8	P
Multijunction		13,2		5-8	
GaAs (epitaktisch)					
Auf GaAs-Substrat	0,25	25,7			
Konzentratorzelle	0,25	28,7			
Auf Ge-Substrat			8	18,2	KS
Auf Si-Substrat	2	18,3			
II-VI-Verbindungen					
CdS/CdTe	0,31	15,8			
CdZnS/$CuInSe_2$ (CIS)	3,5	15,5			
CdZnS/$CuIn(S,Se)_2$	3,5	15,2			
CdS/$Cu(In,Ga)Se_2$	0,41	17,7			
	100	14,0			
Tandem Strukturen					
a-Si/CIS	4	15,6			
Si/GaAs	0,3	31,0			
GaAs/GaInP	1	27,6			
GaAs/GaSb	0,05	35,8			

industriellen Solarzellenwirkungsgrade langsamer als die Werte der Laborforschung (vgl. Tabelle 10.6).

Die derzeitige PV-Modulproduktion basiert fast ausschließlich auf Silicium. Es werden etwa 40% der Module aus einkristallinem Silicium (c-Si), 40% aus multikristallinem Silicium (mc-Si) und etwa 20% aus amorphem Silicium (a-Si) hergestellt. Solarzellen aus bandgezogenem Silicium, aus Silicium-beschichteter Keramik sowie Dünnschicht-Solarzellen aus Cadmiumtellurid werden in Pilotfertigung hergestellt. Daneben gibt es eine Reihe von vielversprechenden Laborentwicklungen, z.B. Kupfer-Indium-Diselenid (CIS). Für Anwendungen im Weltraum werden auch Galliumarsenid-Solarzellen hergestellt (vgl. die Zusammenfassung in Tabelle 10.6 mit den derzeitigen Spitzenwirkungsgraden). Grundsätzlich sind auch photovoltaische Zellen realisierbar, die auf anderen physikalischen Prinzipien basieren, z.B. farbstoffsensibilisierte Solarzellen.

Die Vielfalt an Materialien und Technologien in der derzeitigen Entwicklung ist sicher eine Folge des noch zu kleinen und zu langsam wachsenden PV-Marktes. Aus der Bandbreite der existierenden Technologien konnte noch keine unter der Bedingung einer echten Massenproduktion ihre Wirtschaftlichkeit gegenüber anderen Technologien erweisen. Außerdem bleiben neue und vielversprechende Technologien aus Finanzmangel unverhältnismäßig lange im Laborstadium, wo ihr wirtschaftliches Potential nur schwer abgeschätzt werden kann. Bei einem kräftigeren Wachstum der PV-Produktion über die nächsten fünf bis zehn Jahre und dem damit verbundenen Vorstoß in die Großproduktion dürfte sich diese Situation grundlegend ändern.

10.3.3 Derzeitige wirtschaftliche Situation der Photovoltaik

Die weltweite PV-Modulproduktion erfreut sich seit vielen Jahren eines stetigen Wachstums. In den vergangenen zehn Jahren betrug dieses Wachstum im Mittel 15%/Jahr. Diese erfreuliche Zahl darf aber nicht darüber hinwegtäuschen, daß das absolute Produktionsvolumen, das 1995 bei etwa 80 MW_p (MW-Spitzenleistung) lag, so klein ist, daß die Photovoltaik noch keinen nennenswerten Beitrag zur Energieerzeugung liefern kann (vgl. unten).

Tabelle 10.7 zeigt die Aufteilung der Modulproduktion auf die wichtigsten Hersteller. Die USA sind derzeit Marktführer, gefolgt von Europa und Japan. Die Bedeutung Deutschlands als PV-Produktionsstandort hat sich deutlich verschlechtert, da die beiden „großen" Firmen Siemens Solar und ASE in den USA produzieren und in Deutschland nur noch PV-Entwicklungslinien im Pilotmaßstab betreiben. Es muß aber betont werden, daß diese „Globalisierung" die Leistungsfähigkeit beider Firmen sicher stärken wird. Die Firma Siemens Solar, SSG, blieb auch 1995 Weltmarktführer.

Tabelle 10.7. Aufteilung der PV-Modulproduktion 1995 nach Firmen und Ländern (Quelle: Räuber, 1996)

Firma	Marktanteil [%]	Land	Mutterkonzerne
Siemens Solar	21-23	D, USA	Siemens, Bayernwerk
Solarex	12-13	USA, AUS	AMOCO, ENRON
BP Solar	9-10	E, AUS, u.a.	BP Oil
Kyocera	8-9	J	
ASE	4-5	D, USA	RWE/Nukem, Daimler/DASA
Sanyo	4-5	J	
Sharp	4-5	J	
Eurosolare	3-4	I	AGIP/ENI
Solec	3	USA	Sanyo, Sumitomo
Photowatt	3	F	40% R&S/Shell
Astropower	2-3	USA	

In jüngster Zeit gab es mehrere Initiativen, in Deutschland neue PV-Produktionslinien auf der Basis von klein- und mittelständischen Unternehmen aufzubauen. Es bleibt zu hoffen, daß diese Ansätze erfolgreich sein werden.

Tabelle 10.8. Aufteilung des PV-Marktes nach Anwendungen (Quelle: IEA, 1994)

Anwendung	1992 [kW_p]	in %
Kommunikation		22,1
Relaisstationen für MW-Übertragung	6 000	
Umsetzer für Radio und Telefon	4 400	
Fernsehübertragung	1 600	
Überwachung und Kontrolle	250	
Fernüberwachung im Umweltschutz	100	
Kathodischer Korrosionsschutz		2,3
Wellheads (Quellen, Bohrtürme)	770	
Leitungen	470	
Andere Strukturen	60	
Verkehrssignale		1,6
Kleine Navigationshilfen	130	
Mittlere bis größere Navigationssysteme	300	
Andere Signalgeber	220	
Bahnsignale	100	
Bahnübergänge und anderes	150	
Wasserpumpstationen		14,6
Quellpumpen	6 400	
Tauchpumpen	1 800	
Dorfversorgung		24,7
Netzferne Dörfer	5 400	
Netzferne Häuser	6 200	
Netzferne Betriebe	2 100	
Entsalzungsanlagen	100	
Außenbeleuchtung		4,5
Anzeigetafeln	1 150	
Industrieflächen	1 350	
Andere Anwendungen		2,1
Kontrollanlagen	650	
Verschiedenes	550	
Geräteversorgung		15,5
Beleuchtung	3 900	
Elektron. Geräte	1 200	
Batterieladegeräte	2 900	
Automobil-Sonnendächer	700	
Netzgekoppelte Anlagen		4,5
Wohn- und Industriegebäude	600	
Energieversorgungsunternehmen	1 900	
Demonstrationsanlagen		2,0
Summe aller Projekte	1 100	
Kleingeräte		6,1
Solarrechner	2 300	
Andere	1 100	
Summe	**56 000**	**100,0**

Eine Analyse der Aufteilung des PV-Marktes nach Anwendungen zeigt, daß die Photovoltaik in immer weitere Marktsegmente vordringt, in denen sie offensichtlich konkurrenzfähig ist (vgl. Tabelle 10.8). Den weitaus größten Anteil haben Einzelsysteme („stand alone systems") ohne Netzanschluß. Netzgekoppelte Anlagen haben weltweit nur einen Anteil von 4% (vgl. Abb. 10.7).

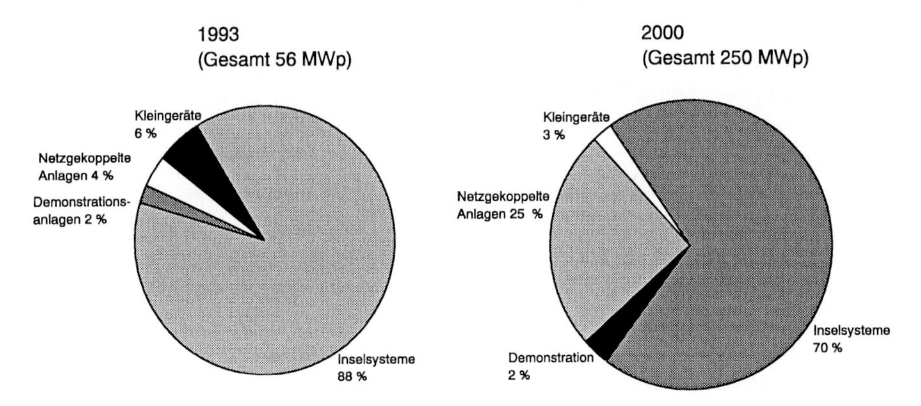

Abb. 10.7. Anteil der wichtigsten PV-Anwendungen für 1993 und 2000, geschätzt (Quelle: IEA, 1994)

In Deutschland haben netzgekoppelte Anlagen einen größeren Anteil an den PV-Anwendungen, was nicht zuletzt durch Förderprogramme wie das „1000-Dächer-Programm" des BMBF und der Länder bewirkt wurde. Aber auch hier wird die Photovoltaik in vielen kleinen Stand-alone-Systemen, wie z.B. Parkscheinautomaten und Beleuchtungseinrichtungen, allmählich „sichtbarer".

Die Ausweitung der PV-Anwendungen hängt mit der kontinuierlichen Senkung der PV-Modulpreise zusammen, die mit der wachsenden Produktion einhergeht. Die Kostenreduktion der PV-Module folgte bisher in etwa einer „Lernkurve", nach der die Kosten sich halbieren, wenn die Produktion sich verzehnfacht (vgl. 10.3.4).

Die Kosten eines PV-Systems (in DM/W_p) hängen stark vom Standort (Ausrichtung, Sonneneinstrahlung) und der Art der Anlage (stand-alone oder netzgekoppelt, Versorgungssicherheit etc.) ab. Am niedrigsten sind die Kosten für PV-Kraftwerksanwendungen in Gegenden mit hoher Sonneneinstrahlung. Für das vor zwei Jahren installierte 1 MW-Solarkraftwerk bei Toledo betrugen die Systemkosten etwa 17 DM/W_p (Voermans, 1995). Netzgekoppelte Kleinanlagen in Deutschland wie sie im 1000-Dächer-Programm errichtet wurden, kosteten 18 bis 30 DM/W_p (1000 Dächer,1994).

Bei netzfernen Anlagen (Inselanlagen) kommt es sehr auf die speziellen Gegebenheiten und Anforderungen an. Hier vergleichen sich die Preise auch nicht mit Elektrizitätspreisen aus dem Netz, sondern mit denen anderer netzferner Energieerzeuger (Dieselgenerator). In Mitteleuropa liegen Systempreise bei etwa 50 DM/W_p (Roth, 1995).

Auf kWh umgerechnet ergeben sich bei Netzeinspeisung Preise zwischen ca. 0,8 DM/kWh in Toledo (Voermans, 1995) und 1,8 DM/kWh beim 1000-Dächer-Programm, wobei hier natürlich auch das jeweilige Finanzierungsmodell einen großen Einfluß hat. Um mit heutigen (Netz-) Elektrizitätspreisen konkurrenzfähig zu werden, müssen die PV-Kosten noch um einen Faktor 3 bis 6 gesenkt werden. In dem Maße wie dies gelingt, wird sich auch der PV-Markt ausweiten (vgl. 10.3.4), was ein PV-Dachanlagen-Programm belegt, das vom kalifornischen EVU SMUD (Sacramento Municipal Utility District) durchgeführt wird: 4-kW_p-Anlagen wurden den Hausbesitzern 1995 für einen Systempreis von 6,87 US $/W_p$ angeboten, 1996 soll er bei 6,33 US $/W_p$ liegen.

10.3.4 Potential und zukünftige Entwicklung der Photovoltaik

Bereits in der Einleitung wurde gezeigt, daß Solarenergienutzung und speziell die Photovoltaik einen entscheidenden Beitrag zur Energieversorgung in industrialisierten Ländern liefern werden. Das größte Anwendungspotential besitzt die Photovoltaik jedoch zur Zeit - aufgrund der Kostensituation - in den sonnenreichen Ländern der Dritten Welt, wo mehr als die Hälfte der Menschen ohne Netzanschluß und damit oft ganz ohne Elektrizität leben müssen. Hier können kleine Inselsysteme von etwa 100 W („solar home systems") die dringend benötigte Abhilfe und gleichzeitig einen neuen Markt mit einem Volumen von mehreren Mrd. DM schaffen.

Extrapoliert man das gegenwärtige Wachstum der PV-Modulproduktion von 15%/Jahr in die Zukunft, so wird sich die Produktion bis zum Jahr 2000 verdoppeln (die Prognose der Abb. 10.7 ist noch optimistischer) und bis zum Jahr 2011 verzehnfachen. Nach dem Lernkurvenmodell sinken die Produktionskosten dabei um ca. 4,3% jährlich. Eine Reduzierung der W_p-Kosten auf ein Viertel würde demnach erst in 32 Jahren erreicht, wenn die PV-Produktion auf 8 GW_p/Jahr angewachsen ist. Auch dann wird der Anteil der PV-Produktion noch weit unter einem Promille des Weltenergieverbrauchs liegen. Diese Extrapolation des sog. BAU (= business as usual)-Szenarios zeigt zweierlei:

1. Die PV-Produktion wird nach 2010 die Größenordnung eines Großkraftwerks (GW_p) und damit einen Markt mit einem Umsatz von mehreren Mrd. DM erreichen. Sie wird dann eine echte Energieoption sein.
2. Für die immer dringender werdenden Probleme der Menschheit (Bevölkerungswachstum mit überproportionalem Anstieg des Energieverbrauchs, Verknappung der Energieressourcen Erdgas und Erdöl, Treibhauseffekt) geht diese Entwicklung des PV-Marktes entschieden zu langsam. Es sind also Initiativen der politischen Kräfte notwendig, um den Aufbauprozeß einer photovoltaischen Energieversorgung drastisch zu beschleunigen. Hier sind Verantwortliche in der Forschungs-, Wirtschafts-, Energie-, Umwelt- und Entwicklungspolitik gefordert, um der Photovoltaik als einer äußerst vielseitigen, umweltschonenden und nachhaltigen Energieerzeugung auch energiepolitisch zum Durchbruch zu verhelfen.

Teil III
Verbesserung der Rahmenbedingungen für die Markteinführung erneuerbarer Energien

11 Steuerliche Besserstellung von Alternativen zum Verbrauch fossiler Energieträger im regionalen Vorausgang

Hans-Jochen Luhmann

11.1 Einleitung

Erneuerbare Energien stellen eine unter mehreren Alternativen zum Verbrauch fossiler und also CO_2-haltiger Energieträger dar. Die übrigen Alternativen sind im wesentlichen Techniken der rationellen Energieverwendung (vgl. Kap. 25-27); CO_2-freie Energieträger (Kernenergie); Aufbau von CO_2-Senken in Form von rezenter Biomasse (vgl. Kap. 8) und die Speicherung von technisch abgeschiedenem CO_2. Diese Auflistung zeigt, daß die erneuerbaren Energien klimapolitisch nicht alternativlos sind. Eine klimaverträgliche Energieversorgung, selbst eines deutlich verminderten Bedarfs an Energiedienstleistungen, ist ohne einen erhöhten Anteil erneuerbarer Energien kaum vorstellbar. Die Förderung ihrer Markteinführung ist deshalb eine klimapolitisch zentrale Aufgabe. Bei den erneuerbaren Energien gibt es unterschiedliche Energieformen (vgl. Teil II). Angebotsseitige Maßnahmen zur Förderung der Markteinführung müssen zwischen den verschiedenen Technologien regenerativer Energien unterscheiden.

Die Förderung der Markteinführung ist abzugrenzen von F&E, politischen Maßnahmen, der Finanzierung der Grundlagenforschung bis hin zur Förderung von Demonstrationsanlagen. Erstere fällt in den Kompetenzbereich des Wirtschaftsministers, wo sie eine konzeptionell und faktisch bisher nicht gelöste Aufgabe darstellt. Im Unterschied zu den klassischen Großtechnologien des Anlagenbaus, die mit einer Demonstrationsanlage eine hinreichende Referenz und damit den Marktzutritt erlangen können, sind viele der regenerativen Technologien dezentral einsetzbare und relativ kleine Systeme. Zu ihrer Markteinführung gehört ein Element „sozialen Lernens“, wie z.B. Handwerkerschulung u.ä. Hierzu bedarf es mehr als die Realisierung einer einzelnen Demonstrationsanlage, sondern der Förderung vieler solcher Anlagen, was aber den Einsatz erheblicher Haushaltsmittel erfordern würde. In der Krise des Sozialstaates sind diese Mittel aber nicht mehr verfügbar zu machen. Deshalb müßte die Förderung der Markteinführung regenerativer Energien durch eine politisch herbeigeführte Veränderung der Preisverhältnisse entsprechend der immer noch aktuellen Grundsatzaussage des Arbeitskreises Energiepolitik der Wirtschaftsministerkonferenz vom September 1989 (AK Energiepolitik, 1989: 39 u. 47-49) herbeigeführt werden. Dies hätte zudem den beachtenswerten Vorteil, daß damit die Notwendigkeit entfällt, zwischen Technologietypen staatlicherseits zu diskriminieren.

Eine *ökologische Steuerreform (ÖSR)* ist eine ökonomisch besonders effiziente Form, diesem Gebot zu folgen, und ist gleichzeitig aus Gründen des Klimaschutzes geboten. Eine *Energiesteuer* ist nach Kalkulationen für Deutschland, die am Wuppertal Institut durchgeführt wurden, mindestens eine gute, wenn nicht sogar die beste Approximation einer allgemeinen Steuer auf Treibhausgase. Sie birgt finanzverfassungsrechtlich (in Deutschland und in der EU) kaum Probleme - im Gegensatz zu Steuern auf einzelne Treibhausgase und ihre Vorläufersubstanzen, sofern sie unter die KRK fallen. Und schließlich ist sie ein Instrument, das man in dem Rahmen der EU, OECD, G 7 oder der KRK abstimmen kann, was bei den direkten Steuern schon eine lange Tradition hat. Es gibt also ein auf das Mandat bezogenes Verhandlungsobjekt, wenn die Zeit kommt, unter der KRK nicht mehr nur über *targets and timetables*, sondern auch über *policies and measures* zu verhandeln.

11.2 Energiesteuer als Approximation einer allgemeinen Treibhausgassteuer

Um eine pragmatische Antwort auf die Frage nach der geeigneten Form einer Ökosteuer im Rahmen einer ÖSR zu erhalten, empfehle ich, sich an die Treibhausproblematik in dem rechtlichen Sinne anzulehnen, wie er durch die KRK normiert ist. Zu welchen Konsequenzen dieses führt, wenn man die quantitativen Gegebenheiten auf der Seite der Verursacher genauer in den Blick nimmt, wird im folgenden gezeigt.

Für Deutschland „heute" wurden nicht Zahlen eines einzigen Stichjahres, sondern die mehrerer Jahre verwendet, um eine möglichst gute Annäherung an den gegenwärtigen Zustand zu erzielen. Die zeitliche Unschärfe der gezeigten Emissionszahlen wurde in Kauf genommen, um den dramatischen Strukturwandel in Ostdeutschland, den Einbruch der industriellen und die Zunahme der verkehrsbedingten Emissionen, zu berücksichtigen. Die Strukturierung entspricht dem Berichtsschema nach der KRK für Deutschland, das aus der Energiebilanz abgeleitet und erweitert wurde. Links stehen die Endverbrauchsbereiche nach der Energiebilanz: (1) Industrie, (2) Verkehr, (3) Haushalte und (4) Kleinverbraucher, und rechts die als „nicht energiebedingt" markierten speziellen Sektoren, die sich allerdings mit denen der Energiebilanz überschneiden. Bei den energiebedingten Emissionen werden aber nicht nur die Emissionen aus den gezeigten Endverbrauchssektoren selbst gezeigt. Darüber hinaus sind vielmehr die Emissionen aus der *energetischen* Vorleistung, aus der Bereitstellung von Sekundärenergieträgern, aber auch *nur* aus dieser, berücksichtigt. Sie sind verursachungsgerecht den Sektoren des Endverbrauchs zugerechnet (vgl. Abb. 11.1).

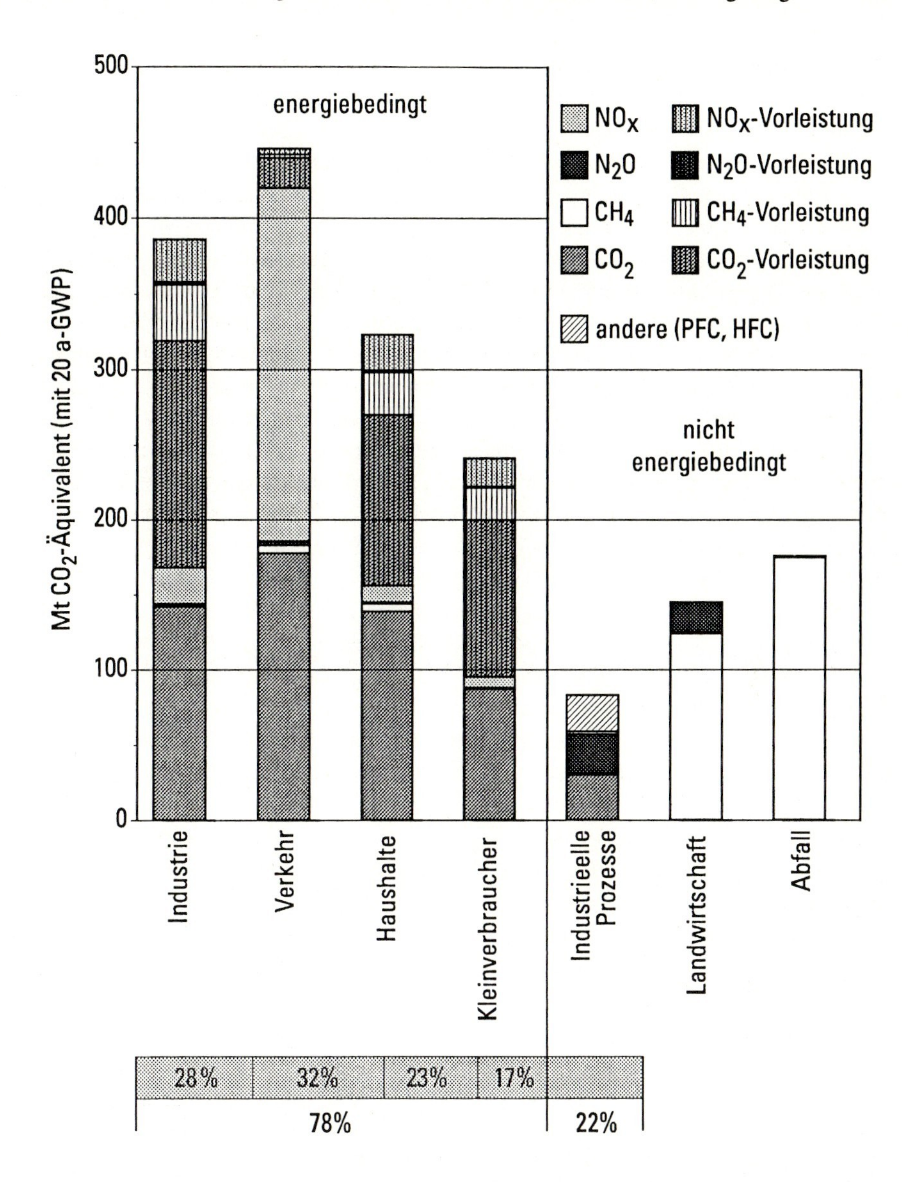

Abb. 11.1. Emissionen der treibhausrelevanten Gase im Sinne der KRK; Deutschland heute - nach Endverbrauchssektoren und Gasen (Quelle H.J. Luhmann)

Unüblich an dieser Darstellung ist zum einen, daß Treibhausgase, die *nicht* von der KRK (sondern vom Montrealer Protokoll; Gehring, 1996) erfaßt werden, nicht berücksichtigt sind und daß zum anderen die Treibhausgase *und* ihre Vorläufersubstanzen, auf die sich das Mandat der KRK bezieht, *vollständig* berücksichtigt sind. Von besonderem quantitativen Gewicht sind dabei die NO_X-Emissionen, die hier als Indikator derjenigen Vorläufersubstanzen genommen werden,[1] die in einem komplexen, nicht-linearen Zusammenspiel für die Produktion des eigentlichen Treibhausgases Ozon sorgen.

CO_2 ist nur rund zur Hälfte an den Emissionen von Treibhausgasen beteiligt, weshalb man das Treibhausproblem nicht als reines CO_2-Problem stilisieren darf. Diese Darstellung zeigt weiter, daß das Reduktionserfordernis unter der KRK zu 80% „energiebedingte" Emissionen betrifft. Deshalb ist eine Energiesteuer, die erneuerbare Energien ausschließt, eine gute, wenn nicht sogar die beste verfügbare Approximation einer allgemeinen Steuer auf Treibhausgase im Sinne der KRK.

Dieser Schluß bringt pragmatisch entscheidende Erleichterungen unseres Handlungsproblems. Mit Energiesteuern befinden wir uns, anders als bei Emissionssteuern, auf dem vertrauten Boden indirekter, prinzipiell bereits eingeführter Steuerarten, für die der finanzverfassungsrechtliche Boden im EWG-Vertrag und im Grundgesetz unter dem Titel „Verbrauchsteuern" gelegt wurde. Damit ist der Boden bereitet, was fünf bis zehn Jahre Zeitgewinn bedeutet.

Um die Verursacher zu entschlüsseln, werden die energetischen Endverbrauchssektoren in Abb. 11.1 im Lichte anderer statistischer Kategorien, d.h. der Wirtschafts- und der Steuerstatistik, kommentiert. Dabei werden steuerliche Anmerkungen gemacht, um ein alternatives Besteuerungskonzept vorzubereiten.

Industrie steht für das Gewerbe ohne die Energiewirtschaft selber, d.h. ohne Raffinerien, Kraftwerke, Kohleförderung, Gastransport und -verteilung u.ä. Hier werden überwiegend die sog. materiellen Produkte hergestellt. Das sind diejenigen Produkte, die in ihrer Entstehung die idealtypischen Stufen der Produktion durchlaufen, die die Wirtschaftsstatistik prägen: Rohstoff-Förderung, Grundstoffgewinnung und dann -verarbeitung. Nach diesem Produktionsablauf sind sie lagerfähig und stehen für die Distribution bereit. Der Anteil der Industrie, der materiellen Güterproduktion, an den energiebedingten Treibhausgasemissionen liegt bei etwa 25%. Steuerlich betrachtet unterliegen die hier stattfindenden Tätigkeiten im Prinzip der vollen Ertragsteuer, d.h. der Körperschaft-, Einkommen- oder Gewerbesteuer. Der Grenzsteuersatz der Ertragsbesteuerung liegt hier bei etwa zwei Drittel.

Der *Verkehr* besteht aus gewerblichem und privatem Verkehr und wird vom Anteil des Straßenverkehrs dominiert, dessen privater Teil, wirtschaftsstatistisch betrachtet, überwiegend „Konsum" darstellt. Steuerlich bedeutet das, daß dieser nicht unwichtige Teil des (Straßen-) Verkehrs der Ertragsbesteuerung nicht unterliegt – dies ist derjenige Teil des Verkehrs, den wir als Verbraucher verursachen: bei den Fahrten zur Arbeitsstätte, zum Urlaub, in der Freizeit und zur häuslichen Versorgung.

Der Energieumsatz der *Haushalte* steht für alle Aktivitäten, die mit dem Wohnen zusammenhängen. Wirtschaftsstatistisch entspricht dem die Vermietung von Wohnraum als Wertschöpfung. Die anderen Haushaltsaktivitäten wie Heizen, Waschen u.ä. gehen dagegen mit ihrer Wertschöpfung i.d.R. nicht in die Sozial-

1 Die Angabe zur CO_2-Äquivalenz von NO_X ist Lammel/Graßl (1995) entnommen.

produktsberechnung ein. Der Grund dafür ist, daß sie überwiegend Eigenproduktionen der Haushalte für sich selber sind und die Wirtschaftsstatistik beschlossen hat, es mit dem *imputed income* bei der Wohnungsvermietung, wo ja immerhin etwa die Hälfte des Einkommens im finanziellen Sinn nicht auf einer Unterstellung beruht, sondern real ist, sein Bewenden zu lassen.

Beim *Kleinverbrauch* handelt es sich um eine Restkategorie, in die die Emissionen der Sektoren des Kleingewerbes und der nicht-gewerblichen Unternehmen eingehen, d.h. im wesentlichen die der Dienstleistungssektoren, deren Aktivitäten in Gebäuden stattfinden. Ihr Energiebedarf ist im wesentlichen gebäudebezogen. Technisch von vergleichbarer Art sind die hier ebenfalls notierten Leistungen des Staates wie auch der Organisationen ohne Erwerbscharakter. Hinzukommen das Militär (als spezielle staatliche Leistung) sowie die Land- und die Forstwirtschaft, die steuerlichen Sonderregelungen unterliegen.

11.3 Das Wettbewerbsproblem einer einheitlichen, mengenbasierten Energiesteuer

Aus der Sicht des Treibhausproblems wäre eine einheitliche allgemeine Steuer auf sämtliche Treibhausgase im Sinne der KRK, bezogen auf die emittierte Gasmenge, die mit ihrem *global warming potential (*GWP)-Index gewichtet ist, die anscheinend ideale, weil verursachungsgerechte, Lösung des Handlungsproblems. Eine solche Lösung wird es aber nicht geben können, denn die GWP-Indexwerte für die verschiedenen Treibhausgase bzw. ihre Vorläufersubstanzen sind, wenn sie sich überhaupt bestimmen lassen, (in Abhängigkeit von der Zeitdauer) zweidimensional. Läßt man in einem ersten Schritt pragmatische Gesichtspunkte zu und ersetzt eine GWP-indexierte Treibhausgassteuer durch eine Energiesteuer, so wäre eine mengenbasierte Energiesteuer zu einheitlichen Sätzen, ohne Differenzierung und Ausnahmen, die ideale Lösung. Der Atmosphäre ist es nämlich gleichgültig, woher die jeweiligen Treibhausgasmoleküle stammen, die sich in ihr anreichern. In dieser Weise wird die Lösung des Problems im sogenannten Ein-Länder-Fall in Lehrbüchern beschrieben. Das ist angemessen, solange man davon absehen kann, daß es in der Realität eine Konkurrenz nationaler Volkswirtschaften gibt. Will man dieser aber gerecht werden, muß man dem Handlungsgesichtspunkt noch mehr Raum geben.

Ein Blick auf die tatsächliche Energiebesteuerung zeigt, daß eine einheitliche mengenbasierte Energiesteuer eine historisch neue Steuer wäre. Die in der Wirklichkeit vorhandenen Energiesteuern sind vielmehr in ihrer Höhe nach Einsatzbereichen sehr differenziert (vgl. Abb. 11.2). Diese Differenzierung muß man verstehen, wenn man eine wirtschafts- und sozialverträgliche ÖSR für einen regionalen oder nationalen Vorausgang konzipieren will.

In Abb. 11.2 sind in stilisierter Form die Preise von Energieträgern, die für gewisse Einsatzbereiche typisch sind, durch eine Art Aufschlagkalkulation rekonstruiert worden. Sinn der Darstellung ist, die staatlich induzierte Preiskomponente zu den übrigen marktbestimmten Kostenelementen in Beziehung zu setzen. Schließlich ist oben der Kosteneffekt von zwei steuerpolitischen Vorschlägen, die einstmals Verwirklichungschancen hatten, gegenwärtig aber eher dahinsiechen, dargestellt.

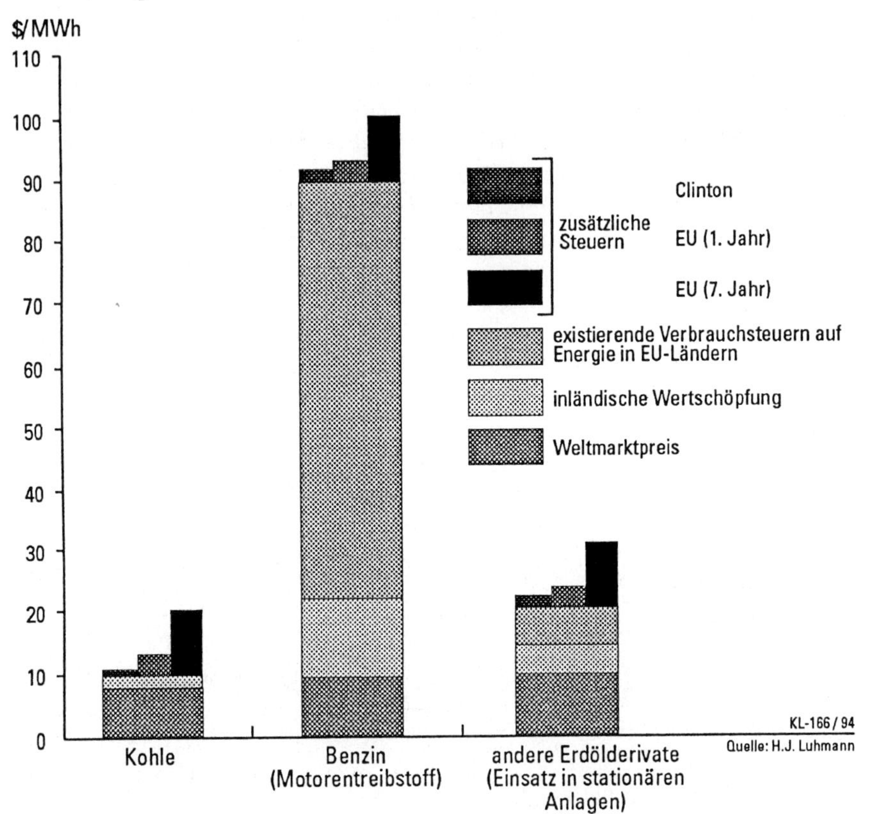

Abb. 11.2. Komponenten der Preise von Energieträgern in typischen Einsatzbereichen

„Kohle" steht für den Energieträger der in den Weltmarkt integrierten, energieintensiven Grundstoffindustrien. Er ist traditionell steuerlich unbelastet, eine inländische Veredelung findet kaum statt. *„Benzin"* steht für den Einsatz im Straßenverkehr. Hier übertrifft die Belastung durch Steuern die übrigen Kostenelemente um ein Mehrfaches - der PKW-Straßenverkehr ist eben kein international verlagerbares Gut. Was es allenfalls gibt und beschränkend wirkt, ist der Tanktourismus. Deshalb sind die Staaten in dieser Frage zum steuerpolitischen Kartellverhalten angehalten und auch berechtigt. *„Andere Erdölderivate"* steht für leichtes Heizöl und sein anlegbar kalkuliertes Substitut, das Erdgas. Dieser leicht handhabbare und vergleichsweise edle, also saubere Energieträger steht für die

Wärmebereitstellung in Kleinanwendungen, also dezentral - die Veredelung besteht zum Großteil aus Leistungen der Distribution.

Die drei kleinen aufgesetzten Säulen zeigen, welche Auswirkung die Realisierung von Clintons *BTU tax proposal* sowie des CO_2-/Energiesteuervorschlags der Europäischen Union (EU) auf das Preisniveau bzw. das Energiekostenniveau in den verschiedenen Einsatzbereichen hätte.

Für das beschriebene Wettbewerbsproblem gibt es Lösungen. Diese werden im abschließenden Teil dieses Beitrags anhand zweier Beispiele skizziert. Es handelt sich in beiden Fällen um Lösungen, die dadurch erreicht werden, daß die einfache, zunächst naheliegende Maßnahme, die Einführung von (Energie-)Verbrauchsteuern, ergänzt wird. Die Ergänzung kann sich der Mehrwertsteuer bedienen - das ist im Falle Dänemarks realisiert worden (11.4); oder sie kann sich ertragsteuerlicher Maßnahmen bedienen - das ist in Deutschland politiknah und politikreif ausgearbeitet worden (11.5).

11.4 Das dänische Konzept

In Dänemark trat 1993 eine umfassende Steuerreform in Kraft, in der es einen ökosteuerlichen Teil gibt, dessen Struktur, insbesondere im Bereich der Besteuerung der Industrie, Beachtung verdient. Die Ökosteuer sollte in den Jahren 1994 bis 1998 mit allmählich steigenden Sätzen eingeführt werden. Die bisherigen Erfahrungen mit diesem Teil der Reform führten zu einer Novellierung, die zum 1. Januar 1996 in Kraft trat.

Die Ökosteuer besteht aus einer klassischen Verbrauchsteuer, die zwei Teile umfaßt: eine Steuer auf Energie sowie eine CO_2-Steuer. Beide Komponenten erreichen zusammen eine erhebliche Größenordnung (z.B. bei Elektrizität in 1994: 2,5 DM/GJ für die CO_2-Steuer und 7,5 DM/GJ für die Energiesteuer). Tabelle 11.1 zeigt im oberen Teil („Nichtunternehmen") die steuerliche Belastung im einzelnen, umgerechnet und aggregiert zu einer energieträgerspezifischen Energiesteuer. Es handelt sich um ein outputsteuerliches Konzept, d.h. die gezeigte steuerliche Belastung der Elektrizität wird durch die direkte Besteuerung des Produkts „Elektrizität" erreicht, der *input*, die zur Elektrizitätserzeugung eingesetzten Energieträger, bleibt steuerfrei. Dabei wurde dem Schutz von Unternehmen zur Wahrung ihrer Wettbewerbsfähigkeit, insbesondere in Abhängigkeit von der Energieintensität ihrer Produktionen, besondere Aufmerksamkeit geschenkt.

Während für den übrigen Teil der Energiekonsumenten Dänemarks die vollen Steuersätze gelten, wurde für Unternehmen die Energiesteuer in voller Höhe und die CO_2-Steuer generell zu 50% erstattungsfähig gemacht. Vehikel für diese differenzierte Freistellung eines Teils der Energiekonsumenten von einer allgemeinen (Energie-)Verbrauchsteuer ist die Umsatzsteuer in Form der Mehrwertsteuer. Bei ihr gehört die Erstattung, der Vorsteuerabzug, zum täglichen Geschäft. Umsatzsteuerpflichtig sind nur die Unternehmen. Die Nutzung des eta-

Tabelle 11.1. Energie- und CO_2-Steuersätze in Dänemark im Jahre 1994 nach der Steuerreform von 1992 (Angaben in DM/GJ)

Sektoren		Elektrizität	Heizöl EL	Steinkohle
Nichtunternehmen[a] gesamt		27,77	11,85	8,39
davon Energiesteuer		20,83	10,00	6,00
davon CO_2-Steuer		6,94	1,85	2,39
Unternehmen (CO_2-Steuer[b])				
$x < 1\%$[c]	(50%)	3,47	0,93	1,20
$1\% < x < 2\%$	(25%)	1,74	0,46	0,60
$2\% < x < 3\%$	(12,5%)	0,87	0,23	0,30
$3\% < x$[d]	(5%)	0,35	0,09	0,12

a) Vor allem Haushalte und Behörden;
b) Unternehmen wird die Energiesteuer zu 100% erstattet;
c) die Größe x entspricht etwa dem Verhältnis der bei einem Steuersatz von 1,25 DM/GJ zu entrichtenden Steuer zur Wertschöpfung des steuerpflichtigen Unternehmens. Die aufgeführten Steuersätze sind marginale Steuersätze;
d) Unternehmen in dieser Kategorie können durch Teilnahme an einem Energieauditing einen weitergehenden Steuererlaß erreichen (bis auf einen Mindestbetrag von etwa 2 500 DM/a).

blierten Erstattungsverfahrens der Mehrwertsteuer ermöglicht deshalb gerade eine Differenzierung zwischen Wirtschaft und Nicht-Wirtschaft und darüber hinaus eine weitere Differenzierung innerhalb der Wirtschaft. Die durch Erstattungsregeln erreichte differenzierte Besteuerung des Unternehmenssektors ist im unteren Bereich von Tabelle 11.1 gezeigt. Kriterium der Belastung eines Unternehmens war der Anteil des CO_2-Steuerbetrages, den ein Unternehmen zu zahlen verpflichtet wäre, an einer Zahl, die etwa der Wertschöpfung entspricht. Es gab einen Stufentarif der Erstattung: Lag das Kriterium über 1%, so waren auf denjenigen Teil des Energieverbrauchs, der 1% überstieg, nur 50% der (verbliebenen) CO_2-Steuerschuld zu entrichten; über 2% nur noch 25% und über 3% nur 10%. Die wirklich energieintensiven Unternehmen, die dadurch definiert waren, daß sie die 3%-Marke überschritten, konnten eine beinahe völlige Freistellung von ihrer gesamten CO_2-Steuerschuld beantragen und erlangen, wenn sie sich verpflichteten, sich an einem Energieauditprogramm zu beteiligen.

Wie Tabelle 11.1 ausweist, war das Ergebnis dieser Entscheidung in Dänemark, daß die spezifische Steuerbelastung pro Einheit Energieträger zwischen Unternehmen und Nicht-Unternehmen um etwa den Faktor 10 differiert. Heizöl EL wird im Haushaltsbereich mit 44 Pf/l belastet, im Unternehmensbereich nur mit knappen 4 Pf/l. Bei Elektrizität lauten die entsprechenden Zahlen 10 bis 14 Pf/kWh versus 1,25 Pf/kWh. Nimmt man die Ermäßigung bezogen auf die Energieintensität hinzu, kann die Differenz zwischen Nicht-Unternehmen und (energieintensiven) Unternehmen bis zum Faktor 100 steigen.

Die Steuernovellierung von 1995 hat Schlupflöcher gestopft, die in dem System von 1992 enthalten sind. Dazu wurde (1) die Definition des energieintensiven, wettbewerbsgefährdeten Unternehmens geändert und (2) nicht mehr auf die rechtliche Einheit des Unternehmens abgestellt, sondern auf Betriebe und hier noch in der Unterscheidung des Energiebedarfs nach Raumwärme und Produktionsprozeß. Energieintensive Unternehmen werden nun über das doppelte Kriterium definiert: Steuerbelastung (a) höher als 1% des Umsatzes *und* (b) 3% der Wertschöpfung. Auf dieser Basis gibt es eine (abschließende) Liste von (in Dänemark) insgesamt 31 Produktionsprozessen, für die ein ermäßigter CO_2-Steuersatz gilt. Außerdem wurden die effektiven Steuersätze für Unternehmen nach Maßgabe dessen modifiziert, ob sie an einem Energieauditing teilnehmen oder nicht. Der Steuersatz für Raumwärme soll, nach einer Phase der Einführung und des Übergangs, schließlich (im Jahre 2000) dem für Nicht-Unternehmen entsprechen. Insgesamt gibt es also vier verschiedene Steuersätze für Unternehmen in Dänemark, wenn man den Raumwärme-Satz hinzurechnet sogar fünf.

Die seit 1996 geltenden Steuersätze werden in Tabelle 11.2 wiedergegeben. Mit der Reform von 1995 wurde zusätzlich eine spezielle Schadstoffsteuer auf SO_2 eingeführt. Tabelle 11.2 gibt außerdem die im Jahre 2000 geltenden Steuersätze wieder. Vergleicht man diese Werte mit denen des Jahres 1996, so sind drei Charakteristika festzustellen: (1) Die Spreizung der Steuersätze zwischen den Fällen „mit" und „ohne" Energieauditing nimmt mit der Zeit deutlich zu – dies ist ein stark verhaltenslenkendes Moment der Reform von 1995; (2) akzeleriert werden von 1996 bis zum Jahre 2000 für die energieintensiven Prozesse lediglich diejenigen Steuersätze, die bei Verweigerung der Teilnahme an einem *energy auditing* fällig würden, deren Erhöhung also vermeidbar ist. Und (3) eine

Tabelle 11.2. CO_2-Steuersätze für Unternehmen in Dänemark in den Jahren 1996 und 2000 – gemäß Steuerreform 1995 (Angaben in DM/GJ)

Sektoren	Elektrizität	Heizöl EL	Steinkohle
CO_2-Steuer: 1996			
• Energieintensive Prozesse			
- Teilnahme an Energieauditing	0,21	0,06	0,07
- keine Teilnahme	0,35	0,09	0,12
• Andere Prozesse			
- Teilnahme an Energieauditing	3,47	0,92	1,19
- keine Teilnahme	3,47	0,92	1,19
• Raumheizung		3,71	
CO_2-Steuer: 2000			
• Energieintensive Prozesse			
- Teilnahme an Energieauditing	0,21	0,06	0,07
- keine Teilnahme	1,74	0,46	0,60
• Andere Prozesse			
- Teilnahme an Energieauditing	4,72	1,26	1,62
- keine Teilnahme	6,25	1,67	2,15
• Raumheizung		11,12	

Art Indexierung, um den realen Wert der lediglich nominal konstanten Steuersätze wertbeständig zu halten, wurde nicht gewählt, diese Sätze unterliegen also ungeschützt dem Verfall durch chronische Geldentwertung.

Tabelle 11.3. Vergleich der Besteuerung des Verbrauchs fossiler Energieträger von Unternehmen in Dänemark nach alter und neuer Steuerreform (Angaben in DM/GJ)

Struktur Steuerreform	Heizöl EL		Struktur Steuerreform
1992	1994	2000	1995
			Energieintensive Prozesse
x < 1%	0,09	0,06	- Teilnahme an Energieauditing
1% < x < 2%	0,23	0,46	- keine Teilnahme
			Andere Prozesse
2% < x < 3%	0,46	1,26	- Teilnahme an Energieauditing
3% < x	0,93	1,67	- keine Teilnahme
Raumheizung	≤ 1,20	11,12	Raumheizung

Tabelle 11.3 zeigt die Ergebnisse beider Steuerreformen für einen beispielhaften Energieträger im Vergleich. Wegen eines Wechsels in der Strukturierung der Tatbestände, die zu einer Differenzierung bzw. Reduktion von Steuersätzen geführt haben, sind die Tatbestände allerdings eigentlich unvergleichbar. Dabei wird deutlich, daß in dem Bereich, in dem technisch am leichtesten Energie eingespart werden kann (Raumwärme), die Steigerung des Anreizes, der Energiesteuer, am höchsten ist. Im Bereich der energieintensiven Industrie (> 2% Energiekostenanteil) wird, Teilnahme am Energieauditing vorausgesetzt, der Steuersatz auch perspektivisch, bis zum Jahre 2000, deutlich gemindert. Dem stehen zwar, so könnte ein Vorbehalt lauten, die Aufwendungen gegenüber, die der Betrieb aufgrund des *energy auditing* zur Verbesserung seiner Energieeffizienz aufzubringen hat. Da es hier aber um die gezielte Realisierung von „eigentlich wirtschaftlichen“ Potentialen geht, entsteht faktisch keine zusätzliche Kostenbelastung betroffener Betriebe. Bei den Betrieben mit mittlerer bis geringer Energieintensität ist ein moderates Ansteigen des Niveaus der Energiebesteuerung festzustellen.

Dänemark hat damit eine ökologische Steuerreform mit einer sehr deutlichen Differenzierung zwischen Unternehmen und Nicht-Unternehmen realisiert. Auf die Möglichkeit der Wettbewerbsgefährdung in Dänemark bestehender Produktionen wurde reagiert und eingegangen. Ergebnis ist die Etablierung einer steuertechnisch handhabbaren Steuerbasis mit differenzierten und niedrigen Sätzen – Handlungsdruck wurde bei niedrigen Sätzen komplementär durch Zwang zum Energieauditing erreicht. Das ist ein Ansatz, der bei uns der WNVO oder möglicherweise der Selbstverpflichtung entspricht. Bei einer Beurteilung des Vorgangs in Dänemark darf man m.E. nicht zu sehr auf die jetzt erreichten (niedrigen) Steuersätze abstellen. Die Bedeutung des Vorgangs liegt vielmehr darin, daß die dänische (Öko-)Steuerpolitik handlungsfähig geworden ist. Die Basis ist steuertechnisch etabliert; in Zukunft können die Sätze je nach den Gegebenheiten der Staatengemeinschaft variiert werden.

11.5 Ein anderes Besteuerungskonzept: ein Ansatz im Bereich der Ertragsteuern

11.5.1 Die Funktion

Die Grundidee des hier entwickelten alternativen Besteuerungskonzepts lautet: Sucht man für das Problem der Emission von Treibhausgasen eine steuerliche Lösung, so sollte man nach Sektoren differenzieren. Im Bereich der Wirtschaft sollte man die Lösung nicht bei verbrauchsteuerlichen Veränderungen, sondern bei den Ertragsteuern suchen. Dieser Idee liegen zwei Erwägungen zugrunde:

1. Klimapolitisch besteht die Aufgabe nicht notwendigerweise darin, den Verbrauch fossiler Energien zu verteuern. Die Aufgabe besteht lediglich darin, den Verbrauch fossiler Energien im Verhältnis zu seinen Wettbewerbern schlechter zu stellen. Diese Wettbewerber sind alle Techniken der Energieeinsparung (EE) und die der Nutzung erneuerbarer Energien (RE). Es geht dabei nur um die Veränderung des Verhältnisses der Kosten dieser beiden Formen, einen sogenannten Energiebedarf zu decken bzw. eine Energiedienstleistung zu erbringen. Die Einführung einer neuen oder die Anhebung einer bestehenden Verbrauchsteuer ist nur *eine* mögliche Form, eine Veränderung der relativen Kosten zu erreichen. Der Vorschlag des Deutschen Instituts für Wirtschaftsforschung (DIW) - die jährliche Steigerung eines indikativen Energiepreises von heute 9 DM/GJ durch eine mengenbasierte Energiesteuer um 7%/a - würde nach zehn Jahren zu einer Verdoppelung des indikativen Energiepreisniveaus führen. Er würde also das Verhältnis der Kosten der beiden genannten Alternativen um den Faktor 2, d.h. um 100% verändern. Das ist ein schon sehr weitgehendes, sehr drastisches Szenario einer steuerbedingten Energiepreisentwicklung, welches das DIW entworfen hat – die im politischen Raum üblichen Szenarien, z.B. das der EU mit ihrem CO_2-/Energiesteuervorschlag, kommen auf vielleicht gerade mal 6% (Benzin) bis 50% (Heizöl S) Steigerung. Setzt man mit der Veränderung des Verhältnisses der Kosten von fossilen Energien und ihrer Alternativen dagegen im Ertragsteuerrecht an, so erreicht man leicht Änderungen der relativen Kosten im Kalkül der Unternehmen um 100% (bei einem Grenzsteuersatz von 50%) bzw. gar um 200% (bei einem Grenzsteuersatz von 66,6%).
2. Ein Ansatz im ertragsteuerlichen statt im allein verbrauchsteuerlichen Bereich, also bei den direkten statt bei den indirekten Steuern, hat einen weiteren Vorteil: ein internationaler Abstimmungszwang entfällt. Sicherzustellen

ist lediglich, daß eine solche Vorgehensweise nicht mit dem OECD-Musterdokument für Doppelbesteuerungsabkommen in Konflikt gerät.

11.5.2 Der Hintergrund

Eingangs wurden die Emissionen verursachenden Sektoren der Energiestatistik nicht nur aus wirtschaftsstatistischer Sicht erläutert. Zusätzlich wurde darauf hingewiesen, wo und zu welchen Teilen diejenigen Verursacher liegen, die der Ertragsteuer unterliegen. In Deutschland wird die Ertragsteuer von der Körperschaft- oder Einkommenssteuer (rechtsformabhängig) und für einen Teil der Steuerpflichtigen zusätzlich von der Gewerbesteuer gebildet.

Die Gewerbesteuer wird lediglich bei gewerblichen Unternehmen erhoben – der „Gewerbe"-Begriff ist beinahe identisch mit dem „Industrie"-Begriff der Energiebilanz. Nimmt man beide Steuerarten zusammen, so kommt man auf eine Belastung des Ertrags vor Steuern von rund zwei Dritteln.

Ein wesentlicher Teil der Energieumsätze im Sektor Verkehr, der von Unternehmen veranlaßt wird, gilt als Gewerbe und ist also mit der Gewerbesteuer belastet. Die Ausnahmen liegen im Straßenverkehr bei eigenerbrachten Fahrleistungen (Werksverkehr) nicht gewerbesteuerpflichtiger Unternehmen. Der restliche Energieverbrauch entfällt auf den Kleinverbrauch, der nicht der Gewerbesteuer unterliegt. Hier besteht die Ertragsteuer allein aus der Körperschaft- oder Einkommensteuer mit einem Satz von rund 50%.

Von Belang ist im hier verfolgten Zusammenhang außerdem die Umsatzsteuer. Sie belastet in Deutschland den Energieträgerverbrauch von Unternehmen nicht, da hier die Umsatzsteuer in Form der Mehrwertsteuer erhoben wird, Unternehmen aber zum Abzug der Vorsteuer berechtigt sind. Das hat zur Folge, daß selbst eine einheitlich erhobene Energiesteuer, eine Verbrauchsteuer also, die verursachenden Sektoren unterschiedlich belastet. Denn, volle Überwälzung unterstellt, verteuert dies den Energieträgerbezug für Verbraucher aus dem Nicht-Unternehmenssektor, die nicht vorsteuerabzugsberechtigt sind, nicht nur um den Betrag der Energiesteuer selbst, sondern zusätzlich um die darauf entfallende Umsatzsteuer.

11.5.3 Die Wirkung im Investitionskalkül

Inhaltlich sieht dieses Steuerkonzept etwas kompliziert aus – deswegen wurde zunächst seine Funktion beschrieben. Man muß sich das Kalkül eines investierenden Unternehmens und die Rolle von Steuern in diesem Kalkül vergegenwärtigen, um die zu erzielende Anreizwirkung zu verstehen. Ausgangspunkt ist, daß im geltenden Ertragsteuerrecht die Aufwendungen für fossile Energieträger als betrieblicher Aufwand gelten und demgemäß in der Steuerbilanz berücksichtigt werden.

Zielgröße eines Unternehmens ist der Gewinn, eine Größe nach Steuern. Ein Aufwand für Betriebsmittel, z.B. für fossile Energieträger, betrage vor Steuern

100 - das ist der Wert, mit dem in Investitionskalkülen üblicherweise gerechnet wird. Er entspricht nach Steuern nur noch einem Wert nach Abzug der Ertragsteuer, also in obigen Beispielen 50 oder 33. D.h. nach Steuern „kostet“ einem Unternehmen - sofern es Gewinn macht - der Bezug von (fossilen) Energieträgern nur einen Bruchteil des Wertes, mit dem wir üblicherweise rechnen. Diese eben vorgetragene Überlegung zur Differenz der Energiekosten vor und nach Steuern spielt aber in der betrieblichen Praxis i.d.R. keine Rolle, und das zu Recht. Wirtschaftlichkeitsrechnungen, in denen Investitionsentscheidungen für oder gegen die Alternativen zum Bezug fossiler Energieträger vorbereitet werden, werden üblicherweise mit Werten vor Steuern durchgeführt - und das ist auch richtig so, weil die Aufwendungen für sämtliche Alternativen - im bisher geltenden Ertragsteuerrecht - ertragsteuerlich in gleicher Weise zu Buche schlagen. Ein in der Wirtschaftlichkeitsrechnung vorbereitetes optimiertes Ergebnis vor Steuern ist sozusagen eindeutig abzubilden auf das eigentlich zu optimierende Ergebnis nach Steuern. Man macht also, unter den genannten Voraussetzungen, keinen Fehler, wenn man statt des eigentlich zu optimierenden Ergebnisses nach Steuern in betrieblichen Investitionskalkülen lediglich das Ergebnis vor Steuern optimiert. Diese Verfahrensweise vereinfacht die Aufgabe, die es zu lösen gilt, aber erheblich, und insofern ist diese übliche Vereinfachung gerechtfertigt.

11.5.4 Der Ausschluß des Verbrauchs fossiler Energieträger aus dem betrieblichen Aufwand in der Steuerbilanz

Der erste Schritt des Vorschlages, der hier präsentiert wird, besteht nun einfach darin, den Aufwand in Form des Einkaufs und Verbrauchs fossiler Energien nicht länger als Aufwand im ertragsteuerlichen Sinne zuzulassen. Dieser Schritt alleine würde bedeuten, daß der Bezug fossiler Energien aus dem Ertrag nach Steuern zu zahlen ist. Das würde ihren Wert, ihre Kosten, die sie für das Unternehmen haben, wie gesagt, erheblich ansteigen lassen - um den Kehrwert des jeweiligen Ertragsteuersatzes, d.h. um 100 bzw. 200%. Dieser erste Schritt würde also einen erheblichen und sehr erwünschten Anreizeffekt, eine wahrliche Umwälzung des Verhältnisses der Kosten fossiler Energien einerseits und ihrer Alternativen andererseits bewirken. Er würde aber auch, bliebe er isoliert und der einzige Schritt, zu einer sehr erheblichen zusätzlichen steuerlichen Belastung der Unternehmen führen - nach dem Maße ihrer Energiekosten. Der zweite Schritt soll deshalb eine Lösung für dieses, durch den ersten Schritt geschaffene Problem bringen.

11.5.5 Kompensation durch Pauschalierung

Die Stichworte für den zweiten Schritt lauten „Pauschalierung“ und „opting out“. Die durchschnittlichen Energiekosten von Unternehmen in Deutschland liegen bei etwa 2,1% des Umsatzes. Nimmt man ein Unternehmen, für das diese Durchschnittszahl zutrifft, und bietet diesem Unternehmen an, seinen Aufwand für den Bezug (fossiler) Energieträger in Form einer Pauschale in Höhe von 2,1% seines Umsatzes ertragsteuerlich geltend machen zu dürfen, so ist für dieses Unternehmen, wenn es für die angebotene Pauschalierung optiert, die Steuerbilanz gegenüber dem ursprünglichen Zustand zunächst einmal unverändert. Das hier präsentierte steuerliche Konzept wäre für das betrachtete Durchschnittsunternehmen, statisch betrachtet, finanziell neutral. Dies ist für das Durchschnittsunternehmen aber lediglich der Effekt in einer ersten Runde von Wirkungen.

In dynamischer Betrachtung würde in der zweiten Runde zum Tragen kommen, daß der geschilderte, dramatisch veränderte Anreizeffekt, der trotz finanzieller Neutralität für das Unternehmen bei unverändertem Verhalten besteht, seine Wirkung entfaltet. Das Unternehmen würde seine Energieversorgung entsprechend der veränderten Anreizstruktur neu optimieren. Es dürfte aber trotz veränderten Verhaltens weiterhin seine Energiepauschale in unveränderter Höhe (in Relation zum Aufwand oder Umsatz) steuerlich geltend machen.

Wie sieht die Situation für Unternehmen aus, die keine Durchschnittsunternehmen sind? Für Unternehmen nicht gewerblicher Art, also die Dienstleister, die im „Kleinverbrauch" statistisch erfaßt sind, würde die hier in ihrer einfachsten Form präsentierte Steuerreform einen Nettogewinn bringen, auch ohne daß sie im gewünschten Sinne reagieren. Unternehmen mit Energieaufwendungen oberhalb des Durchschnitts werden genau rechnen und schließlich, je weiter sie vom Durchschnitt nach oben abweichen, von ihrem Recht zum „opt out" Gebrauch machen, so daß die energieintensive Industrie selbst dafür sorgen kann, daß sie nicht negativ betroffen ist. Für diesen Teil der Industrie entfällt dann aber auch ein finanzieller Anreizeffekt. Hier müssen deshalb andere Maßnahmen nichtsteuerlicher Art, z.B. Selbstverpflichtungen und/oder die Wärmenutzungsverordnung (WNVO), greifen. Als Konsequenz kann man erwägen, bei einer einheitlichen Pauschale zu bleiben, diese aber oberhalb des Durchschnitts, z.B. bei 3% des Umsatzes, anzusetzen. Man kann aber auch nach Branchen differenziert für die jeweiligen Kostenstrukturen unterschiedliche Pauschalen setzen, um so zielgenauer zu wirken und Mitnahmeeffekte zu mindern. Wie auch immer man das Konzept aber ausgestaltet, im Ergebnis ist eine solche Steuerreform für sich alleine genommen *nicht* aufkommensneutral. Sie ist vielmehr eine Art Unternehmensteuerreform, die zur Entlastung der Unternehmen im globalen Wettbewerb beiträgt, der auch die Steuersysteme erfaßt bzw. umfaßt und in Deutschland auf der aktuellen steuerpolitischen Agenda steht. Der hier präsentierte Vorschlag ist, in diesen Zusammenhang gestellt, ein Konzept einer - nicht aufkommensneutralen – Unternehmensteuerreform mit ökologischer Akzentuierung. Maßstab der ertragsteuerlichen Entlastung ist bei diesem Konzept nicht der Ertrag (wie es bei einer Senkung der Steuersätze der Fall wäre) und auch nicht das Investitionsverhalten bzw. -volumen (wie es bei Gewährung von Sonderabschreibungen oder anderen Formen der Veränderung von Abschreibungsregeln der Fall wäre), sondern die Energieintensität. Bei Differenzierung der Pauschalierungsregeln würde man sich sogar der Energieeffizienz als Maßstab der Entlastung der Unternehmen von Ertragsteuern annähern.

11.5.6 Zur Entstehung dieses Steuerkonzepts

Dieses phantasiereiche und gut durchdachte Besteuerungskonzept wurde vom *B*und-*L*änder-*A*rbeits*k*reis (BLAK) der Konferenz der Umweltminister der Bundesländer mit dem Titel „Steuerliche und wirtschaftliche Fragen des Umweltschutzes" entwickelt. Sein Auftrag war, ein Gesamtkonzept zu „Umweltabgaben/Steuerreform" vorzulegen. Die Perspektive des BLAK war dadurch geprägt, daß parallel entsprechende Arbeitskreise der Konferenz der Wirtschaftsminister und der Konferenz der Finanzminister arbeiteten. Und es war abzusehen, daß den Kollegen von der Finanzministerkonferenz das Thema „Pauschalierung" zur Vereinfachung des Steuerrechts und der Steueradministration besonders aussichtsreich erschien. Der Bericht wurde im November 1993 vorgelegt (BLAK, 1994), aber das darin enthaltene Konzept hat in Deutschland bisher kaum Resonanz gefunden. Die weitreichende Bedeutung dieses Konzepts ist bei der Lektüre des BLAK-Berichts aber kaum zu erkennen. Erst wenn man seine investitionsrechnerischen Implikationen herausarbeitet, dann kann man es als ertragsteuerlichen, unternehmensbezogenen *Teil* einer ÖSR in Ergänzung zu einem differenzierten verbrauch-/energiesteuerlichen Ansatz im Bereich der Nicht-Unternehmen (Haushalte; Teile des Kleinverbrauchs: Staat und andere Nicht-Unternehmen; nicht-gewerblicher Teil des Verkehrs) sowie als Reform der Unternehmensbesteuerung verstehen. Diese Einbettung des BLAK-Konzepts war Ziel der hier gegebenen Darstellung.

12 Umweltzertifikate und die ökologische Umgestaltung moderner Gesellschaften

Franco Furger und Bernhard Truffer

In der umweltpolitischen Debatte haben marktwirtschaftliche Instrumente in den letzten Jahren zunehmend an Aufmerksamkeit gewonnen. Grundsätzlich muß bei den marktwirtschaftlichen Instrumenten zwischen preisorientierten Ansätzen, wie CO_2-Steuern oder Energiesteuern (vgl. Kap. 11), und mengenorientierten Ansätzen, wie Zertifikatslösungen, unterschieden werden. In Europa standen vor allem erstere im Mittelpunkt der politischen Debatten, während letztere weitgehend vernachlässigt wurden. Ein wichtiger Grund scheint darin zu liegen, daß Zertifikatslösungen in der praktischen Umsetzung auf vielfältige Schwierigkeiten stoßen. Im vorliegenden Kapitel werden wir zeigen, daß Zertifikatslösungen in Zukunft eine steigende praktische Bedeutung zukommen dürfte. Mit Hilfe moderner Informationstechnologien können heute flexible, dezentrale und effiziente Zertifikatsmärkte für nahezu jede Art von Umweltbelastung systematisch implementiert werden.

Es ist hier kaum möglich, auf alle Varianten von Umweltzertifikaten und zertifikatsähnlichen Lösungen einzugehen, die in den letzten 30 Jahren vorgeschlagen oder erprobt worden sind. Die interessierten Leser seien auf die Literatur verwiesen (Gawel, 1993; Carlin, 1992). Allgemein können Zertifikatslösungen etwa wie folgt beschrieben werden: Eine Umweltbehörde legt für eine Region das maximal zulässige Emissionsvolumen einer bestimmten, umweltbelastenden Substanz fest. Diese Region kann eine Stadt, ein Land, eine Nation oder gar die ganze Welt umfassen (etwa für die Beschränkung von CO_2-Emissionen, vgl. hierzu Grubb, 1988). Daraufhin müssen alle ökonomischen Akteure, welche die fragliche Substanz emittieren, Zertifikate im Umfang ihrer Emissionen erwerben. Zertifikate können auf einem speziellen Markt erworben werden. Der Preis der Zertifikate entscheidet darüber, wieweit sich eine Reduktion der entsprechenden Emissionen lohnt. Ein wesentlicher Vorteil dieses Vorschlags, verglichen mit einer Umweltsteuer (vgl. Kap. 11), ist die Transparenz. Die genaue Wirkung einer Energiesteuer auf die Emissionen läßt sich nur schwer nachweisen. Dieses Problem besteht im Falle von Zertifikatslösungen nicht, da hier die emittierten Mengen explizit festgelegt werden.[1]

---

1 Man beachte, daß der Begriff des Umweltzertifikats im deutschen und im angelsächsischen Sprachraum unterschiedlich interpretiert wird. Während deutschsprachige Autoren Zertifikate meist als zeitlich unbeschränkte Emissions- oder Nutzungsrechte inter-

Ein offensichtlicher Vorteil dieses Vorschlags liegt darin, daß die Erreichung umweltpolitischer Ziele von vornherein gesichert ist, ganz unabhängig davon, wie die Marktteilnehmer ihre Emissionen kontrollieren. Damit verspricht die Zertifikatslösung, umweltpolitische Zielsetzungen mit geringem bürokratischen Aufwand zu erreichen. Darüber hinaus sind betroffene Unternehmen in der Lage, die Umweltstandards mit geringen Kosten einzuhalten. Schließlich dürften Zertifikatslösungen auf eine große Zahl von Umweltproblemen anwendbar sein.

Diesen vielversprechenden Eigenschaften steht jedoch ein Mangel an praktischen Erfahrungen mit echten Zertifikatslösungen gegenüber. Ein Grund für diese Situation liegt darin, daß die theoretische Literatur Implementationsfragen weitgehend vernachlässigt hat.[2] Ferner wurde der Kritik seitens der Umweltorganisationen, von Industrievertretern und Umweltbehörden nicht die gebührende Aufmerksamkeit gewidmet. Die Gleichgültigkeit gegenüber Implementationsfragen hat dazu geführt, daß Zertifikatslösungen außerhalb der Umweltökonomie - vor allem in Europa - als ein umweltpolitisches Kuriosum angesehen werden, welches lediglich unter Akademikern Aufmerksamkeit erweckt. Wie die folgenden Ausführungen zeigen werden, bewirkt die Implementation von Zertifikatslösungen zahlreiche schwierige Probleme. Die Relevanz dieses an sich vielversprechenden Ansatzes hängt in nicht geringem Ausmaß von der Fähigkeit ab, konkrete Antworten auf diese Probleme zu finden.

Im zweiten Abschnitt werden wir kurz die Erfahrungen mit zertifikatsähnlichen Lösungen in den USA darlegen. Ausgehend von diesen Erfahrungen werden wir eine Liste von Anforderungen aufstellen, der eine Zertifikatslösung genügen sollte. Im dritten Abschnitt werden wir zeigen, wie eine solche Zertifikatslösung mit Hilfe neuer Informationstechnologien implementiert werden kann. Im vierten Abschnitt werden wir uns mit Fragen der Innovationsanreize von Zertifikatslösungen auseinandersetzen. Im fünften Abschnitt schließlich werden wir kurz auf Fragen eingehen, welchen bislang nicht genügend Aufmerksamkeit eingeräumt wurde. Es sind dies die soziale Akzeptanz von Zertifikatslösungen und die demokratische Festlegung von Umweltstandards.

12.1 Erfahrungen

Die amerikanische Umweltbehörde EPA (Environmental Protection Agency) hat in den letzten 20 Jahren eine beachtliche Zahl von umweltpolitischen Konzepten entwickelt, die dem Geiste der Zertifikatslösung nahestehen. Aus EPA-Studien (Carlin, 1992) kann man entnehmen, daß bereits zahlreiche Versuche mit zertifi-

---

pretieren (Bonus, 1984), sind in den USA „permits“ (beispielsweise im Falle des SO_2-Handels an der Chicagoer Börse) als zeitlich befristete Emissionsrechte zu verstehen.

2 Vgl. die Ausnahme bei Heister/Michaelis, 1993; Huckestein, 1993; Opaluch/Kashmanian, 1985.

katsähnlichen Lösungen durchgeführt worden sind. Darunter findet man beispielsweise Experimente mit „transferable development rights“[3] und Initiativen zur Erhaltung von Sumpfgebieten.[4] Ferner variiert die geographische Ausdehnung dieser Quasi-Märkte sehr stark. Experimente wurden auf lokaler, regionaler, staatlicher und nationaler Ebene durchgeführt.

Die Literatur zu den Erfahrungen mit Zertifikatslösungen ist relativ bescheiden, aber in ihren Schlußfolgerungen ziemlich konsistent.[5] Ein überraschendes Ergebnis dieser Auswertungen ist das durchweg geringe Transaktionsvolumen von Zertifikaten. Gerade jene Instrumente, von denen man sich die größten Effizienzsteigerungen versprach, z.B. die „bubbles“,[6] haben kaum zur Entstehung von ernstzunehmenden Zertifikatsmärkten geführt. Dies ist deshalb bemerkenswert, da die Wirksamkeit der Zertifikatslösung davon abhängig ist, ob ein minimaler Handel von Zertifikaten zustande kommt. Es stellt sich also die Frage nach den Gründen für das recht bescheidene Transaktionsvolumen.[7]

Mikroökonomisch fundierte Analysen mit Zertifikatsmärkten sind eine Seltenheit. Uns ist eine einzige Studie zu Erfahrungen mit der „offset“ und der „banking“ Variante bekannt (Foster/Hahn, 1995). Die Analyse der getätigten Transaktionen liefert einige wichtige Einsichten. Erstens hat sich die Zertifizierung von Emissionsreduktionen als langwierige Konsenssuche zwischen Antragstellern und Umweltbehörde erwiesen. Dieser Prozeß kann fünf bis zwölf Monate dauern (Foster/Hahn, 1995: 34). Auch so werden letzten Endes nur etwa 20% aller

3 Dabei handelt es sich im wesentlichen um transferierbare Nutzungsrechte für Bodenbesitzer, welche einen ökonomischen Verlust durch Umzonungen erlitten haben, die darauf abzielen, landwirtschaftlich orientierte Regionen vor der Verstädterung zu schützen (vgl. Carlin, 1992: 5.9-5.10).

4 Vgl. Carlin, 1992: 5-1 bis 5-3 für eine Liste der US-amerikanischen Erfahrungen.

5 Vgl. Bonus, 1984; Hahn/Hester, 1989; Foster/Hahn, 1995; Solomon, 1995.

6 *„Bubbles“* sind eine von vier umweltpolitischen Varianten, welche die Flexibilität und Effizienz in der Erreichung gesetzlich vorgeschriebener Ziele im Bereich der Luftqualität erhöhen sollen. Die drei anderen sind die *„offsets“*, das *„banking“*, und das *„netting“* (vgl. die Diskussion von Hahn/Hester, 1989): „Bubbles“ erlauben es einem Unternehmen, mehrere Emissionsquellen in einer Produktionsanlage als eine einzige Quelle aufzufassen. „Offsets“ werden dann benutzt, wenn eine neue Emissionsquelle in einer sog. „non-attainement area“ durch andere Emissionsreduktionen kompensiert werden soll. „Banking“ ermöglicht einem Emittenten, Emissionsreduktionen für einen zukünftigen Gebrauch einzusparen oder zu einem späteren Zeitpunkt zu verkaufen. „Netting“ schließlich ermöglicht einem Unternehmen, das seine Emissionen zu erhöhen plant, die Emissionen im gleichen Umfang innerhalb seiner Produktionsanlage zu reduzieren.

7 Die Revision des US-Luftreinhaltegesetzes („Clean Air Act“) von 1990 hat die rechtlichen Grundlagen geschaffen, um echte Zertifikatslösungen zu implementieren. Darin wird explizit die Implementation einer Zertifikatslösung für SO_2-Emissionen auf nationaler Ebene vorgesehen. Das SO_2-Programm ist bislang wohl das umfassendste Experiment mit Umweltzertifikaten, aber auch das jüngste. Dementsprechend liegen gesicherte Auswertungen dieser Erfahrung kaum vor.

Anträge angenommen. Zweitens sind die administrativen und Zertifizierungskosten beträchtlich. Erstere belaufen sich auf 2 900, letztere auf 1 700 US $. Hinzu kommen Überweisungsgebühren von 900 $. Nicht zu unterschätzen sind auch die Dokumentationskosten zum Nachweis einer Emissionsreduktion. Sie können zwischen 7 500 und 15 000 $ variieren (Foster/Hahn: 34). Drittens hat sich die Suche nach adäquaten Handelspartnern als sehr ungewiß erwiesen. Sie kann zwischen einem Tag und anderthalb Jahren dauern. Die Zahl der potentiellen Partner ist sehr groß und involviert zahlreiche, sehr unterschiedliche Industrien. Der Bedarf nach Information wurde zwar durch Zwischenhändler („broker") weitgehend befriedigt, doch schlug sich dies in hohen Vermittlungsgebühren nieder. Die Gebühren für eine Transaktion können zwischen 4% und 25% variieren.

Der kumulierte Effekt dieser Schwierigkeiten hat dazu geführt, daß „die Transaktionskosten des Zertifikatshandels häufig den Marktwert der gehandelten Zertifikate übersteigen. So hat zum Beispiel, ein typischer Zertifikatshandel von 50 Tonnen 'reaktiver organischer Gase' [ROG, reactive organic gases], die für 150 $ pro Tonne gehandelt werden, einen Tauschwert von 7 000 $. Die gesamten Transaktionskosten eines solchen Handels können aber leicht den Wert von 10 000 $ übersteigen" (Foster/Hahn, 1995: 35). Neben Transaktionskosten (Stavins, 1995) ist Rechtsunsicherheit als weiterer Grund für die bescheidenen Handelstätigkeiten angeführt worden. Ferner ist die Angst, die Emissionsrechte durch willkürliche administrative Entscheidungen zu einem späteren Zeitpunkt zu verlieren, ein weiterer Grund für die geringe Beteiligung am Experiment.

Manche der hier angesprochenen Probleme sind eher technischer Natur oder könnten mit technischen Mitteln adäquat gelöst werden. Insbesondere die Höhe der Transaktionskosten könnte drastisch reduziert werden, wenigstens in bezug auf die Suchkosten. Zertifizierung und Bewilligungskosten hingegen sind rechtlicher und politischer Natur. Sie drücken den Willen der Umweltbehörde aus, die Rechtmäßigkeit jeder Transaktion systematisch zu prüfen. Dies ergibt sich daraus, daß das Recht auf Emissionen, welches durch die Zertifikate verkörpert wird, nur als Kompromiß zwischen Umweltorganisationen, Industrievertretern und administrativen Behörden legitimiert werden kann (Hahn/Stavins, 1990).

Vor diesem Hintergrund können wir die notwendigen Attribute einer ökonomisch effizienten und umweltpolitisch akzeptablen Zertifikatslösung wie folgt spezifizieren:

1. Transaktionskosten des Handels müssen so tief sein, daß sie praktisch vernachlässigbar werden. Transaktionen sollen ohne Zertifizierung und Bewilligung durch eine Umweltbehörde stattfinden.
2. Die Suchkosten von Handelspartnern sollen drastisch reduziert werden. Auf die Dienste von Vermittlern und Zwischenhändlern soll verzichtet werden können.
3. Die Durchführung einer Transaktion soll nicht die physische Kopräsenz der Beteiligten verlangen.

4. Die Integrität der Transaktionen soll garantiert werden, so daß rechtliche Streitereien zwischen Vertragspartnern einfach lösbar sind.
5. Die Teilnahme am Zertifikatsmarkt soll nicht auf professionelle Akteure oder auf Finanzinstitutionen beschränkt werden. Auch Einzelpersonen sollen sich an Zertifikatsmärkten beteiligen können.
6. Die Umweltbehörde soll die Rechtmäßigkeit getätigter Transaktionen systematisch überprüfen können („monitoring & enforcement").
7. Die Implementations- und Betriebskosten für Zertifikatsmärkte sollen sich für alle Akteure (Umweltbehörde und Handelspartner) in Grenzen halten.

Zertifikatslösungen, welche diesen Anforderungen genügen, erlauben es, Märkte für unterschiedliche Umweltbelastungen zu implementieren. Ferner wäre die räumliche Ausdehnung dieser Märkte beliebig definierbar und müßte nicht unbedingt mit etablierten administrativen Einheiten übereinstimmen.

12.2 Neue Gestaltungsoptionen

Die vorhergehende Diskussion legt nahe, daß auch die vielversprechendsten umweltpolitischen Vorschläge an technischen, ökonomischen, rechtlichen und administrativen Barrieren scheitern können. In diesem Abschnitt werden wir zeigen, daß die Finanzbörse kein ideales Vorbild für die Organisation des Zertifikatshandels ist, da sie nur einen Teil der oben angeführten Anforderungen erfüllt. Neue Entwicklungen im Bereich der Informationstechnologien ermöglichen jedoch schon heute die Implementation flexibler und universeller Alternativen. In der folgenden Diskussion werden wir beschreiben, wie diese Alternative aussehen könnte, welche Probleme sie aufwirft, und wie diese gelöst werden können. Besondere Aufmerksamkeit werden wir der Frage der Rechtmäßigkeit und Integrität der Transaktionen, der Authentizität der Zertifikate und der Frage der Kontrolle und Durchsetzung („monitoring" und „enforcement") widmen.

Die Börse gilt unter Ökonomen als die beste Annäherung an einen idealen Austauschmarkt. In der Tat findet in den USA z.B. der Handel von SO_2-Zertifikaten an der Chicagoer Börse statt. Wenn man aber die Liste unserer Anforderungen näher betrachtet, so stellt man fest, daß die Börse nicht jene Universalität und Flexibilität hat, welche für Zertifikatslösungen notwendig sind. So ist beispielsweise die Börse eine typische Institution der Finanzwelt. Es ist fraglich, ob diese Institution die Vertrauenswürdigkeit mobilisieren kann, die für die breite soziale Akzeptanz von Zertifikatslösungen notwendig wäre.

Mittelfristig stellt sich also die Frage nach geeigneten technischen und institutionellen Alternativen. Die Erfahrungen mit „banking" in der Stadtregion von Los Angeles hat gezeigt, daß Transaktionskosten die Herausbildung von Angebot und Nachfrage wirksam verhindern können. Dennoch lassen sich solche Transaktions- und Informationskosten bereits heute mit Hilfe erprobter Technologien praktisch auf Null reduzieren. Die gegenwärtig wohl beeindruckenste Möglichkeit hierzu bietet das „World Wide Web“, das inzwischen ein wichtiges Element der amerikanischen Alltagskultur wurde. Die Bundesbehörden, viele Großkonzerne und die Medien bieten dort inzwischen eine außergewöhnliche Fülle von Informationen an. Je nach Schätzung gibt es heute in den USA zwischen 20 und 30 Mio. Internet-Benutzer.[8]

Als nächstes gilt es nun zu zeigen, wie der Zertifikatshandel auf dem „Web“ organisiert werden könnte. In diesem Zusammenhang werden wir uns damit begnügen, die einfachste Variante zu skizzieren, die ohne eine Vermittlerfigur wie den „Auktionator“ auskommt. Anbieter könnten überzählige Zertifikate auf ihrer individuellen Webseite offerieren, während Nachfrager das „World Wide Web“ nach geeigneten Angeboten durchforsten würden. Für eine derartige Suche existieren mittlerweile spezialisierte Werkzeuge. Ist der entsprechende regionale Markt groß genug, so wäre diese Variante einem idealen Austauschmarkt nahezu identisch, denn Suchkosten und Transaktionskosten würden praktisch auf Null sinken - außer den Telefongebühren.

Der Rückgriff auf das „World Wide Web“ ist allein nicht hinreichend, um einen für alle Beteiligten akzeptablen Zertifikatsmarkt zu implementieren. Insbesondere muß garantiert werden, daß Zertifikate nicht gefälscht werden können, und daß die Rechtmäßigkeit der Transaktionen jederzeit überprüft werden kann. Wie kann aber im Falle elektronischer Dokumente und elektronischen Geldes sichergestellt werden, daß diese nicht beliebig kopiert werden? Die weitverbreitete Praxis, Kreditkartennummern über Telephon- und Kommunikationsnetze zu senden, gilt unter Fachleuten als unsicher und nicht zukunftsträchtig.

Die rasche Diffusion kommerzieller Transaktionen, welche über elektronische Medien abgewickelt werden, hat die Entwicklung zuverlässiger elektronischer Kommunikations- und Zahlungssysteme vorangetrieben. Der vielversprechendste Ansatz zur Lösung dieses Problems stützt sich auf das sogenannte „public key“-Verfahren (Diffie/Helman, 1976)[9], das es erlaubt, dezentrale, bilaterale Transaktionen auf einem bisher unerreichten Sicherheits- und Zuverlässigkeitsniveau zu implementieren.

Die Anwendung von „public key“-Verfahren macht den Bau einer spezifischen Kommunikationsinfrastruktur überflüssig. Gewöhnliche Telefonnetze genügen vollkommen. Das liegt daran, daß die Sicherheit und Zuverlässigkeit von Kommunikationssystemen, die auf dem „public key“-Ansatz beruhen, hauptsächlich in den Eigenschaften des mathematischen Verfahrens liegen. Damit wird es prinzipiell möglich, Zertifikatsmärkte nach beliebigen Kriterien räumlich abzugrenzen und den Handel auf unterschiedliche Zertifikatstypen zu erweitern.

8 Die große Mehrheit nutzt lediglich die Möglichkeit, Korrespondenz elektronisch zu erledigen (e-mail). Dennoch dürfte dieses kulturelle Massenphänomen zur Akzeptanz, Diffusion und Beherrschung von Informationstechnologien wesentlich beitragen.

9 Es ist in diesem Rahmen unmöglich, auf die technischen Eigenschaften dieses Ansatzes einzugehen. Vgl. hierzu: Diffie/Hellman, 1976; Rivest/Shamir/Adleman, 1978; Chaum/Rivest/Sherman, 1983; zu den nicht-technischen Diskussionen: Diffie, 1992; Chaum, 1992; Beth, 1995.

„Public key"-Verfahren können als erprobte Technologie betrachtet werden. So bietet beispielsweise die Firma Apple ein „public key"-Verfahren für den Austausch von Daten an. Ferner können auf dem Internet kostenlos Applikationen kopiert werden, welche die Benutzung von „public key"-Verfahren auf nahezu jedem PC ermöglichen. Verschiedene Computerhersteller und Kommunikationskonzerne bieten inzwischen Kommunikationssysteme an, die auf Varianten des „public key"-Verfahrens beruhen. Die Europäische Union finanzierte ein Forschungsprojekt mit dem Ziel, ein universelles, elektronisches, europaweit benutzbares Zahlungssystem zu entwickeln. Erste Resultate und Vorschläge liegen bereits vor (Weber et al., 1995).

Die Kombination von „public key"-Verfahren mit dem „World Wide Web" eliminiert bereits eine ganze Reihe praktischer und ökonomischer Barrieren für die Implementierung von Zertifikatslösungen. Die Ausgestaltung regionaler Zertifikatsmärkte wird damit machbar. Die breite Diffusion dieses Ansatzes hängt jedoch kritisch davon ab, ob das Problem von „Kontrolle und Durchsetzung" zufriedenstellend gelöst werden kann. Nur auf diese Weise lassen sich sowohl Unternehmen als auch Umweltorganisationen in einen Konsens über Ziele und Maßnahmen einbinden. Seitens der Unternehmen wird nämlich befürchtet, daß mit der Revision des Clean Air Act (1990) die administrativen Kosten für den Umweltschutz nochmals kräftig ansteigen werden (Hanson, 1992). Diesen Sorgen steht die Befürchtung von Umweltorganisationen gegenüber, die Probleme der Kontrolle würden faktisch zu einer Erhöhung der Umweltbelastung führen.[10]

Eine nähere Betrachtung zeigt jedoch, daß es durchaus möglich ist, die bürokratischen Kosten von Kontrolle und Durchsetzung sowohl für die Umweltbehörde als auch für die betroffenen Marktteilnehmer niedrig zu halten, ohne deswegen eine Aushöhlung von Umweltstandards in Kauf zu nehmen. In einem elektronischen Zertifikatsmarkt wäre es für eine Umweltbehörde mit geringem Aufwand möglich, die Zahl der im Besitz befindlichen Zertifikate mit dem totalen Emissionsvolumen zu vergleichen. Zu diesem Zweck müßten die entsprechenden Emissionen kontinuierlich erfaßt werden, was mit beträchtlichen Kosten verbunden sein kann.[11] Dennoch hätte eine technische Lösung verglichen mit einer administrativen Alternative einen deutlichen Vorteil: Sie würde nahezu alle bürokratischen Hürden eliminieren. Diese Perspektive dürfte sowohl für Umweltorganisationen als auch für die Industrie attraktiv sein.

Die Kombination von „public key"-Verfahren mit dem „World Wide Web" eröffnet schließlich die Möglichkeit, daß auch Privathaushalte am Zertifikatshandel teilnehmen. Diese Möglichkeit wurde in der Literatur noch kaum in Betracht gezogen. Privathaushalte stellen eine wichtige Akteursgruppe im Bereich des

---

10 Die umweltökonomische Literatur betonte, daß marktwirtschaftliche Instrumente verglichen mit traditionellen Regulierungsstrategien ihre Attraktivität verlieren, wenn man die Kosten für Kontrolle und Durchsetzung berücksichtigt (Linder/McBride, 1984).

11 Im Falle der SO_2-Emissionen belaufen sich diese Investitionskosten für Elektrizitätsproduzenten nach vorsichtigen Schätzungen auf etwa 200 000 US $ (Hanson, 1992).

Energiekonsums dar. Im Winter verschlingen schlecht isolierte Privathäuser Unmengen von Heizenergie und im Sommer ist der Aufwand zu ihrer Klimatisierung beträchtlich. Niedrige Energiepreise sind ein wichtiger Faktor dafür, daß Investitionen in Energiesparmaßnahmen für viele Hausbesitzer unattraktiv bleiben. In diesen Fällen könnte eine Zertifikatslösung effizientere Formen der Energienutzung fördern.[12]

Der Gestaltungsspielraum für einen Zertifikatsmarkt ist groß. Angesichts der Vielfalt an Umweltbelastungen dürfte es auch nicht eine einzige, optimale Lösung geben. Die Implementation von Zertifikatsmärkten muß denn auch als eine institutionelle Innovation betrachtet werden. Solche Innovationen können häufig – ähnlich wie bei der Kernkraft – kaum mehr vollständig im Labor getestet und erprobt werden (Wynne, 1988; Krohn/Weyer, 1989). Welche Varianten eines Zertifikatsmarktes sich als zweckmäßig erweisen, läßt sich somit auch nur in konkreten Anwendungen entscheiden.[13]

Die bisherige Diskussion dürfte gezeigt haben, daß die praktische Attraktivität von Zertifikatslösungen weit größer ist als gemeinhin angenommen wird. Doch die technische Realisierbarkeit und die ökonomische Effizienz dieses Ansatzes sind nicht die einzigen maßgeblichen Faktoren. Die Transformation moderner Gesellschaften in „ökologische Marktwirtschaften" impliziert, daß die Industrie vor gewaltigen Innovationsanforderungen steht. Dabei wird häufig behauptet, daß Zertifikatslösungen besonders geeignet seien, Innovationsanreize zu erzeugen. Im nächsten Abschnitt möchten wir auf diese Frage näher eingehen.

12.3 Zertifikatslösungen und Innovationsfähigkeit

Die Relevanz marktwirtschaftlicher Instrumente ist nicht auf die kosteneffiziente Erreichung spezifischer, umweltpolitischer Ziele beschränkt. Umweltökonome haben wiederholt betont, daß diese Vorschläge es erlauben werden, moderne Gesellschaften auf einen ökologisch verträglicheren Kurs zu bringen.[14] Demnach erzeugen marktwirtschaftliche Instrumente adäquate Anreize zur ökologischen Erneuerung von Produkten und Produktionsprozessen.

Die Schlüsselrolle innovativer Tätigkeiten für die ökologische Transformation moderner Gesellschaften ist besonders wichtig (Wallace, 1995). Wie steht es

12 Es sind auch Zertifikatslösungen für PKW denkbar. Man könnte beispielsweise handelbare Zertifikate für Benzin an jeden Haushalt verteilen. Beim Tanken müßte eine entsprechende Menge von Zertifikaten vorgewiesen bzw. entwertet werden.

13 Dabei könnten unterschiedliche Clearingmechanismen im Rahmen überschaubarer Pilotversuche getestet werden. Vgl. die Vorschläge von Franciosi et al., 1993.

14 Vgl. Kneese/Schultze, 1975; Orr, 1976; Magat, 1978; 1979; Downing/White, 1986; Milliman/Price, 1989; Malueg, 1989; von Weizsäcker, 1990; Carraro/Siniscalco, 1994; Laffont/Tirole, 1994; Jaffe/Stavins, 1995; Hackett, 1995; von Weizsäcker/Lovins/Lovins, 1995.

aber mit der postulierten innovativen Wirkung marktwirtschaftlicher Instrumente im allgemeinen und von Zertifikatslösungen im besonderen? Die verfügbare Literatur ist häufig nicht schlüssig. Eine Hauptschwierigkeit liegt in der Deutung des Innovationsbegriffs. Es zeigt sich, daß die umweltökonomische Literatur ein spezifisches und zugleich generisches Verständnis von Innovationsfähigkeit hat.

Aus der Sicht dieser Literatur ist eine Innovation alles, was zur Reduktion von Vermeidungsgrenzkosten führt, die als unabhängig von anderen Produktionskosten behandelt werden. Die Beziehung zwischen Grenzkosten der Produktion i.e.S. und Vermeidungsgrenzkosten wird in der Regel nicht diskutiert. Dieses Verständnis von Vermeidungstechnologien beruht im wesentlichen auf der Metapher der Reparatur und nicht auf der Vorstellung von Emissionsvermeidung. Vermeidungstechnologien scheinen deshalb in der Literatur oft mit „end-of-pipe"-Technologien gleichgesetzt zu werden.[15] Als Folge werden Innovationen in der Produktionstechnologie in der umweltökonomischen Literatur kaum berücksichtigt. Es sind jedoch gerade diese Innovationen, welche eine kritische Rolle in der ökologischen Modernisierung vieler Industrien spielen.

Auch die Unterscheidung zwischen inkrementellen und radikalen Innovationen tritt in der umweltökonomischen Literatur nicht auf. Dies ist um so bemerkenswerter, als vielfach behauptet wird, daß ökonomischen Anreizen eine zentrale Bedeutung in der ökologischen Transformation moderner Gesellschaften zukomme.[16] Die Unterscheidung von inkrementellen und radikalen Innovationen erlaubt es, eine der wichtigsten Schwierigkeiten eines ökologischen Umbaus zu erkennen. Inkrementelle und radikale Innovationen sind über weite Strecken unabhängige Prozesse (Tushman/Andersen, 1986). Es ist durchaus vorstellbar, daß ökonomische Anreize lediglich inkrementelle Innovationen fördern, gleichzeitig aber das Entstehen von radikalen Innovationen verhindern. Auf diese Weise könnte eine Industrie auf einen bestimmten technologischen Entwicklungspfad fixiert werden, der nicht notwendigerweise die größte ökologische Effizienz aufweist (Dosi, 1982; Dosi et al., 1988).[17]

Vor dem Hintergrund dieser Einschränkungen wollen wir im folgenden ausführen, wie die umweltökonomische Literatur die Frage der Innovationsanreize marktwirtschaftlicher Instrumente angeht. Anschließend werden wir zeigen, daß diese Betrachtungsweise zwar hilfreich ist, aber für eine vertiefte Analyse des Fragenkomplexes nicht hinreicht.

---

15 Die US-amerikanische Literatur spricht von „abatement technology", was in klarem Widerspruch zum Begriff der Vermeidungstechnologie steht.

16 Vgl. von Weizsäcker, 1990; von Weizsäcker/Lovins/Lovins, 1995; Maier-Rigaud, 1994.

17 Ein interessantes Beispiel hierzu sind die sogenannten „Leichtmobile", die einen signifikant geringeren Energiekonsum als konventionelle Automobile aufweisen. Allerdings ist es schwierig, die Nachfrage zuverlässig zu prognostizieren, was sich negativ auf die Realisierung von Skalenerträgen in der Produktion auswirkt und zu hohen Verkaufspreisen führt. Marktwirtschaftliche Instrumente alleine werden kaum hinreichend sein, dieser radikalen Innovation zum Durchbruch zu verhelfen (Truffer et al., 1996).

Der Innovationsanreiz umweltökonomischer Instrumente wird in der Regel an den Einsparungen gemessen, die eine Innovation bezüglich der Vermeidungstechnologie verspricht. Nun wird die Annahme getroffen, daß jeder ökonomische Akteur in der Lage ist, die genauen Kosten und Nutzen der einzelnen Entscheidungsalternativen zu evaluieren. Diese Entscheidungen sind einmalig, d.h. sie beziehen sich auf eine einzige Zeitperiode. Unter diesen Umständen präsentiert sich die Lage wie in Abb. 12.1. Eine Industrie ist gekennzeichnet durch Vermeidungsgrenzkosten GK_{Verm} und Schadensgrenzkosten GS. Die Vermeidungsgrenzkosten der Industrie setzen sich aus den Vermeidungsgrenzkosten der einzelnen Unternehmungen $gk_{Verm_{rm}}$ zusammen. Wie üblich nehmen sowohl GK_{Verm} als auch gk_{Verm} mit zunehmender Schadensreduktion zu. Die Gesamtemissionen der Industrie setzen sich aus den Emissionsniveaus e der einzelnen Firmen zusammen. gk^*_{Verm} stellt eine Innovation in der Vermeidungstechnologie dar.

Ansonsten gelten die üblichen mikroökonomischen Annahmen. Unter diesen Umständen kann die Umweltbehörde entweder eine Emissionsabgabe von T_{opt} festlegen oder aber dasselbe umweltpolitische Ziel erreichen, indem sie Zertifikate im Umfang von E_{opt} verteilt. Die Innovationsanreize, die von unterschiedlichen marktwirtschaftlichen Instrumenten induziert werden, lassen sich nun dadurch bestimmen, daß für jede umweltpolitische Maßnahme die zugehörige Kostenreduktion berechnet wird. In Abb. 12.1 entsprechen beispielsweise die Kosten, die von einem nicht-innovativen Unternehmen unter einem Umweltabgaben-Regime bezahlt werden müssen, der Fläche *abde*. Diese Kosten setzen sich aus den Vermeidungskosten *abg* und der Zahlung einer Umweltabgabe in der Höhe *bdeg* zusammen. Die Gesamtkosten unter einem Zertifikatsregime sind in diesem Falle genau gleich.

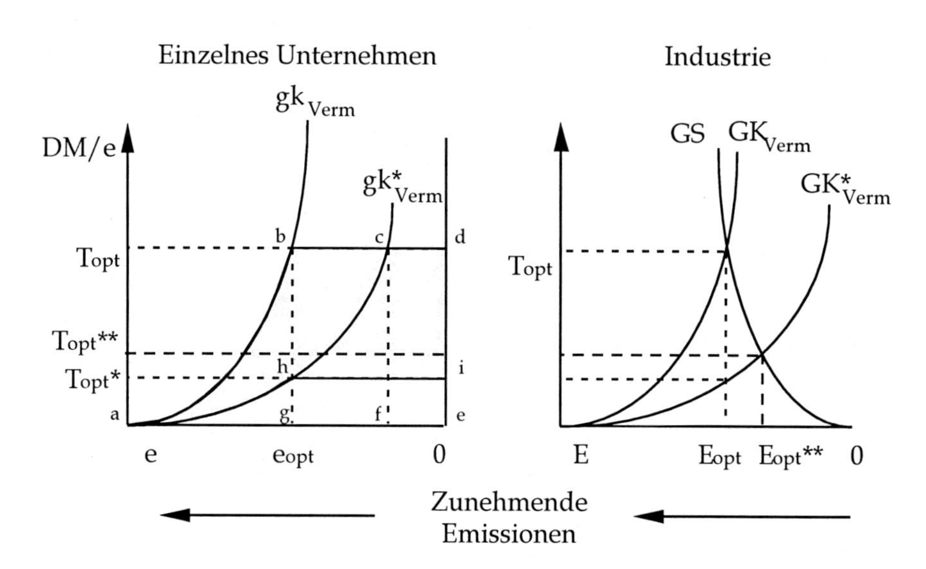

Abb. 12.1. Kostenverhältnisse auf Unternehmens- und Industrieebene

Unter der Annahme, daß die Umweltbehörde die Zertifikatsmenge konstant hält, führt die Diffusion der Innovation in einem Zertifikatsregime dazu, daß der Zertifikatspreis von T_{opt} auf T^*_{opt} fällt (vgl. Abb. 12.1, rechte Graphik). Für das innovative Unternehmen bedeutet dies Einsparungen im Wert von *hcdi*, denn die Gesamtkosten reduzieren sich von *acde* zu *ahie*. Die nicht-innovativen Unternehmen haben nun die Innovation imitiert und erreichen beträchtliche Einsparungen, nämlich einen Gesamtbetrag im Wert von *abdih*. Ihre Gesamtkosten schrumpfen von *abde* auf *ahie*. In einem Abgabenregime würde die industrieweite Diffusion einer Innovation für das ursprünglich innovative Unternehmen keine zusätzlichen Einsparungen bringen, da der Steuersatz unverändert bliebe. Die nicht-innovativen Unternehmen würden von der Adoption der Innovation profitieren und ihre Gesamtkosten von *abde* auf *acde* reduzieren. Diese Einsparungen würden sich aber lediglich auf *abc* belaufen.

In einem Regime frei verteilter Zertifikate würde ein innovatives Unternehmen durch die Diffusion einer Innovation nichts einsparen, sondern es wäre mit zusätzlichen Kosten im Wert von *hbc* konfrontiert. Seine Kosten vor dem Diffusionsprozeß, d.h. bei unverändertem Zertifikatspreis, entsprechen *acf* - *gbcf* = *ahg* - *hbc*. Die Einsparungen *gbcf* entstehen aus dem Verkauf überflüssiger Zertifikate im Umfang *gf*. Der Diffusionsprozeß führt zu einem Rückgang des Zertifikatspreises von T_{opt} auf T_{opt}^*. Damit muß das innovative Unternehmen nur noch Kosten im Wert von *ahg* tragen. Als Ergebnis des Diffusionsprozesses muß das innovative Unternehmen Kosten im Wert von *hbc* tragen, während unter den zwei anderen Regimen das gleiche Unternehmen mit zusätzlichen Einsparungen rechnen kann.[18]

Diese Diskussion hat gezeigt, daß auktionierte Zertifikate höhere Anreizwirkungen haben als Umweltabgaben. Die zweithöchste Anreizwirkung hätten Umweltabgaben, die dritthöchste frei verteilte Zertifikate. Diese Resultate sind zwar interessant, müssen aber, angesichts der sehr restriktiven Modellannahmen, mit Vorsicht auf reale Situationen übertragen werden. Mit welchen Schwierigkeiten diese Betrachtungsweise konfrontiert wird, sobald man einige typische Eigenschaften realer Vermeidungstechnologien explizit zu berücksichtigen versucht, hat McHugh (1985) ausführlich diskutiert. Eine erste Schwierigkeit ergibt sich dadurch, daß Zertifikatslösungen eher inkrementelle als radikale Innovationen fördern. Der für viele Industrien typische, langsame aber stetige technische Fortschritt könnte die Nachfrage nach Zertifikaten reduzieren, und damit zu einem Zerfall des Zertifikatspreises führen. Ein tendenziell sinkender Zertifikatspreis reduziert aber das Einsparungspotential, welches durch die Realisierung der radikalen Innovation entsteht, beträchtlich. Da eine radikale Innovation in der Regel einer Investition gleichkommt, die über einen längeren Zeithorizont abgeschrieben werden muß, führt die Erwartung sinkender Zertifikatspreise dazu, daß die Innovatoren die Risiken eher zu meiden suchen. Aus umweltpolitischer

18 Vgl. auch Milliman/Price, 1989 für eine systematische Gegenüberstellung von Kosten und Nutzen unter verschiedenen Regulierungsregimen.

Sicht wäre es unbefriedigend, wenn die Entwicklung und Diffusion radikaler Innovation durch negative ökonomische Anreize zusätzlich erschwert würde.

Die Umweltbehörde kann die Nachfrage nach Zertifikaten dadurch aufrechterhalten, daß sie die verfügbare Zahl der Zertifikate kontinuierlich reduziert. Dies geschieht einfach dadurch, daß bei jeder Auktion weniger Zertifikate verkauft werden. Damit kann die ökonomische Attraktivität für radikale Innovationen, wenn nicht gesteigert, so doch zumindest aufrechterhalten werden. Ist die Funktionsfähigkeit der fraglichen Innovation erwiesen und der Diffusionsprozeß abgeschlossen, sind weitere Reduktionen des Zertifikatsvolumens nicht mehr notwendig. Neben dieser Maßnahme müßten sicher noch eine Reihe weiterer wichtiger Faktoren berücksichtigt werden, welche für die Förderung radikaler Innovationen von Bedeutung sind.[19] In den folgenden Ausführungen werden wir lediglich einen besonders kritischen Aspekt dieses Fragenkomplexes ansprechen.

In unserem Modell erweist sich die Annahme perfekter Information als besonders einschränkend. Alle ökonomischen Akteure sind in der Lage, Kosten und Nutzen jeder Entscheidung genau abzuwägen. In Wirklichkeit sind jedoch Investitionsentscheidungen mit erheblichen Unsicherheiten behaftet (Utterback, 1994). Unsicherheiten in bezug auf die Kosten-Nutzen-Rechnung einer spezifischen Innovation können verschiedener Art sein: Erstens können die Werte der entscheidungsrelevanten Variablen - etwa die Kosteneinsparungen, welche durch die Adoption einer bestimmten Innovation entstehen - vom prognostizierten Wert abweichen. Zweitens können widersprüchliche Voraussagen über die erwarteten Einsparungen vorliegen. In diesem Falle ist der Erwartungswert selbst mit Unsicherheit behaftet. Drittens kann es sich erweisen, daß nicht alle relevanten Kostenquellen berücksichtigt worden sind.

Die axiomatische Diskussion von Innovationswirkungen marktwirtschaftlicher Instrumente verkennt die Tatsache, daß unterschiedliche Unternehmen i.d.R. sehr unterschiedlich mit den drei Arten von Unsicherheit umgehen. Wie Unternehmen auf Unsicherheit reagieren, ist eine Frage, die bis heute in der Literatur kaum diskutiert wurde. Eine Ausnahme dazu ist Furger (1994). In dieser Arbeit wird eine historische Perspektive eingenommen, welche die Vermutung nahelegt, daß gerade jene Industrieregionen und Unternehmen, welche historisch gelernt haben, mit allerlei Formen ökonomischer und sozialer Unsicherheit zu leben, besser gewappnet sind, erfolgreich mit Schwankungen von Zertifikatspreisen umzugehen. Diese Unternehmen zeichnen sich durch eine beträchtlich höhere technologische und organisatorische Flexibilität aus. Die systematische Umsetzung der Zertifikatslösung könnte damit eine günstige selektive Wirkung in dem Sinne haben, daß erstens innovative Unternehmen einen komparativen

19 Dazu gehören etwa Fragen wie, welche radikalen Innovationen überhaupt gefördert werden sollen, welche institutionellen Akteure sich an dieser Entscheidung beteiligen müßten, welche zusätzlichen Maßnahmen zur Förderung des Innovationsprozesses getroffen werden müssen und schließlich wie die Einkünfte aus dem Verkauf der Zertifikate verwendet werden sollen.

Vorteil hätten und daß zweitens, rigide, bürokratisierte Organisationen u.U. einem erheblichen negativen Druck ausgesetzt wären.

Der historische Charakter der zitierten Analyse erlaubt es nicht, die selektive Wirkung unterschiedlicher Arten von Unsicherheit auf Technologie und Organisationsformen genau zu studieren. So dürfte die selektive Wirkung von Unsicherheit in verschiedenen Industrien unterschiedliche Auswirkungen zeitigen. In diesem Zusammenhang wurde die Befürchtung geäußert, daß die Zertifikatslösung den Innovationsprozeß behindern könnte, da die Instabilität der Zertifikatspreise zusätzliche Unsicherheit generierte. Eine regionale Ausgestaltung von Zertifikatsmärkten auf der Basis neuer Informationstechnologien dürfte diese Gefahr allerdings abschwächen. Die Zahl der getätigten Transaktionen könnte in diesem Fall so groß sein, daß sich stabile Gleichgewichtspreise relativ rasch einstellen dürften. Die Umweltbehörde könnte zusätzlich stabilisierend wirken, indem sie die Verfügbarkeit von Zertifikaten sowie die kurzfristige und langfristige Preisentwicklung allen Marktteilnehmern zur Verfügung stellen könnte.

Ob diese Befürchtungen berechtigt sind, bzw. inwiefern die Umweltbehörde Erwartungen stabilisieren kann, sind Fragen, die anhand rein theoretischer Modelle nicht adäquat diskutiert werden können. Angesichts des innovativen Charakters einer elektronischen Implementation der Zertifikatslösung wäre es wohl sinnvoll, solche Märkte im Rahmen von regionalen Experimenten zu testen.

12.4 Zertifikatslösungen und gesellschaftliches Lernen

In diesem Beitrag haben wir zu zeigen versucht, daß Zertifikatslösungen im Zusammenhang mit neuen Informationstechnologien ein großes Potential zur ökologischen Umgestaltung moderner Gesellschaften darstellen. Dabei haben wir uns hauptsächlich auf ökonomische, technische und regulatorische Fragen konzentriert. Dennoch könnte dieser Ansatz auch unter einer Reihe weiterer Gesichtspunkte eine wichtige Rolle in umweltpolitischen Debatten spielen. Es gibt Anzeichen dafür, daß die soziale Akzeptanz von Zertifikatslösungen beträchtlich höher sein könnte als etwa jene von Umweltabgaben. Empirische Studien haben gezeigt, daß die individuelle Zahlungsbereitschaft höher ausfällt, wenn Individuen darum gebeten werden, einen Beitrag zur Lösung eines spezifischen Umweltproblems zu leisten, als etwa eine einmalige Steuer zur Lösung desselben Problems zu entrichten (Guagnano/Dietz/Stern, 1994). Dieselbe Studie zeigt auch, daß die Zahlungsbereitschaft für konkrete, spezifische Probleme generell höher ist als für unspezifische, allgemeine Umweltprobleme.

Diese Ergebnisse unterstützen die Vermutung, daß die Implementation von möglichst spezifischen, regionalen oder lokalen Zertifikatslösungen eine vielversprechende umweltpolitische Strategie darstellt. Gegenüber Umweltsteuern haben Zertifikate den Vorteil, daß ihr Zusammenhang mit spezifischen Problemen viel unmittelbarer verständlich gemacht werden kann. Darüber hinaus würden regional spezifische Zertifikate sozial akzeptabler sein als etwa die undifferenzierte Erhebung von Umweltabgaben auf nationaler Ebene. Die genannte Studie legt schließlich die Vermutung nahe, daß eine Reduktion des Gesamtvolumens an Zertifikaten eine Maßnahme ist, die auf eine weit höhere politische und soziale Akzeptanz stoßen dürfte als etwa die Erhöhung einer Umweltabgabe.

Eine zweite, positive Folge der systematischen Einführung von regional spezifischen Zertifikatslösungen wäre mit dem Bedarf nach öffentlichen Debatten über die Festlegung der Umweltziele verbunden. Die Ungewißheit in bezug auf die ökologischen und ökonomischen Folgen der Festlegung eines bestimmten Umweltstandards würde einen Dialog zwischen Laien, Vertretern von Umweltorganisationen, Naturwissenschaftlern, Wirtschaftsvertretern und Umweltbehörden erfordern. Wie ein solcher Dialog geführt werden könnte, welche Rolle Vertreter spezifischer Institutionen, etwa der Wissenschaft, annehmen sollten, kann im Rahmen dieser Ausführungen nicht adäquat diskutiert werden. Einige praktische Erfahrungen zeigen allerdings, daß solche Verfahren sowohl praktikabel als auch vielversprechend sind (Renn et al., 1993).

Schließlich illustriert die folgende Anekdote, daß die Praktikabilität solcher Verfahren weder auf lokale Angelegenheiten noch auf nebensächliche Probleme beschränkt ist. Gemäß einer Meldung der Washington Post hat die amerikanische Kommission für nukleare Sicherheit (NRC) beschlossen, den Prozeß der Formulierung und Revision von Sicherheitsvorschriften von Kernkraftwerken auf eine breite Basis zu stellen. Die NRC wird in Zukunft ihre Vorschläge auf einer Web-Seite veröffentlichen und über denselben Weg Kommentare einholen. Dabei sind nicht nur Experten, sondern auch Umweltorganisationen und Laien angesprochen. Es ist nicht klar, wie die NRC mit diesen Stellungnahmen umgehen wird. Das Beispiel zeigt jedoch, daß neue Informationstechnologien tatsächlich ein ernstzunehmendes Demokratisierungspotential haben. Die Offenheit und Geschwindigkeit dieser technischen und sozialen Wandlungen verbieten es, Prognosen über ihre Entwicklung zu formulieren. Seriöse Analysen dieser Zusammenhänge sind deshalb bis heute eine Seltenheit (Grossman, 1995)

13 Energie-Einspar-Contracting - Beispiele zum Energie-Management über Drittfinanzierung

Michael Schreiber

13.1 Einführung und Definitionen

Contracting oder auch *Energie-Einspar-Contracting* steht bei LTG für ganzheitliches Energie-Management über Drittfinanzierung. Der Begriff *Contracting* leitet sich ab von Contract (Vertrag) und steht für „einen Vertrag schließen". Unter *Energie-Einspar-Contracting* wird hier der Abschluß eines Vertrages über die Beteiligung an einer Energieeinsparung verstanden. Hierbei übernimmt ein Dritter die finanzielle, wirtschaftliche und technische Verantwortung für Energie-Einspar-Maßnahmen. Dies bedeutet, daß die erforderlichen Umbauten und Ergänzungen an den technischen Anlagen nach Abstimmung mit dem Kunden durchgeführt und diese Maßnahmen durch den Contracting-Geber vorfinanziert werden. Die durchgängige Verantwortung kann übernommen werden, weil der Contracting-Geber das notwendige Know-how besitzt, um das Energie-Einsparpotential zu ermitteln, die erforderlichen Maßnahmen zu planen und auszuführen. Der Kunde benötigt also keine eigenen Investitionsmittel und trägt kein technisches und finanzielles Risiko. Der „dritte Partner" bekommt sein Geld aus den tatsächlich erreichten Einsparungen der nächsten Jahre während einer vertraglich vereinbarten Laufzeit. In den meisten Fällen kann ein Anteil der Einsparung an den Kunden weitergegeben werden. Die Vertragslaufzeit beträgt maximal acht Jahre. Raumkonditionen und Komfort im Gebäude bleiben erhalten bzw. werden verbessert.

13.2 Aktuelle Berichte in den Medien

In den Medien ist mehrfach über Aktivitäten, wie „Kosteneinsparung und Umweltschutz", „Optimierung auch ohne eigenen Kapitaleinsatz", „Energie-Management über Drittfinanzierung", „Modernisierung der Gebäudetechnik ohne eigenen Kapitaleinsatz" und „kostenneutrale Optimierung haustechnischer Anlagen“ berichtet worden. Die in Tabelle 13.1 gezeigte Übersicht ist ein Auszug aus aktuellen Veröffentlichungen.

Tabelle 13.1. Zusammenstellung der Veröffentlichungen über Energieeinspar-Contracting

Medien/Datum	Beitrag/Schlagzeile	Kernaussagen/Zitate
Handelsblatt vom 2. November 1992	Gebäudetechnik zum „Nulltarif“ optimiert	Optimierung von Gebäudetechnik ohne Kapitaleinsatz und Risiko
Frankfurter Allgemeine vom 27. September 1994	Gegen die große Verschwendung in öffentlichen Gebäuden	Viele Sparmöglichkeiten bei Heizung, Klima, Elektro und Sanitär/Energiemanagement ohne Eigenkapital
ARD-Fernsehbericht vom 10. April 1995 (NDR)	Energie-Management: Wie Städte und Gemeinden sparen können	• Garantierte Einsparsummen • Energiesparmaßnahmen zum Nulltarif • Investitionen aus Betriebskosteneinsparungen tätigen
Frankfurter Rundschau vom 26. August 1995	Im Rathaus wird keine Energie mehr verpulvert	Aus dem Schornstein kommt jetzt weniger Dreck, und die Stadt Offenbach spart Geld

13.3 Contracting zur Realisierung von Energie-Einsparungen

Die erforderlichen Investitionen zur Energieeinsparung werden aus vielfältigen Gründen nicht in ausreichendem Maße bereitgestellt. In einigen Branchen sind es fest vorgegebene Amortisationszeiten (Investitionskosten geteilt durch Einsparung pro Jahr) für alle Investitionen, z.B. maximal drei Jahre. Hier können und werden nach diesen Kriterien Investitions- und Energieeinsparungen nicht vorgenommen, obwohl diese für die Restnutzungszeit der Anlagen und Gebäude greifen würden. Durch Energie-Einspar-Contracting können auch Maßnahmen realisiert werden, die längere Amortisationszeiten haben als allgemein im Unternehmen üblich. Ein weiterer Punkt ist die Angst vor Übernahme von Verantwortung. Bei vielen Entscheidungsträgern stellt sich die Frage, wer bessert nach auf wessen Kosten, wenn die ursprünglichen Entscheidungskriterien, z.B. Amortisationszeit oder eingesparte Energiekosten pro Jahr nicht erfüllt werden. Hier bietet Energie-Einspar-Contracting die Delegation von Verantwortung an einen Dritten, da dieser zunächst sein Geld einsetzt und eine schlüsselfertige Leistung zur Energieeinsparung am Objekt bietet. Bei den unterschiedlichen Töpfen, aus denen die Investitionskosten für Modernisierungsmaßnahmen und die laufenden Betriebskosten gezahlt werden, bietet Energie-Einspar-Contracting die Möglichkeit, Investition aus eingesparten Betriebsmitteln zu zahlen. Wenn in den Betriebsmittelbudgets Jahr für Jahr die gleichen Kosten für Energie vorgesehen sind und sich in den Investitionsbudgets keine freien Spielräume befinden, bietet sich hier die Möglichkeit, aus laufenden Betriebskosten Investitionen zu tätigen. Im Bereich der „öffentlichen Haushalte“ werden Haushaltsansätze im Verwaltungshaushalt für Energie gemacht und diese Jahr für Jahr fortgeschrieben. Hier bietet sich durch Energie-Einspar-Contracting die Chance, ohne Belastung des Vermögenshaushaltes zu einer Entlastung des Verwaltungshaushaltes beizutragen und einen aktiven Beitrag zum Umweltschutz zu leisten.

13.4 Chancen für Umweltschutzinvestition durch Contracting

Viele Kommunen und Städte wollen einen aktiven Beitrag zum Umweltschutz leisten. Hierzu fehlen aber oft die Mittel, da die Haushalte durch Zinslasten und gesetzlich festgelegte Ausgaben immer weniger Spielraum haben. Viele Kommunen, Länder und der Bund haben Ankündigungen und teilweise Verpflichtungen übernommen, im Umweltschutz aktiv zu werden, um den CO_2-Ausstoß zu verringern. Die UN-Klimakonferenz hat im Frühjahr 1995 in Berlin beschlossen, daß eine internationale Arbeitsgruppe bis 1997 nach Mitteln und Wegen suchen soll, wie die Industriestaaten den CO_2-Ausstoß in drei Schritten vom Jahr 2005 bis zum Jahr 2020 begrenzen und vermindern können. Möglichkeiten dazu gibt es viele, z.B. Energie-Management über Drittfinanzierung. Hier wird der erforderliche dritte Schritt getan, d.h. man geht vom Wollen über das Wissen zum Handeln über, da nur hierdurch ein aktiver Beitrag zum Umweltschutz geleistet wird. Zur Zeit gibt es wirtschaftliche Energie-Management-Maßnahmen, die zu den heutigen Energiepreisen und Investitionskosten für Energiesparmaßnahmen im Rahmen eines Vertrages über die Beteiligung an Energieeinsparungen (Laufzeit: acht Jahre) wahrgenommen werden können. Ist eine Energiesparmaßnahme wirtschaftlich, d.h. stehen die Investitionskosten zu den eingesparten Energiekosten in einem akzeptablen Verhältnis, kann diese trotz leerer Kassen realisiert werden. Nach dem Prinzip „do easy things first“ werden zunächst die Maßnahmen durchgeführt, die bei begrenztem Mitteleinsatz den größten CO_2-Minderungseffekt haben. Damit ist sichergestellt, daß die Amortisationszeiten geringer sind als die Lebensdauer der eingesetzten Installation und Anlagen. Auch der „ökologischen Forderung“ nach einem entsprechenden Erntefaktor wird hierdurch nachgekommen. D.h. die eingesetzten Energiemengen für Energieeinsparmaßnahmen sind auf jeden Fall geringer als die eingesparten Energiemengen durch die entsprechenden Maßnahmen. Die Tabellen 13.2 und 13.3 der realisierten Energie-Management-Maßnahmen über Drittfinanzierung bei der Staatsgalerie in Stuttgart und beim Rathaus der Stadt Offenbach zeigen die Schadstoffreduzierungen nach dem Energie-Management, die ab Realisierung der Energie-Management-Maßnahmen für die Restnutzungszeit des Gebäudes wirksam sind.

Tabelle 13.2. Schadstoffreduktion durch Energie-Management bei der Staatsgalerie Stuttgart bei folgenden Energieeinsparungen: 818 995 kWh Strom und 3 633 000 kWh Wärme

Schadstoffart	*Vor* Energie-management in kg	*Nach* Energie-management in kg
CO_2	3 508 700	2 156 400
CO	1 500	790
CH_4	5 700	3 000
NMCHs	4 100	2 900
NO_X	8 500	5 200
SO_X	4 100	2 900

Tabelle 13.3. Schadstoffreduktion durch Energie-Management beim Rathaus Offenbach bei geplanten Energieeinsparungen von 70 000 kWh Strom und 820 000 kWh Wärme (Quelle: Fritsch et al., 1995; Recknagel/Sprenger, 1985; EK I, 1990d, Bd. 2)

Schadstoffart	Schadstoffentlastung in kg	Entspricht der Emission von ca.
CO_2	310 700	38 Haushalten
CO	270	70 Haushalten
CH_4	1 000	110 Haushalten
Kohlenwasserstoffe	130	18 Haushalten
NO_X	720	64 Haushalten
SO_2	870	66 Haushalten
Rechnet man das Treibhauspotential der verschiedenen Schadstoffe mit Hilfe des sogenannten GWP (relatives Treibhauspotential) auf die Bezugsgröße CO_2 um, so entspricht der Treibhauseffekt der eingesparten Schadstoffe einer Menge von ca.		
CO_2	484 300	45 Haushalten
Die eingesparte Energiemenge entspricht dem Heizwert von ca. 110 t Steinkohle oder 340 t Braunkohle oder 94 300 l leichtes Heizöl oder 80 900 m³ Erdgas.		

13.5 Schaffung von Arbeit durch Contracting

Finanzmittel werden alljährlich für Energie ausgegeben, obwohl die Chance besteht, einen Teil dieser Mittel zur Schaffung von Arbeitsplätzen im Energiesparbereich zu nutzen. Die erforderlichen Maßnahmen zur Energieeinsparung sind sehr arbeitsintensiv. Zur Realisierung von Energieeinsparungen sind Arbeiten im Bereich der Harmonisierung des Anlagenbetriebes in den verschiedenen haustechnischen Gewerken wie Heizung, Kälte, Klima, Sanitär usw. erforderlich. Die Verbesserung und Modernisierung der MSR-Technik erfordert eine laufende Betreuung, um stetige Energieeinsparungen zu realisieren. Die Anpassung und Nutzung hinsichtlich Auslegung und momentaner Anforderung ist ein permanenter arbeitsintensiver Prozeß. Durch eine personalintensive Feinoptimierung der Energie-Management-Projekte wird in der Laufzeit eines Vertrages über die Beteiligung an Energieeinsparungen eine stetige Optimierung vorgenommen, was sich an Beispielen aus der Praxis zeigt, auf die später eingegangen wird.

13.6 Der Contracting-Partner als Alleinverantwortlicher für den technischen und wirtschaftlichen Erfolg der Energie-Management-Maßnahmen

Durch die Delegation von Verantwortung an einen Contracting-Partner wird eine schlüsselfertige Leistung zur Energieeinsparung am Objekt angeboten. Hierbei ist das Abnahmekriterium nicht die bloße Funktionserfüllung, sondern die energieoptimierte Funktionserfüllung. Die Unterscheidungen des Energie-Managements über Drittfinanzierung zum Liefergeschäft sind: garantierte Einsparungen, ganzheitliche Betrachtung der Liegenschaften, verbraucherorientierte Strategien, Harmonisierung aller haustechnischen Gewerke, Optimierung der Hydrauliknetze, Ferndiagnose und laufende Verbesserung der Anlagen, Referenzobjekte, ausgereifte und praxiserprobte Konzepte, kostenneutrale Optimierung der haus- und verfahrenstechnischen Anlagen und Gewinnbeteiligung des Kunden.

Um das Ziel einer Energieoptimierung ohne eigenen Kapitaleinsatz zu erreichen, sind vom Contracting-Dienstleistungsunternehmen folgende wichtige Erwartungen und Forderungen zu erfüllen:

- garantierte Einsparungen,
- Ingenieurleistungen,
- Vorfinanzierung der Maßnahmen,
- Optimierung aller haustechnischen Anlagen,
- aktuelle Informationen über die Anlagenzustände,
- individuelle, verbraucherorientierte Strategie.

Die Vorteile für den Kunden:

- hohe Betriebssicherheit,
- Optimierung und Modernisierung der haus- und verfahrenstechnischen Anlagen ohne eigenen Kapitaleinsatz,
- Umsetzung der notwendigen Maßnahmen ohne Betriebsunterbrechung,
- Risiken liegen beim Dienstleistungsunternehmen,
- finanzielle Beteiligung an den Einsparungen,
- Komfort im Gebäude bleibt erhalten und wird teilweise verbessert,
- Beitrag zum aktiven Umweltschutz

ergeben sich, ohne daß der Kunde eigenes Geld einsetzt. Der Kunde realisiert Energiegewinne und leistet einen aktiven Beitrag zum Umweltschutz.

13.7 Zeitlicher Ablauf eines Energie-Management-Projektes über Drittfinanzierung

Die Umsetzung einer kostenneutralen Optimierung haustechnischer Anlagen erfolgt nach dem in Abb. 13.1 beschriebenen Ablauf. Hier ist als wichtiger Punkt hervorzuheben, daß es auch das eine oder andere Projekt gibt, bei dem es wegen des relativ geringen Energieeinsparpotentials wirtschaftlich nicht sinnvoll ist, das Projekt weiter zu bearbeiten. Ist dies der Fall, entstehen keine Kosten für den Kunden.

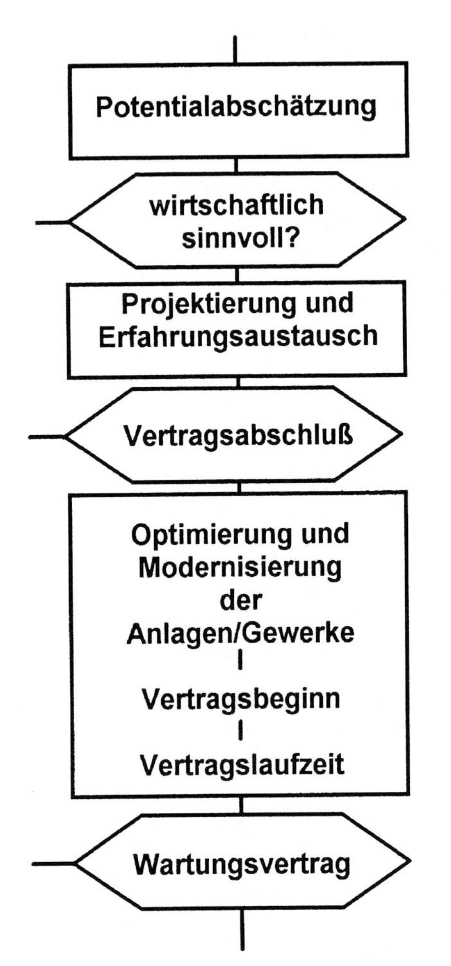

Abb. 13.1. Umsetzung einer kostenneutralen Optimierung

Wird nach erfolgter Projektierungsvereinbarung und Vorlage der Projektierung ein Vertrag über die Beteiligung an Energieeinsparung geschlossen, kommt es zu einer Reduzierung der Energiekosten und einem aktiven Beitrag zum Umweltschutz.

Der Kunde wird an den Energiekosteneinsparungen mit dem vereinbarten Prozentsatz beteiligt, ohne daß er eine einzige Mark an Investitionsmitteln aufgewendet hat.

Der Kunde hat schon während der Vertragslaufzeit geringere Energiekosten, da seine Energierechnungen für Strom und Wärme zuzüglich der Contractingrate geringer sind als die bisherigen Energiekosten pro Jahr. In Abb. 13.2 sind die einzelnen Phasen eines Energie-Management-Projektes mit:

- Potentialabschätzung,
- Projektierung
- Vertragslaufzeit und Vertragsende

näher erläutert.

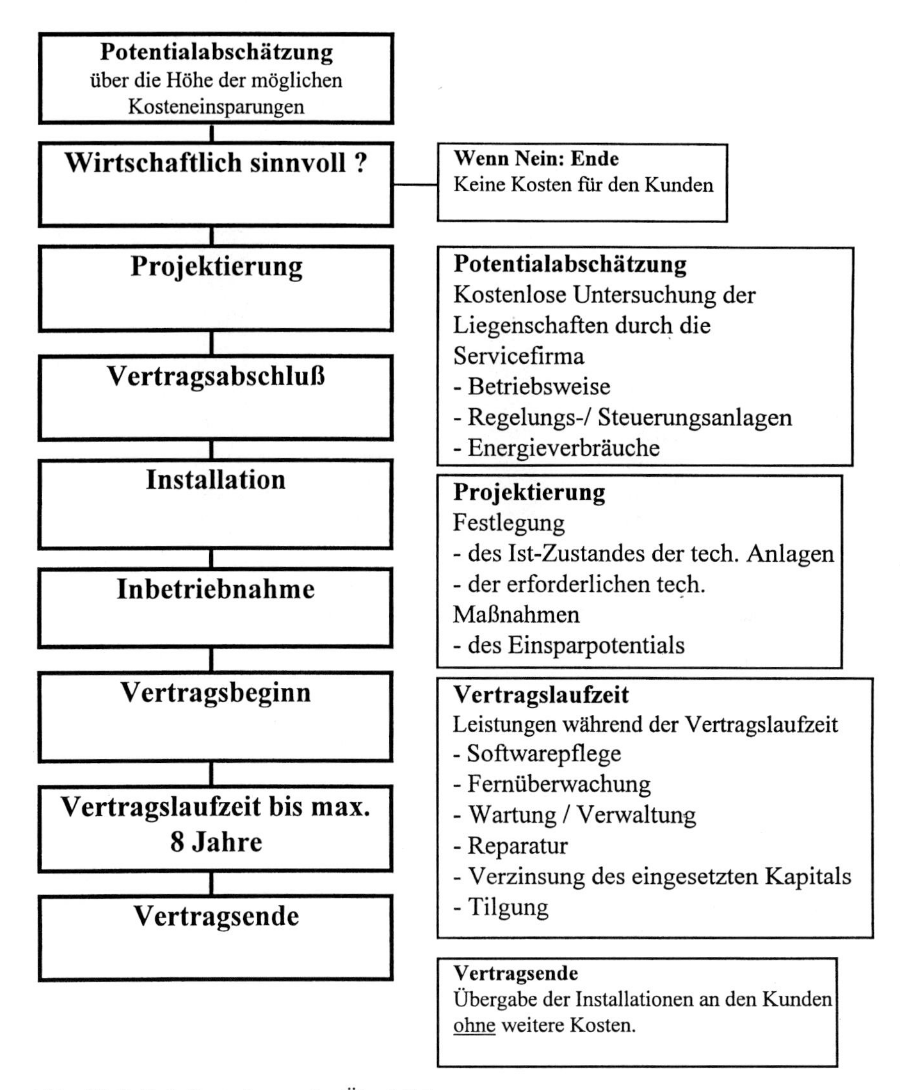

Abb. 13.2. Drittfinanzierung im Überblick

13.8 Beispiele aus der Praxis: Vergleich Energiekosten vor und nach dem Energie-Management

In den Abb. 13.3 bis 13.6 sind vier Beispiele aus der LTG-Energie-Management Praxis dargestellt. Die Stromkosten gliedern sich jeweils auf in Leistungspreiskosten, Arbeitskosten Hochtarif und Arbeitskosten Niedertarif. Die Wärmekosten sind je nach Wärmeträger (Gas, Fernwärme) aufgeteilt in Grundpreis und Arbeitspreis.

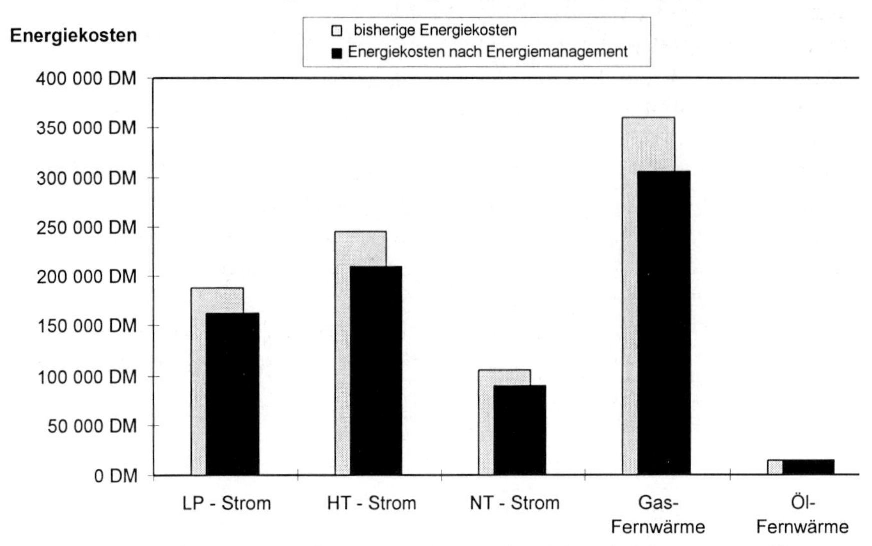

Abb. 13.3. Energiekostenvergleich: vor und nach dem Energie-Management: Krankenhaus (Fernwärmekosteneinsparung 14,7%; Stromkosteneinsparung 13,9%; gesamte Einsparungen 14,2%)

Die Energiekosteneinsparung ist jeweils in Prozent der bisherigen Jahresenergie-

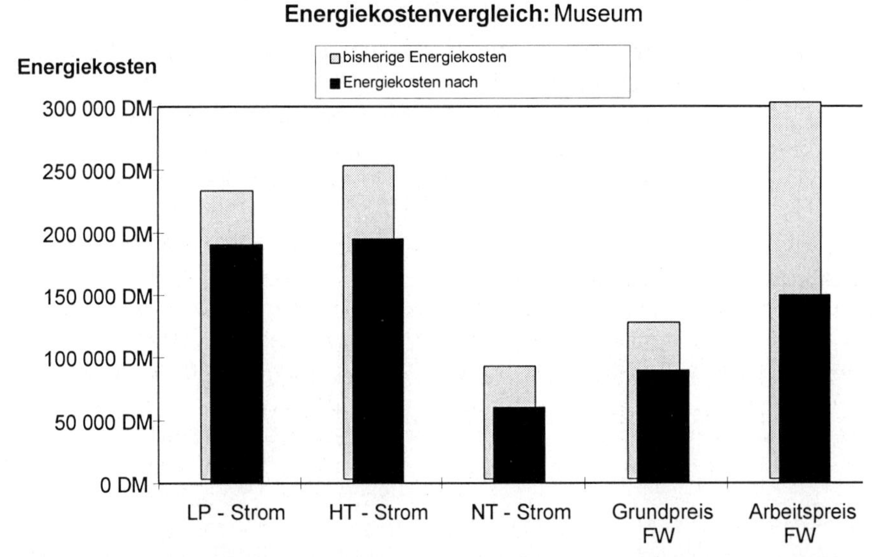

Abb. 13.4. Energiekostenvergleich: vor und nach dem Energie-Management: Museum (Fernwärmekosteneinsparung 43,5%; Stromkosteneinsparung 21,9%; gesamte Einsparungen 31,2%)

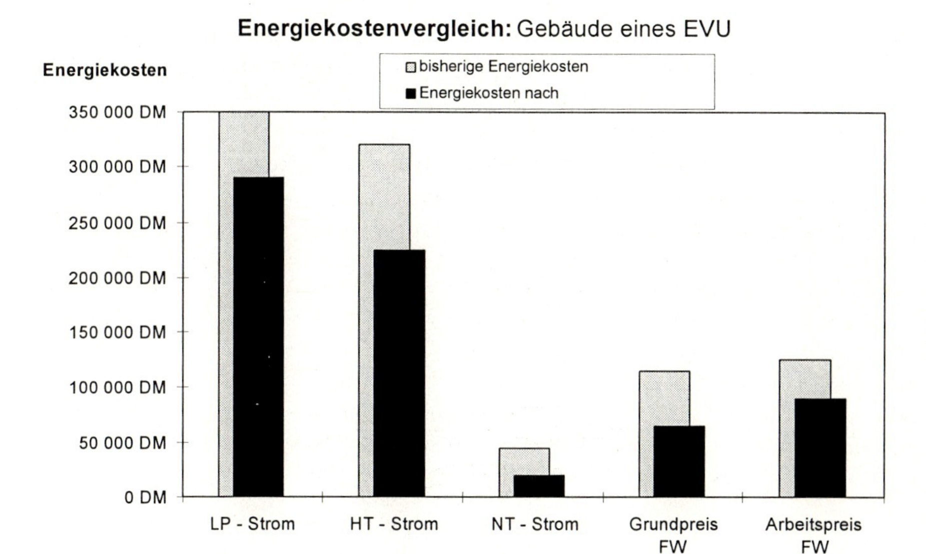

Abb. 13.5. Energiekostenvergleich: vor und nach Energie-Management: EVU-Gebäude (Fernwärmekosteneinsparung 35,4%; Stromkosteneinsparung 25,2%; gesamte Einsparungen 27,8%)

kosten für Strom und Wärme sowie für die Gesamtenergie-Kostenreduzierung angegeben. Die Gesamtenergiekosten für die vier dargestellten Objekte wurden zwischen 14,2% und 31,2% gesenkt.

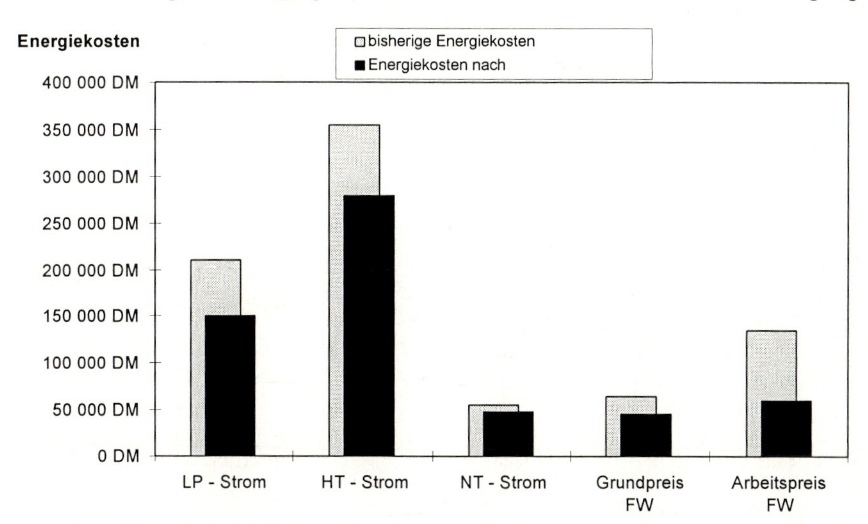

Abb. 13.6. Energiekostenvergleich: vor und nach dem Energie-Management: Gebäude „Kassenärztliche Vereinigung" (Fernwärmekosteneinsparung 47,5%; Stromkosteneinsparung 22,9%; gesamte Einsparungen 28,9%)

Unter Gesamtenergiekosten eines Objektes verstehen wir die Jahressumme aller Energierechnungen (Strom und Wärme) für das gesamte Objekt. In Abb. 13.7 ist das Ergebnis der Feinoptimierung dargestellt.

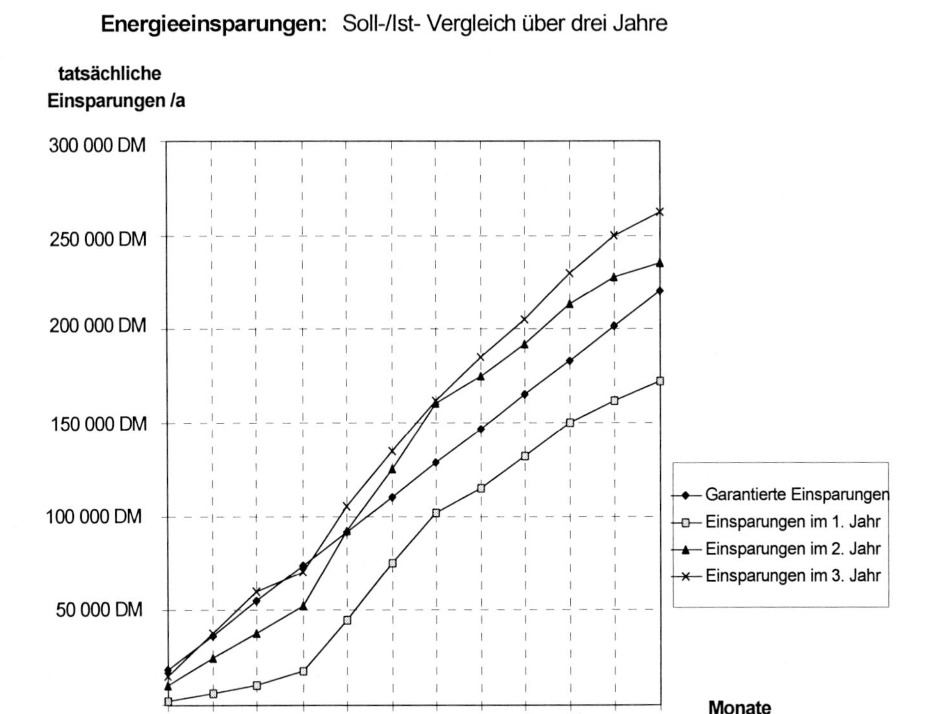

Abb. 13.7. Ergebnis der Feinoptimierung

Die garantierten Einsparungen sind als eine Gerade mit gleicher Steigung über der Zeitachse (Monate 1 bis 12) aufgetragen. Im ersten Vertragsjahr waren die prognostizierten Einsparungen nicht vollständig in den entsprechenden Bezugsrechnungen für Strom und Wärme nachweisbar. Dies ist z.B. durch Leistungs- und Grundpreisreduzierung für Strom und Wärme bedingt, die je nach Energieversorger erst nach Ende der Heiz- bzw. Sommerperiode in den Energiebezugsrechnungen berücksichtigt wird. Im dritten Vertragsjahr sind die Einsparungen höher als garantiert, so daß über die gesamte Vertragslaufzeit die Einsparungen erreicht werden. Die Entwicklung der Einsparung ab dem sechsten Monat im ersten Vertragsjahr und die Entwicklung im zweiten und dritten Vertragsjahr ist das Ergebnis der in den ersten Jahren vorgenommenen Feinoptimierung.

13.9 Finanzieller Nutzen für den Kunden ohne eigenen Kapitaleinsatz

In Tabelle 13.4 und 13.5 ist ein Beispielprojekt berechnet mit einer Energiekosteneinsparung von 100 000 DM im ersten Jahr nach Optimierung der Anlagen und Systeme.

Tabelle 13.4. Finanzieller Nutzen des Kunden bei zweiprozentiger Energiepreissteigerung

Vertragsjahr	Kundenerlöse [DM]	Dito kumuliert [DM]	Wartungskosten [DM]
1	15 000	15 000	inkl.
2	15 300	30 300	inkl.
3	15 606	45 906	inkl.
4	15 918	61 824	inkl.
5	16 236	78 061	inkl.
6	16 561	94 622	inkl.
7	16 892	111 514	inkl.
8	17 230	128 745	inkl.
9	117 166	245 910	16 000
10	119 509	365 420	16 320
11	121 899	487 319	16 646
12	124 337	611 657	16 979
Summe	611 657		65 946
Kundenvorteil in 12 Jahren: 545 711			

Einsparungen im 1. Jahr: 100 000 DM; Vertragslaufzeit 8 Jahre; Beteiligung des Kunden 15%; Preissteigerung der Energiekosten 2%; Wartungskosten/Jahr 16 000 DM.

Beide Beispiele gehen von einer Vertragslaufzeit von acht Jahren und einer Beteiligung des Kunden an den Energieeinsparungen von 15% aus. In Tabelle 13.4 wurde mit einer zweiprozentigen jährlichen Energiepreissteigerung gerechnet und in Tabelle 13.5 mit einer vierprozentigen. So ergibt sich nach zwölf Jahren bei 2% Energiepreissteigerung ein Nutzen für den Kunden von 545 711 DM. Bei vierprozentiger Energiepreissteigerung ergibt sich ein Nutzen von 651 428 DM, ohne daß der Kunde eine einzige Mark selbst investiert hat.

13.10 Vertragliche Aspekte beim Energie-Management über Drittfinanzierung

Ein Vertrag über die Beteiligung an Energieeinsparungen entsteht, wenn sich zwei Partner einigen, gemeinsam Energie an einem Objekt einzusparen. Jeder Kunde und jedes Gebäude hat seine spezifischen Besonderheiten, deshalb wird

Tabelle 13.5. Finanzieller Nutzen des Kunden bei vierprozentiger Energiepreissteigerung

Vertragsjahr	Kundenerlöse [DM]	Dito kumuliert [DM]	Wartungskosten [DM]
1	15 000	15 000	inkl.
2	15 600	30 600	inkl.
3	16 224	46 824	inkl.
4	16 873	63 697	inkl.
5	17 548	81 245	inkl.
6	18 250	99 495	inkl.
7	18 980	118 474	inkl.
8	19 739	138 213	inkl.
9	136 857	275 070	16 000
10	142 331	417 401	16 640
11	148 024	565 426	17 306
12	153 945	719 371	17 998
Summe	611 657		65 946
Kundenvorteil in 12 Jahren: 651 428			

Einsparungen im 1. Jahr: 100 000 DM; Vertragslaufzeit 8 Jahre; Beteiligung des Kunden 15%; Preissteigerung der Energiekosten 4%; Wartungskosten/Jahr 16 000 DM.

jeweils ein objektspezifischer individueller Vertrag über die Beteiligung an Energieeinsparung gemeinsam erarbeitet. Hier werden u.a. die folgenden Punkte (Auszug) vertraglich vereinbart: Eigentumsrechte an den Installationen, Eigentumsübergang nach Ablauf des Vertrages, Pflichten der Servicefirma, Vergütung der Servicefirma, Vertragsverletzung seitens der Servicefirma und Vertragsverletzung seitens des Kunden.

In den Anlagen werden u.a. aufgeführt: die Geräteliste, der Referenzverbrauch für Strom: Hochtarif, Niedertarif, Leistung sowie für Wärme: Arbeit, Leistung, Abschätzung der möglichen Energieeinsparung, einzuhaltende Sollwerte und die Endwert-Preisformel

13.11 Zusammenfassung

Durch Energie-Einspar-Contracting, dem Energie-Management über Drittfinanzierung, werden drei Kernziele erreicht: ein aktiver Beitrag zum Umweltschutz, Einsparungen von Energiekosten und die Finanzierung von Arbeit aus eingesparten Energiekosten. Damit diese Ziele erreicht werden, ist es notwendig, vom Wollen und Wissen zum Handeln überzugehen und dadurch einen aktiven Beitrag zum Umweltschutz zu leisten. Hierfür ist das Contracting als Energie-Management über Drittfinanzierung ein in der Praxis erprobter Weg, insbesondere in Zeiten leerer Kassen. Der TÜV Rheinland hat diese Dienstleistung der LTG-Energie-Management über Drittfinanzierung nach ISO 9001 zertifiziert.

Teil IV
Handlungskonzepte und Förderungsschwerpunkte der Europäischen Union, der USA und Japans bei erneuerbaren Energien

14 Erneuerbare Energien als Teil der Energiestrategie der Europäischen Gemeinschaft: Entwicklung, Stand und Perspektiven*

Peter Palinkas und Andreas Maurer

14.1 Einführung

In den 15 Mitgliedstaaten der Europäischen Union werden bereits heute viele Politikbereiche nicht mehr allein auf nationaler Ebene entschieden, sondern direkt oder indirekt zu einem wesentlichen Teil durch Vorgaben, Absprachen und Rechtsmittel auf europäischer Ebene bestimmt. Gerade für die Energiepolitik, die ja ursprünglich (Gründung der EGKS 1951/1952) den Grundstein für die europäische Integration bildete, ist ein solches Zusammenwirken auf europäischer Ebene ein konstituierendes Element. Auch für die erneuerbaren Energien (e. E.) werden heute vielfältige Entscheidungen und Weichenstellungen nicht mehr im rein nationalen Rahmen getroffen, sondern auch auf europäischer Ebene. Der vorliegende Beitrag versucht deshalb, einen Überblick über die erneuerbaren Energien als Teil einer im Entstehen begriffenen Energiestrategie der Europäischen Union (EU) zu geben. Hierbei wird auch auf die energiepolitischen Konzeptionen der EU und den institutionellen Rahmen eingegangen. Der Begriff der *erneuerbaren Energien* soll im folgenden sehr weit gefaßt werden; auch die rationelle Energienutzung wird daher neben der Nutzung regenerativer Energiequellen (REN- und REG-Politik) behandelt.

14.2 Energiepolitische Zielsetzungen, Leitlinien, Perspektiven

14.2.1 Der Binnenmarkt für Energie als Teil des Binnenmarktes der EU

Laut EWG-Vertrag und der substantiellen Erweiterung dieses Vertrages durch den Maastricht-Vertrag hat sich die Gemeinschaft zum Ziel gesetzt, einen Internen bzw. Gemeinsamen Markt zu schaffen. Konstituierendes Element dieses

---

* Dieser Beitrag stellt eine wesentlich erweiterte und aktualisierte Fassung eines Hintergrundpapiers von Peter Palinkas und Horst Feuerstein für eine Studie von Altner et al., 1995 dar.

Binnenmarktes ist die Beseitigung aller Hemmnisse in bezug auf die Freizügigkeit von Personen, Gütern, Dienstleistungen und Kapital. Artikel 7a EGV verpflichtet die Gemeinschaft zur Verwirklichung des Binnenmarktes; Artikel 3t EGV enthält eine energiepolitische Spezialbestimmung, wonach die Gemeinschaft im Bereich der Energie Maßnahmen ergreifen kann; nach Artikel 129b ist die Gemeinschaft beauftragt, transeuropäische Energienetze im Rahmen eines Systems offener und wettbewerbsfähiger Märkte auf- und auszubauen. Zu einem Gemeinsamen Markt gehört auch ein Binnenmarkt für Energie; eine weitgehende Liberalisierung des Energiesektors wird daher nach dem EUV angestrebt.

In der ersten Stufe zur Schaffung dieses Binnenmarktes für Energie wurden 1990/91 die Preistransparenzrichtlinie[1] und die Transitrichtlinien für Elektrizität[2] und Erdgas[3] verabschiedet. Mit der zweiten Stufe, wie sie in den Richtlinienvorschlägen der Kommission vom Februar 1992[4] bzw. vom Dezember 1993[5] veröffentlicht worden sind, soll unter Beachtung bestehender Strukturen eine Liberalisierung der Strom- und Gasmärkte vorgenommen werden, damit weitere Akteure in diese Märkte eintreten können. Aus diesen Richtlinienvorschlägen sind folgende Elemente hervorzuheben:

- freie Stromerzeugung und freier Leitungsbau,
- weitgehende Aufhebung der Ausschließlichkeitsrechte,
- organisatorische und rechnungsmäßige Trennung der Funktionen Erzeugung, Übertragung und Verteilung bei vertikal integrierten Unternehmen (sog. „Entbündelung"),
- Zugang großer Industrie- und Verteilerunternehmen zu verschiedenen Anbietern (Third Party Access - TPA).

Mit diesen Vorschlägen zur Schaffung eines Binnenmarktes für Energie setzt die Europäische Kommission auch für den Energiebereich auf einen umfassenden Wettbewerb. Technologische Erneuerung zugunsten des Umweltschutzes und der Versorgungssicherheit sollen in die Flexibilität des Marktes integriert werden.

---

1 „Council Directive 90/377/EEC of 29 June 1990 concerning a Community procedure to improve the transparency of gas and electricity prices charged to industrial end-users", *OJEC* L 185, 17.7.1990: 16.

2 „Council Directive 90/547/EEC of 29 October 1990 on the transit of electricity through transmission grids", *OJEC* L 313, 13.11.1990: 30.

3 „Council Directive 91/296/EEC of 31 May 1991 on the transit of natural gas through grids", *OJEC* L 147, 12.6.1991: 37.

4 „Vorschlag der Kommission für eine Richtlinie des Rates über gemeinsame Vorschriften für den Elektrizitätsbinnenmarkt; sowie: Vorschlag der Kommission für eine Richtlinie des Rates über gemeinsame Vorschriften für den Erdgasbinnenmarkt (beide vom 22. Januar 1992)", *ABL. der EG*, Nr. C 65 vom 14.3.1992 und *KOM(91) 548*.

5 „Geänderter Vorschlag der Kommission für eine Richtlinie des Europäischen Parlaments und des Rates über gemeinsame Vorschriften für den Elektrizitätsbinnenmarkt"; sowie: „Geänderter Vorschlag der Kommission für eine Richtlinie des Europäischen Parlaments und des Rates über gemeinsame Vorschriften für den Erdgasbinnenmarkt"; (beide vom 7. Dezember 1993), *KOM(93) 643*.

In den Vorschlägen der Organe der EU zur Stärkung eines Energiebinnenmarktes wird unterstrichen, daß die übergeordneten Gemeinschaftsziele - nachhaltiges Wachstum, Wettbewerbsfähigkeit und Beschäftigung - von der Energiepolitik unterstützt werden müssen. Das Europäische Parlament (EP)[6] unterstützt zwar die Liberalisierung der Energiemärkte, unterstreicht aber zugleich die Notwendigkeit, die Versorgungssicherheit,[7] die öffentlichen Dienstleistungspflichten und den Umweltschutz zu gewährleisten. Die Gemeinschaft ist nach Auffassung des EP zu einer Diversifizierungspolitik aufgefordert, welche die nukleare Energiekomponente beibehalten sollte. Aus umweltpolitischen Erwägungen plädiert das EP für ein Gemeinschaftsprogramm, „in dem die Energieeffizienz, das Energiesparen und die erneuerbaren Energieträger Priorität erhalten und das zur Erfüllung der von der Gemeinschaft eingegangenen internationalen Umweltschutzverpflichtungen beiträgt".[8]

Die internationale Wettbewerbsfähigkeit der europäischen Industrie setzt wettbewerbsfähige Energieversorgungsunternehmen (EVU) voraus, wobei gleichzeitig die Versorgungssicherheit erhöht wird. Die Reduzierung der Kosten durch die Liberalisierung der leitungsgebundenen Energiemärkte wird weiterhin ein wesentlicher Bestandteil der europäischen Energiepolitik bleiben. Sollte auf EU-Ebene keine Einigung über die Liberalisierung der Energiemärkte erzielt werden, so steht das im Widerspruch zu dem, was auf anderen Märkten (Luftfahrt, Telekom usw.) schon erreicht wurde. In jedem Fall wird die Liberalisierung in *einzelnen* Mitgliedsländern fortschreiten, was zu einem erhöhten intra-kommunitären Wettbewerb bei der industriellen Produktion führt.

Derzeit ist nicht klar abzusehen, ob und inwiefern die geplanten Schritte hin zu einem wettbewerbsorientierten Binnenmarkt für Energie auf europäischer Ebene umgesetzt werden, da auch in Europa, wie die bisherige Erfahrung gezeigt hat, die Energiekonsensbildung sich als sehr schwierig erweist. Doch bleibt festzustellen, daß der marktwirtschaftliche Druck in Richtung auf mehr Wettbewerb bei den leitungsgebundenen Energieträgern Strom und Gas auf jeden Fall bleibt. Die hohen Preisunterschiede für vergleichbare industrielle Abnehmer von Strom und Gas innerhalb der EU bei gleichzeitig intensiverem Wettbewerb bei industriellen Produkten erhöhen auch den Druck hin zu mehr Wettbewerb bei Strom und

6 Vgl. Europäisches Parlament: „Entschließung zum Grünbuch 'Für eine Energiepolitik der Europäischen Union'", *Bericht A4-0212/95, Protokoll der Sitzung vom 10.10.1995*: II.9-16.

7 Versorgungssicherheit wurde im Grünbuch der Europäischen Kommission zur Energiepolitik definiert als die „Möglichkeit.., künftig den wesentlichen Energiebedarf einerseits mit ausreichenden, unter wirtschaftlich vertretbaren Bedingungen geförderten oder als strategische Reserve bewahrten heimischen Ressourcen und andererseits mit diversifiziert und stabil verfügbaren äußeren Energieträgern kontinuierlich zu befriedigen". Vgl. Europäische Kommission: *Grünbuch: „Für eine Energiepolitik der Europäischen Union*", KOM(95) 659 vom 11.1.1995.

8 Europäische Kommission: *Weißbuch: „Eine Energiepolitik für die Europäische Union"*, KOM(95) 682.

Gas. Sollte es wegen divergierender nationaler Interessen nicht zu einer befriedigenden EU-Lösung kommen, werden - wie es jetzt schon abzusehen ist - Einzelstaaten mit der Liberalisierung vorpreschen, um sich damit einen Wettbewerbsvorteil zu verschaffen. Das britische Beispiel hat jetzt schon zu erheblichen Kostensenkungen bei der Stromerzeugung geführt. Dies, kombiniert mit der Liberalisierung des Gasmarktes, hat zu einer erheblichen Verbesserung der britischen Standortbedingungen beigetragen, was u.a. aus den ausländischen industriellen Neuinvestitionen abzulesen ist. Einige andere EU-Länder und nordische Staaten sind dem britischen Beispiel gefolgt. Diese Entwicklungen in den Nachbarstaaten werden den Druck auf ein Umdenken in Deutschland erhöhen.

Die Schritte hin zu mehr Wettbewerb bei leitungsgebundenen Energieträgern werden in jedem Fall die verschiedenen Energieträger unterschiedlich betreffen und damit auch auf den Energiemix durchschlagen. Diese zu erwartenden Veränderungen werden insbesondere für die alternativen Energien, die rationelle Energienutzung und für alle Formen von REN- und REG-Politiken derzeit schwer abschätzbare Auswirkungen haben.

Der Trend zur Öffnung der Märkte und der damit verbundenen Angleichung der Preise für Strom und Gas wird die Markteintrittsbedingungen für unabhängige Elektrizitätserzeuger verbessern, vorausgesetzt, daß auch adäquate Elektrizitätseinspeisungspreise gezahlt werden. Großbritannien, aber auch Italien und Spanien sind Beispiele für EU-Länder mit verbesserten Stromeinspeisebedingungen, womit die Voraussetzungen geschaffen wurden, daß in dezentrale Kraft-Wärme-Kopplung (KWK) investiert wird.

Der Energieeinsparungseffekt ist am größten in Industrien mit einer hohen Dampfgrundlast. Beispiele hierfür sind Raffinerien in Italien, die heute schon in Schwerölvergasung investieren. Allein in der Industrie gibt es noch ein erhebliches Einsparpotential durch die Nutzung von KWK. Ähnliches gilt im Haushalts- und kommerziellen Bereich, wo Blockheizkraftwerke die Vorteile der KWK nutzen könnten. Dänemark bietet hier schon heute ein beachtliches Anschauungspotential.

14.2.2 Die energiepolitischen Zielsetzungen, Leitlinien und Perspektiven

Im Bereich der Energiepolitik hat sich die EU - abgeleitet vom allgemeinen Binnenmarktkonzept - nicht nur das Ziel zur Schaffung eines Energie-Binnenmarktes gesetzt, sondern darüber hinaus spezielle energiepolitische Zielsetzungen entwikkelt und Leitlinien formuliert. Bis in die späten 70er Jahre bestand in der EG grundsätzliches Einvernehmen über die Energiepolitik der Gemeinschaft und ihre energiepolitischen Ziele. Tragendes Element war - nach dem Ende der „Kohle-Ära“ 1957 und neben der Sicherstellung der Erdölversorgung[9] - die Nuklearenergie, der eine besondere Stellung in der zukünftigen Energieversorgung der Ge-

9 Der Anteil des Öls am Primärenergieverbrauch in der Gemeinschaft stieg von 11% 1950 auf 54% 1970; vgl. *EUROSTAT*, 1982.

meinschaft zuerkannt wurde; insbesondere, um die Gemeinschaft von Energieimporten unabhängig zu machen.[10] Schon vor Beginn der Ölkrise 1973/74 legte die Kommission dem Rat am 18. Dezember 1968 eine „Erste Ausrichtung für eine gemeinschaftliche Energiepolitik“ vor, in der auf die Versorgungssicherheit der Gemeinschaft mit ausreichenden Energieträgern vor dem Hintergrund möglicher Versorgungsengpässe hingewiesen wurde.[11] Mit der vom Rat auf der Grundlage des Artikels 103 EWGV erlassenen Richtlinie 68/414/EWG vom 20.12.1968, in der die Mitgliedstaaten verpflichtet wurden, ihre Erdölproduktbestände ständig auf einem Stand zu halten, der dem Durchschnittsverbrauch von mindestens 65 Tagen (ab 1972 90 Tage) entspricht, reagierte die Gemeinschaft frühzeitig auf die instabile Lage im Nahen Osten und der damit erkannten Gefahr von Versorgungsengpässen. Abgesehen von einigen Maßnahmen im Rahmen der „Ausrichtung“ der gemeinschaftlichen Energiepolitik blieben die Initiativen der Kommission weitgehend erfolglos. Daher stellte das EP 1971 fest, „daß es keine europäische Energiepolitik gäbe“ (Oppermann, 1991: 470).

Der ursprüngliche Konsens in der Energiepolitik bestand seit Ende der 70er Jahre nicht mehr. Deshalb fällt es der EG noch immer schwer, strategische Entscheidungen im energiepolitischen Bereich zu treffen. Die beiden wichtigsten Fragen (Zukunft der Kernenergie und Bekämpfung des Treibhauseffekts) blieben bislang ungelöst, obwohl gerade sie typisch grenzüberschreitende Probleme darstellen und die EU in diesen Fällen besonders gefordert wäre.

Entsprechend dem Ratsbeschluß vom September 1986 bezüglich der energiepolitischen Ziele der Gemeinschaft bis zum Jahre 1995[12] sind die Mitgliedstaaten verpflichtet, den Prozeß der energiepolitischen Umstrukturierung zu fördern und fortzusetzen. Trotz der gegenwärtigen Entspannungstendenzen auf den Energie- bzw. Ölmärkten soll an den langfristigen Zielen der gemeinschaftlichen Energiepolitik unvermindert festgehalten werden. Diese Ziele, die derzeit überarbeitet werden, sind u.a. auch auf verstärkte Energieeinsparung durch rationelle Energienutzung und die Erhöhung des Anteils der regenerativen Energiequellen ausgerichtet.[13] Bei der Verfolgung dieser energiepolitischen Ziele hat die Gemein-

---

10 Vgl. „Protokoll eines Abkommens über die Energieprobleme vom 21.4.1964“, *ABL. der EG*: 1099. Ziel des Abkommens war die billige und sichere Energieversorgung, die Gewährung eines angemessenen Wettbewerbs zwischen den Energieträgern, die freie Wahl der Verbraucher, die Lösung der Probleme des Steinkohlebergbaus, die Versorgung mit Erdöl und Erdgas zu niedrigen Preisen durch Drittlandseinfuhren, Nullzölle und eine gemeinsame Lagerhaltungspolitik sowie die Förderung der Kernenergiewirtschaft durch Investitionshilfen und die Förderung von Forschungsvorhaben.

11 Kommission der Europäischen Gemeinschaften: „Erste Orientierung für eine gemeinschaftliche Energiepolitik“, Mitteilung der Kommission dem Rat vorgelegt am 18. Dezember 1968.

12 *ABL. der EG*, Nr. C 341: 1ff.

13 Vgl. hierzu auch die Entschließung des Rates vom 16.11.1986 über eine Orientierung der Gemeinschaft für die Weiterentwicklung der neuen und erneuerbaren Energiequellen; in: *ABL. der EG*, Nr. C 316: 1.

schaft zwar Erfolge aufzuweisen, doch bestehen zwischen einzelnen Mitgliedstaaten noch große Unterschiede hinsichtlich der Realisierung dieser angestrebten Ziele. Derzeit werden, wie vom Energierat am 25. Mai 1994 beschlossen worden ist, von der EU-Kommission neue Leitlinien für die zukünftige Energiepolitik vorbereitet (Grünbuch über „Neue Richtlinien der Energiepolitik" - KOM(95) 659 und Weißbuch „Eine Energiepolitik für die Europäische Union" - KOM(95) 682). Diese Leitlinien dienen zur Vorbereitung eines eigenen Energiekapitels für die 1996 anstehende Revision des EG-Vertrages und zur Erarbeitung einer konsistenten Energiekonzeption für die EU. Die dem Vertrag über die EU beigefügte Erklärung Nr. 1 zu den Bereichen Katastrophenschutz, Energie und Fremdenverkehr dient ausdrücklich der Aufhebung der als relativ disparat einzustufenden Vertragslage im Bereich der Energiepolitik. Die Leitlinien wurden von der Kommission am 11. Januar 1995 offiziell dem Rat und dem EP vorgelegt. Zielsetzung des Weißbuchs ist es, die Übereinstimmung der verschiedenen Aktivitäten der Gemeinschaft mit den Zielen der Energiepolitik sicherzustellen. Zu nennen sind hier die Stärkung des Wettbewerbs, die Erhöhung der Versorgungssicherheit und die Entlastung der Umwelt.

In diesem Weißbuch werden auch die mittel- und langfristigen Perspektiven und Rahmenbedingungen bis zum Jahre 2010 skizziert. Kernaussagen für den Energiesektor sind:

- In der EU hat sich der Energieverbrauch - trotz sehr niedriger Erdölpreise - aufgrund realisierter Energiesparanstrengungen stabilisiert. Mittelfristig wird - bei anhaltend niedrigen Erdölpreisen - der Energieverbrauch voraussichtlich mäßig (im Durchschnitt um 1%) wachsen. Hierbei ist jedoch festzustellen, daß die Endnachfrage im Transportbereich um 2% jährlich wachsen wird. Der Stromverbrauch dürfte um ebenfalls 2% jährlich ansteigen.
- Der Anteil der festen Brennstoffe am Energieverbrauch wird voraussichtlich konstant bleiben.
- Der Anteil des Erdöls wird vor allem in Abhängigkeit von der Entwicklung im Transportwesen leicht ansteigen.
- Der Anteil der Kernenergie wird in den nächsten zehn Jahren voraussichtlich etwas sinken.
- Für Erdgas wird ein deutlicher Anstieg erwartet (mehr als 50% zwischen 1991 und 2005), vor allem aufgrund des Erdgaseinsatzes zur Produktion von Elektrizität.
- Der Anteil der erneuerbaren Energien bleibt im Vergleich zu den fossilen Energieträgern gering, da die erwarteten niedrigen Preise für fossile Energieträger ihre Konkurrenzfähigkeit nicht fördern; dennoch bleibt das Ziel, daß diese Energien 8% der gesamten Energienachfrage im Jahre 2005 abdecken sollen.
- Das Ziel der Gemeinschaft, die von ihr verursachten CO_2-Emissionen im Jahre 2000 auf das Niveau von 1990 zu begrenzen, wird zwar weiterhin angestrebt, aber voraussichtlich nicht erreicht.

Diese unterstellten Entwicklungstendenzen führen zu folgenden Überlegungen bei der Entwicklung einer zukünftigen einheitlichen europäischen Energiepolitik:

- Investitionen im Energiebereich zur Aufrechterhaltung und Sicherstellung der Versorgung bleiben von entscheidender Bedeutung. Da derartige Investitionen erst langfristig wirken, sollten Investitionsentscheidungen bald getroffen werden.
- Nur der Einsatz von Erdgas wird deutlich zunehmen. Für die anderen Energieträger wird in der Energiebilanz keine Anteilsverschiebung erwartet.
- Die Abhängigkeit von Energieimporten wird deutlich zunehmen; dies trifft besonders für Erdgas (wegen erhöhter Nachfrage bei etwa gleichbleibendem EU-Angebot) sowie für Erdöl (geringeres europäisches Angebot) zu.
- Es muß von einer deutlichen Zunahme des Energieverbrauchs und so des Anstiegs der CO_2-Emissionen in den Entwicklungsländern ausgegangen werden.
- Unterschiedlich sind die Auffassungen in bezug auf die mittel- und längerfristig vorherrschenden Energiepreise. Im folgenden wird von Ölpreisen ausgegangen, die bis zum Jahre 2010 geringfügig (inflationsbereinigt) steigen.

Erarbeitet werden auf EU-Ebene derzeit Vorschläge zur Einführung rationeller Planungsverfahren auf den Gebieten der Strom- und Gasversorgung[14] - entsprechend den bekannten Ansätzen für DSM (Demand-Side Management) oder LCP (Least-Cost Planning). Diese in Vorbereitung befindlichen IRP-Vorschläge der EU sollen Rahmenbedingungen für Energieversorgungsunternehmen (EVU) schaffen, mittels derer die Einbeziehung neuer Aspekte wie Ressourcenschonung und Umweltschutz ermöglicht werden soll.

Der Ministerrat „Energie" verabschiedete am 1. Juni 1995 eine Entschließung zum Grünbuch. Hierin macht er deutlich, daß die Debatte über eine Energiepolitik der EU auf den folgenden Grundsätzen basieren muß:

- Schaffung eines institutionellen Rahmens;
- Diversifizierung der Energieversorgung;
- Rationelle Energienutzung;
- Berücksichtigung von Themen wie Umweltschutz, Beziehungen zu Drittländern und wirtschaftlicher/sozialer Zusammenhalt.

Ziel einer konvergenten Energiepolitik sollte die Integration dieser Politiken, die Vollendung des Erdgas- und Elektrizitätsbinnenmarktes, der Ausbau der Energieinfrastruktur, eine höhere Energieeffizienz sowie die Förderung der stärkeren Energieeinsparung sein.[15]

Das EP bekräftigte in seiner Entschließung vom 10. Oktober 1995 seine Auffassung, daß ein Binnenmarkt für Energie geschaffen werden muß, der nach folgenden Grundsätzen auszurichten ist:

- maximale Versorgungssicherheit
- Vereinbarkeit mit der Umwelt;

14 Vgl. *KOM(95) 369* vom 20. September 1995.

15 Vgl. *Bulletin der EU,* Nr. 6/1995, Pkt. 1.3.113: 73.

- ständige Erforschung neuer Energiequellen und des Einsatzes der traditionellen Energieträger;
- Transparenz der Zusammenarbeit zwischen einzelnen Marktteilnehmern sowie der Rechnungslegung;
- Wettbewerbsorientierung der Elektrizitätsunternehmen;
- Wahrung der Aufgaben von allgemeinem wirtschaftlichen Interesse.

Ziel einer kohärenten Energiepolitik müßte nach Ansicht des EP sein, die Diversifizierung im Energiesektor voranzutreiben, die Versorgungssicherheit zu gewährleisten, die gemeinschaftlichen und einzelstaatlichen Bemühungen zur Entwicklung erneuerbarer Energieträger zu verstärken und ein günstiges Klima für die transeuropäischen Energienetze zu schaffen. Die Kommission wird in der Entschließung aufgefordert, der Regierungskonferenz von 1996/97 einen Entwurf für ein Vertragskapitel zur Energiepolitik vorzulegen. Neben einer Reihe von an die Kommission gerichteten Aufträgen zur Unterbreitung von Legislativvorschlägen in den Bereichen Wettbewerb, Preistransparenz und Forschung fordert das Parlament auch die Ausarbeitung eines Teilprogramms zur ökologischen Steuerreform, die finanzielle Aufstockung des SAVE II-Programms, die Neuauflage des THERMIE-Programms sowie die Ausarbeitung einer Rechtsvorschrift über die Einführung einer CO_2-/Energiesteuer, die gleichzeitig auf fossile Brennstoffe und Kernkraft angewendet werden soll.[16]

14.2.3 Instrumente und nationale Einflußmöglichkeiten

Der EU-Kommission und dem Rat stehen im wesentlichen *zwei Arten von rechtlichen Instrumenten* zur Verfügung, a) die Anwendung des bestehenden Gemeinschaftsrechts sowie b) die Schaffung neuen Rechts, vor allem durch Richtlinien, die anschließend in nationales Recht umzusetzen sind. Für den Erlaß von Richtlinien und Verordnungen wird eine Rechtsgrundlage in den EU-Verträgen benötigt, wobei grundsätzlich verschiedene Möglichkeiten in Frage kommen:

- entsprechend Art. 100a EGV, durch den der Rat ermächtigt wird, auf Vorschlag der Kommission, gemeinsam mit dem EP nach dem Verfahren der Mitentscheidung (Art. 189b EGV) und nach Anhörung des Wirtschafts- und Sozialausschusses (WSA) mit qualifizierter Mehrheit die Maßnahmen zur Angleichung der Rechts- und Verwaltungsvorschriften zu erlassen, die die Schaffung eines europäischen Binnenmarktes zum Gegenstand haben (Beispiel: Richtlinie des Rates Nr. 91/296/EWG vom 31.5.1991 über den Transit von Erdgas über große Netze sowie Richtlinie des Rates Nr. 92/75/EWG vom 22.9.1992 über die Angabe des Verbrauchs an Energie und anderen Ressourcen durch Haushaltsgeräte; hier allerdings noch nach dem alten Kooperationsverfahren zwischen Parlament und Rat);

16 Vgl. Europäisches Parlament: „Entschließung zum Grünbuch 'Für eine Energiepolitik der Europäischen Union'“, *Bericht A4-0212/95, Protokoll der Sitzung vom 10.10.1995*: II.9-16.

- entsprechend dem durch den Maastricht-Vertrag neu geschaffenen Art. 130i, wonach der Rat (mit Einstimmigkeit) nach dem Mitentscheidungsverfahren des Art. 189b EGV und nach Anhörung des WSA mehrjährige Rahmenprogramme im Bereich Forschung und technologische Entwicklung aufstellt. Die Durchführung der Rahmenprogramme erfolgt durch spezifische Programme, die vom Rat mit qualifizierter Mehrheit auf Vorschlag der Kommission und lediglich nach Anhörung des EP und des WSA beschlossen werden (Beispiel: nach Art. 130i, Abs. 1 EGV, also nach dem Verfahren der Mitentscheidung: 4. Rahmenprogramm für Forschung, technologische Entwicklung);
- entsprechend Art. 130s, Abs. 2, wonach der Rat auf Vorschlag der Kommission und nach Anhörung des EP und des WSA einstimmig Maßnahmen beschließt, die die Wahl eines Mitgliedstaats zwischen verschiedenen Energiequellen und die allgemeine Struktur seiner Energieversorgung erheblich berühren (Beispiel: ALTENER-Programm, in Verbindung mit Art. 235 EGV);
- entsprechend Art. 235 EGV, wonach der Rat einstimmig auf Vorschlag der Kommission und nach Anhörung des EP Vorschriften erläßt, die geeignet sind, ein Tätigwerden der Gemeinschaft in den Bereichen zu ermöglichen, die zur Verwirklichung des Gemeinsamen Marktes erforderlich erscheinen, ohne daß hierzu im Vertrag die erforderlichen Befugnisse vorgesehen sind (Beispiel: THERMIE-Programm von 1990, SAVE-Programm von 1991, SAVE-Programm von 1993, hier aber in Verbindung mit Art. 130s-2 EGV).

Die EU-Kommission hat in den letzten Jahren zahlreiche Richtlinien verabschiedet, die den Energiesektor betreffen. Zu den Instrumenten im Rechtsbereich gehören auch Auskunfts- und Informationspflichten. Eng verbunden mit den zuvor dargestellten Kompetenzen der EU sind die *steuerpolitischen Kompetenzen*. Die Steuerpolitik ist integraler Bestandteil der Schaffung eines internen Marktes und somit ein zentraler Punkt der EU-Politik. Auch im energiepolitischen Bereich besitzt die Steuerpolitik wachsende Bedeutung. Erinnert sei neben der Mehrwertsteuerharmonisierung auch an die bereits eingeleiteten oder beabsichtigten Harmonisierungen bei den Verbrauchssteuern (Mineralölsteuer etc.). Von besonderer Bedeutung sind die derzeit diskutierten Pläne zur Einführung einer kombinierten CO_2-/Energiesteuer für nicht-erneuerbare Energien. Diese Steuer kann einen erheblichen Einfluß auf den Energiemix in den Mitgliedstaaten ausüben.

Zu den *sonstigen finanziellen Instrumenten* gehört die Möglichkeit seitens der Gemeinschaft, eine Erlaubnis für nationale Subventionen zu bekommen. Im Energiebereich wird dies bei den Kohlesubventionen besonders deutlich, die nur mit Zustimmung der EU als nationale Beihilfen gewährt werden dürfen. Wichtiger sind aber die direkten finanziellen Zuwendungen der Gemeinschaft zur Förderung bestimmter Projekte. Hierzu zählen im Energiebereich zahlreiche Förderprogramme.

Bei den zuvor dargestellten Kompetenzen der EU bestehen jeweils *direkte und indirekte Einflußmöglichkeiten der nationalen Regierungen*. Diese Einflußmöglichkeiten können - je nach der jeweiligen Rechtslage - in unterschiedlicher Weise genutzt werden, z.B. durch indirekte Initiativen und Anregungen von Politiken auf dem Wege direkter Kontakte zur EU-Kommission im Stadium der Formulierung und Konzipierung von Politiken, durch das Einwirken auf die Entscheidungsträger im EP und schließlich durch das Abstimmungsverhalten im Ministerrat. Wenn diese nationalen Einflußmöglichkeiten in Koalition mit anderen EU-Partnerländern geschickt und gezielt geltend gemacht werden, können hier entscheidende Weichenstellungen für Ausrichtung und Konzipierung von EU-Politiken vorgenommen werden.[17]

14.2.4 Die geplante CO_2-/Energiesteuer

Entsprechend dem Beschluß des Gemeinsamen Rates der Energie- und Umweltminister vom 29. Oktober 1990 sollen die CO_2-Emissionen der EU bis zum Jahr 2000 auf dem Niveau von 1990 stabilisiert werden. Der Kommissionsvorschlag einer CO_2-/Energiesteuer zielt im wesentlichen darauf ab, die negativen externen Effekte, die durch die Verbrennung von fossilen Brennstoffen entstehen, zu internalisieren. Es wird ein gradueller Anstieg der CO_2-/Energiesteuer bis zum Jahre 2000 angenommen. Die Kommission legte 1992 einen ersten Vorschlag für eine Richtlinie des Rates zur Einführung einer Steuer auf CO_2-Emissionen und Energie auf der Grundlage der Art. 99 und 130s EGV vor,[18] der durch einen geänderten Vorschlag vom 10.5.1995 ersetzt wurde.[19] Der wesentliche Unterschied zwischen beiden Vorschlägen besteht darin, daß der geänderte Vorschlag die Einführung der CO_2-Steuer als fakultativ einzuführende Maßnahme für die Mitgliedstaaten vorsieht, denen während eines Übergangszeitraums bis zum 31.12.1999 freigestellt wird, die Steuer einzuführen. Nach dem Richtlinienvorschlag sollen die Energieträger Steinkohle, Braunkohle, Erdgas, Mineralöl, Äthyl- und Methylalkohole sowie elektrischer Strom besteuert werden (Lenschow, 1996).

Der Richtlinienvorschlag enthält keine Verwendungsbindung des Steueraufkommens. Damit wird das Erfordernis der Steuerneutralität eingehalten und die Einführung der Steuer zur Kompensation von geringeren Steueraufkommen bei gesenkten Steuern erleichtert. Die Einführung einer gemeinsamen CO_2-/Energiesteuer ist wegen der divergierenden Interessen innerhalb der EU noch umstritten. Ferner kann eine Besteuerung der im internationalen Wettbewerb stehenden Industrie nur im Gleichschritt mit anderen internationalen Wettbewerbern in Asien und Amerika durchgeführt werden.

Es sind jedoch, ungeachtet dieser Schwierigkeiten, Einzelstaaten mit der Besteuerung, zumindest von Haushalten, vorgeprescht. Beispiele hierfür sind die hohe Heizölbesteuerung in Dänemark (am CO_2-Gehalt bei Verbrennung orien-

---

17 Vgl. Faross, 1995; Beutler et al., 1993: 484-486; Palinkas, 1992.

18 *ABL. der EG*, Nr. C 196/1 vom 3.8.1992.

19 „Geänderter Vorschlag für eine Richtlinie des Rates zur Einführung einer Steuer auf Kohlendioxidemissionen und Energie", *KOM(95)172* vom 10.5.1995.

tierte Besteuerung aller CO_2-verursachenden Energieträger mit Ausnahme von Benzin, Naturgas und Biobrennstoffen, vgl. Kap. 11) und Italien. Es wird damit gerechnet, daß weitere EU-Mitglieder ihre Energiesteuern erhöhen werden - sei es, um die CO_2-Emissionen zu verringern oder einfach aus Budgetgründen oder wegen einer Umschichtung der Steuerlast, um den Faktor Arbeit weniger zu belasten, wobei dann mit dem Ziel der Aufkommensneutralität fossile Brennstoffe stärker besteuert werden.

Das Beispiel Dänemark verdeutlicht, daß durch eine hohe Heizölbesteuerung die Nutzung von KWK selbst in ländlichen Regionen Verbreitung findet. Es zeigt sich, daß die Kombination von hohen Heizölsteuern und adäquaten Elektrizitätseinspeisungspreisen, die auf wegfallenden langfristigen Produktions- und Verteilungskosten basieren, zu einem erheblichen Energiespareffekt führen (vgl. Ezba et al., 1994). In Italien ist vorerst im wesentlichen eine Substitution von Heizöl durch Gas für Raumwärme und Warmwasser angestrebt. Ferner hat die höhere Besteuerung zu verstärkten Investitionen in Solaranlagen für Warmwasserversorgung in den Haushalten geführt (vgl. Giesberts, 1995: 848-859).

Zusammenfassend kann festgestellt werden, daß die Diskussion um diese Steuer es erleichtert hat, selbst wenn keine EU CO_2-/Energiesteuer eingeführt wird, in Einzelstaaten Steuererhöhungen für fossile Brennstoffe durchzusetzen. Die positiven Ergebnisse in diesen Ländern werden sicher auch in Deutschland nicht unbeachtet bleiben können, zumal auch in einigen Parteiprogrammen eine stärkere Besteuerung von fossilen Brennstoffen mit gleichzeitiger Steuerentlastung für den Produktionsfaktor Arbeit (aufkommensneutrale Besteuerung) gefordert wird.

14.3 Positionen zur Einführung eines Kapitels „Energie" in den Vertrag über die Europäische Union

Im Hinblick auf die Regierungskonferenz zur Überprüfung des Maastrichter Vertrages haben die Organe und Institutionen der EU sowie fast alle Regierungen und Parlamente der Mitgliedstaaten ihre Positionen vorgestellt. Bezüglich eines eigenständigen Energiekapitels ist noch keine klare Tendenz zu erkennen.

Neben der Aufforderung an die Kommission, die Vorschläge für die Einführung eines Energiekapitels zu unterbreiten, schlägt das Europäische Parlament in seiner Entschließung vom 17. Mai 1995 vor, die „energiepolitischen Aspekte des EGKS- und des EURATOM-Vertrages und sonstige energiepolitische Erwägungen" in einem gemeinsamen energiepolitischen Rahmen zu integrieren.[20] Der Berichterstatter der Stellungnahme des Ausschusses für Forschung, technologische Entwicklung und Energie an den institutionellen Ausschuß zum Bericht des

20 „Entschließung des Europäischen Parlaments zur Funktionsweise des Vertrags über die Europäische Union im Hinblick auf die Regierungskonferenz 1996", *Bericht A4-0102/95, Protokoll der Sitzung vom 17.5.1995*: II.1-15.

Parlaments über die Funktionsweise des Maastrichter Vertrages plädierte in direkter Form für die Schaffung eines Energiekapitels.[21] Weder der Bericht der Kommission noch der des Rates über das Funktionieren des Maastrichter Vertrages enthalten konkrete Hinweise zur Einführung eines Energiekapitels. Hingegen haben sich die österreichische Bundesregierung und die griechische Regierung positiv zur Schaffung eines solchen Kapitels geäußert.[22] Die finnische und die spanische Regierung plädieren für eine sorgfältige Prüfung der Frage bezüglich der Schaffung eines eigenständigen Kapitels für Energie.[23] Definitiv dagegen haben sich bisher nur die deutschen Bundesländer bemerkbar gemacht. Einige nationale Parteien bzw. deren Vertreter haben sich zur Einführung eines Energiekapitels oder zu einer CO_2-/Energiesteuer geäußert.

In diesem Zusammenhang plädieren die belgische Parti Social Chrétien und die Parti Socialiste für die Einführung einer CO_2- oder einer Energiesteuer der EU.[24] In Deutschland fordert das Bündnis 90/Die GRÜNEN die Schaffung eines eigenständigen Kapitels „Energiepolitik" im neuen Unionsvertrag. Ziel der Energiepolitik sollte sein:

- Sicherstellung einer umweltverträglichen und dezentralen Versorgung mit Energiedienstleistungen,
- Schwerpunktsetzung auf Maßnahmen zur Energieeinsparung und zur effizienten Energienutzung.[25]

Die griechische Oppositionspartei Nea Demokratia unterstützt die Einführung einer EU-Zuständigkeit im Energiebereich.[26] In den Niederlanden äußerte sich der Konsultativausschuß der Parti van de Arbeid positiv zur Einführung einer

21 European Parliament: „Report on the functioning of the TEU with a view to the 1996 IGC, Part II: Opinions of the other parliamentary committees: Opinion of the Committee on Research, Technological Development and Energy for the Committee on Institutional Affairs, Draft: Rolf Linkohr, 1 May 1995", *A4-0102/95/Part II, PE 212.450/fin /Part II*: 41.

22 Vgl. European Parliament: „TASK-FORCE on the IGC; Briefing (Andreas Maurer) No. 19 on Subsidiarity and Demarcation of Responsibilities (fourth update)", Luxembourg, 6.10.1995: 12, 16, 23.

23 Finnish Ministry for Foreign Affairs: *Memorandum concerning Finnish points of view with regard to the 1996 IGC*, Helsinki, 18.9.1995: 21; sowie: Außenministerium des Königreichs Spanien: *„Regierungskonferenz 1996 - Diskussionsgrundlagen"*, Übersetzung des Generalsekretariats des Rates, SN 1709/95: 33.

24 Vgl. „Manifeste du PSC pour les ELECTIONS EUROPÉENNES", Bruxelles, 1994; Europäisches Parlament, Fraktion der Sozialdemokratischen Partei Europas: *Paper on igc/pg-rc, rm: Änderungsvorschläge zum Papier der Fraktionsvorsitzenden P. Green*, 15.3.1995, Amendment 43 (Parti Socialiste Belge).

25 Vgl. Bündnis 90/Die Grünen: *Resolution des Länderrates vom 3./4.11.1995 zur Europäischen Regierungskonferenz: „Demokratisieren und Erweitern - die Europäische Union als Chance für das gesamte Europa"*.

26 Vgl. *Agence Europe*, Nr. 6522, 14.7.1995: 4.

Energiepolitik der EU.[27] Insgesamt ist die Diskussion über die Einführung eines eigenständigen Kapitels „Energie" eher als nachrangig gegenüber anderen institutions- und verfahrensrelevanten Verhandlungspunkten der Regierungskonferenz einzustufen.

14.4 Alternative Energien: Stand, Potential und Perspektiven

Die alternativen Energien (Wasserkraft, Windenergie, Erdwärme, Biomasse und Solarenergie, einschließlich der Nutzung von industriellen und städtischen Abfällen) trugen 1992 ca. 3% zur Gesamtproduktion bzw. zum Bruttoinlandsverbrauch an Energie in der Gemeinschaft bei (Beitrag der alternativen Energien 43,7 Mio. TOE gemessen am Bruttoinlandsverbrauch der Gemeinschaft im Jahre 1992 in Höhe von 1 206,8 Mio. TOE). Etwa ein Drittel der Gesamterzeugung bzw. des Gesamteinsatzes von alternativen Energien in der Gemeinschaft entfielen auf Frankreich, gefolgt von Italien, Deutschland und Spanien.

Das Statistische Amt der Europäischen Gemeinschaften (SAEG) hat sein Berechnungssystem kürzlich umgestellt, dieses aber noch nicht auf die Gesamtheit der Energiebilanzen ausgedehnt. Nach einer solchen neuen Berechnung, in der insbesondere die Biomasse verstärkt berücksichtigt wird, trugen die alternativen Energien 1992 bereits 7% zum Bruttoinlandsverbrauch an Energie bei. Unter Berücksichtigung dieser geänderten statistischen Berechnungen seitens des SAEG entfällt knapp die Hälfte der alternativen Energien (20,4 Mio. TOE) auf die Elektrizitätserzeugung, während der Rest (23,3 Mio. TOE) direkt zum endgültigen Energieverbrauch beiträgt - vor allem aufgrund des hohen Anteils der Biomasse bei der Verbrennung und Wärmeerzeugung außerhalb von Kraftwerken, der in den alten SAEG-Berechnungen nicht erfaßt wird.

Vergleicht man die tatsächliche Nutzung alternativer Energien in der Energiebilanz der Gemeinschaft, so ist ihr Anteil - gemessen am möglichen Potential - noch gering. Eine Studie der Europäischen Kommission „TERES" (1994) schätzt das „technische" Potential der erneuerbaren Energien auf 343 MTOE oder 47% des Endenergieverbrauchs der Mitgliedstaaten im Jahre 1990. Alternative Energien sind nach dieser Studie den konventionellen Energien vor allem mit Blick auf die Umweltverträglichkeit, aber auch hinsichtlich ihrer regional- und arbeitsmarktpolitischen Wirkungen überlegen. Als heimische Energiequelle verringern sie zudem die Abhängigkeit von Energieimporten.

Die TERES-Studie (1994) untersuchte Potentiale und Marktperspektiven für alternative Energien bis zum Jahre 2010 auf Gemeinschaftsebene. Darin wurden vier Erzeugungs- bzw. Verwendungsarten von Energie unterschieden:

- zentrale Elektrizitätserzeugung,

27 Vgl. PvdA - Anne Vondeling Stichting - Advies Commissie Europese Politiek: *Advies inzake de Intergouvernementele Conferentie 1996*, Den Haag, 31.5.1995.

- dezentrale (on-site) Elektrizitätserzeugung,
- dezentrale (on-site) Wärmeerzeugung,
- Biotreibstoffe im Transportsektor.

Die Nutzung von KWK wurde ebenfalls in die Analyse einbezogen.

Die alternativen Energiearten bzw. Energietechnologien werden in der TERES-Studie in vier Gruppen eingeteilt nach ihrer „Marktreife" und ihrer Wettbewerbsfähigkeit gegenüber fossilen Energien auf Kostenbasis (ECU/kWh):

Gruppe 1: *Marktreife Technologien, z.T. bereits wettbewerbsfähig mit konventionellen Energien.* Die Gruppe umfaßt Wasserkraft, Geothermie, Windenergie, Solarthermie und Energieerzeugung auf Abfallbasis. Photovoltaik ist nur in Insellösungen wettbewerbsfähig.

Gruppe 2: *Marktreife, aber gegenwärtig noch nicht voll wettbewerbsfähige Technologien.* Hierzu zählen die Photovoltaik, Biotreibstoffe, Windenergie in küstenfernen Gebieten und z.T. kleine Wasserkraftwerke.

Gruppe 3: *Nach technischer Weiterentwicklung, u.U. wettbewerbsfähige Technologien.* Diese Gruppe umfaßt Elektrizitäts- und Wärmeerzeugung auf Biomasse-Basis.

Gruppe 4: *Auch nach technischer Weiterentwicklung noch nicht wettbewerbsfähige Technologien.* Hierzu zählen Gezeitenenergien und solarthermische Elektrizitätserzeugung.

Auch wenn einige alternative Energien bzw. die dazugehörigen Technologien bereits marktreif sind, so haben sie sich auf dem Markt noch nicht ausreichend durchgesetzt. Dies ist auf verschiedene Hindernisse zurückzuführen; hierzu zählt neben Informationsdefiziten über existierende Technologien insbesondere die Tatsache, daß mit den bestehenden konventionellen Energietechnologien eine verläßliche und kostengünstige Energieversorgung zur Verfügung steht.

In der TERES-Studie wurde mit Hilfe eines Computer-Modells versucht, die Realisierung der Marktchancen alternativer Energien in der EU bis zum Jahre 2010 abzuschätzen. Hierzu wurden vier Szenarien (vgl. Abb. 1.2) erarbeitet:

a) *„Base Case"*: Fortführung der bisherigen Politik der Mitgliedstaaten.
b) *„Existing Programmes Case"*: Zusätzliche Effekte aufgrund bereits bestehender EU-Programme zu Umwelt- und Energietechnologien (z.B. THERMIE und SAVE).
c) *„Proposed Policies Case"*: Erfolgreiche Einführung vorgeschlagener EU-Programme im Energiebereich, z.B. ALTENER, Schaffung des Energiebinnenmarktes, CO_2-/Energiesteuer und zusätzliche Maßnahmen, um bestehende Hindernisse zur Markteinführung auszuräumen.
d) *„Full Social Costs Case"*: Internalisierung aller externen Kosten, die mit Produktion, Transport und Verbrauch der Energien verbunden sind. Zusätzlich unterstützende Maßnahmen, um bestehende Hemmnisse bei der Einführung neuer Energietechnologien abzubauen.

Die Berechnung hat gezeigt, daß auf Gemeinschaftsebene für alternative Energien keine zusätzlichen Marktanteile bis zum Jahre 2010 gewonnen werden können, wenn die Szenarien „Base Case" und „Existing Programmes Case" die

Energiepolitik der Gemeinschaft bestimmen. Bei diesen beiden Szenarien wird sich der Anteil der alternativen Energien an der Energieproduktion der Gemeinschaft von 4,3% im Jahre 1990 auf ca. 6,4% im Jahre 2010 erhöhen (Abweichung von vorherigen Prozentangaben aufgrund unterschiedlicher statistischer Berechnungen). Im Falle des Szenarios „Proposed Policies Case" könnte der Anteil der alternativen Energien bis zum Jahre 2010 auf 9,2% steigen. Im Szenario „Full Social Costs Case" könnte der Anteil der alternativen Energien bis zum Jahre 2010 auf 13,3% gesteigert werden (vgl. Abb. 1.2).

Diese Berechnungen zeigen auch, daß das EU-Ziel zur CO_2-Minderung (Stabilisierung im Jahre 2000 auf dem 1990er Niveau, später Senkung der CO_2-Emissionen) nur im Fall des Szenarios „Full Social Costs Case" annähernd erreicht werden könnte (mögliche CO_2-Minderung um 5% bis zum Jahre 2000 und um 12% bis zum Jahre 2010) - aber auch nur dann, wenn zusätzliche Maßnahmen auf nationaler oder regionaler Ebene ergänzend hinzutreten.

Die TERES-Studie hat die bisherigen Erfahrungen bestätigt, daß die alternativen Energien bei ihrem derzeitigen technischen Entwicklungsstand nur dann einen signifikanten Marktanteil erreichen, wenn sie verstärkt Unterstützung erfahren. Ein wesentliches Hindernis ist die mangelnde Wettbewerbsfähigkeit fast aller alternativen Energien, die darauf zurückzuführen ist, daß bei den heutigen Energiepreisen, Rahmenbedingungen und Energietechnologien alternative Energien auf dem Markt gegen die traditionellen Energien (Öl, Kohle, Gas und Kernkraft) nicht konkurrieren können.

Die technische Entwicklung alternativer Energien wird in vielen Bereichen fortgesetzt. Der Einsatz einiger Technologien in größerem Umfang erscheint technisch möglich und machbar. Bei der Konzipierung der Leitlinien einer zukünftigen EU-Energiepolitik wird jedoch überwiegend die Auffassung vertreten, daß alle Technologien, jede mit ihren spezifischen Vor- und Nachteilen, vorläufig im Wettbewerb miteinander weiterentwickelt werden sollten, auch wenn sich später die eine oder andere Form in einem marktwirtschaftlichen Ausscheidungsprozeß nicht als konkurrenzfähig erweisen sollte.

In engem Zusammenhang mit Überlegungen hinsichtlich der Förderung alternativer Energien steht auch die Frage, wie ein ideales Energieversorgungssystem aussehen müßte. Häufig wird die Auffassung vertreten, daß die Grundversorgung mit Strom durch große Zentralen sichergestellt werden sollte, aber für den Mittel- und Spitzenbedarf kleinere, dezentrale, aber vernetzte Einheiten besser wären, da sie flexibler reagieren und sich dem Bedarf ideal anpassen können. Außerdem sind dezentrale Systeme längst nicht so störanfällig. Bisherige Schwierigkeiten der Einbindung kleiner Einheiten (z.B. Abrechnungen, Zuschaltung etc.) sollten mit den neuen computergesteuerten Kommunikationssystemen gelöst sein. Die Frage der Organisation von Energieversorgungssystemen und deren Auswirkungen auf die Wirtschaftlichkeit von alternativen Energien ist aufs engste mit der Schaffung des Binnenmarktes für leitungsgebundene Energie auf EU-Ebene verknüpft.

Von ähnlicher Bedeutung für den Einsatz alternativer Energien sind die Fragen der Speicherung und des Transports derartiger Energie, da häufig die tages- oder jahreszeitliche Erzeugung und der entsprechende Verbrauch auseinanderklaffen. Gerade hier bedarf es noch größerer Anstrengungen, um mögliche Lösungen zu finden. Längerfristig gehört hierzu auch die Prüfung von Hochspannungsgleichstrom-Übertragungssystemen (HGÜ, z.B. Solarstrom aus der Sahara) oder von Wasserstoffsystemen (Transport von solar erzeugtem Wasserstoff). Auch zu diesen Punkten laufen F&E-Aktivitäten der EU (vgl. Kap. 32, 33).

Auf die Frage, warum die Potentiale alternativer Energiequellen heute nur unzureichend ausgenutzt werden, lassen sich drei Bereiche identifizieren, in denen politischer Handlungsbedarf besteht:

Die Unzulänglichkeiten des marktwirtschaftlichen Prozesses bei der Berücksichtigung externer (sozialer) Kosten der Energiegewinnung und den daraus resultierenden niedrigen Energiepreisen verlangen eine Internalisierung externer Effekte, z.B. durch eine CO_2-Energieabgabe.

Zur Unterstützung der Entwicklung und Markteinführung technisch aussichtsreicher Systeme, die sich nahe der Wirtschaftlichkeitsschwelle befinden, soll die von der EU gewährte Förderung zur Markteinführung und Unterstützung im F&E-Bereich eine Hilfestellung geben.

Eine große Anzahl struktureller, energiewirtschaftlicher, institutioneller und administrativer Hemmnisse verlangsamen oder verhindern noch immer die Ausschöpfung an sich wirtschaftlicher Potentiale. Hier öffnet sich ein weites Feld von Hürden, die von Land zu Land verschieden sind. Zu deren Abbau ist weniger die Gemeinschaft, sondern nach dem in Maastricht noch stärker betonten Subsidiaritätsprinzip ein Handeln auf nationaler oder regionaler Ebene gefordert. Gerade die Regionen mit ihren guten Kenntnissen der örtlichen Ressourcen, der Übersicht über das vorhandene Instrumentarium und vorherrschenden Mentalitäten sind hier gefordert, verstärkt aktiv zu werden.

14.5 Rationelle Energienutzung

Der Primärenergieverbrauch in der EU-12 ist von 1963 bis 1973 jährlich um 4,7% gestiegen. Im Jahre 1991 lag er aber nur 16% über dem Verbrauch von 1973, obwohl das reale Bruttoinlandsprodukt der EU-12 in diesem Zeitraum um 50% gestiegen ist. Von 1973 bis 1985, der Zeit eines hohen Erdölpreisniveaus, ist der EU-12 Primärenergieverbrauch insgesamt nur um 4,1% gestiegen, aber in der Periode sinkender Erdölpreise von 1985 bis 1991 insgesamt wieder um 11,4% gewachsen. Die großen Energieeinsparungen wurden vorwiegend im industriellen Sektor und im Energieumwandlungsbereich (Elektrizität und Raffinerien) erzielt - nämlich einmal durch Umschichtung von energieintensiven zu weniger energieintensiven Industrien und durch Einsparungen.

Im Haushalts-, Kleinverbraucher- und Individualverkehrsbereich erfolgten keine vergleichbaren Einsparerfolge. Hier bestehen daher noch erhebliche Energieeinsparpotentiale, die durch eine aktive Energiesparpolitik ausgeschöpft werden können. In der Vergangenheit gab es jedoch zu viele Hindernisse, so daß diese Sparpotentiale kaum genutzt wurden. Im Industrie- und Umwandlungsbereich bestehen trotz der erzielten Erfolge weiterhin erhebliche Einsparpotentiale, vorwiegend im Bereich der KWK und durch verstärkten Einsatz effizienter Umwandlungstechnologien.

14.5.1 Haushalte und Kleinverbraucher

Aus zahlreichen Gründen werden im Haushalts- und Kleinverbraucherbereich Energiesparpotentiale bei der Raumwärme und der Warmwassererzeugung nur begrenzt. Die Sparpotentiale bei Haushalten und Kleinverbrauchern lassen sich durch vielfältige Maßnahmen ausschöpfen. Im Warmwasserbereich sollte primär Gas eingesetzt werden, wenn es im Haushalt zur Raumheizung bereits vorhanden ist. In Deutschland wird noch vorwiegend Heizöl für die Raumwärme verwendet.

Maßnahmen der EU, vorhandene Energiesparpotentiale für Haushalte und Kleinverbraucher verstärkt zu nutzen, sind begrenzt und werden auch in Zukunft im wesentlichen nationalen Institutionen überlassen bleiben, die diese ohne EU-Beschränkung ausschöpfen können. Teilweise haben Gesetzgeber auf Landes- und kommunaler Ebene einen Gestaltungsspielraum (z.B. bei der Biomasse- und Müllverbrennung, Gasnetzanschluß und Baurichtlinien).

14.5.2 Verkehr

Energiesparpotentiale sind in der Vergangenheit im Güterverkehr durch effizientere Lkw-Motoren ausgeschöpft worden. Dies ist jedoch kaum im Pkw-Bereich geschehen, wo der Benzinverbrauch je 100 km für Pkws in der Bundesrepublik von 11 l im Jahre 1973 nur auf 10 l im Jahre 1992 zurückging und für Dieselfahrzeuge von 10 auf 8,3 l.

Ein großes Sparpotential kann noch durch die Verlagerung von Fracht vom Lkw auf Bahn und Binnenschiffe sowie im Personentransportbereich mit einem Transfer vom Pkw auf Bahn und Bus erreicht werden. Das Einsparpotential bei der Fracht wird wahrscheinlich durch höhere Straßennutzungsgebühren und Änderung der Cabotage-Gesetze erreicht. Elektronische Gebührenerhebungen auf Fernstraßen werden Lkw-Fracht verteuern. Dies führt speziell in Kombination mit den liberalisierten Güterverkehrsregelungen zu weniger Leerfahrten und gibt zudem einen Anreiz, Fracht auf Bahn und Schiff zu verlagern. Es hat weiterhin gegenüber einer erhöhten Dieselkraftstoffbesteuerung den Vorteil, daß es eine genaue Zurechnung für die benutzten Fernstraßen gibt und unterschiedliche Gebühren je nach Benutzungszeit erhoben werden können, was zu einer Verringerung von Staus und damit zu einer Energieersparnis führt. Es ist sehr schwer, diese Einsparungen zu quantifizieren. Ferner würden bei einer Verteuerung des Lkw-Transports wahrscheinlich weniger Waren transportiert und Zulieferer sich wieder in der Nähe ihrer Abnehmer ansiedeln bzw. interregionale Arbeitsteilungen neu organisieren.

Bei der Abschätzung des Einsparpotentials bei Pkws sollte von einem durchschnittlichen Verbrauchsrückgang von 10 auf ca. 6-7 l ausgegangen werden. Pkws mit diesem Verbrauch sind schon auf dem Markt, so daß es nur zusätzlicher Anreize für den Kauf verbrauchsarmer Fahrzeuge bedarf. Dies wird jedoch nur durch eine signifikante Erhöhung der Mineralölsteuern erreicht werden können, denn eine Verdoppelung des Rohölpreises hat nur einen geringen Einspareffekt, da jetzt schon der Mineralölsteueranteil am Verkaufspreis von größerer Bedeutung ist. Über die Mineralölbesteuerung hinaus müßten auch die Kilometerpauschalen für Fahrten zum Arbeitsplatz neu überdacht werden. Auch sollte vor diesem Hintergrund die strikte Trennung von Wohn- und Arbeitsbereichen bei der Raumplanung neu hinterfragt werden.

14.5.3 Industrie und Umwandlungsbereich

Im Industrie- und Umwandlungsbereich (Elektrizitätserzeugung und Ölraffinerien) wurden in der Vergangenheit große Energieeinsparpotentiale genutzt. Energiekosten sind in der Industrie gewöhnlich ein wesentlicher Bestandteil der Gesamtkosten, die man ständig durch technischen Fortschritt und durch optimales Management zu verringern versucht. Große Einsparmöglichkeiten gibt es immer noch durch den verstärkten Einsatz der KWK in Industrien mit einem Grundlastwärmebedarf. Investitionen in KWK setzen aber neben einem Wärmebedarf vor allem adäquate Elektrizitätseinspeisevergütungen voraus. Rahmenbedingungen zur Elektrizitätseinspeisung müssen vielfach noch durch einen Abbau administrativer Hemmnisse seitens der Versorgungsunternehmer modifiziert werden. Weitere Effizienzfortschritte im Umwandlungsbereich könnten durch den verstärkten Einsatz der Gas- und Dampftechnologie (GuD) erzielt werden.

Die GuD-Technologie wird zu einem vermehrten Einsatz von Erdgas zur Elektrizitätserzeugung führen. Darüber hinaus wird ein verstärkter Einsatz von Raffineriegasen und möglicherweise die Nutzung von Schwerölvergasung zu verzeichnen sein. Für die Ausrichtung des Industriesektors sollte über die Standortverträglichkeit auch unter dem Gesichtspunkt der Energieknappheit nachgedacht werden (z.B. Reduzierung von Aluminium oder Stickstoffdüngerproduktion in Westeuropa). Schließlich sollte bei der Müllverwertung unter Opportunitätskostengesichtspunkten die thermische Verwertung nicht außer acht gelassen werden.

14.6 EU-Förderprogramme im Bereich von Forschung, Entwicklung und Demonstration

14.6.1 Zielsetzungen

Der am 1.11.1993 in Kraft getretene Vertrag über die Europäische Union (EG-Vertrag in der Fassung von 7.2.1992) enthält ein eigenes Kapitel über „Forschung und technologische Entwicklung“ (Kapitel XV; Art. 130f-130p) und stellt damit die Politik der Gemeinschaft auf dem Gebiet der Forschung, Entwicklung und Demonstration (FE&D) auf eine neue vertragliche Grundlage. Zielsetzung dieser gemeinschaftlichen Politik ist es, in wichtigen Bereichen (z.B. neue Technologien, Energie, Umwelt, Rohstoffe etc.) durch Koordinierung der Politiken der einzelnen Mitgliedstaaten oder von Forschungstätigkeit auf Gemeinschaftsebene unnötige Doppelarbeit zu vermeiden. Durch gemeinschaftsweite Koordinierung und Erfahrungsaustausch sind die Wirksamkeit der einzelstaatlichen und gemeinschaftlichen Aktivitäten zu erhöhen, grenzüberschreitende Problemlösungen (z.B. Umwelt- und Energiepolitik) zu fördern und die besorgniserregende Diskrepanz zwischen dem Forschungspotential der Gemeinschaftsländer und den konkreten Ergebnissen abzubauen. Mittels einer gemeinsamen Forschungsstrategie soll die internationale Wettbewerbsfähigkeit der Gemeinschaft gegenüber den Hauptwettbewerbern auf dem Weltmarkt (USA und Japan) erhöht werden.

Die FE&D-Aktivitäten der Gemeinschaft sind in dem 4. Forschungsrahmenprogramm (1994-1998) zusammengefaßt, das am 26. April 1994 mit einem Haushaltsvolumen von 12,3 Mrd. ECU verabschiedet wurde.[28] Innerhalb dieses Rahmenprogramms, das durch spezifische Programme ausgefüllt wird, sind Mittel für Energieforschung vorgesehen. Die Sicherheit der Energieversorgung im weitesten Sinne zu akzeptablen Kosten und Bedingungen ist das wesentliche Ziel und Motiv europäischer Forschungsvorhaben in diesem Bereich. Für die Unterprogramme „Saubere Energieerzeugung“ sollen zusammen 967 MECU bereitgestellt werden. Insbesondere ist hierbei an folgende Vorhaben gedacht:

Forschung und Entwicklung:

- Bessere Energieumwandlung und Ausnutzung (saubere Kohletechnologien, Verbrennung, Brennstoffzellen, Energiespeicherung, Kohlenwasserstoffe und neue Fahrzeugtreibstoffe, Energieeinsparung, Kohleförderung und Wasserstoff): 5%.
- Erneuerbare Energien (Solar-, Wind-, Wasser-, geothermische Energie, Biomasseerzeugung): 28%.

Demonstration:

- Rationelle Energienutzung (bessere Energienutzung in Gebäuden und Indu-

28 „Beschluß Nr. 1110/94/EG des Europäischen Parlaments und des Rates vom 26. April 1994 über das Vierte Rahmenprogramm der Europäischen Gemeinschaft im Bereich der Forschung, technologischen Entwicklung und Demonstration (1994-1998)“, *ABL. der EG*, L 126 vom 18.5.1994.

striebetrieben, Energiewirtschaft, Elektrizität und Wärme, Verkehr und städtische Infrastruktur): 15%.

- Erneuerbare Energien (Energie aus Biomasse und Abfällen, Solarenergie, Windenergie, Wasserkraft, Erdwärme): 17%.
- Fossile Energieträger (feste Brennstoffe, Kohlenwasserstoffe, Brennstoffzellen): 23%.

Am 23.11.1994 verabschiedete der Rat das für den Bereich der nichtnuklearen Energien relevante Durchführungsprogramm.[29]

Innerhalb ihrer FE&D-Politik hat die Gemeinschaft in der Vergangenheit zahlreiche Programme im Energiebereich gefördert. Beispielhaft sollen hier nur die für den Bereich der alternativen Energien bzw. die für die rationelle Energienutzung wichtigsten vier Programme genannt werden, die derzeit existieren (ALTENER, JOULE und SAVE) bzw. innerhalb des 4. Forschungsrahmenprogramms wieder aufgelegt werden (THERMIE 2).

14.6.2 Die Programme

ALTENER.[30] Das Programm ALTENER (Laufzeit: 1.1.1993 bis 31.12.1997) soll eine Verringerung der CO_2-Emissionen um 180 Mio. t bis zum Jahre 2005 bewirken. Schwerpunkt ist die Steigerung des Anteils erneuerbarer Energiequellen auf ca. 9% im Jahre 2005. Im einzelnen hat das Programm zum Ziel,

- den Marktanteil für erneuerbare Energien bis zum Jahre 2005 von 4 (1991) auf 8% zu erhöhen,
- den Einsatz erneuerbarer Energien in der Stromerzeugung zu verdreifachen,
- den Marktanteil für Biokraftstoffe auf 5% zu erhöhen.

Mit einem Budget von 40 Mio. ECU sollen mit einem Zuschußanteil von 30 bis 50% u.a. gefördert werden:

- Studien zur Festlegung technischer Normen,
- Ausbau der Infrastruktur für erneuerbare Energien in den Mitgliedstaaten,
- Entwicklung eines Informationsnetzwerkes zwischen nationalen, gemeinschaftlichen und internationalen Aktivitäten und Akteuren,
- Studien zur Biomassenutzung.

SAVE.[31] Das auf der Entscheidung des Rates Nr. 91/565/EWG beruhende erste SAVE-Programm hatte eine Laufzeit vom 1.1.1991 bis zum 31.12.1995. Es war

---

29 „Entscheidung des Rates Nr. 94/806/EG vom 23. November 1994 zur Annahme eines spezifischen Programms für Forschung und technologische Entwicklung, einschließlich Demonstration, im Bereich der nichtnuklearen Energien (1994-1998)“, *ABL. der EG*, L 334 vom 22.12.1994.

30 „Entscheidung des Rates Nr. 63/500/EWG vom 13.9.1993“, *ABL. der EG*, L. 235/93.

31 „Entscheidung des Rates Nr. 91/565/EWG vom 29.10.1991“, *ABL. der EG*, L. 307/91; „Richtlinie des Rates Nr. 93/76/EWG vom 13.9.1993“, *ABL. der EG*, L. 237/28.

mit 35 MECU ausgestattet und konzentrierte sich auf die Förderung einer effizienten Energienutzung. Im einzelnen sollte finanziert werden:

- die technische Bewertung von Daten zur Definition technischer Normen,
- Initiativen der Mitgliedstaaten zum Aufbau von energieeffizienzfördernden Infrastrukturen,
- Maßnahmen zum Aufbau eines Informationsnetzwerkes zwischen nationalen, gemeinschaftlichen und internationalen Akteuren,
- Maßnahmen zur Implementierung der Ratsentscheidung Nr. 89/364/EWG zur Effizienzsteigerung der Elektrizität.

Durch die Richtlinie des Rates Nr. 93/76/EWG wurde das SAVE-Programm inhaltlich ausgedehnt. Bis zum 31.12.1994 wurden diese Programme der Mitgliedstaaten zu folgenden Themenbereichen gefördert:

- Energiepaß für Gebäude,
- Abrechnung der Heizungs-, Klimatisierungs- und Warmwasserverarbeitungskosten nach dem tatsächlichen Verbrauch,
- Förderung der Drittfinanzierung von Energiesparinvestitionen im öffentlichen Sektor,
- Überwachung von Heizkesseln,
- Wärmedämmung von Neubauten,
- Energiebilanzen in Unternehmen mit hohem Energieverbrauch.

THERMIE.[32] Das THERMIE-Programm war für den Fünfjahreszeitraum 1990-1994 konzipiert und mit einem Finanzrahmen von 700 MECU ausgestattet. Durch dieses Programm wurden neue und insbesondere umweltfreundliche Energietechnologien gefördert. Damit wurden einerseits effiziente Lösungen vorangebracht und zum anderen neue Anwendungsfelder für erneuerbare Energiequellen erschlossen. Das Programm sollte weiterhin die umweltverträgliche Nutzung fossiler Brennstoffe ermöglichen. THERMIE konzentrierte sich auf drei Schwerpunkte:

- finanzielle Unterstützung von Projekten zur Förderung der Einsatzreife innovativer Energietechnologien;
- Maßnahmen zur Markteinführung und Verbreitung neuer Energietechnologien;
- Koordinierung von EU-weiten sowie von nationalen, regionalen und lokalen Aktivitäten auf diesem Gebiet.

Die Kommission legte am 23. Januar 1995 einen geänderten Vorschlag für THERMIE II (1995-1998) vor[33]; das Europäische Parlament änderte diesen mit dem Ziel, THERMIE II in einen direkten Zusammenhang mit dem Vierten

32 „Verordnung des Rates Nr. 2008/90/EWG vom 29.6.1990“, *ABL. der EG*, L. 185/90.

33 „Vorschlag der Kommission für eine Verordnung des Rates betreffend eines Gemeinschaftsprogramms für die finanzielle Unterstützung im Bereich der Förderung der europäischen Energietechnologien“, *KOM(94) 654* vom 23.1.1995.

Rahmenprogramm der Europäischen Gemeinschaft im Bereich Forschung, technologische Entwicklung und Demonstration zu stellen.[34]

JOULE.[35] Im Rahmen des Programms JOULE förderte die Europäische Gemeinschaft die Forschung und Entwicklung im Bereich der erneuerbaren Energien, insbesondere im Bereich Photovoltaik, Windenergie und Biomasse. Für den Zeitraum 1993-1994 wurden hierfür 20 MECU (Palz, 1994a: 41-47), für 1994-1998 werden 967 MECU bereitgestellt[36]. Auf der Grundlage der Programme THERMIE und JOULE wurden die Windenergiegroßanlagen (WEGA) als Teilprogramm von der Generaldirektion XII der Europäischen Kommission Mitte der 80er Jahre initiiert. Erste Anlagen entstanden 1988/89 in Dänemark, Spanien und im Vereinigten Königreich. Allerdings erwiesen sie sich aufgrund der Turbinenkopflastverhältnisse von 83 kg/kW bis zu 111 kg/kW als ineffizient. 1990 wurde daraufhin das WEGA II-Programm mit 25 MECU ausgestattet, das zur Inbetriebnahme der zweiten Generation von WEGA im Jahre 1994 führte. Das Turbinenkopflastverhältnis der Anlagen in Deutschland, Dänemark, Schweden und den Niederlanden liegt nun bei durchschnittlich 48 kg/kW (vgl.: Hau/Langenbrinck/Palz, 1993; Palz, 1994b).

14.7 Zusammenfassung und Schlußfolgerungen

Es zeichnet sich ab, daß der Prozeß zu mehr wettbewerbsorientierten Energiemärkten in Europa fortgesetzt werden wird. Eine europäische Energiepolitik wird sich dieser Zielsetzung anpassen müssen. Sollte es hierzu auf EU-Ebene zu keinem Konsens kommen, werden Einzelstaaten vorpreschen und sich aufgrund ihrer nationalen Liberalisierungsanstrengungen tendenziell Wettbewerbsvorteile verschaffen. Es wird deshalb im wohlverstandenen eigenen Interesse eines jeden EU-Mitgliedstaates liegen, sich aktiv und gestaltend an dem Prozeß der Konsensfindung auf EU-Ebene zu beteiligen. Die Bundesrepublik Deutschland hat ihren Einfluß kaum wahrgenommen. Die Gründe hierfür sind der Mangel an einem energiepolitischen Konsens in Deutschland und der ständige Kampf um die EU-Zustimmung zur deutschen Kohlesubventionierung.

Bei mittelfristig nur geringfügig ansteigenden Energie- bzw. Ölpreisen (inflationsbereinigt) muß davon ausgegangen werden, daß die sich abzeichnenden Libe-

34 „Entschließung des Europäischen Parlaments zum Programm THERMIE II vom 7.4.1995“, *ABL. der EG*, Nr. C 109 vom 1.5.1995.

35 „Entscheidung des Rates Nr. 94/806/EG vom 23. November 1994 zur Annahme eines spezifischen Programms für Forschung und technologische Entwicklung, einschließlich Demonstration, im Bereich der nichtnuklearen Energien (1994-1998)“, *ABL. der EG*, L 334 vom 22.12.1994.

36 Europäische Kommission: „Ausschreibung für erneuerbare Energiem“, *EU-Nachrichten*, Nr. 3 (26.1.1996): 7.

ralisierungstendenzen in einzelnen EU-Staaten und auf EU-Ebene zu einer signifikanten Senkung des Preisniveaus für leitungsgebundene Energien (Elektrizität und Gas) führen werden. Diese niedrigeren Energiepreise für Endverbraucher werden natürlich den Anreiz für energiesparende Investitionen verringern. Ebenso werden die Wettbewerbspositionen für erneuerbare Energien verschlechtert.

Eine langfristig angelegte und wohlkonzipierte Energiepolitik sollte den Trend zur Liberalisierung der Energiemärkte unterstützen. Um jedoch die von einer solchen Entwicklung ausgehenden negativen Effekte auf eine REN- und REG-Politik zu kompensieren, müßten gezielte, eine REN- und REG-Politik unterstützende Maßnahmen ins Auge gefaßt werden. Bei solchen gegensteuernden Maßnahmen ist zunächst an *kompensatorische Steuern* (CO_2-/Energiesteuer, Internalisierung externer Effekte) zu denken.

Im *Industriebereich* wird eine solche Steuer aus Wettbewerbsgründen nur eingeführt werden können bei internationaler Abstimmung zwischen den Hauptwettbewerbern auf dem Weltmarkt (vor allem USA und Japan). Diese Abstimmung ist im Augenblick noch ein ungelöstes Problem. Aus übergeordneten Gesichtspunkten der internationalen Wettbewerbsfähigkeit sind damit die Möglichkeiten einer REN- und REG-Politik im industriellen Sektor sehr begrenzt. Die Ausschöpfungen des industriellen KWK-Potentials läßt sich nur durch adäquate Elektrizitätseinspeisepreise fördern.

Im *Transportbereich* ist zwischen dem Güter- und Personenverkehr zu unterscheiden. Im Güterverkehr zeichnet sich die Tendenz zur elektronischen Maut mit dem Vorteil ab, gezielt (je nach km und Tageszeit) Gebühren zu erheben. Dies gibt einen Anreiz zur Reduzierung des gesamten Transportvolumens und auch zur Verlagerung auf energieeffizientere Transportmittel (z.B. Bahn und Schiff). Weiterhin wird mit der Liberalisierung im Transportsektor auch der hohe Anteil von Leerfahrten verringert werden. Das hohe Energiesparpotential im Personenverkehr kann durch eine aufkommensneutrale Steuer- und Abgabenerhöhung ausgeschöpft werden. Dies würde zu einer Verlagerung des Pkw-Verkehrs auf andere energieeffizientere Transportmittel (Bahn und Bus) führen und den Pkw-spezifischen Energieverbrauch verringern. Hier können zusätzliche Energieeinsparpotentiale mit einer geänderten Raumordnungs-/Regionalpolitik erschlossen werden, wenn die strikte Trennung zwischen Wohnen und Arbeiten neu überdacht wird.

Im *Haushaltsbereich* bestehen große Energiesparpotentiale bei der Raumwärme und im Warmwasserbereich. Eine gezielte Besteuerung könnte trotz begrenzt funktionierender Marktmechanismen zu erheblichen Einsparungen führen.

Die *alternativen Energien*, die 1992 nur ca. 3% zum Bruttoinlandsverbrauch an Energie in der Gemeinschaft beitrugen, werden auch mittel- und längerfristig (bis zum Jahre 2010) ihren Marktanteil nicht wesentlich erhöhen können, wenn nicht EU-weit eine deutliche Unterstützung mittels einer Energiesteuer auf sonstige Energieträger erfolgt. In diesem Falle könnten die Anteile alternativer Energien bis 2010 auf ca. 13% steigen (vgl. TERES, 1994). Nur im Falle einer deutlichen Unterstützung der Wettbewerbsposition alternativer Energien durch eine EU-weite CO_2-/Energiesteuer wird es der Gemeinschaft gelingen, Erfolge bei der CO_2-Minderung zu erzielen (geschätzt werden in diesem Fall Minderungen gegenüber 1990 um 5% bis zum Jahre 2000 und 12% bis 2010; vgl. TERES, 1994). Sollte es jedoch innerhalb der EU zu keinem Konsens über die geplante CO_2-/Energiesteuer kommen, werden einzelne Mitgliedsländer, wie schon in der Vergangenheit, zusätzliche Energiesteuern zur Förderung rationeller Energienutzung und erneuerbarer Energien einführen. Damit alternative Energien eine deutliche Erhöhung des Marktanteils erfahren können, bedarf es neben einer flankierenden Unterstützung durch eine Energiesteuer auch eines Abbaus vorhandener Wettbewerbshemmnisse sowie einer verstärkten direkten Förderung der Forschung, Entwicklung, Demonstration (FE&D) und Markteinführung. Alle Maßnahmen zur Unterstützung alternativer Energien müssen durch den Abbau von Hemmnissen struktureller, energiewirtschaftlicher, institutioneller und administrativer Art begleitet werden. Da die Probleme von Land zu Land und von Region zu Region sehr verschieden sind, bietet sich nach dem Subsidiaritätsprinzip vor allem ein Handeln auf nationaler oder regionaler Ebene an, das aber durch Erfahrungsaustausch auf EU-Ebene zu unterstützen wäre.

Die Förderung alternativer Energien muß durch globale Abstimmungen (CO_2-/Energiesteuer) und internationale Vereinbarungen im FE&D-Bereich und zur Markteinführung flankiert werden. Gerade die Bundesrepublik Deutschland ist bei der Neudefinition der EU-Energiepolitik aufgerufen, auf EU-Ebene ihren Einfluß mit folgenden Zielsetzungen stärker geltend zu machen:

- bei der Ausgestaltung einer EU-weiten CO_2-/Energiesteuer und bei Selbstverpflichtungsabkommen der Wirtschaft;
- zur Sicherstellung ausreichender Budgetansätze für FE&D und Markteinführung bei alternativen Energien (u.U. Junktim in bezug auf Finanzausstattung anderer FE&D-Bereiche wie der Fusions- und Nuklearforschung);
- zur ausreichenden Mittelausstattung spezifischer Programme (z.B. THERMIE, SAVE, ALTENER) und langfristig angelegter Maßnahmen zur Markteinführung alternativer Energien („perfect foresight“ für Investoren, „economy of scale“ und im Zeitablauf degressive Unterstützung);
- durch ein konsequentes Setzen auf den großen EU-Markt, nicht nur um die Wettbewerbsposition alternativer Energien zu stärken, sondern auch zur entscheidenden Verbesserung in der internationalen Standortkonkurrenz;
- durch eine klare, langfristig orientierte Zieldefinition, die für Forschungsaktivitäten und Investitionen berechenbare Rahmenbedingungen schafft.

Hinsichtlich der institutionellen und normrelevanten Aspekte ist schließlich zu betonen, daß die Vielzahl energiepolitischer Maßnahmen, Aktionen und Programme einer einheitlichen Rechtsgrundlage bedürfen, welche die Energiepolitik der EU jenseits der Energieträger Kohle und Kernenergie aus ihrem Schattendasein herausführt. Ein eigenständiges Energiekapitel im EUV wäre schon deshalb zu begrüßen, weil hierdurch das Demokratiedefizit teilweise beseitigt und die Schaffung eines Binnenmarkts für Energie, der sich den allgemeinen Marktprinzipien der Gemeinschaft unterordnet, erleichtert werden könnte.

15 Forschung, Entwicklung, Markteinführung und Exportförderung für erneuerbare Energien in den USA

Hans Günter Brauch

15.1 Einleitung

Eine zentrale Voraussetzung für das amerikanische Industrialisierungs- und Wohlfahrtsmodell und für die Weltmachtrolle der USA im 20. Jahrhundert war der leichte, unbegrenzte Zugang zu nationalen und internationalen fossilen Energiequellen. Diese Voraussetzung wurde durch die politische Verknappung des Erdölangebots durch die arabischen OAPEC-Staaten nach dem Yom-Kippur-Krieg von 1973 und die signifikante *Erhöhung des Ölpreises* in den 70er Jahren erstmals gefährdet. Die Nixon-Administration reagierte hierauf, u.a. mit ihrem Programm „Independence“ (1974), mit einer politischen Gegenstrategie:

- dem Aufbau einer strategischen Ölreserve in den USA;
- der Zusammenarbeit mit ihren OECD-Partnern im Rahmen der Internationalen Energie-Agentur (IEA);
- der Entwicklung engerer politischer und militärischer Beziehungen zu den Anrainerstaaten am Persischen Golf (zunächst mit dem Iran und später mit Saudi-Arabien) durch Entsendung von Militärberatern und Rüstungsexporte;
- der Entwicklung von Interventionsszenarien zur Sicherung des Zugangs zu den Erdölquellen;
- dem forcierten Ausbau der Kernenergie und
- der *Förderung von Forschung und Entwicklung erneuerbarer Energiequellen.*

Seit 1973/74 ist zwar der Anteil der Kernenergie an der Primärenergieerzeugung und der Elektrizität angestiegen, aber nach den *Unfällen von Three Miles Island* (1978) und *Tschernobyl* (1986) wurden in den USA keine neuen Kernkraftwerke mehr in Auftrag gegeben. Mit der Einsicht in die Folgen einer *Klimakatastrophe* gab es seit Ende der 80er Jahre eine dritte Begründung für die Entwicklung erneuerbarer Energien. Ihr *Exportpotential*, vor allem in die energiearmen Staaten der Dritten Welt, trat Anfang der 90er Jahre vor dem Hintergrund des chronischen Handelsbilanzdefizits als vierte Begründung hinzu.

Während die USA - unterstützt durch Teile ihrer chemischen Industrie - bei der Entstehung des Ozonregimes eine Vorreiterrolle und die EG-Staaten die eines Bremsers übernahmen (vgl. Benedick, 1991; Gehring, 1994, 1996), hatten sich bei der Entstehung des Klimaregimes (Oberthür, 1993; Ott, 1996) die Seiten verkehrt. Zu stark waren die Widerstände der Interessenverbände der fossilen Energiewirtschaft (Kohle, Gas, Öl) und der Automobilindustrie gegen einschneidende CO_2-Reduzierungen, und zu gering war die gesellschaftliche Unterstützung für Energiesteuern und eine Energiewende.

Warum die USA seit den 70er Jahren ihre Führungsposition bei den erneuerbaren Energien gegenüber Japan und der Bundesrepublik Deutschland einbüßten und welche Bemühungen die Bush- und Clinton-Administration unternahmen, diese Position vor allem beim Export zurückzugewinnen, ist Gegenstand dieses Beitrags, während in Kap. 36 die Weltmarktkonkurrenz bei erneuerbaren Energien (e. E.) im 21. Jahrhundert innerhalb der Triade erörtert wird.

15.2 Billige Energie - hoher Verbrauch: Grundlage des amerikanischen Industrialisierungs- und Wohlfahrtsmodells

Eine wichtige Voraussetzung für die rasche Industrialisierung und den Aufstieg der USA als ökonomische und militärische Weltmacht im 20. Jahrhundert war die reichliche Ausstattung mit fossilen Energien (Kohle, Erdöl, Erdgas). Der gesicherte Zugang zu billigen Energiequellen führte seit 1890 zu einem rasanten Anstieg des Energieverbrauchs von 147 Mio. t Kohleäquivalenten auf 762 Mio. t bis 1930 bzw. von 9,3 Mio. t Roheisen (1890) zu 42,3 Mio. t Stahl (1920).[1] Damit lösten die USA zwischen 1880 und 1900 Großbritannien sowohl im Hinblick auf den relativen Anteil an der Weltindustrieproduktion als auch am gesamten Industriepotential und zwischen 1900 und 1913 hinsichtlich des Industrialisierungsniveaus pro Kopf ab.[2] Zwischen 1850 und 1992 gab es jedoch grundlegende Veränderungen bei den primären Energiequellen (vgl. Tabelle 15.1).

Die Industrialisierung wurde von einem überdurchschnittlichen Bevölkerungswachstum begleitet. Die Bevölkerung der USA stieg von 23 Mio. im Jahr 1850 auf 106 Mio. im Jahr 1920 an, wovon 51% in Städten lebten. Die Umweltbelastung in den dicht besiedelten Industriezentren wuchs (Melosi, 1992). Mit dem Beginn der Massenproduktion von Pkws in den 20er Jahren setzte sich seit Ende des 2. Weltkrieges die Tendenz durch, von den Stadtzentren in die Vorstädte zu ziehen, was den Energieverbrauch vor allem im Verkehrssektor, aber auch für Heizung und Klimaanlagen deutlich ansteigen ließ. Als Folge des wirtschaftlichen Wachstums und der veränderten Konsumgewohnheiten waren die USA

1 Vgl. „Correlates of War"-Datenausdruck zitiert nach Kennedy, 1989: 310, 830.

2 Vgl. Angaben nach Bairoch, 1982: 292-304, zitiert nach Kennedy, 1989: 309-311, Tabellen 14, 17, 18.

Tabelle 15.1. Anteil der Primärenergien am Energieverbrauch der USA, 1850-1992 in % (Quelle: Miller/Miller, 1993: 69)

Energiequelle	1850	1899	1929	1960	1992	1990 Reserven
Holz	85	20				
Kohle		71	63	20	32	73%
Erdöl		9	30	36	25	1,0 (+2,9)%
Erdgas				31	27	1,4%
Wasser					3	
Kernenergie					7	Uran: 21,7%

erstmals seit Mitte der 60er Jahre auf Ölimporte angewiesen. Wegen der dominanten Rolle, die amerikanische Ölunternehmen zwischen den 30er und 50er Jahren in den arabischen Ölfördergebieten und in den ehemaligen britischen und französischen Einflußzonen gewonnen hatten, stellte die *Energiesicherheit* noch kein politisches Problem dar (Miller/Miller, 1993: 13-15). Bis 1973 bot das billige Öl auch keinen Anreiz für einen sparsamen Umgang mit Energie und für Investitionen zur Förderung von energieeffizienten Produktionsverfahren. Als Folge dieser Rahmenbedingungen lagen die USA 1993 bei der industriellen Energieeffizienz mit 11,9 GJ/1000 $ BIP deutlich hinter Japan mit 3,9 und den EU-Staaten mit 7,1 und beim Energieverbrauch und den CO_2-Emissionen mit 20,2 t/Kopf/a an der Spitze vor Deutschland mit 13,0 und Japan mit 8,1 (WBGU, 1996: 125).

Energiepolitik war für die amerikanischen Regierungen seit F.D. Roosevelt als Teil der nationalen Sicherheitspolitik immer von dem Bestreben bestimmt, den Zugang zu billigen Energiequellen zu garantieren (Blair, 1993: 9-13).

Tabelle 15.2. Historische Entwicklung der nationalen Energiepolitik der USA seit 1939

Präsident	Jahr	Maßnahme/Gesetz
Roosevelt	1939	Ernennung des National Resources Planning Board
Truman	1947	National Security Resources Board
	1950-52	President's Material Policy Commission (Paley Commission)
Eisenhower	1955	Cabinet Advisory Committee on Energy Supplies & Resources
Kennedy	1961	National Fuels and Energy Study
Johnson	1964	Resources Policy for a Great Society
Nixon	1974	Project Independence Blueprint
Ford	1975	Energy Independence Act: Energy Resources Council
Carter	1977	National Energy Plan
Reagan	1987	President's Energy Security Report
Bush	1991-92	National Security Strategy - Energy Policy Act (1992)
Clinton	1993-94	Clinton's Climate Action Plan - Fueling a Competitive Economy

15.3 Gründe für die Entwicklung erneuerbarer Energien

Die zentrale Prämisse der amerikanischen Sicherheits- und Energiepolitik, einen unbegrenzten Zugang zu billigen fossilen Energien zu garantieren, wurde mit dem Erdölembargo der OAPEC-Staaten erstmals gefährdet. Als Folge der Erdölverknappung stieg der Preis pro Faß Rohöl von 5,12 $ im Oktober 1973 auf 11,65 $ im Januar 1974 bis 1979 auf 24 bis 26 $ und im Juni 1980 auf 32 bis 41 $ an (Miller/Miller, 1993: 19-20). Der Anteil der Erdölimporte am Gesamtverbrauch nahm von ca. einem Drittel (1983) auf fast die Hälfte (1990) zu, wofür die USA im selben Jahr 65 Mrd. $ ausgaben, was einem beträchtlichen Teil des Zahlungsbilanzdefizits von 101 Mrd. $ entsprach (Blair, 1993: 17-18). Das Streben nach *Energiesicherheit* und der *Zugang zu billigen Energiequellen* wurden damit zu zentralen Motiven für die Förderung erneuerbarer Energien und der Ölpreis zur Rahmenbedingung für deren Markteinführung (vgl. Abb. 15.1).

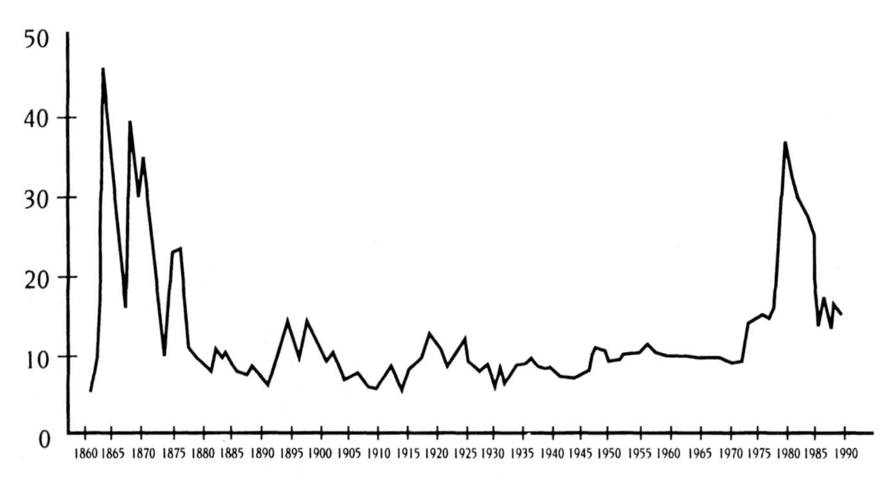

Abb. 15.1. Entwicklung der Rohölpreise in den USA von 1860-1990 in $ von 1990 pro Faß (Quelle: Bohi, 1993: 50)

Präsident Nixon reagierte mit seinem „Projekt Unabhängigkeit" auf das Ölembargo der OAPEC-Staaten. In den USA wurden Preiskontrollen eingeführt, die Bevorratung erweitert und der staatliche Regulierungsapparat ausgebaut. Außenminister Kissinger strebte mit der Gründung der IEA ein gemeinsames Vorgehen der OECD-Staaten mit dem Ziel an, die Ölnachfrage zu beschränken. Präsident Fords Vorschlag vom Januar 1975, eine Behörde für Energieunabhängigkeit mit einem Haushalt von 100 Mrd. $ zu schaffen, blieb im Kongreß stecken. Als die Ölpreise weiter anstiegen und die Ölimporte (um 31% seit 1973) zunahmen, reagierte die Carter-Administration hierauf mit einem *Nationalen Energieplan*, der erstmals Energieeinsparungen als neue Energiequelle benannte und eine verstärkte Nutzung der heimischen Kohle und die Entwicklung erneuerbarer Energien forderte.

Nach dem Rückgang des Holzverbrauchs zur Wärmeerzeugung war die Wasserkraft jahrzehntelang die wichtigste und billigste erneuerbare Energiequelle, die mit etwa 10% zur Elektrizitätserzeugung beitrug. Nach der Gründung der Energy Research and Development Agency (ERDA) im Jahr 1974 wurden die erneuerbaren Energien zu einem von sechs Förderschwerpunkten, auf den zunächst jedoch nur 14,8 Mio. $ bei einem Gesamthaushalt von 1 034 Mio. $ entfielen. Bis zum Amtsantritt der Carter-Administration blieb die Relevanz der e. E. jedoch gering. 1977 lagen erste Studien vor, die davon ausgingen, daß der Einsatz erneuerbarer Energien technisch möglich sei. Mit der Gründung des Solar Energy Research Institute (SERI) wurde das Ziel verbunden, daß bis 1985 2,5 Mio. Haushalte die Sonnenenergie nutzen sollten. 1978 wurden drei Initiativen eingeleitet:

1. Ein *Energiesteuergesetz* bot Hausbesitzern, die solare und Windsysteme kauften, eine Steuerersparnis von 2 000 $ und Sonderabschreibungen für Unternehmen von 10-13% an.
2. Das *Public Utility Regulatory Policies Act* (PURPA) bestimmte bundesweit anzuwendende Grundsätze, die von den einzelstaatlichen Regulierungskommissionen umgesetzt werden müssen.
3. Das *Natural Gas Policy Act* revidierte die Preiskontrollen für Erdgas.

Als Folge dieser politischen Maßnahmen stieg der Holzverbrauch um zwei Drittel an. 1981 verfügten bereits 200 000 Haushalte über solarthermische Anlagen. Viele Produzenten von Fertighäusern boten passive Solaroptionen an. Die Verdreifachung der Ölpreise im Jahr 1979, Regierungsprogramme und technische Verbesserungen begünstigten die schnelle Markteinführung erneuerbarer Energien. Seit 1980 gewannen Energiesparmaßnahmen an Bedeutung.

Die Reagan-Administration beschnitt die Haushaltsansätze der meisten erneuerbaren Energieprogramme um bis zu 95% und lehnte auch eine Verlängerung der Steuerabschreibungen ab. Als Folge dieser „ideologischen Energiewende" ging nach dem Abbau der Marktanreize die Nachfrage zurück, und zahlreiche Unternehmen meldeten Konkurs an bzw. wurden von ausländischen Unternehmen - vor allem aus Japan und Deutschland - übernommen.[3]

Die Bush-Administration ging in ihrer Energiestrategie im Rahmen des *Environment Policy Act* (vom 25.10.1992) und des *Clean Air Act* davon aus, daß die CO_2-Emissionen bis zum Jahr 2010 kaum sinken würden (Williams, 1993: 97-100), weshalb sie ein CO_2-Reduzierungsziel bis zum Jahr 2000 in ihrem *Climate Action Plan* (Dezember 1992) ablehnte (Parker/Blodgett, 1994b). Im Bereich der e. E. leitete die Bush-Administration aber eine Kehrtwende ein.

3 Miller/Miller (1993: 50-64) bieten einen guten Überblick über das Auf und Ab bei den einzelnen e. E. bis Anfang der 1990er Jahre. Moore/Miller (1994) setzen sich kritisch mit den politischen Fehlern der Reagan-Administration und den Konsequenzen für einige der innovativen Unternehmen im Bereich der e. E. auseinander.

Tabelle 15.3. Überblick über wichtige Gesetze zur Energiepolitik, zur Energieeffizienz, zur Luftreinhaltung und zu erneuerbaren Energien in den USA von 1970-1990 (Quelle: Miller/Miller, 1993: 128-131, 133-199; Sissine, 1995a: 5, 1995b: 4)

Jahr	Typ der Gesetzgebung	Name und Inhalt des Gesetzes
1970	Energie & Umwelt	Clean Air Act vom 31.12.1970 (PL 91-604)
1974	Energie	Energy Supply and Environmental Coordination Act
	Energieeffizienz	Federal Energy Administration Act, Energy Reorg. Act
	Erneuerbare Energien	Solar Energy Research, Development & Demonstration Act Solar Heating and Cooling Demonstration Act
1975	Energie	Energy Policy and Conservation Act
	Erneuerbare Energien	Solar Photovoltaic Energy Res. Develop. & Demonst. Act
1976	Energieeffizienz	Energy Conservation and Production Act Energy Conservation Standards for New Buildings Energy Conservation Standards for Existing Buildings
1977	Energie & Umwelt	Clean Air Act vom 16.11.1977 (PL 95-190)
1978	Energie	National Energy Conservation Policy Act Public Utilities Regulatory Policies Act
	Energieeffizienz	Energy Tax Act
	Erneuerbare Energien	Renewable Resources Extension Act
1980	Energieeffizienz	Crude Oil Windfall Profit Tax
	Erneuerbare Energien	Energy Security Act vom 30.6.1980 Geothermal Energy Act Solar Energy and Conservation Act Solar Energy and Energy Conservation Bank Act Biomass and Alcohol Fuels Act Renewable Energy Resources Act Wind Energy System Act (PL 96-345)
1982	Energie	Energy Emergency Preparedness Act
1985	Energie	Energy Policy and Conservation Amendment Act
1987	Energieeffizienz	National Appliance Energy Conservation Act
1988	Energieeffizienz	Federal Energy Management Improvement Act
1989	Erneuerbare Energien	Renewable Energy and Effic. Techn. Competitiveness Act
1990	Energie und Umwelt	Clean Air Act vom 15.11.1990 (PL 101-549)
	Energie	Energy Policy and Conservation Act Extension Amendment
	Erneuerbare Energien	Solar, Wind, Waste & Geoth. Power Prod. Inc. Act
1991	Energie	National Energy Strategy Plan
1992	Energie	Energy Policy Act (PL 102-486)
1994	Exportförderung	Jobs Through Trade Expansion Act (22.10.1994)
	Welthandel	Uruguay Round Agreement Act (8.12.1994)
	Exportförderung	DOE Strategic Plan: Fueling a Competitive Economy
1995	Energie	DOE: National Energy Policy Plan: Sustainable Energy Strategy: Clean and Secure Energy for a Competitive Economy

Die Clinton-Administration begründete den Anstieg der Haushaltsansätze für e. E. seit 1993 (Sissine, 1995b) mit ihren Klimaaktionsplänen von 1993 und 1994 (Parker/Blodgett, 1994b), in denen sie als Ziel formulierte, alle Treibhausgas-Emissionen einschließlich der FCKW bis zum Jahr 2000 auf dem Niveau von 1990 zu stabilisieren, was bei den CO_2-Emissionen zu einem leichten Anstieg von bis zu 2% führen kann. Eine OECD-Studie (1996b: 219) bezweifelte, daß die USA dieses bescheidene Reduzierungsziel einlösen können.

Während das Streben nach Energiesicherheit und hohe Erdölpreise Hauptmotive für die Förderung e. E. waren, schlugen sich bisher weder die Akzeptanzdebatte zur Kernenergie noch die Klimadebatte in höheren Mittelbewilligungen für e. E. nieder. Die Grundlagen für die Förderpolitik und die Rahmenbedingungen wurden seit 1974 in zahlreichen Energiegesetzen und Plänen des Energieministeriums (DOE) gelegt (vgl. Tabelle 15.3).

15.4 Akteure im Politikfeld der erneuerbaren Energien

Neben der Exekutive und dem Kongreß stellen vor allem die mächtigen Wirtschaftsverbände der EVUs, der fossilen Energieerzeuger, der Automobilindustrie und anderer energieintensiver Industriezweige, aber auch einige Verbraucherorganisationen zentrale Akteure dar, die sich gegen eine Energiewende und gegen eine Verbesserung der Rahmenbedingungen für e. E., z.B. durch eine Anhebung der Energiesteuern oder die Einführung einer CO_2-Steuer, erfolgreich über den Kongreß zur Wehr setzten (vgl. Tabelle 15.4).

Mit der Clinton-Administration gewannen die Interessenvertreter der kleinen erneuerbaren Energiebranche zwar wieder an Einfluß, aber das Gewicht der Umweltgruppen und Forschungsinstitute auf der Bundesebene, die sich für eine aktive Klimaschutzpolitik im Energiesektor einsetzten, blieb gering. Nur in einem Bereich zeichnete sich eine breite Zustimmung ab: bei der Exportförderung erneuerbarer Energien in die Dritte Welt. Die Aktivitäten der Exekutive und des Kongresses konzentrierten sich auf vier Bereiche:

- die Förderung von *Energiesparmaßnahmen* und der *Energieeffizienz* in der Industrie, beim privaten Verbrauch und im Verkehrssektor;
- die Förderung der *erneuerbaren Energien* vor allem der Photovoltaik;
- die *Markteinführung* verfügbarer Technologien und Systeme und
- auf die *Exportförderung* vor allem in Staaten der Dritten Welt.

Trotz der wissenschaftlichen und politischen Klimafolgendiskussion haben sich mit dem Preisverfall beim Erdöl die ökonomischen Rahmenbedingungen für die Einführung e. E. und damit die nationale Nachfrage verschlechtert. Zahlreiche politische Hindernisse, wie die Steuerpolitik, die Förderung für die Kernenergie, die Bevorzugung zentraler gegenüber dezentralen Technologien und die Ausklammerung der Folgekosten, haben in den 90er Jahren die Marktchancen ebenso beeinträchtigt, wie die Widerstände in der Bauwirtschaft, rechtliche und witterungsbedingte Unsicherheiten und unzureichende Informationen zum Marktpotential sowie die bisher geringe Marktdurchdringung und bescheidene Gewinnmargen bei den e. E.

Tabelle 15.4. Akteure im Bereich der erneuerbaren Energien in den USA in der Clinton-Administration (1993-1996)

Staat	Wirtschaft	Gesellschaft & Wissenschaft
Exekutive/Legislative	*Wirtschaftsverbände*	*Gesellschaftliche NRO*
Präsident &Vizepräsident **Energieministerium (DOE)** – Office of Energy Research – Conservat. & Renew. Energy – Internat. Affairs & Emergency – Energy Information Administ. – Fed. Energy Regulatory Com. **Beratungsgremien** – Adv. Com. on Renew. Energy & Energy Effic. Joint Ventures – Bas. Energy Scien. Adv. Com. – Com. on Renew. Energy Commerce & Trade (CORECT) – Sec. of Energy Adv. Board – State Energy Advisory Board **U.S. Congress** – General Accounting Office – Congression. Research Serv. – Congressional Budget Office – Office of Techn. Assessment (zum 1.10.1995 aufgelöst) **U.S. Congress: Senate** – Appropriations Committee Subc. on Energy & Water Dev. Subcom. on the Interior – Energy & Natural Resourc. C. Subc. on Energy Res. & Dev. Subc. on Interior – Finance Committee **U.S. Congress House** – Appropriations Committee: Subc. on Energy & Water Dev. Subcom. on the Interior – Energy and Commerce Com. – Governmt. Operat. Committ. – Natural Resources Committ. – Science, Space & Techn. Committee. – Small Business Committee – Ways and Means Committee	**Dachverbände** – American Gas Association – American Public Gas Assoc. – Mid-Continent Oil & Gas Association – Independent Petroleum Association of America – National Petroleum Council – National Coal Association – American Mining Congress **Kernenergie** – American Nuclear Energy Council – Americans for Nuclear Energy **EVUs** – American Public Power Association – National Electrical Manufacturers Association – Electric Generation Associat. – Electricity Consumers Resource Council – The Electrification Council **(Forschungs)institute** – Gas Research Institute – American Petroleum Institute – American Coke and Coal Chemicals Institute – Nuclear Energy Institute – Edison Electric Institute – Electric Power Research Inst. **Gewerkschaften** – United Mine Workers of America **Umweltbündnisse** – The Business Council for a Sustainable Energy Future	**Erneuerbare Energien** – National Hydropower Assoc. – Electric Power Research Inst. – Americ. Solar Energy Society – American Wind Energy Assoc. – Biomass Energy Research Assoc. – National Wood Energy Association – Solar Energy Industries Association – National Ocean Industries Association – National Hydrogen Industrial Energy Association – Council for Alternative Fuels – Nat. Indep. Energy Producers – Renewable Fuels Association – Solartherm **Energieeinsparung** – American Council for an Energy-Efficient Economy – Alliance to Save Energy – Energy Conservation Coalition **Forschungsinstitute** – National Renewable Energy Laboratory – Sandia National Laboratory Solar Division – Florida Solar Energy Center **Umwelt-(Klima)-gruppen** – Worldwatch Institute – Resources for the Future – Union of Concerned Scientists – Natural Resources Defense Council (NRDC). – Sierra Club – Friends of the Earth – Environment Defense Fund – Worldwide Fund for Nature – Public Citizen

15.5 Energiepolitik der Clinton-Administration

Die Energiepolitik der Clinton-Administration verfolgte u.a. folgende deklarierte Ziele: den Zuwachs der Energienachfrage zu beschränken, die Umwelt zu schützen und die Verwundbarkeit der Wirtschaft durch Unterbrechungen der Erdölimporte zu senken. Eckpfeiler dieser Politik sind nach der Zusammenfassung der IEA (1995a: 559) die Verbesserung der Energieeffizienz, die Förderung e. E., die Diversifizierung der eigenen Energiequellen, die Einbeziehung von Umweltgesichtspunkten, die Entwicklung neuer Technologien und der Ausbau des internationalen Energiehandels. Hierzu sollen die Marktbedingungen für Erdgas und e. E. sowie die industrielle Energieeffizienz verbessert werden.

Auf der Grundlage des DOE Organisation Act von 1977 und des Energy Policy Act (EPAct) von 1992 legte Präsident Clinton dem Kongreß im Juli 1995 einen nationalen Energieplan vor (Sustainable Energy Strategy, 1995; vgl. DOE, 1995a), der auf den Strategieplan des DOE vom April 1994 *Fueling a Competitive Economy* (vgl. DOE, 1994a) aufbaute, der Verbesserungen bei der Koordination, dem Management und der Implementation der Energieprogramme der Regierung vorschlug und fünf Kernbereiche nannte: industrielle Wettbewerbsfähigkeit, Energiequellen, Wissenschaft und Technik, nationale Sicherheit und Umweltschutz. Ein Beratungsgremium unterbreitete Ende 1995 Vorschläge zur Reduzierung der CO_2-Emissionen auf das Niveau von 1990 zu Beginn des 21. Jahrhunderts. Ende 1995 wurde auch eine Überprüfung der Umsetzung der Maßnahmen des *Climate Change Action Plans* veröffentlicht (IEA, 1995a: 560).

Als Folge des Wachstums des BIP um 3,2% (1993) stieg der gesamte Energieverbrauch 1993 um 2,5% an, und zwar um ca. 2% im industriellen und Transportsektor und um 3,9% im privaten Bereich. Der Pro-Kopf-Energieverbrauch nahm seit 1992 wieder zu, wobei der Verbrauch von Erdgas um über 5, von Elektrizität um 3,3 und von Öl um über 1% anstieg. Die Energieintensität ging 1993 leicht zurück. Das Gesamtenergieangebot stieg 1993 um 2,8%, wobei der Anteil von Öl und Kernenergie zurückging und das Angebot von Erdgas und Kohle zunahm. Dennoch belief sich die Gesamtenergieabhängigkeit erstmals seit 1977 auf über 20% (vgl. IEA, 1995a: 561; DOE/EIA, 1994a: 1-2).

Von den e. E. leistete die Wasserkraft 1993 einen Beitrag von 1,2% zum Gesamtenergieangebot sowie 8,3% zur Elektrizitätserzeugung. Eine Anordnung der Umweltschutzbehörde (EPA) vom August 1994, die eine Beimischung von Äthanol zum Benzin vorschrieb, wurde Ende 1994 auf Betreiben des American Petroleum Institute aufgehoben, woraufhin die Regierung eine Steuerbefreiung bei Benzin mit einem Zusatz von 12,7% Biotreibstoffen verfügte.

Das DOE schlug im Februar 1995 im Einklang mit dem EPAct von 1992 Regeln für die Einführung von Fahrzeugen mit umweltverträglicheren Alternativtreibstoffen (z.B. Propan, Erdgas, Elektrizität) vor, die bis zum Jahr 2000 3% und bis zum Jahr 2010 9% aller leichten Dienstfahrzeuge entsprechen sollen. Nach dem noch strengeren kalifornischen *Clean Fuels and Vehicles Plan* von

1990 müssen ab 1997 2% bzw. ab 2003 10% aller in diesem Staat verkauften Pkws Elektroautos sein (IEA, 1995a: 569).

Nach dem EPAct von 1992 und dem *Climate Change Action Plan* von 1993 soll die Energieeffizienz in den USA bis zum Jahr 2010 (bezogen auf 1988) um 30% steigen. Zur Umsetzung dieses Zieles wurden die Mittel für Maßnahmen zur Förderung der Energieeffizienz von 702 Mio. $ (1993) auf 771 Mio. $ (1995) angehoben und im Haushaltsentwurf 1996 ein weiterer Anstieg um 16% auf 891 Mio. $ vorgeschlagen (vgl. Tabelle 15.5). Im Rahmen dieses Förderschwerpunktes soll u.a. bis Anfang des kommenden Jahrhunderts ein Auto entwickelt werden, das dreimal so energieeffizient als heutige Neufahrzeuge sein soll. Nach einer Verordnung des Präsidenten von Mitte 1994 soll die Bundesregierung bis zum Jahr 2005 (bezogen auf 1985) 30% Energie einsparen. Ferner sollen die Bundesbehörden nur noch besonders energieeffiziente Produkte kaufen dürfen.

Tabelle 15.5. Ausgaben für ausgewählte Energieaktivitäten, HJ 1993-1996 in Mio. $ (Quelle: DOE, Budget Highlights (April 1993, Feb. 1994, Jan. 1995); IEA, 1995a: 560)

	HJ 1993 Bewilligungen	HJ 1994 Bewilligungen	HJ 1995 Bewilligungen	HJ 1996 Budgetentwurf
Energieeffizienz	**702**	**716**	**771**	**891**
– Gebäude	60	81	116	153
– Transport	168	179	206	258
– Industrie	113	125	135	170
– Technische und finanzielle Hilfe	331	294	279	276
– Sonstige	31	38	35	34
Energieangebot	**2128**	**2397**	**2028**	**1641**
– Kohle	189	392	154	115
– Andere fossile Energien	241	273	288	322
– Kernenergie	637	901	912	425
– *Solare und e. E.*	*257*	*347*	*394*	*423*
– Energiemarketing	804	483	280	356
Summe	**2830**	**3113**	**2799**	**2532**

Als Folge von Clintons Climate Change Action Plan vom Oktober 1993 und des nationalen Klimaberichts vom September 1994 erließ das DOE im Oktober 1994 Richtlinien für die freiwillige Berichterstattung über die Treibhausgasemissionen und Maßnahmen zu deren Reduzierung, die in Umsetzung des EPAct in zahlreichen Selbstverpflichtungen der Industrie *(Climate Wise, Climate Challenge, Motor Challenge, Green Light)* enthalten waren.[4]

4 Vgl. Clinton/Gore, 1993b; DOE/PO, 1994; Climate Action Report, 1994; Abel/Holt/Parker, 1989; Parker/Blodgett, 1994b; Justus/Morrissey, 1995.

Um das bescheidene Ziel zu erreichen, alle Treibhausgasemissionen bis zum Jahr 2000 auf das Niveau von 1990 zu reduzieren, schlug Clinton im Bereich der *Energienachfrage* eine kommerzielle, eine private und eine industrielle Energieeffizienzstrategie vor, um den Energieeinsatz für Heizung, Kühlung und Klimaanlagen *(Energy Star Buildings, Rebuild America, Golden Carrot)* und Beleuchtung *(Green Lights)* zu senken. Im Bereich des *Energieangebots* sollen vor allem jene fossilen Energiequellen mit geringen (z.B. Erdgas durch eine Natural Gas Strategy) bzw. ohne CO_2-Emissionen (wie die Kernenergie und die e. E. durch eine Renewable Energy Strategy) gefördert werden. Das Energieministerium soll in Kooperation mit den EVUs ab 1994 ein Konsortium bilden, um die Markteinführung der Windenergie, der Photovoltaik, der Biomasse und der geothermischen Energie voranzubringen und die Stromeinspeisung aus modernisierten Wasserkraftwerken zu Marktpreisen zu sichern. Bei den EVUs sollen der Energieausbeutegrad erhöht und die Leitungsverluste gesenkt werden. Schließlich sollen durch Wiederaufforstungsprogramme CO_2 gebunden und durch die Pflanzung von Schatten spendenden Bäumen zugleich der Kühlungsbedarf gesenkt werden.

Während der Klimaaktionsplan der Bush-Administration (Dez. 1992) kein CO_2-Reduzierungsziel formulierte und von einem Anstieg der Treibhausgasemissionen von 1,4-6% von 1990 bis zum Jahr 2000 ausging, strebte die Clinton-Administration in ihrem Plan vom Oktober 1993 bezogen auf alle Treibhausgase eine Einfrierung bis zum Jahr 2000 an, was einen CO_2-Anstieg um 2% zulassen würde. Nach dem Klimaplan Clintons würde der CO_2-Ausstoß bei einem Nichthandeln von 1 237 Mio. t C-Äquivalenten für 1990 bis zum Jahr 2000 auf 1 337 ansteigen. Durch die beschlossenen Maßnahmen sollte der Anstieg auf 24 Mio. t bzw. auf 1 261 begrenzt werden. Die für die Umsetzung dieses Planes für den Zeitraum 1994-2000 vorgesehenen Gesamtkosten werden sich auf 60 Mrd. $ belaufen, die durch Energieeinsparungen in gleicher Höhe kompensiert werden sollen. Nach einer OECD-Analyse (1996b: 218) werden die Ziele von Clintons Klimaplan voraussichtlich verfehlt.[5] Ein Grund hierfür ist, daß der Kongreß im Haushaltsjahr 1995 (Oktober 1994 - September 1995) nur die Hälfte der beantragten Haushaltsmittel für die Umsetzung von Clintons Klimaplan bereitstellte (Lashof, 1995: 112). Der 104. Kongreß schlug für das HJ 1996 noch einschneidendere Kürzungen vor, z.B. in den Ansätzen der EPA von 138 auf 83 Mio. $ (-40%) und des DOE von 76 auf 39 Mio. $ (-49%). Von den Mittelanforderungen zur Förderung der Energieeffizienz in Höhe von 891 Mio. $ bewilligte der Vermittlungsausschuß nur 553 Mio. $ (-38%), von den Mitteln für e. E. in Höhe von 372 nur 233 Mio. $ (-37%). Welchen politischen Schwankun-

5 Vgl. OECD (1996b: 219): „The current political and budgetary situation suggests that the goal may not be met by 2000 in the United States (and in many other countries as well): the measures taken or likely to be taken are not very demanding and focus on voluntary actions and policies. Energy taxes are not introduced to provide economic signals to energy users (most notably households, small and medium enterprises, etc.)".

gen unterlag die Förderung für Forschung und Entwicklung der e. E. zwischen 1973 und 1996?

15.6 Förderung von Forschung und Entwicklung

Als Folge der Ölkrisen entstand in den 70er Jahren ein umfangreiches Förderungsprogramm für Grundlagen- und angewandte Forschung zu e. E. sowie für Demonstrationsvorhaben in enger Zusammenarbeit mit der Privatindustrie und für die Markteinführung der neuen Technologien. Hierzu schuf die Bundesregierung günstige Marktanreize durch Sonderabschreibungen und Steuervergünstigungen für Unternehmen und Privatpersonen. 1974 ergriff der Kongreß die Initiative und bewilligte bis Anfang der 90er Jahre meist mehr Mittel als die Exekutive anforderte (vgl. Tabelle 15.6).

Von 1973 bis 1994 gab die Bundesregierung etwa 9 Mrd. $ für Forschung & Entwicklung (F&E) von erneuerbaren Energiequellen einschließlich der Geothermie aus, was etwa 10% der F&E-Mittel zum Energieangebot entsprach. Die Aufwendungen stiegen von weniger als 1 Mio. $ Anfang der 70er Jahre auf über 1,2 Mrd. $ im HJ 1979 und 1980 während der Carter-Administration und fielen in der Reagan-Administration kontinuierlich bis auf 119 Mio. $ im HJ 1990 (-91%), um in der Bush- und Clinton-Administration bis zum HJ 1995 wieder auf 289 Mio. $ anzusteigen, was 77% unter dem Niveau des HJ 1979 liegt.

Vom HJ 1948 bis zum HJ 1972 gab die Bundesregierung etwa 19 Mrd. $ (in konstanten $ von 1992) für nukleare F&E-Programme (Kernspaltung und Fusion) und ca. 4 Mrd. $ für F&E zu fossilen Energien aus. Vom HJ 1973 bis zum HJ 1995 wendete die US-Regierung insgesamt 93 Mrd. $ für Energieforschung auf, wovon 56 Mrd. $ auf die Kernenergie (ca. 60%), 22 Mrd. $ auf fossile (ca. 22%) und 9 Mrd. auf erneuerbare Energien (ca. 10%) sowie 6 Mrd. auf Energiespar- und Effizienzsteigerungsmaßnahmen (ca. 6%) entfielen.

Die Steuernachlässe für private Solarenergiesysteme und für die private und industrielle Nutzung der Windenergie liefen 1985 aus, während Kredite für Unternehmensinvestitionen in diesem Bereich in den 80er Jahren wiederholt verlängert wurden. Das EPAct sieht nach Sect. 1916 unbegrenzte Steuerabschreibungsmöglichkeiten für Unternehmen für solare und geothermische Ausrüstungsgüter in Höhe von 10% vor, während Sect. 1914 die Möglichkeit bietet, pro kWh, die mit Wind- oder Biomassesystemen erzeugt wird, 1,4 Cents bei der Einkommensteuer vergütet zu bekommen.

Die amerikanische Version des Stromeinspeisungsgesetzes (Public Utilities Regulatory Policies Act, PURPA) legte Richtlinien fest, wonach die EVU Strom von Windfarmen und anderen kleinen Energieproduzenten zu einem Preis aufkaufen müssen, die das Unternehmen hierfür aufwenden müßte („avoided cost").

Tabelle 15.6. Ausgaben des Energieministeriums (DOE) für erneuerbare Energien (e. E.) vom HJ 1974 bis HJ 1992 in konstanten $ von 1992 (Quelle: Sissine, 1994: 16)

	1974	1975	1976	1977	1978	1979	1980	1981	1982	1983	1984	1985	1986	1987	1988	1989	1990	1991	1992	Summe
Solargebäude	19,7	42,3	130,2	224,6	262,6	182,0	145,7	114,1	35,0	14,9	22,1	11,8	9,9	7,3	6,3	6,0	4,4	2,1	2,0	1240,8
Photovoltaik	10,0	13,1	68,2	112,5	157,7	225,2	254,2	235,6	89,4	80,1	66,8	70,0	47,2	48,6	40,6	39,4	37,4	47,7	60,4	1704,0
Solarthermie	12,6	34,5	78,6	148,3	214,2	207,2	200,6	209,2	61,5	67,1	51,5	43,6	31,8	27,5	19,9	16,6	16,1	19,9	29,1	1489,9
Biotreibstoffe	6,9	3,9	14,4	21,0	42,8	80,4	87,6	77,2	43,7	27,0	37,7	38,4	33,7	28,9	20,0	14,8	17,4	34,1	39,3	669,3
Windenergie	5,1	20,6	45,5	54,4	72,7	113,0	102,8	120,4	24,1	43,5	35,1	36,5	34,1	20,0	11,4	9,8	9,8	11,4	21,4	791,6
Gezeitenenergie	3,4	7,3	20,3	32,1	64,2	77,9	73,5	53,8	30,2	14,5	7,6	5,1	6,1	5,3	3,9	4,6	4,4	2,8	2,0	419,1
International								16,8	5,8	13,8	0,7	0,5	1,2	1,0	0,9	1,1	1,1	1,5	2,0	46,5
Technologietransfer								2,2	9,7	4,2	4,4	6,3	4,0	3,0	3,0	2,7	1,9	2,3	1,0	44,7
SERI						5,7	11,8	7,8	0,0	0,0	0,0	0,0	2,5	0,6	0,7	0,8	0,6	5,3	11,5	47,3
Ressourcenbewertung														0,7	0,8	0,9	0,9	1,0	1,2	5,5
Programmleitung				3,3	5,1	6,4	5,0	10,6	5,8	8,2	8,0	4,5	5,4	5,0	4,9	4,9	4,4	4,4	4,7	90,6
Programmunterstützung									5,1	0,6	1,1	1,3	1,6	0,9	1,1	1,1	1,0	0,9	0,9	15,5
Andere	1,7	3,7	17,2	29,8	22,0	20,3	56,8	5,4	10,9	-1,2	0,0	0,1	1,2	0,0	0,0	0,0	0,0	0,0	0,0	168,0
Solar (insg.)	**59,5**	**125,3**	**374,5**	**623,8**	**841,4**	**918,0**	**938,0**	**852,9**	**321,2**	**272,7**	**235,0**	**218,2**	**178,7**	**148,8**	**113,6**	**102,8**	**99,5**	**133,5**	**175,5**	**6732,7**
Geothermie		70,7	96,0	120,9	218,6	294,2	255,2	242,4	81,9	78,3	40,3	40,1	33,1	25,0	24,5	21,7	19,5	28,1	27,2	1717,8
Wasserkraft					22,0	53,1	35,7	5,0	-4,2	1,4	1,1	0,1	0,6	0,6	0,0	0,0	0,0	1,0	1,0	117,5
Erneuerbare Energien (insg.)	**59,5**	**196,0**	**470,5**	**744,7**	**1082,0**	**1265,3**	**1228,3**	**1100,3**	**398,9**	**352,4**	**276,4**	**258,4**	**212,4**	**174,4**	**138,1**	**124,4**	**119,0**	**162,7**	**203,7**	**8568,0**
Fossile Energien	226,4	373,0	826,6	1182,6	1477,9	1422,1	1253,2	1424,3	262,9	307,4	369,3	384,1	392,0	360,5	407,9	427,5	444,4	475,9	444,3	12462,3
Kernspaltung	**1421,7**	**1645,4**	**2266,6**	**2354,2**	**2163,1**	**2049,3**	**1876,8**	**1751,6**	**1542,4**	**1175,8**	**1009,2**	**771,8**	**735,7**	**735,3**	**683,3**	**684,1**	**641,5**	**315,3**	**332,0**	**25370,3**
Kernfusion	164,4	285,3	475,7	698,5	564,5	661,0	718,9	649,8	628,0	652,5	619,5	551,7	451,1	419,7	392,7	375,9	341,0	282,1	337,1	9390,7
Einsparung	**4,3**	**14,6**	**115,1**	**210,0**	**473,4**	**631,8**	**588,0**	**466,3**	**126,6**	**154,2**	**199,9**	**202,2**	**192,0**	**189,1**	**178,8**	**179,8**	**191,2**	**221,2**	**263,3**	**4601,9**

Im HJ 1986 wurden Installationen mit einer Leistung von 5 400 MW und 1991 von nur noch 1 200 MW registriert. Vom HJ 1980 bis zum HJ 1991 wurden insgesamt 19 000 MW ins Netz eingespeist. Nach Berechnungen des Edison Electric Institute erreichte die tatsächlich installierte Leistung Ende September 1991 9 980 MW, bzw. 1991 speisten die Kleinanbieter ca. 1,3% der gesamten Elektrizität ins Netz ein, wobei Kalifornien, Nevada, New York, New Jersey, Florida, Maine, New Hampshire, Idaho, Massachusetts und Texas führend waren (Sissine, 1995b: 2-3). Bezieht man die Wasserkraft mit ein, dann leisten die e. E. einen Beitrag von 8% zur nationalen Energienachfrage.

Im HJ 1995 forderte die Clinton-Administration 345 Mio. $ für e. E., wovon 344 Mio. vom Kongreß bewilligt wurden, wobei die Ansätze für Windenergie um 16 Mio. $ (65%), für Geothermie um 11 Mio. $ (50%) und für Photovoltaik um 10 Mio. $ (16%) erhöht wurden. Diese Mittel sollen zu Produktivitätsverbesserungen, verstärkter Wettbewerbsfähigkeit und Exporten von Ausrüstungsgütern führen. Nach dem Strategieplan des DOE soll der Marktanteil der neuen e. E. (Wind, Biomasse, Geothermie, Solarthermie, Photovoltaik) von 12 000 MW (1995) auf 20 000 MW bis zum Jahr 2000 steigen. In der Forschungsförderung bemerkte Sissine (1995: 8) eine verstärkte Tendenz zur Förderung von Maßnahmen zur Markteinführung, um durch das langfristige strategische Poten-

Tabelle 15.7. Budget des DOE für erneuerbare Energien HJ 1992 bis HJ 1996

	HJ 1992 Bewilligung	HJ 1993 Bewilligung	HJ 1994 Bewilligung	HJ 1995 Bewilligung	HJ 1996 Anforderung	HJ 1995-96 Unterschied %
Solargebäude	2,0	3,0	4,8	4,6	4,7	+2,2%
Photovoltaik	60,0	63,8	74,9	87,5	88,1	0,7%
Solarthermie	28,8	26,3	31,4	31,5	33,9	7,6%
Biotreibstoffe	39,0	47,1	55,8	59,6	80,4	34,9%
Windenergie	21,3	24,0	29,2	47,1	49,8	5,7%
Gezeitenenergie	2,0	1,0	1,0	0,0	0,0	0,0%
International	2,0	2,0	5,0	9,1	29,2	220,9%
Technologietransfer	1,0	2,0	20,5	22,4	17,8	-20,5%
Programmplanung			4,8	12,2	7,3	-40,2%
Ressourcenbewertung	1,2	1,2	2,2	4,0	4,7	17,5%
Programmleitung	4,7	5,9	7,0	8,2	9,5	15,9%
NREL[a]	11,5	6,6	5,8	6,0	6,0	0,0%
Anpassung					4,9	
Solar (insg.)	**174,3**	**182,8**	**242,4**	**292,2**	**326,5**	**11,7%**
Geothermie	26,9	22,8	23,0	37,8	37,0	-2,1%
Wasserstoff		1,0	9,6	9,6	7,3	-24,0%
Wasserkraft	1,0	1,1	1,0	4,8	1,0	-79,2%
Summe	**202,2**	**207,7**	**276,0**	**344,4**	**371,8**	**8,0%**

a) NREL= National Renewable Energy Laboratory

tial dieser Technologien die wirtschaftliche Prosperität und die nationale Sicherheit zu unterstützen und die Umweltbelastung zu senken.

Ein zentrales Element der amerikanischen Förderungspolitik im Bereich e. E. in den HJ 1974-HJ 1996 (vgl. Tabelle 15.5 und 15.6) ist ihr hoher Grad an Fluktuation. Während die Carter-Administration Wegbereiter für die neuen Energietechnologien wurde, setzte die Reagan-Administration vor allem auf militärische Mittel zur Sicherung des Zugangs zu den fossilen Energiequellen am Persischen Golf. Die Haushaltskürzungen erstreckten sich aber auch auf die F&E-Ausgaben für die Kernenergie, die fossilen Energien und Energiesparmaßnahmen sowie auf den Haushalt der EPA (Wallace, 1995: 114).

Mit der Bush-Administration zeichnete sich ab HJ 1990 sowohl bei der Umweltpolitik generell als auch bei der Förderung einzelner Energiequellen eine Wende ab. Die Ausgaben für F&E für e. E. und für Energiesparmaßnahmen stiegen von HJ 1990 bis HJ 1992 deutlich an, während die Aufwendungen für Kernspaltung um fast die Hälfte gekürzt wurden.

Bei den Einzelstaaten setzte sich Kalifornien bei der Luftreinhaltepolitik, bei der Entwicklung von Umwelttechnologien und bei den e. E. eindeutig an die Spitze. Diese Energien boten zugleich auch eine Lösung für die ernsten Luftverschmutzungsprobleme in Südkalifornien (Los Angeles). Hier entstand mit Förderung der California Energy Commission (CEC) Ende der 70er Jahre in der Mohave Wüste die größte solarthermische Anlage zur Stromgewinnung (LUZ International), die Mitte der 80er Jahre als Folge der verschlechterten Rahmenbedingungen nach dem Wegfall der Steuervergünstigungen Konkurs anmeldete. Windfarmen speisten Strom ins Netz, und zahlreiche kleinere Unternehmen wurden zu Pionieren der neuen Technologien. 1979 waren in Kalifornien von Kleinanbietern 5 MW installiert, 1989 waren es über 9 000 MW, was 35% des in den USA privat eingespeisten Stroms entsprach. Auch bei der Einführung von Umweltautos wurde Kalifornien in den 90er Jahren zum Wegbereiter.

Einige der kleinen kreativen Unternehmen bzw. Abteilungen von Großunternehmen im Bereich e. E. wurden ein Opfer der ideologischen Kehrtwende in der Energiepolitik *(Cheap Oil Doctrine)* während der Reagan-Administration. Einige dieser Unternehmen wurden von deutschen (Siemens Solar in Camarillo, Kalifornien), europäischen (ABB) und japanischen Unternehmen (z.B. Canon) aufgekauft (vgl. Moore/Miller, 1994).

Bei der Umweltpolitik sah Wallace (1995: 134) einen Hauptgrund für diesen Zickzackkurs in der legalistischen Tendenz der Regulierungskommissionen, der sich einzelne Unternehmen oder ihre Dachverbände über ihre Lobbyisten im Kongreß oder vor Gericht widersetzten, was eine flexible Kooperation zwischen der Industrie und den Regulierungskommissionen häufig behinderte.[6]

---

6 Vgl. Wallace (1995: 134) Schlußfolgerung: „Chief among these is the prevailing US mindset on all social issues, which seeks to frame problems in rigid, black and white legal terms. Environmental issues... are instead forced into endless rounds of judgement and appeal. An enormous and influential cadre of legal professionals gives this process an almost irresistible momentum."

15.7 Förderung von Energieeinsparung und Energieeffizienz

Die Rechtsgrundlage für die Politik der Clinton-Administration zur Förderung der Energieeffizienz ist zum einen das EPAct (Williams/Good, 1994), wonach die USA zwischen 1988 und 2010 ihre Energieeffizienz um 30% steigern sollen, und zum anderen der Climate Action Plan (1993). Zwischen dem HJ 1993 und dem HJ 1995 stiegen die hierfür vorgesehenen Mittel von 702 auf 771 Mio. $ an. Im HJ 1995 lagen die Bewilligungen durch den Kongreß ca. 200 Mio. $ unter den Anforderungen der Exekutive (IEA, 1995a: 570). Im 104. Kongreß (1995-1996) verlangten die Republikaner in ihrem *Contract with America* Kürzungen bei der Energieeffizienz um 50% über einen Zeitraum von fünf Jahren.

Nach Berichten des DOE zu *Energy Conservation Trends* von 1994 konnte durch Energiesparmaßnahmen zwischen 1973 und 1986 die Energieeffizienz um 30% gesteigert werden, wovon 40% auf die Industrie, 34% auf den privaten Wohnsektor, 16% auf beruflich genutzte Gebäude und nur 10% auf den Verkehrsbereich entfielen (vgl. OTA, 1993a; Sissine, 1995a).

Zwischen 1948 und 1994 wurden von allen F&E-Ausgaben des Bundes im Energiesektor ca. 6% für Energiesparmaßnahmen verwendet. Hierfür und für die Förderung von Aktivitäten zur Steigerung der Energieeffizienz wurden in den HJ 1973-HJ 1994 5,7 Mrd. $ aufgewandt, womit nach Schätzungen von Sissine (1995a: Summary) der amerikanischen Wirtschaft Energiekosten in Höhe von 225 Mrd. $ pro Jahr erspart wurden, was etwa 50% des derzeitigen Energieverbrauchs entspricht. Für die Förderung von Energieeffizienzmaßnahmen läßt sich von 1974-1996 (vgl. Tabelle 15.5, 15.6) ein vergleichbarer Trend wie bei e. E. feststellen. Zwischen HJ 1979 und HJ 1988 gingen die Gesamtausgaben für Energiesparmaßnahmen auf der Ebene des Bundes und der Einzelstaaten von 1,8 Mrd. $ auf 430 Mio. $ (in konstanten $ von 1992) zurück.

Die Bush-Administration hatte bereits 1991 in ihrem *National Energy Strategy Plan* Energiesparmaßnahmen zum Eckpunkt ihrer Energie-, Umwelt- und Klimaschutzpolitik erklärt. Ein Bericht der Clinton-Administration von 1993 *A Vision of Change for America* schlug für die HJ 1994 bis 1998 investive Aufwendungen für e. E. und Energieeffizienz in Höhe von 3,2 Mrd. $ vor. Neben dem Energieministerium (DOE) hat die Umweltschutzbehörde (EPA) zur Umsetzung von Clintons Klimaschutzzielen zahlreiche „grüne Programme“ - im HJ 1995 für fünf Energiesparprogramme: *Green Lights, Energy Star Buildings,* neue *Energy Star Programs, Market Pull* und *Methane Conservation* - insgesamt 68,8 Mio. $ bereitgestellt. In den Anforderungen für das HJ 1996 in Höhe von 891 Mio. $ (vgl. Tabelle 15.5, 15.7, 15.8) orientierte sich die Clinton-Administration an den beiden Energieplänen des DOE von 1994: *Fueling a Competitive Economy* und *Strategic Plan for Energy Efficiency*. Der 104. Kongreß kürzte diese Forderungen im Vermittlungsausschuß auf 553 Mio. $ (-28% gegenüber dem HJ 1995 und -38% im Vergleich zum Ansatz für HJ 1996, vgl. Morgan, 1996: 3).

Tabelle 15.8. Haushalt für Energieeffizienzmaßnahmen für die HJ 1992 bis 1996 in jeweiligen $ (Quelle: Sissine, 1995a: 17)

	HJ 1992 Bewilligung	HJ 1993 Bewilligung	HJ 1994 Bewilligung	HJ 1995 Bewilligung	HJ 1996 Anforderung	HJ 1995-96 Unterschied %
Gebäude	47,1	52,3	80,7	115,6	152,5	31,9%
Industrie	36,8	60,9	123,9	135,4	170,3	25,8%
Transport	109,3	138,6	176,9	206,3	258,5	25,3%
EVU	4,7	4,9	6,7	8,8	9,8	11,8%
F&E (Summe)	**197,9**	**256,7**	**388,2**	**466,1**	**591,1**	**26,8%**
Technik und Finanzierung	273,8	265,1	293,7	319,7	321,2	0,5%
Sonstige	25,7	19,0	-12,8	-15,0	-21,8	
Gesamtsumme	**451,4**	**510,0**	**669,1**	**770,8**	**890,5**	**15,5%**

15.8 Förderung der Markteinführung

Ein Hauptmotiv der Förderung von e. E. und von Energiesparmaßnahmen war seit der Bush- und vor allem seit der Clinton-Administration die Förderung der internationalen Wettbewerbsfähigkeit durch die Markteinführung (commercialisation) neuer Technologien und deren Export. Nach Sect. XXX des EPAct von 1992 (§ 3001) muß das DOE Richtlinien und Verfahren entwickeln, die nach der Forschungs-, Entwicklungs- und Erprobungsphase eine Markteinführung neuer Produkte vorsehen. Bei F&E-Vorhaben muß der Projektnehmer mindestens 20% und bei Markteinführungsprogrammen mindestens 50% der Projektkosten tragen. Nach Sect. XXII des EPAct über Energie und Wirtschaftswachstum wird das DOE beauftragt, hierzu folgende Teilprogramme zu entwickeln:

- *National Advanced Materials Initiative:* 5-Jahresprogramm mit dem Ziel, die Markteinführung fortgeschrittener Materialien und Technologien - u.a. durch Beschaffungen der General Service Administration - zu fördern;
- *National Advanced Manufacturing Technologies Initiative*: 5-Jahresprogramm zur beschleunigten Markteinführung von fortgeschrittenen Technologien, die die Energieeffizienz und Produktivität von Fertigungstechnologien erhöhen;
- *Supporting Research and Technical Analysis (RTA)*: Förderung von Grundlagenforschung, Technologietransfer, Hochschulausbildung und von Energielaboratorien;
- *Math and Science Education Program*: Hierdurch soll vor allem die naturwissenschaftliche Ausbildung von Studenten der ersten Generation aus armen Familien gefördert werden;
- *Integration of Research and Development:* Hierdurch soll der Informationsaustausch zwischen Forschungs- und anderen Aktivitäten des DOE verbessert werden (vgl. CRS, 1993; Williams/Good, 1994: 291-298).

Mit der Umsetzung dieser Maßnahmen wurde das Büro für Energieeffizienz und erneuerbare Energien (EE) im Energieministerium beauftragt. Für die Planung der Initiativen ist eine Koordinationsgruppe im DOE unter der Leitung des Beraters für Wissenschaft und Technologiefragen verantwortlich. Diese Markteinführungsprogramme waren sowohl für das DOE als auch für zahlreiche Energielaboratorien ungewohnt, da beide nur über begrenzte Erfahrungen mit der Privatwirtschaft verfügen. Eine Hauptaufgabe bestand darin, die marktreifen Technologien zu identifizieren und aus der Kooperation von DOE und der Wirtschaft Anreize für deren Markteinführung zu schaffen. Dadurch sollen die Produktivität gesteigert, die Umwelt geschont und neue Arbeitsplätze geschaffen werden.

Ende 1993 gab es bereits über 500 kooperative Forschungs- und Entwicklungsvereinbarungen zwischen dem DOE, den von ihm geförderten Laboratorien und der Industrie. Während die EE-Abteilung des DOE hierfür im HJ 1994 nur 5 Mio. $ zur Verfügung hatte, waren in den Verteidigungsprogrammen des DOE im HJ 1993 für Technologietransferprogramme 141 Mio. $ und im HJ 1994 203 Mio. $ vorgesehen. Das Büro für Energieforschung des DOE hatte für solche Programme im HJ 1993 60 Mio. $ und im HJ 1994 38 Mio. $ eingeplant.

Schließlich gab es noch das gemeinsame *Strategic Environmental Research and Development Program (SERDP)* des Verteidigungsministeriums (DOD) sowie von DOE und EPA, für das 1993 weitere 183 Mio. $ bereitstanden. Im Büro für Wissenschafts- und Technologiepolitik im Weißen Haus entwickelte das *Federal Coordinating Committee for Science, Engineering and Technology* Initiativen im Bereich von Materialien und der Produktion, die sich 1993 auf ein Gesamtvolumen von 1,9 Mrd. $ beliefen.

Im Pentagon ist die *Advanced Projects Agency (ARPA)* für das Technologiereinvestitionsprogramm zuständig, das die Konversion von und den Spin-off aus militärischen Programmen für zivile Anwendungen unterstützt. Hierfür sollen 15 Mrd. $ aufgewendet werden: 5 Mrd. für Dual-Use-Technologien und 10 Mrd. $ für neue Technologieentwicklung, u.a. für neue Materialien, im Transportsektor (Elektrofahrzeuge und Batterien) und e. E.

Das DOE versuchte 1994 neue marktreife Technologien zusammenzustellen. Die Eliteuniversitäten Stanford, MIT und Yale förderten den Dialog zwischen ihren natur- und ingenieurwissenschaftlichen Fakultäten und der Wirtschaft. Ein Schwerpunkt ist die Entwicklung neuer Technologien, wie z.B. Brennstoffzellen, Fernheizwerke (District heating and cooling systems) und vielfältige Energiesparsysteme und Technologien (Williams/Good, 1994: 300-318).

Als Ziel dieser Energiepolitik nannte die Assistenzstaatssekretärin des EE im DOE, Christine A. Ervin, am 6.2.1995 vor dem Kongreß, innerhalb von fünf Jahren 300 000 neue Arbeitsplätze zu schaffen, die amerikanischen Unternehmen bei den Energiekosten um 9 und die Privathaushalte um 8 Mrd. $ zu entlasten, die Kosten für den Ölimport um 2,3 Mrd. $/a zu senken und einen größeren Weltmarktanteil bei Energietechnologien (ca. 425 Mrd. $) zu gewinnen.

15.9 Exportförderung erneuerbarer Energien

Um den Export amerikanischer Technologien im Bereich erneuerbarer Energien zu unterstützen, schuf der Kongreß 1984 im Rahmen des Renewable Energy Industry Development Act (PL 98-370) das *Committee on Renewable Energy, Commerce and Trade (CORECT)*.[7] Unter dem Vorsitz des DOE arbeiten 14 Bundesbehörden und die Industrie, die häufig durch den *U.S. Export Council for Renewable Energy (ECRE)*, ein Dachverband von acht Industrieverbänden im Bereich erneuerbarer Energien, vertreten ist. Nach dem *Renewable Energy and Energy Efficiency Technology Competitiveness Act* von 1989 (PL 101-218) wird das DOE aufgefordert, einen Plan für die Ausweitung der Exporte erneuerbarer Energien aufzustellen und ab 1991 über die Aktivitäten von CORECT dem Kongreß alljährlich zu berichten. Im HJ 1991 verfügte CORECT über einen Haushalt von 1,5 Mio. $, wovon ca. 450 000 $ an U.S. ECRE weitergegeben wurden. In den HJ 1992-1994 stieg der Haushaltsansatz auf 2 Mio. $ jährlich. 1993 gründete das DOE ein *Committee on Energy Efficiency Commerce and Trade (COEECT)*.

Im HJ 1993 (1994) gab CORECT von seinem Haushalt in Höhe von 1,985 (1,870) Mio. $ für technische Hilfe 595 000 (340 000) $ an die *Sandia National Laboratories* (270 000), 1,078 (1,122) Mio. $ für Marktentwicklung aus, davon an U.S. ECRE 135 500 (170 000) $ und deren Mitglieder 307 000 (462 000) $ sowie an den International Fund for Renewable Energy and Energy Efficiency 200 000 (125 000) $, an das Handelsministerium 168 000 (270 000) $ und an die Meridian Corp. 180 000 $, für Weiterbildungmaßnahmen 86 500 (240 000) $ und für Management 225 500 (168 000) $ (DOE, 1994b: 22; DOE, 1995b: 29).

Der amerikanische Rechnungshof (U.S. GAO, 1992: 3-5) bemängelte in seiner Bewertung von CORECT, daß dieses Gremium bis 1992 keinen Exportförderungsplan aufgestellt hatte. CORECT fehle es an konkreten Exportdaten, die von der Industrie nicht bereitgestellt werden. CORECT habe vier Staaten in der Karibik und zwei Staaten im pazifischen Raum als potentielle Märkte für amerikanische Technologien im Bereich der e. E. ausgewählt. Zu den Aktivitäten von CORECT zählten von 1985 bis 1991 u.a. die Erstellung einer umfangreichen Energiedatenbank für 160 Länder, die Identifizierung von Exporthemmnissen, die Förderung von Messen, die Einladung von ausländischen Energiebeamten zu Messen und die Durchführung von Konferenzen am Rande der Industriemessen. Der Rechnungshof schlug in seiner Studie von 1992 dem Kongreß u.a. vor, einen festen Termin für die Aufstellung eines Exportförderungsplanes festzulegen, Daten zum Weltmarktanteil der USA zusammenzutragen, dem Gremium die Verantwortung für die Überwachung und Dokumentation der diesbezüglichen

7 Vgl. DOE, 1994b; U.S. GAO (1992: 2) nennt als Ziel von CORECT: „to bolster U.S. international competitiveness by gathering and disseminating information to U.S. manufacturers on potential overseas business opportunities; organizing trade missions, fairs, and conferences; and coordinating export assistance programs."

Tabelle 15.9. Organisationen zur Exportförderung erneuerbarer Energien

Committee on Renewable Energy Commerce and Trade (CORECT)	United States Export Council for Renewable Energy (US/ECRE)
• Agency for International Development (AID) • Environmental Protection Agency (EPA) • Department of Commerce (DOC) • Department of Defense (DOD) • Department of Energy (DOE) • Department of Interior (DOI) • Department of State • Department of the Treasury • Export-Import Bank of the U.S. • Office of U.S. Trade Representative • Overseas Private Investment Corporation • Small Business Administration • U.S. Trade and Development Agency • U.S. Information Agency	• American Wind Energy Association • Solar Energy Industries Association • National Geothermal Association • National Bioenergy Industries Association • National Association for Energy Services Companies • National Hydropower Association • Renewable Fuels Association U.S. ECRE ist über seine 7 Mitgliedsverbände die Interessenvertretung der über 1 000 amerikanischen Unternehmen im Bereich erneuerbarer Energien.
Committee on Energy Efficiency Commerce and Trade (COEECT)	Energy Efficiency Export Council

Aktivitäten zu übertragen und mit dem 1990 eingesetzten Komitee zur Koordination der Handelsförderung zusammenzuarbeiten (vgl. Tabelle 15.9).

Die Bemühungen von CORECT erhielten mit dem EPAct von 1992 eine breitere gesetzliche Unterstützung, das hierfür 10 Mio. $ für einen Zeitraum von fünf Jahren forderte. Ferner soll DOE durch AID ein Programm zur Ausbildung von Experten aus Entwicklungsländern zur Unterhaltung e. E. sowie von Energiesparmaßnahmen fördern. Das Handelsministerium soll je einen Experten für e. E. in der Karibik und im Pazifik mit jährlich 500 000 $ ausstatten, die Informationen über amerikanische Produkte bereitstellen. DOE soll über AID ein Technologietransferprogramm initiieren, das den Export umweltschonender e. E. fördern soll. Hierfür sollen von 1993 bis 1998 jährlich 100 Mio. $ bewilligt werden (CRS, 1993: 33-35).

Das Kapitel e. E. (Titel XII) des EPAct nennt drei Kernziele: ihren Einsatz, ihre Weiterentwicklung und ihren Export zu fördern. Von den 690 Mio. $, die hierfür von HJ 1993 bis HJ 1998 vorgesehen waren, sollten allein 620 Mio. $ auf Exportförderungsmaßnahmen entfallen. Zu deren Umsetzung wurden empfohlen: Joint ventures zwischen Regierung und Unternehmen, Erschließung der Märkte im Pazifik, Osteuropa, Afrika und im Mittleren Osten sowie in Lateinamerika und in der Karibik. All diese Programme sollen dazu beitragen, das amerikanische Handelsbilanzdefizit zu senken, in den USA Arbeitsplätze zu schaffen, die amerikanische Wettbewerbsfähigkeit zu erhalten und Entwicklungsländern eine nachhaltige Entwicklung zu ermöglichen. Hierzu sollen ausländische Regierungen und Förderorganisationen über die Vorteile e. E. informiert und weitergebildet werden, neue internationale Märkte, u.a. durch die Überwindung von Handelshemmnissen, erschlossen, amerikanische RE-Produkte und Dienstleistungen unterstützt und amerikanische Firmen im Wettbewerb um finanzielle Unterstützung für internationale Projekte beraten werden. DOE errichtete z.B. Zentren für Energieeffizienz in Krakau, Warschau, Bulgarien, Moskau und Kiew (Williams/Good, 1994: 262-280).

Im Januar 1994 legte das Büro für Technikfolgenabschätzung des Kongresses einen Bericht vor, der sich auch mit Fragen der Exportförderung im Bereich der Umwelttechnologien befaßte und die amerikanischen Exportförderungsaktivitäten mit denjenigen ihrer wichtigsten Konkurrenten verglich (OTA, 1994b: 151-181).

Nach Industrieangaben erreichten die amerikanischen Exporte von Komponenten und Ausrüstungsgütern für e. E. 1992 245 Mio. $, wovon allein 210 Mio. $ auf PV-Anlagen entfielen. Ein Bericht des DOE vom November 1992 *Analysis of Options to Increase Exports of U.S. Energy Technology* projizierte bis zum Jahr 2010 bei Wasserkraftturbinen ein Marktvolumen von 66 Mrd. $ und bei Wind- und Solarenergien von 4 Mrd. $ (Sissine, 1995b: 7-8).

Das Koordinierungskomitee zur Exportförderung der Clinton-Administration schätzte in seinem Bericht vom November 1993 über *Environmental Technologies Exports* den Weltmarkt für Umwelttechnologien auf 200 bis 300 Mrd. $, der bis zum Jahr 2000 auf 600 Mrd. $ steigen wird, wobei den Technologien zur Energieeffizienz ein signifikanter Anteil zukommt. In seinem Jahresbericht von 1994 schlug dieses Komitee u.a. vor: a) ausländische Exportsubventionen (z.B. gebundene Hilfe) zu bekämpfen, b) amerikanische Exporte und Investitionen zu fördern und zu versichern und c) Hilfestellung bei Exporten zu geben. Der Strategieplan von U.S. ECRE benannte als Haupthindernisse für die Ausweitung amerikanischer Exporte Subventionen und billige Kredite für die ausländische Konkurrenz (Sissine, 1995a: 8-9; 1995b: 7-8).

Als Ergebnis einer Konferenz über e. E. in Lateinamerika vom Juni 1994 führte U.S. ECRE in diesem Bereich 175 Projekte mit einem Gesamtwert von 1,3 Mrd. $ auf, wobei die prioritären Projekte (ca. 20%) einen Gesamtwert von ca. 300 Mio. $ umfassen, zu deren Finanzierung in den Jahren 1995-1997 Projektanträge der Inter-American Development Bank und der Weltbank vorgelegt werden sollen (Sissine, 1995b: 7-8).

Der DOE-Bericht zur nationalen Energiestrategie von 1991 stellte fest, daß amerikanische Firmen vom Exportmarkt für energieeffiziente Güter von ca. 250 Mrd. $ in den 90er Jahren nur einen Marktanteil von 8 Mrd. $ halten. Das *International Institute for Energy Conservation (IIEC)* schätzte den Exportmarkt für energieeffiziente Güter und Dienstleistungen auf zwischen 18 und 84 Mrd. $ jährlich ein. Im Dezember 1993 gründeten das IIEC und einige weitere Organisationen den *Energy Efficiency Export Council,* der amerikanische Firmen bei ihren Exportanstrengungen unterstützen und eng mit Regierungsstellen zusammenarbeiten soll.

In Zusammenarbeit mit U.S. ECRE identifizierte CORECT in seinem Jahresbericht von 1993 ein mittelfristiges Marktvolumen von 8,5 Mrd. $ in Lateinamerika und in der Karibik. Zur Finanzierung der Exporte e. E. führten Vertreter beider Koordinierungsgremien Gespräche mit der Export-Import-Bank, der Inter-American Development Bank und der Weltbank. Im asiatisch-pazifischen Raum wurden 1993 Projekte in Indonesien (Hybridanlagen zur Elektrifizierung), auf den Cook-Inseln (Biomasse) und auf den Philippinen (Geothermie) durchgeführt. Die Weltbankabteilung für Alternativenergien in Asien billigte Projekte zur ländlichen Elektrifizierung in Indien und Indonesien. CORECT erwartete, daß amerikanische Exporteure von Wind- und Solaranlagen von diesen Mio.-Krediten profitieren werden. In Afrika identifizierte das Programm für Renewable Energy for African Development (REFAD) in Zusammenarbeit mit den beiden anderen Gremien potentielle Märkte und Chancen für *joint ventures* in den Ländern der Südafrikanischen Entwicklungsgemeinschaft (SADC). In Mittel- und Osteuropa nannte CORECT einige Projekte und führte Untersuchungen zu den Marktbedingungen durch.

15.10 Bewertung und Schlußfolgerungen

Die USA hatten in der Carter-Administration bei Forschung, Entwicklung und Markteinführung erneuerbarer Energien eine Führungsposition eingenommen. Während der Reagan-Administration haben sie aus primär innenpolitischen und ideologisch motivierten Gründen diese Führungsposition aufgegeben bzw. mit Japan und der Bundesrepublik geteilt. Seit der Bush- und vor allem der Clinton-Administration wurden erneut verstärkte Anstrengungen im Bereich Forschung, Entwicklung und Markteinführung sowie mit einem ambitionierten Exportförderungsprogramm bei erneuerbaren Energien und Maßnahmen zur Steigerung der Energieeffizienz eingeleitet. Neben dem Streben nach Energiesicherheit sind die Senkung der Treibhausgase und die Reduzierung des Außenhandelsdefizits durch eine Exportoffensive als Begründungen hinzugetreten.

Noch ist ungewiß, ob die ideologisch motivierten Kürzungen der republikanischen Mehrheit im 104. Kongreß diesen Neuanfang der Clinton-Administration im Bereich erneuerbarer Energien und der Energiesparmaßnahmen verlangsamen oder zunichte machen. Das ambitionierte - vom demokratisch kontrollierten 102. und 103. Kongreß forcierte - Exportförderungsprogramm läßt aber erkennen, daß der Kongreß und die Exekutive gleichermaßen das Exportpotential erneuerbarer Energien im 21. Jahrhundert erkannt haben und sich auf den bevorstehenden Wettkampf innerhalb der Triade um Marktanteile in diesem Bereich offensiv vorbereiten (vgl. Kap. 36).

Nach den Präsidenten- und Kongreßwahlen im November 1996 wird sich abzeichnen, welche der beiden großen politischen Grundströmungen die amerikanische Energie-, Technologie-, Umwelt- und Klimapolitik im Übergang zum 21. Jahrhundert bestimmen wird und ob die USA in diesen Politikbereichen erneut eine *globale Führungsposition* übernehmen oder ein *Bremser bei den Klimaschutzverhandlungen* (Brauch, 1996a) bleiben.

16 Japanische Energiepolitik

Helmar Krupp

Dieses Kapitel behandelt folgende Fragen: (1) In welcher institutionellen Szenerie kommt die japanische Energiepolitik zustande? (2) Welches sind japanische Besonderheiten im internationalen Gleichlauf? (3) Welche Ziele sind in den öffentlichen Programmen formuliert? (4) Was wurde erreicht?

16.1 Was ist Energiepolitik?

Der Begriff *Energiepolitik* kann zu der falschen Interpretation führen, sie würde aus einer hierarchisch übergeordneten Position heraus Strukturen und Entwicklung von Energieangebot, -nachfrage und -verbrauch steuern. Dieses Bild steht im Gegensatz zu den gesellschaftlichen Gegebenheiten zumindest in den Ländern der OECD, aber auch in vielen anderen. Tabelle 16.1 zeigt exemplarisch die japanische Energieszenerie in den drei *Teilsystemen* politische Administration/Politik - kurz: *Politik* -, *Wirtschaft* und *Technik*.

Tabelle 16.1. Energiepolitische Szenerie in Japan[1]

Wirtschaft	Politische Administration/Politik	Technik
Energieanbieter - Primärenergie-Rohstoffe, v.a. Kern- und fossile Brennstoffe - Nutzenergie, insbesondere die zehn großen regionalen Elektrizitätserzeuger - den größten Umsatz hat die Tokyo Electric Power Company (TEPCO), Wärmekraftwerke, Wind-, Wasserkraftwerke, Erdwärmesammler	1. *Ministerium für Internationalen Handel und Industrie* (MITI)[2] mit seinen nachgeordneten Behörden und Beratungsorganisationen (a) Amt für natürliche Ressourcen und Energie (ANRE) (b) Amt für Industriewissenschaften und Technologie (AIST)[3] mit engen Wechselwirkungen zu Wirtschaft, Hochschulen und Technik (c) Etwa 200 verschiedene Beratungsgremien sowie 30 bis 40 Untergremien und weitere MITI-Abteilungen zuarbeitende Komitees: - der *Industriestrukturrat*, der insbesondere durch seine jeweils zehnjährigen „Zukunftsvisionen"[4] bekannt geworden ist; der Rat hat 20 Komitees, die alle Wirtschaftssektoren abdecken - der *Industrietechnologierat* mit 10 Komitees: sie sind zuständig für Forschung und Entwicklung, Technikfolgen-Abschätzung und -bewertung[5], erneuerbare Energien, Energieeffizienzerhöhung[6] und dergleichen	1. Öffentliche Einrichtungen (a) das Elektrotechnische Laboratorium (ETL) (b) RITE, siehe die mittlere Spalte 1(d) (c) das Nationale Institut für Wissenschafts- und Technologiepolitik (NISTEP)[15] (d) das japanische Atomforschungsinstitut (JAERI)[16]

Wirtschaft	Politische Administration/Politik	Technik

Investitionsgüter-Anbieter
zum Bau von Kern- und fossil gefeuerten Kraftwerken, erneuerbaren Energiequellen, Elektrizitäts- und Ölleitungsnetzen, Meß- und Regeleinrichtungen, Staudämmen, Brennstofflagern, Abfallentsorgungsanlagen; Wärmeschutz, Wärmerezyklierung usw.
Energieverbraucher
in Wirtschaft, öffentlichen Einrichtungen, Privathaushalten, Verkehr usw.
	- *Energieberatungskomitee* mit acht Unterkomitees: sie befassen sich unter anderem mit Angebots- und Nachfrageschätzungen, Ölversorgung, Kernenergie, Stadtwärme, Wärmeeinsparung und neuen Energien
	  - *Ölrat und Rat für Ölangebots-* und Nachfragekoordination
	  - *Rat der Elektrizitätsindustrie* mit Komitees für Strombedarf, -angebot und -nachfrage
	(d) Etwa 450 Handels- und Industrieverbände, ihre ausländischen Büros und ihre japanischen Forschungsinstitute. Hierzu gehören
	  - der Industriespitzenverband *Keidanren*[7], der dem deutschen BDI entspricht
	  - das *Energieeinsparzentrum* (ECC), das dem oben erwähnten ANRE untersteht
	  - die *Föderation der Elektrizitätserzeuger*; sie finanziert deren zentrales Forschungsinstitut (CRIEPI) und das *Institut für Energiewirtschaft* (IEE)[8]
	  - Organisation für Kernenergiefragen, das japanische Elektrizitätsinformationszentrum, der japanische Gasverband und der japanische Bergbauindustrieverband
	  - zwei Erdgasförderungsorganisationen, die Nationale Ölgesellschaft, die *Organisation für neue Energie und Industrieentwicklung* (NEDO), deren neu errichtetes *Forschungsinstitut für innovative Technologie der Erde* (RITE)[9] und die Stiftung für Neue Energien.
	2. Das Umweltamt[10]
	3. Das Erziehungsministerium und sein Wissenschaftsrat
	4. Energiebezogene Einheiten anderer Ministerien, und zwar die für Landwirtschaft, Verkehr und Bauwesen
	5. Das Wirtschaftsplanungsamt (EPA)[11]
	6. Das *Amt für Wissenschaft und Technologie* (STA)[12]; hierzu gehören
	  - der Rat für Wissenschaft und Technologie
	  - der Wissenschaftsrat von Japan (nicht mit dem des Erziehungsministeriums zu verwechseln)
	7. Verwaltungseinheiten insbesondere des MITI in den Ländern und großen Städten
	8. Auf Energie bezogene Gremien der politischen Parteien[13]
	9. Neue gesellschaftliche Bewegungen (Bürgerinitiativen), die sich mit Energiefragen befassen[14]
		(e) das nationale Institut für Umweltstudien (NIES)[17]
		2. Öffentliche und private Universitäten
		3. Vertragsforschungsorganisationen mit starken Wechselwirkungen mit Wirtschaft und Politik
		4. Forschungs- und Entwicklungslaboratorien der Wirtschaft, wo naturgemäß die größte Forschungskapazität des Landes versammelt ist. Der öffentliche Forschungsbereich ist in Japan aber wesentlich kleiner als in Deutschland.

Erläuterungen und Quellen

1. Vgl. Krupp, 1992: 60-61
2. Die Abkürzungen ergeben sich aus den englischsprachigen Bezeichnungen, nicht aus den hier angeführten deutschen Übersetzungen; im Falle MITI also aus Ministry for International Trade and Industry. Das MITI ist der zentrale Knoten in dem weit gefächerten Kommunikationsnetzwerk, in dem die Energiepolitik sich formuliert. Auch andere wichtige Knoten sind in Tabelle 16.1 kursiv gesetzt.
3. In deutscher Terminologie könnte man AIST und NEDO (siehe weiter unten) zentrale nachgeordnete Projektträger des MITI nennen. Das AIST ist primär für Forschung zuständig, das NEDO mehr auf Anwendung und Demonstrationsprojekte orientiert.
4. Diese „Visionen" werden insbesondere im Ausland wegen ihrer phantasievollen Sichtweite und -breite beachtet.
5. Der Gründungscharta in den USA und auch ersten deutschen und japanischen Ansätzen gemäß sollte Technikfolgen-Abschätzung und -bewertung (TA) eine kritische Instanz darstellen, die sich fallweise der technischen Evolution auch entgegenstemmen könnte. Inzwischen tendiert TA in allen Ländern, in denen sie aufgegriffen wurde, zu einer Technikvermarktungsagentur.
6. Erneuerbare Energiearten und Methoden, um die Produktivität von Energiewandlung und -nutzung zu erhöhen, werden in Japan unter dem Begriff Neue Energien zusammengefaßt.
7. Wie sein deutsches Pendant, der Bund der deutschen Industrie (BDI), hat der Keidanren großen politischen Einfluß.
8. Das IEE ist ein sehr leistungsfähiges Institut unter einem starken Präsidenten, der mehr als andere heikle Themen öffentlich anzusprechen wagt.
9. Mit RITE verbindet sich in Japan die Vorstellung, daß dort die technischen Grundlagen einer langfristig umweltgerechten (sustainable) Entwicklung gelegt würden. RITE ist nicht nur Forschungsinstitut, sondern gleichzeitig auch Projektträger.
10. Es entspricht dem deutschen Umweltministerium und hat ebenfalls geringes politisches Gewicht.
11. Das EPA ist hochqualifiziert und veröffentlicht regelmäßig Vorwärtsprojektionen aller Wirtschaftsdaten.
12. Das STA ist direkt dem Premierminister unterstellt. Zwischen STA und MITI herrscht eine Arbeitsteilung, die grob folgendermaßen beschrieben werden kann: STA kümmert sich um Technik, die tendenziell der gesamten Wirtschaft und dem ganzen Land dienen soll: hauptsächlich Kernenergie und Weltraumtechnik. MITI ist eher für industriesektorspezifische Aufgaben zuständig. Überlappungen und Konflikte sind nicht zu vermeiden.
13. Erst neuerdings bemerken die japanischen Parteien, daß Forschungs- und Technologiepolitik für Machtspiele genutzt werden können. Daher organisieren sie gelegentlich Fachgespräche, um sich besser zu informieren.
14. Verglichen mit Deutschland sind die neuen gesellschaftlichen Bewegungen in Japan in der Regel schwach, stark zersplittert und wenig nachhaltig. Aber in ihrer Hoch-Zeit, in den 60er und 70er Jahren, waren sie eine wichtige gesellschaftliche Kraft. Die offizielle japanische Politik und die großen Elektrizitätserzeuger haben insbesondere unter dem Druck der „Atomgegner" ihren Konfrontationskurs mit totaler Gesprächsverweigerung zugunsten einer Integrationsstrategie verlassen. Diese soll die Chancen erhöhen, in dem überwiegend standortungünstigen Land neue Reaktorstandorte auszumachen. Ein wichtiges Mittel sind hohe Kompensationszahlungen an die betroffenen Regionen, Gemeinden und Einwohner (oft Fischer).
15. NISTEP entspricht in wichtigen Facetten dem Fraunhofer-Institut für Systemtechnik und Innovationsforschung in Karlsruhe, mit dem es daher auch zusammenarbeitet.
16. JAERI entspricht den deutschen Großforschungszentren, insbesondere denen in Karlsruhe und Jülich.
17. NIES ist mit dem Umweltbundesamt zu vergleichen.

Zu ergänzen ist sie durch ein viertes, die *Konsumwelt*. Diese vier *Teilsysteme* sind von jeweils unterschiedlichen hochspezifischen *Codierungen* (Binnenlogiken, Rationalitäten) beherrscht:

- In der Wirtschaft werden die täglichen Operationen nach Geldzahlungen binär codiert, ob sie zu Gewinn/Verlust, Kapitalvermehrung/-minderung und so weiter führen. Politische Eingriffsversuche werden z.B. danach bewertet, wie sie sich gemäß dieser Geldcodierung auswirken: Wenn negativ, werden Gegenmaßnahmen ergriffen. Die Wirtschaft steuert sich selbst. Sie kann von außen irritiert, aber nicht determiniert werden.[1]
- In der Politik geht es um Machtspiele, um Machtgewinn/-verlust. Energiepolitik kann fallweise ein geeignetes Instrument hierfür darstellen. Zum Beispiel können Parteien durch Atomgegnerschaft Wählerstimmen gewinnen oder verlieren.
- Die Technik agiert nach dem Code funktioniert/funktioniert nicht. Auch sie steuert sich autonom nach diesem Binnencode selbst.
- Endverbraucher ist letztlich die Konsumwelt, in der der Code sich wohlbefinden/nicht wohlbefinden herrscht. Wahrgenommene Defizite im Wohlbefinden werden fallweise Wirtschaft, Politik oder/und Technik angelastet und können mit Loyalitätsentzug geahndet werden.

Durch *strukturelle Kopplung* über gegenseitige Erwartungen bilden diese vier Teilsysteme Wirtschaft, Politik, Technik und Konsumwelt einen *Synergismus*. So kann die Wirtschaft z.B. von der Politik förderliche Infrastruktur, günstige Steuergesetze und Subventionen erwarten. Dafür erhofft sich die Politik dank Wirtschaftsstärke Prestige bei Wahlkämpfen. Die Technik alimentiert sich durch strukturelle Kopplung mit Wirtschaft und Politik.

Dieses synergistische System befindet sich in fortwährendem Wandel. Er beruht auf *Innovationen* in allen Teilsystemen und ihren strukturellen Kopplungen. Laufend ändern sich beispielsweise die Chancen und Angebote der Wirtschaft, die politischen Machtverhältnisse und Taktiken, die technischen Möglichkeiten und die Bedürfnisse der Konsumwelt. *Es ist der innovative Synergismus des beschriebenen Systems – ich nenne es Schumpeter-Dynamik –, der die gesellschaftliche Evolution vorantreibt.* Andere gesellschaftliche Teilsysteme wie Medien, Religion, Wissenschaft und so weiter spielen ebenfalls eine Rolle, seien aber der hier erforderlichen Kürze wegen ausgeklammert.

Vom unterschiedlichen Umfang der drei Spalten in Tabelle 16.1 darf nicht auf ein entsprechend unterschiedliches gesellschaftliches Gewicht der betreffenden Subsysteme geschlossen werden, denn im Gegensatz zur Politik sind Wirtschaft und Konsumwelt in Tabelle 16.1 nur summarisch wiedergegeben.

Entscheidend für die Energiepolitik ist, daß mindestens in den sogenannten demokratischen Ländern des wohlhabenden Teils der Welt alle vier genannten Subsysteme einander *nebengeordnet* sind, also sozusagen gleichen gesellschaftli-

1 Ein Beispiel ist die Reaktion der großen deutschen EVU gegen das Gesetz, Strom aus privaten Windkraftanlagen höher zu vergüten. Sie haben dagegen geklagt.

chen Rang haben. Hier ist die Politik nur *ein* Subsystem unter anderen - ganz im Gegensatz zu Zeiten feudaler, militärischer oder/und religiöser Herrschaft.[2]

Energiebereitstellung und -nutzung ist also ein gesamtgesellschaftliches Phänomen. *Die Energie der Gesellschaft*[3] ist das Ergebnis aller auf Energie bezogenen Operationen der Gesellschaft, insbesondere der in Wirtschaft, Politik, Technik und Konsumwelt. Die jeweilige amtlich verkündete Energiepolitik ist eine Beschreibung der Energie der Gesellschaft aus der Sicht der politischen Administration. An dieser Stelle macht sich ein Defizit in der deutschen Sprache bemerkbar. In den anglo-amerikanischen Ländern unterscheidet man zwischen *policy* und *politics*. Die *energy policy* wird aus der Sicht der jeweiligen Regierung und ihrer Behörden formuliert. Dagegen ist *energy politics* die gesellschaftliche Vielfalt von Kommunikationen über Energie. Die energy politics bildet den Hintergrund, auf dem die Regierung ihre energy policy formuliert. Die jeweilige Opposition muß sich in den energy politics tummeln.

Gegenüber den stromlinienförmigen Darstellungen der Regierung und ihrer Behörden ist die energy politics auch in Japan kontrovers.[4] Die regionalen Interessen einer Großstadt sind z.B. fundamental andere als die des Umlandes, in dem ein Großkraftwerk gebaut werden soll. Denn dessen willkommene Energiedienstleistungen fließen in die Großstadt, während die damit einhergehenden Umweltbelastungen und Gefährdungen hauptsächlich in der Peripherie bleiben. Die Konsumenten sind überwiegend durch kurzfristige Erwartungen motiviert, während Industrie, Technik, Politik und Ökologie mit langen Vorlaufzeiten, z.B. bei der Entwicklung erneuerbarer Energiesysteme, rechnen sollten. Wohlhabenderen Bevölkerungsteilen ist das Auto, wenn nicht das Flugzeug ein hohes Gut, während Sozialhilfeempfänger ans schiere Überleben denken müssen. Dies sind Beispiele für die vielfältigen *örtlichen, zeitlichen* und *sozialen Dilemmata* der energy politics.

Im folgenden stelle ich aus Raumgründen unter dem Namen Energiepolitik primär die energy *policy* Japans dar, also die regierungsamtliche Sicht. Nur nebenher kann ich Verweise auf Konflikte der energy *politics* geben.

---

2 Solche Gedanken durchziehen inzwischen große Teile der politologischen und soziologischen Literatur. Die begrifflich schärfsten Darstellungen stammen von Niklas Luhmann. Seine Arbeiten sind außerordentlich umfangreich und weit verbreitet. Ein Hauptwerk ist Luhmann, 1984; einen ersten kurzen, relativ leichten Einstieg gibt Luhmann, 1990. Mein Modell der Schumpeter-Dynamik wurde in Teil III meines Buches (Krupp, 1996) entwickelt.

3 Dieser Ausdruck soll auf Luhmann verweisen. Er hat vier seiner Hauptwerke jeweils *die Wirtschaft, die Wissenschaft, das Recht* und *die Kunst der Gesellschaft* genannt. Diese Titel indizieren den systemischen Charakter von Wirtschaft, Wissenschaft, Recht und Kunst und ihre gesellschaftliche Selbstbezüglichkeit.

4 Vgl. die Aufsätze von Harutoshi Funabashi, Kiroaki Koide und Masuro Sugai in Krupp, 1992.

16.2 Internationaler Vergleich und japanische Besonderheiten

Ein Vergleich der Energiepolitiken der wohlhabenderen Länder, z.B. der OECD-Länder, und zwar sowohl der *energy policies* als auch der *energy politics*, zeigt: Sie sind alle mehr oder weniger isomorph. In fast allen Ländern

- sind die organisatorischen und institutionellen Strukturen ähnlich bis gleich;
- liefern fossile Brennstoffe den größten Beitrag;
- wird an Kernenergie gearbeitet;
- bleiben die Beiträge erneuerbarer Energien weiterhin klein;
- wächst die Energieproduktivität, das heißt der Quotient zwischen Bruttoinlandsprodukt und Primärenergieverbrauch stetig, wenn auch in der Regel langsamer als der Verbrauch.

In einer Sondersituation befinden sich die wasserreichen Länder wie vor allem Norwegen, Island, Österreich, Neuseeland, Kanada, Schweiz und Schweden (in dieser Reihenfolge), die zwischen 99,6 und 51,4% ihres Stroms (nicht der Primärenergie) aus sich erneuernder Wasserkraft beziehen. Ein anderes Bild liefern die armen Entwicklungsländer, die häufig über keine Energie-Infrastruktur verfügen, so daß Energiebeschaffung eine Familienangelegenheit ist (Holzsammeln, Dungverwertung; vgl. Kap. 34, 35).

Im Vergleich mit anderen wohlhabenden OECD-Ländern weist die japanische Energiepolitik folgende Besonderheiten auf:

- Aus Sicherheitsgründen möchte sie die besonders große Abhängigkeit von fossiler Energie verringern, da sie ausschließlich auf Importen beruht. Denn der fossile Anteil der Primärenergie beträgt in Japan 83%, davon sind 56% Öl, 17% Kohle und 10% Erdgas (IEA, 1993).
- Ungebrochen und besonders aktiv ist Japans Kernenergieentwicklung.
- Japan hat gegenüber anderen OECD-Ländern erheblichen Nachholbedarf beim Wohnungsbau und „Rückstand" beim Autoverkehr, so daß diese Sektoren den Energieverbrauch besonders hochdrücken. Dennoch ist der japanische Primärenergieverbrauch von 500 Mio. (1989) auf 457 Mio. TOE (1993) gesunken.[5]

5 Dies ist aber weniger auf die japanische Energiepolitik als vielmehr auf die sinkende Wirtschaftskonjunktur und das Bersten der spekulativen wirtschaftlichen „Seifenblase" zurückzuführen. Diese Nachkriegsseifenblase beruhte vor allem auf explodierenden Bodenpreisen in den Ballungsgebieten, die Kredite und Investitionen in die Höhe schießen ließen. Konjunkturflaute, Yen-Aufwertung, Arbeitsplatzverlagerungen ins Ausland, Lohnstagnation, Konsumzurückhaltung schaukelten sich auf, so daß in den letzten Jahren Gewinne verfielen, Kredite notleidend wurden und Banken Hunderte von Milliarden Schulden aufhäuften – und alles dies bei insgesamt schwacher Weltkonjunktur.

16.3 Weiterentwicklung der japanischen Energiepolitik

Ausgelöst durch die erste „Ölkrise", startete das AIST 1974 im Namen des MITI eine nachhaltige Energieentwicklungspolitik, das sogenannte *Sunshine-Project*. 1978 wurde es durch das *Moonlight-Project* ergänzt. 1993 wurden beide Projekte in dem *New Sunshine Program* vereinigt.[6] Dessen Struktur und signifikante Beispiele zeigt Tabelle 16.2.

Tabelle 16.2. Das *New Sunshine Program* des MITI

Erneuerbare Energien	Sonnenenergie-umwandlung	- Photovoltaik soll ab 2010 kosteneffizient sein - Wasserstoff-Erzeugung und -nutzung - Solare Kühl-/Wärmesysteme
	Geothermie[a]	- Exploration neuer Reserven - Entwicklung neuer Bohrverfahren, Energie-, Transport- und Nutzungstechniken
	Wind-, Meeres- und Bio-Energie	- Hochleistungswindturbinen - Δ T-Kraftwerke[b] - z.B. biologische Wasserstoffgewinnung
Avancierte Nutzungstechniken für fossile Brennstoffe	Kohletechnik	- Kohleverflüssigung - Wasserstoff-Erzeugung - Integrierte Kohlevergasung
	Brennstoffzellen	Mit Karbonatschmelzen, festen Oxiden und Polymeren als Elektrolyten
	Hochtemperaturturbinen aus Keramik	Hohe Hitze- und Korrosionsbeständigkeit
Energietransport und -speicherung	Supraleiter	- Stromleitung - Stromspeicherung
Systemtechnik	Regionale Wärmeversorgungsnetze	Verstreute industrielle Abwärme soll in die Zentren zur Wärmeversorgung öffentlicher Gebäude geleitet werden
	Globales Wasserstoff-Netz	Sonnenenergie soll in internationalem Verbund mit Hilfe flüssigen Wasserstoffs in Bedarfsgebiete geleitet werden

a) Physikalisch gesprochen ist Geothermie nur beschränkt selbsterneuerbar.
b) Sie nutzen Temperaturgradienten im Meer.

Zur Spezifizierung werden in der zitierten AIST- (MITI-) Broschüre für alle genannten Techniken, Einzelprojekte mit vielen Details, mittel- und längerfristigen

6 Es ist in einer englischsprachigen 48seitigen Hochglanzbroschüre beschrieben: Office of (the) Sunshine Project, Agency of Industrial Science and Technology (AIST), Ministry of International Trade and Industry (MITI).

Zeitmarken sowie Möglichkeiten internationaler Zusammenarbeit beschrieben. Dieses Programm zielt auch auf Umwelttechniken zur CO_2-Begrenzung und -fixierung, auf Studium ökologischer Schäden und Politiken sowie auf Grundlagenforschung für künftige Schlüsseltechnologien.

Im Jahr 1994 wurde ein Programm zur stärkeren Verbreitung der Photovoltaik initiiert. Photovoltaikanlagen für Privatwohnungen werden nach folgendem Schlüssel bezuschußt: 50% der Anlagekosten für höchstens 5 kW Spitzenleistung pro Wohneinheit, maximal 850 000 Yen pro kW Spitzenleistung. Jährlich steht hierfür ein Budget von 3 Mrd. Yen zur Verfügung. Der Kaufkraft nach umgerechnet sind das etwa 30 Mio. DM (Furugaki, 1992: 177-190).

Das 1978 gestartete *Moonlight-Project* wurde im New Sunshine Program integriert, das sich seit 1993 um erhöhte Energieproduktivität durch Effizienzverbesserungen der Energieanwendung kümmert. Einige Maßnahmenbündel sind in Tabelle 16.3 zusammengestellt (vgl. Furagaki, 1992: 177-190).

Tabelle 16.3. Elemente des Moonlight-Projekts

Industrie	- Öffentliche Förderung und Steuererleichterungen zur Beschleunigung von Investitionen für Energieeinsparung und Abwärmenutzung - Verpflichtung zur Ernennung besonders ausgebildeter Energiemanager, die laufend fortzubilden sind - Informationsprogramme für kleine und mittlere Unternehmen
Wohnungen	- Überprüfung der Wärmenormen - Entwicklung geeigneter Isoliermaterialien - Entwicklung energieeffizienter Wohnsysteme - Verbrauchsnormen für Haushaltsgeräte, Einführung eines Qualitätssiegels
Büros	- Verminderung des Energiebedarfs für Raumklimatisierung - Energiemanagement für Bürogebäude
Transport/ Verkehr	- Verminderung des Energieverbrauchs von Fahrzeugen und Verkehrssystemen - Öffentliche Aufklärungsmaßnahmen - Energieverbrauchsreduktion von Schiffen (durch Segelausrüstung)

Zwischen 1973 und 1988 wurde die japanische *Energieproduktivität* jährlich um 3% gesteigert. Bis 2010 soll sie durch Forschung, Entwicklung und Investitionen nochmals jährlich um 2% zunehmen.

Die gesamten Forschungs- und Entwicklungskosten, die von 1974 bzw. 1978 bis 1993 im Rahmen des Sunshine- und Moonlight-Projekts aufgewendet wurden, betrugen beim Sunshine-Projekt 440 Mrd. Yen, beim Moonlight-Projekt 140 Mrd. Yen und bei der Globalen Umweltforschung 15 Mrd. Yen (Watanabe, 1995: 449). Die Summe von rund 600 Mrd. Yen entspricht etwa 6 Mrd. DM. Die Fortsetzung bis zum Jahre 2020 soll 15 Mrd. DM kosten.

Für das gesamte New Sunshine Program sind im Budget des MITI für 1995 54 Mrd. Yen veranschlagt, also umgerechnet etwa 540 Mio. DM. Für Photovoltaik sind beispielsweise nur etwa 80 Mio. DM vorgesehen. In Deutschland werden wesentlich höhere Zahlen verbreitet (vgl. Kap. 17). Hinzu kommen jedoch die Eigenaufwendungen der Industrie, die im Durchschnitt höher sind als die des MITI. Über alle technikorientierten Projekte gemittelt, ist das Verhältnis zwischen öffentlichen und privaten Pro-Kopf-Ausgaben in Japan etwa *die Hälfte* im Vergleich zu Deutschland. Japan hat einen armen Staat und eine sehr entwicklungsmotivierte Wirtschaft.[7]

Nach dem Zweiten Weltkrieg war die Ausgangsposition Japans in bezug auf die *Kernenergie* deutlich schwächer als z.B. in Deutschland. Japans Grundlagenforschung hinkte weit hinterher, und die Informationskanäle mit dem Ausland waren unterentwickelt. Hinzu kamen Standortschwierigkeiten: Nur ein Drittel der Fläche, an der Küste und in Flußtälern, ist industriell nutzbar; zwei Drittel sind bergig, felsig und schwer zugänglich. Japan ist ferner der am stärksten Erdbeben-gefährdete Teil der Erdoberfläche.[8] Wegen des Atombombentraumas und nach den chemischen Umweltkatastrophen in den 60er und 70er Jahren ist der örtliche Bürgerwiderstand teilweise groß - insbesondere deshalb, weil die Verdoppelung der Kernkraftkapazität durch Zubau an schon bestehenden Kernkraft-Standorten erfolgen soll.

Durch internationale Zusammenarbeit auch mit Deutschland ist es Japan inzwischen gelungen, den westlichen Wissensstand einzuholen. Japan arbeitet an neuen Reaktorlinien, an einem Schnellen Brüter und an einem eigenen Wiederaufarbeitungskreislauf, der sogar Kerntransmutation[9] einschließen soll. In Zusammenarbeit mit den USA, der EU und Rußland soll ein Fusionsreaktor (ITER)[10] entwickelt werden, dessen „Erfolgsaussichten" von vielen Fachleuten gering eingeschätzt werden - sowohl technisch als auch aus Sicherheitsgründen. Japan bemüht sich eifrig um Plutonium-Beschaffung. Im Jahre 2010 will die japanische Atomenergiekommission 85 Tonnen abgebranntes Plutonium besitzen, davon 55 Tonnen aus den eigenen zwei Wiederaufarbeitungsanlagen Tokai und Rokkasho

7 Detaillierte Angaben über Energiebereitstellung und -nutzung finden sich in den jeweiligen Jahresausgaben des Statistics Bureau, Management and Coordination Agency: *Japan, Statistical Yearbook*, (Japan Statistical Association 19-1, Wakamatsu-cho, Shinjuku-ku, Tokyo 162)

8 Das große Erdbeben in Kobe im Januar 1995 mit einer Richter-Stärke von 7,2 überstieg die japanischen Sicherheitsannahmen von maximal 6,5. Japanische Kernkraftgegner fordern daher neue Sicherheitsstandards für die vorhandenen 49 Reaktoren, insbesondere im Hinblick auf Vertikalbeschleunigungen. Die höchste örtliche Beschleunigung beim Kobe-Beben betrug 833 gal (= Zentimeter/Sekunde^2), während die Kernkraftwerke nur für 150 (Tokai 1) bis 670 gal (Hamaoka 3-4) ausgelegt sind (*The Hanshin Quake*, 1995 Nuke Info Tokyo, no. 46, March/April).

9 Teilchenbestrahlung von abgebranntem Kernbrennstoff, um die Halbwertszeit der Radioaktivität zu verkürzen.

10 Alles in allem dürfte das radioaktive Gefährdungspotential eines Fusionsreaktors gleich groß sein wie das eines Spaltreaktors, vor allem wegen des verwendeten Tritiums und der Sekundärradioaktivität der Strukturmaterialien, deren Volumen um Zehnerpotenzen größer ist als bei Spaltreaktoren.

sowie 30 Tonnen durch Import (Krupp, 1996: 338). Einen informativen Überblick über die Kernenergieentwicklung gibt ein Weißbuch der japanischen Atomenergie-Kommission vom 24. Juni 1994.[11]

In Japan liebt man weitreichende Visionen, so auch bei der (Kern-) Energie. Das oben genannte Heft von *Science and Technology in Japan* (1993: 54-59) enthält daher Visionen über einen mondgestützten Energiepark.[12]

16.4 Zusammenfassung

1. Das besondere Kennzeichen japanischer Energiepolitik besteht darin, daß unter der Regie des MITI ein umfangreiches und eng geknüpftes Kommunikationsnetz dafür sorgt, daß alle an Energiepolitik Interessierten und von ihr Betroffenen informiert und weitgehend auch konsultiert werden. Verhandlungen verlaufen in der Regel so, daß Kompromisse, in Japan Konsens genannt, gefunden werden, an die sich alle Beteiligten halten. Nur im Falle der Kernenergie gelingt auch in Japan diese Konsensbildung manchmal nicht. Der politische Kampf ist insbesondere nach dem Kobe-Erdbeben erneut entflammt. Konsensfördernd wirkt aber der weitgehende globale Gleichlauf, so daß sich Japaner relativ leicht der gesellschaftlichen Evolution fügen.
2. Japans Industriestruktur unterscheidet sich von der deutschen vornehmlich dadurch, daß auf jedem belangreichen technischen Gebiet jeweils ein halbes Dutzend Großkonzerne konkurrieren. Hinzu kommt die hochgradige Motivation von Management und Beschäftigten, die in einem nationalen Auf- und Überholklima arbeiten. Maßgeblich für die japanische Leistungsfähigkeit ist ferner die durchschnittlich sehr gute Ausbildung, gekoppelt mit japanischer Neugier und einem Sinn für tüftelnde Genauigkeit.
3. Nach den Aufholjahren nach dem Zweiten Weltkrieg ist Japan mit an der vorderen Entwicklungsfront. Für die nächsten Jahrzehnte ergibt sich die spannende Frage: Wann und wie transformiert sich die Schumpeter-Dynamik zur Selbstbescheidung, um die Selbstzerstörung zu verhindern.[13]

---

11 Vgl. *Long-term plan for nuclear power research and development and use of nuclear power systems.* Dieses Weißbuch kann von der Atomenergie-Kommission der Science and Technology Agency, 2-2-1 Kazumigaseki, Chiyoda-ku, Tokyo 100 bezogen werden. Einen stark gerafften Überblick gibt: „Japan's New long-term Plan for R&D on Nuclear Power - from (the) Nuclear White Paper" *Science and Technology in Japan*, 14,53 (1995): 4-12.

12 Japanischen visionären Futurismus betreffend vgl. auch Krupp, 1996: 361-379. Er ist Ausdruck und Motor dieses Aufsteigerlandes.

13 Mögliche Langfrist-Szenarien und mehr zum Hintergrund der japanischen Energiepolitik finden sich in Krupp, 1996: 361-404.

Teil V
Aktivitäten der Bundesregierung bei erneuerbaren Energien und zur rationellen Energienutzung

17 Forschungsschwerpunkte der Bundesregierung in den Bereichen erneuerbarer Energien und rationeller Energienutzung

Walter Sandtner, Helmut Geipel und Helmut Lawitzka

17.1 Drei Gründe für die Förderung von Forschung und Entwicklung im Bereich der erneuerbaren Energien

Drei Hauptgründe haben zur Förderung erneuerbarer Energien (e. E.) durch die Bundesregierung geführt: *Erstens* das durch den Ölpreisschock von 1973/74 ausgelöste Streben nach Energiesicherheit, *zweitens* die zunehmende Akzeptanzkrise der Kernenergie seit Ende der 70er Jahre und vor allem seit den Unfällen von Three Miles Islands und Tschernobyl sowie *drittens* die Einsicht über die Folgen der Verbrennung fossiler Energieträger für das Weltklima seit Ende der 80er Jahre.

In Deutschland deckten die erneuerbaren Energien (e.E.) 1994 einen Anteil von 2% des Primärenergiebedarfs (BMU, 1994: 134). Dagegen gehen Studien der Enquête-Kommission Technikfolgenabschätzung (EK-TA, 1990: 10) davon aus, daß die erneuerbaren Energien in Deutschland bis 2005 von 6,7 (Pfad II) bis 11,3% (Pfad I), bis 2025 von 19,3 bis 34,8% und bis 2050 von 38,7 bis 63,4% des Primärenergieeinsatzes decken sollen. Zwischen dem bisher geringen Beitrag und den hohen Erwartungen bewegt sich die Forschungsförderung der Bundesregierung in diesem Bereich. Sie soll zu marktfähigen Produkten und Verfahren führen, die es der Bundesrepublik Deutschland im 21. Jahrhundert erlauben, sowohl das hohe Wohlstandsniveau zu halten als auch ihren Verpflichtungen nach der Klimarahmenkonvention gerecht zu werden. Die Forschungsförderung soll u.a. die Grundlagen für eine *Effizienzrevolution* (Weizsäcker/Lovins/Lovins, 1995) im Energiesektor legen.

In diesem Kapitel werden zunächst ein Überblick über die Langzeitförderung der erneuerbaren Energien durch die IEA- bzw. OECD-Staaten (17.2), das BMFT (1974-1994) bzw. BMBF (seit 1995) vom Haushaltsjahr 1975 bis 1996 (17.3) und über die Forschungsförderung im letzten Jahrzehnt (17.4) vermittelt, vier exemplarische Beispiele der bisherigen Förderung (17.5) und das 4. Programm Energieforschung und Energietechnologien der Bundesregierung mit den Finanzplanungen für die Jahre 1996 bis 2000 vorgestellt (17.6).

17.2 Übersicht über die Langzeitförderung der OECD-Staaten

Die OECD-Staaten waren 1993 für 49% der globalen energiebedingten CO_2-Emissionen verantwortlich, wovon wiederum fast die Hälfte auf die USA entfiel. Nach Projektionen des *World Energy Outlook* der Internationalen Energieagentur (IEA, 1995a: 59) sollen die energiebedingten CO_2-Emissionen in den OECD-Staaten bis zum Jahr 2000 um ca. 10% und bis 2010 gar um ca. 25% steigen.

Die Förderung erneuerbarer Energiequellen und die rationelle Energienutzung werden seit den 90er Jahren als wichtiges Mittel angesehen, um diesem Trend entgegenzuwirken und den Staaten die Einhaltung ihrer CO_2-Minderungsziele nach der Klimarahmenkonvention zu ermöglichen. Dennoch war der Anteil, den die IEA-Staaten von 1990 bis 1993 von ihren Gesamtaufwendungen für Forschung und Entwicklung für Energiesparmaßnahmen und für erneuerbare Energien ausgaben, mit jeweils 5-10% im Vergleich zu den Aufwendungen für Kernenergie und Kernfusion (über 50%) gering (IEA, 1995a: 75). Zwischen 1983 und 1993 stiegen die Aufwendungen der OECD-Staaten für Energiesparmaßnahmen nur geringfügig von 6 auf 8% und der erneuerbaren Energien von 8,0 auf 8,4% an (IEA, 1995a: 76). Wie haben sich die Forschungsaufwendungen der

Tabelle 17.1. F&E-Ausgaben der IEA-Staaten für erneuerbare Energien von 1978-1989 in Mio. konstanten US $ von 1989 (Quelle: IEA, 1989: I/95, Tabelle B 11)

	1978	**1979**	**1980**	**1981**	**1982**	**1983**	**1984**	**1985**	**1986**	**1987**	**1988**	**1989**
Kanada	43,4	48,3	50,1	77,8	65,0	71,3	55,9	33,0	19,2	16,4	15,0	14,9
USA	**675,6**	**915,2**	**1000,0**	**898,4**	**431,4**	**324,9**	**265,7**	**243,5**	**179,6**	**163,2**	**128,5**	**118,3**
Japan	**52,3**	**67,4**	**164,0**	**161,2**	**167,6**	**152,1**	**140,8**	**126,6**	**122,9**	**109,5**	**121,0**	**99,7**
Australien	n.v.	11,8	16,5	20,2	n.v.	16,0	n.v.	10,2	n.v.	1,0	n.v.	n.v.
Neuseeland	4,5	4,0	5,5	5,5	4,1	4,7	4,3	3,1	1,4	0,5	n.v.	n.v.
Österreich	6,8	7,8	9,5	7,2	6,9	7,7	3,9	3,8	2,9	2,8	4,5	2,2
Belgien	2,4	6,2	10,5	16,4	8,1	11,7	13,4	13,0	5,1	3,9	1,8	0,4
Luxemburg	n.v.	n.v.	1,3	2,0	n.v.	n.v.	n.v.	n.v.	n.v.	n.v.	n.v.	n.v.
Dänemark	8,0	15,1	7,2	4,6	4,7	4,4	4,3	3,8	5,0	4,5	n.v.	9,4
Deutschland	**39,3**	**85,8**	**90,0**	**94,7**	**143,6**	**69,1**	**84,2**	**75,1**	**47,0**	**66,0**	**70,3**	**93,2**
Irland	0,9	1,7	1,9	6,1	5,1	2,7	1,1	0,8	0,7	1,2	n.v.	n.v.
Italien	14,3	13,9	26,5	50,3	24,7	43,2	86,6	22,7	36,9	33,4	47,2	36,5
Niederlande	17,3	20,0	22,4	26,8	25,9	30,1	24,4	44,9	21,7	19,7	16,2	18,7
Norwegen	3,0	6,4	5,8	4,8	3,7	3,9	3,2	2,8	3,0	2,6	7,9	7,9
Portugal	n.v.	n.v.	1,1	1,1	1,4	2,0	2,8	2,8	2,4	1,8	1,6	2,2
Spanien	6,2	14,7	36,8	27,0	27,0	57,5	57,8	18,9	16,3	10,9	11,7	6,9
Schweden	34,4	68,2	58,0	73,7	70,7	51,9	48,9	33,3	23,1	17,0	19,1	19,3
Schweiz	8,2	12,5	12,5	13,2	11,1	12,7	11,8	10,1	10,0	11,1	14,7	18,3
Türkei	n.v.	n.v.	0,5	0,4	0,4	0,7	0,7	0,6	0,6	0,6	1,0	0,7
Großbritannien	18,5	32,4	28,8	41,6	31,2	24,5	27,4	23,7	19,0	22,8	23,2	23,7
Summe IEA	**936**	**1334**	**1559**	**1545**	**1035**	**894**	**842**	**680**	**527**	**494**	**489**	**489**

Mitgliedstaaten der OECD und IEA von 1978-1989 (Tabelle 17.1) und von 1983-1994 (Tabelle 17.2) entwickelt?

Der weltweite Trend bei den Ausgaben für Forschung und Entwicklung (F&E) bei erneuerbaren Energien wurde deutlich durch die drastischen Veränderungen in den USA von der Carter- zur Reagan-Administration bestimmt. Mit dem Sinken des Ölpreises fielen seit 1983 in fast allen IEA-Staaten die F&E-Ausgaben für erneuerbare Energien. Insgesamt stiegen die F&E-Ausgaben jedoch in Deutschland und in Japan zwischen 1978 und 1989 deutlich und näherten sich dem US-Ausgabenniveau an. Welche Rückwirkungen hatte seit Ende der 1980er Jahre die politische Wahrnehmung eines anthropogenen Treibhauseffektes (Schönwiese, 1996a; 1996b) auf das Förderungsniveau und die Forschungsschwerpunkte der IEA/OECD-Staaten?

In Tabelle 17.2 konnte - mit Ausnahme Dänemarks und der Schweiz - zwischen 1983 und 1994 keine Erhöhung der F&E-Ausgaben, sondern ein Rückgang um fast die Hälfte festgestellt werden. In den USA und in Japan waren die F&E-Ausgaben rückläufig, während sie in der Bundesrepublik konstant blieben.

Tabelle 17.2. F&E-Ausgaben der IEA-Staaten für erneuerbare Energien von 1983-1994 in Mio. konstanten US $ von 1994 (Quelle: IEA, 1995a: 626)

Länder	**1983**	**1984**	**1985**	**1986**	**1987**	**1988**	**1989**	**1990**	**1991**	**1992**	**1993**	**1994**
Kanada	60,8	52,6	31,2	18,2	15,5	14,1	11,7	9,7	9,3	10,7	9,6	8,8
USA	**383,4**	**311,9**	**284,9**	**210,4**	**191,0**	**149,5**	**131,3**	**121,1**	**160,8**	**224,4**	**215,4**	**274,0**
Japan	**225,2**	**205,2**	**184,4**	**179,8**	**159,9**	**176,5**	**144,8**	**143,6**	**140,4**	**134,6**	**139,4**	**128,2**
Australien	16,0	--	10,3	--	1,0	--	4,5	--	--	--	--	--
Neuseeland	5,5	5,2	3,7	1,6	0,5	--	--	0,4	0,4	--	0,8	--
Österreich	10,8	5,5	5,4	4,0	3,9	6,3	3,5	2,3	5,3	4,5	6,1	6,6
Belgien	16,0	18,7	18,1	7,1	5,5	2,5	0,6	--	--	--	1,4	--
Dänemark	*4,0*	*4,3*	*4,3*	*5,8*	*5,1*	--	*11,3*	*9,0*	*18,3*	*19,5*	*20,8*	*18,1*
Finnland	--	--	--	--	--	--	--	8,5	1,8	10,7	10,2	--
Frankreich	--	--	--	--	--	--	--	15,0	8,6	8,3	5,9	5,5
Deutschland[a]	**94,3**	**114,7**	**102,4**	**63,9**	**90,0**	**95,7**	**93,9**	**111,6**	**122,2**	**129,6**	**142,2**	**98,5**
Griechenland	4,3	6,1	9,3	14,7	7,1	17,5	8,2	4,0	4,1	4,5	3,2	--
Irland	2,4	1,2	0,9	0,7	1,2	1,3	--	0,4	--	--	--	--
Italien	**48,8**	**97,1**	25,5	41,3	37,5	52,5	40,5	46,3	35,4	--	26,1	40,9
Niederlande	27,2	24,5	**57,9**	28,1	25,4	21,0	24,4	36,8	35,8	21,2	21,3	18,5
Norwegen	4,4	3,7	3,2	3,4	2,4	2,4	3,0	5,1	9,2	10,1	8,0	6,5
Portugal	3,1	4,4	4,3	3,7	2,8	2,4	3,4	1,8	1,7	2,2	1,4	2,0
Spanien	38,2	**67,2**	22,2	19,2	12,8	13,8	14,6	19,5	16,3	22,3	20,1	23,3
Schweden	**54,3**	**51,1**	34,8	24,1	17,8	20,0	20,1	16,9	11,3	27,4	13,7	15,3
Schweiz	*18,2*	*16,8*	*14,5*	*14,3*	*15,9*	*21,2*	*26,1*	*27,9*	*28,5*	***45,7***	***41,9***	***39,9***
Türkei	0,7	0,7	0,6	0,5	0,6	1,0	0,7	0,2	0,1	1,0	0,3	0,2
Großbritannien	28,6	31,8	27,5	22,1	26,5	27,1	27,0	26,5	28,9	26,0	23,7	16,8
Summe IEA	**1046**	**1023**	**845**	**663**	**623**	**625**	**570**	**607**	**638**	**703**	**711**	**703**

a) Daten vor 1992 ohne Einbeziehung der neuen Bundesländer

Bei den Forschungsaufwendungen konnte in den letzten zwölf Jahren nur bei der Photovoltaik, und zwar vor allem ab 1992, ein steigender Trend beobachtet werden, während die Forschungsaufwendungen für die bereits in Kalifornien erfolgreich erprobte und für den Mittelmeerraum besonders attraktive solarthermische Elektrizitätserzeugung (vgl. Kap. 32, 33) von 121,6 (1983) auf 14,4 Mio. $ (1994) sanken (vgl. Tabelle 17.3).

Tabelle 17.3. F&E-Ausgaben der IEA-Staaten für erneuerbare Energien in Mio. US $ in Preisen von 1994 und zu konstanten Wechselkursen (Quelle: IEA, 1995a: 627)

	1983	1984	1985	1986	1987	1988	1989	1990	1991	1992	1993	1994
Solare Wärme	106,6	109,0	88,7	67,6	46,8	48,9	51,0	55,4	57,6	234,4	56,4	51,0
Photovoltaik	**235,5**	**332,5**	**256,0**	**209,2**	**198,2**	**206,7**	**205,9**	**217,3**	**230,0**	**170,7**	**373,4**	**409,1**
Solarthermis. Elektrizität	121,6	85,3	69,0	45,6	64,3	58,3	29,5	39,8	39,6	19,3	18,3	14,4
Windenergie	118,5	122,7	140,2	86,4	80,1	71,1	81,0	93,4	88,3	69,4	82,5	65,9
Gezeitenenerg.	34,0	16,5	12,7	11,8	13,4	11,2	10,3	11,8	10,9	3,0	4,2	3,1
Biomasse	197,5	187,8	149,4	115,7	114,0	123,4	91,9	87,8	101,6	90,8	83,7	81,0
Geothermie	232,7	169,0	129,2	126,5	105,8	105,4	99,9	101,1	106,1	92,6	84,2	69,6
Großwasserkr.									3,5	15,3	7,3	7,6
Kleinwasserkr.									0,6	7,2	1,4	1,1
Summe IEA	**1046**	**1023**	**845**	**663**	**623**	**625**	**570**	**607**	**638**	**703**	**711**	**703**

Aus den Tabellen 17.2 und 17.3 wird deutlich, daß die Förderung der erneuerbaren Energien in den Mitgliedstaaten der IEA 1989 ihren Tiefpunkt erreichte und seitdem von 570 Mio. $ bis 1994 auf 703 Mio. $ nur geringfügig anstieg. Wie hat sich vor diesem Hintergrund die Förderung der erneuerbaren Energien in der Bundesrepublik entwickelt?

17.3 Übersicht über die Langzeitförderung in Deutschland

Die Bundesregierung hat seit 1974 im Rahmen ihrer drei bisherigen Energieforschungsprogramme 5 Mrd. DM für erneuerbare Energien und rationelle Energieverwendung bereitgestellt. Die Bundesrepublik Deutschland gehört damit zusammen mit den USA und Japan bei der F&E zu den drei führenden Nationen der Welt. Innerhalb der Europäischen Union steht sie in diesem Bereich an der Spitze (vgl. Tabelle 17.4).

Im *1. Energieforschungsprogramm* (1977-1980) stand der Aufbau wissenschaftlicher Gruppen an den Universitäten und in der Industrie strukturell im Vordergrund, im *2. Energieforschungsprogramm* (1980-1990) wurden erste industrielle Laborproduktionen vorgenommen und im *3. Programm Energieforschung und Energietechnologien* der Bundesregierung (ab 1990) wurden erste industrielle Pilotproduktionen aufgenommen. Das 4. Energieforschungsprogramm wurde am 22.5.1996 vom Bundeskabinett verabschiedet (vgl. 17.6).

Mittelfristig strebte das 3. Programm weitere Kostensenkungen und die Erhöhung der Leistungsfähigkeit und Zuverlässigkeit der bisher entwickelten Systeme mit dem Ziel an, ihre beschleunigte Markteinführung zu erleichtern. Dazu gehörten u.a.:

- große *Demonstrationsvorhaben*, z.B. das 250 MW-Windprogramm und das Bund-Länder-1000-Dächer-Photovoltaik-Programm,
- die *Übertragung und Nutzung von Ergebnissen anderer Forschungs- und Entwicklungsprogramme*, wie z.B. des Materialforschungsprogramms, der Informationstechnik oder der physikalischen Technologien,
- die Verfolgung grundsätzlich *neuer Ansätze*, wie z.B. der Dünnschichttechnik oder neuer Materialien für die Photovoltaik, um die mit heutiger Technik begrenzten Möglichkeiten der Kostensenkung und Leistungssteigerung zu erweitern.

Langfristig strebte dieses 3. Energieforschungsprogramm die Entwicklung weiterer Energiequellen wie Geothermie, Teilbereiche der Biomasse und die Entwicklung neuer Versorgungssysteme wie Wasserstoff als Sekundärenergieträger mit neuen Versorgungssystemen an. Das 3. Forschungsprogramm umfaßt:

> neben der Erschließung der anderen Energiequellen wie Kohle, Kernenergie und Fusion auch die Entwicklung eines breiten Spektrums an Techniken zur rationellen Energienutzung, um auf diese Weise so rasch wie möglich die Höhe unseres Energieverbrauchs zu senken, ohne dabei die Leistungsfähigkeit unseres Energiesystems insgesamt zu beeinträchtigen. Dies trägt nicht nur zur Ressourcen- und damit zur Umweltschonung bei, sondern verringert auch unsere Energieimporte und erhöht damit unsere Energieversorgungssicherheit (BMFT, 1992b: 20).

Die Bundesregierung hat durch ihre langfristig angelegte Forschungs- und Entwicklungsförderung bereits folgende wesentliche Ergebnisse erzielt:

- *Marktreife* von elektrischen und verbrennungsmotorischen Wärmepumpen sowie Blockheizkraftwerken (BHKW);
- Solaranlagen zur Erzeugung von warmem Brauchwasser;
- zunehmende Anwendung passiver Solarnutzungssysteme;
- *technische Anwendungsreife* mono- und polykristalliner Siliziumzellen;
- weitreichende Erfahrungen im *Demonstrations- und Erprobungsbetrieb* von netzverbundenen und nichtnetzverbundenen photovoltaischen Energieversorgungsanlagen u.a. in landwirtschaftlichen Betrieben;
- *technische Marktreife* und erste Betriebserfahrungen von kleinen und mittleren Windenergieanlagen, nachdem Erfahrungen mit dem Bau und Betrieb großer Anlagen vorliegen;
- *Entwicklung von Systemkomponenten* zur Erzeugung, Speicherung und Anwendung von Wasserstoff-Techniken sowie von Hochleistungselektrolysen (BMU, 1994: 134-135).

Tabelle 17.4. Überblick über die Forschungsförderung im Bereich „Erneuerbare Energiequellen und rationelle Energieverwendung“ in jeweiligen Mio. DM, 1974-1996

Aktivitäten	1974	1975	1976	1977	1978	1979	1980	1981	1982	1983	1984	1985	1986	1987	1988	1989	1990	1991	1992	1993	1994	1995	1996	Summe
Photovoltaik		0,4	1,4	4,2	7,5	11,3	12,0	12,3	65,7	54,0	59,1	53,3	57,8	60,1	70,9	82,5	91,6	101,0	90,4	81,9	56,4	75,0	81,6	1130,5
Photovoltaik- ind. spez. Förderung																	0,3	3,0	20,7	30,8	10,0	-	-	64,8
Windenergie - Projektförderung		0,1	0,2	4,1	9,2	17,8	32,4	42,2	31,0	16,0	8,9	10,2	12,1	17,8	16,0	12,4	18,1	9,8	9,3	7,4	11,0	11,0	10,0	307,1
Windenergie indir.-spez. Förd.																0,2	3,8	8,0	16,4	24,8	27,3	29,0	29,0	138,5
Nutzungssyst. für südl. Klimabeding.		0,6	3,4	5,5	7,1	66,1	51,4	58,3	61,7	58,2	52,9	43,8	31,4	31,3	35,8	32,5	34,1	42,4	35,7	34,0	26,0	24,0	24,0	759,9
Biologische Energiegewinnung																1,3	8,5	16,0	25,1	6,0	5,2	1,0	-	63,0
Geothermie	0,2	0,4	1,5	2,3	9,7	7,3	14,8	14,0	16,2	8,3	11,0	11,2	1,6	3,4	1,9	2,7	5,6	6,6	5,0	4,6	5,7	8,0	5,0	146,9
Übrige Querschnittsaktivitäten	2,6	13,5	2,0	3,3	4,9	5,4	4,2	4,6	6,2	5,7	3,8	2,2	1,2	1,5	1,4	8,1	8,7	10,0	11,7	15,9	9,6	18,0	18,0	162,5
Sekundärenergiesysteme	7,3	43,7	31,4	30,2	42,9	46,5	73,6	88,8	40,1	50,9	25,4	25,9	22,5	22,4	16,8	20,0	21,6	17,1	13,4	10,4	10,4	7,8	12,0	681,2
Elektrochem. Verfahren/Wasserstoff	3,3	6,8	5,6	5,5	5,5	6,9	5,1	6,1	4,8	4,7	8,2	6,1	5,4	8,3	10,0	15,7	18,1	23,2	20,8	23,2	28,5	23,0	21,6	266,4
Energiesparende Industrieverfahren	0,1	0,3	0,6	2,9	8,8	13,9	17,4	8,3	37,8	23,8	24,6	30,1	17,8	12,1	13,5	12,5	12,0	16,6	12,2	13,4	13,7	11,2	11,0	314,4
Rationelle Energieverwendung	2,3	14,8	21,4	14,5	23,7	29,3	32,7	38,6	36,7	29,5	23,4	15,0	13,7	17,1	20,0	21,4	22,2	22,4	25,7	25,6	29,8	37,0	40,0	556,6
Solarenergie -indirekt spez. Förd.																					1,0	3,6	7,0	11,6
Summen ohne Großforschungseinricht.	15,7	80,6	67,5	72,6	119,4	204,5	243,5	273,2	300,2	251,1	217,2	197,7	163,6	174,0	186,3	209,4	244,5	276,0	286,3	277,9	234,5	248,6	259,2	4 603,4
Großforschung	4,2	6,7	6,8	6,0	9,1	13,8	15,9	20,1	24,4	20,3	21,3	23,5	25,8	22,4	24,2	30,2	44,9	54,8	85,2	67,5	77,9	78,0	78,0	683,3
Summen des Förderschwerpunkts	19,9	87,4	74,3	78,6	128,5	218,2	259,3	293,3	324,6	271,5	238,5	221,2	189,4	196,4	210,5	239,6	289,4	330,8	371,5	345,4	312,4	326,6	337,2	5 286,7

Zu den weiterführenden Maßnahmen der Forschungsförderung der Bundesregierung bei den erneuerbaren Energien sind u.a. folgende Förderkonzepte zu rechnen: *Solarthermie 2000, solaroptimiertes Bauen,* der Ausbau der *anwendungsorientierten Grundlagenforschung* im Bereich der Solartechnik im Rahmen des Forschungsverbundes Sonnenenergie, die Weiterentwicklung der Energienutzung aus Biomasse und Abfallstoffen sowie Demonstrationsvorhaben zur Nutzung der Geothermie. Erwähnenswert sind auch Arbeiten zu *Sekundärenergiesystemen*, wie z.B. die intensive Forschung und Entwicklung von Hochenergiebatterien, von Hochtemperaturbrennstoffzellen (Energiewandler) für den Einsatz in Kraftwerken sowie die Membranbrennstoffzelle für den mobilen Bereich und von hydrologischen, geologischen und physikalisch-chemischen thermischen Speichersystemen für den Einsatz erneuerbarer Energien im Systemverbund.

17.4 Überblick über die Forschungsförderung (1986-1996)

Die Förderung der erneuerbaren Energien und der rationellen Energieverwendung ist von der Bundesregierung in den Jahren 1986 bis 1992 fast verdoppelt worden. Bis 1995 ist im Zusammenhang mit der angespannten Finanzlage des Bundeshaushalts ein Rückgang eingetreten. Für 1996 ist wieder eine Erhöhung vorgesehen. Während 1986 vom damaligen BMFT 163,6 Mio. DM für die erneuerbaren Energien und die rationelle Energieverwendung aufgewendet wurden, waren es 1992 286,3 Mio. DM. 1993 wurden 277,9 Mio. DM, 1994 234,5 Mio. DM und 1995 220,0 Mio. DM ausgegeben. Für 1996 stehen 256 Mio. DM zur Verfügung (Tabelle 17.4). Das Bundesministerium für Wirtschaft hat am 1.8.1995 ein Marktanreiz-Programm für erneuerbare Energien für 1995 bis 1998 in Kraft gesetzt, das für diese vier Jahre einen Gesamtmittelumfang von 100 Mio. DM vorsieht (vgl. Kap. 18).

Zu den Maßnahmen der Bundesregierung kommen jährliche Aufwendungen der Großforschungseinrichtungen hinzu, die 1995 rd. 78 Mio. DM betragen haben. Auch die Bundesländer haben ihre Förderung auf diesem Gebiet in den letzten Jahren fortgesetzt. Die Deutsche Bundesstiftung Umwelt (DBU) mit Sitz in Osnabrück fördert die erneuerbaren Energien und die rationelle Energieverwendung jährlich mit rd. 15 Mio. DM. Die Bundesrepublik Deutschland gehört damit neben den USA und Japan weiterhin zur Spitzengruppe in diesem Bereich.

Der praktische Anteil der erneuerbaren Energien an der Deckung des Primärenergiebedarfs der Bundesrepublik Deutschland ist jedoch gering. Er liegt derzeit bei rd. 2,1%, wobei 1,4 auf die Wasserkraft, 0,5 auf Biomasse/Müll und 0,2% auf Sonnen- und Windenergie entfallen. In Studien wird dargelegt, daß der Anteil der erneuerbaren Energien an der Deckung des Primärenergiebedarfs in den nächsten Jahrzehnten sichtbar erhöht werden könnte. Die 1994 veröffentlichte *ESSO-Studie* „Mobil bleiben Umwelt schonen - Energieprognose 94“ spricht für das Jahr 2010 von einem Anteil zwischen 3 und 4%, die 1993 veröffentlichte

Shell-Studie „Energiemarkt Deutschland" sieht bei einem günstigen Szenario für das Jahr 2020 einen Anteil von 10% voraus.

Bislang haben sich die Beschlüsse der Bundesregierung vom November 1990, die CO_2-Emissionen bis zum Jahr 2005 um 25% bezogen auf das Jahr 1987 zu reduzieren (Schafhausen, 1996), nur mäßig auf die erneuerbaren Energien ausgewirkt. Da die Energiekonsensgespräche Mitte 1995 gescheitert sind (vgl. Kap. 29), ist der in diesem Zusammenhang erwartete zusätzliche Impuls ausgeblieben. Die 1996 für erneuerbare Energien und rationelle Energieverwendung vorgesehenen 256 Mio. DM sollen in folgender Weise (vgl. Tabelle 17.5) auf die einzelnen Bereiche aufgeteilt werden:

Tabelle 17.5. Haushaltsansätze für erneuerbare Energien und rationelle Energieverwendung im Bundeshaushalt 1996 in Mio. DM

Photovoltaik	81,6
Windenergie	43,0
Rationelle Energieverwendung	62,8
Solarthermie, Entwicklungsländer	24,0
Wasserstofftechnologien, Energiespeicher	21,6
Geothermie	5,0
Projektträger-Kosten, Sonstiges	18,0
Summe der Haushaltsansätze	**256,0**

Im Vordergrund stehen damit die Aufwendungen für *Photovoltaik*. Hierbei wird die gesamte Bandbreite dieses Bereichs gefördert, angefangen von Forschungs- und Entwicklungsvorhaben über die Herstellung neuartiger Photozellen bis hin zu Demonstrationsanlagen. Als besonders zukunftsträchtig erscheint die Förderung der Kupfer-Indium-Diselenid-Zellen (CIS-Zellen), der kristallinen Silizium-Dünnschichtzellen sowie des Bandziehverfahrens. Von großer Bedeutung sind Demonstrationsvorhaben. Besonders erfolgreich war in diesem Zusammenhang das am 30. Juni 1993 ausgelaufene „Bund-Länder-1000-Dächer-Photovoltaik-Programm", mit dem über 2000 Photovoltaik-Anlagen zwischen 1 und 5 kW_p mit einem Zuschuß von im Regelfall 70% gefördert wurden (der Name „1000-Dächer" war nur aus Gründen größerer Anschaulichkeit gewählt worden). Daneben wurden sechs photovoltaische „Großanlagen" mit einer Leistung zwischen 200 und 600 kW_p errichtet. Für 1996/97 sind zwei weitere Großanlagen geplant, nämlich eine 1 MW-Dachanlage in der Nähe von München (Messegelände München-Riem) sowie eine 450 kW-Dachanlage in Bad Cannstatt. Zusammen mit Spanien und der EU wurde 1994 in der Nähe von Madrid ein 1 MW-Photovoltaik-Kraftwerk („Toledo PV-1") errichtet, das nach einer 3 MW-Anlage in Italien das zweitgrößte in Europa ist (vgl. Kap. 32).

Neben dem Photovoltaik-Bereich hat die *Windenergie* in der Öffentlichkeit große Aufmerksamkeit gewonnen (vgl. Kap. 6, 7, 22). Nach einer ersten Phase, in der vor allem Forschungs- und Entwicklungsvorhaben und einzelne Demonstrationsanlagen gefördert wurden, wurde 1989 mit dem 100 MW-Windprogramm ein großes Breitentestprogramm aufgelegt. Angesichts des großen Erfolges wurde es 1991 zu einem 250 MW-Windprogramm erweitert. Damit sollen bis 1996 in der Bundesrepublik Deutschland Windkraftanlagen mit einer Gesamtleistung von 250 MW installiert werden, die zehn Jahre von einem wissenschaftlichen Meß- und Evaluierungsprogramm begleitet werden. Die Antragsfrist für das 250 MW-Windprogramm ist am 31.12.1995 ausgelaufen. Derzeit wird geprüft, die gegenwärtig größte deutsche Windkraftanlage, die 3 MW-Anlage Aeolus II (EUREKA-Projekt EU 371), um eine weitere 3 MW-Anlage Aeolus III in deutsch-schwedischer Kooperation zu ergänzen.

Eine weitere Beschleunigung hat die Windenergie durch das Stromeinspeisungsgesetz erfahren, das die Elektrizitätsversorgungsunternehmen verpflichtet, einen Betrag von rund 0,17 DM/kWh eingespeisten Stroms zu vergüten (vgl. Kap. 18). Das 250 MW-Windprogramm und das Stromeinspeisungsgesetz haben dazu geführt, daß Deutschland 1995 mit derzeit über 3 500 Windkraftanlagen und rd. 1 200 MW in Europa vor Dänemark Windenergieland Nr. 1 und weltweit nach den USA die Nr. 2 geworden ist.

Eine große Bedeutung kommt der *rationellen Energieverwendung* (REV) zu. Zahlreiche Maßnahmen auf diesem Gebiet, vor allem zur Verbesserung der Gebäudehülle, z.B. durch Isolierverglasung, transluzente Wärmedämmung sowie durch verbesserte Heizungssysteme, haben wesentlich dazu beigetragen, den Heizölverbrauch in einem Zeitraum von ca. fünfzehn Jahren von über 40 l/m^2 und Jahr auf rd. 20 Liter zu halbieren. Neubauten verbrauchen heute nur rd. 10 l/m^2 und Niedrigenergiehäuser kommen sogar mit 5 bis 7 l/m^2 aus. Mit Hilfe energiesparender Haushaltsgeräte ist es gelungen, die Wachstumsraten beim Haushaltsstromverbrauch zu Beginn der 90er Jahre auf 0% zu reduzieren. Trotz zunehmender Einpersonenhaushalte und wachsender Geräteausstattung in den einzelnen Haushalten wird nicht ausgeschlossen, den Stromverbrauch in Zukunft sogar real zu senken.

Ein neuer Baustein in der Strategie der BMBF-Breiten-Demonstrationsprogramme ist ein Ende 1993 angelaufenes Förderkonzept *„Solarthermie 2000“*. Mit ihm soll nach entsprechenden Programmen zur Stromerzeugung durch Photovoltaik und Wind ein größerer Schritt in die aktive Bereitstellung solarer Niedertemperaturwärme getan werden. Das Konzept hat seinen Schwerpunkt bei öffentlichen Gebäuden in den neuen Bundesländern. Geplant sind bis zu maximal 100 solarthermische Anlagen mit einer Größe von mindestens 100 qm Kollektorfläche zur Brauchwasser-Erwärmung oder zur Vorwärmung bei großen Heizungsanlagen. Es ist für eine Laufzeit von zehn Jahren ausgelegt. In dieses integriert sind auch alle Aktivitäten im Bereich der sog. „Solaren Nahwärme“, d.h. der Wärmeversorgung ganzer Wohn- und Gebäudekomplexe mit großflächigen, dachintegrierten Solarkollektorfeldern in Verbindung mit Jahreswärmespeichern. Durch dieses Programm soll mit Wärmegestehungskosten von 0,15 bis 0,30 DM der Anschluß an die schon heute wirtschaftliche Solarenergienutzung bei

Schwimmbädern mit Wärmegestehungskosten von 0,10 DM je kWh thermisch gewonnen werden.

Ein weiterer Baustein ist das neue Förderkonzept *„Solaroptimiertes Bauen"*, das alle Aktivitäten zur Verbesserung des Gebäude- und Anlagenstandards und der verstärkten Nutzung von Solarenergie sowohl bei Neu- als auch Altbauten in sich vereinigt. Ziel ist die Vorbereitung einer umfassenden Energiesparverordnung für Neubauten mit spezifischen Heizenergiebedarfswerten deutlich unter 54 $kWh/m^2/a$.

Die *Fernwärme* wurde in den letzten Jahren trotz schwieriger Randbedingungen weiter ausgebaut. Derzeit werden rd. 8% aller Wohnungen in den westlichen und rd. 20% aller Wohnungen in den östlichen Bundesländern durch Fernwärme versorgt. 75% der Fernwärme der Altbundesländer kommt aus Kraft-Wärme-Kopplungsanlagen (KWK), während hingegen nur 47% der Fernwärme in den neuen Bundesländern in KWK-Anlagen produziert werden. Durch das *„Fernwärme-Sanierungs-Programm-Ost"* soll dieser Anteil erhöht werden. Weitere Schwerpunkte der Förderung auf dem Gebiet der Fernwärme sind vor allem:

- das Programm „Fernwärme 2000" als gemeinsamer Ansatz von Fernwärme-Versorgungsunternehmen aus Ost und West;
- die Betriebsoptimierung komplexer Fernwärmesysteme, insbesondere im Hinblick auf die Einbeziehung industrieller Abwärme;
- der Einsatz von Fernwärme zum Betrieb von Absorptionskälteanlagen zur Bereitstellung von Klimakälte, um die Lastganglinie auch im Sommer zu verstetigen;
- der Einsatz von Tensiden zur Durchsatzsteigerung in vorhandenen Fernwärmesystemen;
- die Entwicklung neuer Fernwärmerohre, z.B. in Vakuumsuperisolationstechnik (VSI).

Die Zuständigkeit für den Bereich der *nachwachsenden Rohstoffe* ist mit Wirkung vom 1. Januar 1993 auf das Bundesministerium für Ernährung, Landwirtschaft und Forsten (BML) übergegangen. Hierbei ist Ziel der Förderung, Naturstoffe wie Zucker, Stärke, pflanzliche Öle und Fette verstärkt als Chemierohstoffe zu nutzen, z.B. als Waschmittelbestandteile, Klebstoffe, abbaubare Kunststoffe, Schmierstoffe, Lacke, Farben und Harze. Auch der Einsatz von Chinaschilf („Elefantengras") und Raps als Energie- und Treibstofflieferanten wird vom BML gefördert.

Ein verstärkter Einsatz e. E. erfordert Maßnahmen zur *Speicherung* von Energie sowohl elektrisch als auch thermisch. Diese Aufgabe sowie der Energietransport könnten mit der umweltfreundlichen *Wasserstofftechnologie* gelöst werden. Nicht zuletzt vor dem Hintergrund der Entwicklung alternativer Techniken zum Transport großer Elektrizitätsmengen (Stichwort: Hochspannungs-Gleichstrom-Übertragung) ist die Einführung einer Wasserstoffwirtschaft in den nächsten Jahrzehnten nicht zu erwarten. Um das bestehende Know-how zu bewahren bzw. kurzfristig nutzbar zu machen, konzentriert sich die Förderung des BMBF auf Komponenten, die schon lange vor Einführung einer globalen Wasserstoffwirtschaft sinnvoll eingesetzt, ggf. auch mit anderen Energieträgern wie Erdgas betrieben werden können. In der großen Solar-Wasserstoff-Demonstrationsanlage in Neunburg vorm Wald (Bayern) werden von der Wasserstofferzeugung über Speicherung und Sicherheitsprobleme bis hin zur Rückgewinnung der gespeicherten Energie vielfältige grundlegende Aspekte untersucht.

In *Brennstoffzellen* wird die chemische Energie gasförmiger Brennstoffe mit hohem Wirkungsgrad und sehr geringen Schadstoffemissionen direkt in elektrische Energie und Wärme umgewandelt. Zur Zeit werden zwei Hochtemperaturtechnologien für den Einsatz in Kraftwerken gefördert. Es handelt sich dabei um die Karbonatschmelzen-Brennstoffzelle (MCFC) sowie um die Oxidkeramik-Brennstoffzelle (SOFC). Für den Anwendungsbereich „Kfz-Antrieb" wird mit einem umfangreichen Verbundprojekt die Entwicklung der bei niedrigen Temperaturen arbeitenden Membran-Brennstoffzelle (PEM-FC) unterstützt.

Die Weiterentwicklung von *elektrischen Energiespeichern* ist z.B. für den angestrebten Einsatz sauberer, batteriebetriebener Elektroautos von großer Bedeutung. Deshalb fördert das BMBF die Entwicklung unterschiedlicher Batteriekonzepte wie Lithium-, Nickel-Hydrid- und Nickel-Zink-Batterie. Die Erprobung der fortgeschrittenen NaS-Batterie-Technologie, die seit etwa zehn Jahren gefördert wurde, erfolgt im Flottenversuch auf Rügen. Ferner wird die Entwicklung supraleitender magnetischer Energiespeicher (SMES) für den Einsatz im Stromnetz gefördert, die zunächst die Stabilität des Netzes verbessern können.

Auch wenn das Potential der *Geothermie* in Deutschland vergleichsweise gering ist, fördert das BMBF auf diesem Gebiet sowohl das Hot-Dry-Rock-Verfahren, das letztlich zur Erzeugung von elektrischem Strom führen soll, als auch Forschungsarbeiten zur Errichtung von Geothermie-Heizzentralen. In Neustadt-Glewe wurde zusammen mit dem Land Mecklenburg-Vorpommern eine hydrothermale Heizzentrale gefördert, die den Stand der Technik demonstriert.

Eine wesentliche Bedeutung wird der *internationalen Zusammenarbeit* zugemessen, sowohl bilateral als auch im Rahmen der EU und internationaler Organisationen. Unter den *Industrieländern* ist die Zusammenarbeit mit Spanien hervorzuheben, wo in Almerìa das gemeinsame deutsch-spanische Solarzentrum Plataforma Solar de Almerìa (PSA) betrieben wird und eine Reihe weiterer Wind- und Solarprojekte realisiert wurden (vgl. Kap. 32, 33). Nicht zuletzt für Länder der südlichen Klimazonen, vor allem *Entwicklungsländer*, werden verschiedene Typen von Mittel- und Hochtemperatursolaranlagen (Parabolrinnenanlagen, Solartürme, Dish-Stirling-Anlagen) gefördert. Als wichtiges Instrument der Zusammenarbeit mit Entwicklungsländern haben sich die beiden Demonstrationsprogramme Eldorado Wind und Sonne erwiesen, mit denen eine begrenzte Zahl von Photovoltaik- und Winddemonstrationsanlagen mit bis zu 70% der Anlagekosten gefördert wird (vgl. Kap. 19, 20). Eine langjährige und intensive Zusammenarbeit besteht vor allem mit Indonesien, China, Brasilien, Argentinien, Jordanien und Ägypten.

17.5 Vier ausgewählte Forschungsschwerpunkte

Im folgenden sollen exemplarisch vier Forschungsschwerpunkte vorgestellt werden: die Photovoltaik (17.5.1), das 1000-Dächer-Programm (17.5.2), Solarthermie 2000 (17.5.3) und einige Beispiele für Nutzungssysteme für südliche Klimabedingungen (17.5.4).

17.5.1 Photovoltaik: Forschungsschwerpunkt zur Sonnenenergie

Unter Photovoltaik (PV) versteht man die Umwandlung von Sonnenlicht in Strom in einer Solarzelle. Diese Technologie existierte 1973/74 bereits zur Herstellung der Stromversorgung von Satelliten im Weltraum, wobei die Kosten für ein Watt Spitzenleistung (Wattpeak, W_p) ca. 200 DM betrugen. Das Kostensenkungspotential bei der Materialforschung, der Mikroelektronik sowie bei der Verfahrens- und Fertigungstechnik wurde zu einem Kernziel der Förderung für erdgebundene Anwendungen der PV. Von 1975 bis 1980 ging es um kostengünstigere Herstellungsmethoden von Basismaterial (Silizium) und Solarzellen sowie um die Suche nach neuen für die PV geeigneten Halbleitermaterialien. Von 1981-1985 entstanden kleine industrielle Produktionen von Solarzellen aus mono- und multikristallinem Silizium, wobei für die BMFT-Förderung die Wirkungsgradsteigerung der Zellen und die Suche alternativer Materialien (z.B. amorphes Silizium) an Bedeutung gewann. Von 1975 bis 1985 konnte der Preis für ein W_p von 200 auf 20 DM und bis 1995 weiter auf 10 DM gesenkt werden (BMBF, 1995b).

Ab der 2. Hälfte der 80er Jahre wurden die ersten Pilotproduktionsanlagen für die erste Solarzellengeneration für *kristallines Silizium* von der Fa. DASA in Wedel (Jahreskapazität ca. 3 MW), der Fa. Nukem, Alzenau (ca. 1 MW) und der Fa. Siemens Solar, München (ca. 0,6 MW) in Betrieb genommen. DASA und Nukem legten am 1.7.1994 ihre Solartechnik-Aktivitäten in der „Angewandten Solarenergie“ (ASE) GmbH zusammen. Sowohl die Siemens Solar GmbH als auch die ASE GmbH haben inzwischen den Schwerpunkt ihrer Produktion in die USA verlegt (vgl. Kap. 10).

Für den Bereich der PV stellte das BMFT/BMBF von 1974 bis 1995 ca. 1 Mrd. DM bzw. 25% der Forschungsmittel für erneuerbare Energien bereit. 1994 stand Deutschland bei der Förderung der PV mit 66 Mio. DM nach Japan (140 Mio. DM) und den USA (120 Mio. DM) an dritter Stelle. Seit den 70er Jahren förderte auch die EU Pilot- und Demonstrationsvorhaben zur PV (vgl. Kap. 14). Von 1988 bis 1995 hat sich die Welt-PV-Produktion von 34 MW (Spitzenleistung) auf 80 MW und bei den kristallinen Si-Modulen von 21 auf 66 MW mehr als verdoppelt. Der größte Solarzellen Produzent ist Siemens Solar in den USA.

Da die Stromgestehungskosten aus netzgekoppelten PV-Anlagen noch immer ca. 2 DM/kWh betragen, sind weitere Kostensenkungen auf ein Fünftel erforderlich, um der PV am Markt zum Durchbruch zu verhelfen, was eine langfristig angelegte kontinuierliche Förderung der PV-Forschungsvorhaben erfordert, um den Wirkungsgrad der Zellen zu erhöhen, die Modul- und die Herstellungstechnik von Dünnfilm-Solarzellen sowie die Kosten für neue Materialien zu senken. Die Gesamtsystemkosten sollen durch höhere Leistungsfähigkeit, zuverlässigere Komponenten und durch Markteinführungsprogramme (vgl. 17.5.2, Kap. 18) weiter gesenkt werden.

Mit Unterstützung durch die EU und des BMBF wurde im Juni 1994 im Rahmen eines deutsch-spanischen Kooperationsvorhabens eine 1 MW_p-Anlage in Toledo von der RWE mit zwei spanischen EVU (UEF, ENDESA) in Betrieb genommen. Die zukünftigen Fördermaßnahmen des BMBF sind auf zwei Hauptziele ausgerichtet:

1. *Kostenreduktion bei Solarzellen und Modulen durch Senkung der Fertigungskosten und Steigerung der Wirkungsgrade mit den Entwicklungsfeldern*:
   Dies bedeutet für kristalline Silizium-Solarzellen: a) Weiterentwicklung von Siliziummaterialien und Solarzellen (2. Generation); b) Entwicklung kristalliner Silizium-Dünnschichtzellen; c) Schaffung der technischen Voraussetzungen für Großproduktionen von Zellen der zweiten Generation (größer als 2 MW); d) Senkung des Energieaufwandes bei der Fertigung. Bei den *Dünnfilm-Solarzellen* impliziert dies die Weiterentwicklung: a) der Amorph-Silizium-Zellen, b) der Verbindungshalbleiter-Zellen und c) der Tandemzellen aus mehreren übereinanderliegenden photoelektrisch aktiven Schichten.
2. *Reduktion der Gesamtkosten photovoltaischer Anlagen und Geräte durch höhere Leistungsfähigkeit und Zuverlässigkeit sowie kostengünstigere Herstellung mit den Entwicklungsfeldern*:
   - *Anwendungstechnik* (u.a. durch die Standardisierung der Systeme und Schritte zur Serienfertigung von Komponenten, Erhöhung des Gesamtwirkungsgrades und Verbesserung der Zuverlässigkeit der Komponenten) und
   - *Erprobung der Leistungsfähigkeit in internationalen Demonstrationsprogrammen* (z.B. netzgekoppelten Anlagen, autarker Anlagen zur Versorgung netzferner Verbraucher, netzgekoppelten Groß- und Hybridanlagen und Versorgungssysteme für die Dritte Welt).

Das BMBF errichtete 1990 mit dem *1000-Dächer-PV-Programm* und 1993 mit dem Programm *Solarthermie 2000* zwei Förderschwerpunkte, die die Markteinführungschancen für photovoltaische und solarthermische Systeme in Deutschland verbessern sollen.

17.5.2 Das Bund-Länder-1000-Dächer-Photovoltaik-Programm

Den Schwerpunkt der Förderung bei der Erprobung und Demonstration photovoltaischer Anlagen bildete die Richtlinie zum *Bund-Länder-1000-Dächer-Photovoltaik-Programm*, die am 23.9.1990 in Kraft trat, mit dem das BMBF zusammen mit allen sechzehn Bundesländern und den EVU die Installation von maximal 2 250 netzgekoppelten, dachmontierten photovoltaischen Kleinanlagen im Leistungsbereich zwischen 1 und 5 kW förderte (FhG-ISE, o.J; Sandtner, 1993).

Bis zum Ende der Antragsfrist am 30.6.1993 gingen bei den Antragsstellen der Länder etwa 4 000 Anträge ein. Das BMBF gewährte im Rahmen dieses Programms in den Altbundesländern einen Zuschuß von 50% und in den neuen Bundesländern von 60% bis zu einer Obergrenze von 27 000 DM pro kW_p installierter Leistung zu den Anlagen- und Installationskosten. Die meisten Bundesländer gewährten zusätzlich einen Zuschuß von 10% (neue) und 20% (alte Bundesländer). Mit diesem Programm wurden u.a. folgende Ziele verfolgt:

- Gewinnung von Know-how bei der kostengünstigen, zuverlässigen und weitgehend standardisierten und sicheren Installation dachmontierter PV-Anlagen;
- Sammeln von Erfahrungen über das Betriebsverhalten der PV-Anlagen;
- Demonstration der Nutzung von Dachflächen für dezentrale Stromerzeugung aus Sonnenenergie.

Dieses Förderprogramm wurde von einem Meß- und Auswertungsprogramm begleitet, das die Versorgungs- und Betriebssicherheit der Anlagen und die Jahresausbeuten ermitteln sollte.

17.5.3 Solarthermie 2000 (1993-2003)

Dieses neue auf zehn Jahre ausgelegte Förderkonzept besteht aus drei Teilprogrammen: a) einer Untersuchung zum Langzeitverhalten von existierenden thermischen Solaranlagen, b) einem Feldversuch mit Solaranlagen in öffentlichen Gebäuden in den neuen Bundesländern und in den Ostbezirken von Berlin und c) Pilotanlagen zur solaren Nahwärmeversorgung vor allem im kommunalen Bereich (BMFT, 1993). Durch dieses Programm sollen durch Kostensenkungen die Wirtschaftlichkeit dieser Anlagen erhöht und Vorbilder für die aktive thermische Nutzung der Solarenergie geschaffen werden. Hierdurch sollen u.a.:

- das installierende Handwerk an die aktive Solarenergienutzung herangeführt,
- breitere Einsatzmöglichkeiten für diese Technologie für die mittelständisch strukturierte Branche der Solaranlagenhersteller eröffnet,
- Kenntnisse für Architekten und Fachingenieure vermittelt,
- die Hochschulen und Fachhochschulen in die projektbegleitende Betreuung einbezogen,
- Eigentümer und Nutzer öffentlicher Gebäude an diese Technik herangeführt,
- die vorliegenden langjährigen Erfahrungen intensiv genutzt und verbreitet,
- die Komponenten- und Systemtechnik weiterentwickelt und optimiert sowie umfassende und gut abgesicherte Erfahrungen mit unterschiedlichen Systemkombinationen gesammelt werden.

Das 2. Teilprogramm beinhaltet die Errichtung von bis zu 100 mittelgroßen Demonstrationsanlagen mit mehr als 100 m^2 Kollektorfläche bei der Sanierung bzw. beim Neubau von öffentlichen Gebäuden. Bereits im ersten Jahr lagen 180 Projektvorschläge vor. In die wissenschaftliche Begleitung wurden neben der Zentralstelle für Solartechnik (ZfS) fünf Hochschulen und Fachhochschulen (Chemnitz-Zwickau, Ilmenau, Potsdam, Merseburg und Stralsund) eingebunden.

17.5.4 Nutzungssysteme für südliche Klimabedingungen

Von 1974 bis 1996 gab das BMFT/BMBF für diesen Förderungsschwerpunkt insgesamt 760 Mio. DM aus. Damit verfolgt die Bundesregierung eine Strategie der kontinuierlichen Zusammenarbeit bei der bedarfsorientierten Technologieentwicklung, -erprobung und -demonstration, wobei die Koordination der größeren Projekte in enger Zusammenarbeit mit dem BMZ erfolgt (BMFT, 1992b).

Ergebnisse der bisherigen Industrie- und außerindustriellen Forschung haben im PV-Bereich zu einigen Energienutzungssystemen geführt, die in der Dritten Welt an der Schwelle der Wettbewerbsfähigkeit stehen, wie z.B. die photovoltaische Versorgung von Batterien, Lampen, Rundfunk- und Fernsehempfängern, von Trinkwasserpumpen, von Telekommunikationsanlagen, Kühlschränken und Handwerksmaschinen.

Im Förderungsschwerpunkt PV-Wasserpumpen wurden durch die GTZ (vgl. Kap. 19) bis 1994 über 80 Trinkwasserpumpen mit einer Gesamtleistung von 180 kW_p in einem Größenbereich von 700 bis 4 500 W_p u.a. in den Partnerländern Argentinien, Brasilien, Indonesien, Jordanien, Philippinen, Tunesien und Simbabwe bereitgestellt und erprobt, womit ein täglicher Wasserbedarf von 5 bis 10 m^3 gedeckt werden kann (BMBF, 1995a).

Im Rahmen der solarthermischen Verfahren wurden u.a. die Entwicklung von solarthermischen Kochern, das Trocknen landwirtschaftlicher Produkte und auch Trinkwasserpumpen gefördert sowie Erfahrungen mit der solarthermischen Elektrizitätsgewinnung im Rahmen des spanisch-deutschen Kooperationsvorhabens in Almerìa gemacht, deren Betrieb bis 1996 vertraglich gesichert ist.

Besonders günstige Voraussetzungen bestehen unter südlichen Klimabedingungen für die Nutzung der Sonnenwärme zur Kälteerzeugung. Das Institut für Luft- und Kältetechnik (ILK) in Dresden hat eingehend die Randbedingungen zum Arbeitsgebiet „solarunterstützte Kälteerzeugung/Klimatisierung“ untersucht. Im Rahmen eines Verbundprojekts zwischen der Fa. Dornier und dem Institut für Thermodynamik und Wärmetechnik (ITW) der Universität Stuttgart wurde aus Mitteln des BMBF eine autarke solarbetriebene Anlage zur Medikamentenkühlung in Entwicklungsländern entwickelt.

Seit 1991 werden die beiden mehrjährigen Programme ELDORADO-Sonne und -Wind, der großmaßstäblichen Stromerzeugung aus PV- und Windkraft durchgeführt, an denen neben Schwellenländern auch einige mittel- und osteuropäische Länder beteiligt sind. Bis 1994 wurden im Rahmen des Programms ELDORADO-Sonne neun Vorhaben für Solar Home Systems, Fernsehumsetzer und Wasserpumpen in Brasilien (53 kW), China (50 kW), Indonesien (129 kW), Ägypten (58 kW) und Argentinien (59 kW) bewilligt. Damit konnten 50 Dörfer mit 2 100 Familien mit Strom (Gesamtleistung 319 kW_p) versorgt werden.

Im Rahmen von ELDORADO-Wind wurden 12 Vorhaben mit 72 Windkraftanlagen mit einer Gesamtleistung von 10,7 MW errichtet, darunter Windparks in Ägypten (1 MW), Argentinien (1 MW), Brasilien (1,5 MW) und in China (5,7 MW), Rußland (0,3 MW) und Lettland (1,2 MW).

Seit 1982 kooperiert die Bundesrepublik besonders eng mit Indonesien im Rahmen des Kooperationsvorhabens „Renewable Energies Indonesia (REI)“, u.a. bei der Installation und dem Betrieb von photovoltaischen Wasserpumpenanlagen zur Versorgung mehrerer Dörfer in Sulawesi und Sumba, von photovoltaisch betriebenen Fernsehumsetzerstationen, bei der solaren Trocknung landwirtschaftlicher Produkte und bei der Verbrennung und Vergasung organischer Abfälle zur dezentralen Energiegewinnung.

17.6 Viertes Programm Energieforschung und Energietechnologien der Bundesregierung (1996-2000)

Anläßlich der Verabschiedung des *4. Energieforschungsprogramms* durch das Bundeskabinett hob der Bundesminister für Bildung, Wissenschaft, Forschung und Technologie, Dr. Jürgen Rüttgers, am 22.5.1996 den wichtigen Beitrag der Energieforschung bei der Einlösung des CO_2-Reduzierungsziels hervor:

> Alle diejenigen Techniken sollen bereitgestellt werden, die in unserem Land ein nennenswertes Potential haben, um langfristig die CO_2-Emission nachhaltig zu senken. ... Deutschland ist damit das einzige Land, das sein Energieforschungsprogramm konsequent auf die CO_2-Reduktion ausgerichtet hat. Auf diesem Weg wird zugleich die wissenschaftlich-technische Basis unseres Landes in einem besonders zukunftswichtigen Bereich erweitert. Wir ermöglichen die Herstellung neuer, innovativer Produkte und Anlagen der Energietechnik. Nur über den Weg solcher hochwertigen Innovationen ist die Sicherung deutscher Arbeitsplätze möglich. ... Durch das 4. Programm Energieforschung und Energietechnologien wird ein wichtiger Beitrag zur Modernisierung unserer Volkswirtschaft und zur Sicherung der Zukunft des Technologiestandorts Deutschland geleistet. (Presseerklärung des BMBF, 22.5.1996)

Dieses Programm will diese Ziele über vier Forschungsschwerpunkte erreichen:

- Effizienzsteigerungen bei der Stromerzeugung;
- Einsparungen beim Energieverbrauch;
- Einsatz von erneuerbaren Energien und
- Nutzung der Kernenergie.

Ziel der *Effizienzsteigerungen bei der Stromerzeugung* ist es, die Mitte der 90er Jahre in Deutschland erzielten durchschnittlichen Wirkungsgrade bei Kohlekraftwerken von 35% auf die bereits erreichten Wirkungsgrade von 40-45% und in den nächsten 10 bis 15 Jahren auf 60% zu steigern, um hierdurch bei einer Erhöhung des Wirkungsgrades um 8% die CO_2-Emissionen im Kraftwerkssektor um ca. 20% zu senken.

Da etwa 75% des Endenergieverbrauchs in Deutschland auf Heizung, industrielle Prozesse und den Verkehr entfallen, konzentrieren sich die Maßnahmen zur *Förderung des Energiesparens* auf diese drei Bereiche. Von 1970 bis 1996 konnte der durchschnittliche *Raumwärmeverbrauch* in Deutschland von 450 auf 200 kWh gesenkt werden. Zur weiteren Senkung des Energieverbrauchs sollen u.a. folgende Teilprogramme beitragen: a) „Fernwärme 2000“, das sich vor allem an die neuen Bundesländer richtet, b) das Förderkonzept: „Niedrigenergiegebäude der Zukunft“ und c) energetische Verbesserung der bestehenden Gebäudesubstanz. Im Industriesektor konzentriert sich die Förderung auf:

- Prozesse zur verstärkten Kreislaufführung von Materialien, Einsatz von Katalysatoren, energiesparende Zerkleinerungs- und Stofftrennungsprozesse.
- Effizienzsteigerung bei Energiewandlern. Dabei geht es um Kältemaschinen, Drucklufterzeuger, Kompressoren, Pumpen, Wärmetauscher und Klimaanlagen.
- Simulationstechniken, mit denen die energetische Effektivität von Großinvestitionen vor Baubeginn optimiert werden kann und Systemanalysen, mit denen neue oder bestehende Energieproduktivitätspotentiale bei Industrieprozessen erschlossen werden.

Im *Verkehrssektor* soll mit dem Leitprojekt „Mobilitätsforschung“ eine Entkopplung von Wirtschaftswachstum und Verkehrswachstum erreicht werden.

Beim *Einsatz erneuerbarer Energien* setzt das 4. Energieforschungsprogramm fünf Schwerpunkte bei: a) der Photovoltaik, b) der Solarthermie, c) beim „solar optimierten Bauen“, d) der Windenergie und e) bei nachwachsenden Rohstoffen.

Statt eines 100 000-Dächer-Programms, das 5,5 Mrd. DM kosten würde, setzt das BMBF auf eine kontinuierliche Forschungsförderung bei der *Photovoltaik* mit ca. 400 Mio. DM in fünf Jahren, die sich konzentrieren auf:

- Forschung zur Erhöhung des Wirkungsgrades von Solarzellen [mit dem Ziel,] daß in Deutschland das Wissen für Solarzellen höchsten Wirkungsgrades entsteht.
- Kostensenkung durch Verbesserung der Fertigungstechnik und die Automatisierung von Herstellungsprozessen für Zellen und Module. ...
- Wegbereitung für innovative Anwendungen der Photovoltaik in Bereichen, in denen sie ihre besonderen Vorteile gegenüber leitungsgebundener Stromversorgung ausspielen kann. ... Beispiele sind Ampelanlagen auf Fernstraßen, Notwarn- und Rettungssysteme, netzunabhängige Alarmsysteme, ambulante Telefonzellen, Kühlbehälter für Medikamente, Steuerungen in solar optimierten Gebäuden. ...
- Photovoltaik kann wichtige Beiträge zur Energieversorgung in Regionen mit großem Sonnenanteil und einer schlechten Energieinfrastruktur leisten (BMBF, 22.5.1996).

Im Bereich der *Solarthermie* wird das Programm „Solarthermie 2000“ (17.5.3) fortgeschrieben, während das Programm „solar optimiertes Bauen“ auf die passive Nutzung der Sonnenenergie abzielt. Bei der Windenergie richtet sich die Förderung nur noch auf größere Anlagen von mehr als 1 MW Leistung, nachdem kleinere und mittlere Anlagen voll ausgereift sind.

Die Förderungsschwerpunkte für *nachwachsende Rohstoffe* konzentrieren sich hier auf Markteinführungsimpulse für innovative Entwicklungen und auf Forschungsarbeiten, die von der Weiterentwicklung umweltschonender Anbausysteme für Energiepflanzen, über deren Aufbereitung und Konditionierung bis hin zu Nutzungstechniken der Verbrennung, Vergasung und Verflüssigung reichen. Vom BMBF werden nur Arbeiten zur Grundlagenforschung, zum Beispiel zur Erzeugung von Wasserstoff im Rahmen der Biotechnologie, gefördert, während der Schwerpunkt der Förderung zur Biomasse beim Bundesministerium für Ernährung, Landwirtschaft und Forsten (BML) liegt (vgl. Tabelle 17.6).

Tabelle 17.6. Planzahlen Energieforschung 1996-2000 (Haushalt des BMBF und BML, geltender Finanzplan, Angaben in Mio. DM)

	1996	1997	1998	1999	2000
I. Reduzierung des Energiebedarfs					
Effizienzsteigerung bei Energieumwandlung, neue Sekundärenergien:					
– Kraftwerkstechnik, Verbrennungsforschung	34	40,4	45,4	47,4	50
– Brennstoffzellen, Wasserstoff, elektrische Energiespeicher	25,5	26,6	28,6	30,6	31
– Fernwärme	9	9	9	9	9
– Großforschungseinrichtungen	12,8	12,7	13	13,2	14
Summe	81,4	88,7	96	100,2	104
Rationelle Energieanwendung, Einsparung fossiler Energien bei den Endenergiesektoren:					
– Solarthermie, Raumwärme für Gebäude	36	40	41	43	46
– Wärmespeicher	2	3	3	3	3
– Erhöhung Energieproduktivität in der Industrie	11,8	11	11	11	12
– Großforschungseinrichtungen	22	22	22	22	24
Summe	71,8	76	77	79	85
Summe I. Förderschwerpunkt	**153,2**	**164,7**	**173,0**	**179,2**	**189,0**
II. Energieversorgung mit verringerter CO_2- und Umweltbelastung					
Erneuerbare Energien					
– Photovoltaik	81,6	80	80	80	80
– Windenergie	43	39	37	37	37
– Biomasse	5	8	10	11	13
– Geothermie und andere erneuerbare Energien	5	5	5	5	5
– Techniken für Länder in südlichen Klimazonen	24	18	17	17	17
– Großforschung	60,8	63,3	65	66,7	70
Summe	219,4	123,3	214	216,7	222
Kernenergie					
– Sicherheit von Leichtwasserreaktoren, innovative Reaktorkonzepte	62,5	63	63	63	63
– Langzeitsicherheit der nuklearen Entsorgung	19	19	18	18	18
– Großforschungseinrichtungen	105,8	106,9	108,5	110,6	107
Summe	187,3	188,9	189,5	191,6	188
Summe II. Förderschwerpunkt	**406,7**	**402,2**	**403,5**	**408,3**	**410**
III. Langfristoptionen für die Energieversorgung					
Kontrollierte Kernfusion (mit Wendelstein VII-X)	171,4	201,2	214,0	211,7	215,2
Summe III. Förderschwerpunkt	**171,4**	**201,2**	**214,0**	**211,7**	**215,2**
IV. Übergreifende Themen					
Systemanalysen, Innovationshemmnisse für Energieeinsparung, Informationsverarbeitung, Übrige- und Querschnittsthemen, Projektträger	18	18	18	18	20
Summe IV. Förderschwerpunkt	**18**	**18**	**18**	**18**	**20**
Gesamtsumme	**749,3**	**786,1**	**808,5**	**817,5**	**834,2**

18 Verbesserte Rahmenbedingungen für den Einsatz erneuerbarer Energien

Paul-Georg Gutermuth

18.1 Die energie- und umweltpolitische Herausforderung

Erneuerbare Energien (e. E.) sind die ältesten vom Menschen genutzten Energiequellen. Bis zum Anbruch des Kohlezeitalters und damit der Industrialisierung waren sie sogar die einzigen verfügbaren Energiequellen überhaupt (Segelschiffe, Wassermühlen, Windmühlen, Rauchzeichen etc.). Insoweit lebte die Menschheit bis vor etwa 250 Jahren in einer Solarzeit (vgl. Kap. 2).

Drei Entwicklungen haben seit den 70er Jahren zu einer Renaissance der Solarenergie beigetragen. Die westliche Welt wurde Anfang der 70er Jahre durch die Ölpreiskrise aufgeschreckt. Die Industriestaaten forderten Alternativen zu Öl und entsannen sich dabei auch der Solarenergie. 1981 luden die Vereinten Nationen zu einer Konferenz in Nairobi über neue und erneuerbare Energiequellen ein. Es wurde ein Nairobi-Aktionsprogramm zur Entwicklung und Nutzung dieser Energiequellen verabschiedet, das auch noch heute weitgehend aktuell ist (United Nations, 1981). Die Tschernobyl-Katastrophe (1986) verstärkte den Ruf nach risikoarmen, sozialverträglichen Energiesystemen. Die weltweit wachsende Sorge um Umwelt und Klima führte zur Konferenz der Vereinten Nationen über Umwelt und Entwicklung (UNCED) in Rio de Janeiro (3.-14. Juni 1992), die keinen Zweifel mehr daran ließ: *Die gegenwärtige Form der Energieversorgung steht nicht im Einklang mit den Erwartungen für eine dauerhafte gesellschaftliche und wirtschaftliche Entwicklung.*

Energieumwandlung und Energieverbrauch tragen derzeit über die Verbrennung der fossilen Energieträger Kohle, Öl und Gas zu etwa der Hälfte der Treibhausgasemissionen bei, der größte Teil entfällt dabei auf CO_2-Emissionen (vgl. Schönwiese, 1996a; Hennicke, 1996). Zugleich wächst der Energiebedarf weltweit unaufhaltsam an, besonders in den Entwicklungsländern. Die Internationale Energie-Agentur (IEA) erwartet, je nach Szenario, einen Anstieg des Weltenergiebedarfs bis 2010 um 35 oder 45% (IEA, 1995a). Der rapide ansteigende Brennstoff- und Nutzflächenbedarf vernichtet zudem im ländlichen Bereich Busch- und Waldbestände, die CO_2 aus der Luft zurückholen könnten (vgl. Kap. 8) in einer Weise, die die Natur nicht wieder ausgleichen kann. Schließlich betragen Verbrauch und Verluste innerhalb des Energiesektors bei der Umwandlung von Primär- in Endenergie selbst in Deutschland immer noch rd. 30%. Von der Endenergie wiederum wird nur rund die Hälfte in Nutzenergie umgesetzt. Das bedeutet, daß etwa zwei Drittel der ursprünglichen Primärenergien auf dem Wege zu ihrer Nutzung verlorengehen.

18.2 Folgerungen für die Politik

Diese Erkenntnisse und Entwicklungen verlangen von der Energiepolitik, nicht nur auf eine sichere und preisgünstige Versorgung abzuzielen, sondern gleichzeitig darauf, endliche Energieressourcen sowie Umwelt und Klima zu schonen. Dies erfordert vor allem in vier Problembereichen ein Umdenken und Umstrukturieren: *Erstens*: den Verzicht auf Energie aus endlichen Ressourcen, soweit es möglich ist. *Zweitens*: einen möglichst rationellen Energieeinsatz. *Drittens*: technische Verbesserungen zum Umwelt- und Klimaschutz bei Energieumwandlung und -verbrauch und schließlich *viertens*: ein Umsteigen auf umwelt- und ressourcenschonendere Energieträger wie erneuerbare Energien. Mit anderen Worten: Energieumwandlung und -verwendung sind so weit vertretbar zu rationalisieren und zu drosseln, und der Restenergieverbrauch ist möglichst mit umweltschonenden und dauerhaften Energien zu decken.

Diese Ziele lassen sich mit dem derzeitigen Energiemix nicht erreichen. *Er muß somit verändert werden.* Hier kommt den *erneuerbaren Energien eine wichtige, langfristig sogar entscheidende Bedeutung* zu. Dazu hat sich die Bundesregierung wiederholt eindeutig bekannt. Im Energiebericht vom 24.9.1986 erklärte sie: „Langfristig können und müssen regenerative Energien einen größeren Beitrag zur Energieversorgung leisten. Um dies zu erreichen, werden seit der ersten Ölpreiskrise national und international große Anstrengungen unternommen“ (BMWi, 1986). Und im Bericht „Energiepolitik für das vereinte Deutschland“ heißt es: „Es müssen Bedingungen geschaffen werden, damit die erneuerbaren Energien einen weltweit steigenden Anteil an der Energieversorgung erhalten“ (BMWi, 1992: 71).

Beim anzuschlagenden Tempo der Umstrukturierung handelt es sich um einen Abwägungsprozeß. Politisches Handeln muß versuchen, die konkreten Möglichkeiten mit den konkreten gesellschaftspolitischen und volkswirtschaftlichen Ansprüchen in Einklang zu bringen. Dabei sind u.a. Antworten zu geben auf folgende Fragen: Wie ist eine klima- und ressourcenschonende Wirtschaftsweise mit marktwirtschaftlichen Mitteln zu erreichen? Bedeutet Förderpolitik noch weiter erhöhte Staatsausgaben? Können wir uns ein Umsteuern leisten, ohne unseren bisherigen Lebensstandard aufgeben zu müssen? Inwieweit müssen beim Umsteuern Beeinträchtigungen beim Landschafts- und Naturschutz hingenommen werden? Daraus wird deutlich: Die e. E. sind nur ein - wenn auch wichtiger - Aspekt der Gesamtproblematik.

18.3 Das erschließbare Potential erneuerbarer Energien

In der Europäischen Union (EU) tragen die e. E. mit ca. 7% zur Primärenergieerzeugung bei, wobei erhebliche Unterschiede zwischen den Mitgliedstaaten bestehen (eurostat, 1993). Zwei Energiequellen stehen dabei im Vordergrund: zum einen die Biomasse (Holz, Holzabfälle sowie andere feste Abfälle), die zusammen etwa 60% der Produktion von erneuerbaren Energien ausmachen, und an zweiter Stelle die Stromgewinnung aus Wasserkraft, deren Anteil 1991 bei etwa 35% der Produktion erneuerbarer Energien lag.

Für *Deutschland* liegt der Anteil der e. E. bei 2% am Primärenergieverbrauch (vgl. Abb. 18.1) und bei rund 5,8% an der öffentlichen Stromversorgung (vgl. Abb. 18.2).

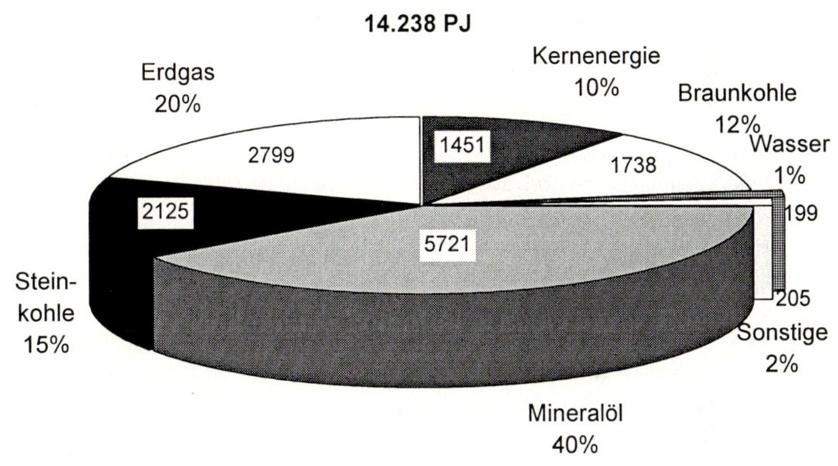

Abb. 18.1. Struktur des Primärenergieverbrauchs für Deutschland im Jahr 1995 (Quelle: AG Energiebilanzen; vorläufige Zahlen)

Wasserkraft und Biomasse sind auch hier die Hauptversorgungsquellen. Solar- und Windenergie leisten bislang nur geringe Beiträge, obwohl Deutschland bei installierter Windkraft inzwischen führend in Europa ist und weltweit nach den USA an zweiter Stelle steht (vgl. Abb. 18.3 sowie Kap. 6, 7, 17, 22).

Läßt sich daran in den nächsten Jahrzehnten etwas ändern? Soweit es um Deutschland geht, hat das Bundesministerium für Wirtschaft (BMWi) Fachleute aus Wirtschaft, Wissenschaft und Gesellschaft an einen Tisch gebracht, die sich mit der Einschätzung des technischen, wirtschaftlichen und erschließbaren Potentials der e. E. befaßt haben (vgl. BMWi, 1994e). Beeindruckend war das hohe Maß an Gemeinsamkeit:

- Das *technisch* ausschöpfbare (aber weitgehend nicht wirtschaftliche) Potential der e. E. liegt in Deutschland etwa in der Größenordnung der Hälfte des der-

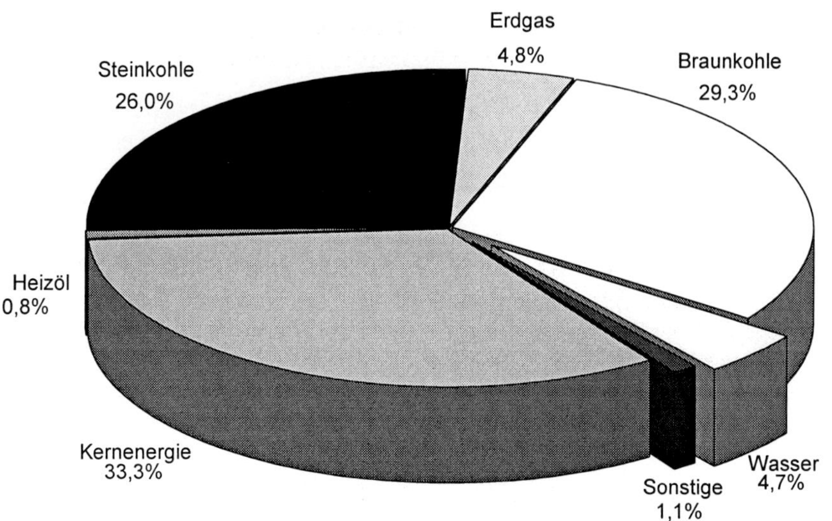

Abb. 18.2. Anteil der erneuerbaren Energien an der öffentlichen Stromversorgung 1995 (Quelle: DEWI, Energiewirtschaftliche Tagesfragen; vorläufige Zahlen)

zeitigen Endenergieverbrauchs.[1] Dieses Potential stellt einen Hinweis auf den Umfang des langfristig aktivierbaren Gesamtpotentials dar.

- Das *wirtschaftliche* Potential jedoch ist vor dem Hintergrund des derzeitigen Energiesystems, der Nichtberücksichtigung externer Effekte und des gegenwärtigen Energiepreisniveaus insgesamt gering. Bei weiterhin niedrigen Energiepreisen wird sich daran nichts ändern, auch wenn bei einzelnen Nutzungstechniken eine Senkung der Investitionskosten unterstellt werden kann.
- Für den Einsatz der e. E. ist somit das Potential entscheidend, das *erschließbar* wäre, wenn man die Technologie-, Angebots- und Nachfrageverhältnisse, die Kosten bestehender Hemmnisse und mögliche Aktivitäten des Staates berücksichtigt.

Der Gesprächszirkel beim BMWi kam zu dem Ergebnis: Selbst mit umfassenden zusätzlichen staatlichen Mitteln (2-4 Mrd. DM) ist in den nächsten 5-7 Jahren nur ein geringer Teil tatsächlich *erschließbar*. Bestenfalls käme es zu einer Verdopplung des derzeitigen Beitrags der e. E. von etwa 2% zum Primärenergieverbrauch (PEV). Bei der Stromerzeugung könnte in diesem Zeitraum die Wasserkraft noch um 11 bis 17% gesteigert werden, die Windenergie um das 4- bis

1 Unter technischem Potential wird „das 'technisch Machbare' unter der Berücksichtigung von verfügbaren Energieumwandlungstechniken und ihrer Nutzungsgrade, von Höhe, dem zeitlichen Verlauf und der räumlichen Verteilung von Energieangebot und -bedarf, von Verfügbarkeit von Standorten und konkurrierenden Nutzungen“ verstanden (BMWi, 1994e: 9).

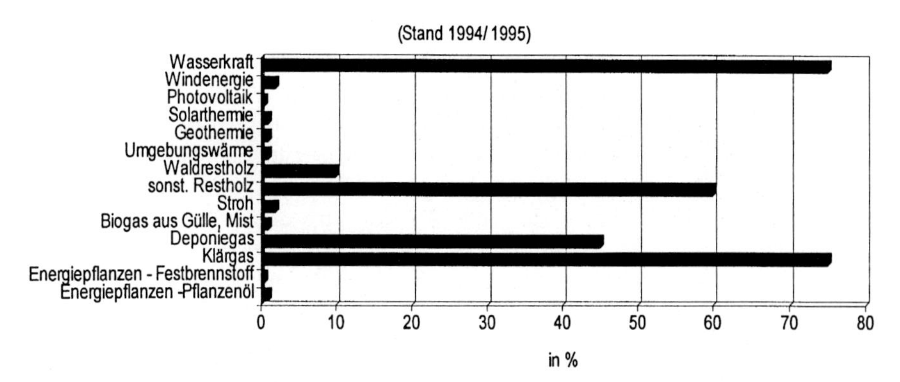

Abb. 18.3. Derzeitig genutzter Anteil des technischen Potentials erneuerbarer Energien in Deutschland (Quelle: nach BMWi, 1994e)

10fache und Photovoltaik um das 8- bis 15fache, d.h. zusammengenommen könnte der Anteil der e. E. bei der Stromerzeugung bis auf über 6% ansteigen.

Bei der Niedertemperatur-Wärmegewinnung wäre eine Zunahme aus Solarthermie um das 2- bis 5,5fache, bei der Geothermie um das 5- bis 18fache und bei der Umgebungswärme um 30 bis 100% möglich, d.h. zusammen würde dies einem Anteil von 0,1 bis 0,2% am Endenergieverbrauch entsprechen. Die Biomasse könnte um 25 bis 95% gesteigert werden.

Entsprechende Minderungen des CO_2-Ausstoßes der Bundesrepublik Deutschland wären damit verbunden. Demgegenüber erwartet Prognos eine Verdopplung des Beitrags der e. E. frühestens bis 2020 (vgl. Prognos, 1995).

Wie man im einzelnen auch zu diesen Zahlen stehen mag, die Fachwelt geht überwiegend davon aus: Der *Energiemix läßt sich zugunsten e. E. nur allmählich verändern.* Dies entspricht aber nicht dem hohen gesellschaftlichen Stellenwert der e. E. in Deutschland und den großen Hoffnungen, die teilweise in sie gesetzt werden! Woran liegt das?

Die skizzierte Ausgangslage hat viele *Gründe*: Aufgrund bisheriger Erfahrungen benötigen neue Energiesysteme zu ihrer breiten Anwendung drei bis fünf Jahrzehnte. Davon wären für die meisten e. E erst etwa zwei Jahrzehnte verstrichen. Eine Ausnahme bildet die erprobte Wasserkraftnutzung. Die neuen e. E., wie Photovoltaik, Windkraft, Solarthermie, haben mit Schwierigkeiten zu kämpfen, die den Zeitrahmen eher noch verlängern, was besonders auf klimatische, geologische und - ganz entscheidend - wirtschaftliche Gründe zurückzuführen ist. Bei letzteren geht es vor allem um:

- *Fehlende Internalisierung externer Effekte im Energiebereich.* Diese Effekte gehen weitgehend nicht in die Kostenkalkulation ein. Auch wenn gewisse Maßnahmen in diese Richtung wirken, wie z.B. die Mineralölsteuer, spiegeln die Preise den volkswirtschaftlichen Wert der einzelnen Energien insgesamt kaum wider. Das geht häufig zu Lasten der Wettbewerbsfähigkeit der e. E. aus.

- Die zumeist *hohen Investitionskosten* der Techniken zur Nutzung e. E. in Verbindung mit den Erwartungen der verschiedenen Marktteilnehmer hinsichtlich der Amortisationszeiten (in der Industrie regelmäßig 3-5 Jahre). Häufig reduziert sich die Summe aus Investitions- und Produktionskosten erst nach mehreren Jahren, so daß etwaige Kostenvorteile erst spät spürbar werden.
- Die *Dezentralität* bedingt eine große Anzahl von Anlagen und damit im Gegensatz zu zentralen Großprojekten viele Einzelschritte mit entsprechenden Bremswirkungen bei Planung, Finanzierung, Genehmigungsverfahren und Abwicklung.
- Die *Zentralität* großer konventioneller Kraftwerksanlagen und der damit verbundenen Verteilernetze bedingt häufig, daß e. E. tendenziell an eher periphere Bereiche der Energieversorgung gebunden bleiben.
- Die *realen Preise für die klassischen Energieträger* sind in den letzten Jahren gefallen, und eine entscheidende Trendwende zeichnet sich bisher nicht ab.

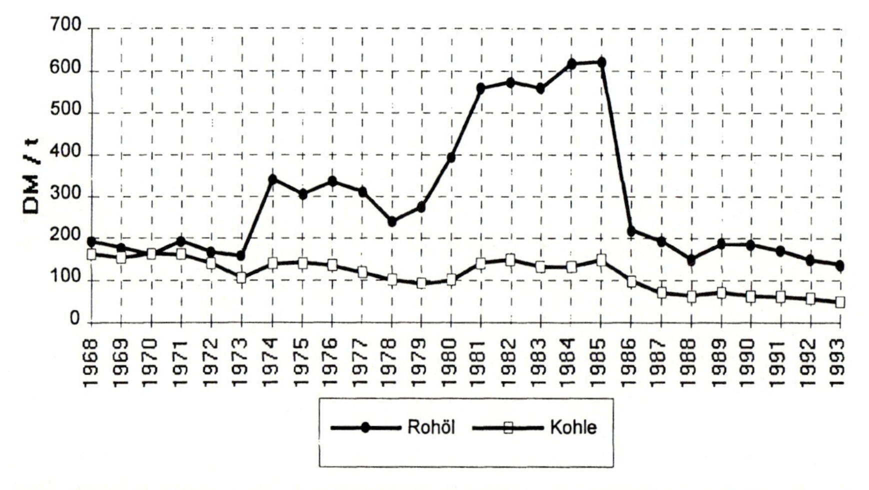

Abb. 18.4. Einfuhrpreise real 1985 (Quelle: BMWi, unveröffentlicht nach Angaben des StaBuA und der Statistik der Kohlenwirtschaft)

Hinzu kommen:

- *rechtliche und administrative Hindernisse*, wie unterschiedliche Genehmigungsvoraussetzungen, mangelnde Berücksichtigung der Vorteile erneuerbarer Energien in Gesetzen, Unerfahrenheit von Genehmigungsbehörden,
- *mangelnde Ausbildung, Information und Beratung* sowie
- *fehlende Akzeptanz*. Der Widerstand in Deutschland gegen neue Wasserkraftwerke und gegen die massive Einführung von Windkraftanlagen sind deutliche Beispiele dafür.

Insgesamt ist festzustellen: Der Marktmechanismus reicht z.Z. nicht aus, den e. E. zum Marktdurchbruch zu verhelfen. Das ruft die Politik auf den Plan.

18.4 Handlungsfelder

Die Vielzahl der oben skizzierten Hemmnisse verlangt vielfältige Reaktionen, wobei Fortschritte keineswegs mit Geld allein zu erlangen sind. Der Bundesregierung geht es um ein *Maßnahmenbündel* in *sechs Handlungsfeldern*:

- Verbesserung der Wettbewerbsfähigkeit der e. E. (im In- und Ausland);
- Verbesserung der rechtlichen, administrativen und institutionellen Rahmenbedingungen;
- Verbesserung von Information und Beratung;
- Verbesserung von Aus- und Fortbildung;
- Förderung von Forschung, Entwicklung und Demonstration bei Anlagen und Materialien zur Nutzung e. E.;
- Gewährung von Entwicklungshilfe.

18.5 Konkrete Maßnahmen zugunsten erneuerbarer Energien auf Bundesebene

In den aufgezeigten Handlungsfeldern gibt es eine Fülle von Einzelaktivitäten, von denen die wichtigsten im folgenden vorgestellt werden, soweit sie Rahmenbedingungen *im Markt* betreffen. Die Bundesregierung legt dabei auf marktkonforme Instrumente und auf zeitliche Begrenzung finanzieller Fördermaßnahmen Wert, da Dauersubventionen zu volkswirtschaftlichen Fehlallokationen führen und den falschen Weg darstellen.

Kasten 1: Wichtige Maßnahmen auf Bundesebene zugunsten erneuerbarer Energien (e. E.)

1. Finanzielle Förderung im Markt

- Zinsgünstige Kredite:
  ERP-Umwelt- und Energiesparprogramm (Zusagen 1991 bis 1995 ca. 1,5 Mrd. DM), DtA-Umweltprogramm (Zusagen 1992-1995 rd. 578 Mio. DM; 1996 ausgeweitet zugunsten von Privathaushalten: „50 000-Dächer-Solar-Initiative“); ERP-Innovationsprogramm (für Forschung, Entwicklung u. Markteinführung, KfW-Zusagen für e. E. und rationelle Energieverwendung seit 1994 rd. 910 Mio. DM); BMU-Förderung der Erstanwendung innovativer Technologien;
- Investitionszuschüsse:
  BMWi-10 Mio. DM-Programm für 1994 abgeschlossen; 100 Mio. DM-Programm des BMWi für 1995-1998 auf breiter Basis; Investitionskostenzuschüsse für Landwirte gem. Gemeinschaftsaufgabe „Verbesserung der Agrarstruktur und des Küstenschutzes“; Eigenheimzulage für Wärmepumpen und Solaranlagen gem. § 9 Abs. 3 Ziff. 1 EigZulG (1996-98, max. 500 DM/a 8 Jahre lang);
- Steuervergünstigungen:
  ⇒ Gemäß „Fördergebietsgesetz“ in den neuen Bundesländern:

a) Sonderabschreibung (1991-1996: 50% in den ersten fünf Jahren, 1997/98 gestaffelt) bei Modernisierung von Mietwohnungen, einschließlich Investitionen für e. E. (§§ 3,4); 1996 ausgeweitet zugunsten von Privathaushalten: „50 000 Dächer-Solar-Initiative";
b) Sonderausgabenabzug (je 10% p.a. auf zehn Jahre für Aufwendungen in 1991-1998) bei Modernisierung und Ausbau von eigengenutzten Wohnungen (§ 7), einschließlich Investitionen für e. E., Gesamthöchstgrenze 40 000 DM;

⇒ Steuerermäßigung für bestimmte Hölzer (Brennhölzer, Sägespäne, Holzabfälle etc.) gemäß § 12 Abs. 2 Nr. 1 UStG auf 7%;
⇒ Mineralölsteuerbefreiung für reine Biokraftstoffe und ihre Zumischung im Kfz-Tank sowie für Biogas bei Nutzung im Herstellerbetrieb (ohne Verwendung als Kraftstoff);
⇒ Kraftfahrzeugsteuerbefreiung für Elektrofahrzeuge (fünf Jahre, danach vergünstigter Satz);

- Stromeinspeisungsgesetz (StrEG seit 1991): Abnahmepflicht und Mindestvergütungen für Strom aus e. E.;
- Unterstützung des Vorschlags der EU-Kommission für eine CO_2-/Energiesteuer;
- Internalisierung externer Effekte: z.B. bei Mineralölsteuer und diskutierter CO_2-/ Energiesteuer;
- BMWi unterstützt Präsentationen der deutschen Wirtschaft auf Auslandsmessen;
- Unterstützung des EG-Programms ALTENER (Ansatz 1993-1997 40 Mio. ECU).

2. *Verbesserung rechtlicher, administrativer und institutioneller Rahmenbedingungen, Hemmnisbeseitigung*
   - z.B. Schaffung von Anreizen in der HOAI, Herausnahme von Windkraft aus dem Anwendungsbereich der 4. VO zur Durchführung des BImSchG, Novellierung des BNatSchG, Änderung BauGB;
   - Schaffung einheitlicher Standards und Normen;
   - Verbesserung der Statistik (Integration der e. E. in die Erarbeitung eines Energiestatistikgesetzes);
   - verbesserte Koordination von Maßnahmen.
3. *Verbesserung von Information und Beratung*
   - Förderung der Verbraucherberatung (330 Stellen, 4 Busse) und der Vor-Ort-Beratung (1991-1997, bisher ca. 12 000 Beratungen) für rationelle Energieverwendung und e. E., BMWi, Mittel insgesamt 1996: rd. 13 Mio. DM;
   - Informationsförderung durch BMWi, BMBF/BINE;
   - Initiierung und finanzielle Förderung (1989-96) des Forums für Zukunftsenergien;
   - Förderung von Information/Beratung durch Deutsche Bundesstiftung Umwelt (DBU).
4. *Verbesserung der Aus-, Weiter- und Fortbildung von Handwerkern, Technikern, Architekten etc.*
   Anpassung der Ausbildungs- und Prüfungsordnungen (BMWi); Finanzierung von Handwerkerfortbildungskursen (BMWi); Finanzierung von Kursen, Veranstaltungen und Materialien durch DBU; BMWi-Appell an Bundesländer und Kammern, Lehrpläne anzupassen, Lehrstühle einzurichten, Fortbildungskurse durchzuführen etc.
5. *Förderung von Forschung, Entwicklung und Demonstration*
   - Programme BMBF, BML (1996: um 230 Mio. DM, insgesamt ca. 3 Mrd. DM seit 1974 einschließlich institutioneller Förderung und Breitentests); Förderung

durch DBU, insbesondere 6 Mio.-DM-Programm für Vorhaben der umweltgerechten Wasserkraftnutzung in den NBL;
- Gründung und Unterstützung der Fachagentur Nachwachsende Rohstoffe;
- Breitentests:
  ⇒ 250 MW-Windprogramm (BMBF, insgesamt ca. 350 Mio. DM zuzüglich ca. 50 Mio. DM für Meßprogramme, Antragsfrist abgelaufen Ende 1995),
  ⇒ Solarthermie 2000-Programm (BMBF, vorgesehen 100 Mio. DM über 10 Jahre ab 1993),
  ⇒ 1 000-Dächer-Photovoltaik-Programm 1990-1993 (Bund/Länder, Bundesanteil: insgesamt ca. 80 Mio. DM; rd. 2 100 Anlagen mit ca. 5,3 MW wurden gefördert);
  ⇒ Eldorado-Programm (BMBF) zur Erprobung von Anlagen unter besonderen klimatischen und infrastrukturellen Bedingungen (seit 1991 ca. 35 Mio. DM für 22 MW Windanlagen, ca. 10 Mio. DM für 0,5 MW PV-Anlagen);
- Unterstützung des EG-Programms JOULE/THERMIE (Ansatz für e. E. 1994-1998 rd. 391 Mio. ECU).

6. *Zusammenarbeit mit Entwicklungsländern (Zusagen von BMZ und BMBF über 3 Mrd. DM seit 1974)*
   Das 1996 erarbeitete BMZ-Programm „Zukunftssicherung durch Klimaschutz“ (insgesamt 1 Mrd. DM für 2-3 Jahre) gilt auch für e. E. und soll u.a. der Flankierung von Aktivitäten der deutschen Wirtschaft dienen.

Für Deutschland sieht die Bundesregierung mittelfristig folgende Möglichkeiten (vgl. BMWi, 1992: 74f.):
- stärkere Ausschöpfung des vorhandenen Potentials kleiner Wasserkraftanlagen,
- Erreichung der Wettbewerbsfähigkeit mittlerer und größerer Windkraftanlagen an geeigneten Standorten,
- wettbewerbsfähiger Einsatz von Solarkollektoren zur Warmwasserbereitung,
- wirtschaftlicher Einsatz von Wärmepumpenanlagen zur Warmwasserbereitung und zur Beheizung von Gebäuden,
- wirtschaftlicher Einsatz von Anlagen zur Nutzung von Biomasse zur Strom- oder Wärmeproduktion,
- Unterstützung der Kostenreduktion in der Photovoltaik,
- Ausbau der Erdwärmenutzung, soweit wirtschaftlich vertretbar und
- stärkere Berücksichtigung der aktiven und passiven Solarenergie beim Bauen.

18.5.1 Verbesserung der Wettbewerbsfähigkeit

Finanzielle Fördermaßnahmen. Als staatliche Mittel, die den Preismechanismus zugunsten der e. E. beeinflussen, werden vor allem eingesetzt: *zinsverbilligte Kredite, Zuschüsse, Zulagen und steuerliche Vergünstigungen.*
- *Zinsverbilligte Kredite* mit langen Laufzeiten. Hier sind die Kredite der Deutschen Ausgleichsbank (DtA) im Rahmen des ERP-Umwelt- und Energieeinsparprogramms und des DtA-Umweltprogramms zu nennen, die sich seit 1991 auf über 2 Mrd. DM belaufen (vgl. Tabelle 18.1). Der Löwenanteil

Tabelle 18.1. Förderung erneuerbarer Energien durch die Deutsche Ausgleichsbank 1991 bis 1995 (Kreditzusagen in Mio. DM)

ERP-Energiesparprogramm	1991	1992	1993	1994	1995[a]	insgesamt
Wind	56,7	66,2	213,9	439	417,5	1 193,3
Wasser	9,9	17,1	24,3	40	21,3	112,6
Biomasse	5,5	3,9	73,2	39,5	34,4	156,5
Sonne	0,2	1,2	0,3	3,7	0	5,4
Sonstiges	0,2	0,7	-	7,6	0,1	8,6
Summe	72,5	89,1	311,7	529,8	473,3	1 476,4
DtA-Umweltprogramm (in 1991 Ergänzungsprogramm III)						
Wind	20,1	35,9	89,5	172,3	168,7	486,5
Wasser	2,1	6,8	10,1	19,8	6,7	45,5
Biomasse	6,3[b]	1,2[b]	7,3	20,3	13,2	44,8 (Ist)
Sonne	-	-	0,0	0,8	0,0	0,8
Sonstiges	-	-	0,0	0,0	0,1	0,1
Summe	28,6[b]	43,9[b]	106,9	213,2	188,7	577,7
Gesamtsumme	101,1[b]	133[b]	418,6	743	662	2 054,1

a) Ab 1995: ERP-Umwelt- und Energiesparprogramm
b) Endsumme beinhaltet ca. 3,6 Mio. DM Kreditzusagen im Umweltprogramm, die in 1991 bzw. 1992 nicht voll in Anspruch genommen wurden.

entfällt bisher auf Windkraftanlagen. Seit April 1996 gewährt die DtA im Rahmen des Umweltprogramms zinsgünstige Kredite nicht nur wie davor insbesondere an kleine und mittlere Unternehmen, sondern zusätzlich auch an Privathaushalte, soweit es um e. E. geht, die in privaten Haushalten sinnvoll einsetzbar sind („50 000 Dächer-Solar-Initiative"). Dazu zählt die DtA u.a. Photovoltaikanlagen ab einer installierten Spitzenleistung von 1 kW, Wärmepumpen, Biomasse- und Biogasanlagen. Daneben werden zinsgünstige Kredite auch durch die Kreditanstalt für Wiederaufbau (KfW) für Forschung, Entwicklung und Markteinführung im Rahmen des Innovationsprogramms gewährt.

- *Investitionszuschüsse* gewährt das BMWi seit 1994. Im Jahr 1994 standen 10 Mio. DM für Solarkollektoren, Wind- und Wasserkraftanlagen sowie geothermische Heizanlagen zur Verfügung, womit 3 500 Kollektoren, 15 Windkraftanlagen, 14 Wasserkraftanlagen und ein geothermisches Heizwerk gefördert wurden. Dieses Programm mündete 1995 in ein breiter angelegtes 100 Mio. DM-Förderprogramm für die Jahre 1995-1998.[2] Zusätzlich zu Wind-, Wasser- und Kollektoranlagen werden nunmehr auch Biomasse-

2 Vgl. „Richtlinien zur Förderung von Maßnahmen zur Nutzung erneuerbarer Energien vom 1. August 1995", in: *Bundesanzeiger*, Nr. 149: 8779f.

verbrennungsanlagen, Biogasanlagen, Wärmepumpen und Photovoltaikanlagen („1001-Dächer-Programm") gefördert.

Das Programm richtet sich an natürliche Personen, juristische Personen des privaten Rechts (soweit nicht überwiegend im Eigentum von Gebietskörperschaften) und Personalgesellschaften. Ausgeschlossen sind Hersteller und Elektrizitätsversorgungsunternehmen. Um möglichst zusätzliche Investitionen anzustoßen und Mitnahmeeffekte zu minimieren, wurde die Kumulation mit anderen öffentlichen Zuschüssen oder Zulagen ausgeschlossen, mit einer Ausnahme: Biomasseanlagen. Hier soll eine Kumulation die Erstellung großer und damit in der Regel teurer Anlagen anregen. Es ist vorgesehen, daß etwa 70% der Mittel in den *Wärme*bereich fließen sollen und 30% in den *Strom*bereich und dabei in erster Linie an Photovoltaikanlagen. Gründe dafür sind:

- Wasser und Wind profitieren stark vom Stromeinspeisungsgesetz.[3] Dies gilt nicht für die Photovoltaik, die noch weit von einer Wettbewerbsfähigkeit entfernt ist. Bei Photovoltaik können in einem beispielhaften Zusammenwirken zwischen dem BMWi und BMBF auch Schulen gefördert werden (Programm „Sonne in der Schule"), um die Jugend möglichst frühzeitig mit dieser zukunftsträchtigen Technologie vertraut zu machen.
- Der Wärmemarkt (Solarkollektoren, Wärmepumpen und der Großteil der Biomasse- und Biogasanlagen), für den das StrEG nicht gilt, wird durch Bundeszuschüsse speziell nur durch das „Solarthermie 2000"-Programm des BMBF gefördert, das sich auf Großanlagen von Solarkollektoren konzentriert. Somit bestand im Wärmebereich eine Schwachstelle in der bisherigen Förderung, die das BMWi-Programm beseitigen will, denn dieser Bereich besitzt die größten erschließbaren Potentiale aller erneuerbaren Energien in Deutschland.

Das Programm erfreut sich außerordentlich hoher Resonanz. Bis Mitte August 1996 gingen über 39 000 Anträge ein. Ein finanziell umfangreicher ausgestattetes Programm, so wünschenswert es wäre, wird vom Bund derzeit nicht als finanzierbar angesehen (vgl. Tabelle 18.2).

Ferner hat die Deutsche Bundesstiftung Umwelt für Vorhaben der umweltgerechten Wasserkraftnutzung in den neuen Bundesländern 6 Mio. DM bereitgestellt. Im landwirtschaftlichen Bereich werden Investitionskostenzuschüsse für die Errichtung von Anlagen zur Nutzung erneuerbarer Energien gemäß der Gemeinschaftsaufgabe „Verbesserung der Agrarstruktur und des Küstenschutzes" gewährt.

Für Solaranlagen und Wärmepumpen können seit 1996 *Zulagen* nach dem Eigenheimzulagengesetz[4] in Anspruch genommen werden, und zwar im Jahr

3 Vgl. „Erfahrungsbericht des BMWi zum StrEG vom 18.10.1995", in: BT-Drs. 13/2681.

4 Bundesgesetzblatt, 1995, Teil I: 1783ff.

Tabelle 18.2. 100 Mio. DM-Förderprogramm für erneuerbare Energien des Bundesministeriums für Wirtschaft (1995-1998) (Förderumfang bis Ende 1996)[a]

Anlage	Förderbetrag	Höchstbetrag pro Anlage in DM	Größte Anlage mit Höchstförderung	Kumulationsgrenze DM/kW
Kollektoren				
EFH Warmwasser ≥ 3 m²	1 500 DM	1 500		-
Sonstige: < 3 m² u. ≥ 3 m²				
bis 20 m²	250 DM/m²	5 000	20 m²	
über 20 m²	125 DM/m²	50 000	400 m²	
Erweiterung	150 DM/m²	50 000	rd. 333 m²	
Wärmepumpen	300 DM/kW	20 000	67 kW	-
Wasserkraft				
Neu/Reaktivierung	1 500 DM/kW	200 000	rd. 133 kW	-
Erweiterung	600 DM/kW	200 000	rd. 333 kW	-
Windkraft[b]				
< 1 MW	200 DM/kW	100 000	500 kW	-
≥ 1 MW	200 DM/kW	150 000	1 MW	
Photovoltaik	7 000 DM/kWp	70 000	10 kWp	-
davon Schulprogramm	7 000 DM/kWp	7 000	1 kWp	-
Feste Biomasse	250 DM/kW	200 000	800 kW	500
Biogas	200 DM/m³ Faulraum	200 000	1 000 m³ = 730 GVE (1,37 m³=1 GVE)	-

a) Ab 1.1.1997 wird der Förderumfang möglicherweise geändert.
b) Bei mehreren Anlagen eines Antragstellers oder Windparks gelten Sonderbestimmungen.

der Fertigstellung oder Anschaffung und in den sieben folgenden Jahren (Förderzeitraum).

- Biokraftstoffe, z.B. Biodiesel, sind von der *Mineralölsteuer befreit*, soweit es um reine Kraftstoffe oder ihre Zumischung im Kfz-Tank geht. Im übrigen gelten die Möglichkeiten der *Sonderabschreibung* und des *Sonderausgabenabzugs* in den neuen Bundesländern nach dem „Fördergebietsgesetz" auch für regenerative Anlagen.
- *Bürgschaften* können besonders wirksam sein, wenn für Kredite keine ausreichenden Sicherheiten vorhanden sind und die Kreditvergabe an der Haftungsfrage zu scheitern droht (besondere Risiken können sich z.B. bei Bohrungen zur Erdwärmenutzung in großen Tiefen ergeben). Grundsätzlich bestehen Möglichkeiten der Übernahme von Bürgschaften durch das Bundesministerium für Wirtschaft, wenn es sich um die gewerbliche Wirtschaft handelt.

Zusätzlich zu umfassenden Maßnahmen des Bundes fördern besonders auch die *Bundesländer* und *Elektrizitätsversorgungsunternehmen* die e. E. in unterschiedlichster Weise. Die direkte Förderung des regenerativen Marktes durch die Länder steigt tendenziell an mit deutlichen Schwerpunkten bei Wind, Kollektoren und Biomasse (vgl. Tabellen 18.3, 18.4).

Tabelle 18.3. Haushaltsmittel von Bundesländern zur Förderung der Nutzung erneuerbarer Energien nach Bundesländern in Mio. DM*

	1991	1992	1993	1994	1995	1991-1995
Baden-Württemberg	5,4	13,5	18,9	17,1	21,9	76,8
Bayern	5,3	13,4	13,5	15,3	48,2	95,7
Berlin	3,5	3,6	2,8	3,2	5,2	18,2
Brandenburg	0,0	10,0	11,4	25,7	15,0	62,1
Bremen	0,3	1,3	1,6	1,2	0,6	4,9
Hamburg	1,5	1,5	1,3	0,7	1,6	6,6
Hessen	7,4	12,5	23,3	22,9	22,6	88,7
Mecklenburg-Vorpommern	4,2	7,2	7,3	6,8	8,3	33,8
Niedersachsen	11,7	16,7	31,8	21,2	10,0	91,4
Nordrhein-Westfalen	5,4	14,7	46,5	16,7	30,1	113,5
Rheinland-Pfalz	8,2	7,4	2,5	8,3	6,5	32,8
Saarland	2,6	5,3	4,3	1,0	3,0	16,2
Sachsen	0,8	7,0	12,8	18,8	15,8	55,2
Sachsen-Anhalt	0,5	2,3	10,9	17,0	16,9	47,6
Schleswig-Holstein	12,8	7,6	6,2	6,2	6,6	39,4
Thüringen	0,1	1,9	7,1	7,8	9,2	26,1
Gesamt	**69,7**	**125,8**	**202,1**	**189,8**	**221,6**	**808,9**

Tabelle 18.4. Haushaltsmittel von Bundesländern zur Förderung der Nutzung erneuerbarer Energien nach Förderbereichen in Mio. DM[a]

	1991	1992	1993	1994	1995	1991-1995
Wind	26,9	28,9	72,3	82,8	67,5	278,1
Wasser	7,3	9,0	16,3	11,5	10,7	54,8
Sonnenkollektoren	11,2	34,5	44,0	40,0	51,0	180,7
Photovoltaik	9,7	19,6	16,6	18,6	15,7	80,1
Biomasse	4,4	12,1	34,0	13,8	54,1	118,3
Wärmepumpen	1,9	5,5	3,8	5,2	4,9	21,3
Geothermie	0,9	3,3	4,1	5,3	4,5	18,2
Beratung/Schulung	1,3	1,6	1,1	1,5	1,9	7,4
Sonstige[b]	6,2	11,2	9,9	11,3	11,4	50,0
Gesamt	**69,7**	**125,8**	**202,1**	**189,8**	**221,6**	**808,9**

a) Die Angaben sind das Ergebnis einer Umfrage bei den Wirtschafts- und Energieressorts der Länder. Eine genaue Zuordnung zu den einzelnen Kategorien sowie eine eindeutige Abgrenzung zu dem hier nicht eingeschlossenen Bereich Forschung und Entwicklung (1991-1995 insgesamt um 136 Mio. DM) war nicht immer möglich.

Teilweise wurden Schätzungen in Ansatz gebracht. Auch ist es möglich, daß etwaige Ausgaben anderer Ressorts (z.B. Landwirtschaft, Umwelt) nicht immer mit erfaßt sind. Insoweit *können sich Abweichungen von den tatsächlich eingesetzten Mitteln ergeben*.

b) Den aufgeführten Bereichen nicht zuortbar.

Insgesamt dürften nach den vorliegenden Informationen die unmittelbaren Aufwendungen für e. E. einschließlich der Förderung und Entwicklung (im In- und Ausland) seit der deutschen Wiedervereinigung im Zeitraum von 1991-1995 beim Bund um 1,4 Mrd. DM und bei den Bundesländern insgesamt um 945 Mio. DM betragen haben (davon 1,3 Mrd. DM Forschung, 985 Mio. DM Nutzung).

Stromeinspeisungsgesetz. Im Elektrizitätsbereich hat sich das *Stromeinspeisungsgesetz* (StrEG) vom 7.12.1990[5] vor allem im Bereich der Windenergie als äußerst wirksam herausgestellt. Das Gesetz legt Mindestpreise für die Einspeisung von Strom aus Anlagen auf Basis erneuerbarer Energien in das öffentliche Netz fest, soweit diese Anlagen nicht von Elektrizitätsunternehmen selbst betrieben werden. Diese Mindestpreise liegen in der Regel deutlich über den Vergütungen, die ohne eine gesetzliche Regelung am Markt zu erzielen wären. In der Begründung wurde zwar darauf hingewiesen, daß mit der Einführung einer gesetzlichen Mindestvergütung vom Grundsatz der freien Preisbildung mit kartellrechtlicher Mißbrauchsaufsicht und dem Prinzip der vermiedenen Kosten abgewichen werde. Eine solche Maßnahme müsse in einer marktwirtschaftlichen Ordnung die Ausnahme bleiben. Andererseits wurde aber ausdrücklich festgestellt, daß das StrEG im vorgesehenen Umfang vertretbar und richtig sei, und zwar wegen des energie- und umweltpolitischen Stellenwertes der e. E. und weil es sich um klar abgegrenzte und überschaubare Tatbestände handele, bei denen sich die Auswirkungen auf die verpflichteten Elektrizitätsversorgungsunternehmen im Rahmen des Zumutbaren hielten.

Demgegenüber hat die Elektrizitätswirtschaft auch rechtliche Bedenken gegen das Gesetz geltend gemacht. Sie bemüht sich um eine Entscheidung des Bundesverfassungsgerichts, da sie das Gesetz für eine verfassungswidrige Sonderabgabe hält. Die Bundesregierung teilt diese Auffassung nicht, insbesondere läßt sich die Entscheidung des Bundesverfassungsgerichts (BVerfG) zur Verfassungswidrigkeit der Ausgleichsabgabe nach dem Dritten Verstromungsgesetz nicht auf das StrEG übertragen. Die Entscheidung des Gerichts zum „Kohlepfennig" ist finanzverfassungsrechtlich begründet. Demgegenüber handelt es sich beim StrEG um eine Preisregelung verbunden mit einer Abnahmepflicht. Eine Abgabe wird nach diesem Gesetz gerade nicht erhoben. Derartige Preisregelungen, die es auch in anderen Rechtsbereichen gibt, haben jedoch mit der Finanzverfassung nichts zu tun. Auch ein Grundrechtsverstoß zu Lasten der Versorgungsunternehmen liegt nicht vor. Das BVerfG hat in seinem Beschluß vom 17.1.1996 einen Aussetzungs- und Vorlagebeschluß des Landgerichts Karlsruhe als unzulässig

5 Bundesgesetzblatt, 1990, Teil I: 2633f.

verworfen. Das Landgericht hatte die gesetzliche Verpflichtung zur Abnahme und Mindestvergütung für Strom aus e. E. als verfassungswidrige Sonderabgabe bewertet. Die Entscheidung des BVerfG ist positiv zu bewerten, da es Unsicherheiten bei den Investoren mindert. Zwar handelt es sich um eine Zulässigkeitsentscheidung, die Begründung läßt jedoch die Tendenz erkennen, daß das Gericht das Gesetz nicht als verfassungswidrige Sonderabgabe einstufen, sondern lediglich als Preisregelung prüfen würde. Das Landgericht Karlsruhe hat daraufhin seine Bedenken aufgegeben. Inzwischen ist ein neues Verfahren beim BVerfG anhängig.

In seinem Erfahrungsbericht zum StrEG vom Oktober 1995 (BT-Drs. 13/2681) empfiehlt das BMWi, das Gesetz zunächst unverändert fortzuführen. Das BMWi weist auf die positiven Effekte (insbesondere für die Windkraft) hin und nennt als Problembereiche Mitnahmeeffekte, Förderumfang bei günstigen Windstandorten und einseitige regionale Belastungen. Zum letzten Punkt liegt ein Vorschlag des Bundesrats für eine Änderung des Gesetzes vor.

Internalisierung externer Effekte. Ein wichtiger Schritt, eine marktwirtschaftlich gerechtere Ausgangsposition für den Einsatz erneuerbarer Energien zu schaffen, wäre die verstärkte *Internalisierung externer Effekte* im Energiebereich. Zwar wird über die Erfaßbarkeit und Quantifizierbarkeit solcher nicht in die betriebswirtschaftliche Kostenkalkulation einfließenden, volkswirtschaftlich aber wirksamen Effekte kontrovers debattiert. Fest steht aber, daß der Energiemarkt weitgehend ökologische Kosten nicht widerspiegelt und insoweit ein Wandel angestrebt werden muß. Dabei wird es nicht um bis ins Detail ausgeklügelte Maßnahmen gehen. Solche sind wahrscheinlich nicht einmal möglich angesichts der methodischen Schwierigkeiten, externe Effekte exakt zu identifizieren und zu quantifizieren (vgl. Prognos, 1992). Pauschal wirkende Schritte, wie die differenzierte Besteuerung der Energieträger (z.B. nach ihren Schadstoffemissionen), könnten aber ausreichend praktikabel und wirksam sein und zumindest ökologisch falsche Preissignale korrigieren.

Ein solcher Schritt könnte eine CO_2-/Energiesteuer sein, die von der Europäischen Kommission vorgeschlagen wurde. Bisher gibt es dazu noch deutlich unterschiedliche Standpunkte zwischen den einzelnen Mitgliedstaaten. Die Positionen reichen von einer klaren Ablehnung einer zusätzlichen Steuer über eine 100%ige Energiesteuer bis zu einer reinen CO_2-Steuer. Um zu einem politischen Kompromiß innerhalb der EU zu kommen, hält die Bundesregierung den Vorschlag der Kommission, der eine kombinierte Lösung aus 50% CO_2-Steuer und 50% Energiesteuer vorsieht und dabei die e. E. ausnimmt, für im Grundsatz akzeptabel.

18.5.2 Verbesserung der rechtlichen, administrativen und institutionellen Rahmenbedingungen

Abbau rechtlicher und administrativer Hemmnisse. Neben der Markteinführung und der Verbesserung der Wettbewerbsfähigkeit gilt es, *rechtliche und* *administrative Hürden* zu beseitigen sowie fördernde Impulse durch geeignete rechtliche und administrative Rahmenbedingungen auszulösen. Einige Erfolge wurden hier bereits erzielt, so z.B. im Baurecht, Naturschutzrecht und bei der Honorarordnung für Architekten und Ingenieure (HOAI).

Der bereits erwähnte Gesprächskreis beim Bundesministerium für Wirtschaft hat Ende 1994 auf folgende weitere Möglichkeiten in den Bereichen Energiewirtschaftsrecht, Stromeinspeisung, Bauplanungs- und Bauordnungsrecht sowie beim Natur- und Wasserschutz hingewiesen (vgl. BMWi, 1994e):

- *Energiewirtschaftsrecht*:
  - Abschaffung der Investitionsaufsicht nach § 4 EnWG für Kleinanlagen zur Nutzung e. E.;
  - Freistellung der Betreiber von Anlagen zur Nutzung e. E. von der Genehmigungspflicht nach § 5 EnWG (ggf. mit Leistungsobergrenze);
  - Zulassung der Versorgung benachbarter Abnehmer aus Erzeugungsanlagen für e. E.
- *Stromeinspeisung*:
  - Erhöhung der Transparenz bei der Netzanbindung von Anlagen mit e. E. durch standardisierte Verfahren über eine Vereinbarung der betroffenen Verbände;
  - Prüfung des Regelungsbedarfs bei Zusatz- und Reservestromversorgung von Sondervertragskunden über eine Verbändevereinbarung;
  - Eintreten für eine erleichterte Durchleitungsregelung im Rahmen einer generellen EU-Regelung, weil diese auch den e. E. nützen kann.
- *Bauplanungs- und Bauordnungsrecht*:
  - Einfügung in § 1 BauGB, wonach bei der Bauleitplanung die Belange der Nutzung e. E. generell oder zumindest die Belange der aktiven und passiven Solarenergienutzung zu berücksichtigen sind;
  - Privilegierung von Anlagen zur Nutzung e. E. beim Bauen im Außenbereich (§ 35 Abs. 1 BauGB);
  - Prüfung der bauordnungsrechtlichen Befreiung von noch auszuwählenden Anlagen zur Nutzung e. E. als „verfahrensfreie Vorhaben" oder als Vorhaben mit vereinfachten Verfahren;
  - Prüfung der Verpflichtung zur solaren Brauchwassererwärmung bei Neubauten bzw. zur Installation notwendiger baulicher Voraussetzungen für eine spätere Nutzung.
- *Natur- und Wasserschutz*:
  - Einbeziehen der Vorteile der Nutzung e. E. bei der Novellierung des BNatSchG;
  - Prüfung einer Regelung, wonach Ausgleichs- und Ersatzmaßnahmen für die Nutzung e. E. nach § 8 Abs. 9 BNatSchG in der Regel wegfallen können (insbesondere für Kleinanlagen);
  - Verlängerung der in § 8 Abs. 5 Wasserhaushaltsgesetz normierten Regelobergrenze von 30 Jahren auf 60 Jahre für Wasserrechte zur besseren Investitionsabsicherung von Wasserkraftwerken.

- *sonstige Maßnahmen*:
  - Klarstellung, daß Betriebskostenrechnungen bei der Bewertung von Investitionen für Anlagen zur Nutzung e. E. im Haushaltsrecht voll zu berücksichtigen sind;
  - Überprüfung des Mietrechts, inwieweit die Anwendung e. E. erleichtert werden kann;
  - weitere Änderungen der Handwerksordnung mit dem Ziel der Zulassung größerer gewerkeübergreifender Arbeiten (bei der Installation von Anlagen für e. E. von Vorteil);
  - Beschleunigung und Vereinfachung administrativer Verfahren.

Die Fülle von Anregungen zeigt, was es in einem so differenzierten Gebiet an Regelungen zu überprüfen gilt, die mit finanziellen Zuwendungen nicht unmittelbar etwas zu tun haben. Einige Punkte wurden zwischenzeitlich umgesetzt (z.B. § 35 BauGB) oder in Angriff genommen (z.B. BNatSchG, § 1 BauGB).

Verbesserung institutioneller Gegebenheiten. Der Bereich e. E. ist durch *zahlreiche Aktivitäten* in Forschung, Entwicklung, Demonstration, Markteinführung, Information, Schulung und Fortbildung gekennzeichnet. Eine stärkere *Vernetzung* der verschiedenen Aktivitäten könnte die Arbeitsteilung intensivieren, den Einsatz der Mittel wirkungsvoller machen, zu einer höheren Effizienz im Außenwirtschaftsbereich führen und Doppelaktivitäten vermeiden. Beispiele für Vernetzungsmöglichkeiten sind:

- Intensivere Koordinierung zwischen Forschungsaktivitäten, Entwicklungshilfe und Außenwirtschaftsbemühungen des Bundes und den Exportbemühungen der deutschen Wirtschaft;
- Absprachen zur Förderungs- und Genehmigungspraxis der Bundesländer, um die Investitionsbedingungen stärker zu harmonisieren.

Die EK II schlug vor, einen *Bundesbeauftragten für e. E.* zu benennen. Die „Gruppe Energie 2010“ regte in ihrer Studie „Zukünftige Energiepolitik“ 1995 (vgl. Kap. 26) an, eine ständige *Kommission* auf Bundesebene zu gründen, besetzt mit Vertretern aus Bund, Ländern, Wirtschaft und Umweltverbänden, die Richtlinien für Förderschwerpunkte und -methoden auch für e. E. entwickeln soll.

Nützlich können auch spezielle Ressorts für e. E. in Stadtwerken und Industriebetrieben sowie die Benennung von Energieberatern bei Kommunen sein.

Daten, Standards und Normen. Die Bundesregierung setzt sich für die Verbesserung des statistischen Datenmaterials über e. E. sowie für einheitliche Standards und Normen auch auf Ebene der EU ein. Die Bedeutung solcher Schritte für die Marktentwicklung sollte nicht unterschätzt werden.

18.5.3 Verbesserung der Aus- und Fortbildung

Eine große Anzahl der Akteure - wie Bauplaner, kommunale Beschäftigte, Mitglieder von Gemeinderäten, Architekten, Hausmeister und Installateure - sind häufig nicht in Energiefragen vorgebildet. Unkenntnis und Beurteilungsunsicherheiten verringern oft die Bereitschaft, sich für erneuerbare Energiequellen einzusetzen und sie bei Planungen zu berücksichtigen. Daher fordert und begrüßt die Bundesregierung die

- Verankerung der Behandlung e. E. in Lehrplänen der Bildungsträger, in Lehrmitteln und Lehrbüchern für Ausbildungseinrichtungen sowie vorschulische Einrichtungen;
- Einrichtung von Lehrstühlen für e. E. an den Universitäten und Hochschulen;
- Förderung der Fortbildung von Architekten, Handwerkern, Bauingenieuren, Heizungs- und Lüftungsingenieuren und Installateuren, aber auch von Nutzern und Multiplikatoren wie Hausmeistern, Betriebstechnikern, Energieberatern und Umweltbeauftragten.

18.5.4 Verbesserung von Information und Beratung

Hier besteht wegen der hohen Anzahl anwendbarer Techniken ein erheblicher Bedarf. Die Bundesregierung fördert daher diesen Bereich seit Jahren, insbesondere über die Verbraucherberatungsstellen und BINE (Bürger-Information Neue Energietechniken, Nachwachsende Rohstoffe, Umwelt). Sie fördert Broschüren, Messen, Ausstellungen. Als äußerst attraktiv hat sich dabei die Broschüre des BMWi „Erneuerbare Energien - verstärkt nutzen" herausgestellt, die Anregungen für den Anwender gibt und über das Referat Öffentlichkeitsarbeit kostenlos bezogen werden kann. Für Wohngebäude wurde 1991 eine vom BMWi weitgehend finanzierte bundesweite Vor-Ort-Beratung eingeführt.

18.5.5 Forschung, Entwicklung und Demonstration

Erneuerbare Energien bilden einen Schwerpunkt des Energieforschungsprogramms. Das notwendige qualitative Wachstum verlangt, vorhandene Technologien zu verbessern und neue Technologien zu entwickeln. Dabei ist die für den Marktdurchbruch der e. E. so entscheidende Frage niedriger Kosten auch eine wissenschaftlich-technische Aufgabenstellung. Langfristig geht es auch darum,

> Wirtschaftswachstum und Umweltbelastung zu entkoppeln. Dazu müssen wir wegkommen von der nachgeschalteten Umweltreparatur. Wir müssen Umweltschutz in die Produktion und in die Produkte integrieren. Ein vorsorgender integrierter Umweltschutz kann ein wesentlicher Beitrag zur Versöhnung von Ökologie und Ökonomie sein (BM Dr. Jürgen Rüttgers im Deutschen Bundestag, 21.3.1995).

Seit 1974 wurden vom Bund für Forschung und Entwicklung bei e. E. über 3 Mrd. DM ausgegeben, 1995 rund 190 Mio. DM. Mit Aufwendungen in dieser

Höhe nimmt die Bundesrepublik zusammen mit den USA und Japan weltweit eine herausragende Stellung ein (vgl. Kap. 17).

18.5.6 Verstärkter Einsatz in den Entwicklungsländern

Unter den vielfältigen Ursachen der Unterentwicklung und Umweltzerstörung in den Ländern der Dritten Welt spielt der Mangel an Energie eine entscheidende Rolle. Die Bundesregierung sieht hier eine besondere Verantwortung der Industrieländer, beim Einsatz e. E. zu helfen (vgl. Kap. 19, 20). Sie setzt sich dafür bilateral und international, insbesondere im Forschungs-, Entwicklungs- und Demonstrationsbereich, mit erheblichen finanziellen Mitteln ein (Zusagen bisher über 3 Mrd. DM). Das vom BMZ in 1996 erarbeitete Programm „Zukunftssicherung durch Klimaschutz" (1 Mrd. DM für den ersten Abschnitt von zwei bis drei Jahren) gilt ausdrücklich auch für e. E. Es zielt dabei u.a. darauf ab, Aktivitäten der deutschen Wirtschaft in diesem Bereich zu begleiten und zu flankieren. Export und internationale Zusammenarbeit können mithelfen, die Preise durch höhere Produktion zu senken und damit dem verstärkten Einsatz auch im eigenen Land den Weg zu ebnen.

Viele Entwicklungsländer bieten bessere klimatische Voraussetzungen zur Sonnenenergienutzung als Deutschland sowohl hinsichtlich höherer Gesamteinstrahlung als auch größerer jahreszeitlicher Konstanz. Diese verringert das kritische Speicherproblem.

Der Vorteil der e. E., dezentral genutzt werden zu können, kann sich für die Versorgung ländlicher Gebiete mit Strom besonders segensreich auswirken. Über 2 Mrd. Menschen haben in diesen Gebieten auf absehbare Zeit keinen Zugang zu Stromnetzen. Wenn auch der Bedarf an Strom im Verhältnis zum Brennstoffbedarf relativ gering ist, so geht es bei der Elektrifizierung ländlicher Gebiete nicht nur um Konsuminteressen, sondern um weitreichende entwicklungspolitische Effekte wie Vermittlung von Bildung über Radio und Fernsehen, um Ermöglichung von Abendstudien und die Verbesserung der energetischen Voraussetzungen für Handel und Gewerbe. Letztlich wird damit ein entscheidender Beitrag auch zur Verhinderung von Landflucht und Waldraubbau und zur Verbesserung der Lebensbedingungen, insbesondere von Frauen und Kindern, geleistet.

Der einzige Ausschuß innerhalb der Vereinten Nationen, der sich ausschließlich mit Energiefragen befaßt, der ECOSOC-„Ausschuß für neue und erneuerbare Energiequellen und Energie für Entwicklung", empfiehlt daher (Beschluß vom 17.2.1995),[6] u.a. folgende Initiativen zu ergreifen:

- Da die Situation in ländlichen Gebieten in Entwicklungsländern durch eine verstärkte Zurverfügungstellung von Strom erheblich gefördert werden kann, sollte eine globale Initiative von UNDP, Weltbank, Globale Umweltfazilität (GEF) und anderen interessierten Organisationen mit Unterstützung von Ge-

6 Vgl. Official record of the Economic and Social Council 1995, Supp. 5, E/1995/25V.

berländern zur besseren Versorgung mit Strom aus erneuerbaren Energien (Photovoltaik, Windkraft, Wasserkraft etc.) ergriffen werden, und zwar noch vor dem Jahr 2000.

- Um die Koordination der Energieaktivitäten innerhalb des UN-Systems zu verbessern und Aktionen stärker zu vernetzen, sollte eine Studie in Auftrag gegeben werden, die die Möglichkeiten dazu im einzelnen untersucht, einschließlich der Frage, ob eine eigene neue Institution für diesen Bereich zweckmäßig ist.

Im übrigen empfahl der Expertenausschuß 1996 eine Einladung zu einer VN-Konferenz im Jahre 2001 zum Thema „Energie für das 21. Jahrhundert". Das Datum wurde bewußt im Hinblick auf das 20jährige Jubiläum der VN-Konferenz in Nairobi (vgl. 18.1) gewählt. Hier werden interessante Ansätze für neue Schritte mit weltweiter Wirkung aufgezeigt.

18.6 Schlußbemerkung

Je früher die Energienachfrage gedämpft, je rationeller Energie verwendet wird und je schneller CO_2-freie und -arme Energieträger die Weltmärkte durchdringen, „um so erträglicher wird das 21. Jahrhundert für die heranwachsenden Generationen werden" (vgl. Brendow, 1992: 525). Das zweite Solarzeitalter ist nicht nur notwendig (vgl. Kap. 3), wir müssen ihm auch unverzüglich den Weg ebnen. Verantwortlich dafür sind wir alle. Verantwortlich ist man aber nicht nur für das, was man tut, sondern auch für das, was man nicht tut.

19 Förderung der deutschen Entwicklungszusammenarbeit für erneuerbare Energien

Holger Liptow

19.1 Einleitung

Erneuerbare Energiequellen - Biomasse, Solarenergie, Kleinwasserkraft und Windenergie - befriedigen die energetischen Grundbedürfnisse von zwei Milliarden Menschen vor allem in ländlichen Gebieten der Entwicklungsländer. Um die bedürfnisorientierte und effiziente Nutzung der regenerativen Energiequellen (REG) der ländlichen Bevölkerung verstärkt zu ermöglichen, fördert die deutsche Entwicklungszusammenarbeit (EZ) die dezentrale Energieversorgung seit 20 Jahren. Die unterstützten Programme und Projekte fügen sich in die Förderung des Energiesektors ein, der ein Schwerpunkt der EZ ist.

Während sich die technische Zusammenarbeit (TZ) auf die dezentrale Anwendung der REG konzentrierte, wurde über die finanzielle Zusammenarbeit (FZ) vor allem die Errichtung von Großwasserkraftanlagen zur zentralen Versorgung unterstützt.

Dieser Beitrag gibt einen Überblick über die Förderschwerpunkte und die Programme des Bundesministeriums für wirtschaftliche Zusammenarbeit und Entwicklung (BMZ) seit Anfang der 70er Jahre und betont die REG-Nutzung für die dezentrale Energieversorgung in Entwicklungsländern.

19.2 Der Energiesektor in Entwicklungsländern

19.2.1 Energiewirtschaftliche Rahmenbedingungen

Der Preis für ein Faß Rohöl stieg - inflationsbereinigt - durch die Ölpreiskrisen in den 70er Jahren von seinem historischen Tiefststand 1970 bis auf sein bisheriges Hoch im Jahre 1982 um mehr als 600% an. Die Ölpreisschocks intensivierten die Diskussion über die Grenzen des Wachstums, und es drang ins öffentliche Bewußtsein, daß die fossilen Energievorkommen, wie andere Rohstoffe auch, eines Tages erschöpft sind. Um der Abhängigkeit von Ölförderländern - insbesondere des Mittleren Ostens - und dem scheinbar bedrohlichen Ende der Ausbeutung der fossilen Energieträger entgegenzuwirken, entschied man damals, heimische Energieressourcen und die Nutzung alternativer Energiequellen (in Entwicklungsländern erneuerbare Energieträger und in OECD-Ländern Kernenergie) zu fördern sowie die Energieverschwendung einzudämmen. Die nationalen und internationalen Förderprogramme für alternative Energiequellen waren Ausdruck der Skepsis gegenüber Marktmechanismen. Diesen traute man nicht zu, neue Formen der Energienutzung den steigenden Preisen der erschöpflichen Energieträger in kurzer Zeit entgegenzustellen und zum Durchbruch zu verhelfen.

Aber die Ölpreise fielen wieder; gegenwärtig liegt der Rohölpreis auf dem Durchschnittswert der letzten 100 Jahre, bei ca. 15 US $ pro Faß.[1] Dramatische Steigerungen werden nicht erwartet. Zudem wurden weitere Reserven von Erdöl, Erdgas und Kohle entdeckt. Insofern hat die Begrenztheit der fossilen Energieressourcen heute kaum Einfluß auf aktuelle energiepolitische Entscheidungen (IEA/OECD, 1994: 285). Diese werden gegenwärtig maßgeblich von den Zielen nachhaltiger wirtschaftlicher Entwicklung und der Notwendigkeit umwelt- und klimaschonender Energienutzung bestimmt. Und so gilt es wieder, wie in den 70er und frühen 80er Jahren, die regenerativen Energiequellen verstärkt ins Kalkül zu ziehen.

19.2.2 Merkmale des Energiesektors

In den Entwicklungsländern erfaßte man in den 70er Jahren nur für die elektrische Energie und die Flüssigtreibstoffe das Energieangebot und den Verbrauch. Der Brennstoff Holz, wichtigster Energieträger für 90% der Bevölkerung in manchen Entwicklungsländern, fand damals im Energiesektor ebensowenig Aufmerksamkeit wie der Energiebedarf der ländlichen Haushalte. Da die Biomasse auf dem Lande in der Regel für den Eigenverbrauch gesammelt und in den Städten im informellen Sektor gehandelt wird, ist sie statistischer Erfassung schwer zugänglich. Die dezentrale Energieversorgung war aus Sicht der Betreiber konventioneller Systeme kommerziell unattraktiv, denn die ländliche Bevölkerung verfügt nur über eine minimale Kaufkraft. So ist es nicht verwunderlich, daß in ländlichen Gebieten „durch Verbrennen von Holz, Ernterückständen und Dung sowie dem Einsatz von Zugtieren bis zu zehnmal mehr Energie um(ge)setzt (wird), als in der Form kommerzieller Energieträger wie Erdölprodukte, Gas und Elektrizität" (BMZ, 1983: 9).

Wie in den Industrieländern werden die Städte und großen Ballungsräume der Entwicklungsländer - in Schwellenländern zunehmend auch ländliche Gebiete - mit Strom aus Großkraftwerken, betrieben mit Wasserkraft, Kohle, Erdgas oder Erdöl, versorgt. Erdöl und Erdgas dienen auch der Industrie und dem Verkehr als Brenn- und Treibstoff.

---

1 „Öl ist heute so teuer wie im Durchschnitt der letzten 100 Jahre", *Frankfurter Allgemeine Zeitung* (21.9.1995): 21

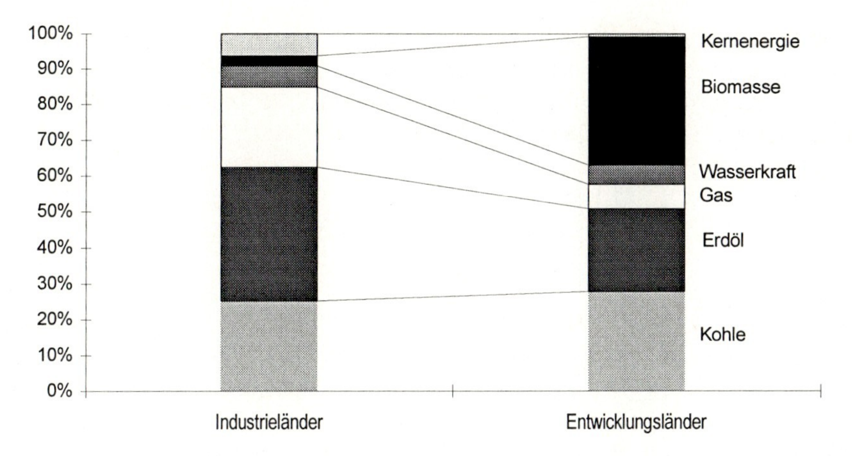

Abb. 19.1. Energieträgerstruktur 1987 (Grafik erstellt auf der Grundlage der Tabelle „Primary Energy Consumption by Fuel 1987“ in: BP, 1988: 33)

Abb. 19.1 unterstreicht den weltweit dominierenden Anteil der konventionellen Energieträger, veranschaulicht aber auch die bedeutende Rolle der Biomasse in den Entwicklungsländern. Ihr Anteil am Gesamtverbrauch kann, insbesondere in einzelnen Ländern Afrikas, den Durchschnittswert weit überschreiten und mehr als 80% betragen.

Während traditionelle Energieträger in den Industrieländern unbedeutend sind, ist der Unterschied beim Pro-Kopf-Verbrauch der kommerziellen Energieträger zwischen hochindustrialisierten Ländern, wie z.B. Deutschland, und sehr armen Ländern, z.B. Tansania, in den letzten 30 Jahren beträchtlich gewachsen (Abb. 19.2). Die sich industrialisierenden Länder Asiens verzeichneten zwar hohe Zuwachsraten des Energieverbrauchs, aber in Lateinamerika charakterisieren eher gebremstes Wachstum und in Afrika Wachstumsschwankungen auf niedrigem Niveau den Trend.

Die Ölpreiserhöhungen änderten an der Energieträgerstruktur wenig, ließen aber den Devisenbedarf der ölimportierenden Länder sprunghaft steigen und trieben etliche Länder in die Überschuldung. Sie konnten nicht mehr hoffen, durch billiges Öl die Energieengpässe zu überwinden, um die ökonomische und soziale Entwicklung zu forcieren. Manche der scheinbaren Gewinner der hohen Ölpreise, die ölexportierenden Entwicklungsländer, wie z.B. Mexiko, Venezuela oder Nigeria, überschuldeten sich ebenfalls, denn sie überschätzten ihre künftigen Einnahmen und verwendeten international billig angebotenes Kapital für unrentable Investitionen und konsumtive Ausgaben.

Am stärksten war die ländliche Bevölkerung der armen ölimportierenden Länder von der schlechten Wirtschaftsentwicklung dort betroffen, wo bereits vor 1973 der Brennstoff Holz knapp wurde. Denn es gab kein billiges Erdöl mehr, um die Brennholzversorgung, z.B. durch Kerosin, zu entlasten; und so setzte sich die „zweite Energiekrise“, die Brennholzkrise, fort, die zeitlich vor der ersten begonnen hatte und bis heute anhält.

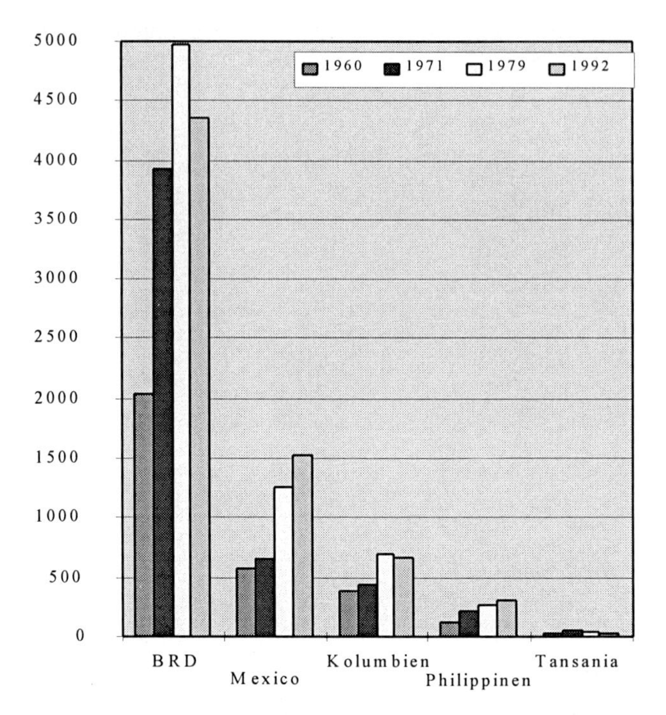

Abb. 19.2. Kommerzieller Energieverbrauch pro Kopf in kg-Öleinheiten (Quelle: Weltbank, 1980; World Bank, 1994)

Die Brennholzkrise wird durch die Übernutzung bewaldeter oder mit Buschwerk bewachsener Flächen hervorgerufen. Sichtbarer Ausdruck der Übernutzung sind erodierte Böden. Brandrodung und Abholzung für Landnutzung, Überweidung, Holzeinschlag zur Nutzholzgewinnung, Buschfeuer sowie der Holz- und Holzkohlebedarf der Städte - kaum der eigene Bedarf - zwingt die ländliche Bevölkerung bereits vielerorts, auf landwirtschaftliche Reststoffe und getrockneten Dung als Brennmaterial auszuweichen. Frauen und Kinder, die Brennholzbeschaffer, verfügen kaum über die Werkzeuge, um Bäume zu schlagen; sie sammeln Äste und Zweige. Generell ist daher die wachsende ländliche Bevölkerung gezwungen, immer sorgfältiger mit den knapper werdenden traditionellen Energieressourcen umzugehen, zumal deren Beschaffung immer aufwendiger wird.

Ein Charakteristikum der kommerziellen Energieversorgung vieler Entwicklungsländer sind die staatlichen Elektrizitätsversorgungsunternehmen, die ihre Versorgungsleistungen nur mangelhaft erbringen, weil die gewaltigen Investitionen in zentrale Energieversorgungsanlagen zunehmend auf Finanzierungsschwierigkeiten stoßen - bei bereits hohem Verschuldungsniveau der Länder. Aber nicht nur fehlende Kraftwerke und unzureichende elektrische Netze - in etlichen Ländern findet man sogar durch Planungsfehler und Korruption Überkapazitäten - sondern auch Mißmanagement, langfristige Subventionen für Energiepreise sowie mangelnde kommerzielle Orientierung von Versorgungsbetrieben verhindern, daß genügend elektrische Energie für die wirtschaftliche Entwicklung bereitsteht (World Bank, 1994; Schramm, 1994: 53ff.).

19.3 Förderstrategien der Bundesregierung

19.3.1 Energiesektorkonzept

Die oben skizzierten energiepolitischen und energiewirtschaftlichen Rahmenbedingungen in den Entwicklungsländern spiegeln sich in der Förderpolitik der Bundesregierung wider. Seit Beginn der entwicklungspolitischen Zusammenarbeit hat sie die Förderung des Energiesektors in Entwicklungsländern als prioritär angesehen, denn nach ihrer Auffassung ist „die Verfügbarkeit von Energie (...) eine Grundvoraussetzung für den Entwicklungsprozeß“ (BMZ, 1983: 5). Die Förderung auf dem Gebiet der Energie, die gleichberechtigt neben der Ernährungssicherung und ländlichen Entwicklung, dem Schutz der Umwelt, der Förderung des Bildungswesens und der Bevölkerungspolitik steht, soll einen Beitrag zur wirtschaftlichen und sicheren Energieversorgung der Entwicklungsländer leisten (BMZ, 1986: 26ff.). Entsprechend den entwicklungspolitischen Grundlinien soll die fachliche Ausrichtung der Programme und Projekte vom vorrangigen Ziel der Bekämpfung der absoluten Armut entscheidend geprägt sein.

Die mittel- und langfristigen Ziele des „Programms der Bundesregierung für die Zusammenarbeit mit Entwicklungsländern auf dem Gebiet der Energie“ hat die Bundesregierung 1983 festgelegt (BMZ, 1983: 25f.):

1. (Umweltschonende)[2] Deckung des Energiegrundbedarfs zur Verbesserung der Lebensbedingungen;
2. Sicherstellung einer angemessenen und nachhaltigen Wirtschaftsentwicklung;
3. Stärkung der technologischen Leistungsfähigkeit der Entwicklungsländer auf dem Energiesektor;
4. Abbau der Abhängigkeit der Entwicklungsländer von importierten Energieträgern.

Die Ziele blieben bis heute unverändert, jedoch unterliegen Projekte und Programme zunehmend den Kriterien der Umweltverträglichkeit, der Beteiligung des privaten Sektors und der betriebswirtschaftlichen Nachhaltigkeit. Im Rahmen des Politikdialogs fordert man von den Partnerregierungen vermehrt solche Rahmenbedingungen ein, die Energiepreise zulassen, die die Gesamtkosten der Energiebereitstellung einschließlich der Umweltkosten decken. Vorhaben sollen einhergehen mit einer ökologisch langfristig tragfähigen wirtschaftlichen Entwicklung und mit sozialer Gerechtigkeit.

2 Der Begriff „umweltschonend“ wird seit 1986 bei der Nennung der Ziele hinzugefügt.

19.3.2 Förderungsschwerpunkte bis zur zweiten Ölpreiskrise

Der Energiesektor wurde erstmals 1956 mit einem Projekt zur Nutzung erneuerbarer Energiequellen, nämlich der „Beratung des Hochdruckwasserkraftwerkes Mahipur" in Afghanistan, unterstützt. Bis 1975 konzentrierte sich die technische und finanzielle Zusammenarbeit im Energiesektor ausschließlich auf folgende Projekttypen zur Verbesserung der konventionellen Energieversorgung:

- Untersuchungen und Ausbau von Lagerstätten fossiler Energieträger, insbesondere Kohle, und
- Planung und Bau von Kraftwerken und Netzen für die zentrale Stromversorgung - einschließlich der Förderung für das Kernkraftwerk Atucha in Argentinien (1967, 100 Mio. DM).[3]

Darüber hinaus wurde in Energiesektorplanungen der Strombedarf prognostiziert und der Kraftwerks- und Netzausbau technisch-wirtschaftlich optimiert.

Derartige Projekte wurden nach dem ersten Ölpreisschock zwar kontinuierlich weiter gefördert, doch veranlaßte dieser die Bundesregierung auch Biomasse, Solarenergie, Windenergie und Kleinwasserkraft als förderungswürdige Energiequellen zu akzeptieren. Die Befürchtung einer Verknappung der Energierohstoffe mobilisierte den Forschergeist in den Industrieländern, um nach Alternativen für die Nutzung fossiler Energieträger zu suchen, Zuhause und in der Dritten Welt.

Um Techniken zur REG-Nutzung anbieten zu können, entwickelten, adaptierten und erprobten entsandte Ingenieure in Entwicklungsländern in den Projekten der technischen Zusammenarbeit neue Energiegewinnungs- und -nutzungssysteme. Solare Meerwasser-Entsalzungsanlagen, solare Hauskühlungssysteme, neue Biogasanlagetypen, einfache Regler für Kleinwasserkraftanlagen, Pyrolyse-Generatoren und solares Kochgerät[4] sollten helfen, vom Öl wegzukommen.

Die begrenzten Wirkungen vieler dieser Forschungs- und Technologieentwicklungsprojekte für die Hauptadressaten der EZ, der armen ländlichen Bevölkerung, wurden bald erkannt. Die pilothaft installierten Systeme konnten nicht so schnell wie erhofft zur technischen Reife gebracht werden und überzeugten daher nicht die potentiellen Nutzergruppen. Stärker noch wog, daß die neuen Techniken weder auf die primären Energiebedürfnisse der ländlichen Bevölkerung abgestimmt waren noch ihrer Kaufkraft entsprachen.

19.3.3 Dezentrale Energieversorgung

Zielsetzung im Sonderenergieprogramm. Der zweite Ölpreisschock steigerte zunächst die Hoffnungen, daß durch die verstärkte Nutzung erneuerbarer Ener-

3 In ihrem Energieprogramm legte die Bundesregierung fest, daß mit EZ im Bereich kerntechnischer Anlagen keine Unterstützung mehr erfolgen soll (BMZ, 1983: 60).

4 Preisgünstiges solares Kochgerät ist bis heute noch nicht verbreitet worden; die GTZ bereitete Ende 1995 im Auftrage des BMZ ein überregionales Projekt zu Solarkochgeräten vor.

giequellen die Devisenbilanz der ölimportierenden Länder entlastet würde. Diese Hoffnung war so überzogen wie der Glaube, daß die Förderung einzelner Technikentwicklungen zu einer grundlegend verbesserten Energieversorgung in den Entwicklungsländern führen würde.

Die Bundesregierung entschloß sich - nach internationaler Abstimmung auf den Weltwirtschaftsgipfeln von Bonn (1978) und Tokio (1979) - ein Sonderenergieprogramm (SEP) aufzulegen, um die Nutzung von erneuerbaren Energiequellen in Entwicklungsländern zur dezentralen Versorgung gebündelt zu fördern. Seine programmübergreifende Zielsetzung war anspruchsvoll und wurde erst im Verlauf der Durchführung des SEP klar formuliert[5]:

> Verbesserung der Energieversorgung in Entwicklungsländern durch die Erschließung und wirtschaftliche Nutzung örtlich verfügbarer, erneuerbarer Energiequellen und durch sparsame Energieverwendung (GTZ, 1995a: 8).

Dieses Ziel sollte beitragen zur:

a) Verbesserung der Lebens- und Wohnverhältnisse, insbesondere in ländlichen Gebieten;
b) Verbesserung der Beschäftigungs- und Einkommensverhältnisse, insbesondere durch örtliche Produktion, Vermarktung und Wartung von Anlagen und Geräten zur Nutzung erneuerbarer Energien;
c) Verringerung der Abhängigkeit der Entwicklungsländer von importierten Energieträgern (insbesondere Erdöl und Erdölprodukte);
d) Schonung des Potentials an erschöpflichen Energiequellen (insbesondere Erdöl, Erdgas, Kohle) des jeweiligen Entwicklungslandes;[6]
e) Erhaltung der natürlichen Umwelt (GTZ, 1995a: 8).

Die Oberziele a) b) und e) hatten eher entwicklungspolitischen Charakter und sind der Grundbedürfnissicherung, Kleingewerbeförderung und Umweltverbesserung zuzuordnen. Sie gehen auf die Herausforderungen der Brennholzkrise ein und berücksichtigen die begrenzten Möglichkeiten, die die ländliche Bevölkerung hat, ihren Energiebedarf durch kommerzielle Energieträger zu befriedigen. Hingegen waren die Oberziele c) und d) primär energiepolitisch ausgerichtet. Als das SEP konzipiert wurde, waren sie eine Reaktion auf die Auswirkungen der Ölpreiskrisen in den Partnerländern (GTZ, 1995a: 9).

Die Streichung des Oberziels c) für das SEP war 1989 offensichtlich die Konsequenz aus den gefallenen Ölpreisen, aber auch der Reflex darauf, daß die verstärkte Nutzung von REG kein Ersatz für fossile Energieträger sein kann, sondern nur komplementär oder additiv zu sehen ist. Es blieb also mit der angestrebten „Schonung des Potentials an erschöpflichen Energiequellen (insbesondere Erdöl, Erdgas, Kohle)“ nur noch *eine* Zielsetzung übrig, die Anlaß für das

---

5 Zielvorgaben existierten in den Anfangsjahren nur für die einzelnen Länderprogramme, die allerdings recht heterogen waren (Borrmann/Leutwiler/Spitzer, 1990).

6 Gemeint war in Wirklichkeit die *globale* Entlastung der erschöpfbaren Energievorräte, denn von zwei Ausnahmen abgesehen verfügten die SEP-Länder über keine nennenswerten fossilen Energiereserven (GTZ, 1995a: 9).

SEP war. Deren Berechtigung kann aber in Anbetracht der in 18.2.1 dargestellten Erkenntnis, daß die Begrenztheit der fossilen Energiereserven für aktuelle Planungshorizonte unbedeutend ist, in Zweifel gezogen werden. So gesehen war die bereits 1988 getroffene Entscheidung des BMZ, keine neuen SEP-Länderprogramme mehr aufzunehmen, energiepolitisch gerechtfertigt (GTZ, 1995a: 9).

Umsetzung. Im SEP wurden zunächst technische Alternativen zur Energieversorgung ländlicher Räume analysiert. Durch Forschung, Entwicklung und Anpassung sammelte man konkrete Erfahrungen für die technisch-wirtschaftliche Realisierbarkeit und zur sozialen Akzeptanz, die dann in Demonstrationsvorhaben getestet wurden. Diese Ergebnisse dienten der Vorbereitung und schließlich der Durchführung von kommerziellen, selbsttragenden Verbreitungsmaßnahmen von dezentralen Energiesystemen, die heute im Mittelpunkt der Förderung zur REG-Nutzung stehen. Tragendes Element der Entwicklungen der verschiedensten technischen Systeme war der Auf- und Ausbau der personellen Kapazitäten in den Partnerinstitutionen, seien es Ministerien, Energieforschungsinstitute, regionale Entwicklungsgesellschaften und -behörden oder staatliche Energieversorgungsunternehmen. Aber auch Fachkräfte in privaten Unternehmen sowie selbständige Handwerker in Dörfern konnten sich im Rahmen der Projekte qualifizieren, um REG-Systeme bedarfsgerecht auszulegen, herzustellen, zu warten und zu reparieren.

Ab 1980 plante die GTZ im Auftrag des BMZ Länderprogramme des SEP und realisierte sie ab 1982 in 18 Ländern.[7] Das SEP war kein klar umrissenes Finanzierungsprogramm, sondern wurde ab Mitte der 80er Jahre als Sammelbegriff aller Fördermaßnahmen der dezentralen Energieversorgung verstanden. „Es umfaßte seitdem nicht nur die verschiedenen Länderprogramme, sondern auch ein überregionales Programm zur rationellen Energieverwendung (REV), überregionale Anpassungs- und Verbreitungsprogramme (z.B. zur Kleinwasserkraft- und zur Biogasnutzung) sowie technologieorientierte Einzelvorhaben, die alle über unterschiedliche Konzepte verfügten“ (GTZ, 1995a: 2).

Obwohl noch einige Länderprogramme laufen, die im Rahmen des SEP begannen, aber inzwischen keine Sonderfinanzierung mehr erfahren, sondern aus bilateralen Ländermitteln bestritten werden, gilt das SEP als abgeschlossen. Ungeachtet dessen werden andere Projekte und Programme zur REG-Förderung als Sektorvorhaben oder Vorhaben der bilateralen Zusammenarbeit weitergeführt und auch neu aufgenommen.

Von 1974 bis 1994 wurden Projekte der TZ zur Förderung erneuerbarer Energiequellen in über 30 Entwicklungsländern mit einem Fördervolumen von 499 Mio. DM unterstützt; davon 54% für Solarenergie, hauptsächlich photovol-

7 Länderprogramme: Bolivien, Burkina Faso, Burundi, China, Guinea, Kenia, Kolumbien, *Madagaskar*, Mali, *Marokko*, *Niger*, Peru, *Philippinen*, Ruanda, Senegal, Sudan, Tansania, *Tunesien* (*kursiv* geschriebene waren 1995 noch in der Durchführung).

taische Anwendungen, 25% für Biomasse, 15% für Kleinwasserkraft und 6% für Windenergie (interne Aufstellung der GTZ).

19.3.4 Förderung von erneuerbaren Energiequellen in der finanziellen Zusammenarbeit

Großwasserkraft. Während die im Rahmen der TZ geförderten REG-Systeme der dezentralen Versorgung dienen, hat die FZ nahezu nur Planung und Bau von Großwasserkraftanlagen unterstützt, die in die zentrale Stromversorgung eingebunden wurden.

Seit den Ölpreiskrisen und stärker noch durch wachsende Umweltprobleme ist die Wasserkraftnutzung zunehmend attraktiver geworden. Lokale Luftverschmutzung in den Ballungsgebieten zwingen die Entwicklungsländer, in ihren thermischen Kraftwerken fossile Energieträger wesentlich effizienter einzusetzen und die Wasserkraft stärker auszubauen. Hinzu kommt der Klimaschutz. Aber drei Hemmnisse beeinträchtigen die Großwasserkraft-Nutzung:

1. Die spezifischen Investitionskosten von großen Wasserkraftwerken sind im Durchschnitt doppelt so hoch wie bei Wärmekraftwerken und erschweren dadurch erheblich die Finanzierung.
2. Durch den Bau von großen Stauseen müssen Menschen umgesiedelt werden, was sozial äußerst konfliktbeladen ist.
3. Stauseen führen zu möglichen unerwünschten Langzeitwirkungen und bedeuten erhebliche Eingriffe in gewachsene Ökosysteme.

Alle diese Aspekte trugen dazu bei, daß die Weltbank und die Bundesregierung die in Aussicht gestellte Finanzierung für das Wasserkraftwerk Arun III (400 MW) in Nepal nicht gewährten. Nepalesische Nichtregierungsorganisationen hatten ihren Einspruch beim Umweltausschuß der Weltbank 1995 durchsetzen können und darauf hingewiesen, daß mehrere kleinere Wasserkraftanlagen für Nepal günstiger wären als dieses Großkraftwerk.

Die Großwasserkraft wird von der Bundesregierung am stärksten von allen erneuerbaren Energiequellen gefördert. Sie machte von 1980 bis 1993 Zusagen zu Großwasserkraft-Projekten in Höhe von 3 896 Mio. DM, was 22% der Gesamtzusagen für den Energiesektor entsprach.

Windgeneratoren zur Netzeinspeisung. Die Erprobung größerer Windkraftanlagen im Leistungsbereich oberhalb 50 kW ergänzte ab 1984 die REG-Förderung, die oben als SEP skizziert wurde. Durch Mittel des damaligen BMFT und des BMZ finanzierte die KfW ca. 50 Windkraftanlagen, die in sieben Windparks in regionale Netze einspeisten und damit die Stromerzeugung aus Dieselanlagen entlasteten.

So konnte nachgewiesen werden, daß durch die Kostendegression der letzten Jahre große Windkraftanlagen in Entwicklungsländern wirtschaftlich vorteilhaft sind. Jedoch muß der Standort über ein entsprechend günstiges Windregime, also eine durchschnittlich hohe Windgeschwindigkeit, verfügen und die Zusammenfassung in Windparks mit einer installierten Leistung von mindestens 2 MW für vertretbare Wartungskosten sorgen.

19.4 Erneuerbare Energien für die dezentrale Energieversorgung[8]

19.4.1 Biomasse

Holz und Holzkohle. Einerseits ist Holz als regenerierbarer Brennstoff umweltfreundlich, wenn er nachhaltig genutzt wird. Zudem bietet das offene Feuer Licht und Wärme und zieht so die Menschen an. Andererseits ist aber die Verbrennung von Holz in Kochstellen, die nur aus drei Steinen bestehen, mit Rauchentwicklung und Verbrennungsgefahr, insbesondere für Frauen und Kinder, verbunden und gefährdet damit deren Gesundheit. Energetisch betrachtet haben schlechte Kochstellen einen Brennstoffverbrauch, der höheren zeitlichen Aufwand von Frauen und Kindern für das Holzsammeln erfordert, als wenn energiesparend gekocht würde. Bei Restaurants, Krankenhäusern, Kasernen und in den Großküchen anderer Institutionen klagen die Administrationen über hohe Ausgaben für Holz, vor allem wenn es ineffizient genutzt wird.

Durch das rasche Wachstum der städtischen Bevölkerung ist die Kochenergieversorgung der Niedrigeinkommensgruppen, die auf Holz oder Holzkohle angewiesen sind, oft dramatischer als auf dem Lande, denn sie können kein Holz mehr sammeln. So kostet städtischen Haushalten oft der Brennstoff unter dem Topf mehr als die Nahrung im Topf. Von dieser Problemlage ausgehend, erfolgten die Planungen von Projekten zur Haushaltsenergieversorgung (GTZ, 1982).

Verbreitungsprogramme für brennholzsparende Haushalts- und Großküchenherde, die Teil der Länderprogramme des SEP waren, die in Projekte zur Frauenförderung und der ländlichen Regionalentwicklung integriert oder als Einzelvorhaben zur Haushaltenergieversorgung durchgeführt werden, richten sich vornehmlich an Frauen, die überwiegend für die Brennholzbeschaffung und die Nahrungszubereitung zuständig sind. Die Herde wurden sowohl kommerziell als auch durch Selbstbau erfolgreich verbreitet.

Ziel der Unterstützung von Verbreitungsprogrammen ist es immer, selbsttragende Prozesse in Gang zu bringen, so daß über das Förderungsende hinaus viele Nutzer erreicht werden. Um so bemerkenswerter ist es, daß bereits während der Laufzeiten der verschiedenen Projekte insgesamt mehr als 500 000 neue

8 Die nachfolgende komprimierte Darstellung der Erfahrungen mit REG-Systemen kann nur schlaglichtartig die wichtigsten Ergebnisse der Förderung zur dezentralen Energieversorgung der technischen Zusammenarbeit beleuchten. Spezielle Erfahrungen sind in den zahlreichen Evaluierungsberichten der einzelnen Projekte nachzulesen. Soweit die Ergebnisse veröffentlicht wurden, erfolgen entsprechende Literaturhinweise.

Herde zu den Zielgruppen gelangten. Mit den Lehm-, Metall- und Keramikherden, die in den Projekten jeweils landesspezifisch entwickelt wurden, spart man in der Praxis bis zu 50% Brennmaterial und reduziert die Rauchentwicklung um fast 60%. In Tansania werden z.B. durch die verbreiteten Großküchenherde ca. 1 000 t Rundholz pro Monat weniger verbrannt. Da in den dortigen dichter besiedelten Gebieten der Baumbestand nicht nachhaltig bewirtschaftet wird, werden somit pro Jahr ca. 30 000 t CO_2 weniger emittiert (BMZ, 1992: 33).

Die verbreiteten energiesparenden Herde hatten tiefgreifende soziale Wirkungen: Zeitersparnis und Arbeitserleichterung gestatten es den Frauen, andere produktive Tätigkeiten und aufklärerische, zukunftsgerichtete Ideen aufzunehmen und umzusetzen (z.B. Erlernen neuer landwirtschaftlicher Produktionstechniken, verstärkte Alphabetisierung, Besuch von Fortbildungskursen; GTZ, 1995a: 13). Integrierter Bestandteil dieser Projekte war die Kleingewerbeförderung. Produktions- und Vertriebskomponenten für Herde wurden im informellen Sektor angesiedelt. Schmiede, Kleinhändler und Produzenten profitierten, in dem bei ihnen neue Arbeitsplätze und zusätzliche Verdienstmöglichkeiten geschaffen wurden.

Holzkohleherstellung. Bei der Holzkohlenutzung bestimmt sich der Gesamtnutzungsgrad nicht nur durch die technische Effizienz des Herdes, sondern maßgeblich auch durch die des Verkohlungsprozesses im Meiler. Ergänzend zu den Herdprojekten wurde deshalb ein Holzkohlemeiler entwickelt, der wesentlich effizienter als der übliche Erdmeiler ist. Er wurde in Demonstrations- und Pilotmaßnahmen erprobt (GTZ, 1995a: 13). Dieser Backsteinmeiler kam zwar in verschiedenen afrikanischen Staaten erfolgreich zum Einsatz, konnte sich bei den Köhlern, die nicht selten illegal Holzkohle herstellen, aber nicht durchsetzen. Zudem sind die Köhler häufig von Zwischenhändlern abhängig, die so niedrige Preise zahlen, daß Mittel für die Backsteinbeschaffung nicht aufgebracht werden können. Mit offiziellen Förderprogrammen in die komplexen ökonomischen und sozialen Strukturen der Holzkohleherstellung und des -handels einzudringen, ist äußerst delikat, wenn nicht unmöglich, denn das lukrative Geschäft mit diesem problematischen Brennstoff wird bis in höchste Regierungskreise betrieben. Ausländische Intervention wirkt störend.

Biogas. Erfahrungen mit der Verbreitung der Biogasnutzung bestehen durch die direkte Förderung von mehr als 2 000 Biogasanlagen, zumeist kleinere Anlagen für Kochenergie in ländlichen Familienbetrieben, die mittleren oder höheren Einkommensgruppen zuzurechnen sind. Zunächst war überwiegend in den Projekten an der Lösung technischer Probleme gearbeitet worden, also welcher Anlagentyp ist der geeignetste, wie kann er optimiert werden, welche Baumaterialien setzt man ein, welcher Biogasbrenner ist vor Ort der geeignetste und dgl. mehr. Seit Mitte der 80er Jahre standen verstärkt sozio-ökonomische und soziokulturelle Verbreitungsfragen im Mittelpunkt der Zusammenarbeit. Ausschlaggebend für einen nachhaltigen Verbreitungserfolg sind danach:

- Vorstudien zur sozialen Akzeptanz und Wirtschaftlichkeit der Technologie,

- gesicherte Aussagen zum quantitativen und zeitlichen Anfall der menschlichen und tierischen Exkremente und sonstiger Biomasse,
- gute Ausbildung von lokalen Handwerkern,
- Installierung eines kompetenten Wartungsdienstes,
- angemessene Finanzierungskonzepte und
- Einbindung der Biogasanlage in ein Gesamtkonzept zur Gas- und Faulschlammnutzung beim Nutzer (GTZ, 1995a: 13).

Kleinunternehmer, die Biogasanlagen errichten und deren Wartung und Reparatur sicherstellen und so ihre Existenz bestreiten, sind der beste Indikator für den Verbreitungserfolg dieser Technik. So konkurrieren beispielsweise in Arusha, Tansania, schon zwei Unternehmen miteinander.

19.4.2 Solarenergie

Photovoltaik. *Gemeinschaftsanlagen.* Zentrale Dorfstromversorgungs-Systeme mit Photovoltaik sollten Anfang der 80er Jahre die Einspeisung aus dem Verbundnetz bzw. Dieselanlagen ersetzen. Die Anbindung an das Verbundnetz erfordert lange verlustbehaftete Leitungen, während Dieselanlagen auf die regelmäßige Lieferung des fossilen Brennstoffes angewiesen sind, dessen Verbrauch zu umweltbelastenden Emissionen führt. Um diese Nachteile zu vermeiden, erproben einheimische Institutionen mit Unterstützung der TZ auf den Philippinen und im Senegal drei zentrale PV-Anlagen, deren technische Machbarkeit nachgewiesen wurde. Wirtschaftlich konnten die Anlagen jedoch in keiner Weise mit einer Dieselstromversorgung konkurrieren, die bislang die wichtigste Alternative zum Netzanschluß ist. Elektrische Energie durch Batteriespeicher, die aus photovoltaischen Modulen gespeist werden, in einem öffentlichen 220 V-Wechselstromnetz bereitzustellen, ist beim derzeitigen Energiepreisniveau ökonomisch unsinnig - besonders dann, wenn keine kontinuierliche hohe Nachfrage, sondern eher konsumtiver Spitzenbedarf für Beleuchtung und Unterhaltungselektronik in den Abendstunden besteht (GTZ, 1995a: 11).

Einzelanlagen. Der private konsumtive Bedarf für Beleuchtung und Unterhaltung (Radio, Fernseher) wird heute in der Regel mit Kerzen, Kerosinlampen und aufladbaren oder Einwegbatterien gedeckt. Kleine Solar Home Systeme (SHS) bieten eine wesentlich kostengünstigere Basiselektrifizierung als zentrale PV-Anlagen, wie technisch-wirtschaftliche Untersuchungen in Entwicklungsländern nachgewiesen haben (vgl. GTZ, 1995b). In Simbabwe hat sich z.B. herausgestellt, daß ländliche Haushalte genauso hohe monatliche Ausgaben für Kerzen, Kerosin und Batterien haben, wie ihnen monatlich Tilgung und Zinsen eines dreijährigen Kredites für ein SHS kosten würden (Liptow, 1991: 75).

Die technisch ausgereiften und kommerziell vertriebenen SHS haben eine Leistung von 20 W_p bis 100 W_p[9] und erlauben zudem eine bedarfsgerechte, exakt auf

9 W_p = Wattpeak ist die Maßeinheit für die Spitzenleistung einer photovoltaischen Anlage, die ihre elektrische Leistung charakterisiert.

die Bedürfnisse des Endverbrauchers ausgelegte Stromversorgung. Projekte der TZ haben geholfen, die Marktchancen der SHS in den Partnerländern zu verbessern, um so den Zugang zu einem hochwertigen, umweltfreundlichen und kostengünstigen REG-System zu ermöglichen. Der Aufbau von Vertriebs- und Wartungssystemen auf kommerzieller Basis, der Entwurf von technischen Standards lokal angebotener Systeme und die Einrichtung von Finanzierungsfonds wurden unterstützt, um eine verstärkte Verbreitung von SHS zu erreichen. Dennoch können sich Haushalte mit niedrigem Einkommen selbst bei günstiger Finanzierung 20 W_p-Systeme nicht leisten. PV-Laternen mit tragbaren 5 oder 10 W_p-Modulen bieten eine Lösung, die auch über die TZ gefördert wird.

Pumpen. Photovoltaische Pumpen zur dörflichen Trinkwasserförderung haben in einem breitangelegten Feldtest[10] - ca. 90 Anlagen mit zusammen über 190 Jahren Einsatzzeit in sieben Entwicklungsländern - ihre hohe Betriebssicherheit und Tauglichkeit bewiesen. Ihre Ausfallrate betrug in den ersten drei Jahren nur 1%. Die relativ hohen Anschaffungskosten (zwei- bis viermal so teuer wie Dieselpumpen gleicher Leistung) erfordern allerdings klar umrissene Auswahlkriterien:

- Der Wasserbedarf sollte saisonal kaum schwanken, was bei Trinkwasser der Fall ist, bei Tränkwasser und Bewässerung weniger.
- Das hydraulische Energieäquivalent sollte nicht über 2 000 m^4/Tag[11] liegen und die Förderhöhe 100 m nicht überschreiten.
- Die Nutzergruppe sollte alle mit der Wasserversorgung zusammenhängenden Regelungen in eigener Regie bewältigen können, z.B. Wassergeld, um laufende Kosten weitestgehend zu decken (GTZ, 1995a: 12).

PV-Pumpen mit einer Leistung zwischen 1-2 kW können trotz hoher Anschaffungskosten bei Einhaltung dieser Kriterien Wasser kostengünstiger an die Zapfstelle liefern als Dieselpumpen. Sie sind zudem zuverlässiger, weil wartungsärmer, nicht von regelmäßigen Brennstofflieferungen abhängig. Außerdem sind sie umweltfreundlicher, denn es kann kein Altöl oder Diesel verschüttet werden und ins Grundwasser gelangen, keine lokale Luftverschmutzung entstehen und kein Treibhausgas emittiert werden.

Ihr Nachteil ist, wie bei allen Solarsystemen und den vielen anderen REG-Techniken auch, die hohe Anfangsinvestition. Viele Entscheidungsträger, die bestimmen, welches Pumpsystem installiert wird, beschaffen lieber schnell zwei oder drei Dieselpumpen als eine photovoltaische Pumpe, da so zunächst eine größere Anzahl von Personen eine Wasserversorgung erhält. Die Folgekosten werden von ihnen außer acht gelassen. Aber auch administrative Vorschriften verhindern eine Verschiebung von Betriebs- zu Investitionskosten (Posorski, 1995: 7).

---

10 Der Feldtest wurde in einem GTZ-Programm mit Mitteln des BMBF und BMZ durchgeführt.

11 2 000 m^4 entsprechen z.B. 40 m^3 Wasser pro Tag gefördert aus einem 50 m tiefen Brunnen, denn die vom photovoltaischen Generator zu liefernde Förderenergie beträgt Fördermenge pro Zeiteinheit mal Förderhöhe.

Solarthermische Warmwasserbereiter. Neben der Tatsache ihrer Umweltfreundlichkeit (keine Gas- und Staubemissionen) sind die solarthermischen Warmwasserbereiter elektrizitätswirtschaftlich äußerst vorteilhaft, denn sie entlasten die städtischen Verteilungsnetze und Kraftwerkskapazitäten vom Strombedarf für elektrische Warmwasserbereiter zu abendlichen Spitzenzeiten. Zudem ermöglichen sie auch, daß für die Erwärmung von Wasser nicht fossile Energieträger oder Holz und Holzkohle verbrannt werden müssen.

Die solarthermischen Warmwassersysteme werden heute in den meisten Entwicklungsländern vermarktet und intensiv genutzt, wobei in ärmeren Staaten vornehmlich einkommensstarke Haushalte und gewerbliche Betriebe die Nutzer sind (vgl. Kasten 1). Aber die technische Qualität lokal produzierter Anlagen muß noch vielerorts verbessert werden. So wurden in Jordanien und z.Z. in Indien die Vermessung und Entwicklung von Solarkollektoren und -anlagen intensiv von der deutschen TZ gefördert. Im Rahmen des Süd-Süd-Dialogs steht Jordanien bereits im regen Informationsaustausch und Know-how-Transfer mit anderen Entwicklungsländern, z.B. Indien und Südafrika.

Kasten 1: Solarthermische Warmwasserbereiter für Niedrigeinkommensgruppen?

In Simbabwe sollte städtischen Haushalten mit Niedrigeinkommen demonstriert werden, wie sie mit solaren Warmwasserbereitern Brennholz sparen bzw. ihre Stromrechnung entlasten können. Eine vorgeschaltete Untersuchung ergab, daß die lokal produzierten Systeme zwar wirtschaftlich gegenüber elektrischen Boilern oder der Erwärmung mit gekauftem Holz konkurrenzfähig sind, aber andere Investitionen in gleicher Höhe für Hausbesitzer ökonomisch attraktiver erscheinen. So führt z.B. die Erweiterung eines Hauses, mit der Intention den zusätzlichen Wohnraum zu vermieten, zu einer schnelleren Amortisation des eingesetzten Kapitals. Außerdem kann man die Ausgaben für Backsteine nach eigenem Ermessen strecken, für solare Warmwasserbereiter muß man bei Kreditfinanzierung regelmäßige Raten bezahlen. Neben der unzureichenden wirtschaftlichen Attraktivität ist die mangelnde Akzeptanz noch stärker darauf zurückzuführen, daß in der Bedürfnishierarchie der Niedrigeinkommensgruppen die komfortable Warmwasserbereitung weit unten rangiert. Das Demonstrationsvorhaben wurde nicht realisiert.

19.4.3 Kleinwasserkraft

Die Leistungsbreite der Kleinwasserkraftanlagen reicht von einigen kW bis zu einigen 1 000 kW; der Übergang zu Großanlagen ist fließend. Drei typische Anwendungsbereiche können unterschieden werden:

- Versorgung von Einzelverbrauchern, die entweder elektrische oder mechanische Energie - z.B. für Mühlen, Sägewerke, Pumpen - beanspruchen,
- Strombereitstellung für die Elektrifizierung von Gemeinden und Dörfern in ländlichen Regionen (elektrischer Inselbetrieb) sowie
- Stromlieferung an das öffentliche Verbundnetz (GTZ, 1995b: 14).

Die technische Zusammenarbeit hatte sich in den Länderprogrammen des SEP darauf konzentriert, zu den zwei erstgenannten Anwendungsbereichen Fachleuten bei Institutionen außerhalb der Elektrizitätsversorgungsunternehmen (EVU), bei Consulting-Unternehmen und in der gewerblichen Wirtschaft Fachwissen über Planung, Bau und Betrieb von Kleinwasserkraftanlagen zu vermitteln und Finanzierungsmöglichkeiten aufzuzeigen. In Projekten mit EVU wurden beispielhaft Anlagen zu den zwei letztgenannten Anwendungsbereichen geplant und gebaut, aber auch nationale Pläne zur systematischen Erschließung der Kleinwasserkraftressourcen erarbeitet (GTZ, 1995c). Wichtige Erfahrungen über die Kleinwasserkraftnutzung lassen sich wie folgt zusammenfassen:

- Kleinwasserkraftwerke müssen maßgeschneidert auf den einzelnen Standort geplant und gebaut werden. Dies erfordert ein hohes Maß an Erfahrung.
- Mit vereinfachten und standardisierten Methoden können bei vielen Standorten hinreichend schnell und gut Planungsstudien erstellt werden.
- Mit maschinenarmen und arbeitsintensiven Baumethoden kann der Devisenbedarf an den Investitionskosten niedrig gehalten werden.
- Robuste und ausgereifte Turbinen und Generatoren gewährleisten bei regelmäßiger Wartung den problemlosen Betrieb von Wasserkraftanlagen über Jahrzehnte; 50 Jahre Betriebszeit sind nicht selten.
- Durch Aus- und Fortbildungsmaßnahmen kann das Personal in Entwicklungsländern befähigt werden, den zuverlässigen Betrieb von Kleinwasserkraftanlagen sicherzustellen. In der Regel sind die Ansprüche an vergleichbares Wartungspersonal in Dieselstationen höher.
- In isolierten Netzen führt nur die produktive Stromnutzung zum wirtschaftlichen Betrieb, denn auch bei Kleinwasserkraftanlagen erfordern die hohen spezifischen Investionskosten selbst bei sehr geringen Betriebs- und Wartungskosten eine hohe Auslastung, die durch privaten Konsum nicht erreichbar ist.
- Insbesondere bei kleinen Laufwasserkraftwerken, die keine Sperrmauer und damit keinen Stausee, sondern nur eine Wasserfassung erforderlich machen, kann planerisches Geschick den Eingriff in die Natur minimieren und so ökologischen Erfordernissen gerecht werden (GTZ, 1995a: 14).

19.4.4 Windenergie

Windpumpen. Erfahrungen mit der dezentralen Nutzung von Windenergie gab es bei Projekten der TZ nur in geringem Maße. Sie konzentrierten sich auf den Einsatz mechanischer Windpumpen zur Wasserförderung (Trink- und Tränkwasser, Bewässerung). Die Erfahrungen mit ihrem Einsatz haben gezeigt, daß die Anforderungen an die Wirtschaftlichkeit dieser Systeme von weit mehr Faktoren als nur von einem guten Windregime abhängen. Der Bedarf der Zielgruppe, existierende Alternativen, lokal vorhandene Produktionstechniken und -kapazitäten sowie Fragen des Betriebs, der Wartung und der Reparatur der Anlagen spielen ebenso eine Rolle wie angemessene, zur Verbreitung notwendige institutionelle und organisatorische Rahmenbedingungen (GTZ, 1995a: 15).

Stromerzeugung. Die technischen und ökonomischen Risiken beim Einsatz neuer technischer Systeme wie Windgeneratoren, können potentielle Betreiber in Entwicklungsländern wegen mangelnder Erfahrung nicht angemessen einschätzen, daher verzichteten sie bisher auf ihre Nutzung. Um der Windenergienutzung für die Stromerzeugung dort zum Durchbruch zu verhelfen, wo technisches und wirtschaftliches Fachwissen fehlt, bietet die TZ durch ein überregionales Programm staatlichen Institutionen, öffentlichen und privaten Investoren sowie Betreibern von Energiesystemen auf Anfrage Beratung zu technischen und wirtschaftlichen Planungs- und Umsetzungsaufgaben an. Die Erfahrungen der finanziellen Zusammenarbeit bei der Errichtung von Windparks (vgl. 18.3.3) fließen in die Beratungsleistungen ein. In Bolivien, Brasilien und Marokko wurde entschieden, Windgeneratoren in die Stromversorgung einzubinden, nachdem die dortigen Institutionen entsprechend beraten worden waren.

19.5 Erfahrungen und künftige Förderschwerpunkte

Die Erfahrungen der deutschen EZ bei der Förderung von Systemen zur Nutzung erneuerbarer Energiequellen, die - abgesehen von den Großwasserkraftwerken und größeren Windkraftanlagen - die dezentrale Energieversorgung in Entwicklungsländern verbessern sollen, sind nachfolgend unter den wichtigen Aspekten Bedarfsorientierung, Wirtschaftlichkeit und Verbreitung zusammengefaßt.

Bedarfsorientierung. Nicht der technische Wirkungsgrad eines Systems, sondern seine ökonomische Gesamteffizienz, die entscheidend von den standortspezifischen Rahmenbedingungen und dem Bedarf des Nutzers abhängt, sowie die soziale Akzeptanz bestimmen, ob ein REG-System verbreitet werden kann. Deshalb wandelte sich die Förderung der dezentralen Energieversorgung von der Technik- zur Bedarfsorientierung.

Der Energiebedarf muß zur optimalen Auslegung eines Nutzungssystems qualitativ (Kochen, Backen, Licht, Kommunikation, Kühlen, Wasserförderung, Antriebe), quantitativ und in seinem zeitlichen Verlauf bestimmt werden, was nur in enger Abstimmung mit anderen Disziplinen erfolgen kann, z.B. Forstwirtschaft, Wasserwirtschaft, Regional- und Dorfentwicklung.

Diese Verzahnung mit anderen Sektoren wurde mit den örtlichen und regionalen Energieversorgungskonzepten (vgl. IC Consult, 1993) erreicht, die ab Mitte der 80er Jahre die Planungen der dezentralen Energieversorgung prägten und mittlerweile auch von anderen Gebern unterstützt werden. Andererseits sind die regionalen Planungen eine Antwort auf die umfassenden nationalen Energie-Masterpläne, die die konventionellen Energieträger ins Zentrum rückten und in denen die dezentralen Bedürfnisse kaum beachtet wurden. Konsequenterweise wird in den dezentralen Energieversorgungskonzepten nicht nur die Energiebereitstellung durch erneuerbare Energiequellen untersucht, sondern auch durch konventionelle Energieträger, um so das vorteilhafteste Konzept unter Beachtung aller Optionen bestimmen zu können.

Wirtschaftlichkeit. Die einzelwirtschaftliche Vorteilhaftigkeit eines REG-Systems ist ein entscheidendes, aber nicht hinreichendes Beurteilungskriterium, wenn es um die Nutzung von Energie geht (vgl. Oelert/Auer/Pertz, 1987). Ökologische, sozio-ökonomische, gesamtwirtschaftliche Auswirkungen müssen als weitere Kriterien herangezogen werden. Der einzelwirtschaftlichen Konkurrenzfähigkeit von REG-Systemen gegenüber konventionellen stehen zwei Haupthemmnisse entgegen: deren hohe spezifische Investitionskosten und die subventionierten Energiepreise, insbesondere Stromtarife.

Die hohen spezifischen Investitionskosten der REG-Systeme werden durch außenwirtschaftliche und handelspolitische Hemmnisse (Devisenbeschränkungen, überbewertete Währungen, Zölle, Steuern) zusätzlich benachteiligt. Ungeachtet der geringen Betriebskosten erschwert zudem ein hoher Investitionsbedarf bei der primären entwicklungspolitischen Zielgruppe, den privaten ländlichen Haushalten, die Entscheidung für den Erwerb eines REG-Systems dadurch, daß sie Zinsen und Abschreibungen nicht über Zeiträume betrachten (können), die der langen technischen Lebensdauer von REG-Systemen entsprechen (Pertz, 1992: 57).

Darüber hinaus ergeben sich erst vereinzelt Finanzierungsmöglichkeiten bei lokalen Banken, die die Anschaffung von REG-Systemen erleichtern. Die internationalen Entwicklungsbanken haben bisher keine größeren Programme aufgelegt, um durch entsprechende Kreditlinien die Verbreitung von REG-Systemen zur dezentralen Nutzung voranzutreiben. Die KfW will als Ergebnis des SEP in Marokko einen Finanzierungsfonds für photovoltaische Systeme einrichten (vgl. Kap. 20).

Bei einer wirtschaftlichen Betrachtung fehlen in der Regel Bewertungen für die umweltschonenden Eigenschaften der REG-Systeme, so daß diese Vorteile in monetären Größen bisher nicht ausgedrückt werden. So schätzt das IPCC den volkswirtschaftlichen Schaden durch die Emission einer Tonne CO_2 auf 5 bis 125 US $, empfiehlt aber keinen festen Wert (IPCC, 1995b: 15).

Verbreitung. Die großen Verbreitungserfolge mit verbesserten Herden, vor allem Lehmherden, wurden zwar durch kommerzielle Elemente unterstützt, aber eher von staatlichen Programmen der Partnerländer und durch die enge Zusammenarbeit mit Nichtregierungsorganisationen in Selbsthilfeaktivitäten vorangetrieben. Hinzu kam, daß effiziente Herde die Unterversorgung mit Brennholz und den Aufwand für seine Beschaffung spürbar entschärften, die Techniken vergleichsweise einfach sind und die Amortisationsdauer der geringen Investition für den einzelnen Haushalt kurz ist (GTZ, 1995a: 19).

Die SHS haben neben den brennholzsparenden Herden die günstigsten Verbreitungsperspektiven aller REG-Systeme (GTZ, 1995a: 19), aber auch sie stehen erst am Beginn ihres Projektzyklus, der Markterschließung. Von Ausnahmen abgesehen (z.B. Kenia und Kolumbien), wird die Nachfrage erst von wenigen Anbietern befriedigt. Sie verfügen noch nicht über ein kundennahes Verteilungs- und Wartungsnetz im ländlichen Raum und orientieren sich bisher auf Geberorganisationen und zahlungskräftige Kunden. Bei anderen REG-Systemen haben sich Anbieterstrukturen bisher noch weniger ausgeprägt.

Aus diesen Erfahrungen leiten sich die derzeitigen und künftigen Förderschwerpunkte für die dezentrale Energieversorgung ab und lassen sich bereits an den Konzepten und bei der Durchführung der aktuellen Projekte nachvollziehen. Folgende Bereiche werden bei der Zusammenarbeit zur dezentralen Energieversorgung mit Partnern in Entwicklungsländern im Vordergrund stehen (Oelert, 1994: 27):

- Nationale Energiepolitik und Energiepreispolitik, auch und vordringlich zur Kommerzialisierung des konventionellen Energiesektors,
- Energieplanung für einzelne Sektoren, Subsektoren und Regionen,
- Umsetzung der Agenda 21 zur umweltfreundlichen dezentralen Energieversorgung,
- Entwicklung von Vermarktungsstrategien für REG-Systeme einschließlich der Initiierung von Kreditlinien,
- Training für Unternehmer, Nutzer, politische Entscheidungsträger, Betriebs- und Wartungspersonal,
- Kontaktvermittlung zwischen Unternehmen in Industrie- und Entwicklungsländern (GTZ/BSE, 1994),
- Standardisierung und Qualitätskontrolle bei Produktion und Installation von REG-Systemen,
- Öffentlichkeitsarbeit, um die Vorteile der Nutzung von erneuerbaren Energiequellen vermehrt bekannt zu machen.

Die Bundesregierung sieht die dezentrale Energieversorgung als Ergänzung zur zentralen Versorgung, der weiterhin die größten Förderzusagen gegeben werden, an hervorragender Stelle die Stromversorgung. Ländliche Elektrifizierung aus dem Verbundnetz soll nur dann unterstützt werden, wenn mindestens 60% der Elektrizität für produktive Zwecke genutzt werden; dauernder Subventionierung soll so vorgebeugt werden. Durch die Kommerzialisierung, aber auch Privatisierung von Energiedienstleistungen soll eine verläßliche, effiziente und umweltschonende Energieversorgung erreicht werden. Vor diesem Hintergrund wird die Nutzung erneuerbarer Energien zunehmend wichtiger, denn in ländlichen Gebieten wird sie mehr als die Grundversorgung übernehmen müssen.

20 Internationale Erfahrungen bei der Durchführung von Sonderenergieprogrammen der GTZ am Beispiel Marokkos

Rolf-p. Owsianowski

20.1 Einleitung

In Kap. 19 wurden Grundzüge der Sonderenergieprogramme (SEP) der Deutschen Gesellschaft für Technische Zusammenarbeit (GTZ) entwickelt. In der GTZ befaßt sich vornehmlich die Abt. 415 *Energie und Transport* mit Energieprojekten und -programmen, aber auch in anderen Organisationseinheiten spielt die Frage der Energiebereitstellung und -verwendung, insbesondere für die ländliche Bevölkerung in Entwicklungsländern, eine oft wichtige Rolle. In der Abt. 4020 *Umwelt- und Ressourcenschutz* werden reine Umweltschutzprojekte bearbeitet. Umweltschutzkomponenten sind zudem in vielen Projekten enthalten. In den Abteilungen 411 *Bildung und Wissenschaft* und 405 *Berufliche Bildung und Personalentwicklung* werden die Partnerländer beim Auf- und Ausbau ihrer eigenen wissenschaftlich-technischen Kompetenz gestärkt. Die GTZ arbeitet dabei eng mit Programmen nationaler und internationaler Institutionen zusammen.

In diesem Beitrag werden am Beispiel Marokkos einige Erfahrungen mit dem SEP der GTZ und Zukunftspläne im Bereich erneuerbarer Energien (e. E.) erörtert. Dabei sollen nach einer knappen Darstellung der energiepolitischen Rahmenbedingungen (20.2), die Partnerinstitution der GTZ, das CDER (20.3) vorgestellt, ein Stufenmodell zur Umwandlung der Energieversorgung diskutiert (20.4), ein Überblick über Projekte und Programme von CDER vermittelt (20.5), die staatlichen Aktivitäten im Bereich e. E. zusammengefaßt (20.6) und abschließende Überlegungen zur privatwirtschaftlichen Kooperation im Bereich e. E. zwischen Deutschland und Marokko angestellt werden (20.7).

Aus ingenieurwissenschaftlicher Sicht besteht der Hauptunterschied zwischen Entwicklungs- und Industrieländern darin, daß letztere technisch realisieren können, was sie wollen, sofern sie es sich vorstellen und planen können. Das können Entwicklungsländer nicht aus eigener Kraft, selbst wenn sie es wollten.

Wir müssen uns fragen, was wir gemeinsam zur Lösung globaler Probleme tun können. Wenn man die Stichworte: Mittelmeeranrainerstaat, Migration, langfristige Zusammenarbeit, Friedenssicherung, Rohstoffsicherung usw. berücksichtigt, stellt man fest, daß es gar keine Alternative zur Nutzung e. E. im Mittelmeerraum gibt.

20.2 Hintergrundinformationen zu Marokko

20.2.1 Geopolitische Lage

In Marokko leben auf einer Fläche von ca. 450 000 km^2 rund 30 Mio. Menschen, von denen ca. 25% unter 25 Jahren alt sind. Das BSP/Einwohner beträgt ungefähr 1 000 DM mit deutlichen Unterschieden zwischen der ländlichen und städtischen Bevölkerung, die sich durch ein Wachstum von fast 2,8%/a noch weiter verschärfen werden, da die ländliche Bevölkerung eine deutlich höhere Geburtenrate aufweist, was dazu führen wird, daß Marokko seine Bevölkerung bald nicht mehr von der eigenen Agrarproduktion ernähren kann. Marokko ist ein islamisches Land mit einer konstitutionellen Monarchie, in dem ein starker Einfluß der Berberbevölkerung das arabische Element abschwächt.

1979 besetzte Marokko in zwei Etappen das ehemalige Spanisch-Sahara. Nach der Lösung des Sahara-Konfliktes können politisch gebundene nationale oder internationale Gelder in den Süden des Landes fließen, der u.a. über große Solar- und Windressourcen verfügt. Internationale Organisationen sehen in Marokko ein stabilisierendes Element im arabischen Raum und sind am weiteren Ausbau der Beziehungen interessiert. Dies gilt ganz besonders auch für die EU, die Marokko mit großen Zuwendungen in ihr Mittelmeerprogramm aufgenommen hat.

Zu Europa bestehen enge und alte kulturelle Bindungen. Spanien wurde 800 Jahre lang von Mauren kolonialisiert. Die aus Spanien zurückkehrenden Mauren sind bis heute die gesellschaftspolitisch bestimmende Kraft in Marokko. Vor dem ersten Weltkrieg wurde Marokko gegen deutsche Einwände französisches Protektorat. 1956 wurde das Land unabhängig. Der Einfluß der französischen Sprache und Kultur ist noch groß, wenn auch abnehmend. Unter den maghrebinischen Gastarbeitern in Europa stellt Marokko das größte Kontingent. In der Bundesrepublik Deutschland leben ca. 70 000 Marokkaner. Das deutsch-marokkanische Verhältnis ist, wie zu den meisten arabischen Staaten, traditionell gut.

20.2.2 Grundinformationen zur Energiepolitik Marokkos

Während Algerien und Libyen wichtige Erdöl und Erdgas exportierende Länder sind (vgl. Kap. 33), verfügt Marokko über keine nennenswerten Erdöl- oder Erdgasvorkommen. 1998 soll Algerien mit Hilfe einer zweiten Gasleitung über marokkanisches Gebiet an das europäische Gasverbundnetz angeschlossen werden. Marokko will einen Abzweig dieser Pipeline bis nach Casablanca und den südlich davon gelegenen Industriegebieten führen.

Die Kohleförderung spielt keine bedeutende Rolle. Der Abbau riesiger Ölschiefervorkommen würde sich erst ab einem Erdölpreis von ca. 50 US $/Faß Rohöl lohnen. Als Folge des Wirtschaftswachstums, der steigenden Bevölkerung und der fluktuierenden Energiegewinnung aus Wasserkraft muß Marokko bis zu 90% seiner kommerziell gehandelten Energieträger importieren, was seine Zahlungsbilanz nachhaltig belastet. Diese Importabhängigkeit wird bei gleicher Energiepolitik in Zukunft weiter steigen. Marokkos Energieverbrauch aus konventionellen Energieträgern, einschließlich Strom aus Staudämmen, wurde 1992[1] erzeugt aus: eigener Kohle (10%), Wasserkraft (10%), importierter Kohle (14%), Schweröl (56%), Stromimport aus Algerien (9%) und anderen Energiequellen (1%).

Installierte Kraftwerksleistung. Die gesamte 1993 installierte Kraftwerksleistung des staatlichen EVU betrug rund 2 200 MW, wovon rund 700 MW auf die Wasserkraft entfiel. Der Strombedarf Marokkos stieg in den vergangenen zehn Jahren um rund 6% jährlich. 1991 wurden etwa 9 000 GWh Strom verbraucht und 2010 werden ca. 30 000 GWh elektrischer Energie benötigt. Das sind Eckwerte für Szenarien, welche Energiequellen in welchem Umfang zukünftig zur Energieversorgung beitragen können und wie realistisch Annahmen sind, daß Marokko Strom, Wasserstoff oder andere chemische Energieträger nach Europa exportieren könnte. Unter der Annahme, daß durch Windkraftanlagen (WKA) 40% des zukünftigen Bedarfs abgedeckt werden können, weitere 20% durch Wasserkraft und weitere 20% durch Energieeinsparung sowie rationelle Energieverwendung, muß im Jahre 2010 mehr Solarstrom erzeugt werden, als heute mit allen Technologien zusammen erzeugt wird. Damit wird die Dimension der *solarthermischen Elektrizitätsproduktion* deutlich und zugleich verständlich, warum um den Solarmarkt weltweit so erbittert gerungen wird. Der Markt für erneuerbare Energien ist der Markt von morgen, nicht nur in Marokko.

20.2.3 Potentiale für erneuerbare Energien in Marokko

Die *Sonneneinstrahlwerte* Marokkos sind von 4,7 kWh/m^2/a im Norden bis 5,6 kWh/m^2/a im Südosten sehr günstig. Marokko hat solare Bedingungen wie Südkalifornien und ist für die Nutzung der Solarenergie bestens geeignet. Wegen seiner zwei Meeresküsten (Mittelmeer und Atlantik) verfügt Marokko auch über gute bis sehr gute *Windbedingungen*. In der Meerenge von Gibraltar wurden in einem relativ kleinen, sehr gebirgigen Küstenstreifen Windgeschwindigkeiten gemessen, wie sie in Deutschland nirgends erreicht werden. Cordia [Coudia] Blanco bei Ceuta hat eine mittlere Windgeschwindigkeit von 11,6 m/s, und an der mauretanischen Grenze werden ähnliche Jahreswindgeschwindigkeiten erreicht. Trotz der häufigen Dürreperioden ist das *Biomassepotential* günstig. Die Gebirge entwässern überwiegend zur Atlantikküste, so daß großflächig bewässert werden kann. Der jährliche Niederschlag entspricht in der Region Tanger deutschen Bedingungen und beträgt in der Region Marrakech nur noch 250 mm/a.

Marokko verfügt über ein beachtliches *Wasserkraftpotential*, wovon z.Z. ca. 700 MW Kraftwerksleistung installiert ist. Bisher werden ca. 40% des Gesamtpotentials, das auf ca. 5 Mrd. kW geschätzt wird, genutzt. 1996 gehen die Kraftwerke Allal el Fassi und Al Wahda ans Netz und damit wird der Nutzungsgrad

1 Jahresbericht 1993 des nationalen EVU (Office National d'Electricité, ONE).

auf mehr als 50% des Potentials steigen. In normalen Jahren werden zwischen 10-15% der Gesamtenergieerzeugung Marokkos aus Wasserkraft gewonnen. In Jahren mit sehr guten Niederschlägen können es bis zu 30% der Nettostromproduktion sein. In den Jahren 1992 und insbesondere 1993 herrschte in Marokko eine Dürreperiode. Der fehlende Wasserkraftanteil war ein wesentlicher Grund für den Zusammenbruch der staatlichen marokkanischen Stromversorgung im Sommer 1992, der zur Aufweichung der Monopolstellung des staatlichen EVU führte und die Bedeutung der erneuerbaren Energien erhöhte. Zwischen der Wassernutzung aus Staudämmen für die Bewässerungslandwirtschaft und Stromerzeugung besteht ein Grundkonflikt, da beide Sektoren unterschiedliche Abflußzeiten verlangen. Die alten Staudämme Marokkos sind meist nicht zur Stromgewinnung ausgelegt, sondern bedienen nur die Bewässerungslandwirtschaft. Erst seit zehn Jahren werden Staudämme mit beiden Funktionen gebaut. *Geothermische Energie* sowie Wellen- und Gezeitenenergien spielen trotz gewisser Potentiale gegenwärtig noch keine Rolle.

Marokko ist aufgrund seiner moderaten politischen Haltung, seines mäßigenden und vermittelnden Einflusses auf andere arabische Staaten, seiner relativ liberalen Wirtschaftspolitik, seiner recht gut ausgebildeten Bevölkerung, des Einflusses von Gastarbeiterfamilien, die in Europa arbeiten und zum Technologie- und Devisentransfer beitragen, des Fehlens von klassischen Energieträgern und seiner großen Potentiale das Land für erneuerbare Energien par excellence.

20.3 Hintergrundinformationen zum Centre de Développement des Energies Renouvelables (CDER)

20.3.1 Gründung von CDER

Auf königlichen Beschluß wurde 1982 das *Centre de Développement des Energies Renouvelables* (CDER) mit Sitz in Marrakech gegründet. Es hat den Status eines „Office National", das dem Ministerium für Energie und Bergbau (MEM) untersteht. Der Generaldirektor von CDER ist einem deutschen Staatssekretär vergleichbar und ist nur dem Minister und höheren Stellen gegenüber weisungsgebunden. CDER ist hierarchisch gegliedert und hat ca. 100 Mitarbeiter, davon ca. 50% in technisch-wissenschaftlichen und Managementdisziplinen. Der Generaldirektor ist seit Mai 1994 in Personalunion einer von ggw. fünf Direktoren des ONE. Damit ist die Unverträglichkeit von klassischen Energieträgern und erneuerbaren Energien auf nationaler Ebene aufgehoben. Der Nationalbehörde für erneuerbare Energien kommt eine zentrale Stellung zu bezüglich der:

- Erarbeitung von nationalen Strategien in allen Teilbereichen der e. E.;
- Verknüpfung aller Teilbereichsstrategien zu einer nationalen Strategie;
- Erarbeitung von Empfehlungen für das MEM und andere Ministerien;
- juristischen Beratung der Ministerien und nachgeordneter Organisationen;

- Beratung der Privatwirtschaft;
- Umsetzung eigener Demonstrationsmaßnahmen;
- Abwicklung der internationalen Kooperation;
- Außenvertretung Marokkos im Bereich erneuerbarer Energien.

20.3.2 Zusammenarbeit mit U.S. AID

Das marokkanische Zentrum für erneuerbare Energien ging von 1982-1989 mit U.S. AID eine zweiphasige Kooperation ein, die sich vornehmlich auf den traditionellen Windenergiesektor konzentrierte und versuchte, vorhandene Windkraftanlagen zum Wasserpumpen zu rehabilitieren und die Produktion neuer Anlagen zu lancieren. Außerdem war U.S. AID im Bereich der Solarenergienutzung aktiv. Der Ansatz, die lokale Produktion von Windmühlen zum Wasserpumpen einzuleiten, scheiterte aus diversen Gründen. Auch im Bereich der Solarenergienutzung konnte kein Durchbruch erzielt werden; aber wichtige Meilensteine wurden gelegt und haben den Erfolg des deutschen Beitrages und anderer Ansätze mit vorbereitet. Die Kooperationen zwischen CDER und anderen Gebern, insbesondere Frankreich, waren weniger wichtig und zeitlich kürzer.

20.3.3 Deutsch-marokkanische Kooperation bei erneuerbaren Energien

1985-86 begannen die ersten deutsch-marokkanischen Kontakte auf dem Gebiet der erneuerbaren Energien auf Regierungsebene. 1986 wurde eine Mission im Auftrag der GTZ nach Marokko entsandt. Aus 20 von Marokko unterbreiteten Vorhaben wurden zwölf in die nähere Wahl genommen, wovon schließlich fünf zur Realisierung ausgewählt und dem Ministerium für wirtschaftliche Zusammenarbeit und Entwicklung (BMZ) im Rahmen des Sonderenergieprogramms Marokko zur Durchführung vorgeschlagen wurden. Die Arbeit in Marokko begann im Juli 1988 mit dem Eintreffen des Projektleiters/Ansprechpartners.

Die *Phase I* des Programms dauerte von 1988-1990. Im Mai 1989 traf ein weiterer deutscher Mitarbeiter in Marokko ein. Dieser beriet das Ministerium für Energie und Bergbau (MEM) bei der Entwicklung eines regionalen Energieversorgungskonzeptes (REVK-Kénitra) in der Region Kénitra nördlich von Rabat. Im März 1990 traf als letzter Auslandsmitarbeiter des SEP-Marokko der Berater des Biogasprojektes in der Region Agadir ein. Dieser Projektteil wird gemeinsam mit einer regionalen Landwirtschaftskammer (ORMVA Souss-Massa) durchgeführt. Das Gesamtprogramm wurde von Marrakech aus koordiniert, weil sich dort das marokkanische Zentrum CDER befindet.

Für das *SEP-Marokko* insgesamt wird das Ziel verfolgt, den/die Partner zu beraten, die energetische Situation in Marokko, insbesondere des unmittelbar ökologisch bedrohten ländlichen Raums, zu verbessern und die Lebensqualität der dort lebenden Menschen durch Anpassung und Verbreitung von Systemen erneuerbarer Energiequellen zu erhöhen. Das SEP stützt sich auf die aktive Beteiligung der Zielgruppen und fördert privatwirtschaftliche Ansätze. Es arbeitet mit anderen nationalen und internationalen Durchführungsorganisationen zusammen, die Verbreitungsansätze aktiv unterstützen können. Das SEP ist gegenüber jeglicher Zusammenarbeit mit anderen nationalen Institutionen, bilateralen und internationalen Gebern offen. Das SEP kann Serviceleistungen für andere deutsche TZ- und FZ-Projekte im Bereich der e. E. erbringen. Das SEP-Marokko steht entweder über die GTZ-Zentrale und/oder direkt mit allen anderen Sonderenergieprogrammen in Kontakt und arbeitet vor allem mit den SEP-Senegal und Tunesien zusammen.

Phase I. In Phase I (1988-1990), die auch durch den inneren Aufbau und die Konsolidierung des SEP selbst bestimmt war, beriet die deutsche Seite die marokkanischen Partner überwiegend technikorientiert (Biogasnutzung, solare Trocknung von Aprikosen und Weintrauben, Schwachwindanlagen, PV-Applikationen) mit einem gewissen Anteil von Organisationsberatung zur Optimierung von Verwaltungsabläufen bei CDER und der Entwicklung des REVK-Kénitra Ansatzes beim MEM.

Phase II. Von 1991-1993 ermöglichte eine durch das BMZ ausgelöste Evaluierung eine Reorganisation des CDER und eine Erweiterung der Statuten mit einhergehender Aufgabenerweiterung. Seitdem kann CDER auch als Dienstleister gegen Bezahlung auftreten und Drittgeschäfte abwickeln sowie im Rahmen von Drittgeschäften zusätzliche finanzielle Aufwendungen an Mitarbeiter zahlen, was von elementarer Bedeutung für die marokkanischen Mitarbeiter ist.

Phase III. Die Phase III (1994-1996) hat überwiegend zum Ziel, die Technologien, die eine ausreichende technische Reife haben, in regionale oder nationale Verbreitungsprogramme zu überführen. Die Technologien, die diese Reife noch nicht haben, sollen dahingehend weiterentwickelt werden. Voraussetzung für die Bewertung von Verbreitungsprogrammen sind nationale Strategien, die sich wiederum nur schlüssig erstellen lassen, wenn eine ausreichend sichere Datenlage vorhanden ist. Dazu stellt u.a. eine Datenbank, die vom REVK-Kénitra gemeinsam mit dem MEM erstellt wurde, Informationsmaterial bereit. Ab einem gewissen Entwicklungsstand sind daher Datenbanken, mit deren Datenmaterial sich auch Szenarien erstellen lassen, unabdingbare Werkzeuge von Planern.

Im Juli 1994 fand ein Wechsel des Koordinators auf deutscher Seite statt. Der vormalige Teamleiter (AP) ging zur GTZ-Zentrale nach Eschborn zurück, während der AP des SEP-Burundi nach Marokko wechselte. Der für das REVK-Kénitra verantwortliche Mitarbeiter des SEP wurde zum AP des SEP-Namibia ernannt. Der Projektteil REVK-Kénitra konnte mit der Erstellung einer regionalen Datenbank im September 1994 an die marokkanischen Träger erfolgreich übergeben werden, die das Programm nunmehr eigenverantwortlich weiterführen.

Im Laufe der *Phase IV* soll verstärkt die optimale Nutzung von Biomasse aus nachwachsenden Rohstoffen untersucht werden und die Zusammenarbeit zwischen nationalen und internationalen Organisationen optimiert werden. Wie mehrfach ausgeführt, ist es mittelfristiges Ziel, eine ausgeglichene CO_2-Bilanz für den Biomassebereich zu erhalten. Grundsätzlich ist der partielle Rückzug des SEP aus den Bereichen der Sonnen- und Windenergienutzung als Erfolg anzusehen, da der Partner u.a. durch den deutschen Beitrag befähigt wurde, die Umsetzungsarbeiten in ländlichen Regionen eigenständig voranzutreiben, wozu er nur noch partiell auf ausländische Hilfe angewiesen ist.

20.3.4 Bedeutung des SEP-Marokko für CDER

Die Rolle, die das SEP-Marokko für das CDER spielt, hat sich von Phase I (Technikberatung) zur Phase II (Organisationsberatung) und zur Phase III (Strategieberatung) geändert. Als Folge der deutschen Inspektion (1990) und einer marokkanischen Evaluierung wandelte sich das CDER und folglich auch der Beratungsbedarf, der von deutscher Seite abgefragt wurde. Bei Weiterführung der technikorientierten Maßnahmen bezieht er sich nunmehr verstärkt auf:

- Organisationsberatung mit der Einführung moderner Managementmethoden;
- Reorganisation des CDER angesichts einer erfolgten Aufgabenerweiterung;
- Potentialabschätzung von bisher durch CDER nicht untersuchten REG-Bereichen;
- Potentialabschätzung bei der Kleinwasserkraftnutzung und
- Nutzung von Holz als Brennstoff.

Die erfolgreiche Behandlung beider Themen und die Erstellung solider Planungsunterlagen haben wesentlich zum Renommee des SEP in Phase II beigetragen und das Ansehen von CDER nach außen gestärkt. Die Kleinwasserkraftnutzung war in Marokko zuvor nie professionell angegangen worden.

20.3.5 Deutsche Technische Zusammenarbeit bei erneuerbaren Energien

Die deutsche Technische Zusammenarbeit hat sich durch eine nachhaltige Politik des BMZ in zwei Teilbereichen positiv gegenüber anderen Gebern abgesetzt:

- Es wurde eine Kontinuität bei der Durchführung von Maßnahmen im Verlauf von zwei Jahrzehnten gewahrt. Andere Geber hatten in den letzten fünf Jahren REG-Programme eingeschränkt und müssen diese nunmehr angesichts weltweiter Klima- und Umweltveränderungen wieder aufnehmen.
- Es wurde eine größere Anzahl unterschiedlicher, aber vergleichbarer SEP unter verschiedenen Bedingungen durchgeführt, die durch die GTZ-Zentrale oder auch direkt miteinander verbunden waren, was einen Technologie- und Informationstransfer begünstigte. Das SEP-Marokko konnte die marokkanischen Partner daher auch auf Gebieten beraten, die bisher nicht vom SEP-Marokko selbst durchgeführt wurden. Hierbei war vorteilhaft, daß das SEP-Marokko relativ spät im Verhältnis zu anderen SEP begonnen wurde und daher leichter von anderen Ergebnissen profitieren konnte.

Die deutsche Entwicklungszusammenarbeit (EZ) ist im Vergleich zu anderen großen Gebern grundsätzlich nehmerfreundlich, da sie keine Lieferbindung kennt und eine Ausbildung in anderen Ländern als Deutschland möglich ist. Dieses Verhalten stärkt das Vertrauensverhältnis zwischen den Partnern, wodurch unterschiedliche Positionen konfliktfreier diskutiert werden können.

20.3.6 Technologiereife von ausgewählten REG-Produkten und Verfahren

Seit Anfang 1994 sind die in den Projektteilen *Biogasnutzung, solare Trocknung und PV-Programme* auf technischem Niveau erzielten Ergebnisse reif für Verbreitungsprogramme auf regionaler oder nationaler Ebene. Es kann nunmehr die Periode der Verbreitung der Resultate beginnen. Damit schwindet in diesen Bereichen der Einfluß der „Technischen Zusammenarbeit“ zugunsten der FZ, bei der die Nehmerländer um Kredite nachsuchen, die sie zurückzahlen müssen.

20.4 Stufenmodell zur Umwandlung der Energieversorgung mit erneuerbaren Energien und die Rolle von SEP

Ein Land wie Marokko, das seine Energieversorgung überwiegend auf erneuerbare Energien umstellen könnte, müßte vier Entwicklungsstufen durchlaufen, wobei das SEP nur bei den ersten beiden Etappen behilflich sein kann. SEP sollen den/die Partner, seien sie staatlich oder privat, beraten und führen daher in der Regel keine eigenen Maßnahmen durch. SEP können nach bisheriger Definition auch keine großen Umsetzungen mit FZ-Mitteln durchführen.

Marokko möchte zukünftig einen beachtlichen Teil seines Energiebedarfs durch erneuerbare Energien decken und könnte mit ausländischer Unterstützung eines der Länder werden, das eine fast vollständige Umstellung erreichen könnte. Eine solche Umwandlung bedarf einer genauen Strategie, die viele unterschiedliche Faktoren einbezieht. Neben den notwendigen natürlichen Ressourcen, die in Marokko grundsätzlich vorhanden sind, und dem politischen Willen, eine solch gigantische Aufgabe zu beginnen, sowie den notwendigen finanziellen Mitteln muß das nationale Ausbildungssystem auf ein solches Vorhaben ausgerichtet werden, d.h. es muß mit ca. 10% der Gesamtinvestitionssumme für Ausbildung auf den unterschiedlichsten Stufen gerechnet werden.

- *Erste Ausbaustufe*: Sie beinhaltet die Gründung/Schaffung/Nominierung eines nationalen Trägers, der seine eigenen Mitarbeiter und die anderer Institutionen sowie privater Dritter in den entsprechenden Technologien unterrichtet, Demonstrationsanlagen aufbaut und die Bevölkerung mit in diesen Prozeß einbezieht, an dessen Ende die Entwicklung von nationalen Verbreitungsstrategien steht. Die Unterstützung durch externe Vertreter ist unabdingbar. Die erste Ausbaustufe dauert zwischen 10-15 Jahren. In Marokko dauerte sie 13 Jahre und begann 1980 mit der Gründung von CDER.
- *Zweite Ausbaustufe*: In einer zweiten Ausbaustufe werden die Techniken durch regionale und/oder nationale Programme im Lande verbreitet. Private

Strukturen übernehmen die Marktdurchdringung. Parallel dazu werden neue Techniken bis zur Verbreitungsfähigkeit weiterentwickelt (analog der ersten Ausbaustufe). Diese Programme passen sich in die jeweiligen nationalen Programme ein. Die Unterstützung durch externe Vertreter ist notwendig. Die zweite Ausbaustufe dauert 5-15 Jahre, je nach Land, Bedingung und finanziellen Ressourcen.

- *Dritte Ausbaustufe*: In der dritten Ausbaustufe, die sich zeitlich partiell mit der zweiten überschneiden kann, werden die Institutionen, die sich mit landeseigener Forschung und Entwicklung befassen, gegründet bzw. ausgebaut. Ausbildungsgänge werden erstellt oder harmonisiert. Eine eigenständige nationae und/oder regionale Forschung wird gestärkt. Die Produktion von REG-Geräten und Verfahren wird industriell begonnen. Dies gilt für eigenständige Entwicklungen, Lizenzfertigung oder die Zusammenarbeit in joint-ventures. Der Unterschied zwischen klassischer Energieversorgung und REG-Technologien wird aufgehoben. Am Ende des Prozesses steht eine gleichberechtigte Position aller Energieträger. Die Unterstützung durch externe Vertreter ist wünschenswert. Diese Ausbaustufe dauert durchschnittlich 5-10 Jahre.
- *Vierte Ausbaustufe*: In dieser Ausbaustufe, die sich zeitlich mit der dritten überlappen kann, wird der nationale Energiebedarf überwiegend durch REG gedeckt und mit REG erzeugte Produkte werden exportiert. Dazu gehört u.a. Wasserstoff und sonstige chemische Energieträger. Im Falle Marokkos kann nach Europa exportiert werden. Wichtig ist dabei der Energieverbund, denn e. E. werden dezentral und fluktuierend erzeugt. Über Energiebilanzen lassen sich Verbrauch und Erzeugung im europäischen Verbund gegenrechnen. Die Unterstützung durch externe Vertreter ist nur noch punktuell notwendig. Die vierte Ausbaustufe dauert etwa 5-15 Jahre.

Marokko befindet sich Mitte der 90er Jahre in einigen Technologiebereichen bereits in Stufe zwei, d.h. der Technologieverbreitung auf regionaler bzw. nationaler Ebene und der Planung von Maßnahmen für die Stufe drei, d.h. Planung von Ausbildungsinstitutionen und Aufbau lokaler Fertigungsstätten. Demnach könnte Marokko - nach EU-Schätzung - in ca. 30 Jahren großtechnisch erzeugten Wasserstoff und andere chemische Energieträger nach Europa exportieren. Generell ist das eine sehr aufregende Perspektive, die sich auch realisieren ließe, wenn alle EU-Staaten Marokko hierbei nachhaltig unterstützen würden.

20.5 Projekte und Programme von CDER

CDER führt zahlreiche Projekte und Programme durch, an denen das SEP direkt beteiligt ist, aber auch einige ohne oder nur mit marginaler Mitarbeit des SEP. Diese Projekte und Programme führt CDER allein oder in Verbindung mit anderen marokkanischen Organisationen durch, mitunter auch als Dienstleister. Ferner gibt es eine größere Anzahl von Kooperationspartnern und eine grundsätzlich wichtige Zusammenarbeit im Rahmen der UMA (Union du Maghreb Arabe). Nachfolgend sollen einige größere Programme vorgestellt werden.

20.5.1 Vorhaben bei denen das SEP-Marokko CDER unterstützt

Windpark Tanger. Nach umfangreichen Messungen des CDER, das darin maßgeblich vom SEP unterstützt wurde, konnten einige Gebiete in der Region Tanger-Tetouan identifiziert werden, die ein außerordentlich gutes Windpotential besitzen. Die Windgeschwindigkeiten sind so hoch, daß sie sich für den Betrieb von Windparks hervorragend eignen. Zur Errichtung eines kleineren Windparks von ca. 3 MW hat die deutsche EZ Mittel in beachtlicher Höhe über die KfW bereitgestellt. Durch mehrjährige Meßkampagnen konnten die Standorte mit optimalen Windregimen ermittelt werden. Die Frage der Programmabwicklung muß noch zwischen der KfW, CDER und der ONE endgültig geklärt werden. Unter günstigen Umständen könnte der 3 MW-Windpark Anfang 1997 ans Netz gehen. Die auf deutsche Firmen beschränkte Ausschreibung lief am 20.4.1995 aus.

Nach der Veröffentlichung von Winddaten durch CDER auf einer internationalen Konferenz im Jahre 1993 zeigten sich auch andere Geber wie die USA, Japan, Frankreich, Dänemark u.a. an der Windkraftnutzung in Marokko interessiert. Mitte 1994 wurde eine internationale Ausschreibung für einen privatwirtschaftlich organisierten Windpark mit ca. 60 MW von der ONE lanciert. Vier Konsortien kamen in eine nähere Auswahl, davon keines mit deutscher Beteiligung. Die deutschen Förderbedingungen für Auslandsaktivitäten im Windbereich fallen deutlich hinter denen anderer Nationen, vor allem den amerikanischen, zurück. Dies ist für die sich rasant entwickelnde deutsche WKA-Industrie nicht unproblematisch, da günstige Windstandorte in Deutschland knapp werden und nach Sättigung des deutschen Marktes verstärkt exportiert werden müßte.

Die Windkraftnutzung in Windfarmen ist ein potentielles Kernstück marokkanischer REG-Politik. Im Norden des Landes könnten unter Nutzung guter bis sehr guter Windbedingungen in schwierigem Gelände mindestens 500 MW, höchstens aber doppelt soviel, installiert werden, die in das nationale Netz eingespeist werden könnten. Da im Süden gute bis sehr gute Windbedingungen herrschen, ist ein weiteres nationales Windprogramm möglich. Dort könnten mindestens so viele Anlagen wie im Norden installiert und somit der gesamte heutige Bedarf Marokkos an elektrischer Energie über Windkraft gedeckt werden. WKA speisen in bestehende, kraftwerksgestützte Netze ein. Da Windkraft eine alternative Energiequelle ist, liegt ihre Verfügbarkeit immer unter der konventioneller Kraftwerke, eine regelmäßige Wartung vorausgesetzt. Ob in Marokko WKA gefertigt werden sollten, ist noch offen. Die Windkrafttechnologie befindet sich z.Z. weltweit in einer stürmischen Entwicklung, so daß ein gewisses Abwarten angezeigt ist, bevor diese Frage entschieden werden sollte.

Moderne solarthermische Kraftwerke setzen nur ca. 35% der eingesetzten Energie in elektrische Energie um. Der Rest geht als Abwärme verloren. Das ist ein wesentlicher Grund für ihre große Umweltbelastung, auch dann, wenn sie mit modernsten Filtern ausgestattet sind. WKA dagegen sind umweltfreundliche und -schonende Technologien. Bei einer geplanten Erzeugung von 7 000 MWh Windstrom in der Region Tetouan/Tanger, was der pessimistischste Ansatz ist, würde die Erzeugung vermieden von :

11 190 000 000 kg CO_2[2] und 630 000 kg SO_2.

Die Windkraftnutzung ist neben der Wasserkraft die sauberste Energiequelle überhaupt, da keine Umweltbelastung entsteht, von gewissen optischen Merkmalen und einer geringen Geräuschbelastung abgesehen. Die energetische Amortisationszeit beträgt je nach den jeweiligen Bedingungen nur 4-6 Monate. Rechnet man für die Beseitigung einer WKA noch einmal mit dem gleichen Wert, so produzieren Windkraftanlagen nach ca. 1 Jahr nur noch Energie.

Kleinwasserkraftnutzung im Hohen Atlas. Aufgrund der Vorarbeiten in Phase II konnte in Phase III mit der Installation von 4-5 Pilotanlagen begonnen werden. Dahinter verbirgt sich ein potentielles Programm von ca. 500 Kleininstallationen in der Region Marrakesch und etwa 2 500 für das ganze Königreich. Die Wasserkraftnutzung hat eine hohe Bedeutung für die marokkanischen Bergregionen, da sie eine kostengünstige Basisenergieversorgung ermöglicht. Es werden Modelle erarbeitet, wie Nutzergemeinschaften Kleinanlagen erwerben und betreuen können. Grundsätzlich geht es darum, daß während der Nachtstunden für die Bewässerung nicht genutztes Wasser in Kleinturbinen Strom für eine Basisversorgung der Dorfhaushalte erzeugt. Die Fertigung von Teilkomponenten in Verbindung mit SKAT, einer Beratungsfirma aus der Schweiz, ist geplant. Die Anlagen sollen zwischen 5-25 kW produzieren. Viele von ihnen werden aufgrund wechselnder Niederschlagsmengen nur 10-11 Monate pro Jahr Strom produzieren können. Die Kombination von Kleinwasserkraft und PV-Strom ist optimal, da eine Minimalversorgung der Haushalte bei Ausfall des Stroms aus Wasserkraft gewährleistet werden kann. Die Kleinwasserkrafttechnologie eignet sich besonders gut für eine lokale Fertigung.

Biomasse/Haushaltsenergie. Im Bereich der Holzenergienutzung ist geplant, einen nationalen Nutzungsplan zu erstellen. Er wird auf der Zusammenarbeit zwischen dem Energieministerium, CDER und dem Landwirtschaftsministerium mit seiner Forstabteilung beruhen. Diese Koordinierung ist wichtig, weil in Marokko jährlich ca. doppelt soviel Holz aus den Wäldern entnommen wird als nachwächst. Die Aufgabe des CDER besteht u.a. in der technischen Optimierung holzverbrauchender Aggregate, wie maurische (türkische) Bäder, gemeinschaftliche Brotbacköfen, Töpfereien, Holzkohlemeiler usw. Eine fruchtbare Zusammenarbeit mit anderen GTZ-Projekten und Programmen wird angestrebt. Eine Beteiligung der Weltbank an den Vorhaben erscheint möglich. Eine Zusammen-

2 Als Richtwert kann angesetzt werden, daß zur konventionellen Erzeugung von 1 kWh ungefähr 1 kg CO_2 entsteht.

arbeit wäre sowohl für CDER als auch für die gesamte REG-Situation in Marokko von großer Wichtigkeit, da damit ein Bindeglied zwischen dem land- und forstwirtschaftlichen Bereich und dem Energiesektor hergestellt werden könnte, was eine Grundvoraussetzung für eine ökologische Nutzung nachwachsender Rohstoffe in Marokko ist. Ziel des Gesamtvorhabens ist es u.a., eine neutrale CO_2-Bilanz zu erzeugen. Es sollen nur soviel nachwachsende Rohstoffe verbraucht werden, wie natürlicherweise nachwachsen können. Das Vorhaben ist schwierig u.a. wegen diffuser Besitz- und Nutzungsverhältnisse von Wald- und Weidegebieten sowie Weiderechten durchziehender Nomaden oder Halbnomaden. Der Wald wird von der rasch zunehmenden ländlichen Bevölkerung übernutzt oder in Ackerland verwandelt, das dann verstärkter Erosion ausgesetzt ist.

Biogas-Regionalprogramm. Wegen der technischen Reife der Anlagen, der Nutzung von Biogas in Motoren und der Akzeptanz des Faulschlamms als Düngemittel durch Landwirte kann in der Projektregion *Souss-Massa* (bei Agadir) mit einem großen Verbreitungsprogramm begonnen werden. Die deutsche TZ-Beteiligung soll sich nur noch auf die Bereitstellung eines Auslandsmitarbeiters und auf logistische und organisatorische Komponenten beziehen. Das Landwirtschaftsministerium hat grundsätzlich seine Bereitschaft zur Realisierung eines größeren regionalen Verbreitungsprogramms signalisiert. Damit wäre der Durchbruch der Biogastechnologie geschafft und ein großes Regionalprogramm mit landesweiter Ausstrahlung könnte beginnen. In Marokko könnten ca. 50 000 Biogasanlagen gebaut und genutzt werden. Das wären ca. 10% des theoretisch nutzbaren Potentials. Diese könnten ca. 100 Mio. m^3 Biogas jährlich produzieren. Ein vergleichbares Potential besteht bei Deponiegas und Kläranlagen.

Die Vermeidung einer unkontrollierten Methanproduktion, aus dem Biogas zu 50-75% besteht, muß unbedingt erreicht werden, da Methan wesentlich zum Treibhauseffekt beiträgt. Das Endprodukt einer Biogasverbrennung, gleich ob in offener Flamme oder in Motoren, ist überwiegend CO_2 und Wasser. CO_2 trägt zwar auch zum Treibhauseffekt bei, aber deutlich weniger als Methan und ist zudem als natürliches Verbrennungsendprodukt unvermeidbar.

Da jegliches aerobe Leben mit der Erzeugung von CO_2 als natürlichem chemischen Endprodukt von Verbrennungsvorgängen verbunden ist, kann das Ziel nur sein, möglichst wenig Energie möglichst rationell zu verwenden und die benötigte Energie aus erneuerbaren Ressourcen zu erzeugen. Dabei wäre es hilfreich, wenn alle Lebensformen, die direkt oder indirekt auf die Nutzung nachwachsender Biomasse angewiesen sind, nur soviel davon verbrauchen, wie nachwächst. Das in Pflanzen, Tieren und Menschen gebundene CO_2 befindet sich dann auf einer Parkbahn und wird mittelfristig wieder dem Kreislauf zugeführt. Das von diesen Organismen freigesetzte CO_2 wird wieder überwiegend durch Photosynthese fixiert und im Meer absorbiert. Tragfähige Modelle beinhalten, daß die Energie für die Erzeugung der in der Land- und Forstwirtschaft eingesetzten Hilfsmittel durch erneuerbare Energien gewonnen wird und die Rückstände von land- und forstwirtschaftlichen Aktivitäten vollständig abbaubar sind.

Großes nationales PV-Verbreitungsprogramm. Eine Konzeption eines großen regionalen PV-Verbreitungsprogramms wurde von CDER erarbeitet und der EU im Rahmen von APAS, einem EU-Förderprogramm, 1994 als gemeinsamer Vorschlag Marokkos, Spaniens und Deutschlands vorgelegt. Der KfW wurde die Finanzierung eines 10 Mio. DM Kreditprogrammes vorgestellt. Beide Institutionen zeigen Interesse an dem Programm, haben aber noch administrative und entwicklungspolitische Bedenken, weil sich das Programm auf die Basisstromversorgung der Bevölkerung überwiegend im konsumtiven und nicht auf den produktiven Bereich bezieht.

Das APAS-Programm legt dar, daß ca. 1,2 Mrd. ECU mit allen notwendigen Begleitmaßnahmen, einschließlich F&E-Maßnahmen und Fortbildung auf unterschiedlichen Niveaus benötigt würden, wenn alle ländlichen Bewohner Marokkos (in ca. 700 000 Haushalten) mit einer 30 W_p-Basisstromversorgung bei 100% Subvention[3] ausgestattet würden.[4] Zur Abwicklung der Maßnahmen würden in Stufenprogrammen ca. zehn Jahre benötigt. Die Summe erscheint hoch, ist es aber nicht, weil es überhaupt keine Alternative zur ländlichen Stromversorgung mit PV gibt. Die einzige Alternative wäre, nichts zu tun und die Verbreitung dem Markt zu überlassen, der sich über „trial and error" selbst reguliert. Dann müßte wahrscheinlich mit einem doppelten Finanzvolumen und doppelter Zeitdauer gerechnet werden.[5] Weitere Ausbaustufen sollten, so sieht es die Konzeption vor, nur noch kostendeckend erfolgen. Über den APAS-Ansatz könnte es gelingen, eine landesweite Wartungsstruktur aufzubauen, die zentrale Voraussetzung für ein erfolgreiches Verbreitungsprogramm. Das der KfW vorgelegte Konzept geht von einer kostendeckenden Verbreitung von PV-Anlagen aus, was die reinen Hardware Kosten angeht. Mit einem Finanzvolumen von ca. 10 Mio. DM würden über einen „Revolving Fonds" in zehn Jahren ca. 70 000 Systeme installiert.

Eine PV-Stromversorgung ist für den Kunden teuer, denn nach zehn Jahren muß mit dem gleichen Betrag wie für den Kauf für die Erneuerung des Systems gerechnet werden, obwohl die Paneele selbst eine Lebensdauer von mindestens 20 Jahren haben. Batterien müssen selbst bei sorgfältiger Wartung alle fünf Jahre erneuert werden, Regler alle drei Jahre. Lampen haben eine Lebensdauer von unter einem Jahr. Diese Tatsache wird oft sogar von Experten übersehen, und es wird oft davon ausgegangen, daß eine einmalige Investition genüge.

In Phase I und II des SEP-Marokko wurde im *Regionalen Energie-Versorgungskonzept* in der Provinz Kénitra modellhaft entwickelt, wie ein solches PV-Basisversorgungskonzept grundsätzlich aussehen könnte und welche Schritte

3 Derartige Subventionen würden dem Prinzip der Nachhaltigkeit zuwiderlaufen und sollen auch nicht so, wie hier verkürzt dargestellt, angewandt werden. Es geht primär darum, die Größenordnung und Maßnahmen eines solchen Programms zu konzipieren.

4 30 W_p sind für europäische Gewohnheiten ein geringer Wert. In jedem deutschen Wohnzimmer wird 10mal mehr elektrische Energie zu Beleuchtungszwecken benötigt.

5 Dies gilt unter der Annahme, daß es in den kommenden 20 Jahren keine technischen Entwicklungen geben wird, die den Photovoltaikmarkt revolutionieren werden.

durchlaufen werden müßten. Das Konzept ist marktorientiert. Die Nutzer müssen den Kaufpreis der Anlagen selbst aufbringen. Das Projekt bot nur günstige Kredit- und sonstige Rahmenbedingungen. Mit derartigen Programmen lassen sich ca. 30-40% einer ländlichen Region erreichen. Umfangreiches Zahlenmaterial liegt für die Provinz Kénitra in der GTZ-Zentrale in Eschborn vor.

Unter CO_2-Reduzierungsaspekten sind PV-Anlagen nicht a priori positiv einzustufen, da sie eine lange energetische Amortisationszeit haben. Eine Solaranlage zur Hausstromversorgung (solar home system) besteht grundsätzlich aus folgenden Komponenten: PV-Kollektor (40-80 W_p), Bleibatterie, Regeleinheit und stromverbrauchenden Aggregaten wie Fernseher, Radios und Lampen sowie einer Verdrahtung und Gestellen für die PV-Paneele. Interessant wird diese Technologie unter Umweltschutzgründen erst bei einer Gegenrechnung in Form der Vermeidung von Umweltbelastungen, die entstünden, wenn keine PV-Zellen eingesetzt würden. Der wesentliche Wert der lokalen ländlichen Stromversorgung liegt in der Anhebung der Lebensqualität und im Anschluß an das moderne Leben eines Landes, wodurch mannigfaltige (ungeplante) Maßnahmen erfolgen.

20.5.2 CDER-Programme ohne SEP-Unterstützung

Solarthermisches Programm. Das optisch wichtigste und langfristig für Marokko bedeutendste Programm ist das *Programme Centrale Thermosolaire*. Hier geht es darum, noch in diesem Jahrhundert, vorerst nur an einem Standort in der Nähe der aus Algerien kommenden Gasleitung, einen großen solarthermischen Park zur Stromerzeugung nach dem kalifornischen Rinnenprinzip der Firma Luz in der Größenordnung von 30-100 MW zu erstellen. Ca. 40% des erzeugten Stroms würden in der Region selbst verbraucht, der Rest würde in das nationale Netz eingespeist werden. Die Vorarbeiten sind weit fortgeschritten. Die Erstellung der Studie wurde durch die EU und ENDESA ermöglicht. Die Studie wurde in Zusammenarbeit mit dem spanischen EVU ENDESA unter Beteiligung der Firma Flagsol und der DLR sowie der Bölkow-Systemtechnik erstellt. Marokko erhofft sich von der thermosolaren Stromerzeugung langfristig die Bereitstellung von Strom für die umgekehrte Osmose zur Meerwasserentsalzung und zum Transport von solar erzeugtem Wasserstoff und anderer chemischer Energieträger nach Europa. Die Pilotanlage wird voraussichtlich ca. 400 Mio. DM kosten.

Thermosolare Anlagen sind z.Z. noch nicht wirtschaftlich. Der erzeugte Strom kann nicht mit klassisch erzeugter Elektrizität konkurrieren, da zu der Solaranlage noch ein klassischer Kraftwerksteil hinzukommen muß, weil der Strombedarf der Nutzer nur bedingt mit dem Solarangebot übereinstimmt. Grundsätzlich könnte ein Teil der erzeugten Energie solange gespeichert werden, daß auch der Betrieb in den Nachtstunden gewährleistet wäre. In den USA geht die nächste Generation solarthermischer Anlagen, allerdings mit einem für Marokko zu hohen F&E-Anteil, nach diesem Prinzip vor. Marokko muß vorerst auf bewährte Technologien zurückgreifen und kann sich keine großen Versuchsstationen leisten. Aus finanziellen und nicht aus technischen Gründen wurde daher der Bau der solarthermischen Anlage vorerst verschoben. Das Interesse Marokkos hat zudem nachgelassen, weil sich durch den Bau und Betrieb neuer Kraftwerke mit klassischen Energieträgern, allerdings zu Lasten der Umwelt, die Dringlichkeit verringert hat. Ferner ist zu bedenken, daß solarthermische Kraftwerke, je nach Konzeption und Größe zwischen 4-8 Betriebsjahre benötigen, bis sie die zu ihrer Erzeugung notwendige Energie produziert haben. Als Lebensdauer der Anlagen wird, je nach Komponenten, ca. 20 Jahre angenommen. Der beachtliche Flächenbedarf, der sich durch die Aufstellung der Spiegel ergibt, kann aber vernachlässigt werden, weil Platz in Wüsten und wüstenähnlichen Regionen vorhanden ist. Standortfragen sind dagegen von essentieller Bedeutung. Sehr wichtig ist eine optimale Sonneneinstrahlung, bereits geringe Trübungen können die Wirtschaftlichkeit nachhaltig negativ beeinflussen. Deshalb wurde der wirtschaftlich interessante Standort *Taroudant* bei Agadir verworfen.

Nationale dezentrale Elektrifizierungsprogramme. Diese Programme wurden nur möglich, weil das staatliche EVU 1992-93 nicht in der Lage war, die Elektrizitätsversorgung zu garantieren. Der Minister für Energie und Bergbau beauftragte daraufhin CDER mit der Erstellung eines Positionspapiers. Seitdem ist die Stromerzeugung für jedermann, mit gewissen Auflagen und Einschränkungen, erlaubt. Durch die Monopolaufhebung ist auch der Gegensatz zwischen klassischer Energieversorgung und der Energieversorgung mit e. E. aufgehoben. Es soll die jeweils kostengünstigste Variante eingesetzt werden, was auch einen Energiemix von klassischer Energieerzeugung und e. E. einschließt.

Studie über die Errichtung von Kleinwasserkraftanlagen an Flüssen des Atlas, die in die Sahara hinein entwässern.[6] Es sollen für ca. 30 Mio. Dirham (5,0 Mio. DM) 19 mittelgroße Anlagen zwischen 20-500 kW errichtet werden.

PV-Programm Rif. Spanien entwickelt im Rif, im Norden Marokkos, mannigfaltige Aktivitäten, teils im Rahmen eigener Maßnahmen, teils mit Unterstützung der EU oder unter Verwendung von EU-Mitteln. Die holländische Regierung plant, rückkehrwilligen Gastarbeiterfamilien eine Elektrizitätsversorgung mit Solar Home Systemen zu ermöglichen. Ca. 50% der Kosten könnten über Zuwendungen finanziert werden. Das Programm wird, falls es realisiert werden sollte, vermutlich liefergebunden sein.

PV-Programm östlicher Atlas. Die EU hat Marokko 8 Mio. ECU, davon 4 Mio. als verlorenen Zuschuß und 4 Mio. ECU mit günstigen Kreditbedingungen für eine PV-Stromversorgung der Notstandsgebiete östlich des Atlas bereitgestellt. Dieses Programm wurde im ersten Halbjahr 1995 konzipiert. Die Beteiligung marokkanischer Firmen an der Verbreitung ist Teil der Konzeption.

6 Etude et Construction de 19 Micro Centrales Hydroélectriques sur le versant saharien de l'Atlas Marocain (internes Dokument der ONE).

UNIDO-Programm. Die UNIDO hat das CDER bei einer PV-Marktpotentialstudie unterstützt.[7] Marokko strebt an, der nordafrikanische UNIDO-Ansprechpartner für den gesamten maghrebinischen Raum zu werden. Die Datenlage über Marokko wird dadurch weiter gestärkt.

UNESCO-Programm. Die UNESCO erwägt, CDER zu einem strategischen, regionalen Partner für e. E. auszubauen. Die UNESCO führt mit CDER bereits gemeinsame Ausbildungsprogramme durch, und CDER unterstützt die UNESCO bei der Organisation der jährlich stattfindenden Sommerschule für e. E.

Windkraftspeicherwerk in der Senke von Sebkat Tah. Von Assis Bennouna, dem Generalsekretär des marokkanischen Forschungszentrums (CNRT), wird seit ca. drei Jahren ein Projekt vorangetrieben, ein Windkraftspeicherwerk nahe der ehemaligen marokkanischen Grenze zur West-Sahara zu errichten. In Küstennähe befinden sich einige unter dem Meeresspiegel gelegene Senken, die mit Meerwasser gefüllt werden könnten. Aufgrund des Gefälles von ca. 50 Metern könnten Wasserkraftturbinen betrieben werden, die während der Spitzenzeiten Strom produzieren. Während der nachfragearmen Zeiten könnten WKA einen Teil des Meerwassers zurückpumpen, damit die Senken erneut gefüllt werden können. Die Verdunstung in der warmen und windreichen Region ist hoch, so daß eine Salzgewinnung angeschlossen werden könnte, wie sie heute schon am Toten Meer geschieht. Der Windpark könnte eine Größe von rund 50 MW haben. Deutsche Technologie wird bevorzugt, weil sich deutsche Wissenschaftler bereits mit einem ähnlichen Projekt in der Katara-Senke in Ägypten befaßt haben, das aber aus wirtschaftlichen Gründen nicht realisiert wurde.

20.6 Zusammenfassung der staatlichen Aktivitäten bei erneuerbaren Energien

In den letzten Jahren der Phase III des SEP-Marokko (1994-96) kann festgestellt werden, daß sich in einigen wichtigen REG-Bereichen Technologiesicherheit und wirtschaftlicher Durchbruch abzeichnet. Dadurch werden einerseits große regionale und nationale Verbreitungsprogramme möglich. Andererseits wachsen REG-Technologien in die Rolle flankierender Maßnahmen für andere Projekte und Programme. REG-Programme, die über TZ-Maßnahmen begonnen wurden, können zunehmend in FZ-Programme überführt werden. REG-Programme und Projekte sind immer Teil einer ländlichen Energieversorgung und müssen sich in

7 Diese Studie wurde im Rahmen von CASE erstellt. CASE ist der Versuch der UNIDO, an mehreren strategischen Stellen der Welt Zentren zu gründen bzw. bestehende zu unterstützen, die sich mit der Vermarktung und/oder Produktion von PV-Komponenten befassen. Das bisher einzige Zentrum steht in Perth (Australien).

nationale Programme einfügen. Die Rolle, welche die Entwicklungszusammenarbeit der Bundesrepublik Deutschland im REG-Bereich in den letzten zwei Jahrzehnten spielte, kann als richtig und konsequent bezeichnet werden. Eine wichtige Komponente sind darin die SEP. Diese Einschätzung wird von allen wichtigen Gebern und internationalen Organisationen geteilt. Durch bedeutende Fortschritte bei diversen REG-Technologien kann nunmehr grundsätzlich die Phase der Verbreitung beginnen. Diese kann durch landeseigen finanzierte Programme (z.B. Biogasextension service) oder durch Kreditaufnahme bei Geberbanken (z.B. landesweite PV-Familienversorgungsprogramme) geschehen.

Trägerqualifizierung. Durch erfolgreiche Trägerberatung steigt dessen Qualifikation. Diese löst eine zusätzliche nationale REG-Nachfrage aus. Parallel zur steigenden nationalen Bedeutung steigt auch das regionale und internationale Ansehen dieses Trägers, was eine erhöhte Trägerberatung nach sich zieht.

Änderung des Programmtyps des klassischen SEP-Ansatzes. Mit zunehmender Technologieverfügbarkeit ändern sich in wichtigen Teilbereichen klassische SEP-Strukturen. Die TZ-Komponente könnte zunehmend ein flankierendes Element einer FZ-Komponente darstellen.

REG-Komponenten als Teil eines normalen TZ-Projektes. Als Folge von REG-Technologiesicherheit und -verfügbarkeit steigen die Anwendungsbereiche in klassischen TZ-Projekten und Programmen. Aus marokkanischer SEP-Sicht dürften *alle* TZ-Projekte und Programme in Marokko einen REG-Bedarf von 5-10% der Projektmittel haben. Es sollten daher bereits bei der Projektkonzeption klassischer und neuer Projekte oder Programme die nötigen Mittel eingeplant werden. Diese können einem SEP als Unterauftragnehmer direkt zur Durchführung bereitgestellt oder wahlweise vom Projekt angewiesen werden.

In Marokko ist das Innenministerium mit seinen lokalen Behörden für die ländliche Entwicklung direkt verantwortlich. Seit 1992 dürfen die Gemeinden einen Teil der eingenommenen Mehrwertsteuer eigenständig verwalten. Dafür sind den Gemeinden zusätzliche Verantwortungs- und Durchführungsbereiche übertragen worden. Folgerichtig führt das Innenministerium in enger Zusammenarbeit mit CDER verschiedene lokale REG-Programme durch.

20.7 Überlegungen zu privatwirtschaftlichen Kooperationen zwischen Marokko und der Bundesrepublik Deutschland

Die offiziellen Wachstumsraten der Importe von REG-Komponenten nach Marokko, die staatlicherseits veröffentlicht werden, d.h. der persönliche Transport durch Gastarbeiterfamilien ist noch nicht berücksichtigt, sind beeindruckend. Im Jahre 1993 wurden wertmäßig mehr REG-Komponenten als Automobile nach

Marokko importiert, wobei erklärend hinzugefügt werden muß, daß in Marokko ausländische Fabrikate montiert werden.

Firmengründungen in Marokko. In Marokko sind Firmengründungen mit jeglicher Art von Beteiligungen erlaubt. Jede Firma unterliegt selbstverständlich marokkanischem Recht, kann aber völlig in ausländischer Hand sein und über ein eigenes Management verfügen. Firmengründungen sind in Marokko schwierig. Deshalb sollte es wohlüberlegt sein, sich dort niederzulassen.

Marokko wird bezüglich der Hilfe bei Firmengründungen und/oder Firmenerweiterungen substantiell von ausländischen Gebern, u.a. auch von der Bundesrepublik Deutschland, unterstützt. Unter diesem Gesichtspunkt allein würde es sich für eine ausländische Firma nicht lohnen, eine Produktion in Marokko zu beginnen, es müssen andere Faktoren hinzukommen.

Niedriglohnkostenvorteil. Dieser Vorteil ist natürlich gegeben, ist aber dennoch relativ, weil die Produktivität eines marokkanischen Arbeiters unter der eines deutschen liegt. Ferner muß mit reellen Lohnkosten operiert werden, da qualifizierte Arbeitskräfte selten sowie relativ teuer sind und erst angelernt werden müssen.

Exportbedingungen. Eine Produktion in Marokko kann dann Vorteile bringen, wenn es präferenzielle Handelsbedingungen mit Drittländern gibt, die z.B. Deutschland nicht eingeräumt werden. Dies ist z.B. im Rahmen der UMA der Fall. Wichtig aber wäre in jedem Fall, daß ein Export in die EU möglich ist. Es würde sich kaum für eine deutsche Firma lohnen, in Marokko zu produzieren, wenn sie anschließend nicht zollfrei den EU-Markt beliefern könnte. Da wäre dann eher eine Produktion in Griechenland oder Portugal vorzuziehen.

Rolle von Gastarbeitern. Gastarbeiterfamilien, die in Europa leben, d.h. in Frankreich, Belgien, den Niederlanden und in Deutschland, tragen wesentlich zur Verbreitung der e. E. in Marokko bei. Einerseits erhöht sich die Kaufkraft der einheimischen Bevölkerung durch Auslandsüberweisungen, andererseits importieren die Gastarbeiter bei ihren jährlichen Urlaubsfahrten nach Marokko zunehmend photovoltaische Solarpaneele. Ferner sind sie Know-how Träger, weil sie in Europa mit moderner Technik in Berührung kommen und diese in ihre Dörfer bringen.

Joint-ventures. Viele der oben ausgeführten Schwierigkeiten entfallen zumindest teilweise, wenn es gelingt, ein joint-venture mit einer marokkanischen Firma einzugehen. Auch für diesen Fall stellt die Bundesrepublik Deutschland günstige Kredite über die DEG zur Verfügung. In diesem Rahmen werden verschiedene Kooperationen zwischen deutschen und marokkanischen Firmen diskutiert.

Teil VI
Handlungskonzepte und Vorschläge nichtstaatlicher Akteure zur Reduzierung von CO_2-Emissionen

21 Der Beitrag der deutschen Stromversorger zur Verringerung der CO_2-Emissionen

Joachim Grawe

21.1 Ausgangssituation Anfang 1995

21.1.1 Vorsorge und Kosteneffizienz

Das Klimarisiko erfordert globale Vorsorgemaßnahmen zur Verringerung der Emissionen klimarelevanter Spurengase, vor allem CO_2. Sie bedingen die zunehmende Abkehr von der Verbrennung als Grundlage der Energieversorgung. Hierzu müssen sowohl die Energieintensität der Volkswirtschaft durch „Sparen" als auch ihre Kohlenstoffintensität durch „Substituieren" verringert werden. Das heißt: Die fossilen Energieträger Kohle, Öl und Gas sind in einer Übergangsphase effizienter einzusetzen und in einem säkularen Prozeß durch die CO_2-freien nuklearen und regenerativen Energien zu ersetzen.

Hierfür ist Kapital vonnöten, eine besonders knappe Ressource. Alle Maßnahmen sind daher sorgfältig nicht nur auf ihre Vereinbarkeit mit anderen volkswirtschaftlichen und gesellschaftlichen Zielen, sondern auch auf ihre Kosteneffizienz zu prüfen. Ein nur auf den Klimaschutz abstellendes „eindimensionales Crash-Programm", bei dem wichtige Wohlfahrtsziele vernachlässigt werden, ist nicht zu rechtfertigen. Die übrigen Anforderungen an Energiesysteme, besonders auch an die Stromversorgung, dürfen nicht außer acht bleiben:

- *Versorgungssicherheit* (kontinuierliche Verfügbarkeit);
- *Wirtschaftlichkeit* (Erschwinglichkeit, effizienter Mitteleinsatz);
- *Umweltverträglichkeit* (Regenerationskraft der Natur);
- *Ressourcenschonung* (Kapital, Rohstoffe: nach Maßgabe von Knappheit und vielseitiger Verwendbarkeit).

Zu beachten sind hierbei Machbarkeit, der Zeitfaktor und kein Entweder-Oder. Eine diversifizierende, also verschiedenartige Beiträge kombinierende „strategy of no regret" muß gefunden werden.

Angesichts des hohen Energieverbrauchs für Heiz- und Transportzwecke müssen sich die Anstrengungen in erster Linie auf die (vorhandenen) Gebäude und den (Straßen)Verkehr richten. Aber Sparen und Substituieren ist auch in der Stromversorgung geboten. Der folgende Beitrag beschränkt sich hierauf.

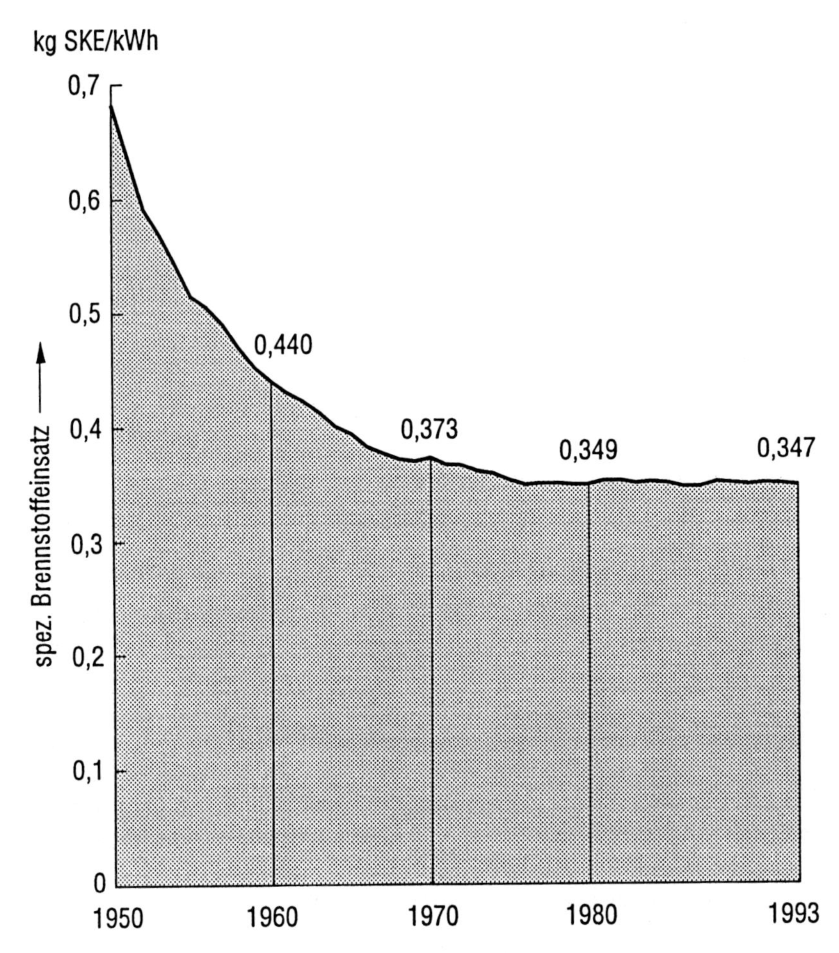

Abb. 21.1. Durchschnittlicher Brennstoffeinsatz je kWh Netto-Erzeugung in den Kraftwerken der öffentlichen Versorgung in Westdeutschland (Quelle: Hoffmann/Hildebrand, 1995: 1108)

21.1.2 Bisherige Erfolge

Schon bisher konnten die westdeutschen Stromversorger in erheblichem Umfang CO_2 vermeiden, vor allem durch

- Halbierung des spezifischen Brennstoffverbrauchs der Kohlekraftwerke (rd. 200 Mio. t/a; vgl. Abb. 21.1);
- Ausbau der Kraft-Wärme-Kopplung (vier Mio. t/a);
- Einsatz der Kernenergie (rd. 150 Mio. t/a), durch den der CO_2-Ausstoß in den 80er und 90er Jahren trotz deutlich gestiegenen Stromverbrauchs konstant gehalten werden konnte (vgl. Abb. 21.2);

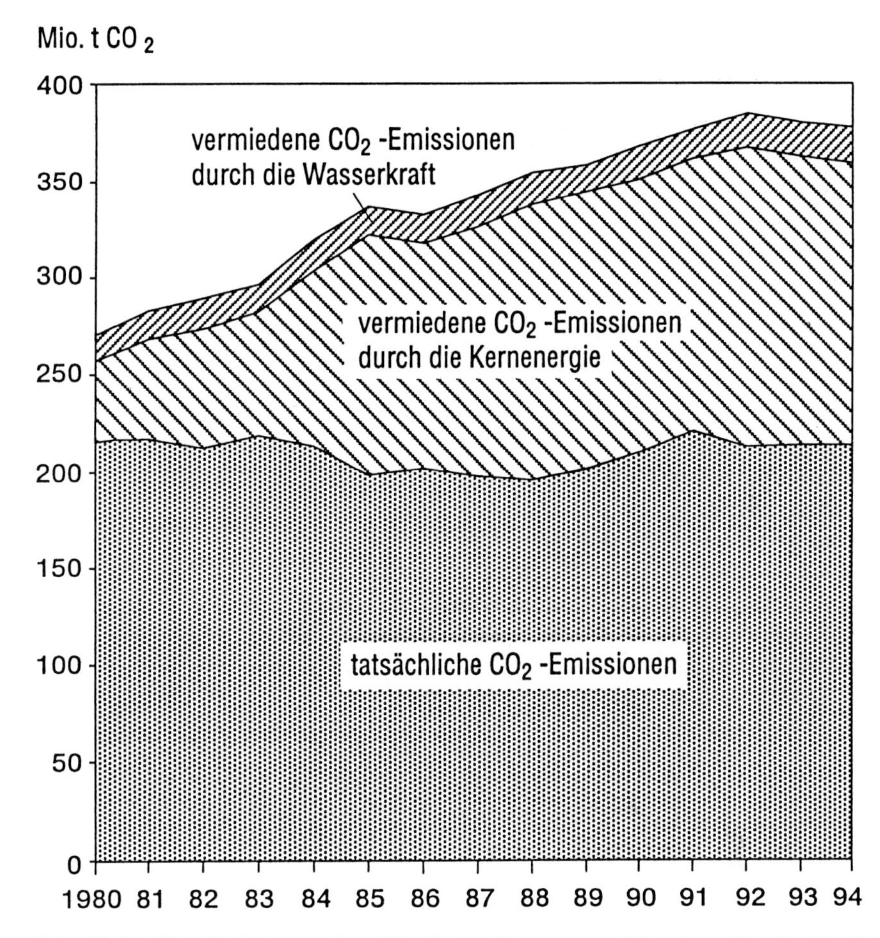

Abb. 21.2. CO_2- Emissionen der öffentlichen Versorgung (Westdeutschland) (Quelle: VDEW)

- Nutzung der Wasserkraft und anderer regenerativer Energien (rd. 20 Mio. t/a, vgl. Abb. 21.2);
- Beratung und Unterstützung der Kunden beim Strom- und Energiesparen mit Hilfe von Strom (rd. 3 Mio. t/a).

Ohne diese Erfolge wäre der CO_2-Ausstoß der Kraftwerke der öffentlichen Versorgung 1994 fast dreimal so hoch ausgefallen.

Im Zeitraum 1987 bis 1993 gingen die CO_2-Emissionen der Stromerzeugung in der gesamten öffentlichen Versorgung Deutschlands von etwa 340 Mio. t um gut 20% auf rd. 270 Mio. t zurück. Hauptursachen waren der Einbruch beim Stromverbrauch in Ostdeutschland und die Inbetriebnahme von drei modernen Kernkraftwerken in Westdeutschland.

21.2 Selbstverpflichtung bis 2015

21.2.1 Initiative der Wirtschaft zum Klimaschutz

Sechs Spitzenverbände, darunter die VDEW, haben Ende 1991 der Bundesregierung in einer „Initiative der deutschen Wirtschaft für eine weltweite Klimavorsorge“ Selbstverpflichtungen von Unternehmen oder Verbänden als Alternative zu weiteren ordnungsrechtlichen Vorschriften und Lenkungsabgaben („Ökosteuern“) zum Klimaschutz vorgeschlagen. Nach längeren Verhandlungen haben zahlreiche Wirtschaftszweige am 10. März 1995 entsprechende Erklärungen abgegeben. Sie haben sich darin freiwillig bereiterklärt, ihre spezifischen CO_2-Emissionen bzw. den spezifischen Energieverbrauch bis 2005 um bis zu 20% zu verringern (Basis 1987 entsprechend den damaligen Zielsetzungen der Bundesregierung).

21.2.2 Weitergehende Ziele der VDEW

Die VDEW hat darüber hinaus die Reduzierung des absoluten CO_2-Ausstoßes bis 2015 um 25% zugesagt (VDEW, 1995: 474). Die Zusage beruht auf einer Repräsentativumfrage bei den Mitgliedsunternehmen. Zugrunde gelegt wurde eine Erhöhung der Stromerzeugung in fossil befeuerten Kraftwerken um durchschnittlich 1% pro Jahr wegen des weiteren Anstiegs der Stromnachfrage zu Lasten anderer Energien infolge des wirtschaftlichen Strukturwandels (Dienstleistungen, Kommunikation) und der gesellschaftlichen Entwicklungen (Freizeit, Umweltschutz, vgl. Kasten 1).

Die Erreichung des Ziels setzt u.a. voraus, daß

- auf eine staatliche Vorgabe für die Verfeuerung von Mindestmengen an Braun- und Steinkohle verzichtet wird;
- die vorhandenen Kernkraftwerke ihre Leistung erhöhen und ungestört betrieben werden können sowie das KKW Mülheim-Kärlich wieder produziert;
- den Unternehmen nicht durch eine Klimaschutzsteuer Investitionskapital entzogen wird.

21.2.3 Einwände

Der Selbstverpflichtung wird verschiedentlich entgegengehalten, die Unternehmen hätten nur ohnehin geplante Maßnahmen angekündigt. Dies trifft zwar weitgehend zu. Der Vorwurf geht dennoch fehl. Denn wirtschaftlich nicht vertretbare, nicht kosteneffiziente Maßnahmen sind abzulehnen. Sie vergeuden Ressourcen und wären deshalb kontraproduktiv.

Die Stromversorger berücksichtigen heute die Anforderungen des Umwelt- und Klimaschutzes nach dem Stand der Technik bereits von vornherein bei ihren Planungen. Sie ziehen Maßnahmen vor und erweitern sie über das ursprüngliche

Konzept hinaus. Hohen Wert hat die geschärfte Bewußtseinsbildung bei den Mitarbeitern für das Klimaschutzziel. Die Umsetzung der Selbstverpflichtung wird von den staatlichen Instanzen zeitnah verfolgt (sog. Monitoring).

Kasten 1: VDEW

Die 1892 gegründete Vereinigung Deutscher Elektrizitätswerke VDEW - e. V. ist der Wirtschaftsverband der deutschen Elektrizitätswirtschaft. Mitglieder sind die großen, nahezu alle mittleren und die meisten kleinen (lokalen) Unternehmen der öffentlichen Versorgung: rd. 780 von insgesamt 1 000. Sie haben einen Anteil an der öffentlichen Versorgung von rd. 99%. Stadtwerke stellen die Mehrzahl von ihnen. In den Führungsgremien (Präsidium, Vorstandsrat und Ausschüssen) sind jeweils die Verbund-, die regionalen, die kommunalen und die sonstigen Unternehmen angemessen repräsentiert. Die langfristige Öffentlichkeitsarbeit ist in die rechtlich selbständige Informationszentrale der Elektrizitätswirtschaft (IZE) ausgegliedert.

Die VDEW vertritt die Interessen des Wirtschaftszweiges nach außen und erbringt Dienstleistungen für ihre Mitglieder. Sie strebt zukunftsorientierte Lösungen für eine sichere, umweltschonende, preiswerte und wirtschaftliche Stromversorgung an. Besonderes Anliegen im Sinne der „Eta-Initiative für Energievernunft“ sind ihr die rationelle Energieverwendung, die Weiterentwicklung der Unternehmen zu leistungsfähigen Dienstleistungspartnern und die CO_2-Minderung. Sie setzt sich für die Akzeptanz des Stroms als der wichtigsten Zukunftsenergie samt seiner wirtschaftlichen und umweltverträglichen Erzeugung, Übertragung und Verteilung sowie für die unternehmerische Lösung der Versorgungsaufgaben ein.

Die wichtigsten regelmäßigen Publikationen der VDEW und der IZE für die Allgemeinheit und die Medien sind:

- die Verbandszeitschrift „Elektrizitätswirtschaft“;
- der Dienst „Strom-Linie“ für Presse, Funk und Fernsehen;
- der VDEW-Jahresbericht;
- die Faltblätter „Elektrizität“ und „Strom-Zahlen“;
- die Schrift „Die öffentliche Elektrizitätsversorgung“ (erläuterte Statistiken);
- „VDEW-Argumente“ und „VDEW-Materialien“;
- „StromTHEMEN“ (IZE);
- „StromBASISWISSEN“ und „StromDISKUSSION“ (IZE);
- Unterrichtsmaterialien (IZE).

21.3 Maßnahmen zur CO_2-Minderung

Die Erreichung des Minderungsziels erfordert eine CO_2-Reduktion um gut 90 Mio. t/a (vgl. Abb. 21.3). Hierfür müssen alle Ansätze zur Einsparung und zur

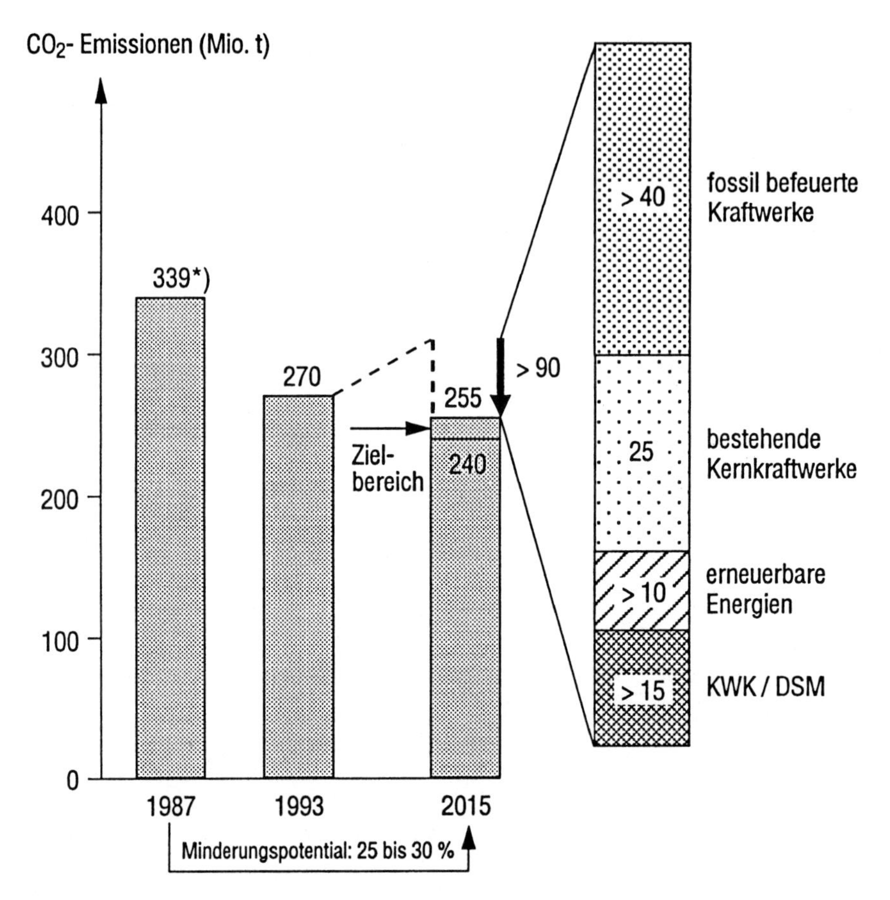

*) einschließlich Industrie-Kraftwerken in Ostdeutschland
(Unterscheidung nach öffentlichen und Industrie-KW nicht möglich)

Abb. 21.3. CO_2-Minderungsmöglichkeiten in der öffentlichen Elektrizitätswirtschaft bis 2015 (Quelle: Hoffmann/Hildebrand, 1995: 1110)

Substitution sowohl auf der Nachfrage- wie auf der Angebotsseite genutzt werden (vgl. Tabelle 21.1).

21.3.1 Nachfrageseite

Energiesparen beim Strom („Negawatts"). Die erwarteten niedrigen Zuwachsraten des Stromverbrauchs setzen erhebliche Erfolge beim Energiesparen voraus. Zu ihnen tragen auch künftig die Energieberatung sowie gezielte Maßnahmen der Stromversorger zur Nachfragebeeinflussung („Demand-side management" - DSM) bei. Diese geben hierfür jährlich rd. 800 Mio. DM aus (etwa 1% des Umsatzes aus Verkäufen an Letztverbraucher, d.h. durchschnittlich gleich viel wie die amerikanischen EVU). Die Zahl der Energieberatungsstellen hat deutlich zu-

Tabelle 21.1. Sparen und Substitution zur CO_2-Minderung in der Stromversorgung

Ansatz	*Sparen*		*Substitution*	
Seite der Bilanz	Nachfrage	Angebot	Nachfrage	Angebot
Funktionsstufe	Anwendung	Erzeugung (+ Übertragung + Verteilung)	Anwendung	Erzeugung
Bereich	1. bei Strom 2. durch Strom („Ökowatts")	1. Kraftwerke mit höheren Wirkungsgraden 2. Kraft-Wärme-Kopplung	1. Ersetzung Strom durch Gas (z.B. Heizung) 2. Ersetzung Öl durch Strom (z.B. Wärmepumpe)	1. Ersetzung Kohle durch Kernenergie 2. Ersetzung Kohle durch Regenerative (und Gas)
Subjekt	Verbraucher (Unterstützung durch EVU)	EVU	Verbraucher (Unterstützung durch EVU)	EVU

genommen. Sinnvolle Maßnahmen sind u.a. der „Verkauf von Energieeinsparung" in Form von Direkt-Service für Wärme oder Licht, Contracting und gezielte Beratung von Unternehmen und Kommunen (Consulting). Sie befinden sich in der Erprobung. Die VDEW bereitet hierzu einen umfassenden Leitfaden mit Erfahrungsberichten für ihre Mitglieder vor. Er wird 1996 vorliegen.

Seit der Verabschiedung des Grundsatzpapiers „Die Stromversorger als Dienstleistungspartner" (Grawe, 1992d: 210) durch den Vorstandsrat der VDEW Ende 1988 verstehen sich mehr und mehr EVU als Dienstleister für Energie und verwandte Aufgaben (sog. Energiedienstleistungsunternehmen). Die anlaufende „Eta-Initiative für Energievernunft" der deutschen Stromversorger zielt nicht zuletzt ebenfalls auf höhere Energieproduktivität und bessere Klimaverträglichkeit ab (IZE, 1995: 4).

Bei den privaten Haushalten (Anteil am Stromverbrauch knapp 30%), könnte der - u.a. auf der Zunahme der Zahl der Haushalte und besserer Geräteausstattung beruhende - Trend zum leichten Verbrauchsanstieg durch Installation effizienterer Geräte sowie durch die DSM-Maßnahmen der Stromversorger noch vor 2015 umgekehrt werden. Dies wird allerdings durch andere Sektoren überkompensiert. Dort wirken sich andere Determinanten des Energieverbrauchs (vgl. Tabelle 21.2) stärker aus als der immer rationellere Stromeinsatz bei den einzelnen Anwendungen. Im Ergebnis bewirken „Negawatts" daher nur insoweit eine CO_2-Minderung bis 2015, als ohne sie mit einem höheren Anstieg zu rechnen wäre. Das Vorhandensein größerer theoretischer oder technischer Sparpotentiale ändert hieran nichts. Bis zum realisierbaren Potential ist es auch beim Energiesparen in der Praxis noch ein weiter Weg (vgl. Abb. 21.4).

Tabelle 21.2. Faktoren für die Änderung des Energieverbrauchs (Quelle: Grawe/Schulz/Winkler, 1991: 31)

Andere Faktoren		Energieeinsparung
Außentemperaturen	Änderung der Zahl der energieverbrauchenden Geräte und Anlagen	Rationellere Energieverwendung durch technische Verbesserungen
Veränderungen der Zahl der Verbraucher	Änderung der Nutzungsintensität der energieverbrauchenden Geräte und Anlagen	Haushälterischer Umgang mit Energie durch Verbrauchsverhalten
Änderung der Zusammensetzung der Verbraucher[b]	Änderung der Produktion	Verzicht auf Energieanwendungen (= Konsumverzicht)
Änderung der Zusammensetzung der Nachfrage[c]	Änderung der Zusammensetzung der Produktion[a]	

a) z.B. Rückgang energieintensiver Produktion, insbesondere auch durch Verlagerung ins Ausland;
b) z.B. mehr alte Menschen mit höherem Raumwärmebedarf;
c) z.B. Rückgang der Nachfrage nach energieintensiven Produkten.

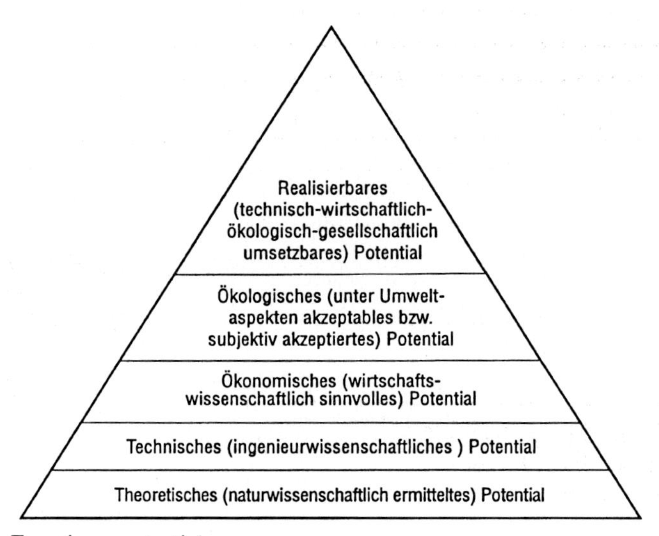

Abb. 21.4. Energiesparpotentiale

Energiesparen durch Stromeinsatz („Ökowatts“). Bedeutsamer ist künftig die Substitution von Brennstoffen durch Stromanwendungen, bei denen Energie gespart wird und die Umwelt sowie das Klima geschont werden. Hierbei geht es um die Verbesserung von Prozessen durch Steuerung und Regelung, Ersatz von Brennstoff- durch Stromverfahren, Ersatz von brennstoffabhängigen durch auf Strom basierende Energiedienstleistungen sowie den Aufbau von Kreislaufprozessen mit Hilfe von Strom. Beispiele bieten:

- Elektrowärmepumpen an Stelle von Braunkohle- oder Ölheizungen (vgl. Abb. 21.5);
- Verkehrsverlagerungen von der Straße auf die Schiene;
- Steuerung des Verkehrsflusses (u.a. Park-Leitsysteme);
- Elektroautos im Stadtverkehr;
- Verdrängung von Wärmeanwendungen durch Krafteinsatz;
- Infrarot- und Induktionsverfahren;
- Wärmerückgewinnung;

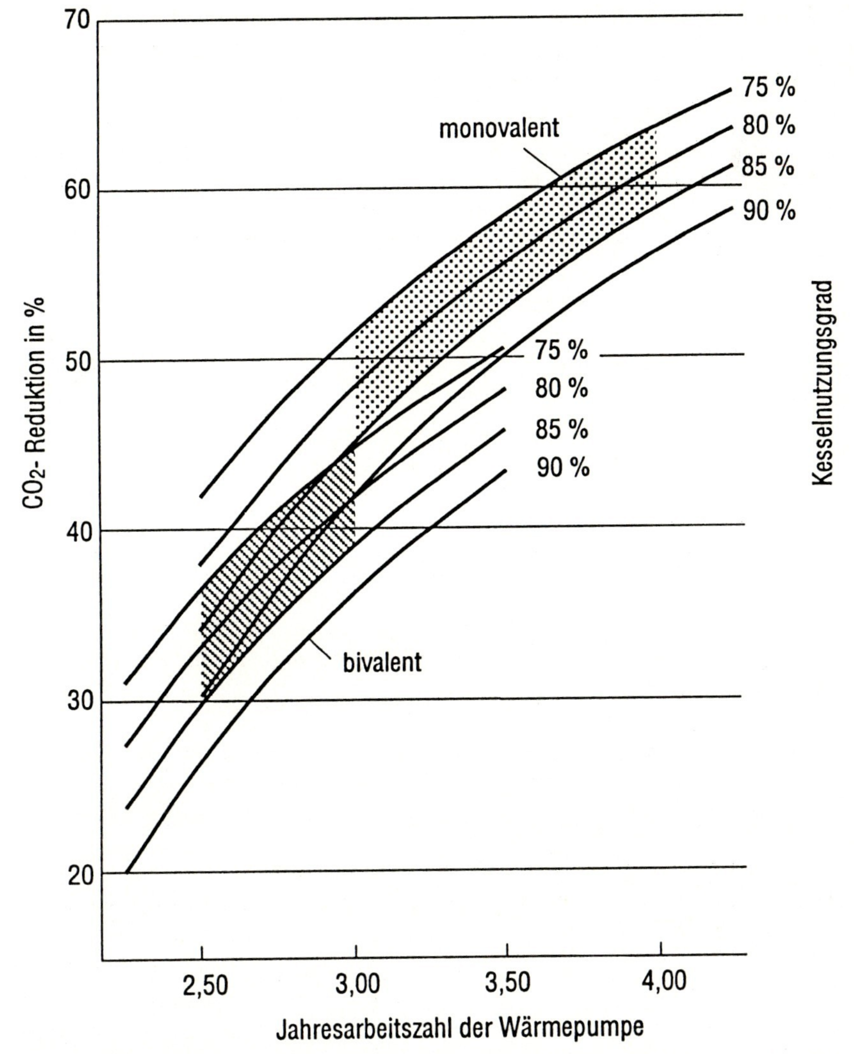

Abb. 21.5. Minderung der CO_2-Emissionen durch die Elektrowärmepumpe im Vergleich zur Ölheizung

- Nutzung der Telekommunikation, z.B. Videokonferenzen statt Sitzungen mit weiter Anreise, Teleheimarbeit (Grawe/Nickel, 1993: 1178).

Zusätzlicher Einsatz von Strom widerspricht bei genauer Betrachtung mithin nicht dem Ziel des Energiesparens. Im Gegenteil: Strom spart Energie. Die CO_2-Minderung durch derartige „Ökowatts" bis 2015 läßt sich vorsichtig auf mindestens zehn Mio. t/a abschätzen. Das langfristige Potential ist wesentlich größer.

21.3.2 Bessere Energieausnutzung auf der Angebotsseite

Auf der Angebotsseite hat die Verringerung der Energieintensität (Einsparung) bis 2015 größeres Gewicht als die Verringerung der Kohlenstoffintensität (Substitution). Die Ursachen sind die derzeit mangelnde Akzeptanz für den Neubau von Kernkraftwerken und die mittelfristig vor allem wegen ihrer hohen Kosten begrenzten Ausbaumöglichkeiten der erneuerbaren Energien.

Modernisierung von Kohlekraftwerken. Der Wirkungsgrad einer Reihe westdeutscher Braun- und Steinkohlekraftwerke (durchschnittlich 33 bzw. 37%) kann um bis zu zwei Prozentpunkte gesteigert werden. Dies soll in den nächsten Jahren geschehen.

In Ostdeutschland werden acht große Blöcke auf Braunkohlenbasis im Zuge der Nachrüstung mit Anlagen zur Luftreinhaltung modernisiert. Die Nettowirkungsgrade sollen dabei - trotz des erhöhten Eigenbedarfs - von 32 auf 34% angehoben werden.

Das mit insgesamt vier Mio. t/a zu veranschlagende CO_2-Minderungspotential in diesem Bereich dürfte um die Jahrhundertwende ausgeschöpft sein.

Neubau von Kohle- und Gaskraftwerken. Ab etwa 2005 ist eine Reihe in den 80er Jahren „runderneuerter" Kohlekraftwerke zu ersetzen. Durch den Bau neuer Anlagen mit Wirkungsgraden von 42 bis 43 (Braunkohle) und 45 (Steinkohle) % zwischen 2005 und 2015 kann eine CO_2-Reduktion von mehr als 30 Mio. t/a erwartet werden. Dies ist der bedeutendste Einzelbeitrag zu dem Gesamtvolumen von 90 Mio. t/a.

Kraft-Wärme-Kopplung. Durch Kraft-Wärme-Kopplung (KWK) wird der eingesetzte Brennstoff um rd. 25% besser ausgenutzt als bei getrennter Erzeugung von Strom in Kondensationskraftwerken und Wärme in Heizkesseln (vgl. Abb. 21.6). Sie vermeidet auf diese Weise derzeit vier Mio. t/a. KWK kann durch Zubau gasbefeuerter Anlagen - neben größeren Kombi-Anlagen mit Gas- und Dampfturbinen auch im kleinen Leistungsbereich und BHKW bei Objekten mit synchronem Strom- und Wärmebedarf („Nahwärme") - noch stärker genutzt werden. Unterstellt sind dabei weiterhin niedrige Erdgaspreise. In Ostdeutschland wird KWK (wie schon bisher in den alten Bundesländern) auch zur Versorgung von Fernwärmenetzen größere Bedeutung erlangen. Nicht so sehr die gekoppelte Erzeugung als vielmehr der Wechsel von den CO_2-reichen Einsatzbrennstoffen Braun- und Steinkohle zum CO_2-armen Erdgas dürfte so insgesamt eine CO_2-Vermeidung von sechs bis acht Mio. t/a CO_2 bewirken. Davon entfällt knapp eine Mio. t/a auf BHKW. Deren Anteil an der Gesamtkapazität in der öffentlichen Versorgung könnte sich auf annähernd 2% mehr als verdoppeln (Rumpel, 1996: 107).

1) BHKW mit Spitzenkessel (Anteil des BHKW an der Wärmearbeit 70%)

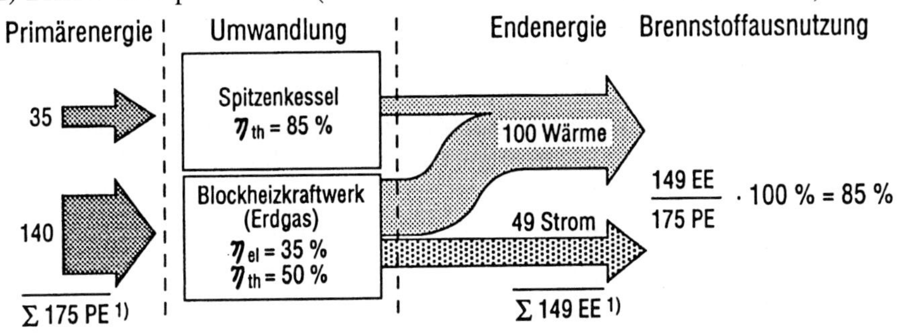

2) Getrennte Erzeugung (bestehender Anlagenmarkt)

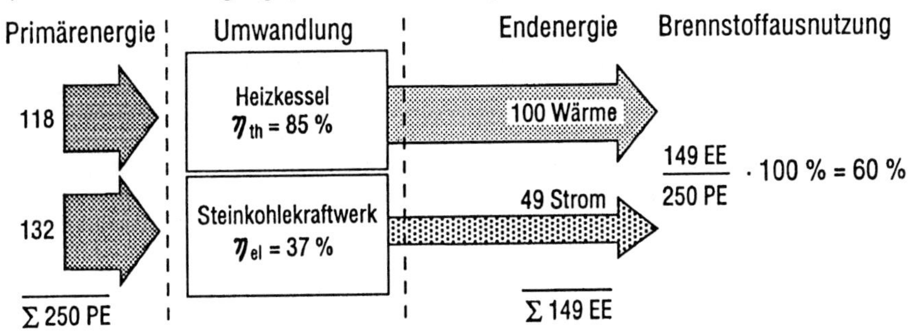

Abb. 21.6. Brennstoffausnutzung bei Kraft-Wärme-Kopplung (KWK) und getrennter Erzeugung von Strom und Wärme (PE = Primärenergieeinheiten; EE = Endenergieeinheiten; ohne Bewertung der unterschiedlichen energetischen Qualität von Strom und Wärme)

21.3.3 Energieträger-Substitution auf der Angebotsseite

Durch rationellere Energienutzung wird ebenso wie durch Übergang von Kohle (und Öl) zu Erdgas Zeit gewonnen. Beide „Optionen" lösen aber das Klimaproblem nicht. Hierzu müssen wir längerfristig auf die CO_2-freien nuklearen und regenerativen Energien „umsteigen".

Kernenergie. Das Klimakonzept der VDEW enthält nur eine über die bisherigen 150 Mio. t/a hinausgehende weitere CO_2-Minderung durch Kernenergie von knapp 25 Mio. t/a. Wegen der bestehenden Investitionsunsicherheiten wird ein Neubau von Kernkraftwerken bis 2015 ausgeklammert.

Bis zu fünf Mio. t/a davon bringen Erhöhungen der thermischen Leistung bei einigen Blöcken und verbesserte Turbinenschaufeln. Der ungestörte „optimale" Betrieb wirkt sich in einer weiteren Reduktion um rd. zehn Mio. t/a aus. Hinzu kommen nochmals knapp zehn Mio. t/a durch Wiederinbetriebnahme des KKW Mülheim-Kärlich (bei Verdrängung von Kohlestrom). Die Stillegung des KKW Würgassen ist gegenzurechnen.

Der Einwand, gewichtige nukleare Beiträge zur Klimabewahrung bedeuteten „den Teufel mit Beelzebub auszutreiben", verkennt den fundamentalen Unterschied zwischen beiden Risiken. Diejenigen der Kernenergie sind regionaler Natur und lassen sich durch verantwortungsbewußten Umgang mit der Technik beherrschen; Gefahren für die Nachwelt durch die - technisch gelöste - Endlagerung der geringen Mengen hochaktiver Abfälle können vermieden werden. Dagegen trägt jede Verbrennung von Kohle, Öl und Gas unweigerlich zur globalen Klimagefährdung bei. Nicht die Ausnahme, der große Unfall, sondern schon der „Normalbetrieb" verursacht hier den Schaden. Falsch sind auch Behauptungen:

- Wenn Kernenergie verfügbar sei, werde nicht gespart.
- Durch BHKW könnte mehr CO_2 vermieden werden als durch Einsatz der Kernenergie.

Erstere wird schon empirisch dadurch widerlegt, daß Länder mit Kernenergienutzung wie Japan und Deutschland beim Energiesparen weltweit mit an der Spitze liegen. Die zweite Behauptung beruht auf einem Trick. Dem gasbefeuerten BHKW wird die CO_2-Minderung bei der Ersetzung von Ölheizungen durch Erdgas gutgeschrieben. Da stets die Erfüllung einer identischen Versorgungsaufgabe, also die Erzeugung und Lieferung von Strom *und* Wärme auf Basis einerseits gekoppelter Erzeugung und andererseits getrennter Erzeugung verglichen werden muß, profitiert auch die Kombination KKW und Erdgaskessel von diesem Vorteil des Brennstoffwechsels. Sie ist dann dem BHKW hinsichtlich der CO_2-Reduktion deutlich überlegen (Grawe/Muders, 1994: 585).

Strategien, die versuchen, Kernenergie auszugrenzen, können daher mindestens in der Stromversorgung als kontraproduktiv nicht akzeptiert werden (Grawe, 1992e: 605). Der Betrieb eines großen Kernkraftwerks von 1 300 MW vermeidet jährlich rd. 10 Mio. t CO_2, wenn dadurch Kohlestrom verdrängt wird. Das ist die bedeutsamste Einzelmaßnahme des Klimaschutzes im Bereich der Stromversorgung (vgl. Kasten 2; Grawe, 1991b: 447). Ohne den nuklearen Beitrag müßten - angesichts des steigenden „Energiehungers" einer wachsenden Menschheit - auch bei noch so radikalen Sparmaßnahmen die globalen CO_2-Emissionen zwangsläufig steigen. Die Enquête-Kommission „Schutz der Erdatmosphäre" (EK II, 1995: 1071) empfiehlt deshalb, für 2050 in Deutschland folgenden Energiemix anzustreben: 25 (87) % fossile Energien, 25 (2) % heimische erneuerbare Energien, 50 (10 + 1) % nukleare Energien und/oder importierte erneuerbare Energien (in Klammern: Zahlen für 1994).

Kasten 2:

Um rund 10 Mio. t CO_2 beim Energieverbrauch zu vermeiden, müßte man in Westdeutschland:

- alle 27 Mio. Kühlschränke und alle 25 Mio. Waschmaschinen durch heutige Bestgeräte ersetzen;
- knapp 2,7 Mio. Heizöl-beheizte Altbau-Einfamilienhäuser (150 m^2) vom heutigen durchschnittlichen Wärmedämmstandard auf den Standard für Neubauten nachrüsten;
- rund 13 Mio. Pkw ersetzen durch Fahrzeuge, die 20% weniger Benzin als heute verbrauchen;
- mit gut 7 Mio. t SKE Fernwärme aus KWK Ölzentralheizungen substituieren; das entspricht
  - dem 1,6fachen des heutigen Wertes bzw.
  - der Versorgung von 3,4 Mio. Wohnungen zu je 100 m^2;
- knapp 56 500 Windkraftanlagen mit einer Leistung von je 100 kW betreiben und damit Kohlestrom ersetzen;
- auf gut 140 km^2 Solarzellen mit 10% Systemwirkungsgrad installieren und mit dem erzeugten Solarstrom Kohlestrom ersetzen; das entspricht 5,5 Mio. Einfamilienhäusern mit je 20 m^2 (vorhanden sind 7 Mio. Einfamilienhäuser);
- 38 große Steinkohlekraftwerke (650 MW, 4 000 h/a) vom heutigen durchschnittlichen Wirkungsgrad von 37% auf den Spitzenwert von 42% ertüchtigen;
- ein 1 300 MW-Kernkraftwerk mit knapp 7 500 h/a betreiben und damit Kohlestrom ersetzen.

Erneuerbare Energien. Unter den erneuerbaren Energien spielt bisher nur die Wasserkraft mit einem Anteil von knapp 4% der Stromerzeugung der öffentlichen Versorgung eine Rolle (zum Vergleich: Kernenergie 33%). Insgesamt wurden 1994 gut 21 Mrd. kWh in das öffentliche Netz eingespeist (Grawe/Wagner, 1995: 1601). Der Anteil der regenerativen Energien steigt kontinuierlich, wenn auch nur allmählich, da sich Veränderungen im kapitalintensiven Energiesystem stets nur langsam vollziehen und es sich meist um kleine Anlagen handelt. Die VDEW erwartet noch vor 2010 eine Steigerung um weitere zehn Mrd. kWh (Grawe, 1995: 1598). Bis 2015 dürften es mindestens zwölf Mrd. kWh sein. Dadurch ließen sich dann jährlich mehr als zehn Mio. t CO_2 vermeiden (Ersetzung von Strom aus Kohle, Öl und Gas).

Hinzu kommen zusätzliche Importe von Wasserkraftstrom aus Skandinavien. Zwei große Austauschverträge wurden vor kurzem abgeschlossen. Die dadurch bewirkte CO_2-Minderung ist zu berücksichtigen, soweit nach Verrechnung mit Rücklieferungen von Kohlestrom ein Überschuß bleibt. Bis zu sechs Mio. t/a weniger erscheinen möglich (Müller/Turowski, 1994: 616).

21.3.4 Zusammenfassung

Die vorstehend dargestellten Maßnahmen führen zusammengenommen zu einer CO_2-Reduktion von 91 Mio. t/a. Davon stammen aus

„Ökowatts“	10 Mio. t/a
Modernisierung von Kohlekraftwerken	4 Mio. t/a
Neubau von Kohlekraftwerken	30 Mio. t/a
Kraft-Wärme-Kopplung einschl. BHKW	7 Mio. t/a
Kernenergie	25 Mio. t/a
heimische erneuerbare Energien	10 Mio. t/a
importierte erneuerbare Energien	5 Mio. t/a
Summe	*91 Mio. t/a*

Hierbei sind jeweils vorsichtige Werte angesetzt. Die Stillegung des - kleinen - KKW Würgassen führt zwar gegenläufig zu einer Erhöhung um etwa fünf Mio. t/a. Dennoch dürften, wie erste Zwischenergebnisse zeigen, 90 Mio. t/a überschritten werden.

21.4 Mangelnde Effizienz staatlicher Maßnahmen

Mit staatlichen Maßnahmen könnten in der Stromversorgung weiterreichende Erfolge kaum bewirkt werden. Eher ist eine Beeinträchtigung zu befürchten. Das gilt sowohl für ordnungsrechtliche Eingriffe wie für weitere finanzielle Belastungen des Stroms.

Eine straffe Regulierung der Aktivitäten der EVU zur Integrierten Ressourcenplanung (früher in USA als „Least-Cost Planning“ bezeichnet) und zur gezielten Nachfragebeeinflussung (Demand-side management) ist überflüssig. Sie würde die Eigeninitiative lähmen und die Flexibilität nehmen. Das Schlagwort „vom EVU zum EDU“ hat sich überlebt. Schon die - bei nur noch schwachem Absatzwachstum und zunehmendem Wettbewerb unerläßlichen - Anstrengungen zur größeren Kundennähe erzwingen heute Dienstleistungsangebote.

Eine Klimaschutzsteuer, sei es als CO_2-Steuer oder als allgemeine Energiesteuer, entzieht den Unternehmen nur das für (CO_2-mindernde) Investitionen benötigte Kapital. Ein rein nationales Vorgehen hätte zudem gravierende nachteilige Folgen für den Wirtschaftsstandort Deutschland mit Arbeitsplatzverlusten in besonders betroffenen, mit Produktionsverlagerungen reagierenden Branchen, ohne daß ein etwaiger Zugewinn an Arbeitsplätzen in anderen Bereichen fundiert abgeschätzt werden könnte (Wie diejenigen anderer Institute erfüllt auch das Gutachten des DIW für Greenpeace „Sackgasse oder Königsweg“ von 1994 insoweit nicht die Anforderungen an die wissenschaftliche Begründetheit von Aussagen; vgl. Pfaffenberger et al., 1996). Geradezu kontraproduktiv für den Klimaschutz wäre eine einseitige oder stärkere Besteuerung des Stroms im Verhältnis zu den (kohlenstoffhaltigen!) Wettbewerbsenergien sowie der deutschen Stromversorger im Verhältnis zu ihren europäischen Konkurrenten. Denn gerade Strom als die Modernisierungsenergie wird für den Klimaschutz gebraucht. Im übrigen sind die deutschen Strompreise, vor allem für die Industrie, ohnehin im internationalen Vergleich hoch.

Schließlich kann eine Steuer auch nicht mit der Internalisierung externer Kosten begründet werden. Denn diese liegen bei den verschiedenen Energieträgern nach neueren, auf verbesserten Methoden beruhenden Unternehmungen (Friedrich et al., 1996) in der gleichen Größenordnung (vgl. Tabelle 21.3). Die Folgen des CO_2-Ausstoßes sind dabei zwar, weil derzeit noch nicht quantifizierbar, nicht erfaßt. Sie würden die Situation für die Kohle und - wegen der hohen Materialintensität von Photovoltaik-Anlagen - auch für die Solarenergie verschlechtern (vgl. Tabelle 21.4). Letztere soll aber nach verbreiteter Vorstellung von der Klimaschutzsteuer ausgenommen werden. Umgekehrt ist an die - klimapolitisch unsinnige - Belastung der Kernenergie gedacht.

Tabelle 21.3. Externe Kosten der Stromerzeugung in Pf/kWh (Quelle: Friedrich et al., 1996: 117)

Steinkohle	0,1-2,1
Kernenergie	0,01-0,5
Windenergie	0,05-0,07
Photovoltaik	0,2-0,5

Tabelle 21.4. Spezifische CO_2-Minderungskosten[a] in DM/t durch Stromerzeugung aus: (Quelle: Voß/Hermann, 1993: 67)

Erdgas	+11 bis +23
Kernenergie	-5 bis -10[b]
Windenergie	+40 bis +150
Sonne (Photovoltaik)	+220 bis +290

a) Zugrunde gelegt ist jeweils zur Hälfte die Ersetzung von Braunkohlen- und Steinkohlenstrom;

b) ein negativer Wert bedeutet, daß nicht nur keine zusätzlichen Kosten entstehen, vielmehr sogar bisherige Kosten gespart werden.

Stets bleibt die Aufgabe, das ökologisch Notwendige ökonomisch effizient zu tun. Bei allen Überlegungen müssen deshalb die spezifischen CO_2-Minderungskosten der einzelnen Maßnahmen beachtet werden (vgl. Abb. 21.7).

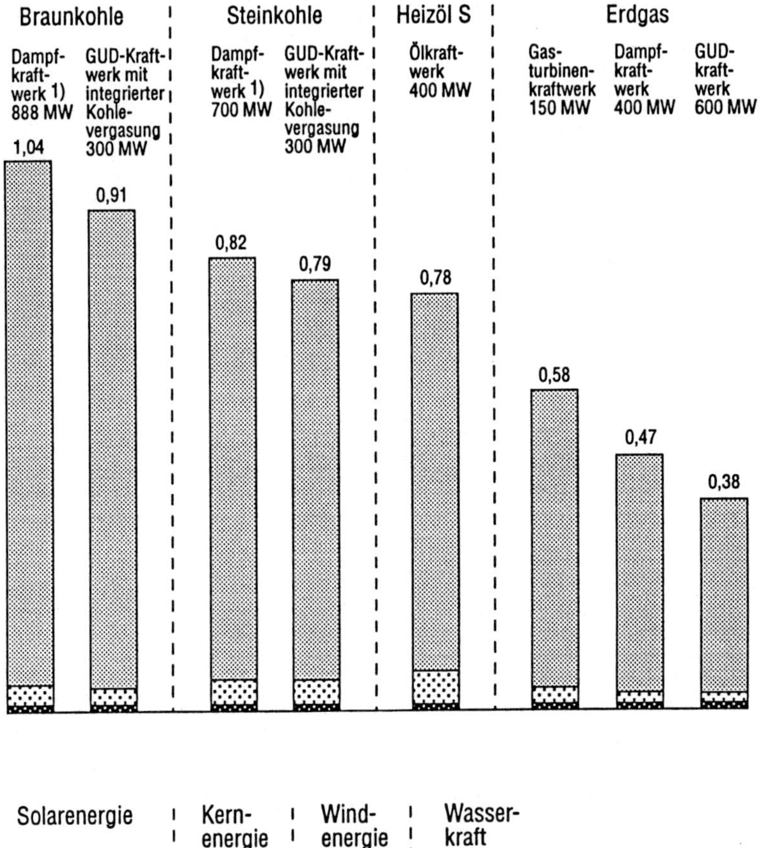

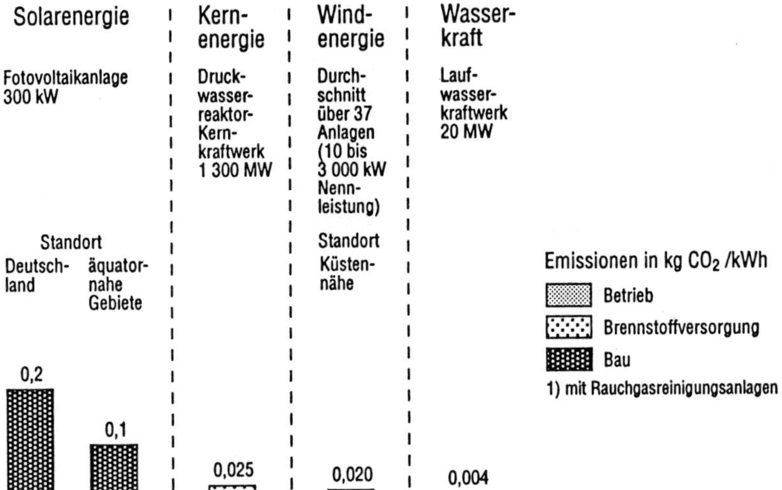

Abb. 21.7. CO_2-Emissionen aus der Stromerzeugung (Quelle: Siemens)

21.5 Epilog: Der Bericht 1996 der VDEW

Zusammen mit anderen Wirtschaftsverbänden (vgl. 21.2.1) hat die VDEW ihre Selbstverpflichtungserklärung nach Redaktionsschluß bekräftigt und erweitert. Dies ist im Rahmen des Berichts 1996 zur „Erklärung der VDEW zum Klimaschutz" vom 27.3.1996 geschehen. Die deutsche Wirtschaft verpflichtet sich jetzt zu einer spezifischen CO_2-Minderung von 20% (vorher: bis zu 20%) und das gegenüber dem Ausgangsjahr 1990 statt 1987.

Letzteres bedeutet für die Stromversorger, daß die CO_2-Minderungen durch den Rückgang der Stromerzeugung in den Kraftwerken Ostdeutschlands wegen des industriellen Zusammenbruchs dort nur teilweise und diejenigen durch die Inbetriebnahme der drei „Konvoi"-Kernkraftwerke in Westdeutschland (immerhin 30 Mio. t CO_2) gar nicht angerechnet werden. Damit können bis 2005 zwar spezifisch 20%, absolut aber bis 2015 nur 12% weniger CO_2-Emissionen erreicht werden. Jedoch kommt es nicht auf das zufällig gewählte Zwischenzieljahr, sondern auf die kontinuierliche Absenkung bis zur Mitte des 21. Jahrhunderts an.

Der Bericht zeigt auf, daß diese im Zeitraum 1987-1995 bereits um 20 (1990-1995 um 7) % verringert worden sind. Seit März 1995 wurden u.a. zusätzlich mehr als 100 neue DSM-Projekte begonnen sowie 42 Maßnahmen zur Wirkungsgradverbesserung bei Kohle- und weitere fünf bei Kernkraftwerken durchgeführt oder eingeleitet. Die Wärmeeinspeisung aus Kraft-Wärme-Kopplung in die ostdeutschen Fernwärmenetze (zu Lasten reiner Heizwerke ohne energetische und ökologische Vorteile) wurde seit 1990 von etwa 46 auf 63% erhöht. Allein seit 1993 wurden 15 moderne Kraftwerke, meist Kraft-Wärme-Kopplungs-Anlagen, in Betrieb genommen und in größerem Umfang ineffiziente Altanlagen stillgelegt. Zahlreiche Vorhaben zur Nutzung von Wasserkraft, Windenergie und Biomasse wurden 1995 begonnen. An dem Eta-Wettbewerb „Strom und Innovation" der VDEW, der den rationellen Energieeinsatz bei und mit Strom fördern soll, nehmen 1996 um die Hälfte mehr Industriebetriebe teil als bei der vorangegangenen Veranstaltung dieser Art. Mehrere Versorgungsunternehmen haben Pilotprojekte der sog. Joint Implementation (gemeinsamen Umsetzung von CO_2-Minderungsmaßnahmen durch Akteure aus Industrieländern einerseits und Entwicklungs- oder osteuropäischen Reformländern andererseits) gemeldet.

22 Beeinflussung des Entwicklungs- und Exportpotentials der erneuerbaren Energien in Deutschland durch Förderung

Uwe Thomas Carstensen

22.1 Genutzte Potentiale erneuerbarer Energien

Die in Deutschland genutzten Potentiale erneuerbarer Energien sind je nach Art der Energiequelle sehr unterschiedlich. Wie die Abb. 22.1 zeigt, werden Wasserkraft und Klärgas zu etwa 78%, Restholz zu 50%, Deponiegas zu 43%, Waldrestholz zu 10% genutzt. Das Windenergiepotential wird zu 3 bis 4% genutzt und alle anderen solaren Energien zu unter 1%. Dabei weist die Windenergie durch die Förderung des Bundesforschungsministeriums und des Stromeinspeisungsgesetzes in den letzten vier Jahren erhebliche Zuwachsraten auf (vgl. Abb. 22.2 und 22.3). In Abb. 22.4 sind die in Deutschland in 1994 erzielten Umsätze durch Investitionen im Bereich der erneuerbaren Energien dargestellt.

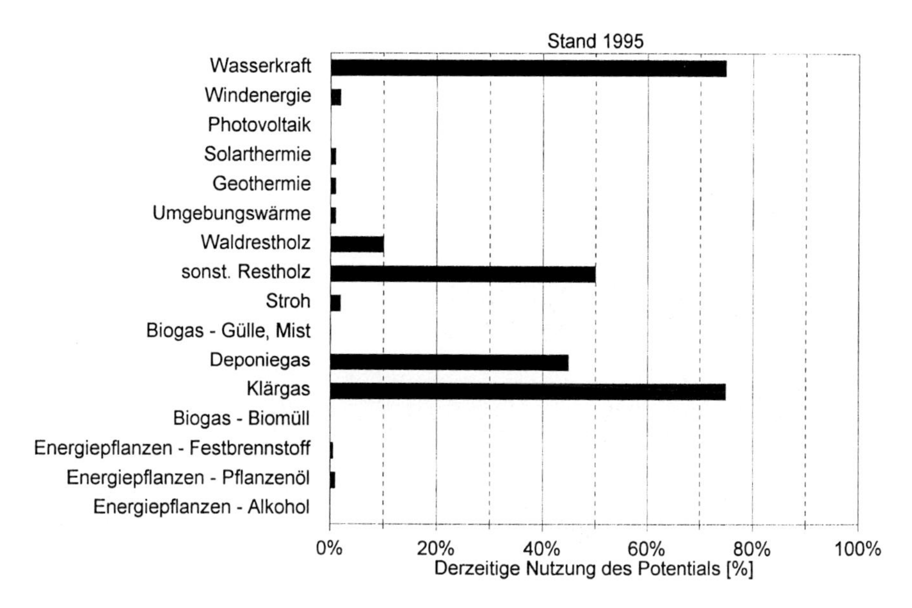

Abb. 22.1. Nutzung erneuerbarer Energien in Deutschland (BMWi-Bericht des Gesprächszirkels Nr. 5)

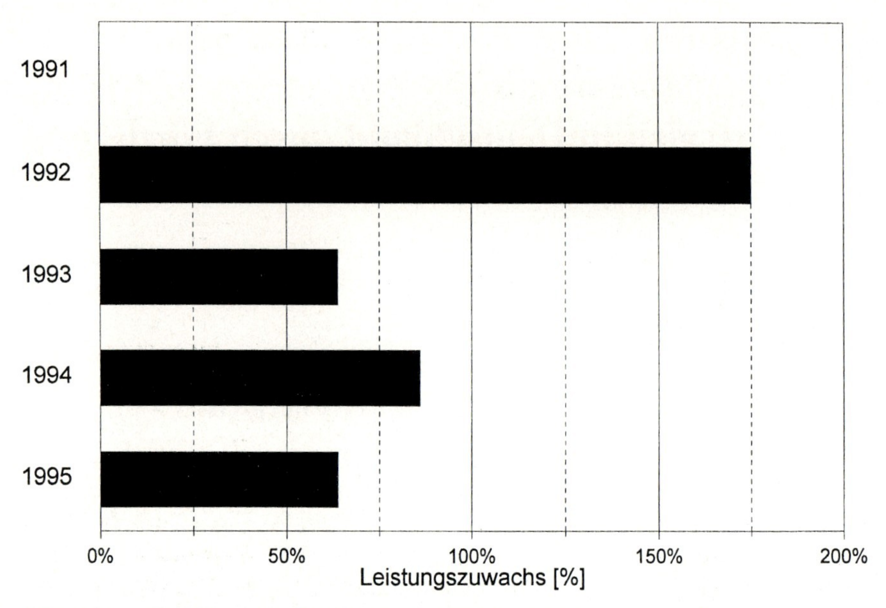

Abb. 22.2. Entwicklung des Windkraftanlagenmarktes (Leistungszuwachs)

Wie sich die Nutzungspotentiale entwickeln, hängt vor allem von der Förderung erneuerbarer Energien ab. Diese Entwicklung wiederum beeinflußt die tatsächlichen Absatzchancen, Exportchancen und damit auch die beschäftigungspolitischen Effekte.

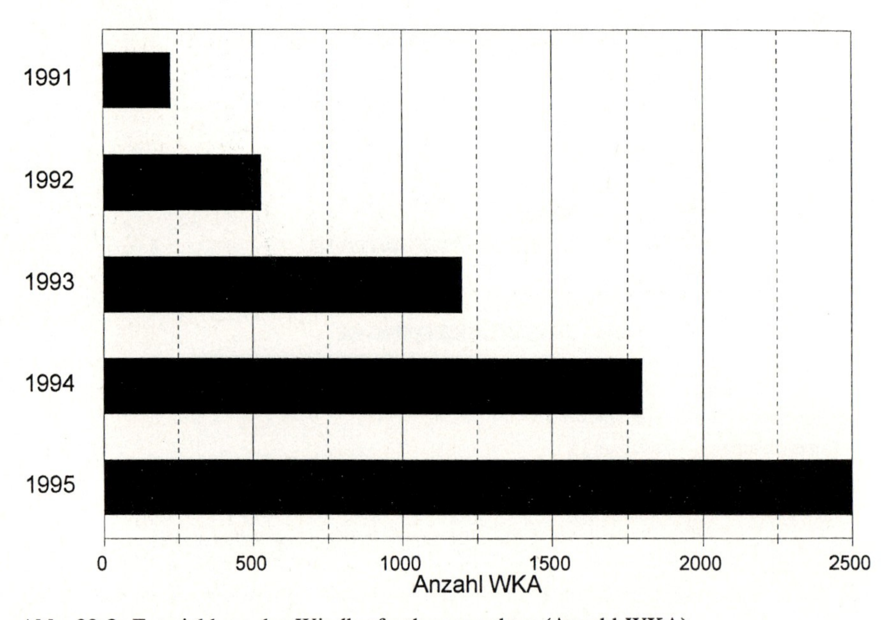

Abb. 22.3. Entwicklung des Windkraftanlagenmarktes (Anzahl WKA)

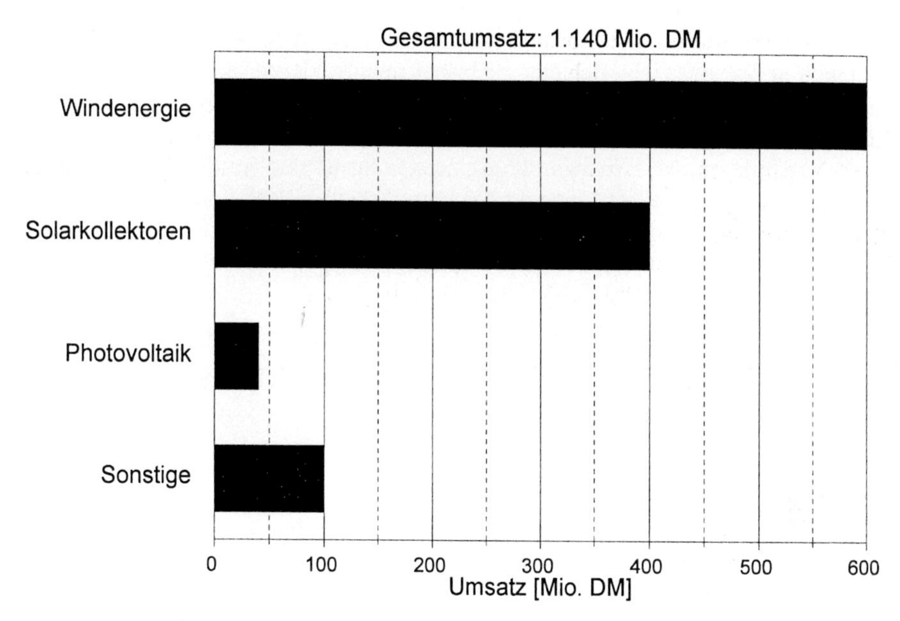

Abb. 22.4. Jahresumsatz 1994 bei erneuerbaren Energien

22.2 Allgemeine Voraussetzungen der Förderung

In unserer Gesellschaft besteht eine positive Grundeinstellung zu einer stärkeren Nutzung erneuerbarer Energien. Insbesondere herrscht Übereinstimmung darüber, daß

- die stärkere Nutzung erneuerbarer Energien aus energie-, umwelt-, klimaschutz-, industrie- und entwicklungspolitischen Gründen notwendig ist,
- es zusätzlicher gemeinsamer Anstrengungen von Bund, Ländern und Kommunen, der Wirtschaft, gesellschaftlicher Gruppen und Anwendern bedarf, um über die bisherigen Maßnahmen hinaus weitere Nutzungsmöglichkeiten zu erschließen,
- diese Anstrengungen breit angelegt sein und sich auf folgende Handlungsfelder konzentrieren sollten:
  - Maßnahmen zur Verbesserung der Wettbewerbsfähigkeit für erneuerbare Energien im In- und Ausland;
  - Verbesserung der rechtlichen und administrativen Rahmenbedingungen für den Einsatz erneuerbarer Energien sowie der Informations-, Aus-, Weiter- und Fortbildung;
  - Marktorientierte Forschung, Entwicklung und Demonstration von Anlagen und Materialien zur Nutzung erneuerbarer Energien.

Insbesondere auf Expertenebene herrscht die Auffassung vor, daß Fördermaßnahmen in Zukunft zielgerichteter als bisher miteinander vernetzt werden sollten, daß statt der Einzelmaßnahmen ein integrales, finanzielles Förderkonzept mit aufeinander abgestimmtem, differenziertem Instrumentarium erforderlich ist, eine Verstärkung der Exportförderung notwendig ist und in diesem Zusammenhang eine verstärkte Koordinierung der Entwicklungshilfeaktivitäten unter Einbeziehung der betroffenen Industrie sowie eine Verstärkung der anwendungsorientierten Forschung, Entwicklung und Demonstration auf allen Ebenen.

22.3 Maßnahmen zur Verbesserung der Wettbewerbsfähigkeit im In- und Ausland

Die finanziellen Maßnahmen zugunsten erneuerbarer Energien müssen breit angelegt sein, zum Teil einen differenzierten Anreiz bieten, um das Preis-Leistungs-Verhältnis und damit die Wettbewerbsfähigkeit zu verbessern. Ausgehend von den natürlichen Gegebenheiten sollten in Deutschland Anlagen zur Nutzung von Biomasse, Erdwärme (Geothermie), Sonnenstrahlung, Umweltwärme (aus Luft, Wasser, Erde), Wasserkraft und Windkraft gefördert werden.

Erforderlich ist ein abgestimmtes Instrumentarium aus Stromeinspeisevergütung, staatlichen Zuschüssen sowie Verteilung der Netzanbindungskosten. Empfehlenswert ist in diesem Zusammenhang, wie von vielen Verbänden und Experten vorgeschlagen:

- die Erhöhung der Mindesteinspeisevergütung nach dem Stromeinspeisungsgesetz auf 95% der EVU-Endverbrauchspreise für alle erneuerbaren Energien;
- zusätzliche, zeitlich begrenzte und in der Höhe angepaßte Investitionszuschüsse für Anlagen, die die Schwelle zur Wirtschaftlichkeit noch nicht erreichen.

Nach einer ersten groben Schätzung könnte ein solches Modell ausgehend von der Fichtner Development Studie (1993), den Erfahrungen der praktischen Förderpolitik sowie Ergebnissen des BMWi-Gesprächszirkels Nr. 5 „Potentiale der erneuerbaren Energien, Potentiale beim Bundeswirtschaftsministerium“ die Möglichkeit eröffnen, innerhalb von fünf bis sieben Jahren Strom- und Wärmeerzeugungsanlagen mit einer Nennleistung von insgesamt etwa 6 000 bis 12 000 MW zu errichten. Die erforderlichen staatlichen Zuschüsse würden zwischen ca. 2 bis 4 Mrd. DM liegen. Außerdem würden die Leistungen aus dem Stromeinspeisungsgesetz insgesamt auf 600 bis 800 Mio. DM pro Jahr anwachsen. Dies entspricht, bezogen auf den gesamten Stromverkauf in Deutschland, einer prozentualen Belastung des jetzigen Strompreises deutlich unter 1%.

Darüber hinaus sind insbesondere Maßnahmen zur Förderung des Exports von Anlagen zur Nutzung erneuerbarer Energien für die deutsche Wirtschaft von besonderer Bedeutung. Dies wäre möglich mit Hilfe der Ausweitung der Koordination von Forschungs-, Entwicklungs- und Wirtschaftspolitik durch zeitlich begrenzte Exportförderung regenerativer Energien, um gleiche Exportchancen herzustellen, wie sie die Konkurrenten aus den Ländern Japan, USA etc. besitzen. Neben weiteren Maßnahmen ist die stärkere Einbeziehung der Exportindustrie für regenerative Energietechniken in bilaterale Wirtschaftsgespräche auf Regierungsebene erforderlich. In diesem Zusammenhang kann auf die Ergebnisse des Gesprächszirkels Nr. 6 „Maßnahmen zur verstärkten Nutzung erneuerbarer Energien" beim Bundeswirtschaftsministerium verwiesen werden (BMWi, 1994c).

22.4 Maßnahmen zur Verbesserung der rechtlichen und administrativen Rahmenbedingungen sowie Informations-, Aus-, Weiter- und Fortbildung

Bei Maßnahmen zur Verbesserung der rechtlichen und administrativen Rahmenbedingungen sind insbesondere die Verbesserung der Rahmenbedingungen für erneuerbare Energien im Baurecht und im Naturschutzrecht zu nennen. Weiterhin ist eine herausragende Stellung der erneuerbaren Energien in einem veränderten Energiewirtschaftsrecht erforderlich.

Maßnahmen zur verbesserten Information, Beratung, Aus-, Fort- und Weiterbildung sind insbesondere zu fördern im Bereich der Berufsausbildung. Es ist darüber hinaus jedoch auch auf die Bundesländer einzuwirken, um entsprechende Veränderungen der Lehrpläne in den Grund- und weiterbildenden Schulen zu erreichen, wie diese in den Vorschlägen des BMWi-Gesprächszirkels Nr. 6 enthalten sind.

22.5 Maßnahmen der marktorientierten Forschung, Entwicklung und Demonstration von Anlagen und Materialien zur Nutzung erneuerbarer Energien

In den Bereichen Wasserkraft, Windkraft, solarthermische Anlagen und Biomasse-Anlagen steht ein technischer Reifegrad zur Verfügung, der einen kommerziellen Betrieb erneuerbarer Energien zuläßt, so daß das Haupthindernis in der z.T. fehlenden betriebswirtschaftlichen Wettbewerbsfähigkeit zu sehen ist. Es bestehen allerdings bei allen Technologien erneuerbarer Energien Forschungs- und Entwicklungspotentiale, deren Ausschöpfung z.T. erhebliche Verbesserungen bei Wirkungsgraden, Umweltverträglichkeit, Serienfertigung, Wartungsfreiheit, Langlebigkeit, Investitions- und Betriebskosten erwarten lassen. Es ist deshalb erforderlich, zur Erleichterung des Markteintritts oder der Marktentwicklung unabhängig von der nach wie vor notwendigen Grundlagenforschung, die anwendungsorientierte Forschung, Entwicklung und Demonstration konsequent fortzuführen und auf bestimmte Bereiche auszuweiten. Dies wären insbesondere Weiterentwicklung von Speichertechnologien und der kombinierte Einsatz von unterschiedlichen Technologien erneuerbarer Energien. Darüber hinaus muß die Programmkette von der Grundlagenforschung über Demonstrationsvorhaben bis zur Marktdurchdringung für die jeweiligen Einzeltechnologien konstanter und berechenbarer gefördert werden. Bisher häufig zufallsbedingte Einzelaktivitäten mit begrenzter Wirkungsbilanz müssen durch Strategien abgelöst werden, zu denen alle Akteure beitragen können.

22.6 Finanzielle Auswirkungen der Förderung erneuerbarer Energien

Für einen Zeithorizont von fünf bis sieben Jahren ist insgesamt von folgendem Fördervolumen auszugehen (vgl. Abb. 22.5):

- investive Förderung für Markteinführung und Entwicklung : ca. 2-4 Mrd. DM;
- Exportförderung: ca. 1-2 Mrd. DM;
- Belastungen des Strompreises durch das Stromeinspeisungsgesetz: unter 1% des jetzigen Strompreisniveaus.

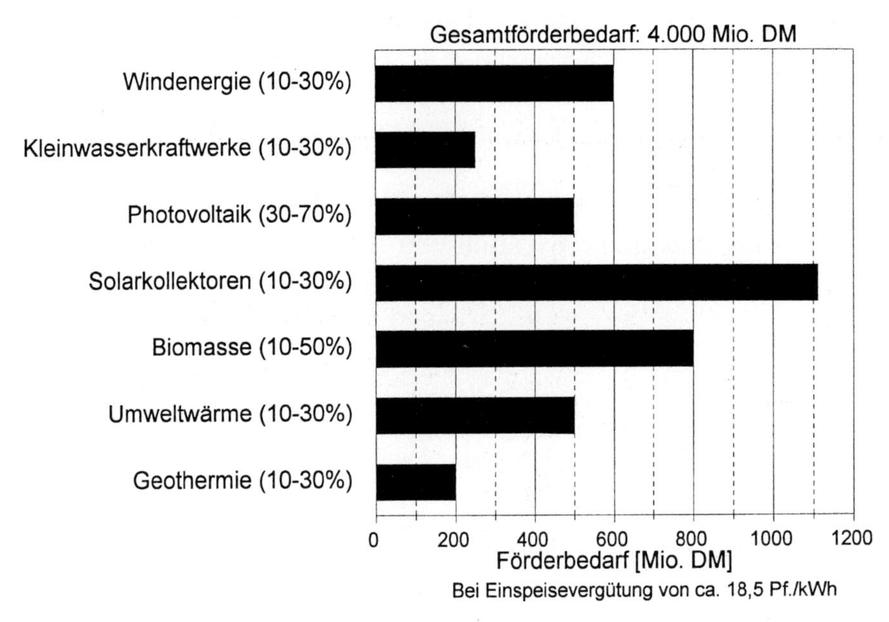

Abb. 22.5. Grobschätzung des staatlichen Mittelbedarfs (Bericht des Gesprächszirkels Nr. 6)

Diese Belastungen sind nach Auffassung der meisten Teils der Experten in Deutschland eher gering und der Bedeutung erneuerbarer Energien angemessen. Ferner ist bei jedem notwendigen Kraftwerksneubau bzw. einer Ersatzinvestition zu prüfen, ob nicht erneuerbare Energien eingesetzt werden können in Verbindung mit Gasturbinen oder Diesel-/Gasmotoren.

22.7 Beschäftigungspolitische Effekte eines solchen komplexen Förderprogrammes

Bei Ansatz eines solchen Gesamtförderprogrammes für einen Zeitraum von fünf bis sieben Jahren können in Deutschland ca. 10 000 MW-Kraftwerksleistung (thermisch und elektrisch) errichtet werden (vgl. Abb. 22.6). Darüber hinaus besteht die Chance, nochmals mindestens 5 000 MW thermische und elektrische Kraftwerksleistung zu exportieren, also zusammen 15 000 MW-Kraftwerksleistung, die industriepolitisch von Bedeutung wäre. Aus dieser Kraftwerksleistung ergibt sich ein prognostizierter Umsatz von ca. 45-50 Mrd. DM innerhalb von fünf bis sieben Jahren. Dies bedeutet in den ersten Jahren einen schrittweisen Anstieg des Umsatzes, der dann nach fünf bis sieben Jahren ca. 15 Mrd. DM pro Jahr erreicht hat. Dies entspricht nach den einschlägigen Kennziffern einem Beschäftigungseffekt von etwa 100 000 neu geschaffenen Arbeitsplätzen in Deutschland. Hier wird somit mit einem Aufwand, der etwa einem Zehntel der bisherigen Förderung der Kohlepolitik entspricht, ein Arbeitsplatzvolumen ge-

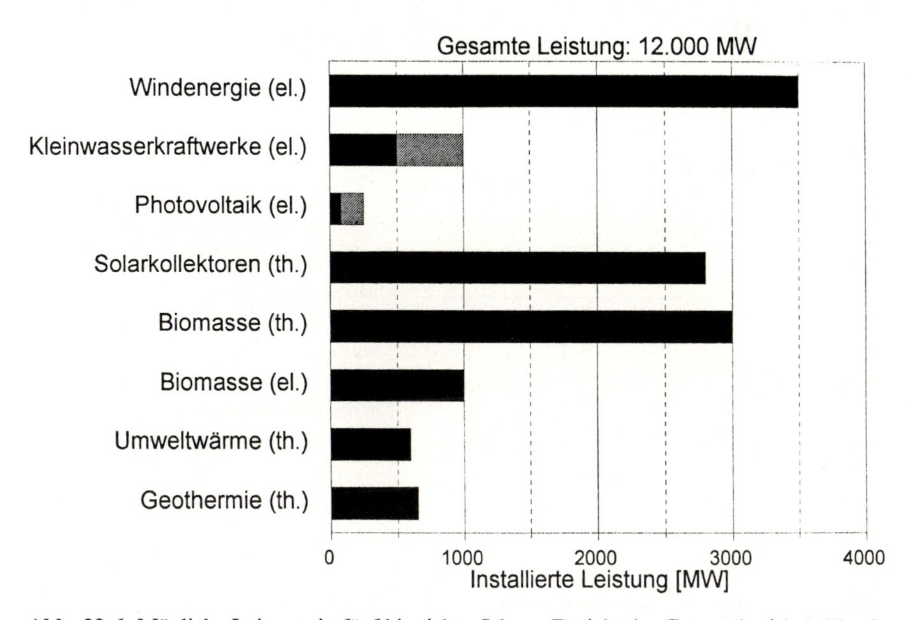

Abb. 22.6. Mögliche Leistung in fünf bis sieben Jahren (Bericht des Gesprächszirkels Nr. 6)

Kasten 1: Bundesverband Erneuerbare Energie (BEE)

Der Bundesverband Erneuerbare Energie e.V. (BEE) ist der Dachverband der Betreiberverbände zur Nutzung regenerativer Energien aus den Bereichen:

Wasserkraft - Windkraft - Biogas/Biomasse - Solarenergie - Solarfahrzeuge - Geothermie.

Der BEE setzt sich aus den folgenden Mitgliedsverbänden zusammen:

- AG Wasserkraftwerke Baden-Württemberg e.V.
- Allgemeiner Energieverein AEV
- Bundesverband Deutscher Wasserkraftwerke e.V.
- Bundschuh-Biogas Gruppe e.V.
- Deutsche Gesellschaft für Windenergie e.V. (DGM)
- Deutscher Fachverband Solarenergie e.V. (DFS)
- ENERGIE DEZENT e.V. Verein für dezentrale Energienutzung
- Energiequelle e.V.
- Energiewende e.V.
- Fachverband Biogas e.V.
- Geothermische Vereinigung e.V.
- Initiative Zernikow e.V.
- IWB - Interessenverband Windkraft Binnenland e.V.
- Mittelhessische Interessengemeinschaft für alternative Energien e.V.
- OWAG Ostbayerische Windanlagen GbR
- Sachsenkraft GmbH
- Sanfte Energien e.V.
- Stuttgart Solar e.V.
- terra-solar
- UMEN - Umweltfreundliche Energien Mittlerer Neckar e.V.
- Umschalten e.V.
- Umweltfreundliche Energien Ennepe-Ruhr e.V.
- Verein zur Förderung der Solarenergie in Verkehr und Sport e.V.
- Vereinigung Deutscher Sägewerksverbände e.V.
- Windenergie Nordeifel e.V.
- Windkraftfreunde e.V.

Eine der Haupttätigkeiten des BEE ist die Erarbeitung und Vorlage von Gesetzesentwürfen im Bereich der erneuerbaren Energien. Unterstützt wird der BEE in seinen Aktivitäten durch Abgeordnete aller im Bundestag vertretenen Parteien, von denen sich einige im Parlamentarischen Beirat des BEE engagieren :

Dietrich Austermann, MdB/CDU
Klaus Bühler, MdB/CDU
Peter Harry Carstensen, MdB/CDU
Werner Dörflinger, MdB/CDU
Dr. Peter Ramsauer, MdB/CDU
Birgit C. Homburger, MdB/FDP
Volker Jung, MdB/SPD
Michael Müller, MdB/SPD
Dr. Hermann Scheer, MdB/SPD
Michaele Hustedt, MdB/Bündnis 90/Die Grünen

schaffen, das genauso groß ist wie die jetzigen ca. 100 000 Arbeitsplätze im Kohlebergbau.

Zusätzlich ist zu berücksichtigen, daß in den nächsten zehn bis fünfzehn Jahren weltweit der Markt für erneuerbare Energien eine erhebliche Bedeutung bekommen wird (vgl. Kap. 36), so daß industriepolitisch eine deutliche Stärkung des Standortes Deutschland in der internationalen Konkurrenz hervorgerufen werden kann und in der Folge deutlich mehr Arbeitsplätze entstehen. Auf diesem Wege ist auch zu verhindern, daß sich die Abwanderung von Photovoltaikproduktionsstätten bei anderen Technologien für erneuerbare Energien wiederholt.

23 Das Energiememorandum 1995 der Deutschen Physikalischen Gesellschaft

*Werner Nahm**

23.1 Der Arbeitskreis Energie der DPG

Als Folge der Atombombenentwicklung sehen sich viele Physiker zur Auseinandersetzung mit globalen Gefahren verpflichtet. Wo unsere fachliche Kompetenz keine besonderen Voraussetzungen schafft, können wir allerdings mit keinem größeren Gewicht sprechen als jeder beliebige Bürger. Die Deutsche Physikalische Gesellschaft (DPG) hat deshalb nur in ausgewählten Bereichen, dann aber mit Nachdruck, Stellung genommen.

Tatsächlich ist es sehr wichtig, die richtigen Gewichte zu setzen. Einerseits hat das Bevölkerungswachstum in viel stärkerem Maß als in allen früheren Jahrhunderten in Naturprozesse physikalischer Art eingegriffen und damit neue Gefahren geschaffen. Andererseits hat die Furcht vor globalen Gefahren viele schwach oder gar nicht begründete Ängste hervorgerufen, die den wirklichen Gefahren gegenüber zu einer Abstumpfung führen können und die nötigen Abwehrmaßnahmen zumindest verzögern.

Physiker waren an mehreren gesellschaftlichen Auseinandersetzungen an führender Stelle beteiligt. Am drängendsten war sicher diejenige um die Atomwaffen. Ihre Bedeutung ist gegenwärtig glücklicherweise rückläufig. Ein weiterer wichtiger Problemkomplex betraf die Kernenergie. Er wurde in mancher Hinsicht zu einem Testfall für unsere wissenschaftliche Kultur. Auch unter Physikern gab es ein breites Meinungsspektrum und eine gewisse Taubheit gegenüber unbequemen Argumenten der Gegenseite. Dennoch hat die unter Naturwissenschaftlern übliche Auseinandersetzung mit präzisen Argumenten immer wieder Brücken zwischen Vertretern unterschiedlicher Positionen geschaffen.

Der Arbeitskreis Energie der DPG wurde von Prof. Rollnik, dem damaligen Präsidenten der DPG, im Zuge der Diskussion um die Kernenergie gegründet. Die Etablierung einer allseits akzeptierten Beurteilungsbasis brauchte Zeit, so daß der Arbeitskreis kaum in die öffentliche Diskussion eingreifen konnte. Den-

* Wie jedes Mitglied des Arbeitskreises Energie kann auch der Autor die oft komplexe Diskussion nur mit seinen eigenen Schwerpunktsetzungen wiedergeben. Er hofft aber, daß er hier zur Verbreitung des Memorandums beitragen kann, das vom Arbeitskreis vorbereitet und am 21.3.1995 vom Vorstandsrat der Deutschen Physikalischen Gesellschaft verabschiedet worden ist.

Kasten 1: Arbeitskreis Energie der DPG (AKE)

Gegründet 1979: Status eines FV seit 1989
Publikation:
Energietechnik - Physikalische Grundlagen (ET-Tagungsbände)
Vorsitzender:

Prof. Dr. K. Schultze (seit 1993)	RWTH Aachen

Mitglieder:

Dr. H.-J. Ahlgrimm	FAL Braunschweig
Dr. J. Bartsch	RWTH Aachen
Prof. Dr. J.K. Bienlein	DESY Hamburg
Prof. Dr. W. Blum	MPI-Physik München
Dipl.-Phys. K.G. Emmert	Siemens Erlangen
Prof. Dr. J. Fricke	U Würzburg
Prof. Dr. M. Geyer	DLR Köln und Aachen
Prof. Dr. H. Graßl	WMO Genf
Prof. Dr. H.-M. Groscurth	Nürtingen
Prof. Dr.-Ing. F.D. Heidt	U Siegen
Prof. Dr. K. Heinloth	U Bonn
Dr. H. Henssen	Overath
Dr. H.F. Hoffmann	CERN Genf
Dr. G. Isenberg	Daimler-Benz Stuttgart
Prof. Dr. J.U. Keller	U/GH Siegen
Dr. E. Keppler	MPI Katlenburg-Lindau
Prof. Dr. R. Kümmel	U Würzburg
Dr. W. Lehr	Bosch Stuttgart
Dr. G. Luther	Staatl. Inst. Saarbrücken
Prof. Dr. J. Luther	ISE Freiburg
Prof. Dr. W. Nahm	U Bonn
Dr. Ch. Nölscher	Siemens Erlangen
Dr. P.-W. Phlippen	KFA Jülich
Dipl.-Phys. G. Plass	CERN Genf
Prof. Dr. E. Rebhan	U Düsseldorf
Prof. Dr. H. Rollnik	U Bonn
Prof. Dr. C.D. Schönwiese	U Frankfurt/M.
Prof. Dr.-Ing. D. Schwarz	VEW Dortmund
Prof. Dr. H. Spitzer	U Hamburg
Prof. Dr. P. Stichel	U Bielefeld
Prof. Dr.-Ing. H. Unger	U Bochum
Dr. M. Walbeck	KFA Jülich
Dr. V. Wittwer	ISE Freiburg

noch wurde damals die Grundlage für Auseinandersetzungen mit neuen energiepolitischen Fragen geschaffen. Insbesondere konnte der Arbeitskreis frühzeitig zur Bedeutung des Treibhauseffekts Stellung beziehen.

Seit Beginn der Industrialisierung gibt es einen ständigen Anstieg der CO_2-Konzentration in der Atmosphäre. Wie die Glasbedeckung eines Treibhauses läßt die Atmosphäre das Sonnenlicht herein, isoliert aber die Erdoberfläche in beträchtlichem Maß gegen Wärmeverluste. Neben dem Wasser spielen dabei das CO_2 und gewisse Spurengase wie Methan die entscheidende Rolle. Der Anstieg ihrer Konzentration verstärkt die Isolierung und wird deshalb eine langfristige Erwärmung zur Folge haben.

Wegen seiner bis Mitte des nächsten Jahrhunderts zu erwartenden massiven Folgen wird der Treibhauseffekt heute allgemein als eines der schwerwiegendsten Umweltprobleme betrachtet. In der UNO hat er schon deshalb besondere Aufmerksamkeit gefunden, weil der zu erwartende Anstieg des Meeresspiegels sieben pazifische Inselstaaten verschwinden lassen wird. Andererseits hat er die traditionellen Diskussionsfronten in vielfacher Weise durcheinandergebracht. Korrekte Positionen können hier weniger denn je aus ideologischen Grundhaltungen abgeleitet werden. Konservative müssen sich ernsthaft mit den Argumenten für eine dirigistische Steuerpolitik auseinandersetzen, um den Verbrauch fossiler Energieträger einzuschränken. Sozialdemokraten sind mit der notwendigen Massenstillegung von Braunkohlefeldern konfrontiert, da die Braunkohle ein besonders ungünstiges Verhältnis von ausgestoßenem CO_2 zu gewonnener Energie aufweist. Grüne sehen zwar, daß Kernspaltung kein CO_2 liefert, aber sie haben es schwer, die zunehmende Notwendigkeit von Kernkraftwerken zu akzeptieren.

Wieder entsprach das Meinungsspektrum von Physikern in und außerhalb der DPG zum guten Teil dem in der gesamten Öffentlichkeit. Es ist ja auch selbstverständlich, daß ein EVU-Physiker mit anderen Überlegungen an energiepolitische Themen herangeht als einer aus einem an der ökologischen Bewegung orientierten Forschungsinstitut. Die lange Erfahrung im Umgang mit unbequemen Argumenten hat es aber dem Arbeitskreis Energie der DPG ermöglicht, relativ rasch zu einheitlichen Einschätzungen zu kommen, wenn auch viele Details weiterhin sehr kontrovers diskutiert werden. Physiker aus der Industrie, den Forschungsinstituten und den Universitäten haben also auf der Grundlage ihrer Fachkenntnisse gemeinsame Positionen bezogen.

Im Jahre 1987 trat der Arbeitskreis zum ersten Mal mit einem Memorandum zum Treibhauseffekt an die Öffentlichkeit. Nach gewissen Anlaufschwierigkeiten fand dieses Memorandum ungewöhnliche, sogar unerwartete Aufmerksamkeit und hat die Diskussion bis heute beeinflußt. Hilfreich war dabei die Sensibilisierung der Bevölkerung gegenüber solchen Fragen, aber auch die Bereitschaft mancher führenden Politiker, sich trotz der langfristigen Natur des Problems mit dem Thema zu befassen.

Das Memorandum wurde von der DPG und der Deutschen Meteorologischen Gesellschaft gemeinsam herausgegeben (DPG/DMG, 1987). Beide Gesellschaften haben sich gut ergänzt. Die breite Diskussion von Treibhauseffekt und Ozonloch hat die Bedeutung der Meteorologie immer stärker unterstrichen, was 1995 auch erstmals mit einem Nobelpreis gewürdigt wurde.

Heute gibt es national und international Kommissionen mit politischem Mandat, die sich intensiver mit dem Treibhauseffekt auseinandersetzen als unser Arbeitskreis es kann. International an erster Stelle steht das IPCC (Intergovernmental Panel on Climate Change), national die Enquête-Kommission „Schutz der Erdatmosphäre“ des Deutschen Bundestags (vgl. Kords, 1996), in der auch der vorige Vorsitzende des Arbeitskreises Energie der DPG mitarbeitete. Die Ergebnisse dieser Kommissionen flossen immer wieder in unsere Überlegungen ein. Viele Einzelempfehlungen des DPG-Arbeitskreises stützen sich darauf. Unsere Besonderheit besteht darin, daß wir informeller strukturiert sind, weiter entfernt von der Politik stehen und deshalb mehr Zeit haben, von unterschiedlichen Ausgangspositionen aus zu einem Konsens zu gelangen.

International haben die Klimakonferenzen in Rio de Janeiro und Berlin hinreichend klar festgestellt, was zur Vermeidung einer Klimakatastrophe getan werden muß. National hat die Enquête-Kommission präzise Empfehlungen gegeben.

Trotz der darauffolgenden Beschlüsse der Bundesregierung mußten wir aber feststellen, daß es der Politik bisher nicht gelungen ist, die Planung unserer Energieversorgung in Übereinstimmung mit diesen Zielen zu bringen.

Die nötige Umstrukturierung der Energieversorgung ist eine gewaltige Aufgabe. Andererseits stehen dafür mehrere Jahrzehnte Zeit zur Verfügung. Es ist weder notwendig noch sinnvoll, einen kurzfristigen radikalen Umschwung zu fordern, aber ohne konkrete, weitsichtige Planung besteht keine Hoffnung, die Klimakatastrophe zu vermeiden. Die bisherigen Maßnahmen genügen dazu auf keinen Fall. Deshalb ist die DPG 1995 wieder mit einem Energiememorandum an die Öffentlichkeit getreten. Darin zeigen wir einen Rahmen für Leitlinien auf, die unseres Erachtens die zukünftige Energiepolitik prägen müssen (DPG, 1995).

23.2 Der Treibhauseffekt

Die internationale Politik hat durchaus Möglichkeiten, Umweltgefahren zu begegnen. Nach den letzten Daten konnte das Problem des Ozonlochs anscheinend rechtzeitig erkannt und abgefangen werden. Dagegen hat man manchmal noch den Eindruck, daß Politiker es von ihren Interessen abhängig machen, ob sie die Existenz des Treibhauseffekts akzeptieren oder in Zweifel ziehen. In gewisser Weise ist das verständlich, da die Temperaturerhöhung langsam einsetzt. Die zu erwartenden massiven Folgen werden erst im Verlaufe von Jahrzehnten Form annehmen. Die erste Etappe der Diskussion fiel also in einen Zeitraum, in dem es nach übereinstimmender Meinung der Fachleute keine meßbaren Auswirkungen geben konnte.

Dennoch waren die Physiker selbst sehr leicht von der Realität des Effekts zu überzeugen. Der Anstieg des CO_2-Anteils der Atmosphäre ist gut gemessen und läßt sich leicht und zuverlässig extrapolieren. Besonders wichtig sind dabei die Messungen der Station Mauna Loa auf Hawaii, die sich über einen langen Zeitraum erstrecken. Die Messungen anderer Stationen haben die Erwartung der Meteorologen bestätigt, daß sich das CO_2 rasch über die gesamte Erdatmosphäre verteilt, daß der auf Hawaii gemessene Anstieg also von Australien bis Europa überall in gleicher Weise stattfindet. Gegenwärtig ist der CO_2-Anteil um knapp 20% höher als im letzten Jahrhundert. Wenn der gegenwärtige Trend sich fortsetzt, wird er im nächsten Jahrhundert zu einer Verdoppelung führen. Die Gründe liegen auf der Hand. Wir verbrennen heute im Laufe von Jahrzehnten den Kohlenstoff, den die Natur im Laufe von vielen Jahrmillionen als Kohle und Erdöl gespeichert hat. Meer und Organismen können das entstehende CO_2 nur zum Teil aufnehmen. Die Messungen zeigen, daß etwa die Hälfte in die Atmosphäre geht. Daran wird sich auf absehbare Zeit nichts ändern (vgl. Schönwiese, 1996a; 1996b; Stock, 1996).

Gut bekannt ist außerdem der Anteil, den die Atmosphäre an der jetzigen mittleren Temperatur der Erdoberfläche hat. Jeder kann sich selbst von ihrer wärmeisolierenden Wirkung überzeugen, wenn er in die Berge fährt. Die Sonneneinstrahlung ist ebenso intensiv wie im Flachland, aber es ist sehr viel kälter. Ohne die Atmosphäre hätten wir eine Durchschnittstemperatur von -18°C.

Diese Temperatur läßt sich leicht ausrechnen. Die Energie des einfallenden Sonnenlichts ergibt sich aus der Oberflächentemperatur der Sonne und ihrem Abstand von der Erde. Sie kann durch Satelliten auch leicht direkt gemessen werden. Der größte Anteil dieser Energie wird im Bereich des sichtbaren Lichts abgestrahlt, für den die Atmosphäre durchsichtig ist. Nur ein Teil der einfallenden Strahlung steht allerdings für die Erwärmung der Erdoberfläche zur Verfügung, der Rest wird wie von einem Spiegel wieder in den Weltraum zurückreflektiert. Der Anteil der reflektierten Strahlung heißt Albedo. Die Albedo hängt natürlich stark von der Bodenbeschaffenheit ab. Auf Schnee- und Eisfeldern ist sie zum Beispiel besonders groß. Insgesamt muß sie durch viele Einzelmessungen bestimmt werden. Daraus ergibt sich, daß etwa 30% des Sonnenlichts zurückreflektiert werden, ohne zur Erwärmung des Bodens oder des Ozeans beizutragen. Wenn man nun weiß, wieviel Energie die Erde durch Einstrahlung erhält, so kann man die resultierende Temperatur ausrechnen. Sie stellt sich so ein, daß die in den Weltraum abgestrahlte Wärmeenergie gerade gleich der eingestrahlten Lichtenergie ist.

Man kann sich nun eine Erde ohne Atmosphäre vorstellen, mit einer Oberflächentemperatur von -18°C. Nun stellt man sich vor, daß man die Erde mit einer Lufthülle umgibt. An der eingestrahlten Lichtenergie ändert sich wenig, da diese das Licht gut durchläßt. Für die Wärmestrahlung der Erdoberfläche ist die Atmosphäre dagegen undurchlässig. Sie wird zurückgehalten und teilweise wieder in Richtung Erde gestrahlt. Insgesamt wird die Energie aus dem Sonnenlicht deshalb länger in bodennahen Bereichen gehalten, was dort zu einer Temperaturerhöhung führt. Gegenwärtig beträgt sie im Mittel 33°C, was eine Bodentemperatur von 15°C liefert.

Die Atmosphäre spielt also die gleiche Rolle wie die Glasabdeckung eines Treibhauses. Auch das Glas läßt das Sonnenlicht ungehindert herein, aber es blockiert zum guten Teil die Wärmerückstrahlung des Treibhausinneren. In beiden Fällen stellt sich dann unter der Abdeckung eine höhere Temperatur ein. Wenn man auf hohe Berge steigt, verschwindet diese Abdeckung immer mehr. Im Bereich der höchsten Bergmassive herrschen die Temperaturen, die wir auf der Erde ohne die Treibhauswirkung der Atmosphäre überall hätten.

Der Treibhauseffekt ist also keinesfalls etwas, was man den Fachleuten glauben muß, ohne es selber prüfen zu können. Als nächstes muß man sich davon überzeugen, daß es gerade Spurengase sind, die ihn hervorrufen und nicht Stickstoff und Sauerstoff als Hauptbestandteile der Atmosphäre.

Dies liegt daran, daß ein Molekül mindestens drei Atome braucht, um Wärmestrahlung gut absorbieren zu können. Die Energie wird nämlich von Knickschwingungen des Moleküls aufgenommen. Die zweiatomigen Moleküle des Sauerstoffs und des Stickstoffs kann man nicht knicken, deshalb sind sie für den

Treibhauseffekt bedeutungslos. Die dreiatomigen Moleküle CO_2 und H_2O liefern den Hauptanteil.

Auch der Methan-Anteil der Atmosphäre nimmt zu. Er ist wesentlich geringer als beim CO_2, aber dem Methanmolekül CH_4 stehen wegen seiner fünf Atome noch mehr Knickmöglichkeiten zur Verfügung als jenem. Deshalb hält es die Wärmestrahlung noch stärker zurück. Methan bleibt aber nicht so lange in der Atmosphäre. Man kann sich mit seiner Treibhauswirkung also kurzfristig auseinandersetzen, während das CO_2 ein Jahrhundertproblem ist.

Schließlich muß man sich noch über die ungefähre Größe des Treibhauseffekts klar werden. Gegenwärtig heizt die Atmosphäre die Erdoberfläche um 33°C zusätzlich zur direkten Sonneneinstrahlung auf. Wenn man mehratomige Molekülsorten in der Atmosphäre anreichert, wird diese Heizung weiter aufgedreht. Daß eine Verdoppelung des CO_2-Gehalts eine Temperaturerhöhung bis zu 5°C bewirken kann, ist also alles andere als verwunderlich.

Viele Einzelheiten muß man natürlich der fachlichen Diskussion der Meteorologen überlassen, wenn man auch die oben skizzierte Erklärung leicht noch weit detaillierter gestalten könnte. Aufgrund komplizierter Strömungsprozesse wird sich eine globale Erwärmung von Land zu Land recht unterschiedlich auswirken. Es ist sogar möglich, daß sie den Golfstrom abschwächen und damit den europäischen Bereich abkühlen wird. Die Meteorologen müssen also noch viel Detailarbeit leisten. Es ist aber irrationaler Wunderglaube, darauf zu hoffen, daß sich der Treibhauseffekt als harmlos erweisen wird. Wenn man den Wärmeabfluß verzögert, wird es wärmer, trotz aller möglicher Modifikationen im Detail.

Viel schwieriger ist die Frage, wann genau diese Erhöhung aus dem Hintergrund der üblichen Temperaturschwankungen heraustreten wird. Insbesondere war lange nicht klar, welche Effekte bei einer Verzögerung des Temperaturanstiegs die führende Rolle spielen könnten. Entsprechend vorsichtig hat sich der Arbeitskreis 1987 geäußert.

Mittlerweile hat sich die Luftverschmutzung durch schwefelhaltige Partikel als wichtigster Verzögerungseffekt erwiesen. Wenn sie in die Rechnungen einbezogen wird, läßt sich der bisherige Temperaturverlauf im groben recht gut verstehen. Auf dieser Grundlage kann man dann feststellen, daß die erwartete Temperaturerhöhung bereits heute in den Daten erkennbar geworden ist. Allerdings muß man betonen, daß dazu die statistische Auswertung eines umfangreichen Datenmaterials nötig ist. Einzelne heiße Sommer irgendwo auf der Erde sind immer noch viel mehr den Schwankungen als dem systematischen Trend zuzurechnen. Trotzdem sollte ihre Bedeutung nicht unterschätzt werden. Vor einem Hintergrund großer Schwankungen machen sich systematische Trends typischerweise gerade dadurch bemerkbar, daß sie den Effekt einzelner Schwankungen verstärken und besonders ins Auge fallen lassen. Die Versicherungen haben das schon sehr deutlich zu spüren bekommen. Der Arbeitskreis Energie geht deshalb davon aus, daß der Treibhauseffekt spürbar geworden ist und von nun an mit jedem Jahrzehnt deutlichere Wirkungen haben wird.

Eine Verdopplung des CO_2-Gehalts, verstärkt durch Methan und andere Spurengase, wird die Umwelt ebenso massiv ändern wie ein Übergang zwischen Eis- und Warmzeit. Nur die direktesten Auswirkungen lassen sich schon heute vorhersagen. Dazu gehören die Ausweitung der Trockenzonen, das Abschmelzen der Gletscher, der Anstieg des Meeresspiegels. In vielen fruchtbaren Gebieten wird die Landwirtschaft existentiell bedroht werden, und es wird gewaltige Ströme von Klimaflüchtlingen geben. Man kann sich noch gefährlichere biologische Auswirkungen vorstellen, aber wirkliche Vorhersagen sind nicht möglich. Physiker können dazu wenig beitragen.

Eins ist uns dennoch klar: man kann weder den Menschen noch der Umwelt den Schock des massiven Temperaturanstiegs zumuten, den die Fortschreibung der heutigen Energiepolitik zur Folge hätte. Das Durchrechnen verschiedener Möglichkeiten zeigt, daß der weltweite Verbrauch fossiler Brennstoffe bis zum Jahr 2050 auf 40% des heutigen Werts reduziert werden muß, um die Temperaturerhöhung auf ein vermutlich verkraftbares Maß zu begrenzen.

Diese Aufgabe wird dadurch erschwert, daß die Dritte Welt gleichzeitig ihre Industrie entwickeln will und dazu wesentlich mehr Energie braucht als heute. Das Recht darauf wird international akzeptiert. Die hochindustrialisierten Länder müssen deshalb die Nutzung fossiler Brennstoffe überproportional reduzieren. In Übereinstimmung mit der Enquête-Kommission empfiehlt die DPG für Deutschland, die CO_2-Emissionen bis zum Jahre 2050 auf 20% der heutigen Werte zu senken. Das scheint uns den Kurs anzugeben, auf dem am ehesten zwischen der Charybdis der Klimakatastrophe und der Skylla einer kontraproduktiven Überlastung der deutschen Wirtschaft hindurchgesteuert werden kann. Der reduzierte CO_2-Ausstoß pro Kopf würde dann in Deutschland immer noch doppelt so hoch sein wie der Weltdurchschnitt.

Wenn die entsprechenden politischen Vorgaben nicht schnell durchgesetzt werden, wird einerseits das Reduktionsziel verfehlt werden, andererseits wird die Wirtschaft nicht die Planungssicherheit haben, die sie für die nötige Umgestaltung braucht.

23.3 Schwerpunkte des Memorandums

An verschiedene Teile der Energiewirtschaft stellt diese Reduktion des Verbrauchs an fossilen Brennstoffen ganz unterschiedliche Aufgaben. Häufig findet sich die Teilung in Industrie und Haushalte. Sie liegt aus politischen Gründen nahe, verliert aber aus den Augen, daß der Stromsektor beide Bereiche in gleichem Maße betrifft.

In unserem Memorandum haben wir deshalb die Aufteilung in die Sektoren Wärme, Verkehr und Strom bevorzugt. Allerdings müssen im Wärmesektor Haushalte und Industrie doch weitgehend getrennt diskutiert werden. In allen Bereichen hat sich der Arbeitskreis bemüht, realistische von unrealistischen Optionen zu unterscheiden und ihre Möglichkeiten und Grenzen der Öffentlichkeit klar darzustellen. Im einzelnen geben wir folgende Empfehlungen für die drei Sektoren.

23.3.1 Wärme im Haushalt

Der Wärmebedarf der Haushalte ist nur zum kleinen Teil ein Bedarf an Energie. Abgesehen von der Warmwasserversorgung wird im wesentlichen eine angenehme Umgebungstemperatur verlangt. Damit wird die Haushaltswärme weitgehend zu einem Dichtigkeitsproblem. Wie kann man verhindern, daß die im Haus gespeicherte Wärme abfließt und damit wieder neu erzeugt werden muß?

In erster Linie ist hier natürlich eine geeignete Wärmedämmung gefordert. Welche Rolle sie spielt, kann man drastisch am Vergleich von Kalifornien mit Schweden sehen: Die gut isolierten Häuser in Schweden brauchen weniger Heizwärme als die typischen kalifornischen Häuser im dortigen milden Winter.

Wichtige Schritte zur besseren Wärmedämmung sind bei uns natürlich schon seit längerer Zeit durchgeführt, man denke nur an Doppelverglasung, Steildachdämmung mit Mineralwolle und Wanddämmung mit Styropor oder Verbundplatten. Bei Neubauten ging der durchschnittliche Heizenergieverbrauch von über 400 kWh pro Quadratmeter und Jahr im Jahr 1970 auf unter 200 im Jahr 1990 herunter. Er läßt sich mit geeigneten Baumaterialien noch einmal beträchtlich senken. Dazu müssen architektonische Mittel kommen, etwa ein möglichst großer Anteil der Fensterflächen in Südrichtung. Wärmedämmung darf allerdings nicht auf Kosten der Frischluftversorgung gehen. Die übliche Fensterlüftung muß deshalb durch ein eingebautes Abluftsystem ersetzt werden. All das ist in variabler und ästhetisch befriedigender Weise realisierbar. Niedrigenergiehäuser sind Stand der Technik. Besonders die skandinavischen Länder, Kanada und Teile der USA haben gezeigt, daß sie im Laufe weniger Jahre in den Markt eingeführt werden können.

Es gibt mehrere Forschungs- und Entwicklungsprojekte, die zeigen, wie weit man mit solchen Maßnahmen kommen kann. Dabei sind die Versuchsprojekte der Zeit um 1980 bereits architektonischer Standard geworden. Gegenwärtig ist vor allem das Passivhaus in Darmstadt-Kranichstein ein gutes Vorbild. Sein Heizungsverbrauch ist um ungefähr 95% geringer als der in Einfamilienhäusern übliche Durchschnittsverbrauch.

Die Enquête-Kommission des Bundestags hat sich die Kosten im einzelnen angesehen und kam zum Ergebnis, daß sich der Wärmebedarf von Neubauten für weniger als 10% der Baukosten um zwei Drittel senken läßt. Mit den Wärmeschutzverordnungen existiert bereits ein Instrumentarium, um eine solche Reduktion durchzusetzen. Es wurde z.T. unter dem Eindruck der Ölpreiskrise geschaffen und verschärft. Die Vorschriften wurden nicht immer eingehalten, haben aber doch große Wirkung gehabt. Ein wichtiger Schritt zur CO_2-Minderung ist in der Wärmeschutzverordnung von 1995 geschehen. Dort ist vorgeschrieben, für jeden Neubau Energiekennzahlen anzugeben. Einerseits müssen also zunächst die für die Heizung relevanten Gebäudeeigenschaften zahlenmäßig zusammengefaßt werden, andererseits wird dafür eine gewisse Mindestqualität verlangt. Diese muß nach Auffassung des Arbeitskreises Energie bis zum Ende des Jahrzehnts verschärft werden.

Eine durchschnittliche Senkung des Wärmebedarfs auf ein Drittel kommt dem Ziel einer CO_2-Minderung auf 20% schon recht nahe. Was noch fehlt, muß durch eine Optimierung der Heizungssysteme erreicht werden. Auch dafür gibt es hinreichend viele Möglichkeiten. Eine davon ist die Verwendung solarthermischer Anlagen. In Israel ist die Warmwasserbereitung seit längerem völlig auf solarthermische Anlagen umgestellt worden, die sich gut bewährt haben. Auch in Deutschland haben die solarthermischen Anlagen gute Chancen auf weite Verbreitung.

Auch die Verwendung von Wärmepumpen kann unter geeigneten Umständen den Primärenergieverbrauch verringern. Bei der Einzelhausheizung sind diese allerdings rasch an Grenzen gestoßen. Wenn man die Wärme tiefer Schichten des Bodens nutzen will, wird die Reinhaltung des Grundwassers zum Problem, bei bodennahen Schichten hat man einen großen Flächenbedarf.

Zentral lassen sich solche Probleme besser lösen. Deshalb muß die Einzelhausheizung bei ausreichender Bebauungsdichte ganz durch den Anschluß an Nah- oder Fernwärmenetze ersetzt werden. In diese kann Wärme aus Solarkollektoren und die Abwärme von Kraftwerken eingespeist werden. Auch Fernwärme niedriger Temperatur kann über mit Gas betriebene Wärmepumpen genutzt werden.

Um die Auslegung der gesamten Wärmeversorgung zu kontrollieren, empfiehlt der Arbeitskreis die Energiekennzahlen durch eine Brennstoffkennzahl zu ergänzen, mit welcher der Teil des Heizenergieverbrauchs beschrieben wird, der durch die Verbrennung fossiler Brennstoffe gedeckt werden muß. Dieser muß dann auf 50 kWh/m^2 und Jahr begrenzt werden, um die nötige CO_2-Minderung zu erreichen.

Alles in allem kann man durchaus erwarten, daß bei Neubauten der nötige Beitrag zu den Klimaschutzzielen erreicht werden wird. Allerdings werden Altbauten auch noch in fünfzig Jahren einen wesentlich größeren Anteil der Heizenergie benötigen. In diesem Bereich kann man nur wenig Allgemeines sagen. Bauten aus mehreren Jahrzehnten haben verschiedene Eigenschaften. Die neuen und alten Bundesländer unterscheiden sich stark, und für Stadtteilsanierungen gibt es ganz unterschiedliche lokale Prioritäten. Hier müssen also auf lokaler Ebene zahlreiche Einzelmaßnahmen verwirklicht werden.

Wenn Bauerhaltungs- und Sanierungsmaßnahmen fällig sind, lohnt es sich schon bei den heutigen niedrigen Energiepreisen, den Heizbedarf durch Wärmedämmung u.ä. um ein Drittel zu senken. Ein wichtiges Problem ist dabei die Ausbildung der Fachkräfte, die die Hausbesitzer bei solchen Maßnahmen richtig beraten können. Ein gutes Beispiel ist die Ausbildung der Schornsteinfeger, die heute bei der Verbreitung günstigerer Heizungsanlagen eine entscheidende Rolle spielen.

Dieser Bereich erfordert besondere Förderung. Da das Problem große öffentliche Aufmerksamkeit gefunden hat, kann man hoffen, daß Gemeinden bei der modellhaften Sanierung kleinerer Stadtviertel vorangehen und ihr Beispiel dann Schule macht. Bis 1995 hatten bereits 60 deutsche Städte und Gemeinden kommunale Klimaschutz- und CO_2-Minderungsprogramme beschlossen. Das Schwergewicht lag dabei allerdings eher bei Neubauten. In Zukunft ist eine langfristige Planung notwendig, die die Sanierung und künftige Wärmeversorgung in einem integrierten Konzept zusammenfaßt.

Die Gesamtwirkung solcher Maßnahmen wird letztlich vom Energiepreisniveau abhängen. Die Enquête-Kommission hat im einzelnen dokumentiert, welche Dämmstoffstärken bei verschiedenen Energiepreisen wirtschaftlich sinnvoll sind. Wenn man für langfristige Planungen statt des heutigen Brennstoffpreises von 5 Pf einen Preis von 10 Pf/kWh zugrunde legt, wird statt einer Einsparung von 30 eine von 50% wirtschaftlich rentabel.

23.3.2 Wärmebedarf in der Industrie

In der Industrie müssen drei Temperaturbereiche unterschieden werden. Im Niederenergiebereich wird einerseits Energie benötigt, andererseits gehen heute durch Ableitung in die Luft oder in die Flüsse große Mengen geringwertiger Abwärme verloren. Das gilt insbesondere in der chemischen Industrie, wo viele Reaktionen unter Wärmeentwicklung ablaufen. Industrielle Abwärme muß in Zukunft weitestmöglich als Energiequelle genutzt werden. Zum einen muß es dazu zwischen den Industrieunternehmen selbst einen Austausch geben. Zum anderen muß die Abwärme aber auch (in KWK) für die Heizung von privaten und öffentlichen Gebäuden zur Verfügung gestellt werden. Letzteres ist möglich, wenn die Abwärme in voraussehbaren und gleichbleibend verfügbaren Mengen anfällt. Dann kann sie in Nah- oder Fernwärmenetze eingespeist werden und einen Beitrag zur CO_2-Minderung im Heizbereich leisten.

Wenn das nicht möglich ist, muß der Industrie durch eine entsprechende Energiepreispolitik genügend Motivation gegeben werden, die Abwärme durch Wärmetauscher oder Wärmepumpen in die industrielle Anwendung zurückzuführen. Im niedrigen Temperaturbereich muß daneben soweit möglich auf Abwärme aus der Stromerzeugung zurückgegriffen werden.

Die Industrie benötigt aber auch große Mengen von Prozeßwärme bei hohen Temperaturen. Im Bereich von über 900 °C gibt es keine Alternative zu fossilen Brennstoffen. Hier kann nur durch entsprechende finanzielle Anreize eine Optimierung im Einzelfall gefördert werden. Anders sieht es im großen Bereich der Temperaturen bis 900 °C aus. Hier kann die Kernenergie im großen Umfang die fossilen Brennstoffe ersetzen.

Der hierzu geeignete Reaktortyp ist der Hochtemperaturreaktor (HTR). Er ist wohl der sicherste Typ. Aufgrund der Verpackung des Brennstoffs in eine Graphithülle kann insbesondere ein Kernschmelzen ausgeschlossen werden. Deshalb ist der HTR in der ökologischen Bewegung immer auf weniger Widerstand gestoßen als die konventionellen Leichtwasserreaktoren oder gar der schnelle Brüter. Auch unter Physikern war sein hohes Potential kaum umstritten. Seine Entwicklung war vielmehr aus Kostengründen eingestellt worden, da nach einer Phase starker staatlicher Unterstützung weder Bundesregierung noch Industrie die hohen Entwicklungskosten tragen wollten. Politisch war das vielleicht verständlich, aber heute erweist sich diese Haltung als kurzsichtig.

Technisch hat der HTR insbesondere den Vorteil, daß er leicht auf relativ kleine Leistung hin dimensioniert werden kann und geeignet ist, gleichzeitig Strom und hochwertige industrielle Prozeßwärme zu liefern. Außerdem kann mit ihm aus Erdgas Wasserstoff gewonnen werden, dessen Anwendung die hohen CO_2-Emissionen in der Stahl- und Ammoniakerzeugung stark verringern kann.

Es ist schade, daß die Entwicklung dieses Reaktortyps lange verzögert worden ist. Das technische Know-how ist heute deshalb bei einer kleinen Gruppe älterer Wissenschaftler konzentriert und droht in Deutschland verlorenzugehen. Wenn sich aber heute junge Wissenschaftler dafür engagieren und der HTR konsequent weiterentwickelt wird, kann er in etwa zwanzig Jahren industriell eingesetzt werden. Der Arbeitskreis sieht darin einen wichtigen Beitrag zur Lösung des CO_2-Problems.

23.3.3 Verkehr

Der Beitrag von Treibstoffen zum deutschen Primärenergieverbrauch beträgt nur 20%, gegenüber je 40% für Wärme und Strom. Man muß aber sehen, daß der Verkehr sicher noch viele Jahrzehnte einen überaus hohen CO_2-Ausstoß verursachen wird. Sein Anteil am CO_2-Problem wird also stark wachsen. Deshalb muß um so größeres Gewicht auf die Verkehrsvermeidung gelegt werden.

Ein Vergleich der weltweit in verschiedenen Städten gefahrenen Kilometer zeigt, daß sie in erster Linie von der Bebauungsdichte abhängen. Einerseits läßt uns das die Hoffnung, daß die chinesischen Städte keinen so katastrophal hohen CO_2-Ausstoß wie die unseren erreichen werden. Anderseits liegt hier eine große Aufgabe der Städteplanung. Die lange geförderte Trennung der Lebensbereiche in Arbeit, Freizeit und Schlafen muß in der Tendenz rückgängig gemacht werden. Wo Transportwege unvermeidlich sind, muß der Verkehr soweit wie möglich auf die Schiene verlagert werden.

All das ist banal, leicht gesagt und nur in vielen Jahrzehnten zu verwirklichen. Gerade weil man bei der Umgestaltung von Siedlungsstrukturen sich eher am Jahrhundert als am Jahrzehnt orientieren muß, fordert der Arbeitskreis eine langfristige Energieplanung bis zum Jahr 2050.

Naturwissenschaftler können auch in diesem strukturellen Bereich einen besonderen Beitrag erbringen. Ein wesentlicher Teil des Kraftstoffverbrauchs wird durch den stockenden Verkehrsfluß verursacht. Eine Verbesserung durch Fernleitsysteme wird schon lange diskutiert und sollte längerfristig realisierbar sein.

Wenn all diese strukturellen Maßnahmen ergriffen werden, wenn man die Käufer zur Bevorzugung emissionsarmer Fahrzeuge bewegen kann, wenn die technischen Möglichkeiten zur Reduktion des Benzinverbrauchs ausgeschöpft werden, dann kann man erwarten, daß die CO_2-Emissionen im deutschen Verkehr auf die Hälfte sinken. Das bleibt weit hinter der Reduktion auf 20% zurück. Die Aussichten sind hier also sehr viel schlechter als im Wärme- und Strombereich.

Dabei sind die Schwierigkeiten eher untertrieben. So darf man nicht vergessen, daß sich der Flugverkehr in rapider Expansion befindet und in Zukunft für einen wichtigen Teil der CO_2-Emissionen verantwortlich sein wird. Bei allem Engagement für bestimmte verkehrspolitische Maßnahmen ist eine gewisse Hilflosigkeit gegenüber den Verkehrsproblemen auch im Energiememorandum nicht zu verkennen. Wir sprechen die Möglichkeit von Elektroautos und Wasserstoffantrieb an, sehen aber im betrachteten Zeitraum nur wenig Chancen für solche Entwicklungen.

Vielleicht sind die Perspektiven für Biotreibstoffe günstiger. Die gegenwärtig verfügbaren Energiepflanzen sind zwar ökonomisch nur in geringem Maß einsetzbar, aber vielleicht kann die genetische Ingenieurkunst hier weiterhelfen. Allerdings kann die Entscheidung über einen solchen Weg nur aufgrund einer intensiven öffentlichen Diskussion zustande kommen.

23.3.4 Stromwirtschaft

Alle politischen Kräfte sind sich einig, daß der Stromanteil an der Energieversorgung in Zukunft eher zunehmen wird. Gerade auch angesichts der Probleme mit dem Verkehr halten wir es deshalb für geboten, den Anteil fossiler Energien an der Stromerzeugung bis zum Jahr 2030 auf ein Drittel zu senken. Im wesentlichen gibt es zwei Alternativen zu konventionellen Kraftwerken: erneuerbare Energien und Kernkraftwerke. Dagegen kann die Kernfusion bis zum Jahr 2050 auch im günstigen Fall keinen entscheidenden Teil der Energieversorgung übernehmen.

Unseres Erachtens gibt es keine realistische Möglichkeit dafür, daß erneuerbare Energien oder Kernkraftwerke allein genügend fossile Brennstoffe ersetzen können. Daß es allein mit erneuerbaren Energien nicht geht, zeigen am besten diejenigen ernstzunehmenden Studien, die gleichzeitig einen Ausstieg aus der Kernenergie und eine Lösung des CO_2-Problems ins Auge fassen. Sie kommen unweigerlich zu dem Schluß, daß die energieintensive Grundstoffindustrie dann aus Deutschland abziehen wird.

Für die Kernenergie sieht es nicht besser aus. Es wird Zeit und große Anstrengungen verschiedener Seiten brauchen, bis sie von der Bevölkerung wieder als ausbaufähige Methode der Stromproduktion angesehen wird. Um die Klimakatastrophe abzuwenden, wäre es sinnvoll, den Streit zwischen Verfechtern von Sonnen- und Kernenergie so schnell wie möglich zu überwinden. Solange das nicht erreichbar ist, möchte der Arbeitskreis beide Optionen unabhängig voneinander unterstützen.

Bei den erneuerbaren Energien können beschränkte Beiträge von Wind und Biomasse kommen. Am aussichtsreichsten ist aber die direkte Nutzung der Sonnenenergie. Dabei ist der Import von Strom aus solarthermischen Kraftwerken im Mittelmeerraum die bei weitem preisgünstigste Möglichkeit (vgl. Kap. 32, 33). Kleine photovoltaische Anlagen auf deutschen Dächern werden sicher immer Käufer finden, die aus Gewissensgründen bereit sind, einen sehr hohen Preis für Strom zu bezahlen. Gesamtgesellschaftlich ist der Beitrag der Photovoltaik durch die hohen Kosten begrenzt.

Selbst solarthermische Kraftwerke sind unter den Bedingungen des heutigen, extrem niedrigen Ölpreises nicht finanzierungsfähig. Das wird sich sofort ändern, wenn sich wieder ein vernünftigeres Preisniveau einstellen wird. Unabhängig davon sollte heute ein Demonstrationskraftwerk im Gigawatt-Bereich in Angriff genommen werden, damit die benötigte Technik rechtzeitig zur Verfügung steht. Hier liegt unserer Meinung nach einer der schwerwiegendsten Mängel der heutigen deutschen Energiepolitik.

Eine derartige Nutzung der Sonnenenergie liegt im gemeinsamen Interesse von Zentraleuropa und dem Süden. Dort gibt es in mehreren Ländern eine große Bereitschaft zur Zusammenarbeit. Anderswo können die politischen Probleme nur langfristig gelöst werden. Man denke etwa daran, daß gerade Algerien die Standorte mit der günstigsten Sonneneinstrahlung aufweist (vgl. Kap. 32, 33).

In der Kernenergiediskussion hat das Problem der Abfallagerung unserer Meinung nach einen unangemessen hohen Stellenwert. Man kann über Lagerung in Gestein oder Salz streiten, technisch stellen sich aber keine besonders schwierigen Probleme. Ganz anders sieht es bei der Unfallsicherheit von Kernkraftwerken aus. Hier hat die Atomindustrie mittlerweile akzeptiert, daß Katastrophen naturgesetzlich ausgeschlossen sein müssen. Damit verlieren die Argumente mit kleinen Wahrscheinlichkeiten an Bedeutung, an deren Zuverlässigkeit immer Zweifel möglich waren. Sowohl beim französisch-deutschen Projekt des europäischen Druckwasserreaktors als auch beim Hochtemperaturreaktor könnte dieses Ziel in absehbarer Zeit erreicht sein.

Zusammenfassend halten wir bei der Stromversorgung für das Jahr 2030 eine ungefähre Drittelung des Anteils von fossiler Energie, erneuerbarer Energie und Kernenergie für sinnvoll und realistisch.

23.4 Rahmenbedingungen

Ohne staatliche Eingriffe wird der Abbau fossiler Energieträger rentabler bleiben als die Nutzung regenerativer Energien oder einer Kernenergie mit wachsenden Sicherheitsstandards. Deshalb ist die Fahrt in Richtung Klimakatastrophe ohne differenzierte Energiepreiserhöhungen nicht zu stoppen.

Im einzelnen ist die Diskussion auch im Arbeitskreis Energie noch im Fluß, aber einige konkrete Anhaltspunkte mögen nützlich sein: Dem Verbraucher kann der doppelte Strompreis zugemutet werden. Denn die Effizienz der Geräte beim Stromverbrauch im Haushalt kann so gesteigert werden, daß der Verbraucher insgesamt nicht stärker belastet wird als heute. Für Branchen wie die Autoindustrie gilt ähnliches. Diese Haltung wird gerade auch von Mitgliedern vertreten, die selbst von solchen Preiserhöhungen betroffen wären. Dagegen halten wir es nicht für sinnvoll, Bereiche wie Chemie und Stahlindustrie durch Preiserhöhungen zur Abwanderung aus Deutschland zu veranlassen. Politisch wird es keiner Partei leichtfallen, dem Verbraucher kräftigere Preiserhöhungen zuzumuten als der Grundstoffindustrie. Gerade das wäre aber im gemeinsamen öffentlichen Interesse und sollte auch so ausgesprochen werden (vgl. Kap. 11).

Es versteht sich von selbst, daß Preiserhöhungen schrittweise und kalkulierbar erfolgen müssen. Die Industrie kann sich nur dann im internationalen Wettbewerb behaupten, wenn sie sich an klaren, langfristigen und realistischen Zielvorstellungen orientieren kann.

Im Überblick kann man sagen, daß der Wärmesektor organisatorisch die umfangreichsten Aufgaben stellt, daß aber die nötige CO_2-Minderung technisch und wirtschaftlich möglich ist. Der Hauptbeitrag muß dabei von der Fortentwicklung konventioneller Verfahren kommen, ein gewisser Anteil aber auch von neuen umweltschonenden Einrichtungen. Politische Widerstände sind hier eher im Detail als im Grundsätzlichen zu erwarten. Kurzfristig können und müssen hier die größten Beiträge zur CO_2-Minderung erreicht werden.

Im Verkehrssektor sehen wir gegenwärtig keine realistische Lösung des Grundproblems. Auf jeden Fall müssen heute langfristige Strukturänderungen in Angriff genommen werden, um das Schlimmste zu verhüten.

Im Stromsektor ist es technisch möglich, den fossilen Anteil an der Stromproduktion stark zu reduzieren. Insbesondere die verstärkte Unterstützung von Kernenergie und Solarenergie sind sinnvoll. Einerseits muß die katastrophenfreie Kerntechnik soweit entwickelt werden, daß sie von der Bevölkerung akzeptiert wird. Andererseits müssen trotz des gegenwärtigen Ölpreisniveaus die Voraussetzungen für eine zügige Markteinführung solarthermischer Kraftwerke im Mittelmeerraum geschaffen werden (vgl. Kap. 32, 33).

Jeder Teilerfolg in einem dieser Bereiche kann an der CO_2-Konzentration in der Atmosphäre objektiv gemessen werden. Vielleicht ist es zu spät, manche der Bedrohungen abzuwehren, vielleicht ist noch ein weitgehender Erfolg möglich. Aber jeder erfolgreiche Schritt wird die Auswirkungen der Klimakatastrophe in entsprechendem Maß reduzieren.

24 Sonnenstrategie: Handlungskonzepte und -optionen für die Energiepolitik der Bundesrepublik Deutschland

Harry Lehmann

24.1 Einführung

Eine zukunftsfähige Energieversorgung wird sich auf drei Säulen stützen müssen: *erstens* auf die erneuerbaren Energien, *zweitens* auf eine effiziente Nutzung der verfügbaren Ressourcen und *drittens* auf eine bewußte Entscheidung über Grenzen des Konsums, die Suffizienz. Sonne - Effizienz - Suffizienz sind die Eckpfeiler einer zukunftsfähigen Energiewirtschaft.

Eine Anzahl von Szenarien über eine künftige risikoarme und solare Energieversorgung sind bereits erstellt worden, und dies nicht nur in der letzten Zeit. Das Ausmaß, der Zeithorizont und die Kosten, mit denen die erneuerbaren Energien in den Markt eingeführt werden können, hängen stark von politischen Entscheidungen ab. Für die EU errechnete eine Potentialstudie von Eurosolar bei einer stark forcierten Markteinführungspolitik der erneuerbaren Energien, gemessen an dem heutigen Energieverbrauch, innerhalb von 25 Jahren einen Anteil von ca. 50% (Eurosolar, 1994; Pontenagel, 1995). Nach der ALTENER-Entscheidung von 1993 wird ein Ziel von 8% bis ins Jahr 2005 angestrebt (vgl. Kap. 14). Zwischen diesen beiden Zahlen liegt das im „Action Plan for Renewable Energy Sources in Europe“ (Madrid, 1994) formulierte Ziel von 15% bis ins Jahr 2010. Betrachtet man den Anteil an erneuerbaren Energien in den Szenarien, die für den gesamten Weltverbrauch erstellt wurden, so decken sie, je nach Szenario und unterstelltem Energieverbrauch, 9 bis 43% des Weltenergieverbrauchs (Durchschnitt 20%) im Jahre 2010 ab. Für das Jahr 2030 liegt die Spanne zwischen 8 und 83%. Hier wirken sich die verschiedenen Annahmen bei der Einführung der erneuerbaren Energietechnologien besonders stark aus.

Um die Potentiale an Sonnenenergie abzuschöpfen (ob weltweit oder in einer Stadt), bedarf es einer dezentral und regional orientierten Energieversorgung. Dies bedeutet die Nutzung der vor Ort verfügbaren Ressourcen an erneuerbaren Energien, an den Küsten mehr die Windkraft, in ländlichen Gebieten mehr die Biomasse, in bebauten Gebieten Photovoltaik sowie die passive und aktive Wärmenutzung. Der Austausch der Überschüsse der Regionen mit Hilfe eines überregionalen Netzes ist ein weiteres Merkmal dieser Energieversorgungsstruktur. Dieses Netz kann ein Strom- oder aber auch ein Gasnetz sein, in das dezentral eingespeist wird. Der Transport von hochwertiger Biomasse ist eine weitere Möglichkeit. Dieses überregionale Netz dient auch der Speicherung von Überschüssen. Das Speichermedium kann Biogas sein oder auch mit Strom erzeugter Wasserstoff. In zentralen Großkraftwerken wird die Energie erzeugt, die noch zur Bedarfsdeckung fehlt. Zentrale Kraftwerke können Wasserkraftanlagen, Biomassekraftwerke oder thermische Kraftwerke sein. Auch Kraftwerke, die in anderen Regionen erzeugte Brennstoffe wie z.B. Wasserstoff oder Biogas benutzen, sind Teil des zentralen Energiesystems. Die unterschiedlichen Technologien der erneuerbaren Energien müssen sich dabei mit ihren jeweiligen Stärken und Schwächen gegenseitig ergänzen.

Die Instrumente zur Förderung der regenerativen Energien sind abhängig vom Zielwert und den Etappen, in denen die erneuerbaren Energien eingeführt werden sollen. Da die erneuerbaren Energietechnologien auch in unterschiedlichem Maße schon in den Markt eingeführt werden können, müssen die Maßnahmen auch nach den zu fördernden Technologien differenzieren. Geeignete politische Rahmenbedingungen zu schaffen, um effiziente Energienutzung und erneuerbare Energietechnologien schnell in den Markt einzuführen, erfordert die Umsetzung eines Bündels an Maßnahmen, die durch die Menge der Hemmnisse, die der Markteinführung erneuerbarer Energietechnologien entgegenstehen, bestimmt sind. Ein banales Hemmnis ist die Tatsache, daß der Energiemarkt schon besetzt ist und die heute dominierenden Anbieter zum Teil kein Interesse zeigen, selber erneuerbare Energietechnologien einzuführen. In manchen Fällen, man erinnere sich nur an die Stromeinspeisevergütungs-Diskussion oder den Widerstand gegen die kostengerechte Vergütung, wehren sich die marktbeherrschenden Unternehmen mit allen Mitteln.

Die Anstrengungen zur Markteinführung der erneuerbaren Energietechniken sollen breit angelegt sein und auf folgende Handlungsfelder konzentriert werden:

- finanzielle Maßnahmen zur Verbesserung der Wettbewerbsfähigkeit und der Markteinführung für erneuerbare Energien;
- Maßnahmen zur Exportförderung;
- Entflechtung des Energiemarktes, Anpassung der Energieversorgungsstruktur;
- Verbesserung der rechtlichen und administrativen Rahmenbedingungen für den Einsatz erneuerbarer Energien;
- Maßnahmen zur verbesserten Information, Beratung, Aus-, Fort- und Weiterbildung;
- verstärkter Einsatz der erneuerbaren Energien in den Entwicklungsländern;
- marktorientierte Forschung, Entwicklung und Demonstration von Anlagen und Materialien zur Nutzung erneuerbarer Energien;
- Eigeninitiativen von Industrie, öffentlicher Hand und Kommunen.

Bevor die einzelnen Handlungsoptionen diskutiert werden, sei daran erinnert, daß die wichtigste Maßnahme der sofortige Beginn einer *Sonnenstrategie* ist (Scheer, 1993).

24.2 Maßnahmen zur Verbesserung der Wettbewerbsfähigkeit

Die fehlende Massenproduktion ist der wichtigste Grund für die hohen Preise für Energie aus erneuerbaren Energietechnologien. Abb. 24.1 zeigt, daß einzelne

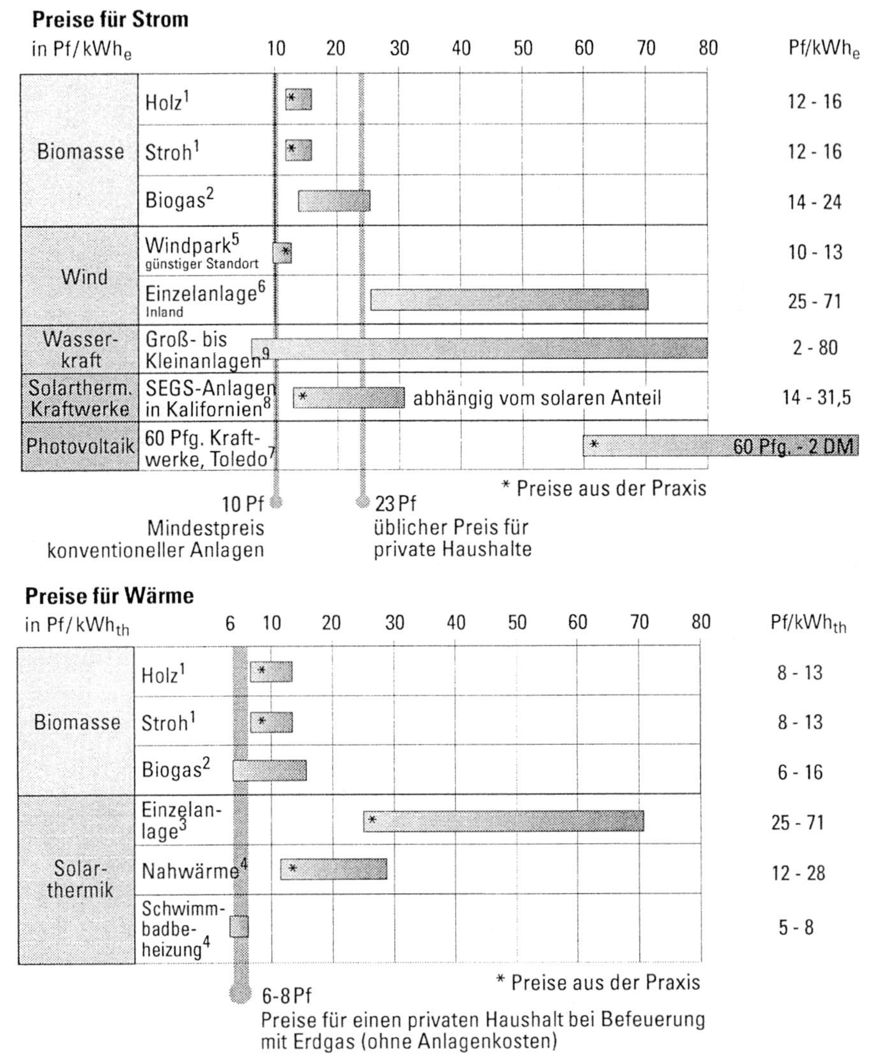

Abb. 24.1. Strom- und Wärmegestehungskosten der erneuerbaren Energien (Quelle: Lehmann/Reetz, 1995)

Techniken heute schon nahe der Wirtschaftlichkeit sind oder diese bereits erreicht haben. Der Preis für 1 kWh Strom aus der photovoltaischen Produktion sprengt nach wie vor den finanziellen Rahmen. Solange nämlich eine Technologie, und dies gilt nicht nur für die Photovoltaik, in Handarbeit produziert wird und keine Massenfertigung existiert, bleibt sie teuer oder unwirtschaftlich. Am Beispiel der Windenergie konnte man verfolgen, wie die Markteinführung durch die damit verbundene Massenproduktion in kürzester Zeit zu großen Kostenverringerungen führte (vgl. Lehmann, 1995).

Doch ist der Preisvergleich oftmals unfair, die externen Kosten der sozialen und ökologischen Folgen, die bei den konventionellen Energietechnologien um ein Vielfaches höher sind als bei den erneuerbaren, werden der Volkswirtschaft aufgebürdet. Direkte oder indirekte Subventionen verzerren den Preisvergleich zusätzlich. Die externen Kosten, die bei der Nutzung konventioneller Energieträger entstehen, werden nicht in den Preis für die kWh Strom oder Wärme einbezogen. Die Preise sagen nicht die ökologische Wahrheit, d.h. die durch die Produktion erzeugten Schäden, sogenannte externe Kosten, spiegeln sich in ihnen nicht wider. Summiert man diese externen Kosten fossiler Elektrizitätserzeugungssysteme, so ergeben sich - nach einer Untersuchung von Olaf Hohmeyer (1989) - zusätzliche Kosten von mindestens 4 bis 9 Pf/kWh bei den fossilen Brennstoffen und bei der Stromerzeugung durch Atomkraftwerke zusätzliche Kosten von 10 bis 21 Pf/kWh. Dagegen hat der Einsatz der erneuerbaren Energien einen Nettonutzen für die Gesellschaft (also vermiedene Kosten) von 6 bis 12 Pf (Windenergie) oder 7 bis 17 Pf (Photovoltaik). Da in dieser Studie überall, wo die Daten unsicher waren, mit dem niedrigsten Schätzwert gerechnet wurde, liegt der gesamte soziale Nutzen der erneuerbaren Energien wahrscheinlich erheblich höher.

24.2.1 Internalisierung externer Kosten durch eine ökologische Steuerreform bzw. Energiesteuern

Ein wichtiger Schritt in die Richtung einer solar- und effizienzfördernden Energiewirtschaft ist eine ökologische Steuerreform. Energiepreise müssen die ökologische Wahrheit sagen. Die Einbeziehung der sozialen und ökologischen Kosten durch eine Besteuerung von konventioneller Primärenergie ist längst überfällig. Eine Steigerung der Energiepreise muß aber spürbar erfolgen, d.h. in einem höheren Maße als die derzeitig von der EU geplante und immer wieder verschobene Einführung einer Energiesteuer. Eine stufenweise und mit Steuersenkungen in anderen Bereichen flankierte Politik führt auch nicht zu einer Gefährdung der Wirtschaft, der Exportchancen der Industrie oder zu sozialen Verwerfungen.

Ein solcher Vorschlag kommt unter anderem vom DIW oder dem „Förderverein Ökologische Steuerreform (FÖS)“. Im Mittelpunkt des DIW-Vorschlags steht eine stetig steigende Energiesteuer auf die fossilen Energieträger und Elektrizität. Die Energieträger werden mit einem einheitlichen Steuersatz je Einheit

Energiegehalt belastet. Der Satz steigt im Zeitablauf progressiv. Der Steuersatz bezieht sich für alle Energieträger auf einen fiktiven Grundpreis von 9 DM je GJ, das entspricht 18,50 DM je Tonne SKE.

Die Steuer wird zusätzlich zur bereits existierenden Besteuerung der verschiedenen Energieträger erhoben; dies führt bei Öl und Gas im Zusammenwirken mit der Mineralölsteuer zur doppelten Belastung. Der Steuersatz steigt jährlich um 7% real. Bereits im fünften Jahr soll der Steuersatz eine Höhe von 106 DM je Tonne SKE erreichen; nach zehn Jahren hat er sich mit 255 DM je Tonne SKE mehr als verdoppelt und erreicht schließlich 464 DM je Tonne SKE nach Ende des Betrachtungszeitraums im Jahr 2010. Nach dem Vorschlag des DIW soll das Energiesteueraufkommen nicht die Gesamteinnahmen des Staates erhöhen, sondern dazu dienen, die Arbeitskosten für Staat und Wirtschaft zu senken und die privaten Haushalte zu entlasten. Zu diesem Zweck soll bei den Unternehmen und beim Staat eine Reduzierung der Arbeitgeberbeiträge stattfinden und bei den privaten Haushalten ein Bonussystem, wonach vom gesamten Energiesteueraufkommen 71% für die Kompensation der Steuer bei Unternehmen und Staat sowie 29% für die Kompensation bei privaten Haushalten ausgegeben werden sollen. Nicht zurückgegeben wird dagegen die auf die Energiesteuer entfallende Mehrwertsteuer.

Auf die einzelnen Energien bezogen, verändern sich in dem DIW-Modell die Energiepreise für die privaten Haushalte innerhalb von zehn Jahren wie folgt: Normalbenzin verteuert sich um 24%, Strom für Haushalte um 46% und leichtes Heizöl für Haushalte um 73%; der industrielle Energieverbrauch verteuert sich im gleichen Zeitraum bei schwerem Heizöl um 135%, Erdgas um 105% und Strom um 95%.

Bei der gesamtwirtschaftlichen Beurteilung dieses Steuerszenarios kommt das DIW zu folgenden positiven Ergebnissen: Wirtschaftswachstum und Außenhandel werden nicht beeinträchtigt; die internationale Wettbewerbsfähigkeit der Unternehmen am Produktionsstandort Deutschland wird nicht negativ berührt; gesamtwirtschaftlich ist nach zehn Jahren mit bis zu einer halben Million zusätzlicher Beschäftigter zu rechnen; die Steuerreform ist sozialverträglich und verringert das Staatsdefizit; der Primärenergieverbrauch sinkt bis zum Jahr 2010 gegenüber 1987 um fast 24%, der CO_2-Ausstoß durch die Einführung von effizienten und erneuerbaren Energietechnologien um fast 25% (Bach et al., 1995; DIW, 1994b).

Die ökologische Steuerreform ist die Handlungsoption, die zuerst für eine ökologischere Preisbildung im Energiemarkt sorgt. Dies reicht alleine nicht aus, um erneuerbare Energietechnologien in den Markt einzuführen.

24.2.2 Stromeinspeisegesetz

Um von Handarbeit zu Massenproduktion zu kommen und gleichzeitig dem dezentralen Gedanken der Solartechnik gerecht zu werden, muß ein stabiler Markt für die erneuerbaren Energietechnologien geschaffen werden. Massenproduktion setzt eine berechenbare gleichmäßige Massennachfrage voraus. Strohfeuerartig aufflammende und rasch wieder verlöschende Nachfrageschübe, die sich nahezu zwangsläufig bei vielen Förderprogrammen ergeben, sind nicht hilfreich. Eine Förderung der erneuerbaren Energien muß deshalb daran gemessen werden, ob die Finanzierbarkeit über einen langen Zeitraum gesichert ist. Hier muß man zwischen den Technologien, die heute schon marktnah produzieren können und denen, die noch sehr marktfern sind, unterscheiden. Für erstere ist die Fortführung des Stromeinspeisegesetzes bei gleichzeitiger Erhöhung der Einspeisevergütung auf 95% ein richtiger Schritt. Es ist ein Instrument zur langsamen Überwindung der zentralen Struktur durch gesicherten Zugang zum Markt für dezentrale elektrische Energieerzeugung aus erneuerbaren Quellen. Vergütung des gelieferten Stroms weckt außerdem das Eigeninteresse des Betreibers an einer gut funktionierenden Anlage vom Beginn der Planung bis zur endgültigen Außerbetriebnahme. Dagegen verlangt die bisherige Förderpraxis, die den Bau von Stromerzeugungsanlagen, nicht aber die Produktion von Strom finanziell unterstützt, einen hohen staatlichen Prüfungs- und Überwachungsaufwand, damit die eingesetzten Fördermittel auch effektiv genutzt werden.

24.2.3 Betriebskostenzuschüsse (kostengerechte Vergütung)

Die erneuerbaren Energietechnologien, die mit der Mindesteinspeisevergütung des Stromeinspeisegesetzes alleine nicht wirtschaftlich arbeiten können, müssen zusätzliche Betriebskostenzuschüsse erhalten. Eine Möglichkeit ist die Schaffung besonderer Förderprogramme, die Teile der Investitionskosten übernehmen, so daß die Mindesteinspeisevergütung ausreicht. Eine andere Möglichkeit sind Sonderabschreibungsmodelle oder Sonderkreditprogramme. All diese Maßnahmen verursachen aber einen hohen Verwaltungsaufwand oder sind nur einer begüterten Bevölkerungsgruppe zugänglich.

Zur Förderung der Produktion von Brennstoffen, der Versorgung des Wärmemarktes mittels erneuerbarer Energien und der Förderung der Nutzung der Biomasse im Wärmebereich sind Betriebs- oder Investitionskostenzuschüsse ein sehr gutes Instrument. Als ein Beispiel sei die Freistellung der Biokraftstoffe von der Mineralölsteuer genannt. Hier wird durch eine steuerliche Maßnahme die Markteinführung gefördert. Ein weiterer Bereich, in dem steuerliche Modelle eher zu einer Nutzung von Solarenergie führen würden, ist der Baubereich. Erhöhte Abschreibungen von neuen Gebäuden und Sanierungskosten von Altbauten, die einem Niedrigenergie-Solar-Standard genügen, sind in diesem Bereich ein geeignetes Mittel. Die Wiedereinführung der Steuerbegünstigung zur Errichtung, Erweiterung und Erneuerung von Wasserkraftwerken bis zu 5 MW Leistung, zusammen mit der gesetzlichen Zulassung von Bewilligungen für mehr als dreißig Jahre, würde im Bereich der kleinen Wasserkraftwerke zu einer Reaktivierung und Neuinstallation dieser Technologie führen.

Die Erstattung der tatsächlichen Kosten der in das Netz eingespeisten Energie durch das Modell der kostendeckenden Vergütung für Strom aus erneuerbaren

Energieanlagen ist eine Möglichkeit, dieses einfach und ohne großen administrativen Aufwand zu tun. Bei diesem Modell werden die Mehrkosten auf den Verbraucher durch eine Erhöhung des Strompreises umgelegt. Diese kostendeckende Vergütung ist innerhalb NRW durch die Preisaufsicht zugelassen worden, die allerdings die Möglichkeit der zweckgebundenen Erhöhung des Strompreises für die kostengerechte Vergütung auf 1% des Strompreises beschränkt. Gutachter erlauben eine Erhöhung von bis zu 5% des Strompreises.

In Anbetracht des hohen Flächenbedarfs bei der photovoltaischen „Ernte" von Solarstrom, muß in aller Regel Anlagen auf bereits versiegelten Flächen der Vorzug gegenüber Freilandanlagen gegeben werden. Dies spricht für Solaranlagen auf Gebäudedächern und an Fassaden. Da solche Anlagen auch vom Preis-Leistungsverhältnis her den großen Freilandanlagen überlegen sind, sprechen beide Gesichtspunkte für eine Förderung dezentraler, d.h. vorwiegend privater Anlagen.

24.3 Entflechtung des Energiemarktes

Ordnungspolitisch muß im gesamten europäischen Raum für die Energieversorgung eine neue Struktur überlegt werden, für die es schon realistische Anknüpfungspunkte gibt. Die Stromwirtschaft hat gegenwärtig eine Doppelfunktion. Sie ist zugleich Stromproduzent und Verteiler. Aus dieser Monopolstellung heraus ist sie naturgemäß, solange sie nicht ihr Selbstverständnis ändert, gegen das Einsparen von Kraftwerksleistung und gegen die Substitution herkömmlicher Energien durch erneuerbare Energien. Daher müssen die Rollen des Produzenten und Netzbetreibers entflochten werden, um einen Strukturwandel in der Energiewirtschaft zu erreichen. Die Energiewirtschaft wird nicht die Produzentenrolle regenerativer Energien übernehmen, weil dies eine zum großen Teil dezentrale Energiestruktur und auch andere Betreiberformen erfordert.

24.3.1 Trennung von Netz und Produktion

Um eine möglichst große Entflechtung zu erreichen, sollte das Netz in öffentlich-rechtlicher Form verwaltet werden. Geeignete Durchleitungsregelungen für große zentrale und für dezentrale Energieversorger ermöglichen dann in Verbindung mit der ökologischen Steuerreform und anderen Maßnahmen einen fairen Marktzugang für die erneuerbaren Energietechnologien. Dieser entflochtene Strommarkt würde dann auch leichter das Management der Abnahmestruktur und besondere Tarifmodelle ermöglichen.

Lokale und regionale Energieversorgungskonzepte können durch die Zulassung der Versorgung benachbarter Abnehmer aus Erzeugungsanlagen für erneuerbare Energietechnologien und einer besonderen Durchleitungsregelung (auf der Mittelspannungsebene) für Solarstrom gefördert werden. In diesen Konzepten können Abnehmer und Produzenten sich in ihrer Bedarfs- und Produktionsstruktur einander anpassen. Dies verlangt aber die geforderte erleichterte Durchleitung von Strom oder die vereinfachte Verteilung von Wärme.

24.4 Verbesserung der rechtlichen und administrativen Rahmenbedingungen

Oftmals sind es administrative Hürden, die eine wichtige Rolle spielen. Diese zu beseitigen und durch geeignete rechtliche und administrative Rahmenbedingungen fördernde Impulse abzulösen, ist ein weiteres Maßnahmenbündel. Grundsätzlich sollte das Energiewirtschaftsgesetz an die geänderten umweltpolitischen Rahmenbedingungen und Erwartungen der Bürger und Bürgerinnen sowie die Forderung nach einer dauerhaften, zukunftsfähigen Energiewirtschaft angepaßt werden.

24.4.1 Freistellung und Privilegierung

Dazu gehört die Förderung des Baus von Anlagen durch die Freistellung von Kleinanlagen zur Nutzung erneuerbarer Energietechnologien von der Investitionsaufsicht (§ 4 EnWG) und die Freistellung der Betreiber von Anlagen zur Nutzung erneuerbarer Energietechnologien bis zu einer zu definierenden Leistungsobergrenze von der Genehmigungspflicht (nach § 5 EnWG). Dies sollte auch für die bauordnungsrechtliche Befreiung von ausgewählten Anlagen zur Nutzung erneuerbarer Energietechnologien als „verfahrensfreie Vorhaben" gelten. Im Außenbereich ist die Privilegierung von Anlagen zur Nutzung erneuerbarer Energietechnologien (§ 35 Abs. 1 BauGB) zu gewährleisten. Diese Maßnahmen erleichtern grundsätzlich den Zugang der erneuerbaren Energietechnologien durch Senkung der administrativen Hürden.

24.4.2 Bauverordnungen

Um die erneuerbaren Energietechnologien schon bei der Planung mitzuberücksichtigen, sollte im BauGB (§ 1) aufgenommen werden, daß die Belange der aktiven und passiven Solarenergienutzung bei der Bauleitplanung einfließen sollen. Dies beinhaltet auch eine Verpflichtung zur solaren Brauchwassererwärmung und zur Installation notwendiger baulicher Voraussetzungen für eine Nutzung photovoltaischer Anlagen bei Neubauten. Natürlich gehört eine Verschärfung der Wärmeschutzverordnung und die Einführung von Energiekennzahlen für Gebäude zu einer weiteren Handlungsoption, die im Baubereich die Einführung von Niedrigenergie-Solartechnologien fördert. Öffentliche Zuschüsse für Gebäude und die Vergabe von staatlichen Krediten, etwa im sozialen Wohnungsbau, sind vom Niedrigenergiehaus-Standard abhängig zu machen.

24.4.3 Dachflächennutzung

Zur Mobilisierung von privatem Kapital (bei Vorliegen eines Stromeinspeisegesetzes oder eines Modells zur kostengerechten Vergütung) ist Mietern und Betreibergesellschaften der Zugang zu Flächen, natürlich bevorzugt Dachflächen, die zur Produktion von Energie aus erneuerbaren Quellen genutzt werden können, zu ermöglichen. Dies bedeutet die Schaffung der rechtlichen Rahmenbedingungen zur Nutzung von Dachflächen und der Durchführung von baulichen Maßnahmen durch Mieter zur Erzeugung von Wärme und Strom aus erneuerbaren Energietechnologien.

24.4.4 Natur- und Wasserschutz

Um eine Gleichstellung der Einführung erneuerbarer Energien mit anderen öffentlichen Belangen zu erreichen, sollte die Nutzung erneuerbarer Energietechnologien als besonderer öffentlicher Belang im Abwägungskatalog aufgenommen werden (§ 1 Abs. 3 in Verbindung mit Abs. 2 BNatSchG). Das Betreiben erneuerbarer Energietechnologien, bei Einhaltung bestimmter Grundregeln, ist als aktiver Umweltschutz festzuschreiben. Dies bedeutet auch, daß Ausgleichsmaßnahmen für die Nutzung erneuerbarer Energietechnologien durch Kleinanlagen wegfallen müssen (§ 8 Abs. 9 BNatSchG). Konsequent weitergedacht, könnten bestimmte Anlagen erneuerbarer Energien als aktive Ausgleichs- oder Ersatzmaßnahmen bei Industrieprojekten anerkannt werden.

24.4.5 Haushaltsrecht

Erneuerbare Energietechnologien erfordern oftmals einen höheren investiven Aufwand, dafür aber einen geringeren Betriebskostenanteil. Solange im öffentlichen Haushaltsrecht nur die reinen Investitionskosten entscheidend sind, werden fossile Anlagen, deren Kosten mehr im Betrieb liegen, bevorzugt. Als ein Beispiel sei die Solarthermie angeführt, bei der die Kosten fast ausschließlich in der Investition anfallen. Sie wird bei Nichtberücksichtigung der Betriebskosten nie konkurrenzfähig gegenüber fossilen Technologien sein, auch wenn sie insgesamt sogar die wirtschaftlichere Lösung wäre. Daher ist die Betriebskostenrechnung bei der Bewertung von Investitionen für Anlagen zur Nutzung erneuerbarer Energietechnologien im Haushaltsrecht voll zu berücksichtigen.

24.4.6 Handwerksordnung

Energiekonzepte für ein Gebäude oder eine Gebäudegruppe umfassen die unterschiedlichsten Technologien, die verschiedensten Gewerke. Zur Verringerung der Kosten und des Aufwandes sollte in solchen Fällen das gewerkeübergreifende Arbeiten möglich sein. Dies bedeutet eine Änderung der Handwerksordnung mit dem Ziel der Zulassung größerer Gewerke, wenn übergreifende Arbeiten bei der Installation von Anlagen zur Nutzung erneuerbarer Energietechnologien (einschließlich Wärmepumpen) notwendig werden.

24.5 Maßnahmen zur verbesserten Information, Beratung, Aus-, Fort- und Weiterbildung

Der Stellenwert der regenerativen Energien wird in der energiepolitischen Debatte immer noch zu gering eingeschätzt. Zum großen Teil liegt es an der Unwissenheit der Akteure innerhalb der Energiepolitik über Möglichkeiten, Potentiale und Preise der erneuerbaren Energietechnologien, zu einem anderen Teil auch an den schlechten Möglichkeiten, sich fortzubilden. Noch heute werden Handwerker, Planer, Architekten, Verwaltungsangestellte und Ingenieure in der Mehrzahl ohne Kenntnisse über die erneuerbaren Energietechnologien ausgebildet. Viele administrative, planerische und nicht zu vergessen „atmosphärische" (Solartechnologie funktioniert nicht) Hürden resultieren aus dieser Unkenntnis. Daher ist ein wichtiges Handlungskonzept die verbesserte Information, Aus- und Fortbildung der Akteure.

24.5.1 Lehrpläne, Lehrmittel und Lehrstühle

Dies bedeutet an erster Stelle die Behandlung der erneuerbaren Energietechnologien im Rahmen der Schul- und Berufsbildung, die Entwicklung geeigneter Lehrpläne, Lehrmittel und Lehrbücher für Hochschulen, Schulen, Ausbildungseinrichtungen allgemein berufsbildender Art sowie vorschulischer Einrichtungen. Dies beinhaltet auch die Einrichtung von Lehrstühlen für erneuerbare Energietechnologien an den Universitäten, Technischen Hochschulen und Fachhochschulen (vgl. Kap. 18).

24.5.2 Weiterbildung, Verbraucherberatung

Es müßten weitere Demonstrationszentren für erneuerbare Energietechnologien zum Zweck der Weiterbildung von Architekten, Ingenieuren, Technikern, Handwerkern, betroffenen Bewilligungsbehörden usw. eingerichtet und gefördert werden. Insbesondere die Industrie- und Handwerkskammern sollten ihre Aktivitäten zur Schulung ihrer Mitglieder auf dem Gebiet erneuerbarer Energietechnologien und rationeller Energieverwendung verstärken und dazu die verfügbaren Möglichkeiten der Handwerksförderung in Anspruch nehmen. Parallel zur Weiterbildung ist eine Verstärkung der anlagenorientierten Beratung für die Hersteller und Installateure (Technikberatung) sowie Anwender (Verbraucherberatung) durch verstärkte Nutzung und Erweiterung vorhandener Institutionen wie Prüfstellen der Universitäten und Hochschulen, technische Prüf- und Beratungsdienste, Stiftung Warentest, BINE, Verbraucherberatungen usw. zu initiieren.

Das bedeutet verbesserte Koordinierung und kontinuierliche Mittel- und Personalausstattung. Notwendig ist dabei eine praxisnahe, möglichst neutrale und vergleichende Beratung.

24.5.3 Aufklärungsoffensiven

Auch die Allgemeinheit muß, will man die erneuerbaren Energietechnologien schnell einführen, informiert werden. Mittels Aufklärungsoffensiven (z.B. TV-Werbung) zur Förderung der Nutzung erneuerbarer Energietechnologien (im Zusammenhang mit umweltbewußter und rationeller Energieverwendung) kann man, wie schon in anderen Ländern gezeigt, den Bürger informieren.

24.5.4 Statistische Datenbasis

Zur Information gehört auch die faire Beurteilung der erneuerbaren Energietechnologien in den Bilanzen und Statistiken. Da ein großer Teil der durch diese Technologien erzeugten Energie nicht über einen Zähler läuft (z.B. Niedertemperaturkollektoren oder Reststroh-Nutzung in der Landwirtschaft), muß die statistische Datenbasis für die Erstellung von Energiebilanzen und für die Trendeinschätzungen zur Marktentwicklung bei erneuerbaren Energietechnologien den Eigenarten dieser Technologie angepaßt werden.

24.6 Maßnahmen zur Exportförderung/Entwicklungshilfe

Nicht nur umweltpolitische Gründe, sondern auch ökonomische Gründe fordern eine forcierte Markteinführung erneuerbarer Energietechnologien. Nach verschiedenen Schätzungen werden in der nächsten Dekade in den Entwicklungs- und Schwellenländern ca. 100 Mrd. US $ jährlich in den Ausbau der dortigen Energiesysteme investiert. Ein Fünftel dieser Investitionen werden erneuerbare Energietechnologien betreffen. Es sei außerdem hier daran erinnert, daß von den 5,5 Mrd. Menschen auf der Welt ungefähr 2 Mrd. nicht an irgendein elektrisches Netz angeschlossen sind und 1 Mrd. Menschen überhaupt keinen elektrischen Strom nutzen. Diese Menschen leben in ländlichen Regionen, weit ab von Netzen, wo der dezentrale Charakter erneuerbarer Energietechnologien schon heute dazu führt, daß deren Elektrifizierung billiger mit diesen Technologien als mit konventionellen erfolgen kann.

Diesen Markt werden nur jene Regionen der Welt beliefern, die selber diese Technologien im großen Maße nutzen, weil sie dadurch einerseits glaubwürdiger sind und andererseits nur so führende technologische Positionen zu halten sind.

24.6.1 Ausschuß zur Exportförderung

Durch die Bildung eines Ausschusses, zusammengesetzt aus staatlichen und öffentlichen Institutionen sowie den Unternehmensverbänden für erneuerbare Energietechnologien zur Koordinierung der Exportaktivitäten, ähnlich dem US-amerikanischen „Committee on Renewable Energy Commerce and Trade“ (CORECT), werden koordinierte Exportmaßnahmen möglich. Es sollte selbstverständlich sein, daß die Vertreter der erneuerbaren Energietechnologien an Wirtschaftsdelegationen teilnehmen können, in die bilateralen Wirtschaftsgespräche auf Regierungsebene eingebunden sind und bei der Kreditvergabe für große Auslandsprojekte zumindest gleichbehandelt werden wie die anderen exportorientierten Industriezweige auch.

24.6.2 Erfahrung nutzen

Im Bereich der Entwicklungshilfe verfügen Organisationen (z.B. GTZ in der Bundesrepublik oder Entwicklungshilfeorganisationen in Österreich) über zum Teil weltweit führende Erfahrungen bei der Implementierung von erneuerbaren Energietechnologien in Entwicklungsländern (vgl. Kap. 19, 20). Diese Erfahrungen sollten genutzt werden, um mit einem erhöhten Budget die Einführung rationeller und erneuerbarer Energietechnologien in den Entwicklungsländern zu fördern.

Die Versorgung der ländlichen Gebiete mit Strom und Gas, ohne ein großes landesweites Netz zuerst aufbauen zu müssen, ist eine Stärke der erneuerbaren Energietechnologien in den Entwicklungsländern. Diese dezentrale Versorgung eines großen Teils heute noch unversorgter Gebiete hat nicht nur den Effekt der Erhöhung der Lebensqualität auf dem Lande. Im Zuge dieser Versorgung mit Energie sinkt die Landflucht. Ländliche Gebiete sind attraktiver, wenn Kühlung, Beleuchtung, Kommunikation und Unterhaltung (TV und Radio) aufgrund der durch erneuerbare Energie bereitgestellten Elektrizität möglich wird.

24.6.3 Elektrifizierung ländlicher Regionen (Power for the World)

In diesem Konzept sollen die Menschen im ländlichen Raum mit einem Minimum an elektrischem Strom aus kleinen dezentralen Photovoltaik-Anlagen versorgt werden. Hierfür ist eine Investition von ca. 100 Mrd. $ erforderlich. Aufgeteilt auf einen Durchführungszeitraum von zwanzig Jahren, bedeutet dies 5 Mrd. $ im Jahr. Die Weltmilitärausgaben erreichten 1986-1987 mit 1 000 Mrd. $ ihren Höhepunkt und sind seitdem zwar kontinuierlich gefallen. Sie betragen aber Mitte der 90er Jahre immer noch über 500 Mrd. $ im Jahr. Die europäische Industrie liefert die Photozellen, und die Kleinindustrie (z.B. Handwerksbetriebe) in den Entwicklungsländern soll dann die Photovoltaik-Systeme zusammenbauen. In Kooperation mit den Bewohnern der Dörfer in der Dritten Welt und der europäischen Industrie werden Geräte entwickelt, die den besonderen Ansprüchen genügen sollen. Mit diesem Projekt kann und soll auch nicht die gesamte Energieproblematik der Entwicklungsländer gelöst werden. Ein solches Projekt hätte viele positive Wirkungen, z.B. einen wesentlichen Beitrag zur Eindämmung des Treibhauseffekts, humanitäre Hilfe und eine echte Kooperation zwischen der Ersten und der Dritten Welt. Die heimische, in diesem Fall europäische Industrie würde hierbei profitieren, weil sie in einen Zukunftsmarkt investiert und neue Technologien entwickeln kann (Palz, 1994c).

24.6.4 Aufbau erneuerbarer Energiesysteme

Unabhängig von diesem Ansatz ist die Einführung erneuerbarer Energien zur Dorfversorgung, zur Netzstützung und zur zentralen Stromerzeugung zu fördern. Die Energieproduktion in der Landwirtschaft (Anbau von Energiepflanzen), vor allem in Ländern der Dritten Welt, ist von zentraler Bedeutung. Diese Strategie würde dort anknüpfen, wo in den Ländern bereits etwas vorhanden ist und eine Entwicklungsbasis darstellen, die den Menschen dort schon bekannt ist und von ihnen weiterentwickelt werden kann. Verschiedene Projekte der GTZ in der land- und forstwirtschaftlichen Produktion haben gezeigt, daß man zu einer Verbesserung der Energieversorgung kommen kann, aber auch zu einer generellen Verbesserung der wirtschaftlichen Situation. Die Biomasseproduktion, z.B. durch Aufforstung, ist auch von ganz entscheidender Bedeutung bei der Eindämmung der Verwüstung und Verkarstung der ländlichen Flächen.

24.6.5 Flankierende Maßnahmen (Internationale Sonnenenergieagentur)

Die Bundesrepublik Deutschland sollte, in Zusammenarbeit mit anderen Staaten, die Einrichtung einer internationalen Sonnenenergieagentur initiieren. Ähnlich wie bei der Atomenergiebehörde würde diese internationale Sonnenenergieagentur den Technologietransfer in die Entwicklungsländer und die internationale Kooperation bei der Einführung der erneuerbaren Energietechnologien in den Industrie- und Entwicklungsländern fördern. Die Bundesrepublik Deutschland sollte sich zudem für die Berücksichtigung der erneuerbaren Energietechnologien als besonderen Schwerpunkt bei der Vergabe von Krediten durch die Weltbank (z.B. im Rahmen der Global Environment Facility) und bei der Förderung von Projekten durch internationale Vereinigungen (UN etc.) einsetzen.

24.7 Marktorientierte Forschung, Entwicklung und Demonstration von Anlagen und Materialien zur Nutzung erneuerbarer Energien

Heute sind europäische und deutsche Produzenten in vielen Feldern der erneuerbaren Energietechnologien führend. Diese Position ist teilweise durch eine

Markteinführung dieser Technologien erreicht worden. Praxiserfahrungen stimulierten die Forschung, die wiederum die Markteinführung erleichterte. Diese gegenseitige Befruchtung ermöglichte die rasanten Fortschritte, z.B. bei der Windenergie. Nur wenn diese Wechselwirkung von Markt und Technologie bestehen bleibt, werden führende Positionen in der Technologieentwicklung gehalten und eine breite Markteinführung gefördert. Wie in jedem Technologiefeld müssen Forschung und Entwicklung unabhängig vom Stand der Markteinführung fortgesetzt werden.

Hierzu sollte eine dem amerikanischen Energieministerium (vgl. Kap. 15) oder der japanischen New Energy Development Organization (vgl. Kap. 16) adäquate Organisation geschaffen werden, um Forschung, Entwicklung, Demonstration und Markteinführung zu koordinieren.

Zur Erleichterung des Markteintritts erneuerbarer Energietechnologien muß unabhängig von der nach wie vor notwendigen Grundlagenforschung die anwendungsorientierte Forschung und Entwicklung konsequent fortgeführt und verstärkt werden und sich unter anderem auf folgende Bereiche konzentrieren:

- Weiterentwicklung von Speichertechnologien (Kurzzeit und saisonal);
- technische Maßnahmen bei Einspeisung nennenswerter Anteile an Strom aus erneuerbaren Energietechnologien ins Netz (Netzmanagement, zweiter Strommarkt);
- Kopplung erneuerbarer Energietechnologien mit BHKW und Brennstoffzellen;
- Weiterentwicklung von Großwindkraftwerken, insbesondere der Off-shore-Einsatz solcher Windkraftwerke;
- Weiterentwicklung innovativer PV-Zellen (Farbstoffzellen, CIS usw.), Rationalisierung der Produktionstechnologien und Entwicklung angepaßter integrierter Elektronik (Steuerung, Inverter etc.);
- Weiterentwicklung moderner Biomasse-Technologien, beginnend bei der Entwicklung ökologischer Anbaumethoden, Nutzungstechnologien (z.B. Vergasung) bis zur Schließung der Stoffkreisläufe durch entsprechende Aschenutzung;
- Verbesserung von Komponenten und Teilsystemen für solarthermische Kraftwerke;
- Klärung der Ökobilanz für die energetische Biomassenutzung und anderer erneuerbarer Energietechnologien;
- Kostensenkung bei Flachkollektoren.

Der Programmzyklus (Grundlagenforschung - anwendungsorientierte Forschung und Entwicklung - Demonstration - Markteinführung - Marktdurchdringung) muß für die jeweiligen Einzeltechnologien konstanter und berechenbarer gefördert werden. Bisher oft eher zufallsbedingte Einzelaktivitäten mit begrenzter Wirkung müssen durch Strategien abgelöst werden, zu denen alle Akteure beitragen und sich verbindlich verpflichten müssen. Dazu gehört die ergänzende Begleitung durch die Hersteller und Anwender, deren frühzeitige Einbindung bzw.

Beteiligung an den Projekten sowie eine verstärkte Koordination der Bundes- und Landesministerien.

24.8 Eigeninitiativen von Industrie, öffentlicher Hand und Kommunen

Neben den oben aufgezählten Maßnahmen können Industrie und öffentliche Hand eigene initiieren, um die erneuerbaren Energietechnologien zu fördern. Einige Ideen dieser freiwilligen zusätzlichen Maßnahmen wären die Ausführung aller öffentlichen Neubauten nach dem Niedrigenergiestandard unter intensiver Einbindung erneuerbarer Energietechnologien. Ferner können Produktionsziele formuliert und durch ein Industriekonsortium realisiert werden. Im Bereich der Photovoltaik könnte man, wie in Japan (mindestens 74 MW_p/a bis 2000) oder wie in den USA (50 MW_p/a bis 2000), ein Ziel von 30 MW_p/a für die Bundesrepublik bis ins Jahr 2000 festlegen. Solche Ziele können auch für andere Technologien vereinbart werden.

24.9 Priorität der Maßnahmen

Erneuerbare Energien und eine Effizienzrevolution bei der Nutzung von Energie sind die Eckpfeiler einer realistischen zukünftigen Energieversorgung. Sie so schnell wie möglich durch eine „reale Sonnenstrategie" umzusetzen, ist angesichts der drohenden Umweltprobleme das dringlichste politische Gebot der Stunde.

Ohne eine Verbesserung der Wettbewerbsfähigkeit, also einem Stromeinspeisegesetz sowie Betriebs- und Investitionszuschüssen, sind alle anderen Maßnahmen ohne Bedeutung. Beginnt die Markteinführung, so muß gleichzeitig an der Information, Bildung und Fortbildung der Akteure gearbeitet und die rechtlichen und administrativen Hindernisse beseitigt werden. Existiert dann ein gesunder inländischer Markt, so werden die Unternehmen ihre Exportchancen nützen können, und man wird die Entscheidungsträger in den Entwicklungsländern auch von einer verstärkten Nutzung der erneuerbaren Energietechnologien überzeugen können. Parallel dazu muß durch eine intensive Forschung und Entwicklung der Fortschritt in diesen Technologien gewährleistet werden.

Einwände von Kritikern zu Kosten und Nachteilen werden dann obsolet, wenn eine solche realistische Sonnenstrategie zur politischen Priorität wird, was wiederum Voraussetzung jeglicher Umsetzung der oben genannten Maßnahmen ist. Eine Umstrukturierung des Energiemarktes bedarf eines langen politischen Atems und einer Standfestigkeit gegenüber den Verlierern, die sich mit allen Mitteln gegen diese oder eine ähnliche Sonnenstrategie wehren, wenn die Indu-

Kasten 1: Eurosolar

EUROSOLAR ist eine gemeinnützige Europäische Sonnenenergievereinigung, unabhängig von Parteien, politischen Institutionen, Unternehmen und Interessengruppen. Sie vertritt das Ziel, die konventionellen atomaren und fossilen Energiequellen durch umweltgerechte, d.h. erneuerbare Energiequellen, zu ersetzen. Sie sieht in einer solaren, erneuerbaren Energiewirtschaft die zentrale Voraussetzung für die Erhaltung der natürlichen Lebensgrundlagen und einer zukunftsfähigen Wirtschafts- und Entwicklungspolitik. Sie versteht sich als eine politische Vereinigung in der die Mitglieder (Einzelpersonen aus Wissenschaft, Wirtschaft und Politik sowie andere Organisationen) für eine Veränderung der politischen Prioritäten und Rahmenbedingungen zugunsten einer zukunftsfähigen Energiewirtschaft auf Basis erneuerbarer Energien kämpfen. Sie besteht aus elf Ländersektionen und einem europäischen Präsidium. Sie gibt auf nationaler und internationaler Ebene verschiedene Publikationen heraus. Die Erstellung von Studien, Gutachten und Schulungsmaterialien, die Organisation von Konferenzen und Seminare gehören auch zum Spektrum der Tätigkeiten von EUROSOLAR.

striesektoren im Bereich der erneuerbaren Energien noch nicht mächtig genug sind, die Angriffe abzuschmettern.

24.10 Schlußwort

Forschung und Entwicklung haben erneuerbare und rationelle Energietechnologien für eine dauerhafte Energieversorgung geschaffen. Politik und Wirtschaft müssen nun die Hemmnisse erkennen und Maßnahmen ergreifen, um eine „Sonnenstrategie“ zu realisieren. Die oben aufgezählten sind sicherlich nicht alle denkbaren und sinnvollen Maßnahmen. Die wichtigste ist, sofort damit anzufangen, denn jeder Tag, der vergeht, ohne daß eine „Sonnenstrategie“ durchgeführt wird, vergrößert und erschwert das Problem. Größer und schwieriger, weil der Energieverbrauch der Welt weiter gestiegen ist, während später damit begonnen wird, das Klimaproblem zu lösen.

Teil VII
Rationelle Energienutzung, erneuerbare Energiequellen, Kernenergie und CO_2-arme fossile Energieträger - Kurz-, mittel- und langfristige CO_2-Reduktionspotentiale

25 Strategien zur Minderung energiebedingter Treibhausgasemissionen - Die Rolle der Kernenergie und des Erdgases

Alfred Voß, Ulrich Fahl und Peter Schaumann

25.1 Einleitung

Die großen Umwälzungen, denen wir uns an der Schwelle zum dritten Jahrtausend gegenübersehen, sind durch Komplexität und Vernetzung sowie eine immer stärkere internationale und globale Dimension gekennzeichnet. Die Energieprobleme und die mit ihnen eng verknüpften Belastungen von Umwelt und Natur sowie die Gefahren einer Veränderung des Klimas sind angesichts einer weiter wachsenden Weltbevölkerung zentrale Aspekte der globalen Problematik. Allerdings ist der Beweis, daß die eingetretene Erwärmung die Wirkung des zusätzlichen Treibhauseffekts ist, noch zu erbringen, da sich die Temperaturerhöhung und die daraus resultierenden Klimaänderungen noch im Rahmen statistischer Klimaschwankungen bewegen. Trotzdem warnen die meisten Wissenschaftler vor einem weiteren Hinauszögern von Maßnahmen, bis der letzte Beweis erbracht worden ist. Ganz im Gegenteil werden mit allem Nachdruck weitreichende und unmittelbar wirkende Konzepte zur Reduktion der Emissionen von Treibhausgasen gefordert (Schönwiese, 1996a; 1996b; Stock, 1996). Dabei steht in der öffentlichen Diskussion über Umweltbelastungen seit geraumer Zeit das Risiko einer Klimaveränderung im Vordergrund. Zusätzlich sieht sich die deutsche Energiewirtschaft und Energiepolitik der zukünftigen Regelung für die deutsche Stein- und Braunkohle, der Sicherung des Wirtschaftsstandortes Deutschland, der europäischen Integration, ordnungspolitischen Neuorientierungen und veränderten energiepolitischen Rahmenbedingungen (z.B. Deregulierung und Wettbewerb, Energiekonsens, Ökosteuerreform) und den Bedingungen für eine nachhaltige Entwicklung als Herausforderungen gegenüber, die einen direkten bzw. indirekten Bezug zur Reduktion von Treibhausgasemissionen haben.

Die globale Klimaproblematik ist letztlich nur kollektiv und einvernehmlich zwischen allen Regionen und Ländern langfristig lösbar. Trotz breiter Bekenntnisse zu den grundsätzlichen Zielen des Klimaschutzes ist eine verbindliche Umsetzung in nationale, regionale oder sogar lokale Handlungsempfehlungen und -anweisungen gegenwärtig schwierig, da die Ausgangsbedingungen und die Möglichkeiten zu gezielten Emissionsminderungen sehr ungleich verteilt sind, und ungeachtet langfristig gemeinsamer Grundinteressen die kurzfristigen ökonomischen und politischen Interessen durchaus widersprüchlich sind. Die Initiative der Bundesrepublik Deutschland zu einer selbstverpflichteten 25%igen CO_2-Minderung bis zum Jahr 2005 gegenüber dem Basisjahr 1990 resultieren aus den Reduktionsempfehlungen der Enquête-Kommission „Vorsorge zum Schutz der Erdatmosphäre“ des Deutschen Bundestages (vgl. Kords, 1996; Schafhausen, 1996). Die Kommission schlägt eine weitere Verringerung der energiebedingten CO_2-Emissionen in Deutschland auf 50% bis zum Jahr 2020 vor. Für Deutschland verlangt diese Vorreiterrolle jedoch eine Ausschöpfung aller kosteneffizienten CO_2-Minderungsmöglichkeiten, um auch den anderen energiepolitischen Zielen und der Sicherung des Wirtschaftsstandortes Rechnung zu tragen.

Die Entwicklung tragfähiger Lösungen bzw. Lösungsansätze erfordert einen ganzheitlichen Ansatz und eine umfassende Analyse aller aus heutiger Kenntnis denkbaren Handlungsmöglichkeiten im Sinne einer möglichst genauen Quantifizierung ihrer im Zeitablauf möglichen Beiträge zur Bewältigung des Klimaproblems, aber auch ihrer unerwünschten Nebeneffekte und Risiken. Vor diesem Hintergrund wird im weiteren dargelegt, welchen Beitrag und welche Rolle die Kernenergie und das Erdgas für eine effiziente, d.h. möglichst ökonomieverträgliche Minderung der energiebedingten Treibhausgase in unserem Land spielen. Die folgenden Analysen konzentrieren sich ausschließlich auf die Emissionsminderungsmöglichkeiten von Kohlendioxid als dem derzeit wichtigsten energiebedingten Treibhausgas. Weiterführende Analysen müssen allerdings auch andere Treibhausgase wie CH_4 oder N_2O in eine Treibhausgasminderungsstrategie mit einbeziehen.

25.2 Die Ausgangslage

Die Beschreibung der Ausgangssituation der Energiewirtschaft und der Entwicklung der Emissionen von Treibhausgasen in Deutschland ist eine wichtige Voraussetzung, die zum Verständnis der Möglichkeiten zur Minderung energiebedingter klimarelevanter Spurengase unerläßlich ist. Zwischen 1973 und 1989 haben sich die CO_2-Emissionen in den alten Bundesländern von 782 Mio. t CO_2/a um ca. 12% auf 686 Mio. t CO_2/a vermindert (vgl. Abb. 25.1). Die Stromerzeugung (öffentliche, industrielle und Stromerzeugung der Deutschen Bundesbahn) hatte im Jahr 1973 einen Anteil von ca. 32% an den Gesamtemissionen in den alten Bundesländern. Rund 22% wurden von der Industrie, etwa 16% von den Haushalten, ungefähr 12% vom Verkehr und ca. 10% von den Kleinverbrauchern verursacht. Bis zum Jahr 1989 ist der Anteil der Industrie an den CO_2-Emissionen in den alten Bundesländern auf etwa 17%, derjenige der Haushalte auf rund 13% und derjenige der Kleinverbraucher auf ungefähr 8% zurückgegangen. Gleichzeitig ist der Beitrag der Stromerzeugung auf ca. 34% und derjenige des Verkehrs auf etwa 21% gestiegen.

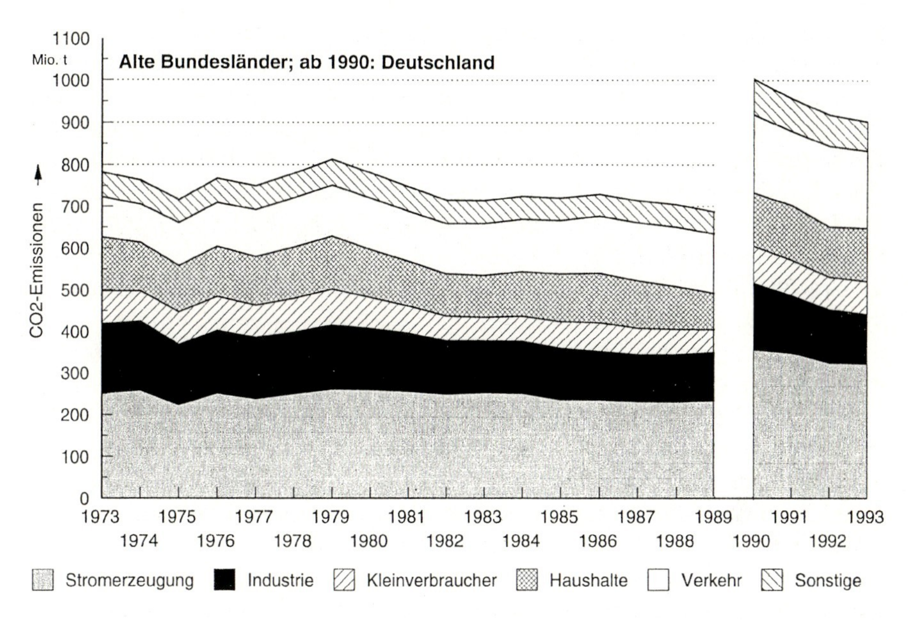

Abb. 25.1. Entwicklung der energiebedingten CO_2-Emissionen in den alten Bundesländern (bis 1989) und in Deutschland (ab 1990) nach Emittentengruppen

Durch die Vereinigung der beiden deutschen Staaten im Jahr 1990 hat sich zunächst auch eine leichte Veränderung der Struktur der CO_2-Emissionen nach Emittentengruppen in Deutschland ergeben. Während der Beitrag der Stromerzeugung, der Kleinverbraucher und der sonstigen Emittentengruppen (Fernwärmeerzeugung, Raffinerien, sonstige Umwandlung) leicht gestiegen ist, ist der Anteil des Verkehrs gegenüber der Situation in den alten Bundesländern im Jahr 1989 zurückgegangen. Die Beiträge der Industrie und der Haushalte sind nahezu konstant geblieben. Die Entwicklung der CO_2-Emissionen in Deutschland zwischen 1990 und 1993 ist durch einen beachtlichen Rückgang von 1 003 Mio. t CO_2/a im Jahr 1990 um rund 11% auf 902 Mio. t CO_2/a im Jahr 1993 gekennzeichnet. Dabei ist es in den Sektoren Industrie, Stromerzeugung, Kleinverbraucher und sonstige Emittenten zu einer absoluten Verminderung der CO_2-Emissionen gekommen, wobei die Industrie mit 28% den prozentual stärksten Rückgang aufweist. Im Haushaltssektor sind in Deutschland im Jahr 1993 nahezu die gleichen CO_2-Emissionen wie im Jahr 1990 festzustellen, während der Verkehrssektor ein Anwachsen von 6 Mio. t CO_2/a oder rund 4% zwischen 1990 und 1993 zu verzeichnen hat.

Bei der Aufschlüsselung der CO_2-Emissionen im Jahr 1993 in Gesamtdeutschland nach Energieträgern zeigt sich, daß 23,7% (1990: 34,5%) auf die Verbrennung von Braunkohle, 20,9% (20,6%) auf Steinkohle, 40,9% (33,2%) auf Mineralöle sowie 14,6% (11,8%) auf die Gase entfielen.

25.3 Optionen zur CO_2-Emissionsminderung

Für eine erste Einordnung, inwieweit einzelne Maßnahmen zur CO_2-Minderung beitragen können, werden im folgenden die Möglichkeiten und Potentiale sowie die CO_2-Minderungskosten von einzelnen technischen Optionen diskutiert. Grundsätzlich lassen sich die energiebedingten CO_2-Freisetzungen in die Atmosphäre reduzieren durch

- eine Substitution kohlenstoffreicher (z.B. Kohle) durch kohlenstoffärmere (z.B. Erdgas) fossile Energieträger,
- den Ersatz fossiler Energieträger durch CO_2-freie Energiequellen wie die Kernenergie oder die erneuerbaren Energiequellen,
- eine Minderung des Verbrauchs fossiler Energieträger durch rationellere Energieanwendung oder Energieeinsparung sowie
- eine Vermeidung der Freisetzung des bei der Verbrennung fossiler Energieträger entstehenden CO_2 in die Atmosphäre (CO_2-Entsorgung).

Erdgas ist der kohlenstoffärmste fossile Energieträger. Bezogen auf die gleiche Energiemenge entstehen bei der Verbrennung von Erdgas rd. 25 bzw. 40-50% weniger CO_2-Emissionen als bei der Verbrennung von Öl bzw. von Stein- und Braunkohle. Eine Substitution der kohlenstoffreicheren fossilen Energieträger durch Erdgas führt also zu einer Reduktion der CO_2-Emissionen. Unterstellt man einen vollständigen Ersatz von Kohle und Mineralöl durch Erdgas, so würden sich die derzeitigen CO_2-Emissionen in Deutschland um ca. 30% reduzieren. Bereits eine solche überschlägige Betrachtung zeigt, daß Erdgas durchaus ein beachtliches technisches Minderungspotential hat, das aber durch seinen eigenen Kohlenstoffgehalt begrenzt wird.

Die Techniken für einen Ersatz fester und flüssiger fossiler Energieträger durch Erdgas sind, wenn man den Verkehrssektor ausklammert, vorhanden und auch die Ressourcensituation und die Erdgasproduktionsmöglichkeiten würden es nach dem heutigen Kenntnisstand erlauben, die Erdgasnutzung mittelfristig auszuweiten, um damit zur CO_2-Minderung beizutragen. Das gesamte durch einen verstärkten Erdgaseinsatz in Deutschland bis zum Jahr 2005 technisch erschließbare CO_2-Minderungspotential liegt bei rund 170 Mio. t, die Verfügbarkeit der notwendigen Erdgasmengen vorausgesetzt. Dabei verteilen sich die Minderungspotentiale zum großen Teil auf die Bereiche Stromerzeugung, Raumwärmeerzeugung bei den Haushalten sowie industrielle Anwendungen.

Ausgehend von den zugrundegelegten Energiepreisen im Jahr 2005 lassen sich die bezogenen CO_2-Minderungskosten einer Substitution durch Erdgas ermitteln. Diese weisen aufgrund der jeweiligen spezifischen Randbedingungen (Anlagenkostenrelationen, Ausnutzungsdauern usw.) eine große Bandbreite auf. Geht man bei dem Vergleich von den Preisen für Importkohle aus, so wäre bei den getroffenen Preisannahmen für das Jahr 2005 der größte Teil (85%) des technischen CO_2-Minderungspotentials eines verstärkten Erdgaseinsatzes nur mit zusätzlichen Kosten (d.h. positive bezogene CO_2-Minderungskosten) zu erschließen. Ledig-

ßen. Lediglich in der Fernwärme- und in der Stromerzeugung (Auslastung unter 4 000 h/a) und zum geringeren Teil bei den Hausheizungssystemen sind wirtschaftliche CO_2-Minderungspotentiale vorhanden.

Die bezogenen CO_2-Minderungskosten eines verstärkten Erdgaseinsatzes werden ganz wesentlich durch die Energieträgerpreisrelation zwischen den fossilen Energieträgern bestimmt. Die zukünftige Energieträgerpreisentwicklung ist aber mit erheblichen Unsicherheiten verbunden. Hinzu kommt, daß eine Strategie der CO_2-Reduktion durch Austausch fossiler Energieträger untereinander über die damit verbundenen Nachfrageeffekte (verstärkte Nachfrage nach Erdgas und reduzierte Nachfrage nach Kohle) auf den Weltenergiemärkten zu Preisreaktionen führen kann, die die bezogenen CO_2-Minderungskosten erhöhen und die Kosteneffizienz eines verstärkten Erdgaseinsatzes erheblich verschlechtern können. Hierin liegt das ökonomische Risiko einer auf Erdgas basierenden CO_2-Minderungsstrategie.

Da die Energiefreisetzung durch Kernspaltung CO_2-frei ist, bestehen grundsätzlich sehr weitgehende Möglichkeiten der Substitution fossiler Energieträger und somit zur Vermeidung von CO_2-Emissionen durch eine verstärkte Nutzung der *Kernenergie*. Ihre Ausschöpfung ist im Zeitablauf eher beschränkt durch den nur begrenzt möglichen Zubau von Kernkraftwerken und geeigneten Anwendungstechnologien für eine Verdrängung fossiler Energieträger im Nicht-Strommarkt. Eine ohne lange Vorlaufzeiten zu erschließende Möglichkeit zur Minderung von CO_2-Emissionen durch Kernenergie besteht in der Nutzung von Auslastungsreserven der existierenden Kernkraftwerke in Deutschland (z.B. Verzicht auf Stretch-Out-Betrieb, Verkürzung planmäßiger Stillstände, Betriebsgenehmigung für das Kernkraftwerk Mülheim-Kärlich). Damit ließen sich in Deutschland 15 bis 20 Mio. t CO_2/a aus fossilen Kraftwerken vermeiden.

Für die fernere Zukunft ermöglicht ein weiterer Zubau von Kernkraftwerken eine erhebliche CO_2-Minderung. Wird beispielsweise eine Auslastung der jeweils miteinander zu vergleichenden Kraftwerke von 7 000 h/a angenommen, so ergeben sich durch den Einsatz *eines* Kernkraftwerkes der 1 400 MW-Klasse CO_2-Minderungspotentiale von 8,3 bis 11,8 Mio. t CO_2/a gegenüber einem Braunkohlekraftwerk, von 6,7 bis 7,8 Mio. t CO_2/a gegenüber einem Steinkohlekraftwerk und von 3,5 bis 4,0 Mio. t CO_2/a gegenüber einem erdgasbefeuerten Kraftwerk. Unterstellt man eine Verdoppelung des Kernenergieanteils an der Stromerzeugung in Deutschland auf 60%, wie er in anderen Ländern bzw. in einzelnen Bundesländern, z.B. in Bayern oder in Baden-Württemberg, bereits heute erreicht oder sogar überschritten wird, so ergibt sich bezogen auf das derzeitige Stromverbrauchsniveau ein technisches CO_2-Minderungspotential durch Kernenergie in Deutschland von rund 150 Mio. t CO_2/a. Weitere, allerdings deutlich kleinere CO_2-Minderungspotentiale existieren im Bereich der Prozeßdampf- und Fernwärmeversorgung. Dabei wäre die Auskopplung der Fernwärme aus bestehenden Kernkraftwerken ein technisch schon mittelfristig realisierbarer Weg.

Für die Stromerzeugung aus Kernenergie ergeben sich dabei in den höheren Auslastungsbereichen (über 6 000 h/a) durchweg negativ bezogene CO_2-Minderungskosten, d.h. die CO_2-Minderung wäre ohne zusätzliche Kostenbelastungen möglich. Die Minderungspotentiale im Bereich der Fernwärme- sowie Prozeßdampf- und Prozeßwärmeerzeugung wären dagegen nur mit zusätzlichen Kosten auszuschöpfen.

Werden zu den Potentialen der verstärkten Nutzung von Erdgas und Kernenergie noch die CO_2-Minderungspotentiale durch Energieeinsparung und Nutzung erneuerbarer Energien mit hinzugenommen, so zeigt sich, daß aus technischer Sicht in Deutschland nennenswerte Minderungen der CO_2-Emissionen erreichbar sind. Die technischen Minderungspotentiale der einzelnen Optionen bei der Energieanwendung und in der Energieumwandlung können dabei jedoch nicht aufsummiert werden, da sie sich teilweise auf denselben fossilen Brennstoffeinsatz beziehen.

Ebenso ist zu berücksichtigen, daß mit den einzelnen Maßnahmen eine unterschiedlich hohe Effizienz, gemessen an den bezogenen CO_2-Minderungskosten, bezüglich der CO_2-Minderung verbunden ist. Die für die einzelnen Maßnahmen ermittelten CO_2-Minderungskosten weisen eine sehr große Bandbreite auf. Unter den unterstellten Rahmenbedingungen zeigen sich vor allem Maßnahmen der rationellen Energieanwendung, insbesondere bei der Energieeinsparung an der Gebäudehülle bei den Wohn- und Nichtwohngebäuden, und der weiteren Nutzung der Kernenergie sowie für eine Übergangszeit auch der Nutzung von Erdgas sowohl in der Fernwärmeversorgung als auch in der Energieanwendung als Optionen, die zur CO_2-Minderung mit relativ günstigen Minderungskosten beitragen können. Die technischen Maßnahmen im Straßenverkehr gehören neben einigen Optionen bei den erneuerbaren Energiequellen zu den Minderungsmaßnahmen mit den höchsten CO_2-Minderungskosten. Dies bedeutet aber auch, daß es für Deutschland unterschiedliche Wege zur Erreichung von CO_2-Minderungszielen gibt, die jedoch jeweils mit einem unterschiedlich hohen volkswirtschaftlichen Aufwand verbunden sein werden.

25.4 Effiziente CO_2-Reduktionsstrategien

Aufbauend auf einer systematischen Zukunftsanalyse werden im folgenden die Konsequenzen sowie die Vor- und Nachteile von Entscheidungs- und Handlungsmöglichkeiten im Hinblick auf die Analyse effizienter Wege und Strategien zur Minderung der energiebedingten Treibhausgasemissionen aufgezeigt. Dabei werden durch Szenariorechnungen unterschiedliche Vorstellungen über einzuleitende Treibhausgasreduktionsmaßnahmen in ihren Wirkungen quantifiziert sowie Möglichkeiten und Wege zur Erreichung von Reduktionszielen aufgezeigt und deren Kosten ermittelt. Der Wert der Szenarien liegt nicht in einzelnen Zahlen oder genauen Rechenergebnissen, sondern im Sinne von Denkbildern in einer konsistenten Beschreibung von möglichen Zukunftsentwicklungen. Für die Durchführung der Szenarioanalysen kommt im Rahmen einer systematischen Zukunftsanalyse der Anwendung von komplexen, problemadäquaten Energiemodellen eine besondere Bedeutung zu, da mit dem realen System Experimente nicht durchgeführt werden können. Aus dem am IER Stuttgart genutzten *MESAP*-Instrumentarium (Voß/Schlenzig/Reuter, 1995: 375) wurde deshalb für die Szenarienanalyse das Energiesystemmodell *E^3Net* (Schaumann/Schweicke, 1995) ausgewählt. Das Modell *E^3Net* bildet das gesamte Energiesystem in Abhängigkeit von vorzugebenden Energiedienstleistungen ab.

Für die zu untersuchenden Szenarien wird von einem gemeinsamen Satz von demographischen und ökonomischen Rahmendaten sowie von Vorgaben für die Entwicklung der Preise auf den internationalen Energiemärkten ausgegangen. Dazu gehören vor allem Annahmen über die Entwicklung der Bevölkerung, der Haushalte und Wohnungen, der Gesamtwirtschaft und der sektoralen Produktion sowie der Energieträgerpreise auf den internationalen Energiemärkten.

Für Rohöl wird ein realer Weltmarktpreis (Preise von 1989) von 25 $/bbl im Jahre 2005 und von 34 $/bbl im Jahre 2020 unterstellt. Gegenüber 1991 bedeutet dies über den gesamten Betrachtungszeitraum hinweg eine jahresdurchschnittliche Steigerung von 2,2%. Der Anstieg des Preises für Importerdgas fällt in dieser Periode mit 1,5%/a zwar etwas niedriger aus, doch ist dabei zu berücksichtigen, daß der Erdgaspreis im Jahre 1991 im Vergleich zum Vorjahr aufgrund der hier geltenden Preisbildungsprinzipien kräftig angezogen hatte (um rund 10%), während der Preis für Rohölimporte 1991 gegenüber 1990 beinahe um 13% gesunken war. Nach 2010 verschiebt sich die Preisrelation zuungunsten des Erdgases. Für die Importkohle wird ein nur sehr mäßiger Preisanstieg angenommen, der von 1991 bis 2020 lediglich 0,6%/a beträgt. Bezüglich der demographischen Entwicklung wird innerhalb des Zeitraums von 1990 bis 2020 in Deutschland mit einer im wesentlichen unveränderten Zahl von rund 80 Mio. Einwohnern gerechnet. Dahinter steht in den neuen Bundesländern ein kontinuierlicher Rückgang der Bevölkerung von 16 Mio. im Jahre 1990 auf 13,4 Mio. im Jahre 2020, während für die alten Bundesländer bis 2005 mit einem kräftigen Bevölkerungszuwachs auf reichlich 67 Mio. und einer anschließenden leichten Abnahme auf 65,7 Mio. im Jahre 2020 gerechnet wird. Wesentlich für den künftigen Energieverbrauch sind neben den demographischen Veränderungen vor allem die gesamtwirtschaftliche und sektorale Produktionsentwicklung. Für Deutschland insgesamt wird für die Jahre von 1990 bis 2020 mit einer jahresdurchschnittlichen Steigerung des realen Bruttoinlandsprodukts (in Preisen von 1991) von 2,3% gerechnet.

Die Möglichkeiten einer Erreichung der selbstgestellten Minderungsziele mit möglichst geringem ökonomischen Aufwand sind sehr stark von der Setzung energiepolitischer Rahmenbedingungen abhängig. Zur Verdeutlichung werden im Rahmen der Untersuchung drei *Klimaschutzszenarien* betrachtet:

- *Klimaschutz und Kohleschutzpolitik* (K1),
- *Klimaschutz unter energiepolitischen Barrieren* (K2) und
- *Klimaschutz bei Hemmnisabbau* (K3).

Die untersuchten *Klimaschutzszenarien* haben das Ziel, die CO_2-Reduktionsziele in der Bundesrepublik Deutschland im Jahr 2005 (-25%) und ihre Fortschreibung bis zum Jahr 2020 (-50%) zu erfüllen. Die *Klimaschutzszenarien* unterscheiden sich vor allem im Hinblick auf die künftige Rolle der heimischen Stein- und Braunkohle sowie der Nutzung der Kernenergie. Das Szenario *Klimaschutz und Kohleschutzpolitik* geht davon aus, daß es in der Bundesrepublik Deutschland aus regional- und strukturpolitischen Überlegungen weiterhin notwendig sein wird, gewisse Mindestmengen an heimischer Stein- und Braunkohle (in Ost- und Westdeutschland) zu fördern und auch im heimischen Energiesystem zu nutzen. Daneben wird im Szenario *Klimaschutz und Kohleschutzpolitik* unterstellt, daß es auf energiepolitischer Ebene nicht zu einem Konsens bezüglich der weiteren Rolle der Kernenergie kommt. Die heute vorhandenen Kapazitäten der Kernkraftwerke werden deshalb im Szenario *Klimaschutz und Kohleschutzpolitik* auf dem heutigen Niveau festgeschrieben. Das Szenario *Klimaschutz unter energiepolitischen Barrieren* ist dadurch charakterisiert, daß neben der politisch gestützten Nutzung heimischer Stein- und Braunkohle auch noch die weitere Nutzung der Kernenergie auslaufen soll. Es wird deshalb für das Szenario *Klimaschutz unter energiepolitischen Barrieren* unterstellt, daß es zu einem Ausstieg aus der Kernenergienutzung bis zum Jahr 2005 kommt. Demgegenüber wird für das Szenario *Klimaschutz bei Hemmnisabbau* angenommen, daß auf energiepolitische Vorgaben, die der Erreichung einer CO_2-Minderung entgegenstehen oder diese erschweren, verzichtet wird. Somit entfällt die Vorgabe einer Mindestabnahme für die heimische Braun- und Steinkohle. Die Rolle der Kernenergie ist an keine energiepolitische Vorgabe gebunden, so daß ein Ausbau möglich ist. In allen *Klimaschutzszenarien* sind keine Hemmnisse bei der Umsetzung wirtschaftlicher Maßnahmen zur Energieeinsparung unterstellt.

Entsprechend den in den Rahmenbedingungen festgelegten energiepolitischen Vorgaben werden in den *Klimaschutzszenarien* die energiebedingten CO_2-Emissionen in Deutschland bis zum Jahr 2005 um 25% und bis zum Jahr 2020 um 50% gegenüber 1990 reduziert. Damit betragen die CO_2-Emissionen 753 Mio. t CO_2/a im Jahr 2005 bzw. 502 Mio. t CO_2/a im Jahr 2020 und verringern sich gegenüber der *Referenzentwicklung* um 11% bis zum Jahr 2005 und um etwa 42% bis zum Jahr 2020.

In allen *Klimaschutzszenarien* ist der Primärenergieverbrauch deutlich geringer als in der *Referenzentwicklung*, wobei in Deutschland der Primärenergieverbrauch trotz konstanter Endenergienachfrage in der *Referenzentwicklung* gegenüber 1990 leicht rückläufig ist (vgl. Abb. 25.2). Die Differenz in der Höhe des Primärenergieverbrauchs in den *Klimaschutzszenarien* erklärt sich einerseits aus der unterschiedlichen Ausschöpfungstiefe der Maßnahmen zur Energieeinsparung in den Nachfragesektoren und andererseits aus den möglichen CO_2-Minderungsoptionen, die dem Umwandlungssektor im jeweiligen Szenario zur Verfügung stehen. Hier sind vor allem die energiepolitischen Vorgaben zum Einsatz der Kernenergie sowie die Mindestfördermengen heimischer Braun- und Steinkohle

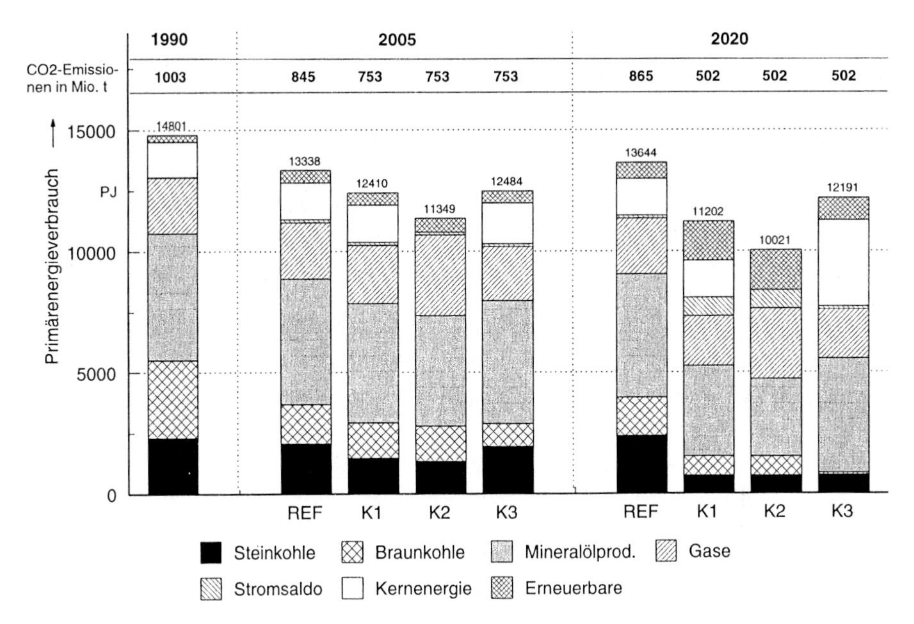

Abb. 25.2. Primärenergieverbrauch nach Energieträgern in Deutschland im Szenarienvergleich (Referenz - K1 - K2 - K3)

zu nennen, die sowohl die Energieträgerstruktur als auch die Höhe des Gesamtverbrauches zur Erreichung der Minderungsziele maßgeblich bestimmen.

Die Kohlen verlieren aufgrund ihrer hohen bezogenen CO_2-Emissionen große Marktanteile. Da in der *Referenzentwicklung* sowie den Szenarien K1 und K2 eine Mindestabnahmeverpflichtung heimischer Kohle vorgegeben wird, bleibt ein Grundsockel am Primärenergieverbrauch bestehen, der im wesentlichen in der öffentlichen Strom- und Fernwärmeversorgung und der Industrie eingesetzt wird. Entfallen diese Mindestabnahmeverpflichtungen für die heimische Kohle wie im Szenario K3, wird die heimische Kohle praktisch vollständig aus dem Energiemarkt verdrängt, jedoch teilweise durch die Importsteinkohle ersetzt. Durch die Möglichkeit, Kernenergie als kohlenstofffreie Option in der Stromerzeugung zu nutzen, gewinnt im Szenario K3 die Kernenergie zur Erreichung des CO_2-Reduktionsziels eine wachsende Bedeutung. Aufgrund des angenommenen Ausstiegs aus der Kernenergie bis zum Jahr 2005 wird im Szenario K2 in der Strom- und Fernwärmeerzeugung vermehrt Erdgas eingesetzt.

In allen *Klimaschutzszenarien* findet eine Verlagerung zu Brennstoffen mit geringerer Kohlenstoffintensität bzw. kohlenstofffreien Energieträgern statt. So substituiert das Erdgas wegen seiner niedrigeren bezogenen CO_2-Emissionen die Kohle im Umwandlungsbereich sowie die Mineralölprodukte im Wärmemarkt. Die regenerativen Energiequellen gewinnen als kohlenstofffreie Energieträger zunehmend an Bedeutung und erhöhen im Betrachtungszeitraum ihren Anteil am Primärenergieverbrauch von etwa 5% in der *Referenzentwicklung* auf rund 14% im Szenario K1 bzw. 16% im Szenario K2.

Der unterschiedliche Grad, mit dem die einzelnen CO_2-Minderungsoptionen in den jeweiligen Szenarien ausgeschöpft werden müssen, um das Reduktionsziel zu erreichen, schlägt sich auch in den dafür aufzuwendenden Kosten nieder. Zur Charakterisierung der Kosten werden die kumulierten Zusatzkosten und die marginalen CO_2-Minderungskosten herangezogen. Die Zusatzkosten der CO_2-Minderung ergeben sich aus der Differenz der abdiskontierten, kumulierten Gesamtkosten des Energiesystems in den *Klimaschutzszenarien* und den kumulierten Gesamtkosten einer sogenannten *No-Regret-Entwicklung*, die den Bezugspunkt für den Kostenvergleich darstellt. In der *No-Regret-Entwicklung* werden gegenüber der *Referenzentwicklung* alle diejenigen Maßnahmen auf der Energieangebots- und Energienachfrageseite durchgeführt, die ohne ein Reduktionsziel zu minimalen Kosten der Bereitstellung der Energiedienstleistungen über den gesamten Betrachtungszeitraum führen. Die *No-Regret-Entwicklung* unterstellt daher keine Hemmnisse bei der Ausschöpfung kosteneffizienter Einsparpotentiale und die energiepolitischen Vorgaben zum Mindesteinsatz heimischer Braun- und Steinkohle sowie Vorgaben zur Rolle der Kernenergie entfallen. Die *No-Regret-Entwicklung* stellt somit die *Least-Cost-Entwicklung* des Energiesystems ohne ein CO_2-Reduktionsziel dar.

Unter diesen Annahmen ergibt sich für die *No-Regret-Entwicklung* eine Reduktion der energiebedingten CO_2-Emissionen gegenüber 1990 von gut 21% bis zum Jahr 2020 (vgl. Abb. 25.3). Die kumulierten Zusatzkosten der *Referenzentwicklung* liegen um etwa 210 Mrd. DM von 1990 höher als in der *No-Regret-Entwicklung*. Diese Mehrbelastung resultiert aus den energiepolitischen Vorga-

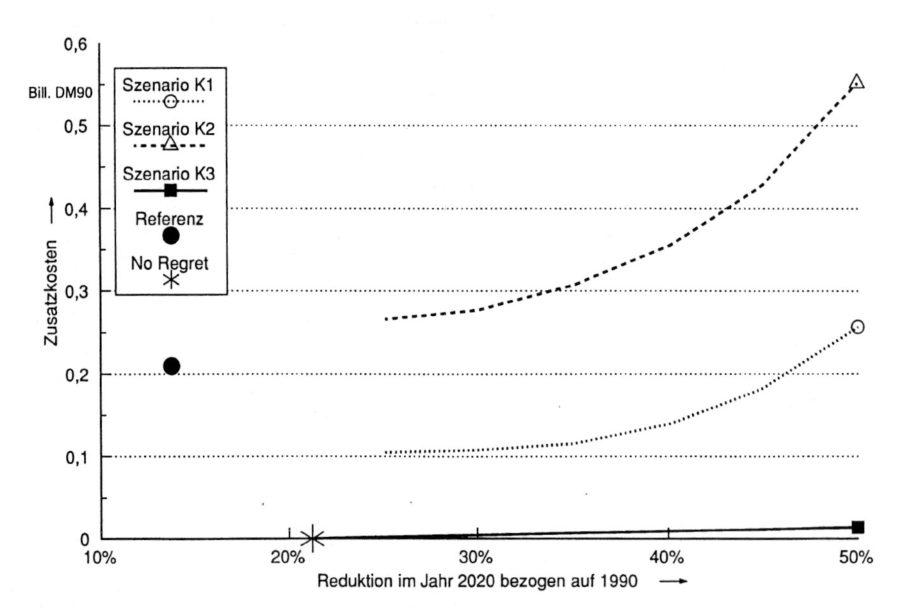

Abb. 25.3. Zusatzkosten für eine Minderung der energiebedingten CO_2-Emissionen in Deutschland im Szenarienvergleich (No-Regret - Referenz - K1 - K2 - K3)

ben für den Einsatz der heimischen Kohle sowie den unterstellten Hemmnissen bei der Ausschöpfung der kosteneffizienten CO_2-Minderungspotentiale, einschließlich der nicht-möglichen Ausweitung der Kernenergienutzung. Die Variation der CO_2-Reduktionsziele im Jahr 2020 in den *Klimaschutzszenarien* ergibt die gegenüber der *No-Regret-Entwicklung* anfallenden zusätzlichen Gesamtkosten der CO_2-Minderung (vgl. Abb. 25.3). Es zeigt sich, daß mit zunehmendem Reduktionsziel auch die Kosten der CO_2-Minderung steigen. Der Grad des Anstiegs hängt dabei von den jeweiligen energiepolitischen Vorgaben, die den *Klimaschutzszenarien* unterliegen, und von der Höhe des Minderungsziels ab. Im Szenario K3 fällt der Anstieg der Zusatzkosten am geringsten aus und die kumulierten Zusatzkosten der CO_2-Minderung betragen gegenüber der *No-Regret-Entwicklung* bei einer 50%igen Reduktion bezogen auf 1990 etwa 13,5 Mrd. 90er DM bis zum Jahr 2020. Demgegenüber weist das *Klimaschutzszenario* K1 mit 260 Mrd. 90er DM deutlich höhere Zusatzkosten als das Szenario K3 auf. Dies entspricht jährlichen Mehrbelastungen gegenüber der *No-Regret-Entwicklung* von 15 Mrd. 90er DM. Im Falle des Kernenergieausstiegs bis zum Jahr 2005 im *Klimaschutzszenario* K2 wachsen die kumulierten Zusatzkosten bis zum Jahr 2020 auf ca. 550 Mrd. 90er DM (32 Mrd. 90er DM pro Jahr) an.

Die unterschiedlichen Kosten der Klimaschutzstrategien spiegeln sich auch in den marginalen CO_2-Minderungskosten wider. Dabei bezeichnen die marginalen CO_2-Minderungskosten diejenigen Kosten, die zur Minderung der letzten Tonne CO_2 aufgewendet werden müssen. Die Höhe der marginalen CO_2-Minderungskosten resultiert aus den Kosten derjenigen Technologie, die zur Reduktion dieser letzten Tonne CO_2 eingesetzt wird. Ökonomisch interpretiert spiegeln die marginalen Kosten den Schattenpreis der CO_2-Emissionen wider und können als die Höhe einer CO_2-Steuer interpretiert werden, die eingeführt werden müßte, um das jeweilige Reduktionsziel zu erreichen. Für das Szenario *Klimaschutz und Kohleschutzpolitik* (K1) betragen die marginalen CO_2-Minderungskosten im Jahr 2020 ca. 1 110 DM/t CO_2 und 54 DM/t CO_2 im Jahr 2005. Im Szenario *Klimaschutz unter energiepolitischen Barrieren* (K2) sind dagegen die marginalen CO_2-Minderungskosten im Jahr 2020 mit etwa 2 280 DM/t CO_2 bzw. im Jahr 2005 mit etwa 390 DM/t CO_2 deutlich höher als im Szenario K1. Im Szenario *Klimaschutz bei Hemmnisabbau* (K3) liegen die marginalen CO_2-Minderungskosten mit ca. 140 DM/t CO_2 im Jahr 2020 und 5 DM/t CO_2 im Jahr 2005 weitaus niedriger als in den anderen *Klimaschutzszenarien*. Der Weg der „Ökonomie des Vermeidens“ von energiebedingten Treibhausgasemissionen ist damit klar erkennbar.

25.5 Schlußbetrachtung

Die Analysen zeigen, daß die CO_2-Minderungsziele unter den für die *Klimaschutzszenarien* angenommenen, zum Teil sehr restriktiven energiepolitischen

Randbedingungen (Kernenergienutzung, Mindesteinsatz heimischer Stein- und Braunkohle) für Deutschland technisch erreichbar sind. Unterschiede ergeben sich zwischen den einzelnen Strategien insbesondere in der Höhe der für die CO_2-Minderung aufzuwendenden Kosten, die nun wesentlich vom Umfang der zukünftigen Nutzung der heimischen Stein- und Braunkohle (Zielkonflikt zwischen Kohlepolitik und Klimaschutz) abhängig sind.

Unter den unterstellten Rahmenbedingungen zeigen sich vor allem Maßnahmen der rationellen Energieanwendung, insbesondere bei der Energieeinsparung an der Gebäudehülle bei den Wohn- und Nichtwohngebäuden, und der weiteren Nutzung der Kernenergie sowie für eine Übergangszeit auch der verstärkten Nutzung von Erdgas sowohl in der Fernwärmeversorgung als auch in der Energieanwendung als „robuste" Optionen, die zur CO_2-Minderung mit relativ günstigen CO_2-Minderungskosten beitragen können. Zusätzlich sollten all diejenigen Potentiale der Energieeinsparung erschlossen werden, die es gestatten, ohne Nutzenverzicht mit einem geringeren bzw. modifizierten Bedarf an Energiedienstleistungen auszukommen. Damit wäre es insgesamt in der Bundesrepublik Deutschland möglich, die CO_2-Minderungsziele ohne nennenswerte Kostenbelastungen zu erreichen, was auch im Hinblick auf die Sicherung des Wirtschaftsstandortes von besonderer Bedeutung ist.

Eine Nutzung der kosteneffizienten CO_2-Minderungspotentiale würde erlauben, im internationalen Rahmen eine Vorreiterrolle bei der Minderung der CO_2-Emissionen einzunehmen, ohne die Wirtschaft mit steigenden Energiekosten zu belasten, wenn es gelingt, die bestehenden energiepolitischen Hemmnisse abzubauen und den Marktkräften den Spielraum einzuräumen, der notwendig ist, um zu einer möglichst effizienten Nutzung der bestehenden CO_2-Minderungsmöglichkeiten zu gelangen. Zur Sicherung des Wirtschaftsstandorts und Lebensraumes Deutschland und zur Vermeidung nicht tolerierbarer Klimaveränderungen bedarf es gerade im Energie- und Umweltbereich zukunftsweisender politischer Entscheidungen, die darauf ausgerichtet sein müssen, das klimaökologisch Notwendige ökonomisch effizient zu erreichen.

26 Zukünftige Energiepolitik - Vorrang für rationelle Energiewandlung und -nutzung und regenerative Energiequellen

Günter Altner, Hans-Peter Dürr, Gerd Michelsen und Joachim Nitsch

26.1 Ausgangslage

Im Mai 1994 hat die Niedersächsische Energieagentur auf Initiative des niedersächsischen Ministerpräsidenten Gerhard Schröder sowie in Abstimmung mit der VEBA AG und der HEW die *Gruppe Energie 2010* beauftragt, in Vorbereitung auf die im Laufe des Jahres 1995 wieder aufzunehmenden „Energiekonsensgespräche" eine diskursorientierte Projektstudie zu Potentialen und Handlungsfeldern im Bereich der rationellen Energiewandlung und -nutzung (REN) und dem Einsatz von regenerativen Energiequellen (REG) zu erarbeiten (Altner et al., 1995).

Das Ziel dieser Studie besteht darin, REN und den intensiveren Ausbau von REG stärker in den Mittelpunkt der energiepolitischen Diskussion zu rücken. Dadurch sollen Defizite hinsichtlich der Beurteilung einer verstärkten REN-/REG-Strategie, wie sie in bisherigen Gesprächsrunden über einen Energiekonsens zutage traten (vgl. Kap. 29), beseitigt und die Voraussetzungen für eine vorrangige Bewertung von REN und REG geschaffen werden.

Die Studie setzt an einer Stelle an, über die heute in wesentlichen Punkten grundsätzlich Übereinstimmung besteht: REN und REG werden entscheidende Bausteine jeder zukünftigen Energieversorgung sein. Wirksamkeit und Aufwand einer derartigen REN- und REG-Ausbaustrategie werden anhand einer allgemein verbindlichen *Referenzentwicklung* veranschaulicht und quantifiziert. Im Vergleich zu diesem „Referenzszenario" werden in der Studie die über die autonome Entwicklung hinausgehenden Veränderungen, die dazu erforderlichen *zusätzlichen* Mittel und Maßnahmen sowie die damit verbundenen Auswirkungen erläutert und so dem politisch-gesellschaftlichen Diskurs zugänglich gemacht. Die zugrundegelegte Referenzentwicklung lehnt sich an das von der Enquête-Kommission „Schutz der Erdatmosphäre" des 12. Deutschen Bundestages gewählte Referenzszenario der Energieversorgung in Deutschland an.

Wesentliche Eckdaten dieser Entwicklung bis zum Jahr 2010 sind: nahezu konstante Bevölkerung um 80 Mio., dabei Wachstum des Bruttoinlandsprodukts von derzeit 2 780 Mrd. DM um real rund 60%, der beheizten Wohn- und Nutzflächen von 3 870 Mio. m^2 um 18%, der Personenverkehrsleistung von 870 Mrd. Pkm um 37% und der Güterverkehrsleistung von 356 Mrd. tkm um 44%.

Der Primärenergieverbrauch dieser Referenzentwicklung im Jahr 2010 entspricht trotz wachsender Energiedienstleistungen mit 14 200 PJ/a etwa dem Niveau des Jahres 1993; die energiebedingten CO_2-Emissionen liegen allerdings mit 880 Mio. t/a deutlich über dem von der Bundesregierung angestrebten Emissionsniveau zu diesem Zeitpunkt. Gegenüber der Referenzentwicklung werden in der Studie zwei Zielwerte (I und II) für den Ausbau von REN und REG bis zum Jahr 2010 (REG auch 2030) ausgewiesen und mit drei verschiedenen Varianten der Primärenergiebereitstellung (a,b,c) kombiniert.

Die Zielwerte I und II beschreiben einen energiepolitischen Handlungskorridor bis zum Jahr 2010. Zielwert I beinhaltet die Mindestanforderung, um die Marktgängigkeit von REN und REG bis 2010 zu erreichen. Zielwert II, den wir als Autoren der Studie favorisieren, charakterisiert den zügigen Ausbau unter günstigeren energiewirtschaftlichen Bedingungen.

26.2 Zielwerte 2010 der rationellen Energiewandlung und -nutzung

Die Zielwerte 2010 für REN sind so bemessen, daß sie deutlich innerhalb des nach heutiger Kenntnis „technisch Möglichen“ liegen. Sie werden aufgrund zahlreicher Wissensdefizite, Hemmnisse, Bewertungsgleichgewichte und einzelwirtschaftlicher Prioritätensetzung derzeit bei weitem nicht ausgeschöpft.

Zentrale Annahmen zur Definition der Zielwerte sind:

- Im Bereich der *Raumheizung* wird eine 30 bis 50%ige Verminderung des Nutzwärmebedarfs bei Neubauten durch Fortschreibung der Wärmeschutzverordnung unterstellt. Weiterhin wird durch eine systematische Altbausanierung der gebäudetypische Nutzwärmebedarf um 40 bis 50% verringert bei jährlichen Renovierungsraten von 2,3 bis 3,9%.
- Der spezifische Verbrauch von *Elektrogeräten im Haushalt* reduziert sich im Mittel bis zum Jahr 2010 um etwa 45%.
- In der *Industrie* wird von einer ungefähren Verdoppelung der spezifischen technischen Effizienzgewinne gegenüber der Referenzentwicklung ausgegangen. Bei Verwirklichung der Zielwerte ist der spezifische Brennstoffverbrauch der (west-)deutschen Industrie im Jahr 2010 um 40 bis 45% geringer als heute, der spezifische Stromverbrauch rund 25% geringer.
- Ähnliche Einflüsse sind im *Kleinverbrauchsbereich* wirksam. Gegenüber der Referenzentwicklung werden in den Zielwerten spezifische Effizienzgewinne um 10% angenommen. Diese gehen überproportional zu Lasten der Brennstoffe, so daß der absolute Stromverbrauch noch um 12 bis 16% ansteigt.
- Der *Verkehrssektor* zeigt in der Referenzentwicklung mit rund 24% Zunahme des Energieverbrauchs bis 2010 nach wie vor ungebrochene Wachstumsten-

denzen. Damit wird der Verkehr immer mehr zum Schlüsselbereich einer zukunftsfähigen Energiestrategie. Der Zielwert I strebt eine 25%ige Verbrauchsverringerung gegenüber der Trendentwicklung an. Reichlich 50% davon erbringt das Element „Technik“, u.a. mit einem mittleren spezifischen Flottenverbrauch der Pkw von 6,5 l/100 km. Im Zielwert II wird die technische Komponente nochmals verstärkt. Auch die Bedeutung einer Verkehrsverlagerung auf die Schiene wächst.
- Der Anteil des mittels *Kraft-Wärme-Kopplung (KWK)* erzeugten Stroms, der derzeit bei 8,5% und im Referenzfall bei 10,5% der Bruttostromerzeugung liegt, erreicht in den Zielwerten 21 bzw. 24%. Damit wird das zusätzliche technisch-wirtschaftliche Potential der öffentlichen und industriellen KWK zu 50 bzw. 70% ausgeschöpft. Ihr Beitrag zur Deckung des Raumwärme- und Warmwasserbedarfs steigt von derzeit 6 auf 18 bis 23%. Dieser Ausbau der KWK führt in Verbindung mit dem rationelleren Stromeinsatz und dem Zubau an REG-Techniken zur Stromerzeugung zu einem *sinkenden Bedarf an herkömmlichen Kondensationskraftwerken*. Bei kaum erhöhter Bruttostromerzeugung in den Zielwerten 2010 im Vergleich zum Basisjahr 1990 werden 15 bis 20% weniger Kondensationsleistung benötigt.

Für den Primärenergiebedarf ergibt sich folgende Gesamtbilanz:
- Der Korridor der möglichen Energieeinsparungen liegt bis zum Jahr 2010 im Vergleich zur Referenzentwicklung (und zum Jahr 1993 mit praktisch identischer Verbrauchshöhe) zwischen 16 und 23%. Über eine Entkopplung hinaus wird also der Primärenergieverbrauch absolut gesenkt.
- Diese Einsparziele verlangen zusätzliche private und öffentliche Investitionen in Energiewandlung und -nutzung gegenüber der Referenzentwicklung. Sie betragen *kumuliert bis 2010 zwischen 220 und 375 Mrd. DM*, belaufen sich also durchschnittlich auf *14 bis 24 Mrd. DM pro Jahr*.

26.3 Zielwerte 2010 der Nutzung regenerativer Energiequellen

In verschiedenen aktuellen Untersuchungen (DIW, 1994a; BMWi, 1994f) besteht bezüglich der *technischen Potentiale* der dezentralen Nutzung von REG zur Energieversorgung Deutschlands relativ große Übereinstimmung. Die jeweils unteren bzw. oberen Potentialwerte in diesen Untersuchungen entsprechen Anteilen am Energieverbrauch des Jahres 1992 von:
- Strom (Nettoerzeugung) = 25% und 70%
- Wärme (Endenergie) = 12% und 57%
- Primärenergieäquivalent = 13% und 43%

Derzeit tragen REG zu 1,7% (einschl. Müllverbrennung zu 2,1%) zur Primärenergiebedarfsdeckung bei. Die große Bandbreite der potentiellen Beiträge erklärt sich aus sehr unterschiedlich festgelegten nutzbaren Flächen für Solarkollektoren und -zellen (angenommene Obergrenze 2 300 km^2 = 0,7% der Gebietsfläche Deutschlands), für die in Stromnetze einspeisbare fluktuierende Leistung von Windkraft und Photovoltaik (Bandbreite 10 bis 40% Jahresenergiebeitrag *ohne* Speicherbedarf) und für landwirtschaftliche Flächen, welche für einen Energiepflanzenanbau zur Verfügung stehen (angenommene Obergrenze 1,5 Mio. ha). Längerfristig sind die technischen Potentiale der REG nach oben „offen", insbesondere wenn man auch den Einsatz solarer Kraftwerke in sonnenreichen Gebieten und den Import „solarer" Energieträger einbezieht (vgl. Kap. 32) bzw. REG auf globaler Basis bilanziert. REG können längerfristig prinzipiell *das Mehrfache des derzeitigen Weltenergieverbrauchs* bereitstellen.

Die Zielwerte 2010 sind so gewählt, daß sich REG innerhalb von fünfzehn Jahren stark genug auf dem Markt etablieren können, um eine glaubwürdige Option für das nächste Jahrhundert darzustellen. Dazu müssen bestimmte Schwellenwerte überschritten werden. Selbst bei der derzeit prosperierenden Windenergie gilt es, die eingetretene Entwicklung zu stabilisieren. Die Zielwerte orientieren sich am technischen und ökonomischen Status der REG-Technologien. Es lassen sich drei Gruppen unterscheiden:

- Relativ preiswerte, technisch gut entwickelte und bereits eingesetzte Technologien, die den weitaus größten Anteil des Zuwachses bis 2010 erbringen; *Wasserkraft, Windenergie und organische Reststoffe* (Festbrennstoffe, Klär- und Deponiegas) mit zusammen 70 bzw. 80% des Zuwachses bei 45 bzw. 55% der Gesamtinvestitionen.
- Technologien mit noch geringem Breiteneinsatz. Sie sind teurer als die erste Gruppe, versprechen aber bei entsprechender Marktausweitung rasch weitere technische und kostenseitige Verbesserungen: *Solarthermische Kollektoren, Biogastechnik, Energiepflanzenanbau und Geothermie* mit 19 bzw. 20% des Zuwachses bei 35 bzw. 45% der Gesamtinvestitionen.
- Die *Photovoltaik* als derzeit noch teure, jedoch in Marktnischen und Demonstrationsanlagen in vielfältiger Form bereits gut erprobte und vielversprechende Langfristoption; sie hat nur 1% Anteil am energetischen Zuwachs bis 2010 bei allerdings 10 bis 15% der erforderlichen Gesamtinvestitionen für REG.

Die für 2010 anzustrebenden Mindestbeiträge (Zielwert I) summieren sich auf einen Anteil von 5% am Primärenergieverbrauch im Jahr 2010, dem 2,5fachen des heutigen Wertes. Die günstigere Ausgangsbasis für die längerfristige Entwicklung von REG bieten die Zielwerte II mit rund 7,5% Anteil am entsprechenden Primärenergieverbrauch. Getrennt nach Strom (Nettostromerzeugung) und Wärme (Endenergieanteil Brennstoffe) lauten die jeweiligen Anteile:

- 1993: Strom 4,4%, Wärme 0,9%
- 2010 Zielwert I: Strom 8,3%, Wärme 4,5%
- 2010 Zielwert II: Strom 10,2%, Wärme 8,1%

Der in den Zielwerten vorgesehene REG-Zubau bis 2010 erfordert kumulierte *Mehrinvestitionen* im privaten und öffentlichen Bereich gegenüber der Referenzentwicklung von *41 bzw. 74 Mrd. DM.* Dies entspricht durchschnittlichen Werten von knapp *3 bzw. 5 Mrd. DM pro Jahr*. Derzeit werden mit Wind-, Photovoltaik- und Kollektoranlagen rund 0,9 Mrd. DM pro Jahr umgesetzt.

Werden die Zielwerte bis zum Jahr 2010 erreicht, so kann auch von einer entsprechenden Fortsetzung der einmal eingeleiteten Wachstumsdynamik ausgegangen werden. REG könnten demnach um das *Jahr 2030 zwischen 15 und 20%* des Primärenergiebedarfs Deutschlands decken. Bis zur Mitte des nächsten Jahrhunderts kann das hier definierte technische Potential ausgeschöpft sein. Damit können dezentrale REG, bezogen auf den Primärenergieverbrauch des Jahres 2010, einen Beitrag von rund 55% liefern. Zusammen mit einem etwa 25%igen „Importbeitrag" an REG ließe sich somit das Ziel einer etwa 80%igen Reduktion von CO_2-Emissionen auf der Basis einer solar-fossilen Energiewirtschaft erreichen (vgl. Kap. 32).

26.4 CO_2-Bilanz und Kernenergie im Lichte der REN-/REG-Strategie

REN und REG reduzieren den Anteil fossiler Energie am Primärenergieverbrauch gegenüber dem Referenzzustand 2010 mit rund 12 000 PJ/a *um 20% (Zielwert I) bzw. um 30% (Zielwert II)*, wenn der Kernenergiebeitrag konstant bleibt (Variante a). Bei einem Ausstieg aus der Kernenergie bis zum Jahr 2010 (Variante c) wird eine Reduktion der fossilen Energieträger um 7 bzw. 17% erreicht (vgl. Abb. 26.1: Kombination II, c). Der stetige Reduktionsprozeß der

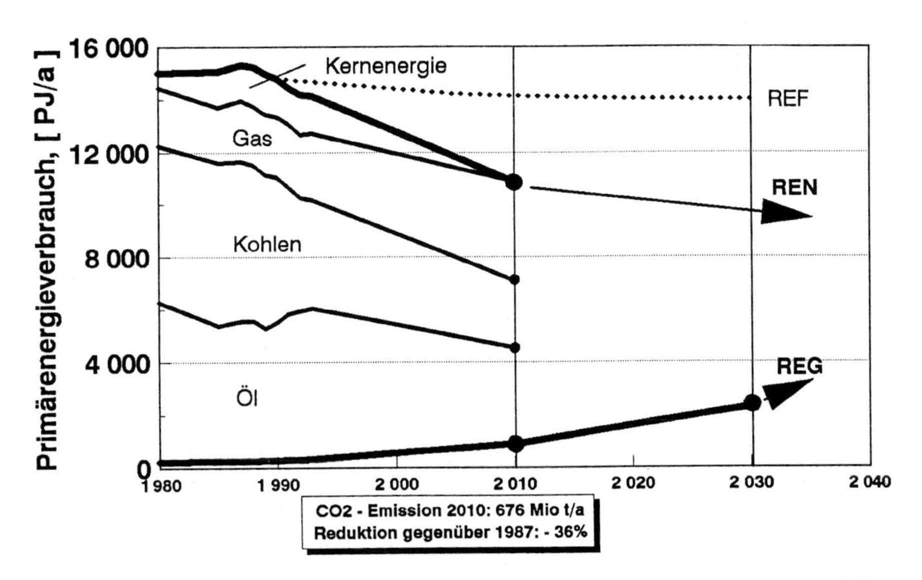

Abb. 26.1. Primärenergieverbrauch in Deutschland bis 2010 und seine Deckung bei einer verstärkten REN-/REG-Strategie und einem Abbau der Kernenergie (Zielwert II, Variante c)

fossilen Energien kann fortschreiten durch die weitere Ausschöpfung von REN-Potentialen und die nach 2010 deutlich wachsenden Beiträge von REG.

Zielwert I führt in der Variante a auf CO_2-Emissionen im Jahr 2010 von 657 Mio. t/a, was einer 38%igen Reduktion des Wertes von 1987 entspricht. Gegenüber der Referenzentwicklung werden zusätzlich 220 Mio. t/a vermieden, wovon 80% der rationelleren Energienutzung, 5% dem verstärkten Einsatz regenerativer Energiequellen und 15% der Substitution durch Erdgas zugeordnet werden können. *Zielwert II* ergibt in der Variante a eine CO_2-Emission von 553 Mio. t/a, was einer Reduktion von 48% des Wertes von 1987 entspricht. Gegenüber der Referenzentwicklung werden rund 330 Mio. t/a CO_2 vermieden, wobei REG seinen Beitrag auf 8% Anteil steigert und die Substitution durch Erdgas 13% beträgt. Die Ablösung der Kernenergie bis zum Jahr 2010 führt in der Kombination II, c auf CO_2-Emissionen von 676 Mio. t/a bzw. einer *36%igen Reduktion des Wertes von 1987.*

Der von der Bundesregierung angestrebte Zielwert einer 25 bis 30%igen Reduktion der CO_2-Emissionen für das *gesamte Deutschland* bis zum Jahr 2005 kann mit den REN- und REG-Zielwerten I und II unterschritten werden. Bei gleichzeitiger Ablösung der Kernenergie bis 2010 liegen die CO_2-Emissionen des Zielwertes II unterhalb dieser Marke. Nach unserer Auffassung müssen in jedem Fall die Zielwerte II für REN und REG umgesetzt werden, um den Kernenergieausstieg und die angestrebten CO_2-Reduktionsziele zu kombinieren. Ein Verzicht auf die Kernenergie läßt sich demnach mit einer konsequenten Klimaschutzstrategie wirkungsvoll verbinden.

26.5 Ökonomische Bewertung der REN-/REG-Strategie

Durch die Reduktion des Energieverbrauchs entsprechend der REN-/REG-Zielwerte werden Energiekosten vermieden bzw. Erlöse erzielt. Diese liegen im Jahr 2010 je nach zugrundegelegter Energiepreisentwicklung insgesamt zwischen *40 und 57 Mrd. DM/a für den Zielwert I und zwischen 55 und 81 Mrd. DM/a für den Zielwert II.* Diesen eingesparten Energiekosten stehen jährliche Ausgaben gegenüber, welche im wesentlichen aus den Kapitalkosten der im Vergleich zur Referenzentwicklung zusätzlich erforderlichen Investitionen bestehen. Sie belaufen sich auf *53 bzw. 65 Mrd. DM/a.* Für die Trendentwicklung der Energiepreise weist Zielwert I eine ausgeglichene Bilanz auf, Zielwert II erreicht sie bei Energiepreisen unter Einbeziehung einer niedrigen Energiesteuer entsprechend den Vorschlägen für eine EU-CO_2-/Energiesteuer. Die im REN-Bereich getätigten Investitionen, die rund 90% der laufenden Kosten ausmachen, sind somit bei volkswirtschaftlicher Betrachtungsweise, d.h. bei Amortisationsdauern etwa gleich der Nutzungsdauer, bei diesen Preisniveaus wirtschaftlich. Es sind daher vor allem die einzelwirtschaftlichen Investitionshemmnisse abzubauen.

Betrachtet man nur den REG-Bereich, so decken die erzielbaren Erlöse für Strom bzw. die anlegbaren Wärmekosten bei wenig veränderten Energiepreisen im Mittel lediglich 60% der aufzuwendenden Kosten, wenn für die erzielbaren Stromerlöse vom derzeit gültigen Stromeinspeisungsgesetz ausgegangen wird. REG-Techniken bedürfen also einer nach Techniken und Energiearten differenzierten Anschubfinanzierung, wobei der Anteil erfolgreich geförderter Techniken um so höher sein wird, je rascher eine Anhebung des allgemeinen Energiepreisniveaus erfolgt. Höhere Energiesteuern verbessern die volkswirtschaftliche Attraktivität von REN- und REG-Investitionen erheblich und machen sie für private Investoren anziehender; Einführungszeiten neuer REG-Techniken lassen sich erheblich verkürzen.

26.6 Erforderliche Maßnahmen zur Mobilisierung der REN-/REG-Zielwerte

Vorgeschlagen wird ein „10-Punkte Sofortprogramm REN und REG":

1. *Einführung einer Energiesteuer* als Korrektur ökologisch falscher Preissignale, die in schrittweiser und längerfristig verbindlicher Form zu einer im Mittel realen Verdoppelung der Energiepreise innerhalb von 10 bis 15 Jahren führt und die einen Einstieg in eine ökologische Steuerreform darstellt.
2. *Aktive Mitgestaltung eines europäischen Energiemarktes*, der den Kriterien einer effizienten und umweltverträglichen Energieversorgung genügt und eine optimale Ausschöpfung von REN- und REG-Potentialen begünstigt. In Anpassung an den europäischen Umgestaltungsprozeß, ggf. aber auch unabhängig davon, sind auf Bundesebene ordnungsrechtliche Maßnahmen umzusetzen, die den Ausbau von REN- und REG-Techniken erleichtern. Dazu gehören u.a.:
   - Novellierung des Energiewirtschaftsgesetzes mit Abbau bisheriger gesetzlicher Hemmnisse für REN und REG;
   - Erleichterung des Netzzugangs für KWK- und REG-Anlagen;
   - Modifizierung der Bundestarifordnung Elektrizität;
   - Änderung der Konzessionsabgabenverordnung.

   Die Umgestaltung des europäischen Energiemarktes und die Einführung einer Energiesteuer müssen Hand in Hand gehen, damit die potentiell günstigen Auswirkungen eines stärker marktwirtschaftlich orientierten Ordnungsrahmens der Energiewirtschaft durch ökologisch korrekte Preissignale zur Geltung kommen können und REN- und REG-Technologien somit faire Entwicklungs- und Marktchancen besitzen.
3. *Finanzielle Unterstützung einer verstärkten Ausschöpfung von REN- und REG-Techniken* über eine Laufzeit von 15 Jahren mit insgesamt 30 bis 50 Mrd. DM an Fördermitteln, davon im *ersten Fünfjahresabschnitt insgesamt rund 10 Mrd. DM* (vgl. Abb. 26.2: Zielwert II). Höhe und Verlauf der finan-

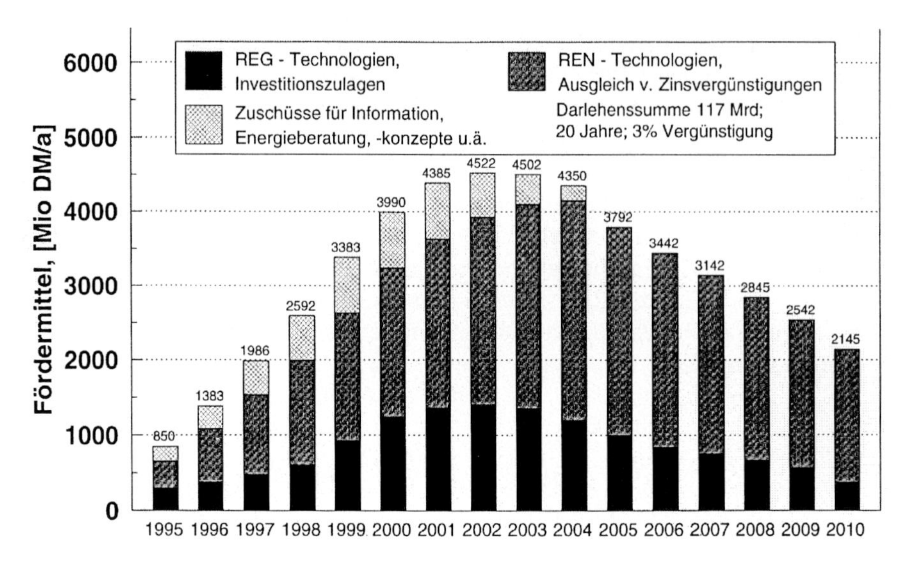

Abb. 26.2. Höhe und Verlauf von Fördermitteln für die Marktausweitung von REN und REG beim Zielwert II der REN-/REG-Strategie bis zum Jahr 2010 (Gesamtsumme 50 Mrd. DM) unter der Voraussetzung der gleichzeitigen Einführung einer Energiesteuer

ziellen Förderung sind im Kontext mit der Einführung einer Energiesteuer zu sehen. Gleichzeitig ist zur Absicherung der längerfristigen Zubaudynamik von REG ihre *öffentliche F+E-Förderung* der erwarteten größeren Nachfrage anzupassen. Sie sollte gegenüber dem bisherigen Umfang näherungsweise *verdoppelt* werden.

4. *Verbesserte Information und Qualifikation der Akteure* durch zielgruppenspezifische Leitfäden, Weiterbildungskurse und Aufnahme aller wichtigen REN- und REG-Aspekte in Ausbildungs- und Lehrpläne.
5. Die in Bearbeitung befindliche *Wärmenutzungsverordnung* für gewerbliche und industrielle Anlagen ist baldmöglichst zu verabschieden und einzuführen.
6. Die geltende *Wärmeschutzverordnung* sollte innerhalb der nächsten fünf Jahre für Neubauten weiter in Richtung Niedrigenergiehausstandard verschärft und generell auf den Altbaubestand ausgedehnt werden.
7. *Anpassung bzw. Umgestaltung einzelner ordnungsrechtlicher Instrumente*, die auf die Ausschöpfung von REN- und REG-Potentialen einen besonders großen Einfluß haben. Dazu gehören Anpassungen im *Baugesetzbuch*, Berücksichtigung der günstigen ökologischen Eigenschaften von REG-Techniken im *Bundesnaturschutzgesetz*, Änderung des *öffentlichen Haushaltsrechts* zur Erleichterung von REN- und REG-Investitionen und *Änderung des Mietrechts* zur Erhöhung der Anreize für energiesparende Investitionen.
8. *Rasche Einleitung wirksamer CO_2-Reduktionsmaßnahmen im Verkehr* bei gleichzeitiger Entwicklung eines langfristig ökologisch tragfähigen Gesamtverkehrskonzeptes. Zu ersterem gehören u.a. eine stufenweise Vorgabe zulässiger Flottenverbräuche für Neufahrzeuge (z.B. auf 4-5 l/100 km für Pkw

in den nächsten fünf Jahren) und die wegen hoher Umwelt- und Schadenskosten eine deutliche Besteuerung von Treibstoffen für den Straßengüterfernverkehr und den Luftverkehr bei gleichzeitiger Kapazitätsausweitung der Bahn.

Zum längerfristigen Aspekt gehören u.a. ein weitgehender Verzicht auf den Zubau weiterer Straßen und Parkflächen bei gleichzeitig verstärktem Ausbau von Schienenwegen und Radnetzen sowie eine vorausschauende Raumordnungs- und Siedlungsstrukturplanung und -entwicklung mit dem Ziel der Vermeidung zusätzlichen Verkehrs.

9. *Gründung einer „Ständigen Kommission zur Neuorientierung der Energiepolitik“.* Angesichts der jahrelangen energiepolitischen Stagnation empfehlen wir eine Institutionalisierung des energiepolitischen Diskurses durch die Einsetzung einer ständigen Kommission, die Vorschläge für eine Umakzentuierung der Energiepolitik im Sinne von REN und REG erörtern und umsetzen sollte. In dieser Kommission sollten Vertreter der verschiedenen Grundhaltungen präsent sein, die sich aus Politik, Verwaltung, Wirtschaft und den gesellschaftlichen Gruppen rekrutieren.
10. *Verstärkte europäische und internationale Kooperation* zur beschleunigten Einführung und Verbreitung von REG-Technologien. Dies vergrößert die Chancen für die Schaffung umweltverträglicher Energieversorgungsstrukturen auf internationaler Ebene und schafft gleichzeitig größere Märkte für REG und damit die Möglichkeit kostengünstiger Serienfertigung.

Substantielle Erfolge in der Klima- und Energiepolitik hängen ganz wesentlich von der *Umsetzung des gesamten Maßnahmenbündels* ab. Die Anforderungen an eine dauerhafte und ökologisch tragbare Energieversorgung bei gleichzeitiger Beschleunigung des Strukturwandels zur Schaffung neuer qualifizierter Arbeitsplätze sind zu groß, als daß sie lediglich mit „kleinen“ Schritten und Einzelmaßnahmen zu bewältigen wären. Insbesondere reicht eine bloße finanzielle Förderung *nicht* für eine längerfristig gesicherte Ausschöpfung von REN- und REG-Potentialen aus. *Vor allem die energiepolitischen Rahmenbedingungen und die Energiepreisrelationen müssen sich deutlich und auf Dauer ändern.*

26.7 Auswirkungen einer REN-/REG-Strategie auf Wirtschaft und Arbeitsmarkt

Von den verschiedenen in der Studie untersuchten Auswirkungen der empfohlenen REN-/REG-Strategie werden als besonders wichtige Aspekte diejenigen auf Wirtschaft und Arbeitsmarkt herausgegriffen. In Übereinstimmung mit dem DIW Berlin und dem EWI Köln läßt sich hinsichtlich der *Energiesteuer* folgendes Fazit ziehen (Kohlhaas/Welsch, 1994: 73f.):

Eine Anhebung der Energiepreise führt nur zu geringen Auswirkungen auf das *wirtschaftliche Wachstum*. Die meisten Studien rechnen mit einem leichten Rückgang des Wachstums. Durch eine entsprechende Ausgestaltung des Reformszenarios kann dieser aber klein gehalten werden; sogar geringfügige Steigerungen des Wachstums werden teilweise für möglich gehalten. Diese Ergebnisse gelten auch für einen nationalen Alleingang; bei einzelnen Simulationsrechnungen hat dieser sogar positivere Auswirkungen als ein international abgestimmtes Verhalten.

Mit der Energiesteuer wird ein Anstieg des *Preisniveaus* verbunden sein. Dieser fällt im allgemeinen jedoch nicht hoch aus; eine Lohn-Preis-Spirale wird nicht befürchtet. Die Auswirkungen auf die *Beschäftigung* hängen stark von der Verwendung des Steueraufkommens ab. Alle Szenarien mit einer Reduktion der Lohnnebenkosten weisen deutlich positive Beschäftigungseffekte auf. Wird diese Kompensationsvariante nicht untersucht, so fallen die Beschäftigungseffekte gering aus.

Nachdrücklich kann betont werden, daß die positiven Auswirkungen einer Energiesteuer überwiegen. Unter Würdigung der von verschiedenen Seiten vorgebrachten Bedenken, insbesondere zu Einführungsschwierigkeiten, ist das Konzept einer Energiesteuer vom Ansatz her richtig. Für die Energiepolitik stellt sie ein unverzichtbares Instrument dar. Über die konkreten Schritte der Einführung und Ausgestaltung der Energiesteuer muß bald ein gesellschaftlicher Konsens herbeigeführt werden.

Die Netto-Arbeitsplatzeffekte einer REN-/REG-Strategie sind positiv. Dies ist auf folgende Gründe zurückzuführen:

- Energieimporte werden durch überwiegend im Inland erzeugte Güter und Dienstleistungen ersetzt;
- die Arbeitsintensität zur Herstellung von REN- und REG-Techniken ist meist höher als die zur Bereitstellung und Verteilung konventioneller Energien;
- werden an sich wirtschaftliche, aber unter gegebenen Rahmenbedingungen gehemmte Potentiale erschlossen, so bieten die eingesparten Energiekosten Spielraum für eine weitere Nachfrage in anderen Bereichen.

Die vorhandenen Abschätzungen zu diesem Problemkreis lassen den Schluß zu, daß mit den jahresdurchschnittlichen Investitionsvolumina der Zielwerte von jährlich 16 bzw. 28 Mrd. DM *250 000 bzw. 400 000 zusätzliche Arbeitsplätze bis zum Jahr 2010 geschaffen werden können.*

27 Potentiale und Strategien zur CO_2-Reduktion durch Energieeinsparung

Rainer Walz

27.1 Einleitung

Ein umfassender Klimaschutz erfordert ganz erhebliche Reduktionen der Emissionen von Treibhausgasen. So liegen Zielformulierungen vor, die für Deutschland bis zum Jahr 2005 eine Reduktion der CO_2-Emissionen um 25% gegenüber 1990 fordern, mittel- bzw. langfristig werden CO_2-Minderungen von 50 bzw. 80% angestrebt. Da die CO_2-Emissionen Deutschlands im wesentlichen durch die Verbrennung fossiler Energieträger verursacht werden, stellt sich die Frage, in welchem Ausmaß eine verstärkte Energieeinsparung zu ihrer Verminderung beitragen kann und welche Umsetzungsstrategien zu ergreifen sind.

Im folgenden werden diese Fragen in mehreren Stufen aufgegriffen: Nach einer Erläuterung der relevanten Energie- und Potentialbegriffe wird auf das technische Potential der rationellen Energienutzung und -umwandlung eingegangen. Dem folgt eine Auswertung von Energieszenarien hinsichtlich der kurz-, mittel- und langfristigen Potentiale der rationellen Energieverwendung zur Reduktion der CO_2-Emissionen in Deutschland. Im darauffolgenden Abschnitt werden die Hemmnisse einer rationellen Energieverwendung skizziert und einige wesentliche Maßnahmen zu ihrer Überwindung aufgelistet. Schließlich richtet sich das Augenmerk auf die Frage, welcher Beitrag von einem Verzicht auf Energiedienstleistungen durch energiebewußtes Verhalten zu erwarten ist.

27.2 Definitionen und Begriffserläuterungen

In der Energiedebatte werden oftmals mehrere *Energiebegriffe* verwendet, die voneinander unterschieden werden müssen. Vom Menschen wird Energie genutzt, um den Bedarf an Energiedienstleistungen zu decken, wie z.B. das Erwärmen oder Beleuchten von Räumen, das Transportieren von Personen und das Umformen von Gütern bei der gewerblichen Verarbeitung. Die Nachfrage nach derartigen Dienstleistungen führt zu einem Nutzenergiebedarf von Wärme, Kraft oder Licht, der unter Inkaufnahme von Energieverlusten zu einem Endenergiebedarf beim Verbraucher und über weitere Umwandlungsstufen zu einem Gesamtenergiebedarf führt. Zählt man den sogenannten nichtenergetischen Energiebedarf (z.B. als Rohstoff für die Kunststoffproduktion) hinzu, ergibt sich der Primärenergiebedarf. Aus dem Gesamtenergiebedarf einer Volkswirtschaft ergeben sich entsprechend des Kohlenstoffgehalts der verwendeten Energieträger die energiebedingten CO_2-Emissionen eines Landes.

Alle durch die Energiedienstleistungen in den einzelnen Stufen der Umwandlungskette ausgelösten Nachfragen nach Energie könnten in Zukunft durch einen *rationelleren Umgang mit Energie* vermindert werden. Hierbei umfaßt der Begriff der rationellen Energieverwendung und -nutzung jede Form des verminderten direkten Energieeinsatzes in einem energieumsetzenden Prozeß. Der Begriff *Energieeinsparung* ist dagegen breiter definiert, er umfaßt sowohl die Verbesserung der rationellen Energienutzung und -umwandlung als auch die Verminderung von Energiedienstleistungen durch energiebewußtes Verhalten, z.B. die Absenkung der Raumtemperatur oder die Verminderung von Reisegeschwindigkeiten.

Bei der Betrachtung des Potentials der rationellen Energienutzung sind unterschiedliche *Potentialbegriffe* zu beachten (vgl. EK I, 1990c). Einzelwirtschaftliche Potentiale umfassen für die jeweiligen technischen Möglichkeiten diejenigen Maßnahmen, die bei einem gegebenen Energiepreisniveau wirtschaftlich rentabel durchgeführt werden könnten, wobei unterstellt wird, daß es keine Hemmnisse oder hemmende Rahmenbedingungen gibt. Es ist nicht binnen weniger Jahre, sondern wegen der Ersatzinvestitionszyklen der Anlagen, Maschinen, Fahrzeuge oder Gebäude zum Teil erst langfristig erschließbar. Hinzu kommt, daß selbst bei Berücksichtigung eines vollen Reinvestitionszyklus das wirtschaftliche Einsparpotential nicht voll realisiert sein muß, weil dieser Potentialausschöpfung Hemmnisse entgegenstehen können. Deshalb sind die Erwartungspotentiale, d.h. diejenigen Potentiale, die unter Status-quo-Bedingungen zu einem jeweiligen Zeitpunkt realisiert werden, in der Regel kleiner als die einzelwirtschaftlichen Potentiale.

Die einzelwirtschaftlichen Einsparpotentiale sind wiederum geringer als die volkswirtschaftlichen. Diese Differenz beruht auf den externen Kosten des Energieverbrauchs, deren Höhe allerdings nicht genau angegeben werden kann. Die technischen Einsparpotentiale schließlich beschreiben diejenigen Einsparungen, die mittels heute bekannter Techniken realisierbar erscheinen. Sie liegen unter den theoretischen Potentialen, die für jene Bereiche von Bedeutung sind, für die heute wegen fehlender technischer Konkretion noch keine technischen Potentiale angegeben werden können, wo aber mit technologisch und naturwissenschaftlich fundierten Kenntnissen davon ausgegangen werden kann, daß sich in Zukunft neue technische Potentiale eröffnen werden. Beispiele hierfür sind Aussagen über künftige Verminderungen des Energiebedarfs in der Industrie durch Prozeßsubstitutionen.

Die verschiedenen Potentialbegriffe spielen je nach Blickwinkel eine unterschiedlich bedeutsame Rolle. Aus mikroökonomischer Sicht interessiert v.a. das spezifische technische und einzelwirtschaftliche Potential für eine gegebene

Energiedienstleistung. Aus energiepolitischer Sicht interessiert hingegen v.a. das für eine gesamte Volkswirtschaft zu einem bestimmten Zeitpunkt erreichbare CO_2-Reduktionspotential. Hierzu ist es notwendig, in Energieszenarien den Grad an rationeller Energienutzung und -umwandlung mit den übrigen Determinanten der CO_2-Emissionen zu verknüpfen. Aufbauend auf dem Erwartungspotential der rationellen Energienutzung ergeben sich die CO_2-Emissionen des Referenzszenarios. Aus den technischen und einzelwirtschaftlichen Potentialen lassen sich zudem Reduktionsszenarien entwickeln, welche die durch die Vornahme energiepolitischer Maßnahmen realisierbaren CO_2-Reduktionspotentiale beschreiben.

27.3 Technisches Potential der rationellen Energienutzung

Das technische Potential durch rationelle Energienutzung und -umwandlung in Deutschland wurde umfassend in den Studienprogrammen der Enquête-Kommission „Schutz der Erdatmosphäre" (EK II) untersucht (vgl. EK I, 1990c; Jochem/Schäfer, 1990; EK II, 1995). Danach läßt sich das spezifische technische Potential der rationellen Energienutzung, jeweils bezogen auf den spezifischen Energieverbrauch Ende der 80er Jahre, wie folgt abschätzen:

- Die größten technischen Potentiale rationeller Energienutzung liegen im *Raumwärmebereich* mit je nach Gebäude 70-90%, wobei der Hauptbeitrag zur Endenergieverbrauchsminderung durch den wesentlich erhöhten Wärmeschutz erreicht werden könnte.
- Im *Haushaltsbereich* weisen Elektrogeräte und Beleuchtung ein Einsparpotential von 30-70% auf; gewichtet mit den jeweiligen Verbräuchen der Einzelgeräte ergibt sich hierbei ein spezifisches Einsparpotential von ca. 45% in kurzfristiger und über 55% in mittel- bis langfristiger Sicht.
- Im *Kleinverbrauch*, einem besonders inhomogenen Sektor, können je nach Bereich 40-70% eingespart werden.
- Die Einsparpotentiale bei PKW und Flugzeugen betragen 50-60%.
- Bei der *Warmwasserbereitung* hängt das Einsparpotential vom eingesetzten Energieträger ab; je nachdem ob es zu einer Substitution von der dezentralen zur zentralen Warmwasserbereitung kommt, beträgt es 10-50%.
- In etwa 15-25% können bei Bussen und LKW, an Brennstoffen in der *Industrie* sowie in Raffinerien eingespart werden. Eine ähnliche Größenordnung umfaßt auch die Wirkungsgradsteigerung bei fossilen *Kraftwerken*. Hierbei sind bei Steinkohle befeuerten Kraftwerken Wirkungsgrade bis ca. 50% möglich, bei erdgasbefeuerten Gas- und Dampf-Turbinen-Anlagen sogar bis knapp 60%. (EK II, 1995: 169, zit. nach BT-Drs. 12/8660)
- Ein Einsparpotential von 10-15% findet sich bei der Stromanwendung in der Industrie sowie bei der KWK.

Schätzt man die aufgeführten technischen Potentiale rationeller Energieverminderung - jeweils mit ihrem Energieverbrauchsanteil gewichtet - zusammenfassend, so ergibt sich ein Wert von 35-45%. Bei diesen Angaben zum technischen Energieeinsparpotential ist zu beachten, daß neue, hier nicht genannte Potentiale durch weitere Forschung und Entwicklung in Zukunft zusätzlich erschlossen werden können. Gleichzeitig ist zu bedenken, daß diese Zahlenangaben sich auf technische Verbesserungen innerhalb einzelner Technologien beziehen. Weitere Potentiale ergeben sich dadurch, daß bestehende Technologien untereinander substituiert werden, z.B. Elektro- durch Gasheizungen oder die getrennte Erzeugung von Strom und Wärme durch Kraft-Wärme-Kopplungsanlagen (KWK). Allein für letzteres wird das CO_2-Reduktionspotential auf ca. 100 Mio. t pro Jahr geschätzt (EK II, 1995: 180, zit. nach BT-Drs. 12/8660). Allerdings ist mit derartigen Überlegungen bereits der erste Schritt in Richtung von Potentialabschätzungen mittels Szenarienüberlegungen vollzogen, die im Mittelpunkt des nächsten Abschnitts stehen.

27.4 CO_2-Reduktionspotentiale für Deutschland

27.4.1 Kurz- und mittelfristiges CO_2-Reduktionspotential

Der Beitrag der rationellen Energieverwendung zur kurz- und mittelfristigen CO_2-Reduktion läßt sich ebenfalls aus den Arbeiten des Studienprogramms der Enquête-Kommission ablesen.[1] Entsprechend den für die einzelnen Bereiche identifizierten Reduktionspotentialen wurde in den Studien für die Enquête-Kommission das Potential der rationellen Energienutzung für verschiedene *Szenarien* berechnet:

- für ein *Referenzszenario*, das das Erwartungspotential bei gegebener Energiepreisentwicklung und ohne besondere politische Eingriffe darstellt,
- für ein *Reduktionsszenario*, das von einer gleichbleibenden Kernenergiekapazität und Maßnahmen in allen Energiesektoren ausgeht *(R1 V)* und
- für ein *Reduktionsszenario*, das von einem Kernenergieausstieg und Maßnahmen in allen Energiesektoren ausgeht *(R2 V)*.

Diesen Szenarien waren bestimmte *Rahmenannahmen* bezüglich Bevölkerungsentwicklung, Wirtschaftswachstum, Strukturwandel und Energiepreise auf dem

Tabelle 27.1. Rahmenbedingungen für die Energieszenarien der EK II

Bevölkerung	bleibt bei ca. 80 Mio. Einwohnern
Bruttoinlandsprodukt	Wachstum um 2,3%/a (Verdopplung bis 2020)
Wirtschaftlicher Strukturwandel	Verschiebung hin zu Dienstleistungsbranchen
Energiepreisentwicklung	moderater Preisanstieg von 0,6-1,8%/a
Energiesteuer	keine Einführung einer Energiesteuer

1 Vgl. EK I, 1990c; EK II, 1995; Bradke, 1995; DIW/IER, 1995.

Weltmarkt gemeinsam vorgegeben (vgl. Tabelle 27.1). Sowohl dem Referenzszenario als auch den beiden Reduktionsszenarien liegt jeweils das gleiche Energiedienstleistungsniveau zugrunde. Das unter den jeweiligen Bedingungen realisierbare Potential der rationellen Energienutzung ist aus den in Abb. 27.1 dargestellten Gesamtenergieverbräuchen der jeweiligen Szenarien ablesbar. Hierbei ergeben sich die durch politische Maßnahmen induzierten Veränderungen jeweils als Differenz der Reduktionsszenarien zum Referenzszenario, der Effekt der gesamten rationellen Energieverwendung ist im Zusammenspiel mit den Auswirkungen der Szenarioannahmen aus der Differenz zwischen dem Ausgangsjahr und dem betrachteten Zieljahr abzulesen.

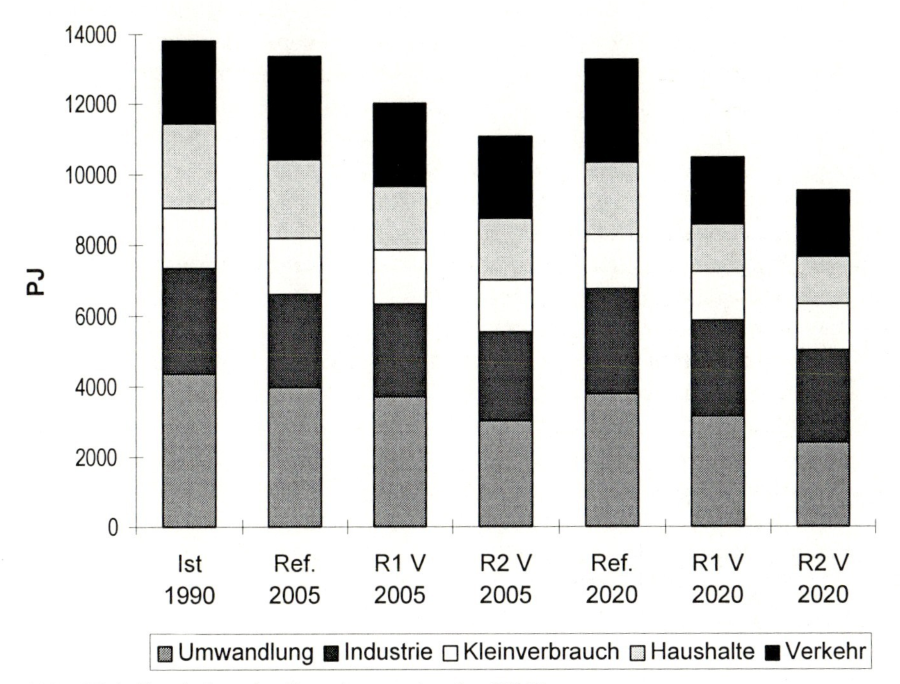

Abb. 27.1. Ergebnisse der Energieszenarien der EK II

Gegenüber dem Referenzszenario werden in den beiden Reduktionsszenarien kurzfristig, d.h. *bis zum Jahr 2005, ca. 10 bis 17% Energie eingespart*. Hierbei bestehen größere Einsparpotentiale v.a. im Haushalts-, Verkehrs- und Umwandlungsbereich, in geringerem Ausmaß auch im Industrie- und Kleinverbrauchsbereich. Diese Reduktionen sind allein auf die Vornahme von Maßnahmen der rationellen Energieverwendung zurückzuführen. Ohne Änderungen in der Energieträgerstruktur würden sie zu einem entsprechenden Rückgang der CO_2-Emissionen führen. Werden die Substitutionen der Energieträger mitberücksichtigt, kommt es in beiden Reduktionsszenarien zu einem Rückgang der CO_2-Emissionen um insgesamt 14,9% gegenüber dem Referenzszenario.

Bei der Interpretation dieser Zahlen ist zu berücksichtigen, daß *zusätzlich bereits im Referenzszenario Einsparpotentiale verwirklicht* werden. So sinkt der Energieverbrauch bis zum Jahr 2005 trotz steigender Wirtschaftsleistung bereits gegenüber 1990 leicht ab. Entsprechend werden in den Reduktionsszenarien 13-20% Energie gegenüber 1990 eingespart. Diese Tendenz wird noch deutlicher, wenn man die spezifischen Werte pro Einheit Sozialprodukt betrachtet, um den Einfluß des Wirtschaftswachstums analytisch auszublenden (vgl. Tabelle 27.2). So sinkt die Energieintensität, d.h. der Energieverbrauch je Einheit Bruttoinlandsprodukt, bereits im Referenzszenario um 33% gegenüber 1990 ab. Entsprechend höher liegt diese Verminderung in den Reduktionsszenarien. Allerdings ist zu berücksichtigen, daß diese Entwicklung nicht allein Maßnahmen der rationellen Energienutzung reflektiert, sondern auch die durch den wirtschaftlichen Strukturwandel hin zu mehr Dienstleistungen hervorgerufenen Entlastungseffekte. Die Betrachtung der spezifischen Energieverbräuche im Haushaltsbereich verdeutlicht, daß gerade in diesem Bereich ganz erhebliche Einsparpotentiale vorliegen, die in den Reduktionsszenarien zusätzlich mobilisiert werden.

In mittelfristiger Sicht, d.h. *bis zum Jahr 2020*, liegen die Potentiale der rationellen Energienutzung noch höher. So beträgt die auf die rationelle Energieverwendung zurückzuführende *Einsparung in den Reduktionsszenarien 21-38%* gegenüber dem Referenzszenario (vgl. Abb. 27.1). Besonders hoch liegen die Reduktionsmöglichkeiten im Umwandlungsbereich (verstärkter Einsatz von KWK) sowie im Haushaltsbereich (v.a. Wärmedämmung). Zusammen mit den Änderungen in der Energieträgerstruktur erreichen die Reduktionsszenarien eine Minderung der CO_2-Emissionen um 34,4% gegenüber dem Referenzszenario. Damit wird deutlich, daß mittelfristig das *höchste CO_2-Reduktionspotential von der rationellen Energienutzung* zu erwarten ist. Zugleich sind die *Kostenunterschiede* zwischen den Szenarien *relativ gering*: Referenzszenario und Reduktionsszenario R1 V weisen in etwa die gleichen Kosten auf, im Reduktionsszenario R2 V betragen die Mehrkosten in etwa 5 Mrd. DM/a. Allerdings muß berücksichtigt werden, daß die Kosten der Reduktionen im Verkehrsbereich nur unvollständig abgebildet werden konnten. Diese Ergebnisse werden bestätigt durch die Abschätzungen von Grubb et al. (1993) und des IPCC (1995a), die für industrialisierte Länder ein einzelwirtschaftlich rentables Einsparpotential - d.h. ohne Zusatzkosten - in einer Größenordnung von 20% für plausibel halten.

Da auch bereits im Referenzszenario der Energieverbrauch sinkt, fallen die

Tabelle 27.2. Spezifische Energieverbräuche in den kurz- und mittelfristigen Energieszenarien

Spezifische Verbräuche	Ist-Wert 1990	Referenz 2005	R1 V 2005	R2 V 2005	Referenz 2020	R1 V 2020	R2 V 2020
PJ/Mrd. DM[a]	5,0	3,3	3,0	2,8	2,4	1,9	1,7
GJ HH/cap.[b]	29,7	27,3	22,3	21,4	25,9	16,9	16,6

a) Gesamtenergieverbrauch pro DM Bruttoinlandsprodukt in Preisen von 1990
b) Energieverbrauch im Haushaltsbereich pro Kopf

Einsparungen im Vergleich zum Ausgangsjahr 1990 noch höher aus. Hierbei muß wiederum bedacht werden, daß diesen Größen in etwa eine Verdopplung des Bruttoinlandsprodukts zugrunde liegt. Entsprechend *sinkt die Energieintensität* zwischen 1990 und 2020 bereits im Referenzszenario in etwa um die Hälfte, in den Reduktionsszenarien gar um über 60% (vgl. Tabelle 27.2). Auch bei den Pro-Kopf-Energieverbräuchen im Haushaltsbereich wird deutlich, daß hier, insbesondere bei den Reduktionsszenarien, erhebliche Verminderungen vorliegen, die überwiegend auf die Abnahme des Heizenergiebedarfs zurückgeführt werden können. Insgesamt wird damit deutlich, daß die Verbesserung der Energieeffizienz in deutlich größerem Ausmaß zur Erreichung der CO_2-Ziele beiträgt als es die Unterschiede zwischen den Szenarien für das Jahr 2020 allein verdeutlichen.

27.4.2 Langfristiges CO_2-Reduktionspotential durch rationelle Energieverwendung

Eine Abschätzung des langfristig zu erreichenden CO_2-Reduktionspotentials steht vor dem Problem, daß die hierzu notwendige Szenarienbildung mit noch größeren Unsicherheiten behaftet ist als es für die mittelfristige Entwicklung bereits der Fall ist. Entsprechend sind derartige *Langfristszenarien* immer zu einem gewissen Grad spekulativ und können lediglich aufzeigen, welche Verhältnisse eintreten würden, wenn alternative Energietechniken und zusätzliche Anstrengungen bei der rationellen Energienutzung zum Tragen kommen.

Eine ausführliche Untersuchung zu Langfristpotentialen der CO_2-Reduktion wurde von Prognos/ISI, 1991 für die alten Bundesländer vorgenommen. Das *methodische Vorgehen* entspricht in seinen Grundzügen der Szenarienbildung für die Enquête-Kommission: Bildung eines Referenzszenarios für das Jahr 2040 unter Annahme einer um ca. 10% sinkenden Bevölkerungszahl, eines Wirtschaftswachstums von durchschnittlich knapp 2%/a sowie einer Steigerung der Brennstoffpreise in etwa um das Drei- bis Vierfache. Zusammen mit den autonomen Energieeinsparungen ergibt sich im Referenzszenario ein gegenüber dem Jahr 1987 um ca. 10% verminderter Primärenergieverbrauch, der zusammen mit den Veränderungen in der Energieträgereinsatzstruktur zu einer Reduktion der CO_2-Emissionen um knapp 20% führen würde. Trotz der erheblichen spezifischen Energieeinsparungen würden damit aber die CO_2-Reduktionsziele in einer Größenordnung von 80% für 2040 weit verfehlt.

In mehreren Szenarien wurden bei unterschiedlichen Rahmenbedingungen die jeweils kostenoptimalen Zusammensetzungen einer CO_2-Reduktion um 80% gegenüber 1987 - d.h. um nochmals 60 Prozentpunkte mehr als im Referenzszenario - untersucht. Hierbei zeigt sich, daß der Beitrag der rationellen Energieverwendung in etwa bei einem Drittel der zusätzlich zu erbringenden Reduktionsleistung liegt, d.h. bei ca. 1 700 PJ. Noch deutlicher läßt wiederum der Vergleich der Energieintensität den Beitrag der rationellen Energieverwendung zur CO_2-Reduktion werden: Sie sinkt gegenüber 1987 bereits im Referenzfall um ca. zwei Drittel, in den Reduktionsszenarien sogar um ca. drei Viertel.

Insgesamt zeigen die Ergebnisse der Langfristszenarien, daß auch über einen längeren Zeitraum hinweg die *rationelle Energieverwendung ein ganz erhebliches Potential* aufweist. Einschränkend muß jedoch gesagt werden, daß ihre relative Bedeutung - v.a. im Vergleich zum Einsatz erneuerbarer Energien - im Zeitablauf wegen der bei weitgehenden Einsparerfolgen dann erreichten technischen Restriktionen und deutlich steigender Grenzkosten abnimmt.

27.5 Maßnahmen zur Realisierung der Potentiale der rationellen Energienutzung

Die rationelle Energieverwendung wird durch eine *Vielzahl von Hemmnissen* behindert, die zur Realisierung ihrer Potentiale abgebaut werden müssen (vgl. Tabelle 27.3). Es kann zwischen preisbedingten und nachfrageseitigen Hemmnissen unterschieden werden (Walz, 1994). Erstere vermindern die einzelwirtschaftliche Rentabilitätsrechnung der rationellen Energienutzung (z.B. niedrige Energiepreise), letztere bewirken, daß Maßnahmen der rationellen Energieverwendung nicht durchgeführt werden, obwohl sie einzelwirtschaftlich rentabel wären. Während die meisten nachfrageseitigen Hemmnisse zielgruppenspezifisch sind, d.h. sich in ihrer Ausprägung je nach Personengruppe und Wirtschaftszweig unterscheiden, behindern zu geringe Energiepreise die rationelle Energieverwendung in allen Sektoren (Jochem/Schmitt, 1990).

Tabelle 27.3. Hemmnisse einer rationellen Energieverwendung

Niedrige Energiepreise
Unzureichend kostenorientierte Energiepreise
Kenntnismängel und fehlender Marktüberblick
Finanzierungsengpässe
Investitionsprioritäten und unterschiedliche Rentabilitätsforderungen
Investor/Nutzer-Problematik
Mangelnde stromwirtschaftliche Zusammenarbeit

Zur Überwindung der zahlreichen Hemmnisse ist ein *zielgruppenspezifisches Maßnahmenbündel* erforderlich, das die Vielzahl der notwendigen Maßnahmen aufeinander abstimmt. Entsprechende umfangreiche Maßnahmenbündel wurden von der Enquête-Kommission „Schutz der Erdatmosphäre“ und im CO_2-Reduktionsprogramm der Bundesregierung aufgestellt.[2] Eine sektorübergreifende Maßnahme zur Realisierung der Einsparpotentiale ist die *Erhöhung der Energiepreise*. Volkswirtschaftlich läßt sich eine derartige Maßnahme mit der Notwendigkeit begründen, die externen Kosten der Energieumwandlung und -nutzung in den

2 Vgl. EK I; Jochem/Schmitt, 1990; BMU, 1994; Reichert et al., 1993; EK II, 1995; Gruber et al., 1995; Walz, 1995.

Energiepreisen zu internalisieren. Eingang in die politische Diskussion hat dieser Vorschlag v.a. in Form der Erhöhung der Mineralölsteuer sowie der Einführung einer CO_2-/Energiesteuer gefunden.

Eine unzureichende Kostenorientierung der Preise und Tarife leitungsgebundener Energieträger ist ein weiteres Hemmnis. Hier ist eine *Linearisierung der Preise* anzustreben, damit die eingesparte Energie besser entlohnt wird und somit Anreize zu einer rationelleren Nutzung der Energie vermittelt werden. Einen ersten Schritt in diese Richtung stellt z.B. die Novellierung der Bundestarifordnung Elektrizität dar. Des weiteren sollte die *Einspeisevergütung* für in KWK-Anlagen erzeugten Strom verbessert werden, wozu u.a. eine Ausweitung des Stromeinspeisegesetzes für erneuerbare Energien auf die KWK diskutiert wird. Schließlich gehört zu diesem Themenkomplex auch eine verstärkte Ausrichtung der Energieaufsicht auf die Ziele der rationellen Energieverwendung, z.B. durch eine Novellierung des Energiewirtschaftsgesetzes.

Finanzielle Anreize in Form von *Subventionen* - wünschenswert z.B. zur Dekkung der Anlaufverluste bei der KWK - gehören ebenso zu einem Standardinstrumentarium staatlichen Handelns wie *Vorschriften,* die z.B. zur Setzung von Effizienzstandards gefordert werden. Ein wichtiger Schritt wurde hierbei im Raumwärmebereich durch die Verschärfung der Anforderungen in der neuen Wärmeschutzverordnung getan - allerdings ohne die Altbauten entsprechend einzubeziehen.

Ein zentrales, für die einzelnen Akteure unterschiedlich stark ausgeprägtes Hemmnis ist der *Mangel an energietechnischen Kenntnissen* und der *fehlende Marktüberblick.* Dies betrifft die meisten Haushalte, kleine und mittlere Unternehmen sowie Gebietskörperschaften, aber auch Planer, Architekten, Händler und Handwerker. Deshalb bedarf es gezielter Maßnahmen, den Kenntnisstand der genannten Zielgruppen durch Fort- und Weiterbildungsmaßnahmen zu verbessern. In Fällen, wo Fortbildung zu aufwendig wäre, hat die Beratung durch Dritte eine zentrale Bedeutung. Insbesondere bei den elektrischen Haushaltsgeräten können Energieverbrauchsangaben auf den Geräten sowie freiwillige Selbstverpflichtungen der Hersteller ganz entscheidend dazu beitragen, das in diesem Bereich bestehende Potential der rationellen Energienutzung auszunützen.

Private Haushalte sowie kleine und mittlere Unternehmen schrecken bei energiesparenden Investitionen sehr häufig vor der Kreditfinanzierung zurück. Ebenso kann, insbesondere bei kleinen und mittleren Unternehmen, ein nicht rationales Investitionsverhalten auftreten. Deshalb sind in diesem Bereich verstärkte Fortbildungs- und Aufklärungsmaßnahmen über Finanzierungsmöglichkeiten notwendig.

Bei der *Investor-/Nutzer-Problematik* fallen die Erträge einer energieeinsparenden Maßnahme nicht beim Investor selbst an. Ein häufiges Beispiel hierfür ist die Installation energieeffizienter Heizungsanlagen im Mietwohnungsbau. Zunehmende Bedeutung hat dieses Hemmnis auch bei Geschäftsgebäuden mit Kaltmieten, Gebäuden der öffentlichen Hand, wo häufig der Investor eine andere Gebietskörperschaft ist als der Betreiber, und beim Leasing stationärer Anlagen.

Zur Erhöhung der Markttransparenz sind hier Energiekennzahlen bei kalt vermieteten Gebäuden und geleasten Anlagen geeignet.

Viele Hemmnisse gegenüber der Kraft-Wärme-Kopplung - z.B. Preisgestaltung für Strombezug und für die Netzeinspeisung, oder mangelnde Kenntnisse potentieller Betreiber - könnten durch ein *verändertes Selbstverständnis der EVU* aufgelöst werden. Hierzu ist es erforderlich, daß die EVU selbst - oder mit anderen Unternehmen gemeinsam - rentable Investitionsmöglichkeiten in KWK-Anlagen nutzen. Weiterhin würden die Überlegungen des sogenannten Least-Cost Planning zu neuen Tätigkeitsfeldern der EVU führen. Hierbei werden die Möglichkeiten einer rationelleren Energienutzung gleichberechtigt mit den angebotsseitigen Optionen verglichen (vgl. Tabelle 27.4) und die kostengünstigeren

Tabelle 27.4. Wichtige Maßnahmen zur Förderung der rationellen Energieverwendung

Energiepreisgestaltung • CO_2-/Energiesteuer • Mineralölsteuer
Energieaufsicht • Linearisierung der Preise leitungsgebundener Energieträger • Stromeinspeisegesetz • Energiewirtschaftsgesetz • Durchführung der Energieaufsicht
Finanzielle Anreize • Ausbau Kraft-Wärme-Kopplung • Steuererleichterungen für Energieeinsparungen • Bürgschaften für Contracting
Vorschriften • Wärmeschutzverordnung • Wärmenutzungsverordnung • Effizienzstandards für Elektrogeräte • Flottenverbrauchsbegrenzung für PKW • Kreislaufwirtschaftsgesetz • Einhaltung der Vorschriften überprüfen
Informations- und Motivationsprogramme • Stiftung Warentest/Arbeitsgemeinschaft für Verbraucher • Motivierung von Multiplikatoren • Aus- und Fortbildung • Öffentlichkeitsarbeit • Energieberatung der Kommunen und EVU • Vorbildfunktion der Öffentlichen Hand • Energiekennzahlen
Institutionelle und konzeptionelle Maßnahmen • Gründung von Energieagenturen • Aufstellung von Klima- und Verkehrskonzepten
Verändertes Selbstverständnis der Unternehmen • Wandlung der EVU zum Energie(einspar)dienstleister • Freiwillige Selbstverpflichtungen der Industrie

Alternativen ausgewählt. *Freiwillige Selbstverpflichtungen* der Industrie zur Verbesserung der Energieeffizienz - wie sie im Frühjahr 1995 abgegeben wurden - signalisieren einerseits zwar ebenfalls ein verändertes Selbstverständnis, andererseits ist bei diesem Instrumentarium darauf zu achten, inwieweit wirklich zusätzliche Maßnahmen herbeigeführt werden. So zeigen z.B. Evaluierungen dieses Instrumentariums auf, daß die Ende der 70er Jahre versprochenen Effizienzverbesserungen bei Elektrogeräten unter der Status-quo-Technikentwicklung für den entsprechenden Zeitraum gelegen haben (Walz, 1994). Schließlich verbessern institutionelle Maßnahmen, wie die Gründung von Energieagenturen auf Landesebene sowie konzeptionelle Arbeiten auf kommunaler Ebene, die strukturellen Voraussetzungen zur Verbesserung der rationellen Energieverwendung.

27.6 Energieeinsparung durch energiebewußtes Verhalten

Der Energiebedarf läßt sich neben den Maßnahmen rationeller Energienutzung auch durch ein *sensibilisiertes Energiebewußtsein* mindern. Hierzu müßten die einzelnen Energieverbraucher ihre Anforderungen an Komfort und Energiedienstleistungen nur geringfügig vermindern. Dazu gehören beispielsweise (vgl. EK I, 1990c):

- Ein Senken der geforderten empfundenen Temperatur bei der Raumheizung; eine Verminderung der Raumtemperatur um 1 °C entspricht etwa einer Raumwärmeeinsparung um 6%.
- Eine eingeschränktere Nutzung der heute üblichen Vollraumheizungen bei der Raumkonditionierung von Wohn- und Arbeitsbereichen; eine Teilbeheizung bei Abwesenheit und Kälteperioden kann gegenüber einer Vollraumheizung zu einer Energiebedarfsminderung von bis zu 30% führen.
- Eine Änderung unserer Gewohnheiten und Ansprüche, z.B. im Hinblick auf die Mobilität im privaten Personen- und Luftverkehr.
- Eine veränderte Einstellung zu Verbrauchsgütern und Verpackungssystemen, die zu aufwendig und zu wenig zweckgebunden sind.
- Ein wieder häufigeres Trocknen von Wäsche an der freien Luft statt in Trocknern.
- Ein häufigeres Abschalten von leerlaufenden Maschinen, von ungenutzten, aber beleuchteten Räumen etc.

Eine sehr grobe, keinesfalls umfassende und zugleich auch vorsichtige Abschätzung der Wirkung energiebewußteren Verhaltens kommt für einige Beispiele ohne einschneidenden Komfortverzicht zu einer möglichen Einsparung von etwa 4% bis 7% des Gesamtenergieverbrauchs (EK I, 1990c). Dies zu erreichen, setzt die Einsicht vieler Energieverbraucher voraus, die sicher nicht ohne Mühe zu wecken ist. Eine Entwicklung zu energiebewußtem Verhalten wäre bei entsprechender Motivation möglich und fordert auch ein *beispielhaftes Verhalten von gesellschaftlich exponierten Personen.* Neben dem umweltbezogenen Vorteil hätte eine Verminderung der Nachfrage nach Energiedienstleistungen auch eine Reihe von weiteren guten Argumenten, wie z.B. gesundheitliche Vorteile (bei nicht überheizten Räumen), mehr soziale Kontakte in der Nachbarschaft und am Ort infolge veränderter Zeitmobilität sowie Imagebildung eines umweltbewußten Unternehmens oder einer Gebietskörperschaft.

27.7 Schlußfolgerungen

Bei der Analyse des Potentials der CO_2-Minderung durch Energieeinsparung sind mehrere Potentialbegriffe und Zeiträume zu unterscheiden. Das spezifische, d.h. auf einzelne Anwendungen bezogene *technische Potential* der rationellen Energienutzung und -umwandlung ist *erheblich* und wird in Deutschland gegenwärtig auf ca. 35-45% geschätzt. Unabhängig von der Spezifikation der Annahmen weist die *rationelle Energienutzung* bei den kurz- bis mittelfristigen Energieszenarien das *höchste Potential der CO_2-Minderung* auf. Ihr kommt daher bei den zu ergreifenden Maßnahmen auch höchste Priorität zu. Auch wenn die relative Bedeutung der regenerativen Energien in den langfristigen Energieszenarien zunimmt, ist der Beitrag der rationellen Energieverwendung zur CO_2-Reduktion noch immer erheblich. Auch langfristig wird die Verbesserung der rationellen Energieverwendung daher Voraussetzung für eine erfolgreiche Klimapolitik sein.

Die Erschließung der Potentiale der rationellen Energieverwendung erfordert eine aktive Politik, die ein *zielgruppenspezifisches Maßnahmenbündel zur Reduktion der vielfältigen Markthemmnisse* umsetzt. Zwar sind bereits erste Schritte in diese Richtung unternommen worden, zugleich zeigen aber die Erfahrungen mit einigen Vorschlägen, z.B. der Einführung einer Energiesteuer, welche politischen Widerstände für einen verstärkten Einsatz der rationellen Energieverwendung zu überwinden sind.

Neben der rationellen Energieverwendung besteht eine weitere Möglichkeit der Energieeinsparung in dem *Verzicht auf Energiedienstleistungen* durch energiebewußtes Verhalten. Diese Potentiale sind aber noch genausowenig umfassend untersucht wie diejenigen einer umfassenden Produktpolitik, z.B. einer Verlängerung der Produktlebensdauer.

Insgesamt zeigen die Analysen sehr deutlich, daß die rationellere Energienutzung und -umwandlung sowie ein energiebewußtes Verhalten den Energiebedarf erheblich reduzieren und damit einen wesentlichen Beitrag zur Verminderung der energiebedingten Umweltbelastungen leisten können.

28 Mut zum Handeln: Hinweise zur Abschöpfung von Energieeinsparpotentialen in Privathaushalten

Daniel Nottarp

28.1 Einleitung

Für die Energieeinsparung sind die Haushalte wichtig, in Heidelberg werden z.B. 44% der im Stadtgebiet umgesetzten Energie in Privathaushalten verbraucht (Weber, 1996: 273). Der Anteil des Energieverbrauchs der Haushalte am Primärenergieverbrauch der Bundesrepublik wurde bereits (Kap. 25 und 27) ausführlich dargelegt. In jedem Haushalt sind Einsparressourcen mit mehr oder weniger viel Aufwand abschöpfbar. Sie sind in den Benutzergewohnheiten der Energiedienstleistungen und den technischen Gegebenheiten zu finden. An den Gewohnheiten kann jeder einzelne etwas ändern. Die technischen Eingriffsmöglichkeiten jedoch sind für den Endanwender beschränkt.

28.2 Abschöpfbare Stromsparpotentiale

28.2.1 Investitionsfreie Sparpotentiale

Elektrisch betriebene Geräte sollte man möglichst nur während der Schwachlastzeit verwenden. Man unterscheidet zwischen Grund-, Mittel- und Spitzenlast in der Elektrizitätswirtschaft. Der Betrieb der Spitzenlastkraftwerke ist für die Energieversorgungsunternehmen (EVU) am teuersten, und, wenn es keine Pumpspeicherkraftwerke sind, mit hohen CO_2-Emissionen verbunden. Als Schwachlastzeiten werden die Betriebszeiten bezeichnet, in denen nur die Grund- und einige Mittellastkraftwerke in Betrieb sind. Dies sind die Nachtstunden etwa zwischen 23^{00} und 4^{30} Uhr.

Je nach Wohngegend können während der Nachtstunden Wasch- und Spülmaschinen, Bügeleisen und -maschinen, Nachtspeicherheizungen, Kühl- und Gefriergeräte, Wäschetrockner sowie andere Verbraucher mit großen Netzanschlußleistungen betrieben werden. Dadurch wird nicht immer die Stromrechnung gesenkt, aber die EVU werden von Lastspitzen entlastet.

Die Stromrechnung kann durch konsequentes Abschalten bzw. Trennen vom Netz der nicht benutzten Verbraucher gesenkt werden. Energiedienstleistungen sollten nur dann angewendet werden, wo es sinnvoll bzw. notwendig erscheint, z.B. der Fernseher wird eingeschaltet, aber das Ausschalten wird verschlafen. Aufgrund dieser Erkenntnis sollten wir uns mit geeigneten Methoden das Energiesparen vereinfachen.

Den stillen Verbrauchern elektrischer Energie (wie z.B. Hi-Fi-, TV-, Video-, Telekommunikations- und Haustechnikanlagen) sollte bei Nichtnutzung der Strom abgestellt werden. Auch im Sinne eines vorbeugenden Brandschutzes ist in der Urlaubszeit und bei sonstiger Abwesenheit allen Geräten der Strom abzuschalten. Mit dem Ersatz ausgedienter Geräte sowie der Renovierung der Wohnung ist in vielen Fällen der Energiebedarf im Haushalt reduzierbar. Ein entscheidendes Kaufkriterium sollte der Energiebedarf eines Gerätes sein. Dabei gilt es, den Bedarf an der Energiedienstleistung realistisch einzuschätzen und Alternativen dazu abzuwägen.

28.2.2 Einsparpotential bei Beleuchtung

Die Beleuchtung der Wohnräume sollte den Bedürfnissen der Bewohner entsprechen. Durch verteilte Lichtquellen lassen sich Akzente setzen, und so ist Licht bedarfsgerecht nutzbar. Die Raumgestaltung hat einen großen Einfluß auf den Energiebedarf für die Beleuchtung. Ein in dunklen Farben gehaltener Raum benötigt mehr Energie zur Beleuchtung als ein in hellen und freundlichen Farben gestalteter.

Mit dem Austausch von konventionellen Glühlampen durch Energiesparlampen mit elektronischem Vorschaltgerät sind derzeit Energieeinsparungen von 80% beim Anwender möglich. Deren Haupteinsatzgebiet ist die Erzeugung der Grundhelligkeit auf inner- und außerhäuslichen Verkehrswegen wie Fluren, Treppenhäusern, Fahrstühlen etc. sowie zur Dauerbeleuchtung. Ist spektral reines Licht, z.B. für Hand- oder Schreibarbeiten, erforderlich, so sind (Halogen-) Glühlampen die geeigneten Leuchtmittel.

28.2.3 Hauswirtschaftsgeräte

Die in Deutschland installierten Hauswirtschaftsgeräte haben eine Nutzungsdauer von mehr als fünf bis zehn Jahren. Diese Investitionsgüter sollten nicht frühzeitig ausrangiert werden. Jedoch ist ein Vergleich der Verbrauchskosten des alten Gerätes mit den Investitionskosten für ein Neugerät spätestens bei der ersten größeren Reparatur empfehlenswert.

In der Bedienungsanleitung liegt das größte Sparpotential in der Ausnutzung der „technischen Heinzelmännchen“. Wenn es das Wohnumfeld zuläßt, sollten die Schwachlastzeiten der EVU die Betriebszeiten der Geräte sein.

Wasch- und Spülmaschinen. Eine ihrem Fassungsvermögen angepaßt beladene Maschine arbeitet optimal. Die umweltschonende Dosierung der Reinigungs- und Hilfsmittel ist der Wasserhärte sowie der Verschmutzung angepaßt. Die Vorwäsche bzw. das Vorspülen ist in vielen Fällen nicht nötig. Eine niedrigere Wassertemperatur hilft Energiesparen.

Trocknen und Bügeln der Wäsche. In beengten Wohnverhältnissen sind Wäschetrockner sicherlich sehr praktisch, das Lufttrocknen der Wäsche ist ohne zusätzlichen Energieverbrauch möglich. Wird die Wäsche glatt aufgehängt, ist in einigen Fällen das Bügeln überflüssig. Durch die Auswahl der Textilien ist ein großer Einfluß auf den Energiebedarf der Textilpflege zu nehmen.

Kühl- und Gefriergeräte. Bei dieser Gerätegruppe bestimmt der Benutzer im wesentlichen den Energiebedarf durch sein Nutzungsverhalten. Durch häufiges oder längeres Öffnen des Kühlraumes wird die Energie buchstäblich zur Tür hinausgeworfen. Durch den so ermöglichten Luftaustausch wird die kältere trockene Luft aus dem Geräteinnern durch warme und feuchte Luft ersetzt. Dies führt zu Temperaturerhöhung und Reifbildung. Rechtzeitiges Abtauen der Geräte verhindert den Kälteverlust durch Reifansatz.

Die Lagertemperatur entscheidet nicht nur über die Haltbarkeit der Lebensmittel, sondern auch über den Energiebedarf. Ein Kühlgerät, an einem kühlen und gut belüfteten Ort aufgestellt, arbeitet effektiver als z.B. neben einem schlecht isolierten Backofen in einer unbelüfteten Küchenzeile. Soll tiefgekühlte Kost später am Tage zubereitet werden, kann sie vorher im Kühlschrank auftauen. Dabei nimmt sie die Wärme im Kühlschrank auf und das Kühlaggregat benötigt während dieser Zeit keine Energie. Bei Neuanschaffung eines Kühlgerätes sollte auf ein umweltverträgliches Kühlmittel, niedrigen Energiebedarf sowie eine dem Haushalt angepaßte Größe geachtet werden.

Kochen und Backen. Bei der Zubereitung von Lebensmitteln kann erheblich Energie gespart werden, wenn mit zur Kochstelle passendem Kochgeschirr gearbeitet wird. Bei fehlendem Topfdeckel steigt der Wärmebedarf je nach Kochzeit auf das 1,5- bis 3fache an. Die Nutzung der Nachwärme aus Herdplatten und Kochgeschirr hilft zwischen 10 und 50% einzusparen. Die Nachwärme der Kochplatte und des Kochtopfes ist für 5 bis 10 Minuten nutzbar. Die Backöfen halten mindestens 10 Minuten nach dem Abschalten ihre Temperatur. Das Vorheizen des Backofens ist nicht immer zwingend notwendig. Wird die Tiefkühlkost nicht auf dem Herd, sondern z.B. im Kühlschrank aufgetaut, so wird 45% der Heizenergie zum Auftauen gespart, und die Kältemaschine des Kühlschrankes muß für die Zeit des Auftauens weniger oder gar nicht arbeiten.

Sonstige Elektrogeräte im Haushalt. Die Elektrogeräte sollten, wenn sie nicht benutzt werden, ausgeschaltet werden. Warum sollte Energie für eine Dienstleistung aufgewendet werden, wenn diese von keinem Anwender in Anspruch genommen wird (z.B. beim „Stand-by"-Betrieb des Fernsehers)? Das gleiche gilt für Hi-Fi- und EDV-Anlagen sowie für alle anderen Elektrogeräte. Bei Geräten ohne expliziten Ausschalter kann dieser in Form einer geschalteten Steckdose nachgerüstet werden.

28.3 Analyse des Energieverbrauchs

28.3.1 Hilfen von Bund, Ländern und Gemeinden

Die Energieberater der EVU, der Verbraucherzentralen, einiger Kommunen und Kreise, der Energieagenturen der Bundesländer sowie privatwirtschaftlicher Unternehmen analysieren den Energiebedarf und den tatsächlichen Energieverbrauch. Hierzu gehören detaillierte Maßnahmenkataloge mit Kosten-Nutzen-Berechnungen und eine ausführliche Beratung vor Ort.

28.3.2 Einfache Analyse für den Hausgebrauch

Bei dem hier vorgeschlagenen Analyseverfahren ist bewußt auf eine möglichst einfache Durchführbarkeit Wert gelegt worden. Damit sind einige Ungenauigkeiten verbunden. Doch wer sich bewußt macht, wofür Energie und Wasser im Haushalt verwendet werden, beginnt bei sich selbst mit den Energiereserven dieser Erde sorgfältiger umzugehen und so einen Beitrag zum Klimaschutz zu leisten.

Anfertigen einer Geräteliste. Die Geräteliste ist eine erweiterte Inventurliste der Elektrogeräte bzw. der sonstigen im Haushalt installierten Geräte, die Energie oder Wasser zum Betrieb benötigen. Zur Übersichtlichkeit sollte zum jeweiligen Gerät in der Spalte „Raum" der Raum angegeben werden, in dem das Gerät betrieben oder bereitgehalten wird. In der Spalte „Netzschalter" wird eingetragen, ob ein Netzschalter zum Trennen vom Netz vorhanden ist. In der nächsten Spalte wird die Netzleistung in kW umgerechnet eingetragen. Die Netzleistung ist in den Begleitpapieren eines Gerätes und auf dem Typenschild angegeben.

Daneben sind die geschätzten oder tatsächlichen täglichen Benutzungsstunden zu notieren. Das Produkt aus Netzleistung multipliziert mit den täglichen Benutzungsstunden ergibt den Verbrauchswert je Tag. Dieser wird in die entsprechende Spalte eingetragen. Bei Kühlgeräten u.ä. ist dieser Wert in den Begleitpapieren angegeben. Bei Spül- und Waschmaschinen, die nicht täglich benutzt werden, ist der Verbrauchswert je Nutzung aussagekräftiger. Deshalb wird dieser in die Spalte „Verbrauchswert je Benutzung" eingetragen. Für zeitweilig benutzte Geräte wie Computer, TV etc. wird nur die Netzleistung eingetragen.

Zur Verbrauchsbestimmung können auch Meßgeräte bei den Stadtwerken oder Energieberatern ausgeliehen werden. In den Haushalten ist zur Stromabrechnung ein geeichter Zähler installiert. Dieser mißt daher den Stromverbrauch des gesamten Haushaltes sehr genau. Zur Bestimmung des Stromverbrauches einzelner Elektrogeräte können Meßgeräte bei Verbraucherberatungsstellen und den EVUs ausgeliehen werden.

Führen eines Energiekalenders. Der Energiekalender dient zur Dokumentation des täglichen Energieverbrauchs des Haushaltes, getrennt nach Strom, Gas, Öl, Wasser etc. Es werden, wenn möglich, täglich zur gleichen Zeit die Zählerstände eingetragen, aus denen der tägliche Energieverbrauch aus der Differenz zum Vortag errechnet werden kann. Auch sind in der Spalte „Bemerkungen" Ereignisse wie Wäsche waschen, Spülmaschine einschalten, Bügeln etc. zu vermerken. Der Energiekalender wird aussagekräftiger, je ausführlicher

- die Einschaltdauer der einzelnen Geräte,
- die Anzahl der Wohnenden bzw. deren Besucher,
- besondere Ereignisse (z.B. Feste, Urlaub, Backen etc.) und
- die Außentemperatur

dokumentiert ist.

Der tägliche Verbrauch wird in Form einer „Fieberkurve" aufgezeichnet, in die als konstante Linie der tägliche Durchschnittsverbrauch eingetragen werden kann. Dieser wird aus den Energierechnungen der letzten Jahre ermittelt. So wird die Entwicklung augenfällig und die Erfolge der Bemühungen sind direkt meßbar (vgl. Tabelle 28.1 und 28.2).

Abschätzen der Sparpotentiale und deren Abschöpfung. Der Gebrauch von Strom, Gas, Öl, Wärme und Wasser ist diversen Schwankungen unterworfen. Diese haben mehrere Ursachen: wechselnde Anzahl der Anwesenden (z.B. Besuch), Lebensgewohnheiten (z.B. Freitag ist Waschtag) und - nicht zu vergessen - die Jahreszeiten sowie das Wetter. Nach etwa zwei bis acht Wochen Aufzeichnungsdauer lassen sich erste Aussagen treffen:

- An allen Tagen mit minimalem Energieeinsatz fällt der Verbrauch der stillen Verbraucher etwas deutlicher auf.
- An Tagen mit Spitzenverbrauch gilt der Spalte „Bemerkungen" die größte Aufmerksamkeit.

Ein Vergleich der in der Geräteliste eingetragenen Verbrauchswerte je Tag bzw. je Nutzung und des tatsächlichen Energieverbrauchs kann Differenzen aufweisen. Hieraus kann ermittelt werden, ob „stille Verbraucher" in erheblichem Maße im Haushalt installiert sind. Verdächtig sind vor allem Geräte ohne Netzschalter.

Wenn die Bewohner abwesend sind, sollte nur der Stromverbrauch für Kühl- und Klimageräte anfallen. Der darüber hinausgehende Verbrauch kann möglicherweise vollständig vermieden werden, z.B. durch Abschalten der stillen Verbraucher sowie das Abtauen vereister Kühlgeräte.

Des weiteren sind die Nutzungsgewohnheiten zu beachten: Gibt es Geräte, die im Hintergrund ständig in Betrieb sind (z.B. das Radio)? Müssen diese Geräte tatsächlich mit diesem Energieaufwand betrieben werden? Wird die Heizung kleingestellt (nicht abstellen!), wenn in kühlen Jahreszeiten die Wohnung morgens auf dem Weg zur Arbeit verlassen wird?

Mit den einfachsten bzw. billigsten Maßnahmen beginnen:
- Nutzungsgewohnheiten hinterfragen,
- Geräte nur dann in Betrieb setzen, wenn sie genutzt werden,
- das AUS-schalten nicht vergessen,
- stille Verbraucher mit Netzschaltern nachrüsten,
- Leuchten - wenn möglich - auf Energiesparlampen umrüsten und
- bei Neuanschaffungen auf den Energieverbrauch achten.

Darüber hinausgehende Sparpotentiale, sofern vorhanden, im Bereich Klima- und Wärmeversorgung der Wohnräume zeigt gerne ein Energieberater auf. Die Abschöpfung ist häufig jedoch mit einem größeren Kapitalaufwand verbunden.

28.4 Schlußfolgerungen

28.4.1 Erzielbare Einsparpotentiale

Das Abschöpfen der individuellen Energiesparpotentiale vollzieht sich schrittweise. Der Erfolg wird erst mit einiger Verzögerung spürbar sein. Die Abschlagszahlungen für die Energierechnung basieren auf einem Mittelwert, der von dem EVU jährlich einmal angepaßt wird. Durch die regelmäßige Dokumentation des Gebrauchs von Energiedienstleistungen setzt bei den Nutzern in vielen Fällen ein Lernprozeß ein. Dieser bewußte Umgang mit Energie kann sich auch auf andere Lebensbereiche auswirken. Die im privaten Bereich bei der Energieeinsparung gesammelten Erfahrungen lassen sich auch auf andere Umgebungen, z.B. Beruf, Freizeit, Urlaub etc., anwenden. Wer zu Hause sparsam mit Energie umgeht, wird dies hoffentlich auch an anderen Orten tun. Damit ist ein Schneeballeffekt möglich, der zu einer Verbesserung der Rahmenbedingungen für effektiven Umwelt- und Klimaschutz beiträgt.

28.4.2 Rationeller Umgang mit Energie ohne Einbußen an Wohlstand

In diesem Beitrag sollte verdeutlicht werden, daß bei rationellem Umgang mit Energie keine Einbußen an Wohlstand zu erwarten sind. Bei weiterer Energieverschwendung dürfte aber der Wohlstand deutlich sinken. Somit ist es eine gesamtgesellschaftliche Aufgabe, den Primärenergieverbrauch drastisch zu senken. Hierzu sollte jeder Mitbürger einen Beitrag leisten.

Tabelle 28.1. Beispiel für eine Geräteliste

Gerät	Zimmer	Netzschalter ja	Netzschalter nein	Netzleistung in kW	Benutzungs-stunden/Tag	Verbrauchswert in kWh/24h	Verbrauchswert in kWh je Benutzung	

Tabelle 28.2. Beispiel für einen Energiekalender

Energiekalender für die Zeit vom bis

Datum	Zähler	Differenz	Bemerkung					

Teil VIII
Strategien und Methoden für einen Energiekonsens in Deutschland und Kriterien zur Beurteilung von Energiesystemen

29 Energiekonsens in Deutschland? Eine politikwissenschaftliche Analyse der Konsensgespräche - Voraussetzungen, Vorgeschichte, Verlauf und Nachgeplänkel

Lutz Mez

29.1 Vorbemerkung

Dieser Beitrag untersucht den Verlauf der Energiekonsens-Gespräche, die im Jahr 1993 zwischen Vertretern der in Bund und Ländern in Regierungsverantwortung stehenden politischen Parteien, erweitert um ein Beratergremium aus Repräsentanten von Stromwirtschaft, Gewerkschaften sowie Industrie- und Umweltverbänden, stattgefunden haben. Mit der energiepolitischen Option, durch die Integration der Antagonisten in die Politikarena einen Konsens über die Zielvorstellungen und somit Kompromisse im Streit um den Kurs der zukünftigen Energiepolitik zu ermöglichen, wurde in Deutschland seit Mitte der 70er Jahre experimentiert.

Die Gründe für das Scheitern der zahlreichen Versuche sind jedoch vielseitig: Die Analyse zeigt, daß die unterschiedlichen Interessen (vested interests) der einzelnen Hauptakteure sowie deren Programmatik verbunden mit starren Einstellungen ebenso zum Scheitern des Energiekonsenses beigetragen haben, wie die internen Konflikte bestimmter Hauptakteure, etwa der Elektrizitätswirtschaft selbst oder der SPD.

29.2 Energiesyndrom und energiepolitische Optionen

Die Energiepolitik von Industriestaaten verfolgte in der Nachkriegszeit bis zur 1. Ölpreiskrise gemeinsame Muster, die der amerikanische Politikwissenschaftler Leon N. Lindberg (1977) als „Energiesyndrom" bezeichnet hat. Das Energiesyndrom besteht aus gleichzeitig auftretenden Symptomen und führt zu einem abnormen Systemversagen. Zu diesen Symptomen gehören:

- Energieproduktion und -verbrauch erfordern eine ständig steigende Energieversorgung.

- Die staatliche Politik wird von den Perspektiven der Energieproduzenten dominiert, bei Abwesenheit einer umfassenden Energiepolitik zugunsten segmentierter, voneinander abgeschotteter Arenen.
- Ein interagierendes Set von politischen, institutionellen und strukturellen Hindernissen wie Bürokratismus und Industrialismus blockiert die Suche nach Alternativen.

In den 70er Jahren begann sich nach Kitschelt (1983) das Energiesyndrom in einigen Ländern graduell aufzulösen und dem Experimentieren mit verschiedenen Energiepolitik-Optionen zu weichen:

1. Die Energiepolitik verfolgt „business as usual"-Strategien um wachstumssteigernde Globalinitiativen durch produzentenorientierte Sektoralpolitik (z.B. Kohle-, Erdgas- oder Atompolitik) zu bewirken. Politische Interventionen in die Energiewirtschaft beschränken sich auf kurzfristige Ad-hoc-Aktionen, die unsystematisch und unkoordiniert Marktprozessen untergeordnet werden.
2. Angesichts der politischen Kontroverse kann der Staat in der Energiepolitik auch die Entscheidungslast abwälzen und sich auf eine „Schiedsrichterrolle" beschränken. Dies geschieht unter dem Vorzeichen der Pluralisierung und/oder Liberalisierung, wobei das Feld der Energiepolitik den Unternehmen überlassen wird, um das politische System von Akkumulations- und Legitimationsansprüchen freizuhalten.
3. Als Antwort auf die neuen Herausforderungen zieht der Staat im Zuge einer staatszentrischen Mobilisierung die energiepolitischen Kompetenzen an sich und versucht, eine koordinierte, zentralwirtschaftliche Energiepolitik durchzusetzen.
4. Staatliche Energiepolitik kann versuchen, die neuen Konfliktfronten zu integrieren, indem die Antagonisten im Entscheidungsprozeß repräsentiert werden. Diese auf Kompromißbildung und Konsens ausgerichtete Option bedingt einerseits eine zunehmende Politisierung der Energiewirtschaft und andererseits eine Abkehr von den traditionell vorherrschenden Zielvorstellungen der Energiepolitik.

Die Bemühungen um einen Energiekonsens in Deutschland lassen sich sehr wohl der vierten energiepolitischen Option zuordnen. Bevor jedoch auf die verschiedenen Versuche zur Lösung des Atomkonflikts eingegangen wird, soll am Beispiel erfolgreicher energiepolitischer Vereinbarungen verdeutlicht werden, welche Voraussetzungen vorhanden sein bzw. geschaffen werden müssen, um Energiekonsens-Gespräche mit einiger Aussicht auf Erfolg führen zu können.

29.3 Erfolgsbedingungen von Energiekonsens-Gesprächen

Im Rahmen einer Analyse von Beispielen für gelungene energiepolitische Konsensverhandlungen lassen sich die Erfolgsbedingungen beschreiben und hinsichtlich ihrer Möglichkeiten und Begrenzungen verallgemeinern. Im Vergleich der bundesdeutschen Energiekonsens-Gespräche und Verhandlungslösungen (collaboratives) zwischen Energieversorgern und Industrie- und Umweltverbänden in den Vereinigten Staaten wird deutlich, auf welchem Entwicklungsstand sich die Kompetenz und Kapazität deutscher Hauptakteure in der Energiepolitik bewegt, Veränderungen in der energiewirtschaftlichen und -politischen sowie informationellen Macht- und Interessenlage herbeizuführen.

Während die energiepolitische Option der staatszentrischen Mobilisierung als Maximalstrategie verstanden werden kann, bei der Staatsintervention und hierarchische Regulierung die Rahmenbedingungen für die Energiewirtschaft setzen, weist die Konsensstrategie in Richtung auf einen diskursiven Politikstil. Allerdings erscheint in Anbetracht des Staatsversagens (Jänicke, 1986) die Realisierbarkeit einer Maximalstrategie in Deutschland als eher unwahrscheinlich.

Der Unterschied zwischen einer Maximal- und einer Konsensstrategie liegt nicht notwendigerweise in der Reichweite der erzielbaren Veränderungen, d.h. Konsensstrategien sind nicht automatisch mit vergleichsweise zweitklassigen, reduzierten Ergebnissen verbunden. Maximalstrategien stoßen bei der Umsetzung naturgemäß auf Widerstände. Bei konfrontativer Umsetzung werden Blockadereaktionen ausgelöst und politische Kosten entstehen. Ihr Hauptnachteil ist die einseitig „externe" Einwirkung auf die Politikadressaten ohne Berücksichtigung ihrer Eigenlogiken und spezifischen Innovationspotentiale. Werden Konsensprozesse professionell, zielstrebig und mit hoher Verbindlichkeit als längerfristige Lernprozesse organisiert, so dürfte ihr Zielerreichungsgrad dem einer Maximalstrategie nicht nachstehen. Ihr wesentlicher Vorteil ist die „Internalisierung" der Verantwortung für das zu lösende Problem beim Verursacher selbst (Hajer, 1992), die einvernehmliche Umprogrammierung von Interessenlagen und die Stimulierung von Innovationen über Kommunikationsprozesse (vgl. Jänicke/Mez, 1995).

Konsens- oder Dialogstrategien sind mehr als Gespräche am „runden Tisch". Zukunftsdiskurse erhalten eine wirkliche Problemlösungskompetenz nur, wenn sie bewußt gestaltet und umfassend vorbereitet werden. Für die USA werden nach Auswertung entsprechender Verhandlungen über „demand-side management" zwischen Stromwirtschaft und „non-utility parties" (NUP) folgende Empfehlungen gemacht:

- Zweck, Zeitablauf und Grundregeln der interaktiven Bemühungen müssen explizit gemacht werden.
- Alle Hauptakteure müssen einbezogen werden, allerdings nicht notwendigerweise als Teilnehmer.
- Die Teilnehmer in den interaktiven Bemühungen sollten konsens- und nicht konfrontationsorientiert sein.
- Die Energieeffizienz-Befürworter bei den Verhandlungen sollten Einfluß und Unabhängigkeit haben sowie kooperationsbereit sein.
- Die Energieversorgungsunternehmen sollten gewillt sein, ein gewisses Maß an Kontrolle zu teilen und zur Finanzierung der NUP-Berater bereit sein.
- Die NUP-Berater müssen über Einzelheiten der Lage wohlinformiert sein.

- Wenn die Regulierungsbehörde einen erfolgreichen Verlauf der interaktiven Bemühungen wünscht, sollte sie die regulativen Rahmenbedingungen entsprechend gestalten (English et al., 1994: 1058-60).

Vor dem Hintergrund dieser Erfahrungen können die folgenden generellen Merkmale eines systematischen Energiepolitikdiskurses festgehalten werden (Jänicke/Mez, 1995):

- Die einladende Instanz muß hochrangig sein, um hinreichendes Teilnahmeinteresse zu gewährleisten. Die Zusammensetzung der Teilnehmer muß alle relevanten Interessen umfassen.
- Organisation und Durchführung müssen bei einer speziellen, kompetenten Institution liegen.
- Die Teilnahme muß an die Bedingung geknüpft sein, daß die Spielregeln des Diskurses und das zu lösende Problem grundsätzlich anerkannt werden. In Deutschland heißt das z.B. die Anerkennung der Klimaschutzverpflichtung der Bundesregierung (Reduzierung von Kohlendioxid-Emissionen um 25-30% bis 2005, vgl. Schafhausen, 1996) durch die beteiligten Akteure der Energiewirtschaft oder die Anerkennung der Entsorgungsprobleme der Atomindustrie durch die Umweltverbände.
- Situations- und Trendanalysen müssen, von anerkannten unabhängigen Forschungsinstituten (oder pluralistisch besetzten Forschungsteams) vorbereitet, ebenso einvernehmlich erfolgen wie die aus ihr abgeleiteten Ziele.
- Die Ziele müssen in freiwillige Selbstverpflichtungen der beteiligten Akteure umgesetzt werden. Im Kern geht es darum, die Unternehmen zu verpflichten. Die Vereinbarungen und die Ergebnisse des Diskurses, nicht aber dieser selbst, sind der Öffentlichkeit zugänglich zu machen.
- Die Umsetzung der Vereinbarung ist im Zeitverlauf zu überprüfen.
- Zur Überprüfung derartiger Teilschritte wie auch zur Revision oder Weiterentwicklung der Zielstruktur bedarf es der längerfristigen Institutionalisierung des Diskurses. In energiepolitisch fortgeschrittenen Ländern geschieht dies in Form von Planungsbehörden. Nach niederländischem Vorbild sollten auch regionale „consensus conferences“ durchgeführt werden, die wiederum anerkannte nationale Vorgaben in dezentrale Teilziele und -maßnahmen umsetzen.

Voraussetzung ist jeweils die kompetente Organisation derartiger Verhandlungssysteme. Besondere Bedeutung erlangt dabei der Typus von Verhandlungen „im Schatten der Hierarchie“ (Scharpf, 1991), bei denen sich die staatliche Seite regulative Eingriffe im Falle des Mißlingens der Kooperation vorbehält (Jänicke/Weidner, 1995). In diesem Sinne kann auch die Formulierung einer Maximalstrategie - einschließlich der „exit option“ mit konfrontativen Konsequenzen - ein wichtiges Vehikel von Dialogstrategien sein.

29.4 Vorgeschichte - vom Bürgerdialog Kernenergie zum Energiekonsens

In der Bundesrepublik Deutschland hat es seit Mitte der 70er Jahre verschiedene Versuche gegeben, den Konflikt um die Nutzung der Atomenergie in einen friedlichen Dialog zwischen den Hauptakteuren auf seiten der Atomindustrie und den Bürgern umzulenken. Trotz „Bürgerdialog Kernenergie" eskalierte der Atomkonflikt in Deutschland. Ende der 70er Jahre entpuppte sich das bundesdeutsche politisch-administrative System als „Atomstaat", der die Interessen der Atomindustrie höher setzte als die Furcht vieler Bürger vor dem Atom und den Widerstand gegen Atomkraftwerke mit allen staatlichen Machtmitteln zu brechen versuchte. Die massiven, z.T. gewalttätigen und bürgerkriegsähnlichen Auseinandersetzungen mit der Anti-Atom-Bewegung auf den Bauplätzen stürzte die Republik in schwere innenpolitische Konflikte. Nachdem die Atompolitik-Arena um die Gerichte, den Bundestag und „concerned scientists", d.h. kritische und von industriellen Interessen unabhängige Wissenschaftler, erweitert worden war, kam es im Parlament zu einem Versuch, einen „historischen Kompromiß" zwischen Befürwortern und Gegnern der Atomenergienutzung herzustellen.

Im Juni 1980 legte die Enquête-Kommission des Deutschen Bundestages über „Zukünftige Kernenergie-Politik" ihren ersten Bericht vor. Dieser gab keine generelle Empfehlung zur Zukunft der Atomtechnik, sondern stellte Denkmodelle vor, welche „Pfade" in der Energiepolitik bis zum Jahr 2030 bestehen. Ausdrückliches Ziel der Enquête-Kommission war es, zwischen Befürwortern und Gegnern einen Kompromiß in der Energiefrage zu erzielen. Es wurde „empfohlen, in den 80er Jahren eine Politik umzusetzen, die als rationale und faire Vermittlung beider Wege angelegt ist und deshalb auch von Befürwortern beider Wege mitgetragen werden kann". Einstimmig forderte die Enquête-Kommission, daß Energiesysteme „von einem breiten politischen Konsens" getragen sein müßten, wenn sie sozialverträglich sein sollen (EK, 1980: 32). Der historische Kompromiß in der Atomenergiefrage scheiterte jedoch. Der verabschiedete Katalog zur Senkung der Energienachfrage blieb nahezu folgenlos, während die meisten Atomprojekte in Deutschland zügig vollendet wurden.

Als die Partei der Grünen 1983 in Fraktionsstärke in den Bundestag einzog, kam der *Sofort-Ausstieg*, d.h. Stillegung aller Atomanlagen binnen Jahresfrist, auf die parlamentarische Agenda. Im August 1984 brachten die Grünen den Gesetzesentwurf für ein „Atomsperrgesetz" in den Bundestag ein.

Nach der Katastrophe in Tschernobyl am 26. April 1986 legten sich SPD und Gewerkschaften nach Jahren des *Jeins* programmatisch auf den Ausstieg aus der Atomenergienutzung fest. Innerhalb von zehn Jahren, so beschloß der Nürnberger Parteitag, sei der Ausstieg zu vollziehen. Die Grünen blieben bei ihrer Forderung nach einem *Sofort-Ausstieg*.

Die CDU/CSU/FDP-Regierung reagierte auf Tschernobyl mit der Errichtung des neuen Bundesministeriums für Umwelt, Naturschutz und Reaktorsicherheit.

Im Sommer 1986 erteilte der Bundeswirtschaftsminister gleichzeitig dem Rheinisch-Westfälischen Institut für Wirtschaftsforschung (RWI) sowie der Arbeitsgemeinschaft des Instituts für ökologische Wirtschaftsforschung in Berlin (IÖW) mit dem Öko-Institut für angewandte Ökologie den Forschungsauftrag, die Folgen des Ausstiegs aus der Kernenergie zu begutachten. Geprüft wurden die verschiedenen Szenarien zum Ausstieg aus der Atomkraft. Die Gutachter kamen unabhängig voneinander zu dem Ergebnis, daß ein Stopp technisch machbar, ökologisch unbedenklich und wirtschaftlich vertretbar sei. Als das BMWi mit diesen Ergebnissen vor die Presse trat, befürchteten CDU/CSU einen Bruch der Koalitionsvereinbarung. Aber die FDP bekannte sich als Pro-Atom-Partei. Die konservativ-liberale Bundesregierung war auch nach Tschernobyl nicht bereit, Betreiber, Hersteller und Finanziers der Atomanlagen zum Verzicht auf das Atomgeschäft zu zwingen.

Im Energiebericht der Bundesregierung von 1986 wird „das gemeinsame energiepolitische Interesse“ von Bund und Ländern beschworen: „Alle maßgeblichen energiepolitischen Entscheidungen sind (...) seit 1974 im Deutschen Bundestag und im Bundesrat einvernehmlich gefällt worden. (...) Dieser grundsätzliche Konsens in der Energiepolitik hat wesentlich zu den guten Ergebnissen der deutschen Energiepolitik (...) beigetragen“. Nun sei der Konsens gefährdet: „Die unterschiedliche Einstellung zur friedlichen Nutzung der Kernenergie ist zum zentralen Thema der Energiepolitik geworden“. Die Gegner fordern nicht nur den Ausstieg aus der Atomtechnik, sondern „eine grundsätzlich andere, von verstärkten staatlichen Eingriffen geprägte Energiepolitik“ (BMWi, 1986: 27).

In der Tat hatte der energiepolitische Schock der Reaktorkatastrophe nicht nur alternative Politikformulierungen zu einer Energiewende auf den Plan gerufen, sondern auch eine Re-Kommunalisierung der Energiewirtschaft ausgelöst. Von den Bundestagsfraktionen der Grünen und der SPD wurden Novellierungsvorschläge zum Energiewirtschaftsgesetz ausgearbeitet, die in der energiepolitischen Intention und, vor allem im Ausmaß der staatlichen Intervention in den Energiesektor, den Vorstellungen der konservativ-liberalen Bundesregierung diametral zuwiderliefen. Und in einigen von der SPD regierten Bundesländern (Hamburg, Schleswig-Holstein, Niedersachsen, Hessen) gab es etliche Versuche, durch Stillegung von Atomkraftwerken dem Ausstieg zumindest schrittweise näher zu kommen. Die Bundesregierung verfocht jedoch unbeirrbar atomwirtschaftliche Interessen, und der Bundesumweltminister machte von seinem Weisungsrecht in Sachen Atompolitik extensiv Gebrauch. Das rief in den Ländern wiederum erheblichen Widerstand auf den Plan. So erklärte die niedersächsische Umweltministerin Griefahn im Oktober 1991 im Landtag, daß sie einen Konsens der Bundesländer zur Festschreibung des Ausstiegs aus der Atomenergie anstrebe. Sie schlug vor, den Artikel 85 Grundgesetz zu ändern, um das Weisungsrecht des Bundes gerichtlich prüfbar zu machen.

29.5 Einrichtung der „Arbeitsgruppe Energie-Konsens" und Verlauf der Gespräche

Als die Medien Ende 1992 verbreiteten, daß sich die Stromriesen RWE und VEBA mit dem niedersächsischen Ministerpräsidenten Gerhard Schröder (SPD) über die Zukunft der deutschen Atomanlagen verständigt hätten, ging ein Raunen durch die Republik. Sollten die lange geforderte Energiewende und der Ausstieg aus der Atomenergie nunmehr Wirklichkeit werden? Was war passiert?

Im Zeichen der drohenden globalen Klimakatastrophe und angeblicher Vorteile von Atomkraftwerken beim Treibhausgas CO_2 hatte die Atomwirtschaft 1991 erneut die Offensive angetreten. Von ihr selbst stammte die Forderung nach einem energiepolitischen Grundkonsens. Der damalige Bundeswirtschaftsminister Möllemann griff diese Idee bereitwillig auf. Während das Motiv der Stromkonzerne vor allem darin bestand, keine weiteren Nuklearinvestitionen in den Sand zu setzen, beschwor das BMWi im Einklang mit der Atomlobby die Unverzichtbarkeit der nuklearen Energieversorgung. Im „Energieprogramm für das vereinigte Deutschland" wurde als einzige soziale Innovation die Forderung nach einem „parteiübergreifenden Konsens" erhoben und die Einrichtung einer „Kommission aus unabhängigen Persönlichkeiten" angekündigt (BMWi, 1992: 11). Sie sollte zur kooperativen Klärung von Konsensmöglichkeiten beitragen und Optionen für langfristige energiepolitische Strategien erarbeiten. Die Kommission konnte Anfang 1992 ihre Arbeit jedoch nicht aufnehmen, weil weder Bundestag noch Bundesregierung für ihre Arbeit Finanzmittel bereitstellten.

In der Elektrizitätswirtschaft gab es höchst unterschiedliche Positionen. Den atomaren Hardlinern paßte die ganze Richtung nicht. Für Bayernwerk, PreussenElektra und die süddeutschen VDEW-Mitglieder gilt die Nutzung der Atomkraft als unverzichtbar, und deshalb opponierten sie gegen den „Alleingang" von RWE und VEBA. Sie lehnten den Ausstieg ebenso ab wie eine zeitliche Befristung. Unter einem energiepolitischen Konsens verstanden sie schlicht die Kapitulation von SPD und Gewerkschaften in der Atomsache.

Dagegen gingen RWE- und VEBA-Vorstand strategisch zu Werke. Für sie lautete die entscheidende Frage, wie kann die SPD ohne Gesichtsverlust ihren Nürnberger Atomausstiegsbeschluß revidieren? Wie können die Sozialdemokraten von ihrem Anti-Atom-Programm abrücken, ohne bei ihren Wählern ein für alle Mal unglaubwürdig zu werden?

Aus den Chefetagen von IG Chemie und IG Bergbau kamen erste Formulierungshilfen. In ihren gemeinsamen Leitsätzen zur Energiepolitik forderten die Gewerkschaften den Umstieg auf „sichere" Atomkraftwerke und daß die Frage der Endlagerung von Atommüll endlich geklärt werde. Ziel der Gewerkschaftsführung war es, den „Kohle und Kernenergie"-Pakt der 70er Jahre zu erneuern, um die Arbeitsplätze in der Braun- und Steinkohle zu sichern.

Mit diesen guten Ratschlägen im Ohr führte der einstige Anti-Atom-Kämpfer Gerhard Schröder - noch 1981 hatte er sich bei der illegalen Großdemonstration gegen das AKW Brokdorf vor dem Bauzaun in den Bereich polizeilicher Maßnahmen begeben - monatelange Gespräche über die Zukunft der Kernenergie in Deutschland mit den Gegnern von einst. Sein Hauptmotiv: keine Atomanlagen in Niedersachsen. Aber anstatt eine konsequente Energiesparpolitik einzuleiten und die Rekommunalisierung der Energiewirtschaft in Richtung Stadtwerke zu unterstützen, setzten Ministerpräsident Schröder und die Stromkonzerne weiterhin auf Angebotserweiterung. Abgeschaltete Atomkraftwerke der VEBA-Tochter PreussenElektra sollten durch Kohle- oder Gasgroßkraftwerke in Niedersachsen ersetzt werden. Ein sogenanntes „Verstromungszentrum" für Importkohle in Wilhelmshaven wurde geplant. Die von der Klima-Enquête-Kommission des Bundestages geforderte neue Energiepolitik bedeutet dagegen die Entwicklung von Steuerungsinstrumenten für die Nachfrageseite, um insbesondere den Stromverbrauch zu senken.

Der Brief der Strommanager an Bundeskanzler Kohl vom 23.11.1992, der im Dezember 1992 in der Presse veröffentlicht wurde, enthält neben der Forderung nach einem „überparteilichen Kernenergie-Konsens" die mit dem SPD-Strategen Schröder verhandelte Liste der Sachthemen (Stadt Frankfurt, 1993: 209f.):

a) Ziel und Inhalt der weiteren Kernenergieforschung und -entwicklung. Verständigung auf ein Procedere zur Findung von Rahmenbedingungen, bei deren Erfüllung die kommerzielle Nutzung von Kernenergie breite politische Akzeptanz findet.
b) Bedingungen für den Neubau von kommerziellen Atomanlagen. Voraussetzung: breite politische Zustimmung.
c) Restlaufzeiten bestehender Atomkraftwerke. Voraussetzung: vor dem planmäßigen Auslaufen eines Kernkraftwerks Inbetriebnahme eines neuen Grundlastkraftwerks; Vereinbarung einer definierten Regelbetriebszeit für alle Kernkraftwerke einschließlich eines politisch störungsfreien Betriebs.
d) Entsorgung der bestehenden Kernkraftwerke. Bei direkter Endlagerung als alleiniger Entsorgungsweg Erfüllung der Wiederaufarbeitungsverträge mit England und Frankreich und Verarbeitung des Plutoniums zu MOX-Brennelementen. Wiederinbetriebnahme des Endlagers Morsleben und Fertigstellung des Endlagers Konrad. Beendigung des Projektes Gorleben nur bei gleichzeitigem Ersatzstandort - ggf. international - in Verbindung mit ausreichenden Zwischenlagerkapazitäten.

Diese Liste der Sachthemen beschreibt die Realitäten; denn seit dem Stopp des Projektes Wackersdorf war ein Wiederaufarbeitungsprojekt in Deutschland ohnehin nicht mehr realisierbar. Die direkte Endlagerung erfordert jedoch eine mehrere Milliarden DM teure Konditionierungsanlage, für die ein Standort in Deutschland kaum zu finden ist. In Gorleben mußte schon Schröders Vorgänger Albrecht (CDU) erkennen, daß derartige Atompläne politisch nicht durchsetzbar sind. Ein Weiterbetrieb der deutschen Atomkraftwerke ist rechtlich aber nur zulässig, wenn der Entsorgungsnachweis vorläufig entfällt.

Nach den nuklearen Fehlinvestitionen Wackersdorf, Kalkar, Hamm-Uentrop und Mülheim-Kärlich - Gesamtvolumen rund 25 Mrd. DM - dürfte in den Geschäftsleitungen der EVUs kaum jemand den Mut haben, ein neues Atomprojekt vorzuschlagen, ohne daß dessen Nutzung politisch langfristig garantiert wird. Daher ist es das Interesse der Atomindustrie, die bestehenden Anlagen möglichst lange weiter zu betreiben. En passant wird die Regellaufzeit eines Atomreaktors von den EVUs nun mit 36 Jahren angegeben. Die Wirtschaftlichkeitsberechnungen etwa des TÜV Rheinland gehen dagegen von Laufzeiten von 25 bzw. 30 Jahren aus. Die Praxis zeigt, je älter die Atomkraftwerke, desto störanfälliger werden sie. Die Reparaturen werden immer kostspieliger. Stromkunden und Steuerzahler tragen die Kosten ohnehin. Der technische Traum von einem inhärent sicheren Reaktor muß als Argument für das Offenhalten der Option Atomkraft herhalten.

Auf der Wintertagung des Deutschen Atomforums im Januar 1993 präzisierte VEBA-Chef Piltz seine Vorstellung vom Energiekonsens durch sieben „Konsens"-Bausteine:

- Festlegung von Regelnutzungsdauern;
- Akzeptanz der Stromerzeugung in großen Kraftwerken;
- Ablehnung eines verstärkten Stromimportes;
- Verzicht auf Wiederaufarbeitung nach Auslaufen der internationalen Verträge;
- Verarbeitung von Plutonium zu MOX-Brennelementen;
- Suche nach einem internationalen Alternativstandort zum Endlager Gorleben;
- Verfügbarkeit der Endlager Morsleben und Konrad.

Ende Februar 1993 organisierte das Umwelt Forum der Stadt Frankfurt/M. das Symposium „Energiepolitische Verständigungsaufgaben". Kritisiert werden die Planer der Bonner Energiekonsens-Verhandlungsrunde, weil sie keine Vertreter der Städte eingeladen haben:

> Dabei ist die Suche nach einem strategischen Energiekonsens für die Kommunen von größter Bedeutung. (...) Wir haben ein elementares Interesse daran, über Fragen des Klimaschutzes und der Vermeidung katastrophenträchtiger Technologien mitzureden und eine Verständigung über das Ziel einer ökologischen, sozial- und wirtschaftsverträglichen Erbringung von Energiedienstleistungen zu erreichen (Stadt Frankfurt, 1993: 8f.).

Die „Arbeitsgruppe Energie-Konsens", bestehend aus der „Verhandlungsgruppe" und dem „Beratergremium", begann am 20.3.1993 mit den Verhandlungen. Die Verhandlungsgruppe bestand aus sieben Vertretern der Regierungskoalition - dem BMU, dem BMWi, zwei Länderministern und den energiepolitischen Sprechern von CDU, CSU, FDP. Die SPD war mit sechs und Bündnis 90/Die Grünen mit zwei Vertretern dabei. Das Beratergremium versammelte je drei Vertreter von Umweltverbänden, Gewerkschaften, Industrie und Elektrizitätswirtschaft.[1] Darüber hinaus hatten Mitglieder der Verhandlungsgruppe noch persönliche Berater. So wurde Ministerpräsident Schröder von einem bei der VEBA beschäftigten Experten begleitet.

1 Die Teilnehmer an den Konsensgesprächen sind aufgelistet bei Kuhnt, 1994: 11

Die Atomindustrie begann mit einer Offensive. Wenige Tage vor der 1. Verhandlungsrunde forderte der Vorsitzende des BDI-Arbeitskreises Kernenergie, Adolf Hüttel - zugleich Vorstandsmitglied der KWU -, den Bau neuer Atomkraftwerke. Als die Gespräche am 20. März 1993 begannen, war eine Einigung nicht in Sicht. Bündnis 90/Die Grünen konstatierten einen „tiefen Dissens" und deuteten den Ausstieg aus den Beratungen an. Bundeswirtschaftsminister Rexrodt plädierte für den Energiemix aus Kohle und Kernenergie. Die CSU war nicht bereit, die „sicheren deutschen Kernkraftwerke stillzulegen, um dann Atomstrom aus Frankreich oder Rußland zu kaufen" (Zängl, 1993: 225). Die Bewertung in der SPD war gemischt: Schröder sprach von einer „ergebnisorientierten Atmosphäre", während der umweltpolitische Sprecher der SPD-Bundestagsfraktion in der Atomkraft die größte Bremse beim Umstieg auf ein umweltverträgliches Energiesystem sah.

Die Atomlobby warnte vor dem Atomausstieg und seinen „fatalen Folgen für die ökologische und ökonomische Entwicklung in Deutschland" (Zängl, 1993: 226). Rexrodt griff diese Formulierung auf. Im April 1993 kam VEBA-Chef Piltz bei einem Lawinenunglück ums Leben. Daher mußte RWE die Initiative übernehmen. RWE-Chef Gieske forderte Klarheit über die energiepolitische Weichenstellung bis spätestens 1995. Sein Nachfolger, zu der Zeit noch Vorstandsvorsitzender der RWE-Energie AG und Mitglied des Beratergremiums, Dietmar Kuhnt, gab zu erkennen, daß ein Beschluß über den Ersatz von Kernkraftwerken erst gegen Ende der 90er Jahre ansteht. Dennoch verhärteten sich die Fronten. Kurz vor der ersten gemeinsamen Sitzung von Verhandlungsgruppe und Beratergremium trat die IG Bergbau für die Erhaltung der Option auf Atomkraft ein. Die drei im Beratergremium vertretenen Umweltverbände forderten dagegen nicht nur den Ausstieg aus der Atomenergie, sondern auch den Einstieg in eine neue Energiepolitik ohne Kernenergie.

Ende April verdeutlichte die Atomindustrie ihre Position: Das Ergebnis der Gespräche sollte nicht der Ausstieg aus der Kernenergie sein, sondern es gehe um den Bestandsschutz und den politisch ungestörten Betrieb bis zum Ende der Betriebszeit von Atomkraftwerken. Außerdem sei der Bund gefordert, die Endlager termingerecht bereitzustellen und die Voraussetzung für die Rückführung von wiederaufgearbeiteten Brennelementen zu schaffen (Zängl, 193: 229).

Die CDU/CSU-Bundestagsfraktion legte sich kurz vor der 3. Gesprächsrunde auf eine strikte Pro-Atom-Linie fest. In den Leitlinien zur „Energiepolitik für den Standort Deutschland" wurde die Nutzung der Atomenergie angesichts der Klimaproblematik aus ökologischen Gründen für „unverzichtbar" erklärt.[2] Die Umweltverbände drohten abermals mit dem Auszug aus den Konsensgesprächen. Während Bündnis 90/Die Grünen zu der Einschätzung gelangten, daß die Gespräche tot sind, reagierte die SPD verärgert, blieb aber im Hinblick auf die künftige Kohlepolitik in den Kohleländern Nordrhein-Westfalen und Saarland gesprächsbereit. Ende Juni 1993, bei der 4. Sitzung der Verhandlungsgruppe, er-

2 Der Tagesspiegel 27.5.1993

klärten die Vertreter von Bündnis 90/Die Grünen ihren Auszug, da die Regierungskoalition nur einen „Konsens" über die weitere Nutzung der Atomkraftwerke für 40 Jahre erreichen wolle. Von der CSU wurde der Auszug von Bündnis 90/Die Grünen begrüßt. Dies erleichtere eine Einigung. Der grüne „Abgang habe viel zur Klimaverbesserung beigetragen" (zit. nach: Stadt Frankfurt, 1993: 7).

Vor der Sommerpause forderte die damalige ÖTV-Vorsitzende Wulf-Mathies die Bundesregierung auf, ihre Unbeweglichkeit bei den Energiekonsens-Gesprächen endlich aufzugeben. Doch Bundesumweltminister Töpfer erklärte, er wolle die Betriebsdauer für bestehende Atomkraftwerke auf 40 Jahre festlegen, und Bundeswirtschaftsminister Rexrodt wollte auf den Bau der neuen Reaktorgeneration auf jeden Fall bestehen.

In den Sommerferien erkundete Ministerpräsident Schröder, ob eine Annäherung der Standpunkte möglich sei. Ende September 1993 wurde ein internes Papier der SPD bekannt, das eine „Kompromißlinie" entwirft. Im Oktober 1993 legte Schröder dem SPD-Präsidium den Bericht zu den Energiekonsens-Gesprächen vor, der aber nicht gebilligt, sondern nur zur Kenntnis genommen wurde. Streitpunkt war im wesentlichen die Nichtzulassung der „Option Kernenergie". Die SPD-Führung hielt am Ausstieg aus der Atomenergie fest, war jedoch bereit, über den Weg und die Zeiten zu reden. Die Umweltverbände lehnten am 19.10.1993 die weitere Teilnahme an den Gesprächen ab. Die Atomlobby setzte dagegen auf den neuen Reaktortyp. Am 25. Oktober 1993, bei der 5. Gesprächsrunde, scheiterten die Konsensgespräche, weil die SPD nicht bereit war, mit der Regierungskoalition über die künftige Nutzung der Kernenergie zu sprechen. Im November 1993 wurden die gesellschaftlichen Gruppen über das Scheitern der Gespräche unterrichtet.

29.6 Weitere Versuche nach dem Scheitern der Energiekonsens-Gespräche

Nachdem die Energiekonsens-Gespräche im Oktober 1993 gescheitert waren, kündigten die Vertreter der Bundesregierung an, daß wesentliche Elemente der Konsensgespräche in einem „Artikelgesetz" zusammengefaßt werden sollten. Am 23. November 1993 bekräftigte die SPD auf dem Wiesbadener Parteitag ihren Beschluß über den Ausstieg aus der Kernenergie. Damit waren die Fronten wieder klar. Anfang Dezember verabschiedete das Bundeskabinett den Gesetzesentwurf und leitete ihn am 24.12.1993 dem Bundesrat (BT-Drs. 12/896) zu. Der Bundesrat lehnte das Artikelgesetz am 4.2.1994 zunächst ab und begründete dies damit, daß der Entwurf einseitig ein bestimmtes Strommarktvolumen für die deutsche Steinkohle festlege und andererseits den Einsatz der ostdeutschen Braunkohle im Strombereich völlig offenlasse. Am 29.4.1994 verabschiedete der Bundestag gegen die Stimmen der Opposition das „Gesetz zur Sicherung des

Einsatzes von Steinkohle in der Verstromung und zur Änderung des Atomgesetzes". Das Artikelgesetz passierte am 20.5.1994 den Bundesrat mit einer Anschlußregelung für den 1995 auslaufenden „Jahrhundertvertrag" über die Verstromung von Steinkohle. Es sichert die Subventionierung der Steinkohleverstromung bis zum Jahr 2000 mit jährlich 7 Mrd. DM. Weitere Subventionen werden bis zum Jahr 2005 in Aussicht gestellt. Im Stromeinspeisungsgesetz für erneuerbare Energien wurde die Vergütung geringfügig angehoben. Ferner wurde das Atomgesetz in zwei wichtigen Punkten geändert. Im einzelnen legt das Artikelgesetz fest, daß der „Kohlepfennig" ab 1995 8,5% der Stromrechnung betragen wird. Für Kernkraftwerke wurde als neues Sicherheitsziel festgelegt, daß diese künftig so konstruiert und gebaut werden müssen, daß auch bei einer Kernschmelze keine Katastrophenschutzmaßnahmen außerhalb des Betriebsgeländes erforderlich sind. Schließlich wurde die direkte Endlagerung abgebrannter Brennelemente als Entsorgungsmöglichkeit neben der Wiederaufarbeitung in das Atomgesetz aufgenommen.

Der für April 1994 terminierte Kabinettsbeschluß des Referentenentwurfes zur Novellierung des Energiewirtschaftsgesetzes scheiterte an der Vielzahl von Einsprüchen anderer Bundesministerien und insbesondere am Widerstand der kommunalen Energiewirtschaft.

Ab Mai 1994 forderten die deutschen Stromversorger eine Wiederaufnahme der abgebrochenen Energiekonsens-Gespräche. Aber im Wahljahr 1994 reservierten sich die Parteien das Thema Energiepolitik als Wahlkampfmunition, denn das Reizthema Atomkraft beinhaltete ein sehr großes Mobilisierungspotential, das in seiner Dynamik nicht immer gezielt einsetzbar war.

Als das Bundesverfassungsgericht im Dezember 1994 den Kohlepfennig für verfassungswidrig erklärte, kam die industriepolitische Koalition „Kohle & Kernenergie" erneut in Schwierigkeiten. Im Kohleland Nordrhein-Westfalen wußte die CDU jedoch Rat. Um die heimische Kohle zu sichern, sei ein parteiübergreifender Energiekonsens unter Einschluß der Kernkraft nötig. Diese Feststellung wurde per Brief an Ministerpräsident Rau (SPD) mit der Aufforderung verknüpft, er möge sich dafür einsetzen, daß die SPD ihren Widerstand gegen die Kernenergie aufgibt. Dieses Geplänkel im Vorfeld der Landtagswahlen in Nordrhein-Westfalen (1995) sollte offensichtlich davon ablenken, daß zwischen CDU/CSU und FDP auf Bundesebene über die künftige Finanzierung der Steinkohlesubventionen grundsätzliche Meinungsverschiedenheiten herrschten. Im Februar 1995 konnte sich die Regierungskoalition nicht einigen. Der Kanzler setzte einen Termin für Ende März fest. Danach sollte im Rahmen einer neuen Gesprächsrunde zum Energiekonsens auch mit der SPD über dieses Thema geredet werden.

Am 16. März 1995 wurden die Energiekonsens-Gespräche fortgesetzt. Sie scheiterten im Juni 1995 bei der 3. Verhandlungsrunde, weil die Regierungsparteien von der SPD abermals den Kotau in der Atomfrage verlangten.

Die Wiederaufnahme der Gespräche kann schon deshalb nicht als Fortsetzung der Energiekonsens-Gespräche gelten, weil der Teilnehmerkreis auf die politischen Parteien reduziert wurde, und nicht einmal Bündnis 90/Die Grünen eine Einladung erhielten. Die eigentlichen Antagonisten im Atomkonflikt, Atomwirtschaft und Umweltbewegung, wurden überhaupt nicht eingeladen. Insofern war dieser Versuch durch die Begrenzung der Gesprächsteilnehmer auf einige Spitzenpolitiker von SPD, CDU/CSU und FDP ein Rückfall in positionelle Politikformen. Selbst im kleineren Gesprächskreis war durch die Festlegung der Regierungsparteien auf die Position, für die Bundesregierung sei die Option auf die Nutzung der Atomkraft nicht verhandelbar, keine Beweglichkeit für Verhandlungen zu konstatieren. Dazu korrespondierte die gespaltene Haltung der SPD, so daß keine Lernfortschritte in Richtung Minimalkonsens möglich waren.

Dennoch verlangte die Gewerkschaft ÖTV bereits im Juni 1995 eine neue Runde nach einer „kurzen Denkpause". Eine Evaluierung der Gründe für das erneute Scheitern hatte nicht stattgefunden. Lediglich in der Energiewirtschaft wurden offensichtlich Überlegungen angestellt, wie der Gesprächsprozeß dennoch in Gang zu bringen sei. Im Dezember 1995 mahnte VEBA-Chef Hartmann eine Wiederaufnahme der Energiekonsens-Gespräche an. Zunächst sollten einzelne Aspekte aufgegriffen werden, um die Gespräche nicht gleich mit dem „großen Paket" zu belasten. Im Januar 1996 forderte VIAG-Chef Obermeier ganz auf dieser Linie einen Konsens in der Entsorgungsfrage von Atommüll.

Auch Bundeswirtschaftsminister Rexrodt (FDP) forderte die SPD zu neuen Energiekonsens-Gesprächen auf. Er blieb aber bei der Position, daß die Nutzung der Atomkraft für die Bundesregierung nicht verhandelbar sei. Auf der Wintertagung des Deutschen Atomforums erklärte er im Januar 1996, die Kernenergie sei aus energiewirtschaftlichen, aber auch aus ökologischen Gründen unverzichtbar. Darauf reagierte die SPD nicht mit der erhofften Gesprächsbereitschaft, sondern nannte die Haltung der Regierung nicht zukunftsweisend und kündigte an, sich einem Wiedereinstieg in die Atomkraft zu widersetzen.

Die Gespräche über den Energiekonsens waren das herausragende energiepolitische Ereignis des Jahres 1993. Im ersten Anlauf konnten die unterschiedlichen energiepolitischen Positionen ebensowenig überbrückt werden, wie die gegensätzlichen Auffassungen darüber, wie ein neuer Energiekonsens in Deutschland entstehen könnte. Auch der zweite Versuch, ein Leitbild für eine langfristige Energiepolitik zu entwickeln, scheiterte. Die verschiedenen Akteure sind noch nicht dazu in der Lage, langfristig tragfähige Akteurskonstellationen, eine strategische Allianz für eine neue Energiepolitik, zu bilden. Ohne eine Einbeziehung der Kommunen und Kommunalverbände werden Konsensgespräche ebenso zu kurz greifen, wie die Begrenzung der Gesprächsrunde auf Vertreter politischer Parteien.

Tabelle 29.1. Chronik der Energiekonsens-Gespräche

Datum	Ereignis
11/1991	Im Energieprogramm der Bundesregierung „Energiepolitik für das vereinte Deutschland" wird ein Energiekonsens gefordert. Eine Kommission zur Klärung von Konsensmöglichkeiten soll eingerichtet werden. Der Bundestag lehnt die Finanzierung ab.
2.10.1992	Bundeskanzler Kohl schlägt der Energiewirtschaft vor, mit Vertretern der Parteien Gespräche darüber zu führen, ob überhaupt und gegebenenfalls mit welchem Inhalt ein überparteilicher Kernenergiekonsens gefunden werden könnte.
23.11.1992	Brief von Gieske (RWE) und Piltz (VEBA) an Bundeskanzler Kohl mit der Bitte, Vertreter der in Bund und Ländern in Regierungsverantwortung stehenden Parteien zu einem Gespräch über den Kernenergiekonsens zu sich zu bitten.
5.12.1992	Veröffentlichung dieses Briefes in der Presse. Holzer (Bayernwerk) bezeichnet dies als „Alleingang" von RWE und VEBA.
16.12.1992	Treffen zwischen Bundesumweltminister Töpfer und den Vorstandschefs der EVU. Das Treffen bei Bundeskanzler Kohl wird auf 1993 verschoben. Bundeswirtschaftsminister Möllemann und Bundesumweltminister Töpfer werden mit der weiteren Führung der Konsensgespräche (Start Januar 1993, Abschluß Sommer 1993) betraut.
15.1.1993	PreussenElektra-Chef und Atom-Hardliner Hermann Krämer geht.
	Ministerpräsident Schröder bekräftigt das Ziel, „den Versuch eines energiepolitischen Konsenses mit dem Ziel des Ausstiegs aus der Kernenergie weiterzuverfolgen".
	Auf der Wintertagung des Deutschen Atomforums präzisiert Piltz seine Vorstellungen zum Energiekonsens durch sieben „Konsens"-Bausteine (vgl. oben).
26.2.1993	Symposium Energiepolitische Verständigungsaufgaben des Umwelt Forums der Stadt Frankfurt am Main
20.3.1993	Beginn der Konsensverhandlungen
19.4.1993	Sitzung der Arbeitsgruppe mit Verbänden
3.5.1993	2. Sitzung der Verhandlungsgruppe
	CDU/CSU-Fraktion verfaßt Leitlinien zur „Energiepolitik für den Standort Deutschland". Darin heißt es u.a., die Nutzung der Kernenergie sei angesichts der Klimaproblematik aus ökologischen Gründen unverzichtbar. Die Umweltverbände drohen daraufhin mit dem Auszug aus den Gesprächen über einen energiepolitischen Konsens.
27.5.1993	3. Konsensgespräch
30.6.1993	4. Sitzung der Verhandlungsgruppe, auf der die Vertreter von Bündnis 90/Die Grünen ihren Auszug erklären.
6.7.1993	ÖTV-Vorsitzende Wulf-Mathies fordert die Bundesregierung dazu auf, ihre Unbeweglichkeit bei den Gesprächen über einen Energiekonsens endlich aufzugeben.
25.9.1993	Internes SPD-Papier wird bekannt, das eine „Kompromißlinie" entwirft.

Datum	Ereignis
6.10.1993	SPD-Führung hält am Ausstieg aus der Kernenergie fest. Über den Weg und die Zeiten ist sie bereit zu reden.
19.10.1993	Umweltverbände lehnen weitere Teilnahme an den Gesprächen ab. Atomlobby setzt auf einen neuen Reaktortyp.
23.10.1993	Umweltverbände diskutieren in Hannover mit VertreterInnen von Bürgerinitiativen, Instituten etc. die Erfahrungen und Perspektiven der energiepolitischen Auseinandersetzungen in der Frage Atomausstieg und Energiewende.
27.10.1993	5. Gesprächsrunde. Die SPD ist nicht bereit, mit der Regierungskoalition über eine künftige Nutzung der Kernenergie zu sprechen. Damit sind die Konsensgespräche gescheitert. Ankündigung eines Artikelgesetzes.
9.11.1993	Statt der geplanten großen Runde Unterrichtung der gesellschaftlichen Gruppen über das Scheitern der Gespräche.
23.11.1993	SPD bekräftigt auf dem Wiesbadener Parteitag den Beschluß über den Ausstieg aus der Kernenergie.
29.4.1994	Der Bundestag beschließt gegen die Stimmen der Opposition das umstrittene Energiegesetz (Artikelgesetz).
7.5.1994	Die Stromwirtschaft macht sich für eine Wiederaufnahme der abgebrochenen Energiekonsens-Gespräche stark.
24.11.1994	Bundeskanzler Kohl macht in der Regierungserklärung deutlich, daß im Energiebereich Planungssicherheit herrschen muß. „Deshalb werden wir ... die Energiekonsensgespräche wieder aufnehmen".
8.12.1994	Das Bundesverfassungsgericht erklärt den Kohlepfennig für verfassungswidrig.
19.2.1995	Um die heimische Kohle zu sichern, ist nach Auffassung der nordrhein-westfälischen CDU ein parteiübergreifender Energiekonsens unter Einschluß der Kernenergie nötig.
22.2.1995	Die Regierungskoalition kann sich nicht über die künftige Finanzierung der Steinkohlesubventionen einigen. Als Termin für die Einigung wird Ende März festgesetzt, danach soll im Rahmen der Gespräche zum Energiekonsens mit der SPD über dieses Thema geredet werden.
16.3.1995	Fortsetzung der Energiekonsens-Gespräche zwischen Bundesregierung, Vertretern der Länder und SPD. Bündnis 90/Die Grünen werden nicht beteiligt. Die SPD verlangt Planungs- und Finanzierungssicherheit für die heimische Steinkohle bis zum Jahr 2005.
24.4.1995	2. Gesprächsrunde. SPD möchte das Thema Atomenergie zunächst aussparen.
17.5.1995	Bundeswirtschaftsminister Rexrodt (FDP) bekräftigt die Position, daß die Option auf die Nutzung der Kernenergie für die Bundesregierung nicht verhandelbar sei.
18.5.1995	VEBA-Vorstandsvorsitzender Hartmann erklärt auf der VEBA-Hauptversammlung: „Ich möchte keinen Zweifel daran lassen, daß wir als Betreiber von Kernkraftwerken ... einen Energiekonsens unverändert für dringend erforderlich halten."

Datum	Ereignis
20.5.1995	Bündnis 90/Die Grünen fordern eine Neuauflage der Energiekonsens-Gespräche mit dem ursprünglichen Ansatz aus dem Jahr 1992, d.h. mit dem Ziel des „geordneten Ausstiegs bzw. Umstiegs" aus der Technik der Leichtwasserreaktoren.
21.6.1995	3. Verhandlungsrunde. SPD-Verhandlungsführer Schröder skizziert als Kompromiß, daß für die bestehenden deutschen Reaktoren im Atomgesetz Restlaufzeiten festgeschrieben werden. Gespräche scheitern an der Frage, ob und wie in Zukunft die Atomkraft genutzt werden soll. Die deutschen Stromversorger weisen das Restlaufzeitenmodell entschieden zurück.
23.6.1995	ÖTV verlangt nach kurzer Denkpause eine neue Runde.
6.12.1995	VEBA-Chef Hartmann mahnt eine Wiederaufnahme der Energiekonsens-Gespräche an.
24.1.1996	Bundeswirtschaftsminister Rexrodt (FDP) fordert die SPD zu neuen Energiekonsens-Gesprächen auf. Auf der Wintertagung des Deutschen Atomforums erklärt er, die Kernenergie sei aus energiewirtschaftlichen, aber auch aus ökologischen Gründen unverzichtbar.
25.1.1996	Die SPD nennt die Haltung der Regierung nicht zukunftsweisend und kündigt an, sie werde sich einem Wiedereinstieg in die Atomkraft widersetzen.

30 Technikfolgenabschätzung und Entwicklung von Energiezukünften: Beispiele computerunterstützter Analysen

John Grin

30.1 Einführung

Wie können wir radikal neue Energiezukünfte mit einem hohen Grad an öffentlicher Zustimmung und Effizienz entwerfen und realisieren, z.B. die Transformation der bestehenden fossilen Wirtschaft in eine solare Wasserstoffwirtschaft? In dieser in Zukunft möglichen Ökonomie würde der Verbrauch über Jahrtausende gespeicherter solarer Energie durch verfügbare Solarenergie ersetzt werden, die sofort als Wärme oder Elektrizität umweltverträglicher eingesetzt werden kann und nur Wasserdampf und keine Treibhausgase (CO_2, NO_X, SO_2) hinterläßt. Um einen so gravierenden Übergang in unserer Energiewirtschaft einzuleiten, ist nicht nur die Entwicklung eines breiten Spektrums von Systemen zur Energieerzeugung, zum Transport und von Systemen für Energienutzer erforderlich, sondern all diese Elemente müssen in ein effizientes, technologisch und sozial realisierbares System integriert werden, das tatsächlich die erwarteten Vorteile einlöst. Die Einführung einer Wasserstoffwirtschaft birgt neben technologischen Herausforderungen auch soziopolitische Hindernisse. Die anstehenden Schwierigkeiten können aus früheren Erfahrungen antizipiert werden, die hier an drei Beispielen erörtert werden, die alle auf wahren Begebenheiten beruhen, von denen nur ein Fall einen Wandel behandelt, der mit dem Übergang zu einer Wasserstoffwirtschaft vergleichbar wäre.

Das erste Beispiel bezieht sich auf ein Elektrizitätsversorgungsunternehmen (EVU), das ein Pilotprojekt für Elektrofahrzeuge in einer Stadt mit 750 000 Einwohnern einleiten wollte. Nachdem Umweltverträglichkeitsprüfungen an solchen Fahrzeugen vorgenommen worden waren, kamen das EVU und der Stadtrat überein, daß die Einführung von Elektrofahrzeugen sich positiv auf die Umwelt auswirken würde. Das Pilotprojekt sah vor, daß städtische Einrichtungen Elektrofahrzeuge benutzen sollten, um ein gutes Beispiel für private Nutzer, d.h. für Firmen und Bürger, zu geben. Im Rahmen einer Durchführbarkeitsstudie fragte das EVU das Management dieser Einrichtungen nach deren Bereitschaft zur Zusammenarbeit. Als Reaktion auf die positiven Antworten ermittelte das EVU die Fahrzeuge mit einer täglichen Fahrleistung von 50 bis 80 km, um diese für jedermann sichtbar zu machen und auf die maximale Reichweite der Elektrofahrzeuge zwischen zwei Auftankstationen Rücksicht zu nehmen. Das EVU entschied, für die drei meistgenutzten Fahrzeugtypen in diesem Reichweitenspektrum einige Elektroautos zu beschaffen, was dem erklärten Interesse des Managements entsprach. Dieses offensichtlich sehr sorgfältig vorbereitete Projekt ergab zur Überraschung aller Beteiligten, daß nach sechs Monaten nur noch drei der 25 neuen Elektroautos eingesetzt wurden.

Die beiden Hauptgründe hierfür waren: *Erstens* die Haushaltsspezialisten dieser Einrichtungen hatten mit den Elektrofahrzeugen Probleme, da sie sich im Hinblick auf die Investitions- und Unterhaltskosten unterschieden, was ihren Haushaltsansätzen widersprach. *Zweitens* lehnten viele Fahrer die Elektroautos nachdrücklich ab, da sie sich, wie es einer ausdrückte, zu sehr an einen elektrischen Rollstuhl erinnert fühlten. Die Elektroautos wiesen auch einige technische Mängel auf, die ihren Einsatz stark einschränkten.

Die zweite Geschichte bezieht sich auf elektrische Kühlschränke, deren Technik im Laufe der Zeit immer effizienter wurde. Diese Tendenz wurde durch die Ölkrisen der 70er Jahre verstärkt, als das Energiesparen öffentliche Aufmerksamkeit fand. Zugleich gab es jedoch auch eine Präferenz für immer größere Kühltruhen und kombinierte Kühlschränke mit Tiefkühlfächern, was die Energieeinsparung pro Liter Kühlraum weitgehend kompensierte. Dies brachte der Industrie zunächst wirtschaftliche Vorteile. Aber auch bei den Verbrauchern gab es eine Präferenz zu immer größeren Kühlschränken, die nicht nur für mehr Wohlstand standen, sondern auch neue Wünsche stimulierten, wie z.B. nach gekühlten Getränken und frischen Snacks, und die Tendenz stärkten, immer weniger Zeit auf Hausarbeit und Vorbereitung von Mahlzeiten zu verwenden, indem man seltener einkaufte.

Schließlich sei auf die Geschichte der Kernenergie in den USA (und anderswo) verwiesen, die von Morone und Woodhouse (1989: 1) äußerst kompetent zusammengefaßt wurde: „Die Kernenergie stand einst für eine strahlende und aufregende Zukunft, ein greifbares System der Hoffnung und des Optimismus in der Nachkriegszeit. ...(Aber...) die zivile Kernenergie brachte den USA fast nur Kummer: eine weitverbreitete Furcht, hohe Kostenüberschreitungen und für die EVU nur teilvollendete Reaktoren und für die kerntechnische Industrie ein Durcheinander." Morone und Woodhouse fragten, wie dies geschehen konnte. In ihrer systematischen Analyse der grundlegenden Entscheidungen zur Reaktortechnologie, zur Organisation der kerntechnischen Industrie und zur Sicherheitsstrategie kommen sie zu dem Ergebnis, daß von allen denkbaren Optionen die Alternative gewählt wurde, die im Hinblick auf die öffentliche Akzeptanz nicht schlimmer hätte sein können. Ihre wichtigste Schlußfolgerung war, daß diese Fehlschläge auf wichtige Defizite im Entscheidungsprozeß zurückgeführt werden können. Zu Beginn des Atomzeitalters wurde der Entscheidungsprozeß dem „eisernen Dreieck" bestehend aus EVU, Industrie und Wissenschaft sowie dem Gemeinsamen Ausschuß für Kernenergie im Kongreß und dem Industrieministerium überlassen. Morone und Woodhouse gaben ihrem Buch den treffenden Titel: „Schlußfolgerungen aus der demokratischen Kontrolle der Technologie". Während einige vielleicht argumentieren, überhaupt kein Reaktortyp hätte akzeptiert werden dürfen, so kann man zumindest sagen, daß die Ablehnung der Kernenergie zu einem geringeren Preis hätte erreicht werden können.

Wie kann man diese drei Fehlschläge beim Entwurf eines radikalen Übergangs zu einer Wasserstoffwirtschaft vermeiden? In diesem Kapitel soll untersucht werden, welchen Beitrag die Technikfolgenabschätzung (TA) zur Unterstützung sozialer und technischer Entscheidungsprozesse leisten kann. Was kann uns die TA beim mehr oder weniger ambitionierten Durchdenken eines Übergangs zu einer Wasserstoffwirtschaft anbieten? Oder präziser:

- Inwieweit und wie kann uns die TA bei der Identifizierung helfen, ob es - im Gegensatz zur Kernenergie - ein öffentlich akzeptables Szenario für eine Wasserstoffwirtschaft gibt?
- Inwieweit und wie kann uns die TA helfen zu verhindern, daß Systeme so entworfen, angeboten und eingesetzt werden, daß die Vorteile einiger ihrer Komponenten insgesamt wieder aufgehoben werden?
- Inwieweit und wie kann uns die TA die Einbeziehung der praktischen Teilprobleme bei den Benutzern erleichtern, wenn neue technische Systeme entworfen und eingeführt werden?

Um diese Aufgaben erfüllen zu können, ist es wichtig, die TA so durchzuführen, daß ihre Ergebnisse Entscheidungen sowohl zum technischen Entwurf einzelner Systeme und ihrer Systemintegration als auch zum sozialen und politischen Kontext beeinflussen. Aber eben diese Frage zu den Wirkungen der TA auf menschliche Entscheidungen führte zu grundlegenden methodischen Veränderungen.

Im nächsten Abschnitt soll kurz die Entwicklung der TA resümiert werden. Daran anschließend sollen zwei exemplarische TA, die in Deutschland zur Energiepolitik durchgeführt wurden, diskutiert werden, um sowohl ihre Schwächen als auch ihre Erfolgsaussichten abschätzen zu können, die die notwendigen Entscheidungshilfen bereitstellen. Abschließend werden die oben formulierten Fragen aufgegriffen, bei deren Beantwortung sowohl einige Grenzen der TA als auch Vorbedingungen für ihren sinnvollen Einsatz deutlich werden.

30.2 Entwicklung der Technikfolgenabschätzung

Die Technikfolgenabschätzung[1] in ihrer einfachsten Form ist ein Mittel, neue Technologien in ihren sozialpolitischen Bedingungen mit dem Ziel zu bewerten, den Entscheidungsprozeß zur Einführung neuer Technologien zu unterstützen. Sie wurde als Frühwarnsystem vor den negativen Auswirkungen neuer Technologien etabliert.

1 Dieser Abschnitt stützt sich auf Ergebnisse, die der Autor in früheren Arbeiten zusammen mit Henk van de Graaf und Rob Hoppe veröffentlichte, vgl. Grin/van de Graaf, 1996a, 1996b; Hoppe/Grin, 1995a, 1995b und Brauch et al., 1995, Kap. 2.

Die erste Generation der TA wurde von einzelnen Wissenschaftlern und, soweit erforderlich, analytischen Teams durchgeführt. Dieser durch Streben nach Wissen motivierte wissenschaftliche TA-Ansatz wollte „objektive Bewertungen" bieten. Es wurde aber kein objektives Wissen erzeugt, sondern eine Bewertung vorgelegt, die der Perspektive des Wissenschaftlers oder seiner „Kunden" entsprach. Diese frühen TA-Experten nahmen an, daß das wissenschaftliche Prestige ihrer kritischen Ergebnisse direkt in öffentliche Entscheidungen einfließen würde. Tatsächlich brachte die Vorstellung einer einfachen Rückkopplung von der TA auf den politischen Entscheidungsprozeß mehr Enttäuschungen als Erfolge hervor.

Seit der zweiten Hälfte der 70er Jahre verlor diese *akademische Schule der rationalen Politikanalyse* gegenüber der am Nutzen orientierten Schule an Boden (Lindblom/Cohen, 1979; vgl. auch die Dokumentation für diesen Übergang in mehreren Ländern bei Smits/Leyten, 1991[2]). Der Auftraggeber wurde jetzt explizit bei der TA-Durchführung beteiligt, und etwas später wurden auch andere Interessenten an der Technologie bei der Fragestellung der TA einbezogen, bzw. sie konnten normative und empirische Beiträge für die Analyse leisten.

Wenngleich diese Variante den Beitrag der TA deutlich verbesserte, blieb sie dennoch hinsichtlich ihrer Vorgehensweise primär reaktiv. Sie untersuchte die technologische Entwicklung als vorgezeichnet, bzw. sie stellte im Hinblick auf die Möglichkeiten, die sie für den sozialpolitischen Entscheidungsprozeß bot, eine Verbesserung dar, aber sie liefert wenige zusätzliche Einsichten für die Rückkopplung auf den Technologieentwicklungsprozeß. Dieses Problem wurde durch das „Kontrolldilemma" (Collingridge, 1980) erschwert. Demnach könnte die TA am besten in den Frühphasen der Technologieentwicklung durchgeführt werden, wenn deren Entwicklungslinien noch beeinflußbar sind. Aber dann sind ihre Wirkungen am wenigsten erkennbar und äußerst ungewiß. Deshalb wurde die TA meist in einer relativ späten Entwicklungsstufe durchgeführt, in der die technologischen Entwicklungslinien oft schon so eng mit sozialen Netzwerken und ökonomischen Bedingungen verbunden waren, daß sie eine Eigendynamik entfalteten, die sich Versuchen einer externen Steuerung widersetzten. Die obigen Beispiele zum Entwicklungsweg bei der Kernenergie bzw. der Trend zu immer größeren Kühlschränken sollten dieses Argument erläutern.

Deshalb wird seit etwa einem Jahrzehnt das Konzept der „konstruktiven TA" (CTA)[3] verwendet. CTA steht für einen TA-Typ, der seine Ergebnisse bereits in

---

2 Dieses auf holländisch veröffentlichte Buch stützt sich auf sechs englischsprachige Forschungsberichte zu einzelnen Ländern; zusammengefaßt in Leyten/Smits, 1987.

3 Dieser Begriff wurde in Daey Ouwens et al., 1987 vorgeschlagen. Für spätere theoretische Reflexionen vgl. Schwartz/Thompson, 1990; Schot, 1991, 1992; Rip et al., 1995, die alle das CTA-Konzept mit konzeptionellen Einsichten im Bereich der Technologiedynamik in Beziehung setzen, vor allem mit dem sozial konstruktivistischen Ansatz in diesem Problemfeld (vgl. hierzu die grundlegenden Arbeiten von Mac Kenzie/Wajcman, 1985; Bijker et al., 1987; Bijker/Law, 1992). Für einen Überblick über die praktischen Versuche in verschiedenen Ländern, vgl. Rip et al., 1995; für Dänemark vgl.

den Prozeß der Technologieentwicklung einführt, weshalb die CTA zwei Anforderungen genügen soll. Die erste wird in der CTA-Literatur genannt: Die TA sollte eng mit dem Prozeß der Technikentwicklung verknüpft sein bzw. - nach weitergehenden Vorschlägen - Teil des Technikentwicklungsprozesses sein. Die zweite Forderung wird häufig weniger zur Kenntnis genommen, nämlich daß bei einer TA jene beteiligt werden sollten, die eine Technologie entwickeln, herstellen und vermarkten. In den meisten Fällen ist das CTA-Konzept auf die Präsentation und Diskussion der Ergebnisse der TA mit diesen Akteuren begrenzt.

Faßt man obige Überlegungen zusammen, dann erscheint es aus der Sicht demokratischer Legitimität wünschenswert, am TA-Prozeß die Interessenten an der Technologie zu beteiligen. Aus der Perspektive eines effektiven und intendierten Technologieeinsatzes, der auch das Nutzerverhalten berücksichtigt, ist es erforderlich, auch die Konsumenten einzubeziehen. Um eine Rückkopplung in den Innovationsprozeß zu gewährleisten, müssen die Manager und Technologen, die eine Technologie entwerfen, herstellen und vermarkten, beteiligt werden.

Diese Schlußfolgerungen sind zwar einfach, dennoch geraten sie gern in Vergessenheit bzw. gelten als zu schwierig, sie in die Tat umzusetzen. Welche Schlußfolgerungen kann man aus den obigen Beispielen ziehen? Beide wurden ausgewählt, um zu verdeutlichen, wie eine TA durchgeführt werden soll und wie nicht. Zweifellos gibt es zahlreiche weitere Beispiele, die einen vollkommeneren oder einen verhängnisvolleren Ansatz für eine bestimmte Lage bieten.

Es folgt weder eine ausgewogene und umfassende Übersicht der TA zur deutschen Energiepolitik, noch können in diesem Kapitel die beiden ausgewählten Beispiele detailliert behandelt werden. Vielmehr sollen sie verdeutlichen, inwieweit und wie die TA den Entscheidungsprozeß im Übergang zu einer Wasserstoffwirtschaft unterstützen kann. Ein Beispiel erörtert die Entwicklung einer Komponente dieser Wirtschaft und das andere sein systematisches Design.

30.3 Potential und Gefahren der TA-Praxis

30.3.1 Bewertung der biologischen Wasserstofferzeugung

Eine grundlegende Frage in jedem Szenario für eine Wasserstoffwirtschaft ist, wie man Wasserstoff effizient und in erforderlichen Mengen herstellt, ohne dabei Treibhausgase zu produzieren. Neben der häufigsten Alternative der Elektrolyse, die Elektrizität nutzt, die z.B. durch Windturbinen oder PV-Zellen gewonnen wird, gibt es auch die Möglichkeit, durch Bakterien Wasser in Wasserstoff und Sauerstoff zu spalten oder Biomasse in Wasserstoff umzuwandeln. 1989 began-

---

Cronberg, 1992. Diese Debatte wird vor allem in folgenden Zeitschriften geführt: *International Journal on Technology Assessment; Science, Technology and Human Values; Project Appraisal* und *Science and Public Policy.*

nen mehrere deutsche Forschungsgruppen mit einem - vom BMFT mit 22 Mio. DM finanzierten - Forschungsprogramm zur biologischen Wasserstoffproduktion. Thomas Reiß und Olav Hohmeyer vom Fraunhofer Institut für Systemtechnik und Innovationsforschung (FhG-ISI), die dieses Projekt 1987 anregten, schlugen vor, den Forschungsprozeß mit einer TA zu begleiten. Da die Idee, die TA in große Forschungsprogramme einzubeziehen, vom BMFT stammte und bereits praktiziert wurde, übernahm das Ministerium diesen Vorschlag.

Diese integrierte TA sollte nach Hohmeyer et al. (1992) ein „Mittel der Früherkennung und kostengünstigen Minimierung ernster Fehlschläge bei der Steuerung der Technikentwicklung“ bieten. Diese TA kommt einer CTA sehr nahe. Die Autoren befürworteten, eine TA schon in der Frühphase des Forschungsprogramms durchzuführen und deren Ergebnisse in den F&E-Prozeß einzubringen.

Der TA-Prozeß umfaßte vier Stufen. Die letzte Stufe, die sich auf die Überwachung der Markteinführung und -diffusion bezieht, reichte bis weit in die Zukunft. Die ersten beiden Stufen setzten die Prioritäten für das Gesamtprogramm: die erste identifizierte die neue Technologieentwicklung, die zweite untersuchte mögliche Nebenwirkungen in einem Schnelldurchgang. Die dritte Stufe umfaßte eine detaillierte und gut dokumentierte 429seitige TA (Reiß et al., 1992) jener Forschungs- und Technologiefelder für die biologische Wasserstoff-Forschung, die nach den ersten beiden Stufen statt vergleichbarer Alternativen, wie z.B. PV-Zellen, die mit Anlagen zur Elektrolyse verbunden werden, ausgewählt wurde. Während die ersten beiden TA-Stufen primär der Auswahl der Forschungs- und Entwicklungspfade dienten, zielte die dritte Stufe darauf ab, die Richtung der verschiedenen Technologiepfade zu beeinflussen.

Die TA-Studie der dritten Stufe, im folgenden TA genannt, setzte mit der Datensammlung sowohl zu den relevanten Technologien als auch zu den Rahmenbedingungen und den daraus folgenden Szenarien für eine Wasserstoffwirtschaft ein (Reiß, 1992: 1-12; Hohmeyer et al., 1992: 423-431). Die Daten für beide Technologien zur Wasserstoffentwicklung wurden der Literatur, Datenbanken, Konferenzpapieren und Spezialistentagungen sowie informellen Gesprächen mit Teilnehmern des Förderprogramms und strukturierten Interviews mit den Projektleitern der Forschungsgruppen entnommen.

Der Überblick zu den Rahmenbedingungen bezog eine Literaturübersicht zum Klimawandel, zu Energiesparbemühungen und zum Energieverbrauch sowie zu deren Auswirkungen auf Emissionen ein. Die zweite Gruppe der Rahmenbedingungen berücksichtigte auf der selben Quellenbasis den technologischen Fortschritt und die Aussichten von Forschung und Entwicklung in Übersee, insbesondere in Japan. Ein komplexes Computerprogramm wurde entwickelt, um diese Bedingungen in Szenarien für den Übergang zu einer Wasserstoffwirtschaft zu übertragen.

Schließlich wurden die identifizierten Technologien von einem TA-Team im Kontext dieser Szenarien anhand von Kriterien bewertet, die aus einem Überblick der relevanten Problemgebiete abgeleitet wurden: einer „Sozialkarte“ mit Akteuren, verbunden mit den beteiligten Interessen, Risiken, gesetzlichen

Schranken und sozialen Kosten. Dies führte zu einem breiten Spektrum detaillierter Schlußfolgerungen, worauf das Team dreizehn Empfehlungen stützte. In bezug auf die politischen Fragen einer Wasserstoffwirtschaft wurden u.a. diese Schlußfolgerungen erzielt:

- Nur die direkte Konversion solarthermisch erzeugter Elektrizität in Wasserstoff durch Elektrolyse wird in der Lage sein, für die Bundesrepublik bis zum Jahr 2020 beträchtliche Energiemengen bereitzustellen.
- Bis zum Jahr 2040 kann der biologisch hergestellte Wasserstoff nur dann in beträchtlichen Mengen und zu tragbaren Kosten erzeugt werden, wenn bis dahin eine CO_2-Reduzierung um 60% vereinbart wird.
- Falls genetisch manipulierte Organismen benutzt werden, müssen diese umweltverträglich und sicher sein, sonst verbraucht die Sterilisierung von Dampf mehr Energie als insgesamt gewonnen werden kann.
- Wenn die Wasserstoffproduktion weltweit im selben Umfang, wie für die Bundesrepublik durchgeführt würde, dann könnte dies zu einem Zuwachs der gesamten Wasserverdampfung von den Kontinenten um bis zu 10% führen. Die Auswirkungen dieses Phänomens auf das Klima sind noch unbekannt.
- Unter gewissen Bedingungen kann ein positiver Nettoeffekt auf Beschäftigung und Wirtschaftswachstum erwartet werden.

Zum Verlauf des Förderprogramms lauteten einige wichtige Schlußfolgerungen:

- Als Folge der Förderstruktur und der Zusammensetzung des Beratungsausschusses für dieses Programm stand ein großer Teil der Forschung in einem losen Zusammenhang mit dem Programmziel.
- Nur geringe Bemühungen wurden in die Entwicklung billiger und zuverlässiger Prozeßtechnologien gesteckt, da die Berater alle Veränderungen in diese Richtung verhinderten.
- Die Wissenschaftler maßen dem Wasserstoff-Output des Systems nur eine geringe Priorität bei. Die Organismen, mit denen in diesem Programm experimentiert wurde, besaßen einen Output, der beträchtlich unter dem bekannten internationalen Forschungsstand lag.
- Wenn (u.a. wegen der vorausgesagten Trinkwasserknappheit) Meeresorganismen eine zentrale Rolle bei der zukünftigen biologischen Wasserstoffproduktion spielen, blieben diese in dem Forschungsprogramm unberücksichtigt.

Schlußfolgerungen. Diese TA ist ein überzeugendes Beispiel für die Möglichkeit, eine zukunftsorientierte TA in einer Frühphase eines F&E-Programms durchzuführen. Die Datenquellen waren vielfältig und relevant, und die Verarbeitungsmethoden wie auch der Einsatz der alternativen Technologien waren ziemlich komplex und können vergleichbare Bemühungen anregen. Dieses analytische Vorgehen führte zu einigen unerwarteten sehr nützlichen Schlußfolgerungen. So sind die Empfehlungen, maritime statt frische Wasserbakterien einzusetzen, sowie zur Prozeßtechnologie von zentraler Relevanz, um auszuschließen, daß Wasserstofftechnologien entwickelt werden, die für ihre Auftraggeber so bedeutsam sind, wie elektrische Rollstühle für städtische Kraftfahrer. Anmerkungen zur genetischen Sicherheit können auch mithelfen, Lösungen zu vermeiden, die ebenso unproduktiv sind wie energieeffiziente Kombinationen von Kühlschränken mit Gefriertruhen.

Trotz der analytischen Präzision des TA-Ansatzes sowie der hervorragenden Schlußfolgerungen und Empfehlungen blieb ihre Wirkung auf die Forschung relativ begrenzt. Ihre hohe Qualität war nicht in der Lage, eine effektive Rückkopplung der TA-Ergebnisse in den Forschungsprozeß zu garantieren, wofür sie bestimmt waren. Mehrere Faktoren sind für dieses enttäuschende Ergebnis verantwortlich (Hohmeyer et al., 1992: 430-431).

Erstens verhinderte die Zusammensetzung des Beratungskomitees in einem beträchtlichen Maße, Veränderungen einzuleiten, die den Ansichten und Interessen dieses Komitees widersprachen. *Zweitens* wies die Integration der TA in das Forschungsprogramm zwar deutliche Vorteile auf, nachteilig war jedoch, daß Mittel für die Weiterführung der TA vom selben Ausschuß bewilligt werden mußten, der auch Objekt und Adressat der TA war.

Schließlich entsprachen einige Veränderungen (wie z.B. eine stärkere Betonung des Outputs der Wasserstoffproduktion) nicht dem, was Donald Schön (1983) die „übergreifenden und Bewertungs-Systeme" der Wissenschaftler bezeichnete. Die TA-Ergebnisse wurden zwar mit den Wissenschaftlern in einem Workshop erörtert, diese wurden offenbar davon nicht überzeugt. Während Hohmeyer et al. (1992: 431) dies generell der Tatsache zuschreiben, daß „die TA für die meisten beteiligten Wissenschaftler noch immer ein seltsames Tier ist", liegt der tiefere Grund wahrscheinlich darin, daß für eine wirkungsvollere Rückkopplung der TA auf den Innovationsprozeß die Manager und Technologen, welche die Technologie entwickeln, herstellen und vermarkten sollen, am TA-Prozeß beteiligt werden müssen (vgl. 30.2). Sie lassen sich offenbar nur dann von Empfehlungen überzeugen, wenn diese ihren grundlegenden Theorien entsprechen und mit ihren konkreten Einsichten übereinstimmen, was sich darin äußert, daß auf sie Bezug genommen wird (Hohmeyer et al., 1992: 427-429), um z.B. praktische Richtlinien für Sicherheitsfragen zu den für die Forschung ausgewählten Organismen zu vereinbaren. Dieser Aspekt wird von den Gentechnologen akzeptiert.

Aber ohne ihre direkte Beteiligung ist es weniger wahrscheinlich (Grin/van de Graaf, 1996a, 1996b), daß sie sich von Empfehlungen überzeugen lassen, die mit ihren eigenen grundlegenden Theorien in Widerspruch stehen, wie z.B. die Vorschrift, ein Höchstmaß an Wasserstofferzeugung und gute Prozeßtechniken zu entwickeln. Solche Überlegungen entsprechen eher denen von Prozeßtechnologen als von Biowissenschaftlern. Wahrscheinlich könnte die Rückkopplung beträchtlich verbessert werden, wenn die Wissenschaftler in allen Stufen des TA-Prozesses beteiligt würden, nicht nur als Bereitsteller von Daten, sondern als relativ passive Objekte der Schlußempfehlungen (vgl. Grin/Hoppe, 1995). Ihre aktive Mitwirkung kann dazu beitragen, daß solche Empfehlungen formuliert werden, die die Akzeptanz erhöhen und damit die Implementation erleichtern.

30.3.2 Das IKARUS-Projekt

Das zweite Beispiel, das hier kurz erörtert werden soll, ist das IKARUS-Projekt (Stein/Hake, 1995). Es handelt sich hierbei um ein Projekt der deutschen Bundesregierung, um das Ziel einer 25-30%igen CO_2-Reduzierung bis zum Jahr 2005 bezogen auf 1987 zu erreichen. Diese Aktivitäten sind eine Antwort auf die Arbeit der Enquête-Kommission zum „Schutz der Erdatmosphäre" (Kords, 1996).

Das IKARUS-Projekt wurde 1990 vom BMFT mit dem Ziel begonnen, ein Instrument für die Analyse von Strategien für die Reduzierung von Treibhausgasen zu schaffen. Dieses Instrument sollte zur Entwicklung im Detail durchführbarer, konsistenter und, soweit möglich, transparenter Strategien beitragen. Sein Kern war ein systemanalytisches Modell, das eine Datenbank und mehrere Modelle umfaßte. Neun Teilprojekte wurden konzipiert, die sich auf die Modelle, die Struktur der Datenbank, die Datensammlung (sechs Teilprojekte befaßten sich mit Primärenergiequellen, Energiekonversion und vier Nutzergruppen) sowie auf die Verifikation des internationalen Klimaregimes bezogen. Das Projekt wurde von einem interministeriellen Lenkungsausschuß unter Vorsitz des BMFT koordiniert. Dieser Ausschuß erstattete häufig nicht nur den relevanten Referaten der beteiligten Ministerien, sondern auch Vertretern von Industrie, Gewerkschaften, Verbänden und Forschungsinstituten Bericht. Kommentare und kritische Anmerkungen dieser gesellschaftlichen Gruppen wurden bei der weiteren Projektentwicklung mit dem Ziel berücksichtigt, um eine möglichst breite Akzeptanz für dieses Modell zu erreichen. Mit diesem Modell kann auf einem PC gearbeitet werden. Hierzu war ein Anleitungsprogramm geplant, um das System einem breiten Benutzerkreis zugänglich zu machen.

Das IKARUS-Modell wurde so konzipiert, um optimale Energiestrategien auf der Grundlage: 1) verfügbarer Energiequellen, Energiesparmaßnahmen und Technologien für den Endnutzer, die potentielle Energiesysteme bilden, 2) bestimmter Treibhausgasreduktionsziele und 3) bestimmter Szenarien für die Energiewirtschaft (Energienachfrage, Energiepreise usw.) zu ermöglichen.

Das System stellt die Energiesysteme bereit, die im Rahmen der Energiewirtschaft die gegebenen Emissionsziele zu den geringst möglichen Kosten erfüllen. Die Daten zur Leistung, zu Kosten und Emissionscharakteristiken sind über die Datenbank zugänglich, die in Kooperation mit den Projektpartnern, Industrieverbänden und dem Umweltbundesamt erstellt wurde. Das Szenario zur Energiewirtschaft wurde auf der Grundlage eines Modells der deutschen Wirtschaftsentwicklung und Energienachfrage in spezifischen Sektoren entwickelt. Um eine Analyse für detailliertere Strategien für bestimmte Sektoren zu ermöglichen, wurden Modelle für vier Teilbereiche (Raumwärme, Industrie und Kleinverbraucher, Elektrizität, Fernwärme und Transport) einbezogen.

Schlußfolgerungen. IKARUS ermöglicht auf breiter Informationsgrundlage eine Erörterung über die Energiezukunft Deutschlands und ihrer Auswirkungen auf das Klima. Dieses Modell gestattet es, verschiedene Strategien zur Realisierung der Treibhausgasreduktionen unter Einbeziehung der Kosten zu vergleichen.

IKARUS macht einer breiten Nutzergruppe die komplexen Beziehungen zwischen Ökonomie und Ökologie transparent. Die Strategien, die als prinzipiell sinnvoll erachtet werden, können damit Gegenstand einer gut informierten öffentlichen Debatte werden. In dieser Hinsicht stellt IKARUS ein interessantes Werkzeug für die Entscheidungsfindung über eine umweltverträgliche Energiestrategie mit einem hohen Grad an Legitimität aus der Sicht einer breiten Gruppe beteiligter Akteure dar. IKARUS könnte zum Entwurf eines Energiesystems beitragen, das eine höhere öffentliche Akzeptanz genießt als das amerikanische Kernenergieprogramm.

Neben diesen Vorteilen weisen die Autoren auf einige wesentliche Einschränkungen hin (Stein/Hacke, 1995: 49). Das Modell kann politische Entwicklungen und radikale Veränderungen im ökonomischen System usw. nicht berücksichtigen, da es schwierig ist, solche Veränderungen zu antizipieren. Darüber hinaus können psychologische Faktoren und das Verhalten der Benutzer kaum einbezogen sowie rechtliche und politische Hindernisse nur schwer quantifiziert werden. IKARUS enthält nur die Empfehlung, eine sozioökonomische Prüfung vorzunehmen, ob die Strategie Wirkungen hervorbringt, welche die Annahmen des Modells obsolet machen würden. Dies ist aber problematisch, da als Folge von Verhaltens- sowie rechtlicher und politischer Schranken die von IKARUS identifizierten Strategien sich letztlich als undurchführbar erweisen (wie im Fall des Elektroautos), eine unzureichende Wirkung entfalten oder ungewünschte Nebeneffekte hervorbringen (vgl. das Beispiel der energieeffizienten Kühlschränke).

Das Modell enthält aber ein Element, das diese Probleme lösen kann. Daß die Autoren eine Aktualisierung des Modells vorhersahen (Stein/Hake, 1995: 36), ist eine Vorbedingung dafür, zukünftige Entwicklungen zu antizipieren. Im folgenden sollen Strategien diskutiert werden, wie diese Eigenschaft optimal genutzt werden kann. Die anderen Probleme sind dagegen weit schwieriger. Sie resultieren daraus, wie eine TA mit dem Problem der Unsicherheit umgeht. Damit sind die Faktoren gemeint, die aus der Sicht der Autoren des Modells kaum berücksichtigt werden können. Hätte die Erfahrung der Nutzer bei der Konzipierung des Modells einbezogen werden können, dann wäre es vielleicht möglich gewesen, die Unsicherheiten beträchtlich zu verringern. Vor allem hätte eine Einbeziehung der Benutzer die Antizipation ihres Verhaltens erleichtern können und hätte es so ermöglicht, über das Modell des „rationalen Akteurs" und des „homo oeconomicus" hinauszugehen und andere Erwägungen zu berücksichtigen, die das Verhalten der Anwender anleiten. Darüber hinaus hätten diese, wie auch die zentralen Akteure im Energiesystem, mithelfen können, rechtliche und politische Bedingungen in das systemanalytische Modell einzubeziehen.

Man kann durchaus die Beteiligung dieser Akteure bei der Konzipierung des Modells für unnötig halten. Einfacher wäre es, ihre Vorschläge so zu berücksichtigen, daß man das System zur Unterstützung einer informierten Diskussion einsetzen kann. Das Verhalten der Anwender hat in verschiedenen Sektoren vielleicht eine profunde und unter Umständen gegenintuitive Wirkung auf das Ergebnis. Wie die rechtlichen und politischen Schranken können sie durchaus die

Beziehungen in dem Modell beeinflussen. Um zu verstehen und vorherzusehen, wie die relevanten Akteure auf solche Faktoren antworten, ist ihre Einbeziehung bei der Ausarbeitung des Modells eine weit bessere Lösung. Es ist wahrscheinlich komplizierter, aber nicht unmöglich, ein solches Modell zu konzipieren; auch dies wird im nächsten Teil diskutiert.

30.4 Ein interaktiver Ansatz der Technikfolgenabschätzung

In den beiden oben diskutierten Fällen verblieben, trotz der rigorosen, computergestützten Modelle, die zahlreiche Aspekte einbezogen, und ungeachtet ihrer komplexen Beziehungen, einige Schwächen. Im Fall der bakteriellen Wasserstofferzeugung wurden diejenigen, die beeinflußt werden sollten, nicht überzeugt. Darüber hinaus verhinderten strukturelle Bedingungen zur Programmstruktur und zur Forschungsfinanzierung einen Wandel. Bei IKARUS wurden Annahmen zum Verhalten der zentralen Akteure getroffen, die nur schwer verifiziert werden konnten. Rechtliche und politische Schranken wurden nicht einbezogen und die Berücksichtigung zukünftiger Entwicklungen erwies sich als schwierig.

Wenngleich es keine Allheilmittel gibt, so könnten diese verschiedenen Probleme durch einen neuen Zugang beträchtlich reduziert werden sowohl im Hinblick darauf, wie die Modelle entworfen und angewandt werden, als auch darauf, wie der Entscheidungsprozeß am besten strukturiert werden kann, um daraus Nutzen zu ziehen. Im folgenden soll skizziert werden, was in dieser doppelten Hinsicht zur Problemlösung unternommen werden kann.

Zum Modell wurde oben bereits festgestellt, daß die Einbeziehung der Akteure generell eine Vorbedingung für das Verständnis und die Antizipation ihrer Reaktionen ist. Diese Lehren wurden von den TA-Experten seit geraumer Zeit gezogen, dennoch suchen sie noch immer nach praktischen Methoden einer interaktiveren TA. Interaktiv deshalb, weil sie eine Vielzahl von Akteuren einbeziehen wollen: die vorgesehenen Anwender, Interessenten, Manager aus Unternehmen, die an der Produktion und Vermarktung der Technologien beteiligt sind, sowie die Technologen, die diese entwerfen. Will man all diese Perspektiven einbeziehen, erfordert dies, die TA durch eine Form der Interaktion zwischen ihnen zu erstellen. Bezieht man den Modus ein, wie diese Perspektiven in einer Wechselbeziehung zueinander stehen, dann kann man argumentieren (Grin/van de Graaf, 1996a, 1996b), daß die „konstruktivistische Untersuchung" (Guba/Lincoln, 1989) die beste Methode hierfür ist. Wichtige Elemente einer solchen Methode sind:

- Man sollte die verschiedenen zu beteiligenden „Akteure, Opfer und Nutznießer" (Guba/Lincoln, 1989) identifizieren.
- Da es wesentlich ist, Technologien in ihrem Kontext zu erörtern, sollten solche TA sich auf jeweils aktuelle Anwendungskontexte konzentrieren. Es ist einsichtig, daß die meisten praktischen Empfehlungen aus der TA zur bakteriologischen Wasserstoffproduktion daraus resultierten, daß genau dies ge-

macht wurde. Will man eine solche Methode einsetzen, um die Reaktionen der Akteure auf die rechtlichen und politischen Umstände zu verstehen und zu antizipieren, dann muß man den spezifischen Kontext berücksichtigen. Denjenigen, die die hermeneutische Tradition der Erkenntnistheorie und die damit in Beziehung stehende Wiederherstellung eines kontextuellen Urteils (vgl. Bernstein, 1983) kennen, sind die tieferen Wurzeln dieser Bemerkungen offensichtlich.

- Diese Methode sollte die Teilnehmer in die Lage versetzen, wiederholt durch einen „hermeneutisch-dialektischen Zirkel" hindurchzugehen, d.h. einen Dialog zu führen, in dem die Annahmen jedes Teilnehmers expliziert und Gegenstand einer gemeinsamen Untersuchung werden.
- Die Bedingungen „herrschaftsfreier Diskussion" nach Habermas sollten soweit möglich geschaffen werden.
- Die Präsentation der Schlußfolgerungen und Empfehlungen sollte berücksichtigen, wie diese in einem Wechselspiel zwischen Problemdefinitionen, Kausalurteilen und zugrundeliegenden Annahmen der verschiedenen Akteure konzipiert wurden, um so das zu schaffen, was Guba/Lincoln (1989) als eine Erfahrung aus zweiter Hand bezeichneten.

Für eine eingehendere Diskussion dieser Methode sei auf Guba/Lincoln (1989) sowie auf Grin/van de Graaf (1996a, 1996b), Grin/Loeber (1993) und Hoppe/Grin (1995b) zu deren Anwendung im Bereich der interaktiven Technikfolgenabschätzung verwiesen.

Ein interessantes Beispiel solch einer Methode war das sogenannte Phosphat Forum, das zwischen 1981 und 1984 organisiert wurde, um die Politik der niederländischen Regierung zur Eutrophierung zu bewerten (Van Dieren et al., 1995; Loeber, 1996). Hierbei wurde ein computerunterstütztes systemanalytisches Modell entwickelt und auf eine Vielzahl von Akteuren angewendet, um Ursachen und Folgen der Eutrophierung des niederländischen Oberflächenwassers zu beschreiben. Es ist also durchaus möglich, qualitative konstruktivistische Methoden mit der systemanalytischen Präzision zu verbinden.

Abschließend bleibt anzumerken, daß solche interaktiven Formen der TA natürlich kein Allheilmittel für alle in den beiden erörterten Beispielen auftretenden Probleme sind. Strukturelle Schwierigkeiten, z.B. bei der Programmfinanzierung, können durch keinen analytischen Ansatz gelöst werden. Da auch interaktive Formen der TA weder die Zukunft vorhersehen noch diese unfehlbar gestalten können, müssen solche Formen der TA als eine „strategische Analyse" in einem inkrementellen politischen Prozeß behandelt werden, wie dies Charles Lindblom (1959, 1979; Lindblom/Woodhouse, 1993) vorhersah. Mit anderen Worten, sie sollten nicht auf die Beseitigung von Unsicherheit, sondern darauf gerichtet sein, welche Ungewißheiten notgedrungen übrigbleiben. Sie sollten den politischen Prozeß so konzipieren, daß die Auswirkungen der Unsicherheiten häufig und systematisch bewertet und in politische Veränderungen umgesetzt werden. Es mag paradox anmuten, aber ein solcher inkrementeller politischer Entscheidungsprozeß kann eine Wasserstoffwirtschaft schneller und effektiver realisieren als alle Versuche, diese im Rahmen eines plötzlichen und radikalen Wandels einzuführen.

31 Kriterien für die Bewertung zukünftiger Energiesysteme

Matthias Eichelbrönner und Hermann Henssen

31.1 Einleitung

Wie sehen die Energiesysteme des 21. Jahrhunderts aus? Es gibt gute Gründe anzunehmen, daß sie nicht aus einer einfachen Fortschreibung und Ausweitung derzeitiger Energieversorgungssysteme bestehen werden. Der Verbrauch fossiler Brennstoffe, die derzeit noch den überwiegenden Anteil der Energieversorgung ausmachen, stößt an die Grenzen der ökologischen Belastbarkeit. Aber auch die Erschöpfung der natürlichen Reserven von Erdöl, Erdgas und Kohle - insbesondere der nach heutigen Maßstäben wirtschaftlichen Vorkommen - macht auf Dauer den Übergang auf andere Energieträger nötig. Verschärfend kommt hinzu, daß der Bedarf an Energiedienstleistungen weltweit stark ansteigen wird. Grund hierfür ist zum einen das anhaltende Wachstum der Weltbevölkerung und zum anderen die Notwendigkeit, das Wohlstandsgefälle in der Welt abzubauen. Durch verbesserte Effizienz bei den Nutzungs- und Umwandlungstechniken kann man zwar erreichen, daß der Primärenergieverbrauch nicht im gleichen Maße wächst wie der Bedarf an Energiedienstleistungen, dennoch wird man auch für den Weltprimärenergieverbrauch im kommenden Jahrhundert mit einem Anstieg rechnen müssen.

Mit welchen Energiesystemen können diese Herausforderungen gemeistert werden? Wie sollen die zukünftigen Systeme aussehen? Darüber wird heftig gestritten. In der Arbeitsgruppe (AG) „Strategien" des *Forums für Zukunftsenergien e.V.* haben Experten unterschiedlicher Herkunft und Meinung in fairer Diskussion ausgelotet, wie weit die Gemeinsamkeiten reichen, wo und weshalb die Ansichten auseinanderlaufen. Dabei hat es sich als hilfreich erwiesen, zunächst die Kriterien oder Anforderungen zu definieren, denen zukünftige Energiesysteme genügen sollen. Diese Kriterien konnten im Konsens erarbeitet werden. Als allgemeine Grundlage wurde vereinbart, daß die Energiesysteme die Forderungen des Klimaschutzes erfüllen sollten, wobei die CO_2-Reduktionsforderungen der Enquête-Kommission des 12. Deutschen Bundestages „Schutz der Erdatmosphäre" als Orientierung dienen sollten.[1] Eine andere Enquête-Kom-

---

1 Ein Mitglied der Arbeitsgruppe hat sich dieser Vereinbarung nicht angeschlossen, da die CO_2-Reduktionsforderungen seines Erachtens unnötig hoch seien.

mission zum Thema „zukünftige Kernenergiepolitik“ hatte schon 1980 anhand von vier Gesichtspunkten Kriterien für die Bewertung von Energiesystemen erarbeitet. Die von der AG „Strategien“ erarbeiteten neun Anforderungen (vgl. 31.2) stehen dazu nicht im Widerspruch, allerdings werden globale Gesichtspunkte nunmehr stärker akzentuiert. Damit wird den internationalen Ergebnissen zur Klimaforschung der 80er Jahre und den aktuellen UN-Bemühungen für eine zukunftsfähige Weltentwicklung Rechnung getragen.

Die Kriterien werden zunächst ohne Rangfolge nebeneinander gestellt. In einem zweiten Schritt müssen die möglichen Energiesysteme dahingehend betrachtet und bewertet werden, ob oder wie gut sie den im Konsens definierten Anforderungen gerecht werden. Die Erfüllung einzelner Kriterien ist nicht unabhängig voneinander. Wenn die bessere Erfüllung des einen auf Kosten des anderen Kriteriums geht, muß das Gewicht der Anforderungen im Vergleich zueinander bewertet werden. In diesem zweiten Schritt gehen die Auffassungen auseinander, wie in 31.3 dargestellt wird.

31.2 Anforderungen an Energiesysteme

31.2.1 Das Leitziel jeder langfristigen Energiestrategie

Als ein mittlerweile fast selbstverständliches und in seiner Allgemeinheit von allen akzeptiertes Leitziel wird die folgende Definition einer nachhaltigen Energieversorgung vorangestellt:

> Energie soll ausreichend und - nach menschlichen Maßstäben - langandauernd so bereitgestellt werden, daß möglichst alle Menschen jetzt und in Zukunft die Chance für ein menschenwürdiges Leben haben, und in die Wandlungsprozesse nicht rückführbare Stoffe sollen so deponiert werden, daß die Lebensgrundlagen der Menschheit jetzt und zukünftig nicht zerstört werden.

Hiermit wird das Ziel einer zukunftsfähigen Weltentwicklung - „sustainable development“ - auf die Energieproblematik bezogen. Wenn auch einige darin enthaltene Begriffe recht allgemein und unscharf sind, dient dieses Leitziel doch als eine gemeinsam akzeptierte Grundlage und Orientierung für die Formulierung konkreterer Anforderungen und ihre Bewertung.[2]

Zwei Anmerkungen zu dem oben genannten Leitziel, das zugleich den Charakter einer Maximal- und einer Minimalforderung hat. Zum einen haben heute bei weitem nicht alle Menschen eine Chance auf ein menschenwürdiges Leben, und dieses Ziel wird sich auch in Zukunft nie ganz, sondern immer nur annäherungs-

---

2 Zu einem menschenwürdigen Leben im Sinne des Leitziels gehört jedenfalls die Befriedigung der materiellen und immateriellen Grundbedürfnisse wie Nahrung, Gesundheitsfürsorge, Wohnung und ausreichende Kleidung, Freiheitsräume und Ausbildung, um nur die wichtigsten Voraussetzungen zu nennen.

weise realisieren lassen. Zum andern läßt das Leitziel in der Ausgestaltung noch Freiraum für die Befriedigung von Bedürfnissen, die über die Sicherung der physischen Existenz hinausgehen.

Der Maßstab der Nachhaltigkeit fordert keine lückenlose „Kreislaufwirtschaft" und verbietet nicht jede Irreversibilität. Dies wäre auch für die Irreversibilität nach dem 2. Hauptsatz der Thermodynamik (vgl. Kap. 3, 4) nicht erforderlich, solange dem System „Erde" von der Sonne ständig Energie zufließt. Die durch menschliche Eingriffe verursachten Irreversibilitäten sollten lediglich möglichst klein gehalten werden. Ein gewisses Maß an Eingriffen und Belastungen nach Höhe und Zeit (Gradient) können komplexe Strukturen wie die natürliche Umwelt verkraften. Sie sind sogar im evolutionären Geschehen mit „eingebaut" und bewirken durch den hervorgerufenen Anpassungsdruck eine stetige Weiterentwicklung.

Wenn die Menschheit die Ökosphäre erhalten will, darf sie die Grenzen der Anpassungsfähigkeit des komplexen Systems „Natur und Mensch" nicht überschreiten. Mißachtet sie diese Grenzen, wird die „Natur der Menschheit früher oder später unerbittliche Zügel anlegen" (Hans Jonas).

31.2.2 Neun Anforderungen an künftige Energiesysteme

Im Einklang mit dem Leitziel werden im folgenden Anforderungen beschrieben, deren bestmögliche Erfüllung durch die - globalen - Energiesysteme der Zukunft angestrebt werden soll. Sie werden ohne Rangfolge und vergleichende Wertung nebeneinander gestellt. Keine der genannten Forderungen darf daher an dieser Stelle als Ausschlußkriterium verstanden werden. Die Anforderungen sollen möglichst klar voneinander abgegrenzt werden, wenngleich Überschneidungen nicht ganz zu vermeiden sind.

1. Ausreichende Menge. Energie muß nach dem Leitziel in ausreichender Menge zur Verfügung stehen. Die wirtschaftlichen und politischen Anstrengungen, um die Wohlfahrt der Bevölkerung zu fördern und zumindest die physischen Existenzbedingungen für jeden zu gewährleisten, dürfen nicht am Energiemangel scheitern. Ein ausreichendes Energieangebot darf nicht erst das Endziel einer langen Entwicklung sein, es ist vielmehr durchgehend anzustreben.

Der krasse Unterschied zwischen „Nord" und „Süd" im Konsum von Energiedienstleistungen darf nicht bestehen bleiben. Das gilt auch für die Wohlstandsunterschiede innerhalb vieler Staaten. Allerdings ist zu bedenken, daß eine völlige Gleichverteilung der Bedürfnisbefriedigung in freiheitlichen Sozialstrukturen nicht erreichbar ist. In realen Gesellschaften, wie auch in der globalen Staatengemeinschaft, wird daher der mittlere Pro-Kopf-Verbrauch an Energie immer deutlich über dem Niveau liegen, das zur Sicherung des Existenzminimums nötig ist.

2. Bedarfsgerechte Nutzungsqualität sowie Flexibilität. Energiedienstleistungen müssen zeitlich und räumlich bedarfsgerecht bereitgestellt werden. Soweit es die gleichzeitige Erfüllung anderer Anforderungen in gegenseitiger Abwägung der Vor- und Nachteile zuläßt, soll die Energieversorgung sich den Lebensgewohnheiten und Siedlungsstrukturen, jedenfalls den echten Bedürfnissen der Menschen anpassen und nicht umgekehrt.

3. Versorgungssicherheit. Die Versorgung mit der nötigen Energie muß auf Dauer und auch unter veränderten Rahmenbedingungen möglich bleiben. Dies sollte auch nicht konkret vorhersehbare Entwicklungen mit einschließen. Daraus leitet sich die Forderung nach Diversität, Vernetzung und Redundanz der Quellen ab; denn durch diese Eigenschaften eines Energiesystems erweitert sich der Handlungsspielraum.

4. Ressourcenschonung. Aus der langfristigen Versorgungssicherheit kann auch die Forderung nach Ressourcenschonung abgeleitet werden, die darüber hinaus auch generell anzustreben ist, weil sie den nachkommenden Generationen Nutzungsoptionen offenhält, die mit der Erschöpfung natürlicher Vorkommen verlorengehen. Eine nicht vermeidbare Erschöpfung natürlicher Ressourcen sollte mit der Erschließung gleichwertiger Alternativen einhergehen.

5. Inhärente Risikoarmut und Fehlertoleranz. Ein Energieversorgungssystem muß risikoarm sein und muß dabei auch fehlerhaftes Verhalten von Menschen mit einrechnen. Jede Art der Energiegewinnung und -nutzung ist mit gewissen Risiken verknüpft, die jedoch mit anderen, ständig vorhandenen Gefährdungen für die Menschen und die Biosphäre nach Ausmaß und Wirkung vergleichbar und gemessen daran tolerierbar sein müssen. Daher sollten schwere Auswirkungen lokal begrenzt und zeitlich befristet sein. Die begrenzte Schadensauswirkung sollte auch bei unsachgemäßer Handhabung und bei unbeabsichtigter oder willkürlicher Zerstörung gegeben sein. Bei Zerfall von gesellschaftlichen Ordnungsstrukturen und bei kriegerischen Konflikten sollten die Risiken aus Energieversorgungssystemen den Rahmen der dann ohnehin auftretenden Schäden und Gefahren nicht überschreiten.

6. Umweltverträglichkeit. Ein Energieversorgungssystem sollte die Umwelt nicht so stark belasten, daß die Lebensqualität von Menschen wesentlich dadurch beeinträchtigt wird. Darüber hinaus sollten Auswirkungen auf das bestehende natürliche Artengleichgewicht möglichst klein bleiben. Dieses darf nicht erheblich gestört werden. Insbesondere darf die natürliche Regenerations- und Anpassungsfähigkeit nicht destabilisiert werden. Emissionen sollten niedrig gehalten werden und Abfallprodukte nach Möglichkeit in die Nutzung rückgeführt werden. Durch die Akkumulation von Stoffen, die - als Emission oder Abfall - in die Ökosphäre gelangen, sollen auch langfristig keine erheblichen Schäden eintreten können. Diese Forderung bekommt ein um so größeres Gewicht, je mehr

Menschen und je größere Flächen davon betroffen sind, angefangen von lokalen Effekten bis hin zu globalen Auswirkungen.

7. Internationale Verträglichkeit. Energiesysteme sollen die friedliche Kooperation der Staatengemeinschaft fördern, sie dürfen nicht destabilisierend wirken und dazu neigen, internationale Spannungen hervorzurufen oder zu verstärken. Diese Forderung hängt eng mit der Anforderung nach Versorgungssicherheit zusammen und ist nur schwer davon abzugrenzen. Denn starke einseitige Abhängigkeiten zwischen Staaten und Weltregionen wirken in der Regel destabilisierend, während wechselseitige Abhängigkeiten die friedliche Zusammenarbeit stabilisieren. Grenzüberschreitende Risiken können ebenfalls zu internationalen Spannungen führen. Energieversorgungsstrukturen sollen helfen, die globale Ungleichverteilung des Wohlstands abzubauen.

8. Soziale Verträglichkeit. Das weltweite Energieversorgungssystem soll nationale oder regionale Energieversorgungssysteme erlauben und fördern, die den Handlungsspielraum für den einzelnen Bürger und die Gemeinwesen, für Wirtschaft und Politik nicht über Gebühr einengen, sondern eher zur Erweiterung von Gestaltungsspielräumen beitragen. Die nationalen Systeme müssen sich in demokratische Ordnungen einfügen lassen. Sie dürfen auf die Gesellschaften keinen Zwang ausüben, grundlegende Menschenrechte einzuschränken. Ein Energiesystem sollte nicht Rahmenbedingungen zur Voraussetzung haben, unter denen die bewährte Effizienz der Mittelallokation in der Marktwirtschaft verlorengeht.

Dabei ist zu bedenken: Wenn die Einführung eines Energiesystems der Bevölkerung große Opfer abverlangt, wird es sich in demokratischen Gesellschaften nur schwer durchsetzen lassen. Insbesondere wird ein System, das die Minimalversorgung der Bürger nur unter der Voraussetzung einer weitgehenden Einebnung des Bedarfsniveaus sicherstellt, zwangsläufig zu dirigistischen Strukturen führen.

Die Bundesrepublik Deutschland ist ein Rechtsstaat mit repräsentativer Demokratie. Ihre mit parlamentarischen Mehrheiten verabschiedeten Gesetze sind Ausdruck der sozialen Verträglichkeit. Diese Rechtsordnung bindet Verwaltung und Rechtsprechung und setzt den Rahmen für die gesellschaftlichen und wirtschaftlichen Aktivitäten. Dabei ist die ständige geistige Auseinandersetzung, der Kampf um die Meinungen, unverzichtbar. Sie steht unter dem Schutz des Grundrechts auf Meinungsfreiheit. Ob, inwieweit und wann Meinungen in Strategien der Politik, der Wirtschaft und anderer gesellschaftlicher Gruppen einfließen, unterliegt deren Wertung.

In diesem Kapitel geht es um eine Wegweisung für Langfriststrategien. Die bestmögliche Erfüllung der hier aufgeführten Anforderungen ist die Voraussetzung dafür, daß im demokratischen Meinungsstreit mit Erfolg um die Akzeptanz zukünftiger Energiesysteme geworben werden kann.

9. Effizienz der Energiesysteme im Sinne niedriger Kosten. Ein Energiesystem sollte möglichst wenig Kosten verursachen. Es darf die Volkswirtschaften nicht übermäßig belasten. Kosten sind hier im Sinne volkswirtschaftlicher Kosten gemeint; externe Kosten sind hier allerdings nur insofern einzurechnen, als sie nicht schon über die Anforderungen 1 bis 8 berücksichtigt werden.

Kosten signalisieren immer die Inanspruchnahme knapper Ressourcen, vor allem der klassischen Produktionsfaktoren Arbeit, Kapital und „Boden“ (= natürliche Ressourcen), die dann für andere Bedürfnisse und Zwecke nicht mehr zur Verfügung stehen. Ob diese Zwecke eine geringere Bedeutung haben als die Erfüllung der vorausgehenden Anforderungen, ist nicht von vornherein auszumachen. Deshalb darf die Erfüllung der Anforderungen 1 bis 8 nicht unter Ausschluß von Kostengesichtspunkten diskutiert werden.

Da bei den Anforderungen 1 bis 8 in der Regel höhere Ansprüche zu größeren Kosten führen, wird man im methodischen Vorgehen diese zunächst als Folge der vorausgehenden Anforderungen bzw. des Grades ihrer Erfüllung bestimmen. Die Abwägung der Forderung nach niedrigen Kosten im Verhältnis zu den übrigen Anforderungen muß dann in einem zweiten Schritt erfolgen, der ggf. zu einer Einschränkung bei den ersten acht Anforderungen führt.

31.3 Bewertung möglicher Energiesysteme

31.3.1 Ausgangsbasis

Der Grad möglicher Erfüllung einzelner Anforderungen könnte einfach unterschieden werden als „möglich“ bzw. „nicht-möglich“ (im Sinne eines harten Ja-Nein-Kriteriums. Eine Ausweitung in mehrere Stufen wurde seitens der AG aber für sinnvoller erachtet, da damit feiner abgewogen werden kann. Denn schließlich soll der Grad möglicher Erfüllung als Maßstab für eine spätere abwägende Entscheidungsfindung dienen.

Zunächst ist festzulegen, auf welche der möglichen Energieträger oder Energiesysteme, d.h. Kombinationen von Energieträgern, die Anforderungen anzuwenden sind. In der AG „Strategien“ wurde diskutiert, ob sinnvollerweise Energieträger untereinander oder Energiesysteme im Sinne eines bestehenden und zukünftigen Energieträgermixes untereinander zu vergleichen sind. Man kam überein, daß ausgehend vom heutigen zukünftige Energieversorgungssysteme für das 21. Jahrhundert folgendermaßen diskutiert werden sollen:

- Das *fossile Energiesystem* mit einer Dominanz fossiler Primärenergieträger.
- Das *regenerativ-nicht nukleare Energiesystem*, das eine allmähliche Ablösung fossiler Primärenergien durch erneuerbare Energien vorsieht und auch die Kernenergie mittelfristig ersetzt.
- Das *nuklear-regenerative Energiesystem*, das den Anteil fossiler Energieträger innerhalb des nächsten Jahrhunderts deutlich reduziert und durch nukleare

und erneuerbare Energien abdeckt.
Gestützt auf diese drei prinzipiell möglichen Entwicklungslinien für zukünftige Energieversorgungssysteme besteht die Notwendigkeit, sich mit dem für diese Systeme zugrundeliegende Weltenergiebedarf auseinanderzusetzen. Geht man von dem Anstieg der Weltbevölkerung von 5,3 (1990) auf 8,1 (2020) und rund 10 Mrd. Menschen um 2050 sowie von einem wachsenden Lebensstandard der Entwicklungsländer in den kommenden Jahrzehnten aus, dann ist mit einer deutlichen Steigerung des Weltenergiebedarfs zu rechnen. Verschiedene Energiebedarfsszenarien kommen zu dem Ergebnis, daß bis zum Jahre 2050 eine Verdopplung bis Verdreifachung der derzeitigen Energienachfrage bei kontinuierlicher Weiterentwicklung der Weltwirtschaft zu erwarten ist. Selbst unter der Annahme, daß sich der Trend zu Effizienzsteigerung und Energieeinsparung der Industrieländer in Zukunft verstärkt und gleichzeitig weltweit wirksam wird - was dramatische Umsteuerungs- und Anpassungsprozesse sowie stabile politische und wirtschaftliche Zustände voraussetzt - ist bis Mitte des nächsten Jahrhunderts von einer annähernden Verdopplung des Energieverbrauchs auszugehen (vgl. Kap. 1, 36).

Auf diese Annahmen stützen sich die folgenden Ausführungen. Die verbleibenden Prognoseunsicherheiten hinsichtlich der Energienachfrage spielen für die weitere Diskussion keine Rolle.

31.3.2 Vergleich der Energiesysteme

Idealerweise wäre die Bewertung der drei genannten möglichen Entwicklungslinien innerhalb dieser Arbeitsgruppe im gemeinsamen Diskurs durchzuführen. Jedoch kurz nach Aufnahme der Diskussion zerfiel die Runde in zwei Lager, die sich hinsichtlich der Notwendigkeit der Kernenergie sowie der genügend zügigen und kostengünstigen Realisierbarkeit dezentraler Lösungen, vor allem bei erneuerbaren Energien, unterschieden. Neben der Sicherheits- und Endlagerproblematik wird von den Kernenergiekritikern bestritten, daß Großtechnologien, wie die Kernenergie, mit Effizienzsteigerungen, dezentralen Systemen und der geforderten Nutzung erneuerbarer Energien verträglich sind.

Sowohl die Gruppe A: „*Befürworter des regenerativ-nicht nuklearen Energiesystems*“ als auch Gruppe B: „*Befürworter des nuklear-regenerativen Energiesystems*“ nehmen für sich in Anspruch, alle neun Anforderungen an die Energieversorgung des 21. Jahrhunderts sachlich anzuwenden. Tabelle 31.1 faßt die Diskussionsergebnisse in Kurzform zusammen, wobei in der ausführlichen Diskussion einschränkende oder ergänzende Kommentare sowie ausführliche Begründungen angeführt wurden, auf die hier nicht eingegangen werden kann. Bei dem Vergleich der Bewertungen ist zu beachten, daß beide Gruppen in ihren Werteskalen unterschiedlich differenzieren, die Gruppe A mit fünf, die Gruppe B mit drei Unterscheidungsmerkmalen. Inwieweit dadurch grundsätzliche Bewertungsunterschiede zum Ausdruck kommen, wäre im Einzelfall noch zu erörtern.

Tabelle 31.1. Bewertung von drei Energiesystemen anhand eines Katalogs von neun Anforderungen (Quelle: verkürzte Darstellung der Diskussion zu den verschiedenen Energiesystemen und Anforderungen aus Fischedick et al., 1996; Harder et al., 1996)

Anforderungen → / **Energiesystem** ↓	Gruppe	Ausreichende Menge	Bedarfsgerechte Nutzungsqual. u. Flexibilität	Versorgungssicherheit	Ressourcen schonung	Inhärente Risikoarmut und Fehlertoleranz	Umweltverträglichkeit	Internationale Verträglichkeit	Sozialverträglichkeit	Niedrige Kosten
Fossiles System	A	bedingt erfüllt	sehr gut erfüllt	nur z.T. erfüllt	nur z.T. erfüllt	erfüllt	nur z.T. erfüllt	bedingt erfüllt	erfüllt	bedingt erfüllt
	B	erfüllt	erfüllt	erfüllbar	erfüllt	erfüllbar	nicht erfüllbar	erfüllbar	erfüllt	erfüllt
Regenerativ-nicht nukleares System	A	sehr gut erfüllt	erfüllt	erfüllt	erfüllt	sehr gut erfüllt	erfüllt	sehr gut erfüllt	erfüllt	**erfüllt**
	B	**nicht erfüllbar**	erfüllbar	erfüllbar	erfüllt	erfüllt	erfüllt	erfüllt	erfüllt	**nicht erfüllbar**
Nuklear-regeneratives Energiesystem	A	sehr gut erfüllt	sehr gut erfüllt	erfüllt	erfüllt	**nur z.T. erfüllt**	bedingt erfüllt	bedingt erfüllt	bedingt erfüllt	bedingt erfüllt
	B	erfüllbar	erfüllbar	erfüllbar	erfüllt	**erfüllbar**	erfüllt	erfüllt	erfüllbar	erfüllt

(dunkel schattiert:) Gegensätzliche Meinungen der Gruppen A und B zum Erfüllungsgrad der Anforderungen

Werteskala:

Gruppe A: Befürworter des regenerativ-nicht nuklearen Energiesystems

- sehr gut erfüllt: ohne größeren Aufwand erfüllbar
- erfüllt: mit geringem aber nicht vernachlässigbarem Aufwand
- bedingt erfüllt bzw. tolerierbar: mit größerem Aufwand bzw. nur eingeschränkt erfüllbar
- nur teilweise mit deutlichen Einschränkungen erfüllbar bzw. tolerierbar: nur mit sehr hohen Aufwendungen und gewisser Unsicherheit erfüllbar
- nicht erfüllt: voraussichtlich auch nicht erfüllbar

Gruppe B: Befürworter des nuklear-regenerativen Energiesystems

- erfüllt
- erfüllbar bzw. mit hinreichender Sicherheit erfüllbar
- nicht erfüllbar: mit realistischen Maßnahmen nicht erfüllbar

Zu erwähnen ist, daß die Gruppe A dem hier zugrundegelegten Bedarfsszenario ein zweites Szenario mit einer Verdrei- bis Vervierfachung des Weltenergiebedarfs vorangestellt hat, das hier jedoch im Sinne der Vergleichbarkeit nicht betrachtet wird. Auch die Gruppe B hat Bedenken, ob lediglich eine Verdopplung des Weltenergiebedarfs erreicht werden kann. Folgende Abweichungen in der Bewertung der Energiesysteme der Gruppen A und B traten zutage:

- *Fossiles Energiesystem*: Es fällt auf, daß bei den Anforderungen „Versorgungssicherheiten" und „Ressourcenschonung" das fossile System von der Gruppe B graduell günstiger beurteilt wird als von der Gruppe A. Diese Unterschiede sind indessen kaum ausschlaggebend für die Gesamtbeurteilung. Bei der Anforderung „Umweltverträglichkeit" besteht, trotz unterschiedlicher Formulierung, Einigkeit darüber, daß das fossile System die vorausgesetzten Anforderungen des „Klimaschutzes" nicht erfüllt. Ein Minderheitsvotum, betonte die Möglichkeit der Deponierung von Kohlendioxid.
- *Regenerativ-nicht nukleares Energiesystem*: Deutliche Unterschiede treten bei den Anforderungen „ausreichende Menge" und „niedrige Kosten" auf. Hier setzt sich die bisherige Diskussion zu grundsätzlichen Auffassungsunterschieden der Gruppen fort; d.h. von seiten der Gruppe B wird weder die ausreichende Menge erneuerbarer Energien noch die Einhaltung eines verantwortbaren Kostenrahmens, noch die nötige Umsetzungsgeschwindigkeit als erfüllbar gesehen. Die Gruppe A ist dagegen der Auffassung, daß die erneuerbaren Energien diese Anforderungen im Zuge weiterer Entwicklungen erfüllen.
- *Nuklear-regeneratives Energiesystem*: Der Grad an Übereinstimmung der beiden Gruppen fällt hier deutlich höher aus als bei den anderen Systemen. Dieser Eindruck übersieht die Auffassungsunterschiede bei der Bewertung der Kernenergie, die bei der Gruppe A als Risikofaktor mit einbezogen ist. Hierdurch ergibt sich bei der Anforderung „Risikoarmut" eine Schieflage, da wegen des Kernenergieanteils diese Anforderungen nur teilweise erfüllt werden. Die Gruppe B geht beim Zubau der Kernenergie davon aus, daß dieser vor allem in Ländern mit einer entsprechenden Infrastruktur erfolgt.

31.3.3 Schlußfolgerung

Als wesentlicher Erfolg der Diskussion darf festgehalten werden, daß allein die Erarbeitung der neun Anforderungen bereits ein hohes Maß an Kompromißbereitschaft verlangte und diese Einigung einen deutlichen Fortschritt in der Diskussion darstellt.

Schwierig gestaltet sich besonders die Diskussion der Kosten von Energiesystemen und von Energieträgern. Das Problem besteht in der Herangehensweise, Kosten als Folge von Anforderungen, d.h. nachgegliedert, oder als gleichwertige Anforderung anzusehen. Eine nachgegliederte Behandlung der Kosten ergibt sich daraus, daß alle vorausgehenden Forderungen mehr oder weniger kostenwirksam sind. Das Abwägen der sich ergebenden Gesamtkosten gegen die Erfüllung der übrigen Anforderungen ergibt sich danach ggf. iterativ durch Anpassung der vorausgehenden Anforderungen. Die nachgegliederte Behandlung bedeutet jedoch nicht eine geringere oder nachrangige Bedeutung der Kosten von Energiesystemen. Die Spannweite der Kostendiskussion wurde einerseits aus der Sicht der internationalen Wettbewerbsfähigkeit bzw. der Wichtigkeit internationaler gleichartiger Rahmenbedingungen (z.B. zum Klimaschutz) und andererseits unter dem Aspekt einer präventiven Schadensvermeidung geführt.

Die Methodendiskussion führt zu folgenden wesentlichen Zusammenhängen: Die Klimaverträglichkeit eines Energiesystems wird durch den Anteil fossiler Energieträger, die Akzeptanz des nuklear-regenerativen Energiesystems durch die Nutzung des Energieträgers Kernenergie, unabhängig von seinem absoluten Anteil und die Diskussion regenerativer Energieträger durch die Erwartung hoher bzw. höherer Kosten bestimmt, die von den Anteilen dieses Energieträgers am Gesamtsystem abhängen.

In der Diskussion hat sich herausgestellt, daß die Lösung des Problems der Klimaverträglichkeit von Energiesystemen prinzipiell von allen Beteiligten als machbar angesehen wird. Auffassungsunterschiede bestehen in der Frage der anzuwendenden Techniken, mit oder ohne Kernenergie, mit einem mehr oder weniger großen Anteil erneuerbarer Energien. Die bleibenden Auffassungsunterschiede beruhen zum großen Teil auf Einschätzungen über mögliche zukünftige Entwicklungen, die letztlich erst durch die noch zu machenden Erfahrungen bestätigt oder widerlegt werden können. In einem weiteren Diskurs sollte daher geklärt werden, ob das gleichzeitige Offenhalten der Optionen für beide Systeme - das regenerativ-nicht nukleare oder das nuklear-regenerative Energiesystem - möglich und konsensfähig ist. Unabhängig vom Energiesystem besteht Übereinstimmung für einen deutlichen und notwendigen Ausbau der erneuerbaren Energien. Dabei sollen alle möglichen Anstrengungen für eine Steigerung der Energieeffizienz und des rationellen Energieeinsatzes unternommen werden.[3]

3 Die vollständige Ausarbeitung ist beim Forum für Zukunftsenergien e.V., Godesberger Allee 90, 53175 Bonn erhältlich.

Teil IX
Handlungskonzepte und Vorschläge für den Ausbau der Sonnenenergie im Mittelmeerraum und in Afrika

32 Perspektiven eines solaren Energieverbundes für Europa und den Mittelmeerraum

Joachim Nitsch und Frithjof Staiß

32.1 Rahmenbedingungen und Voraussetzungen

Eine der vielversprechendsten Optionen für eine klimaverträgliche und dauerhafte Energieversorgung stellen solare Anlagen zur Strom- und Prozeßwärmebereitstellung in einstrahlungsreichen Ländern dar. Neben einem hohen Strahlungsangebot von bis zu 2 400 kWh/m² pro Jahr stehen in zahlreichen südlichen Ländern beträchtliche, kaum besiedelte Flächen für die Errichtung derartiger Anlagen zur Verfügung. Allein in den Anrainerländern des Mittelmeeres könnte, unter Beachtung sehr weitgehender Restriktionen hinsichtlich Verfügbarkeit und Eignung von Flächen für größere Solaranlagen, auf insgesamt 500 000 km² (6% der gesamten Gebietsfläche) das Vierfache der derzeitigen Weltstromerzeugung mittels solarer Kraftwerke erzeugt werden (Klaiß/Staiß, 1992). Einstrahlungsreiche Länder können also in Zukunft nicht nur ihren eigenen Energiebedarf weitgehend solar decken, sondern sind in der Lage, sich mit dem Export solar erzeugter Energie in Form von Elektrizität, Wasserstoff oder anderen chemischen Energieträgern ein wichtiges Handelsgut zu erschließen. Prinzipiell eröffnen sich so für viele Entwicklungsländer Perspektiven, wie sie heute für öl- oder gasexportierende Länder gelten. Versehen mit einem praktisch unbegrenzten Energievorrat erlaubt der verantwortungsbewußte Einsatz der damit erzielbaren Erlöse die Entwicklung ihrer Volkswirtschaften und schafft die Voraussetzungen für den Wohlstand der eigenen Bevölkerung.

Die technischen Gestaltungsmöglichkeiten derartiger Energiesysteme wurden in den letzten Jahren vielfach untersucht und ihre ökonomischen Eckdaten ermittelt.[1] Ihre technische Machbarkeit steht außer Zweifel. Damit ihr Aufbau jedoch in struktureller und ökonomischer Hinsicht überhaupt möglich wird und sinnvoll ist, müssen zuvor vier zentrale Voraussetzungen erfüllt werden:

- Ein deutlich effizienterer Umgang mit Energie bei Umwandlung und Nutzung als dies heute - besonders in den industrialisierten Ländern mit hohem Pro-

---

1 Vgl. Winter/Nitsch, 1989; Nitsch/Luther, 1990; Masuhr/Bradke, 1991; EK-TA, 1990; Traube, 1992; Klaiß/Staiß, 1992; Ogden/Nitsch, 1993; IKARUS, 1994; Staiß, 1996a, 1996b.

Kopf-Verbrauch - angesichts billiger und derzeit reichlich verfügbarer fossiler Energien der Fall ist, um überhaupt die Basis für eine von natürlichen Energiequellen gespeiste Energieversorgung zu schaffen. Eine sehr weitgehende Erschließung aller lokal und regional nutzbaren regenerativen Energiequellen und ihre Vernetzung mit den entsprechend angepaßten herkömmlichen Energieversorgungsstrukturen. Nur auf diese Weise lassen sich die stetige Weiterentwicklung der entsprechenden Technologien sicherstellen und die noch beträchtlichen Kostensenkungsmöglichkeiten mobilisieren.

- Eine Korrektur ökologisch falscher Energiepreise durch Berücksichtigung der Umwelt- und Klimaschäden, der Risiken und der Endlichkeit fossiler und nuklearer Energiequellen, um die Konkurrenzfähigkeit der bedeutend umweltverträglicheren regenerativen Energiequellen zu gewährleisten.
- Eine konstruktive Nord-Süd-Kooperation mit einem nennenswerten und wirksamen Kapital- und Know-how-Transfer in Entwicklungsländer, damit der Zustand des technologischen, ökonomischen und strukturellen Ungleichgewichts rasch abgebaut wird und diese Länder gleichrangige Partner bei der gemeinsamen Erschließung regenerativer Energiequellen werden können.

Von der weitgehenden Erfüllung dieser Voraussetzungen wird es abhängen, ob sich regenerative Energien in den nächsten Jahrzehnten zu einer global bedeutenden Energiequelle entwickeln können, zu deren optimaler Nutzung dann auch ein interkontinentaler Energieverbund gehören wird. Erst damit würde eine zukunftsfähige und auf Dauer tragfähige Energieversorgung für die Menschheit verfügbar sein (Nitsch, 1994). Am „Modellfall" Mittelmeerraum (MMR) lassen sich die Perspektiven einer derartigen solaren Energieversorgung anschaulich darstellen. Speziell aus der Sicht Europas besitzt ein Energieverbund mit einem „solartechnisch entwickelten" Mittelmeerraum eine hohe Attraktivität.

32.2 Energiewirtschaftliche Rahmendaten des Mittelmeerraums

Der hier betrachtete Mittelmeerraum (MMR), der alle Mittelmeeranrainer und -inseln, *ausschließlich* Frankreich, aber *einschließlich* Portugal und Jordanien umfaßt (vgl. Tabelle 32.1), ist ein sehr heterogener Wirtschaftsraum, der deutlich die globalen Nord-Süd-Unterschiede widerspiegelt. Bei annähernd gleicher Aufteilung der Bevölkerung (60% der insgesamt 330 Mio. Menschen leben im nördlichen MMR) konzentrieren sich Wirtschaftskraft und Energieverbrauch im Norden. Der südliche MMR ist durch eine hohe Auslandsverschuldung (rund 150 Mrd. US $), eine relativ geringe Wirtschaftsleistung (14% des gesamten Bruttoinlandsprodukts in Höhe von 1 600 Mrd. US $) und sehr große Gebietsflächen (80% der insgesamt 8,4 Mio. km^2) gekennzeichnet (Klaiß/Staiß, 1992; Staiß, 1996a). Der größte Teil des Energiebedarfs des MMR (Mittelwert 60%, einige Länder nahe an 100%) wird durch Öl- oder Gasimporte gedeckt.

Tabelle 32.1. Primärenergie- und Stromverbrauch 1989 im Mittelmeerraum in TWh/a bzw. kWh/E,a (Quelle: Nitsch/Klaiß, 1994)

Ländergruppen	Einwohner in Mio.	Kommerzieller Primärenergieverbrauch	Pro-Kopf-Primärenergieverbrauch	Brutto-stromverbrauch	Pro-Kopf-Stromverbrauch
Italien	57,5	1 737	30 200	221	3 840
Spanien	30,0	861	22 100	132	3 380
Griechenland	10,0	230	23 000	31	3 100
Portugal	10,5	158	15 050	23	2 190
„Übrige“ im nördlichen MMR[a]	80,3	1 154	14 370	132	1 640
Nördl. MMR[b]	197,3	4 140	20 980	539	2 730
Südl. MMR[c]	133,2	1 186	8 900	109	820
Mittelmeerraum	330,5	5 326	16 100	648	1960
Deutschland (1989)	79,1	4 160	52 600	531	6710

a) Albanien, ehem. Jugoslawien, Malta, Türkei, Zypern
b) *ohne* Frankreich
c) Ägypten, Algerien, Israel, Jordanien, Libanon, Libyen, Marokko, Syrien, Tunesien

Der gesamte nördliche MMR verbraucht etwa ebensoviel Primärenergie und Elektrizität wie Deutschland (Tabelle 32.1), woraus sich ein nur etwa halb so hoher Pro-Kopf-Verbrauch ableitet. Wiederum einen Faktor 2 bis 3 geringer ist der mittlere Pro-Kopf-Energieverbrauch in den Ländern des südlichen MMR.

Rund 85% der Energieversorgung des MMR beruht auf fossilen Energiequellen. Der herausragende Energieträger mit rund 50% Anteil ist das Mineralöl (vgl. Abb. 32.1). Im Gegensatz zu Deutschland dominiert es auch bei der Stromerzeugung. Bemerkenswert hoch sind die Wasserkraftnutzung (8% am Primärenergieverbrauch, 21% an der Stromerzeugung) und die nichtkommerzielle Energieversorgung (6% am Primärenergieverbrauch; im südlichen MMR sogar rund 15% Anteil) auf der Basis von Brennholz und organischen Abfällen. Knapp 40% der Primärenergie werden zur Stromerzeugung eingesetzt, weitere 45% dienen der Bereitstellung von Warmwasser, industrieller Prozeßwärme, Heizwärme und Klimatisierung. Der Energieverbrauch für den Verkehr spielt mit rund 15% Anteil noch eine relativ geringe Rolle.

32.3 Energiebedarf im Mittelmeerraum und solare Deckungsanteile am Beispiel der Elektrizität

Bevor an einen Energieverbund des südlichen MMR mit Europa zum Zwecke des Exports solarer Energie überhaupt gedacht werden kann, müssen die Bedingungen für die Deckung des wachsenden Eigenbedarfs in dieser Region geschaffen werden. Insbesondere der Aufbau einer ausreichenden Stromversorgung ist

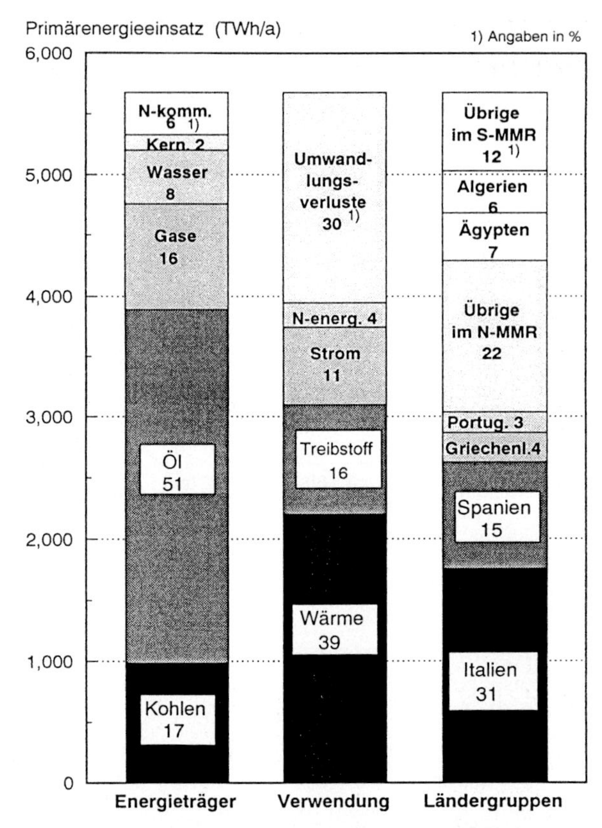

Abb. 32.1. Struktur des Primärenergieverbrauchs im Mittelmeerraum (1989) nach Energieträgern, Verwendung und Ländern, einschließlich nichtkommerziellem Verbrauch in Höhe von schätzungsweise 300 TWh/a (Quelle: Nitsch/Klaiß, 1994)

für eine dauerhafte wirtschaftliche Entwicklung der Mittelmeeranrainer und damit auch für ihre politische Stabilität von großer Bedeutung. In den betrachteten Ländern des MMR sind derzeit rund 150 GW_{el} Kraftwerksleistung installiert. Im Jahr 2025 dürfte die erforderliche Kraftwerksleistung selbst bei großen Anstrengungen zu einer rationelleren Nutzung bei mindestens 240 GW_{el} liegen (Klaiß/Staiß, 1992). Die rasch wachsende Bevölkerung und das notwendige Wirtschaftswachstum im Süden verlangen eine deutlich steigende Stromproduktion. Im Norden bestimmt dagegen vorwiegend der Ersatz älterer Anlagen die Nachfrage nach Kraftwerken in den nächsten Jahrzehnten. Insgesamt werden rund 190 GW_{el} an Kraftwerksneubauten in den nächsten 30 Jahren benötigt (vgl. Abb. 32.2). Es müssen also im Jahresdurchschnitt etwa 6000 MW_{el} an Kraftwerken errichtet werden, wobei zwei Drittel dieses „Kraftwerkmarktes" wegen der größeren bereits vorhandenen Leistung (80% der Gesamtleistung) auf den Norden entfallen.

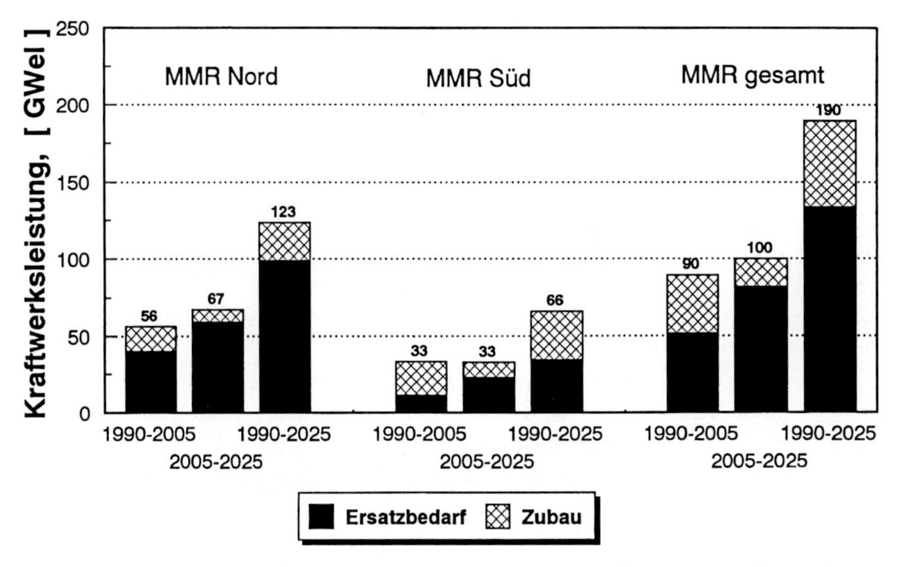

Abb. 32.2. Zubau- und Ersatzbedarf von Kraftwerken im nördlichen und südlichen MMR in den Zeitabschnitten 1990-2005 und 2005-2025 (Quelle: Klaiß/Staiß, 1992)

Mit einem konventionellen, auf fossilen Energieträgern beruhenden Kraftwerkszubau einhergehend ist ein Anwachsen der CO_2-Emissionen. Selbst im günstigsten Fall des Zubaues deutlich effizienterer Kraftwerke würde das CO_2-Emissionsniveau allein für den Stromsektor des MMR im Jahr 2025 bestenfalls bei etwa 120% des heutigen Wertes (380 Mio. t CO_2/a) liegen. Berücksichtigt man die ebenfalls beträchtlich wachsende Nachfrage nach Brenn- und Treibstoffen, so ist offensichtlich, daß die notwendige Reduktion des klimaschädigenden CO_2 oder zumindest dessen Stabilisierung auf dem heutigen Niveau in den Entwicklungsregionen der Welt dramatisch verfehlt wird, wenn nicht frühzeitig und in beträchtlichem Ausmaß regenerative Energiequellen eingesetzt werden.

Sollen allein im Stromsektor des MMR die CO_2-Emissionen etwa auf dem heutigen Niveau gehalten werden, so sind bis zum Jahr 2005 jährlich etwa 500 MW_{el} solarer Kraftwerksleistung zu errichten und im Zeitabschnitt 2005 bis 2025 jährlich rund 1 800 MW_{el}, insgesamt 43 GW_{el}. Dies sind 23% des bis zu diesem Zeitpunkt geschätzten Kraftwerkmarktes (vgl. Abb. 32.2). Ein derartiger Marktanteil solarer Kraftwerke wäre auch erforderlich, um der Solarenergie in absehbarer Zeit zu einem energiewirtschaftlich relevanten Beitrag in diesen Ländern zu verhelfen. Zubauraten solarer Kraftwerke in der genannten Höhe sind jedoch - obwohl aus technischer Sicht möglich und zumindest mit solarthermischen Anlagen auch finanziell erschwinglich - bei der heutigen, wenig zielgerichteten und unabgestimmten Energiepolitik der Europäischen Gemeinschaft völlig unwahrscheinlich. Noch ist kein einziges kommerziell arbeitendes solarthermisches Kraftwerk im MMR errichtet worden, obwohl zahlreiche ausführliche Feasibility-Studien vorliegen (z.B. Flachglas Solar, 1994) und Parabolrinnen-Kraftwerke mit 354 MW_{el} Leistung seit Mitte der 80er Jahre in Kalifornien errichtet wurden (Cohen, 1995). An photovoltaischen Anlagen existieren insgesamt nur etwa 20 MW_{el}, wovon lediglich zwei Anlagen (Toledo, Spanien, 1 MW_{el} und Serre, Italien, 3,3 MW_{el}) größere Leistungen haben (Staiß, 1996a). Die erforderlichen Zubauraten werden nur dann rechtzeitig erreicht sein, wenn verbindliche energiepolitische Strategien mit der einheitlichen Zielsetzung einer Mobilisierung solarer Energien entwickelt werden, in denen die Vorstellungen der nationalen Regierungen Europas *und* des Mittelmeerraums mit den Interessen von Energieversorgungsunternehmen und der Kraftwerksindustrie sowie mit den Konzepten internationaler Finanzierungsinstitutionen und Entwicklungsorganisationen verknüpft werden.

Hinzugefügt werden muß, daß derartige Marktentwicklungen auch in dem wesentlich inhomogeneren und unübersichtlichen Bereich der solaren Wärmeerzeugung (Prozeßwärme, Warmwasser, Raumheizung, Kühlung und Klimatisierung) erforderlich sind, wozu neben thermischen Solarkollektoren auch eine moderne Biomassenutzung beitragen kann.

32.4 Solare Kraftwerkskonzepte - Status und Perspektiven

In einstrahlungsreichen Ländern etwa südlich des 40. Breitengrades können neben photovoltaischen Anlagen auch solarthermische Kraftwerke, welche den direkten Anteil der Solarstrahlung mit Spiegelsystemen konzentrieren, zur Stromerzeugung eingesetzt werden. Die beiden am weitesten entwickelten Konzepte für größere Leistungen sind das „Parabolrinnen"-Kraftwerk und das „Turm"-Kraftwerk (Meinecke/Bohn, 1995; Trieb, 1995; vgl. Abb. 32.3, 32.4).

Parabolrinnen-Kraftwerke werden im Leistungsbereich 30 bis 200 MW_{el} konzipiert. Ein Feld aus je 100 m langen Rinnenkollektoren bildet den Strahlungsempfänger, der das Sonnenlicht auf ein in der Brennlinie angeordnetes schwarzes Absorberrohr konzentriert. Das darin strömende synthetische Thermoöl wird dadurch auf max. etwa 400°C erhitzt. Die thermische Energie wird auf einen Dampfkreisprozeß übertragen, mit dem auf konventionelle Weise Strom erzeugt wird. Zum Betrieb in strahlungsarmen Perioden oder bei Dunkelheit könnte ein zusätzlicher, fossil beheizter Brenner oder ein thermischer Speicher eingesetzt werden. Der Schwerpunkt der derzeitigen Entwicklung liegt in einer verbesserten Konstruktion der Absorberrohre mit dem Ziel, Wasser direkt zu verdampfen. Damit kann der Thermoölkreislauf entfallen, was zu höheren Wirkungsgraden und zu geringeren Kosten führt. Für mehrere Standorte, u.a. auch im Mittelmeerraum, liegen bereits detaillierte Planungen vor (z.B. Flachglas Solar, 1994), die auf ihre Verwirklichung warten. Der jährliche Nutzungsgrad *heutiger* Parabolrinnen-Kraftwerke liegt zwischen 8 und 10%, die Investitionskosten belaufen sich auf etwa 6 000-7 000 DM/kW_{el} (vgl. Tabelle 32.2, oben). Unter den klimatischen Bedingungen Nordafrikas können im rein solaren Betrieb derzeit Strom-

Tabelle 32.2. Solarthermische Referenzkraftwerke für die zukünftige Stromproduktion in Südeuropa und Nordafrika (Quellen: Ogden/Nitsch, 1993; IKARUS, 1994; Staiß, 1996b)

	1989		2005		2020	
	SP[a]	NA[b]	SP	NA	SP	NA
Globalstrahl. (horiz.) kWh/m^2a	1 800	2 300	1 800	2 300	1 800	2 300
Direktstrahlung (nachgeführt) kWh/m^2a	1 900	2 500	1 900	2 500	1 900	2 500
A) Parabolrinnen-Einheitskraftwerk						
Nennleistung, MW_{el}	30		80		300	
Vollaststunden, h/a	1 800	2 066	3 600	3 600	3 600	3 600
Jahresnutzungsgrad, %	8,3	10,0	10,5	12,0	13,2	14,0
Speicherkapazität, h	0,5	0,5	9,0	5,0	9,0	5,0
Spiegelfläche, km^2	0,34	0,25	1,44	0,67	4,3	2,5
Grundfläche, km^2	0,88	0,64	3,71	1,71	11,1	6,4
Investitionskosten, DM/kW_{el}	7 140	6 360	7 400	6 070	5 950	5 150
Spez. Spiegelkosten, DM/m^2	250	250	220	220	200	200
B) Solarturm-Einheitskraftwerk						
Nennleistung, MW_{el}	30		100		200	
Vollaststunden, h/a	1 800	2 066	3 600	3 600	3 600	3 600
Jahresnutzungsgrad, %	7,8	11,1	12,2	15,1	16,1	18,0
Speicherkapazität, h	0,5	0,5	9,0	5,0	9,0	5,0
Spiegelfläche, km^2	0,36	0,22	1,55	0,83	2,35	1,67
Grundfläche, km^2	1,40	0,90	6,20	2,13	9,40	4,27
Investitionskosten, DM/kW_{el}	10 900	8 090	8 600	6 580	5 500	4 440
Spez. Spiegelkosten, DM/m^2	344	344	220	220	165	165

a) SP = Südspanien b) NA = Nordafrika

kosten um 30 Pf/kWh erreicht werden (vgl. Abb. 32.5), bei 50%iger fossiler Zufeuerung sinken sie unter 20 Pf/kWh (Flachglas Solar, 1994).

Solarturm-Kraftwerke wurden bisher nur als Experimental- und Demonstrationsanlagen bis maximal 10 MW_{el} gebaut. Bei ihnen wird die solare Strahlungsenergie mit Hilfe von zweiachsig und dem Sonnenstand nachgeführten Spiegeln (Heliostaten) auf einen zentral angeordneten Empfänger konzentriert, wodurch sich hohe Temperaturen erreichen lassen. Als Wärmeträger können Salze oder Luft dienen, welche die thermische Energie an einen konventionellen Dampfkreisprozeß oder Gasturbinenprozeß abgeben. Wie beim Parabolrinnen-Kraftwerk können sowohl thermische Speicher als auch eine fossile Zufeuerung integriert werden. Der Jahresnutzungsgrad von Turmkraftwerken liegt höher als derjenige von Parabolrinnen-Kraftwerken, andererseits sind die *derzeitigen* Investitionskosten mit rund 8 000-10 000 DM/kWh_{el} ebenfalls höher (vgl. Tabelle 32.2, unten). Dies liegt jedoch vor allem daran, daß bei diesem Kraftwerkstyp noch keine Kostenreduktion durch Lerneffekte, wie sie bei den Parabolrinnen-Kraftwerken erreicht werden konnte, möglich war. Aus diesem Grund betragen die derzeitigen Stromgestehungskosten bei reinem Solarbetrieb in Nordafrika noch etwa 40 Pf/kWh (vgl. Abb. 32.5).

Abb. 32.3. Ansicht der solarthermischen Parabolrinnen-Kraftwerke SEGS III-VII in Kramer Junction, Kalifornien

Abb. 32.4. Ansicht des solarthermischen Turmkraftwerks SOLAR I in Barstow, Kalifornien

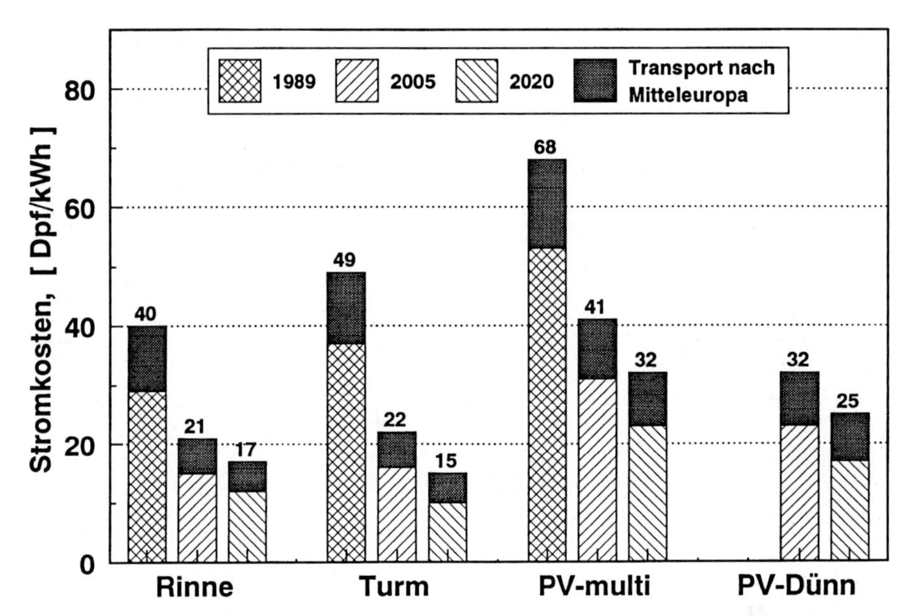

Abb. 32.5. Stromgestehungskosten solarer Kraftwerke in Nordafrika bis zum Jahr 2020 und Transportkosten nach Mitteleuropa, Entfernung 3 300 km (Quellen: wie Tabelle 32.2)

Für solarthermische Kraftwerke existieren inzwischen zahlreiche Konzept- und Machbarkeitsstudien, die u.a. auch Kraft-Wärme-Kopplung, die Integration mit hocheffizienten konventionellen Gas-Dampf-Kraftwerken (hybride GuD-Anlagen) und die Herstellung eines energiereichen, transportierbaren Gases (Methan-Reformierung) vorsehen. Auch für die dezentrale solarthermische Stromerzeugung wurden bereits Prototypen (Paraboloidspiegel mit Stirling-Motoren; Schiel, 1995) erfolgreich erprobt. Möglichkeiten der technischen Weiterentwicklung und Kostensenkung sowie Einpassungsmöglichkeiten in eine fortschrittliche und effiziente Energieversorgung sind daher in reichlichem Maße vorhanden. Ähnliches gilt auch für Photovoltaikanlagen, wenn durch entsprechende Märkte eine Großserienfertigung entstehen kann.

Für Vergleiche von zukünftigen kommerziell betriebenen solarthermischen Kraftwerken mit entsprechenden photovoltaischen Großanlagen (IKARUS, 1994; Staiß, 1996b) wird von einem rein solaren Betrieb mit 5-9 h Speicherkapazität ausgegangen (vgl. Tabelle 32.2 und 32.3, Spalten „2005“ und „2020“), was einen Vollastbetrieb von 3 600 Stunden pro Jahr ermöglicht. Die Speichermehrkosten können durch weitere Kostensenkungen aufgefangen werden, so daß die spezifischen Investitionskosten schließlich 4 500 bis 5 200 DM/kW_{el} erreichen. Technische Weiterentwicklung erlaubt darüber hinaus eine Erhöhung des Jahresnutzungsgrads auf etwa 14% (Rinne) bis 18% (Turm). Auch für *Photovoltaikanlagen* können noch beträchtliche technische Verbesserungen und Kostenreduktionen erwartet werden. Die heutige multikristalline Silizium-Technologie kann bei Großserienfertigung um gut die Hälfte verbilligt werden; mit der Dünnschicht-

Tabelle 32.3. Photovoltaische Referenzkraftwerke für die zukünftige Stromproduktion in Südeuropa und Nordafrika (Quellen: wie Tabelle 32.2)

	1989		2005		2020	
	SP	**NA**	**SP**	**NA**	**SP**	**Na**
Globalstrahl. (horiz.) kWh/m²a	1 800	2 300	1 800	2 300	1 800	2 300
Globalstrahl. (geneigt) kWh/m²a	2 050	2 415	2 050	2 415	2 050	2 415
A) Multikristalline Silizium-Technologie						
Nennleistung, MW_{el}	175		175		175	
Modul-Peakleistung, MW_p	229	238	221	226	213	219
Vollaststunden, h/a	1 970	2 330	1 970	2 330	1 970	2 330
Jahresnutzungsgrad, %	8,1	7,9	11,5	11,1	13,5	13,1
Modulfläche, km²	2,08	2,16	1,47	1,51	1,25	1,29
Grundfläche, km²	4,17	4,32	2,94	3,02	2,50	2,57
Investitionskosten, DM/kW_{el}	18 860	19 600	11 200	11 500	8 285	8 515
Spez. Modulkosten, DM/kW_p	9 000	9 000	5 000	5 000	3 500	3 500
B) Dünnschicht-Technologie						
Nennleistung, MW_{el}			175		175	
Modul-Peakleistung, MW_p			221	226	213	219
Vollaststunden, h/a			1 970	2 330	1 970	2 330
Jahresnutzungsgrad, %			10,7	10,4	12,7	12,3
Modulfläche, km²			1,58	1,62	1,33	1,37
Grundfläche, km²			3,15	3,24	2,65	2,73
Investitionskosten, DM/kW_{el}			8 340	8 510	5 940	6 115
Spez. Modulkosten, DM/kW_p			2 500	2 500	1 500	1 500

technologie dürften sich die Kraftwerkskosten auf gut ein Drittel reduzieren lassen (vgl. Tabelle 32.3). Mit relativ großer Sicherheit kann daher davon ausgegangen werden, daß bei einer zielstrebigen europäischen Energiepolitik, die auf den konsequenten Ausbau von Solartechnologien setzt und welche die derzeit drohende Entwicklungsblockade überwindet, bis zum Jahr 2020 Solarstrom in Südeuropa um 15 bis 20 Pf/kWh und in Nordafrika um 10 bis 15 Pf/kWh (4% Realzins, 30 Jahre Abschreibung) zur Verfügung stehen kann (vgl. Abb. 32.5). Erst wenn dieses Ziel - verknüpft mit dem Aufbau einer solaren Eigenversorgung in Nordafrika - in greifbare Nähe gerückt ist, kann auch ein solarer Energieexport nach Mitteleuropa als weiterer Schritt in eine solare Energiewirtschaft in Betracht kommen.

32.5 Solarer Energieverbund mit Europa

Elektrizitätstransport über große Entfernungen ist bereits heute energietechnischer Alltag. Seit den 50er Jahren kam es in Europa zu einer kontinuierlichen Ausweitung der Verbundwirtschaft. Gründe dafür sind eine verbesserte Ausnutzung von Kraftwerken, die Erhöhung der Versorgungszuverlässigkeit und die

Verbesserung technischer Qualitätsmerkmale wie Spannungs- und Frequenzkonstanz. Aufgrund der politischen Gegebenheiten entwickelten sich zunächst zwei völlig getrennte Verbundsysteme, das UCPTE-System in Westeuropa und das IPS/UPS-System in Osteuropa. Der politische Wandel in Osteuropa führt derzeit zu einer verstärkten Integration beider Systeme. Als erster Schritt wird voraussichtlich bis 1997 der Anschluß von Polen, Tschechien, Slowakei und Ungarn an das UCPTE-Netz erfolgen (Haubrich et al., 1994). Ein wachsender Verbund, insbesondere mit großer Ost-West-Ausdehnung, erlaubt einen starken tageszeitlichen Ausgleich der elektrischen Erzeugungsleistung. Überdies können weit entfernte Potentiale regenerativer Energiequellen auf diese Weise nutzbar gemacht werden. Zur Zeit wird eine Transportleitung in Betrieb genommen, mit der Wasserkraftstrom aus Norwegen und Schweden nach Deutschland exportiert werden kann. Auch eine Ankopplung Nordafrikas an das europäische Verbundnetz wird bereits realisiert. Noch 1996 soll ein Seekabel von Spanien nach Marokko mit einer Leistung von 600 MW_{el} in Betrieb genommen werden. Vorerst wird es zur Stromeinspeisung aus Europa genutzt werden, um Kapazitätsengpässe im marokkanischen Kraftwerkssystem zu beseitigen. Die entstehende Infrastruktur für einen internationalen, auch europäisch-afrikanischen Stromaustausch kann zukünftig auch genutzt werden für die Übertragung großer Strommengen aus Solarkraftwerken zwischen einzelnen Ländern und nach Mitteleuropa.

Für derartige Transportaufgaben wird die Hochspannungs-Gleichstrom-Übertragung (HGÜ) eingesetzt. Die Technik der HGÜ kann als ausgereift gelten. Insgesamt sind Leitungen von mehr als 11 000 km in Betrieb, 4 500 km werden zur Zeit errichtet. Die Übertragung von Solarstrom bis Mitteleuropa erfordert den Transport über eine Entfernung von rund 3 300 km. Ein solches Referenzsystem (IKARUS, 1994) hat Übertragungsverluste von 16% und kostet bei einer Leistung von 2 000 MW_{el} rund 3 Mrd. DM. Da die jährlichen Kosten zu 95% Kapitalkosten sind, hat Strom aus solarthermischen Kraftwerken mit thermischen Speichern wegen der höheren Ausnutzungsdauer der Übertragungsleitung eindeutige Kostenvorteile beim Transport gegenüber der Photovoltaik. Der Strom verteuert sich bei 3 600 jährlichen Vollaststunden dieser Kraftwerke lediglich um 5 bis 6 Pf/kWh, während der Strom aus Photovoltaikanlagen mit 8 bis 10 Pf/kWh belastet wird (vgl. Abb. 32.5). Längerfristig kann also Solarstrom in Mitteleuropa in einer Bandbreite zwischen 15 und 25 Pf/kWh bereitgestellt werden. Importierter Solarstrom ist damit kostengünstiger als der bei den hiesigen Einstrahlungsverhältnissen bereitstellbare Strom aus Photovoltaikanlagen gleicher Technologie. Darüber hinaus ist das jahreszeitliche Angebot sehr viel ausgeglichener als in Mitteleuropa. Während in Süddeutschland im Dezember weniger als 20% des Strahlungsangebots des Sommermaximums zur Verfügung stehen, sind es in Nordafrika immerhin noch fast 70%. Durch einen solaren Stromimport wird also nicht nur, bei gleicher installierter Leistung, mehr fossile Energie substituiert, sondern es kann auch mehr konventionelle Kraftwerksleistung eingespart werden als bei inländischer solarer Stromerzeugung. Erst bei sehr viel

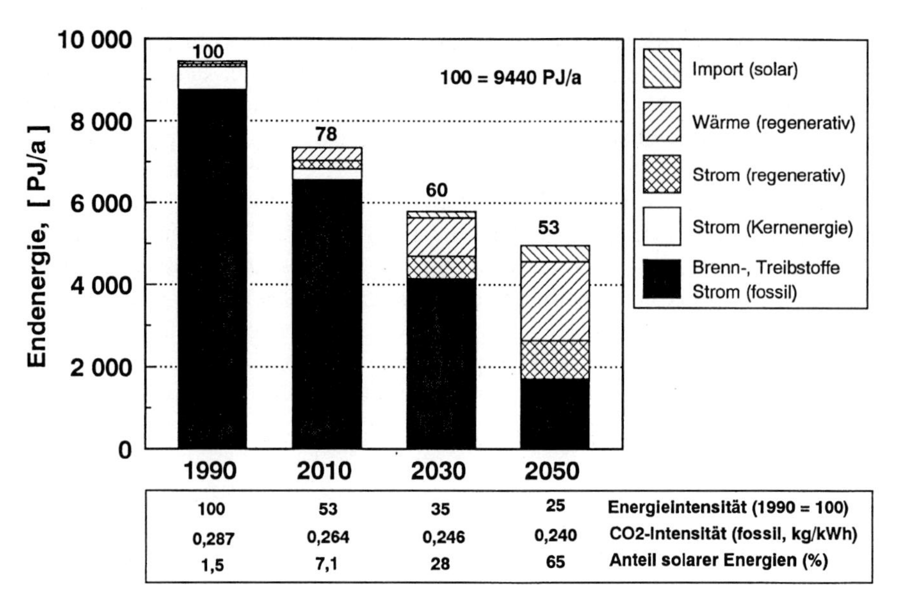

Abb. 32.6. Langfristszenario zur Entwicklung einer solaren Energiewirtschaft für Deutschland unter Einschluß von solarem Stromimport ab etwa 2020 (Quellen: Altner et al., 1995; EK-TA, 1990; eigene Berechnungen)

höheren Anteilen an der gesamten Stromerzeugung treten deshalb Stromüberschüsse und damit ein nennenswerter Speicherbedarf auf (Staiß, 1996b). Aufgrund dieser Merkmale spricht sehr viel dafür, den Import solarer Elektrizität zu einem wesentlichen Bestandteil einer Gesamtstrategie der Nutzbarmachung regenerativer Energiequellen im globalen Maßstab zu machen.

Die zeitliche Abfolge der Elemente einer derartigen „solaren" Gesamtstrategie und der Stellenwert eines interkontinentalen solaren Energieverbundes kann am Beispiel eines Langfristszenarios für Deutschland gezeigt werden, das auf der in Altner et al. (1995; vgl. Kap. 26) entwickelten Mittelfristperspektive für das Jahr 2010 aufbaut (vgl. Abb. 32.6). Dem Szenario liegen die eingangs erläuterten Voraussetzungen zugrunde. Im betrachteten Zeitraum lassen sich drei Entwicklungsphasen unterscheiden. Phase I wird im wesentlichen durch die Ausnutzung technischer und struktureller Energieeinsparmöglichkeiten geprägt, die bis 2010 eine Halbierung der Energieintensität erlauben und sie schließlich bis 2050 auf ein Viertel des heutigen Wertes reduziert. Trotz dann nahezu verdoppeltem Bruttoinlandsprodukt gegenüber heute kann daher der Energieverbrauch halbiert werden. In Phase II steht die Erschließung der inländischen Potentiale regenerativer Energiequellen im Vordergrund, die bis 2030 ein Viertel des Endenergiebedarfs decken. Bis zu diesem Zeitpunkt kann auch die Nutzung der Kernenergie auslaufen. Bis 2050 sind die inländischen technischen Potentiale regenerativer Energiequellen mit einem Deckungsbeitrag von gut 55% weitgehend ausgeschöpft. Der solare Import von Elektrizität könnte ab etwa 2020 beginnen und im Jahr

2030 einen Anteil am gesamten Stromangebot von 8 bzw. von 2,5% am gesamten Endenergiebedarf erreichen. Hierfür wird eine solare Kraftwerksleistung von etwa 15 GW_{el} (z.B. 75% solarthermisch, 25% photovoltaisch) in Nordafrika benötigt. Im Jahr 2050 kann der Versorgungsbeitrag des solaren Imports bereits bei 20% des Stromangebots bzw. bei 8% am Endenergiebedarf liegen, was einer Kraftwerksleistung von rund 40 GW_{el} entspricht. Der gesamte regenerative Anteil in dieser Energiewirtschaft des Jahres 2050 beträgt 65%, ihr CO_2-Ausstoß ist auf 140 Mio. t/a gesunken, also auf 15% des Wertes von 1994. Das klimapolitische Ziel einer drastischen Reduzierung der CO_2-Emissionen in einem Industrieland wäre erreicht.

32.6 Den ersten Schritt tun!

Eine erfolgreiche solare Entwicklungsstrategie verlangt eine wesentlich intensivere und verbindlichere Nord-Süd-Kooperation. Wachsender Energiebedarf bei gleichzeitig großem Angebot an regenerativen Energiequellen prädestinieren einerseits viele Entwicklungsländer für einen intensiven Einsatz der entsprechenden Technologien. Ihre Markteinführung und ihre technische Weiterentwicklung zusammen mit der Schaffung der energiepolitischen und finanziellen Voraussetzungen müssen andererseits zunächst hauptsächlich in den Industriestaaten stattfinden. Nur als Vorbild werden sie glaubhaft machen, daß regenerative Energiequellen die Grundlage einer Energiewirtschaft sein können, die gleichzeitig der Schonung der Umwelt *und* der Schaffung von Wohlstand dient. Sie müssen gleichzeitig mit entsprechendem wissenschaftlichen, technischen, aber vor allem finanziellen Engagement dafür sorgen, daß in den geeigneten Entwicklungsländern die solaren Energietechniken Fuß fassen und die Basis einer zukünftigen Energieversorgung bilden können.

Die Europäische Gemeinschaft wird immer stärker mit den wachsenden ökonomischen und sozialen Konflikten Afrikas konfrontiert werden. Eine zentrale Voraussetzung für das erforderliche wirtschaftliche Wachstum und damit auch ein Beitrag für die politische Stabilisierung und Befriedung dieses Kontinents ist eine ausreichende und für jeden verfügbare, ökologisch unbedenkliche und unerschöpfliche Energieversorgung. Auch die wachsenden Friedenschancen im Nahen Osten lassen sich durch eine Unterstützung im Bereich der solaren Energietechnologien verbessern. In ihrem eigenen Interesse ist es daher, wenn die Europäische Gemeinschaft die Initiative zu einer partnerschaftlichen, innovativen und zukunftsfähigen Energiepolitik im Mittelmeerraum ergreift. Kaum ein anderer Bereich eignet sich so gut für gemeinsame Projekte und bietet mittel- und langfristig so viele Vorteile für beide Partner, kein anderer nutzt dem Klimaschutz und der Umwelt mehr.

Der erste konkrete Schritt muß allerdings *jetzt* getan werden. Dazu gehört, daß die erläuterten Kraftwerkstechnologien - aber auch die anderen Technologien der Nutzung regenerativer Energiequellen - schnellstmöglich einen Stand erreichen, der einen problemlosen kommerziellen Einsatz erlaubt. Es sollten daher in den nächsten Jahren in verschiedenen Ländern des südlichen und nördlichen Mittelmeerraums eine hinreichend große Anzahl solarer Kraftwerke im Leistungsbereich von einigen 10 bis etwa 200 MW_{el} errichtet und in die dortigen Stromversorgungssysteme integriert werden. Zur Zeit sind einige positive Ansätze erkennbar (Staiß, 1996a; Pilkington, 1996), sie müssen allerdings deutlich verstärkt werden. Wirksame Finanzierungskonzepte sind von besonderer Bedeutung, für die neben einer maßgeblichen öffentlichen Förderung auch privates Kapital durch geeignete CO_2-Kompensationsmaßnahmen mobilisiert werden sollten. Auch eine stärkere Verpflichtung global operierender Technologie- und Energiekonzerne und europäischer Stromversorger für diese Aufgabe sollte politisch erreicht werden.

Europas industrielle Entwicklung und sein Wohlstand in der Nachkriegszeit beruhen zu einem guten Teil auf den fossilen Energiequellen und Rohstoffen afrikanischer und nahöstlicher Länder. Eine angemessene „Gegenleistung“ kann darin bestehen, daß die europäischen Staaten einen Teil ihres Wissens, ihrer technologischen Fähigkeiten und ihrer Finanzkraft einbringen, diese Länder bei ihrer Entwicklung zu prosperierenden und politisch stabilen Nationen tatkräftig zu unterstützen und darüber hinaus für ihre eigene Energieversorgung längerfristig eine gesicherte Basis zu schaffen.

33 Energieoptionen für eine langfristige Nord-Süd-Energiepartnerschaft im westlichen Mittelmeer

Hans Günter Brauch

33.1 Mittelmeerpolitik der Europäischen Union und erneuerbare Energien

In dem Grünbuch der Europäischen Kommission zur Energiepolitik der EU (1995) wurden zwei Kernziele genannt: die *Versorgungssicherheit* und die *Vereinbarkeit mit dem Umweltschutz*, d.h. auch mit den Verpflichtungen aus der Klimarahmenkonvention (vgl. Kap. 14). Owsianowski (Kap. 20) hat am Beispiel Marokkos das Potential erneuerbarer Energien dargestellt und Nitsch/Staiß (Kap. 32) haben einige technische Perspektiven eines solaren Energieverbundes für Europa und den Mittelmeerraum entwickelt, mit denen beide Ziele auch in Zukunft im Rahmen einer kooperativen Politik lösbar sind. Mit der Realisierung dieser Perspektiven könnte auch - so lautet die Kernthese dieses Beitrages - ein Beitrag zur Eindämmung der neuen Herausforderungen geleistet werden, mit denen die Staaten Nordafrikas und damit auch indirekt die Staaten der Europäischen Union (EU) im 21. Jahrhundert konfrontiert sein werden.

Die Energieabhängigkeit der EU-Staaten von den Staaten Nordafrikas und des Mittleren Ostens ist seit Jahrzehnten eine Realität. Gleichermaßen sind die Erdöl und Erdgas exportierenden Staaten (vor allem Algerien und Libyen) wirtschaftlich vom Export ihrer fossilen Energien - vor allem in die EU - abhängig. Die Energieinterdependenz zwischen den Staaten der EU und den südlichen Mittelmeeranrainerstaaten ist dagegen ein neues politisches Ziel, das bei der Sitzung des Europäischen Rates in Cannes (Juni 1995) und bei der Mittelmeerkonferenz der EU in Barcelona (November 1995) formuliert wurde.

Diese Abhängigkeit der EU-Staaten vom Erdöl und Erdgas aus Algerien und Libyen wird sich in den kommenden Dekaden aus zwei Gründen verändern: *Erstens* werden die fossilen Energiereserven in einigen Jahrzehnten erschöpft sein und *zweitens* werden die Industriestaaten ihren Verbrauch fossiler Energiequellen im 21. Jahrhundert deutlich reduzieren müssen, wenn sie ihre Verpflichtungen nach der Klimarahmenkonvention (KRK) erfüllen wollen. Demnach sollen die EU-Staaten bis zum Jahr 2000 ihre CO_2-Emissionen auf das Niveau von 1990 einfrieren, und nach Vorschlägen des Intergovernmental Panel on Climate

Change (IPCC) sollen die Industriestaaten diese bis 2005 um 20%, bis 2020 um 40% und bis 2050 gar um 80% reduzieren (vgl. Tabelle 33.5; Brauch, 1996a). Wenn dieses Ziel umgesetzt wird, impliziert dies einen grundlegenden Wandel in der Energienachfrage durch einen Übergang von fossilen zu nicht-fossilen Energiequellen (Kernenergie oder erneuerbare Energien).

Der Rückgang im Angebot und in der Nachfrage nach Erdöl (und zu einem geringeren Maße nach Erdgas) wird die wichtigste Devisenquelle für Algerien (1990 ca. 96% der Einnahmen) und Libyen (1990 fast 100%) in den kommenden drei Jahrzehnten beschneiden, während die Bevölkerung der Staaten Nordafrikas sich bis 2025 voraussichtlich verdoppeln wird, was gleichzeitig zu einem Anstieg der Binnennachfrage nach Energie, aber auch nach Wasser und Lebensmittelimporten führen wird und zudem einen zusätzlichen Energiebedarf für die Meerwasserentsalzung schafft. Diese Lage wird durch die fortschreitende Desertifikation und die Folgen des Klimawandels für die semiariden Gebiete des Maghreb noch verschärft. Die voraussehbaren Folgen dieser Kumulation von Krisenfaktoren sind eine fortschreitende Landflucht, ein Anwachsen der Armut und der Radikalisierung, wodurch der Migrationsdruck von Nordafrika nach Europa steigt.

Dieses Kapitel behandelt die Herausforderungen, mit denen die Staaten Nordafrikas zu Beginn des 21. Jahrhunderts konfrontiert werden, und die klimapolitischen Verpflichtungen der EU-Staaten. Die beiden Kernfragen lauten:

- Gibt es eine Strategie, die es den EU-Staaten erlaubt, ihre Verpflichtungen nach der KRK zu erfüllen, indem sie den Staaten Nordafrikas helfen, ihren komparativen Vorteil aufgrund hoher Sonneneinstrahlung zugunsten der Erzeugung erneuerbarer Energien sowohl für den eigenen Gebrauch als auch für den Export nach Europa zu nutzen?
- Ist eine *neue* längerfristige Energieinterdependenz auf der Grundlage erneuerbarer Energien denkbar, die für die Staaten Nordafrikas neue Arbeitsplätze und Einnahmequellen schafft und die dazu beitragen kann, den Migrationsdruck zu senken? Welchen Beitrag kann die neue Mittelmeerpolitik der EU als Teil einer präventiven Diplomatie leisten, um diesen Krisen durch kooperative und partnerschaftsbildende Maßnahmen (Brauch, 1994a, 1994b, 1994c) entgegenzuwirken? Die Energieinterdependenz wird dabei aus der Perspektive der Konfliktvermeidung untersucht.

33.2 Herausforderungen im westlichen Mittelmeer

Im 21. Jahrhundert wird Nordafrika mit vier eng verknüpften Herausforderungen konfrontiert: einem andauernd hohen Bevölkerungswachstum, abnehmenden Wasserressourcen mit negativen Auswirkungen auf die Ernährungssituation. Hinzu kommen die voranschreitende Wüstenbildung und die Folgen des prognostizierten Klimawandels, die den Migrationsdruck erhöhen und zu einer zentralen Herausforderung für die Mittelmeerpolitik der EU werden.

33.2.1 Demographische Entwicklung und Projektionen für Nordafrika

Die Bevölkerung der fünf nordafrikanischen Staaten nahm von 77,3 Mio. im Jahr 1974 über 90 Mio. im Jahr 1980 auf 115,9 Mio. im Jahr 1990 zu (EU, 1994b: 127) und nach Schätzungen der UNO (Ruf, 1993: 112) wird die Bevölkerung bis zum Jahr 2025 auf 213 Mio. steigen (vgl. Tabelle 33.1). Projektionen des IIASA nehmen an, daß die Bevölkerung Nordafrikas (einschließlich des Sudan) von 140 Mio. im Jahr 1990 auf zwischen 276 und 388 Mio. bis zum Jahr 2030 sowie auf zwischen 299 und 625 Mio. im Jahr 2050 und zwischen 379 und 827 Mio. im Jahr 2100 ansteigen wird (Lutz, 1994: 357, 451, 466).

Tabelle 33.1. Demographische und ökonomische Entwicklungen im Maghreb und in Ägypten (Quellen: für die Bevölkerungsdaten zu den Maghreb-Staaten vgl. Jellali/Jebali, 1994: 149 und für die anderen Daten vgl. Ruf, 1993: 112-118; Büttner/Büttner, 1993: 160)

	Größe in	Bevölkerung in Mio.					BSP '90	BSP/Kopf		Schulden	
	Tsd.km^2	1950	1960	1990	2000	2025	in Mio.$	1980	1990	Mrd$	%BSP
Algerien	2 386	8,75	10,8	25,0	32,9	52,0	4 2150	1 870	2 060	24,3	52,9
Libyen	1 760	1,03	1,30	4,55	6,5	12,8	3 2900	8 640			
Marokko	447	8,95	11,6	25,1	31,4	45,7	25 220	900	950	22,3	97,1
Tunesien	164	3,53	4,20	8,18	10,0	9,93	11 080	1 310	1 440	6,72	62,4
Ägypten	1 001	*30,1* *1966*	*36,6* *1976*	*54,8* *1992*	62,0	86,0	33 210	580	600	35,2	126

33.2.2 Ökologische Herausforderungen: Desertifikation und Klimawandel

Neben dem Bevölkerungswachstum sind die nordafrikanischen Staaten mit zwei ökologischen Herausforderungen konfrontiert: a) der Desertifikation, wodurch die agrarische Anbaufläche ständig abnimmt und b) den Auswirkungen des Klimawandels, der den Prozeß der Desertifikation verstärkt.

Die erste Konferenz der Vereinten Nationen zur Desertifikation (Nairobi, 1977) schlug folgende Definition vor, wonach die menschliche Tätigkeit durch ein Mißmanagement bei der Landnutzung zu einer Verminderung (Degradierung) bzw. Zerstörung des biologischen Potentials des Landes wüstenähnliche Bedingungen in Gebieten schafft, die sonst für die Lebensmittelproduktion genutzt werden könnten (Mensching, 1990: 2; Tolba, 1979: 6). Von diesem Prozeß sind vor allem die ariden und semiariden Gebiete, z.B. Nordafrikas und der Sahelzone, betroffen. Die UNO-Konferenz für Umwelt und Entwicklung in Rio de Janeiro (1992) initiierte einen Verhandlungsprozeß, der zu einer Desertifikationskonvention führte, die im Oktober 1994 zur Unterzeichnung aufgelegt wurde.

Der Maghreb kann auch ein Opfer der aus Klimamodellrechnungen (Schönwiese, 1996b) abgeleiteten Veränderungen bei einzelnen Klimaparametern (z.B. bei der Temperatur, Niederschlägen, Wolkenbildung usw.) werden. Nach der 2. Klima-Enquête-Kommission werden bei einer globalen Erwärmung u.a. die Anzahl der Regentage in den mittleren Breitengraden ab- und die Häufigkeit extremer Wetterereignisse wie Dürren, Stürme und Überschwemmungen zunehmen. Davon werden vor allem die semiariden Vegetationszonen betroffen sein,

> die bereits auf eine gefährliche Verschiebung der Niederschlagsmengen empfindlich reagieren. Hier werden die Klimaveränderungen auch absolut am gravierendsten sein. Im einzelnen sind folgende Regionen als besonders sensibel bezeichnet worden: in Afrika: Maghreb, Westafrika, Horn von Afrika, südliches Afrika. ... Diese Regionen werden zusätzlich große Anpassungsprobleme haben, weil es hier an fruchtbarem Boden, Bewässerung, dürretolerantem Saatgut, technischen Adaptionsmöglichkeiten sowie nicht zuletzt Kapital auf seiten der Bauern und angemessenen Preisen für ihre Produkte mangelt (EK II, 1992: 132-133).

Eine UNEP-Studie (Jeftic/Milliman/Sestini, 1992: 12) erörterte die Auswirkungen eines angenommenen Temperaturanstieges von 1,5 und 3 °C auf die Niederschläge und die Verdunstung im Mittelmeer. Die Autoren kamen zu dem Ergebnis, daß der prognostizierte Klimawandel bereits bestehende Probleme verschärft und daß vor allem menschliche Aktivitäten, die durch das Bevölkerungswachstum und die Landflucht ausgelöst werden, zu schweren ökonomischen, ökologischen, sozialen und politischen Problemen führen werden.

33.2.3 Auswirkungen dieser Herausforderungen auf das Trinkwasser und die Ernährung

In Nordafrika besteht bereits heute akuter Wassermangel. Die Dürreperioden in den 80er und 90er Jahren hatten direkte negative Auswirkungen auf die Agrarproduktion und, vor allem in Marokko, auch auf die gesamte Volkswirtschaft. Das Wassermanagement wird deshalb in der Zukunft noch wichtiger werden. Jellali und Jebali (1994: 148) haben auf die delikate hydrologische Situation im Maghreb hingewiesen, die im Jahr 2020 zu einer totalen Nutzung aller Wasserressourcen führt. Die Trockenheit wird im Maghreb als Folge wachsender Nachfrage nach Wasser und des Wettbewerbs um den Zugang zu diesem knappen Gut zunehmen. Die Verfügbarkeit von Wasser pro Kopf wird in Marokko von 1,19 (1000 m^3) im Jahr 1990 auf 0,65 im Jahr 2025, in Algerien von 0,76 auf 0,36 und in Tunesien von 0,84 auf 0,30 abnehmen. In einigen Gebieten hat die Übernutzung des Grundwassers schon heute langfristige negative Folgen ausgelöst.

33.2.4 Herausforderung für die EU: Migration aus Nordafrika

Während das Bevölkerungswachstum in Nordafrika den Bedarf an Trinkwasser und für die Bewässerung erhöht, wird die zunehmende Desertifikation und der globale Klimawandel das landwirtschaftlich nutzbare Gebiet im Maghreb weiter reduzieren. In Algerien wird in einigen Jahrzehnten der Rückgang der Deviseneinnahmen aus dem Export von Öl und Gas auch die Fähigkeit zum Kauf von Lebensmitteln aus dem Ausland reduzieren. Deshalb werden der Wassermangel und die Ernährungsengpässe zu zentralen Determinanten einer doppelten Landflucht werden: aus den Dörfern in die Elendsgebiete der Großstädte bzw. ins Ausland und hier vor allem in die EU-Staaten.

In der Vergangenheit war ein Ventil für das Bevölkerungswachstum im Maghreb die Emigration nach Europa. Im Jahr 1992 lebten insgesamt 1 997 248 Maghrebiner, davon 1 081 437 aus Marokko, 640 571 aus Algerien und 275 240 aus Tunesien in den zwölf EU-Mitgliedsstaaten, davon allein 1 393 195 in Frankreich, 167 082 in den Niederlanden, 162 956 in Belgien und 111 423 in Deutschland. Während die meisten Algerier sich in Frankreich niederließen (614 207), emigrierten die Marokkaner nach Frankreich (572 632), in die Niederlande (163 697), nach Belgien (145 600), Deutschland (75 145), Italien (61 695) und Spanien (49 513) (Nuscheler, 1995: 251). Der Anteil der Maghrebiner in der EU ist noch größer, wenn man diejenigen hinzurechnet, die die Staatsbürgerschaft in ihren Gastländern erworben haben sowie die illegalen Bewohner und die Asylbewerber einbezieht.

Im Jahr 1992 war die marokkanische Gemeinschaft im Ausland nach Haddaoui (1993: 42) mit 1 701 450 noch größer, von denen 1 425 150 bzw. 83,8% in den EU-Staaten, hauptsächlich in Frankreich (720 000 bzw. 42,3%), den Niederlanden (190 000 bzw. 11,2%), in Belgien (170 000 bzw. 10,0%), in Italien (130 000 bzw. 7,6%), Spanien (90 000 bzw. 5,3%) und Deutschland (80 000 oder 4,7%) lebten. Die Geldüberweisungen dieser Marokkaner im Ausland entsprechen etwa 43% des Nationaleinkommens aus den Exporten.

Ein signifikanter Teil der wachsenden Bevölkerung wird auch in Zukunft versuchen, nach Europa auszuwandern. Eine IIASA-Studie von Lutz et al. (1994: 400-402) nimmt an, daß zwischen 240 000 (zentrales Szenario) und 475 000 (hohes Szenario) Nordafrikaner (aus Ägypten, dem Sudan, Libyen, Tunesien, Algerien, Marokko und der Westsahara) jährlich versuchen werden, zu emigrieren, davon zwischen 140 000 und 275 000 in die EU-Staaten.

Welchen Beitrag kann eine Politik einer langfristig angelegten Energieinterdependenz im Mittelmeer auf der Grundlage des Potentials erneuerbarer Energien, wie dies auf der Tagung des Europäischen Rates im Juni 1995 in Cannes vorgeschlagen wurde, leisten, um den wachsenden Energiebedarf in der Region zu befriedigen und neue Exporteinnahmen aus erneuerbaren Energiequellen (Wind, Solarthermie und Photovoltaik) zu schaffen?

33.3 Energieinterdependenz im westlichen Mittelmeer

Nach dem Papier der EU-Kommission zur Schaffung einer euro-mediterranen Partnerschaft vom 19.10.1994 betrug die Energieabhängigkeit der damals zwölf EU-Staaten von den zehn südlichen und östlichen Mittelmeeranrainern im Vergleich mit den sieben Staaten Mittel- und Osteuropas insgesamt 24:1, davon 32:0 für Erdgas und 27:0,5 für Erdöl. Von diesen zehn Staaten exportierten nur Algerien und Libyen fossile Energien nach Europa (EU, 1994a: 28).

33.3.1 Energiestatistik für Nordafrika

In der Gesamtregion wurde die eigene Energieproduktion im Jahr 1992 durch Öl (74%) und Erdgas (25%) bestimmt. Als Folge des Bevölkerungszuwachses (vgl. Tabelle 33.2) nahm der Bruttoenergieverbrauch in allen fünf nordafrikanischen Staaten zwischen 1974 und 1992 um jährlich 5% zu.

Tabelle 33.2. Energieproduktion, -verbrauch und -export der Staaten Nordafrikas (Quelle: EU, 1994b: 126-132; Energieeinheit MTOE)

	Energieproduktion						Bruttoinlandsverbrauch						Nettoexporte/-**Importe**					
	1974		1986		1992		1974		1986		1992		1974		1986		1992	
	Öl	Gas	Öl	Gas	Öl	Gas	Öl	Gas	Öl	Gas	Öl	Gas	Öl	Gas	Öl	Gas	Öl	Gas
Nordafrika	**139**	**8,1**	**154**	**42**	**188**	**63**	**17**	**3,2**	**41**	**21**	**51**	**28**	**121**	**5,0**	**111**	**21**	**137**	**35**
Algerien	52	4,7	55	33	60	49	3,0	2,0	8,5	13	10	15	48	2,7	45	20	50	34
Libyen	75	3,1	52	4,0	75	5,8	2,0	0,9	5,3	3,1	6,9	4,1	74	2,3	47	0,8	68	1,8
Marokko	0,0	0,1	0,0	0,1	0,0	0,1	2,8	0,0	4,7	0,0	5,5	0,0	**3,0**	**0,0**	**4,7**	**0,0**	**5,5**	**0,0**
Tunesien	4,3	0,2	5,4	0,4	5,5	0,3	1,5	0,2	3,0	0,7	3,7	0,9	2,6	0,0	2,4	0,3	1,7	0,6
Ägypten	7,6	0,0	42	4,3	47	8,0	7,3	0,0	20	4,3	24	8,0	0,0	0,0	22	0,0	23	0,0

Der Bruttoinlandsverbrauch pro Kopf variierte beträchtlich zwischen 0,28 t Erdöläquivalenten (TOE) pro Kopf in Marokko, 0,62 in Ägypten 0,64 in Tunesien, 1,1 in Algerien und 2,32 in Libyen. Das BIP pro Kopf fiel um 1,1% pro Jahr. Nach Statistiken der EU-Kommission sind für diesen Rückgang vor allem Libyen (-7%) und Algerien (-3%) verantwortlich, während Ägypten und Tunesien Rückgänge von über 2% pro Jahr im selben Zeitraum aufwiesen. Nur in Marokko wuchs das BIP im selben Zeitraum um etwas mehr als 1% jährlich. Seit 1990 weisen alle Staaten außer Tunesien einen Rückgang auf (EU, 1994b: 126). 1992 betrug das Verhältnis beim BIP pro Kopf bei den 12 EU-Staaten (19 242 $) und in den Maghreb- und Maschrek-Staaten (993 $) 19:1 (EU, 1994a: 26).

33.3.2 Anteil von Öl und Erdgas an den Exporten Algeriens

Im Jahr 1990 waren sowohl Libyen als auch Algerien sehr stark von Öl- und Gasexporten abhängig (vgl. Tabelle 33.2). Das Volumen ihrer Ölexporte blieb im Zeitraum von 1974 bis 1992 konstant, während die Gasexporte in Algerien signifikant von 2,7 auf 33,8 MTOE anstiegen. In Algerien beruhten 65% aller Exporte auf Erdöl und weitere 32% auf Erdgas. Von 1988 bis 1992 gingen 60 bis 70% der Exporte Algeriens in die EU-Staaten. Deshalb ist die gegenwärtige Energieabhängigkeit ziemlich einseitig (vgl. Tabelle 33.3).

Tabelle 33.3. Algeriens Exporte und Importe mit den EU-Staaten in Mio. US $ (Quelle: Statistisches Bundesamt, 1994: Tabellen 9.1, 9.4. und 9.5.)

	Exporte					Importe				
	1988	1989	1990	1991	1992	1988	1989	1990	1991	1992
EU insges.	**5 038**	**5 911**	**7 954**	**8 338**	**7 826**	**4 698**	**5 578**	**6 794**	**5 845**	**5 620**
Frankreich	1 135	1 295	1 696	1 859	1 698	1 719	2 219	2 981	2 394	2 467
Deutschland	840	709	912	1 028	1 432	863	853	1 022	813	592
Italien	1 455	1 940	2 362	2 673	2 242	889	1 300	1 284	1 223	1 169
Spanien	414	538	780	934	931	398	408	635	712	777
USA	1 812	1 801	2 589	2 068	1 540	801	834	1 042	800	744
Summe	**8 155**	**9 454**	**13 306**	**12 645**	**11 137**	**7 399**	**9 209**	**10 122**	**9 045**	**8 648**

33.3.3 Energieverbrauch und Öl- und Gasreserven in Nordafrika

Während die Bevölkerung Nordafrikas von 1974 bis 1992 um 158% zunahm, wuchs der gesamte Bruttoinlandsenergieverbrauch im gleichen Zeitraum um 184% oder um 6% jährlich bzw. um 133,3% pro Kopf (4,8% pro Jahr). In Nordafrika nahm die Gesamtenergienachfrage von 1974 bis 1991 um 210% zu (EU, 1994b: 126-127). Auf der Grundlage der Bevölkerungsprojektionen kann man annehmen, daß der Inlandsenergieverbrauch weiterhin wachsen wird und daß damit ein wachsender Anteil des Energieangebots in der Region verbraucht wird. Wie lange werden die bekannten Öl- und Gasreserven in Nordafrika reichen, wenn die gegenwärtige Produktionsrate anhält?

Nach offiziellen deutschen Energieschätzungen (BMWi, 1994a: 90) befinden sich nur etwa 6% der globalen Ölreserven in Afrika, 2% in Europa und 3% in Nordamerika, aber 66% im Mittleren Osten. In Libyen lagern ca. 2,2% der bekannten Welterdölreserven und bei einer konstanten Förderungsrate werden diese noch 44 Jahre (bis etwa 2037) reichen. Die bekannten Erdölreserven Algeriens betragen etwa 0,9% und sie werden voraussichtlich noch ca. 21 Jahre (bis ca. 2014) reichen. Beim Erdgas verfügt Algerien über einen Anteil von 2,6% an den Welterdgasreserven und dies würde Algerien ca. weitere 72 Jahre eine sichere Einnahmequelle garantieren, wenn die gegenwärtige Förderung konstant bliebe. Dies ist allerdings unwahrscheinlich, da die Gasexporte nach Fertigstellung der Erdgaspipeline, die Algerien über Marokko und Spanien mit Portugal, Frankreich und Mitteleuropa verbinden wird, deutlich ansteigen werden. Die bekannten Erdgasreserven Libyens belaufen sich auf 0,9% der globalen Reserven (BMWi, 1994a: 91). Falls keine neuen Öl- und Gasvorräte entdeckt werden, ist es nur eine Frage von Jahrzehnten, bis in Algerien und Libyen diese wichtige Einnahmequelle versiegen wird.

33.3.4 Energieverbrauch und die CO_2-Emission der EU-Staaten

Seit den 70er Jahren wuchs allmählich das Bewußtsein, daß eine andauernde unkontrollierte Wirtschaftsentwicklung zu Umweltschäden und langfristig zu einer Gefährdung des Überlebens der Menschheit führen wird. Das Ozonloch und der Treibhauseffekt durch wachsende Konzentrationen von CO_2 in der Atmosphäre (vgl. Schönwiese, 1996a, 1996b) erforderten kooperative Gegenmaßnahmen und diplomatische Anstrengungen, die zu einem entwickelten Ozon- und zu einem sich im Entstehen befindlichen Klimaregime führten (vgl. Gehring, 1996; Ott, 1996; Quennet-Thielen, 1996). Die Klimarahmenkonvention (KRK) verfolgt das Ziel, die Treibhausgaskonzentrationen in der Atmosphäre auf einem Niveau zu stabilisieren, „auf dem eine gefährliche anthropogene Störung des Klimasystems verhindert wird" (Brauch, 1996a: 336). Hauptaufgabe der Industriestaaten ist es, einzeln oder gemeinsam zu ihren Emissionsraten von 1990 zurückzukehren und zusätzliche Mittel für die Entwicklungsländer bereitzustellen, um diesen bei der Einhaltung ihrer Verpflichtungen zu helfen. Die KRK geht von dem Prinzip aus, daß die Industriestaaten als die Hauptemittenten auch den größten Teil der Kosten für deren Reduzierung aufbringen sollen.

Zwischen 1950 und 1986 haben sich die globalen CO_2-Emissionen von 1,62 auf 5,6 Mrd. t Kohlenstoff verdreifacht (Grubb, 1990: 14). Die Industriestaaten verursachen etwa 80% der globalen CO_2-Emissionen. 1986 betrug der Anteil Nordamerikas 28%, der Westeuropas 15,5%, der früheren UdSSR und der RGW-Staaten 21,5% sowie der Japans und Australiens 12,0%. Mit anderen Worten, die OECD-Staaten waren für 55,5% der Emissionen verantwortlich (Schönwiese/Diekmann, 1989: 67).

Im Jahr 1988 entsprach der Anteil der zwölf EU-Staaten an der Weltbevölkerung 6,2%, am BSP 24,4% und an den CO_2-Emissionen mit 744 Mio. t Kohlenstoff (C) ca. 12,3% und 2,31 t/pro Kopf, im Vergleich mit 5,85 für die USA, 3,58 für die ehemalige UdSSR und 2,35 für Japan. Die vier EU-Staaten im westlichen Mittelmeer emittierten 297 Mio. t C oder 34,6% der EU-Summe. Beide deutsche Staaten emittierten vor der Wiedervereinigung allein 267 Mio. t C, was den CO_2-Emissionen des afrikanischen Kontinents entsprach (vgl. Tabelle 1.3). Wie werden sich der globale Energieverbrauch, die Zusammensetzung des Energiemixes und die CO_2-Emissionen voraussichtlich im 21. Jahrhundert entwickeln?

33.3.5 Szenarien zum zukünftigen Energieverbrauch und zu CO_2-Emissionen

Für den Zeitraum von 1980 bis 2100 stellten Krause/Bach/Koomey (1990: I.10-31) das höchste (Edmonds et al., 1984) und das niedrigste (Lovins, 1981) veröffentlichte globale Energieverbrauchsszenario gegenüber, und für einen mittleren Zeitraum bezogen sie das niedrige IIASA-Szenario (Haefele et al., 1981) ein. Aufgrund der Annahmen dieser Modelle können verschiedene politische Schlußfolgerungen im Hinblick auf die CO_2-Reduzierungen und den zukünftigen Energiemix der EU-Staaten abgeleitet werden.

Während sich der Verbrauch fossiler Energien von 1900 bis 1980 verzwölffachte, ging das Oak-Ridge-Szenario - auf der Basis eines jährlichen Zuwachses von 2,5% - davon aus, daß sich die CO_2-Emissionen von 1980 bis zum Jahr 2100 verzweiundzwanzigfachen werden, was zur Folge hätte, daß die ökonomisch und technisch abbaubaren Reserven zwischen den Jahren 2026 und 2065 erschöpft sein werden. Das Energieeffizienzszenario von Lovins et al. (1981) würde dagegen auf der Grundlage, daß alle kosteneffektiven Energiesparmaßnahmen bis zum Jahr 2030 voll implementiert würden, zu einem Rückgang des jährlichen Verbrauchs fossiler Energien um 3,2% führen. Das mittlere Szenario (IIASA-Low) bietet Projektionen der Energienachfrage für den Zeitraum von 1975 bis 2030. Eine lineare Extrapolation dieses Szenarios bis zum Jahr 2100 impliziert, daß die kumulativen CO_2-Emissionen achtmal so hoch wie beim Energieeffizienzszenario wären. Zwischen 1980 und 2030 würde dies zu einem Ansteigen der Weltdurchschnittstemperatur um 1,6°C beim höchsten, um 0,9°C beim mittleren und um 0,35°C beim niedrigsten Szenario führen.

Die erste Klima-Enquête-Kommission (EK I, 1990c, Bd. 1: 344-345) erörterte acht mögliche Szenarien, von denen hier nur zwei vorgestellt werden, das „Status-quo"-Szenario (EK-A) nahm drastische Zunahmen bei den CO_2-Emissionen um 280% zwischen 1990 und 2100 an. Auf der Grundlage von Daten des Jahres 1987 schlug das CO_2-Reduzierungsszenario (EK-D) nationale Reduzierungsziele als Teil eines globalen Emissionsreduzierungsplanes vor (vgl. Abb. 33.1). Die Kommission nahm Reduzierungen der CO_2-Emissionen bei den Industriestaaten und Erhöhungen bei den Entwicklungsländern an (vgl. Tabelle 1.6. und 33.4)

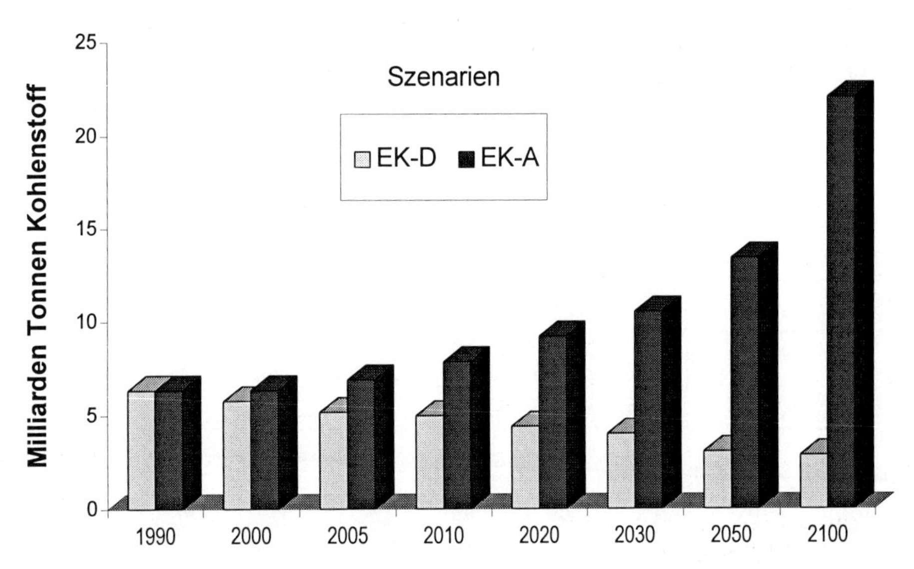

Abb. 33.1. CO_2-Emissionen fossiler Brennstoffe in den EK-Szenarien A (Status-quo) und D (erstellt nach EK I, 1990c, Bd. 1: 351, Abb. 4)

Tabelle 33.4. Reduzierung der CO_2-Emissionen nach Ländergruppen (Quelle: Daten nach EK I, 1990c, Bd. 1: 356)

	Bundesrep. Deutschland	Westeuropa	UdSSR & Osteuropa	Industriestaaten	Entwicklungsländer	Industriest./ Entwickl.
Bis 1990	+5%	+5%	+5%		+11%	+6%
Bis 1995	+5%	+7%	+8%		+24%	+10%
Bis 2000	-10%	-4%	+5%		+37%	+4%
Bis 2005	-30%	-20%	-10%	-20%	+50%	-5%
Bis 2020	-50%	-40%	-30%	-40%	+60%	-20%
Bis 2050	-80%	-80%	-80%	-80%	+70%	-50%

Welche Maßnahmen müssen die EU-Staaten nach diesem globalen CO_2-Reduzierungsszenario ergreifen, um ihre Verpflichtungen aus der KRK zu erfüllen?

33.3.6 Schlußfolgerungen aus den globalen Szenarien für die Energiepolitik

Die Enquête-Kommission für Technikfolgenabschätzung des Bundestages (EK-TA, 1990) untersuchte zwei Energiepfade, um die CO_2-Emissionen bis zum Jahr 2005 um 25% und bis 2050 um 75% zu vermindern, wobei der erste Energiepfad bis 2005 von einem völligen Ausstieg aus der Kernenergie und der zweite von einem signifikanten Anstieg des Kernenergieanteils ausging (Tabelle 33.5).

Tabelle 33.5. Struktur des Primärenergieverbrauchs in beiden Energiepfaden in % des Gesamtenergieverbrauchs (Quelle: EK-TA, 1990: 10)

		Hauptpfad I			Hauptpfad II		
Energiequelle	1988	2005	2025	2050	2005	2025	2050
Fossile Energien	85,4	88,7	65,2	36,6	70,6	50,9	26,7
Kohle	27,3	32,9	21,8	9,7	17,0	8,5	0,9
Mineralöl	41,9	34,4	27,9	15,7	34,8	25,4	14,8
Erdgas	16,2	21,3	15,5	11,2	18,8	17,0	11,0
Kernenergie	12,1	-	-	-	22,7	29,8	34,6
Erneuerbare Energiequellen	2,5	11,3	34,8	63,4	6,7	19,3	38,7
Inland	2,5	11,3	25,3	36,6	6,7	16,8	26,5
Import	-	-	9,5	26,8	-	2,5	12,2
Gesamtverbrauch (%)	100	100	100	100	100	100	100
(in Mio. t SKE/a)	389	287	260	219	361	333	299
(in TWh/a)	3 170	2 338	2 119	1 780	2 938	2 713	2 436

Beide Energiepfade streben eine signifikante Reduzierung des Anteils der fossilen Energien von 85,4% im Jahr 1988 auf 36,6% (Pfad I) oder auf 26,7% (Pfad II) bis 2050 an, während der Anteil der erneuerbaren Energien von 2,5% im Jahr 1988 auf 63,4% (Pfad I) oder auf 38,7% (Pfad II) bis 2050 ansteigen soll.

Nach dem Pfad II würde der Kernenergieanteil von 12,1% (1988) bis 2050 auf 34,6% zunehmen, während bei Pfad I ein Ausstieg bis zum Jahr 2005 erfolgen würde (vgl. Tabelle 33.5). Pfad I nimmt an, daß gegen 2025 der größte Teil der erneuerbaren Energie (34,8%) in der Bundesrepublik erzeugt (25,3%) und nur ein kleiner Teil (9,5%) importiert würde und daß bis 2050 ca. 36,6% in der Bundesrepublik erzeugt und weitere 26,8% importiert würde. Der zweite Energiepfad geht davon aus, daß bis 2025 nur 2,5% und bis 2050 12,2% der erneuerbaren Energie importiert würde. Nach Pfad I (Pfad II) würde der Anteil des Mineralöls von 41,9% im Jahr 1988 auf 34,4% (34,8%) im Jahr 2005, auf 27,9% (25,4%) im Jahr 2025 und auf 15,7% (14,8%) im Jahr 2050 reduziert.

Diese Szenarien implizieren, daß die Ölimporte allmählich abnehmen, während die Importe erneuerbarer Energien zwischen 2025 und 2050 zunehmen werden und damit in Spanien und den Staaten Nordafrikas neue Einnahmequellen schaffen würden. Eine solche neue Energieinterdependenz auf der Grundlage erneuerbarer Energien erfordert in noch höherem Maß politische Stabilität, wechselseitige Kooperation und Partnerschaft. In Kap. 32 wurden einige technische Optionen für erneuerbare Energien im Mittelmeerraum diskutiert. Von diesen Studien gehen die folgenden Ausführungen aus.

33.4 Optionen für eine solare Energieinterdependenz

Von den erneuerbaren Energien haben zumindest drei ein gutes Entwicklungspotential im westlichen Mittelmeer, insbesondere in Spanien und in den fünf nordafrikanischen Staaten: a) Wind, b) Solarthermie und c) Photovoltaik. Während das Windpotential schon heute in Teilen der spanischen, portugiesischen und marokkanischen Atlantikküste ökonomisch ist, wird das solare Potential vor allem für die spanische Mittelmeerküste zwischen Almería und Gibraltar und in allen nordafrikanischen Staaten attraktiv. Da Spanien und Marokko über keine eigenen Öl- und Gasvorräte verfügen, besitzt das solare Energiepotential für beide Länder bereits mittelfristig Attraktivität, während Algerien und Libyen erst dann wichtige Standorte für solarthermische und Photovoltaikanlagen werden dürften, wenn ihre Erdöl- und Erdgasvorräte zur Neige gehen.

Seit den frühen 80er Jahren wurden vor allem in Südkalifornien (Luz Industries) beträchtliche Fortschritte bei der Stromerzeugung durch a) solarthermische Parabolrinnen-Kraftwerken erzielt. Ferner sind zu nennen b) Turmkraftwerke und c) Dish-Sterlingsysteme, die vor allem für dezentrale kleinere Anlagen geeignet sind (vgl. Abb. 33.2).

In der Zukunft sind vier Stadien der Einführung erneuerbarer Energiequellen möglich: a) kurzfristig der verstärkte Einsatz von Windkraftanlagen in Spanien und Marokko, b) mittelfristig der Bau und der Unterhalt von Hybridkraftwerken, die aus solarthermischen und mit Erdgas oder Kohle betriebenen Komponenten bestehen, c) längerfristig die Errichtung von solaren Photovoltaikanlagen in der

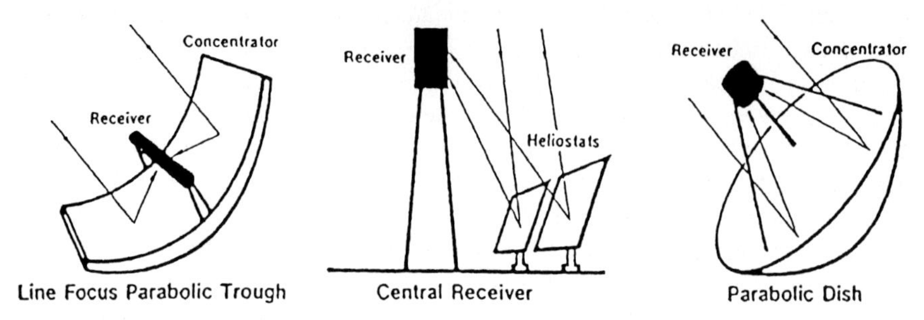

Abb. 33.2. Vergleich der drei technischen Systeme für die solarthermische Elektrizitätserzeugung (Quelle: Klaiß/Staiß, 1992: 111)

Sahara[1] und d) langfristig der Transport der mit solarthermischen und Photovoltaikanlagen erzeugten Elektrizität über Kabel oder der Energie durch Einsatz von Wasserstoff als Energieträger vom Mittelmeer nach Mitteleuropa (Staiß et al., 1994).

33.4.1 Deutsch-spanisches solarthermisches Forschungsprojekt in Almería

In Almería wurde mit der Plataforma Solar de Almería (PSA) aus Mitteln der EU-Kommission, der spanischen und der deutschen Regierung ein solares Testzentrum errichtet, das gemeinsam von dem Centro de Investigationes Energéticas Medioambientales y Technologías (CIEMAT) und der DLR verwaltet wird. Das zweitgrößte photovoltaische Kraftwerk mit einer Kapazität von 1 MW (Toledo PV-1) nahm 1994 seine Energieerzeugung auf. Es wird von zwei spanischen EVUs und RWE mit finanzieller Unterstützung durch die EU-Kommission betrieben.[2]

33.4.2 Das deutsch-saudische Forschungsprojekt Hysolar

Nach dreijähriger Planung wurde 1986 ein Forschungs- und Entwicklungsprogramm für solaren Wasserstoff durch die Saudi King Abdulaziz City of Science and Technology (KACST) und das deutsche BMFT von seiten der DLR und der Universität Stuttgart begonnen. 1990 waren an diesem *Hysolar*-Projekt ca. 60 Wissenschaftler und Techniker, je 30 aus beiden Ländern, beteiligt, um die wissenschaftlichen und technischen Voraussetzungen für die zukünftige Produktion von solarem Wasserstoff und zum Einsatz von Wasserstoff zu schaffen und eine langfristige Kooperation zwischen deutschen und saudischen Forschungseinrich-

---

1 Vgl. Nitsch/Voigt, 1986: 309-351; Ogden/Nitsch, 1992: 925-1009; Akademie, 1991: 219.

2 Becker/Böhmer/Funken, 1993; Staiß et al., 1994: 5; vgl. zu den 1994 geförderten Forschungsvorhaben: BMBF, 1995a und Kap. 32 in diesem Band.

tungen beim Transfer von Know-how und Technologie in einem Hochtechnologiesektor zu erreichen (Grasse/Oster, 1990: 2).

Insgesamt wurden drei solare Wasserstoffproduktionsanlagen entworfen: zwei Forschungs- und Testanlagen von 10 kW in Stuttgart und eine 2 kW-Anlage im Solardorf der KACST in der Nähe von Riad sowie eine Demonstrationsanlage von 350 kW in Jeddah, um zu zeigen, daß eine sichere, verläßliche und dauerhafte Operation möglich ist. Diese solare Wasserstoffanlage wurde 1992 in Betrieb genommen, und sie soll bis zu 170 000 m^3 Wasserstoff produzieren (Solarer Wasserstoff, o.J.: 26). Dieses Projekt ist Ende 1995 ausgelaufen.

Einige weitere Pilotprojekte wurden durchgeführt. In Bayern wurde eine Wasserstoffanlage gemeinsam von BMW, MBB, Linde, Siemens und dem Bayernwerk errichtet. Das BMFT arbeitete mit Dornier und einigen Universitäten in dem Projekt „Hot Elly" zusammen, einem Projekt der Elektrolyse von Wasserdampf. Das bisher größte Projekt, das ernsthaft diskutiert wurde, ist das europäische Wasserstoffpilotprojekt in Quebec, Kanada (Gretz et al., 1989).

Wegen der noch sehr hohen Kosten für die solare Erzeugung von Elektrizität und für die Elektrolyse in Wasserstoff als Energieträger ist die Perspektive einer durch Sonnenenergie oder durch Wasserkraft gespeisten Wasserstoffwirtschaft frühestens um das Jahr 2020 bis 2050 ökonomisch von Interesse. Dennoch hat das japanische MITI im Rahmen des *New Sunshine Programms* (1993-2020) einen Schwerpunkt auf die Entwicklung einer Wasserstoffwirtschaft gelegt (vgl. Kap. 16, 36). Für den Mittelmeerraum ist zunächst die Erschließung des ökonomischen Potentials der solarthermischen Elektrizitätsgewinnung von weit größerem Interesse.

33.4.3 Das Potential solarthermischer Energie im Mittelmeerraum

Das solare Energiepotential der 19 Mittelmeerländer (einschließlich Portugal und Jordanien) wurde eingehend untersucht (Klaiß/Staiß, 1992; Klaiß/Staiß/Nitsch, 1992b; vgl. Kap. 32). Gestützt auf Meteosat-Daten kamen Klaiß/Staiß (1992: 114-116) zu dem Ergebnis, daß eine Gesamtfläche von bis zu 4,6 Mio. km^2 für Solarenergiefarmen, davon der größte Teil im Süden, verfügbar ist, auf der mit 12 000 GW das Vierfache des gegenwärtigen Weltelektrizitätsbedarfs erzeugt werden könnte. Selbst das relativ begrenzte Gebiet von 40 000 km^2 im nördlichen Mittelmeerraum könnte den gesamten Elektrizitätsbedarf der betroffenen Staaten decken. Pro km^2 installierter solarthermischer Kraftwerke könnten 50 000 t CO_2/a vermieden werden.

Nach Nitsch/Staiß (Kap. 32) könnte der solare Import von Elektrizität aus dem Mittelmeerraum ab etwa 2020 beginnen, wenn die Ölreserven Algeriens voraussichtlich zur Neige gehen, und im Jahr 2030 einen Anteil am gesamten Stromangebot von 8 bzw. von 2,5% am gesamten Endenergiebedarf erreichen, wozu eine solare Kraftwerksleistung von 15 GW_{el} (bzw. bei einem Gesamtenergiebedarf von 8% von 43 GW_{el}) in Nordafrika erforderlich wäre.

Diese technische Perspektive eines solaren Energieverbundes im Mittelmeerraum könnte sowohl einen Beitrag zur Deckung des wachsenden Energiebedarfs der energiearmen Staaten Nordafrikas (zunächst vor allem in Marokko, vgl. Kap. 20) leisten, aber auch den anderen Staaten neue Einnahmequellen sichern, wenn ihre fossilen Energiereserven erschöpft sind und zugleich den EU-Staaten die Umsetzung ihrer Umweltverpflichtungen nach der Klimarahmenkonvention ermöglichen. Zahlreiche konkrete Vorschläge für den Bau von solarthermischen Pilotanlagen für den Mittelmeerraum wurden inzwischen vorgelegt, aber bisher wurden keine derartigen Anlagen gebaut.[3]

33.5 Energieinterdependenz im westlichen Mittelmeer: Aufgaben für die Europäische Union

Im Oktober 1994 schlug die Europäische Kommission eine Stärkung der Mittelmeerpolitik der EU durch die Schaffung einer euro-mediterranen Partnerschaft vor (vgl. EU, 1994a). In diesem Papier wies die Kommission auf die vielfältigen Interdependenzen zwischen den EU-Staaten und ihren südlichen Anrainerstaaten hin, insbesondere in den Bereichen Umwelt, Energie, Migration, Handel und bei Investitionen. Als Ziel nannte sie eine euro-mediterrane Zone der politischen Stabilität und der Sicherheit, die bis 2010 durch den Aufbau einer Freihandelszone gefördert werden sollte.

Als Kooperationsfelder wurden u.a. im Bereich der Energiepolitik der Ausbau der Energieverbundsysteme, energiesparende Technologien und die Entwicklung von solaren Energieressourcen genannt, während im Umweltbereich die Anstrengungen zur Bekämpfung von Verschmutzung, Erosion und Desertifikation sowie die Förderung einer nachhaltigen Entwicklung durch ein integriertes Management der Wasser- und Energievorräte und des Bevölkerungswachstums genannt wurden. Der Rat machte sich am 31. Oktober 1994 den Ansatz der Kommission zu eigen, mit dem Ausbau weiterer Kooperationsfelder (z.B. der Bereiche Energie und Umwelt) die Zusammenarbeit mit den Mittelmeerstaaten zu beginnen.

---

3 Vgl. den Vorschlag von Flachglas Solar (1994), die im Auftrag der DG I der EU-Kommission zusammen mit der DLR, der Bölkow Systemtechnik, dem ZSW und der CIEMAT und INITEC in Spanien drei solarthermische Hybridanlagen in *Teruel* bei Saragossa, in *Huelva* in Andalusien und auf *Teneriffa* sowie zwei Anlagen in Marokko in *Quarzazate* südlich von Marrakesch und in *Taroudant* östlich von Agadir vorschlug. Die Studie empfahl, daß mit diesen fünf ersten solarthermischen Anlagen zwischen 1996 und 2000 eine Kapazität von 400 MW in Spanien und 240 MW in Marokko aufgebaut werden könnte. Zwischen 2000 und 2025 könnte in Spanien eine solarthermische Kapazität von 3 000 MW und in Marokko von 1 000 MW erreicht werden. Während der Laufzeit (1996-2025) dieser fünf solarthermischen Anlagen könnte Spanien ca. 54,3 Mio. t CO_2 und 2,34 Mio. t SO_2 und Marokko 26,3 Mio. t CO_2 und 1,13 Mio. t SO_2 vermeiden.

Der Europäische Rat begrüßte am 9./10. Dezember 1994 in Essen den Bericht des Rates und sah im „Mittelmeerraum ... ein vorrangiges Gebiet von strategischer Bedeutung" und beschloß für 1995 unter dem spanischen Vorsitz die Ministerkonferenz „Europa-Mittelmeer".[4]

Auf der Tagung des Europäischen Rates in Cannes am 26./27. Juni 1995 vereinbarten die Staats- und Regierungschefs der nun 15 EU-Staaten ihre Position zur Europa-Mittelmeerkonferenz von Barcelona in den drei Kernbereichen: a) politische und Sicherheitsaspekte, b) wirtschaftliche und finanzielle Aspekte sowie c) soziale und menschliche Aspekte. Im Bereich der Wirtschafts- und Finanzpartnerschaft wurden neben der Schaffung einer Freihandelszone Europa-Mittelmeer als Prioritäten der Kooperation bis zum Jahr 2010 genannt: Investitionen, regionale Zusammenarbeit, Unternehmen, Umwelt, Fischerei und Energie sowie die Entwicklung der Landwirtschaft, des Verkehrs, der Raumordnung und von Forschung und Entwicklung. Zur Energiepolitik sah der Beschluß vor:

> Die Partner würden anerkennen, daß sie im Energiesektor in gegenseitiger Abhängigkeit voneinander stehen würden. Was die Entwicklung der Energieressourcen sowie die Prognosen für den Energiehandel betrifft, so geht es insbesondere um die Schaffung geeigneter Rahmenbedingungen für Investitionen und Tätigkeit der Energieunternehmen. Die Partner würden die bestehende energiepolitische Zusammenarbeit vertiefen. Ferner würden sie den Dialog zwischen Energieerzeugern und -verbrauchern fördern. Hierzu würden sie folgendes vorschlagen:
>
> - Förderung der Einbeziehung der Mittelmeerländer in den Vertrag über die Europäische Energiecharta
> - Förderung der gemeinsamen Beteiligung an Forschungsprogrammen
> - Entwicklung rentabler erneuerbarer Energiequellen, insbesondere der Sonnenenergietechnik
> - Förderung rationeller Energienutzung.
>
> Die Partner würden gemeinsam darauf hinarbeiten, den Energieunternehmen den Ausbau der Energienetze (Strom, Gas und Ölleitungen) und die Schaffung von Verbundsystemen zu ermöglichen.[5]

In der Abschlußerklärung der Mittelmeerkonferenz der EU am 27./28. November 1995 in Barcelona kamen die 15 EU-Staaten und die 12 Mittelmeerpartner der EU überein, einen „Europa-Mittelmeerausschuß für den Prozeß von Barcelona" auf der Ebene hoher Beamter einzusetzen, der diesen institutionalisierten Nord-Süd-Dialog vorbereiten soll. Das in Barcelona verabschiedete *Arbeitsprogramm* sieht u.a. für den Energiebereich vor, daß sich die künftige Zusammenarbeit im Hinblick auf die Herstellung angemessener Bedingungen für Investitionen und Tätigkeiten der Energieunternehmen konzentrieren wird auf:

- die Förderung der Einbeziehung der Mittelmeer-Länder in den Vertrag über die Europäische Energiecharta;

4 „Europäischer Rat in Essen. Tagung der Staats- und Regierungschefs der Europäischen Union am 9. und 10. Dezember 1994", in: *Bulletin*, Nr. 118 (19.12.1994): 1069-1088.

5 „Europäischer Rat in Cannes. Tagung der Staats- und Regierungschefs der Europäischen Union am 26. und 27. Juni 1995", in *Bulletin*, Nr. 62 (8.8.1995): 609-632 (625).

- die Förderung der Energieplanung;
- die Förderung des Dialogs zwischen Produzenten und Verbrauchern;
- die Erschließung von Erdöl- und Erdgasvorkommen, die Veredelung, den Transport, die Verteilung sowie den regionalen und überregionalen Handel;
- die Kohleförderung und -verarbeitung;
- die Erzeugung und Weiterleitung von Strom und Entwicklung von Verbundsystemen;
- rationellere Energienutzung;
- neue und erneuerbare Energiequellen;
- den Energiesektor betreffende Umweltfragen;
- Entwicklung gemeinsamer Forschungsprogramme;
- Ausbildungs- und Informationstätigkeiten im Energiesektor.[6]

Auf der Tagung des Europäischen Rates in Madrid am 15.-16.12.1995 wurden die Ergebnisse und Ziele der Mittelmeerkonferenz von Barcelona begrüßt.[7] Im Energiebereich waren dem Treffen von Barcelona 1995 eine hochrangige Konferenz in Tunis, ein Folgetreffen in Athen und am 20.11.1995 eine Energiekonferenz in Madrid vorausgegangen.

33.6 Pläne für erneuerbare Energien im Mittelmeerraum

Im März 1994 forderten die Teilnehmer einer von der EU-Kommission unterstützten Expertenkonferenz in einer *Erklärung von Madrid* den Anteil erneuerbarer Energien von 4% der Primärenergienachfrage der EU im Jahr 1990 auf 15% bis zum Jahr 2010 zu erhöhen. Zur Überwindung der vielfältigen politischen, rechtlichen, finanziellen, technologischen und anderer Hindernisse empfahl die „Madrider Erklärung" konkrete Handlungsziele. Durch die Realisierung dieses Zieles könnten zwischen 300 000 und 400 000 neue Arbeitsplätze geschaffen, ein Umsatz für den Bereich erneuerbarer Energien von bis zu 6 Mrd. ECU erzielt und 350 Mio. t CO_2-Emissionen vermieden werden (vgl. Madrid, 1994).

Unmittelbar vor den Treffen von Madrid und Barcelona fand am 9.-11. November 1995 in Athen mit Unterstützung der Europäischen Kommission eine Konferenz der Europäischen Energiestiftung (EEF), des Europäischen Forums für erneuerbare Energiequellen (EUFORES), des Griechischen Zentrums für erneuerbare Energiequellen (CRES) und von Eurosolar zu „Erneuerbaren Energien für den Mittelmeerraum" statt. Die Teilnehmer hoben in einer *Athener Übereinkunft* den Bedarf eines integrierten Ansatzes für die Identifizierung und gezielte

6 „Abschlußerklärung der Mittelmeer-Konferenz der Europäischen Union am 27. und 28. November 1995 in Barcelona", in: *Internationale Politik,* 51,2 (Februar 1996): 107-122 (118).

7 „Europäischer Rat in Madrid. Tagung der Staats- und Regierungschefs der Europäischen Union am 15. und 16. Dezember 1995", in: *Bulletin,* Nr. 8 (30.1.1996): 61-104.

Förderung von Projekten mit erneuerbaren Energietechnologien hervor, um ihre Effektivität und ihren Beitrag zur Verbesserung der Lebensqualität zu betonen.[8]

Hierzu sollte eine Arbeitsgruppe aus Vertretern der Europäischen Kommission (vor allem der DG XVII, DG XII und DG I), aus anderen europäischen Institutionen, aus Ländern der Mittelmeerregion, dem Mittelmeer-Solarrat, von Regierungsvertretern sowie von Nichtregierungsorganisationen mit dem Ziel gebildet werden, einen *Aktionsplan für erneuerbare Energien für den Mittelmeerraum* im Einklang mit den Zielen des ALTENER-Programmes und der Erklärung sowie des Aktionsplanes von Madrid vom März 1994, des Folgetreffens von Mailand vom Juni 1994, der *Erklärung von Sousse* vom Januar 1995 und der Konferenzen von Tunis und Athen für eine *„Euro-mediterrane Energiepartnerschaft"* zu entwerfen und zu implementieren. Hierdurch sollten strategische Projekte und Industrien in der Region, z.B. für die Meerwasserentsalzung, die solare Architektur, Elektrizitätswerke und für die Elektrifizierung auf dem Lande, unterstützt und weiterentwickelt werden. Bei allen Energieprojekten sollten zukünftig mindestens 25% für erneuerbare Energiequellen aufgewendet werden.

Ein von der Europäischen Kommission koordinierter *Hintergrundbericht* für die Athener Konferenz nennt vier zentrale EU-Programme zur Förderung erneuerbarer Energien:

- internationale Kooperation im Rahmen der auswärtigen Beziehungen (DG I);
- Programme zur Forschung, Entwicklung, Demonstration, zur Markteinführung und zur Förderung (DG XII);
- Programme, die die nicht-technischen Barrieren, die politische und institutionelle Entwicklung und die internationale Zusammenarbeit beinhalten;
- finanzielle Förderungsinitiativen durch die Europäische Investment Bank (EIB) und das METAP-Programm.[9]

Nach diesem Bericht betrug der Anteil der erneuerbaren Energien am Primärenergieverbrauch in der Mittelmeerregion in den 90er Jahren bis zu 9,5%, in Portugal, der Türkei, Albanien und im ehemaligen Jugoslawien sogar bis zu 10%, in den EU-Mittelmeerstaaten lag der Anteil bei ca. 8,5% und in den südlichen Mittelmeeranrainern bei ca. 6,5%. Ohne die Wasserkraft beträgt der Anteil der erneuerbaren Energien in den EU-Mittelmeerstaaten nur 4%. Auf die Biomasse entfiel im gesamten Mittelmeerraum ca. 1,5% (im Norden 1,3% und im Süden 2,4%). Die geothermische Energie wird gegenwärtig vor allem in Italien mit einer elektrischen Kapazität von 546 MW intensiv genutzt. 1994 waren im Mittelmeerraum bereits 200 MW Windkraftanlagen (davon 70 MW allein in Spanien) installiert. Dagegen war der Anteil der solarthermischen Energie mit 0,03% noch sehr bescheiden, die gesamte installierte Kapazität der Photovol-

8 „Proceedings of the Conference Renewable Energies for the Mediterranean Area, Athens, Greece, 9-11 November 1995" (Brüssel: European Energy Foundation, 1996).

9 „Background Document for the Conference, Prepared by a Task Force Coordinated by the European Commission", Anhang IV in: European Energy Foundation (Hrsg.): *Renewable Energies for the Mediterranean Region* (Brüssel: EEF, 1996).

taikanlagen betrug nur 20 MW, und solarthermische Kraftwerke zur Elektrizitätserzeugung werden bisher in der Region noch nicht kommerziell betrieben.

Die *EU-Hintergrundstudie* geht für die nächsten 25 Jahre für den Mittelmeerraum von einer Zunahme der Nachfrage nach Elektrizität um einen Faktor 4,5 aus, was einen großen Bedarf an neuen Kraftwerken impliziert, wofür der Einsatz erneuerbarer Energien ernsthaft erwogen wird. Eine Studie des *Observatoire Méditerranéen de l´Energie* (OME) vom Juli 1995 nannte als Ziel bis zum Jahr 2020 für solarthermische Kraftwerke eine Gesamtkapazität von 20 GW bzw. 50 TWh. Dies würde von 2000 bis 2020 einen jährlichen Zubau von 1 000 MW/a erfordern. Bei der Windenergie sah die Studie bis 2020 eine Ernte von 25 TWh bei einer installierten Leistung von 8 GW voraus. Der World Energy Council nahm für die Region des Mittleren Ostens und für Nordafrika bis 2020 ein theoretisches Windpotential von 2 970 TWh bei einer installierten Leistung von 930 GW an. Die OME-Studie ging für 2020 bei der geothermischen Energie bei einer installierten Leistung von 3,5 GW von einen Output in Höhe von 26 TWh/a aus.

Ein Haupthindernis für die Einführung erneuerbarer Energien waren bisher die noch relativ hohen Investitions- und Produktionskosten für erneuerbare Energien. Im Rahmen des zu Ende gehenden 5-Jahres-Programms der EU für die Mittelmeer-Partnerstaaten (1992-1996) waren in den Finanzierungsprotokollen von ca. 2 375 Mio. ECU ca. 15% für den Energiesektor, d.h. vor allem für den Bau von Kraftwerken zur Elektrizitätserzeugung und den Bau von Stromnetzen, vorgesehen. Die bisherigen EU-Programme im Bereich der Forschung, Entwicklung, Verbreitung und Förderung (JOULE, THERMIE, JOULE-THERMIE (1995-1998) und VALOREN) haben sich bisher kaum mit Fragen der Markteinführung und Kommerzialisierung erneuerbarer Energien befaßt. Im Bereich der nichttechnischen Barrieren, der Politik, der institutionellen Entwicklung und der in-

Tabelle 33.6. Programme der EU zu erneuerbaren Energien im Mittelmeerraum (MMR) und ihre Haushaltsausgaben (Quelle: European Parliament, 1995: 13)

Aktivitäten/Anwendungen	*EU-Mittelmeerstaaten*	*EU-Partnerstaaten im MMR*
Potential erneuerbarer Energien	APAS-RENA	AVICENNE
Systeme für den Stromverbund	JOULE-THERMIE	APAS-RENA/AVICENNE
Autonome Systeme	JOULE-THERMIE	APAS-RENA
Meerwasserentsalzung	APAS-RENA/JOULE	APAS-RENA
Abwasserbehandlung	-	APAS-RENA/AVICENNE
Integration erneuerbarer Energien	APAS-RENA/JOULE	APAS-RENA/AVICENNE
Kooperations-Netzwerke	APAS-RENA	APAS-RENA/AVICENNE
	Gesamthaushalt	*Mittelmeerraum*
APAS-RENA	25 Mio. ECU	17 Mio. ECU
AVICENNE (1992-1994)	24,6 Mio. ECU	10 Mio. ECU
JOULE (4. Programm)	380 Mio. ECU	noch nicht entschieden
INCO-DC (4. Programm)	209 Mio. ECU	15-20 Mio. ECU

ternationalen Zusammenarbeit sind vor allem die Programme ALTENER, SYNERGY, PERU (Energiemanagement in Regionen und Städten); INCO (für Entwicklungsländer) APAS-RENA und ECIP relevant.

Das wichtigste Finanzierungsinstrument der EU für die Kreditvergabe stellt die Europäische Investitionsbank (EIB) dar, die 1994 Kredite in Höhe von ca. 600 Mio. ECU und 1995 voraussichtlich für 1 Mrd. ECU an EU-Partnerstaaten im Mittelmeer gewährte, wovon etwa 25% auf den Energiesektor entfielen. Gemeinsam mit der Weltbank gewährt die EIB im Rahmen ihres METAP-Programms Anleihen in Höhe von bis zu 600 000 ECU für konkrete Vorhaben.

In einer Studie im Rahmen eines Projekts der Generaldirektion Forschung des Europäischen Parlaments für einen Aktionsplan der Gemeinschaft im Bereich der erneuerbaren Energien mit dem Schwerpunkt auf der Mittelmeerregion untersuchte Staiß (1995) die Perspektiven im Bereich der Energienachfrage im Mittelmeerraum in den kommenden 20 Jahren, die Bedeutung der Wasserversorgung für den Energieverbrauch in dieser Region, den aktuellen Stand und die Perspektiven für die erneuerbaren Energien sowie die Haupthindernisse und mögliche Gegenmaßnahmen. Staiß (1995: 28) sah vor allem folgende Vorteile durch den Ausbau erneuerbarer Energien im Mittelmeerraum: Eigenerzeugung, Umweltverträglichkeit, die stabilen Erzeugerkosten, die positiven Auswirkungen auf den Arbeitsmarkt, die Einsparung von Devisen für den Import fossiler Energien, die soziale Akzeptanz und einen Beitrag zur internationalen Zusammenarbeit.

33.7 Optionen für eine langfristige Nord-Süd-Kooperation bei erneuerbaren Energien

Die Herausforderungen, mit denen die Staaten Nordafrikas in den kommenden Jahrzehnten zu kämpfen haben, sind ebenso bekannt wie die Folgen des Treibhauseffektes für das Weltklima. Die technischen Vorschläge von Energiespezialisten, die gleichermaßen dem Ziel der *Versorgungssicherheit* und der *Klimaverträglichkeit* gerecht werden, liegen seit Beginn der 90er Jahre vor. Vor allem zwei Krisensymptome haben die EU-Staaten zum Handeln motiviert, sich stärker den Herausforderungen aus dem Mittelmeerraum anzunehmen: a) die wachsende *innenpolitische Radikalisierung (islamischer Fundamentalismus*) und der Bürgerkrieg in Algerien sowie b) der zunehmende *Migrationsdruck aus Nordafrika* in die EU-Staaten und dessen innenpolitische Folgen für einige EU-Mitglieder.

Mit dem *Prozeß von Barcelona für eine euro-mediterrane Partnerschaft* haben die EU-Staaten einen vielfältigen politischen, ökonomischen, sozialen und kulturellen Dialog mit ihren Partnern im Mittelmeerraum eingeleitet, bei dem die Energiefrage nur ein Teilproblem darstellt. In den Erklärungen des Europäischen Rates von Essen, Cannes und Madrid und in den weitergehenden Aktionsplänen der *Deklaration von Madrid* (1994) sowie in der *Übereinkunft von Athen* (1995) wurde zwar das Problemlösungspotential erneuerbarer Energien für die *Versor-*

gungssicherheit und den *Klimaschutz* erkannt, aber ihr Beitrag für die *Einkommens- und Überlebenssicherung* für die Staaten Nordafrikas nicht berücksichtigt.

Zentrale Defizite der Mittelmeerpolitik der Europäischen Union und der Teilpolitiken im Bereich der erneuerbaren Energien, des internationalen Umweltschutzes (Klimapolitik), der Migrationspolitik, aber auch der globalen Wettbewerbs- und der Industriepolitik bei Zukunftstechnologien scheinen zum einen die *unzureichende horizontale Koordination* zwischen den einzelnen Politikbereichen (vgl. Lenschow, 1996) und zum anderen eine *fehlende integrierte längerfristige Perspektivplanung* zu sein, wie sie als Teil einer korporatistischen Politik in Japan vom Ministerium für Industrie und Handel (MITI) betrieben wird.

Werden die Staaten der Europäischen Union, obwohl sie zusammen mit einigen Mitgliedsstaaten bei der Forschung für erneuerbare Energien mit den USA und Japan an der Spitze stehen, diesen Zukunftsmarkt - wie bei den Halbleitern - erneut ihren Konkurrenten überlassen und damit langfristig auf Hunderttausende neue Arbeitsplätze in umwelt- und klimaverträglichen Branchen freiwillig verzichten (vgl. Kap. 36)?

Erneuerbare Energiequellen haben als Teil einer *transmediterranen Energiepartnerschaft* nicht nur ein Problemlösungspotential für die Staaten Nordafrikas, sondern auch für die armen Staaten der Sahelzone, die seit Jahrzehnten die Folgen der Desertifikation durch extreme Trockenperioden, Hungersnöte, Bürgerkriege und zwischenstaatliche Konflikte erdulden. Wenn es gelingt, die technischen Durchbrüche zu erzielen, die Produktionskosten für erneuerbare Energiesysteme durch eine *economy of scale* zu senken, das Problem der Meerwasserentsalzung mit solaren und Windenergieanlagen zu lösen, dann könnte die Vision einer Begrünung der Sahelzone (Kap. 34) durchaus Realität werden und den Menschen dieser Region eine Überlebenschance gewähren, die sie nicht zur Migration treibt.

Damit würden die erneuerbaren Energiequellen nicht nur zu einem ökonomischen Mittel der *Versorgungssicherheit*, sondern auch der *Überlebenssicherung* und einer *präventiven Konflikftvermeidung*. Die Debatte über das Potential erneuerbarer Energien zur präventiven Diplomatie und Konfliktvermeidung im Rahmen einer nachhaltigen Entwicklungsstrategie steht noch aus. Zu dieser für das Überleben der Menschheit notwendigen Debatte wollte dieses Kapitel einige Denkanstöße geben. Aufgabe einer praxeologisch orientierten Friedensforschung sollte es auch sein, konzeptionelle Impulse für diese existentielle Debatte zu geben, die sich an dem *Überlebensdilemma* orientiert und *präventiv zur Gewaltvermeidung* beitragen möchte (vgl. Brauch, 1996b).

34 Sonnenenergie in Afrika: Von der Meerwasserentsalzung zur Begrünung des Sahel

Jacob Emmanuel Mabe

34.1 Energie, Ökologie und Politik in Afrika

Die weltweite Veränderung des Klimas gehört heute zu den größten Herausforderungen der internationalen Politik. Hauptauslöser dafür sind die Kohlendioxidemissionen, die besonders in den letzten Jahren drastisch zugenommen haben. Die globale Emissionsproblematik wurde auf der ersten Weltklimakonferenz 1979 in Genf kontrovers diskutiert. Wissenschaftler aus verschiedenen Ländern nutzten diese Gelegenheit, um die Weltöffentlichkeit über die Ursachen und Folgen der klimatischen Veränderungen aufmerksam zu machen. Nach dieser Konferenz wurde die ökologische Krise allmählich wahrgenommen. In fast allen Ländern änderte sich zusehends das Umweltverhalten der Bürger. In letzter Zeit hat die Umwelttechnologie mehr und mehr an Bedeutung gewonnen, was sich zumindest durch ihre zunehmende Förderung nachweisen läßt.

Den Umweltforschern ist es gelungen, spezielle Methoden zur Identifizierung, Lokalisierung und Quantifizierung von Ökoschäden zu entwickeln. Es sei hier insbesondere auf die Erkenntnis über die Wirkungsbeziehung von Energie und Ökologie verwiesen. Aufgrund der Fortschritte in der Umweltforschung ist heute bekannt, daß die Verbrennung von fossilen Energieträgern (Erdöl, Erdgas und Kohle) mit tiefgreifenden Auswirkungen auf die Atmosphäre, die Biosphäre, die Hydrosphäre und die Stratosphäre verbunden ist.

In Afrika sind die Menschen über die dramatischen Veränderungen des Klimas ebenfalls besorgt. Dennoch betrachten die afrikanischen Staaten das CO_2-Problem noch als eine Angelegenheit der Industrieländer. Dies wird mit der These gerechtfertigt, daß die Industrien, die für den CO_2-Ausstoß verantwortlich sind, zu mehr als Dreiviertel in den Industriestaaten installiert sind. Umgekehrt sehen die westlichen Staaten die Desertifikation in Afrika als ein spezifisch afrikanisches Problem an, das von den Afrikanern selbst gelöst werden muß (vgl. Bleischwitz/Etzbach, 1992). Ein derartiger Versuch, ökologische Probleme von globaler Dimension an eine einzelne Region bzw. einen Kontinent zu delegieren, beruht schlechterdings auf irrationalem Handeln.

Die in Afrika drohende Desertifikation und Versteppung sowie die damit verbundenen Hungerkatastrophen, Seuchen und Stammeskonflikte sind Herausforderungen, denen sich die Afrikaner aus eigener Kraft kaum stellen können. Wie sich bislang gezeigt hat, haben fast alle politischen, ökonomischen und ökologischen Probleme Afrikas unmittelbare Auswirkungen auf seinen nächsten Nachbarkontinent Europa. Von daher liegt es im Interesse der europäischen Staaten, Afrika bei der Überwindung seiner verschiedenen Krisenzustände beizustehen (vgl. Mensching, 1990). Umgekehrt sollten die afrikanischen Regierungen in Zukunft mehr Engagement für die Weltpolitik zeigen.

Für den Schutz der Wälder wurde in vielen afrikanischen Ländern eine Waldsteuer erhoben. Diese Maßnahme konnte leider nicht die Abholzung begrenzen. Aber auch die weltweiten Proteste haben die Ausbeutung des Tropenwaldes nicht verhindern können. In Afrika wird sowohl für den Export als auch für energetische Zwecke abgeforstet. Nicht zuletzt ist der Ackerbau ebenfalls für den Holzeinschlag verantwortlich.

Gewiß sichern die bei der forstwirtschaftlichen Nutzung erhobenen Steuern den Regierungen eine zusätzliche Einnahme. Dennoch hat diese fiskalpolitische Maßnahme bislang nicht zur Überwindung der Energie- und Umweltkrise in Afrika beigetragen. Am meisten betroffen von der ökologischen Katastrophe sind die Sahel-Länder (Burkina Faso, Mali, Sudan etc.), die von der Ausbreitung der Wüste und von den Dürrekatastrophen besonders bedroht sind.

Sowohl in Afrika als auch in anderen Kontinenten wird seit Beginn der weltweiten „Umweltrevolution" in den 70er Jahren versucht, das auf Holz und fossilen Brennstoffen basierende Energiesystem gänzlich umzustellen, um den regenerativen und emissionsarmen Energiequellen (Biomasse, Geothermie, Sonnenenergie, Wasserkraft und Windenergie) den Vorrang einzuräumen.

Im „alten" Energiesystem spielten die ökologischen Aspekte kaum eine Rolle. Vielmehr ging es in der Energiepolitik darum, ein ausreichendes und langfristiges Energieangebot zu gewährleisten. Dabei mußten die Länder, die auf fossile Energieträger angewiesen sind, diese entweder importieren oder nach Möglichkeit in ihren Hoheitsgebieten erschließen. In dieser Hinsicht wurde vorwiegend eine quantitätsorientierte Energiepolitik ohne Berücksichtigung der qualitativen (umweltverträglichen) Aspekte von Energieträgern betrieben. Ziel dieser Energiepolitik ist es, ein ausreichendes (quantitatives) Energieangebot über Jahre hindurch bereitzustellen. Hingegen besteht die qualitätsorientierte Energiepolitik ausschließlich in der Förderung von Energieträgern unter (strenger) Beachtung der Umweltgebote und der menschlichen Gesundheit (Mabe, 1995). Aus geostrategischen und sicherheitspolitischen Gründen konnten sich die Länder bislang nicht auf eine gemeinsame Energiestrategie einigen.

Der Wunsch der afrikanischen Länder, alternative Energiequellen (außer Wasserkraft) zur Bereitstellung von Energiedienstleistungen zu erschließen, stößt noch an finanzielle und technologische Grenzen. In den nächsten Abschnitten werden die Bedingungen untersucht, unter denen die thermische und photovoltaische Solartechnologie im Sahel gefördert werden könnte. Bei der Nutzung der Solarenergie geht es u.a. darum, die im Sahel herrschenden Notzustände im Bereich der Energie- und Wasserversorgung zu überwinden. Gleichzeitig wird untersucht, inwieweit die Sonnenenergie einen Beitrag zur Lösung des Vegetations-, Boden- und Klimaproblems leisten kann.

34.2 Geographische und ökologische Situation der Sahel-Länder

Die Sahelzone erstreckt sich von Mauretanien bis Djibouti und grenzt sich durch die Sahara-Wüste im Norden, die tropische Savanne im Süden, den Atlantischen Ozean im Westen und den Indischen Ozean im Osten ab. Das Kerngebiet des Sahel selbst besteht aus den Ländern Burkina Faso, Mali, Mauretanien, Niger, Senegal, Sudan und Tschad. Es handelt sich hierbei um Länder, die durch die Desertifikation sehr gefährdet sind.[1] Insbesondere in den nördlichen Teilen dringt die Sahara-Wüste zunehmend vor (vgl. Tabelle 34.1; Abb. 34.1, 34.2).

Tabelle 34.1. Vegetationsproblem im Sahel bis 1990 (Quelle: FAO und Statistisches Bundesamt, verschiedene Länderberichte)

Länder	Fläche (in qkm)	Sahel-Fläche (in qkm)	Sahel-Anteil (in %)	Wüsten-Anteil (in %)	Anteil der Feuchtregion (in %)
Äthiopien	1 221 900	180 000	14,7	15,6	69,7
Burkina Faso	274 200	113 467	41,4	-	58,6
Mali	1 240 190	200 000	16,1	76,8	7,1
Mauretanien	1 025 520	80 000	7,8	92,2	-
Niger	1 267 000	552 000	43,6	56,4	-
Senegal	196 720	95 825	48,8	-	51,2
Sudan	2 505 810	743 000	29,6	33,3	37,1
Tschad	1 284 000	358 000	27,9	63,9	8,2

Im Sahel gehen jährlich 1,5 Mio. ha landwirtschaftliche Nutzflächen verloren. So ist im Senegal beispielsweise zwischen 1978 und 1990 die Waldfläche von 14 auf 8 Mio. ha zurückgegangen. Dies bedeutet einen Vegetationsverlust von insgesamt 6 Mio. ha in zwölf Jahren. In den letzten 20 Jahren hat sich die Sahara in Mali mehr als 300 km südwärts ausgebreitet. Selbst in Äthiopien, Burkina Faso, Sudan und Tschad ist ebenfalls ein Teil der Vegetation der Wüste zum Opfer gefallen.

Aber auch über die Sahelzone hinaus finden besorgniserregende Vegetationsverluste infolge der klimatischen Veränderungen statt (vgl. Hammer, 1983; Mabe, 1993: 54ff.).

1 Vgl. Barth, 1977; Dregne, 1983; Gorse/Steeds, 1987; Osman, 1990.

Das Sahelklima ist aride und durch eine sehr lange Trockenzeit gekennzeichnet. Die Regenzeit ist generell sehr kurz. Die jährlichen Niederschläge schwanken zwischen 200 und 600 mm. Oft vergehen etliche Jahre ohne Regenfälle. Allgemein sind die Temperaturen im Sahel extrem hoch.

Viele Sahel-Staaten sind große Flächenstaaten, die wegen der Aridität des Klimas fast unbewohnt sind. Bemerkenswert ist die zunehmende Urbanisierung sowie das Bevölkerungswachstum (vgl. Tabelle 34.2).

Tabelle 34.2. Bevölkerungsstruktur im Sahel 1994 (Quelle: eigene Darstellung aus verschiedenen Weltentwicklungsberichten der Weltbank)

Länder	Fläche (in qkm)	Bevölkerung	Jährliche Wachstumsrate seit 1980 (in %)	Anteil der Stadtbevölkerung (in %)
Äthiopien	1 221 900	5 300 000	2,8	14
Burkina Faso	274 200	9 000 000	2,6	24
Djibouti	23 200	410 000	4,5	61
Gambia	11 300	862 000	3,3	25
Mali	1 240 190	8 200 000	2,5	26
Mauretanien	1 025 520	2 100 000	2,6	45
Niger	1 267 000	7 800 000	3,5	22
Senegal	196 720	7 400 000	3,0	39
Somalia	637 660	7 500 000	3,1	43
Sudan	2 505 810	25 250 000	2,9	23
Tschad	1 284 000	5 800 000	2,4	30

34.3 Zur sozio-ökonomischen Situation im Sahel

Allgemein verzeichnen die Sahel-Länder sehr niedrige Volkseinkommen. Der Landwirtschaft, insbesondere der agrarischen Marktwirtschaft, kommt ein großer Stellenwert in den Volkswirtschaften der Sahel-Staaten zu, was sich an dem Anteil am Bruttoinlandsprodukt (BIP) der jeweiligen Staaten nachweisen läßt. Hinzu kommt der hohe Anteil der im Agrarsektor tätigen Bevölkerung. Außerdem ist kaum eine andere Region der Welt vom Hunger so bedroht wie der Sahel. Dort sterben die Menschen häufig an Unterernährung bzw. unzureichender Nahrung (vgl. Tabelle 34.3).

Die Landwirtschaft im Sahel leidet vor allem an der Aridität des Klimas. Die langen Dürreperioden haben nicht nur Mißernten zur Folge, sondern führen auch zu Hungerkatastrophen, die ihrerseits die Menschen in die Flucht treiben. Zudem ist die Dürre mit erheblichen ökonomischen Verlusten verbunden. Wegen des daraus resultierenden Rückganges der Agrarproduktion weisen die Sahel-Staaten

Tabelle 34.3. Armutssituation im Sahel 1990 (Quelle: eigene Darstellung aus verschiedenen Quellen)

Länder	BIP (in Mio. US $)	BSP pro Kopf (in US $)	Anteil der Landwirtschaft am BIP (in %)	Zahl der vom Hunger bedrohten Menschen (in Mio.)	Vom Hunger bedrohte Menschen in % der Bevölkerung
Äthiopien	6 500	120	43	20	35
Burkina Faso	2 710	190	32	2,5	32
Djibouti	n.v.	780	6	n.v.	25
Gambia	303	220	34	0,1	19
Mali	2 663	210	50	2,5	35
Mauretanien	850	440	38	0,4	25
Niger	2 222	260	35	1,5	38
Senegal	5 800	520	22	1,2	21
Somalia	970	290	65	2,3	50
Sudan	1 300	330	36	3,4	18
Tschad	1 133	150	47	2,4	40

schwerwiegende Zahlungs- und Handelsbilanzdefizite auf, die oftmals nur mit Auslandskrediten ausgeglichen werden.

In summa hat die Desertifikation sowohl geoökologische (Ernteausfälle, Bodenerosion, Versalzung, Vegetationsrückgänge, Zunahme der Aridität, Rückgang des Viehbestandes etc.) als auch ökonomische und sozio-politische Folgen. Sie zerstört das Kulturleben der Völker, verursacht die Massenmigration sowie die Entstehung von großen Siedlungsgebieten am Rande der Städte, die die Verstädterung unkontrollierbar und schwer regierbar machen. Aus energiepolitischer Sicht geht die Urbanisierung mit der Entstehung von Energiebedürfnissen einher, die nicht mehr mit rudimentären Methoden befriedigt werden können. Mit der Verstädterung nimmt die Nachfrage nach sekundären Energien (Benzin, Kerosin, Erdgas und Elektrizität) beträchtlich zu. Sind letztere nicht genug vorhanden, so greifen die von der Stromversorgung ausgeschlossenen Menschen auf das Brennholz zurück, was die Abforstung und damit die weitere Veränderung des Ökosystems verursacht (vgl. Dregne, 1983; Dei, 1993). Ob die Sonnenenergie eine Abhilfe für die Probleme des Sahels schaffen kann, soll in den nächsten Abschnitten erörtert werden.

34.4 Energieversorgung und Energiepolitik im Sahel

In der Sahelzone gilt Holz nach wie vor als Hauptenergieträger; es wird von mehr als 70% der „Sahelianer" zum Kochen und Bügeln verbraucht. Das Potential von konventionellen Energieressourcen ist unzureichend vorhanden. Die in

Senegal und Äthiopien verfügbaren Erdölvorkommen sind im Verhältnis zum nationalen Energiebedarf relativ gering. Tschad und Niger bevorzugen noch den Energieimport. Ihrer Auffassung nach würde ihnen die eigene Ölförderung aufgrund der langen Entfernung vom Meer teurer als die Importe kommen. Der im Sahel verbrauchte Strom wird größtenteils mit Hilfe von Diesel- und Benzinmotoren erzeugt. Niger bezieht seine Elektrizität und Erdölerzeugnisse (Benzin, Diesel, Kerosin etc.) aus Nigeria. Tschad importiert sein Erdöl überwiegend aus Kamerun.[2] Für die breite Masse der Bevölkerung im Sahel bleibt der elektrische Strom weiterhin ein Luxus.

Angesichts der zunehmenden Desertifikation und der Energieabhängigkeit vom Ausland werden im Sahel verschiedene Maßnahmen zur Diversifizierung bzw. Variierung der Energieträger durchgeführt. Zwar haben die neuen und erneuerbaren Energien bislang den Erwartungen der Sahel-Länder nicht entsprechen können, doch ist ihre Förderung geologischen, technologischen und finanziellen Grenzen ausgesetzt. Insbesondere die Förderung der Wasserkraft und der Biomasse ist in dieser Region aus geoökologischen Gründen bedenklich. In Anbetracht der langen Trockenzeiten eignet sich die Bioenergie nicht für die Sahelzone (vgl. Mainguet, 1991). Ungeachtet dieser Tatsache hat die Biomasse als Energietechnologie noch große Akzeptanzprobleme in Afrika. Es gibt kaum Zweifel daran, daß die Bioenergie einen wesentlichen Beitrag zur Begrenzung der CO_2-Emissionen leisten kann (Karekezi/Ewagata, 1994). Leider stößt ihre Nutzung auf große Skepsis, weil viele Afrikaner sie nicht als eine „moderne" Technologie betrachten.

Hinsichtlich des begrenzten und unzureichenden hydraulischen Potentials ist die Nutzung der Wasserkraft im Sahel nicht wünschenswert. Man kann daher die wirtschaftlichen Abkommen zwischen Mauretanien, Senegal und Mali zur Ausnutzung des Senegalflusses zu energetischen Zwecken nur bedauern. Es wurden bereits Staudämme in Djama (1981) und in Manantali (1988) errichtet. Weitere Kraftwerke sind geplant.

Die Sahelzone eignet sich besonders für die Wind- und Solarenergie. Leider fehlt den „Sahelianern" das Wissen über den Einsatz solcher Groß- und Zukunftstechnologien.

Die bislang eingesetzten Energieträger in den Sahel-Ländern sind Holz, Ernterückstände, Mineralöle (Kerosin, Benzin, Diesel, Heizöl) und Wasserkraft. Das im Sahel verbrauchte Holz pro Kopf beläuft sich lediglich auf etwa 0,4 kg SKE. Dies entspricht nicht einmal der Energie, die jeder Bürger in Deutschland (0,6 kg SKE) nur zum Kochen aufwendet. Im Durchschnitt verbraucht jeder Mensch

2 Tschad plant die Errichtung einer eigenen Raffinerie in Ndjamena. Dennoch müßte sein für den Export vorgesehenes Erdöl nach Kribi (Kamerun) transportiert werden, da Tschad selbst keinen Hafen besitzt. Abgesehen von der langen Entfernung zwischen Kribi und Ndjamena (etwa 1 500 km) muß der Kribi-Hafen saniert, umgebaut und vergrößert werden. Dies erfordert natürlich sehr hohe Kosten. Hinzu kommt, daß der Strand von Kribi traditionsgemäß für Touristen eine der größten Attraktionen in Kamerun ist.

in Deutschland insgesamt 12 kg SKE. Generell ist der kommerzielle Energieverbrauch je nach dem Grad der Verstädterung und Industrialisierung der jeweiligen Länder verschieden (vgl. Toure et al., 1992; Tabelle 34.4). Der Holzverbrauch läßt sich allerdings schwer errechnen. In den Großstädten erreicht der durchschnittliche Holzverbrauch pro Tag oft 250 kg. Hingegen verbraucht jeder Dorfbewohner im Durchschnitt lediglich 20 kg. Wegen zunehmender Armut und Bürgerkriege ist der Energieverbrauch im Sudan beispielsweise erheblich zurückgegangen.

Tabelle 34.4. Kommerzieller Energieverbrauch im Sahel[3] (Quelle: Weltbank und Energieministerien der jeweiligen Länder)

Länder	Energieverbrauch pro Kopf 1965 in kg OE[a]	Energieverbrauch pro Kopf 1992 in kg OE[a]	Energieanteil an der Wareneinfuhr 1965	Energieanteil an der Wareneinfuhr 1992
Äthiopien	10	20	8	9
Burkina Faso	7	50	1	7
Mali	14	21	6	31
Mauretanien	48	119	3	6
Niger	8	45	9	15
Senegal	79	157	7	4
Somalia	14	66	8	23
Sudan	67	60	5	37
Tschad	14	66	8	23

a) OE = Öleinheit

Bislang wurden kleine Photovoltaik- und Windkraftanlagen zur Trinkwasseraufbereitung und dezentrale Energieversorgungssysteme, insbesondere in den ländlichen Gebieten, errichtet (vgl. Hempel, 1994). Dennoch nehmen diese neuen Energieträger keine bedeutende Stellung im Energieverbrauch der Sahel-Staaten ein.

Im Mittelpunkt ihrer Energiepolitiken stehen der Kampf gegen die Desertifikation[4] und die Erreichung der jeweiligen nationalen Energie-Autarkie. Zur Verwirklichung dieser Ziele werden folgende Maßnahmen ergriffen:

- Begrenzung des Holzeinschlages zu Energiezwecken;

3 Holzprodukte (Holz, Holzkohle, Sägespäne) werden nicht den kommerziellen Energien zugeordnet.

4 Für den Kampf gegen die Desertifikation haben die betroffenen Länder 1973 das *Ständige zwischenstaatliche Komitee zur Bekämpfung der Dürre im Sahel (Comité Permanent Inter-Etats de Lutte contre la Sécheresse dans le Sahel, CILLS*) mit Sitz in Ouagadougou (Burkina Faso) ins Leben gerufen. Mitglieder sind: Burkina Faso, Gambia, Kape Verde, Mali, Mauretanien, Niger, Senegal und Tschad; zu Einzelheiten vgl. CILSS, 1989.

- Durchführung der Aufforstungs- und Wiederaufforstungsmaßnahmen;
- Diversifizierung von Energieträgern;
- Bereitstellung von bezahlbaren Energiedienstleistungen und
- Förderung neuer und erneuerbarer Energiequellen.[5]

34.5 Nutzungsmöglichkeiten der Sonnenenergie

Die Sonne stellt sich als die einzige Energiequelle zur Sicherung einer klimaschonenden, langfristigen und autarken Energieversorgung im Sahel dar. Ihre wirtschaftliche Nutzung hängt davon ab, ob sie auch für die Wasserversorgung und den Kampf gegen die Desertifikation eingesetzt wird. Als quantifizierbarer und unendlicher Rohstoff wird die Sonnenenergie zweifelsohne zur Lösung des Hungerproblems in Afrika beitragen. Im Gegensatz zu den konventionellen Energiequellen (fossilen und nuklearen), deren Einsatz bislang nicht nur den Wohlstand gesichert hat, sondern auch mit politischen Konflikten verbunden war, soll die hier befürwortete Solarenergie sowohl den marginalisierten und vergessenen Völkern der Sahara und des Sahel dienen als auch die verschiedenen Völker und Kontinente annähern (vgl. Mabe, 1994).

Der Wirkungsgrad der Sonnenenergie hängt wesentlich von den folgenden geophysikalischen und wirtschaftlichen Kriterien ab:

a) den meteorologischen bzw. klimatologischen Verhältnissen;
b) dem solaren Strahlungspotential und
c) der verfügbaren Nutzungsfläche;
d) der wirtschaftlichen Lage eines Landes.

Die Sonne kann nicht weiter als statisches Objekt betrachtet werden. Sie soll von den Menschen fortan als ein dynamischer Prozeß der Natur aufgefaßt werden, der ihrem Leben Sinn verleiht. Die dynamische Eigenschaft der Sonne läßt sich schlechterdings durch die unerschöpfliche Energie umschreiben, die auf die Erde einstrahlt. Die in der Sahara verfügbare Sonneneinstrahlung ist sodann als ein unerschöpfbar wandelbarer Rohstoff zu betrachten, der Energie, Wasser, Nahrung und Wachstum langfristig sichern kann. Man denke hier etwa an die Wasserstoff-Technologie, die den Sahara-Staaten große Marktchancen für die Zukunft verspricht (Mabe/Nida-Rümelin, 1991).

34.5.1 Solarenergie für die Stromversorgung

Die elektrische Energie aus der Sonneneinstrahlung erfolgt auf thermischer und photoelektrischer Basis. Mit Hilfe von Kollektoren und kleinen Photovoltaikanla-

5 Weitere Details zur Energiepolitik der jeweiligen Sahel-Staaten bei: Environnement et développement du Tiers-Monde Dakar (ENDA)/Institut d'économie et de la politique de l'énergie Grenoble (IEPE), 1993.

gen wird sie für dezentrale Versorgungssysteme genutzt. In den sonnenreichen Ländern Afrikas kommt zudem die thermische Nutzung durch Farm- und Turmkraftwerke hinzu (vgl. Kiera/Meineke, 1990). Ist die höchste Sonneneinstrahlung nur in der Sahara vorhanden, so kann der Einsatz solarthermischer Anlagen lediglich in der Sahelzone eingesetzt werden, da die Böden dort stabiler und fester als in der Wüste sind. Von Mauretanien über Senegal bis hin zu Äthiopien und Somalia bietet sich eine ausreichende Fläche für die Errichtung großer Sonnenkraftwerke an.

Die Realisierung des „Solarprojektes" im Sahel setzt die Schaffung rechtlicher, politischer, wirtschaftlicher, technischer und ökologischer Rahmenbedingungen voraus. Zunächst muß die zwischenstaatliche Zusammenarbeit in dieser Region auf dem Gebiet der Energie kodifiziert werden. Dazu gehören die gesetzlichen Bestimmungen zur Regelung der solaren Energiewirtschaft und des grenzüberschreitenden Stromtransportes. Aber auch die Schaffung eines gemeinsamen Verbundnetzes ist hierbei unverzichtbar, um eventuelle Grenzkonflikte und sonstige Zollprobleme zu vermeiden. Wenn die nationale Energieversorgung den jeweiligen Energieversorgungsunternehmen (EVU) vorbehalten bleibt, sollte ein supranationales Unternehmen unter Beteiligung aller Sahel-Staaten gegründet werden, das für die solare Energieerzeugung zuständig ist.

Zudem sollte die politische Stabilität in dieser Region gesichert werden. Dies ist lediglich durch die Auflösung der bislang im Sahel existierenden Herrschaftssysteme und die Herstellung der Demokratie möglich.

Die solare Energie aus zentralen oder dezentralen Systemen sollte in Zukunft jedem Bürger des Sahel den Zugang zu elektrischem Strom ermöglichen. Das Ziel der solaren Energiewirtschaft im Sahel sollte sich in erster Linie auf die Bereitstellung einer preisgünstigen und ausreichenden Energie beschränken. Des weiteren sollte sie einen Beitrag zur Schaffung von Arbeitsplätzen im Energiesektor sowie in anderen Industrie- und Agrarbereichen leisten.

Nicht zuletzt ist eine dauerhafte Wartung und Instandhaltung von solaren Kraftanlagen zu gewährleisten. Abgesehen von der Effizienz- und Sicherheitsgarantie sollten strenge Umweltschutzmaßnahmen getroffen werden. Dies betrifft vor allem die Entsorgung der alten bzw. beschädigten Module, Kollektoren etc. In jedem Land des Sahel sollten deshalb solare Entsorgungsanlagen gebaut werden.

34.5.2 Einsatz der Sonnenenergie zur Meerwasserentsalzung

Die Wirtschaftlichkeit der Sonnenenergie hängt nicht bloß von den Investitionskosten, sondern vielmehr von den ökologischen und sozialen Erträgen ab. Die solare Ertragsseite schließt sämtliche Ziele mit ein, die durch die Sonnenenergie verwirklicht werden können:

- Der Bau von Entsalzungs- und Bewässerungsanlagen;
- die Düngung und die damit verbundene Nahrungssteigerung;

- die Schaffung von Arbeitsplätzen im Bereich der Erzeugung und Verteilung von solarem Strom sowie im Bereich der Meerwasserentsalzung, der Trinkwasserversorgung, der Begrünung und der Landwirtschaft;
- die Wiederherstellung einer gesunden Atmosphäre (gesunde Luft).

Bereits in einigen Mittelmeer-Ländern wird die von der Sonne erzeugte Energie für die Wasserentsalzung eingesetzt. Bei der Umwandlung des Salzwassers in Trinkwasser können drei Verfahren angewandt werden: die Destillation, der Ionenaustausch und die Anwendung der umgekehrten Osmose. Das bislang bekannteste Verfahren ist die Destillation. Entsalzungsanlagen können an der Westküste in Mauretanien und Senegal sowie an der Ostküste in Djibouti, Somalia und Äthiopien errichtet werden. Dabei wird ein Teil der Sonnenenergie von den Kraftwerken direkt in den Entsalzungsanlagen eingesetzt.

Hauptziel der Mehrwasserentsalzung ist, zur endgültigen Lösung des Wasserproblems im Sahel beizutragen. Da das Meer sich ständig erneuert, stellt es ein enormes Wasserpotential dar, das aus dem Atlantischen und Indischen Ozean gewonnen und nach der Entsalzung in die von den Sahel-Staaten zu schaffenden Wasserwerke geleitet werden kann. Die Wasserversorgung in den jeweiligen Ländern sollte allerdings nur nach den zu schaffenden Wasserkontingent-Regelungen erfolgen.

In den letzten Jahren sind im ganzen Sahel unzählige Bohrungen zum Zweck der Wasserversorgung vorgenommen worden. Dieses Bohrprogramm soll unbedingt eingestellt und fortan durch ein anderes Wassergewinnungssystem ersetzt werden, das der Trinkwasserversorgung in dieser Region besser dienen kann. Dies ist einer der Gründe, weshalb in diesem Kapitel für einen solaren Energieeinsatz zur Meerwasserentsalzung plädiert wird. Überdies ist es mit Hilfe von Entsalzungsanlagen möglich, die mit dem Absterben bedrohte Vegetation im Sahel durch regelmäßige Bewässerung zu regenerieren. Mit Sicherheit wird dabei eine Düngung des Bodens sowie eine Erweiterung bzw. Neugewinnung kultivierbarer Flächen zum Zweck der Steigerung der landwirtschaftlichen Produktivität erreicht werden.

Schließlich sollte das gewonnene salzfreie Wasser für die Begrünung des Sahel verwendet werden. Hierbei geht es um den Anbau von Pflanzen und Bäumen in den Zonen, die von der Desertifikation bedroht und noch nicht von der Wüste absorbiert sind. Daher zielt die Begrünung nicht darauf ab, die Wüste zu entwüsten, sondern vielmehr ihre bedrohliche Ausdehnung zu reduzieren bzw. dauerhaft zu begrenzen. Die Begrünung zielt darauf ab, Naturschutzgebiete zur Speicherung von Kohlendioxid, Nutzflächen für die Landwirtschaft und Weideland für die Viehwirtschaft zu schaffen.

Da die ariden und semi-ariden Regionen durch ein trockenes und heißes Klima gekennzeichnet sind, sollte noch geprüft werden, ob die Begrünung des Sahel nicht zu einer Veränderung des desertischen Ökosystems führen könnte. Es empfiehlt sich daher, nochmals genau zu prüfen, ob negative atmosphärische, geologische, geomorphologische und ökologische Auswirkungen tatsächlich auszuschließen sind. Die Begrünung dürfte keineswegs die atmosphärische Stabilität der Wüste beeinträchtigen.

Aus sozio-ökonomischer Sicht geht die Förderung der Solartechnologie im Sahel, wie sie in diesem Beitrag vorgeschlagen wird, zwangsläufig mit einer gewissen Veränderung der Verhaltensweisen sowie der traditionellen Lebensweisen und Kulturen der Menschen in dieser Region einher. Dies ist dennoch unvermeidbar, denn es geht in erster Linie darum, das Überleben der vom Hunger bedrohten Völker und Tiere mit der solaren Agrarrevolution zu sichern. Anstatt ständig die Flucht in die anderen Länder zu ergreifen oder dauernd auf Lebensmittelhilfe aus dem Ausland zu warten, werden die „Sahelianer" mit der Solartechnologie die Möglichkeit bekommen, sich durch den Anbau ihrer traditionellen Lebensmittel wie Sorghum, Mais etc. fortan selbst zu ernähren. Durch häufige Bewässerung von Plantagen werden sie sogar ihre Agrarproduktion erhöhen können und zu zukünftigen Exporteuren werden. Können die Völker im Sahel in ihren jeweiligen Heimatländern den Hunger besiegen, so wird es ihnen ebenfalls leichtfallen, ihre Kulturen und Traditionen soweit möglich zu pflegen und zu bewahren.

34.6 Fazit

Dieser Beitrag untersuchte die Bedingungen der Möglichkeiten zur Sicherung und Verbesserung der menschlichen Existenz in den von der Desertifikation und Dürre bedrohten Gebieten Afrikas. Dabei wurde deutlich, daß die gesellschaftlichen und sozio-ökonomischen Probleme der Sahel-Länder durch die Desertifikation und den Ressourcenmangel bedingt sind. Dies ist u.a. auch der Grund dafür, weshalb alle Bemühungen um die Förderung einer angemessenen bzw. menschenwürdigen Entwicklung in dieser Zone bislang ohne großen Erfolg geblieben sind. Die Analyse ergab, daß nur mit der Sonnenenergie der Weg aus der Krise im sahelischen Afrika möglich ist.

Die in der Sahara und im Sahel verfügbare Sonne stellt ein enormes ungenutztes Energiepotential sowohl für die Stromversorgung als auch für die Meerwasserentsalzung dar. Das zu entsalzende Meerwasser aus dem Atlantischen und Indischen Ozean sollte nicht bloß der Trinkwasserversorgung dienen, sondern auch für die Begrünung des Sahel zum Zweck der Steigerung der landwirtschaftlichen Produktivität und der Errichtung von Naturschutzgebieten eingesetzt werden. Schließlich wird die Sonnenenergie einen wichtigen Beitrag zur Sicherung einer dauerhaften bzw. nachhaltigen Entwicklung im Sahel leisten, weil sie die beste Voraussetzung für die Überwindung der Misere schafft. Aus technologischen und finanziellen Gründen wird die Realisierung des solaren Projektes in der Sahelzone von westlicher Hilfe abhängen. Hingegen sollte die Verantwortung für das Gelingen bzw. das Scheitern allein auf den Sahel-Ländern ruhen.

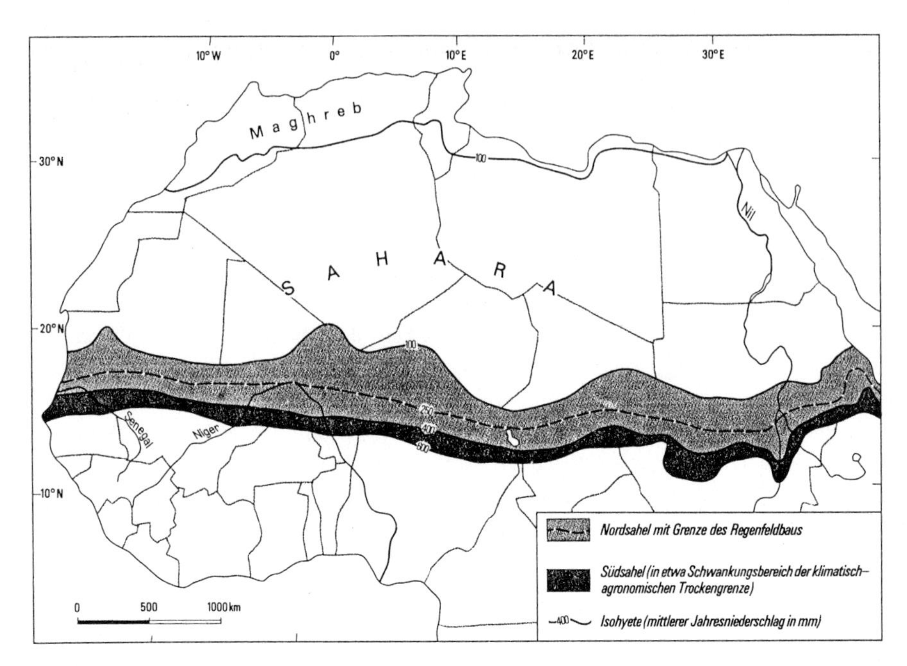

Abb. 34.1. Die Sahelzone - Niederschläge und Anbaugrenzen (Quelle: Mensching, 1990: 55)

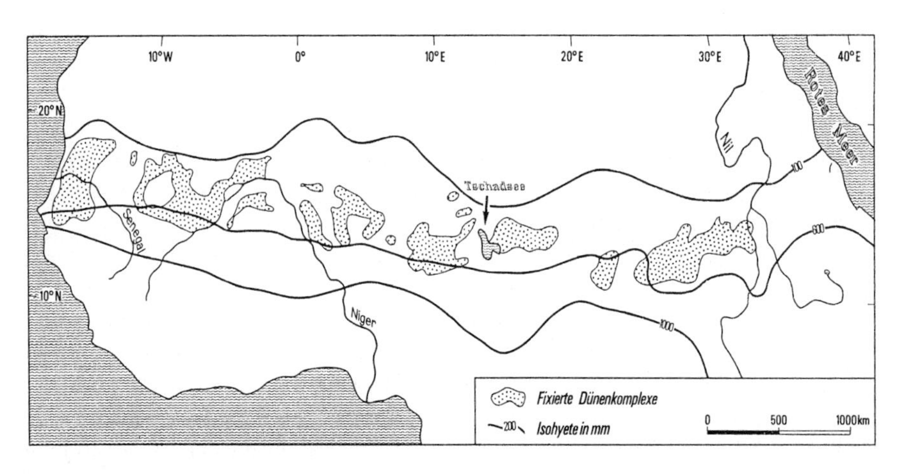

Abb. 34.2. Die Verbreitung der Altdünen in der Sahelzone (Quelle: Mensching, 1990: 57)

35 Wirtschaftspolitische Rahmenbedingungen der Förderung von kleinen und dezentralen Energieprojekten in Afrika

Karl Wohlmuth

35.1 Einführung

Trotz umfassender wirtschaftspolitischer Reformen in vielen Staaten des afrikanischen Kontinents, gemessen an Zahl und Volumina der Strukturanpassungsfinanzierungen seit Ende der 70er Jahre, ist die Reform im Bereich der Energiepolitik jedoch kaum vorangekommen (vgl. Wohlmuth, 1993b, 1994a, 1994b). Trotz großer Potentiale im Bereich der Energieressourcen und auch der Möglichkeiten, die konventionellen Energieträger (Rohöl, Kohle, Naturgas und Großanlagen der Wasserkraftnutzung) durch erneuerbare und dezentrale Energietechnologien (Photovoltaik, Solarthermik, Biogas, Windenergie, Kleinwasserkraft) zu ergänzen bzw. zu ersetzen, ist der Stand der energiepolitischen Umsteuerung („energy transition") in Afrika äußerst unbefriedigend (vgl. ADB, 1993; ADF, 1991; Wohlmuth, 1993a).

Der bisherige Fehlschlag der Energiewende ist um so bemerkenswerter, als es gerade die afrikanischen Nicht-Öl-Entwicklungsländer (also die Öl-Nettoimporteure) sind, die von den Folgen der Ölpreisschocks der 70er Jahre besonders betroffen wurden. Bis zu 80% der Exporterlöse mußten diese Länder nach den beiden Ölpreisschocks in den 70er Jahren für den Import von Öl und Ölprodukten ausgeben; und auch heute noch geben die afrikanischen Nicht-Öl-Länder im Durchschnitt etwa 30% ihrer Devisenerlöse für diese Importe aus (ADB, 1993; Research Group, 1994). Obwohl sich an vielen Beispielen (an Projekten wie an Politikmaßnahmen) zeigen läßt, daß die afrikanischen Länder auf diese weltwirtschaftlichen Herausforderungen durchaus aktiv reagiert haben, so durch Förderprogramme für erneuerbare Energietechnologien, durch Preisanpassungen bei Ölprodukten, durch die Reform von Energieversorgungsunternehmen usw., ist das Ergebnis der Anpassungen und der Versuch einer energiepolitischen Umsteuerung unbefriedigend geblieben. Es bedarf daher einer grundsätzlichen Diskussion der Ursachen dieses Dilemmas der großen Potentiale und Möglichkeiten im Energiebereich einerseits und der mangelhaften Wahrnehmung von Chancen andererseits. Die unzureichende Nutzung der Möglichkeiten betrifft gleichermaßen große und kleine Energieprojekte, zentrale und dezentrale Projekte, kommerzielle und traditionelle Energievorhaben und auch konventionelle wie auch erneuerbare Energietechnologien (vgl. Köllmann/Oesterdiekhoff/Wohlmuth, 1993).

35.2 Die Charakteristika des afrikanischen Energiesektors

Der Energiesektor in Afrika wird durch folgende Gegebenheiten charakterisiert (vgl. ADB, 1993; ADF, 1991):

1. *Abhängigkeit von traditionellen Brennstoffen*: Die Abhängigkeit von traditionellen Brennmaterialien (Brennholz und Holzkohle) ist vor allem in ländlichen Haushalten groß, und die traditionell verwendeten Öfen sind wenig energieeffizient, so daß diese Abhängigkeit nur durch bessere Öfen mit höherer Energieeffizienz und durch eine energiepolitische Wende unter Verwendung alternativer (fossiler und erneuerbarer) Energieträger zu überwinden ist.
2. *Unzureichende Nutzung landwirtschaftlicher Abfälle für die Energiegewinnung*: Die bisher unbefriedigende Nutzung von Abfällen der land-, vieh- und forstwirtschaftlichen Produktion kann durch Ansätze einer integrierten Agrarentwicklung überwunden werden, wobei auch erneuerbare Energien (wie etwa Biogasanlagen) eine größere Rolle als bisher spielen können. Dieser Faktor ist bemerkenswert angesichts der großen Abhängigkeit von Biomasse in der ländlichen Energieversorgung.
3. *Abhängigkeit von Ölimporten*: Die hohe Abhängigkeit von Ölimporten/Importen von Ölprodukten hat erhebliche Konsequenzen für die Leistungsbilanz und für die Auslandsverschuldung, so daß eine schnelle Reduzierung dieser Importabhängigkeit ein vorrangiges Ziel der Strukturanpassungspolitik wie auch aller Fördermaßnahmen im Bereich der alternativen Energien sein müßte. Dazu kommt, daß die Ölimportabhängigkeit auch durch einen effizienteren Umgang mit diesem Primärenergieträger und durch mehr regionale Kooperation zwischen Ölexport- und -importländern des afrikanischen Kontinents reduziert werden könnte.
4. *Niedrige Rate der Energiekonversion*: Die recht niedrige Rate der Umwandlung von Primärenergieressourcen in Energiedienstleistungen ist ein energiepolitisches Problem ersten Ranges, denn die Erhöhung der Energiekonversionsrate kann zur Reduzierung von Importabhängigkeiten und zum „energiepolitischen Übergang" insgesamt erheblich beitragen. Die hohen Verluste bei der Elektrizitätsgewinnung, bei der Transmission und Verteilung von Elektrizität, aber auch die hohen Energieverluste im Bereich der Ölraffinerien sowie bei der Produktion und Vermarktung von Kohle und Naturgas bedürfen einer schnellen Korrektur.
5. *Unzureichende Auslastung der Energieinfrastruktur*: Die wachsende Armut in den Städten (obwohl ein großer Teil der Armut vor allem in den ländlichen Gebieten konzentriert ist, mit bis zu 60% der ländlichen Haushalte unterhalb der Grenze der absoluten Armut) führt dazu, daß die teuer installierten Ener-

gie-Versorgungseinrichtungen (Netze, Naturgasleitungen etc.) mangels Kaufkraft der Bevölkerung nicht immer genügend ausgelastet werden. Der niedrige Lastfaktor im Bereich der städtischen Energieinfrastruktur führt zu hohen operativen Kosten der Energieversorgungsunternehmen, so daß dann auch investive Mittel für den Ausbau der Infrastruktur und die Erhaltung der Netze fehlen.

6. *Hoher Subventionsbedarf im Energiesektor*: Die hohen Kosten der Versorgung mit Infrastruktur im Energiebereich bei gleichzeitig niedrigem Lastfaktor führen besonders dann zu Verlusten der Energieversorgungsunternehmen, wenn kostendeckende Preise aus entwicklungsstrategischen Gründen nicht gefordert bzw. bezahlt werden können. Aus der Subventionierung von Energiediensten (der Elektrizität für bestimmte Personengruppen, Regionen, Tätigkeiten, etwa die Bewässerung in der landwirtschaftlichen Produktion) resultiert dann eine notwendige Subventionierung von Energieversorgungsunternehmen (EVU), die wieder zu einer hohen Belastung für den Staatshaushalt und zu wachsenden Inflationsgefahren führt. Noch problematischer sind aber die volkswirtschaftlichen Gefahren, die sich aus der Verzerrung der Preise durch Subventionen ergeben, denn die Förderung alternativer Energien wird dadurch auch deutlich behindert.
7. *Fehlende lokale Kompetenz im Bereich der Energiesektoren*: Die wenig entwickelte lokale Kompetenz im Bereich der Energiegewinnung, der Erhaltung von Energiesystemen, der Anpassung von Energietechnologien an lokale Erfordernisse sowie bei der Gestaltung des Übergangs zu erneuerbaren und dezentralen Energietechnologien und bei der Erhöhung der Energieeffizienz kann nur durch umfassende Ausbildungs- und Qualifizierungsmaßnahmen gefördert werden. Fehlende Anreize im Energiesektor führen aber eher zur weiteren Reduzierung des Bestandes an qualifizierten Arbeitskräften und zum „Brain Drain". Insbesondere fehlt auch die Kompetenz für ein integratives Energiesektormanagement.
8. *Disparitäten in der Nachfragestruktur*: Disparitäten in der Nachfrage nach Energie gibt es sowohl in den ländlichen als auch in den städtischen Gebieten. In den Städten gibt es neben einem wachsenden Bedarf an modernen Energietechnologien eine - armutsbedingt - erhöhte Nachfrage nach traditionellen Energien (Brennholz, Holzkohle etc.). In ländlichen Gebieten steigt der Bedarf sowohl an modernen Energietechnologien (etwa für die Bewässerungslandwirtschaft und für Provinzstädte) als auch an traditionellen Energien. Diese Disparitäten erfordern ein sehr komplexes und regional ausgewogenes Energiesektormanagement, das mit lokalen, regionalen und nationalen Entwicklungspolitiken abgestimmt sein müßte, aber bisher nicht einmal ansatzweise existiert. Nur auf der Basis einer Integration der Energie- in die Entwicklungspolitik können daher die Chancen von erneuerbaren und dezentralen Energietechnologien besser genutzt werden. Insbesondere die nationalen EVU werden den Interessen der ländlichen Regionen oft nicht gerecht oder behindern sogar die Entwicklung von erneuerbaren Energietechnologien

in dezentralen Anwendungen (etwa im Bereich der Kleinwasserkraftnutzung durch Monopolrechte der EVU).

9. *Technologische Abhängigkeit von den Industrieländern im Bereich der Energietechnologien*: Diese Abhängigkeit ist im Kontext der afrikanischen Länder besonders ausgeprägt, wobei die ganze Kette der Finanzierung, des Technologietransfers, der lokalen Einpassung von Technologien, der Wartung und des Services, der Ausbildung und der Forschung und Entwicklung (F&E) in die Betrachtung einbezogen werden muß, denn in all diesen Bereichen sind Abhängigkeiten eine Ursache für Fehlanwendungen und Fehleinpassungen von Energietechnologien. Die Abhängigkeiten von der internationalen Finanzierung der konventionellen Energietechnologien sind von besonderer Bedeutung, denn erneuerbare Technologien in dezentralen Anwendungen werden durch diese Abhängigkeiten diskriminiert.

10. *Energiekrise als Krise der landwirtschaftlichen Entwicklung*: Die Vernachlässigung der landwirtschaftlichen Entwicklung durch eine lange Periode der Importsubstitutionsindustrialisierung auf der Basis kapitalintensiver Ausrüstungen in Afrika hat auch zu einer Vernachlässigung der Entwicklung angepaßter Energietechnologien für die ländlichen Regionen beigetragen. Eine Wende ist nur im Kontext von integrativen landwirtschaftlichen Entwicklungsmaßnahmen möglich, denn erneuerbare Energietechnologien in dezentralen Anwendungen erreichen nur dann die Schwelle der Wirtschaftlichkeit, wenn eine optimale Abstimmung von Energieträgern (konventionell und erneuerbar), von Energieinstitutionen (Koordination der Tätigkeit von dezentralen Trägern von Energieprojekten und von großen EVU) und von energiepolitischen Maßnahmen (Integration in die ländliche Entwicklungsplanung und die gesamtwirtschaftliche Strukturanpassungspolitik) erreicht wird. Der notwendige doppelte Energieübergang (von Öl zu anderen konventionellen bzw. erneuerbaren Energien und von Brennholz bzw. Holzkohle zu anderen konventionellen bzw. erneuerbaren Energien) stellt gerade für die Energieversorgung der modernen Landwirtschaft, insbesondere der Bewässerungslandwirtschaft, und für die Energieversorgung der zu modernisierenden traditionellen Landwirtschaft eine Herausforderung dar.

11. *Fehlende energiepolitische Entscheidungskompetenzen*: Das Fehlen von klaren energiepolitischen Entscheidungskompetenzen auf Makroebene (zwischen den Planungs-, Finanz- und Energieministerien), auf Provinzebene wie auch auf lokaler Ebene bedeutet, daß ein umfassendes Energiesektormanagement derzeit nicht durchführbar ist, daß eine Abstimmung mit den nationalen Strukturanpassungsprogrammen nicht möglich ist und daß lokale Projektinitiativen im Bereich der erneuerbaren Energietechnologien nicht gezielt mit nationalen energiepolitischen Prioritäten, Planungen und Projekten verbunden werden können. Die noch unzureichende Reform der EVU und all jener Institutionen, die für eine Energiewende in Afrika wichtig sind (Einrichtungen der F&E, der Ausbildung, Institutionen zur Förderung von Land- und Forstwirtschaft, Industrieentwicklung und Transportwesen sowie Institutionen zur

Förderung des Energiesparens), bedeutet auch, daß die fehlende energiepolitische Entscheidungskompetenz zu einem Engpaß für die gesamte Strukturanpassungspolitik wird.

12. *Unzureichende Koordination in der Entwicklungszusammenarbeit*: Die Schwächen in der energiepolitischen Koordination und im Energiesektormanagement führen auch dazu, daß die Maßnahmen der Entwicklungszusammenarbeit im Bereich des Energiesektors nur unzureichend national, regional und lokal integriert werden können. Nur in Teilbereichen (v.a. bei den Energiegroßprojekten, die international finanziert werden) findet eine Integration in die nationale Entwicklungsplanung statt, während im Bereich der Kleinprojekte und der dezentralen Vorhaben faktisch keine Koordination und Integration möglich ist.

35.3 Afrikanische Energiebilanz: Disproportionen und Krisen

Afrika verfügt über bedeutende Energieressourcen (vgl. Tabelle 35.1). Einer Gesamtproduktion konventioneller/kommerzieller Energieressourcen von im Jahre 1989 369 Millionen TOE steht eine Nachfrage von nur etwa 59 Mio. TOE in den verschiedenen nachfragenden Sektoren gegenüber, wenn sich auch unter Einbeziehung der traditionellen Energienachfrage der Haushalte (Brennholz und Holzkohle) andere Proportionen ergeben. Dennoch bleibt die Tatsache erwähnenswert, daß Afrika ein Energieüberschußland ist (vgl. Tabelle 35.1). Hinzu

Tabelle 35.1. Energiebilanz in Afrika (Quelle: ADB, 1993: 7, 9)

a) Primärenergieproduktion (1989) in Mio. TOE

	Öl und seine Derivate	Erdgas	Kohle	Wasserkraft	**Summe**
Nordafrika	163	53	0,3	0,7	217
Südlich der Sahara	140	3,5	4,5	3,9	152
Summe	303	56,5	4,8	4,6	369

b) Endenergieverbrauch (1989) in Mio. TOE

	Industrie	Transport	Wohnung/ Landwirtschaft	**Summe**
Feste Brennstoffe	3,8	0,2	1,2	5,2
Mineralölprodukte	12,5	21,1	11,9	45,5
Gas	4,7	–	0,02	4,7
Elektrizität	1,9	–	1,3	3,2
Summe konventionelle Energie	22,9	21,3	14,5	58,7
Biomasse	3	–	93	96
Summe	25,9	21,3	107,5	154,7

kommt, daß auch die auf den Kontinent insgesamt bezogenen Energiepotentiale (in bezug auf Biomasse, Wasserkraft, Solar- und Windenergie) sehr bedeutsam sind, wenn auch regional große Unterschiede bestehen.

So könnten etwa auf der Basis von Wasserkraft 1 383 TWh produziert werden, gegenüber derzeit nur 53 TWh. Es darf aber auch nicht übersehen werden, daß die Nutzung dieser enormen Potentiale die Durchführung von Großprojekten für Produktion (Wasserkraftwerke) und Infrastruktur (Transport von Energie) voraussetzen würde, da erhebliche Disparitäten in der geographischen Verfügbarkeit der Ressourcen eine lokale Nutzung der Energie weitgehend ausschließen, also über weite Räume Energie transportiert werden müßte. Aufgrund der wenig entwickelten Handels- und Transportinfrastruktur und der bisher erfolglosen regionalen Zusammenarbeit ist, nicht nur im Energiesektor, ein Ausgleich der regionalen Überschüsse und Defizite in Afrika genauso schwierig wie die Nutzung des kontinentalen Energieüberschusses für die Förderung der Entwicklung des afrikanischen Kontinents. Da auch im Bereich der erneuerbaren Energien, wenn von der Sonnenenergie abgesehen wird, die Disparitäten hinsichtlich der regionalen Verfügbarkeit groß sind (dies betrifft vor allem Biomasse, Windenergie und geothermische Energie, aber auch die Nutzung von Wasserkraft durch Kleinkraftwerke), muß die Energiepolitik diese Disparitäten auch zur Grundlage energiepolitischer Planungen für mittlere und längere Fristen nehmen. Dieser Aspekt begünstigt wiederum Planungen für erneuerbare Energietechnologien in dezentralen Anwendungen. Die Disparitäten sind aber grundsätzlich eine große Herausforderung für eine kontinentale Energiepolitik der regionalen Zusammenarbeit, denn

- 95% der Ölreserven befinden sich in Nordafrika, in Nigeria und in Angola;
- 90% der Naturgasreserven befinden sich ebenfalls in Nordafrika und in Angola;
- 95% der ökonomisch günstig abbaubaren Kohlevorkommen befinden sich im südlichen Afrika (88% in der Republik Südafrika);
- die Wasserkraftressourcen sind zu 65% in Ostafrika und zu 35% in Westafrika lokalisiert (vgl. ADB, 1993).

Aber auch im Bereich der Biomasseressourcen sind ausgeprägte Disproportionen in Afrika festzustellen. Da auf die Biomasse etwa 60% der afrikanischen Energienachfrage entfallen (vgl. Tabelle 35.1) sind die regionalen Disproportionen in diesem Bereich energiepolitisch besonders gewichtig. Regionale Unterschiede in bezug auf den Anteil an der Energieendnachfrage sind groß: Während in Kenia, in Lesotho und in Niger der Anteil der Biomasse zwischen 85 und 95% der Energieendnachfrage beträgt, ist der Anteil in den nordafrikanischen Ländern eher unbedeutend. Die Versorgung mit Biomasse als Energieressource wird daher in einigen Regionen, in der Umgebung größerer Städte, in bevölkerungsdichten Regionen etc. ein immer größeres Problem, da auch die Umweltressourcen des Kontinents knapper werden (nicht zuletzt durch Desertifikation, agrarische Nutzung von Waldflächen usw.).

Der Zusammenhang von Entwicklungskrisen in Afrika (vgl. Abb. 35.1) manifestiert sich daher in einer engen Verbindung von technologischen, ökonomischen, ökologischen und sozialen Krisenmomenten, so daß die Energiekrise nur im Kontext eines umfassenden Ansatzes der Strukturanpassungspolitik, der Wirtschaftspolitik und der längerfristigen Entwicklungsplanung erfolgreich bewältigt werden kann (vgl. Wereko-Brobby/Hagan, 1991). Abb. 35.1 zeigt deutlich genug, daß die Umweltkrise in Verbindung mit ökonomischen, technologischen und sozialen Krisenmomenten die Versorgung mit Biomasse wie auch mit konventionellen/kommerziellen Energieträgern zunehmend erschweren wird, wenn es nicht gelingt, den o.a. Krisenzusammenhang zu beeinflussen und Alternativen der Energieversorgung (erneuerbare Energietechnologien und Einspartechnologien) auf breiter Front zu fördern. Abb. 35.1 macht auch deutlich, daß energiepolitische Interventionen in Afrika nur im Systemzusammenhang betrachtet werden können, daß also isolierte Bewertungen einzelner Energieträger, einzelner Sektoren auf der Anbieter- und Nachfragerseite und einzelner Projekte wenig Sinn machen. Die afrikanische Energiebilanz (vgl. Tabelle 35.1) und der afrikanische Krisenzusammenhang (Abb. 35.1) belegen die Notwendigkeit von neuen Handlungsmodellen für eine Energiepolitik, die als Teil der Wirtschafts-, Strukturanpassungs- und der längerfristigen Entwicklungspolitik begriffen wird.

In diesem Kontext ist es besonders erwähnenswert, daß die Krise der afrikanischen Energiepolitik auch eine Krise der Großprojekte im Energiebereich ist, die weithin ineffizient arbeiten und offensichtlich keine Anreize für das Energiesparen erkennen lassen bzw. weitergeben (ADB, 1993; Weltbank, 1992; World Bank, 1989a, 1989b). Neben den o.a. Disproportionen, den makroökonomisch und makrogesellschaftlich vermittelten Krisenzusammenhängen und einer nicht vorhandenen Integration der Energiepolitik in die Wirtschafts- und Strukturanpassungspolitik ist auf das Scheitern vieler Großprojekte im afrikanischen Energiesektor zu verweisen. Die Krise der Großprojekte hat aber auch damit zu tun, daß afrikanische Regierungen die Großprojekte und die großen EVU für spezifische entwicklungspolitische Strategien einsetzen, dadurch aber eine energiepolitische Wende verhindern.

Die Krise der Großprojekte im Energiesektor hat verschiedene Ausprägungen und Hintergründe. Die Raffinerien z.B. arbeiten zum Teil erheblich unterhalb der Kapazitätsgrenzen und produzieren Produkte, die nur teilweise auf den lokalen, den nationalen und den überregionalen Markt abgestimmt sind, was wieder technische, ökonomische und politische Gründe hat. Während die Überkapazitäten oft beträchtlich sind, können bestimmte Ölprodukte (Leichtölprodukte) mit der vorhandenen Technologie der Raffinerien nicht produziert werden. Die Kosten sind im internationalen Vergleich hoch, die Probleme der Wartung, der technologischen Erneuerung und des Managements sind groß; aber auch die institutionelle und personelle Verzahnung mit den Interessen der Politik ist ein Faktor im Krisenprozeß. Die preispolitischen Vorgaben der Regierungen führen dazu, daß einige Produkte stark subventioniert, andere aber wieder besteuert werden, so daß oft Verluste der Unternehmen nicht nur bei einzelnen Produkten,

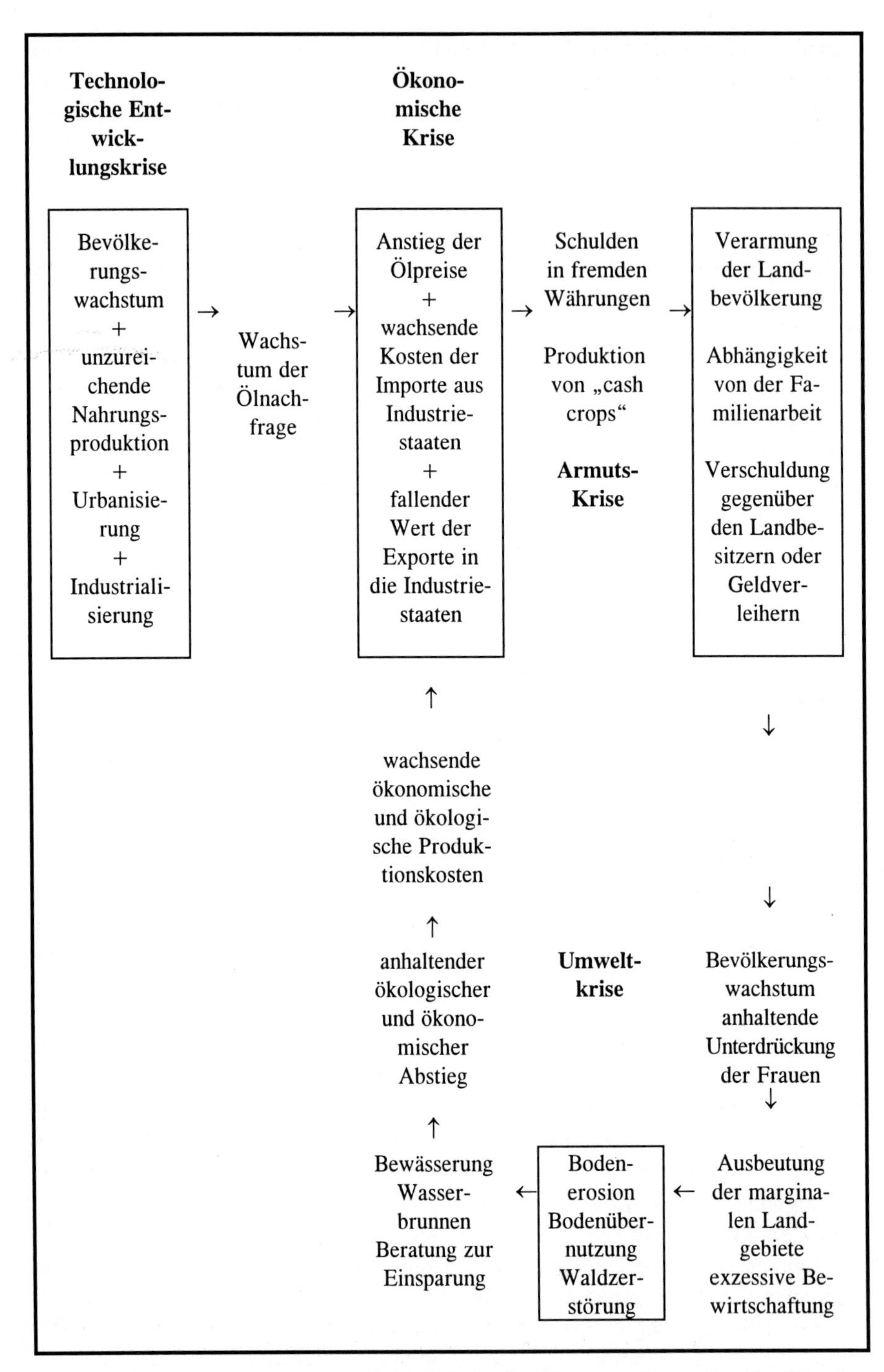

Abb. 35.1. Energiekrise und Entwicklungskrise im Zusammenhang (Quelle: Wereko-Brobby/Hagan 1991: 32, übernommen aus: Wohlmuth 1994a: 59)

sondern auch für die EVU insgesamt auftreten. Preisverzerrungen auf allen Ebenen sind die Folge, denn weder zwischen den einzelnen Raffinerieprodukten noch zwischen den Ölprodukten und anderen Energieträgern gibt es eine Wettbewerbsneutralität (vgl. Pertz, 1992; Wohlmuth, 1993a, 1993b). Während die Verluste der EVU Investitionen in die technologische Erneuerung und Investitionen mit dem Ziel der Anpassung an die Nachfrage verhindern, führen die Preisverzerrungen zu einer impliziten Diskriminierung von erneuerbaren Energien (Renewable Energy Technologies - RET); zudem kommt es auch zur Energieverschwendung in den Bereichen, die subventionierte Energieprodukte beziehen.

Die ökonomische und technologische Leistungsfähigkeit der thermischen Kraftwerke in Afrika hat sich durchweg verschlechtert, was für die EVU negative Auswirkungen hat, denn deren Erlössituation und Investitionsmöglichkeiten werden beeinträchtigt. Die notwendigen Brennstoffinputs für die Kraftwerke sind hoch, und so verschlechtert sich tendenziell immer weiter die Input-Output-Relation, und auch die Transmissions- und Verteilungsverluste der produzierten Elektrizität sind ungewöhnlich hoch und absorbieren wachsende Kapazitäten, die vorgehalten werden müssen (bis zu 40% der Bruttoelektrizität, die produziert wird, muß aufgrund der Verluste an Kapazitäten vorgehalten werden). Anders formuliert, eine effektive Produktion von Elektrizität könnte mit einem wesentlich geringeren Aufwand an Investitionen in diesem Sektor auskommen (Weltbank, 1992). Auch in diesem Bereich ist eine effektive Produktion oft aus Gründen der politischen und administrativen Vorgaben schwer zu realisieren, wenn politische Einflußnahmen kostendeckende Preise und Erlöse sowie eine ökonomische Verwendung der Ressourcen verhindern. Alle Versuche, die Leistungsfähigkeit der Elektrizitätswirtschaft zu verbessern, etwa durch Kommerzialisierung und Privatisierung, gelten - von wenigen Ausnahmen (Elfenbeinküste) abgesehen - als gescheitert.

Große Wasserkraftwerke sind ökonomisch und technologisch aufgrund der engen nationalen Elektrizitätsmärkte vor besondere Probleme gestellt, da auch ehemals funktionierende regionale Kooperationen gescheitert sind (z.B. Mosambik - Südafrika) und neue Kooperationen sich als schwerfällig erweisen. Der Anteil der Wasserkraft an der Elektrizitätsgewinnung von gegenwärtig 45% (53 TWh bezogen auf die gesamte Elektrizitätsnachfrage von 119 TWh) sinkt daher tendenziell trotz des enormen Potentials in Afrika. Der Nachteil dieser Großprojekte im Bereich der Wasserkraft liegt aber nicht nur in der Notwendigkeit der Kooperation von Produzenten- und Konsumentenländern, sondern auch im hohen Kapitalbedarf und den damit langen Rückzahlungsfristen, wenn auch diese Großanlagen in der Erhaltung und im Management manche Vorteile gegenüber thermischen Kraftwerken haben.

Schließlich darf nicht übersehen werden, daß auch großflächige Aufforstungsprojekte und Plantagen zur Produktion von Brennholz in Afrika wenig positive Ergebnisse erbracht haben. Die Versuche einer großflächigen Aufforstung zur Gewinnung von Brennholz sind bisher wenig erfolgreich verlaufen, wenn nicht ländliche Programme zur Aufforstung, zur Förderung natürlicher Wälder und

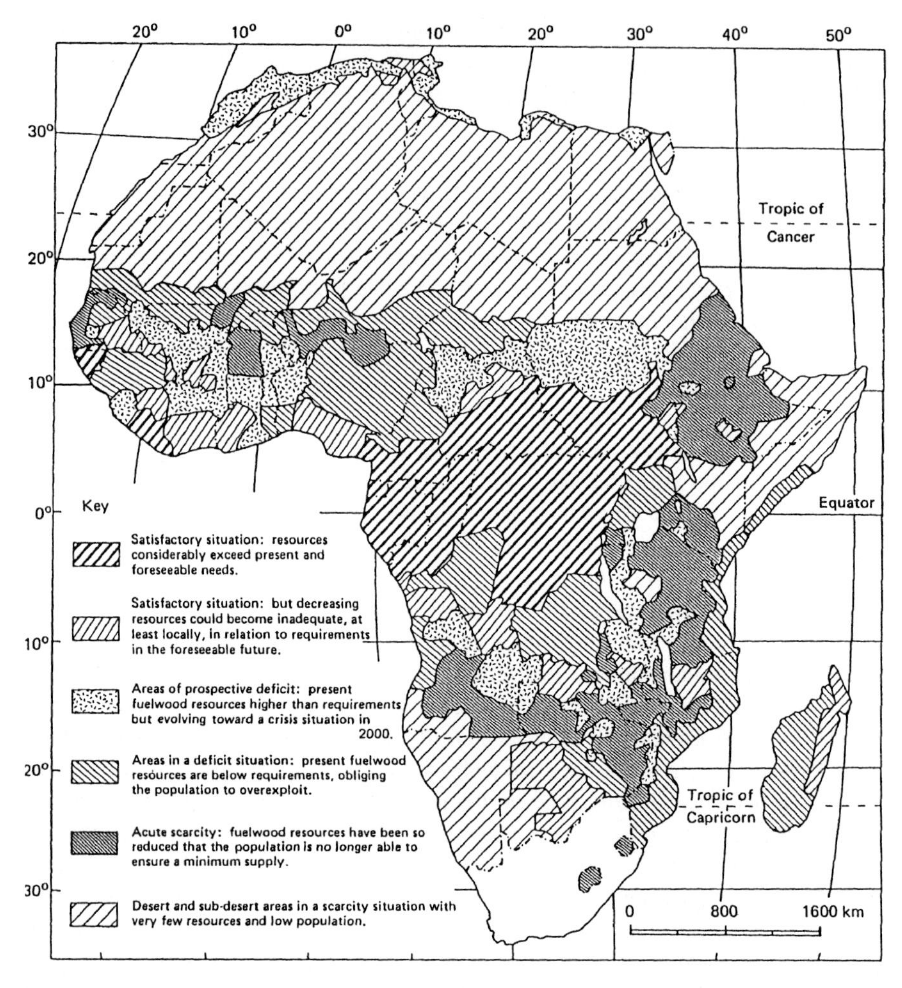

Abb. 35.2. Die Zukunft der Versorgung mit Brennholz in Afrika (Quelle: Biswas, 1986: 283)

zur landwirtschaftlichen Waldnutzung gezielt in umfassende ländliche Entwicklungsprogramme einbezogen wurden (vgl. Abb. 35.2). Insbesondere Vorhaben zur Versorgung der Städte mit Brennholz auf der Grundlage großflächiger „fuelwood plantations“ sind oft gescheitert, weil die ökonomischen Bedingungen der Nutzer und der Produzenten nicht adäquat berücksichtigt wurden.

Erwähnenswert sind die Programme einiger afrikanischer Länder, die großflächig die Verbreitung von effizienteren Kochöfen (Kenia) oder von Solarwärmekollektoren (in Botswana) vorsehen.[1] Wenn auch von einem Mißerfolg dieser

1 Vgl. Kimani/Naumann, 1993; Walubengo/Kimani, 1993a, 1993b, 1993c; Karekezi/Mackenzie, 1993.

Projekte nicht gesprochen werden kann, ist die Verbreitung doch oft an Subventionen gebunden (Kenia) bzw. bleibt aufgrund der fehlenden Kaufkraft armer Schichten auf mittlere und obere Einkommen (Botswana) begrenzt. Insbesondere in den Bereichen Transport, Industrie, Bewässerungslandwirtschaft sowie im Sektor der Energiegroßprojekte selbst ist eine Erhöhung der Energieeffizienz kaum erreicht worden - größere Projekte zur Energieeinsparung in diesen Sektoren wurden nicht intendiert oder waren nicht finanzierbar.

Die sinkende Energieeffizienz, vor allem in den Sektoren, die als Nachfrager nach Energie eine besondere Rolle spielen (Industrie, Transport, Landwirtschaft und Haushalte), hat Folgewirkungen für die Effizienz der Volkswirtschaft und für die internationale Wettbewerbsfähigkeit (vgl. Abb. 35.1), und führt auch zu dem ungewöhnlich hohen Investitionsbedarf zur Finanzierung der Energiegroßprojekte. Die sinkende Energieeffizienz hat aber auch erhebliche Folgewirkungen für den Einsatz von erneuerbaren Energietechnologien, denn die Anwendungen und Diffusion von RET werden beeinträchtigt. Je größer die Einsparerfolge, desto größer sind die Möglichkeiten, Energiespitzenbedarfe durch RET auszugleichen, Versorgungssysteme auf der Basis von RET aufzubauen und Projekte mit RET zu finanzieren. Insbesondere kann dann eine bessere Abstimmung von konventionellen Energiesystemen und von RET erreicht werden, vor allem aufgrund der Tatsache, daß der Hauptnachteil von RET dann nicht mehr so schwer wiegt, nämlich, daß die Möglichkeiten der Kapazitätsausweitung in bezug auf das Nachfragewachstum bei RET begrenzt bleiben, denn die RET haben ihren Vorteil in bestimmten niedrigen Leistungsklassen (Wohlmuth, 1993a). Dies insbesondere erklärt die unbefriedigende Verbreitung aller fünf Gruppen von RET (vgl. Tabelle 35.2). Anders formuliert, die Verbreitung von RET wird gefördert, wenn eine optimale Koppelung mit der konventionellen Energieversorgung und vor allem auch mit Energiesparprogrammen energie- und entwicklungspolitisch abgesichert werden kann. Alle Vorteile der RET (Dezentralität, kleine Projekte, Unabhängigkeit von Monopolanbietern, Vielzahl möglicher Träger, Nutzung lokaler Ressourcen, schnelle Realisierung von Energieversorgung für prioritäre Bedarfe in entlegenen Gebieten usw.) können dann gezielt genutzt werden.

Energiesparmaßnahmen werden vor allem durch folgende Faktoren in afrikanischen Ländern behindert (ADB, 1993):

1. *Institutionelle Faktoren*: Regulierungen und Vorgaben, die zum Energiesparen führen sollen, gibt es auf systematischer Grundlage kaum, oder nur regional/lokal begrenzt, so daß Investitionen in energiesparende Produktions- und Transportmittel bzw. in energieeffiziente Endgeräte nicht oder kaum erfolgen. Oft sind die Regulierungen auch nicht mit Förderprogrammen und mit steuerlichen Anreizen koordiniert, so daß Investoren in diesen Bereichen keinen Investitionsanreiz haben. Zudem fehlen Standardisierungen, Zertifizierungen und Programme zur Information über Einsparungsmöglichkeiten sowie auch technische Überwachungsmöglichkeiten hinsichtlich der Energieeffizienznormen, etwa in der Industrie. Möglichkeiten gibt es aber, entspre-

Tabelle 35.2. Erneuerbare Energietechnologien im Wettbewerb (*Quelle:* Oesterdiekhoff, 1993: 45)

Perspektiven für erneuerbare Energien in dezentralen Anwendungen		*Konkurrenten*
1. Photovoltaik		
- Dorfstationen	–	Dieselgeneratoren
- Solar Home Systems	+	Kerosin, Kleinstwindgenerator
- Pumpen		
Bewässerung	–	Hand, Wind, Diesel
Trinkwasser	?	Hand, Wind, Diesel
- Kühlanlagen	–	Kerosin
2. Wind		
- Schwache Netze (u.U. Hybridanlage)	?	Diesel, andere erneuerbare Energietechnologien
- Kleinstgenerator	?	Photovoltaik, Kerosin
- Pumpen	+	Diesel, Photovoltaik
3. Solarthermik		
- Warmwasserkollektoren	+	Elektrizität
- Pumpen	–	Diesel, Wind, Photovoltaik
- Elektrizität	?	
4. Kleinwasserkraft		
- Elektrizität	+	Diesel, Netz
- Mechanische Arbeit	+	Diesel, Netz
5. Biomasse		
- Biokohle	–	Kerosin
- Gasgeneratoren	?	Diesel, andere erneuerbare Energietechnologien
- Biogas		
Energie	–	Kerosin, Holz(-kohle)
Abwasser	+	

chende Institutionen aufzubauen und zu finanzieren, wie das Beispiel Ghana zeigt, wo die Arbeit des Nationalen Energierates und Energiesparprogramme durch Steuern auf fossile Energieträger finanziert werden und wo es auch gelungen ist, durch Einbeziehung von Transportmitteln des informellen Sektors in die staatliche technische Überwachung erhebliche Energieeinsparungen im Transportsektor, insbesondere durch eine bessere Wartung der Fahrzeuge, zu erreichen.

2. *Ökonomische Faktoren*: Diese Faktoren sind besonders wichtig, denn nichtkostendeckende Preise führen dazu, daß Energiesparanreize untergraben werden. Die Preissetzung ist oft in Verbindung mit Steuern auch wenig transparent und administrativ kompliziert, so daß Endnutzer und Produzenten von Energie keine Anreize für Energiesparmaßnahmen erkennen können.

3. *Finanzielle und fiskalische Faktoren*: Von wenigen Ausnahmen abgesehen (Ghana, Tunesien, Elfenbeinküste) fehlen Institutionen und Fonds zur Finanzierung von Einsparmaßnahmen, obwohl diese Investitionen die potentiell höchste Rendite haben. Es fehlen steuerliche Anreize, die zu Energiesparinvestitionen führen könnten, Kredite zur Finanzierung von Investitionen zur Energieeinsparung und entsprechende Finanzierungsprogramme auch im öffentlichen Sektor, während die nationale und internationale Finanzierung von neuen Großprojekten im Energiesektor oft problemlos möglich ist.
4. *Technologische Faktoren*: Es fehlen technische Einrichtungen für die Überprüfung von Energienutzung, Energiekonversion, Energietransmission und für die Überwachung der Energieeffizienz in verschiedenen produktiven Sektoren. Die ausgebildeten Fachkräfte sind nicht verfügbar, um Energiesparmaßnahmen zu überwachen, Energie-Audits in der Industrie, im Transportsektor oder in der Bewässerungslandwirtschaft durchzuführen. Ausbildungskapazitäten und F&E-Programme, die gezielt auf Einsparmöglichkeiten orientiert sind, sind nicht vorhanden.

Die Gründe für viele dieser Faktoren, die zur Energieverschwendung in Afrika führen, liegen sicherlich in der Politischen Ökonomie des Energiesektors (vgl. Wohlmuth, 1994a, 1994b). Das Beispiel Ghana zeigt, daß viele innovative und vielversprechende Ansätze zur Förderung von RET und von Energiesparinvestitionen (Nationale Energiesparoffensive, Nationaler Energierat, Steuern zur Finanzierung der Energiewende etc.) letztlich an politischen Faktoren gescheitert sind (Wereko-Brobby, 1993). Dennoch sind diese Ansätze bemerkenswert, und auch in einigen wenigen anderen afrikanischen Ländern (so in Tunesien) gibt es Versuche, etwa durch Energy Conservation Agencies, eine Energiewende vor allem in der Industrie und im Transportwesen zu ermöglichen. Die Krise der Energiepolitik hat daher Ursachen, die in den räumlichen Versorgungsdisparitäten, im Krisenzusammenhang der Entwicklung afrikanischer Länder, im Scheitern vieler Großprojekte und im Fehlen eines Energiesektormanagements und einer Energieeinsparpolitik liegen (vgl. Bhagavan/Karekezi, 1992). Von entscheidender Bedeutung ist wohl aber die Schwäche einer nationalen Energiepolitik, die nicht in der Lage ist, all diese Problemfelder und Fehler aufzugreifen und in eine Reformkonzeption umzusetzen.

35.4 Politische Ökonomie der Energiepolitik in afrikanischen Ländern

Die Schwierigkeiten, eine energiepolitische Wende herbeizuführen, liegen vor allem an den Entscheidungsprozessen über die Strukturanpassungspolitik, am Prozeß der Entwicklungszusammenarbeit, an der unzureichenden Berücksichtigung lokaler Interessen und schließlich am Fehlen einer längerfristigen Entwicklungskonzeption, die auch regionale Kooperationschancen wahrnehmen würde.

Die Strukturanpassungspolitik wird vor allem von Finanz- und Planungsministerien gesteuert. Der Beitrag des Energieministeriums bzw. der Energieinstitutionen ist minimal. Dies führt dazu, daß o.a. Fehler und Strukturmerkmale des Energiesektors fortgeführt werden. Die Entwicklungszusammenarbeit ist in diesem Kontext auf international finanzierte Großprojekte im Bereich der kommerziellen Energieträger ausgerichtet, wobei den großen Energieprojekten die Rolle zukommt, den Beitrag der externen Entwicklungsfinanzierung insgesamt zu erhöhen. Die kleinen und dezentralen Projekte sind daher nicht Gegenstand der Überlegungen von Planungs- und Finanzministerien. Auch die Energieministerien sind oft nicht in der Lage, diese Projekte und deren Trägerorganisationen zu koordinieren bzw. die Projekte im Rahmen einer nationalen Energiepolitik angemessen zu berücksichtigen. Lokale Partizipationsinteressen in der Energiepolitik werden oft nicht wahrgenommen und führen dazu, daß entweder Projekte nicht durchgeführt werden können (etwa weil nationale EVU die Kontrolle über Kleinwasserkraftwerke beanspruchen), Projekte nicht überleben können (weil Kleinprojekte diskriminiert werden; nicht in regionale, nationale und überregionale Planungen einbezogen werden; Ersatzteile und Wartungsleistungen nicht beschafft werden können etc.) oder aber Projekte als Prestigeprojekte betrachtet und finanziert werden (die unter Kostengesichtspunkten ohne Subventionen nicht erhalten werden könnten, was für manche Biogasprojekte zutrifft).

Da aber dezentrale Projekte nicht nur auf lokale Partizipation, sondern auch auf eine Einbindung in die zentrale Energiepolitik, in nationale Technologietransfers und in nationale Finanzierungsformen sowie auf fiskalische Anreize angewiesen sind, erweisen sich diese Projekte oft als überaus komplex und als besonders störanfällig (Wohlmuth 1993b; Köllmann/Oesterdiekhoff/Wohlmuth, 1993). Das Fehlen einer längerfristigen Entwicklungsplanung ist ein weiterer Grund, der eine energiepolitische Wende verhindert, denn die in Abb. 35.1 und in Tabelle 35.1 dargestellten Zusammenhänge und Fakten zeigen, daß neue Energiepolitiken nur im Kontext neuer Entwicklungspolitiken und angemessener Strukturanpassungspolitiken möglich sind. Eine neue Entwicklungs- und Energiepolitik setzt aber eine Wende hinsichtlich mehrerer zentraler Faktoren des Entwicklungsprozesses voraus. Diese Faktoren sind:

1. *Förderung von Investitionen*: Da die geringe Finanzausstattung der EVU in afrikanischen Ländern eine Eigenfinanzierung von Investitionen (Energiesparinvestitionen, technologische Erneuerungs- und Anpassungsinvestitionen, Investitionen in komplementäre RET vor allem in ländlichen Gebieten und in einigen städtischen Randzonen) nicht zuläßt, sind entsprechende fiskalische Anpassungen und v.a. Preisanpassungen durch die Behörden und die EVU dringend notwendig. Die Abhängigkeit von extern finanzierten Großprojekten kann keine Lösung sein. Diese kann durch eine energiepolitische Wende reduziert werden, die erst eine Reduzierung der technologischen Abhängigkeiten und der Finanzierungsabhängigkeiten ermöglicht. Die enorme finanzielle Abhängigkeit (so werden in Afrika 80% der Mittel neuer Projekte der Elektrizitätswirtschaft extern finanziert, gegenüber 40% in anderen Entwicklungs-

ländern) gilt es rasch abzusenken, was nur über die interne Mobilisierung von Ressourcen im Rahmen einer Politik der energiepolitischen Wende möglich ist (ADB, 1993).

2. *Reduzierung von Abhängigkeiten*: Neben den technologischen und finanziellen Abhängigkeiten ist die Außenhandelsabhängigkeit der afrikanischen Länder im Energiesektor durch geeignete wirtschaftspolitische Maßnahmen zu reduzieren. Die Verringerung der Abhängigkeit der Ölexportländer vom Export in die Industrieländer (bei nach wie vor geringem innerafrikanischen Handel mit Energieträgern) ist ein Problem, das nur durch Exportgüterdiversifizierung einerseits und durch regionale Diversifizierung im Handel andererseits erreichbar ist. Auch die Ölexportländer in Afrika weisen erhebliche Importabhängigkeiten bei bestimmten Ölprodukten auf, da die Raffineriekapazitäten nicht immer für den lokalen/regionalen/nationalen Bedarf ausgelegt sind. Der schnelle Abbau dieser energiebezogenen Importabhängigkeit selbst der Ölexportländer ist ein entscheidender Schritt, wobei für eine koordinierte Planung regionale Kooperationen zwingend notwendig sind. Die Nicht-Öl-Länder (die Netto-Öl-Importländer) aber weisen nicht nur eine hohe Abhängigkeit ihrer Länder in bezug auf die Verwendung ihrer Devisenerlöse für Ölimporte auf, sondern sind zudem mit ungünstigen Importpreisen und oft auch mit Versorgungsschwierigkeiten konfrontiert. Das Potential der regionalen Kooperation zur Reduzierung von Abhängigkeiten in Afrika ist aber längst nicht ausgeschöpft.
3. *Erhaltung der Arbeitskapazität von Energieunternehmen*: Die Erhaltung der Arbeitsfähigkeit setzt zunächst eine Energiepreisreform voraus, die es den Unternehmen ermöglicht, kostendeckend zu produzieren und Investitionen aus eigenen Erlösen zu finanzieren. Sicherlich werden „strategische Preise" weiterhin eine Rolle spielen, um die Energie als wichtige Inputs für Transport, landwirtschaftliche Produktion und Industrie finanzierbar zu machen bzw. die Energie auch den Beziehern niedriger Einkommen und Bewohnern in entfernteren Regionen verfügbar zu halten, doch ist auf der anderen Seite sicherzustellen, daß die strategische Preispolitik ohne unzumutbare Belastungen für den öffentlichen Haushalt refinanziert werden kann. Formen der Besteuerung von fossilen Energien wie in Ghana könnten geeignete Instrumente der Refinanzierung wie auch einer Energiewende sein.

Die Koordination der Entscheidungsträger im Energiesektor (Energieunternehmen, öffentliche Verwaltung, Organisationen der Energienachfrager) ist von großer Bedeutung, um auch einen längst überfälligen „Gesellschaftsvertrag" über die angemessene, aber ökonomisch vertretbare Versorgung mit Energie zwischen den wichtigen Parteien zu ermöglichen und wirksam werden zu lassen. Ein nationaler Energierat sollte aber auch jene Akteure einbeziehen, die als Trägerorganisationen von kleinen und dezentralen Energieprojekten an der Verbreitung erneuerbarer Energien an vorderster Front beteiligt sind und die schon jetzt an Energiesparprogrammen arbeiten, wie die technischen Überwachungsvereine.

4. *Qualifizierungsoffensive*: Die Förderung des Humankapitals ist ein weiterer entscheidender Punkt, um qualifizierte Fachkräfte und qualifiziertes Management für den Energiesektor zur Verfügung zu stellen. Dies setzt Fördermaßnahmen auf betrieblicher Ebene voraus, um die innerbetriebliche Weiterqualifizierung zu fördern, doch sind auch überbetriebliche Ausbildungs- und Weiterbildungsmaßnahmen dringend notwendig. Die Universitäten und technischen Fachschulen haben bisher wenig politische Unterstützung beim Aufbau von entsprechenden Weiterbildungs- und Forschungseinrichtungen für den Energiesektor erhalten. In einigen afrikanischen Ländern hat die nationale Energieforschung in Verbindung mit der universitären Ausbildung und Forschung aber Tradition, wie etwa im Sudan. Die diesbezüglichen Erfahrungen sind zu nutzen, sie zeigen aber auch deutlich, daß die Umsetzung von Reformmaßnahmen in den Energiesektoren und in der Energieforschung vom politischen Prozeß und v.a. von der Rolle des Energieministeriums abhängt. Steuerliche Anreize für F&E auf Unternehmensebene, die Förderung von F&E durch öffentliche Aufträge und die überregionale Kooperation in der Forschung sind weitere Ansätze, die es bei der Förderung der Energieforschung zu berücksichtigen gilt.
5. *Energiesektormanagement und Energiesektorinformation*: Die Reduzierung der Energiepolitik auf Angebotsplanung und auf die Errichtung neuer Großprojekte hat dazu geführt, daß eine Energienachfragepolitik systematisch vernachlässigt wurde, deren Aufgabe es wäre, produzierende und konsumierende Sektoren in ihrem Nachfrageverhalten zu beeinflussen, Energiesparpotentiale zu identifizieren und die Nachfrage nach Energie durch integrierte Programme der Stadt- und Regionalplanung, der Umwelt- und Verkehrsplanung sowie der Landwirtschafts- und Industrieplanung zu reduzieren. Darüber hinaus fehlt ein umfassendes Energiesektormanagement, das auf der Basis von Energiesektorinformationen hinsichtlich der Situation der Anbieter, der Nachfrager, der Projekte, der Lage der Energieunternehmen, der staatlichen Interventionsmöglichkeiten im Energiesektor etc. in der Lage wäre, ein integratives Gesamtkonzept für die Entwicklung des Energiesektors und dessen weitere Förderung zu entwickeln. Ein Energiesektormanagement kann über die Koordination von Preis- und Steuerpolitik, durch Konzessionen und Lizenzen, die Regulierung und Überwachung von Energieunternehmen, durch Ausbildung und Förderung von F&E und durch nationale Koordination und überregionale Kooperation Akzente setzen.
6. *Umweltmanagement im Energiesektor*: Von immer größerer Bedeutung wird die Berücksichtigung der Umwelteffekte der Energiepolitik, denn nicht nur die hohen direkten Umweltbelastungen durch die Raffinerien sowie Öl- und Kohlekraftwerke, durch Desertifikation und Zerstörung von Biomasse, sondern auch die indirekten Umweltfolgen einer Nichtabstimmung von Energieangebots- und -nachfragepolitik gilt es zu erfassen und im Rahmen eines integrativen Gesamtkonzeptes der Entwicklungspolitik für energie- und umweltpolitische Änderungen zu nutzen (Weltbank, 1992).

Der Stellenwert dezentraler Projekte wird in einem solchen Rahmenkonzept erst deutlich, wenn die Umweltkosten der konventionellen Energieproduktion und der traditionellen Nachfragemuster offengelegt werden können. Ein zentraler Aspekt der Energiepolitik ist es daher, die Umweltkosten bei der Produktion und bei der Nutzung von Energie zu erfassen und diese Daten für eine energiepolitische Umsteuerung zu verwenden. Es ist offensichtlich, daß auch diesbezüglich kooperative Strategien von Nachbarländern in Afrika dringend erforderlich sind. Eine Integration des Umweltmanagements in das Energiesektormanagement erweist sich daher als zwingend notwendig.

35.5 Perspektiven

Die bisher wenig erfolgreiche Durchsetzung von erneuerbaren Energietechnologien in dezentralen Anwendungen (vgl. Tabelle 35.2) in praktisch allen fünf zentralen Bereichen (Photovoltaik, Solarthermik, Windenergie, Biomassenutzung, Kleinwasserkraftanlagen) darf keineswegs als Fehlschlag einer notwendigen Energiewende in Afrika interpretiert werden und kann auch nicht allein oder überwiegend auf Technologieprobleme zurückgeführt werden. Die Chancen sind hingegen durchaus gegeben (vgl. Köllmann/Oesterdiekhoff/Wohlmuth, 1993), wenn es gelingt:

1. die privatwirtschaftlichen Förderungsmechanismen für dezentrale Energietechnologien zu verstärken, also Handel, Vertrieb, Wartung, Service etc. auf lokaler Ebene zu fördern;
2. die lokale handwerkliche Fertigung zu nutzen, so daß Komponenten, Ersatzteile, Endgeräte, z.B. effizientere Kochöfen, vor Ort und mit lokalen Kräften und Materialien produziert werden können;
3. traditionelle Erfahrungen in der Anwendung von erneuerbaren Energietechnologien zu nutzen, wie dies in China, Indien, Nepal und in Argentinien in den Bereichen Kleinwasserkraftwerke, Windenergie und Biomassenutzung erfolgreich gelungen ist;
4. die wesentlichen Aspekte der Politischen Ökonomie des Energiesektors in afrikanischen Ländern bei der Planung und Ausgestaltung von Programmen zu berücksichtigen, sowie v.a. Wettbewerbsneutralität bei Preisen und Steuern und bei der Rolle von EVU durchzusetzen;
5. die dezentralen Projekte auf lokaler Ebene in die regionale und zentrale Energie- und Entwicklungsplanung bzw. die Wirtschafts- und Strukturanpassungspolitik einzubeziehen, da gerade diese Projekte der Integration und Koordination auf nationalstaatlicher Ebene bedürfen;
6. die nationale Forschung & Entwicklung und die Ausbildungsprogramme kontinuierlich und deutlich stärker als bisher auf die Förderung von erneuerbaren Energietechnologien abzustimmen, v.a. durch Zuteilung von Ressourcen

(Finanzmittel, Humankapital, Devisen etc.), aber auch durch rechtliche Rahmenbedingungen und Kompetenzen;

7. die Verbindung zu Energiesparprogrammen und zum Energiesektormanagement so zu gestalten, daß die dezentralen Energiebedarfe durch die RET kosteneffizient gedeckt werden können;
8. die RET in Entwicklungsprogramme systematisch zu integrieren, also in landwirtschaftliche und industrielle Entwicklungsprogramme, in städtische Verkehrs- und Umweltprogramme etc., denn gerade die RET sind offensichtlich sehr programmsensitiv;
9. die Entscheidungskompetenzen so zu gestalten, daß die Träger und Förderer von RET auf der Makroebene im Entscheidungsprozeß überhaupt Berücksichtigung finden können, und daß lokale Träger von dezentralen Projekten in regionalen und nationalen Energieräten ihre Interessen artikulieren können; und wenn es schließlich gelingt,
10. vorherrschende Mythen hinsichtlich der Diffusion von RET - positive wie negative - durch umfassende und kontinuierliche Informations- und Förderungsprogramme abzubauen, v.a. jene, die suggerieren, daß es sich bei den RET hinsichtlich der Technik und der Organisation um weniger komplexe Projekte handelt, die als dezentrale Projekte sich selbst überlassen werden können.

Da all diese Voraussetzungen für effektive Energieprojekte auf dezentraler Ebene bisher nicht geschaffen worden sind, also die besondere Bedeutung der RET als ergänzende Energiequelle noch nicht erkannt wurde, kann auch von einem Fehlschlag der RET im Rahmen der Energieversorgung nicht gesprochen werden.

Teil X
Schlußfolgerungen

36 Markteinführung und Exportförderung erneuerbarer Energien in der Triade: Politische Optionen und Hindernisse

Hans Günter Brauch

36.1 Einführung: Erneuerbare Energien in der Triade

Die globale Energiepolitik steht im 21. Jahrhundert vor dem Dilemma einer wachsenden Weltbevölkerung und damit einer Verdopplung des Weltenergiebedarfs und der Notwendigkeit, die energiebedingten Treibhausgase (vor allem CO_2) um die Hälfte zu reduzieren. Die von der 1. Klima-Enquête-Kommission des Deutschen Bundestages geforderte Reduzierung der CO_2-Emissionen um 75% bzw. um einen *Faktor Vier* (v. Weizsäcker/Lovins/Lovins, 1995) verlangt zum einen eine *Ausschöpfung der Energiesparpotentiale* (durch Effizienzsteigerung bei der Energieerzeugung und beim Energieeinsatz und durch ein Energiesparbewußtsein bei den Verbrauchern) und zum anderen *eine Substitution fossiler durch nicht fossile Energiequellen.*

Dabei stellen sich zwei grundlegende Alternativen, die im Zentrum des Energiedissenses in der Bundesrepublik stehen: a) zum einen die Beibehaltung und der Ausbau der Kernenergie und b) zum anderen die Ausschöpfung der technischen und wirtschaftlichen Potentiale der erneuerbaren Energien (e. E.). *Global* findet der Ausbau der Kernenergie seine Schranken in der Gefahr, daß Technologien und nukleare Materialien zum Bau von Kernwaffen mißbraucht werden können *(Nonproliferationsgefahr)*, und *national*, daß der Bau neuer Kernreaktoren derzeit in der Bundesrepublik politisch kaum durchsetzbar ist und die Fragen der Zwischen- und Endlagerung von Kernmaterialien einen hohen innenpolitischen Preis fordern *(geringe Akzeptanz, Sozialverträglichkeit).*

Die fünf zentralen erneuerbaren Energiequellen, die in diesem Band vorgestellt werden (vgl. Kap. 5-10), können langfristig das Problem der *Versorgungssicherheit* und damit auch der Belastung der *Zahlungsbilanz* reduzieren, sie sind weitgehend *umwelt- und sozialverträglich,* sieht man von einigen großen Wasserkraftwerken in der Dritten Welt und den Widerständen von Landschaftsschützern gegen Windkraftanlagen hierzulande ab, aber sie sind derzeit in Konkurrenz zu den *billigen fossilen Energieträgern (Öl, Gas, Kohle) noch nicht wirtschaftlich.* Damit ist die zentrale Herausforderung an die Wirtschafts- und Energiepolitik, die Hemmnisse zu beseitigen und die Rahmenbedingungen für eine Markteinführung und für den Export erneuerbarer Energieträger zu schaffen.

Ziel dieses Kapitels ist es, die Politik der drei Pioniere erneuerbarer Energien der USA, Japans und der Staaten der Europäischen Union generell und der Bundesrepublik Deutschland speziell im Bereich a) der *Forschung und Entwicklung*, b) der *Markteinführung* und c) der *Exportförderung* zu vergleichen. Dazu sollen hier einige wirtschaftspolitische Fragen perspektivisch und im Vergleich mit anderen Sektoren erörtert werden: Steht im 21. Jahrhundert im Bereich der e. E. ein neuer industrieller Wettbewerb in der Triade bevor? Werden die Staaten, die heute bei der Markteinführung und der Exportförderung die Rahmenbedingungen für Prozeßinnovationen im Rahmen einer Massenproduktion schaffen, die Weltmärkte in dieser Branche im 21. Jahrhundert kontrollieren? Eine Voraussetzung hierfür ist das abschätzbare Marktpotential für e. E. in der ersten Hälfte des 21. Jahrhunderts.

36.2 Marktpotential für erneuerbare Energien

Eine Studie des World Energy Council (WEC, 1994) geht davon aus, daß bis zum Jahr 2020 die erneuerbaren Energien ein Energiepotential von 3,3 GTOE abdecken könnten. Eine andere Studie (WEC, 1993) schätzte das Potential der erneuerbaren Energien im Jahr 2100 auf 13 GTOE, wovon ca. 10% auf die „neuen e. E." entfallen.[1] Technologische Verbesserung im Wirkungsgrad und Kostensenkungen bei einer Massenproduktion werden die Wirtschaftlichkeit der e. E. mittel- und längerfristig verbessern, während die steigenden Kosten für Erschließung und Abbau der begrenzten fossilen Energien deren Wirtschaftlichkeit langfristig reduzieren werden.[2]

Alle sechs in Tabelle 1.5 vorgestellten WEC-Szenarien (WEC, 1995: 49) gehen bis zum Jahr 2050 von einem signifikanten Anteil der e. E. (16-36%) aus, die in allen Szenarien über dem Anteil der Kernenergie (4-14%) liegen. Beide

1 Vgl. WEC, 1995: 40: „Thus, renewable energy sources have the promise of meeting most of human energy needs in the long term, but their actual contribution is likely to be much more modest in the shorter term (WEC, 1993). There is obviously a wide range of uncertainty on possible timing and extent of the diffusion of renewables. Only major, effective and internationally co-ordinated policy support would be able to accelerate developments and to make significant inroads into total primary energy supplying the next two or three decades."

2 Ein Greenpeace-Szenario (1993), das von 1988 bis zum Jahr 2100 von einer Verdreifachung der globalen Energienachfrage ausgeht, hält es für möglich, daß bis zum Jahr 2100 der Anteil der fossilen Energien auf Null zurückgeht und der Anteil der erneuerbaren Energien auf 100% steigt. Nach einer unveröffentlichten Studie des Umweltbundesamtes (1996) würde dieses Szenario für eine nachhaltige Entwicklung in Deutschland eine drastische Erhöhung der Energieeffizienz und den breiten Einsatz e. E. geeignete Rahmenbedingungen erfordern. Vgl. „Nachhaltigkeit. Umweltbundesamt nennt konkrete Schritte", in: *Ökologische Briefe* Nr. 21, 22.5.1996: 3, 8.

nicht fossilen Energiequellen sollen um 2050 zwischen 22% (Szenario A1) und 48% (Szenario C2) der globalen Primärenergienachfrage decken.

Tabelle 36.1. Anteil von Kernenergie und erneuerbaren Energien am Primärenergieangebot nach den sechs WEC-Szenarien (1995: C1-C2) für die Jahre 1990, 2020 und 2050

Bezeichnung	1990	2020						2050					
Bevölkerung in Mrd.													
Welt	5,3	7,9						10,1					
OECD	0,9	1,0						1,0					
Osteuropa[a]	0,4	0,5						0,5					
Dritte Welt	4,0	6,4						8,5					
Primärenergie in Gigatonnen Öläquivalenten (Gesamt)													
Szenarien		**A1**	**A2**	**A3**	**B**	**C1**	**C2**	**A1**	**A2**	**A3**	**B**	**C1**	**C2**
Welt	9,0	15,4	15,4	15,4	13,6	11,4	11,4	24,8	24,8	24,6	19,8	14,2	14,2
OECD	4,2	5,7	5,7	5,7	5,2	3,7	3,7	6,7	6,7	6,7	5,6	3,0	3,0
Osteuropa[a]	1,7	2,3	2,3	2,3	1,7	1,7	1,7	3,7	3,7	3,7	2,4	1,7	1,7
Dritte Welt	3,1	7,4	7,4	7,4	6,6	6,0	6,0	14,4	14,4	14,4	11,8	9,6	9,6
Primärenergie in Gigatonnen Öläquivalenten (Kernenergie)													
Szenarien		**A1**	**A2**	**A3**	**B**	**C1**	**C2**	**A1**	**A2**	**A3**	**B**	**C1**	**C2**
Welt	0,5	0,9	0,6	1,0	0,9	0,7	0,8	2,9	1,1	2,8	2,7	0,5	1,8
OECD	0,4	0,7	0,5	0,7	0,7	0,6	0,6	1,6	0,5	1,6	1,4	0,4	1,0
Osteuropa[a]	0,1	0,1	0,1	0,1	0,1	0,1	0,1	0,5	0,1	0,2	0,2	0,3	0,3
Dritte Welt	0,0	0,1	0,0	0,2	0,2	0,1	0,1	0,9	0,5	1,0	1,0	0,1	0,7
Primärenergie in Gigatonnen Öläquivalenten (Erneuerbare Energien)													
Szenarien		**A1**	**A2**	**A3**	**B**	**C1**	**C2**	**A1**	**A2**	**A3**	**B**	**C1**	**C2**
Welt	1,6	2,5	2,6	3,3	2,3	2,4	2,3	5,5	5,7	7,3	4,4	5,6	5,0
OECD	0,4	0,6	0,6	0,9	0,5	0,5	0,5	0,9	1,2	1,7	0,9	1,1	1,0
Osteuropa[a]	0,1	0,2	0,2	0,3	0,1	0,1	0,1	0,5	0,4	0,6	0,2	0,3	0,3
Dritte Welt	1,1	1,8	1,8	2,1	1,6	1,7	1,7	4,1	4,0	5,0	3,3	4,3	3,8
Kohlendioxidemissionen in Gigatonnen Kohlenstoff													
Szenarien		**A1**	**A2**	**A3**	**B**	**C1**	**C2**	**A1**	**A2**	**A3**	**B**	**C1**	**C2**
Welt	6,0	9,5	10,0	8,2	8,4	6,3	6,3	11,7	15,1	9,2	10,0	5,5	5,0
OECD	2,8	3,5	3,8	3,0	3,3	2,0	1,9	3,1	4,3	2,0	2,5	0,9	0,7
Osteuropa[a]	1,4	1,5	1,5	1,2	1,1	1,0	1,0	2,0	2,3	1,7	1,3	0,8	0,8
Dritte Welt	1,9	4,5	4,7	3,9	4,0	3,4	3,4	6,6	8,5	5,5	6,2	3,7	3,5

a) Die WEC-Studie bezeichnet die ehemaligen Staaten Ostmitteleuropas und die Nachfolgestaaten der ehemaligen UdSSR als Reformökonomien.

Kurz- und mittelfristig wird das Marktpotential der e. E. nach Ansicht der WEC-Studie (1995: 56) von 1,6 GTOE (1990) bis zum Jahr 2020 weltweit auf 2,3 bis 3,3 GTOE ansteigen. Nach 2020 ist dagegen mit deutlich höheren Wachstumsraten zu rechnen, wenn die Verbesserungen, die in den Marktnischen erzielt wurden, zu einer offensiven Marktpenetration führen. Die unterschiedlichen Marktanteile der e. E. im Jahr 2050 in den sechs Szenarien (A1: 16% und

C1: 39%) führt das IIASA-Autorenteam u.a. auf unterschiedliche Triebkräfte zurück: technologische Verbesserungen, Wirtschaftlichkeit, den Grad der politischen Unterstützung und die abnehmende Verfügbarkeit billiger fossiler Energiequellen (vgl. Tabelle 36.1).

Bei der Marktdurchdringung der e. E. lassen sich bei den sechs WEC-Szenarien bis 2020 und 2050 bei den OECD-Staaten, den ehemaligen RGW-Ländern und den Staaten der Dritten Welt deutliche Unterschiede feststellen. Während der Anteil der e. E. bei den OECD-Staaten von 0,4 GTOE (1990) über 0,5-0,9 GTOE (2020) auf 0,9-1,7 GTOE (2050) zunimmt, ist der prognostizierte Anstieg für die Staaten der Dritten Welt überdurchschnittlich von 1,1 GTOE (1990) über 1,6-2,1 GTOE (2020) auf 3,3-5,0 GTOE (2050).

Nach dem ökologisch motivierten und politisch gesteuerten Szenario C1 sollen in der Dritten Welt im Jahr 2020 1,7 GTOE (28,3%) und im Jahr 2050 4,3 GTOE (45%) des Primärenergiebedarfs durch e. E., aber nur 0,1 GTOE (1,04%) durch Kernenergie gedeckt werden. In den OECD-Staaten wird der Anteil der e. E. von 0,4 GTOE (1990) über 0,5 GTOE (2020) auf 1,1 GTOE (2050) ansteigen. Während nach dem Szenario C1 im Jahr 2020 in der Dritten Welt noch die traditionelle Biomasse (Holz) überwiegt, werden hier im Jahr 2050 die Sonnenenergie (vgl. Kap. 10), die neue Biomasse (vgl. Kap. 8), die Wasser- und Windkraft (vgl. Kap. 5-7) dominieren. In den OECD-Staaten wird gegen Mitte des 21. Jahrhunderts bei den e. E. die Wind- und Wasserkraft überwiegen, gefolgt von der neuen Biomasse und der Sonnenenergie. Mit der wachsenden Bevölkerung im Süden wird sich auch der Konflikt zwischen der Nahrungsmittelproduktion und der traditionellen Biomasseerzeugung (durch Abholzung der Wälder) verschärfen (WEC, 1995: 60).

Aus diesen sechs Energieszenarien des Weltenergierates lassen sich folgende Schlußfolgerungen ziehen: Nur die Szenarien C2 und C1 führen bis zum Jahr 2050 weltweit zu einer leichten Reduzierung der CO_2-Emissionen von 6,0 Gt C (1990) auf 5,0 bzw. 5,5 Gt C (2050), d.h. um 8 bzw. 16% und bleiben damit weit hinter den Forderungen des IPCC und der 1. Klima-Enquête-Kommission (vgl. Tabelle 1.6) zurück, die weltweit eine CO_2-Minderung um 50% forderten. Dies ist allerdings *nur möglich* durch einen Anstieg der e. E. von 1,6 GTOE auf 5,0 bis 5,6 Gt, d.h. um das $3^1/_8$- bis 3½fache.

Die WEC-Studie (1995) macht deutlich, daß das *neu erschließbare Marktpotential* für die e. E. sich vor allem in den Staaten der Dritten Welt befindet, womit zugleich auch ein *neuer Markt* entstehen wird, um den sich die Anbieter aus den OECD-Staaten und hier hauptsächlich die USA, Japan und die EU-Staaten, insbesondere die Bundesrepublik Deutschland, intensiv bemühen werden. Damit wird der Wettbewerb zwischen den Anbietern erneuerbarer Technologien und Anlagen aus den drei Kernstaaten der Triade die industrielle Konkurrenz im 21. Jahrhundert maßgeblich mitbestimmen.

Welche Schlußfolgerungen lassen sich aus den bisherigen Erfahrungen im Technologiewettstreit und im Wettbewerb um neue Märkte für Mittel- und Hochtechnologieprodukte innerhalb der Triade in den letzten drei Jahrzehnten ableiten? Zwei Sektoren sollen hier näher behandelt werden: der Wettbewerb bei Produktion und Export von Automobilen und von Halbleitern, in denen Japan seine Konkurrenten aus den USA und Westeuropa erfolgreich zurückdrängte.

36.3 Industriekonkurrenz in der Triade: USA, Japan und Europäische Union bzw. Bundesrepublik Deutschland

Zwischen 1880 und 1980 fiel der Anteil *Großbritanniens* an der Weltindustrieproduktion von 22,9 auf 4,0%, während der Anteil *Japans* von 2,4 auf 9,1% anstieg. Der Anteil *Deutschlands* (bzw. der BRD) stieg von 4,9% (1860) bis 1913 auf 14,8% und ging dann bis 1980 auf 5,3% zurück. Der Anteil der *USA* erhöhte sich von 7,2% (1860) bis 1913 auf 32,0%, bis 1928 auf 39,3% und 1953 auf 44,7% und sank dann bis 1980 auf 31,5%. Bei den Weltexporten an Industriegütern entfiel 1913 auf *Großbritannien* ein Anteil von 30,2%, auf *Deutschland* von 26,6%, auf die *USA* von 13% und auf *Japan* von 2,3%. Bis 1980 fiel der Anteil Großbritanniens auf 9,7%, der Bundesrepublik Deutschland auf 19,9% und der USA auf 17%, während der Anteil Japans sich von 1,5% (1899) auf 14,8% verzehnfachte (vgl. Yuzawa, 1994: 4, nach: Reynolds, 1991: 18).

Mit dem Abschluß des ökonomischen Wiederaufbau Japans und der Bundesrepublik Deutschland sanken die Anteile der USA an der Weltgüterproduktion und am Weltmarkt. Der US-Anteil am Weltbruttoprodukt ging von 25,9% (1960) über 23,0% (1970) auf 21,5% (1980) und derjenige der EWG-Staaten von 25,0% (1960) über 24,7% (1970) auf 22,5% (1980) zurück, während der Anteil Japans sich von 4,5% (1960) bis 1980 auf 9% verdoppelte (Kennedy, 1989: 646). Seit den 70er Jahren waren die amerikanischen Handels-, Zahlungs- und Leistungsbilanzen, insbesondere gegenüber ihren wichtigsten Partnern, negativ. In den 70er und 80er Jahren gelang es vor allem Japan, seine Exporte zu Lasten der USA und der EU-Staaten zu steigern (vgl. Tabelle 36.2). 1993 lag das Pro-Kopf-Einkommen der Japaner mit 26 079 US $ vor dem in den USA und im vereinten Deutschland (*Japan Profile*, 1995: 128-129).

Diese statistischen Vergleiche verdeutlichen den ökonomischen Aufstieg Japans seit der erzwungenen Öffnung von 1853 und dem Beginn der Meiji-Restauration (1868-1913) und vor allem seit der amerikanischen Besatzung (1945-1951) nach der Niederlage von 1945. Die Gründe für den Erfolg des japanischen ökonomischen Entwicklungsmodells sind vielfältig (vgl. Krupp, 1996). Im Vergleich zu seinen Konkurrenten auf dem Weltmarkt spielte der japanische Staat - seit 1948 das MITI - eine wichtige Rolle bei dem Bestreben, durch eine enge Zusammenarbeit mit der Wirtschaft und der Wissenschaft in wenigen Zielindustrien gegenüber den Konkurrenten aufzuholen und diese zu überholen.

Seit der zweiten Hälfte der 60er Jahre wies Japan steigende Handelsbilanzüberschüsse auf, die durch temporäre Defizite als Folge der beiden Ölkrisen von 1973 und 1979 unterbrochen wurden. Ab 1983 stiegen die Handelsbilanzüber-

Tabelle 36.2. Handelsaustausch Japans mit ausgewählten Ländern in Mio. US $ (Quelle: *Japan Profile* 1995: 145 nach Japan Tariff Association)

Land	1970		1975		1980		1985		1990	
	Export	Import	Export	Import	Export	Import	Export	Import	Export	Import
USA	5 940	5 560	11 149	11 608	31 367	24 408	65 278	25 793	90 322	52 369
BR Deutschl.	550	617	1 661	1 139	5 756	2 501	6 938	2 928	17 782	11 487
Großbritann.	480	395	1 473	811	3 782	1 954	4 723	1 817	10 781	5 239
Frankreich	127	186	699	500	2 021	1 296	2 083	1 324	6 128	7 590
Australien	589	1 598	1 739	4 156	3 389	6 982	5 379	7 452	6 900	12 369
VR China	569	254	2 259	1 531	5 078	4 323	12 477	6 483	6 130	12 054

schüsse wieder deutlich an und erreichten 1993 120,2 Mrd. US $ (vgl. Tabelle 36.2). Seit den 60er Jahren haben sich nicht nur das Gesamtvolumen, sondern auch die Zusammensetzung der Exportgüter verändert. Textilien wurden in den 60er Jahren durch Stahl, Maschinen, Chemikalien, in den 70er Jahren durch Maschinen, Automobile und elektronische Geräte und in den 80er Jahren vor allem durch Hochtechnologieprodukte wie Computer, Halbleiter, Videokassettenrecorder und Faxgeräte ersetzt (vgl. Tabelle 36.3). Als Folge des Wertzuwachses des Yen seit Mitte der 80er Jahre und der wachsenden Handelskonflikte mit den USA und den EG-Staaten gingen japanische Unternehmen zunehmend dazu über, Automobile in den USA und Großbritannien zu fertigen und arbeitsintensive Massengüter in China und anderen asiatischen Staaten zu produzieren (*Japan Profile*, 1995: 145-146).

An den Beispielen des *Automobilsektors* und der *Computer/Halbleiter* soll die Vorbereitung und der Ablauf der Exportoffensiven Japans auf dem Weltmarkt - hier vor allem gegenüber den USA und den EU-Staaten - erörtert und im An-

Tabelle 36.3. Anteile der USA, Japans und der Bundesrepublik Deutschland am Weltexport in wichtigen Wirtschaftszweigen, 1975 und 1989 (Quelle: Mayrzedt, 1994: 26 nach: UN, *Yearbook of Foreign Trade Statistics* und Institut der deutschen Wirtschaft)

Exportanteile in %	BR Deutschland		USA		Japan	
	1975	1989	1975	1989	1975	1989
Verbrennungsmotoren	18,7	13,7	26,8	19,9	7,7	21,0
Druckmaschinen	34,7	36,1	22,2	13,0	2,5	15,6
Werkzeugmaschinen	35,4	22,3	13,5	9,3	6,0	22,8
Büromaschinen	18,1	10,2	7,4	6,9	6,0	29,6
EDV-Anlagen	15,6	6,8	26,0	27,0	3,1	23,5
TV-Empfänger	17,3	10,4	7,4	4,6	31,1	28,6
Tonwiedergabegeräte	11,1	8,4	7,6	2,6	40,8	59,0
Telekommunikation	14,1	7,1	18,2	12,9	16,1	39,9
Transistoren	10,2	6,3	31,8	22,0	10,4	25,0
Straßenfahrzeuge	22,5	24,7	11,6	7,0	16,1	27,0
Lastkraftwagen	18,5	15,4	22,3	11,5	16,7	24,1
Meß-/Kontrollinstrum.	19,0	17,0	28,1	28,1	5,1	13,0

schluß die Frage diskutiert werden, ob sich bei den Zukunftstechnologien des 21. Jahrhunderts, wie z.B. den e. E. in Japan schon heute eine vergleichbare Schwerpunktsetzung erkennen läßt, die zu einer zukünftigen Exportoffensive, vor allem in die rohstoffreichen Staaten der Dritten Welt, führen kann, mit denen Japan eine negative Handelsbilanz aufweist.

36.3.1 Exportwettbewerb im Automobilsektor in der Triade

Die Automobilindustrie ist hinsichtlich der Wertschöpfung und der Beschäftigung noch immer weltweit der größte Industriezweig, der seit den 80er Jahren von japanischen Produzenten (1990: Weltmarktanteil von 28%; USA: 16%; Deutschland: 13%) dominiert wird. Diese Branche war auch der Pionier für neue Produktionsmethoden. Autos sind noch immer die wichtigste Industrieware im internationalen Handel (Mayrzedt, 1994: 45).

Japan hatte zwar 1941 bereits jährlich 40 000 Automobile produziert, aber durch Auflagen der amerikanischen Besatzungsmacht war die Produktion 1946 auf 20 000 Kraftfahrzeuge - vor allem Lkws - gesunken. Erst 1952 durfte die Pkw-Produktion - mit aktiver Förderung durch das MITI - wieder aufgenommen werden (*Japan Profile*, 1995: 166-167; Francks, 1992: 193-196). Krupp (1996: 164-166) nennt folgende Etappen für die Industriepolitik Japans im Automobilsektor:

- amerikanische Produktionsaufträge für Lkws während des Koreakrieges;
- Aufbau einer Serienfertigung durch die großen japanischen Hersteller (Toyota, Nissan, Isuzu, Mazda, Mitsubishi) als Folge des Drucks für eine Handelsiberalisierung für Nutzfahrzeuge (1961) und Pkw (1965);
- Zusammenschluß großer Automobilproduzenten (z.B. Toyota, Hino, Daihatsu) und Gründung gemeinsamer Unternehmen mit amerikanischen Partnern nach der Kapitalliberalisierung von 1971 zwischen den USA und Japan;
- Innovationsschub als Folge der Ölkrise durch Senkung des Brennstoffverbrauchs und Erfüllung der strengen amerikanischen Emissionsgesetzgebung führten zu einem steilen Exportanstieg in die USA (1976: 2,5 Mio. Pkw);
- Teilfertigung japanischer Autos in den USA und in Großbritannien als Reaktion auf protektionistische Maßnahmen der USA und der EWG/EG-Staaten.

Während Japan 1960 erst 7 000 Pkw exportierte (Exportrate 4,2%) war die Exportrate 1970 mit 730 000 auf 22,8% und 1980 mit 3,95 Mio. auf 56,1% gestiegen (Krupp, 1996: 167). 1990 belieferte nur noch Japan den Weltmarkt (Marktanteil in den USA war 1989: 26%; in Europa 11%), während sich die amerikanischen Produzenten auf ihren Binnenmarkt und die deutsche Autoindustrie auf den europäischen Markt konzentrierten (Rode, 1993: 77). 1993 produzierte die japanische Autoindustrie 11,2 Mio. Fahrzeuge, von denen 5 Mio. exportiert wurden (*Japan Profile*, 1995: 167). Welche Gründe haben zu diesem erfolgreichen Verdrängungswettbewerb auf dem Weltmarkt geführt?

Krupp (1996: 166) nennt hierfür u.a. die *aktive Rolle des Staates* (MITI, Bau- und Transportministerium), der seit Anfang der 50er Jahre den Aufbau durch günstige Finanzierungsbedingungen förderte und die heimische Autoindustrie durch Schutzzölle und Einfuhrbeschränkungen gegen Importe schützte, in dem er u.a. eine autogerechte Infrastruktur aufbaute, durch die Übernahme der hohen amerikanischen Abgasnormen einen Innovationsschub auslöste und Maßnahmen zur Rettung einzelner Firmen ergriff:

> Zwischen 1951 und 1959 beliefen sich die Sonderabschreibungen auf 50% im ersten Jahr und zusätzliche 50% auf die allgemein geltenden Abschreibungssummen in den ersten drei Jahren. MITI genehmigte den Know-how Austausch zwischen verschiedenen japanischen und englischen sowie französischen Autofirmen. In seinem Rahmen durften Musterautos zum Ausschlachten nach Japan geliefert werden. Die japanische Förderungspolitik konzentrierte sich ab 1961 besonders auf ein Volkswagenkonzept. ... Beim Zusammenschluß zwischen Nissan und Prince war der MITI-Minister ein wichtiger Makler, auch gegenüber den hauptsächlich beteiligten Banken (Krupp 1996: 166-167).

Mayrzedt (1994: 28ff.) unterscheidet drei Wettbewerbsdimensionen für die japanischen Exporterfolge: die Ebene der Unternehmen (mikroökonomisch), der staatlichen und gesamtwirtschaftlichen Rahmenbedingungen (makroökonomisch) und des Zusammenwirkens von Politik, Wirtschaft, Wissenschaft und Verbänden. Er diskutiert acht Argumente, die von einer Verfälschung der Austauschbeziehungen zugunsten Japans ausgehen. Neben der aktiven Entwicklungsstrategie des Staates, den Schwierigkeiten des Marktzugangs für ausländische Konkurrenten nennt Mayrzedt die Überlegenheit der „lean production“, Produktivitätsunterschiede (1991: Japan = 100; USA = 60; Deutschland = 40), unterschiedliche Lohn- und Lohnstückkosten sowie unterschiedliche Unternehmensstrategien. Mayrzedt (1994: 68) gelangt zu folgender Gewichtung:

> Der Protektionismus in Japan in der Anfangsphase und offene Märkte in den USA stellen notwendige, aber nicht hinreichende Bedingungen des japanischen Erfolgs dar. Ausschlaggebend dafür waren und sind vielmehr die überlegenen Produktionsmethoden und die konsequente Verfolgung von Unternehmensstrategien zur Eroberung und Verteidigung hoher Marktanteile. Im Gegensatz zu einigen anderen Wirtschaftszweigen spielten in der Automobilindustrie höhere Stückzahlen keine entscheidende Rolle. Die insbesondere in Zeiten der Nachfrageschwäche praktizierte offensive Preispolitik dürfte kaum über das Branchenübliche hinausgegangen sein.

Der japanischen Herausforderung auf dem Automobilmarkt in den 70er Jahren folgten in den 80er Jahren Exportoffensiven in einigen „Schlüsselindustrien“ im Hochtechnologiesektor (Mikroelektronik, Computer, Halbleiter).

36.3.2 Exportwettbewerb bei Computern und Halbleitern in der Triade

Die Entwicklung der Mikroelektronik und der elektronischen Rechner ging nach dem Zweiten Weltkrieg von den USA aus, die 1980 noch 80% des Weltmarktes beherrschten. Anfang der 90er Jahre war Japan zum zweitgrößten Computerproduzenten aufgestiegen. 1991 hatte die Computerproduktion in Japan einen Gesamtwert von 44,5 Mrd. US $ erreicht, wovon Güter im Wert von 20 Mrd. US $ exportiert wurden.

Bereits 1947 begann die Universität Osaka ihr erstes Computerentwicklungsprogramm, 1952 folgten die Universität Tokyo und Toshiba. 1957-1959 kündigten NEC, Hitachi, Fujitsu und Toshiba erste Computer an. Zugleich wurden Geräte von IBM, Bendix und Univac importiert. Nach diesen Importen setzte das MITI einen Forschungsausschuß ein, um die Entwicklung eigener Computer zu koordinieren. 1957 wurde mit dem „Gesetz über vorläufige Maßnahmen zur Förderung der Elektronikindustrie" u.a. eine Elektronik-Abteilung im MITI gegründet, das mit Sonderabschreibungen, Krediten und Forschungssubventionen diesen neuen Zweig unterstützte (Krupp, 1996: 159-160).

1960 durfte IBM im Austausch für die Gewährung von Lizenzen an japanische Unternehmen in Japan Computer fertigen. 1961 wurde aus staatlichen und privaten Mitteln die japanische Electronic Computer Company (JECC) gegründet, die das Finanzierungssystem von IBM imitierte. Nach der Einführung des IBM 360 Großrechners im Jahr 1964 setzte die aktive Förderung dieses Entwicklungszweigs durch das MITI ein. Im Rahmen des sogenannten FONTAC-Projekts hatten Fujitsu, Oki und NEC (1962-1964) die Herstellung eines ersten Computerprototyps begonnen.

1966 empfahl der Elektronikindustrierat des MITI in einem „Bericht zur Stärkung der internationalen Konkurrenzfähigkeit" u.a. eine Stärkung des JECC, eine unternehmensübergreifende Entwicklungsarbeit, eine staatlich finanzierte Forschung bei Entwicklung und Produktion von Peripheriegeräten und ein Ausbildungsprogramm für Computertechniker. Von 1966 bis 1972 wurde als Ergebnis des MITI-Berichts von 1966 (*Electronics Industry Deliberation Council Report*) die Herstellung des Prototyps eines Supercomputers begonnen, der die dritte Generation der IBM 360 Computer übertreffen sollte. 1967 wurden die Fördermittel für den Computersektor gegenüber 1960 vervierfacht.

Als IBM 1970 mit der Serie 370 seine vierte Computergeneration ankündigte, hielt Japan auf amerikanischen Druck an seiner Liberalisierung des Computermarktes fest, die ab 1972 den Peripheriehandel öffnete, ab 1974 die Kapitaleinfuhr für *joint ventures* mit bis zu 50%iger Beteiligung bei Produktion, Vermarktung und Vermietung von Computern gestattete und ab 1976 einen Markt für Geräte und Software zuließ (Krupp, 1996: 161). Von 1972-1974 brachte das MITI die sechs japanischen Computerproduzenten in drei Forschungsgruppen zusammen: Fujitsu/Hitachi, NEC/Toshiba und Mitsubishi/Oki, um einen Computer mit der Leistungskraft des IBM 370 zu entwickeln, wobei 50% der Entwicklungskosten (57 Mrd. Yen bzw. 195,9 Mio. US $) vom MITI getragen wurden.[3] Als IBM seine vierte Computergeneration mit der VLSI-Technologie auf den Markt brachte, setzte MITI 1976 als Teil eines weiteren nationalen Schwer-

3 Krupp (1996: 160-161) schätzt, daß - zehn Jahre früher als in der Bundesrepublik - über eine Reihe von Subventions- und Kapitalanleiheprogramme mehrere Mrd. DM staatlicher Fördermittel in die japanische Computerindustrie flossen.

punktprojekts mit vierjähriger Laufzeit und ca. 30 Mrd. Yen Staatszuschuß zwei konkurrierende Forschungsgruppen ein, an denen Fujitsu, Hitachi und Mitsubishi Electric in der einen und NEC und Toshiba in der anderen mitwirkten. In den 80er Jahren wurden weitere Förderprogramme durch das MITI initiiert.

Seit Ende der 70er Jahre boten Hitachi und Fujitsu in den USA und in Europa eigene Computer an. In den 80er Jahren hatte die japanische Computerindustrie mit den USA gleichgezogen. 1979 hatte Fujitsu auf dem japanischen Markt IBM bei Großrechnern von der Führungsposition verdrängt (*Japan Profile*, 1995: 168 -170). 1993 produzierten die zehn größten in Japan ansässigen Computerfirmen Güter im Wert von ca. 68 Mrd. US $, wovon Computer im Wert von 10,6 Mrd. (bzw. 15%) exportiert wurden. Auf die drei größten japanischen Produzenten Fujitsu (15,1 Mrd. US $), NEC (14,7 Mrd. US $) und Hitachi (10,8 Mrd. US $) entfiel mit 40,6 Mrd. US $ ein Anteil von ca. 60% (Krupp, 1996: 162).

Besonders erfolgreich war Japan seit Ende der 70er Jahre in einem weiteren industriepolitischen Schwerpunkt, nämlich der *Halbleiterproduktion (Mikroprozessoren, Speicherchips)*. Die fünf Großen in der japanischen Computerindustrie wurden vom MITI im Rahmen der Technology Research Association zu einem gemeinsamen Forschungsprojekt eingeladen, zu dem die Regierung 40% der Entwicklungskosten in Höhe von 74 Mrd. Yen beitrug.

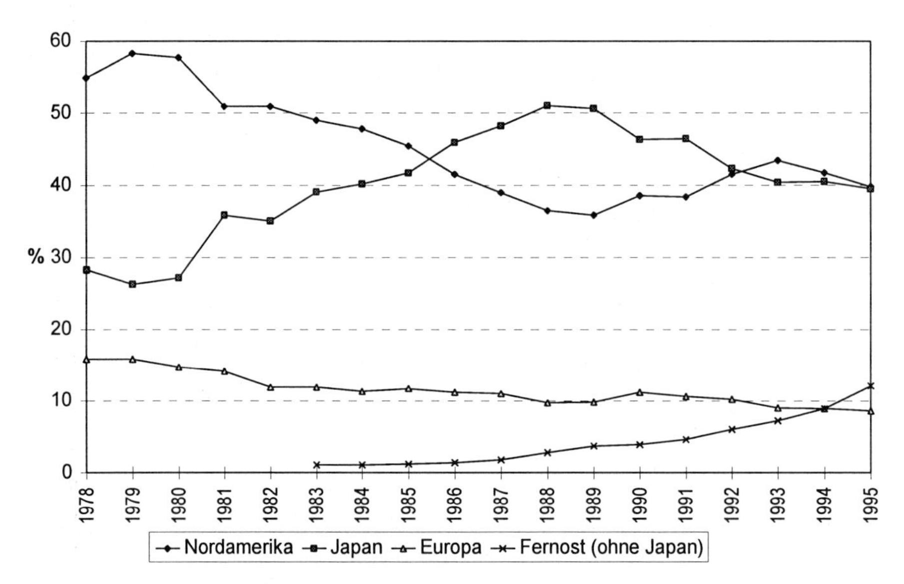

Abb. 36.1. Anteile am Welthalbleitermarkt: 1978-1995 (Quelle: Rode, 1993: 113; „Starkes Wachstum des Weltmarktes für Halbleiter", in: *Neue Zürcher Zeitung*, 10.1.1996: 9)

Das Forschungsziel wurde ohne Ausschaltung des nationalen Wettbewerbs erreicht, und bei den 1-Mega-Bit DRAM Chips wurde 1988 mit 91% der Weltproduktion beinahe ein Monopol errungen (Seitz, 1990: 35; Rode, 1993: 99-100). 1995 wurde weltweit mit Halbleitern ein Umsatz von 150 Mrd. US $ erzielt.

Von 1986 bis 1992 hatte Japan die USA als wichtigsten Halbleiterproduzenten verdrängt, aber die USA holten von 1993 bis 1995 auf. Der Rückgang der japanischen Marktanteile von 51% (1988) auf 39,5% (1995) wurde durch einen Anstieg der anderen Chipproduzenten in Fernost (Taiwan, Südkorea) auf 12,1% kompensiert, die damit 1995 Europa erstmals mit einem Marktanteil von 8,6% auf den vierten Platz verwiesen.

Welche Gründe haben zum schnellen Aufholerfolg Japans in diesen zentralen Zukunftstechnologien beigetragen?

> Nicht unerheblich waren einerseits die Abschirmung des innerjapanischen Marktes bis in die Mitte der siebziger Jahre und andererseits auch die mehrere Jahre vorher angekündigte Marktöffnung. Sicher haben die Milliarden-Subventionen für Entwicklung, Produktion und Vermarktung und vielleicht auch die wissenschaftlichen Beiträge aus staatlicher Forschung den japanischen Unternehmen geholfen, aber vermutlich eher marginal. ... Es scheint ein Synergieeffekt zwischen öffentlicher Wahrnehmung und privaten Anstrengungen gewesen zu sein, der günstige Voraussetzungen für den japanischen Aufholerfolg schuf (Krupp, 1996: 163).

Bei der Erklärung der japanischen Exportoffensiven im Rahmen einer strategischen Weltmarktpolitik verweist Rode (1993: 80) auf den Interpretationsstreit in den USA zwischen den liberalen Ökonomen, die auf bessere makroökonomische Leistungen in Japan verwiesen (Bergsten/Cline, 1985), den Befürwortern einer Industriepolitik (Reich, 1983), den Theoretikern des strategischen Handels (Krugman, 1986), Verschwörungstheoretikern (Prestowitz, 1988; van Wolferen, 1989) und Alarmisten (Fallows, 1989).

Nach der Einschätzung von Rode (1993: 88ff.) verfolgen alle drei Konkurrenten in der Triade eine kompetitive Industriepolitik, in dem sie einige der neun relevanten Instrumente unterschiedlich einsetzen: Forschung und Entwicklung, Steuererleichterungen, Arbeitsmarktförderung, öffentliche Beschaffungsaufträge, Ordnungspolitik, Importbeschränkungen, Exportförderung, Kapitalkosten und Gewinnförderung. Dieser Technologiewettbewerb setze das Welthandelssystem „fortlaufend unter schweren Streß“, der durch vier Szenarien aufgelöst werden könne: a) eine Führungstriade, b) eine Blockabschottung, c) ein pazifisches Duopol bzw. d) eine transatlantische Kooperation (Rode, 1993: 160-167).

36.3.3 Wettbewerb bei Umwelttechnologien in der Triade

Seit Mitte der 80er Jahre ist der Markt für *Umwelttechnologien* - neben den Bio- und den Informationstechnologien - in den OECD-Staaten überdurchschnittlich angestiegen. Nach einer OECD-Studie (1996a: 8) wird dieser Sektor bis zum Jahr 2000 um durchschnittlich 5-6% jährlich wachsen. Diese Studie schätzte den *Weltmarkt für Umwelttechnologien auf 250 Mrd. US $* und ging von einer steigenden Nachfrage vor allem aus Ostasien und Osteuropa aus.

In den *USA* beschäftigte die Umweltindustrie 1994 etwa 900 000 Personen, die einen Umsatz von ca. 140 Mrd. US $ erzeugten, wovon etwa 10% exportiert wurde, wobei Geräte und Anlagen für e. E. bereits wichtig waren. Bei den ökologischen Energiequellen wurde 1993 in den USA ein Umsatz von 2,1 Mrd. US $ erzeugt, vor allem in folgenden Bereichen: Geothermie, Sonnen- und Windenergie, Demand Side Management und Biomasse (Noble, 1996: 49).

In *Deutschland* beschäftigte dieser Industriezweig 1993 rund 171 500 Personen - davon 21 500 in den neuen Bundesländern -, die einen Umsatz von 33,3 Mrd. US $ erwirtschafteten, wovon 31% exportiert wurde. Nach einer Studie von Walter/Horbach (1996: 91-99) beliefen sich die öffentlichen und privaten Ausgaben für Umweltschutzmaßnahmen 1991 auf 46 Mrd. DM, und mit den Exporten umfaßte die Nachfrage 58 Mrd. DM. 1993 wurden in diesem Industriezweig 7 Mrd. DM investiert - davon 1,4 Mrd. DM in Ostdeutschland. Der Investitionsschwerpunkt war bei Energie und Bergbau sowohl pro Beschäftigten als auch bezogen auf den Umsatz am höchsten. Deutsche Anbieter von Umwelttechnologien und Umweltdienstleistungen hatten 1992 einen Weltmarktanteil von 21% und lagen damit deutlich vor ihren amerikanischen und japanischen Konkurrenten.

In *Japan* waren 1994 im „Eco-business" nach Schätzungen des MITI 600 000 Personen beschäftigt, die Güter im Wert von 152,9 Mrd. US $ umsetzten (OECD, 1996a: 13-14). Dieser Bereich wird bis zum Jahr 2000 auf 232,8 Mrd. US $ und bis zum Jahr 2010 auf 350,2 Mrd. US $ steigen. Das japanische „Eco-business" umfaßt sechs Sektoren: a) Bewahrung der Umwelt (conservation), b) Abfallbeseitigung und Wiederverwertung, c) Wiederherstellung der Umwelt (restoration), d) umweltfreundliche Energieversorgung, e) saubere Produktion und f) umweltverträgliche Produktionsprozesse (vgl. Tabelle 36.4).

Tabelle 36.4. Marktschätzung des MITI für japanische Umweltgüter und Dienstleistungen nach Sektoren (1994) in Mrd. US $ (Quelle: Nakamura, 1996: 162)

Segmente	1994	2000	2010
Bewahrung der Umwelt	13,4	20,0	34,8
Abfallbeseitigung und Wiederverwendung	109,3	161,7	228,0
Wiederherstellung der Umwelt	8,7	14,5	24,3
Umweltfreundliche Energieversorgung	**19,4**	**31,3**	**40,2**
• Effiziente Bereitstellung von Energie	18,0	22,3	28,4
• Aktivitäten mit neuen Energiequellen	1,4	9,0	11,8
Umweltverträgliche Produkte	2,3	5,5	23,2
Summe	**152,9**	**232,8**	**350,2**

1993 verabschiedete das japanische Parlament das Gesetz über grundlegende Prinzipien zum Umweltrecht, das den Staat, die kommunalen Verwaltungen, die Firmen und die Bürger verpflichtet, Umweltbelange bei allen Aktivitäten zu berücksichtigen und dabei vor allem auch freiwillige Maßnahmen anregt. Zu dessen Umsetzung leitete das MITI u.a. die *„New Earth 21"-Initiative* ein, die umweltfreundliche industrielle und soziale Systeme entwickeln, saubere Energietechnologien einführen, die Umweltbelastungen von fossilen Energien (z.B. Kohle) senken, Technologien für einen effizienteren Energieeinsatz einsetzen und langfristige Maßnahmen zur Eindämmung der Treibhausgase schaffen sollen.

Japan möchte diese Umwelt- und Energietechnologien den Entwicklungsländern im Rahmen von ICETT (Internationales Zentrum für Umwelttechnologien) und dessen „Green Aid Plan“ (Plan für „grüne Hilfe“) zugänglich machen.

Der globale Umweltausschuß des Industriestrukturrates des MITI legte im Juli 1994 eine *Umweltvision der Industrie* vor. Im Rahmen des *Aktionsprogramms zur Bekämpfung des Treibhauseffekts* initiierte MITI das *neue Sonnenscheinprogramm* mit dem Ziel, die Entwicklung innovativer Energietechnologien zu beschleunigen und internationale Forschungsprogramme zur Reduzierung der Umweltbelastungen in der Dritten Welt einzuleiten. Dieses Programm umfaßt 14 Vorschläge, die im November 1992 vom Industriestrukturrat, dem Energieberatungsausschuß und dem Industrietechnologierat des MITI gebilligt wurden.

Diese japanischen Energieforschungsprogramme sollten neben der *Umweltverträglichkeit* auch die *Versorgungssicherheit* durch wirtschaftliche Energiesysteme gewährleisten, die das Wirtschaftswachstum nicht einschränken und den nationalen Wohlstand erhalten. Die Abhängigkeit Japans von Energieimporten stieg von 43,4% (1960) auf 84,4% (1970) und stabilisierte sich bei 91% in den 80er Jahren. 1989 war Japan zu 99,7% von Ölimporten, zu 91,4% von Kohleimporten abhängig. Der Anteil des Öls ging aber von 77% des Gesamtenergieangebots (1973) auf 58,3% (1990) zurück (*Japan Profile,* 1995: 172-177).

Zur Reduzierung der Energieabhängigkeit setzte Japan vor allem auf den Ausbau der Kernenergie. Anfang 1994 stand Japan mit 54 Kernkraftwerken (KKW) und einer erbrachten Leistung von 45 528 MW nach den USA (115 KKW mit 112 459 MW) und Frankreich (60 KKW mit 66 421 MW) an dritter Stelle. Japan erzeugte damit 30,2% seiner Elektrizität durch Kernenergie (BMWi, 1994a: 86, 88). Dieser Anteil soll im 21. Jahrhundert weiter gesteigert werden.

Die japanische Kernenergieforschung begann 1952 nach dem Ende der amerikanischen Besatzung. 1955 wurde das grundlegende Atomenergiegesetz verabschiedet und 1956 die japanische Atomenergiebehörde gegründet, deren Plan für die Kernenergieentwicklung von 1966 den Schnellen Brüter und einen eigenen nuklearen Brennstoffkreislauf als Hauptziele der japanischen Entwicklungsstrategie bezeichnete. Der erste Prototyp eines schnellen Brutreaktors wurde 1992 in Monju fertiggestellt, im Frühjahr 1994 kritisch und nach einem Unfall Ende 1995 vorübergehend stillgelegt. Bei den Aufwendungen für die Kernenergieforschung stand Japan 1991 mit 3,2 Mrd. US $ vor Frankreich mit 2 Mrd. US $, den USA mit 1,1 Mrd. US $ und Deutschland mit 1,0 Mrd. US $ an der Spitze. Noch deutlicher waren die Aufwendungen Japans für den Schnellen Brüter mit 520 Mio. US $ vor Großbritannien mit 176 Mio. US $, Frankreich mit 61 Mio. US $, den USA mit 50 Mio. US $ und Deutschland mit 40 Mio. US $ (Kodama, 1995: 281). Die Zukunft dieses Programms ist sowohl aus ökonomischen und technischen als auch aus politischen Gründen wegen der steigenden Kritik an der Kernenergie ungewiß.

Lassen sich aus den japanischen Weltmarktstrategien bei Automobilen, Computern und Halbleitern und aus den Planungen im Bereich der Umwelt- und Energietechnologien Schlußfolgerungen zu gemeinsamen Grundmustern ziehen?

36.3.4 Ablaufmuster und Determinanten der Exportoffensiven Japans

Sowohl bei den Automobilen als auch bei Computern und Halbleitern lassen sich in Japan dieselben Grundstrukturen und Ablaufmuster erkennen, nämlich eine *aktive Rolle des Staates* vertreten durch das MITI,

- das eine längerfristige Entwicklungsperspektive entwickelte,
- bei deren Umsetzung eine enge Kooperation staatlicher Stellen, mit den konkurrierenden Unternehmen und der Wissenschaft im Rahmen von Konsensfindungsprozessen in Entwicklungsgremien anstrebte,
- durch die Übernahme von Lizenzgebühren, Gewährung von Fördermitteln, Sonderabschreibungen das Risiko für die beteiligten Unternehmen minderte,
- den Wettbewerb zwischen den beteiligten Unternehmen aufrechterhielt und
- die heimische Industrie durch protektionistische Maßnahmen in der Frühphase vor der ausländischen Konkurrenz schützte.

Die japanischen Technologie- und Markterfolge waren in beiden Fällen „das Ergebnis bewußter staatlicher Entwicklungspolitik" des erfolgreichsten „Entwicklungsstaates" (Rode, 1993: 92). Durch Konzentration auf Spitzentechnologien hat der japanische *Korporatismus* in wenigen Jahren den Vorsprung der Konkurrenten aufgeholt und in einigen Bereichen selbst die Führung übernommen.

Damit unterschied sich das japanische Modell der Industriepolitik deutlich von dem der USA und der Bundesrepublik Deutschland. Während des Ost-West-Konflikts diente die *amerikanische Rüstungspolitik* als indirektes Substitut für Industriepolitik (Junne, 1985; Rode, 1993: 106-120). Durch SDI erhoffte sich die Reagan-Administration nicht nur einen militärischen Nutzen, sondern auch einen zivilen ökonomischen „spin-off" für die amerikanische Industrie im Wettbewerb mit ihren Konkurrenten in Japan und Europa (Willke, 1995: 19).

In der deutschen Industriepolitik spielen neben der Technologieförderung auch - aus arbeitsmarktpolitischen und sozialen Gründen - die Erhaltung alter Branchen eine nicht unbedeutende Rolle. Nach der Aufhol- und Innovationsphase im Rahmen von Sonderprogrammen (z.B. zur Mikroelektronik und Biotechnologie) gewann in der alten Bundesrepublik die Vermittlung der Innovationen in den produktiven Bereichen an Bedeutung, wobei teilweise von der Projektförderung zu indirekten Maßnahmen übergegangen wurde. Nach Rode (1993: 121-130) ist die „zivile Fehlallokation" (in die Kern- und Weltraumtechnologie) und nicht die Militarisierung das deutsche Problem.

> Eine neue Gefahr für teure Fehlallokationen ist mit der deutschen Einheit entstanden. Die Umstellungskrise in Ostdeutschland birgt die Versuchung, politischem Druck nachzugeben, strukturkonservierende Industriepolitik im Interesse kurzfristiger Beschäftigungseffekte zu betreiben und dabei mittel- und längerfristige Wettbewerbsnachteile in Kauf zu nehmen (Rode, 1993: 130).

Weder die amerikanische Industriepolitik über den Rüstungshaushalt noch die deutsche zivile Variante stützt sich auf eine längerfristig orientierte planende und koordinierende Rolle des Staates. Welche Folgen hatte dies auf die Struktur der Handelsbeziehungen zwischen den USA, Japan und den EU-Staaten?

36.3.5 Konsequenzen für die industriellen Austauschmuster in der Triade

Ende der 80er Jahre konzentrierte sich der Handel mit Industriegütern und Hochtechnologieerzeugnissen auf die Staaten der Triade (EU, Japan, USA), wobei 76,5% der japanischen Exporte und 67,6% der Industriegüterausfuhren der EG-Staaten in die beiden anderen Zentren der Triade gingen. Nach einer OECD-Studie (1995f: 249, 254) hat sich bei den bilateralen Handelsbeziehungen zwischen den drei Regionen folgendes Austauschmuster herausgebildet,

> daß die Vereinigten Staaten gegenüber Japan im Niedrigtechnologiebereich und gegenüber der EG im Hochtechnologiesektor einen komparativen Vorteil besitzen. Japan schneidet in Bereichen mit mittlerer bis hoher Technologieintensität besser ab als die USA und ist der EG im Hochtechnologiesektor überlegen. Die EG schließlich hat gegenüber Japan einen komparativen Vorteil im Niedrigtechnologiebereich und steht in Branchen mit mittlerer bis niedriger Technologieintensität günstiger da als die USA.

Japan konnte in den 80er und 90er Jahren mit technologieintensiveren Gütern sowohl gegenüber den USA als auch den EG/EU-Staaten beachtliche Handelsbilanzüberschüsse erzielen, während die EU-Staaten hauptsächlich Niedrigtechnologien an Japan und mittlere bis niedrige Technologien an die USA exportierten.

Ein Grund für diese Veränderung in der Zusammensetzung der Exporte innerhalb der Triade ist auch in dem überdurchschnittlichen Wachstum der Bruttoinlandsausgaben für Forschung und Entwicklung in Japan zwischen 1981-1985 (8,9%) und 1985-1989 (6,5%) sowie 1990 (8,4%) im Vergleich zu den USA (7,3%, 2,0%, -0,1%), den 12 EG-Staaten (4,3%; 4,3%; 3,4%) und der Bundesrepublik Deutschland (4,2%; 4,1%; 1,2%) zu sehen (OECD, 1995f: 173).

Lassen sich in den 90er Jahren entsprechende Tendenzen bei Forschung und Entwicklung, Markteinführung und Exportförderung für e. E. innerhalb der Triade erkennen, die zu einem neuen industriellen Wettbewerb im Bereich der erneuerbaren Energietechnologien im 21. Jahrhundert führen können?

36.4 Vergleich der Forschung und Entwicklung für erneuerbare Energien in der Triade

Bei der Förderung der e. E. waren die USA während der Carter-Administration Vorreiter und bis zum Haushaltsjahr (HJ) 1981 Schrittmacher zugleich (vgl. Tabelle 17.1). Zwischen dem HJ 1979 und dem HJ 1980 stiegen die Fördermittel in Japan um ca. 140% an, womit die Bundesrepublik auf den dritten Platz zurückfiel. Gegen Ende der Reagan-Administration setzte sich Japan in den HJ 1988 bis 1990 bei der Höhe der Fördermittel für e. E. sogar an die Spitze, was allerdings hauptsächlich auf die Veränderung der Währungsparitäten zurückzuführen ist (vgl. Tabelle 17.2). Die Bundesrepublik nahm mit Ausnahme des HJ 1979 jeweils einen dritten Platz ein.

Während in den USA die Förderung e. E. Gegenstand eines ideologischen Streits zwischen demokratischen Befürwortern und republikanischen Kritikern war, was in der Reagan-Administration zu Kürzungen am F&E-Haushalt um bis zu 90% und im republikanisch beherrschten 104. Kongreß um 30-50% führte (vgl. Kap. 15), folgte die Forschungsförderung in Japan einem längerfristigen Plan („Sunshine"-, „Moonlight"- und „New Sunshine"-Programm, vgl. Kap. 16). In der Bundesrepublik erreichte die Förderung e. E. im HJ 1982 einen Höhepunkt, ging bis 1986 um ca. 40% zurück, stieg ab 1987 bis 1992 wieder an und stagnierte seitdem auf einem um 10-15% niedrigeren Niveau.

Nur Japan verfügt mit dem *New Sunshine-Programm* von 1992 über ein auf 28 Jahre angelegtes Forschungsprogramm (vgl. Kap. 16), durch das nach Plänen des MITI (vgl. Tabelle 36.4) der Markt für e. E. von 1,4 Mrd. US $ (1994) bis zum Jahr 2000 auf 9 Mrd. und bis zum Jahr 2010 auf 11,8 Mrd. US $ ansteigen soll.[4]

Ein OECD-Bericht (1995f) zur *Wissenschafts- und Technologiepolitik* führt unter Japan im Bereich der Förderung der *technologischen Innovation* neben dem

- Programm für wissenschaftlich-technische Neulandforschung im industriellen Bereich *(Industrial Science and Technology Frontier Programme - ISTF)*, das im HJ 1993 mit 24 Mrd. Yen (ca. 240 Mio. US $) für 18 Themenbereiche ausgestattet ist,
- das 1985 gegründete *japanische Zentrum für Schlüsseltechnologien*, das im HJ 1992 22 Mrd. Yen für Ausrüstungsfinanzierung bei 50 Projekten und 6,5 Mrd. Yen für Kredite an 123 Vorhaben aufwendete,
- die 1985 eingeführten *steuerlichen Maßnahmen zur Förderung der Entwicklung von Basistechnologien*, durch die eine Steuerermäßigung von 7% der Anschaffungskosten von der F&E dienenden Sachwerten (Ausrüstungen und Geräte) im Zusammenhang mit Basistechnologien (neue Werkstoffe) und
- das *neue „Sunshine"-Programm* auf.

In das neue „Sunshine"-Programm des MITI von 1993 wurden drei frühere Programme (Sunshine, Moonlight und globales Umwelttechnologieprojekt) mit dem Ziel integriert, verschiedene Technologien in Bereichen der neuen Energieträger, der Energieeinsparung und des Umweltschutzes zu verknüpfen und auszubauen, um so zu schnelleren und effizienteren F&E-Ergebnissen zu gelangen.

Das Programm erstreckt sich u.a. auf die Bereiche Solarenergie, geothermische Energie, Kohleverflüssigung und -vergasung, ein internationales Netzwerk für saubere Energien unter Verwendung der Wasserstoffumwandlung, Forschung über globale Veränderungen, Elektrizitätserzeugung aus Brennstoffelementen, Supraleitfähigkeit bei elektrisch betriebenen Vorrichtungen, Keramik-Gasturbinen, Energiespeicherung mittels Verbundbatterien, großflächiges Energienutzungssystem (Eco-Energy-City), Entwick-

---

4 Vgl. Ein Bericht des japanischen Premierministers (*The Basic Plan for Research and Development on Energy*, Tokio, 18.7.1995) nennt als Ziele u.a.: Diversifizierung der Energiequellen, Verbesserung des Energieangebots und der Energieeffizienz, Verminderung der Umweltschäden, internationale Zusammenarbeit und Förderung der Grundlagenforschung.

lung einer Katalysatortechnologie für die Minderung der Abgasemissionen aus Magermotoren sowie FuE im Bereich der globalen Umwelttechnologie (OECD, 1995f: 83).

Durch dieses Programm (Nakamura, 1996: 165) soll die Entwicklung innovativer Technologien *(„in an internationally open fashion")* mit dem Ziel vorangetrieben werden, internationale Forschungsprojekte zu gemeinsamen globalen Themen und gemeinsame Forschungen zu angepaßten Technologien mit Entwicklungsländern zu fördern. Im HJ 1994 wurden vom MITI drei Förderungsschwerpunkte festgelegt: a) neue Energiesysteme und Energieeinsparung; b) Photovoltaik und c) Entwicklung von Brennstoffzellen. Das neue „Sunshine"-Programm umfaßt folgende Schwerpunkte:

- erneuerbare Energiequellen, Sonnenenergie, Photovoltaik, Solarthermie und neue Kühltechnologien;
- Geothermie;
- Gezeiten-, Wind- und Bioenergie;
- fortgeschrittene Nutzung fossiler Energien, Kohleverflüssigung und -vergasungstechnologien;
- Brennstoffzellentechnologien;
- Projekt zu keramischen Gasturbinen;
- Energietransfer und -speicherung, Supraleitungen für Elektrizitätswerke;
- „dispersed-type"-Batterien, elektrische Energie und Speichertechnologie;
- „lean-burn De-Nox catalyst"-Technologien mit dem Ziel, den Brennstoffverbrauch und den Schadstoffausstoß (NO_X) bei Automobilen zu senken;
- Forschung und Entwicklung zu Fragen des globalen Treibhauseffekts;
- Systemtechnologien für Energienetze für ein großes Gebiet („systematisation technologies, broad area energy utilisation network system technologies");
- internationale Systemtechnologien für saubere Energien auf Wasserstoffbasis (World Energy Network: WE-NET)
- technologische Grundlagenforschung zu Fragen von Energie und Umwelt.

Im Rahmen des neuen „Sunshine"-Programms des MITI wurden u.a. Arbeiten gefördert, um den Wirkungsgrad der Photovoltaikzellen zu erhöhen sowie ihre Herstellungs- und die Stromgestehungskosten zu senken. Bis zum HJ 1993 wurden solare Kühlsysteme für Insellösungen in Entwicklungsländern erforscht. Zur Windenergie wurde die Entwicklung großer Windturbinengeneratorensysteme gefördert, um die Lärmemissionen der Rotoren zu senken. Zur Biomasse wurden Verfahren zur effizienten photosynthetischen Produktion untersucht.

Besonders weit in die Zukunft reichen internationale Systemtechnologien für saubere Energien auf Wasserstoffbasis *(World Energy Network: WE-NET)*. Ziel dieses auf 28 Jahre angelegten Forschungsprojekts (1993-2020) ist es, in verschiedenen Teilen der Welt nicht ausgeschöpfte Potentiale der Hydro- und Sonnenenergie durch Hydrolyse und andere Verfahren in Wasserstoff umzuwandeln und diesen z.B. nach Japan bzw. in abseits von Elektrizitätsnetzen gelegene Gebiete zu transportieren und dort in Elektrizität oder Nutzenergie umzuwandeln.

Im Rahmen einer internationalen Zusammenarbeit sollen die Schlüsseltechnologien für den Aufbau eines optimalen internationalen Netzes entwickelt werden. Hierzu gehören u.a. die Optimierung des globalen Wasserstoffnetzsystems, die Entwicklung von Wasserstoffproduktionstechnologien, von Wasserstofftransport und -speichersystemen sowie von Turbinen für die Verbrennung von Wasserstoff (Nakamura, 1995: 171-172). Für diesen Schwerpunkt sind etwa 20% der Fördermittel des neuen „Sunshine"-Projekts vorgesehen. Hierdurch sollen die CO_2-Emissionen bis zum Jahr 2030 um 10% und bis zum Jahr 2050 um 20% gesenkt werden (Katayama, 1994: 1).

Das WE-NET-Programm (Weltenergienetz) wurde vom MITI als ein internationales kooperatives Großforschungsprojekt konzipiert. Bis zum Ende der Ausschreibungsfrist am 1.11.1993 hatten 80 japanische und ausländische Unternehmen und Forschungsorganisationen der NEDO *(New Energy and Industrial Technology Development Organisation)* Vorschläge eingereicht. Die in der Ausschreibung erfolgreichen japanischen und ausländischen Projektnehmer wurden im Frühjahr bzw. im Sommer 1994 veröffentlicht. Im Frühjahr 1994 waren gemeinsame Forschungsvorhaben von öffentlichen Unternehmen und nationalen Forschungsinstituten in Vorbereitung.

Weniger visionär und weitreichend sind die Ziele des Strategieplans des amerikanischen Energieministeriums vom April 1994 *Fueling a Competitive Economy* und des nationalen Energieplans vom Juli 1995 *Sustainable Energy Strategy*. Als ein Hauptziel ihrer Technologiepolitik nannte ein Bericht von Präsident Clinton und Vizepräsident Gore vom 22.2.1993 (Clinton/Gore, 1993a) die Förderung der Energieeffizienz in öffentlichen Gebäuden und bei den 5 Mio. „armen" Haushalten, für die das Wohnungs- und Städtebauministerium jährlich Energiekostenzuschüsse in Höhe von 3,4 Mrd. US $ gewährt.

Nach dem *Strategieplan des DOE* (1994a: 14-17) strebt die Clinton-Administration an, daß die USA im Jahr 2010 die globale Führung bei Entwicklung, Anwendung und Export nachhaltiger, umweltverträglicher und ökonomisch wettbewerbsfähiger Energiesysteme übernehmen werden. Hierzu sollen die Energieproduktivität gestärkt, eine verläßliche Energieversorgung gesichert, die negativen Umweltbelastungen bei Energieproduktion, -transport und -verbrauch gesenkt sowie die ökonomische und regionale Gleichbehandlung für alle Amerikaner durch Veränderungen im Energiesystem gefördert werden. Im *nationalen Energieplan* vom Juli 1995 werden als Kernziele die Erhöhung der Energieeffizienz, die Verminderung der Umweltschäden und die Versorgungssicherheit genannt. Die Clinton-Administration unterstützt die Entwicklung und den Einsatz erneuerbarer Energiequellen und -technologien in den USA und in Übersee, deren Anteil 1994 ca. 10% der Stromgewinnung betrug.

Die Programme für das erneuerbare Elektrizitätsangebot sollen im Jahr 2000 ca. 4 Mrd. US $ Energiekosten einsparen und die CO_2-Emissionen um 7 Mio. t senken. Bis zum Jahr 2000 soll die Produktion von Biotreibstoffen auf 600 Mio. Gallonen und bis zum Jahr 2020 auf 16,8 Mrd. Gallonen steigen und damit 320 Mio. Barrel (Faß) importiertes Öl jährlich einsparen. Das Energieministerium unterstützt die F&E-Bemühungen der Industrie bei der Photovoltaik. Das Wasserstoff-Forschungsprogramm des DOE arbeitet eng mit der Industrie und einem wissenschaftlichen Beratungsausschuß zusammen, um sichere und wettbewerbsfähige Wasserstofftechnologien zu entwickeln (vgl. DOE, 1995a: 45).

Eine Arbeitsgruppe des Energieberatungsausschusses des DOE über *Strategic Energy Research and Development* unter Leitung von Daniel Yergin warnte in ihrem Abschlußbericht *Energy R&D: Shaping Our Nation's Future in a Competitive World* davor, daß Streichungen, Umstrukturierungen und Verkürzungen der Zeithorizonte zu einer Krise im Bereich der F&E führen können. Die amerikanische Regierung sollte allerdings keine Forschung unterstützen, die der Privatsektor selbst finanzieren kann und sollte. Dagegen könne eine Kostenbeteiligung an der Forschung die Marktrelevanz erhöhen und die Markteinführung beschleunigen. Die Regierung solle sich vor allem auf die Grundlagenforschung mit einer langfristigen Perspektive in folgenden sieben Forschungsgebieten konzentrieren:

- Materialwissenschaft: z.B. solare Photovoltaikzellen, Hochtemperaturkeramik, leichte Materialien für Batterien und Brennstoffzellen;
- Geowissenschaften: z.B. zur Atmosphäre, Fernerkundung, die für die Entdeckung neuer Energiereserven wie der Geothermie wichtig sind;
- Energiebiowissenschaften: mit dem Ziel, die Energieproduktivität und die Umweltverträglichkeit zu erhöhen und die grundlegenden Mechanismen im Bereich der Produktion und Konversion von Biomasse besser zu verstehen;
- Chemie: z.B. um die Effizienz bei der Verbrennung zu erhöhen und neue katalytische Prozesse zu entwickeln;
- Biologische und Umweltwissenschaften: Erkennen der Sicherheitsrisiken bei der Entwicklung und dem Einsatz der Energie;
- Supercomputer und Modellierung: zur Abschätzung der Wirkungen der Energiesysteme auf die Umwelt;
- Zukünftige Energiequellen: z.B. Wasserstofftechnologien und Fusionsenergie.

Diese Ziele des amerikanischen Energieforschungsprogrammes sind weniger konkret und langfristig orientiert als die des neuen „Sunshine"-Programms.

Im *vierten Energieforschungsprogramm der Bundesregierung* vom Mai 1996 liegt der Hauptschwerpunkt für die Jahre 1996-2000 mit über einer Mrd. DM bei der Förderung der e. E. mit dem Ziel, den Wirkungsgrad von Solarzellen zu steigern, Windanlagen mit über 1 MW Leistung zu bauen und die Sonneneinstrahlung beim Hausbau gezielter zu nutzen. Etwa eine Mrd. DM ist für die Kernfusionsforschung und 945 Mio. DM sind für Forschungen im Bereich der Kernenergie, u.a. für Sicherheitsforschung und für die Mitwirkung an dem Europäischen Druckwasserreaktor (EPR), vorgesehen. Die energiebedingten CO_2-Emissionen sollten durch Forschungsarbeiten zur Erhöhung der Wirkungsgrade bei der Stromerzeugung und zur Senkung des Energiebedarfs bei der Raumheizung reduziert werden.

Von den drei Energieforschungsprogrammen weist nur das neue „Sunshine"-Programm des MITI eine 28jährige Forschungsperspektive auf, die sich, z.B. im Rahmen des WE-NET Programms zur Wasserstoffwirtschaft, auf eine internationale Forschungsperspektive stützt, die den Technologietransfer in die Dritte Welt und damit auch das langfristige Marktpotential im Süden ausdrücklich thematisiert. Das vierte Energieforschungsprogramm der Bundesregierung ist dagegen eher kurzfristiger Natur und verzichtet auf eine längerfristige Vision für die klimaverträgliche Energieerzeugung im 21. Jahrhundert.

Weit aufschlußreicher als die strategischen Energiepläne sind in den USA die Haushaltsansätze des DOE. Für den Bereich der Energieressourcen wurden im HJ 1995 2 636,6 Mio. US $ bewilligt, im HJ 1996 2 727,7 Mio. US $ gefordert und im HJ 1997 unter dem Sparzwang des 104. Kongresses nur noch 1,8 Mrd. US $ in den DOE-Haushalt aufgenommen (vgl. Kap. 15). Die Haushaltsansätze für die Sicherung des zukünftigen Energieangebots lagen bereits im HJ 1996 20 Mio. unter den Bewilligungen des Vorjahres, dagegen sollte der Anteil für e. E. von 424,3 (1995) auf 452,2 Mio. US $ (1996) steigen. Davon waren im HJ 1996 für Sonnenenergie 326,4 Mio. US $ (1995: 292,2 Mio. US $), für Geothermie 37,0 Mio. US $ (37,8), für Wasserstoff 7,3 Mio. US $ (9,6) und für elektrische Energie- und Speichersysteme 46,9 Mio. US $ (44,4) vorgesehen (vgl. DOE, 1995c: 54-58).

Wenn es Japan erneut - wie bei den Automobilen und Computern und Halbleitern - gelingt, seine strategischen Entwicklungsziele in marktgängige und wirtschaftlich konkurrenzfähige Energiesysteme umzusetzen und durch die Förderung der heimischen Nachfrage und der Exporte die Grundlagen für Kostensenkungen durch neue Prozeßtechnologien zu legen, dann ist es durchaus möglich, wenn nicht sogar wahrscheinlich, daß Japan in der ersten Hälfte des 21. Jahrhunderts auch diesen Markt erobert. Voraussetzung hierfür ist allerdings, daß es Japan gelingt, die derzeitigen ökonomischen und politischen Hemmnisse für die Markteinführung e. E. schneller zu überwinden als seine Konkurrenten in den USA und in Westeuropa.

36.5 Vergleich der Markteinführungsbemühungen für erneuerbare Energien in der Triade

Weltweit hat der Einsatz erneuerbarer Energien, seit 1971 vor allem bei der Wasserkraft von 1209 TW (1971) auf 2142 TW (1990) und der Windenergie, überdurchschnittlich zugenommen (Flavin/Lenssen, 1994a: 119). Ende 1993 waren weltweit 20 000 Windturbinen im Einsatz, davon 90% in Kalifornien und Dänemark (Flavin/Lenssen, 1994a: 123). Bei der *Windenergie* wurde 1994 die Kapazität um 660 MW auf 3710 MW ausgebaut. Der Windenergiemarkt, der 1994 weltweit ein Volumen von 1 Mrd. US $ (Kane, 1996: 154) erreichte, wird inzwischen von Deutschland dominiert, das 1994 seine installierte Kapazität um über 300 MW erhöhte, im Vergleich zu 50 MW in den USA (vgl. Kap. 6, 7). Etwa 80% der neuen Windturbinen wurden 1994 in Europa produziert, wobei Dänemark gefolgt von Deutschland die wichtigsten Produzenten waren.

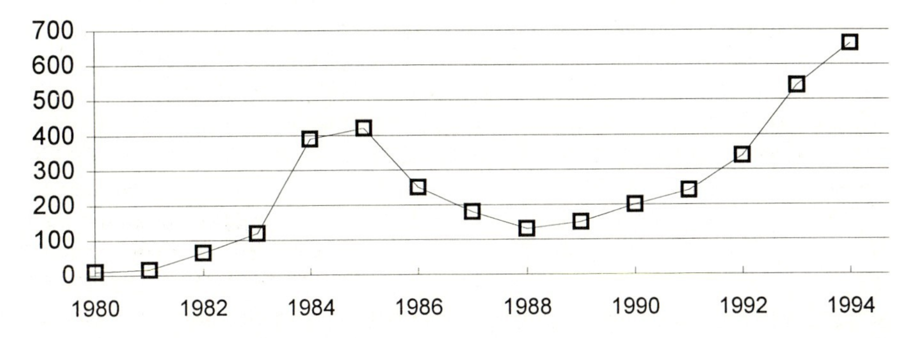

Abb. 36.2. Entwicklung des jährlichen weltweiten Zuwachses der Windenergieleistung (1980-1994) in MW (Quelle: Worldwatch Institute)

Die größte solarthermische Anlage wurde zwischen 1984 und 1990 von Luz Industries in der Mojave-Wüste in Südkalifornien mit einer Leistung von 354 MW installiert. Nach der Abschaffung der Steuervergünstigungen ging Luz in Konkurs und wurde von belgischen Investoren aufgekauft, welche die Anlage weiterbetreiben. Vorschläge, vergleichbare Anlagen auch in Spanien und Marokko zu errichten (vgl. Kap. 32, 33), wurden bisher nicht realisiert.

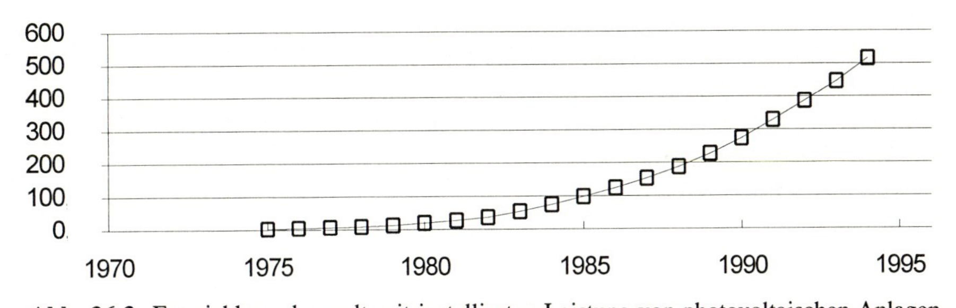

Abb. 36.3. Entwicklung der weltweit installierten Leistung von photovoltaischen Anlagen (1975-1994) in MW (Quelle: Worldwatch Institute)

Über die Produktion von Solarzellen innerhalb der Triade liegen widersprüchliche Angaben vor.[5] Die globale Nachfrage nach *Solarzellen* stieg 1994 um 15% auf 69,4 MW, während die Kosten gleichzeitig um 9% fielen. Die USA waren 1994 noch der größte Solarzellenproduzent, wobei allerdings auf *Siemens Solar* der größte Anteil entfiel, das 1995 seine Produktionskapazität um 50% steigern

5 Vgl. Eurosolar (1993: 73, Abb. 6.1), wonach die USA bei der Solarzellenproduktion bis 1984 vorn lagen und seit 1985 von Japan überholt wurde. Europäische Produzenten besaßen 1992 einen Marktanteil von 28,3% (Japan: 32,5%, USA: 31,3%).

wollte. In Europa stieg die Solarzellenproduktion 1994 um 30%, in der Dritten Welt um 27%, während die Produktion in Japan sank (Lenssen, 1995: 56-57).

Die USA besaßen während der Carter-Administration bei der Markteinführung e. E. (Geothermie, Windenergie, Photovoltaik, Solarthermie und Biomasse) einen Vorsprung. Als Folge der Verschlechterungen der Rahmenbedingungen in der Reagan-Administration wurde dieser Vorsprung inzwischen eingebüßt. In der Clinton-Administration liegt der Schwerpunkt der Markteinführungsbemühungen (vgl. Kap. 15.8) auf Energieeffizienzsteigerung und Energiesparmaßnahmen sowie in zweiter Linie bei den e. E., u.a. durch die Identifizierung und den Abbau von Markthemmnissen. Das Windenergieprogramm des DOE soll im HJ 1996 über Anreize für EVUs, Hersteller und Investoren eine Nachfrage von 150 MW neuer Windenergieleistung schaffen. Eine gemeinsame Initiative des DOE mit dem Landwirtschaftsministerium soll die Wirtschaftlichkeit der Elektrizitätsgewinnung durch Biomasse demonstrieren. Mit umweltverträglichen Energiequellen wurden in den USA 1989 Einnahmen in Höhe von 1,6 Mrd. US $, 1990 von 1,8 Mrd. US $ und 1993 von 2,1 Mrd. US $ erzielt. Nach Noble (1996: 40) sollen diese bis 1998 um jährlich durchschnittlich 11% auf 3,5 Mrd. US $ ansteigen. Verglichen mit den Erfolgen der Carter-Administration waren die bisherigen Erfolge der Clinton-Administration wegen des - politisch bedingten - unsicheren Investitionsklimas bescheiden.

In Japan ging das MITI in seiner Marktschätzung für den Bereich der neuen Energiequellen (vgl. Tabelle 36.4) davon aus, daß in Japan das Marktvolumen in diesem Bereich von 1,4 Mrd. US $ (1994) bis zum Jahr 2000 auf 9,0 Mrd. $, d.h. in sechs Jahren um das 6½fache ansteigen wird. Die japanische Regierung verabschiedete im Dezember 1994 einen Förderplan zur Sonnenenergie, wonach 1995 der Photovoltaik-Einsatz in 1 200 Haushalten mit einer Leistung von 3,6 MW mit 50% bezuschußt wurde.[6]

Bis zum Jahr 2000 sollen bereits 30 000 Haushalte neue Solarsysteme mit einer Leistungskraft von 90 MW installieren, d.h. innerhalb von nur fünf Jahren soll sich die Leistung verzwanzigfachen und die derzeitige weltweite Solarzellenproduktion von 70 MW übertroffen werden. Nach Planungen der japanischen Regierung sollen im Jahr 2000 in Japan Solarzellen mit einer Leistung von 400 MW und bis zum Jahr 2010 von 4 600 MW installiert sein. Zugleich sollen die Kosten eines kompletten 3 kW-Photovoltaiksystems von ca. 75 000 DM (1995) auf 14 000 DM (2000) gesenkt werden.[7] Nach Schätzung der IEA (1995a: 364) soll der Anteil der erneuerbaren Energien am Primärenergieangebot Japans von 1,2% (1979-1994) über 2% (2000) auf 3% (2010) steigen.

---

6 Vgl. Lenssen, 1995: 56: „Japanese output fell for the third straight year, despite a new government initiative launched in 1994 that has a goal of 62,000 home solar units by the end of the decade. By the end of 1994, 577 projects had received approval for the government subsidy, but only some 200 systems were in place apparently."

7 „Neue Solarenergie-Impulse aus Japan. Der Markt soll erheblich ausgeweitet werden/ Deutliche Kostensenkungen erwartet", *Süddeutsche Zeitung* (30.11.1995): 29.

Wenn es der japanischen Regierung gelingt, bis zum Jahr 2000 dieses *60 000-Dächer-Programm* zu realisieren, dann dürfte Japan den Weltmarktanteil der USA und der dort produzierenden ausländischen Unternehmen deutlich reduzieren und auch im Bereich der Solarzellenproduktion die Führung übernehmen.

Der Bundesrepublik Deutschland ist es zwar durch das Stromeinspeisungsgesetz gelungen, zum größten Markt für Windkraftanlagen zu werden, dennoch ist die Zukunft dieses jungen Industriezweigs ungewiß.[8] Die Bundesregierung hat zwar die mit dem 1000-Dächerprogramm begonnene Markteinführungsstrategie für Photovoltaikanlagen (vgl. Kap. 17) mit einem 100 Mio. DM-Programm des BMWi fortgesetzt (vgl. Kap. 18), dennoch erscheint es zweifelhaft, ob diese Maßnahmen - wie auch die von Greenpeace - ausreichen, um über eine gesteigerte Nachfrage die Voraussetzungen für eine Massenproduktion von Solarzellen in der Bundesrepublik zu schaffen, die zu Kostensenkungen führen wird. Wie bei der kleinen mittelständischen Windenergiebranche wird die Zukunft der Solarzellenproduktion in Deutschland auch davon abhängen, ob es gelingt, die Exportquote zu erhöhen, die beim größten deutschen Hersteller von Windenergieanlagen, der Enercon GmbH in Aurich, 1995 erst 5% betrug.

Die Zukunft der Anbieter von erneuerbaren Energieanlagen aus den USA, Japan und Deutschland wird maßgeblich davon abhängen, ob es ihnen gelingt, neben der bescheidenen nationalen Nachfrage einen signifikanten Exportanteil zu erlangen. Deshalb gewinnen Maßnahmen zur Exportförderung für e. E. in den drei Kernstaaten der Triade an Bedeutung.

36.6 Vergleich der Exportförderungsbemühungen für erneuerbare Energien in den USA, Japan und Deutschland

Nach Berechnungen der amerikanischen Entwicklungshilfebehörde (U.S. AID) beträgt das internationale Marktpotential für Energietechnologien von 1990 bis 2010 insgesamt ca. 2 121 Mrd. US $, wovon sich die amerikanische Regierung einen Marktanteil von 200 Mrd. US $ erhofft. Nach Schätzungen der Weltbank werden die Entwicklungsländer im kommenden Jahrzehnt jährlich ca. 100 Mrd. US $ aufwenden müssen, um ihre Energienachfrage zu decken (Eurosolar, 1995: 25).

Seit Mitte der 80er Jahre wurde die amerikanische Debatte über e. E. in der Industrie, im Kongreß und in der Regierung von dem Interesse bestimmt, durch staatliche Exportförderungsmaßnahmen amerikanische Firmen bei der Markterschließung zu unterstützen (vgl. Kap. 15.9). Die Solar Energy Industries Energy Association, der Dachverband der amerikanischen Produzenten von Solar-

---

8 „Einbruch bei Aufträgen für Windenergieanlagen. Stromeinspeisungsgesetz sorgt für Verunsicherung/Neuer Vorschlag aus Niedersachsen/Branche 1995 gewachsen", *Frankfurter Allgemeine Zeitung*, 26.4.1996: 24.

energieanlagen, strebt an, bis zum Jahr 2000 über 50% des Weltmarktes für e. E. abzudecken (Eurosolar, 1995: 25).

Präsident Clinton kündigte im Oktober 1993 eine nationale Exportstrategie an. Das Koordinierungskomitee für die Unterstützung des Handels *(Trade Promotion Coordinating Committee)* sah im Bereich der Energie- und Umwelttechnologien zwei hierfür besonders geeignete Industriesektoren. Ein Bericht über *Environmental Technologies Exports: Strategic Framework for U.S. Leadership* konkretisierte die Ziele und einen Maßnahmenkatalog für diese beiden Bereiche.

Die amerikanischen Exportbemühungen konzentrieren sich dabei auf die Zukunftsmärkte in China, Indonesien, Indien, Südkorea, Mexiko, Argentinien, Brasilien, Südafrika, der Türkei und Polen. Hierzu wurden einige Demonstrationsprojekte in Übersee errichtet, wie z.B. Photovoltaikanlagen zur Stromgewinnung in Brasilien, Mexiko und Indonesien und zur Abfallverwertung und zur Emissionsbeschränkung in Mexiko, Rußland und in Osteuropa. Wichtige Instrumente zur Unterstützung amerikanischer Energietechnologieexporte sind u.a.:

- *Presidential Trade Missions for Sustainable Development:* 1994 führten drei Besuche der amerikanischen Energieministerin O'Leary nach Indien (Juli 1994), Pakistan (September 1994) und China (Februar 1995) zu Aufträgen an die private Energieindustrie mit einem Gesamtvolumen von ca. 10 Mrd. US $.
- *Competitive Export Financing*: Um die Banken zur Unterstützung amerikanischer Anbieter zu gewinnen, führt die Bundesregierung Workshops und Konferenzen in zentralen Märkten durch, bei der sie die amerikanischen Anbieter und Investoren zusammenführt. Finanzielle Unterstützung und Risikoabsicherungen gewähren auch die Export-Import-Bank, die Overseas Private Investment Corporation und die Trade Development Administration.
- *Opening Markets and Removing Barriers to U.S. Exports and Services*: Im Rahmen der Uruguay-Runde des GATT setzte sich die Administration dafür ein, die Rahmenbedingungen für amerikanische Exporteure zu verbessern.
- *Joint U.S.-Foreign Energy Efficiency Centers:* Gemeinsame Energieeffizienzzentren wurden in Rußland, der Ukraine, Polen, Bulgarien, der Tschechischen Republik und in China eingerichtet, die amerikanische Technologien und Ausbildungsmethoden unterstützen und *joint ventures* zwischen amerikanischen Firmen und der ausländischen Industrie herbeiführen sollen.
- *Cost-Sharing Collaborations for Renewable Energy Systems*: Bei mehreren Programmen zur Elektrifizierung von Landgebieten in Brasilien, Mexiko, Indien, China, Pakistan und Indonesien unterstützt die Administration die gemeinsame Finanzierung durch amerikanische Unternehmen und lokale Partner (vgl. DOE, 1995a: 65-71).

Ziel dieser Bemühungen ist es, im Bereich der e. E. durch die Schaffung von „economies of scale" die Fertigungstechniken weiterzuentwickeln und die Kosten zu senken. Ein Eurosolar-Memorandum zu den Exportstrategien der USA und Japans bei e. E. (1995: 26) bietet folgende Wertung:

> Die staatlichen Aktivitäten dienen ausschließlich kommerziellen Interessen. Eine Unterscheidung zwischen Programmen der Entwicklungszusammenarbeit und reiner Wirt-

schaftsförderung ist kaum möglich. So arbeitet US. AID mit US/ECRE zusammen und US-EPA hat ein eigenes Export-Programm. Aspekte einer dauerhaften Entwicklungszusammenarbeit werden kommerziellen Interessen untergeordnet. Der Export von Anlagen steht im Vordergrund. Ein Technologietransfer in die Zielländer wird nicht beabsichtigt. Die US-amerikanische Industrie für erneuerbare Energien praktiziert eine enge Zusammenarbeit im vorwettbewerblichen Feld, um die Risiken einzelner Firmen bei Aktivitäten auf Exportmärkten, insbesondere in Entwicklungsländern zu minimieren.

Der Exportanteil Japans bei erneuerbaren Energietechnologien war bis Anfang der 90er Jahre noch gering. Aber die Vorhaben im Bereich der e. E. als Teil der japanischen Entwicklungshilfe im Vergleich zu den anderen OECD-Staaten waren überdurchschnittlich hoch.

Bei den Umwelttechnologien ist der Weltmarktanteil deutscher Produzenten zwar relativ hoch, dagegen ist er bei den e. E. - im Vergleich zu den Forschungs- und Entwicklungsaufwendungen der Bundesregierung - noch gering. Bisher hat es die Bundesregierung abgelehnt, neben den bereits bestehenden Maßnahmen zur Exportförderung zusätzliche Maßnahmen für den Bereich der e. E. und der Technologien zur Förderung der Energieeffizienz einzuleiten.

36.7 Zusammenfassung und Schlußfolgerungen

Die Bundesrepublik steht bei der Förderung von Forschung und Entwicklung für e. E. nach den USA und Japan an dritter Stelle. Bei den Markteinführungsprogrammen scheint Japan inzwischen - zumindest im Bereich der Photovoltaik mit seinem 60 000-Dächerprogramm - bis zum Jahr 2000 deutlich die Führung übernommen zu haben. Bei den Bemühungen um die Exportförderung für erneuerbare Energietechnologien haben sich die USA seit Anfang der 90er Jahre deutlich an die Spitze gesetzt. Bei der Windenergie besitzt Dänemark noch die größten Produktionskapazitäten und den größten Weltmarktanteil.

Bei der Forschung und Entwicklung verfügt nur Japan mit dem neuen „Sunshine"-Programm über eine 28jährige Forschungsperspektive. Im Bereich der Wasserstoff-Forschung scheint Japan inzwischen die Vorreiterrolle von Deutschland übernommen zu haben. Während Japan im Automobilsektor in relativ kurzer Zeit den Vorsprung der USA und der westeuropäischen Produzenten aufholte und diese im Hinblick auf die Weltmarktanteile überholte, gelang es dem MITI bei Computern und Halbleitern, mit den USA gleichzuziehen und die europäischen Konkurrenten abgeschlagen auf den vierten Platz zu verweisen.

Wenn die vorsichtigen Energieszenarien des WEC zum Marktpotential e. E. in der ersten Hälfte des 21. Jahrhunderts und die Schätzungen der U.S. AID zu den anstehenden Energieinvestitionen in den nächsten 20 Jahren zutreffen, dann ist anzunehmen, daß der industrielle Wettbewerb in der Triade sich in den kommenden Jahrzehnten verstärkt diesem Bereich zuwenden wird. Die Verpflichtungen der Staaten aus der Klimarahmenkonvention lassen dies auch geboten erscheinen.

Bisher wurde die Relevanz dieses Zukunftssektors für den Wirtschaftsstandort Deutschland im 21. Jahrhundert erst unzureichend erkannt. Es ist nicht auszuschließen, daß die Bundesrepublik Deutschland und die EU-Staaten erneut die Vermarktung einer wichtigen Zukunftstechnologie ihren Konkurrenten in der Triade, in den USA und Japan, überlassen, zwischen denen der Wettbewerb um diesen lukrativen Zukunftsmarkt bereits eingesetzt hat.

Für die Bundesrepublik und die Staaten der Europäischen Union könnte die transmediterrane Kooperation im Bereich der Solarthermie, der Photovoltaik, aber auch der Geothermie und der Windenergie Voraussetzungen für eine längerfristige Entwicklungspartnerschaft bieten, während die Entwicklung von Biomasse bei den ostmitteleuropäischen EU-Beitrittskandidaten zu einer Entlastung des gemeinsamen Agrarmarktes vor einer Osterweiterung beitragen könnte.

36.8 Empfehlungen

Die Weltwirtschaft steht im 21. Jahrhundert sowohl aus Gründen der Erschöpfung wirtschaftlich ausbeutbarer fossiler Energien als auch aus klimatischen Gründen vor dem Übergang vom *fossilen Energiezeitalter* zum *zweiten solaren Zeitalter*. Neben Maßnahmen zur Energieeinsparung und einer „Effizienzrevolution" im Energiesektor bieten *nur die erneuerbaren Energien* - sieht man von der Kernenergie als einer Übergangsenergie ab - und eventuell die Kernfusion, falls die immensen Forschungsinvestitionen zu ökonomisch relevanten Ergebnissen führen sollten, eine ethisch verantwortbare Antwort auf das Dilemma einer ständig wachsenden Energienachfrage und einer aus Gründen des Weltklimas gebotenen Reduktion der CO_2-Emissionen.

Wenn die Friedensgestaltung sich nicht auf die Gewaltminderung und Kriegsverhütung beschränkt, sondern die Überlebenssicherung einbezieht, dann stellen die Vermeidung einer Klimakatastrophe und die Sicherung einer nachhaltigen Entwicklung eine wichtige Aufgabe der Friedenspolitik - und damit auch der Friedensforschung - dar (Brauch, 1996b). Die Entwicklung und wirtschaftliche Erschließung der unerschöpflichen Potentiale der e. E. sind ein wichtiges Mittel, um zukünftige Konflikte um Energie und Wasser zu vermeiden, den Staaten in der Dritten Welt zu neuen Exporterlösen zu verhelfen und die wirtschaftliche Wohlfahrt in den Industriestaaten zu erhalten.

Für die *Zukunft des Wirtschaftsstandortes Deutschland* ist es wichtig, daß auch deutsche und europäische Unternehmen sich an der zukünftigen industriellen Konkurrenz zwischen Anbietern aus der Triade aktiv beteiligen können. Aus den Erfahrungen mit anderen Zukunftstechnologien (Computer, Halbleiter, Kommunikationstechnologien), wo die westeuropäischen Regierungen und Unternehmen zu spät kamen, gilt es bei den erneuerbaren Energien Lehren zu ziehen, um das *klimapolitisch Erforderliche* mit dem *ökonomisch Nützlichen* zu verbinden.

Anhang

Anhang A

Benutzte Maßeinheiten

Tabelle A.1. Maße und Einheiten

Größeneinheiten		
Größe	Einheit	Beziehung
Gewicht	Gramm: g Kilogramm: kg	
Länge	Meter: m Kilometer: km	
Fläche	Quadratmeter: m^2 Hektar: ha Quadratkilometer: km^2	 100 Ar = 10 000 m^2 100 ha = 1 000 000 m^2
Raum (Volumen)	Kubikmeter: m^3	
Zeit	Sekunde: s Stunde: h Tag: d Jahr: a	
Energie	Joule: J Kalorie Kilowattstunde: kWh Steinkohleeinheit: SKE 1 SKE = 0,7 RÖE 1 Tonne Steinkohleäquivalent Rohöleinheit: RÖE, OE 1 Tonne Erdöläquivalent 1 Barrel Rohöl 1 bbl = 159 l	{1 J= 1 Ws = 1 kg s^2/m^2 {1 J= 1 Newtonmeter (Nm) 1 cal= 4,19 J 1 kWh= 3,6 MJ 1 kg SKE = 29,3 MJ t.c.e (Tons of Coal Equivalent) t.o.e (Tons of Oil Equivalent) ca. 50/365 t.o.e.
gebräuchliche Energieeinheiten	1 Terawattstunde = 1 TWh 1 Mio. t SKE 1 Exajoule = 1EJ = 1000 PJ	{= $1x10^9$ kWh 3,6 PJ {= 0,123 Mio. t SKE = 29,308 PJ = 8,15 TWh = 278 TWh
Leistung	Watt: W	1 W = 1 J/s
Temperatur	Grad Celsius: °C Grad Kelvin: K	0°C= 273K
Bestrahlung	Watt pro Quadratmeter: W/m^2	1 W/m^2 =1 $J/s/m^2$
Konzentration	parts per million: ppm	10^{-6} =1 Teil auf eine Million pro Volumeneinheit
Treibhausgas-Emissionen	Giga-Tonnen Kohlenstoff	1 GtC = 3,7 Gt CO_2

Quellen: EK II, 1992: 218-219; Erdmann, 1995: XII; Schaefer/Geiger/Rudolph, 1995: 10.

Tabelle A.2. Vorsätze und Vorsatzzeichen (Erklärungen)

Vorsatz	Kurzzeichen	Bedeutung		Vorsatz	Kurzzeichen	Bedeutung	
Kilo	k	10^3	Tausend	Dezi	d	10^{-1}	Zehntel
Mega	M (Mio.)	10^6	Million	Zenti	c	10^{-2}	Hundertstel
Giga	G (Mrd.)	10^9	Milliarde	Milli	m	10^{-3}	Tausendstel
Tera	T	10^{12}	Billion	Mikro	µ	10^{-6}	Millionstel
Peta	P	10^{15}	Billiarde	Nano	n	10^{-9}	Milliardstel
Exa	E	10^{18}	Trillion	Pika	p	10^{-12}	Billionstel

Quellen: EK II, 1992: 218-219; Schaefer/Geiger/Rudolph, 1995: 10.

Tabelle A.3. Umrechnungsfaktoren

	kJ	kWh	kg SKE	kg RÖE	m^3 Erdgas
1 Kilojoule (Kj)		0,000278	0,000034	0,000024	0,000032
1 Kilowattstunde (kWh)	3 600		0,123	0,086	0,113
1 Steinkohleeinheit (SKE)	29 308	8,14		0,7	0,923
1 kg Rohöleinheit (RÖE)	41 868	11,63	1,486		1,319
1 m^3 Erdgas	31 736	8,816	1,083	0,758	

Quelle: Kaltschmitt/Wiese, 1993: 361.

Tabelle A.4. Englische und amerikanische Energiemaßeinheiten

1 Joule	0,2390 Kalorien	1 x 10^7 ergs
1 Kalorie	1,162 x 10^{-6} Kilowattstunden	4,184 Joule
1 British thermal unit (Btu)	1,054 x 10^3 Joule	
1 Quad (quadrillion Btu)	1 x 10^{15} Btu	1,054 x 10^{18} Joule
1 Barrel Erdöl	6,1 x 10^9 Joule	
1 PS (Pferdestärke)/Stunde	2,685 x 10^6 Joule	
1 PS	0,7457 kW	

Tabelle A.5. Englische und amerikanische Maßeinheiten

1 Pfund	0,454 Kilogramm	
1 Kilogramm	2,205 Pfund	
1 long ton	1 016 Kilogramm	2 240 Pfund
1 short ton	907,2 Kilogramm	2 000 Pfund
1 metric ton	1 000 Kilogramm	2 205 Pfund
1 Mio. metrische Tonnen Öl	0,04 quadrillion Btu (Quad) 10 000 Terakalorien 1,5 Mio. metr. Tonne Kohle 1,11 Mrd. Kubikmeter Gas 39,2 Mrd. cubic feet natural gas 10 Mrd. kWh	25 Mio. metr. Tonnen Öl 1,0 Mio. metr. Tonnen Öl 0,67 Mio. metr. Tonnen Öl 0,9 Mio. metr. Tonnen Öl 0,255 Mio. metr. Tonnen Öl 0,83 Mio. metr. Tonnen Öl
1 Barrel	159 Liter	42 amerikanische Gallonen
1 US Gallone	3,785 Liter	
1 Kubikmeter	1 x 10^3 Liter	6,29 Barrel

Quelle für Tabellen A.4 und A.5: Golub/Brus, 1993: 232-233.

Anhang B

Anschriften zur Energiepolitik

Die folgende Übersicht wurde durch die Auswertung der Teilnehmerlisten von Konferenzen im Bereich der erneuerbaren Energien und zahlreicher internationaler Anschriftenverzeichnisse im Bereich der internationalen Politik, der Energie- umd Umweltpolitik zusammgestellt. Ein erster Entwurf wurde den Autoren zur Überprüfung zugeschickt. Deren Korrekturen und Ergänzungen wurden in dieser Endfassung berücksichtigt. Zur Ergänzung und Aktualisierung sei nachdrücklich empfohlen die jeweils aktuelle Fassung von:

Jens M. Kroll, 1996: *Presse-Taschenbuch Energiewirtschaft 1996/1997* (Garmisch-Partenkirchen-Seefeld/Obb.: Kroll-Verlag).

I. Forschungsinstitute (Wissenschaft und Industrie)

International

Arab Petroleum Research Center (SARL), 7 Av. Ingres, F-75016 Paris, Frankreich; T.: +33-1-452-433-10 ** FAX: +33-1-452-016-85.

International Association for Energy Economists (IAEE), 28790 Chagrin Boulevard, Cleveland, OH 44122, USA; T.: +1-216-464-5365 ** FAX: +1-216-464-2737.

International Association for Hydrogen Energy (IAHE), PO Box 248266, Coral Gables, FL, 33124, USA.

International Solar Energy Society e.V. (ISES), Villa Tannheim, Wiesentalstraße 50, D-79115 Freiburg; T.: 0761-4590-60 ** FAX: 0761-4590-699.

Tianjin Geothermal Research and Training Centre, Tianjin University, Tianjin 300 072, China; T.: +86-22-358-803 ** FAX: +86-22-358-329.

Vereinigte Staaten von Amerika

American Nuclear Society, 555 N. Kensington Ave., La Grange Park, IL 60525, USA.

American Physical Society, 529 14th Street, NW, #1050, Washington, DC 20045-2001, USA; T.: +1-202-662-8700 ** FAX: +1-202-662-8711.

American Solar Energy Society, 2400 Central Avenue, Unit G-1, Boulder, CO 80301 USA; T.: +1-303-443-3130.

Ames Laboratory, Iowa State University, Ames, IA 50011, USA; T.: +1-515-865-2770.

Argonne National Laboratory, Energy Policy Section, Manager, Building 900, 9700 S. Cass Ave., Argonne, IL 60439, USA; T.: +1-708-252-5061 ** FAX: +1-708-252-4498.

Biomass Energy Research Association, 1825 K Street, NW, #503, Washington, DC 20006, USA; T.: +1-202-785-2856.

Brown University, Division of Engineering, Providence, RI 02191, USA; T.: +1-401-863-1427.

California Institute of Technology, Division of Engineering and Applied Science, Pasadena, CA 91125, USA; T.: +1-818-356-1427.

Electric Power Research Institute (EPRI), 3412 Hillview Avenue, Palo Alto, CA 94303, USA; T.: +1-415-855-2000 ** FAX: +1-415-855-2954.

ENTECH Inc., PO Box 612246, 1015 Royal Lane, DFW Airport, TX 75261, USA; T.: +1-214-456-0900 ** FAX: +1-214-456-0904.

Florida Solar Energy Center, 300 State Road 401, Cape Canaveral, FL 32920, USA; T.: +1-305-783-0300.

Fusion Energy Associates (FPA), Two Professional Drive, #248, Gaithersburg, MD 20879, USA.

Geo Heat Center, Oregon Institute of Technology, 3201 Campus Drive, Klamath Falls, OR 97601, USA; T.: +1-503-885-1750 ** FAX: +1-503-885-1754.

Georgia Institute of Technology, School of Electrical Engineering, Atlanta, GA 30332, USA; T.: +1-404-894-7692.

Los Alamos National Laboratory, EES-4, MS D 443, P.O. Box 1663, Los Alamos, NM 87545, USA; T.: +1-505-667-1926 ** FAX: +1-505-667-8487.

Massachusetts Institute of Technology (MIT), Center for Materials Science, Room 13-3050, 77 Massachusetts Avenue, Cambridge, MA 02139, USA; T.: +1-617-253-6868.

Mobil Solar Energy Corporation, 4 Suburban Park Drive, Billerica, MA 01821, USA; T.: +1-508-667-5900 ** FAX: +1-508-663-2868.

National Renewable Energy Laboratory, 1617 Cole Boulevard, Golden, CO 80401-3393, USA; T.: +1-303-231-1000 ** FAX: +1-303-231-9207.

National Renewable Energy Laboratory, CORECT Technical and Analytic Assistance, 409 12th Street, SW, Portal Building, #710, Washington, DC 20024-2188, USA; T: +1-202-383-2561.

Oak-Ridge National Laboratory, PO Box 2008, Oak Ridge, TN 37831, USA; T.: +1-615-574-8884.

Pacific Northwest Laboratories, Program Manager, #900, 370 L'Enfant Promenade, Washington, DC 20024, USA; T.: +1-202-646-5240 ** FAX: +1-202-646-5233.

Photocomm, Alternative Energy Systems, 4419 E. Broadway, Tucson, AZ 85711, USA; T.: +1-602-327-8558 ** FAX: +1-602 795-7641.

Photron Inc., 77 West Commercial Street, Willits, CA 95490, USA; T.: +1-707-459-3211 ** FAX: +1-707-459-2165.

Rutgers University, Office of Industrial Productivity and Energy Assessment, Building 3870 Brett & Bartholomew Roads, Piscataway, NJ 08855, USA; T.: +1-908-932-5540 ** FAX: +1-908-932-0730.

Sandia National Laboratories, Solar Energy Department, PO Box 5800, Albuquerque, NM 87185, USA; T.: +1-505-844-4041.

Siemens Solar Industries, 4650 Adohr Lane, Camarillo, CA 93010, USA; T.: +1-805-482-6800 ** FAX: +1-805-388-6395.

Solar Energy Research Institute (SERI), Midwest Research Institute, 1617 Cole Boulevard, Golden, CO 80401-3393, USA.

Solarex Corporation, 630 Solarex Court, Frederick, MD 21701, USA; T.: +1-301 698-4200 ** FAX: +1-301 698-4201.

SRI, International Energy Center, 333 Ravenswood Avenue, Menlo Park, CA 94025, USA; T.: +1-415-326-6200.

SRI, Washington Office, 1611 North Kent Street, Arlington, VA 22209, USA; T.: +1-703-524-2053 ** FAX:+1-703-247-8569.

Sunpower Corporation, 435 Indio Way, Sunnyvale, CA 94086, USA; T.: +1-408-991-0900 ** FAX: +1-408-739-7713.

Texas Instruments Inc., 13588 N. Central Exp., Dallas, TX 75243, USA; T.: +1-214-995-0155 ** FAX: +1-214-995-2337.

United Solar Systems Corp., 1100 West Maple Road, Troy, MI 48684, USA; T.: +1-313-362-4170 ** FAX: +1-313-362-4442.

University of Delaware, Institute of Energy Conversion, Newark, DE 19716, USA; T.: +1-302-451-6200.

University of Hawaii, Hawaii Natural Energy Institute, 2540 Dole Street, Honolulu, HI 96822, USA; T.: +1-808-948-8890.

Japan

Central Research Institute of Electric Power Industry (CRIEPI), 1-6-1, Otemachi, Chiyoda-ku, Tokyo 100, Japan; T.: +81-3-3201-6601 ** FAX: +81-3287-2863.

Fuji Electric Co. Ltd., Solar Energy Systems Department, 5-4-9, Toyosu, Koto-ku, Tokyo 135, Japan.

Hoxan Corporation (Daido Hoxan Inc.), Photovoltaic Division, International Division, 13-12, ginza 5-chome, Chuo-ku, Tokyo 104, Japan; T.: +81-3-3543-8757 ** FAX: +81-3-3546-7999.

Japan Atomic Energy Research Institute, 2-2-2 Uchisaiwaicho, Chiyoda-ku, Tokyo 100, Japan; T.: +81-3-3592-2362 ** FAX: +81-3-3580-6107.

Kyocera Corporation, Solar Energy Division, Eisen Karasuma Building, Karasuma-Dori-Bukkoji-Sagaru, Shimogyo-ku, Kyoto, Japan; T.: +81-75-344-8241 ** FAX: +81-75-344-8240.

New Energy and Industrial Technology Development Organization (NEDO), 28th Floor, Sunshine 60 Building, 1-1, Higashi Ikebukuro, 3-chome, Tushima-ku, Tokyo 171, Japan; T.: +81-3-3987-9313 ** FAX: +81-3-3981-1059.

New Energy and Industrial Technology Development Organization (NEDO), Alcohol and Biomass Energy Department, Sunshine 60, 29F, 1-1, 3-chome Higashi Ikebukuro, Tushima-Ku, Tokyo 171, Japan; T.: +81-3-5992-1349 ** FAX: +81-3-3987-9483.

Photovoltaic Power Generation Technology Research Association (PUTEC), Otowa MF-Building, 22-12 Otowa 1-chome, Bunkyo-ku, Tokyo 112, Japan; T.: +81-3-3946-2451 ** +81-3-3946-6261.

Research Institute of Innovative Technology for the Earth (R.I.T.E.), Tokyo Office, 2-23-1-Nishishinbasi Minato-ku, Tokyo 105, Japan; T.: +81-3-3437-2822 ** FAX: +81-3-3437-1699.

- Planning and Survey Department, Shin-Kyoto Center Building, Karasumanishi-iru, Shiokoji-dori, Shiogoyo-ku, 600 Kyoto, Japan; T.: +81-75-361-3611 ** FAX: +81-75-361-5607.

Sanyo Electric Co., Ltd., Functional Materials Research Center, 1-18-13 Hashiridani, Hirakata, Osaka 573, Japan; T.: +81-720-41-1261 ** FAX: +81-720-41-0386.

Sharp Corporation, Energy Conversion Laboratories, 282-1 Hajikami, Shinjo-cho, Kitakatsuragi-gun, Nara 639-21, Japan; T.: +81-7456-5-1161 ** FAX: +81-7456-2-8254.

Solar Systems Development Association (SSDA), 3 Mori-Building, 4-10 Nishi-Shinbashi, 1-chome, Minato-ku, Tokyo, Japan; T.: +81-3-3593-3636 ** FAX: +81-3-3508-1745.

The Energy Conservation Center, SVAX Nishi-Shinbashi Bldg., 2-39-3 Nishi-Shinbashi, Minato-ku, Tokyo 105, Japan; T.: +81-3-3433-0311 ** FAX: +81-3-3593-0930.

The Institute of Energy Economics, No. 10 Mori Bldg., 1-18-1 Toranomon, Minato-ku, Tokyo 105, Japan; T.: +81-3-3501-9226 ** FAX: +81-3-3508-8147.

Europa

ADEME, Agence de l'environnement et de la maîtrise de l'énergie, 27, rue Louis Vicat, F-75737 Paris, Cedex 15, Frankreich; T.: +33-1-476-520-19 ** FAX: +33-1-464-552-36.

- Research Programming Department, T.: +33-1-476-520-95.

AFME, French Agency for Energy Management, Economic Department, 27, rue Louis Vicat, F-75015 Paris, Frankreich; T.: +33-1-476-524-20 ** FAX: +33-1-464-552-36.

Center for Renewable Energy Sources (CRES), 19th km Marathonos Ave., GR-190 09 Pikermi, Griechenland; T.: +30-1-6039-900 ** FAX: +30-1-6039-904 (905; 911).

Centre d'Énergétique, Ecole des Mines de Paris, rue Claude Daunesse, Sophia Antipolis, F-06560 Valbonne, Frankreich; T.: +33-93-957-575 ** FAX: +33-93-654-304.

CIEMAT, Centre for Energy, Environment and Technology, Renewable Energy Institute (IER), Avda. Complutense 22, E-28040 Madrid, Spanien; T.: +34-1-346-6411; ** FAX: +34-1-346-6005.

CISE, CP 12081, I-20090 Segrate, Italien; T.: +39-2-21-671.

CNR-Institute for Geothermal Research, Piazzo Solferino, 2, I-56126 Pisa, Italien; T.: +39-50-46069 ** FAX: +39-50-470-55.

CNRS, Laboratoire PHASE, B.P. 20, F-67037 Strasbourg, Frankreich.

CNRS, PIRSEM, Directeur, 4 Rue las Cases, F-75007 Paris, Frankreich; T.: +33-1-475-315-15 ** FAX: 33-1-475-300-56.

Eindhoven Technical University, Faculty of Physics, PO Box 513, NL-Eindhoven, Niederlande; T: +31-15-782-924.

ENEA, 125 Viale Regina Margherita, I-00198 Roma, Italien; T.: +39-6-852-81 ** FAX: +39-6-8528-2591(-2777, -2280).

- Senior Advisor, Energy Planning; T.: +39-6-852-824-04 ** FAX: +39-6-855-1000.

ENEL, Via G.B. Martini 3, I-00198 Roma, Italien; T.: +39-6-850-91 ** FAX: +39-6-850-92560.

- Thermal and Nuclear Research Centre, Via Andrea Pisano 120, I-56122 Pisa, Italien; T.: +39-50-535-111 ** FAX: +39-50-535-651.

Energy Research Institute, c/o Academy of Science of the Russian Federation, Vavilova St. 44, K2, 11733 Moscow; T.: +7-095-127-4833 ** FAX: : +7-095-310-7065.

European Laboratory for Particles Physics (CERN), CH-1211 Genf 23, Schweiz; T.: +41-22-767-6111 ** FAX: +41-22-785-0247.

European Wind Energy Association, Rutherford Appleton Laboratory, Energy Research Unit, Chilton, Didcot, Oxfordshire, OX1 10QX, Großbritannien; T.: +44-235-821-900.

Institut d'Economie et de la Politique de l'Énergie (IEPE), BP47-X, F-38040 Grenoble, Frankreich; T.: +33-76-424-584 ** FAX: +33-76-514-527.

Institut d'Evaluation des Stratégies sur l'Énergie et l'Environment en Europe (INESTENE), 5, rue Buot, F-75013 Paris, Frankreich; T.: +33-1-4565-0808 ** FAX: +33-1-4589-7357.

Institut Français de L'Énergie, 3, rue Henri Heine, F-75016 Paris, Frankreich; T.: +33-1-4430-4100 ** FAX: +33-1-4050-0754.

Instituto para la Diversificacion y ahorro de la Energia (IDAE), Paseo della Castellana 95, P21, E-28046 Madrid, Spanien; T.: +34-1-556-8415 ** FAX: .: +34-1-555-1389.

International Institute for Applied Systems Analysis (IIASA), A-2361 Laxenburg, Österreich; T.: +43-2236-8071 ** FAX: +43-2236-71313.

Interuniversity Microelectronics Center (IMEC), 17 Kapeldreef, B-3030 Leuven-Heverlee, Belgien; T.: +32-16-281-211(284) ** FAX: +32-16-229-400(281-501).

Joint Institute for Geothermal Research, BRGM-ADEME, B.P. 6009, F-45060 Orleans, Cedex 2, Frankreich; T.: +33-38-643-781 ** FAX: +33-38-643-980.

Johanneum Forschungsinstitut für Energieforschung, Elisabethstraße 11, A-8010 Graz, Österreich; T.: +43-316-876-320 ** FAX: +43-316-876-338.

LAMEL, Via Castagnoli, I-40126 Bologna, Italien; T.: +39-51-519-593.

Lisbon University, Molecular Physics Centre, Complexo Interdisciplinar, Av. Rovisco, Paes, P-1000 Lisbon, Portugal.

National Institute of Public Health and Environment Protection (RIVM), PO Box, NL-3720 BA Bilthoven, Niederlande; T.: +31-30-274-9111 ** FAX: +31-30-274-2971.

Netherlands Energy Research Foundation (ECN), PO Box 1, NL-1755 ZG Petten, Niederlande; T.: +31-2246-4326 ** FAX: +31-2246-4480.

- Programme Secretariat, T.: +31-2246-4443 ** FAX: +31-2246-3486.

New University of Lisbon, Faculty of Science, Energy Conversion Section, Campus FCT-UNL, P-2825 Monte de Caparica, Almada, Portugal; T.: +351-1-295-4464 ** FAX: +351-1-295-7810.

Newcastle Photovoltaic Application Centre (NPAL), Ellison Place, UK-Newcastle-upon-Tyne, NE 18 ST, Großbritannien; T.: +44-91-232-6002 ** FAX: +44-91-235-8561.

NOVEM, Postbus 8242, NL-3503 RE Utrecht, Niederlande; T.: +31-30-363-464 ** FAX: +31-30-316-491.

Nuclear Research Centre, Boevetang 200, B-2400 Mol, Belgien; T.: +32-14-311-801.

Observatoire Méditerranéen de l'Énergie (OME), BP 248, F-06905 Sophia Antipolis, Frankreich; T.: +33-92-966-596 ** FAX: +33-92-966-669.

Oxford Institute for Energy Studies, 57 Woodstock Road, Oxford, OX2 6FA, Großbritannien; T.: +44-1865-311-377 ** FAX +44-1865-310-527.

Orkustofnun, Grensasvegur 9, IS-108 Reykjavik, Island; T.: +354-5696- 000 ** FAX: +354-5688-896.

Paul Scherrer-Institut, CH-5232 Villingen, Schweiz; T.: +41-56-922-111 ** FAX: +41-56-982-327.

Risø National Laboratory, PO Box 49, DK-4000 Roskilde, Dänemark; T.: +45-4677-4677 ** FAX: +45-4236-0609.

Roskilde University Center, IMUFA, PO Box 256, DK-4000 Roskilde, Dänemark.

Universita Politecnica Madrid, Instituto de Energia Solar (IER-UPM), Ciudad Universitaria, E-28040 Madrid, Spanien; T.: +34-1-544-1060 ** FAX: +34-1-544-6341.

Université de Lyon, Département de Physique des Matériaux, CNRS, 43 Bd. du 11 Novembre, F-696222 Villeurbane, Frankreich; T.: +33-7244-8187.

Université de Neuchâtel, Institute de Microtechnique, Rue A.L. Breguet 2, CH-2000 Neuchâtel, Schweiz; T.: +41-38-205-121 ** FAX: +41-38-254-276.

Université de Provence, Laboratoire d'Heliophysique, Centre de Saint Jérôme, F-13397 Marseille, Frankreich; T.: +33-989-010.

University College Cork, National Microelectronics Research Centre, College Road, Cork, Irland; T.: +353-21-276-814 ** FAX: +353-21-273-072.

University of Coimbra, Faculty of Science and Technology, Largo Marques de Ponhal, P-3000 Coimbra, Portugal; T.: +351-39-20023.

University of Gent, Laboratory for Microelectronics, St. Pieternieuwstraat 41, B-2000 Gent, Belgien.

University of Lund, Energy Systems Analysis, Gerdagatan 13, S-22362 Lund, Schweden; T.: +46-4610-8638 ** FAX: +46-4610-8644.

University of Patras, Solar Energy Unit, Physics Department, Rio, GR-26110 Patras, Griechenland; T.: +30-61-997-449 ** FAX: +30-61-991-980.

University of Reading, Department of Engineering, Energy Group, PO Box 225, Wightknights, UK-Reading RG 62AY, Großbritannien; T.: +44-734-875-123874.

University of Thessaloniki, Institute of Solar Technology, GR-54006 Thessaloniki, Griechenland; T.: +30-31-991-562.

University of Utrecht, Department of Atomic and Interface Physics, PO Box 80000, NL-3508 TA Utrecht, Niederlande; T.: +31-30-533-269 ** FAX: +31-30-543-165.

University of Utrecht, Department of Science, Technology and Society, Oudegracht 320, NL-3511 PL Utrecht, Niederlande; T : +31-30-392-396 ** FAX: +31-30-367-219.

University of Wales, Cardiff, Solar Energy Unit, Newport Road, PO Box 917, UK-Cardiff CF21YF, Wales, Großbritannien; T.: +44-222-874-314 ** FAX: +44-222-874-292.

VUZT - Forschungsinstitut für Landtechnik, Straße K. sancim 5, 16307 Praha 6, Tschechische Republik.

Bundesrepublik Deutschland

Arbeitsgemeinschaft Energiebilanzen (AGE), Friedrichstraße 1, D-45128 Essen; T.: 0201-1805-414 ** FAX: 0201-1805-444.

Battele Europe, Am Römerhof 35, D-60586 Frankfurt/M.; T.: 069-7908-0 ** FAX: 069-7908-80.

Bremer Energie Institut, Institut für kommunale Energiewirtschaft und Energiepolitik an der Universität Bremen, Fahrenheitstraße 8, D-28359 Bremen; T.: 0421-201-430 ** FAX: 0421-219-986.

Deutsche Forschungsanstalt für Luft- und Raumfahrt e.V. (DLR), Zentrum Köln-Porz, D-51140 Köln; T.: 02202-968-0 ** FAX: 02202-673-10.

Deutsche Forschungsanstalt für Luft- und Raumfahrt e.V. (DLR), Zentrum Stuttgart, Pfaffenwaldring 38-40, D-70569 Stuttgart; T.: 0711-6862-0 ** FAX: 0711-6862-349.

Deutsche Wissenschaftliche Gesellschaft für Erdöl, Erdgas und Kohle e.V., Kapstadtring 2, D-22297 Hamburg; T.: 040-6390-040 ** FAX: 040-6300-736.

Deutsches Institut für Urbanistik, Straße des 17. Juni 110-112, D-10623 Berlin; T.: 030-39001-0 ** FAX: 030-39001-100.

Deutsches Institut für Wirtschaftsforschung, Königin-Luise-Straße 5, D-14195 Berlin; T.: 030-897-89-0 ** FAX: 030-897-89-200.

Deutsches Windenergie-Institut, Ebertstraße 96, D-26382 Wilhelmshaven; T.: 04421-480-80 ** FAX: 04421-480-843.

Energiewirtschaftliches Institut an der Universität zu Köln, Albertus-Magnus-Platz, D-50923 Köln, T.: 0221-470-2258 ** FAX: 0221-44-65-37.

European Academy of the Urban Environment (EAUE), Bismarckallee 46-48, D-14193 Berlin; T.: 030-895-999-0 ** FAX: 030-895-999-19.

Fachagentur nachwachsende Rohstoffe Güstrow-Gülzow e.V., Dorfplatz 1, D-18276 Gülzow bei Güstrow; T.: 03843-6930-0 ** FAX: 03843-6930-102.

Fachhochschule Jülich, Solarinstitut, Ginsterweg 1, D-52428 Jülich; T.: 02461-689-128 ** FAX: 02461-689-199.

Forschungsstelle für Energiewirtschaft, Am Blütenanger 71, D-80995 München; T.: 089-1581-210 ** FAX: 089-1581-2110.

Forschungsstelle für Umweltpolitik (FFU), Freie Universität Berlin, Fachbereich 15 Politische Wissenschaft, Schwendenerstraße 53, 14195 Berlin; T.: 030-838-5098 ** FAX: 030-838-5585.

Forschungsverbund Sonnenenergie (FVS), c/o DLR, D-51140 Köln; T.: 02203-968-3625 (3626) ** FAX: 02203-968-4740.

Forschungszentrum Energie + Umwelt Schwerin e.V., Hagenower Str. 73, D-19061 Schwerin; T.: 0385-634-4242 ** FAX: 0385-634-4241.

Forschungszentrum Jülich, Postfach 1913, D-52425 Jülich; T.: 02461-61-0 ** FAX: 02461-61-8100.

- BEO, T.: 02461-61-0 ** FAX: 02461-61-5327.

Forschungszentrum Karlsruhe GmbH (KFA), Weberstraße 5, D-76133 Karlsruhe; T.: 07247-82-0 ** FAX: 07247-82-5070.

Forschungszentrum Rossendorf, Institut für Sicherheitsforschung, Gruppe Erneuerbare Energiequellen, Postfach 510 119, D-01314 Dresden; T.: 0351-5910 ** FAX: 0351-269-0461.

Fraunhofer-Institut für Siliziumtechnologie, Dillenburger Straße 53, D-14199 Berlin, T.: 030-829-980 ** FAX: 030-829-98-199.

Fraunhofer-Institut für Solare Energiesysteme (FhG-ISE), Oltmannstraße 5, D-79100 Freiburg, T.: 0761-4588-0 ** FAX: 0761-4588-100.

- Außenstelle Leipzig, Zschortauer Straße 1a, D-04129 Leipzig; T.: 0341-6056-351 ** FAX: 0341-6056-369.

Fraunhofer-Institut für Systemtechnik und Innovationsforschung (FhG-ISI), Breslauer Straße 48, D-76139 Karlsruhe; T.: 0721-6809-0 ** FAX: 0721-6891-52.

Gesamthochschule Kassel, Umweltpsychologie, Holländische Straße 36-38, D-34127 Kassel; T.: 0561-804-3579 ** FAX: 0561-804-3586.

Gesellschaft für Energiewissenschaft und Energiepolitik e.V. (GEE), Postfach 161045, D-18203 Rostock; T.: 038203-819-07 ** FAX: 038203-819-08.

Gesellschaft für praktische Energiekunde e.V. (GFPE), Am Blütenanger 71, D-80995 München; T.: 089-1581-210 ** FAX: 089-1581-2110.

GSF Forschungszentrum für Umwelt und Gesundheit, Neuherberg, Postfach 1129, D-85758 Oberschleißheim; T.: 089-3187-0 ** FAX: 089-3187-3322

- Kühbachstraße 11, D-81543 München; T.: 089-6510-8851 ** FAX: 089-6510-8844.

Hahn-Meitner-Institut Berlin (HMI), Glienicker Straße 100, D-14109 Berlin; T.: 030-8062-0 ** FAX: 030-8062-2047;

- Institutsteil Adlershof, Haus 12.8, Rudower Chaussee 5, D-12489 Berlin; T.: 030-670-53-330 ** FAX: 030-670-53-333.

Hamburger Umweltinstitut (HUI), Feldstraße 36, 20357 Hamburg; T.: 040-439-2091 ** 040-439-2085.

Hochschule für Technik, Wirtschaft und Sozialwesen Zittau/Görlitz (FH), Fachbereich Wirtschaftswissenschaften, Kommunal-, Energie und Umweltwirtschaft, Theodor-Körner-Allee 16, D-02763 Zittau; T.: 03583-61-0 ** FAX: 03583-61-510-626.

HWWA - Institut für Wirtschaftsforschung Hamburg, Forschungsgruppe Energieversorgung und Energiepolitik, Neuer Jungfernstieg 21, D-20347 Hamburg; T.: 040-3562-0 ** FAX: 040-3519-00.

ifo-Institut für Wirtschaftsforschung e.V., Poschingerstraße 5, D-81679 München; T.: 089-9224-0 ** FAX: 089-9224-460.

Institut der Deutschen Wirtschaft, Forschungsstelle Ökonomie/Ökologie, Postfach 510669, D-50942 Köln; T.: 0221-3708-01 ** FAX: 0221-3708-194.

Institut für Energierecht an der Universität zu Köln, Nikolausplatz 5, D-50937 Köln; T.: 0221-418330 ** FAX: 0221-414-117.

Institut für Energiewirtschaft und Rationelle Energieanwendung (IER), Universität Stuttgart, Pfaffenwaldring 31, D-70550 Stuttgart; T.: 0711-685-7575 ** FAX: 0711-685-7567 (-3953).

Institut für Solare Energieversorgungstechnik e.V. (ISET), Königstor 59, D-34119 Kassel; T.: 0561-7294-0 ** FAX: 0561-7294-100.

Institut für Solarenergieforschung GmbH Hameln-Emmerthal (ISFH), Am Ohrberg 1, D-31869 Emmerthal; T.: 05151-999-0 ** FAX: 05151-999-400.

Institut für Weltwirtschaft Kiel; Düsternbrooker Weg 120, D-24105 Kiel; T.: 0431-8814-1 ** FAX: 0431-8814-500.

Institut für Zukunftsstudien und Technologiebewertung, Lindenallee 16, D-14050 Berlin; T.: 030-302-9008 ** FAX: 030-302-9579.

ISET-Hanau, Leipziger Straße 10, D-63450 Hanau; T.: 06181-369-427 ** FAX: 06181-369-376.

Katalyse, Institut für angewandte Umweltforschung e.V., Weinsbergstraße 190, D-50825 Köln; T.: 0221-546-10-55 (-58) ** FAX: 0221-545-338.

Ludwig-Bölkow-Stiftung, Daimlerstraße 15, D-85521 Ottobrunn; T.: 089-609-70-31 ** FAX: 089-609-97-31.

Max-Planck-Institut für Festkörperforschung, Heisenbergstraße 1, D-70569 Stuttgart; T.: 0711-6860-1 ** FAX: 0711-6874-371.

Max-Planck-Institut für Gesellschaftsforschung, Lothringer Straße 78, D-50677 Köln; T.: 0221-336-050 ** FAX: 0221-336-0555.

Max-Planck-Institut für Kernphysik, Saupfercheckweg 1, D-69117 Heidelberg, T.: 06221-516-0 ** FAX: 06221-516-540.

Max-Planck-Institut für Physik, Werner-Heisenberg-Institut, Föhringer Ring 6, D-80805 München; T.: 089-323-540 ** FAX: 089-322-6704.

Niedrig-Energie-Institut GdR, Rosental 21, D-32756 Detmold; T.: 05231-390-747 ** FAX: 05231-977-699.

Photovoltaik-Labor, TÜV Rheinland Sicherheit und Umweltschutz GmbH, Am Grauen Stein/Konstantin-Wille-Str. 1, D-51105 Köln; T.: 0221-806-2711 ** FAX: 0221-806-1350.

Physikalisch-technische Bundesanstalt, Laboratorium Optoelektronik, Bundesallee 100, D-38116 Braunschweig; T.: 0531-59-4140 ** FAX: 0531-592-7614.

Potsdam-Institut für Klimafolgenforschung e.V., Postfach 601203, D-14412 Potsdam; T.: 0331-288-2500 ** FAX: 0331-288-2600.

Rat von Sachverständigen für Umweltfragen, Geschäftsstelle, Postfach 5528, D-65180 Wiesbaden; T.: 0611-7632-210 ** FAX: 0611-731-269.

Rheinisch-Westfälische Technische Hochschule Aachen, Institut für elektrische Anlagen und Energiewirtschaft, Schinkelstraße 6, D-52062 Aachen; T.: 0241-80-7652 ** FAX: 0241-8888-312.

Rheinisch-Westfälisches Institut für Wirtschaftsforschung (RWI), Hohenzollernstraße 1-3, D-45128 Essen; T.: 0291-8149-0 ** FAX: 0291-8149-200.

RWE Studiengesellschaft Energietechnik, Freihofstraße 31, D-45219 Essen; T.: 0201-185-1 ** FAX: 0201-185-4313.

Technische Universität Berlin, Institut für elektrische Maschinen und Solarenergienutzung, Straße des 17. Juni 135, D-10623 Berlin; T.: 030-314-0 ** FAX: 030-314-213-222.

Technische Universität Berlin, Institut für Werkstoffe der Elektrotechnik, Jebenstraße 1, D-10623 Berlin; T.: 030-314-22-442.

Technische Universität München, Lehrstuhl für Energiewirtschaft und Kraftwerkstechnik, Arcisstraße 21, D-80333 München; T.: 089-2105-1 ** FAX: 089-2105-2000.

TÜV Rheinland, Am grauen Stein, D-51105 Köln; T.: 0221-839-32-711 ** FAX: 0221-839-3114.

Umweltforschungsinstitut Leipzig-Halle GmbH, Permoserstraße 15, D-04318 Leipzig; T.: 0341-235-0 ** FAX: 0341-235-2791.

Universität Erlangen, Institut für Werkstoffwissenschaften, Martensstraße 7, D-91058 Erlangen; T.: 09131-857-834 ** FAX: 09131-852-131.

Universität Gesamthochschule Essen, Energie- und Kraftwerkstechnik, Universitätsstraße 2, D-45141 Essen; T.: 0201-183-2652 ** FAX: 0201-183-2151.

Universität Gesamthochschule Essen, Technologie und Didaktik der Technik, Universitätsstraße 2, D-45141 Essen; T.: 0201-183-1 ** FAX: 0201-183-2151.

Universität Hannover, Institut für Elektrowärme, Welfengarten 1, D-30167 Hannover; T.: 0511-762-2852 ** FAX: 0511-762-3456.

Universität Magdeburg, Institut für Apparate- und Umwelttechnik, Universitätsplatz 2, D-39106 Magdeburg; T.: 0391-67-01 ** FAX: 0391-67-111-56.

Universität Oldenburg, Natürliche Ressourcen und Energiewirtschaft, Postfach 2503, D-26015 Oldenburg; T.: 0411-798-8307.

Universität Oldenburg, Arbeitsgruppe Physik regenerativer Energiequellen, Carl-von-Ossietzky-Straße 9-11, D-26129 Oldenburg; T.: 0441-798-3544 ** FAX: 0441-798-3000.

Universität Stuttgart, Institut für Physikalische Elektronik, Pfaffenwaldring 47, D-70569 Stuttgart; T.: 0711-685-7141 ** FAX: 0711-685-3500.

Universität Stuttgart, Institut für Thermodynamik und Wärmetechnik, Keplerstraße 7, D-70174 Stuttgart; T.: 0711-121-0 ** FAX: 0711-121-3500 und 685-3500.

Wissenschaftlicher Beirat der Bundesregierung Globale Umweltveränderungen, Geschäftsstelle, Alfred-Wegener-Institut für Polar- und Meeresforschung, Columbusstraße, D-27568 Bremerhaven; T.: 0471-4831-349 ** FAX: 0471-4831-218.

Wissenschaftszentrum Berlin für Sozialforschung GmbH, WZB Schwerpunkt: Technik - Arbeit - Umwelt, Reichpietschufer 50, D-10785 Berlin; T.: 030-2549-10 * FAX: 030-2549-1684.

Wuppertal Institut für Klima, Umwelt, Energie GmbH im Wissenschaftszentrum Nordrhein-Westfalen, Postfach 10 04 80, D-42004 Wuppertal; T.: 0202-2492-0 ** FAX: 0202-2492-108.

Zentrum für Energie-, Wasser- und Umwelttechnik (ZEWU) der Handwerkskammer Hamburg; Buxtehuder Straße 76, D-21073 Hamburg; T.: 040-35-905-801 ** FAX: 040-35-905-858.

Zentrum für Europäische Wirtschaftsforschung GmbH (ZEW), Kaiserring 14-16, D-68161 Mannheim; T.: 0621-1235-0 ** FAX: 0621-1235-222.

Zentrum für Umweltforschung (ZUFO) der Westfälischen Wilhelms-Universität, Mendelstr. 11, D-48149 Münster; T.: 0251-838-470 ** FAX: 0251-838-467.

Zentrum für Sonnenenergie- und Wasserstoff-Forschung (ZSW), Zentrum Stuttgart, Heßbrühlstraße 21c, D-70565 Stuttgart; T.: 0711-7870-0 ** FAX: 0711-7870-100.

Zentrum für Sonnenenergie- und Wasserstoff-Forschung (ZSW), Zentrum Ulm, Helmholtzstraße 8, D-89081 Ulm; T.: 0731-9530-0 ** FAX: 0731-9530-666.

II. Internationale Organisationen

System der Vereinten Nationen

Commission on Sustainable Development (CSD), Department of Policy Coordination and Sustainable Development, Room # DC-2270, New York, N.Y. 10017, USA; T.: +1-212-963-5949 (-0902) ** FAX: +1-212-963-4260 (-1712).

Economic Commission for Africa (ECA), Regional Advisor on Energy, PO Box 30109 MA, Addis Abeba, Äthiopien; T.: +251-517-200.

Economic Commission for Europe, Energy Efficiency 2000 Project Office, Palais de Nations, CH-1211 Geneva 10, Schweiz; T.: +41-22-917-1234 (-2407) ** FAX: +41-22-917-0227 (-0038).

European Bank for Reconstruction and Development, 1 Exchange Square, London EC2A 2EH, Großbritannien; T.: +44-171-338-6000 ** FAX: +44-171-338-6100.

International Atomic Energy Agency (IAEA), Vienna International Centre, Wagramerstraße 5, Postfach 100, A-1400 Wien, Österreich; T.: +43-1-2060-0 ** FAX: +43-1-2060-7.

IEA, International Energy Agency, 2, Rue André-Pascal, F-75775 Paris, Cedex 16, Frankreich; T.: +33-1-4524-82-00 ** FAX: +33-1-4524-9988.

- Energy Technology and Research and Development, T.: +33-1-452-494-15 (499-61) ** FAX: +33-1-452-494-75.
- Energy Technology Division, T.: +33-1-452-494-68 ** FAX: +33-1-452-494-75.
- Energy Efficiency Division, T.: +33-1-452-494-90 ** FAX: +33-1-452-494-23.
- Office of Long-Term Co-Operation & Policy Analysis, T.: +33-1-452-498-90 ** FAX: +33-1-452-494-23.

Intergovernmental Panel on Climate Change, Secretariat, 41, Avenue Giuseppe-Motta, PO Box 2300, CH-1211 Geneva 2, Schweiz; T.: +41-22-7308-215-254-284 ** FAX: +41-22-7331-270.

National Institute of Development Research and Documentation (NIR)/African Energy Policy Research Network (AFREPREN), Private Bag 0022, Gaborone, Botswana; T.: +267-31-356-364(5) ** FAX: +267-31-357-573.

Nuclear Energy Agency, OECD, Le Seine St.Germain, 12, Bd. des Iles, F-92130 Issy les Moulineaux, Frankreich; T.: +33-1-4524-1010 ** FAX: +33-1-4524-1110.

Organisation for Economic Cooperation and Development (OECD), 2, Rue André-Pascal, F-75775 Paris, Cedex 16, Frankreich; T.: +33-1-4524-8200 ** FAX: +33-1-4524-8500.

- Environment Directorate, Liason Officer IEA, NEA; T.: +33-1-4524-7876 ** FAX: +33-1-4524-9817.
- Environmental Policy Committee (EPOC); T.: +33-1-4524-8200 (-7039) ** FAX: +33-1-4524-7876 (-8500).

- Vertretung der Bundesregierung bei der OECD, 5 rue Léonard de Vinci, F-75015 Paris, Frankreich; T.: +33-14501-7388.
- Informations- und Publikations-Büro, August-Bebel-Allee 6, D-53175 Bonn; T.: 0228-959-120 ** FAX: 0228-959-1217.

Southern Africa Development Coordination Conference (SADCC) - Energy Sector-Technical Advisory Unit (TAU), PO Box 2876, Luanda, Angola; T.: +244-2-345-288 (147) ** FAX: +244-2-343-003 (393-486).

UNEP - Industry and Environment Office (UNEP-IEO), Tour Mirabeau, Quai André Citroën 39-43, F-75739 Paris, Frankreich; T.: +33-1-4058-8850 ** FAX: +33-1-4058-8874.

United Nations Conference on Trade and Development (UNCTAD), Palais des Nations, CH-1211 Geneva 10, Schweiz; T.: +41-22-734-6011 ** FAX: +41-22-733-6542.

United Nations Development Programme (UNDP), 1 UN Plaza, New York, NY 10017, USA; T.: +1-212-906-5000 ** FAX: +1-212-906-5364.

United Nations Economic Commission for Europe (UN-ECE), Palais des Nations, 8-14 Avenue de la Paix, CH-1211 Geneva 10, Schweiz; T.: +41-22-971-2893 ** FAX: +41-22-791-0036.

United Nations Educational Scientific & Cultural Organization (UNESCO), Coordination of Environmental Activities, 1 Rue Miollis, F-75015 Paris, Frankreich; T.: +33-1-4568-1000 (-4053) ** FAX: +33-1-456-71690 (-69096).

- Engineering and Technology Division, General Secretary, Executive Committee of the Mediterranean Solar Council, 1 Rue Miollis, F-75015 Paris, Frankreich; T.: +33-1-4568-3916 ** FAX: +33-1-456-9535.

United Nations Industrial Development Organization (UNIDO), Vienna International Center, Postfach 300, A-1400 Wien, Österreich; T.: +43-1-211-31 ** FAX: +43-1-237-241.

World Bank Group, 1818 H Street, N.W., Washington, DC 20433, USA; T.: +1-202-473-1782 ** FAX: +1-202-676-0578.

- Global Environmental Facility (GEF), T.: +1-202-473-1053 ** FAX: +1-202-522-3240 (3245).
- Senior Energy Planner, T.: +1-202-477-1037 ** FAX: +1-202-477-0542.
- Industry and Energy, T.: +1-202-473-6826 ** FAX: +1-202-477-0545.
- European Office, 66, Av. d'Ieana, F-75116 Paris, Frankreich; T.: +33-1-4064-3014 ** FAX: +33-1-4723-7436.

World Trade Organization (WTO), Centre William Rappard, Rue de Lausanne 154, CH-1211 Geneva 21, Schweiz; T.: +41-22-739-5111 ** FAX: +41-22-731-4206.

Europäische Institutionen

Council of Europe (Europarat), Av. de l'Europe, BP 431-R6, F-67006 Strasbourg, Frankreich; T.: +33-88-4120-00 ** FAX: +33-88-4127-81(-83).

- Directorate for the Environment and Local Activities, Steering Committee for the Conservation and Management of the Environment and Natural Habitats, T.: +33-88-4120-00 ** FAX: +33-88-4127-81.

Europäische Kommission,

- Rue de la Loi 200, B-1049 Bruxelles, (oder: Wetstraat 200, B-1049 Brussel), Belgien; T.: +32-2-299-1111 ** FAX: . +32-2-295-0138 (-0139)
- Bâtiment Jean-Monnet, Rue Alcide de Gasperi, L-2920 Luxembourg; T.: 352-4301-1 ** FAX: 352-4361-24 (-4301-35049).

Kommissar: Energie und Euratom-Agentur: Christos Papoutsis; T.: +32-2-29-63727 (64739).
Kommissar: Wettbewerb: Karel van Miert; T.: +32-2-29-52530 (-52529).
Kommissarin: Umwelt und Kernreaktorsicherheit: Ritt Bjerregaard; T.: +32-2-29-53731. (53730).
Kommissarin: Wissenschaft und Forschung: Edith Cresson; T.: +32-2-29-66600 (-66601).
Kommissar: Industrie, Informationstechnologien und Telekommunikation: Martin Bangemann; T.: +32-2-29-51915 (-51913).
GD I: Außenwirtschaftsbeziehungen, Gen.Dir. Horst G. Krenzler; T.: +32-2-29-90097.
Direktion M.2: Auswärtige Beziehungen in den Bereichen Forschung, Wissenschaft, Kernenergie und Umwelt, Direktor: Ramiro Cibrian; T.: +32-2-29-92224 (51145).
GD II: Wirtschaft und Finanzen, Gen.Dir. Giovanni Ravasio; T.: +32-2-29-94366.
Direktion B: Volkswirtschaftlicher Dienst, Direktor: Jan Høst Schmidt.
B.4: Bewertung der Verkehrs-, Umwelt- und Energiepolitik, Referatsleiter: Matthias Mors; T.: +32-2-29-93389.
GD III: Industrie, Gen.Dir.: Stefano Micossi; T.: +32-2-29-54022 (-57902).
Direktion D: Gewerbliche Wirtschaft II Investitionsgüterindustrie, Direktor: Paul Weissenberg; T.: +32-2-29-63358 (-63663).
D.1: Maschinenbau, Elektrotechnik, Referatsleiter: Luis Montoya Morón; T.: +32-2-29-62592 (-54242)
GD IV: Wettbewerb, Gen.Dir. Alexander Schaub; T.: +32-2-29-52178.
Direktion C.2: Energie (außer Kohle), chemische Grundstoffe, Referatsleiter: Paul Malric-Smith; T.: +32-2-29-59675 ** FAX: +32-2-29-69805.
GD VIII: Entwicklung, Gen.Dir. Steffen Smidt.
Direktion B.5: Zusammenarbeit im Bereich Bergbau und der Energie, Sysmin, Referatsleiter: Gerald Barton; T.: +32-2-29-90671.
GD XI: Umwelt, nukleare Sicherheit und Katastrophenschutz, (auch: Bâtiment Jean Monnet, Rue Alcide De Gaspari, L-2920 Luxemburg, Luxemburg), *Gen.Dir. Marcus Enthoven*; T.: +32-2-29-555789.
Direktion A: Allgemeine und internationale Angelegenheiten,
Direktor: Fernand Thurmes: T.: +32-2-29-55002 (-69518).
Berater: Jan Julius Groenendaal: T.: +32-2-29-92271 ** FAX: +32-2-29-91069.
Direktion B: Umweltinstrumentarium,
Direktor: Ranieri di Carpegna: T.: +32-2-29-69508.
Berater: Gunter Schneider: T.: +32-2-29-69522(-65265).
B.1: Wirtschaftsanalysen und Umweltvorausschau

- Energie-CO_2-Steuer: S. Willems: T.: +32-2-296-88-01.

Direktion D: Umweltqualität und natürliche Ressourcen, Direktor: Jørgen Henningsen: T.: +32-2-29-69503.
D.4: Globale Umweltfragen, Klimaveränderung, Geosphäre, Biosphäre: NN

- Beziehungen mit DG XVII, Referent: Henry Mangan; T.: +32-2-296-87-53.
- Koordination mit IPCC, OECD, FCCC, Referent: Reginal Hernaus.

GD XII: Wissenschaft, Forschung und Entwicklung, Gen.Dir. Prof. Jorma Rautti T.: +32-2-29-53570.
Direktion D: FTE-Maßnahmen: Umwelt, Direktor: Paul Gray: T.: +32-2-29-51815.
Berater:: Roderick Hurst: T.: +32-2-29-53642 (-58294).

D.1: Umwelttechnolgien, Referatsleiter: Heinrich Ott, T.: +32-2-29-63024 ** FAX: +32-2-29-63024

Direktion F: FTE-Maßnahmen: Energie, Direktor: Ezio Andreta: T.: +32-2-29-51660 (-60612); Berater: Michel Poireau: T.: +32-2-29-51411 * FAX: +32-2-29-50656.

F.1: Rationelle Energienutzung und Einbeziehung erneuerbarer Energiequellen, Referatsleiter (RL): Pierre Valette: T.: +32-2-29-56356.

F.2: Optimierung des Energie-/Transport-Systems: David Miles: T.: +32-2-29-62019.

F.3: Fortgeschrittene Brennstofftechnologien, RL: Karel Louwrie: T.: +32-2-29-56962 (-57579).

F.4: Erneuerbare Energien, RL: Jürgen Greif; T.: +32-2-29-56922 ** FAX:+32-2-29-63024.

F.5: Brennstoffkreislauf, radioaktive Abfälle, RL: Werner Balz: T.: +32-2-29-54164.

F.6: Strahlenschutz. RL: Jaak Sinnaeve: T.: +32-2-29-54045 ** FAX: +32-2-29-66256.

DG XVII: Energie, Gen.Dir. Ramon de Miguel: T.: +32-2-29-51959.

Direktion A: Energiepolitik, Direktor: Michel Ayral: T.: +32-2-29-55643.

A.1: Allgemeine Politik, Referatsleiter: Christian Waeterloos: T.: +32-2-29-53502 ** FAX: +32-2-29-66282.

A.2: Analysen und Vorausschätzungen, Referatsleiter: Kevin Leydon: T.: +32-2-29-52441 ** : FAX: +32-2-29-50150.

- Energie und Umwelt, Referent: Samuel Furfari: T.: +32-2-29-57671.

A.4: Zusammenarbeit mit Drittländern im Energiebereich, Referatsleiter: Panayotis Carvounis: T.: +32-2-29-52173 ** : FAX: +32-2-29-50150.

Direktion B: Industrien und Märkte: fossile Energien, Direktor: Jose Sierra: T.: +32-2-29-52461.

Direktion C: Nichtfossile Energien, Direktor: Fabrizio Caccia Domioni: T.: +32-2-29-52410.

C.1: Elektizität, Referatsleiter: Friedrich Kindermann: T.: +32-2-29-54394 (-53548).

C.2: Erneuerbare Energiequellen und rationelle Energienutzung, Referatsleiter: Armand Colling, T.:+32-2-29-54087 ** FAX:+32-2-29-50150.

- Erneuerbare Energiequellen: Maria Perez Latorre: T.: +32-2-29-60437 (-52191).

C.3: Kernenergie, Referatsleiter: Jean-Claude Charrault: T.: +32-2-29-51261.

C.4: Übereinkommen im Nuklearbereich, Referatsleiter: Roger Busby: T.: +32-2-29-55587 ** FAX: +32-2-29-64254.

Direktion D: Energietechnologie, Direktor: Pedro Miguel de Sampaio Nunes: T.: +32-2-29-58645 (-60301).

Direktion E: Sicherheitsüberwachung Euratom, Direktor: Wilhelm Gmelin: T.: +32-2-29-32211.

European Environment Agency, Kongens Nytorv 6, DK-1050 Copenhagen K, Dänemark; T.: +45-33-36-7100 ** FAX: +45-33-36-7199.

Institut für technische Zukunftsforschung, World Trade Center Bld., Isla de la Cartuja s-n, E-41092 Sevilla, Spanien; T.: +34-5448-8273 ** FAX: +345448-8274.

Kommission der EG, Presse- und Informationsbüro, Zitelmannstraße 22, D-53113 Bonn; T.: 0228-5300-90 ** FAX: 0228-5300-950.

Europäisches Parlament,

- Rue Belliard 97-113, B-1047 Brussels, Belgien; T.: (BRU) +32-2-284-2111 ** FAX: +32-2-230-6933.

- Plateau du Kirchberg, L-2929 Luxemburg, Luxemburg; T.: (LUX) +352-430-01 ** FAX: +352-437-009.
- Palais de l'Europe, Place Lenôtre, F-67006 Strasbourg, Frankreich; T.: (STR) +33-88-3740-01 ** FAX +33-88-2565-01.

Ausschüsse des Europäischen Parlaments, die sich mit Energiepolitik befassen:

⇒ Ausschuß für Auswärtige Angelegenheiten, Sicherheit und Verteidigungspolitik, Vorsitzender: Abel Matutes Juan.
⇒ Ausschuß für Außenwirtschaftsbeziehungen, Vorsitzender: Willy C.E.H. de Clercq.
⇒ Ausschuß für Entwicklung und Zusammenarbeit, Vorsitzender: Bernard Kouchner.
⇒ Ausschuß für Forschung, technologische Entwicklung und Energie, Vorsitzender: Umberto Scapagnini.
⇒ Ausschuß für Landwirtschaft und ländliche Entwicklung, Vorsitzender: Christian Jacob.
⇒ Ausschuß für Umweltfragen, Volksgesundheit und Verbraucherschutz, Vorsitzender: Kenneth D. Collins.
⇒ Ausschuß für Verkehr und Fremdenverkehr, Vorsitzender: Petrus A.M. Cornelissen,
⇒ Ausschuß für Wirtschaft, Währung und Industriepolitik, Vorsitzender: Karl von Wogau.

Verwaltung des Europäischen Parlaments:

GD II: Ausschuß und Delegationen, Gen.Dir., Karlheinz Neureither, Plateau du Kirchberg, L-2929 Luxemburg, Luxemburg; T.: LUX +352-4300-2541 ** FAX: +352-4300-2334; T.: BRU -2870 ** T.: STR -4541.

Direktion A: Wirtschaft und Strukturen, Direktor: Antonio Ducci: T.: BRU -2194; T.: LUX -2921; T.: STR -4921.

Direktion B: Ressourcen, Planung, Direktor: Nicolas-Pierre Rieffel: T.: BRU-3493; T.: LUX -2734; T.: STR -4591.

- Energie, Forschung, Technologie:
  Jaques Hinckxt: T.: BRU -2996; T.: STR -5235.
  Gordon Lake: T.: LUX -2979; T.: STR -5049.
  Gabriel Sanchez-Roudriguez: T.: BRU -3651; T.: STR -4777.
  Gerhard Kolb: T.: BRU -3655; T.: STR -4180.
  Sekretariat des Energieausschusses: Christian Huber: T.: BRU +32-2-284-1756.

GD III: Information und Öffentlichkeitsarbeit, Gen Dir., Sergio Guccione, Nouvel Hemicycle, L-2929 Luxemburg; T.: +352-4300-2578 ** FAX: +352-4300-7261.

GD IV: Wissenschaft, Gen.Dir, Robert Ramsey, L-2929 Luxemburg; T.: BRU -3690 (-2521); T.: LUX -2535; T.: STR -4757.

Direktion B, Abteilung Binnenmarkt, Energie, Forschung, Industrie, Kommunikation, Verkehr, Fremdenverkehr, Regionen, Abgaben und gemeinsame Währung

- Peter Palinkas: T.: LUX -2920.

- Bewertung wissenschaftlicher und technologischer Optionen (STOA), Plateau du Kirchberg, L-2929 Luxemburg, Luxemburg; Leiter: Richard Holdsworth; T.: BRU: +32-2-284-3748; LUX: +352-4300-2511; STR: +33-8817-2259.

Rat der Europäischen Union, 170, rue de la Loi, B-1048 Bruxelles, T.: +33-3+2-285-6111 ** FAX: +33-3+2-285-7381.

GD D: Forschung, Energie, Verkehr, Umweltfragen, Verbraucherschutz, Gen.Dir. David M. Neliga.

Direktion I: Forschung und Energiepolitik: Direktor: Augusto Bette.

- Forschungspolitik: B. Humphreys-Zwart.

- Energiepolitik: Hans Uebel, Tessa Engel, Jean-Paul Grossir, Massimo Parnisari, Johnny Engell-Hansen.

Direktion II: Verkehrspolitik, Direktor: Fernando Melo Antunes.

Direktion III: Umweltpolitik und Politik der Verbraucherinformation und des Verbraucherschutzes, Direktor: Uwe Hesse.

Statistisches Amt der EU (Eurostat), rue Alcide de Gaspari, L-2920 Luxemburg, Luxemburg; T.: +352-4301-345-67 ** FAX: +352-4301-436-404.

Direktion D: Unternehmens- und Energiestatistik, Forschung und Entwicklung, statistische Methoden, Direktor: Photis Nanopoulos; T.: +352-4301-324-43 (-342-96).

D.1: Energie, Rohstoffe, RL: Pierlugi Canegallo; T.: +352-4301-332-68.

D.2: Industrie, Eisen- und Stahlsektor, RL: Francois de Geuser; T.: +352-4301-332-20.

D.3: Forschung, Entwicklung und statistische Methoden, RL: Daniel Defays; T.: +352-4301-328-54.

D.4: Handel, Dienstleistungen,Verkehr, RL: Marco Lancetti; T.: +352-4301-323-88.

Presse, PR, RL: Daniel Byk: T.: +352-4301-320-48 ** FAX: +352-4301-347-71.

Amt für amtliche Veröffentlichungen der Europäischen Union, 2, rue Mercier, L-2985 Luxemburg, Luxemburg; T.: +352-2929-1 ** FAX: +352-4957-19.

Wirtschafts-und Sozialausschuß, Rue Ravenstein 2, B-1000 Bruxelles, Belgien: T.: +32-2-519-11 ** FAX: +32-2-513-4893.

Europäische Investitionsbank, 100, boulevard Konrad Adenauer, L-2950 Luxemburg, Luxemburg; T.: +352-4379-1 ** FAX: +352-4377-04.

III. Regierung und Verwaltung

International

Chinese Geothermal Committee, 19, Xi Wai S. Road, Beijing 1000 44, China; T.: +86-1-834-4187 ** FAX: +86-1-831-9504.

Vereinigte Staaten von Amerika

Bundesregierung und Einzelstaaten

Export-Import Bank of the U.S., International Development Group, Environmental Liason Officer, 811 Vermont Avenue, NW, Washington, DC 20571, USA; T.: +1-202-565-3939.

Federal Energy Regulatory Commission, Energy Department, 825 N. Capitol St., N.E., Washington, DC 20426, USA; T.: +1-202-208-0200 ** FAX: +1-202-208-2020.

National Petroleum Council, 1625 K Street, NW, Washington, DC 20006, USA; T.: +1-202-393-6100 ** FAX: +1-202-331-8539.

National Science Foundation, 4201 Wilson Boulevard, Arlington, VA 22230, USA; T.: +1-703-306-1070 ** FAX: +1-703-306-0181.

Office of the U.S. Trade Representative, Deputy Assistant, U.S. Trade Representative for Industry, 600 17th Street, NW, Washington, DC 20506, USA; T.: +1-202-395-5656.

Overseas Private Investment Corporation, Director, Investment Policy and Environmental Affairs, 1100 New York Avenue, NW, Washington, DC 20527, USA; T.: +1-202-336-8614.

Sandia National Laboratories, Division 6223, Renewable Energy Program Development, PO Box 5800, Albuquerque, NM 87185, USA; T.: +1-505-844-8159.

U.S. Agency for International Development, Washington, DC 20523-1810, USA.

- International Development Cooperation Agency, Energy and Infrastructure, 1601 N. Kent St., Arlington, VA (*Postanschrift:* Washington, DC 20523), USA; T.: +1-703-875-4205 ** FAX: +1-703-875-4053.
- Energy, Environment and Technology; T.: +1-703-875-4465.

U.S. Department of Agriculture, Energy, 14th and Independence Ave., SW, #438-A, Washington DC 20250-2610, USA; T.: +1-202-720-2634 ** FAX: +1-202-690-0884.

U.S. Department of Commerce, Office of Infrastructure and Machinery, Renewable Energy Industry Specialist, 14th & Constitution, NW, Washington, DC 20230, USA; T.: +1-202-482-0556.

U.S. Department of Energy, Forrestal Building, 1000 Independence Avenue, SW, Washington, DC 20585, USA; T.: +1-202-586-5575 ** FAX: +1-202-586-4403.

- Advisory Committee on Renewable Energy & Energy Efficiency Joint Ventures, 6C-016.
- Alternative Fuels, EE33/MS6B-025; T.: +1-202-586-9118 ** FAX: +1-202-586-8134.
- Assistant Secretary for Environment, Safety and Health; T.: +1-202-586-6151 ** FAX: +1-202-586-0956.
- Committee on Renewable Energy, Commerce & Trade (CORECT); T.: +1-202-586-5517; Thomas Hall, Staff Assistant: T.: +1-202-586-8302.
- Emergency Management; T.: +1-202-586-9220 ** FAX: +1-202-586-3859.
- Energy Efficiency and Renewable Energy; T.: +1-202-586-9220 ** FAX: +1-202-586-9260.
- Energy Information Administration, Integrated Analysis and Forecasting; T.: +1-202-586-5000 ** FAX: +1-202-586-3045.
- Global Energy Affairs; T.: +1-202-647-2887 ** FAX: +1-202-647-4037.
- Interagency Energy Management Task Force.
- International Energy Organization and Policy Development; T.: +1-202-586-6383 ** FAX: +1-202-586-6148.
- National Energy Extension Service Advisory Board (NEESAB), Office of State and Local Assistance Programs,
- Nuclear Energy Affairs; T.: +1-202-647-3310 ** FAX: +1-202-647-0775.
- Office of Energy Research, 1000 Independent Ave., SW, #GE262; T.: +1-202-586-9892 ** FAX: +1-202-586-3859.
- Office of Energy Research, Basic Energy Sciences Advisory Committee, Forrestal Building, 6C-016.
- Office of Technical Assistance, Energy Efficiency & Renewable Energy, CORECT; T.: +1-202-586-5517(8302).
- Planning and Environment; T.: +1-202-586-9680 ** FAX: +1-202-586-1188.
- Solar Energy Conversion; T.: +1-202-586-1720 ** FAX: +1-202-586-5127.
- State Energy Advisory Board.
- Secretary of Energy Advisory Board (SEAB).
- Utility Technologies; T.: +1-202-586-9275 ** FAX: +1-202-586-1640.
- Waste Material Management, #EE222; T.: +1-202-586-6750 ** FAX: +1-202-586-3237.
- Wind/Hydro/Ocean; T.: +1-202-586-8086 ** FAX: +1-202-586-5124.

U.S. Department of Treasury, 15th and Pennsylvania Ave., NW, Washington, DC 20220, USA; T.: +1-202-622-2140.

- International Affairs; T.: +1-202-622-2140 ** FAX: +1-202-622-0037.

U.S. Environmental Protection Agency (EPA), 401 M Street, S.W., Washington, DC 20460, USA; T.: +1-202-260-4700 ** FAX: +1-202-260-0279.

- Office of International Activities; T.: +1-202-260-97472.

U.S. Information Agency (USIA), Policy Officer for Environment, Science and Technology, 301 4th Street, SW, Washington, DC 20547, USA; T.: +1-202-619-5663.

U.S. International Trade Commission, Energy Petroleum, Benzenoid, Chemicals, and Rubber and Plastics, 500 E Street, SW, Washington, DC 20436, USA; T.: +1-202-205-3368 ** FAX: +1-202-205-3161.

U.S. Trade and Development Agency, Director of Exports, Washington, DC 20523-1602, USA; T.: +1-703-875-4357.

U.S. Trade Representative, Executive Office of the President, 600 17th St., NW, Washington, DC 20506, USA; T.: +1-202-395-3204 ** FAX: +1-202-395-3911.

U.S. Kongreß und Beratungsgremien

Congressional Budget Office, 402 Ford Building, 2nd and D Street, SW, Washington, DC 20230, USA; T.: +1-202-226-2600.

Congressional Research Service, Library of Congress, 101 Independent Ave., SE, Washington, DC 20540, USA; T.: +1-202-707-5700 ** FAX: +1-202-707-2615.

General Accounting Office, Energy and Science Issues, 111 Massachusetts Ave., NW, #210, Washington, DC 20001, USA; T.: +1-202-512-6864 ** FAX: +1-202-512-6880.

U.S. Congress House, Appropriations Committee, Washington, DC 20515, USA;

- Subcommittee on Energy and Water Development, 2362 RHOB; T.: +1-202-225-3421.
- Subcommittee on the Interior, 3481 RHOB, Washington, DC 20515, USA; T.: +1-202-225-3481.

U.S. Congress House, Energy and Commerce Committee, Subcommittee on Energy and Power, 331 Ford Bldg., Washington, DC 20515, USA; T.: +1-202-226-2500.

U.S. Congress House, Government Operations Committee, Subcommittee on Environment, Energy, and Natural Resources, B371C RHOB, Washington, DC 20515, USA; T.: +1-202-225-6427.

U.S. Congress House, International Affairs Committee, 2170 RHOB, Washington, DC 20515, USA; T.: +1-202-225-5021 ** FAX: +1-202-225-3581.

U.S. Congress House, Natural Resources Committee, Subcommittee on Energy and Mineral Resources, 818 O'Neill Bldg., 300 New Jersey Ave, SE, Washington, DC 20515, USA; T.: +1-202-225-8331.

U.S. Congress House, Science, Space & Technology Committee, 2320 RHOB, Washington, DC 20515, USA; T.: +1-202-225-6371.

- Subcommittee on Energy, H2390 Ford Building, Washington, DC 20515, USA; T.: +1-202-225-8059.

U.S. Congress House, Small Business Committee, Subcommittee on Regulation, Business Opportunities, and Technology, B363 RHOB, Washington, DC 20515, USA; T.: +1-202-225-7797 .

U.S. Congress House, Ways and Means Committee, 1102 LHOB, Washington, DC 20515, USA; T.: +1-202-225-3625.

U.S. Congress, Senate, Appropriations Committee, Washington, DC 20510, USA;

- Subcommittee on Energy and Water Development, SD-132; T.: +1-202-224-7260.
- Subcommittee on the Interior, SD-127; T.: +1-202-224-7233.

U.S. Congress, Senate, Committee on Energy and Natural Resources, SD-304, Washington, DC 20510, USA; T.: +1-202-224-4971.

- Subcommittee on Energy Resources and Development, SD-312; T.: +1-202-224-7569.
- Subcommittee on Renewable Energy, Energy Efficiency, and Competitiveness, SH-212; T.: +1-202-224-4756.

U.S. Congress, Senate, Finance Committee, Subcommittee on Energy and Agricultural Taxation, SD-205, Washington, DC 20510, USA; T.: +1-202-224-4515.

U.S. Congress, Senate, Foreign Relations Committee, SD-446, Washington, DC 20510, USA; T.: +1-202-224-4651 ** FAX: +1-202-224-5011.

Japan

Environment Agency, 1-2-2 Kasumigaseki, Chijadaku, Tokyo 100, Japan; T.: +81-3-3581-3351 ** FAX: +81-3-3504-1634.

Ministry of International Trade and Industry (MITI), 1-3-1 Kasumigaseki, Chiyoda-ku, Tokyo 100, Japan.

- Agency of Natural Resources and Energy, Energy Conservation and Alternative Energy Policy; T.: +81-3-3501-1511 ** FAX: +81-3-3580-9097.
- International Affairs, Deputy-Director; T.: +81-3-3501-0598 ** FAX: +81-3-3595-3056.
- Office of (the) Sunshine Project, Agency of Industrial Science and Technology (AIST); T.: +81-3-3501-4755.

Japan Atomic Energy Commission, vgl. *Science and Technology Agency*.

Japan Industrial Technology Association, Toranomon 1-chome Mori Bldg. 19-5, Minato-ku, Tokyo 100, Japan; T.: +81-3-3591-6202.

New Energy and Industrial Technology Development Organization (NEDO), Sunshine 60-29 F, 1-1, 3-Chome, Higashi-Ikebukuro, Toshima-Ku, Tokyo 170, Japan; T.: +81-3-3987-9363 ** FAX: +81-3-3981-1744.

Science and Technology Agency, 2-2-1 Kasumigaseki, Chiyoda-ku, Tokyo 100, Japan; T.: +81-3-3581-5271 ** FAX: +81-3-3581-3079.

Europa

Bulgarian Foundation for Energy Efficiency, 1-B Strumnitza St., Fl. 4, 1000 Sofia, Bulgarien; T.: +359-2-874-164 (-806-252) ** FAX: +359-2-805-140.

Bundesamt für Energie, Belpstraße 36, CH-3003 Bern, Schweiz; T.: +41-31-322-5610 ** FAX: +41-31-382-4403.

Bundesamt für Energiewirtschaft, Kapellenstraße 14, CH-3003 Bern, Schweiz; T.: +41-31-322-5611 ** FAX: .: +41-31-382-4307.

Bundeskanzleramt, Ballhausplatz 2, A-1014 Wien, Österreich; T.: +43-1-531-15; Sektion IV: T.: +43-1-531-15-4225 (insbesondere Abteilungen: 1, 2, 3, 6, 8 und 11).

Bundesministerium für Umwelt, Jugend und Familie, Radetzkystr. 2, A-1030 Wien, Österreich; T.: +43-1-711-584-844 ** FAX: +43-1-711-584-232.

Danish Energy Agency, Landemarket 11, DK-1119 Copenhagen K, Dänemark; T.: +45-33-92-6700 ** FAX: +45-33-11-4743.

Danish Organisation for Renewable Energy, Skovvangsvej 191, DK-8200 Aarhus N, Dänemark; T.: +45-86-106-411 ** FAX: +45-86-106-188.

Department of Trade and Industry, 1 Victoria St., London SW2H OET, Großbritannien; T.: +44-171-215-5000 ** FAX: +44-171-828-3298.

Department of Transport, Energy and Communication, 44 Kildare St., Dublin 2, Irland; T.: +353-1-670-7444 ** FAX: +353-1-660-9627..

EC Energy Centre Tallinn, c/o Ministry of Economy, B428, Harju St., 0001 Tallinn, Estland; T.: +372-2-244-9511 ** FAX: +372-2-524-7857.

Energy Agency of the Czech Republic, Na Frantisku 32, 11015 Praha 1, Tschechische Republik; T.: +42-2-285-2514 ** FAX: +42-2-285-2450.

Energy Centre Denmark, Suhmsgade 3, DK-1125 Kobenhavn K, Dänemark; T.: +45-33-118-300 ** FAX: +45-33-118-333.

Lithuanian Ministry of Energy, 8 Vienuolio, 2600 Vilnius, Litauen; T.: +370-2-615-140 ** FAX: +370-2-626-845.

Miljödepartamentet, 2 Tegelbacken, S-10333 Stockholm, Schweden; T.: +46-8-405-1000 ** FAX: +46-8-241-629.

Minister of Industry and Trade, Energy Policy Department, Martirok utza 85, H-Budapest 11, Ungarn.

Ministère d l'industrie, du commerce extérieur et de l'aménagement de territoire, 101, rue de Grenelle, F-75700 Paris, Frankreich; T.: +33-1-4556-3636.

Ministère des Affaires Economiques, Square de Meeûs, D-1040-Bruxelles, Belgien; T.: +32-2-506-5111 ** FAX: +32-2-514-4683.

Ministerie van Economische Zaken, Directoraat Generaal voor Energie, 6 Bezuidenhoutseweg 6, Postbus 20101, NL-2500 EC Den Haag, Niederlande; T.: +31-70-379-8911 ** FAX: +31-70-347-4081.

Ministério da Indústria e Energia, 15 Rua da Horta Seca, P-1294 Lisboa, Portugal; T.: +351-1-346-3091 ** FAX: +351-1-347-5901.

Ministerio de Industria y Energia, 160 Paseo de la Castellana, E-28046 Madrid, Spanien; T.: +34-1-349-4000 ** FAX: +34-1-4578-0660.

Ministerium für Industrie, Energie und Technologie, 80 Odos Michalakopoulou, GR-10192 Athen, Griechenland; T.: +30-1-648-2770 ** FAX: +30-1-770-8003.

Ministero dell'Industria, dell Commercio e dell'Artigianato, 2 Via Molise, I-00187 Roma, Italien; T.: +39-6-47-05 ** FAX: +39-6-464-748.

Ministerstvo Energetiki, K. Marx 14, 220677 Minsk, Weißrußland; T.:+375-172-272-962 ** FAX: +375-172-252-163.

Ministry for Industry and Energy, Arnarhvoli, IS-150 Reykjavik, Island; T.: +354-1-560-9070 ** FAX: 354-1-562-1289.

Ministry of Economy, Ochtony ryad 6, 103009 Moscow, Rußland; T.: +007-095-292-3662.

Ministry of Economy, Energy Sector, Brivibas bulv. 46, 1519 Riga, Lettland; T.: +371-2-728-3740 ** FAX: +371-2-280-882.

Ministry of Energy and Natural Resources, Dept. of Foreign Relations, Bestepe, Ankara, Türkei; T.: +90-312-213-5330 ** FAX: +90-312-212-3816.

Ministry of Environmental Protection, Natural Resources and Forestry, Department of International Co-operation, Waelska 52-54, PL-00922 Warszawa, Polen: +48-22-258-478 ** FAX: +48-22-253-972 (-254-141).

Ministry of Industries, General Division of Energy, Caley Victoriei 152 Sector 1, 72301 Bucuresti, Rumäien; T.: +40-650-5020 ** FAX: +40-312-0513.

Ministry of Power, Industry & Electrification, Reshchatik 30, Kiew, Ukraine; T.: +380-44-291-7363 ** FAX: +380-44-224-4021.

Ministry of Science, Higher Education and Technical Policy of the Russian Federation, International Energy Relations, 11 Tverskaya St., 103905 Moscow, Rußland; T.: +7-095-229-1723 ** FAX: .: +7-095-229-3019.

Ministry of Trade and Industry - Energy Department, Pohjoinen, Makasiinikatu 6, PO Box 37, Helsinki, Finnland; T.: +358-0-160-1 ** FAX: +358-0-160-2695.

Renewable Energy Information Centre, c/o Danish Technological Institute, PO Box 141, DK-2630 Taastrup, Dänemark; T.: +45-43-996-065 ** FAX: +45-43-991-799.

SEVEn, The Energy Efficiency Center, Slezka 9, PO Box 146, 1200 Praha 2, Tschechische Republik; T.: +42-2-2424-7552 ** FAX: +42-2-2424-7597.

Bundesrepublik Deutschland

Bundesregierung

Auswärtiges Amt, Adenauerallee 99-103, 53113 Bonn; T.: 0228-17-0 ** FAX: 0228-17-886-591.

- Ref. 410: Internationale Forschungs- und Technologiepolitik, Luft- und Raumfahrt, nichtnukleare Energieforschung.
- Ref. 411: Internationale Zusammenarbeit bei der friedlichen Nutzung der Kernenergie.
- Ref. 412: Internationale und europäische Zusammenarbeit, nichtnukleare Energiepolitik, einschließlich erneuerbarer Energien.
- Ref. 415: Internationale Umweltpolitik im Rahmen der VN, CSD, UNEP, ECE, Klimaschutz, Umweltschutzabkommen.

Bundesministerium für Bildung, Wissenschaft, Forschung und Technologie,
Abt. IV: Energie und Umwelt, Heinemannstraße 2, 53175 Bonn; T.: 0228-570 ** FAX: 0228-57-3605; UA 41: Energie;

- Ref. 411: Rationelle Energieverwendung, Grundsatzfragen der Energieforschung.
- Ref. 412: Erneuerbare Energie.
- Ref. 413: Neue Energieumwandlungstechniken.
- Ref. 421: Ökologie, Grundsatzfragen der Umweltforschung.
- Ref. 422: Globaler Wandel, Klima- und Atmosphäre-, Umwelt- und Energieforschung.
- Ref. 423: Umweltechnologie, produktorienierter Umweltschutz.

Bundesministerium für Ernährung, Landwirtschaft und Forsten, Rochusstraße 1, 53123 Bonn; T.: 0228-529-0 ** FAX: 0228-529-4262.
Abt. IV: Forst- und Holzwirtschaft, Jagd, Forschung und Entwicklung;

- Ref. 622: Koordination der Umweltangelegenheiten des Agrarbereichs.
- Ref. 623: Alternative Flächennutzung, Energie und Rohstoffe.

Bundesministerium für Umwelt, Naturschutz und Reaktorsicherheit, Kennedyallee 90, 53175 Bonn; T.: 0228-305-0 ** FAX: 0228-305-3225.

- Arbeitsgruppe G I 6: Umwelt und Energie, Umwelt und Technik, produktbezogener Umweltschutz.
- Referat G II 1: Allgemeine und grundsätzliche Fragen der internationalen Zusammenarbeit, Umwelt und Entwicklung, internationale Rechtsangelegenheiten.

Bundesministerium für Verkehr, Robert-Schuman-Platz 1, 53175 Bonn; T.: 0228-300-0; ** FAX: 0228-300-3428.
Abt. A: Verkehrspolitische Grundsatzabteilung.

- Ref A 16: Umweltschutz im Verkehr.

Bundesministerium für Wirtschaft, Villemombler Straße 76, 53123 Bonn; T.: 0228-615-0 ** FAX: 0228-615-4436.

Abt. III: Energiepolitik, mineralische Rohstoffe.

UA III A: Allgemeine Fragen der Energiepolitik, Energie und Umwelt, Mineralöl.

- Ref. III A 3: Langfristaspekte der Energiepolitik, Koordinierung der Energieforschung.
  Ref. III A 4: Umwelt- und Klimaschutz im Energiebereich.

UA III B: Elektrizitäts- und Gaswirtschaft, erneuerbare Energien, rationelle Energieverwendung.

- Ref. III B 5: Energieeinsparung.
- Ref. III B 6: Erneuerbare Energien, Kohleveredelung.

UA III C: Bergbau, Kohle, mineralische Rohstoffe, industrielle Bundesangelegenheiten.

Abt. IV: Gewerbliche Wirtschaft, Industriepolitik.

UA IV A: Luft- und Raumfahrt, industriepolitische Fragen von Umweltschutz und Forschung.

UA V A: Allgemeine Fragen der Außenwirtschaftspolitik, Handel und Umweltrecht.

Bundesministerium für wirtschaftliche Zusammenarbeit und Entwicklung, Friedrich-Ebert-Allee 40, 53113 Bonn; T.: 0228-535-350 ** FAX: 0228-535-3500.

- Ref. 224: Umweltschutz, Ressourcenschutz, Forstwirtschaft.
- Ref. 225: Entwicklungspolitik: Energie, Wasserwirtschaft, Wohnungsversorgung.

Deutsche Bundesstiftung Umwelt, An der Bornau 2, 49090 Osnabrück; T.: 0541-9633-0 ** FAX: 0541-9633-190.

Umweltbundesamt, Bismarckplatz 1, 14193 Berlin; T.: 030-8903-2250 ** FAX: 030-8903-2798.

- Abt. I 1: Integrierte Umweltschutzstrategien.
- Abt. I 4: Globaler Umweltschutz, Umweltberichterstattung, Umweltaufklärung.

FB III: Umweltverträgliche Technik-Verfahren und Produkte.

- FB III 2.2: Übergreifende Angelegenheiten Energie.
- FB III 2.3: Rationelle Energienutzung in der Industrie.
- FB III 2.4: Rationelle Energienutzung im Haushalt und Kleinverbrauch.

Deutscher Bundestag und Bundesrat

Deutscher Bundestag, Görresstraße 15, Bundeshaus, 53113 Bonn.

- **Ausschuß für Wirtschaft**, Vorsitzender: Friedhelm Ost; Sekretariat: MinR Dr. Reinhold Waldmann; T.: 0288-16-221-74.
- Ausschuß für Verkehr, Vorsitzender: Dr. Dionys Jobst; Sekretariat: MinR Dr. Friedrich Schumann; T.: 0288-16-224-48.
- **Ausschuß für Bildung, Wissenschaft, Forschung, Technologie und Technikfolgenabschätzung**, Vorsitzende: Edelgard Bulmahn; Sekretariat: MinR Klaus Schmölling; T.: 0288-16-228-61.
- Ausschuß für Raumordnung, Bauwesen und Städtebau, Vorsitzender.: Werner Dörflinger; Sekretariat: MinR Roland Wolf; T.: 0288-16-224-26.
- Ausschuß für Angelegenheiten der Europäischen Union, Vorsitzender: Dr. Norbert Wieczorek; Sekretariat: MinR Dr. Hartmut Groos; T.: 0288-16-226-50.
- **Ausschuß für Umwelt, Naturschutz und Reaktorsicherheit**, Vorsitzender: Hans Peter Schmitz; Sekretariat: MinR Dr. Dirk Jäger; T.: 0288-16-272-45.

Enquête-Kommission „Schutz der Menschen und der Umwelt", Bundeshaus, 53113 Bonn, Vors.: Marion Caspers-Merk; Sekretariat MinR Friedhelm Dreyling; T.: 0228-16-291-39 ** FAX: 0228-16-260-04.

Büro für Technikfolgen-Abschätzung beim Deutschen Bundestag (TAB), Rheinweg 21, 53129 Bonn; T.: 0228-233-583 ** FAX: .: 0228-233-755.

Bundesrat, Görresstraße 15, Bundeshaus, 53113 Bonn.

- Wirtschaftsausschuß, Sekretariat: MinDirig. Dr. Karlheinz Oberthür; T.: 0228-9100-200.
- Ausschuß für Umwelt, Naturschutz und Reaktorsicherheit; Sekretariat: MinR Dr. Konrad Reuter, T.: 0228-9100-230.
- Ausschuß für Städtebau, Wohnungswesen und Raumordnung, Sekretariat: MinR Ulrich Raderschall; T.: 0228-9100-150.
- Ausschuß für Fragen der Europäischen Union, Sekretariat: MinDirig. Günther Jaspert; T.: 0228-9100-200.

IV. Wirtschaftsverbände

International

International Federation of Industrial Energy Consumers, Ch. de Charleroi 111-113, B-1060 Bruxelles, Belgien; T.: +33-1-4524-8200 ** FAX: +33-1-4524-9988.

Moscow International Energy Club, Ivtan, Izhorshava 13-19, Moscow, 127412, Rußland; T.: +7-095-0485-9572.

Organization of Petroleum Exporting Countries, Obere Donaustr. 93, A-1020 Wien, Österreich; T.: +43-1-211-12-0 ** FAX: +43-1-216-4320 (-214-9827).

World Energy Council, 34 St. James Street, London, SW1A 1HD, Großbritannien; T.: +44-171-930-3966 ** FAX: +44-171-925-0452.

Vereinigte Staaten von Amerika

American Coal Foundation (ACF), 1130, 17th Street, NW, #220, Washington, DC 20036, USA.

American Cogeneration Association, 1025 Thomas Jefferson Street, NW, Washington, DC; 20007, USA; T.: +1-202-965-1134.

American Coke and Coal Chemicals Institute, 1255 23rd Street, NW, Washington, DC 20037, USA; T.: +1-202-452-1140 ** FAX: +1-202-833-3636.

American Gas Association, 1515 Wilson Boulevard, Arlington, VA 22209, USA; T.: +1-703-841-8415 ** FAX: +1-703-841-8406.

American Methanol Institute, 800 Connecticut Ave., NW, Washington, DC 20006, USA; T.: +1-202-467-5050 ** FAX: +1-202-331-9055.

American Mining Congress (AMC), 1920 N Street, NW, #300, Washington, DC 20036, USA.

American Nuclear Energy Council (ANEC), 410 First Street, SE, Washington, DC 20003, USA; T.: +1-202-484-2670 ** FAX: +1-202-484-7320.

American Petroleum Institute, 1220 L Street, NW, Washington, DC 20005, USA; T.: +1-202-682-8100 (-8446; -8546; -8598) ** FAX: +1-202-682-8029 (-8294; -8408; -8579).

American Public Gas Association, 11094-D Lee Highway, #102, Fairfax, VA 22030, USA; T.: +1-703-352-3890 ** FAX: +1-703-352-1271.

American Public Power Association, 2301 M Street, NW, Washington, DC 20037, USA; T.: +1-202-467-2957 ** FAX: +1-202-467-2910.

American Wind Energy Association, 122 C Street, NW, 4th Floor, Washington, DC 20001, USA; T.: +1-202-383-2500 ** FAX: +1-202-383-2505.

Council on Alternative Fuels, 1110 N. Glebe Rd., #610, Arlington VA 22201, USA; T.: +1-703-276-6655 ** FAX: +1-703-276-7662.

CREST, Director, 777 North Capitol Street, NE, #805, Washington, DC 20002, USA; T.: +1-202-289-5368 ** FAX: +1-202-289-5354.

Edison Electric Institute, 701 Pennsylvania Avenue, Washington, DC 20004-2696, USA; T.: +1-202-508-5000 ** FAX: +1-202-508-5778.

Electric Generation Association, 2715 M Street, NW, #150, Washington, DC 20007, USA; T.: +1-202-965-1134 ** FAX: +1-202-965-1139.

Electric Power Research Institute, 3412 Hillview Avenue, Palo Alto, CA 94304, USA; T.: +1-415-855-8757 (-7954) ** FAX: +1-415-855-2954 (-6621).

Electric Power Research Institute, Washington Relations, Manager, 2000 L Street NW, #805, Washington, DC 20036, USA; T.: +1-202-872-9222 ** FAX: +1-202-293-2697.

Energy Consumers and Producers Association (ECPA), PO Box 1726, Seminole, OK 74868, USA.

Gas Research Institute, 1331 Pennsylvania Ave., NW, #730N, Washington, DC 20004, USA; T.: +1-202-662-8989 ** FAX: +1-202-347-6925.

Gas Research Institute, 8600 W. Bryn Mawr Avenue, Chicago, IL 60631, USA.

Geothermal Resources Council, PO Box 1350, Davis, CA 95617, USA; T.: +1-916-758-2360 ** FAX: +1-916-758-2839.

Geothermal Heat Pump Consortium, 701 Pennsylvania Avenue, NW, Washington, DC 20004-2696; T.: +1-202-508-5500 ** FAX: +1-202-508-5222.

Independent Petroleum Association of America, 1101 16th Street, NW, Washington, DC 20036, USA; T.: +1-202-857-4722 ** FAX: +1-202-857-4799.

Mid-Continent Oil & Gas Association, 801 Pennsylvania Ave., NW, #840, Washington, DC 20004, USA; T.: +1-202-638-4400 ** FAX: +1-202-638-5967.

National Association of Energy Service Companies (NAESCO), 1440 New York Avenue, NW, Washington, DC 20005, USA.

National BioEnergy Industrial Association, 122 C Street, NW, 4th Floor, Washington, DC 20001, USA; T.: +1-202-383-2550.

National Coal Association (NCA), 1130 17th Street, NW, Washington, DC 20036, USA; T.: +1-202-463-2640 ** FAX: +1-202-463-6152.

National Coal Council, 2000 15th Street, #500, Arlington, VA 22201, USA; T.: +1-703-527-1191 ** FAX: +1-703-527-1195.

National Electrical Manufacturers Association, 2101 L Street, NW, Washington, DC 20037, USA; T.: +1-202-457-8400 ** FAX: +1-202-457-8411.

National Energy Management Institute (NEMI), 601 N. Fairfax Street, #160, Alexandria, VA 22314, USA.

National Energy Specialist Association (NESA), NESA Building, 518 Gordon Street, NW, Topeka, KS 66608, USA.

National Geothermal Energy Association, 2001 Second Street, #5, Davis, CA 95616, USA; T.: +1-916-758-2360.

National Hydrogen Association, 1800 M Street, NW, #300, Washington, DC 20036, USA; T.: +1-202-223-5547 ** FAX: +1-202-223-5537.

National Hydropower Association, 122 C Street, NW, 4th Floor, Washington, DC 20001, USA; T.: +1-202-383-2500 ** FAX: +1-202-383-2531.

National Independent Energy Producers, 601 13th Street, NW, #320S, Washington, DC 20005, USA; T.: +1-202-783-2244 ** FAX: +1-202-783-6506.

National Ocean Industries Association, 1120 G Street, NW, #900, Washington, DC 20005, USA; T.: +1-202-347-6900 ** FAX: +1-202-347-8650.

National Petroleum Council, 1625 K Street, NW, Washington, DC 20006, USA; T.: +1-202-393-6100 ** FAX: +1-202-331-8539.

National Wood Energy Association, 122 C Street, NW, 4th Floor, Washington, DC 20001, USA; T.: +1-202-383-2000 ** FAX: +1-202-383-2.

Nuclear Energy Institute, 1776 I Street, NW, #400, Washington, DC 20006, USA; T.: +1-202-293-0770 ** FAX: +1-202-785-4019.

Passive Solar Industries Council, 1511 K Street, NW, #600, Washington, DC 20005, USA; T.: +1-202-628-7400 ** FAX: +1-202-393-5043.

Renewable Fuels Association, 1 Massachusetts Ave., NW, #820, Washington, DC 20001, USA; T.: +1-202-289-3835.

Solar Energy Industrial Association, 122 C Street, NW, 4th Floor, Washington, DC 20001, USA; T.: +1-202-383-2600 ** FAX: +1-202-383-2670.

Solartherm, 1315 Apple Ave., Silver Spring, MD 20910, USA; T.: +1-301-587-8686.

The Electrification Council, 701 Pennsylvania Ave., NW, Washington, DC 20004, USA; T.: +1-202-508-5900 ** FAX: +1-202-508-5335.

U.S. Chamber of Commerce, Food, Agriculture, Energy, and Natural Resources Policy, 1615 H Street, NW, Washington, DC 20062, USA; T.: +1-202-463-5500 ** FAX: +1-202-887-3445.

U.S. Export Council for Renewable Energy (US/ECRE), 122 C Street, NW, 5th Floor, Washington, DC 20001, USA; T.:+1-202-383-2550.

United Mine Workers of America, 900 15th Street, NW, Washington, DC 20005, USA; T.: +1-202-842-7200 ** FAX: +1-202-842-7227.

Japan

Keidanren, Japan Federation of Economic Organizations, 1-9-4 Otemachi, Chiyoda-ku, Tokyo 100, Japan; T.: +81-3-3279-1111 FAX: +81-3-3241-8970.

Europa

Asociacion Espanola de Empresas de Energias Solar y Alternativas (ASENSA), Deu i Mata 117, 3°, 1a, E-08029 Barcelona, Spanien; T.: +34-93-321-9163 ** FAX: +34-93-419-7241.

Association of Danish Windmill Manufacturers, Lykkevei 18, DK-7400 Herning, Dänemark; T.: +45-972-247-77 ** FAX: +45-972-253-80.

British Wind Energy Association, 4 Hamilton Place, London W1V 0BQ, Großbritannien; T.: +44-71-499-3515.

Energieverwertungsagentur (E.V.A.), Opernring 1/R/3, A-1010 Wien, Österreich; T.: +43-1-5861-524 ** FAX: +43-1-569-488.

EUREC-Agency, Kapeldreef 75, B-3001 Leuven, Belgien; T.: +32-16-281-522 ** FAX: +32-16-281-510.

European Photovoltaic Industry Association, Avenue Charles-Quint 124, B-1080-Brussels, Belgien; T. +32-2-465-3884.

Hungarian Biomass Association, House of Technics, Fo utca 68, IVB. 446, PO Box 433, H-1371 Budapest, Ungarn.

Sonnenenergiefachverband (Sofas), Gubelstraße 59, CH-8050 Zürich, Schweiz; T.: +41-1-311-90430.

Swissolar, Falkenstraße 26, CH-8008 Zürich, Schweiz; T.: +41-1-262-7333 ** FAX: +41-1-262-7340.

Bundesrepublik Deutschland

Angewandte Solarenergie GmbH (ASE), Industriestraße 13, Postfach 1313, D-63754 Alzenau; T.: 06023-911-710 ** FAX: 06023-911-700.

Arbeitsgemeinschaft Fernwärme e.V. (AGFW) bei der VDEW, Stresemannallee 23, D-60596 Frankfurt/M.; T.: 069-6304-1 ** FAX: 069-6304-391.

Arbeitsgemeinschaft für sparsamen und umweltfreundlichen Energieverbrauch e.V., Heidenkampsweg 101, D-20097 Hamburg; T.: 040-23-45-09 ** FAX: 040-2366-3361.

Arbeitsgemeinschaft regionaler Energieversorgungs-Unternehmen e.V., Humboldtstraße 33, D-30169 Hannover; T.: 0511-131-8771 ** FAX: 0511-131-558.

Bund der Energieverbraucher e.V., Josefstraße 24, D-53619 Rheinbreitbach; T.: 02224-784-75 ** FAX: 02224-102-21.

Bundesverband der deutschen Gas- und Wasserwirtschaft e.V. (BGW), Josef-Wirmer-Straße 1-3, D-53123 Bonn; T.: 0228-2598-0 ** FAX: 0228-2598-120.

Bundesverband der Energie-Abnehmer e.V. (VEA), Zeißstraße 72, D-30519 Hannover; T.: 0511-9848-0 ** FAX: 0511-837-9052.

Bundesverband Deutscher Wasserkraftwerke e.V., Theresienstraße 29/II, D-80333 München; T.: 089-2866-260 ** FAX: 089-2866-2666.

Bundesverband Energie Umwelt Feuerungen e.V., Birkenwaldstraße 163, D-70191 Stuttgart; T.: 0711-256-7075 ** FAX: 0711-256-7078.

Bundesverband Erneuerbare Energie e.V. (BEE), Lutherstraße 14, D-30171 Hannover; T.: 0511-282-366 ** FAX: 0511-282-377.

Bundesverband Solarenergie e.V. (BSE), Kruppstraße 5, D-45128 Essen; T.: 0201-12-230-06 ** FAX: 0201-12-151-43.

Bundesvereinigung für das Energie- und Wasserfach e.V. (DELIWA), Am Listholze 78, D-30177 Hannover; T.: 0511-909-92-0 ** FAX: 0511-909-92-69.

Deutsche Gesellschaft für Windenergie e.V., Lutherstraße 14, D-30171 Hannover; T.: 0511-2823-63 ** FAX: 0511-2823-77.

Deutsche Gesellschaft für Wiederaufbereitung von Kernbrennstoffen m.b.H., Baringstraße 6, D-30159 Hannover; T.: 0511-3668-0 ** FAX: 0511-3668-207.

Deutscher Fachverband Solarenergie e.V. (DFS), Christaweg 42, D-79114 Freiburg; T.: 0761-476-3212 ** FAX: 0761-476-3513.

Deutsches Atomforum e.V. (DAtF), Heussallee 10, D-53113 Bonn; T.: 0228-507-00 ** FAX: 0228-507-219.

Deutsches Nationales Komitee des Weltenergierates (WEC), Graf-Recke-Straße 84, D-40239 Düsseldorf; T.: 0211-6214-498/499 ** FAX: 0211-6214-575.

Energietechnische Gesellschaft im VDE, Stresemannallee 15, D-60596 Frankfurt/M.; T.: 069-6308-345.

Energiewende e.V., Heinrichsweg 145, D-52249 Eschweiler; T.: 02403-388-22.

Fachverband Biogas e.V., Am Feuersee 8, D-74592 Kirchberg/Jagst; T.: 07954-1270 ** FAX: 07954-1263.

Fördergesellschaft Windenergie e.V. (FGW), Elbehafen, D-25541 Brunsbüttel; T.: 04852-838-416 ** FAX: 04852-838-430.

Forum für Zukunftsenergien e.V., Godesberger Allee 90, D-53175 Bonn; T.: 0228-959-550 ** FAX: 0228-959-5550

Geothermische Vereinigung e.V., Geschäftsstelle, Gartenstraße 36, D-49744 Geeste; T.: 05907-545 ** FAX: 05907-7379.

Gesamtverband des deutschen Steinkohlenbergbaus, Friedrichstraße 1, D-45128 Essen; T.: 0201-1805-0 ** FAX: 0201-1805-437.

Gesellschaft für Energiewissenschaft und Energiepolitik e.V. (GEE), Postfach 161045, D-18203 Rostock; T.: 038203-8190-7 ** FAX: 038203-8190-8.

Gesellschaft für Rationelle Energieverwendung e.V., Theodor-Heuss-Platz 7, D-14052 Berlin; T.: 030-301-6090 ** FAX: 030-301-6016.

Institut für Luft- und Kältetechnik Dresden (ILK), Bertold Brecht Allee 20, D-01309 Dresden; T.: 0351-4081-510 ** FAX: 0351-4081-515.

Interessenverband Windenergie Binnenland e.V. (IWB), Pottgraben 37, D-49074 Osnabrück; T.: 0541-201-593 ** FAX: 0541-201-259-303.

Mineralölwirtschaftsverband e.V. (MWV), Steindamm 71, D-20099 Hamburg; T.: 040-2484-90 ** FAX: 040-2484-9253.

Mittelhessische Interessengemeinschaft für alternative Energien e.V., Schubertstraße 9, D-35460 Staufenberg; T.: 06406-5495.

Sanfte Energien e.V., Gadumerstraße 35, D-59425 Unna; T.: 02303-64218.

VDI-Gesellschaft Energietechnik, Graf-Recke-Straße 84, D-40239 Düsseldorf; T.: 0211-6214-216 ** FAX: 0211-6214-575.

Verband der Industriellen Energie- und Kraftwirtschaft e.V. (VIK), Richard-Wagner-Straße 41, D-45128 Essen; T.: 0201-8108-40 ** FAX: 0201-8108-430.

Verband Deutscher Elektrotechniker e.V. (VDE), Stresemannallee 15, D-60596 Frankfurt/M.; T.: 069-6308-0 ** FAX: 060-631-2925.

Verband Deutscher Ingenieure (VDI), Graf-Recke-Straße 84, D-40239 Düsseldorf; T.: 0211-6214-0 ** FAX: 0211-6214-575

Vereinigung der Arbeitgeberverbände energie- und versorgungswirtschaftlicher Unternehmen, Kurt-Schumacher-Straße 24, D-30159 Hannover; T.: 0511-911-09-0 ** FAX: 0511-911-09-40.

Vereinigung Deutscher Elektrizitätswerke e.V. (VDEW), Stresemannallee 23, D-60596 Frankfurt/M.; T.: 069-6304-1 ** FAX: 069-6304-289.

Vereinigung Deutscher Sägewerksverbände e.V., Postfach 6128, D-65051 Wiesbaden; T.: 0611-9770-60 ** FAX: 0611-9770-622.

Wirtschaftsverband Kernbrennstoffkreislauf e.V., Adenauerallee 90, D-53113 Bonn; T.: 0228-213-206 ** FAX: 0228-213-207.

Wirtschaftsverband Stahlbau und Energietechnik e.V., Sternstraße 36, D-40479 Düsseldorf; T.: 0211-498-70-0 ** FAX: 0211-498-70-36.

V. Nichtregierungsorganisationen

International

Centre for Our Common Future, 33, route de Valavran, CH-1293 Bellevue, Geneva, Schweiz; T.: +41-22-7744-530 ** FAX: +41-22-7744-536.

Club of Rome, 34 Avenue d'Eylau, F-75116 Paris, Frankreich; T.: +33-1-4704-4525 ** FAX: +33-1-4704-4523.

Earth Action Network, 9 White Lion Street, London N1 9PD, Großbritannien; T.: +44-71-865-9009 ** FAX: +44-71-2780-345.

Earth Council Institute, APDO 2323-1002, San José, Costa Rica; T.: +506-223-3418 ** FAX: +506-255-2197.

Environment Liaison Centre International (ELCI), PO Box 72461, Nairobi, Kenia; T.: +254-2-562-015 (-022,-172) ** FAX: +254-2-562-175.

Environmental Law Network International (ELNI), c/o Öko-Institut e.V., Bunsenstraße 14, D-64293 Darmstadt; T.: 06151-8191-15 ** FAX: 06151-8191-33.

Foundation for International Environment Law and Development (FIELD), King's College London, Manresa Road, London SW3 6LX, Großbritannien.

Greenpeace International, Keizersgracht 176, NL-1016 DW Amsterdam, Niederlande; T.: +31-20-523-6222 ** FAX: +31-20-523-6200.

International Chamber of Commerce (ICC), 38, Cours Albert Ier, F-75008 Paris, Frankreich; T.: +33-1-4953-2828 ** FAX: +33-1-4953-2924.

International Council for Scientific Unions (ICSU), Global Climate Observing System (GCOS), World Climate Research Programme (WCRP), 51 Boulevard de Montmorency, F-75016 Paris, Frankreich; T.: 33-1-4525-0329 ** FAX: 33-1-4288-9431.

International Geothermal Association, Wairakei Research Centre, IGNS Private Bag 2000, State Highway One, Taupo, Neuseeland; T.: +64-7-374-8211 ** FAX: +64-7-374-8199.

International Union for Conservation of Nature and Natural Resources (IUCN) - World Conservation Union, 28 rue Mauverney, CH-1196 Gland, Schweiz; T.: +41-22-999-0001 ** FAX: +41-22-999-0002.

IUCN Environment Law Centre, Adenauerallee 214, D-53113 Bonn; T.: 0228-269-2231 ** FAX: 0228-269-2250.

Rainforest Action Network (RAN), 450 Sansome, #700, San Francisco, CA 94111, USA; T.: +1-415-398-4404 ** FAX: +1-415-398-2732.

Society for International Development, Palazzo Civiltá del Lavoro, I-00144 Rome, Italien; T.: +39-6-592-5506 ** FAX: +39-6-591-9836.

Southern Networks for Environment and Development, SONED Africa Region, PO Box 12205, Nairobi, Kenia, T.: +254-2-445-893-4 ** FAX: +254-2-44-3241 (-5894).

Sustainable Energy Industries Council of Australia (SEICA) Inc., PO Box 411, Dickson, ACT 2602, Australien; T.: +61-241-9260 ** FAX: +61-241-9266.

The International Environmental Agency for Local Governments (ICLEI), World Secretariat, City Hall, East Tower, 8th Floor, Toronto, Ontario, M5H 2N2, Kanada; T.: +1-416-392-1462 ** FAX: +1-416-392-1478.

Third World Network (TWN), 228 Macalister Road, 10400 Penang, Malaysia; T.: +60-4-2293-511 (-713) ** FAX: +60-4-2298-106.

UN Non-Governmental Liaison Service (UN-NGLS):

- Palais des Nations, CH-1211 Geneva 10, Schweiz; T.: +41-22-798-5850 ** FAX: +41-22-788-7366.
- Room 6015, 866 UN Plaza, New York, NY 10017, USA; T.: +1-212-963-3125 ** FAX: +1-212-963-8712.

Women's Environment and Development Organization, 845 Third Avenue, 15th Floor, New York, NY 10022, USA; T.: +1-212-759-7982 ** FAX: +1-212-759-8647.

World Commission on Environment and Development, Palais Wilson, Rue des Paquis, CH-1201 Geneva, Schweiz; T.: +41-22-732-7117 ** FAX: +41-22-738-5046.

World Industry Council on Environment (WICE), 40, Cours Albert Ier, F-75008 Paris, Frankreich; T.: +33-1-4953-2891 ** FAX: +33-1-4953-2889.

World Wide Fund for Nature (WWF), Avenue du Mont-Blanc, CH-1196 Gland, Schweiz; T.: +41-22-364-9111 ** FAX: +41-22-364-2926.

WorldWIDE Network, 1331 H Street, NW, #903, Washington, DC 20005, USA; T.: +1-202-347-1514 ** FAX: +1-202-347-1524.

Vereinigte Staaten von Amerika

Alliance for Acid Rain Control and Energy Policy, 444 N. Capitol St., NW, #602, Washington, DC 20001, USA; T.: +1-202-624-5475 ** FAX: +1-202-508-3829.

Alliance to Save Energy, 1725 K Street, NW, #509, Washington, DC 20006-1401, USA; T.: +1-202-857-0666 ** FAX: +1-202-331-9588.

Alternative Sources of Energy (ASE), 107 S. Central Avenue, Milaca, MN 56353, USA.

American Bar Association, Coordinating Group on Energy Law, 1800 M Street, NW, Washington, DC 20036, USA; T.: +1-202-331-2651 ** FAX: +1-202-331-2220.

American Council for an Energy Efficient Economy, 1001 Connecticut Avenue NW, #801, Washington, DC 20036, USA; T.: +1-202-429-8873 ** FAX: +1-202-429-2248.

American Wind Energy Association, 122 C Street, NW, 4th Floor, Washington, DC 20001, USA; T.: +1-202-383-2500 ** FAX: +1-202-383-2505.

Americans for Energy Independence (AFEI), 1629 K Street, NW, # 602, Washington, DC 20006, USA.

Americans for Nuclear Energy, 2521 Wilson Boulevard, Arlington, VA 22201, USA; T.: +1-703-528-4430.

Atlantic Council of the United States, Energy Policy Committee, 1616 H Street, NW, Washington, DC 20006, USA; T.: +1-202-347-9353 ** FAX: +1-202-737-5163.

Business Council for a Sustainable Energy Future, 1725 K Street, NW, #509, Washington, DC 20006, USA; T.: +1-202-785-0507 ** FAX: +1-202-785-0514.

Center for Energy Policy and Research (CEPR), c/o New York Institute of Technology (NYT), Old Westbury, NY 11568, USA.

Citizen/Labor Energy Coalition, 1120 19th Street, NW, #630, Washington, DC 20036, USA; T.: +1-202-775-1580 ** FAX: +1-202-296-4054.

Citizen's Energy Council (CEC), 77 Homewood Avenue, Allendale, NH 07401, USA.

Conservation and Renewable Energy Inquiry and Referral Service (CAREIRS), PO Box 8900, Silver Spring, MD 20907, USA.

Consumer Energy Council of America Research Foundation, 2000 L Street, NW, #802, Washington, DC 20036, USA; T.: +1-202-659-0404 ** FAX: +1-202-659-0407.

Energy Conservation Coalition, 1525 New Hampshire Avenue, NW, Washington, DC 20036, USA *und:* 6930 Carroll Ave., #600, Takoma Park, MD 20912, USA; T.: +1-301-891-1104 ** FAX: 1-301-891-2218.

Environmental Defense Fund, 1875 Connecticut Ave., NW, #1016; Washington, DC 20009-5728, USA; T.: +1-202-387-3500 ** FAX: +1-202-234-6049.

Environmental Defense Fund, 257 Park Ave., South, New York, NY 10010, USA; T.: +1-212-505-2100 ** FAX: +1-212-505-2375.

Environmental Policy Institute (EPI), 218 D Street, SE, Washington, DC 20003, USA.

Friends of the Earth, 218 D Street, SE, Washington, DC 20003, USA; T.: +1-202-544-2600 ** FAX: +1-202-543-4710.

Geothermal Resources Council, PO Box 1350, Davis, CA 95617, USA; T.: +1-916-758-2360 ** FAX: +1-916-758-2839.

Interstate Solar Coordination Council (ISCC), 900 American Centre Building, St. Paul, MN 55101, USA.

National Academy of Sciences, 2101 Constitution Avenue, NW, Washington, DC 20418, USA; T.: +1-202-334-2000 ** FAX: +1-202-334-1684; Publikationen: T.: +1-202- 334-3313.

National Energy Resources Association (NERO), 11 Canal Center, #250, Alexandria, VA 22314, USA.

National Wildlife Federation, 1400 16th Street, NW, Washington, DC 20036-2266, USA; T.: +1-202-797-6800 ** FAX: +1-202-797-6646.

Natural Power, 5420 Mayfield Road, #205, Cleveland, OH 44124, USA.

Natural Resources Defense Council, 1350 New York Ave., NW, Washington, DC 20005, USA; T.: +1-202-783-7800 ** FAX: +1-202-783-5917.

Nuclear Information and Resource Service, 1424, 16th Street, NW, #601, Washington, DC 20036, USA; T.: +1-202-328-0002 ** FAX: +1-202-462-2183.

Public Citizen, Critical Mass Energy Project, 215 Pennsylvania Avenue, SE, Washington, DC 20003, USA; +1-202-546-4996 ** FAX: +1-202-546-7392.

Resources for the Future, 1616 P Street, NW, Washington, DC 20036, USA; T.: +1-202-328-5000 (Bibliothek: -5089) ** FAX: +1-202-939-3460.

Safe Energy Communication Council, 1717 Massachusetts Ave., NW, #805, Washington, DC 20036, USA; T.: +1-202-483-8491 ** FAX: +1-202-234-9194.

Sierra Club, 408 C Street, NE, Washington, DC 20002, USA; T.: +1-202-675-2394 (547-1141) ** FAX: +1-202-547-6009.

U.S. Climate Action Network, 1350 New York Ave., NW, #300, Washington, DC 20005, USA; T.: +1-202-624-9360 ** FAX: +1-202-783-5917.

U.S. Energy Association (USEA), 1620 I Street, #615, Washington, DC 20006, USA; T.: +1-202-331-0415 ** FAX: +1-202-331-0418.

Union of Concerned Scientists, 26 Church Street, Cambridge, MA, 02238, USA; T.: +1-617-547-5552.

- 1616 P Street, NW, Washington, DC 20036, USA; T.: +1-202-332-0900 ** FAX: +1-202-332-0905.

World Resources Institute, 1709 New York Avenue, NW, Washington, DC 20006, USA; T.: +1-202-638-6300 ** FAX: +1-202-638-0036.

Worldwatch Institute, 1776 Massachusetts Ave., NW, Washington, DC 20036, USA; T.: +1-202-452-1999 ** FAX: +1-202-296-7365.

Japan

Citizens Alliance for Saving the Atmosphere and the Earth (CASA), 1-3-17-813 Tanimachi, Chuo-Ku, Osaka 540, Japan; T.: +81-6-941-3745 ** FAX: +81-6-941-5699.

Citizens Nuclear Information Center, 401 Yoshinobu Bldg., 2-10-11 Motoasakusa, Taito-ku, Tokyo 111, Japan; T.: +81-3-3843-0596 ** FAX: +81-3-3843-0597.

Europa

Arbeitsgemeinschaft Erneuerbare Energie, Gartengasse 5, A-8200 Gleisdorf, Österreich; T.: +43-3112-5886 ** FAX: +43-3112-588-618.

Coordination Européenne des Amis de la Terre (CEAT), 29, rue Blanche, B-1050 Brussels, Belgien; T.: +32-2-347-3030 ** FAX: +32-2-344-0511.

CRES, 19th km Marathonas Ave., GR-109 09 Pikermi, Griechenland; T.: +30-1-603-9900 ** FAX: +30-1-603-9911 (04).

Earthwatch Europe, 57 Woodstock Road, Oxford OX2 6HU, Großbritannien; T.: +44-865-311-600 ** FAX: +44-865-311-383.

EUROFORES, Marqués de la Ensenada 14, 3°, Oficina 25, E-28004 Madrid, Spanien; T.: +34-1-319-5904 ** FAX: +34-1-319-8258.

European Business Council for a Sustainable Energy Future, c/o Germanwatch, Adenauerallee 37, D-53113 Bonn; T.: 0228-2679-817 ** FAX: 0228-2679-819.

European Energy Association (EEA), Møelledamsveij 10, DK-3460 Birkerød, Dänemark.

European Energy Foundation, 5 Av. Ariane, B-1200 Brussels, Belgien; T.: +32-2-773-9536 ** FAX: +32-2-773-9534.

European Energy Network, Secretariat, c/o ADEME, 27, rue Louis Vicat, F-75737 Paris, Cedex 15, Frankreich; T.: +33-1-476-521 ** FAX: +33-1-464-552.

European Environmental Bureau (EEB), Rue de la Victoire 26, B-1060 Brussels, Belgien; T.: +32-2-539-0037 ** FAX: +32-2-539-0921.

European Foundation for Environmental Management (Eurofem), Schrieksesteenweg 5, B-2580 Putte, Belgien; T.: +32-15-7526-11 ** FAX: +32-15-7526-10.

Eurosolar, Postfach 120618, D-53048 Bonn, Plittersdorfer Straße 103, D-53173 Bonn; T.: 0228-362-373 ** FAX: 0228-361-279.

Friends of the Earth International, PO Box 19199, Prins Hendrikkade 48, NL-1000 GD Amsterdam, Niederlande; T.: +31-20-622-1369 ** FAX: +31-20-639-2181.

Global Challenges Network - European Ecological Movement, Lindwurmstraße 88, D-80337 München; T.: 089-725-7523 ** FAX: 089-725-0676.

Globe (EC) - Global Legislators for a Balanced Environment, rue de Taciturne 50, B-1040 Brussels, Belgien; T.: +32-2-230-6589 ** FAX: +32-2-230-9530.

Greenpeace EC-Unit, 37-39, Rue de la Tourelle, B-1040 Brussels, Belgien; T.: +32-2-280-1400 ** FAX: +32-2-230-8413.

Observatoire Méditerranéen d'Energie (OME), Route des Lucioles, B.P. 248, F-06905 Sophia Antipolis, Frankreich; T.: +33-92-9666-96 ** FAX: +33-92-9666-99.

Schweizerische Vereinigung für Geothermie, Sekretariat, c/o Büro Inter-Prax, Dufourstraße 87, CH-2502 Biel, Schweiz; T.: +41-32-414-565 ** FAX: +41-32-414-565.

Schweizerische Vereinigung für Sonnenenergie (SSES), Belpstr. 69, Postfach, CH-3000 Bern 14, Schweiz; T.: +41-31-371-8000.

The International Environmental Agency for Local Governments (ICLEI) - European Secretariat, Eschholzstraße 86, D-79115 Freiburg; T.: 0761-368-920 ** FAX: 0761-362-66.

World Wide Fund for Nature (WWF), European Service, 608, Chaussée de Waterloo, B-1060 Brussels, Belgien; T.: +32-2-347-3030 ** FAX: 32-2-344-0511.

Bundesrepublik Deutschland

Umweltverbände mit einem Schwerpunkt im Bereich der Energiepolitik

AG ökologischer Forschungsinstitute, Alexanderstraße 17, D-53111 Bonn; T.: 0228-630-129 ** FAX: 0228-693-075.

Bund für Umwelt- und Naturschutz Deutschland e.V. (BUND), Im Rheingarten 7, D-53225 Bonn; T.: 0228-4009-70 ** FAX: 0228-4009-740.

Bundesverband Solarenergie e.V. (BSE), Kruppstraße 5, D-45128 Essen; T.: 0201-122-3006 ** FAX: 0201-121-5143.

Bürgerverband Bürgerinitiativen Umweltschutz (BBU), Prinz-Albert-Straße 43, D-53113 Bonn; T.: 0228-2140-32 ** FAX: 0228-2140-33.

Deutsche Gesellschaft für Sonnenenergie e.V.(DGS), Augustenstraße 79, D-80333 München; T.: 089-52-40-71 ** FAX: 089-52-16-68.

Deutsche Stiftung für Umweltpolitik e.V., Adenauerallee 214, D-53113 Bonn; T.: 0228-6922-16 (-17) ** FAX: 0228-26922-50 (-51-52-53).

Deutscher Fachverband für Solarenergie e.V. (DFS), Christaweg 42, D-79114 Freiburg; T.: 0761-476-3213 ** FAX: 0761-476-3513.

Energiemodell Sachsen e.V., Zum Alten Badeplatz 6, D-09404 Zschopau; T.: 0372-972-663 ** FAX: 0372-5447-261.

Eurosolar, Postfach 120618, D-53048 Bonn; Plittersdorfer Straße 103, D-53173 Bonn; T.: 0228-362-373 ** FAX: 0228-361-279.

Förderverein Erdwärme Berlin-Brandenburg e.V., Rheinstraße 3, D-14513 Teltow; T.: ** 03328-470-247 ** FAX: 03328-470-247.

Förderverein Ökologische Steuerreform (FÖS), Esplanade 41, D-20354 Hamburg; T.: 040-3545-99 ** FAX: 040-3545-90.

Forum für Zukunftsenergien e.V., Godesberger Allee 50, D-53175 Bonn; T.: 0228-959-550 ** FAX: 0228-959-5550.

Geothermische Vereinigung e.V., Geschäftsstelle, Gartenstraße 36, D-49744 Geeste; T.: 05907-545 ** FAX: 05907-7379.

Germanwatch, Adenauerallee 37, D-53113 Bonn; T.: 0228-267-9815 ** FAX: 0228-267-9819.

Greenpeace Deutschland, Vorsetzen 52, D-20459 Hamburg; T.: 040-311-860 ** FAX: 040-311-861-41.

Institut für Energie- und Umweltforschung (IFEU), Wilkensstraße 3, D-69120 Heidelberg; T.: 06221-4767-0 ** FAX: 06221-4767-19.

Konferenz der Vereine und Stiftungen Umwelt und Naturschutz der Länder e.V. (SUN), Tschaikowskistraße 4, D-13156 Berlin; T.: 030-231-53-98.

Kuratorium für Technik und Bauwesen in der Landwirtschaft e.V. (KTBL), Barningstraße 49, D-64289 Darmstadt.

Öko-Institut Freiburg, Binzengrün 34a, D-79114 Freiburg; T.: 0761-47-3031 ** FAX: 0761-47-5437.

Umschalten e.V. der Selbsterzeuger von umweltfreundlichem Strom, Grundstraße 17, D-20257 Hamburg; T.: 040-491-83-38.

Umweltberatungszentrum Rostock, Gerberbruch 15, D-18055 Rostock.

Umweltstiftung WWF-Deutschland, Hedderichstraße 110, Postfach 701127, D-60591 Frankfurt/M.; 069-6050-030 ** FAX: 069-6172-21.

Wind-Energie-Sekretariat, Gielsdorferstraße 16, D-53123 Bonn; T.: 0228-649-012 ** FAX: 0228-649-045.

Zentralstelle für Solartechnik, Verbindungsstraße 19, D-40723 Hilden; T.: 02103-244-40 ** FAX: 02103-244-440.

Energiesparberatung

Allgemeiner Energie Verein (AEV), Heidkopfweg 4, D-36124 Eichenzell-Zillbach; T.: 06656-360 ** FAX: 06656-7903.

Arbeitsgemeinschaft Regenerative Energien Nord-West, Hermann-Ehlers-Straße 58, D-26386 Wilhelmshaven.

Arbeitsgemeinschaft Solar NRW, Geschäftstelle Jülich, Karl-Heinz-Beckurts-Straße 13, D-52428 Jülich.

Arbeitsgemeinschaft Solartechnik Bergstraße e.V., Forstbann 18a, D-64653 Lorsch; T./FAX: 06251-567-353.

Arbeitsgemeinschaft Solartechnik Bergstraße e.V., Forstbann 18a, D-64653 Lorsch; T./FAX: 06251-567-353.

Arbeitsgemeinschaft Solartechnik Kassel e.V., Fuldastraße 12, D-34125 Kassel.

Bund der Energieverbraucher e.V., Rheinstraße 8, D-53619 Rheinbreitbach; T.: 02224-922-70 ** FAX: 02224-103-21.

Bund Deutscher Architekten (BDA), Ippendorfer Allee 14b, D-53127 Bonn; T.: 0228-285-011 ** FAX: 0228-285-465.

Bund Deutscher Baumeister, Architekten und Ingenieure e.V. (BDB), Kennedyallee 11, D-53175 Bonn; T.: 0228-3767-84(-85) ** FAX: 0228-376-057.

Bundesarchitektenkammer, Königswinterer Straße 709, D-53227 Bonn; T.: 0228-970-820 ** FAX: 0228-442-760.

Bundesingenieurkammer e.V., Heinrichstraße 22, D-66583 Spiesen-Elversberg; T.: 06821-710-96.

Bundesingenieurkammer, Habsburgerstraße 2, D-53175 Bonn; T.: 0228-3652-67 ** FAX: 0228-3652-68.

Bürger-Information Neue Energietechniken (BINE), Mechenstraße 57, D-53129 Bonn; T.: 0228-232-086 ** FAX: 0228-232-089.

Deutsche Energie-Spar-Arbeitsgemeinschaft e.V. (DESA), Kruppstraße 82, D-45145 Essen; T.: 0201-243-3100.

Energie-Kontor, Energiespar-, Erzeuger-, Verbraucher-Gen. e.G., Blaicherstraße 3, D-72250 Freudenstadt.

Modellberatungsstelle der AgV Verbraucherberatung Bonn „POP 15", Poppelsdorfer Allee 15, D-53115 Bonn; T.: 0228-2240-61(2) ** FAX: 0228-210-827.

VDI - Gesellschaft für Energietechnik (VDI-GET), Graf-Recke-Straße 84, D-40239 Düsseldorf; Postfach 101139, D-40002 Düsseldorf; T.: 0211-6214-416 ** FAX: 0211-6214-575.

VDI - Gesellschaft Technische Gebäudeausrüstung (VDI-TGA), Postfach 101139, D-40002 Düsseldorf; T.: 0211-6214-266 ** FAX: 0211-6214-77.

Verband Beratender Ingenieure e.V. (VBI), Am Fronhof 10, D-53177 Bonn; T.: 0228-9571-80 (35-80-71) ** FAX: 0228-9571-840.

Verband Selbständiger Ingenieure e.V. (VSI), Zentralverband, Schinkelstraße 7, D-45138 Essen; T.: 0201-2743-35 ** FAX: 0201-2746-00.

Verband unabhängig beratender Ingenieurfirmen e.V. (VUBI), Winston-Churchill-Straße 1, D-53113 Bonn; T.: 0228-2170-64 ** FAX: 0228-2170-62.

Verband unabhängiger Energieberater, Mühlenweg 9, D-29439 Bösel; T.: 05841-6268 ** FAX: 05841-6886.

Verbraucherzentrale Baden-Württemberg e.V.; Paulinenstraße 47, D-70178 Stuttgart; T.: 0711-6691-0 ** FAX: 0711-6691-50.

Verbraucherzentrale Bayern e.V., Mozartstraße 9, D-80336 München; T.: 089-5398-70 ** FAX: 089-5375-53.

Verbraucherzentrale Berlin e.V., Bayreuther Straße 40, D-10787 Berlin; T.: 030-2190-70 ** FAX: 030-2117-201.

Verbraucherzentrale Brandenburg e.V., Hegelallee 6-8, Haus 9, D-14467 Potsdam; T.: 0331-3539-81 ** FAX: 0331-3539-83.

Verbraucherzentrale Bremen e.V., Obernstraße 38/42, D-28195 Bremen; T.: 0421/3208-34 ** FAX: 0421/3209-70.

Verbraucherzentrale des Saarlandes e.V., Hohenzollernstraße 11, D-66117 Saarbrücken; T.: 0681-520-49 ** FAX: 0681-515-83.

Verbraucherzentrale Hamburg e.V., Große Bleichen 23, D-20354 Hamburg; T.: 040-3500-1485 ** FAX: 040-3411-16.
Verbraucherzentrale Hessen e.V., Berliner Straße 27, D-60311 Frankfurt/M.; T.: 069-2807-01 ** FAX: 069-2850-79.
Verbraucherzentrale Mecklenburg-Vorpommern e.V., Strandstraße 98, D-18055 Rostock; T.: 0381-3128-3(5) ** FAX: 0381-3128-6.
Verbraucherzentrale Niedersachsen e.V., Herrenstraße 14, D-30159 Hannover; T.: 0511-911-96-01 ** FAX: 0511-911-96-10.
Verbraucherzentrale Nordrhein-Westfalen e.V., Mintropstraße 27, D-40215 Düsseldorf; T.: 0211-3809-0 ** FAX: 0211-3809-172.
Verbraucherzentrale Rheinland-Pfalz e.V., Große Langgasse 16, D-55116 Mainz; T.: 06131-2848-0 ** FAX: 06131-2848-25.
Verbraucherzentrale Sachsen e.V., Burgstraße 2, D-04109 Leipzig; T.: 0341-291-441 ** FAX: 0341-211-48-86.
Verbraucherzentrale Sachsen-Anhalt e.V., Am Steintor 14/15, D-06112 Halle; T.: 0345-500-83-16 ** FAX: 0345-500-83-25.
Verbraucherzentrale Schleswig-Holstein e.V., Burgstraße 24, D-24103 Kiel; T.: 0431-512-86 ** FAX: 0431-553-509.
Verbraucherzentrale Thüringen e.V., Wilhelm-Külz-Straße 26, D-99084 Erfurt; T.: 0361-646-13-12 ** FAX: 0361-646-13-90.

VI. Bibliotheken, Datenbanken, Dokumentationsstellen, Museen

Bibliotheken

Bundesanstalt für Geowissenschaften und Rohstoffe - Bibliothek, Stilleweg 2, D-30655 Hannover; Postfach 510153, D-30631 Hannover; T.: 0511-643-2298 ** FAX: 0511-643-2304.
Deutsche Bibliothek, Zeppelinallee 4-8, D-60325 Frankfurt/M.; T.: 069-7566-1 ** FAX: 069-7566-476.
Deutsche Bücherei, Deutscher Platz 1, D-04103 Leipzig; T.: 0341-2271-0 ** FAX: 0341-2271-444.

Datenbanken und Online-Dienste*

Bertelsmann Online, Baumwall 7, D-20459 Hamburg; T.: 040-361-59-100 ** FAX: 040-361-59-104.
CompuServe, Hauptstraße 42, D-82008 Unterhaching; Postfach 1169, D-82001 Unterhaching; T.: 089-665-35-111 ** FAX: 089-665-35-241.
DRI/McGraw-Hill, Wimbledon Bridge House 1, Hartfield Road, Wimbledon, London SW19 3RU, Großbritannien; T.: +44-81-543-1234 ** FAX: +44-81-542-6248.
DSI Data Service & Information, Kaiserstege 4, D-47496 Rheinberg; Postfach 1127, D-47476 Rheinberg; T.: 02843-3220 ** FAX: 02843-3230.
FIZ KARLSRUHE Fachinformationszentrum Karlsruhe e.V., Datenbank ENERGIE; D-76344 Eggenstein-Leopoldshafen; T.: 07247-808-222 FAX: 07247-808-666.

---

* Einen jeweils aktuellen Überblick (Stand: 1996) über die per Online nutzbaren Energie-Datenbanken sowie über zusätzliche Informationsquellen bietet: Kroll (1996: 152-154).

GENIOS Wirtschaftsdatenbanken, Kasernenstraße 67, D-40213 Düsseldorf; Postfach, D-40002 Düsseldorf; T.: 0211-887-1524 ** FAX: 0211-887-1520.

German Online Kiosk, Bahnhofstraße 36, D-85591 Vaterstetten; T.: 08106-350-100 ** FAX: 08106-350-190.

ISET Institut für Solare Energieversorgungstechnik e.V., Königstor 59, D-34119 Kassel; T.: 0561-7294-0 ** FAX: 0561-7294-100.

Media Resource Service, c/o Ciba Foundation, 41 Portland Place, London W1N 4BN, Großbritannien; T.: +44-171-323-0938 ** FAX: +44-171-637-2127.

Springer-Verlag, Tiergartenstraße 17, D-69121 Heidelberg; Postfach 105280, D-69042 Heidelberg; T.: 06221-487-356 ** FAX: 06221-487-288.

T-Online, Friedrich-Ebert-Allee 140, 53113 Bonn; Postfach 2000, D-53105 Bonn; T.: 0228-181-0 ** FAX: 0228-181-8872.

WEFA, Reuterweg 47, D-60323 Frankfurt/M.; T.: 069-728-797 ** FAX: .: 069-9718-0210.

Informations- und Dokumentationsstellen

Bundesamt für Naturschutz - Dokumentationsstelle, Konstantinstraße 110, D-53179 Bonn; T.: 0228-8491-134 ** FAX: 0228-8491-200.

Bundesstelle für Außenhandelsinformation (BfAI), Agrippastraße 87-93, D-50676 Köln; Postfach 100 522, D-50445 Köln; T.: 0221-2057-0 ** FAX: 0221-2057-212 (-275).

Information Umwelt, GSF-Forschungszentrum für Umwelt und Gesundheit, Ingolstädter Landstraße 1, D-85764 Neuherberg; T.: 089-3187-2710 ** 089-3187-3324.

Informationsstelle Umweltforschung, c/o Forschungszentrum Karlsruhe, Postfach 3640, D-76021 Karlsruhe; T.: 07247-8225-09 ** FAX: 07247-8248-06.

Informationszentrale der Elektrizitätswirtschaft e.V. (IZE), Postfach 700561, D-60555 Frankfurt/M.; T.: 069-6304-371 ** FAX: .: 069-6304-387.

Statistisches Bundesamt - Bibliothek - Dokumentation - Archiv, Gustav-Stresemann-Ring 11, D-65189 Wiesbaden; Postfach, D-65180 Wiesbaden; T.: 0611-75-2337 ** FAX: 0611-72-4000.

Umweltbibliotheken-Dokstelle, c/o Wissenschaftsladen Bonn e.V., Buschstraße 85, D-53113 Bonn; T.: 0228-265-263 ** FAX: 0228-265-87.

Umweltbundesamt, Bismarckplatz 1, D-14193 Berlin; T.: 030-8903-0 ** FAX: 030-8903-2285.

Museen

Deutsches Museum, Bibliothek, Museumsinsel 1, D-80538 München; Postfach, D-80306 München; T.: 089-2179-214 ** FAX: 089-2179-262.

Museum für Post und Kommunikation, Schaumainkai 53, D-60596 Frankfurt/M.; Postfach 700262, D-60552 Frankfurt; T.: 069-6060-0 ** FAX: 069-6060-123.

Museum für Verkehr und Technik, Trebbiner Straße 9, D-10963 Berlin; T.: 030-254-840 ** FAX: 030-254-84-175.

Sammlung historischer Elektromaschinen, Helmholtzstr.9, D- 01069 Dresden; T.: 0351-463-7111.

Anhang C

Glossar

Anergie: In der technischen Thermodynamik versteht man darunter den nicht in technische Arbeit umwandelbaren Anteil der für das Ablaufen eines thermodynamischen Prozesses nötigen Energie. Es gilt: (→) *Exergie* + Anergie = (→) *Energie*.
Annuitätenmethode: Methode der Investitionsrechnung, bei der die durchschnittliche Differenz von Ein- und Auszahlungen pro Periode unter Berücksichtigung des Kalkulationszinsfußes berechnet wird. Die Annuität wird ermittelt durch: Barwert der Nettoeinzahlungen multipliziert mit dem Annuitätsfaktor.
Aquiferspeicher: Bei einem Aquiferspeicher handelt es sich um einen thermischen Energiespeicher, bei dem das Grundwasser in einer wasserführenden Schicht im Untergrund (Aquifer) erwärmt oder abgekühlt wird. Das Grundwasser wird über Brunnen erschlossen, von denen ein Aquiferspeicher mindestens zwei besitzt.
Autotroph: Bei Pflanzen (durch Photosynthese) sich selbständig ernährend.

Balneologisch: Thermalwässer werden neben der thermischen Nutzung vorwiegend für Badezwecke verwendet. Bei natürlichen Thermalquellen ist dies schon seit der Antike üblich. Heute werden auch künstlich erschlossene Thermalwässer für medizinische Bäder genutzt (balneologische Verwendung). Daneben haben sich auch Freizeitbäder entwickelt (häufig mit dem Wort „Therme" im Namen), die in der Geothermie nicht ganz korrekt ebenfalls unter den Begriff der balneologischen Nutzung gefaßt werden.
Bandziehverfahren: Verfahren zur Herstellung von kristallinen Siliziumscheiben, bei dem aus geschmolzenem Rein-Silizium ein dünnes Band gezogen wird, das nach dem Erstarren in Scheiben geschnitten wird und direkt als Ausgangsmaterial für Solarzellen dient.
Biom: Organismengesellschaft eines großen Lebensraumes mit gleichem Klimatyp und dafür charakteristischer Pflanzenformation (Phytom) sowie darin lebender charakteristischer Tierwelt (Zoom), wie z.B. tropischer Regenwald oder Savanne.
Biomasse: Allgemein die gesamte durch Pflanzen und Tiere anfallende/erzeugte organische Substanz. Beim Einsatz von Biomasse zu energetischen Zwecken ist zwischen nachwachsenden Rohstoffen oder Energiepflanzen und organischem Abfall zu unterscheiden. Nachwachsende Rohstoffe sind: schnellwachsende Baumarten und spezielle einjährige Energiepflanzen mit hohem Trockenmasseertrag zur Gewinnung von Brennstoffen, hochertragreiche zucker- und stärkehaltige Ackerfrüchte für die Umwandlung in Ethanol und hochertragreiche Ölfrüchte für den Einsatz im Treibstoffsektor. Organischer Abfall fällt bei der Land- und Forstwirtschaft, der Industrie und den Haushalten an. Es zählen dazu: Abfall- und Restholz, Stroh, Gras, Laub, Dung, Klärschlamm, organischer Müll. Produkte aus organischem Abfall sind insbesondere Bio-, Deponie- und Klärgas.
Blindleistungsbereich: Unter *Blindleistung* versteht man in der Elektrotechnik den Teil der elektrischen Leistung, der zum Aufbau elektrischer und magnetischer Felder verbraucht wird und daher nicht zur tatsächlichen Arbeitsleistung im Verbraucher beiträgt, aber zum zeitlichen Zerfall dieser Felder zurückgewonnen werden kann. Der *Blindleistungsbereich* nennt die Leistung, die z.B. zur Erregung eines Asynchrongenerators aus dem Netz oder einem Kondensator bezogen werden muß.
Blockheizkraftwerke (BHKW): Damit werden vergleichsweise kleine Anlagen der (→) *Kraft-Wärme-Kopplung* bezeichnet, die im Leistungsbereich von einigen Kilowatt bis zu

mehreren Megawatt (elektrisch) liegen. Herzstück solcher Anlagen sind gas- bzw. ölbetriebene Verbrennungsmotoren oder Gasturbinen, die Kraft für Stromerzeugung (Eigenversorgung oder Einspeisung ins öffentliche Netz) liefern und bei denen die entstehende (Ab)wärme der Wärmekraftmaschinen aus Kühlwasser, Abgasen und Schmieröl weitgehend in der Nahwärmeversorgung genutzt wird (z.B. für die Raumheizung und die Warmwasserbereitung). Da durch diese dezentrale Stromerzeugung in Kraft-Wärme-Kopplung eine verlustreiche Bereitstellung der entsprechenden Mengen von Elektrizität aus Großkraftwerken ohne Abwärmenutzung vermieden werden kann, lassen sich mit BHKW, bezogen auf die damit erzeugten Mengen an Strom und Wärme, 30 bis 40% an (→) *Primärenergie* einsparen. Die Gesamtwirkungsgrade (thermische und elektrische) von BHKW reichen an 90% heran.

Broad-spectrum-revolution: Erweiterung des Nahrungsspektrums durch Jagd auf Kleintiere (Vögel, Hasen) und Fischfang.

BTU tax proposal: Energiesteuervorschlag der Clinton-Administration vom Februar 1993 im Rahmen der Haushaltsvorlage - benannt nach der im Angelsächsischen üblichen energetischen Maßeinheit „British Thermal Unit". Dieser Vorschlag sollte dem Ausgleich des Budgetdefizits dienen. Er passierte zwar im Mai 1993 das Ways and Means Committee des Repräsentantenhauses, aber er scheiterte im Sommer 1993 im Senat. Dieser BTU-Steuervorschlag spielte für Europa dadurch eine besondere Rolle, daß hiermit die Konditionalitätsklausel des CO_2-/Energiesteuer-Vorschlags der Europäischen Kommission erfüllt zu sein schien.

Bundesnaturschutzgesetz: Dieses Gesetz über Naturschutz und Landschaftspflege nennt vor allem sechs Möglichkeiten: Nationalparks, Naturparks, Landschaftsschutzgebiete, Naturschutzgebiete, Naturdenkmäler sowie Arten- und Biotopschutz.

CIS-Solarzelle: (→) *Solarzellen* sind elektrotechnische Bauteile, die mit Hilfe des (→) *photovoltaischen Effekts* Sonnenlicht direkt in elektrischen Strom umwandeln. Bei einer *CIS-Solarzelle* besteht das Material, das für die Stromproduktion verantwortlich ist, aus (→) *Kupfer-Indium-Diselenid* ($CuInSe_2$), einem polykristallinen Verbindungshalbleiter.

Clean Air Act: Dieses US amerikanisches Luftreinhaltegesetz wurde zuerst 1970 verabschiedet und mehrmals, zuletzt 1990, revidiert. In seiner jetzigen Fassung enthält dieses Gesetz zahlreiche Anreize, um die Einführung marktwirtschaftlicher Instrumente im Bereich der Luftreinhaltung zu erleichtern.

Demand-Side Management: Darunter fallen alle Maßnahmen (eines Energieversorgers) zur strategischen Beeinflussung der Kundennachfrage nach elektrischer Leistung (Laststeuerung) und Arbeit (Energieeinsparung). Letztere umfassen sowohl auf (→) *Negawatts* als auch auf (→) *Ökowatts* gerichtete Aktivitäten in vier Formen: Preis- und Tarifgestaltung, Kundeninformation und Beratung, Kauf von Energieeinsparung (Anreizprogramme) und Verkauf von Energieeinsparung (Dienstleistungspakete, wie z.B. → *Wärme-Direkt-Service* oder Contracting). Das DSM ist Teil der (→) *integrierten Ressourcen-Planung.*

Dienstleistungspartner/Energiedienstleistungsunternehmen (EDU): Diese beschränken sich nicht auf das Zwischenprodukt Energie, sondern verschaffen dem Kunden - zusammen mit Marktpartnern (Hersteller, Handel, Handwerk) und seinem eigenen Verhalten den Nutzen aus der Energieanwendung (Energiedienstleistung). Der Begriff „Dienstleistungspartner" betont die notwendige und gewollte Partnerschaft zwischen mehreren Akteuren. Er ist zugleich weniger mißverständlich als Energiedienstleistungsunternehmen (Energiedienstleistung meint sowohl die Aktivität bzw. einen Teil davon wie deren Ergebnis).

Doublettenanlage: Eine Anlage zur Nutzung hydrothermaler Geothermie, bei der warmes Wasser durch mindestens einen Brunnen gefördert und nach Nutzung durch mindestens einen zweiten Brunnen wieder in den Untergrund eingeleitet wird. Ein System aus solchen Produktions- und Injektionsbrunnen wird als Doublette bezeichnet. Die erste Anwendung erfolgte Anfang der 80er Jahre in der Region Paris.

Dünnschicht-Technologie: In der Entwicklung befindliche Technologie zur Herstellung von (→) *Solarzellen*. Die notwendige Dicke der aktiven Halbleiterschicht (z.B. → *Kupfer-Indium-Diselenid*) beträgt nur ca. 1 Mikrometer im Vergleich zu 200 Mikrometer bei Standardzellen aus multikristallinem Silizium.

Durchsatzsteigerung: Darunter versteht man die Erhöhung der pro Zeiteinheit in einer Produktionslinie gefertigten Bauteile.

E^3Net Modell: Das in das (→) *MESAP-Instrumentarium* integrierte Energiesystemmodell E^3Net bildet das gesamte Energiesystem von der Förderung bzw. dem Import der Primärenergieträger bis hin zur (→) *Nutzenergie* bzw. den (→) *Energiedienstleistungen* in den Sektoren Haushalte, Industrie, Kleinverbraucher und Verkehr ab. Mit Hilfe des methodischen Ansatzes der linearen Optimierung wird unter den jeweils vorgegebenen Restriktionen (z.B. CO_2-Reduktionsziele) der kostenminimale Pfad von Niveau und Struktur der Energieversorgung zur Deckung eines vorgegebenen Bedarfs an Energiedienstleistungen bzw. an Nutzenergie ermittelt.

Endenergie: Energieinhalt der Energieträger, die der Endverbraucher bezieht, vermindert um den nichtenergetischen Verbrauch und um die Umwandlungsverluste und den Eigenbedarf bei der Strom- oder Gaseigenerzeugung beim Endverbraucher.

„End-of-pipe"-Technologie: Damit sind i.d.R. jene Umweltschutztechnologien gemeint, die „am Ende" des Produktionsprozesses eingesetzt werden. Ein typisches Beispiel dafür sind Rauchgasentschwefelungsanlagen, die zur Reduktion von SO_X-Emissionen in Kohlekraftwerken eingesetzt werden. Diese Technologien erfordern gewöhnlich relativ geringe Eingriffe in die bestehenden Produktionsanlagen.

Energie: Darunter wird in der Physik die Fähigkeit verstanden, Arbeit zu verrichten. Energie =(→) *Exergie* + (→) *Anergie*.

Energieauditing: Prüfung eines Betriebes oder einer Institution durch einen externen Berater auf seine/ihre Energieeffizienz. Dabei werden verschiedene Energieverbrauchsarten daraufhin untersucht, ob sie durch Verhaltensänderung oder investive Maßnahmen zu wirtschaftlichen Bedingungen zu vermindern bzw. zu vermeiden sind oder ob der ihnen zugrundeliegende Bedarf anderweitig, z.B. durch Abwärmenutzung, effizienter zu befriedigen ist.

Energieintensität: Damit wird das Verhältnis des Energieaufwands zur Produktion oder zum Sozialprodukt bzw. zur Wertschöpfung bezeichnet.

Energiekennzahl: Diese Kennzahl wird zur Kategorisierung von Gebäuden, Produkten, technischen Prozessen etc. nach deren Energieverbrauch benutzt.

Energieproduktivität: Darunter versteht man das Verhältnis des Sozialprodukts oder der Wertschöpfung zur dafür aufgewendeten Energie (Gegensatz zur → *Energieintensität*), was auch als „Energieeffizienz" bezeichnet wird.

Energiewirtschaftsgesetz (EnWG): Mit dem EnWG hat der Gesetzgeber spezielle Rechtsnormen für die öffentliche Elektrizitäts- und Gasversorgung geschaffen. Im Gegensatz zu anderen Bereichen der Energieversorgung bestehen in der Elektrizitäts- und Gasversorgung technisch-wirtschaftliche Besonderheiten, die aus der Sicht des Gesetzgebers die Notwendigkeit dieses Fachgesetzes begründen. Hauptziel des EnWG ist es, trotz der spezifischen Gegebenheiten, die Versorgung mit Elektrizität und Gas für die Verbraucher so sicher und preiswert wie möglich zu gestalten.

Enthalpie: Darunter wird die bei einer chemischen Reaktion unter gleichen Druckverhältnissen frei werdende Energie aus den chemischen Potentialen verstanden. In der Thermodynamik bezeichnet man damit die Summe der inneren Energie eines Körpers, einer Flüssigkeit oder eines Gases und der Fähigkeit, äußere Arbeit zu leisten. Das Enthalpiegefälle eines Arbeitsgases nimmt bei der Entspannung in einer Gasturbine von der (hohen) Enthalpie vor der Turbine auf die (niedrigere) Enthalpie hinter der Turbine ab; die Enthalpiedifferenz ist ein Maß für die (Rotations-)Arbeit der Turbine.
Entropie: Ein physikalisches Maß für die Energieentwertung. Dieser thermodynamische Begriff gliedert sich auf in die Energie- und die Stoffentropie. Jede Energie-(Stoff)-Umwandlung ist mit Entropievermehrung verbunden. Alle Energie-(Stoff)-Umwandlung beginnt beim entropischen Minimum und strebt dem entropischen Maximum zu. Die unberührte Kohlengrube ist ein Energie- und Stoffreservoir minimaler Entropie in maximaler Ordnung. Mit der Ausbeutung und dem Durchlauf durch die komplette Energie- und Stoffumwandlungskette vom Primärenergierohstoff bis zur Wärmeabstrahlung in den Weltraum, also von der Rohkohle in den Flözen der Grube bis zu den Ablagerungen der festen, flüssigen oder gasförmigen Rest- und Schadstoffe in der Geosphäre, sind die energetischen und stofflichen Entropiemaxima größter Unordnung erreicht. Energien und Stoffe beim Entropiemaximum sind für den Menschen nicht mehr nutzbar.
Epitaktisch: Unter der Epitaxie versteht man die gesetzmäßige Verwachsung von Kristallen, die chemisch und strukturmäßig gleich oder verschieden sein können. Läßt man einen angepaßten Stoff auf einem Kristall kondensieren, so entsteht auf dem Träger eine *epitaktische* Schicht, d.h. ein dünner, flächenhafter Einkristall. Ein derartiges *epitaktisches* Aufwachsen von einkristallinen Halbleiterschichten unterschiedlicher elektrischer Leitfähigkeit wird v.a. bei der Herstellung von Halbleiterbauelementen angewendet.
Erdwärme (→) Geothermie: ist die Wärmeenergie des Erdinnern.
Erneuerbare Energien: auch regenerative Energien, sind Energiequellen, die nach den Zeitmaßstäben des Menschen „unendlich" lange zur Verfügung stehen. Dazu zählen Sonnenenergie, Wasserkraft, Windenergie, (→) *Biomasse*, Umweltwärme, (→) *geothermische Energie*, Gezeitenenergie, Wellenenergie, Meeresströmungsenergie. Sie lassen sich insgesamt auf drei Quellen zurückführen: Solarstrahlung, Erdwärme (→ *Geothermie*) und Gezeitenenergie.
Eta-Initiative: Diese Initiative der deutschen Stromversorger für mehr „Energievernunft" wurde 1995 gestartet. Ihre Ziele sind: rationellere Erzeugung, Fortleitung, Verteilung und Anwendung von Energie und von Strom, Umwelt- und Ressourcenschonung bei der Energieversorgung, ausgewogener Energie-Mix für Versorgungssicherheit und Wirtschaftlichkeit der Stromversorgung. Motor der Eta-Initiative sind vor allem die VDEW und das IZE. Die Eta-Initiative strebt einen breiten gesellschaftlichen Dialog an.
Europäische Energiecharta: Diese auf Initiative der Europäischen Gemeinschaften (EG) ausgehandelte Charta wurde am 17.12.1991 von 48 Staaten und der EG unterzeichnet. Damit soll die Erkundung, die Entwicklung, der Transport und die Nutzung von Energieressourcen in Osteuropa mit westlicher Technologie, Know-how und Kapital unterstützt werden, um die Stabilität dieser Staaten zu stärken und die Verbrauchersicherheit zu gewährleisten. Diese politische Absichtserklärung enthält u.a. Regelungen bezüglich des Zugangs von Energieressourcen und Märkten, zur Liberalisierung des Energieaustausches, zur Investitionsförderung und zum Investitionsschutz, zur Sicherheit der Anlagen, zur Forschung, Entwicklung, Innovation und Weiterverbreitung, zur Energieeffizienz und zum Umweltschutz sowie zur Aus- und Weiterbildung. Die Charta bildet den Rahmen für die gesamteuropäische Zusammenarbeit im Energiebereich. Der unter Federführung der

EU-Kommission ausgehandelte *Vertrag über die Europäische Energiecharta* wurde am 17.12.1994 von 45 Regierungen unterzeichnet. Der Vertrag definiert verbindliche Regelungen für die energiepolitische Zusammenarbeit der Unterzeichnerstaaten. So werden u.a. die Rechte und Pflichten der Staaten und Investoren verankert. Die EG/EU wirkte bei der Verhandlungskonferenz auf einen Zusatzvertrag über die Ausweitung der Inländerbehandlung ausländischer Investoren hin. Nach dem Vertrag begann die 2. Verhandlungsrunde Anfang 1995 und soll bis Ende 1997 abgeschlossen sein.

Eutrophieren: Darunter versteht man die Anreicherung von Pflanzennährstoffen in stehenden oder langsam fließenden Gewässern oder Meeresteilen. Ausgangsfaktoren sind Phosphor- und Stickstoffverbindungen, die durch das Abwasser oder Einschwemmung von Düngemitteln bei übermäßiger Düngung eingeleitet werden. Folgen sind u.a. eine starke Algenentwicklung, was zu abnehmendem Sauerstoffgehalt, zu Fallschlammbildung, schlechtem Geruch und zur Ungenießbarkeit des Wassers führt.

Exergie: In der technischen Thermodynamik versteht man darunter denjenigen Anteil der (→) *Energie* (technische Arbeitsfähigkeit), die unbeschränkt in jede andere Energieform umwandelbar ist. Eine Energieform ist technisch um so wertvoller, je größer der (→) *Exergie*-Gehalt und je kleiner der (→) *Anergie*-Gehalt ist.

Feasibility-Studie: Untersuchung, die für ein detailliertes Kraftwerkskonzept an einem konkreten Standort die genauen technischen und ökonomischen Hauptparameter ermittelt und festlegt, mit welchem Aufwand die Realisierung verbunden wäre.

Flächenpotential: Das Flächenpotential (Gebietspotential) gibt eine Obergrenze des Wasserkraftpotentials eines betrachteten Gebietes an. Die wichtigsten Größen zur Ermittlung des Flächenpotentials sind der auf die Fläche in einem Jahr fallende Anteil der Niederschlagsmenge, der als Oberflächenabfluß verbleibt, und eine mittlere Bezugshöhe.

Francisturbine: Francisturbinen gehören wie die (→) *Kaplanturbinen* zu der Gruppe der Überdruck- oder Reaktionsturbinen. Das Triebwasser wird hier auch zunächst radial von der Zulaufspirale dem Leitschaufelkranz zugeführt. In dem Francislaufrad, das feste Laufradschaufeln aufweist, erfolgt die axiale Umlenkung. Der Einsatzbereich der Francisturbinen liegt bei Fallhöhen zwischen 30 und 700 m.

Galliumarsenid-Solarzellen: Unter einer (→) *Solarzelle* versteht man eine technische Vorrichtung zur direkten Umwandlung elektromagnetischer Strahlungsenergie in leitergeführte elektrische (→) *Energie*. Bisher wurden die größten Wirkungsgrade mit Solarzellen aus einkristallinem *Silizium* oder *Galliumarsenid* (GaAs) erzielt. GaAs-Solarzellen wurden vor allem in der Weltraumtechnik eingesetzt.

Geothermie: Der Begriff entstammt den griechischen Worten für Erde und Wärme, ein häufig gebrauchtes Synonym ist daher auch *Erdwärme*. Das Wort Geothermie wurde durch Alexander von Humboldt Anfang des 19. Jahrhunderts eingeführt. Heute bedeutet Geothermie die Lehre von der Wärme des Erdkörpers. Diese Wärme ist als geothermische Energie nutzbar. Durch die staatlichen Geologischen Dienste in Deutschland und durch die Geothermische Vereinigung (GtV) wird geothermische Energie folgendermaßen definiert: „Geothermische Energie ist die in Form von Wärme gespeicherte Energie unterhalb der Oberfläche der festen Erde (Syn.: Erdwärme)."

Geschiebe- und Schwebstoffhaushalt: Ein fließendes Gewässer weist ein Transportvermögen an Feststoffen auf. Man unterscheidet zwischen feinkörnigen Schwebstoffen, die durch die Turbulenz des fließenden Wassers in der Schwebe gehalten werden, und grobkörnigem Geschiebe, das an der Gewässersohle transportiert wird. Durch den Bau von Staustufen wird der Feststoffhaushalt eines Gewässers gestört. Es kommt zu Ablagerungen und zur Sedimentation im Staubereich sowie zur Erosion und damit zur Eintiefung der Gewässersohle unterhalb der Staustufe.

Göpel: durch Muskelkraft bewegte Drehvorrichtung.

Gradient: Ein Gradient ist ein auf eine bestimmte Strecke bezogener Potentialunterschied, z.B. in Druck oder Temperatur. So gibt der geothermische Gradient an, um wieviel die Temperatur auf einer bestimmten Strecke (100 m, 1 km) zur Tiefe hin ansteigt. Er liegt im Mittel bei etwa 3 °C pro 100 m Tiefenzunahme, wobei erhebliche lokale und regionale Schwankungen (geothermische Anomalien) zu verzeichnen sind.

Gradtagzahlen: In der Heizungstechnik versteht man hierunter eine Hilfsgröße zur Vorausberechnung des Heizwärmebedarfs eines Gebäudes, die sich für einen bestimmten Ort als Produkt aus der Zahl der Heiztage und der Temperaturdifferenz zwischen der mittleren Raumtemperatur und der mittleren Außentemperatur ergibt.

Herbivoren: Pflanzenfresser.

Heterotrophe Energiezufuhr: Der Mensch vermag sich nur aus höher aufgebauten organischen Molekülen zu ernähren, wobei einige Stoffe im Körper nicht selbst synthetisiert werden können (*heterotrophe Energiezufuhr*). Dagegen sind einige Mikroorganismen in der Lage, aus CO_2 ihren Bedarf an Kohlenstoff zu decken (*autotrophe Energiezufuhr*).

Hochenthalpielagerstätte: Vorkommen heißen Wassers bzw. Wasserdampfs im Untergrund mit einer Temperatur, die weit über der Umgebungstemperatur an der Oberfläche liegt (> 150 °C) und somit zur Stromerzeugung in Kraftwerken geeignet ist. Mit Hochenthalpie wird hier die „Qualität" der Energie wiedergegeben, die durch eine hohe nutzbare Temperaturdifferenz (Wasser/Dampf zur Umgebungstemperatur) gekennzeichnet ist.

Hochspannungs-Gleichstrom-Übertragung: Die Übertragung großer Strommengen über weite Entfernungen ist unter hoher elektrischer Spannung (400 000 Volt und höher) mittels Gleichstrom ab etwa 1 000 km Entfernung kostengünstiger als die heute übliche Drehstrom-Übertragung.

Hot-Dry-Rock-Technologie: Um auch Gestein ohne Fluide und Wasserwegsamkeiten (→ *Hydrogeothermie*) zur Energienutzung einsetzen zu können, wird an einer Technik gearbeitet, unterirdische Wärmetauscher in tiefliegenden, heißen Gesteinen zu erzeugen. Entsprechende Gesteine gibt es in größeren Tiefen überall auf den Kontinenten. Durch Einpressen von Wasser in den Wärmetauscher kann damit Dampf zur Stromerzeugung gewonnen werden. Der Begriff wird auch für Fälle verwendet, bei denen natürliche Fluide im Untergrund vorkommen, Fließwege (Wärmetauscher) jedoch erst künstlich geschaffen werden müssen.

Hybridanlage, -kraftwerk: Energiewandlung, bei der die benötigte (→) *Nutzenergie* (Elektrizität, Wärme) gleichzeitig oder im Verlauf eines Jahres durch fossile Energieträger *und* durch solare Strahlung aufgebracht wird. Dieses Konzept vermeidet die (vorerst noch) teure Speicherung solarer Energie und erlaubt eine bessere Einbindung solarer Kraftwerke in bestehende Versorgungsstrukturen.

Hydrogeothermie: Alle Methoden geothermischer Energie, bei denen natürlich im Untergrund vorhandenes warmes Wasser gefördert und thermisch genutzt wird.

Hydrokaustenheizung: Heizsystem, bei dem die Rauchgase eines Feuers durch Kanäle unter dem Fußboden geleitet werden und so einen Raum gleichmäßig und ohne Rauchbelästigung erwärmen. In römischen Zeiten häufig verwendet, vor allem für Bäder (Thermen).

IGC, Regierungskonferenz 1996 und Energiekapitel: Die im März 1996 einberufene Regierungskonferenz zur Revision des Maastrichter Vertrages wird gemäß der diesem Vertrag angefügten Erklärung Nr. 1 in Verbindung mit Art. N, Abs. 2 zu prüfen haben, ob das Politikfeld Energie in einem eigenen Vertragstitel aufgeführt wird. Bislang enthält der EG-Vertrag lediglich in Art.3(t) eine Bestimmung, nach welcher die Tätigkeit der Gemeinschaft auch Maßnahmen im Energiebereich umfaßt. Der italienische Vorsitz der Regierungskonferenz (März - Juni 1996) legte nach Vorschlägen Frankreichs und Griechenlands, die für eine verstärkte Energiepolitik der Gemeinschaft optierten, einen Entwurf für ein Kapitel „Energie" mit drei Artikeln zu den Zielen und Aufgaben, den Entscheidungsverfahren und dem Kohärenzgebot der Energiepolitik mit den Binnenmarktzielen vor. Bis zum Europäischen Rat von Florenz (Juni 1996) lagen noch keine konkreten Verhandlungsergebnisse vor.

Importsubstitutions-Industrialisierung: Afrikanische Länder haben nach der Erlangung der Unabhängigkeit versucht, Industrien durch protektionistische Maßnahmen aufzubauen. Protektionistische Maßnahmen (Zölle, Einfuhrverbote und andere Einfuhrhindernisse) sollten es bereits etablierten oder neuen industriellen Unternehmen ermöglichen, zunächst einfache, dann aber auch anspruchsvollere Konsumgüter und schließlich Kapitalgüter (Investitionsgüter) im Inland zu produzieren, ohne zunächst durch ausländische Konkurrenz bedrängt zu werden. Problematisch erwiesen sich in vielen afrikanischen Ländern schließlich Dauer und Umfang des Schutzes der heimischen Industrie, denn Anreize für Kostensenkungen, Innovationen und für eine Markterweiterung durch Exportorientierung bestanden kaum. Negative Folgen für die Konsumenten, für andere Produzenten und für die internationale Wettbewerbsfähigkeit der gesamten Industrie stellten sich bald ein. Der hohe Bedarf an Kapitalgütern für den Aufbau dieser Industrien belastete zunehmend die Zahlungsbilanz, so daß Devisen für notwendige Importe in anderen Wirtschaftsbereichen fehlten. Dadurch wurden auch Exportsektoren wie die Landwirtschaft in Mitleidenschaft gezogen. Eine Überbewertung der heimischen Währung war die Folge, die den Niedergang der afrikanischen Ökonomien schließlich beschleunigte.

Integrierte Ressourcenplanung: Umfassender Planungsansatz, besonders in der Energiewirtschaft, der sowohl angebotsseitige (Bau, Erneuerung, Erweiterung von Kraftwerken, Strombezug) wie nachfrageseitige (→ *Demand-Side Management*) Maßnahmen („Ressourcen") nach einheitlichen Kriterien in die Unternehmensplanung einbezieht mit dem Ziel der Auswahl derjenigen Maßnahmenkombination, die einen vorgegebenen Bedarf an Energiedienstleistungen zu minimalen Kosten (→ *Least-Cost Planning*), d.h. möglichst geringem Ressourcenverzehr, deckt.

Internationale Energieagentur (IEA): Gegründet 1974 im Rahmen der OECD (Organisation for Economic Co-operation and Development) als autonome Organisation zur Implementierung eines internationalen Energieprogramms. Die IEA führt ein umfassendes Programm der Energiezusammenarbeit zwischen derzeit 23 der 26 OECD-Mitgliedsländer aus.

IPCC: Der *Intergovernmental Panel on Climate Change* wurde im November 1988 vom Umweltprogramm der VN (UNEP) und der Weltorganisation für Meteorologie (WMO) als ein renommiertes Expertengremium zur Klimapolitik berufen. Der IPCC arbeitete seit 1989 in drei Arbeitsgruppen, die sich mit der wissenschaftlichen Bestandsaufnahme zur Klimaforschung, möglichen Auswirkungen eines Klimawandels sowie mit Gegenstrategien zur Verhinderung eines Klimawandels befaßten. Der IPCC legte 1990 einen ersten Zwischenbericht und 1992 und 1995/96 zwei weitere Berichte zum Stand der unter den 2000 führenden Meteorologen aus 130 Ländern konsensfähigen Ergebnisse vor, welche die Erörterungen bei den Klimakonferenzen in Rio de Janeiro (1992), in Berlin (1995) und Genf (1996) beeinflußten.

IPS/UPS-System: System des osteuropäischen Stromverbunds, das z.Z. sukzessive mit dem westeuropäischen Verbundnetz verkoppelt wird.

Kaplanturbine: Bei einer Kaplanturbine wird das Triebwasser axial durch bewegliche Laufradschaufeln geführt. Die Laufradschaufeln sind an der Turbinenachse so befestigt, daß sie im Bezug zur Durchströmung gedreht werden können. Durch die Anordnung von beweglichen Leitradschaufeln lassen sich auch bei Teillast gute Wirkungsgrade erzielen (doppelt regulierbare Kaplanturbine). Die Leitradschaufeln werden in der Regel radial angeströmt. Hinter den Leitradschaufeln erfolgt eine Umlenkung in die axiale Richtung. Bei nicht drehbaren Laufradschaufeln spricht man von einer Propellerturbine. Über die Turbinenachse wird der Generator angetrieben. Der Polkranz (Rotor) des Generators ist mit der Turbinenachse fest verbunden. Die Einsatzgebiete der (→) *Kaplanturbine* liegen bei Fallhöhen zwischen 5 und 20 m

Karbonatschmelzen-Brennstoffzelle: Brennstoffzelle mit Alkalikarbonat-Schmelzelektrolyt; Hochtemperatur-Brennstoffzelle, deren Arbeitstemperatur bei etwa 600-650°C liegt. Künftige Anwendungsfelder werden im Kraftwerksbereich mit (→) *Kraft-Wärme-Kopplung* gesehen.

Klimaschutzszenario (der Bundesrepublik Deutschland): Zur Analyse der Konsequenzen unterschiedlicher Wege der CO_2-Minderung werden drei Klimaschutzszenarien analysiert: Klimaschutz und Kohleschutzpolitik (K1), Klimaschutz unter energiepolitischen Barrieren (K2) und Klimaschutz bei Hemmnisabbau (K3). Die untersuchten Klimaschutzszenarien sollen die CO_2-Reduktionsziele in der Bundesrepublik Deutschland im Jahr 2005 (-25% gegenüber 1990) und ihre Festschreibung bis zum Jahr 2020 (-50%) erfüllen. Die Klimaschutzszenarien unterscheiden sich vor allem im Hinblick auf die künftige Rolle der heimischen Stein- und Braunkohle sowie der Nutzung der Kernenergie. Damit wird der Handlungsspielraum der Energie- und Umweltpolitik verdeutlicht.

Kohlenstoffintensität: Einsatz kohlenstoffhaltiger Energieträger nach Menge und Kohlenstoffgehalt je Produkteinheit oder je Einheit Sozialprodukt bzw. Wertschöpfung.

Kondensationskraftwerk: Stromerzeugungsanlage, bei der das Temperatur- und Druckgefälle des Kraftwerksprozesses soweit wie möglich zur Stromerzeugung und damit zur größtmöglichen Ausbeute an hochwertiger Energie (→ *Exergie*) ausgenutzt wird und somit das anfallende Kondensator-Kühlwasser wegen zu niedriger Temperatur nicht mehr für die Wärmeversorgung genutzt werden kann (außer in Sonderfällen: sog. kalte Fernwärme), mit der Folge eines hohen (elektrischen) Wirkungsgrades, aber eines regelmäßig geringeren Grades der Energieausnutzung als bei Anlagen der (→) *Kraft-Wärme-Kopplung.*

Konditionierungsanlage: Eine Anlage zur Behandlung von Atommüll und abgebrannten Brennelementen.

Konstruktive Technikfolgenabschätzung (CTA): Eine Gruppe wissenschaftlicher Ansätze zur Technikfolgenabschätzung, die das Ziel verfolgen, einen kritischen Ansatz zu den negativen Nebenwirkungen eines bestimmten Technikfeldes mit dem Prozeß zu verknüpfen, der diese Technologie prägt. Darunter versteht man den Versuch der CTA, die Ergebnisse einer kritischen Technikfolgenabschätzung in den Prozeß der Weiterentwicklung der Technik einzubringen und die Technikentwicklung in Richtungen umzulenken, die gesellschaftlich akzeptabel und realisierbar sind.

Konzessionsabgabe: Jährliche Vergütung der Energieversorgungsunternehmen an die Gemeinden für die Überlassung von Wegerechten zum Bau von Transport- und Verteilleitungen.

Kosteneffizienz: Verhältnis des angestrebten Ergebnisses einer Maßnahme zu deren Kosten.

Kraft-Wärme-Kopplung (KWK): Damit bezeichnet man in der Energiewirtschaft technische Systeme zur gekoppelten und damit gleichzeitigen Erzeugung von Kraft (mechanischer Arbeit) bzw. Strom einerseits und Wärme andererseits aus anderen Energieformen mittels *eines* thermodynamischen Prozesses. Im Vergleich zu einer Bereitstellung von Strom und Wärme aus getrennten Prozessen (→ *Kondensationskraftwerk*, Heizkessel) läßt sich mit Anlagen der KWK eine insgesamt deutlich bessere Ausnutzung des eingesetzten Brennstoffs erzielen. Das Prinzip der KWK findet sowohl bei Anlagen kleiner Leistung Anwendung (→ *Blockheizkraftwerke*) als auch bei größeren Erzeugungsanlagen, die den Bedarf von Industriebetrieben (Prozeßwärme) decken oder in Fernwärmenetze einspeisen (Heizkraftwerke).

Kreditanstalt für Wiederaufbau: Vergabe und Abwicklung der Mittel der Finanziellen Zusammenarbeit (FZ) erfolgen - im Auftrag und in Abstimmung mit der Bundesregierung - durch die Kreditanstalt für Wiederaufbau (KfW) in Frankfurt am Main. Die KfW (Grundkapital: 1 Mrd. DM, davon 800 Mio. DM des Bundes und 200 Mio. DM der Länder) wurde durch Gesetz vom 5.11.1948 in der Rechtsform der Körperschaft des öffentlichen Rechts errichtet. Sie hat folgende Aufgaben: a) Darlehensgewährung für Vorhaben, die dem Wiederaufbau oder der Förderung der deutschen Wirtschaft dienen, b) Darlehensgewährung im Zusammenhang mit Ausfuhrgeschäften inländischer Unternehmen, c) Übernahme von Bürgschaften und d) Gewährung von Darlehen und Zuschüssen zur Finanzierung förderungswürdiger Vorhaben im Ausland, insbesondere im Rahmen der Entwicklungszusammenarbeit. Im Jahre 1993 schloß die KfW 208 FZ-Verträge mit 61 Entwicklungsländern mit einem Gesamtvolumen von 3,04 Mrd. DM ab.

Kristalline Silizium-Dünnschichtzelle: Einsatz von feinkristallinem Silizium, das aufgrund seiner stärkeren Lichtabsorption bereits in wesentlich dünneren Schichten für (→) *Solarzellen* verwendbar ist. Durch optischen Einfang (Mehrfachreflexionen) von Licht in (→) *Solarzellen* kann deren Dicke im Falle von Silizium (Si) um ca. einen Faktor 10 verringert werden (200µm → 20µm). Die Solarzellen wurden z.B. durch Rekristallisation einer dünnen - mit CVD (chemical vapour disposition)-Verfahren auf einem geeigneten Substrat abgeschiedenen - Si-Schicht hergestellt. Bei diesen Verfahren könnten zukünftig bei weiterer Entwicklung die Vorteile des Siliziums mit denen einer Dünnschichtzelle (großflächige, kontinuierliche und materialsparende Herstellungsverfahren) kombiniert werden.

!Kung San: Wildbeuterstamm in der Kalahari.

Kunststoffabsorber: Solarstrahlungsabsorber für thermische Kollektoren, die im Gegensatz zum üblichen Metall aus Kunststoffen bestehen. Durch geeignete Kollektorkonstruktion muß die geringere Wärmefähigkeit des Materials kompensiert werden. Mit neuen Abscheidetechniken lassen sich Kunstsoffabsorber auch mit selektiven Absorberschichten ausstatten.

Kupfer-Indium-Diselenid-Zelle: Durch Aufdampfen dieses photoaktiven Verbindungshalbleiters auf ein Substrat (z.B. Glas) und weitere Verfahrensschritte wird eine (→) *Dünnschicht*-(→)*Solarzelle* hergestellt. Rekordwirkungsgrade im Labormaßstab liegen z.Z. bei 17%.

Lageenergie: Unter der Lageenergie (potentielle Energie) eines Gewichtsteiles versteht man diejenige (→) *Energie*, die es bezüglich seiner Lage im Erdschwerefeld besitzt. Durch Bewegen eines Gewichtsteiles im Erdschwerefeld muß man z.B. beim Anheben Energie aufbringen, bzw. beim Absinken kann Energie (z.B. bei der Wasserkraft) gewonnen werden.

Lastganglinie: Die Lastganglinie ist die nach dem Betrag der Leistung geordnete Darstellung des zeitlichen Verlaufs der Höhe des durchschnittlichen täglichen, wöchentlichen oder jährlichen Bedarfs an elektrischer oder thermischer Leistung. Anhand der Lastganglinie kann z.B. die günstigste Dimensionierung des benötigten Kraftwerkparks (Grund-, Mittel,- Spitzenlast) erfolgen.
Least-Cost Planning (LCP): Das LCP stellt ein wesentliches Prinzip der Energieeinsparung dar, wonach die effizientere Energienutzung als kostengünstigeres Element im Vergleich zum Bau neuer Kraftwerke gekennzeichnet wird. Generell wird nach dem LCP eine Kosten-Nutzen-Analyse vorgenommen, bei der Energieeinsparungen dem Bau neuer Energieanlagen gegenübergestellt und evaluiert werden. Entsprechend dem LCP müssen in ca. 20 US-Bundesstaaten Kraftwerksbetreiber bei der Planung und Beantragung von Neuanlagen nachweisen, daß die Befriedigung des zusätzlichen Energiebedarfs nicht kostengünstiger auf anderen Wegen als durch den Bau eines neuen Kraftwerkes erfolgen kann.
Lenkungsabgabe: Das primäre Ziel dieser Abgabe ist nicht die Erzielung von Einnahmen, sondern die Steuerung des Verhaltens der Wirtschaftssubjekte (Unternehmen und/oder Privatpersonen) in eine politisch gewünschte Richtung.
Linienpotential: Das Linienpotential wird für eine konkrete Flußstrecke ermittelt. Hierzu werden u.a. für den betrachteten Flußabschnitt der mittlere Abfluß und der mittlere Höhenunterschied berücksichtigt.

Membran-Brennstoffzelle: Brennstoffzelle mit protonenleitender Polymer-Elektrolyt-Membran. Mit einer Arbeitstemperatur von 20-120°C kommt diese Niedertemperatur-Brennstoffzelle insbesondere für die Elektrotraktion in Frage.
MESAP-Instrumentarium: Flexibles, benutzerfreundliches, modulares und einheitliches Planungssystem, das für die nationale, regionale und kommunale Energie- und Umweltplanung sowie für die ganzheitliche Bilanzierung, die Technikkettenanalyse und für das betriebliche Energie- und Umweltcontrolling eingesetzt werden kann. Zusätzlich bietet MESAP die Möglichkeit, Energie- und Umweltinformationssysteme aufzubauen. Die für die unterschiedlichen Planungsaufgaben in MESAP integrierten Module basieren auf der linearen Simulation, der linearen und nichtlinearen Programmierung (LP, NLP), der gemischt ganzzahligen Programmierung (GGLP) und der dynamischen Investitionsrechnung. Die Module werden durch das gemeinsame relationale Datenbanksystem NetWork integriert.
Mesolithische: die mittlere Steinzeit betreffend.
Metabolisch: den organischen Stoffwechsel betreffend.
METAP-Programm: Beim *Mediterranean Environmental Technical Assistance Program* (METAP) handelt es sich um eine gemeinsame Initiative der Europäischen Investitionsbank (EIB) und der Weltbank. Das Programm fördert Maßnahmen, die versuchen, die Umweltschäden in dieser Region zu reduzieren. Die METAP-Aktivitäten werden seit Januar 1990 durch Kredite in Höhe von bis zu 600 000 ECU für einzelne Aktivitäten unterstützt. METAP arbeitet eng mit dem Mittelmeeraktionsplan (MAP) der UNEP zusammen.
Monovalent/bivalent: Wärmeerzeugungssystem (z.B. Kraftwerksfeuerung, Wärmepumpe), das allein (monovalent) oder zusammen mit anderen (teilweise oder abwechselnd: parallel bivalent oder alternativ bivalent) den Wärmebedarf deckt.
Multikristalline Silizium-Technologie: Vgl. (→) *Dünnschicht-Technologie*; die Kristallgrößen betragen mehrere Millimeter im Gegensatz zu monokristallinen (Einkristallen) und amorphen (keine kristalline Struktur) Silizium-Solarzellen. Silizium-Solarzellen dominieren heute den (→) *Photovoltaik*markt.

Nahwärme: Umgangssprachlicher Ausdruck für ein Fernwärmesystem auf der Basis einer kleinen Anlage zur Wärmeerzeugung (Heizwerk, → *Blockheizkraftwerk*) mit kurzem Leitungssystem für benachbarte Gebäude; technisch handelt es sich um Fernwärme.
Negawatt: Gezielt (auch mittels Substitution von Strom durch andere Energien) eingesparte elektrische Leistung [Kilowatt] und Arbeit [Kilowattstunden].
Negentropie: physikalisches Maß für die Kompensation von Energieentwertung.
Neolithische Revolution: historischer Übergang zum Ackerbau.
Niedertemperaturprozeßwärme: Prozeßwärme mit einer Temperatur von ca. 80-150°C, welche für industrielle und gewerbliche Prozesse, z.B. Wasserentsalzung, Lebensmittelherstellung, Textilverarbeitung, Wäschereien etc. benötigt wird.
Niedrigenergiehaus: Gebäude, das durch besondere Maßnahmen (sehr gute Wärmedämmung, passive Solarenergienutzung u.ä.) einen sehr niedrigen Heizenergieverbrauch hat, der im allgemeinen nur noch die Hälfte und weniger des Verbrauchs üblicher, nach der Wärmeschutzverordnung gebauter Gebäude hat.
Non-utility parties: Energiepolitische Akteure, die keine Interessen der Energieversorgungsunternehmen (englisch: utility) vertreten.
No-Regret-Entwicklung: In der *No-Regret-Entwicklung* werden alle diejenigen Maßnahmen auf der Energieangebots- und Energienachfrageseite durchgeführt, die ohne ein CO_2-Reduktionsziel zu minimalen Kosten der Bereitstellung der Energiedienstleistungen über den gesamten Betrachtungszeitraum führen. Die *No-Regret-Entwicklung* unterstellt keine Hemmnisse bei der Ausschöpfung kosteneffizienter Einsparpotentiale und energiepolitischer Vorgaben (z.B. Mindesteinsatz heimischer Braun- und Steinkohle, Rolle der Kernenergie) entfallen. Die *No-Regret-Entwicklung* stellt somit die (→) *Least-Cost*-Entwicklung des Energiesystems ohne ein CO_2-Reduktionsziel dar.
Nutzenergie: Unter Nutzenergie versteht man die Energie, die vom Verbraucher tatsächlich genutzt wird, d.h. nach Abzug der Umwandlungsverluste beim Einsatz der (→) *Endenergie*. Nutzenergie ist z.B. die zur Deckung der Energiedienstleistung benötigte Wärme, Licht oder Kraft. Der Anteil der Nutzenergie an der in Deutschland eingesetzten (→) *Primärenergie* beträgt z.Z. in etwa ein Drittel.

Oberschwingungsanteil: Ganzzahlige Vielfache der Eigenschwingung.
Ökologische Steuerreform (ÖSR): steht für ein abgabenpolitisches Konzept der Umschichtung von Steuerbasen - daher meist mit der Forderung nach Aufkommensneutralität verbunden. Das Motiv eines solchen Reformkonzepts ist, im Gegensatz zu Vorschlägen zum Einsatz ökonomischer Instrumente in der Umweltpolitik, nicht primär umweltpolitisch, sondern finanz- und wirtschaftspolitisch. Eine ÖSR zielt auf eine Minderung der Allokationsverzerrung, die jegliche Finanzierung staatlicher Leistungen durch Abgaben mit sich bringt. Die gleichzeitige Förderung des Erreichens ökologischer Ziele ist ein Nebenprodukt.
Ökowatt: Elektrische Leistung bzw. Arbeit, die gezielt für die Substitution von Brennstoffen mit dem Effekt einer Verringerung des Primärenergieverbrauchs und/oder der Umweltbelastung eingesetzt wird.
Omnivoren: Allesfresser.
Optimal foraging: Darunter versteht man eine energetisch optimierte Methode der Nahrungsbeschaffung bei Wildbeutern.
ORC-Kraftwerke: Bei Temperaturen knapp über 100°C hat Wasserdampf nicht genügend Druck, um wirtschaftlich Turbinen zur Stromerzeugung zu betreiben. In solchen Fällen kann ein Medium mit niedrigerem Siedepunkt in einem Zwischenkreislauf eingesetzt werden (ORC oder „binary cycle“), dessen Dampf dann Turbinen treibt. Selbst

Temperaturen etwas unter 100°C lassen sich so noch nutzen. ORC-Kraftwerke werden auch bereits in der Sonnenenergienutzung eingesetzt, wo heißes Wasser aus Sonnenkollektoren die Wärme liefert.
Oxidkeramik-Brennstoffzelle: Hochtemperatur-Brennstoffzelle (Arbeitstemperatur zwischen 850 und 1 000°C) mit einem keramischen Elektrolyten aus Zirkoniumoxid. Künftige Anwendungsfelder werden im Kraftwerksbereich mit (→) *Kraft-Wärme-Kopplung* gesehen.

Peltonturbine: Bei Peltonturbinen (auch Freistrahlturbinen genannt) wird das Triebwasser über eine oder mehrere Düsen auf ein Schaufelrad gerichtet. Die Düsen können durch Nadeln reguliert werden. Die Fallhöhe wird bei Peltonturbinen völlig in Geschwindigkeitshöhe umgesetzt. Der Strahl trifft mit hoher Geschwindigkeit auf die Schaufel des Laufrades und wird hier umgelenkt. Peltonturbinen werden bei Fallhöhen zwischen 600 und 2 000 m eingesetzt.
Photoeffekt: Dieser licht- und photoelektrische Effekt ist ein quantenhafter Vorgang, bei dem durch die Einwirkung von Licht Elektronen aus ihrem Bindungszustand gelöst und in einem energiereichen Zustand für elektrischen Ladungstransport verfügbar werden. Bestrahlt man Sperrschichten in Halbleitern, so tritt der Sperrschicht-Photoeffekt bzw. der (→) *photovoltaische Effekt* auf, der zu einer Photospannung an der Sperrschicht führt.
Photovoltaik (PV): Unmittelbare Umwandlung von Sonnenstrahlung in elektrische Energie mittels Halbleitern, sogenannten (→) *Solarzellen.* Darunter versteht man ein Gebiet der Physik, das sich mit der direkten Umsetzung von Lichtenergie in elektrische Energie befaßt. Ausgenutzt wird der photovoltaische Effekt (Sperrschicht-Photoeffekt bzw. → *Photoeffekt*) in Halbleitermaterialien (→ *Solarzelle)*, mit denen photovoltaische Solaranlagen aufgebaut werden können.
Postglazial: nacheiszeitlich.
Potential: Möglichkeit eines Energieträgers, einer Energiequelle oder einer Energietechnik zur Bereitstellung von Energie.
Primärenergie: (Rohenergie) ist der Energieinhalt von Energieträgern, die noch keiner Umwandlung unterworfen worden sind, z.B. fossile Brennstoffe wie Stein- und Braunkohle, Erdöl und -gas, Kernbrennstoffe, erneuerbare Energien wie Wasserkraft, Sonnenenergie, Windkraft sowie Erdwärme.
„Public key"-Verfahren: Es handelt sich dabei um ein in den 70er Jahren entwickeltes Verschlüsselungsverfahren, das auf zwei statt nur einem Schlüssel beruht. Die Teilnehmer verfügen über einen geheimen und einen öffentlichen Schlüssel. Um eine Nachricht zu übermitteln, benutzt der Sender den öffentlichen Schlüssel des Empfängers. Der Empfänger kann dann mit seinem geheimen Schlüssel die Nachricht entziffern. Dieses Verfahren kann auch dazu benutzt werden, um Dokumente elektronisch zu „unterschreiben". Hierzu benutzt der Unterschreibende seinen geheimen Schlüssel. Die Authentizität der Unterschrift kann von allen verifiziert werden, indem der öffentliche Schlüssel des Unterschreibenden auf die kodierte Nachricht angewandt wird.
Pumpspeicherkraftwerke: Wasserkraftwerke mit Ober- und Unterbecken. Die hochgelegenen Oberbecken besitzen z.T. einen natürlichen Zulauf (Fluß, Gletscher). Bei Spitzenbedarf an Energie treibt das Wasser des Oberbeckens eine Turbine mit Generator an, und es wird elektrische Energie an das Versorgungsnetz abgegeben. Mit kostengünstigem Nachtstrom aus Grundlastkraftwerken wird das Wasser aus dem Unterbecken zurück in das Oberbecken gepumpt.
Pyrolyse: Zersetzung der Biomasse durch Hitzeeinwirkung unter Ausschluß von Sauerstoff und bei hohen Temperaturen ($t > 200°C$). Die gewonnenen Stoffe bestehen im all-

gemeinen aus komplizierten Mischungen von Säuren, Alkoholen, Aldehyden und Phenolen, die, um verwendet werden zu können, noch durch geeignete Verfahren getrennt werden müssen. Die verbleibenden festen Rückstände bestehen vor allem aus Holzkohle, die anstelle von Koks in der eisenschaffenden Industrie verwendet werden kann. Das verbleibende Gasgemisch hat einen geringen Heizwert, d.h. es enthält nur wenig reines Methan (weniger als 50%).

Rankine-Zyklus: Einfacher Dampfturbinenprozeß: Der *Rankine-Kreisprozeß* stellt die ideale Übertragung von Energie aus der Wärme eines Brennstoffs über Wasserdampf auf die Dampfturbine mit anschließender Entspannung des Dampfes und Rückführung in die Kesselspeisepumpe dar. Der Wirkungsgrad dieses Kreisprozesses hängt im wesentlichen vom Dampfzustand und der inneren Reibung der Turbine ab.

Rauhigkeitslänge: Die Rauhigkeitslänge gibt die Höhe über Grund an, in der die logarithmische Grenzschicht endet, d.h. die Geschwindigkeit null erreicht. Sie stellt die Höhe der fiktiven, durch die Rauhigkeit verursachten Oberfläche dar.

Rayleigh-Verteilung: Rechnerisch wahrscheinlichste Häufigkeitsverteilung der Windgeschwindigkeiten eines Standorts, eine Sonderform der Weibull-Verteilung.

Referenzentwicklung, Referenzszenario: Ein Entwicklungspfad des Energiesystems, das einer „überraschungsfreien" Fortschreibung des bisherigen Trends entspricht. Unterstellt werden im allgemeinen nur bereits beschlossene oder unmittelbar bevorstehende gesetzliche Regelungen; auch Trends der technischen Entwicklung (z.B. bei der rationellen Energienutzung) und der Energiepreise werden fortgeschrieben.

REG: Regenerative Energiequellen; Oberbegriff für alle unmittelbar oder mittelbar von der Sonnenenergie stammenden Energiearten. Dazu gehören neben der Solarstrahlung Wasserkraft, Windenergie, auch Biomasse, insbesondere organische Abfälle und Reststoffe. In manchen Regionen der Erde sind auch nutzbar: Meereswärme und Wellenenergie. Zu den regenerativen Energien werden im allgemeinen auch die nicht von der Solarstrahlung stammenden Energien (wie z.B. die → *Geothermie* und Gezeitenenergie) gezählt.

REN: Rationelle Energiewandlung und -nutzung; Oberbegriff für alle technischen und strukturellen Möglichkeiten der Verringerung von Energieverlusten in der gesamten Wandlungskette von der → *Primärenergie* (z.B. Steinkohle) bis zur Energiedienstleistung (z.B. „warmer Raum").

Ressource: Im weiten Sinne versteht man darunter alle Produktionsfaktoren (Arbeit, Boden, Kapital, aber auch Humankapital, Energie); im engeren Sinne die Vorkommen von Rohstoffen und Energieträgern. Diese sind von den Reserven zu unterscheiden, d.h. dem sicher nachgewiesenen und mit heute verfügbaren Techniken wirtschaftlich gewinnbaren Teil der Ressourcen.

Return on investment: Das Verhältnis des gesamten investierten Kapitals und des Umsatzes zum Gewinn.

Rohrturbine: Diese Turbinen entsprechen (→) *Kaplanturbinen* mit horizontaler Achse. Der Generator ist in einer birnenförmigen Stahlschale eingekapselt. Die Stahlbirne mit Generator ist in Strömungsrichtung gesehen vor dem Laufrad angeordnet. Das Triebwasser wird radialasymmetrisch um die Birne zu dem Leitrad und dann zum Laufrad der Rohrturbine axial zugeführt.

Solar Home System (SHS): Ein SHS ist ein vorwiegend für die Nutzung in privaten Haushalten konzipiertes photovoltaisches Kleinsystem, das elektrische Energie auf 12 Volt-Gleichstrombasis, vorwiegend für Beleuchtungs- und Unterhaltungszwecke, bereitstellen kann. Es besteht aus einem oder mehreren Solarmodulen, die solare Strahlung in elektrische Energie umwandeln, einer Batterie und einem Laderegler, der den Ladungszustand der Batterie kontrolliert, sowie stromeffizienter Verbrauchsgeräte (Lampen, Radio, Ventilator etc.).

Solarkollektor: Sammler für Sonnenstrahlungsenergie oder Vorrichtung zur Umwandlung von Sonnenenergie in Wärme. Die Nutzung wird an ein Wärmeträgermedium (z.B. Wasser) abgegeben. Wärmeverluste werden u.a. vermindert durch einfache oder mehrfache Glasabdeckung, durch Wärmedämmung der Rückseite, Evaluierung des Luftraums über dem Absorber (z.B. bei Vakuumröhrenkollektoren) oder durch selektive Absorber.

Solarstrahlungskonversion: Bei der Umwandlung solarer Strahlungsenergie in Elektrizität unterscheidet man zwischen *solarthermischen* Anlagen, welche die Strahlung zunächst in Wärme umwandeln, die in einem zweiten Schritt mittels Turbinen in Elektrizität gewandelt wird, und *photovoltaischen* Solaranlagen (→ *Solarzellen*), die unmittelbar elektrische Energie erzeugen.

Solarzelle: Vorrichtung zur direkten Wandlung elektromagnetischer Strahlungsenergie in elektrische Energie (Direktumwandler für die Energieversorgung elektrischer Verbraucher). Solarzellen sind Photoelemente, deren Eigenschaften auf das elektromagnetische Spektrum der Sonne abgestimmt sind. Die Erzeugung elektrischer Energie mit Solarzellen wird als (→) *Photovoltaik* bezeichnet.

Sorptiv: In der Chemie versteht man darunter (bei einer Sorption) den sorbierten Stoff, womit Vorgänge bezeichnet werden, bei denen ein Stoff von einem anderen selektiv aufgenommen wird. Der aufnehmende (sorbierende) Stoff wird als Sorbens, der aufgenommene (sorbierte) Stoff als Sorbat (Sorptiv) bezeichnet.

Steinkohleeinheiten (SKE): Diese erlauben einen Vergleich der verschiedenen Energieträger nach ihrem Heizwert.

Stirling-Motor: Wärmekraftmaschine, bei der die durch Verbrennung freigesetzte Energie über ein Zwei-Zylindersystem in Temperatur-Druckunterschiede und nachfolgend in eine mechanische Kraft umgesetzt wird.

Stoffbilanzen: Bei der Aufstellung von Ökobilanzen werden als zweiter Schritt Inventuren der eingesetzten Rohstoffe, Maschinen, Energieträger und der erhaltenen Produkte, Nebenprodukte und Abfälle durchgeführt. Diese Stoffbilanzen stellen die Basis für weitere Betrachtungen dar.

Straflowturbine: Diese Turbine entspricht wie die (→) *Rohrturbine* einer (→) *Kaplanturbine* mit horizontaler Achse. Hier ist jedoch der Polkranz des Generators (Außenkranzgenerator) fest mit dem Turbinenlaufrad verbunden. Dies führt zu einer sehr kompakten Bauweise.

Stretch-out-Betrieb: Betrieb von Kernkraftwerken mit diskontinuierlicher Brennstoffumladung (z.B. Leichtwasserreaktoren) mit allmählich sinkender Reaktorleistung am Ende der Kampagne als Maßnahme zur Erhöhung der Brennstoffausnutzung. Üblicherweise wird die Betriebskampagne beendet, weil durch den Spaltstoffabbrand und die Akkumulation von Spaltprodukten (Neutronengifte) die Reservereaktivität aufgebraucht ist. Durch sinkende Leistung werden zusätzliche Reaktivitätsreserven (Verringerung der negativen Leistungs-Reaktivitätseffekte) für einen Weiterbetrieb freigesetzt. Der damit verbundenen Senkung der spezifischen Brennstoffkosten steht indes eine sinkende Auslastung der Anlage entgegen und begrenzt die Möglichkeiten des Stretch-out-Betriebes.

Stromeinspeisegesetz: Dieses Gesetz trat 1991 in Kraft und legt Mindestvergütungen für aus erneuerbaren Energien erzeugten Strom fest, der ins Netz der Elektrizitätsunternehmen eingespeist wird. Mit dem Stromeinspeisegesetz wurden die Rahmenbedingungen für den Einsatz erneuerbarer Energien zur Stromerzeugung deutlich verbessert. Es gilt allerdings nicht für die Stromerzeugung in (→) *Kraft-Wärme-Kopplungs*-Anlagen.

Substitution: (wechselseitige) Ersetzung von Rohstoffen/Energieträgern und Produktionstechniken/Energietechniken.
Supraleitender magnetischer Energiespeicher: Speicher für elektrische Energie, der supraleitende Magnetspulen für eine weitgehend verlustfreie Speicherung verwendet.

Technikfolgenabschätzung: Darunter wird eine analytische Aktivität verstanden, welche die Beziehungen zwischen einer bestimmten oder mehreren Feldern der Technikentwicklung einerseits und den sozialen Problemen andererseits behandelt.
TERES: Die von der Europäischen Kommission 1994 erstellte Studie „The European Renewable Energy Study" (TERES) analysierte Potentiale und Marktperspektiven für alternative Energien in einem Zeitraum bis zum Jahre 2010. Die Studie teilte die möglichen alternativen Energiearten und Energietechnologien in vier Gruppen nach ihrer Marktreife und Wettbewerbsfähigkeit ein, um auf dieser Grundlage eine computersimulierte Einschätzung zur Markteinführung alternativer Energien bis zum Jahre 2010 zu geben. Die Studie kam zu dem Ergebnis, daß ein signifikanter Marktanteil alternativer Energien nur zu erreichen ist, wenn die EU verstärkt unterstützende Maßnahmen zur Steigerung ihrer Wettbewerbsfähigkeit ergreift.
Terrestrial Ecosystem Model: Dieses Modell beschreibt den potentiellen Pflanzenaufwuchs, z.B. des tropischen Regenwaldes, unter den Randbedingungen des Klimas, der Bodengüte und der geographischen Lage. Der Pflanzenaufwuchs wird auf seine Kohlenstoff- und Stickstoffgehalte reduziert, um so einen Einblick in die Kreisläufe dieser Elemente zu bekommen.
Topping-Zyklus: Dieser Zyklus stellt eine umweltfreundliche und effiziente Kohlevergasung und -verbrennung in einer Wirbelschichtfeuerung zur Stromerzeugung dar.
Transmissionsgrad: Bei optischen Systemen das Verhältnis von transmittiertem zu gesamt einfallendem Strahlungsfluß. Darunter versteht man eine Absorption, die aus der Schwächung einer Teilchen- oder Wellenstrahlung in ihrer Intensität beim Durchgang durch Materie oder beim Auftreten auf Materie, an der sie reflektiert wird, erfolgt. Der *Transmissionsgrad* wird als die durchgelassene Strahlungsleistung definiert.
Treideln: Stromaufwärtsziehen von Flußschiffen.
Triticale-Triticale-Raps: Triticale ist eine Kreuzungszüchtung aus Roggen und Weizen. Triticale zeichnet sich durch hohe Erträge aus, ist relativ genügsam in den Boden- und Nährstoffansprüchen. Die Fruchtfolge Triticale (1. Jahr) - Triticale (2. Jahr) - Raps (3. Jahr) stellt eine hypothetische energieliefernde Fruchtfolge dar.
Trophisch: Hierunter versteht man die adjektivische Form eines aus dem Griechischen stammenden Wortbildungselements mit der Bedeutung: Ernährung, Nahrung, Wachstum.

UCPTE-System: Französische Abkürzung für: *Union für die Koordinierung der Erzeugung und des Transports elektrischer Energie*. Als System ist der gesamte westeuropäische Stromverbund gemeint.

Vakuumkollektorsysteme: Thermischer Solarkollektor, bei dem Wärmeverluste durch innere Luftwärmeleitung über eine Evakuation der Kollektoren unterdrückt wird. Diese Anlage dient zur Erzeugung von Nutzwärme aus solarer Strahlung. Der Absorber - das strahlungsaufnehmende Element - befindet sich im Vakuum (z.B. einer Glasröhre), um die Verluste durch Wärmeleistung und -konvektion zu verringern.
Vakuumsuperisolationstechnik: Verfahren zur thermischen Isolation von Behältern zur Aufnahme tiefkalter Flüssigkeiten (z.B. Flüssig-Helium: -269°C oder Flüssig-Stickstoff: -196°C). Dabei findet - ähnlich wie bei der bekannten Thermoskanne - ein Isolationsvakuum Anwendung, in dem spezielle Isolierfolien die Strahlungsverluste minimieren.

VLSI (Very Large Scale Integrated Circuit): Das VLSI-Projekt ist ein wichtiges kooperatives japanisches Forschungsprojekt, zu dem das MITI von 1976-1979 ein Konsortium führender japanischer Computerchip-Produzenten mit dem Ziel zusammenführte, von dem 16 KB Chip direkt zum 256 KB Chip überzugehen. Mit diesem Sprung überholten die japanischen Computerchip-Hersteller ihre US-Konkurrenten. Dieses Projekt diente als Vorbild für die Gründung und Förderung von SEMATECH in den USA und für einige Eureka-Projekte europäischen Staaten im Computersektor.

Wärme-Direkt-Service: Verkauf von Wärme (gleich welcher Herkunft) statt der Energie, aus der sie gewonnen wird (z.B. Öl, Gas, Fernwärme) an Verbraucher durch (→) *Dienstleistungspartner/Energiedienstleistungsunternehmen.*

Wärmenutzungsverordnung: Ein Kabinettsbeschluß der Bundesregierung sah den Erlaß einer Wärmenutzungsverordnung vor, um das Wärmenutzungsgebot des - v.a. den industriellen Bereich betreffenden - Bundes-Immissionsschutzgesetzes zu konkretisieren. Nach den vorgelegten Entwürfen müßten die Betreiber von wärmenutzungspflichtigen Anlagen u.a. Wärmenutzungskonzepte erstellen. Zudem werden in den Verordnungsentwürfen feste Grenzwerte für die Energienutzung in Form von Wirkungsgraden für die Neuanlagen von Kraftwerken und Feuerungsanlagen vorgegeben. Bis August 1996 ist es jedoch noch nicht zur Verabschiedung der Wärmenutzungsverordnung gekommen.

Wärmeschutzverordnung: Die Wärmeschutzverordnung wurde erstmalig 1977 erlassen und seither zweimal novelliert. Sie hat zum Ziel, den baulichen Wärmeschutz von Wohngebäuden, aber auch Büro- und Verwaltungsgebäuden, Schulen etc. zu verbessern. Die Wärmeschutzverordnung erfaßt vor allem Neubauten, sie greift aber auch bei baulichen Veränderungen. Konzentrierte sich die Wärmeschutzverordnung ursprünglich auf die ordnungsrechtliche Vorgabe von Werten über die einzuhaltende Begrenzung des Wärmedurchgangs durch Bauteile oder die Begrenzung der Wärmeverluste bei Undichtheiten, wurde bei der zweiten Novellierung ein Anforderungsniveau vorgegeben, das, je nach Gebäudetyp, unterschiedliche, auf den Quadratmeter Nutzfläche bezogene Jahresheizwärmebedarfswerte vorgibt.

Wärmeverlustkoeffizient: Verlustwärmefluß durch ein Bauteil (Hauswand, Kollektorisolation) bezogen auf die Bauteilfläche und die treibende Temperaturdifferenz über dem Bauteil (Dimension: $W/(m^2 x °C)$).

Windkraftanlage: Unter einer Windkraftanlage (WKA), Windenergieanlage (WEA) und einem Windenergiekonverter (WEK) wird im engeren Sinne eine Anlage zur Umwandlung von Windenergie in elektrische Energie verstanden.

Wirkungsgrad: Der Wirkungsgrad eines Prozesses ist der Quotient aus der Summe der nutzbar abgegebenen Energie in einer Zeitspanne und der Summe der zugeführten Energie in derselben Zeitspanne. Demgegenüber wird der Quotient aus der nutzbar abgegebenen Energie und der zugeführten/dargebotenen Energie für längere Zeitspannen, üblicherweise für ein Kalenderjahr, als Nutzungsgrad bezeichnet.

Yellow cake: Hierbei handelt es sich um ein verkaufsfähiges, pulverförmiges Uranerzkonzentrat gelber Färbung mit einem 70- bis 80%igem Uranerzanteil, das bei der Uranerzaufbereitung im Rahmen der Kernbrennstoffgewinnung anfällt.

Literatur

Die folgende Literaturübersicht enthält alle Literaturbelege in den Kapiteln, ausgewählte zusätzliche Veröffentlichungen der Autoren zum Thema dieses Bandes sowie zusätzliche Literaturangaben, die von Hans Günter Brauch aus Vorschlägen der Autoren zusammengestellt wurden. Hinter den Literaturbelegen wurden folgende Zuordnungen vorgenommen, um die Benutzung des Literaturverzeichnisses zu erleichtern:

(A) Veröffentlichung des Autors zur Energiepolitik;
(B) Literaturbeleg (vgl. Kapitel, in denen auf den Titel verwiesen wird);
(E) besonders zur Einführung empfohlen;
(G) grundlegendes Werk;
(R) offizielle Publikation (Internationale Organisation, Regierung u.a.);
(S) Spezialliteratur;
(T) Textbeleg (Gesetz, Vertrag u.a.);
(V) vertiefende Literatur.

Abel, Amy; Holt, Mark E.; Parker, Larry B., 1989: *Controlling Carbon Dioxide Emissions* (Washington, DC: CRS, 25. April). (B15, R, S)

Abel, Wilhelm, 1978: *Agrarkrisen und Agrarkonjunktur* (Hamburg-Berlin). (B2)

Abelshauser, Werner (Hrsg.), 1994: *Umweltgeschichte. Umweltverträgliches Wirtschaften in historischer Perspektive* (Göttingen: Vandenhoeck & Ruprecht). (S)

[ADB, 1993], African Development Bank: *Sectoral Energy Policy* (Abidjan: African Development Bank). (B35, R)

ADB/IBRD/UNDP/ECA, 1990a: *International Seminar On Energy in Africa, Summary Record* (Abidjan: African Development Bank, 27.-30. November). (R)

ADB/IBRD/UNDP/ECA, 1990b: *International Seminar On Energy In Africa. The Possibilities and Limitations of Renewable Energies in Africa*, by ADB/A. Moumouni Dioffo (Abidjan: African Development Bank). (R)

ADB/IBRD/UNDP/ECA, 1990c: *International Seminar On Energy in Africa. A New Energy Agenda For Africa* (Abidjan: African Development Bank). (R)

Adegbulugbe, A.O.; Oladosu, G.A., 1994: „Energy use and CO_2 emissions in the West and Central African region“, in: *Energy Policy*, 22,6: 499-508. (V)

[ADF, 1991], African Development Fund: *Memorandum - African Energy Programme*, Doc. ADF/BD/WP/91/129 (Abidjan: African Development Bank, 30. August). (B35, R)

[Ad-hoc-Ausschuß, 1992], Ad-hoc-Ausschuß beim Bundesminister für Forschung und Technologie: *Großwindanlagen. Abschlußbericht* (Bonn-Jülich: KFA-BEO). (B7)

[AFREPREN, 1990], African Energy Policy Research Network: *African Energy. Issues in Planning and Practice* (London-New Jersey: ZED Books). (B35, S)

Ahl, Christian, 1993a: *Energy & Biomass: Country Profiles: Agricultural and Forestry Biomass Production - Operations Achieved* (Luxemburg: European Parliament, P.E. 164.221). (B8, A)

Ahl, Christian, 1993b: *Energy & Biomass:* Project Paper No. 1: *Potential for Cultivation and Prospects for Utilization from the European Community's Perspective*; Project Paper 2: *Country Profiles: Agricultural and Forestry Biomass Production - Operations Achieved*, Project Paper No. 3: *Liquid Biofuels,* Project Paper No. 4: *8th European*

Conference on Biomass for Energy, Environment, Agriculture and Industry - A Conference Report with special Attention on the Economy of Biodiesel (1995) (Luxemburg: European Parliament). (A)

Ahl, Christian; Eulenstein, Frank, 1995: „Energie und Biomasse - von EU-Potentialabschätzungen zur realen Regionalbilanz", in: Hoffmann, Volker U. (Hrsg.): *Energie* (Stuttgart-Leipzig: Teubner): 22-36. (B8, A)

Ahlhaus, Otto; Boldt, Gerhard; Gonsior, Bernhard; Klein, Klaus; Ziburske, Heinz, 1981: *Taschenlexikon Energie* (Düsseldorf: Pädagogischer Verlag Schwann). (E)

[Akademie, 1991], Akademie der Wissenschaften zu Berlin: *Sonnenenergie - Herausforderung für Forschung, Entwicklung und internationale Zusammenarbeit* (Berlin-New York: de Gruyter). (B33)

AK Energiepolitik, 1989: „Bericht des Arbeitskreises Energiepolitik an die Wirtschaftsministerkonferenz am 14./15. September 1989 zum Thema 'Klimaproblematik und Energiepolitik'", Manuskript. (B10, R)

Akkermann, Remmer (Hrsg.), 1990: *Heizen mit Erdwärme. Energieforum '89 des Niedersächsischen Städtetages* (Berlin: BSH-Verlag). (S)

Alber, Gotelind; Fritsche, Uwe; Kohler, Stephan, 1991: *Energie Report Europa. Daten zur Lage. Ein Binnenmarkt für Energie? Strategien für eine europäische Energiewende* (Frankfurt: S. Fischer). (S)

Albiger, Jonas; Böhringer, Angelika; Kaltschmitt, Martin; Müh, Helmut, 1994: „Windkraftnutzung im Binnenland - Potential- und Standortevaluierung", in: *Energiewirtschaftliche Tagesfragen*, 44,10: 669-675. (A)

Albiger, Jonas; Kaltschmitt, Martin, 1994: „Windkraftnutzung im Binnenland - Identifikation und Bewertung potentieller Anlagenstandorte", in: *Die Gemeinde - BWGZ*, 117,11: 353-358. (A)

Ali, Gaafar E.F.; Hood, Ahmed H., 1992: *Household Energy in Sudan* (Nairobi: KENGO/RWEPA). (V)

Alke, D. Harald, 1994: *Energie für Millionen. Ungeahnte Reserven nutzen* (Flörsheim: Kyborg). (S)

Alliance to Save Energy, 1991: *America's Energy Choices* (Washington, DC: Alliance to Save Energy, Oktober). (S)

Allnoch, Norbert, 1992: *Windkraftnutzung im nordwestdeutschen Binnenland. Ein System zur Standortbewertung für Windkraftanlagen* (Münster: Ardey). (S)

Alt, Franz, 1994: *Die Sonne schickt uns keine Rechnung. Die Energiewende ist möglich* (München: Piper). (E)

Altner, Günter; Amery, Carl; Jungk, Robert; Lovins, Amory B.; et al., 1979: *Zeit zum Umdenken! Kritik an v. Weizsäckers Atom-Thesen* (Reinbek: Rowohlt). (S)

Altner, Günter; Dürr, Hans-Peter; Michelsen, Gerd; Nitsch, Joachim, 1995: *Zukünftige Energiepolitik - Vorrang für rationelle Energienutzung und regenerative Energiequellen* (Bonn: Economica). (B10, 14, 26, 32; A, G, E)

Altner, Günter; Mettler-Meibom, Barbara; Simonis, Udo Ernst; Weizsäcker, Ernst Ulrich von (Hrsg.), 1994: *Jahrbuch Ökologie 1995* (München: C.H. Beck). (E)

American Solar Energy Society, 1992: *Economics of Solar Energy Technologies* (Boulder: American Solar Energy Society, Dezember). (S)

Andersen, Mikael Skou, 1995: *Governance by Green Taxes* (Manchester: Manchester UP). (E, V)

Anderson, Victor, 1993: *Energy Efficiency Policies* (London-New York: Routledge). (S)

Arbeitsgruppe „Strategien“ des Forums für Zukunftsenergien, 1996: *Langfristige Aspekte der Energieversorgung - Folgerungen für die Energiepolitik heute* mit zwei Sonderbeiträgen „Bewertung von Energiesystemen“ von Fischedick, Manfred; Heise, Otmar; Nitsch, Joachim (Gruppe A) und Harder, Herbert; Henssen, Hermann; Hoffmann, Thomas; Schneiders, Volker; Süß, Werner (Gruppe B) (Bonn: Forum für Zukunftsenergien e.V.; zur Veröffentlichung vorgesehen).

Aringhoff, Rainer, 1993: Öffentliche Anhörung zum Thema Erneuerbare Energien: *Der Weg zu einer nachhaltigen und klimaverträglichen Energieversorgung* (Bonn: Enquête-Kommission des Deutschen Bundestages „Schutz der Erdatmosphäre“, Oktober). (S, V)

Arkenberg, Ernst W.; Beschorner, Franz; Ressing, Werner; Waschke, Günter, 1984: *Die Förderung von Energiesparinvestitionen* (Stuttgart: Schäffer-Poeschel). (S)

Arndt, Hans-Wolfgang, 1995: *Rechtsfragen einer deutschen CO_2-/Energiesteuer entwikkelt am Beispiel des DIW-Vorschlages* (Frankfurt/M.: Lang). (V)

Arndt, Michael; Knoll, Michael; Rogall, Holger, 1992: *Modellvorhaben für rationelle Energieverwendung zum flächenhaften Einsatz von Blockheizkraftwerken in Berlin.* Teilgutachten vorgelegt der Senatsverwaltung für Stadtentwicklung und Umweltschutz (Berlin: IZT). (S)

Arrhenius, Svante, 1896: „On the influence of carbonic acid in the air upon temperature on the ground“, in: *Philosophical Magazine*, 41,251 (April): 237-277 (B1, G)

Asian and Pacific Development Centre, 1985: *Integrated Energy Planning: A Manual* (Kuala Lumpur: Asian and Pacific Development Centre).

Asian Development Bank, 1992: *Asian Electric Power Utilities Data Book* (Manila: Asian Development Bank).

[Athens Agreement, 1995], in: Europen Energy Foundation, et al.: *Proceedings of the Conference: Renewable Energies for the Mediterranean Area* (Brüssel: EEF): 5-7.

[Australian Government, 1995], Department of Primary Industries and Energy: *National Sustainable Energy Policy. A Discussion Paper* (Canberra: Australian Government Publishing Service).

[Australian Government, 1996], Expert Group on Renewable Energy Technologies. Report to the Minister for Primary Industries and Energy: *The Development and Use of Renewable Energy Technologies* (Canberra: National Energy Policy Task Force, Department of Primary Industries and Energy, Februar).

Bach, Stefan; Kohlhaas, Michael; Meinhardt, Volker; Praetorius, Barbara; Wessels, Hans; Zwiener, Rudolf, 1995: *Wirtschaftliche Auswirkungen einer ökologischen Steuerreform,* DIW Sonderheft 153 (Berlin: Duncker & Humblot). (B24, E, G)

Bachmann, Ingo; Kabus, Frank; Seibt, Peter, 1995: „Hydrothermale Erdwärmenutzung“, in: Kaltschmitt, Martin; Wiese, Andreas (Hrsg.): *Erneuerbare Energien* (Berlin: Springer): 366-389. (B9)

Bähler, Thomas; Danuser, Christina; Nordmann, Thomas, 1992: *Photovoltaik: Einführung für Architekten und Bauherren* (Bern: Bundesamt für Konjunkturfragen). (S)

Bairoch, P., 1982: „International Industrialization Levels from 1750 to 1890“, in: *Journal of European Economic History*, 11. (B15, S)

Bakay, Arpad; et al., 1992: *Energiewirtschaftliche Perspektiven in Mittel- und Osteuropa. Chancen und Risiken* (München-Wien: Oldenbourg). (S)

Bakema, Guido; Sanner, Burkhard, 1995: „Unterirdische saisonale Kältespeicherung in den Niederlanden“, in: *Geothermische Energie*, 10: 10-11. (B9, A)

Bakema, Guido; Snijders, Aart; Nordell, Bo (Hrsg.), 1995: *Underground Thermal Energy Storage, State of the Art 1994* (Arnhem: IF Technology). (B9, G)

Baldauf, Wolfgang; Balfanz, Ulrich; Hohmann, Thomas, 1995: „Biomass derived transportation fuels in petroleum refineries", in: Chartier, Philippe; Beenackers, A.A.C. M.; Grassi, Giuliano (Hrsg.): *Biomass for Energy, Environment, Agriculture and Industry*, Bd. 2 (Oxford: Pergamon Press): 1129-1140. (B8)

Baldus, Andreas, 1996: *GaAs-Heterostrukturen für die Photovoltaik* (Aachen: Shaker). (S)

Barbier, Enrico; Frye, George; Iglesias, Eduardo; Pálmason, Gudmundur (Hrsg.), 1995: *Proceedings of the World Geothermal Congress, 1995* (Auckland: IGA). (B9, G)

Barth, Karl-Heinz, 1977: *Der Geokomplex Sahel*, Tübinger Geographische Studien, 71 (Tübingen: Geographisches Institut). (B34)

Bartholmai, Bernd; Casser, Eckhard; Vesper, Dieter, 1986: *Analyse der Rahmenbedingungen für energiesparende Investitionen im Mietwohnbereich* (Berlin: Duncker & Humblot). (S)

Bartz, Wilfried J., 1988: *Energieeinsparung durch tribologische Maßnahmen* (Renningen-Malmsheim: expert). (S)

Baumann, Herbert; Kapmeyer, Eberhard; Muser, Bernd, 1994: *Energiesparende Gebäudeplanung für Ingenieure. Planungshilfen zur neuen Wärmeschutz-, Heizungsanlagen- und Kleinfeuerungsanlagenverordnung* (Augsburg: WEKA Baufachverlage). (S)

Baur, Jörg.; Bonhoff, Claudia; Fahl, Ulrich; et al., 1994: *Rationelle Stromanwendung in den Haushalten* (Stuttgart: Akademie für Technikfolgenabschätzung in Baden-Württemberg). (S)

Bechmann, Gotthard; Coenen, Reinhard; Gloede, Fritz, 1994: *Umweltpolitische Prioritätensetzung. Verständigungsprozesse zwischen Wissenschaft, Politik und Gesellschaft* (Stuttgart: Metzler-Poeschel). (S)

Beck, Ulrich, 1986: *Risikogesellschaft - Auf dem Weg in eine andere Moderne* (Frankfurt/M.: Suhrkamp). (B1, G)

Beck, Ulrich, 1988: *Gegengifte. Die organisierte Unverantwortlichkeit* (Frankfurt/M.: Suhrkamp). (S)

Becker, Manfred, 1987: *Solar Thermal Energy Utilization. German Studies on Technology and Application.* Bände 1-3 (Berlin: Springer). (V)

Becker, Manfred; Böhmer, Manfred; Funken, Karl-Heinz (Hrsg.), 1993: *Solares Testzentrum Almería. Berichte der Abschlußpräsentation des Projektes SOTA* (Karlsruhe: C.F. Müller). (B33, S)

Becker, Manfred; Meinecke, Wolfgang (Hrsg.), 1993: *Solarthermische Anlagentechnologien im Vergleich. Turm-, Parabolrinnen, Paraboloid-Anlagen und Aufwindkraftwerke* (Berlin-Heidelberg: Springer). (S)

Beckmann, Gottfried; Schaumann, Peter; Schweicke, Otto, 1995: *ECOLOG - die regionale Bedeutung eines überregionalen Forschungsprojekts*, Wissenschaftliche Berichte Nr. 1465-1480; Heft 38 (Zittau: HTWS, März). (A)

Begemann, Joachim; Dedekind, Marianne; Harmsen, Arnold; Rößinger, Monika, 1993: *Rationelle Energieverwendung in Unternehmen. Zentrum für Energie-, Wasser- und Umwelttechnik (ZEWU) der Handwerkskammer Hamburg* (Stuttgart: Deutscher Sparkassenverlag). (S)

Behnke, Joachim, 1995: *Renergie '95. Beiträge zum Fachkongreß für Windenergie, Solarenergie, Wasserkraft, Biogas* (WINKRA-RECOM). (S)

Bemtgen, Jean M.; Hein, Klaus R.,; Minchener, Andrew J., o.J.: *APAS Clean Coal Technology Programme 1992-1994* (Stuttgart: Universität Stuttgart, Institut für Verfahrenstechnik). (S)

Benedick, Richard Elliot, 1991: *Ozone Diplomacy. New Directions in Safeguarding the Planet* (Cambridge: Harvard UP). (B15, G, V)

Bennert, Wulf; Werner, Ulf J., 1991: *Windenergie,* 2. Aufl. (Berlin: Verlag Technik). (V)

Bennewitz, Jürgen, 1991: *Energie für die Zukunft. Analyse des Energiebedarfs der Weltbevölkerung* (Düsseldorf: VDI-Verlag). (S)

Bennigsen-Foerder, Rudolf von (Hrsg.), 1989: *Nationale Energiepolitik contra regionale Energiepolitik* (Hannover: Niedersachsen-Verlag). (S)

Bergsten, C. Fred; Cline, William R., 1985: *The United States-Japan Economic Problem* (Washington, DC: Institute for International Economic Policy Analysis in International Economics). (B36, S)

Bernstein, Richard J., 1983: *Beyond Objectivism and Relativism. Science, Hermeneutics and Practice* (Philadelphia: University of Pennsylvania Press). (B30)

Berrisch, Hans J., 1993: *Die Wirtschaftlichkeit der Biomasseproduktion zur Wasserstoffherstellung* (Frankfurt/M.: Lang). (V)

Beth, Thomas, 1995: „Confidential Communication on the Internet", in: *Scientific American*, 273,6: 88-91. (B12, S)

Betz, Albert, 1994: *Windenergie und ihre Ausnutzung durch Windmühlen* (Staufen: Ökobuch). (S)

Beutler, Bengt; Bieber, Roland; Pipkorn, Jörn; Streil, Jochen, 1993: *Die Europäische Union, Rechtsordnung und Politik*, 4. Aufl. (Baden-Baden: Nomos). (B14, G, E)

Bhagavan, M.R.; Karekezi, Stephen (Hrsg.), 1992: *Energy Management in Africa* (London-New Jersey: ZED Books ; et al.). (B35, S)

Bhaskar, V.; Glyn, Andrew (Hrsg.), 1995: *The North. The South and the Environment. Ecological Constraints and the Global Economy* (Tokyo-New York-Paris: United Nations University). (E, V)

Bierter, Willy, 1995: *Wege zum ökologischen Wohlstand* (Basel-Berlin-Boston: Birkhäuser). (S, V)

Bijker, Wiebe E.; Hughes, Thomas P.; Pinch, Trevor, 1987: *The Social Construction of Technological Systems. New Directions in the Sociology and History of Technology Systems* (Cambridge, MA-London: The MIT Press). (B30)

Bijker, Wiebe E.; Law, John, 1992: *Shaping Technology/Building Society. Studies in Socialtechnical Change* (Cambridge, MA: The MIT Press). (B30)

Binswanger, Mathias, 1993: *Information und Entropie* (Frankfurt/M.: Campus). (S)

Birg, Herwig, 1995: *World Population Projections for the 21st Century. Theoretical Interpretations and Quantitative Simulations* (Frankfurt/M.: Campus - New York: St. Martin's Press). (B1, S)

Biswas, Asit K., 1986: „Renewable energy and environment policies in Africa", in: *Energy Policy*, 14 (Juni): 281-284. (B35, V)

Blair, John M., 1978: *The Control of Oil* (New York: Vintage Books). (S)

Blair, Peter D., 1993: „U.S. Energy Policy Perspectives for the 1990s", in: Landsberg, Hans H. (Hrsg.): *Making National Energy Policy* (Washington, DC: Resources for the Future): 7-40. (B15)

[BLAK, 1994]: Ministerium für Umwelt (Hrsg.): *Bericht des Bund-/Länder-Arbeitskreises „Steuerliche und wirtschaftliche Fragen des Umweltschutzes" an die Umweltministerkonferenz zum Gesamtkonzept Umweltabgaben/Steuerreform* (Mainz: Umweltministerium von Rheinland Pfalz). (B11, R)

Blakers, Andrew; Diesendorf, Mark, 1996: „A Scenario for the Expansion of Solar and Wind Generated Electricity in Australia“, in: *Australian Journal of Environmental Management,* 3,1 (März): 11-25.

Bleischwitz, Raimund; Etzbach, Martina, 1992: „Der Treibhauseffekt im Spannungsfeld der Nord-Süd-Beziehungen“, in: *Zeitschrift für Evangelische Ethik,* 1,1: 19-31. (B34)

Blenhers, P.; Lehmann, Harry; Reetz, Torsten, 1996: *Sonne, Wasser, Wind und mehr... - Erneuerbare Energien* (Düsseldorf: Verbraucher Zentrale NRW). (A)

Blenk, Oliver, 1995: *Herstellung und Charakterisierung von FeS_2 (Pyrit) für die Photovoltaik* (Konstanz: Hartung-Gorre). (S)

Blum, Bernhard; Flück, Peter; Jobin, Claude; Wiest, Marcel, 1995: *Solare Warmwassererzeugung. Realisierung, Inbetriebnahme und Wartung* (Bern: Bundesamt für Konjunkturfragen). (S)

Blunden, John; Reddish, Alan (Hrsg.), 1991: *Energy, Resources and Environment* (London-Sydney: Hodder & Stoughton). (S)

[BMBF, 1995a], Bundesministerium für Bildung, Wissenschaft, Forschung und Technologie: *Energieforschung und Energietechnologien. Rationelle Energiequellen. BEO Jahresbericht 1994* (Eggenstein - Leopoldshafen: Fachinformationssystem Karlsruhe). (B17, 33; S)

[BMBF, 1995b], Bundesministerium für Bildung, Wissenschaft, Forschung und Technologie: *Photovoltaik - ein Forschungsprogramm zur Erschließung der Sonnenenergie* (Bonn: BMBF, Februar). (B17)

[BMFT, 1992a], Bundesministerium für Forschung und Technologie: *Erneuerbare Energien* (Bonn: BMFT, November). (E, R)

[BMFT, 1992b], Bundesministerium für Forschung und Technologie: *Erneuerbare Energien für die Dritte Welt.* Dokumentation 37/92 (Bonn: BMFT, 1. Dezember). (B17)

[BMFT, 1993], Bundesministerium für Forschung und Technologie: *Informationen zum Programm „Solarthermie 2000“ von 1993 bis 2002 im Rahmen des 3. Programms Energieforschung und Energietechnologien.* SOL-2000 GesProgr (Bonn: BMFT, 21.10.). (B17)

[BMU, o.J.], Bundesministerium für Umwelt, Naturschutz und Reaktorsicherheit: *Umweltpolitik. Beschluß der Bundesregierung vom 11. Dezember 1991: Verminderung der energiebedingten CO_2-Emissionen in der Bundesrepublik Deutschland* (Bonn: BMU). (R, S)

[BMU, o.J.], Bundesministerium für Umwelt, Naturschutz und Reaktorsicherheit: *Umweltpolitik. Klimaschutz in Deutschland. Nationalbericht der Bundesregierung für die Bundesrepublik Deutschland im Vorgriff auf Artikel 12 des Rahmenübereinkommens der Vereinten Nationen über Klimaänderungen* (Bonn: BMU). (R, G)

[BMU, o.J.], Bundesministerium für Umwelt, Naturschutz und Reaktorsicherheit: *Umweltpolitik. Analyse und Diskussion der jüngsten Energiebedarfsprognosen für die großen Industrienationen im Hinblick auf die Vermeidung von Treibhausgasen* (Bonn: BMU). (R, S)

[BMU, 1992a], Bundesministerium für Umwelt, Naturschutz und Reaktorsicherheit: *Umweltpolitik. Bericht der Bundesregierung über die Konferenz der Vereinten Nationen für Umwelt und Entwicklung im Juni 1992 in Rio de Janeiro* (Bonn: BMU). (R, S)

[BMU, 1992b], Bundesministerium für Umwelt, Naturschutz und Reaktorsicherheit: *Umweltpolitik. Zweiter Bericht der Bundesregierung an den Deutschen Bundestag über Maßnahmen zum Schutz der Ozonschicht* (Bonn: BMU, November). (R, S)

[BMU, 1993], Bundesministerium für Umwelt, Naturschutz und Reaktorsicherheit: *Umweltpolitik. Synopse von CO_2-Minderungs-Maßnahmen und -Potentialen in Deutschland* (Bonn: BMU, Dezember). (R, S)

[BMU, 1994]: Bundesministerium für Umwelt, Naturschutz und Reaktorsicherheit: *Beschluß der Bundesregierung vom 29.9.1994 zur Verminderung der CO_2-Emissionen und anderer Treibhausgasemissionen in der Bundesrepublik Deutschland*, BT-Drs. 12/8557 (Bonn: Deutscher Bundestag, Oktober). (B17, 27; V).

[BMWi, 1986], Bundesministerium für Wirtschaft: *Energiebericht der Bundesregierung* (Bonn: BMWi, 24.9, Tz. 89). (B18, 29)

[BMWi, 1992], Bundesministerium für Wirtschaft: *Energiepolitik für das vereinte Deutschland* (Bonn: BMWi). (B1, 18, 29; R, G)

[BMWi, 1993a], Bundesministerium für Wirtschaft: *Energieversorgung in der Europäischen Gemeinschaft* (Bonn: BMWi). (R, G)

[BMWi, 1993b], Bundesministerium für Wirtschaft: *Erneuerbare Energien verstärkt nutzen!* (Bonn: BMWi, Oktober). (R, E)

[BMWi, 1994a], Bundesministerium für Wirtschaft: *Energie Daten '94. Nationale und internationale Entwicklung* (Bonn: BMWi). (B1, 33, 36; R, G)

[BMWi, 1994b], Bundesministerium für Wirtschaft: *Wirtschaft in Zahlen '94* (Bonn: BMWi). (B1, R)

[BMWi, 1994c], Bundesministerium für Wirtschaft (Hrsg.): *Energieeinsparung und erneuerbare Energien - Berichte aus den energiepolitischen Gesprächszirkeln beim Bundesministerium für Wirtschaft*, BMWi Dokumentation Nr. 361 (Bonn: BMWi). (B9, 22, R)

[BMWi, 1994d], Bundesministerium für Wirtschaft: „Einschätzung des technischen, wirtschaftlichen und erschließbaren Potentials erneuerbarer Energien zur Energieerzeugung in Deutschland", in: *Energieeinsparung und erneuerbare Energien*, BMWi Dokumentation Nr. 361 (Bonn: BMWi). (B6)

[BMWi, 1994e], Bundesministerium für Wirtschaft: *Energieeinsparung und erneuerbare Energien - Berichte aus den energiepolitischen Gesprächszirkeln beim Bundesministerium für Wirtschaft, Bericht des Gesprächszirkels Nr. 5*, Dokumentation Nr. 361 (Bonn: BMWi, Dezember). (B18)

[BMWi, 1994f], Bundesministerium für Wirtschaft: *Ergebnisse der Gesprächszirkel des BMWi zum Thema „Energiesparen und erneuerbare Energien"* (Bonn: BMWi, Oktober). (B10, 26)

[BMWi, 1994g], Bundesministerium für Wirtschaft: „Klimaschutz und Energiepolitik - eine nüchterne Bilanz", in: *BMWi Dokumentation Nr. 359* (Bonn: BMWi). (R, S)

[BMWi, 1995a], Bundesministerium für Wirtschaft: *Die Energiemärkte Deutschlands im zusammenwachsenden Europa - Perspektiven bis zum Jahr 2020*, Prognos-Gutachten, Kurzfassung, BMWi-Dokumentation Nr. 387 (Bonn: BMWi). (G, R)

[BMWi, 1995b], Bundesministerium für Wirtschaft: „Internationale Kompensationsmöglichkeiten zur CO_2-Reduktion unter Berücksichtigung steuerlicher Anreize und ordnungspolitischer Maßnahmen". Kurzfassung eines Gutachtens, in: *BMWi Studienreihe Nr. 86* (Bonn: BMWi). (R, S)

[BMZ, 1983], Bundesministerium für wirtschaftliche Zusammenarbeit: *Programm der Bundesregierung für die Zusammenarbeit mit Entwicklungsländern auf dem Gebiet der Energie, Entwicklungspolitik*, Materialien Nr. 70 (Bonn: BMZ). (B19)

[BMZ, 1986], Bundesministerium für wirtschaftliche Zusammenarbeit: *Grundlinien der Entwicklungspolitik der Bundesregierung* (Bonn: BMZ). (B19)

[BMZ, 1992], Bundesministerium für wirtschaftliche Zusammenarbeit: *Förderung erneuerbarer Energie in Entwicklungsländern*, Entwicklungspolitik, BMZ aktuell (Bonn: BMZ, Dezember). (B19)

Bøckman, Oluf; Kaarstad, Ola; Ole, Lie; Richards, Ian, 1990: *Agriculture and Fertilizers* (Oslo: Norsk Hydro a.s.). (B8)

Boeckh, Andreas (Hrsg.), 1984: *Pipers Lexikon zur Politik.* Band 5: *Internationale Beziehungen. Theorien - Organisationen - Konflikte* (München: Piper). (B1, G)

Boeckh, Andreas (Hrsg.), 1994: *Lexikon der Politik.* Band 6: *Internationale Beziehungen* (München: C.H. Beck). (B1, G)

Bohi, Douglas R., 1993: „Searching for Consensus on Energy Security Policy", in: Landsberg, Hans H. (Hrsg.): *Making National Energy Policy* (Washington, DC: Resources for the Future): 41-60. (B15, S)

Bohm, Peter, 1993: „Incomplete international cooperation to reduce CO_2 emissions: alternative policies", in: *Journal of Environment, Economy and Management*, 24: 258-271. (B8)

Bohn, Thomas (Hrsg.), 1988: *Nutzung regenerativer Energie* (Köln: TÜV Rheinland). (V)

Bohnenkamp, Ulrike; Bontrup, Heinz J.; Troost, Axel, 1989: *Regionale Kosten-Nutzen-Analyse einer EDU-Strategie. Endbericht für den Bremer Energiebeirat* (Bremen: PIW). (S)

Böhret, Carl, 1990: *Folgen - Entwurf für eine aktive Politik gegen schleichende Katastrophen* (Opladen: Leske + Budrich). (V)

Böhringer, Christoph; Fahl, Ulrich; Friedrich, Rainer; Läge, Egbert; Lux, Rainer; Michaelis, Hans; Pahlke, Andreas; Schaumann, Peter; Voß, Alfred, 1995: *Beitrag zum offenen und umfassenden Diskurs über „eine zukünftige Energie- und Klimaschutzpolitik"* (Stuttgart: Institut für Energiewirtschaft und Rationelle Energieanwendung). (A)

Bonus, Holger, 1984: *Marktwirtschaftliche Konzepte im Umweltschutz* (Stuttgart: Ulmer). (B12, E, G)

Bonus, Holger, 1990: „Preis- und Mengenlösungen in der Umweltpolitik", in: *Jahrbuch für Sozialwissenschaften*, 41: 343-358. (B12, V)

Bonus, Holger, 1992: „Plädoyer gegen Umweltabgaben", in: Zahn, E.; Gasser, H. (Hrsg.): *Umweltschutzorientiertes Management* (Stuttgart: C.E. Poeschel). (B12, V)

Bork, Hans-Rudolf; Dalchow, Claus; Kächele, Harald; Piorr, Hans-Peter; Wenkel, Karl-Otto, 1995: *Agrarlandschaftswandel in Nordost-Deutschland* (Berlin: Ernst & Sohn Verlag). (B8, V)

Borrmann, A.; Leutwiler, H.; Spitzer, J.; 1990: *Querschittsanalyse ausgewählter Länderevaluierungen im Rahmen des Sonderenergieprogramms (SEP)* (Bonn: BMZ). (B19)

Borsch, Peter; Wagner, Hermann-Josef, 1992: *Energie und Umweltbelastung* (Berlin-Heidelberg: Springer). (E)

Borsutzky, Doris; Nöldner, Wolfgang, 1989: *Psychosoziale Determinanten des Energiesparverhaltens* (Regensburg: Roderer u. Welz). (S)

Boyden, Stephen, 1987: *Western Civilization in Biological Perspective* (Oxford). (B2)

[BP, 1988], British Petroleum: *BP Statistical Review of World Energy* (London: BP, Juni). (B19)

Bradke, Harald, 1995: „Potentiale und Kosten der Treibhausgasminderung im Industrie- und Kleinverbrauchsbereich", in: Enquête-Kommission „Schutz der Erdatmosphäre" (Hrsg.): *Studienprogramm,* Band 3: *Energie*, Teilband 2 (Bonn: Economica). (B27, S)

Bradke, Harald; Masuhr, Klaus-Peter, 1992: „Chances and Limits of Solar Hydrogen in the Federal Republic of Germany“, in: International Association for Energy Economics (Hrsg.): *Coping with the Energy Future: Markets and Regulations, Proceedings,* Band II (Paris: IEA): I-87-I-94. (V)

Brauch, Hans Günter, 1994a: „Partnership Building Measures for Conflict Prevention in the Western Mediterranean“, in: Marquina, Antonio; Brauch, Hans Günter (Hrsg.): *Confidence Building and Partnership in the Western Mediterranean. Tasks for Preventive Diplomacy and Conflict Avoidance* (Madrid: UNISCI - Mosbach: AFES-PRESS): 257-324. (B33, A)

Brauch, Hans Günter, 1994b: „Confidence (and Security) Building Measures: Lessons from the CSCE Experience for the Western Mediterranean“, in: Marquina, Antonio; Brauch, Hans Günter (Hrsg.): *Confidence Building and Partnership in the Western Mediterranean. Tasks for Preventive Diplomacy and Conflict Avoidance* (Madrid: UNISCI - Mosbach: AFES-PRESS): 185-228. (B33, A)

Brauch, Hans Günter, 1994c: „Tolerance Furthering Measures as a Political Tool of Confidence-building Between Europe and North Africa“, Tagungspapier für die III Encuentro Euro-Arabe de Toledo, 24.-26. Oktober. (B33, A)

Brauch, Hans Günter (Hrsg.), 1996a: *Klimapolitik. Naturwissenschaftliche Grundlagen, internationale Regimebildung und Konflikte, ökonomische Analysen sowie nationale Problemerkennung und Politikumsetzung* (Berlin-Heidelberg: Springer). (B1, 15, 33; A, G, E, V)

Brauch, Hans Günter, 1996b: „Internationale Klimapolitik, Klimaaußen- und Klimainnenpolitik - konzeptionelle Überlegungen zu einem neuen Politikfeld“, in: ders. (Hrsg.): *Klimapolitik* (Berlin-Heidelberg: Springer): 315-332. (B1, 33; A, E)

Brauch, Hans Günter; Grin, John; Smit, Wim A.; Graaf, Henk van de, 1995: *Institutionen, Instrumente und Verfahren einer präventiven Rüstungskontrolle. Bericht für das Büro für Technikfolgenabschätzung beim Deutschen Bundestag (TAB)* (Mosbach: AFES-PRESS). (B30, A)

Braun, Ursula, 1977: „OPEC“, in: Woyke, Wichard (Hrsg.): *Handwörterbuch Internationale Politik*, 1. Aufl. (Opladen: Leske+Budrich): 250-256. (B1, E)

Braun, Ursula, 1980: „OPEC“, in: Woyke, Wichard (Hrsg.): *Handwörterbuch Internationale Politik*, 2. Aufl. (Opladen: Leske+Budrich): 281-287. (B1, E)

Braun, Ursula, 1990: „OPEC“, in: Woyke, Wichard (Hrsg.): *Handwörterbuch Internationale Politik*, 4. Aufl. (Opladen: Leske+Budrich; Bonn: Bundeszentrale für politische Bildung): 393-402. (B1, E)

Bremer Energie-Institut, 1995: „Ermittlung und Verifizierung der Potentiale und Kosten der Treibhausgasminderung durch Kraft-Wärme-Kopplung zur Fern- und Nahwärmeversorgung im Bereich Siedlungs-KWK“, in: Enquête-Kommission „Schutz der Erdatmosphäre“ (Hrsg.): *Studienprogramm,* Band 3: *Energie,* Teilband 1 (Bonn: Economica). (S)

Brendow, Klaus, 1992: „Weltbevölkerung und Weltenergiebedarf“, in: *Energiewirtschaftliche Tagesfragen*, 42: 521-525. (B18)

Bridgwater, A.V.; Grassi, Giuliano (Hrsg.), 1994: *Energy from Biomass, Progress in Thermochemical Conversion. Proceedings of the EC Contractors' Meeting, 7 October 1992, Florence,* Report EUR 15389 EN (Luxembourg: Office for Official Publications of the European Communities). (S)

[Brockhaus, 1988]: „Energiepolitik“, in: *Brockhaus Enzyklopädie*, Bd. 6, 19. Aufl. (Mannheim: F.A. Brockhaus): 371-374. (B1, E)

Brockmeyer, Heinrich, 1982: *Die Sonnenenergie und ihre Nutzung in experimenteller Darstellung* (Köln: Aulis Verlag Deubner). (S)

Brockmöller, Andreas, 1992: *Dezentraler Einsatz von Photovoltaikanlagen in Gebäuden. Auswirkungen auf Energieversorgung, Haustechnik und Architektur* (Frankfurt/M.: Lang). (S, V)

Brodeur, Paul, 1993, 1995: *The Great Power-Line Cover-Up. How Utilities and the Government Are Trying to Hide the Cancer Hazards Posed By Electromagnetic Fields* (Boston-New York: Little, Brown and Co.). (S)

Brower, Michael, 1993: *Cool Energy. Renewable Solutions to Environmental Problems* (Cambridge, MA-London: MIT-Press). (S)

Brown, Lester R.: *State of the World 1996* (New York-London: W.W. Norton). (G, E)

Brown, Lester R.; Lenssen, Nicholas; Kane, Hal, 1995: *Vital Signs. The trends that are shaping our future, 1995-1996* (London: Earthscan). (G, V)

Brundtland, Gro Harlam; et al., 1987: *Our Common Future* (Oxford: Oxford UP for World Commission on Environment and Development). (B1, 4; V)

Büchner, Jens, 1992: *Netzbeeinflussung durch Windparks.* Studie im Auftrag des Forums für Zukunftsenergien e.V. (Bonn: Forum für Zukunftsenergien). (B7)

Bull, Hedley, 1977: *Anarchical Society. A Study of Order in World Politics* (New York: Columbia UP)

Bundesamt für Konjunkturfragen, 1993: *Strom rationell nutzen. Umfassendes Grundlagenwissen und praktischer Leitfaden zur rationellen Verwendung von Elektrizität* (Stuttgart: Teubner; Zürich: vdf Hochschulverlag). (G, V)

Buntebarth, Günter, 1984: *Geothermics. An Introduction* (Berlin: Springer). (G, V)

Burhenne, W.E. (Hrsg.), 1990: *Umweltrecht der Europäischen Gemeinschaften* (Berlin: E. Schmidt, Loseblattsammlung, Bd. I-V). (T)

Bush, George, 1991: *National Energy Strategy Plan* (Washington, DC: GPO). (R, V)

Business Council for a Sustainable Energy Future, 1994: *Clean Energy for a Sustainable Future. Business Council Case-Studies of Clean Energy Technology Deployment* (Washington, DC: Business Council). (S, V)

Bußmann, Werner, 1994: „Riehen: Geothermie im Wärmeverbund", in: *Geothermische Energie*, 9: 8-11. (B9)

Bussmann, Werner; Kabus, Frank; Seibt, Peter, 1991: *Geothermie - Wärme aus der Erde* (Karlsruhe; C.F. Müller). (V)

Büttner, Friedemann; Büttner, Veronika, 1993: „Ägypten", in: Nohlen, Dieter; Nuscheler, Franz (Hrsg.): *Handbuch der Dritten Welt,* Bd. 6: *Nordafrika und Naher Osten*, 3. Aufl. (Bonn: J.H.W. Dietz): 154-189. (B33)

Büttner, Sebastian, 1991: *Solare Wasserstoffwirtschaft. Königsweg oder Sackgasse* (Frankfurt/M.: Lang). (V)

Byrne, John; Rich, Daniel (Hrsg.), 1992: *Energy and Environment. The Policy Challenge,* Energy Policy Studies, Bd. 6 (New Brunswick-London: Transaction). (S, V)

Calder, Kent E., 1993: *Strategic Capitalism. Private Business and Public Purpose in Japanese Industrial Finance* (Princeton: Princeton UP). (S)

Caldwell, Lynton Keith, 1990a: *Between Two Worlds - Science, the Environmental Movement and Policy Choice* (Cambridge ; et al.: Cambridge UP) (S).

Caldwell, Lynton Keith, 1990b: *International Environmental Diplomacy. Emergence and Dimensions,* 2. Aufl. (Durham-London: Duke UP). (G)

Carlin, Alan, 1992: *The United States Experience with Economic Incentives to Control Environmental Pollution* (Washington, DC: U.S. Environmental Protection Agency). (B12)

Caroll, John Edward, 1988: *International Environmental Diplomacy. The Management and Resolution of Transfrontier Environmental Problems* (Cambridge ; et al.: Cambridge UP). (G)

Carraro, Carlo; Siniscalco, Domenico (Hrsg.), 1993: *The European Carbon Tax: An Economic Assessment* (Dordrecht-Boston-London: Kluwer). (G)

Carraro, Carlo; Siniscalco, Domenico, 1994: „Environmental Policy Reconsidered: The Role of Technological Innovation", in: *European Economic Review*, 38,3-4: 545-554. (B12)

Caserta, Giuseppe (Hrsg.), 1994: *Implementing Agreement on Bioenergy, Tasks VIII and X: Proceedings of the Seminar on Vegetable Oils as Transportation Fuels, Pisa, May 14-15, 1993* (Paris: International Energy Agency; Italian Biomass Association). (R, S)

Cemic, Ladislav, 1988: *Thermodynamik in der Mineralogie. Eine Einführung* (Berlin: Springer). (S)

Cerveny, Michael; Heindler, Manfred; Jöchlinger, Alfred, 1993a: *Maßnahmenkatalog Energiesparen. 78 Maßnahmen für mehr Effizienz im Energiesystem* (Wien: Energieverwertungsagentur). (S)

Cerveny, Michael; Heindler, Manfred; Jöchlinger, Alfred, 1993b: *Strategien zur Reduktion der CO_2--Emissionen. Aufarbeitung der energie- und verkehrsbezogenen Vorträge und Beratungen im Parlamentarischen CO_2--Unterausschuß* (Wien: Energieverwertungsagentur). (V)

Chahbazian, Kiyoumars, 1979: *Struktur und Entwicklung der Produktion und des Verbrauchs von Energie in der EWG von 1950-1970 unter besonderer Berücksichtigung der sozioökonomischen und politischen Problematik* (Frankfurt/M.: Bock+Herchen). (V)

Chartier, Philippe; Beenackers, A.A.C.M.; Grassi, G. (Hrsg.), 1995: *Biomass For Energy, Environment, Agriculture and Industry. Proceedings of the 8th European Biomass Conference, Vienna, 3-5 October 1994* (Kidlington-Tarrytown: Pergamon). (S)

Chateau, B.; Lapillonne, B., 1982: *Energy Demand: Facts and Trends. A Comparative Analysis of Industrialized Countries* (Wien: Springer). (S)

Chaum, David, 1992: „Achieving Electronic Privacy", in: *Scientific American*, 267,2: 96-101. (B12, S, E)

Chaum, David; Rivest, Ronald L.; Sherman, Alan T. (Hrsg.), 1983: *Blind Signatures for Untraceable Payments. Advances in Cryptology: Proceedings of CRYPTO '82* (New York: Plenum Press). (B12, G)

Chilton, Kenneth; Warren, Melinda (Hrsg.), 1991: *Environmental Protection. Regulating for Results* (Boulder-San Francisco-London: Westview). (S)

Choucri, Nazli, 1976: *International Politics of Energy Interdependence. The Case of Petroleum* (Lexington-Toronto-London: Lexington Books). (S)

CILSS (Hrsg.), 1989: *Le Sahel en lutte contre la désertification*. Ouvrage collectif dirigé et rédigé par René Marceau Rochette (Weikersheim: Margraf). (B34)

Clark, John G., 1990: *The Political Economy of World Energy. A Twentieth Century Perspective* (Chapel Hill-London: University of North Carolina Press). (G, V)

Cleveland, Cutler J., 1995: „The direct and indirect use of fossil fuels and electricity in USA agriculture, 1910-1990", in: *Agriculture, Ecosystems and Environment*, 55,2: 111-121. (B8)

Clinton, William J.; Gore, Albert, Jr., 1993a: *Technology for America's Economic Growth. A New Direction to Build Economic Strength* (Washington, DC: White House, 23. Februar). (B36, R)

Clinton, William J.; Gore, Albert, Jr., 1993b: *The Climate Change Action Plan* (Washington, DC: White House, Oktober). (B15, R, G)

Coenen, Reinhard; Vielhauer-Klein, Sigrid; Meyer, Rolf, 1996: *Integrierte Umwelttechnik - Chancen erkennen und nutzen* (Berlin: edition sigma). (S, V)

Cohen, Gilbert; et al., 1995: „Recent Improvements and Performance Experience at the Kramer Junction SEGS Plants", VDI Bericht 1200 (Düsseldorf: VDI-Verlag). (B32)

Cohen, Linda; McCubbins, Mathew D.; Rosenbluth, Frances McCall, 1995: „The politics of nuclear power in Japan and the United States", in: Cowhey, Peter F.; McCubbins, Mathew D. (Hrsg.): *Structure and Policy in Japan and the United States* (Cambridge-New York: Cambridge UP): 177-202. (S)

Cohen, Mark Nathan, 1989: *Health and the Rise of Civilization* (New Haven-London: Yale UP). (B2)

Collingridge, David, 1980: *The Social Control of Technology* (London: Pinter). (B30)

Commission of the European Communities, DG Research, Science and Education, 1979: *Energy Research and Development Programme, Second Status Report (1975-1978),* Bd. 1 (The Hague-Boston-London: Martinus Nijhoff Publishers, Februar). (R, S)

Commission of the European Union, DG XII (Science, Research and Development), 1994: *Joule 2 - Wind Energy Contractors' Meeting, Harwell (UK) 4-5 May 1994* (Brussels: Commission of the European Communities). (R, S)

Commission of the European Union, DG XII (Science, Research and Development), 1995a: *Wind Desalination and Electricity Production. Proceedings of the Contractors' Meeting, C.R.E.S., Pikermi-Greece, 3 February 1995* (Brussels - Luxembourg: Office for Official Publications of the European Communities). (R, S)

Commission of the European Union, DG XII (Science, Research and Development), 1995b: *Joule 2 - Biomass 1995, Proceedings of the Contractors' Meeting, ECN, Petten, Netherlands, 15-16 March 1995* (Brussels: Commission of the European Communities). (R, S)

Commission of the European Communities, DG for Energy (DG XVII), 1991: *EC Directory on Energy from Biomass and Waste, ALTENER; THERMIE* (Brussels: Commission of the European Communities). (R, S)

Commission of the European Communities, DG for Energy (DG XVII), 1993a: *THERMIE. Energy from Biomass and Waste Technology Projects,* XVII/4/94-EN (Brussels: Commission of the European Communities). (R, S)

Commission of the European Communities, DG for Energy (DG XVII), 1993b: *Centralised Digestion of Animal Manure, ALTENER; THERMIE,* XVII/30/94-EN, study by Danish Energy Agency, Krüger Bigadan (Brussels: Commission of the European Communities). (R, S)

Commission of the European Union, DG for Energy (DG XVII), 1994: *THERMIE: Energy Valorisation of Residual Urban and Industrial Sludges. Market Study* XVII/133/94--EN WRC Water Research Centre, ECOTEC Research and Consulting, September 1993 (Brussels: Commission of the European Communities). (R, S)

Conrad, Felix, 1989: „Kernenergie-Ausbau vs. rationellere Energienutzung zur Lösung des CO_2-Problems?", in: *atomwirtschaft*: 406-412. (S)

Consulectra, 1991: *Wind Power Penetration Study of the European Commission* Federal Republik of Germany. (B7)

Contini Knobel, R.; Fregnan, F.; Labhard, E.; Oppliger, M.; Süsstrunk, Ch., 1992: *Sonne und Architektur - Leitfaden für die Projektierung* (Bern: Bundesamt für Konjunkturfragen). (S)

Cooper, Richard N., 1994: *Environment and Resource Policies for the World Economy* (Washington: The Brookings Institution). (S, V)

Corson, Walter H. (Hrsg.), 1990: *The Global Ecology Handbook - What you can do about the environmental crisis - The Global Tomorrow Coalition* (Boston: Beacon Press). (S)

Cottrell, Fred, 1955: *Energy and Society* (New York). (S, V)

Crastan, Valentin, 1989: *Die Energiepolitik im Spannungsfeld von Ökologie und Fortschritt* (Biel: Gassmann). (S, V)

Crome, Horst, 1990: *Windenergiepraxis. Windkraftanlagen in handwerklicher Fertigung* (Staufen: Ökobuch). (S)

Cronberg, Tarja, 1992: *Technology Assessment in the Danish Socio-Political Context.* Research Note (Lyngbi: Technical University of Denmark, TA Unit). (B30)

Crowley, Peter; Geddes, R. Richard (Hrsg.), 1994: *Private Power in the Pacific. Proceedings of the Minerals and Energy Forum Specialist Group Meeting held in Kuala Lumpur, Malaysia in March 1994* (Canberra: Pacific Economy Cooperation Council, Minerals and Energy Forum). (S, V)

[CRS, 1993], Congressional Research Service, Environment and Natural Resources Policy Division, Science Policy Research Division, Economics Division: *Energy Policy Act of 1992: Summary and Implications,* 93-134 ENR (Washington, DC: CRS, 1. Februar). (B15, R, S)

Czada, Roland, 1993: „Konfliktbewältigung und politische Reform in vernetzten Entscheidungsstrukturen“, in: Czada, Roland; Schmidt, Manfred G. (Hrsg.): *Verhandlungsdemokratie, Interessenvermittlung, Regierbarkeit*? (Opladen: Westdeutscher Verlag). (B1)

Czakainski, Martin (Hrsg.), 1982: *Política Energética. Un dialogo alemán-latinoamericano* (Mainz: v. Hase & Koehler). (S)

Czakainski, Martin, 1993: „Energiepolitik in der Bundesrepublik Deutschland 1960 bis 1980 im Kontext der außenwirtschaftlichen und außenpolitischen Verflechtungen“, in: Hohensee, Jens; Salewski, Michael (Hrsg.): *Energie - Politik - Geschichte. Nationale und internationale Energiepolitik seit 1945* (Stuttgart: Franz Steiner): 17-34. (B1, S)

Daey Ouwens, Cees; Hoogstraaten, Pieter van; Jelsma, Jaap; Prakka, Fred; Rip, Arie, 1987: *Constructief Technologisch Aspectenonderzoek: Een verkenning* (Den Haag: NOTA). (B30)

Dahlberg, Kenneth A.; et al., 1985: *Environment and the Global Arena - Actors, Values, Policies and Future* (Durham: Duke UP). (G)

Daintith, Terence; Hancher, Leigh, 1986: *Energy Strategy in Europe: The Legal Framework* (Berlin-New York: de Gruyter). (S, V)

Dalenbäck, Jan-Olof (Hrsg.), 1990: „Central solar heating plants with seasonal storage, status report“, in: *Swedish Council for Building Research Document*, D14 (Stockholm: BFR): 1-105. (B9)

Dales, John Harkness, 1968: *Pollution, Property and Prices* (Toronto: University of Toronto Press). (B12, G)

Dammann, Hanns Diether, 1977: „Energiekrise“, in: Woyke, Wichard (Hrsg.): *Handwörterbuch Internationale Politik*, 1. Aufl. (Opladen: Leske + Budrich): 75-79. (B1, E)

Dammann, Hanns Diether, 1980: „Energiekrise“, in: Woyke, Wichard (Hrsg.): *Handwörterbuch Internationale Politik*, 2. Aufl. (Opladen: Leske + Budrich): 78-82. (B1, E)

Dammann, Rüdiger (Hrsg.), 1991: *Öko-Test Ratgeber Haushaltsgeräte* (Reinbek: Rowohlt TB). (V)

Danish Government, 1995: *A Presentation of the Danish Energy Package – Green Taxes* (Kopenhagen). (B10, R)

Danish Ministry of Taxation, 1996: *Energy Tax on Trade and Industry* (Kopenhagen). (B10, R)

Danmark, Finansministeriet, 1994: *Gronne Afgifter og Erhvervene* (Kopenhagen: Finansministeriet). (R)

Data Resources Institute (DRI), 1994: *Potential Benefits of Integration of Environmental and Economic Policies* (London: Graham & Trotman). (V)

De Bauw, Robert; Frangakis, Nikos; Papayannides, A.D., o.J. (ca. 1994): *Energy Options In A Changing World: A European Perspective* (Cambridge, MA.: Kluwer). (S)

De Beer, Frik; Swanepoel, Hennie, 1994: „Energy and the community of the poor. Urban settlements, household needs and participatory development in South Africa", in: *Energy Policy*, 22 (Februar): 145-150. (V)

Debeir, Jean-Claude; Deléage, Jean Paul; Hémery, Daniel, 1989: *Prometheus auf der Titanic. Geschichte der Energiesysteme* (Frankfurt/M.: Campus). (S, V)

Decker, Frank, 1994: *Umweltschutz und Staatsversagen. Eine materielle Regierbarkeitsanalyse* (Opladen: Leske + Budrich). (S)

Dei, George J. S., 1993: „Sustainable Development in the African Context: Revisiting some Theoretical and Methodological Issue", in: *African Development*, 18,2: 97-110. (B34)

Der Rat von Sachverständigen für Umweltfragen, 1994: *Umweltgutachten 1994. Für eine dauerhaft-umweltgerechte Entwicklung* (Stuttgart: Metzler-Poeschel). (R, S)

Derian, Jean-Claude, 1990: *America's Struggle for Leadership in Technology* (Cambridge, MA-London: MIT Press). (S, V)

Deubel, Wolf D., 1995: *Einfluß verschiedener Ackerflächenverhältnisse, Düngungsmaßnahmen und Fruchtarten auf die mikrobielle Biomasse des Bodens und Beziehungen zur Reproduktion der organischen Substanz* (Aachen: Shaker). (S)

Deutsche Bank Research, 1995: *Ökologische Steuerreform - Patentrezept oder Mogelpakkung*? (Frankfurt/M.: Deutsche Bank). (V)

Deutscher Bundestag (Hrsg.), 1980: *Zukünftige Kernenergie-Politik. Kriterien - Möglichkeiten - Empfehlungen, Zur Sache 1;80 und 2;80* (Bonn: Deutscher Bundestag). (R, S)

Deutscher Bundestag (Hrsg.), 1982: *Zukünftige (Kern-)Energie-Politik. Ergebnisse parlamentarischer Meinungsbildung und Entscheidungsfindung. Bericht des Ausschusses für Forschung und Technologie. Aussprache und Beschluß des Plenums, Zur Sache 2;82* (Bonn: Deutscher Bundestag). (R, S)

Deutscher Wirtschaftsdienst, 1993: *Der Energie-Berater. Handbuch für rationelle und umweltfreundliche Energienutzung unter Berücksichtigung der Nutzung erneuerbarer Energien. Grundwerk* (Köln: Deutscher Wirtschaftsdienst). (V)

Deutsches Institut für Wirtschaftsforschung; Fraunhofer-Institut für Systemtechnik und Innovationsforschung, 1991: *Kostenaspekte erneuerbarer Energiequellen* (München-Wien: Oldenbourg). (S)

Deutsches Zentrum für Entwicklungs-Technologie - GATE in der GTZ, 1986: *Status Report Solar Energy* (Wiesbaden: Vieweg). (S)

[DEWI, 1993], Deutsches Windenergie-Institut: *Feststellung geeigneter Flächen als Grundlage für die Standortsicherung von Windparks im nördlichen Niedersachsen*: Deutsches Windenergie-Institut im Auftrag des Niedersächsischen Umweltministeriums (Wilhelmshaven: DEWI, Januar). (B7)

[DFS, 1996]: „Pressemitteilung des Deutschen Fachverbandes Solarenergie", April. (B10)

Dietsche, Karl H.; Riedel, Karlheinz, 1994: *Umweltschonende Heizungssteuerung* (Aachen: Elektor).

Diffie, Whitfield, 1992: „The First Ten Years of Public Key Cryptology", in: Simmons, G.J. (Hrsg.): *Contemporary Cryptology: The Science of Information Integrity* (Piscataway, NJ: IEEE Press). (B12, S, E)

Diffie, Whitfield; Hellman, Martin, 1976: „New Directions in Cryptography", in: *IEEE Transaction on Information Theory*, 22,6: 644-654. (B12, G)

DIN (Hrsg.), 1994: *Heiztechnik 1.: Grundlagen. Normen, Gesetze, Verordnungen,* 8. Aufl. (Berlin-Köln: Beuth). (G)

DIN (Hrsg.), 1996: *Heiztechnik 3.: Energieeinsparung - Normen, Gesetze, Verordnungen,* 3. Aufl. (Berlin-Köln: Beuth). (G)

Dinter, Frank, 1992: Thermische Energiespeicher in Solarfarmkraftwerken und ihre Bewertung (Aachen: Shaker). (S)

Diphaha, John B.S.; Burton, R., 1993: „Photovoltaics and Solar Water Heaters in Botswana", in: Karekezi, Stephen; Mackenzie, Gordon A. (Hrsg.): *Energy Options for Africa. Environmentally Sustainable Alternatives* (London: ZED Books ; et al.): 139-153. (S)

[DIW, 1994a], Deutsches Institut für Wirtschaftsforschung: *3. Zwischenbericht zum Projekt „IKARUS" des BMBF, Teilprojekt 2: Primärenergie* (Berlin: DIW, Januar). (B10, 26)

[DIW, 1994b], Deutsches Institut für Wirtschaftsforschung: *Ökosteuer - Sackgasse oder Königsweg? Wirtschaftliche Auswirkungen einer ökologischen Steuerreform*, Gutachten im Auftrag von Greenpeace (Berlin: DIW). (B24)

[DIW; IER, 1995]: „Integrierte Gesamtstrategien der Minderung energiebedingter Treibhausgasemissionen (2005/2020)", in: Enquête-Kommission „Schutz der Erdatmosphäre" (Hrsg.): *Studienprogramm,* Band 3: *Energie,* Teilband 1 (Bonn: Economica), (B27, S)

Dixon, Robert K.; Andrasko, K.J.; Sussmann, F.G.; Lavinsion, M.A.; Trexler, M.C.; Vinson, T.S., 1993: „Forest sector carbon offset projects: near-term opportunities to mitigate greenhouse gas emissions", in: *Water, Air, & Soil Pollution*, 70,1-4: 561-577. (B8, G)

[DOE, 1990], U.S. Department of Energy, Office of Policy Planning and Analysis: *Solar Energy Research Institute. The Potential of Renewable Energy: An Interlaboratory White Paper,* SERI/TP-260-3674 (Washington, DC: DOE, März). (R, S)

[DOE, 1992], U.S. Department of Energy: *Analysis of Options to Increase Exports of U.S. Energy Technology* (Washington, DC: DOE). (R, S)

[DOE, 1994a], U.S. Department of Energy: *Fueling a Competitive Economy* (Washington, DC: DOE, April). (B15, 36; R, S)

[DOE, 1994b], U.S. Department of Energy, Committee on Renewable Energy Commerce and Trade (CORECT): *1993 Annual Report* (Washington, DC: DOE). (B15, R, S)

[DOE, 1995a, U.S. Department of Energy: *Sustainable Energy Strategy. Clean and Secure Energy for a Competitive Economy. National Energy Policy Plan* (Washington, DC: US GPO, Juli). (B15, 36; R, S)

[DOE, 1995b], Committee on Renewable Energy Commerce and Trade: *1994 Annual Report* (Washington, DC: DOE). (B15, R, S)

[DOE, 1995c], U.S. Department of Energy, Chief Financial Officer: *FY 1996: Congressional Budget Request. Budget Highlights* (Washington: DOE, Februar). (B36, R)

[DOE, 1995d], U.S. Department of Energy: *FY 1996, Congressional Budget Request, DOE; CR-0030* (Washington: DOE, Chief Financial Officer, Februar). (R, S)

[DOE, 1995e], U.S. Department of Energy United States: *The Climate Change Action Plan: Technical Supplement, DOE; PO-0011* (Washington: DOE, März). (R, S)

[DOE/EIA, 1993]: U.S. Department of Energy, Energy Information Administration: *Renewable Resources in the U.S. Electricity Supply,* DOE/EIA-561 (Washington, DC: DOE, Februar). (R, S)

[DOE/EIA, 1994a], U.S. Department of Energy, Energy Information Administration: *Annual Energy Review 1993*, DOE/EIA-0384(93) (Washington, DC: DOE, Juli). (R, S)

[DOE/EIA, 1994b], U.S. Department of Energy, Energy Information Administration: *Energy Use and Carbon Emissions. Non-OECD Countries*, DOE/EIA-0587 (Washington, DC: DOE, Dezember). (R, S)

[DOE/EIA, 1994c], U.S. Department of Energy, Energy Information Administration: *International Energy Outlook 1994*, DOE/EIA-0484(94) (Washington, DC: DOE, Juli). (R, S, V)

[DOE/EIA, 1994d], U.S. Department of Energy, Energy Information Administration: *Emissions of Greenhouse Gases in the United States 1987-1992,* DOE/EIA-0573 (Washington, DC: DOE, November). (R, S, V)

[DOE/EIA, 1994e], U.S. Department of Energy, Energy Information Administration: *Energy Use and Carbon Emissions: Some International Comparisons,* DOE/EIA-0579 (Washington, DC: DOE, März). (R, S, V)

[DOE/EIA, 1994f], U.S. Department of Energy, Energy Information Administration: *Profiles of Foreign Direct Investment in U.S. Energy 1992,* DOE/EIA-0466(92) (Washington, DC: DOE, Mai). (R, S, V)

[DOE/EIA, 1995], U.S. Department of Energy, Energy Information Administration: *Annual Energy Outlook 1995. With Projections to 2010*, DOE/EIA-0383(95) (Washington, DC: DOE, Januar). (R, S, V)

[DOE/PE, 1989], U.S. Department of Energy: *Energy Conservation Trends,* DOE/PE-0092 (Washington, DC: DOE). (R, S, V)

[DOE/PO, 1993], U.S. Department of Energy, Office of the Secretary: *Energy Policy Act of 1992: Implementation Status Report*, DOE/PO-0003 (Washington, DC: DOE, 25. Oktober). (R, S)

[DOE/PO, 1994], U.S. Department of Energy, *The Climate Change Action Plan: Technical Supplement,* DOE/PO-0011 (Washington, DC: DOE, März). (B15, R, S, V)

[DOE/S, 1992], U.S. Department of Energy: *National Energy Strategy. Technical Annex 5. Analysis of Options to Increase Exports of U.S. Energy Technology* (Washington, DC: DOE). (R, S)

Döll, Gerhard, 1992: *Herstellung und Charakterisierung von* $MnA_{12}Te_4$, $MnIn_2Te_4$ *und* $MnIn_2Se_4$ *für photovoltaische Anwendungen* (Konstanz: Hartung-Gorre). (S)

Doran, Charles F., 1977: *Myth, Oil and Politics. Introduction to the Political Economy of Petroleum* (New York: The Free Press). (S)

Doré, Julia; De Bauw, Robert, 1995: *The Energy Charter Treaty. Origins, Aims and Prospects* (London: Royal Institute of International Affairs). (S)

Dosi, Giovanni, 1982: „Technological Paradigms and Technological Trajectories. A Suggested Interpretation of the Determinants and Directions of Technical Change“, in: *Research Policy*, 11: 147-162. (B12, G, E)

Dosi, Giovanni; Freeman, Christopher; Nelson, Richard; Silverberg, Gerald; Soete, Luc (Hrsg.), 1988: *Technical Change and Economic Theory* (London: Pinter). (B12, V)

Dovers, Stephen (Hrsg.), 1994: *Sustainable Energy Systems - Pathways for Australian Energy Reform* (Cambridge-New York-Melbourne: Cambridge UP). (S, V)

Dovers, Stephen, 1995: „Information, Sustainability and Policy“, in: *Australian Journal of Environmental Management*, 2,3 (September): 142-156.

Dower, Roger C.; Zimmerman, Mary Beth, 1992: *The Right Climate for Carbon Taxes: Creating Economic Incentives to Protect the Atmosphere* (Washington, DC: World Resources Institute). (S, V)

Downing, Paul B.; White, Laurence J., 1986: „Innovation in Pollution Control“, in: *Journal of Environmental Economics and Management*, 13,1: 18-29. (B12, G)

[DPG, 1995], Energiememorandum 1995 der DPG: „Zukünftige klimaverträgliche Energienutzung und politischer Handlungsbedarf zur Markteinführung neuer emissionsmindernder Techniken“, in: *Physikalische Blätter*, 51: 388-391. (B23)

[DPG; DMG, 1987], Gemeinsamer Aufruf der DPG und der DMG: „Warnung vor drohenden weltweiten Klimaänderungen durch den Menschen“, in: *Physikalische Blätter*, 43: 347-349. (B23)

Dregne, Harold E., 1983: *Desertification of Arid Lands* (Chur ; et al.: Harwood). (S, V)

Dröscher, Wilhelm; Funke, Klaus-Detlef; Theilen, Ernst (Hrsg.), 1977: *Energie - Beschäftigung - Lebensqualität* (Bonn: Neuer Vorwärts Verlag). (S)

Düngen, Helmut, 1993: „Zwei Dekaden deutscher Energie- und Umweltpolitik. Leitbilder, Prinzipien und Konzepte“, in: Hohensee, Jens; Salewski, Michael (Hrsg.): *Energie - Politik - Geschichte. Nationale und internationale Energiepolitik seit 1945* (Stuttgart: Franz Steiner): 35-50. (B1, S)

Dunker, Eduard, 1872: „Über die Benutzung tiefer Bohrlöcher zur Ermittlung der Temperatur des Erdkörpers und die deshalb in dem Bohrloch I zu Sperenberg auf Steinsalz angestellten Beobachtungen“, in: *Zeitschrift für Berg-, Hütten- und Salinenwesen in dem Preussischen Staate*, 20 (Berlin): 206-238. (B9)

Dunker, Eduard, 1889: „Über die Temperatur-Beobachtungen im Bohrloche zu Schladebach“, in: *Neues Jahrbuch für Mineralogie, Geologie und Paläontologie* (Stuttgart): 29-47. (B9)

Dunkerley, Joy (Hrsg.), 1978: *International Comparisons of Energy Consumption* (Washington: Resources for the Future). (S)

Dürr, Hans Peter; Hennicke, Peter; Schmitt, Dieter; et al., 1994: *Billige Energie zu hohen Kosten. Internalisierungsstrategien als Beitrag zu einer nachhaltigen Energiepolitik*. Tagungsband (Wien: Energieverwertungsagentur). (V)

Durstewitz, Michael; Enßlin, Cornel; Heier, Siegfried; Hoppe-Kilpper, Martin, 1992: „Wind Farms in the German ‘250 MW Wind’-Programme“. European Wind Energy Association, Special Topic Conference ‘92, Herning, Dänemark, 1992. (B7)

Durstewitz, Michael; Hoppe-Kilpper, Martin; Kleinkauf, Werner; Stump, Norbert; Windheim, Rolf, 1995: „Technical and Economical Aspects of Wind Energy Applications in Germany“, European Wind Energy Association, Special Topic Conference on Economy of Wind Energy, Helsinki, Finnland. (B7, A)

Dusak, Ingrid, 1994: „Kommentar zu Artikel 130i EGV“, in: Lenz, Carl Otto (Hrsg.): *EG-Vertrag: Kommentar zu dem Vertrag zur Gründung der Europäischen Gemeinschaften* (Köln: Bundesanzeiger; Basel: Helbing & Lichtenhahn; Wien: Ueberreuter): 902-912. (S)

Duscha, M.; Hertle, H.; Six, R., 1994: *Umsetzungsproblematik kommunaler Energiesparkonzepte* (Stuttgart: Akademie für Technikfolgenabschätzung in Baden-Württemberg). (S)

[DWD, 1991], Deutscher Wetterdienst: *Karte der Windgeschwindigkeit in der Bundesrepublik Deutschland* (Offenbach: DWD). (B6)

Ebel, Robert E., 1994: *Energy Choices in Russia,* (Washington, DC: Center for Strategic & International Studies). (S)

EBÖK, 1990: „Hemmnisse und Maßnahmen einer rationellen Energienutzung bei Elektrogeräten und anderen Elektroanwendungen in privaten Haushalten", in: Enquête-Kommission „Vorsorge zum Schutz der Erdatmosphäre" (Hrsg.): *Energie und Klima,* Band 2: *Energieeinsparung sowie rationelle Energienutzung und -umwandlung* (Bonn: Economica): 878-908. (S)

Eckerle, Konrad; Hofer, Peter; Masuhr, Klaus P.; Prognos AG (Hrsg.), 1992: *Energiereport 2010. Die energiewirtschaftliche Entwicklung in Deutschland* (Stuttgart: Schäffer-Poeschel). (G)

Edmonds, J.A.; Reilly, J.; Trabalka, R.; Reichle, D.E., 1984: „An Analysis of Possible Future Atmosphere Retention of Fossile Fuel CO_2" in: U.S. Department of Energy, DOE/TR/013 (Washington: U.S. GPO). (B33)

Ehringer, H.; Hoyaux, G.; Pilavachi, P.A.; Zegers, P. (Commission of the European Communities), 1986: *The Second Energy R&D Programme. Energy conservation (1979 - 1983). Survey of Results* (Brussels: Commission of the European Communities, DG Science, Research and Development). (R, S)

Eichelbrönner, Matthias, 1989: *Analyse der Gleichzeitigkeit des Leistungsangebots von regional verteilten Windkraftanlagen*, Schriftenreihe der Forschungsstelle für Energiewirtschaft (Berlin: Forschungsstelle für Energiewirtschaft). (A)

Eichelbrönner, Matthias, 1991: *Statusreport Erneuerbare Energien*, Schriftenreihe des Forums für Zukunftsenergien Bd. 5 (Bonn: Forum für Zukunftsenergien). (A)

Eichelbrönner, Matthias, 1996: „Pellworm - Möglichkeiten einer CO_2-freien Energieversorgung", in: *Energiewirtschaftliche Tagesfragen*, Nr. 6. (A)

Eichelbrönner, Matthias; et al., 1992: *Modellierung der Netzbeeinflussung durch Windparks,* Schriftenreihe des Forums für Zukunftsenergien Bd. 17 (Bonn: Forum für Zukunftsenergien). (A)

[EK, 1980]: *Zukünftige Kernenergiepolitik*, Bericht der Enquête-Kommission des Deutschen Bundestages, 2 Bände (Bonn: Deutscher Bundestag). (B29)

[EK, 1990], Enquête-Kommission „Gestaltung der technischen Entwicklung, Technikfolgenabschätzung und Bewertung" des 11. Deutschen Bundestages (Hrsg.): *Bedingungen und Folgen von Aufbaustrategien für eine solare Wasserstoffwirtschaft,* BT-Drs. 11/7993 (Bonn: Deutscher Bundestag, Referat Öffentlichkeitsarbeit). (R)

[EK I, 1990a] Enquête-Kommission „Vorsorge zum Schutz der Erdatmosphäre" des Deutschen Bundestages (Hrsg.): *Schutz der Erdatmosphäre: eine internationale Herausforderung,* 3. Aufl. (Bonn: Economica; Karlsruhe: C.F. Müller) [auch erschienen als: Deutscher Bundestag, Referat Öffentlichkeitsarbeit (Hrsg.), 1988: *Schutz der Erdatmosphäre: Eine internationale Herausforderung;* Zwischenbericht der Enquête-Kommission des 11. Deutschen Bundestages „Vorsorge zum Schutz der Erdatmosphäre", Zur Sache 88,5 (Bonn: Deutscher Bundestag, Referat Öffentlichkeitsarbeit) und als BT-Drs. 11/3264]. (R)

[EK I, 1990b], Enquête-Kommission „Vorsorge zum Schutz der Erdatmosphäre" des Deutschen Bundestages (Hrsg.): *Schutz der Tropenwälder: eine internationale Schwerpunktaufgabe* (Bonn: Economica; Karlsruhe: C.F. Müller) [auch erschienen als: Deutscher Bundestag, Referat Öffentlichkeitsarbeit (Hrsg.), 1990: *Schutz der tropischen Wälder: eine internationale Schwerpunktaufgabe*; Bericht der Enquête-Kommission des 11. Deutschen Bundestages „Vorsorge zum Schutz der Erdatmosphäre"; 2, Zur Sache

90,5 (Bonn: Deutscher Bundestag, Referat Öffentlichkeitsarbeit) und als BT-Drs. 11/7220]. (R)

[EK I, 1990c], Enquête-Kommission „Vorsorge zum Schutz der Erdatmosphäre" des Deutschen Bundestages (Hrsg.): *Schutz der Erde - Eine Bestandsaufnahme mit Vorschlägen zu einer neuen Energiepolitik*, Bände 1 u. 2 (Bonn: Economica; Karlsruhe: C.F. Müller) [auch erschienen als: Deutscher Bundestag, Referat Öffentlichkeitsarbeit (Hrsg.), 1990: *Schutz der Erde: eine Bestandsaufnahme mit Vorschlägen zu einer neuen Energiepolitik*; Bericht der Enquête-Kommission des 11. Deutschen Bundestages „Vorsorge zum Schutz der Erdatmosphäre"; 3, Zur Sache 90,19, Bände 1 u. 2 (Bonn: Deutscher Bundestag, Referat Öffentlichkeitsarbeit) und als BT-Drs. 11/8030]. (B1, 27, 33; R, G)

[EK I, 1990d], Enquête-Kommission des 11. Deutschen Bundestages „Vorsorge zum Schutz der Erdatmosphäre" (Hrsg.): *Energie und Klima-Studienprogramm „Internationale Konvention zum Schutz der Erdatmosphäre sowie Vermeidung und Reduktion energiebedingter klimarelevanter Spurengase*, Bände 1-10 (Bonn: Deutscher Bundestag; Karlsruhe: C.F. Müller). (B13)

[EK II, 1992], Enquête-Kommission „Schutz der Erdatmosphäre" des Deutschen Bundestages (Hrsg.): *Klimaänderung gefährdet globale Entwicklung: Zukunft sichern - jetzt handeln,* Erster Bericht der Enquête-Kommission „Schutz der Erdatmosphäre" des 12. Deutschen Bundestages (Bonn: Economica; Karlsruhe: C.F. Müller). (B1, 33; R, G)

[EK II, 1994a], Enquête-Kommission „Schutz der Erdatmosphäre" des Deutschen Bundestages (Hrsg.): *Mobilität und Klima - Wege zu einer klimaverträglichen Verkehrspolitik,* Zweiter Bericht der Enquête-Kommission „Schutz der Erdatmosphäre" des 12. Deutschen Bundestages (Bonn: Economica) [auch erschienen als BT-Drs. 12/8300]. (R)

[EK II, 1994b], Enquête-Kommission „Schutz der Erdatmosphäre" des Deutschen Bundestages (Hrsg.): *Schutz der Grünen Erde - Klimaschutz durch umweltgerechte Landwirtschaft und Erhalt der Wälder*, Dritter Bericht der Enquête-Kommission „Schutz der Erdatmosphäre" des 12. Deutschen Bundestages (Bonn: Economica) [auch erschienen als BT-Drs. 12/8350]. (R)

[EK II, 1995], Enquête-Kommission „Schutz der Erdatmosphäre" des Deutschen Bundestages (Hrsg.): *Mehr Zukunft für die Erde - Nachhaltige Energiepolitik für dauerhaften Klimaschutz*, Schlußbericht der Enquête-Kommission „Schutz der Erdatmosphäre" des 12. Deutschen Bundestages (Bonn: Economica) [auch erschienen als BT-Drs. 12/8600]. (B, 21, 27, G, R)

[EK-TA, 1990], Enquête-Kommission „Gestaltung der technischen Entwicklung, Technikfolgen-Abschätzung und -Bewertung" des Deutschen Bundestages: *Bedingungen und Folgen von Aufbaustrategien für eine solare Wasserstoffwirtschaft,* Zur Sache, Themen parlamentarischer Beratung 24/90 (Bonn: Deutscher Bundestag, Referat Öffentlichkeitsarbeit). (B1, 32, 33; R, G)

Eleri, Ewah O., 1996: „The energy sector in Southern Africa: A preliminary survey of post-apartheid challenges", in: *Energy Policy*, 24,1: 113-123. (V)

Elliot, G.; Caratti, Giancarlo (Hrsg.), 1994: *1993 European Wave Energy Symposium. Proceedings of an International Symposium held in Edinburgh, Scotland, 21-24 July 1993* (Brüssel - Luxembourg: Office for Official Publications of the EC). (R, S)

Endres, Alfred, 1994: *Umweltökonomie. Eine Einführung* (Darmstadt: Wissenschaftliche Buchgesellschaft). (E)

Engdahl, William F., 1993: *A Century of War. Anglo-American Oil Politics and the New World Order* (Wiesbaden Norderstadt: Böttiger). (S)

Engelmann, Ulrich, 1990: *Beiträge zur Energiepolitik der Bundesrepublik Deutschland 1974-1990* (Düsseldorf: Energiewirtschaft und Technik). (V)

Engler, Robert (Hrsg.), 1980: *America's Energy. Reports from the Nation on 100 Years of Struggles for the Democratic Control of Our Resources* (New York: Pantheon). (S)

English, Mary R.; Schweitzer, Martin; Altman, John A., 1994: „Interactive Efforts between Utilities and Non-Utilities Parties: Constraints and Possibilities", in: *Energy*, 19,10: 1051-1060. (B29)

Environnement et développement du Tiers-Monde Dakar (ENDA); Institut d'économie et de politique de l'énergie Grenoble (IEPE) (Hrsg.), 1993: *L énergie en Afrique. La situation énergétique de 34 pays de l'Afrique subsaharienne et du Nord*, sous la coordination de Jacques Girod (Paris: Karthala). (B34)

[EPA, 1994a], U.S. Environmental Protection Agency: *Technology Innovation Strategy*, EPA 543-K-93-002 (Washington, DC: EPA, Januar). (R, S)

[EPA, 1994b], U.S. Environmental Protection Agency: *Environmental Technology Initiative*, EPA 543-B-94-010 (Washington, DC: EPA, Juli). (R, S)

[EPA, 1994c], U.S. Environmental Protection Agency: *Environmental Technology Initiative: FY 1994 Program Plan*, EPA 543-K-93-003 (Washington, DC: EPA, Januar). (R, S)

Erdmann, Georg, 1995: *Energieökonomik. Theorie und Anwendungen* (Stuttgart: B.G. Teubner - Zürich: vdf). (V)

Erhorn, Hans; Reiss, Johann; Szermann, Michael (Hrsg.), 1993: *International Symposium Energy Efficient Buildings. Leinfelden-Echterdingen, Germany, March 9-11, 1993. Design, Performance and Operation Proceedings; Actes of CIB Working Commission W67 „Energy Conservation in the Built Environment" and IEA-SHC Working Group Task XIII „Law Energy Buildings"* (Stuttgart: IRB). (S)

Ervin, Christine A., 1995: U.S. Department of Energy - Office of Energy Efficiency and Renewable Energy: *Energy for Today and Tomorrow: Investments For a Strong America. FY 1996 Congressional Budget Request* (Washington, DC, DOE, 6.2.). (R, S)

Eschner, Jörg; Wolff, Jürgen; Schulz, Wolfgang, 1991: *Aska - Eine Schule spart Energie. Ergebnisse einer Arbeitsgemeinschaft* (Kiel: Institut für die Pädagogik der Naturwissenschaft an der Uni Kiel). (S)

Eulenstein, Frank, 1995: „Landschaftsindikator Energie", in: Bork, Hans-Rudolf; Dalchow, Claus; Kächele, Harald; Piorr, Hans-Peter; Wenkel, Karl-Otto (Hrsg.), 1995: *Agrarlandschaftswandel in Nordost-Deutschland* (Berlin: Ernst & Sohn Verlag): 264-285. (B8)

[EU, 1994a], Commission of the European Communities: *Communication from the Commission to the Council: Strengthening the Mediterranean Policy of the European Union: Establishing a Euro-Mediterranean Partnership* (Brüssel: COM (94) 427 Final, 19. Oktober). (B33)

[EU, 1994b], Directorate General for Energy (DG XVII): *Energy in Europe. 1993 - Annual Energy Review. Special Issue* (Brüssel: EU Kommission, Juni). (B33, G, R)

EUREC, 1996: *Positionspapier der EUREC-Agency*, herausgegeben von G. Palmers (London: James + James, im Druck). (B10)

Europäische Kommission; Generaldirektion Information, Kommunikation und Kultur, 1987: *Die Europäische Energiepolitik* (Brüssel-Luxemburg: Amt für amtliche Veröffentlichungen der Europäischen Gemeinschaften). (R, S)

Europäische Kommission, 1995: *Eine Energiepolitik für die Europäische Union, Weißbuch*, KOM(95) 682 (Brüssel: Europäische Kommission). (R, G)

Europäische Kommission, 1995: *Für eine Energiepolitik der Europäischen Union, Grünbuch*, KOM(95) 659 (Brüssel: Europäische Kommission). (R, G)

Europäische Kommission, Generaldirektion Energie - GD XVII, 1995: *THERMIE Biomasse-Technologien in Österreich. Marktstudie. Aktion des THERMIE-Programms BM 62 von Andreas Grübl, Richard Hruby, Gerhard Dell, Christiane Egger* (Linz: O.Ö. Energiesparverband, Juli). (R, S)

Europäische Kommission, Generaldirektion Energie - GD XVII, 1996: *Die Energie in Europa bis zum Jahre 2020: ein Szenarien-Ansatz* (Brüssel-Luxemburg: Amt für amtliche Veröffentlichungen der Europäischen Gemeinschaften). (R, S)

Europäisches Parlament, Generaldirektion Wissenschaft, 1992a: *Arbeitsdokument. Internalisierung externer Effekte in der Energie- und Umweltpolitik, deren Einbeziehung in die volkswirtschaftliche Gesamtrechnung und Überlegungen zu CO_2-und Energieabgaben in der EG*, Reihe Energie und Forschung, Nr. W 1, DE-3-92 (Luxemburg: Europäisches Parlament, GD Wissenschaft, Abt. Binnenmarkt). (S, R)

Europäisches Parlament, Generaldirektion Wissenschaft, 1992b: *Arbeitsdokument. Europäische Energiecharta und Ost-West-Kooperation im Energie- und Umweltbereich*, Reihe Energie und Forschung, Nr. W-5 (Luxemburg: GD Wissenschaft, Abt. Binnenmarkt). (R, S)

Europäisches Parlament, Generaldirektion Wissenschaft, 1992c: *Möglichkeiten und Grenzen alternativer Energien im Rahmen der EG-Energiepolitik*, Reihe Energie und Forschung, Nr. W 4, DE-10-92 (Luxemburg: Europäisches Parlament, GD Wissenschaft, Abt. Binnenmarkt). (G, R)

Europäisches Parlament, Generaldirektion Wissenschaft, 1993a: *Arbeitsdokument. Nachhaltige Entwicklung und langfristige Energieziele der Gemeinschaft*, Reihe Energie und Forschung, W-10 (Luxemburg: GD Wissenschaft, Abt. Binnenmarkt). (R, S)

Europäisches Parlament, Generaldirektion Wissenschaft, 1993b: *Arbeitsdokument. Die Russische Föderation - Energie und Forschung: Ausgangslage, Probleme, Aussichten und Perspektiven der Ost-West-Kooperation,* Reihe Energie und Forschung, W-9 (Luxemburg: GD Wissenschaft, Abt. Binnenmarkt). (R, S)

European Commission (Hrsg.), 1994: *Externalities of Fuel Cycles - ExternE Project* (CEPN, France; ETSU, UK; Ecole des Mines, France; IER, Germany; Metroeconomica, UK). (B6)

European Commission, 1994a: „Taxation, Employment and Environment: Fiscal Reform for Reducing Unemployment", in: European Commission, Directorate-General for Economic and Financial Affairs: *European Economy. Annual Economic Report*, No. 56, Study No. 3: 137ff. (G)

European Parliament, DG for Research, 1992a: *Working Papers. The EC Internal Market in Energy: Proposals on Third Party Access (TPA) in the Gas and Electricity Sectors - Selected Contributions,* Energy and Research Series No. W-6 (Luxembourg: DG for Research, Internal Market Division). (R, S)

European Parliament, Directorate General for Research, 1992b: *Working Papers. European Energy Charter and East-West Cooperation on Energy and Environment,* Energy and Research Series No. W-5 (Luxembourg: DG for Research, Internal Market Division). (R, S)

European Parliament, Directorate General for Research, 1994a: *Working Papers. Regulation and Competitiveness of the European Biotechnology Industry,* Energy and Research Series No. W-13 (Luxembourg: DG for Research, Internal Market Division).(R, S)

European Parliament, DG for Research, 1994b: *EU Energy Policy, STOA (Science Technological Options Assessment)*, Final report prepared by ÖKO-Institut e.V., (Luxembourg: European Parliament, DG for Research, Internal Market Division). (S)

European Parliament, DG for Research, 1995a: *Comparative Study on Experience obtained in selected EU-Member States in supporting Renewable Energies and proposed Political Options*, by DLR and Luxcontrol, Contract No. IV/95/44, Stuttgart-Esch-sur-Alzette (Luxembourg: European Parliament, DG for Research, Internal Market Division). (S, V)

European Parliament, DG for Research, 1995b: *Financial Instruments to Support Renewable Energies*, Report by Energiewirtschaftliches Institut an der Universität Köln, Project No. IV/95/41, Köln, September (Luxembourg: European Parliament, DG for Research, Internal Market Division). (S)

European Parliament, DG for Research, 1995c: *Political and Legal Framework and Non-Tech-nical Barriers to Renewable Energy*, by ECOTEC Research and Consulting LTD, Birmingham-Brüssel, September (Luxembourg: European Parliament, DG for Research, Internal Market Division). (S)

European Parliament, DG for Research, 1995d: *Research, Technological Development and Demonstration in the field of Renewable Energies*, by Ogden umwelt und energie systeme gmbh, Project No. IV/95/38, Bonn, September (Luxembourg: European Parliament, DG for Research, Internal Market Division). (S)

European Parliament, DG for Research, 1995e: *Study on a Community Action Plan for Renewable Energies: Actual Status, Potential and Prospects*, by Luxcontrol, Esch-sur-Alzette, Project No. IV/95/37, Luxemburg, September (Luxembourg: European Parliament, DG for Research, Internal Market Division). (S)

European Parliament, DG for Research, 1995f: *Overall Energy Policy and the Advantages of renewable Energy technologies*, by Wuppertal Institute for Climate, Energy and Environment, Project No. IV/95/42, Wuppertal, Oktober 1995 (Luxembourg: European Parliament, DG for Research, Internal Market Division). (S)

European Parliament, DG for Research, 1995g: ET-Briefing Note (Energy and Technology, ET) No.7: *The Mediterranean Region (MR): Energy Situation and Prospects for Renewable Energies. A Short Overview* EP, PE 165.574 (Luxembourg: European Parliament, DG for Research, Internal Market Division, 23. Oktober). (B33)

Eurosolar, 1993: *Technologie der Photovoltaik USA - Japan - Europa.* Eine Studie im Auftrag der Kommission der Europäischen Gemeinschaft (Bonn: Eurosolar, November). (B36, S)

Eurosolar, 1994: *Das Potential der Sonnenenergie in der EU* (Bonn: Eurosolar, November). (B24)

Eurosolar, 1995: „EUROSOLAR-Memorandum Export-Strategien für erneuerbare Energien der USA und Japans“, in: *Solarzeitalter,* Nr. 3: 25-29. (B36, S)

Eurostat, 1993: *Energiestatistiken* (Luxemburg: Europäische Kommission). (B18)

Eurostat, 1995a: *Energie. Jährliche Statistiken 1993* (Brüssel-Luxemburg: EGKS-EG-EAG). (R, S, T)

Eurostat, 1995b: *Energiepreise 1973-1994* (Brüssel-Luxemburg: EGKS-EG-EAG). (R, S, T)

Ezba; Tang; Togeby, 1994:„The Danish CO_2-Tax Scheme“, in: Danmark, Finansministeriet, 1994: *Gronne Afgifter og Erhvervene* (Kopenhagen: Finansministeriet). (B14)

Fabry, Robert, 1994: „Energy from Biomass & Waste“, in: Molina Igartua, Gonzalo; Robles Piquer, Carlos (Hrsg.): *An Action Plan for Renewable Energy Sources in Europe* (Brussels-Luxembourg: European Commission and European Parliament). (B8, R)

Fahl, Ulrich; Kühner, Rolf; Schaumann, Peter; Lux, Rainer; Böhringer, Christoph, 1996: *Energie und Klima als Optimierungsproblem am Beispiel Niedersachsens,* Forschungsbericht (Stuttgart: Institut für Energiewirtschaft und Rationelle Energieanwendung; i.V.). (A)

Fahl, Ulrich; Läge, Egbert; Rüffler, Wolfgang; Schaumann, Peter; Böhringer, Christoph; Krüger, Roland; Voß, Alfred, 1995: *Emissionsminderung von energiebedingten klimarelevanten Spurengasen in der Bundesrepublik Deutschland und in Baden-Württemberg,* Forschungsbericht Band 21 (Stuttgart: Institut für Energiewirtschaft und Rationelle Energieanwendung). (A)

Fahl, Ulrich; Läge, Egbert; Schaumann, Peter; Voß, Alfred, 1996: „Wirtschaftsverträglicher Klimaschutz für den Standort Deutschland", in: *Energiewirtschaftliche Tagesfragen,* 46,4: 208-212. (A)

Fallows, James, 1989: „Containing Japan", in: *Atlantic Monthly* (Mai). (B36, S)

Faninger, Gerhard, 1988: *Hochschulseminar für Energieberater. 4. Ergänzungsband zu "Energieökonomische Gebäudeplanung und Sanierung"* (Wien: Hölder-Pichler-Tempsky). (S, V)

Farmer, Penny, 1986: *Wind Energy 1975-1985: A Bibliography* (Berlin: Springer). (V)

Faross, Peter, 1995: „Die Energiepolitik der Europäischen Gemeinschaften", Kommentar in: von der Groeben; Thiesing; Ehlermann (Hrsg.): *Handbuch des Europäischen Rechts,* Band IA68, 337. Lieferung (Baden-Baden: Nomos, November). (B14)

Feist, Wolfgang, 1988: *Bauliche Maßnahmen zur Heizenergieeinsparung. Stand der Technik im Vergleich zu gegenwärtigen Standards* (Darmstadt: Institut Wohnen und Umwelt). (S)

Felder, Stefan; Rutherford, Thomas F., 1993: „Unilateral CO_2 reduction and carbon leakage: the consequences of international trade in oil and basic materials", in: *Journal of Environment, Economy and Management,* 25: 162-176. (B8)

Feuerstein, Horst, 1992: „Economic and Legal Framework für Innovative Energies", in: *Neue Wege für Innovative Energieprojekte* (Bonn: Forum für Zukunftsenergien e.V.): 158-168. (S)

[FhG-ISE, o.J.], Fraunhofer-Institut für Solare Energiesysteme: *Sonnenstrom von tausend Dächern* (Freiburg: FhG-ISE). (B17)

Fichtner Development Engineering, 1991: *Abschätzung des wirtschaftlichen Potentials der Windenergienutzung in Deutschland und des bis 2000/2005 zu erwartenden Realisierungsgrades sowie der Auswirkung von Fördermaßnahmen* (Bonn: BMFT). (B7)

Fichtner Development Engineering, 1993: *Abschätzung der wirtschaftlichen Auswirkungen von finanziellen Marktanreizen zugunsten bestimmter Anlagen zur Nutzung erneuerbarer Energien in der Bundesrepublik Deutschland (im Auftrag des BMFT - vorgelegt am 19.2.1993).* (B22)

Fichtner Development Engineering, 1995: *Umweltrelevanz erneuerbarer Energien. Der kumulierte Energieaufwand und die damit verbundenen CO_2-Emissionen bei der Stromerzeugung aus Windkraft, Photovoltaik, Wasserkraft und Biomasse* (Frankfurt/M.: VWEW-Verlag). (V)

Fiedler, R.G.; Helfer, M.; Esser, U., 1994: *Energieeinsparung und CO_2-Minderung im Verkehr. Fahrzeugtechnik* (Stuttgart: Akademie für Technikfolgenabschätzung in Baden-Württemberg). (V)

Fisch, Norbert; Kübler, Rainer; Hahne, Erich, 1992: „Solar unterstützte Nahwärmeversorgung - Heizen mit Sonne", in: *Tagungsbericht 8. Internationales DGS Sonnenforum Berlin* (München: DGS Sonnenforum Verlag): 242-253. (B10)

Fischedick, Manfred; Kaltschmitt, Martin, 1994: „Photovoltaische und windtechnische Stromerzeugung im Kraftwerksverbund - Lastanalyse und Kraftwerkseinsatz“, in: *Elektrizitätswirtschaft*, 93,4: 160-167. (A)

Fischer, Christian, 1992: *Planung von energiesparenden Gebäuden. Methoden und Hinweise zur Senkung des Heizenergieverbrauchs* (Frankfurt/M.: Lang). (S)

Fischer, Jörg; Beck, Bernhard; Hinz, Susanne; Nolte, Michaela, 1995: *Förderfibel Energie. Öffentliche Finanzhilfen für den Einsatz erneuerbarer Energiequellen und die rationelle Energieverwendung* (Karlsruhe Fachinformationszentrum Karlsruhe; Bonn: Forum für Zukunftsenergien e.V.; Köln: Deutscher Wirtschaftsdienst). (V)

Fischer, Wolfgang; Häckel, Erwin, 1987: *Internationale Energieversorgung und politische Zukunftssicherung. Das europäische Energiesystem nach der Jahrtausendwende: Außenpolitik, Wirtschaft, Ökologie* (München: R. Oldenbourg). (B1, S)

Fischer, Wolfram (Hrsg.), 1992: *Die Geschichte der Stromversorgung* (Frankfurt/M.: VWEW-Verlag). (G)

Flachglas Solar, 1994: *Assessment of Solar Thermal Trough Power Plant Technology and its Transferability to the Mediterranean Region. Executive Summary.* Prepared for European Commission, Directorate General, External Relations and Centre de Developpement des Energies Renouvables and Grupo Endesa by Flachglas Solartechnik (Brussels: EU Kommission, DG IA, Juni). (B32, 33)

Flaig, Holger; Linckh, G.; Mohr, Hans, 1994: *Die energetische Nutzung von Biomasse aus der Land- und Forstwirtschaft* (Stuttgart: Akademie für Technikfolgenabschätzung in Baden-Württemberg). (S)

Flaig, Holger; Lüneburg, E. von; Ortmaier, E.; Seeger, G., 1995: *Energiegewinnung aus Biomasse. Agrarische, technische und wirtschaftliche Aspekte* (Stuttgart: Akademie für Technikfolgenabschätzung in Baden-Württemberg). (V)

Flaig, Holger; Mohr, Hans, 1993: *Energie aus Biomasse - Eine Chance für die Landwirtschaft.* (Heidelberg: Springer). (B8, E)

Flavin, Christopher, 1995: „Wind Power Soars“, in: Brown, Lester R.; Lenssen, Nicholas; Kane, Hal (Hrsg.): *Vital Signs. The trends that are shaping our future* (London: Earthscan): 54-55. (S)

Flavin, Christopher; Lenssen, Nicholas, 1990: *Beyond the Petroleum Age: Designing a Solar Economy,* Worldwatch Paper 100 (Washington, DC: Worldwatch Institute). (S)

Flavin, Christopher; Lenssen, Nicholas, 1994a: *Power Surge. Guide to the Coming Energy Revolution* (New York-London: W.W. Norton). (B36, E, V)

Flavin, Christopher; Lenssen, Nicholas, 1994b: *Powering the Future: Blueprint for a Sustainable Electricity Industry,* Worldwatch Paper 119 (Washington, DC: Worldwatch Institute). (S)

Flavin, Christopher; Lenssen, Nicholas, 1995: *Strategien der Energiepolitik. Blaupausen für nachhaltige Technologien* (Schwalbach: Wochenschau-Verlag). (S)

Foders, Federico, 1993: *Energy Policy in Transitional Economies: The Case of Bulgaria.* (Kiel: Universität Kiel, Institut für Weltwirtschaft). (V)

Foley, Gerald (Hrsg.), 1993: *Rural Electrification in Mozambique, Tanzania, Zambia and Zimbabwe. Synthesis Report from the SEI/BUN Workshop on Rural Electrification*, Energy, Environment and Development Series No. 16 (Stockholm: Stockholm Environment Institute). (V)

Forrester, Jay W., 1973: „Counterintuitive Behavior of Social System“, in: Meadows, Dennis L.; Meadows, Donella H. (Hrsg.): *Toward Global Equilibrium: Collected Papers* (Cambridge, MA: Wright Allen). (S, V)

Forschungsverbund Sonnenenergie, 1995: *Themen 94/95: Energiespeicherung* (Köln: DLR). (S)

Forschungsverbund Sonnenenergie, 1996: *Themen 95/96: Photovoltaik 3* (Köln: DLR). (S, V)

Forum für Zukunftsenergien, 1991: *Statusreport „Erneuerbare Energien“* (Bonn: Forum für Zukunftsenergien). (S)

Forum für Zukunftsenergien, 1992a: *4. Internationales Energie-Forum. Europa im Aufbruch. Ein Binnenmarkt für Energie und Umwelt. 19.-20. November 1992* (Bonn: Forum für Zukunftsenergien). (S)

Forum für Zukunftsenergien, 1992b: *Gutachten zum „Vorschlag für die gemeinsame Errichtung eines Sonnenkraftwerks von Industrieländern und einem Entwicklungsland im Sonnengürtel der Erde bei der United Nations Conference on Environment and Development (UNCED)* (Bonn: Forum für Zukunftsenergien). (S)

Forum für Zukunftsenergien, 1992c: *Maßnahmen zur Verminderung der energiebedingten CO_2-Emissionen. Positionen und Materialien* (Bonn: Forum für Zukunftsenergien). (S)

Forum für Zukunftsenergien, 1992d: *Neue Wege für Innovative Energieprojekte, 25.-26. Mai 1992* (Bonn: Forum für Zukunftsenergien). (S)

Forum für Zukunftsenergien, 1992e: *Rationelle Energieverwendung und Erneuerbare Energien in der kommunalen Energiewirtschaft, Budapest, 20.-22. Oktober 1992* (Bonn: Forum für Zukunftsenergien). (S)

Forum für Zukunftsenergien, 1993a: *Hidroenergia 93. 3. Internationale Konferenz und Ausstellung zur Kleinwasserkraft. 4.-6. Oktober 1993, München Tagungsband.* (Bonn: Forum für Zukunftsenergien). (S)

Forum für Zukunftsenergien, 1993b: *Ist die kombinierte Energie-/CO_2-Steuer ein wirksames Instrument der CO_2-Minderungspolitik?* (Bonn: Forum für Zukunftsenergien). (S)

Forum für Zukunftsenergien, 1993c: *NiedrigEnergieHaus '93. Wege zum Niedrigenergiehaus im Neubau und Bestand als Beitrag zum Klimaschutz - Strategien und Beispiele aus Europa* (Bonn: Forum für Zukunftsenergien). (S)

Forum für Zukunftsenergien, 1994a: *Dokumentation. Anforderung an zukünftige Energiesysteme - Kriteriendiskussion, Workshop 7. Juni 1994, Vertretung des Landes Sachsen-Anhalt beim Bund* (Bonn: Forum für Zukunftsenergien). (S)

Forum für Zukunftsenergien, 1994b: *Energetische Nutzung von Biomasse. Im Konsens mit Osteuropa* (Bonn: Forum für Zukunftsenergien). (S)

Forum für Zukunftsenergien, 1994c: *Geothermie und ihr Beitrag für die Energiewirtschaft, Bonn, 7. Dezember 1994* (Bonn: Forum für Zukunftsenergien). (S)

Forum für Zukunftsenergien, 1994d: *Solarenergie. Ein Wirtschaftsfaktor für die arabischen Länder* (Bonn: Forum für Zukunftsenergien). (S)

Forum für Zukunftsenergien, 1995: *Energiepolitik im Widerstreit der Interessen.* (Bonn: Forum für Zukunftsenergien). (S)

Forum für Zukunftsenergien; Forschungszentrum Jülich, 1992: *Umweltauswirkungen bei der Herstellung und Nutzung von Solarzellen - Übersicht über laufende Arbeiten. Informationsveranstaltung im Forschungszentrum Jülich am 12. November 1991* (Bonn: Forum für Zukunftsenergien; Jülich: Forschungszentrum Jülich, Februar). (S)

Foster, John, 1988: *Energy Supply Issues and Strategies for the Modern Sector in Africa,* EDI Working Papers, Energy Series (Washington, DC: Economic Development Institute of the World Bank, IBRD/The World Bank). (V)

Foster, Sir Norman; Scheer, Hermann, 1993: *Solar Energy in Architecture and Urban Planning. Third European Conference on Architecture. Proceedings of an International Conference, Florence, 17-21 May 1993* (Bedford: H.S. Stephens). (S)

Foster, Vivien; Hahn, Robert W., 1995: „Designing More Efficient Markets: Lessons from Los Angeles Smog Control“, in: *Journal of Law and Economics*, 38,1: 19-48. (B12, V)

Franciosi, Robert; Issac, Mark; Pingry, David; Reynolds, Stanley, 1993: „An Experimental Investigation of the Hahn-Noll Revenue Neutral Auction for Emissions Licenses“, in: *Journal of Environmental Economics & Management*, 24,1: 1-24. (B12, V)

Francks, Penelope, 1992: *Japanese Economic Development. Theory and Practice* (London -New York: Routledge). (B36, S)

Frangakis, Nikos; et al. (Hrsg.), 1992: *Energy option in a changing world: A European perspective* (Athen: Sakkoulas). (G, S)

Frank, Folker, 1995a: *Energieeinsparung bei Verwaltungsgebäuden* (Stuttgart: IRB). (S)

Frank, Folker, 1995b: *Solare Stromerzeugung im Bauwesen - Grundlagen, Anwendung, Kostenaspekte* (Stuttgart: IRB). (S)

Frank, Folker, 1995c: *Solarenergienutzung - Normen und Richtlinien* (Stuttgart: IRB). (S)

Frank, Folker, 1995d: *Solarenergienutzung - Rechtliche Fragen* (Stuttgart: IRB). (S)

Frank, Folker, 1995e: *Sonnenenergienutzung - Amortisation, Wirtschaftlichkeit* (Stuttgart: IRB). (S)

Frank, Folker, 1996a: *Energie- und Kosteneinsparung bei der Altbauerneuerung* (Stuttgart: IRB). (S)

Frank, Folker, 1996b: *Energie- und Kosteneinsparung bei Ein- und Zweifamilienhäusern* (Stuttgart: IRB). (S)

Franke, Jürgen, 1987: *Energiewirtschaftliche Aspekte eines Einstiegs in die Sonnenenergiewirtschaft. Die Kosten des Ausstiegs aus der Atomenergiewirtschaft. Vorteile des Energieeinsparens in privaten Haushalten. Förderung der Windenergie und der Photovoltaik* (Freiburg: Öko-Institut). (S)

Franquesa, Manuel, 1989: *Kleine Windräder. Berechnung und Konstruktion* (Walluf-Wiesbaden: Bauverlag). (S)

Franzmeyer, Fritz, 1984: „Europäische Energiepolitik - wenig Spielraum für abgestufte Integration“, in: Grabitz, Eberhard (Hrsg.): *Abgestufte Integration - Eine Alternative zum herkömmlichen Integrationskonzept?* (Kehl-Straßburg: N.P. Engel). (S)

Frey, Ren L.; et al., 1995: *Energiepolitik für den Wirtschaftsstandort Deutschland* (München-Wien: R.Oldenbourg). (S)

Friedrich, Rainer, 1993: *Umweltpolitische Maßnahmen zur Luftreinhaltung. Kosten-Nutzen-Analyse* (Berlin: Springer). (V)

Friedrich, Rainer; Greßmann, Alexander; Mayerhofer, Petra; Krewitt, Wolfgang, 1996: *Externe Kosten der Stromerzeugung* (Frankfurt/M.: VWEW-Verlag). (B21, V)

Frischknecht, Rolf; et al., 1994: *Ökoinventare für Energiesysteme* (Zürich-Villingen: ETH, PSI). (B6)

Fritsch, Bruno, 1994: *Mensch - Umwelt - Wissen: Evolutionsgeschichtliche Aspekte des Umweltproblems*, 4. Aufl. (Stuttgart: B.G. Teubner). (G)

Fritsch, Herbert, 1993: *Biomasse und Energiegewinnung* (Stuttgart: IRB). (S)

Fritsch, Herbert, 1994a: *EDV-Anwendung - Wärmeschutz, Energieanalysen*, 3. Aufl. (Stuttgart: IRB). (S)

Fritsch, Herbert, 1994b: *Energieeinsparung bei Beleuchtungen* (Stuttgart: IRB). (S)

Fritsch, Herbert, 1994c: *Kühlung mit Solarenergie* (Stuttgart: IRB). (S)

Fritsch, Herbert, 1994d: *Niedertemperaturheizkessel,* 4. Aufl. (Stuttgart: IRB). (S)

Fritsche, Uwe; et al., 1995: *Gesamt-Emissions-Modell Integrierter Systeme (GEMIS) Version 2.1.* Aktualisierter und erweiterter Endbericht im Auftrag des Hessischen Ministeriums für Umwelt, Energie und Bundesangelegenheiten (Wiesbaden: Hessisches Ministerium für Umwelt, Energie und Bundesangelegenheiten). (B6, 13)

Fritz, Wolfgang, 1983: *Energiesparen = Geldsparen? Probleme und Chancen bei der Nutzung von Leitungsenergien* (Frankfurt/M.: Haag + Herchen). (S)

Funabashi, Harutoshi, 1992: „Social Mechanisms of Environmental Destruction: Social Dilemmas and the Separate-Dependent Ecosystem", in: Krupp, Helmar (Hrsg.): *Energy Politics and Schumpeter Dynamics. Japan's Policy Between Short-Term Wealth and Long-Term Global Welfare* (Tokyo: Springer): 265-275. (B16)

Furger, Franco, 1994: *Ökologische Krise und Marktmechanismen. Umweltökonomie in evolutionärer Perspektive* (Opladen: Westdeutscher Verlag). (B12, A, S)

Furugaki, Issei, 1992: „Potential and Politics of Energy Conservation", in: Krupp, Helmar (Hrsg.): *Energy Politics and Schumpeter Dynamics. Japan's Policy Between Short-Term Wealth and Long-Term Global Welfare* (Tokyo: Springer): 177-190. (B16)

Gale, R.; Barg, St.; Gillies, A. (International Institute for Sustainable Development), 1995: *Green Budget Reform, an International Case Book of Leading Practices* (London: Earthscan). (E, G)

Garrad, Andrew D.; Palz, Wolfgang; Scheller, S. (Hrsg.), Commission of the European Communities, 1993: *European Community Wind Energy Conference, Proceedings of an International Conference* (Bedford: H.S. Stephens). (R, S)

Garten, Jeffrey E., 1993: *Der kalte Frieden. Amerika, Japan und Deutschland im Wettstreit um die Hegemonie* (Frankfurt/M.-New York: Campus). (E, V)

Gasch, Robert (Hrsg.), 1991, 1996: *Windkraftanlagen - Grundlagen und Entwurf* (Stuttgart: Teubner). (B6, V)

Gasparini, Paolo; Scarpa, Roberto; Aki, Keiiti, 1993: *Volcanic Seismology* (Berlin: Springer). (S)

Gawel, Erik, 1993: „Die Emissionenrechtelösung und ihre Praxisvarianten - eine Neubewertung", in: *Zeitschrift für Umweltpolitik und Umweltrecht*, 16,1: 31-54. (B12, V)

Gehring, Thomas, 1994: *Dynamic International Regimes. Institutions for International Environmental Governance* (Frankfurt/M.: Lang). (B15, S, V)

Gehring, Thomas, 1996: „Das internationale Regime zum Schutz der Ozonschicht: Modell für das Klimaregime", in: Brauch, Hans Günter (Hrsg.): *Klimapolitik* (Berlin-Heidelberg: Springer): 49-60. (B10, 15, 33; S, V)

Georgescu-Roegen, Nicholas, 1971, 1981: *The Entropy Law and the Economic Process* (Cambridge, MA: Harvard UP). (B4)

Geothermische Vereinigung e.V., 1995: *Geothermische Energie - Nutzung, Erfahrung, Perspektive. 3. Geothermische Fachtagung, 5.-7. Oktober 1994, Schwerin* (Bonn: Forum für Zukunftsenergien). (S)

Gerstenkorn, Hartmut, 1992: *Analyse der ökologischen Aspekte einer Energieerzeugung aus Biomasse* (Frankfurt: Deutsche Landwirtschafts-Gesellschaft). (S)

Gessenharter, Wolfgang; Fröchling, Helmut (Hrsg.), 1989: *Atomwirtschaft und innere Sicherheit* (Baden-Baden: Nomos). (S)

Gever, John; Kaufmann, Robert; Skole, David; Vörösmarty, Charles, 1986: *The Threat to Food and Fuel in the Coming Decades. Beyond Oil* (Cambridge, MA: Ballinger). (V)

Geyer, Michael A., 1987: *Hochtemperatur-Speicher-Technologie. Konzeption, Betriebsverhalten und Wirtschaftlichkeit eines modularen Gesteinsspeichers als Komponente in Solarturmkraftwerken* (Berlin: Springer). (S)

Gierga, M.; Erhorn, H., 1994: *Energieeinsparpotentiale im Gebäudesektor in Baden-Württemberg* (Stuttgart: Akademie für Technikfolgenabschätzung in Baden-Württemberg). (S)

Giesberts, Ludger, 1995: „Die CO_2/Energiesteuer der EG - Anmerkungen zum geänderten Richtlinienvorschlag der Europäischen Kommission", in: *Recht der Internationalen Wirtschaft*, Nr. 10: 848-859. (B14, S)

Gilchrist, Gavin, 1994: *The Big Switch. Clean energy for the twenty-first century* (St. Leonards: Allen & Unwin). (S)

Gipe, Paul, 1993: *Wind Power for Home & Business. Renewable Energy for the 1990s and Beyond* (Post Mills: Chelsea Green Publishing Co.). (S)

Girod, Jacques (Hrsg.), 1994: *L'énergie en Afrique. La situation énergétique de 34 pays de l'Afrique subsaharienne et du Nord* (Paris: Ademe, Karthala). (S)

Glaeser, Bernhard, 1989a: *Grundlagen präventiver Umweltpolitik* (Opladen: Westdeutscher Verlag). (E)

Glaeser, Bernhard, 1989b: *Umweltpolitik zwischen Reparatur und Vorbeugung. Eine Einführung am Beispiel der Bundesrepublik im internationalen Kontext* (Opladen: Westdeutscher Verlag). (E)

Glatzel, W.D.; Steimle, F.; Krug, Norbert, 1989: *Umweltschutz durch Wärmenutzung* (Essen: Rheinisch-Westfälischer TÜV Fahrzeug). (S)

Gleitsmann, Rolf Jürgen, 1980: „Rohstoffmangel und Lösungsstrategien. Das Problem vorindustrieller Holzknappheit", in: *Technologie und Politik*, 16: 104-154. (B2)

Glocker, Stefan; Richter, Bernd; Schwabe, Joachim, 1992: „Methoden und Ergebnisse bei der Ermittlung von Windenergiepotentialen und Flächen in Mecklenburg-Vorpommern, Hamburg und Schleswig-Holstein", Deutsche Windenergie-Konferenz '92, Wilhelmshaven. (B7)

Glück, Helge; Johnsen, Björn, 1996: *Windkraftanlagenmarkt 1996; Wind Turbine Market 1996. Typen, Technik, Preise; Types, Technical Characteristics, Prizes. The International Overview* (Hannover: WINKRA-RECOM). (S)

Goetzberger, Adolf; Voß, Bernhard; Knobloch, Joachim, 1994: *Sonnenenergie: Photovoltaik. Physik und Technologie der Solarzelle* (Stuttgart: Teubner). (B10, G)

Goetzberger, Adolf; Wittwer, Volker, 1989, (1993, 3. Aufl.): *Sonnenenergie. Physikalische Grundlagen und thermische Anwendungen* (Stuttgart: B.G. Teubner). (A, G, V)

Goetzberger, Adolf; Wittwer, Volker, 1989: *Sonnenenergie. Thermische Nutzung*, 2. Aufl. (Stuttgart: Teubner). (G)

Goldemberg, José; Johansson, Thomas B.; Reddy, Amulya K.N., Williams, Robert H., 1987: *Energy for Development* (Washington, DC: World Resources Institute). (E, S)

Golob, Richard; Brus, Eric, 1993: *The Almanac of Renewable Energy. The Complete Guide to Emerging Energy Technologies* (New York: Henry Holt & Co.). (E, S)

Goretzki, Peter, 1994: *Passive Sonnenenergienutzung in der Bauleitplanung. Computerunterstützte Bewertungsmethoden* (Stuttgart: Universität Stuttgart, Institut für Bauökonomie). (S)

Görres, Anselm, 1985: „Der Zusatznutzen einer Umweltsteuer", in: *Zeitschrift für Umweltpolitik und Umweltrecht*, Nr. 1: 45-68. (E, V)

Gorse, Jean Eugene; Steeds, David R., 1987: *Desertification in the Sahelian and Sudanian Zones of West Africa* (Washington, DC: IBRD). (B34)

Goy, Georg C.; Wittke, Franz; Ziesing, Hans J.; Jäger, Fredy; Kunz, Peter; Mannsbart, Wilhelm; Poppke, Helmut, 1987: *Erneuerbare Energiequellen. Abschätzung des Potentials in der Bundesrepublik Deutschland bis zum Jahr 2000* (München-Wien: R. Oldenbourg). (V)

Graf, Peter; Suter, Peter (ETH Zürich - Forum für Umweltfragen), 1992: *Neue Energien für die Zukunft*. (Basel-Berlin-Boston: Birkhäuser). (S)

Grasse, W.; Oster, F. (Hrsg.), 1990: *Hysolar. Solar Hydrogen Energy. Results and Achievements 1985-1989* (Stuttgart: DLR). (B33)

Grassi, Giuliano; Bertini, I. (Hrsg.), 1991: *Proceedings of the 1st European Forum on Electricity Production from Biomass and Solid Wastes by Advanced Technologies, 27-29 November 1991, Florence* (Brüssel: Commission of the European Communities; Stadt Florenz). (R, S)

Grassi, Giuliano; Bridgwater, A.V. (Hrsg.), 1991: *Energy from Biomass, Thermochemical Conversion. Proceedings of the EC Contractors' Meeting, 29-31 October 1991, Gent* (Brüssel: Commission of the European Communities). (R, S)

Grassi, Giuliano; Bridgwater, A.V.., 1992: *Biomass for Energy and Environment, Agriculture and Industry in Europe. A Strategy for the Future* (Milano: Edizioni Esagono). (R, S)

Grassi, Giuliano; Moncada P.C., Pietro; Zibetta, Henri (Hrsg.), 1991: *Proceedings of Energy from Biomass Contractors' Meeting, Florence, 20-22 November 1990* (Brüssel: Commission of the European Communities; Stadt Florenz). (R, S)

Grassi, Giuliano; Moncada P.C., Pietro; Zibetta, Henri, 1992: *Promising Industrial Energy Crop Sweet Sorghum. Recent Developments in Europe* (Brüssel: Commission of the European Communities). (R, S)

Grauthoff, Manfred, 1991: *Windenergie in Nordwestdeutschland. Nutzungsmöglichkeiten und landschaftsökologische Einpassung von Windkraftanlagen* (Frankfurt/M.: Lang).

Grawe, Joachim, 1984a: „Die Bedeutung der erneuerbaren Energien für die Dritte Welt", in: *Zeitschrift für Energiewirtschaft*, 3: 175-184. (A)

Grawe, Joachim, 1984b: „Energie und Ökologie", in: Hauff, Michael von; Pfister-Gaspary, Brigitte (Hrsg.): *Entwicklungspolitik* (Saarbrücken: Breitenbach): 99-110. (A)

Grawe, Joachim, 1989: *Neue Techniken der Energiegewinnung*, 3. Aufl. (Stuttgart: Bonn aktuell). (A)

Grawe, Joachim, 1990: „Energie für Entwicklungsländer", in: Schmitt, Dieter; Heck, Heinz (Hrsg.): *Handbuch Energie* (Pfullingen: Neske): 321-336. (A)

Grawe, Joachim, 1991a: „Elektrische Energie - Energie der Zukunft", in: Verein Deutscher Elektrotechniker (Hrsg.): *Drehstromtechnik heute und morgen*, VDE-Jubiläumsveranstaltung „100 Jahre Drehstrom" (Frankfurt/M.: VDE-Verlag): 3-14. (A, G)

Grawe, Joachim, 1991b: „Verringerung des Ausstoßes von Kohlendioxid (CO_2) zur Abwehr von Klimarisiken", in: *Elektrizitätswirtschaft*, 9: 447. (B21, A)

Grawe, Joachim, 1991c: „Richtigstellung von Einwänden gegen einen Beitrag der Kernenergie zur Verringerung des Ausstoßes von CO_2", in: *Elektrizitätswirtschaft*, 9: 448-449. (A)

Grawe, Joachim, 1992a: „Aspekte der zentralen und dezentralen Energieversorgung", in: Elektrizitätswerk der Stadt Zürich (Hrsg.): *Energieversorgung von Ballungsgebieten* - Internationales Symposium 25.-26. August 1992, Zürich (Zürich: Selbstverlag): 237-254. (A)

Grawe, Joachim, 1992b: „Die Rolle des Stroms zur Optimierung der Bedarfsdeckung", in: *Elektrizitätswirtschaft*, 18: 1139-1157. (A)

Grawe, Joachim, 1992c: „Wirkungen verschiedener Energieträger und -quellen auf die menschliche Gesundheit und die Umwelt", in: *Geographie und Schule* (Sonderheft „Energie und Umwelt"): 2. (A, G)

Grawe, Joachim, 1992d: „Energieversorgungs-Unternehmen - Vom Stromversorger zum Dienstleistungs-Partner", in: *Zeitschrift für öffentliche und gemeinwirtschaftliche Unternehmen*, 15: 209-218. (B21, A, V)

Grawe, Joachim, 1992e: „Kernenergie ohne CO_2 - oder doch nicht?", in: *Energiewirtschaftliche Tagesfragen*, 9: 603-606. (B21, A, E)

Grawe, Joachim, 1992f: „Versorgungssicherheit, Wettbewerb und Umweltschutz vereinbaren", in: Forum für Zukunftsenergien (Hrsg.): *Europa im Aufbruch - Ein Binnenmarkt für Energie und Umwelt* (Bonn: Forum für Zukunftsenergien): 65-96. (A, G)

Grawe, Joachim, 1992g: *Zukunftsenergien* (München: Bonn Aktuell). (A, E, G)

Grawe, Joachim, 1993: „Umweltschutz und Energiepolitik", in: Rengeling, Hans-Werner (Hrsg.): *Umweltschutz und andere Politiken der Gemeinschaft* (Köln: C. Heymanns): 87-104. (A, S)

Grawe, Joachim, 1994a: „Kernenergie und Sonnenenergie - Alternativen oder Komplementaritäten?" in: Brockmeier, Ulrich (Hrsg.): *Energie - Technik - Umwelt. Festschrift zum 60. Geburtstag von Prof. Dr.-Ing. Hermann Unger* (Bochum: Ruhr-Universität): 117-122. (A, V)

Grawe, Joachim, 1994b: „Nachfragebeeinflussung statt Kapazitätserweiterung?", in: *VEÖ-Journal*, 7/8: 54-58. (A, V)

Grawe, Joachim, 1994c: „Outlook for Risks by Energy Sources", in: OECD (Hrsg.): *Power Generation Choices: Costs, Risks and Externalities* (Paris: OECD Documents): 305-330. (A, V)

Grawe, Joachim, 1994d: „Risiken der verschiedenen Energieträger und -quellen", in: *Versorgungswirtschaft*, 6: 125-132. (A, V)

Grawe, Joachim, 1994e: „Ökonomische und ökologische Folgen eines vorzeitigen Kernenergieverzichts", in: *Energiewirtschaftliche Tagesfragen*, 1-2: 16-18. (A)

Grawe, Joachim, 1995: „Die Stromerzeuger setzen auf erneuerbare Energien", in: *Elektrizitätswirtschaft*, 24: 1597-1598. (B21, A)

Grawe, Joachim; Loew, Heinz; Turowski, Roland, 1990: „Potentiale zur Minderung der CO_2-Emissionen in der Elektrizitätswirtschaft der Bundesrepublik Deutschland", in: *Elektrizitätswirtschaft*, 10: 517-520. (A)

Grawe, Joachim; Muders, Herbert, 1994: „CO_2-Emissionen von BHKW im Vergleich zur Kombination Kernkraftwerk/Heizkessel", in: *Elektrizitätswirtschaft*, 11: 585. (B21, A)

Grawe, Joachim; Nickel, Michael, 1993: „Der Beitrag der deutschen Elektrizitätswirtschaft zur Minderung der CO_2-Emissionen", in: *Elektrizitätswirtschaft*, 20: 1175-1178. (B21, A)

Grawe, Joachim; Schulz, Eckhard; Winkler, Rüdiger, 1991: *Energiesparen mit Strom* (Landsberg: moderne industrie). (B21, A, E, G)

Grawe, Joachim; Turowski, Roland, 1989: „Energiepolitischer Konsens und Bekämpfung der Umweltgefahren", in: *Zeitschrift für angewandte Umweltforschung*, 3: 207-211. (A, E)

Grawe, Joachim; Wagner, Eberhard, 1995: „Nutzung erneuerbarer Energien durch die Elektrizitätswirtschaft, Stand 1994", in: *Elektrizitätswirtschaft*, 24: 1600-1611. (B21, A, G)

Greef, Jörg M., 1996: *Etablierung und Biomassebildung von Miscanthus x giganteus* (Göttingen: Cuvillier). (S)

Green, Martin A., 1986: *Solar cells* (Kensington: University of New South Wales). (B10)

Greenpeace e.V., 1993: *Greenpeace Studie Energie. Sonnige Zukunft: Energieversorgung jenseits von Öl und Uran* (Hamburg: Greenpeace). (B36, S)

Greenpeace e.V., 1995: *Der Preis der Energie. Plädoyer für eine ökologische Steuerreform. Ein Greenpeace-Buch* (München: C.H. Beck). (G, V)

Gretz, Joachim; et al., 1989: „The 100 MW Euro-Quebec Hydro-Hydrogen Pilot Project“, in: *VDI Berichte*, Nr. 725: 81-92. (B33)

Griefahn, Monika, 1996: „Die Umweltpolitik der Europäischen Union aus der Sicht des Landes Niedersachsen“, in: Maurer, Andreas; Thiele, Burkhard (Hrsg.): *Legitimationsprobleme und Demokratisierung der Europäischen Union* (Marburg: Schüren). (E, A)

Grin, John, 1994: „Confidence Building Beyond Cultural, Ideological and Disciplinary Differences. Technology as a Hermeneutic Dialogue“, in: Marquina, Antonio; Brauch, Hans Günter (Hrsg.): *Confidence Building and Partnership in the Western Mediterranean. Tasks for Preventive Diplomacy and Conflict Avoidance* (Madrid: UNISCI - Mosbach: AFES-PRESS): 149-182. (A)

Grin, John; Graaf, Henk van de, 1996a: „Technology Assessment as Learning“, in: *Science, Technology and Human Values*, 20,1: 72-99. (B30, A)

Grin, John; Graaf, Henk van de, 1996b: „Implementation as interpretative understanding“, vorgeschlagen für *Policy Sciences.* (B30, A)

Grin, John; Graaf, Henk van de; Hoppe, Rob; Loeber, Anne, mit einem Beitrag von Peter Groenewegen, 1996: *Interactieve Technology Assessment. Een methodische qids* (Den Haag: Rathenau Instituut; i.E.). (A)

Grin, John; Hoppe, Rop, 1995: „Toward a Comparative Framework for Learning from Experiences with Interactive Technology Assessment“, in: *Industrial and Environmental Crisis Quarterly*, 9,1: 99-120. (B30, A)

Grin, John; Loeber, Anne M., 1993: *Biotechnology and development: mastering the meaning. A reading guide to the interactive bottom-up method. Report for the Directorate-General for International Cooperation* (Den Haag: Außenministerium). (B30, A)

Grossman, Laurence K., 1995: *The Electronic Republic: Reshaping Democracy in the Information Age* (New York: Viking). (B12, E)

Grubb, Michael, 1990: *Energy Policies and the Greenhouse Effect,* Bd. I: *Policy Appraisal* (Aldershot: Dartmouth). (B33, G, V)

Grubb, Michael, 1995: *Renewable Energy Strategies for Europe,* Bd. I: *Foundations and Context* (London: Earthscan). (G, V)

Grubb, Michael; Brackley, Peter; Ledic, Michele; Mathur, Ajay; Rayner, Steve; Russell, Jeremy; Tanabe, Akira, 1991: *Energy Policies and the Greenhouse Effect,* Bd. 2: *Country Studies and Technical Options* (Aldershot: Dartmouth). (B33, G, V)

Grubb, Michael; et al., 1993: „The Costs Of Limiting Fossil-Fuel CO_2 Emissions: A Survey and Analysis“, in: *Annual Review of Energy and the Environment*: 397-478. (B27, G)

Grubb, Michael; Walker, John; et al., 1992: *Emerging Energy Technologies. Impacts and Policy Implications* (Aldershot: Dartmouth). (S, V)

Gruber, Edelgard, 1990: „Die Akzeptanz präventiver Politik zur Energieeinsparung zwecks Emissionsminderung in der Bundesrepublik", in: Enquête-Kommission „Vorsorge zum Schutz der Erdatmosphäre“ (Hrsg.): *Energie und Klima,* Bd. 10: *Energiepolitische Handlungsmöglichkeiten und Forschungsbedarf* (Bonn: Economica): 428-438. (S, V)

Gruber, Edelgard; Brand, Michael, 1990: *Rationelle Energienutzung in der mittelständischen Wirtschaft* (Köln: TÜV Rheinland). (G)

Gruber, Edelgard; et al., 1995: „Analyse von Hemmnissen und Maßnahmen für die Verwirklichung von CO_2-Minderungszielen", in: Enquête-Kommission „Schutz der Erdatmosphäre" (Hrsg.): *Studienprogramm,* Bd. 3: *Energie,* Teilbd. 2 (Bonn: Economica). (B27, S)

Grübl, Andreas; Hruby, Richard; Dell, Gerhard; Egger, Christiane, 1995: *Biomasse-Technologien in Österreich* (Linz: O.Ö. Energiesparverband). (B8)

Grunwald, Annette; Hvelplund, Frede; Lund, Henrik; et al., 1994: *Europäische Energiepolitik und grüner New Deal - Vorschläge zur Realisierung energiewirtschaftlicher Alternativen* (Berlin: Institut für Ökologische Wirtschaftsforschung). (V)

Grüske, Karl-Dieter; Recktenwald, Horst Claus, 1995: *Wörterbuch der Wirtschaft* (Stuttgart: Kröner). (B1, E)

Gruson, C.; et al., 1995: „Kostenermittlung für wärmetechnische Maßnahmen an der Gebäudehülle", in: Enquête-Kommission „Schutz der Erdatmosphäre" (Hrsg.): *Studienprogramm,* Bd. 3: *Energie,* Teilbd. 1 (Bonn: Economica). (S)

GTZ, 1982: *Die Nutzung nichterschöpflicher Energien. Ein Programm der Bundesrepublik Deutschland für die 3. Welt, Analyse der Planungsphase des Sonderenergieprogramms (SEP)* (Eschborn: GTZ, August). (B19)

GTZ, 1995a: *15 Jahre Sonderenergieprogramm. Eine Rückschau* (Eschborn: GTZ). (B19).

GTZ, 1995b: *Basic Electrification for Rural Households, Experience with the Dissemination of Small-Scale Photovoltaic Systems. A Guidebook for Decisionmakers, Planners and Suppliers*, 2. Aufl. (Eschborn: GTZ). (B19)

GTZ, 1995c: *Small Hydropower - An Option with a Future* (Eschborn: GTZ). (B19)

GTZ/BSE (Bundesverband für Solarenergie), 1994: *Prosolar, Programmatic Strategy for the Broad Application of Photovoltaic Systems in Developing Countries* (Eschborn: GTZ; Essen: BSE, Mai). (B19)

Guagnano, Gregory A.; Dietz, Thomas; Stern, Paul C., 1994: „Willingness to Pay For Public Goods: A Test of the Contribution Model", in: *Psychological Science*, 5,6: 411-415. (B12, S)

Guba, Egon G.; Lincoln, Yvonna S., 1989: *Fourth Generation Evaluation* (Newbury Park: SAGE Publications). (B30)

Guimaraes, L.; Palz, Wolfgang; De Reyff, C.; Kiess, H.; Helm, P., 1993: *Eleventh E.C., Photovoltaic Solar Energy Conference. Proceedings of the International Conference held at Montreux, Switzerland, 12-16 October 1992* (Yverdon: Harwood Academic). (R, S)

Gunnemann, H., 1991: *Phytomasseproduktion und Nährstoffumsatz von Vegetationstypen bolivianischer Überschwemmungs-Savannen* (Göttingen: Goltze). (S)

Gutermuth, Paul-Georg, 1983: „Aufgabenverteilung zwischen Staat und Industrie im deutschen Recht der Beseitigung radioaktiver Abfälle", in: *Energiewirtschaftliche Tagesfragen*, Nr. 12: 923-928. (A)

Gutermuth, Paul-Georg, 1990: „Erneuerbare im Aufwind, Marktanreize weiter erforderlich", in: *Energiewirtschaftliche Tagesfragen*, Nr. 11: 789-791. (A)

Gutermuth, Paul-Georg, 1991: „Bundesregierung setzt sich für kleine Wasserkraft ein", in: *das Wassertriebwerk* (Juli): 90-95. (A)

Gutermuth, Paul-Georg, 1994: „Verbesserte Rahmenbedingungen für erneuerbare Energien", in: *Energiewirtschaftliche Tagesfragen*, Nr. 7: 417-420. (A)

Gutermuth, Paul-Georg; Hlawiczka, Helmut, 1988: „Regenerative Energiequellen, Status und Potential in der Bundesrepublik Deutschland", in: *Energiewirtschaftliche Tagesfragen*, Nr. 1: 12-14. (A)

Haas, Peter M.; Keohane, Robert O.; Levy, Marc A. (Hrsg.), 1993: *Institutions for the Earth. Sources of Effective International Environmental Protection* (Cambridge-London: MIT Press). (S)

Häberlin, Heinrich, 1991: *Photovoltaik. Strom aus Sonnenlicht für Inselanlagen und Verbundnetz* (Aarau: AT Verlag). (S)

Häckel, Erwin, 1990: „Internationale Nuklearpolitik", in: Woyke, Wichard (Hrsg.): *Handwörterbuch Internationale Politik*, 4. Aufl. (Opladen: Leske + Budrich; Bonn: Bundeszentrale für politische Bildung): 236-246. (B1, E)

Häckel, Erwin, 1993a: „Internationale Energiepolitik", in: Woyke, Wichard (Hrsg.): *Handwörterbuch Internationale Politik*, 5. Aufl. (Opladen: Leske + Budrich; Bonn: Bundeszentrale für politische Bildung): 155-164. (B1, E)

Häckel, Erwin, 1993b: „Internationale Nuklearpolitik/Proliferation", in: Woyke, Wichard (Hrsg.): *Handwörterbuch Internationale Politik*, 5. Aufl. (Opladen: Leske + Budrich; Bonn: Bundeszentrale für politische Bildung): 177-188. (B1, E)

Häckel, Erwin, 1995a: „Internationale Energiepolitik", in: Woyke, Wichard (Hrsg.): *Handwörterbuch Internationale Politik*, 6. Aufl. (Opladen: Leske + Budrich; Bonn: Bundeszentrale für politische Bildung): 156-165. (B1, E)

Häckel, Erwin, 1995b: „Internationale Nuklearpolitik/Proliferation", in: Woyke, Wichard (Hrsg.): *Handwörterbuch Internationale Politik*, 6. Aufl. (Opladen: Leske + Budrich; Bonn: Bundeszentrale für politische Bildung): 178-189. (B1, E)

Hackett, Steven C., 1995: „Pollution-Controlling Innovation in Oligopolitics Industries: Some Comparison between Patent Races and Research Joint Ventures", in: *Journal of Environmental Economics and Management*, 29,3: 339-356. (B12, S)

Haddaoui, Rafiq, 1993: „Das neue Gesicht der marokkanischen Auswanderung", in: Ogata, Sadako; Cohn-Bendit, Daniel; Fortescue, Adrian; Haddaoui, Rafiq; Khalevinski, Igor V. (Hrsg.): *Hin zu einer europäischen Einwanderungspolitik* (Brüssel: Philip Morris Institute). (B33)

Häfele, Wolf; et al., 1981: *Energy in a Finite World* (Cambridge, MA). (B33)

Häfele, Wolf (Hrsg.), 1990: *Energiesysteme im Übergang* (Landsberg/Lech: verlag moderne industrie). (G)

Haenel, Ralph; Staroste, E. (Hrsg.), 1988: *Atlas of Geothermal Resources in the European Community* (Hannover: Th. Schäfer). (B9, G)

Härter, Manfred; Mattis, Marcus (Hrsg.), 1988: *Umweltschutz - neue Determinante für die Energiepolitik* (Köln: TÜV Rheinland). (S)

Hahn, Robert W.; Hester, Gordon L., 1989: „Where Did All the Markets Go? An Analysis of EPA's Emissions Trading Program", in: *Yale Journal of Regulation*, 6,1: 109-153. (B12, V)

Hahn, Robert W.; Stavins, Robert N., 1990: „Economic Incentives for Environmental Protection: Integrating Theory and Practice", in: *American Economic Review*, 80,2: 464-468. (B12, E)

Hahn, Wolfgang, 1994: *Vergasung nachwachsender Rohstoffe in der zirkulierenden Wirbelschicht. Umsetzung der CO_2-Reduktionsziele durch Kraft-Wärme-Kopplung mit integrierter Biomassenvergasung* (Aachen: Shaker). (S)

Hajer, M.A., 1992: *Furthering Ecological Responsibility through Verinnerlijking*, Working paper 39 (Leyden: Institute for Law and Public Policy). (B30)

Hakkila, Pentii, 1989: *Utilization of Residual Forest Biomass* (Berlin: Springer). (S)

Hall, David O., 1991: „Biomass Energy“, in: *Energy Policy*, Oktober: 711-737. (B8)

Hall, David O.; Grassi, Giuliano; Scheer, Hermann, 1994: *Biomass for Energy and Industry, Commission of the European Communities, 7th EC Conference* (Bochum: Ponte Press). (R, S)

Hall, David O.; Mao, Y. S. (Hrsg.), 1994: *Biomass Energy and Coal in Africa* (London-New Jersey: Zed Books). (S, V)

Hallenga, Uwe, 1990: *Wind - Strom für Haus und Hof. Eine Bauanleitung* (Staufen: Ökobuch). (S)

Hamm, Rüdiger; Hillebrand, Bernhard, 1992: *Elektrizitäts- und regional-wirtschaftliche Konsequenzen einer Kohlendioxid- und Abfallabgabe* (Essen: Rheinisch-Westfälisches Institut für Wirtschaftsforschung). (S)

Hammer, Turi, 1983: *Wood for Fuel Energy Crisis Implying Desertification: the Case of Bara, the Sudan* (Bergen: Chr. Michelsen Institut). (B34)

Hamrin, Jan; Rader, Nancy, 1993: *Investigating in the Future: A Regulator's Guide to Renewables* (Washington, DC: The National Association of Regulatory Utility Consumers, Februar). (S, V)

Handschuh, Karl, 1991: *Windkraft gestern und heute. Geschichte der Windenergienutzung in Baden-Württemberg* (Staufen: Ökobuch). (S)

Hane, Mikiso, 1966: *Eastern Phoenix. Japan Since 1945* (Boulder-Oxford: Westview Press). (S, V)

Hansjürgens, Bernd, 1992: *Umweltabgaben im Steuersystem. Zu den Möglichkeiten einer Einführung von Umweltabgaben in das Steuer- und Abgabensystem der Bundesrepublik Deutschland* (Baden-Baden: Nomos). (E, G)

Hanson, Donald A., 1992: „The 1990 Clean Air Act: a Tougher Regulatory Challenge Facing Midwest Industry“, in: *Economic Perspectives* (Federal Reserve Bank of Chicago), Mai-Juni: 2-18. (B12, V)

Hantke, Heike, 1990: *Bundesstaatliche Fragen des Energierechts unter besonderer Berücksichtigung des hessischen Energiespargesetzes* (Stuttgart: Boorberg). (S)

Hanus, Bo, 1995: *Wie nutze ich Solarenergie im Haus und Garten? Bauanleitungen und Anregungen zum leichten Selbstbau von Solaranlagen, wie z.B. Solar-Gartenbeleuchtung, Solar-Springbrunnen, Solar-Akkumulatoren, Solar-Elektromotoren* (Poing: Franzis). (S)

Hart, Jeffrey A., 1992: *Rival Capitalists. International Competitiveness in the United States, Japan, and Western Europe* (Ithaca-London: Cornell UP). (S, V)

Hartkopf, G.; Bohne, E., 1983: *Umweltpolitik,* Bd. 1 (Opladen: Westdeutscher Verlag). (G, V)

Hartlieb, Jutta, 1996: „Sauberer Strom aus der Tiefe des Erdballs“, in: *Die Welt*, 13.1. (B9)

Hartmann, Hans; Strehler, Arno, 1995: *Die Stellung der Biomasse*, Schriftenreihe Nachwachsende Rohstoffe, Bd. 3 (Münster: Landwirtschaftsverlag). (B8, V)

Hartshorn, Jack E., 1993: *Oil Trade, Politics and Prospects* (Cambridge-New York: Cambridge UP). (S)

Hass, Guido; Geier, Uwe; Schulz, Dirk; Köpke, Ulrich, 1995: „Vergleich Konventioneller und Organischer Landbau - Teil 1: Klimarelevante Kohlendioxid-Emission durch den Verbrauch fossiler Energie“, in: *Berichte über Landwirtschaft*, 73,3: 401-415. (B8)

Hau, Erich, 1988, 1996: *Windkraftanlagen - Grundlagen, Technik, Einsatz, Wirtschaftlichkeit* (Heidelberg: Springer). (B6, G, V)

Hau, Erich; Langenbrinck, Jens; Palz, Wolfgang, 1993: *WEGA: Large Wind Turbines* (Berlin-Heidelberg: Springer). (B14, E, S)

Haubrich, Hans Joachim; et al., 1994: „Entwicklungen zum gesamteuropäischen Stromverbund", in: *Global Link - Interkontinentaler Stromverbund*, VDI Bericht 1129 (Düsseldorf: VDI-Verlag). (B32)

Häusler, Jürgen, 1983: „Energiepolitik", in: Schmidt, Manfred G. (Hrsg.): *Pipers Wörterbuch zur Politik.* Bd. 3: *Westliche Industriegesellschaften* (München: Piper): 83-93. (B1, E)

Häusler, Jürgen, 1991: „Energiepolitik", in: Nohlen, Dieter (Hrsg.): *Wörterbuch Staat und Politik* (München: Piper): 112-115. (B1, E)

Häusler, Jürgen, 1992: „Energiepolitik", in: Schmidt, Manfred G. (Hrsg.): *Lexikon der Politik.* Bd. 3: *Die westlichen Länder* (München: C.H. Beck): 91-95. (B1, E)

Hayashi, Takeshi, 1990: *The Japanese Experience in Technology. From Transfer to Self-Reliance* (Tokyo: United Nations UP). (S)

Heber, Gabriele, 1986: *Rural Energy Supply Options in the Altiplano Area of Peru*, Bd. 2 (Eschborn: GTZ). (S)

Heese, Gerhard; Pfaffenberger, Wolfgang; Winkler, Stefanie, 1995: *Chancen und Probleme einer Energie-Agentur im energiepolitischen Umfeld. Bericht über eine Begleituntersuchung zur Arbeit der Niedersächsischen Energie-Agentur* (Münster: Lit). (V)

Hegner, Hans D.; Ohst, Manfred, 1991: *Einsparung von Energie in Gebäuden - EnEG* (München-Berlin: Verlag für Bauwesen). (S)

Heiduk, Günter; Yamamura, Kozo (Hrsg.), 1990: *Technological Competition and Interdependence. The Search for Policy in the United States, West Germany, and Japan* (Seattle-London: Washington UP; Tokyo: Tokyo UP). (S)

Heier, Siegfried, 1994, (2. Aufl., 1996): *Windkraftanlagen im Netzbetrieb* (Stuttgart: Teubner). (B6, S)

Heinloth, Klaus, 1993: *Energie und Umwelt, Klimaverträgliche Nutzung von Energie,* (Stuttgart: B.G. Teubner). (G, V)

Heister, Johannes; Michaelis, Peter, 1993: „Designing Markets for CO_2 Emissions and Other Pollutants", in: Giersch, Herbert (Hrsg.): *Economic Progress and Environmental Concerns* (New York: Springer). (B12, V)

Helle, Christoph, 1994: *Rationelle Energieverwendung und Gasversorgungsunternehmen. Eine ökonomische Analyse von Energieeffizienzstrategien auf dem Raumwärmemarkt* (Baden-Baden: Nomos). (S)

Hellmann, Bettina, 1995: *Freisetzung klimarelevanter Spurengase in Bereichen mit hoher Akkumulation von Biomassen* (Osnabrück: Biblio). (S)

Hemead, Elsayed A., 1996: *Theoretische und experimentelle Untersuchungen an einer permanent erregten Synchronmaschine mit Luftspaltwicklung* (Berlin: Köster). (S)

Hempel, Christian, 1994: „Solarpumpen im Sahel. Markttendenz und Erfahrungen aus dem Niger", in: *Sonnenenergie. Zeitschrift für regenerative Energiequellen und Energieeinsparung*, 2,4: 4-11. (B34, S, V)

Henkel, Michael; Reidenbach, M. (Deutsches Institut für Urbanistik/Difu), 1995: *Grundzüge einer ökologisch orientierten Abgabenpolitik auf Landes- und Gemeindeebene — eine Untersuchung für das Land Schleswig-Holstein* (Berlin: Difu). (S)

Hennchen, Norbert, 1982: *Strom aus Luft. Grundlagen, Konzeption und Bau von Windkraftanlagen zur Stromerzeugung* (Puchheim: Idea). (S)

Hennicke, Peter (Hrsg.), 1992a: *Handbuch für rationelle Energienutzung im kommunalen Bereich* (Bonn: Bonner-Energie-Report Verlag). (G, V)
Hennicke, Peter (Hrsg.), 1992b: *Least-Cost-Planning: Ein neues Konzept* (Heidelberg: Springer). (S)
Hennicke, Peter (Hrsg.), 1995: *Solarwasserstoff - Energieträger der Zukunft* (Berlin-Basel-Boston: Birkhäuser). (S, V)
Hennicke, Peter; et al., 1993: *Least-Cost Planning Fallstudie Hannover der Stadtwerke Hannover AG. Zwischenbericht und Anlagenband* (Freiburg-Darmstadt: Öko-Institut; Wuppertal: Wuppertal Institut für Umwelt - Energie - Klima). (S)
Hennicke, Peter, et al., 1995: *Integrierte Ressourcenplanung. Die LCP-Fallstudie der Stadtwerke Hannover AG. Ergebnisband* (Hannover: Stadtwerke Hannover AG). (S)
Hennicke, Peter, 1996: „Klimaschutz und die Ökonomie des Vermeidens“, in: Brauch, Hans Günter (Hrsg.): *Klimapolitik* (Berlin-Heidelberg: Springer): 169-188. (B18)
Hennicke, Peter; Richter, Klaus; Schlegelmilch, Kai, 1994: *Nutzen und Kosten von Energiesparmaßnahmen. Vorschläge für neue Förderinstrumente. Studie im Auftrag der deutschen Ausgleichsbank* (Wuppertal: Wuppertal Institut für Umwelt - Energie - Klima). (S, V)
Hennicke, Peter; Seifried, Dieter, 1994: *Endbericht „Least-Cost Planning“ im Auftrag der „Gruppe Energie 2010“* (Wuppertal: Wuppertal Institut für Umwelt - Energie - Klima; Freiburg: Öko-Institut). (S, V)
Henning, Daniel; Mangun, William R., 1989: *Managing the Environmental Crises. Incorporating Competing Values In Natural Resource Administration* (Durham-London: Duke UP). (S,V)
Henning, Hans-Martin; Erpenbeck, Thomas, 1996: *Tagungsbericht Workshop Forschungsverbund Sonnenenergie „Solarunterstützte Klimatisierung von Gebäuden mit Niedertemperaturverfahren", 3./4. Juli 1995* (Freiburg: FhG-ISE). (B10)
Henssen, Hermann, 1993: *Energie zum Leben. Die Nutzung der Kernkraft als ethische Frage* (München-Landsberg: Bonn aktuell). (A, E)
Henssen, Hermann; Michaelis, Hans, 1991: „Weniger CO_2! - ohne Atomenergie?“, in: *Energiewirtschaftliche Tagesfragen*, 4: 234-239. (S)
Herman, Robin, 1990: *Fusion. The Search for Endless Energy* (Cambridge-NewYork: Cambridge UP). (S)
Herppich, Wolfram, 1993: *Least-Cost Planning. Probleme und Lösungsansätze der Implementierung von Energiesparprogrammen* (Idstein: Schulz-Kirchner). (S)
Herzog, Lukas; Muntwyler, Urs; Zehnder, Mathias, 1992: *Photovoltaik. Planungsunterlagen für autonome und netzgekoppelte Anlagen* (Bern: Bundesamt für Konjunkturfragen). (S)
Herzog, Thomas, 1996: *Solarenergie in Architektur und Stadtplanung. Solar Energy in Architecture and Urban Planning* (München: Prestel). (S)
hessenENERGIE, 1994: *Wärmebedarf in Neubaugebieten - Gestaltungsmöglichkeiten auf kommunaler Ebene*, 2. aktualisierte Aufl. (Wiesbaden: hessenENERGIE, Oktober). (S)
hessenENERGIE (Hrsg.), 1995: *hessenEnergie GmbH, Energie- und Dienstleistungsangebote in Hessen* (Wiesbaden: hessenENERGIE). (S)
Hessisches Ministerium für Umwelt, Energie und Bundesangelegenheiten, 1994: *Modelluntersuchungen zur Stromeinsparung in kommunalen Gebäuden. Zusammenfassender Endbericht* (Wiesbaden: Hessisches Ministerium für Umwelt, Energie und Bundesangelegenheiten). (R, S)

Hessisches Ministerium für Umwelt, Energie und Bundesangelegenheiten, 1993: *Hessische Energiepolitik und Klimaschutz. Gutachten* (Wiesbaden: Hessisches Ministerium für Umwelt, Energie und Bundesangelegenheiten). (R, S)

Hey, Christian, 1994: *Umweltpolitik in Europa. Fehler, Risiken, Chancen* (München: C.H. Beck). (E)

Heymann, Matthias, 1995: *Die Geschichte der Windenergienutzung 1890-1990* (Frankfurt/M.-New York: Campus). (S)

Hierzinger, Roland (Hrsg.), 1993: *Energiestrategien in der EG. Auswirkungen auf Österreich* (Wien: Energieverwertungsagentur). (S)

Hilf, Meinhard, 1992: „Umweltabgaben als Gegenstand von Gemeinschaftsrecht und -politik", in: *Neue Zeitschrift für Verwaltungsrecht*: 105-111. (S)

Hillmann, Karl-Heinz, 1993: „Die 'Überlebensgesellschaft' als Konstruktionsaufgabe einer visionären Soziologie", in: *Österreichische Zeitschrift für Soziologie,* 18. (B1, S)

Hillmann, Karl-Heinz, 1994: *Wörterbuch der Soziologie* (Stuttgart: Kröner). (B1, G)

Hilpert, Ulrich, 1991: „Economic Adjustment by Techno-Industrial Innovations and the Role of the State: Solar Technology and Biotechnology in France and West Germany", in: ders. (Hrsg.): *State Policies and Techno-Industrial Innovation* (London-NewYork: Routledge): 85-108. (S)

Hireche, Assia, 1989: *Algérie: L'Apres-petrole. Quelle strategies pour 1995 et 2010* (Paris: L'Harmattan). (S)

Hirt, Norbert, 1994: *Energieeinsparung bei Innenraumbeleuchtung* (Renningen-Malmsheim: expert). (S)

Hoffmann, Thomas; Hildebrand, Manfred, 1995: „Der Beitrag der deutschen Stromversorger zur Bewältigung aktueller Umwelt- und Klimaschutzfragen", in: *Elektrizitätswirtschaft*, 18: 1103-1112. (B21, E)

Hoffmann, Volker U. (Hrsg.), 1994: *Energie TerraTec '95 Kongreß West-Ost-Transfer Umwelt vom 1.-3. März 1995* (Stuttgart-Leipzig: B.G. Teubner). (S)

Hoffmann, Volker U., 1994: *Wasserstoff - Energie mit Zukunft* (Stuttgart-Leipzig: B.G. Teubner). (S)

Hohensee, Jens; Salewski, Michael (Hrsg.), 1993: *Energie - Politik - Geschichte - Nationale und internationale Energiepolitik seit 1945* (Stuttgart: Steiner). (E, V)

Hohmeyer, Olaf, 1989: *Die sozialen Kosten des Energieverbrauchs* (Berlin-Heidelberg: Springer). (B24)

Hohmeyer, Olav (Zentrum für Europäische Wirtschaftsforschung/ZEW) (Hrsg.), 1995: *Ökologische Steuerreform* (Baden-Baden: Nomos). (V)

Hohmeyer, Olav; Hüsing, Bärbel; Reiß, Thomas, 1992: „The Integration of Technology Assessment in Research Programmes. A Tool for Early Warning and Inexpensive Minimisation of Serious Failures in the Steering of Technological Development", in: *Proceedings of the 3rd European Congress on Technology Assessment,* Kopenhagen, 4.-7. November: 409-431. (B30)

Hohmeyer, Olav; Ottinger, Richard L. (Hrsg.), 1994: *Social Costs of Energy. Present Status and Future Trends* (Berlin-Heidelberg: Springer). (S)

Holdren, John P., 1991: „Energy in Transition", in: Scientific American (Hrsg.): *Energy for Planet Earth* (New York: W.H. Freeman and Co.): 119-130. (B1, S)

Hollander, Jack M. (Hrsg.), 1992: *The Energy-Environment Connection* (Washington, DC-Covelo: Island Press). (S, V)

Hopfmann, Jürgen, 1995: *Der Sonnenweg aus der Energiefalle der Industriegesellschaft* (Frankfurt/M.: Rita G. Fischer). (S)

Hoppe, Rob; Grin, John, 1995a: „Technology Assessment for Participation“, in: *Industrial and Environmental Crisis Quarterly*, 9,1: 3-12. (B30, A)

Hoppe, Rob; Grin, John (Hrsg.), 1995b: Special Issue: *Industrial and Environmental Crisis Quarterly on Interactive Technology Assessment*, 9,1. (B30, A)

Hoppe, Rob; Grin, John, 1997: „Traffic goes through the TA machine. A culturalist comparison between approaches and outputs of six parliamentarian technology assessment agencies traffic and transport studies“, in: Vig, Norman; Paschen, Herbert (Hrsg.): *Multivisioning the Future. Parliamentary Technology Assessment in Europe* (i.E.). (A)

Horlacher, Hans-Burkhard; Kaltschmitt, Martin, 1993: *Potentiale, Kosten einer Wasserkraftnutzung vor dem Hintergrund des sonstigen regenerativen Energieangebotes in Deutschland*, Hidroenergia 93, Tagungsband, München. (A)

Horlacher, Hans-Burkhard; Kaltschmitt, Martin, 1994: „Potentiale, Kosten und Nutzungsgrenzen regenerativer Energiequellen zur Stromerzeugung in Deutschland“, in: *Wasserwirtschaft,* 84,2: 80-84. (B5, A)

Horn, Manfred, 1977: *Die Energiepolitik der Bundesregierung von 1958 bis 1972* (Berlin: Duncker & Humblot). (V)

Horn, Manfred, 1988: *Perspektiven der Weltenergieversorgung. Analyse von Verbrauchsszenarien und Ressourcenschätzungen* (München-Wien: R. Oldenbourg). (S, V)

Huber, Max G. (Hrsg.), 1991: *Umweltkrise - eine Herausforderung an die Forschung* (Darmstadt: Wissenschaftliche Buchgesellschaft). (G, V)

Huber, Thomas H., 1994: *Strategic Economy in Japan* (Boulder-San Francisco-Oxford: Westview Press). (S)

Huckestein, Burkhard, 1993: „Umweltlizenzen - Anwendungsbedingungen einer ökonomisch effizienten Umweltpolitik durch Mengensteuerung“, in: *Zeitschrift für Umweltpolitik und Umweltrecht*, 16,1: 1-29. (B12, V)

Hüffer, Uwe; Ipsen, Knut; Tettinger, Peter (Hrsg.), 1992: *Energiepolitik der Europäischen Gemeinschaften und ihr gemeinschaftsrechtlicher Rahmen. Dokumentation einer Fachtagung des Instituts für Berg- und Energierecht* (Stuttgart: Boorberg). (V)

Humboldt-Umwelt-Lexikon (München: Humboldt Taschenbuchverlag, 1990). (E)

Humm, Othmar, 1990: *Niedrigenergiehäuser - Theorie und Praxis* (Staufen: Ökobuch). (S)

Humm, Othmar; Jehle, Felix, 1995: *Strom optimal nutzen. Mehr Effizienz - geringere Kosten - weniger Umweltbelastung* (Staufen: Ökobuch). (V)

Hunt, V. Daniel, 1982: *Handbook of Energy Technology. Trends and Perspectives* (New York-Cincinatti ; et al.: Van Nostrand Reinhold Co.). (S, V)

Hurrell, Andrew; Kingsbury, Benedict (Hrsg.), 1992: *The International Politics of the Environment* (Oxford: Clarendon Press). (S, V)

Hurtig, Eckhart (Hrsg.), 1992: *Geothermal Atlas of Europe* (Gotha: Geogr.-Kartogr. Anstalt). (B9, G)

Hvelplund, Frede; Knudsen, Niels Winther; Lund, Henrik, 1993: *Erneuerung der Energiesysteme in den neuen Bundesländern aber wie?* (Potsdam: Netzwerk Dezentrale EnergieNutzung e.V.). (S)

IC Consult, 1993: „Analyse Regionaler Energieversorgungskonzepte im Rahmen des Sonderenergieprogramms der GTZ, Endbericht“ (unveröffentlicht). (B19)

[IEA, 1991], Internationale Energie-Agentur: *Energie- und Umweltpolitik.* (Braunschweig, Wiesbaden: Vieweg). (R, S, V)

[IEA, 1993], International Energy Agency: *Energy Balances of OECD Countries, 1992-1993* (Paris: OECD). (B16, R, V)

[IEA, 1994], International Energy Agency: *Implementing Agreement on Photovoltaic Power Systems, Annual Report* (Paris: IEA). (B10, R, V)

[IEA, 1995a], International Energy Agency: *Energy Policies of IEA Countries. 1994 Review* (Paris: OECD). (B15, 17, 36; R, G)

[IEA, 1995b], International Energy Agency: *Welt-Energieausblick bis zum Jahr 2010* (Paris: IEA). (B18)

[IEA, 1995c], International Energy Agency: *Energy Statistics and Balances of Non-OECD countries 1992-1993* (Paris: OECD). (R, S)

[IEA/OECD, 1994], International Energy Agency; Organisation for Economic Cooperation and Development: *World Energy Outlook* (Paris: OECD). (B19)

IKARUS, 1994: *Solarimport. Teilstudie im Projekt: IKARUS - Instrumente für Klimagasreduktions-Strategien,* IKARUS-Bericht 3-04 (Jülich: Forschungszentrum Jülich). (B32)

INFRAS, 1995: *Dynamische Energieabgabe und internationale Wettbewerbsfähigkeit* (Zürich: INFRAS). (V)

Institut Wohnen und Umwelt, 1995: „Empirische Überprüfung der Möglichkeiten und Kosten, im Gebäudebestand und bei Neubauten Energie einzusparen und die Energieeffizienz zu steigern", in: Enquête-Kommission „Schutz der Erdatmosphäre" (Hrsg.): *Studienprogramm,* Bd. 3: *Energie,* Teilbd. 1 (Bonn: Economica). (S)

International Institute for Energy Conservation, 1992: *Seizing the Moment: Global Opportunities for the U.S. Energy-Efficiency Industry* (Washington, DC: DOE). (S)

[IPCC, 1990], Houghton, John T.; Jenkins, G.J.; Ephraums, J.J. (Hrsg.), 1990: *Climate Change. The IPCC Scientific Assessment* (Cambridge: Cambridge UP). (B1, S)

[IPCC, 1992]; Hougthon, John T.; et al. (Hrsg.): *Climate Change 1992. The Supplementary Report to the IPCC Scientific Assessment* (Cambridge: Cambridge UP). (B1, S)

[IPCC, 1995a/b], Intergovernmental Panel on Climate Change: *Economic and Social Dimensions of Climate Change, Summary for Policymakers*, Intergovernmental Panel on Climate Change Working Group III, *Second Assessment* (Genf: IPCC Secretariat, WMO, Oktober). (B19,27, V)

[IPCC, 1996], Intergovernmental Panel on Climate Change: *Second Assessment Report* (Cambridge: Cambridge UP). (B1, S)

Ipsen, Knut (Hrsg.), 1992: *Energiepolitik der Europäischen Gemeinschaften und ihr gemeinschaftsrechtlicher Rahmen* (Stuttgart-München-Hannover-Berlin-Weimar: Richard Boorberg). (S)

Iwami, Toru, 1995: *Japan in the International Financial System* (Basingstoke-London: Macmillan). (S)

[IZE, 1991], Informationszentrale der Elektrizitätswirtschaft: *Energiewirtschaft kurz und bündig* (Frankfurt/M.: IZE). (B10)

[IZE, 1995], Informationszentrale der Elektrizitätswirtschaft: *Vom Wirkungsgrad zur Energievernunft* (Frankfurt/M.: IZE). (B21, E)

Jachtenfuchs, Markus; Kohler-Koch, Beate, 1996: „Einleitung: Regieren in dynamischen Mehrebenensystemen", in: dies. (Hrsg.): *Europäische Integration* (Opladen: Leske + Budrich): 15-44. (B1, E)

Jacobs, Peter, 1989: *Strom aus Sonnenlicht. Anleitung zur Dimensionierung und Ausführung von Solarstromanlagen* (Cölbe: Wagner & Co.). (S)

Jaffe, Adam B.; Stavins, Robert N., 1995: „Dynamic Incentives of Environmental Regulations: The Effects of Alternative Policy Instruments on Technology Diffusion", in: *Journal of Environmental Economics and Management*, 29,2-3, 43-63. (B12, V)

Jänicke, Martin (Hrsg.), 1978: *Umweltpolitik* (Opladen: Leske + Budrich). (E)

Jänicke, Martin, 1986: *Staatsversagen. Die Ohnmacht der Politik in der Industriegesellschaft* (München: Piper). (B29, G)

Jänicke, Martin, 1995: „Kriterien und Steuerungsansätze ökologischer Ressourcenpolitik - Ein Beitrag zum Konzept ökologisch tragfähiger Entwicklung", in: Jänicke, Martin; Bolle, Hans-Jürgen; Carius, Alexander (Hrsg.): *Umwelt Global. Veränderungen, Probleme, Lösungsansätze* (Berlin-Heidelberg: Springer): 119-136. (B1, S)

Jänicke, Martin; Bolle, Hans-Jürgen; Carius, Alexander, 1995: *Umwelt Global. Veränderungen, Probleme, Lösungsansätze* (Berlin-Heidelberg: Springer). (E, V)

Jänicke, Martin; Mez, Lutz, 1995: *Strategie zur Umsetzung des Projekts „Energie 2010"*. Hintergrundstudie für das Projekt „Energie 2010" - Diskursorientierte Projektstudie: Zukünftige Energiepolitik, FFU-Report 95-5 (Berlin: FFU). (B29, A)

Jänicke, Martin; Mez, Lutz; Pöschk, Jürgen; Schön, Susanne; Schwilling, Thomas, 1988: *Alternative Energiepolitik in der DDR und in West-Berlin. Möglichkeiten einer exemplarischen Kooperation in Mitteleuropa* (Berlin: Institut für ökologische Wirtschaftsforschung). (S)

Jänicke, Martin; Mönch, Harald, 1988: „Ökologischer und wirtschaftlicher Wandel im Industrievergleich", in: Schmidt, Manfred G. (Hrsg.): *Staatstätigkeit* (Opladen: Westdeutscher Verlag): 389-405. (S, V)

Jänicke, Martin; Mönch, Harald; Binder, Manfred, 1992: *Umweltentlastung durch industriellen Strukturwandel? Eine explorative Studie über 32 Industrieländer (1970 bis 1990)* (Berlin: edition sigma). (B1)

Jänicke, Martin; Weidner, Helmut (Hrsg.), 1995: *Successful Environmental Policy - A Critical Evaluation of 24 Cases* (Berlin: edition sigma). (B1, 29; S, V)

Jansen, Peter; Jungk, Robert; Schiemann, Heinrich; Vilmar, Fritz, 1974: *Der Energieschock. Wir müssen umdenken.* Hrsg. von Helmut Krauch (Stuttgart: DVA). (S)

[Japan Profile, 1995], *Japan Profile of a Nation* (Tokyo-New York-London: Kodansha International). (B36, E, V)

Jarass, Lorenz; Hoffmann, L.; Jarass, A.; Obermair, Gustav M., 1981: *Windenergie. Eine systemanalytische Bewertung des technischen und wirtschaftlichen Potentials für die Stromerzeugung der Bundesrepublik Deutschland.* Durchgeführt im Auftrag der Internationalen Energieagentur (IEA) (Berlin: Springer). (S)

Jarass, Lorenz; Obermair, Gustav M., 1993: *More Jobs, Less Pollution — A Tax Policy for an Improved Use of Production Factors*, Studie im Auftrag der EU-Direktion XI. (Wiesbaden: Forschungsgesellschaft für Alternative Technologien und Wirtschaftsanalysen). (G)

Jeftic, Ljubomir; Milliman, John D.; Sestini, Giuliano (Hrsg.), 1992: *Climate Change and the Mediterranean. Environmental and Societal Impacts of Climate Change and Sea-Level Rise in the Mediterranean Region* (London-New York: Edward Arnold). (B33, S)

Jellali, Mohammed; Jebali, Ali, 1994: „Water Resource Development in the Maghreb Countries", in: Rogers, Peter; Lydon, Peter (Hrsg.): *Water in the Arab World. Perspectives and Prognoses* (Cambridge, MA: Harvard UP): 147-170. (B33)

Jentleson, Bruce W., 1986: *Pipeline Politics. The Complex Political Economy of East-West Energy Trade* (Ithaca-London: Cornell UP). (S)

Jochem, Eberhard, 1987: „Hemmnisse und zielgruppenorientierte Maßnahmen zur rationelleren Stromnutzung", in: Sievert, Dirk (Hrsg.): *Zukünftiger Strombedarf, Bedeutung von Einsparmöglichkeiten* (Köln: TÜV Rheinland): 155-182. (V)

Jochem, Eberhard; et al., 1990: „Gruppenspezifische Hemmnisse und Maßnahmen rationeller Energienutzung: Kraft-Wärme-Kopplung, Studie des Fraunhofer-Instituts für Systemtechnik und Innovationsforschung", in: Enquête-Kommission „Vorsorge zum Schutz der Erdatmosphäre" (Hrsg.): *Energie und Klima,* Bd. 2: *Energieeinsparung sowie rationelle Energienutzung und -umwandlung* (Bonn: Economica): 1028-1058. (S)

Jochem, Eberhard; Schäfer, Helmut, 1990: „Emissionsminderung durch rationelle Energienutzung", in: Enquête-Kommission „Vorsorge zum Schutz der Erdatmosphäre" (Hrsg.): *Energie und Klima,* Bd. 2: *Energieeinsparung sowie rationelle Energienutzung und -umwandlung* (Bonn: Economica): 1125-1221. (B27, S)

Jochem, Eberhard; Schäfer, Helmut, 1991: „Emissionsminderung durch rationelle Energieverwendung", in: *Energiewirtschaftliche Tagesfragen*, 41,4: 207-215. (V)

Jochem, Eberhard; Schmitt, Dieter, 1990: „Wirkungsanalysen energiepolitischer Instrumente und Maßnahmenbündel zur Vermeidung und Verminderung des Energieverbrauchs und der Emission energiebedingter klimarelevanter Spurengase", in: Enquête-Kommission „Vorsorge zum Schutz der Erdatmosphäre" (Hrsg.): *Energie und Klima,* Bd. 10: *Energiepolitische Handlungsmöglichkeiten und Forschungsbedarf* (Bonn: Economica): 621-757. (B27, S)

Johansson, Thomas B.; Kelly, Henry; Reddy, Amulya K.N.; Williams, Robert H. (Hrsg.), 1993: *Renewable Energy: Sources for Fuels and Electricity* (Washington, DC, Island Press). (G, V)

Johnson, Chalmers; Tyson, Laura d'Andrea; Zysman, John (Hrsg.), 1989: *Politics and Productivity. How Japan's Development Strategy Works* (New York: Harper Business). (S)

Jonas, Hans, 1984: *Das Prinzip Verantwortung* (Frankfurt/M.: Suhrkamp). (B1, G)

Joppke, Christian, 1993: *Mobilizing Against Nuclear Energy. A Comparison of Germany and the United States* (Berkeley-Oxford: University of California Press). (S)

Joußen, Wolfgang; Hessler, Armin G. (Hrsg.), 1995: *Umwelt und Gesellschaft* (Berlin: Akademie). (E, V)

Jung-Stilling, Johann H., 1994: *Mehr Wohlstand durch besseres Wirtschaften* (Siegen: Jung-Stilling-Gesellschaft). (S)

Junne, Gerd, 1985: „Das amerikanische Rüstungsprogramm: Ein Substitut für Industriepolitik", in: *Leviathan*, 13,1: 23-37. (B36, S)

Justus, John R.; Morrissey, Wayne A., 1995: *Global Climate Change,* CRS Issue Brief, IB89005 (Washington, DC, CRS, 1. März). (B15, R, V)

Kaiser, Karl (Hrsg.), 1980: *Reconciling Energy Needs and Non-Proliferation* (Bonn: Europa Union). (S)

Kaiser, Karl; Lindemann, Beate (Hrsg.), 1975: *Kernenergie und internationale Politik* (München-Wien: R. Oldenbourg). (S)

Kaiser, Klaus, 1995*: Solarenergienutzung in der Landwirtschaft* (Stuttgart: IRB). (S)

Kakino, Noboru, 1987: *Decline and Prosperity. Corporate Innovation in Japan* (Tokyo-New York: Kodansha International). (S)

Kaltschmitt, Martin, 1992: „Possibilities and Restrictions of Wind Energy Use in One Federal State in Germany", in: *Energy Sources Journal*, 14: 411-422. (A)

Kaltschmitt, Martin, 1993: *Biogas - Potentiale und Kosten*, 2. Aufl. (Münster-Hiltrup: Landwirtschaftsverlag). (A)

Kaltschmitt, Martin, 1995: „Energiegewinnung aus Biomasse im Kontext des deutschen Energiesystems", in: *Energieanwendung*, 44: 19-25. (A)

Kaltschmitt, Martin; Fischedick, Manfred, 1995: *Wind- und Solarstrom im Kraftwerksverbund. Möglichkeiten und Grenzen* (Karlsruhe: C.F. Müller). (A, G, V)

Kaltschmitt, Martin; Lux, Rainer; Sanner, Burkhard, 1995: „Oberflächennahe Erdwärmenutzung", in: Kaltschmitt, Martin; Wiese, Andreas (Hrsg.): *Erneuerbare Energien* (Berlin: Springer): 345-365. (B9, A)

Kaltschmitt, Martin; Voß, Alfred, 1991: „Leistungseffekte einer Stromerzeugung aus Windkraft und Solarstrahlung", in: *Elektrizitätswirtschaft*, 90,8: 365-371. (A)

Kaltschmitt, Martin; Wiese, Andreas (Hrsg.), 1993: *Erneuerbare Energieträger in Deutschland - Potentiale und Kosten* (Berlin-Heidelberg: Springer). (B6, 8; A, G, V)

Kaltschmitt, Martin; Wiese, Andreas (Hrsg.), 1995: *Erneuerbare Energien, Systemtechnik, Wirtschaftlichkeit, Umweltaspekte* (Berlin-Heidelberg-New York: Springer). (B6, A, G)

Kane, Hal, 1996: „Shifting to Sustainable Industries", in: Brown, Lester R.; et al.: *State of the World 1996* (New York-London: W.W. Norton): 152-167. (B36, S)

Kappelmann, K.H.; Kloos, Robert, 1990: *Forschungsförderung Nachwachsende Rohstoffe - Bereich Pflanzliche Öle und Fette* (Frankfurt/M.: Deutsche Landwirtschafts-Gesellschaft). (S, V)

Kappelmeyer, Oskar; Haenel, Ralph, 1974: *Geothermics with Special Reference to Application* (Stuttgart: Borntraeger). (S)

Karekezi, Stephen, 1993: „Rural and Decentralized Energy Options: Moving to Wide-Scale Dissemination of Renewable Energy Technologies in Sub-Saharan Africa", in: Kimani, Muiruri J.; Naumann, Ekkehard (Hrsg.): *Recent Experiences in Research, Development & Dissemination of Renewable Energy Technologies in Sub-Saharan Africa* (Nairobi: KENGO International Outreach Department): 43-54. (V)

Karekezi, Stephen; Ewagata, Esther, 1994: „Biomass Energy Use in Developing Countries: An African Perspective", in: *Sun World*, 18,3: 3-5. (B34)

Karekezi, Stephen; Mackenzie, Gordon A. (Hrsg.), 1993: *Energy Options for Africa. Environmentally Sustainable Alternatives* (London-New Jersey: ZED Books). (B35)

Karl, Hans D., 1994: *Wirksamkeit von Maßnahmen zur Energiesparberatung* (München: Ifo-Institut für Wirtschaftsforschung). (S)

Katayama, Shoichiro, 1994: „Update of Japan's WE-NET Project", Paper presented at 5th Annual U.S. Hydrogen Meeting, März. (B36, S)

Keeny Jr., Spurgeon M. (Hrsg.), 1977: *Das Veto. Eine neue amerikanische Herausforderung oder der Weg zur Besinnung?* (Frankfurt am Main: Umschau Verlag). (S)

Keita, L., 1985: *Involvement of NGOs in the Development of Renewable Sources of Energy in Africa*, Doc. ID/WG. 444/4 (Wien: UNIDO, 5. Juli). (V)

Kemp, W.B., 1971: „The Flow of Energy in a Hunting Society", in: *Scientific American*, 224: 55-65. (V, S)

Kempf, Udo; Michelmann, Hans J.; Schiller, Theo (Hrsg.), 1991: *Politik und Politikstile in Kanada. Gesundheits- und energiepolitische Entwicklungsprozesse im Provinzenvergleich* (Opladen: Leske + Budrich). (V)

Kennedy, Paul, 1989: *Aufstieg und Fall der großen Mächte* (Frankfurt/M.: S. Fischer). (B15, G)

Kerkloh, Michael, 1987: *Energieeinsparung in Frankreich und Großbritannien. Eine vergleichende Erfolgsanalyse zehnjähriger Einsparungspolitik* (Idstein: Schulz-Kirchner). (S)

Kerndl, Stephan, 1996: *Untersuchungen an einem Photovoltaik-System: Solargenerator - Gleichstrommotor - Exzenterschneckenpumpe* (Berlin: Köster). (S)

Khartchenko, Nikolai V., 1995: *Thermische Solaranlagen. Grundlagen, Planung und Auslegung* (Berlin: Springer). (S)

Khennas, Smail, 1992: *Le Défi Energétique en Méditerranée* (Paris: L'Harmattan). (S)

Kiera, Michael; Meineke, Wolfgang, 1990: „Studie zum Vergleich von solaren Turm- und Farmanlagen", in: Geyer, Michael A. (Hrsg.): *Abschlußbericht zur Studie zum Vergleich von solaren Turm- und Farmanlagen* (München: Flachglas Solartechnik). (B34)

Kilian, M., 1987: *Umweltschutz durch Internationale Organisationen* (Berlin: Dunker & Humblot). (S, V)

Kimani, Muiruri J.; Naumann, Ekkehard (Hrsg.), 1993: *Recent Experiences in Research, Development & Dissemination of Renewable Energy Technologies in Sub-Saharan Africa* (Nairobi: KENGO International Outreach Department). (B35, V)

Kirchhof, Paul, 1994: „Mit Steuern gegen Qualm und Gifte"; in: *Frankfurter Allgemeine Zeitung* (9.4.). (E, V)

Kitschelt, Herbert, 1983: *Politik und Energie. Energie-Technologiepolitiken in den USA, der Bundesrepublik Deutschland, Frankreich und Schweden* (Frankfurt/M.-New York: Campus). (S)

Klaiß, Helmut; Staiß, Frithjof (Hrsg.), 1992: *Solarthermische Kraftwerke für den Mittelmeerraum,* 2 Bände (Berlin-Heidelberg: Springer). (B32, 33; A)

Klaiß, Helmut; Staiß, Frithjof; Nitsch, Joachim, 1992: „Solarthermische Kraftwerke für den Mittelmeerraum", in: Ebeling, Dieter (Hrsg.): *Systemanalyse und Technikfolgenabschätzung* (Frankfurt/M.-New York: Campus): 25-34. (B33, A)

Kleemann, Manfred; Meliß, Michael, 1993: *Regenerative Energiequellen,* 2. Aufl. (Berlin-Heidelberg: Springer). (S, V)

Klein, Hans P.; Schmid, Jürgen, 1992: *EUROWIN - The European Windturbine Database. Annual Reports. A Statistical Summary of European WEC Performance Data* (Bremm). (S)

Kleinkauf, Werner, 1983: „Technisch-wirtschaftliche Aspekte zum Betrieb von Windenergieanlagen", in: *Energiewirtschaftliche Tagesfragen*, Nr. 7. (A)

Kleinkauf, Werner; Meliß, Michael; Molly, Jens-Peter; et al., 1976: *Energiequellen für morgen?* Teil III: *Nutzung der Windenergie*, BMFT-Studie (Frankfurt/M.: Umschau). (B7, A)

Kleinmann, Peter, 1988: *Energiesparpolitik im ländlichen Raum. Bericht über Implementationsversuche in Wadern (Saarland)* (Basel: Birkhäuser). (S)

Klima-Bündnis; Alianza del Clima e.V., 1993: *Klima - lokal geschützt. Aktivitäten europäischer Kommunen* (München: Raben Verlag). (S)

Klöpffer, Walter, 1993: „Ökobilanzen als Instrument der Produktbewertung" - Vortrag auf dem 404. DECHEMA-Kolloquium, 11. März, Frankfurt/M. (B8)

Klopfleisch, Reinhard; Luithle, Dietger, 1992: *Energie intelligent nutzen!* (Saarbrücken: Energiewende). (V)

Kneese, Allen V.; Schultze, Charles L., 1975: *Pollution, Prices, and Public Policy* (Washington, DC: Brookings Institution). (B12, E)

Knizia, Klaus, 1992: *Kreativität, Energie und Entropie* (Düsseldorf: Econ). (B4, V)

Knödler, Gabriele, 1995: *Windenergienutzung* (Stuttgart: IRB). (S)

Knoll, Michael; Kreibich, Rolf (Hrsg.), 1992: *Solar-City. Sonnenenergie für die lebenswerte Stadt* (Weinheim-Basel: Beltz). (S)

Knoll, Michael; Kreibich, Rolf (Hrsg.), 1994: *Modelle für den Klimaschutz. Kommunale Konzepte und soziale Initiativen für erneuerbare Energien* (Weinheim-Basel: Beltz). (S)

Knoll, Michael; Kühn, Eberhard O.; Seidemann, Thomas, 1992: *CO_2-Minderungspotentiale durch eine dezentrale Energieerzeugung im Land Brandenburg*. Untersuchung im Auftrag des Ministeriums für Umwelt, Naturschutz und Raumordnung des Landes Brandenburg (Berlin: IZT). (S)

Koch, Matthias, 1992: *Geschichte der japanischen Kernenergiepolitik* (Marburg: Japan-Zentrum). (S)

Kodama, Fumio, 1995: *Emerging Patterns of Innovation. Sources of Japan's Technological Edge* (Boston: Harvard Business School Press). (B36, S)

Koenigs, Tom; Schaeffer, Roland (Hrsg.), 1993: *Energiekonsens. Der Streit um die zukünftige Energiepolitik* (München: Raben Verlag). (S)

Kohl, Wilfrid L. (Hrsg.), 1990: *Methanol As An Alternative Fuel Choice: An Assessment* (Washington, DC: Johns Hopkins Foreign Policy Institute). (S)

Kohler, Stephan; Leuchtner, Jürgen; Müschen, Klaus, 1987: *Sonnenenergie-Wirtschaft. Für eine konsequente Nutzung von Sonnenenergie. Eine Publikation des Öko-Instituts, Freiburg/Br.* (Frankfurt/M.: S. Fischer).

Kohler-Koch, Beate (Hrsg.), 1986: *Technik und internationale Politik* (Baden-Baden: Nomos). (V)

Kohler-Koch, Beate (Hrsg.), 1989: *Regime in den internationalen Beziehungen* (Baden-Baden: Nomos). (V)

Kohlhaas, Michael; Welsch, Heinz, 1994: *Modelle einer aufkommensneutralen Energiepreiserhöhung und deren Auswirkungen, Gutachten für die Gruppe Energie 2010* (Berlin: DIW; Köln: EWI, Dezember). (B26)

Koide, Hiroaki, 1992: „Nuclear Energy from a Fundamentalist Perspective", in: Krupp, Helmar (Hrsg.): *Energy Politics and Schumpeter Dynamics. Japan's Policy Between Short-Term Wealth and Long-Term Global Welfare* (Tokyo: Springer): 160-177. (B16)

Köllmann, Carsten; Oesterdiekhoff, Peter; Wohlmuth, Karl (Hrsg.), 1993: *Kleine Energieprojekte in Entwicklungsländern* (Münster-Hamburg: LIT). (B35, A, E)

König, Felix von, 1982: *Das praktische Windenergielexikon. 1700 Stichwörter* (Karlsruhe: C.F. Müller). (S)

König, Felix von, 1988: *Großkraft Wind. Weltweit nachgewiesen* (Karlsruhe: C.F. Müller). (S)

Köpke, Ralf, 1992: *Rationelle Energieverwendung im kommunalen Bereich. Ansätze für ein Umdenken in der Energiepolitik am Beispiel ausgewählter Städte und Gemeinden in den Bundesländern Bayern und Nordrhein-Westfalen* (Bochum: Brockmeyer). (V)

Köppl, A.; et al. (Österreichisches Institut für Wirtschaftsforschung/WiFo), 1995: *Makroökonomische und sektorale Auswirkungen einer umweltorientierten Energiebesteuerung in Österreich* (Wien: Österreichisches Institut für Wirtschaftsforschung). (V)

Körber, Helmut, 1992: *Energie für morgen. Fragen - Argumente - Meinungen*, 2. Aufl. (Landsberg: moderne industrie). (V)

Kords, Udo, 1996: „Tätigkeit und Handlungsempfehlungen der beiden Klima-Enquête-Kommissionen des Deutschen Bundestages (1987-1994)", in: Brauch, Hans Günter (Hrsg.): *Klimapolitik* (Berlin-Heidelberg): 203-214. (B23, 25, 30)

Korff, Wilhelm, 1992: *Die Energiefrage - Entdeckung ihrer ethischen Dimension* (Trier: Paulinus-Verlag). (V)

Köthe, Hans K., 1994a: *Solarantriebe in der Praxis. Geräte, Maschinen und Fahrzeuge erfolgreich mit Sonnenenergie betreiben* (Poing: Franzis). (S)

Köthe, Hans K., 1994b: *Stromversorgung mit Solarzellen. Methoden und Anlagen für die Energieaufbereitung*, 4. Aufl. (Poing: Franzis). (S)

Köthe, Hans K., 1994c: *Stromversorgung mit Windgeneratoren. Auslegung, Aufbau und Betrieb von Windgeneratoren zur individuellen Stromversorgung* (Poing: Franzis). (S)

Kozloff, Keith Lee; Dower, Roger C., 1993: *A New Power Base. Renewable Energy Policies for the Nineties and Beyond* (Washington, DC: World Resources Institute). (S)

Kozloff, Keith; Shobowale, Olatokumbo, 1994: *Rethinking Development Assistance for Renewable Electricity* (Washington, DC: World Resources Institute). (S)

Kranvogel, Edith, 1994: *Neue Konzepte für die Klimapolitik* (Frankfurt/M.: Lang). (V)

Krause, Florentin; Bach, Wilfrid; Koomey, Jon, 1990: *Energy Policy in the Greenhouse: From Warming Fate to Warming Limit* (London: Earthscan). (B33)

Krause, Florentin; Bach, Wilfrid; Koomey, Jon, 1992: *Energiepolitik im Treibhauszeitalter. Maßnahmen zur Eindämmung der globalen Erwärmung* (Karlsruhe: C.F. Müller - Bonn: Eonomica). (B33, G, V)

Krauter, Stefan, 1993: *Betriebsmodell der optischen, thermischen und elektrischen Parameter von photovoltaischen Modulen* (Berlin: Köster). (S)

Krawinkel, Holger, 1991: *Für eine neue Energiepolitik. Was die Bundesrepublik Deutschland von Dänemark lernen kann* (Frankfurt/M.: Fischer Taschenbuch). (V)

Kreibich, Rolf; Knoll, Michael, 1993: *Solare Stadtplanung und energiegerechtes Bauen. Dokumentation des IZT-Kongresses vom 18.2.1992 in Berlin* (Berlin: IZT). (S)

Kreibich, Rolf; Riehl, Elke; Rogall, Holger; Wein, Klaus; Bockmöller, Andreas; Lange, Christoph; Sturm, Wolfgang, 1993: *Rationelle Energieumwandlung durch dezentrale Kraft-Wärme-Kopplung: Einsatz von Blockheizkraftwerken in Berlin. Forschungsvorhaben im Auftrag der Berliner Gaswerke (GASAG)* (Berlin: IZT). (S)

Krennerich, Michael, 1995: „Energiepolitik“, in: Nohlen, Dieter (Hrsg.): *Wörterbuch Staat und Politik*, Neuausgabe 1995 (Bonn: Bundeszentrale für politische Bildung): 124-129. (B1, E)

Krohn, Wolfgang; Weyer, Johannes, 1989: „Gesellschaft als Labor“, in: *Soziale Welt*, 40,3: 349-373. (B12, E)

Kroll, Jens M., 1996: *Presse-Taschenbuch Energiewirtschaft 1996/97* (Garmisch-Partenkirchen-Seefeld: Kroll). (G)

Krugman, Paul R., 1986: *Strategic Trade Policy and the New International Economics* (Cambridge, MA: MIT Press). (B36, S)

Krupp, Helmar (Hrsg.), 1990: *Technikpolitik angesichts der Umweltkatastrophe* (Heidelberg: Physica). (A, S)

Krupp, Helmar (Hrsg.), 1992: *Energy Politics and Schumpeter Dynamics. Japan's Policy Between Short-Term Wealth and Long-Term Global Welfare* (Tokyo: Springer). (B16, A, V)

Krupp, Helmar, 1996: *Zukunftsland Japan. Globale Evolution und Eigendynamik* (Darmstadt: Wissenschaftliche Buchgesellschaft). (B16, 36; A, E, G)

Kugeler, Kurt; Neis, Helmut; Ballensiefen, Günter (Hrsg.), 1993: *Fortschritte in der Energietechnik für eine wirtschaftliche, umweltschonende und schadensbegrenzende Energieversorgung. Prof. Dr. Rudolf Schulten zum 70. Geburtstag* (Jülich: Forschungszentrum Jülich). (S)

Kugeler, Kurt; Phlippen, Peter W., 1993: *Energietechnik. Technische, ökonomische und ökologische Grundlagen*, Springer-Lehrbuch (Berlin-Heidelberg: Springer). (S, V)

Kuhnke, Klaus; Reuber, Marianne; Schwefel, Detlef, 1990: *Solar Cookers in the Third World. Evaluation of the Prerequisites, Prospects and Impacts of an Innovative Technology* (Wiesbaden: Vieweg). (S)

Kuhnt, Dietmar, 1994: „Keine Alternative zum energiepolitischen Gesamtkonsens", in: *Jahrbuch der Atomwirtschaft 1994* (Bonn: atw): 10-19. (B29)

Küsgen, Horst; Tuschinski, Melita; et al., 1992: *Wer im Glashaus sitzt. Studien zum Gebrauchswert von Anbau-Glashäusern* (Stuttgart: Universität Stuttgart, Institut für Bauökonomie). (S)

Ladener, Heinz; Humm, Othmar; Stenhorst, Peter, 1995: *Solare Stromversorgung. Grundlagen, Planung, Anwendungen* (Staufen: Ökobuch). (S)

Laffont, Jean-Jacques; Tirole, Jean, 1994: „Environmental Policy, Compliance and Innovation", in: *European Economic Review*, 38,3-4: 555-562. (B12, V)

Läge, Egbert; Voß, Alfred, 1996: *Greenhouse Gas Mitigation Strategies in Germany - Technical feasibility versus political constraints,* Tagungsbeitrag für den International Energy Workshop 1996 (Laxenburg: IIASA). (A)

Lammel, Gerhard; Graßl, Hartmut, 1995: „Greenhouse Effect of NO_X", in: *Environmental Science & Pollution Research*, 2,1: 40-50. (B10)

Landes, David S., 1973: *Der entfesselte Prometheus. Technologischer Wandel und industrielle Entwicklung in Westeuropa von 1750 bis zur Gegenwart* (Köln). (B2)

Landsberg, Hans H. (Hrsg.), 1979: *Energy: The Next Twenty Years. Report by a Study Group Sponsored by the Ford Foundation and Administered by Resources for the Future* (Cambridge, MA: Ballinger). (S)

Langguth, Horst R., 1984: *List of Terms of Hydrogeology, Geochemistry and Geothermals of Mineral and Thermal Waters. Glossary in English; French; Spanish; Russian; German; Arabic* (Hannover: Heise). (S)

Langner, Alfred (Hrsg.), 1992: *Kommunale Energieversorgung zwischen Eigenbetrieb und Fremdbezug. Aufgaben und Grenzen, Probleme und Konzepte der Energieversorgung in Stadt- und Landkreisen* (Bonn: Friedrich-Ebert-Stiftung). (S)

Lardy, Michael (Hrsg.), 1991: *Wild auf Sonnenenergie. Das aktuelle Nachschlagewerk. Fakten - Grundlagen - Projekte - Musteranlagen - Adressen Anbieter - Service Teil* (Saarbrücken: Energiewende). (V)

Lashof, Daniel A., 1995: „Country Report: USA", in: US Climate Action Network; Climate Network Europe (Hrsg.): *Independent NGO Evaluations of National Plans for Climate Change Mitigation, OECD Countries, Third Review* (Washington, DC: US Climate Action Network, Januar): 108-112. (B15, S)

Lashof, Daniel A., 1996: „The IPCC Second Assessment Report", in: *U.S. Climate Action Network Hotline*, 3,1 (Januar): 1-3. (B1, E)

Leach, G., 1976: *Energy and Food Production* (Guildford). (B2)

Lechner, Herbert; Mühlberger, Manfred; Vallance, Bruno (Hrsg.), 1994: *Möglichkeiten der Energieeffizienzsteigerung in der Slowakei. Endbericht* (Wien: Energieverwertungsagentur). (S)

Lee, Richard B., 1968: „What hunters do for a living or how to make out on scarce resources", in: Lee, Richrd B.; DeVore, Ian (Hrsg.): *Man the Hunter* (Chicago): 30-43. (B2)

Lee, Thomas H.; Ball, Ben C.; Tabors, Richard D., 1990: *Energy Aftermath: How We Can Learn From the Blunders of the Past and Create a Hopeful Energy Future* (Boston: Harvard Business School Press). (S)

Lehmann, Harry, 1995: *Die Förderung regenerativer Energien auf den Prüfstand*, Wiesenfelder Reihe, Heft 14, Bund Naturschutz Bayern. (B24, A)

Lehmann, Harry, 1996: „Overall energy policy and the advantages of renewable energy technologies", in: *Community Action Plan for Renewable Energies*, European Parliament Energy and Research Series, W19 (Luxemburg: European Parliament). (A)

Lehmann, Harry; Reetz, Torsten, 1995: *Zukunftsenergien. Strategien einer neuen Energiepolitik* (Berlin-Basel-Boston: Birkhäuser). (B24, A, E)

Lenschow, Andrea, 1996: „Der umweltpolitische Entscheidungsprozeß in der Europäischen Union am Beispiel der Klimapolitik", in: Brauch, Hans Günter (Hrsg.): *Klimapolitik* (Berlin-Heidelberg: Springer): 89-104. (B14, 33; E, S)

Lenssen, Nicholas, 1995: „Solar Cell Shipments Expand Rapidly", in: Brown, Lester R.; Lenssen, Nicholas; Kane, Hal (Hrsg.): *Vital Signs. The trends that are shaping our future* (London: Earthscan): 56-57. (B36, S, V)

Lenz, Ludwig; Wiedersich, Berthold, 1993: *Grundlagen der Geologie und Landschaftsformen* (Leipzig-Stuttgart: Deutscher Verlag für Grundstoffindustrie). (S)

Leonhardt, Willy; Klopfleisch, Reinhard (Hrsg.), 1993: *Negawatt. Konzepte für eine neue Energiezukunft* (Karlsruhe: C.F. Müller). (V)

Leonhardt, Willy; Klopfleisch, Reinhard; Jochum, Gerhard (Hrsg.), 1989 (2. Aufl.: 1991): *Kommunales Energiehandbuch. Vom Saarbrücker Energiekonzept zu kommunalen Handlungsstrategien* (Karlsruhe: C.F. Müller). (V)

Lester, James P. (Hrsg.), 1991: *Environmental Politics and Policy. Theories and Evidence*, 3. Aufl. (Durham-London: Duke UP). (S, V)

Levermore, Geoff J., 1992: *Building Energy Management Systems. An application to heating and control* (London-Glasgow-New York: E&FN Spon). (S)

Lewerenz, H.J.; Jungblut, H., 1995: *Photovoltaik. Grundlagen und Anwendungen* (Berlin: Springer). (G)

Leyten, Jos; Smits, Rund, 1987: *The revival of technology assessment. The development of TA in five European countries and the USA* (Den Haag: Dutch Ministry of Education and Science, in cooperation with the Commission of the European Communities (FAST/DG XII)). (B30)

Liebermann, Lutz, 1990: *Geofaktoren und ein solares Wasserstoff-Energiekonzept in Nordost-Afrika* (Berlin: Freie Universität Berlin Geowissenschaften). (S)

Lindberg, Leon N., 1977: „Comparing Energy Policies: Political Constraints and the Energy Syndrome", in: ders. (Hrsg.): *The Energy Syndrome. Comparing National Responses to the Energy Crisis* (Lexington, MA: Lexington Books): 325-356. (B29)

Lindblom, Charles E., 1959: „The Science of 'muddling through'", in: *Public Administration Review*, 19: 74-88. (B30)

Lindblom, Charles E., 1979: „Still muddling; Not Yet Through", in: *Public Administration Review*, 39: 517-526. (B30)

Lindblom, Charles E.; Cohen, David K., 1979: *Usable Knowledge; Social Science and Social Problem Solving* (New Haven: Yale UP). (B30)

Lindblom, Charles E.; Woodhouse, Edward J., 1993: *The policy-making process* (3. Auflage des ursprünglich von Lindblom 1968 veröffentlichten Buches) (Eaglewood Cliffs: Simon & Schuster). (B30)

Linden, Henry R., 1994: „Energy and Industrial Ecology", in: Allenby, Braden R.; Richards, Deanna J. (Hrsg.): *The Greening of Industrial Ecosystems* (Washington, DC: National Academy Press): 38-60. (S)

Linder, Stephen H.; McBride, Mark E., 1984: „Enforcement Costs and Regulatory Reform: The Agency and Firm Response", in: *Journal of Environmental Economics and Management*, 11,4: 327-346. (B12, V)

Lindner, Uwe, 1995: *Energiesparen mit Wärmedämmverbundsystemen* (Renningen-Malmsheim: expert). (S, V)

Linscheidt, Bodo; Truger, Achim (Finanzwissenschaftliches Forschungsinstitut/FiFo), 1995: *Beurteilung ökologischer Steuerreformvorschläge vor dem Hintergrund des bestehenden Steuersystems*, Studie im Auftrag des BDI (Berlin: Duncker & Humblot). (S, V)

Lipschutz, Ronnie D.; Conca, Ken (Hrsg.), 1993: *The State and Social Power in Global Environmental Politics* (New York - Chichester: Columbia UP). (S, V)

Liptow, Holger, 1991: „The Photovoltaic Market in Zimbabwe", in: Pontenagel, Irm (Hrsg.): *Energy in Africa, International Solar Conference, Economic and Political Initiatives for Application of Renewable Energies in Developing Countries*, Harare, Zimbabwe, 14-17 November (Bochum: Ponte Press): 73-86. (B19)

Liptow, Holger; Spieß, Christine, 1996: *Measures to support the implementation of the UNFCCC* (Eschborn: GTZ). (A)

Loeber, Anne M., 1996: „The phosphate forum as an interactive technology assessment and its behavioural impact", University of Amsterdam, Department of Political Science (unveröffentlicht). (B30)

Loeber, Anne; Grin, John, 1996: „From green waters to 'green' detergents: processes of learning between policy actors and target groups in eutrophication policy in the Netherlands, 1970-1987", paper prepared for delivery at the 1996 Annual Meeting of the Western Political Science Association, San Francisco, CA, 14.-16. März. (A)

Loose, Jürgen, 1992: *Innovationen für Raumkühlung. Standardisierte Raumlufttechnik (RLT) bei der Deutschen Bundespost Telekom mit Ausblick auf andere Einsatzfälle. Umweltschutz - Energieeinsparung - Wirtschaftlichkeit* (Penzberg: J. Loose). (S)

Lovins, Amory B., 1977: *Soft Energy Paths: Toward a Durable Peace* (New York-Hagerstown-San Francisco-London: Harper Colophon). (B33, G)

Lovins, Amory B.; Lovins, F. Hunter; Krause, Florentin; Bach, Wilfrid, 1981: *Least-Cost Energy: Solving the CO_2 Problem* (Brickhouse, Andover). (B33)

Lovins, Amory B.; Lovins, L. Hunter, 1981: *Atomenergie und Kriegsgefahr* (Reinbek: Rowohlt). (B1, S)

Lowe, Ian, 1986: *Facing the future: energy options for Australia,* Research lecture series (Nathan, Queensland: Griffith Univ.).

Lowe, Ian, 1994: „Towards sustainable energy systems", in: Dovers, Stephen (Hrsg.): *Sustainable Energy Systems. Pathways for Australian Energy Reform* (Cambridge-New York-Melbourne: Cambridge UP): 194-216.

Lucas, Nigel, 1985: *Western European Energy Policies. A Comparative Study* (Oxford: Clarendon Press). (S)

Luhmann, Hans-Jochen, 1993: „Umweltschutz als Finanzspritze. Kommunale Öko-Steuern in der Diskussion", in: *Das Parlament*, Nr. 32 (6. August). (A)

Luhmann, Hans-Jochen, 1994a: „Makroökonomische Wirkungen einer ökologischen Steuerreform in Deutschland im Vergleich; Deutsches Institut für Wirtschaftsforschung", in: *Vierteljahrshefte zur Wirtschaftsforschung*, Nr. 4: 428-433. (A)

Luhmann, Hans-Jochen, 1994b: „Probleme der Einführung von Umweltsteuern. Auf der Suche nach praktikablen Lösungen", in: *Das Parlament*, Nr.4-5 (28. Januar/4. Februar). (A)

Luhmann, Hans-Jochen, 1995a: „Die Frühwarnzeit im Treibhaus Erde ist abgelaufen. Vorgeschichte und Zukunftsperspektive des Berliner Klimamandats", in: *Das Parlament* (22. Sept.): 18. (A)

Luhmann, Hans-Jochen, 1995b: „Ökologische Steuerreform auf dem Weg zur Wirklichkeit. Zwei Fliegen mit einer Klappe schlagen“, in: *Das Parlament*, Nr.3-4 (13./20. Januar). (A)

Luhmann, Hans-Jochen, 1995c: „Vergebene Chancen der Energiebesteuerung in der Europäischen Gemeinschaft und in Deutschland?“, in: *Environmental History Newsletter*, Nr. 2: 173-180. (A)

Luhmann, Hans-Jochen, 1996a: „Die Chancen einer Ökologischen Steuerreform - es gibt mehr als ein Modell“, in: Ritt, Thomas (Hrsg.): *Ökologische Steuerreform* (Wien: Kammer für Arbeiter und Angestellte): 44-62. (A)

Luhmann, Hans-Jochen, 1996b: „Eine Reflexion auf den prekären Stand der internationalen Klimapolitik nach 'Berlin'. Zugleich eine Anzeige von: Oberthür: Politik im Treibhaus“, in: *Zeitschrift für Umweltpolitik & Umweltrecht*, Nr. 1: 129-138. (A)

Luhmann, Hans-Jochen; et al., 1994: „Ökologische Steuerreform - Preisgleitklausel für die Umwelt“, in: Weizsäcker, Ernst Ulrich von (Hrsg.): *Umweltstandort Deutschland. Argumente gegen die ökologische Phantasielosigkeit* (Basel-Berlin-Boston: Birkhäuser): 39-72. (A)

Luhmann, Niklas, 1984: *Soziale Systeme – Grundriß einer allgemeinen Theorie* (Frankfurt/M.: Suhrkamp). (B16)

Luhmann, Niklas, 1986, (3. Aufl., 1990): *Ökologische Kommunikation. Kann die moderne Gesellschaft sich auf ökologische Gefährdungen einstellen?* (Opladen: Westdeutscher Verlag). (B16)

Lutz, Wolfgang (Hrsg.), 1994: *The Future Population of the World. What Can We Assume Today?* (London: Earthscan). (B1, 33; G)

Lutz, Wolfgang; Prinz, Christopher, 1994: „New World Population Scenarios“, in: *IIASA Options,* Herbst: 4-7. (B1, E)

Lutz, Wolfgang; Prinz, Christopher; Langgassner, Jeannette, 1994: „The IIASA World Population Scenarios to 2030“, in: Lutz, Wolfgang (Hrsg.): *The Future Population of the World. What Can We Assume Today?* (London: Earthscan): 391-422. (B33)

Lützow, Margit von, 1993: *Jahreszeitliche Fluktuation der mikrobiellen Biomasse und ihres Stickstoff-Gehaltes in konventionell und biologisch-dynamisch bewirtschafteten Parabraunerden der Friedberger Wetterau* (Aachen: Shaker). (S)

Mabe, Jacob Emmanuel, 1993: *Bevölkerungswachstum, technologische Entwicklung und Energiebedarfsdeckung in Afrika. Fallstudien am Beispiel der Republik Kamerun* (Frankfurt/M.: Peter Lang). (B34, A, S)

Mabe, Jacob Emmanuel, 1994: „Energie für zwei Kontinente. Solarthermische Kraftwerke in der Sahara-Wüste für eine umweltverträgliche und ausreichende Energieversorgung in Afrika und Europa - politische und völkerrechtliche Aspekte“, Januar (unveröffentlicht). (B34, A)

Mabe, Jacob Emmanuel, 1995: „Das Weltenergiesystem im atomaren Zeitalter“, April (unveröffentlicht). (B34, A)

Mabe, Jacob Emmanuel; Nida-Rümelin, Julian, 1991: „Energie - Probleme und Perspektiven in den Entwicklungsländern“, in: Opitz, Peter-Joachim (Hrsg.): *Grundprobleme der Entwicklungsländer* (München: C.H. Beck): 154-175. (B34, A)

MacAvoy, Paul W., 1983: *Energy Policy. An Economic Analysis* (New York-London: W.W. Norton). (S)

MacKenzie, Donald; Wajcman, Judy (Hrsg.), 1985: *The Social Shaping of Technology. How the refrigerator got its hum* (Buckingham-Bristol, PA: Open UP). (B30)

Mackscheid, K.; Ewringmann, D.; Gawel, E. (Finanzwissenschaftliches Forschungsinstitut/FiFo), 1995: *Umweltpolitik mit hoheitlichen Zwangsabgaben* (Berlin: Duncker & Humblot). (G)

[Madrid, 1994], *Declaration of Madrid. An Action Plan for Renewable Energy Sources in Europe* (Madrid: Fundación Cánovas del Castillo, März). (B1, 24, 33; S)

Magat, Wesley A., 1978: „Pollution Control and Technological Advance: A Dynamic Model of the Firm", in: *Journal of Environmental Economics and Management*, 5,1: 1-25. (B12, S)

Magat, Wesley A., 1979: „The Effects of Environmental Regulation on Innovation", in: *Law and Contemporary Problems*, 43,1: 4-25. (B12, S)

Maier-Rigaud, Gerhard, 1994: *Umweltpolitik mit Mengen und Märkten. Lizenzen als konstituierendes Element einer ökologischen Marktwirtschaft* (Marburg: Metropolis). (B12, E, V, G)

Mainguet, Monique, 1991: *Desertification: Natural Background and Human Mismanagement* (Berlin-Heidelberg: Springer). (B34)

Maisseu, Andre; Voß, Alfred, 1995: „Energy, entropy and sustainable development", in: *Global Energy Issues*, 8,1-3. (B4, A)

Malueg, David A., 1989: „Emission Credit Trading and the Incentive to Adopt New Pollution Abatement Technology", in: *Journal of Environmental Economics and Management*, 16,1: 52-57. (B12, S)

Marone, Joseph G.; Woodhouse, Edward J., 1989: *The Demise of Nuclear Energy? Lessons for Democratic Control of Technology* (New Haven-London: Yale UP). (B30)

Martin, Jean-Marie, 1990: *L'économie mondial de l'énergie* (Paris: La Découverte). (S)

Masuhr, Klaus Peter; Wolff, Heimfrid; Keppler, Jan, Prognos AG (Hrsg.), 1992: *Die externen Kosten der Energieversorgung* (Stuttgart: Schäffer-Poeschel). (S)

Masuhr, Klaus Peter; Bradke, Heinrich, 1991: *Konsistenzprüfung einer denkbaren zukünftigen Wasserstoffwirtschaft,* Studie im Auftrag des Bundesministeriums für Forschung und Technologie. (Basel: Prognos; Karlsruhe: FhG-ISI, Dezember). (B32)

Mathoy, Klaus, 1994: *Ökologische Sonnenhäuser. Bauen im Einklang mit der Natur* (Innsbruck: Edition Löwenzahn). (S)

Matthies, Hans; et al., 1994: *Study of offshore wind energy in the EC* (Brekendorf: Natürliche Energie). (B6)

Maull, Hanns W., 1984: *Raw Materials - Energy and Western Security* (London: Macmillan - IISS). (S)

Maurer, Andreas, 1996: „Reformziele Effizienzsteigerung und Demokratie: Die Weiterentwicklung der Entscheidungsverfahren", in: Jopp, Mathias; Schmuck, Otto (Hrsg.): *Die Reform der Europäischen Union. Analysen, Positionen und Dokumente zur Regierungskonferenz 1996-1997* (Bonn: Europa Union). (A)

Maurer, Andreas; Thiele, Burkhard (Hrsg.), 1996: *Legitimationsprobleme und Demokratisierung der Europäischen Union* (Marburg: Schüren). (A)

Mayer, Herwig, 1989: *Ein Energiemasterplan für Kenia bis zur Jahrtausendwende.* Wirtschafts- und sozialwissenschaftliche Studien (Regensburg: Transfer). (S)

Mayntz, Renate (Hrsg.), 1978: *Vollzugsproblem der Umweltpolitik* (Stuttgart: Kohlhammer). (G)

Mayntz, Renate (Hrsg.), 1980: *Implementation politischer Programme. Empirische Forschungsberichte* (Königstein: Athenäum-Hain-Scriptor-Hanstein). (S, V)

Mayntz, Renate (Hrsg.), 1983: *Implementation politischer Programme II. Ansätze zur Theorienbildung* (Opladen: Westdeutscher Verlag). (S, V)

Mayorga-Alba, Eleodoro, 1992: „Revisiting energy policies in Latin America and Africa", in: *Energy Policy*, 20 (Oktober): 995-1004. (V)

Mayrzedt, Hans, 1994: *Handelsungleichgewichte mit Japan am Beispiel der Automobilindustrie. Erklärungsansätze und Zukunftsperspektiven* (Baden-Baden: Nomos). (B36, S)

Mazmanian, Dan, 1992: „Toward a New Energy Paradigm", in: Kirlin, John J. (Hrsg.): *California Policy Choices*, Bd. 8 (Los Angeles: University of Southern California): 195-215. (B29)

McDonald, Alan, 1981: *Energy in A Finite World. Executive Summary* (Laxenburg: IIASA, Mai). (S)

McHugh, Richard, 1985: „The Potential for Private Cost-Increasing Technological Innovation under a Tax-based, Economic Incentive Pollution Control Policy", in: *Land Economics*, 61,1: 58-64. (B12, V)

McKee, David (Hrsg.), 1991: *Energy, the Environment and Public Policy* (New York-Westport-London: Praeger). (S, V)

McKibben, Bill, 1990: *Das Ende der Natur. Die globale Umweltkrise bedroht unser Überleben* (München: List). (S)

Medvedev, Zhores A., 1979: *Nuclear Disasters in the Urals* (New York: Vintage). (S)

Meinecke, Wolfgang; Bohn, Manfred; et al., 1995: *Solar Energy Concentrating Technologies* (Heidelberg: C.F. Müller). (B32)

Meissner, Dieter, 1993: *Solarzellen. Physikalische Grundlagen und Anwendungen der Photovoltaik* (Wiesbaden: Vieweg). (S, V)

Melosi, Martin V. 1992: „The Neglected Challenge: Energy, Economic Growth and Environmental Protection in the Industrial History of The U.S.", in: Byrne, John; Rich, Daniel (Hrsg.): *Energy and Environment. The Policy Challenge,* Energy Policy Studies, Bd. 6 (New Brunswick-London: Transaction): 49-87. (B15, S)

Mendoza, Horacio V., 1989: *Ein Beitrag zur Verwertung von Biomasseproduktion und deren Qualität für die forst- und landwirtschaftliche Nutzung des Matorrals in der Gemeinde Linares, N. L., Mexiko* (Göttingen: Goltze). (S)

Mensching, Horst G., 1990: *Desertifikation. Ein weltweites Problem der ökologischen Verwüstung in den Trockengebieten der Erde* (Darmstadt: Wissenschaftliche Buchgesellschaft). (B33, 34)

Meyer, Bettina, 1995: *Zu den Einwänden gegen eine ökologische Steuerreform* (Bad Boll: Seminar für freiheitliche Ordnung). (E)

Meyer-Abich, Klaus M. (Hrsg.), 1979: *Energieeinsparung als neue Energiequelle. Wirtschaftliche Möglichkeiten und alternative Technologien* (München: Carl Hanser).

Meyer-Abich, Klaus M., 1984: *Wege zum Frieden mit der Natur* (München: dtv). (V)

Meyer-Abich, Klaus M.; Meixner, Horst; Luhmann, Hans-Jochen; Lieb, Wolfgang; Lersch, Franz-Josef; Hampicke, Ulrich, 1983: *Energiesparen: Die neue Energiequelle. Wirtschaftspolitische Möglichkeiten und alternative Technologien* (Frankfurt: Fischer). (G, V)

Meyer-Krahmer, Frieder, 1989: *Der Einfluß staatlicher Energiepolitik auf industrielle Innovationen* (Baden-Baden: Nomos). (V)

Mez, Lutz, 1979: *Der Atomkonflikt. Atomindustrie, Atompolitik und Anti-Atombewegung im internationalen Vergleich* (Berlin: Olle & Wolter). (A, S)

Michaelis, Hans, 1996: *Energiepolitik zwischen Anspruch und Verwirklichung. Bestandsaufnahme, Widersprüche und Reformvorschläge. Ein Memorandum* (Landsberg: moderne industrie). (G)

Michaelis, Hans; Salander, Carsten, 1995: *Handbuch Kernenergie - Kompendium der Energiewirtschaft und Energiepolitik* (Frankfurt/M.: Verlag VWEW). (G)

Mikanagi, Yumiko, 1996: *Japan's Trade Policy. Action or Reaction?* (London-New York: Routledge). (S)

Mikoteit, Thomas, 1989: *Steuern als Instrument der Energiepolitik* (Hamburg: Kovac). (V)

Miller, E. Williard; Miller, Ruby M., 1993: *Energy and American Society* (Santa Barbara-Denver-Oxford: ABC-CLIO). (B15, G, V)

Milliman, Scott R.; Prince, Raymond, 1989: „Firm Incentives to Promote Technological Change in Pollution Control", in: *Journal of Environmental Economics and Management*, 17,3: 247-265. (B12, G)

Ministerium für Wirtschaft, Mittelstand und Technologie des Landes NRW, 1993: *Windkraftanlagen in NRW, Ergebnisbericht eines Projekts zur Windkrafterzeugung im nordwestdeutschen Binnenland* (Düsseldorf: Ministerium für Wirtschaft, Mittelstand und Technologie des Landes NRW).

Mislin, Hans; Bachofen, Reinhard (Hrsg.), 1982: *New Trends in Research and Utilization of Solar Energy through Biological Systems* (Basel: Birkhäuser). (S)

Mitchell, John V., 1994: *An Oil Agenda for Europe* (London: Royal Institute of International Affairs). (S)

Mitscherlich, Günter, 1963: *Zustand, Wachstum und Nutzung des Waldes im Wandel der Zeit* (Freiburg). (B2)

Miwa, Yoshiro, 1996: *Firms and Industrial Organization in Japan* (Basingstoke-London: Macmillan). (S)

Mohl, Helmut, 1992: *Die Einführung und Erhebung neuer Steuern aufgrund des kommunalen Steuererfindungsrechts* (Stuttgart: Kohlhammer). (S)

Möhnle, Michael G., 1993: *Der Landwirt als Rohstoffproduzent. Die industrielle Chance der Agrarwirtschaft im Europa 2000* (München: Olzog). (S, V)

Molly, Jens-Peter, 1990: *Windenergie - Theorie, Anwendung, Messung*, 2. Aufl. (Karlsruhe: C.F. Müller). (B6, S, V)

Mommer, Bernard, 1984: „Energiekrise", in: Boeckh, Andreas (Hrsg.): *Pipers Lexikon zur Politik.* Bd. 5: *Internationale Beziehungen. Theorien - Organisationen - Konflikte* (München: Piper): 117-120. (B1, E)

Mommer, Bernard, 1994: „Energiepolitik, internationale", in: Boeckh, Andreas (Hrsg.): *Lexikon der Politik.* Bd. 6: *Internationale Beziehungen.* (München: C.H. Beck): 95-103. (B1, E)

Montanari, Massimo, 1993: *Der Hunger und der Überfluß. Kulturgeschichte der Ernährung in Europa* (München: C.H. Beck). (B2)

Moore, Curtis; Miller, Alan, 1994: *Green Gold. Japan, Germany, the United States and the Race for Environmental Technology* (Boston: Beacon Press). (B15, S, V)

Morgan, Daniel, 1993: *Hydrogen as a Fuel.* CRS Report for Congress, 93-350 SPR (Washington, DC: CRS, 22. März). (R, S)

Morgan, Jennifer, 1996: „Congress Makes Cuts and More Cuts", in: *U.S. Climate Action Network - Hotline,* 3,1: 1,3. (B15, S)

Mösl, Roland, 1991: *Aufstieg zum Solarzeitalter* (Salzburg: Unipress). (S)

Mouchot, Augustin B., 1987: *Die Sonnenwärme und ihre industriellen Anwendungen* (Vaduz: Olynthus). (S)

Müller, Daniel; Oehler, Daniel; Baccini, Peter, 1995: *Regionale Bewirtschaftung von Biomasse* (Zürich: vdf Hochschulverlag). (V)

Müller, Edda, 1986: *Innenwelt der Umweltpolitik. Sozial-liberale Umweltpolitik. (Ohn)-macht durch Organisation* (Opladen: Westdeutscher Verlag). (S, V)

Müller, Friedemann (Hrsg.), 1992: *Rußlands Energiepolitik: Herausforderung für Europa* (Baden-Baden: Nomos). (S)

Müller, Hans P., 1990: *Volksrepublik Kongo. Sozioökonomische Analyse als Grundlage für die Energieplanung* (Hamburg: Institut für Afrika-Kunde). (V)

Müller, Harald, 1978: *Energiepolitik, Nuklearpolitik und die Weiterverbreitung von Kernwaffen. Analyse und Dokumentation* (Frankfurt/M.: Haag+Herchen). (S)

Müller, Harald, 1989: *Vom Ölembargo zum National Energy Act. Amerikanische Energiepolitik zwischen gesellschaftlichen Interessen und Weltmachtanspruch, 1973-1978* (Frankfurt/M.-New York: Campus). (S)

Müller, Harald, 1993: *Die Chance der Kooperation. Regime in den internationalen Beziehungen* (Darmstadt: Wissenschaftliche Buchgesellschaft). (G, S)

Müller, Harald, 1994: „Nuklearpolitik, internationale“, in: Boeckh, Andreas (Hrsg.): *Lexikon der Politik.* Bd. 6: *Internationale Beziehungen* (München: C.H. Beck): 349-355. (B1, E)

Müller, Heinrich P., 1993: *Theoretische und experimentelle Untersuchungen zum Einsatz von photovoltaisch betriebenen Pumpsystemen zur Feldbewässerung* (Aachen: Shaker). (S)

Müller, Joachim, 1992: *Trocknung von Arzneipflanzen mit Solarenergie* (Stuttgart: Ulmer). (S)

Müller, Michael; Hennicke, Peter, 1995: *Mehr Wohlstand mit weniger Energie. Einsparkonzepte, Effizienzrevolution und Solarwirtschaft* (Darmstadt: Wissenschaftliche Buchgesellschaft). (B1, S, V)

Müller, Michael; Turowski, Roland 1994: „Der Beitrag der Elektrizitätswirtschaft zum Klimaschutz“, in: *VGB-Kraftwerkstechnik*, 7: 613-617. (B21)

Müller, Werner, 1990: *Ökologische Industriegesellschaft - Umweltschutz - Arbeitsplätze - Technischer Fortschritt* (Heidelberg: Decker & Müller). (S)

Müller-Plantenberg, Clarita, 1992: *Technik und Umwelt in Ost, West und Süd* (Kassel: Jenior und Pressler). (V)

Munasinghe, Mohan; Meier, Peter, 1993: *Energy Policy Analysis and Modeling* (Cambridge-New York: Cambridge UP). (S)

Münch, Paul; Cox, Helmut; Oettle, Karl; Püttner, Günter; Münch, Paul (Hrsg.), 1991: *Die Unternehmen der öffentlichen Energieversorgung der Bundesrepublik Deutschland im europäischen Binnenmarkt* (Berlin: Gesellschaft für öffentliche Wirtschaft). (V)

Nagel, Thomas, 1993: *Umweltgerechte Gestaltung des deutschen Steuersystems* (Frankfurt/M.-New York: Campus). (E, V)

Nakamura, Takafusa, 1995: *The Postwar Japanese Economy. Its Development and Structure, 1937-1994* (Tokyo: Tokyo UP). (B36, S)

Nakamura, Y., 1996: „The Environment Industry in Japan“, in: *The Environment Industry. The Washington Meeting - OECD Documents* (Paris: OECD): 161-172. (B36, S)

Nast, Martin; Nitsch, Joachim, 1994: *Solare Wärmeversorgung einschließlich Großwärmespeicher in Baden-Württemberg* (Stuttgart: Akademie für Technikfolgenabschätzung in Baden-Württemberg). (S, A)

Nast, Martin; Ufheil, Martin, 1994: „Thermische Nutzung solarer Wärmemöglichkeiten und Potentiale“, in: Forschungsverbund Sonnenenergie (Hrsg.): *Themen 93/94 Solarthermie* (Köln: DLR). (B10)

National Academy of Sciences, 1992a: *Policy Implications of Greenhouse Warming: Mitigation, Adaptation, and the Science Base* (Washington, DC: National Academy Press). (R, S)

National Academy Press, 1992b: *The National Energy Modelling System* (Washington, DC: National Academy Press). (S)

National Renewable Energy Laboratory, 1991: *Photovoltaics Program Plan, FY 1991 - FY 1995* (Washington, DC: DOE, Oktober). (R, S)

National Renewable Energy Laboratory, 1994: *Photovoltaics Program Overview, FY 1993* (Washington, DC: DOE, Februar). (R, S)

National Research Council, 1992: *Behind the Numbers. U.S. Trade in the World Economy* (Washington, DC: National Academy Press). (R, S)

Nava, Paul; Aringhoff, Rainer; Svoboda, Petr; Kearney, David, 1996: *Status Report on Solar Trough Power Plants. Experience, prospects and recommendations to overcome market barriers of parabolic trough collector power plant technology* (Köln: Pilkington Solar International). (S)

Neirynck, Jacques, 1990: *Le Huitième Jour De La Création* (Presses Polytechniques et Universitaires Romandes).

Nelkin, Dorothy; Pollak, Michael, 1981: *The Atom Besieged. Extraparliamentary Dissent in France and Germany* (Cambridge, MA - London: MIT Press). (S)

Nentwig, Wolfgang, 1995: *Humanökologie. Fakten - Argumente - Ausblicke* (Berlin-Heidelberg: Springer). (B1, G, V)

Neu, Axel D., 1982: *Substitutionspotentiale und Energieversorgung,* Kieler Studien (Tübingen: J.C.B. Mohr). (S)

Neumann, Frauke; Rammner, Peter; Scholz, Lothar, 1987: *Die Bedeutung der Energieeinsparung als Motiv für Investitionen sowie Produkt- und Prozeßinnovationen in der deutschen Industrie* (München: Ifo-Institut für Wirtschaftsforschung). (S)

Neumann, Horst, 1996: *Mythos Japan. Unternehmensvergleich zur Wettbewerbsstärke der deutschen und japanischen Autoindustrie* (Berlin: edition sigma). (S)

Ngos, Nguijoi, 1994: *Energieversorgung durch Solarenergie als Beitrag zur Entwicklung einer tropischen Region in Kamerun, dargestellt am Beispiel des Arrondissements Ngog-Mapubi* (Berlin: Köster). (S)

Nitsch, Joachim (Federführung), 1990: „Bedingungen und Folgen von Aufbaustrategien für eine solare Wasserstoffwirtschaft. Untersuchung für die Enquête-Kommission des Deutschen Bundestages „Technikfolgen", in: *Zur Sache, Themen parlamentarischer Beratung 24/90* (Bonn: Deutscher Bundestag). (A)

Nitsch, Joachim (Federführung), 1994: *Wirtschaftliches und ausschöpfbares Potential der Kraft-Wärme-Kopplung in Baden-Württemberg.* Untersuchung für das Wirtschaftsministerium Baden-Württemberg (Stuttgart: DLR, Juni). (A)

Nitsch, Joachim, 1990: *Energieversorgung der Zukunft. Rationelle Energienutzung und erneuerbare Quellen* (Berlin-Heidelberg: Springer). (A, V)

Nitsch, Joachim, 1994: *Anforderungen an Energiesysteme,* STB-Bericht Nr. 10 (Stuttgart: DLR). (B32, A)

Nitsch, Joachim; Klaiß, Helmut; et al., 1994: „Thermische Solarkraftwerke und solare Prozeßwärme im Mittelmeerraum", in: Forschungsverbund Sonnenenergie (Hrsg.): *Themen 93/94: Solarthermie* (Köln: DLR): 44-56. (B32, A)

Nitsch, Joachim; Luther, Joachim, 1990: *Energieversorgung der Zukunft* (Berlin-Heidelberg: Springer). (B10, 32, A)

Nitsch, Joachim; Voigt, C., 1986: „Potential und Möglichkeiten von Wasserstoff", in: Winter, Carl-Jochen; Nitsch, Joachim (Hrsg.): *Wasserstoff als Energieträger. Technik - Systeme - Wirtschaft* (Berlin-Heidelberg: Springer): 287-308. (B33)

Nkonoki, Simon R.; Lushiku, Elias, 1988: „Energy planning in Tanzania", in: *Energy Policy*, 16 (Juni): 280-291. (V)

Noble, Dan, 1996: „Redefining the Environmental Industry", in: *The Environment Industry. The Washington Meeting - OECD Documents* (Paris: OECD): 33-50. (B36, S)

Nohlen, Dieter (Hrsg.), 1991: *Wörterbuch Staat und Politik* (München: Piper). (B1, E)

Nohlen, Dieter (Hrsg.), 1995: *Wörterbuch Staat und Politik*, Neuausgabe 1995 (Bonn: Bundeszentrale für politische Bildung). (B1, E)

Nomura, Masami; Jürgens, Ulrich, 1995: *Binnenstrukturen des japanischen Produktivitätserfolges. Arbeitsbeziehungen und Leistungsregulierung in zwei japanischen Automobilunternehmen* (Berlin: edition sigma). (S)

Nørgård, Jørgen S.; Viegand, Jan, 1994: *Low Electricity Europe - Sustainable Options* (Brüssel: European Environmental Bureau). (S)

Norton, Brian (Hrsg.), 1992: *Solar Energy Thermal Technology* (Berlin: Springer). (V)

Noske, Harald; Kettig, Frank, 1992: „CO_2-Minderungspotentiale und -kosten", in: *Elektrizitätswirtschaft*, 6: 285-290. (S)

Nosko, Herbert, 1986: *Rationelle Energieverwendung im Industriebetrieb. Technisch-organisatorische, ökonomische und ökologische Grundlagen unternehmerischer Energiepolitik* (Berlin-Bielefeld-München: Erich Schmidt). (V)

Nuscheler, Franz, 1995: *Internationale Migration. Flucht und Asyl* (Opladen: Leske + Budrich). (B33)

Nutzinger, Hans G. (Hrsg.): *Nachhaltige Wirtschaftsweise und Energieversorgung. Konzepte, Bedingungen, Ansatzpunkte* (Marburg: Metropolis). (V)

Oberthür, Sebastian, 1993: *Politik im Treibhaus* (Berlin: edition sigma). (B15, G)

OECD, 1975: *Energy Prospects to 1985,* 2 Bände (Paris: OECD). (R, S)

OECD, 1993a: *Economic Instruments for Environmental Management in Developing Countries* (Paris: OECD). (V, R)

OECD, 1993b: *Taxation and Environment - Complementary Policies* (Paris: OECD). (R, V)

OECD, 1994a: *The Economics of Climate Change. Proceedings of an OECD-IEA Conference* (Paris: OECD; IEA). (R, S)

OECD, 1994b: *Environment and Taxation: The Cases of the Netherlands, Sweden and the United States* (Paris: OECD). (V, R)

OECD, 1994c: *The Distributive Effects of Economic Instruments for Environmental Policy* (Paris: OECD). (V, R)

OECD, 1994d: *Energy and Environmental Technologies to Respond to Global Climate Change Concerns. OECD-IEA Study* (Paris: OECD). (R, S)

OECD, 1995a: *Global Warming. Economic Dimensions and Policy Responses* (Paris: OECD). (R, S)

OECD, 1995b: *Impacts of National Technology Programmes* (Paris: OECD). (R, S)

OECD, 1995c: *OECD Environmental Data. Compendium 1995* (Paris: OECD). (R, S)

OECD, 1995d: *Taxation and the Environment in European Economies in Transition* (Paris: OECD). (V, R)

OECD, 1995e: *Urban Energy Handbook. Good Local Practice* (Paris: OECD). (R, S)

OECD, 1995f: *Wissenschafts- und Technologiepolitik. Bilanz und Ausblick 1994* (Paris: OECD). (B36, R, G, V)

OECD (Hrsg.), 1995g: *Environmental Taxes in OECD Countries* (Paris: OECD). (V, R)

OECD, 1996a: *The Environment Industry. The Washington Meeting - OECD Documents* (Paris: OECD). (B36, R, S)

OECD, 1996b: *Environmental Performance Reviews. United States* (Paris: OECD). (B15, R, S)

OECD, 1996c: *The Global Environmental Goods and Services Industries* (Paris: OECD). (R, S)

OECD (Hrsg.), 1996d: *Implementation Strategies for Environmental Taxes* (Paris: OECD). (V, R)

OECD, Centre for Educational Research and Innovation, 1995: *Environmental Learning for the 21st Century* (Paris: OECD). (R, S)

Oelert, Gerhard, 1994: „Practical Experience of GTZ in the Field of Renewable Sources of Energy", unveröffentlicht (Eschborn: GTZ, November). (B19)

Oelert, Gerhard; Auer, Falk; Pertz, Klaus, 1987: *Economic Issues of Renewable Energy Systems, A Guide to Project Planning*, Sonderpublikation der GTZ, Nr. 185 (Eschborn: GTZ). (B19)

Oesterdiekhoff, Peter, 1993: „Erneuerbare Energien in der Entwicklungszusammenarbeit", in: Köllmann, Carsten; Oesterdiekhoff, Peter; Wohlmuth, Karl (Hrsg.): *Kleine Energieprojekte in Entwicklungsländern* (Münster-Hamburg: LIT): 29-47. (B35)

Ogden, Joan; Nitsch, Joachim, 1992: „Solar Hydrogen", in: Johansson, Thomas B.; Kelly, Henry; Reddy, Amulra K.N.; Williams, Robert H. (Hrsg.): *Renewable Energy. Sources for Fuels and Electricity* (Washington, DC: Island Press): 925-1009. (B32, 33; A)

Ohlwein, Klaus, 1987: *Solararchitektur. Energieeinsparung durch passive Sonnenenergienutzung* (Neubeuern: Institut für Baubiologie und Ökologie). (S)

Okla, Omar, 1995: *Permanent erregter Ringgenerator für kleine Windkraftanlagen* (Berlin: Köster). (S)

Oladosu, G.A.; Adegbulugbe, A.O., 1994: „Nigeria's household energy sector. Issues and Supply/Demand Frontiers", in: *Energy Policy*, 22,6: 538-549. (V)

Olsson, Michael; Piepenbrock, Dirk, 1993: *Kompakt-Lexikon Umwelt- und Wirtschaftspolitik* (Bonn: Bundeszentrale für politische Bildung). (B1, E)

Opaluch, James J.; Kashmanian, Richard M., 1985: „Assessing the Viability of Marketable Permit Systems: An Application in Hazardous Waste Management", in: *Land Economics*, 61,3: 263-271. (B12, V)

OPEC, 1993: *The Impact of Energy Taxes and Environmental Measures on Consumption, Prices and Investment in the Petroleum Industry* (Wien: OPEC). (S)

Oppermann, Thomas, 1991: *Europarecht* (München: C.H. Beck). (B14, G, E)

Orr, Lloyd, 1976: „Incentives for Innovation as the Basis Effluent Charge Strategy", in: *American Economic Review*, 56: 441-447. (B12, S)

Osman, Mohammed, 1990: *Verwüstung: Die Zerstörung von Kulturland am Beispiel des Sudan* (Bremen: CON). (B34)

Osteroth, Dieter, 1992: *Biomasse. Rückkehr zum ökologischen Gleichgewicht* (Berlin: Springer). (S)

Ostry, Sylvia; Nelson, Richard R., 1995: *Techno-Nationalism and Techno-Globalism. Conflict and Cooperation* (Washington, DC: Brookings). (S)

Ostwald, Wilhelm, 1902: *Vorlesungen über Naturphilosophie* (Leipzig: Verlag von Veit & Comp). (B4)

Oswald, Rainer; Lamers, Reinhard; Schnapauff, Volker, 1995: *Nachträglicher Wärmeschutz für Bauteile und Gebäude* (Walluf-Wiesbaden: Bauverlag). (S)

[OTA, 1991], U.S. Congress, Office of Technology Assessment: *Changing by Degrees. Steps to Reduce Greenhouse Gases*, OTA-O-482 (Washington, DC: GPO, Februar). (R, S, V)

[OTA, 1993a], U.S. Congress, Office of Technology Assessment: *Potential Environmental Impacts of Bioenergy Crop Production*, OTA-BP-E-118 (Washington, DC: GPO, September). (B8, R, S)

[OTA, 1993b], U.S. Congress, Office of Technology Assessment: *Building Energy Efficiency*, OTA-E-518, 1993b (Washington, DC: GPO, April). (R, S, V)

[OTA, 1993c], U.S. Congress, Office of Technology Assessment: *Industrial Energy Efficiency*, OTA-E-560 (Washington, DC: GPO, August). (R, S)

[OTA, 1993d], U.S. Congress, Office of Technology Assessment: *Energy Efficiency. Challenges and Opportunities for Electric Utilities*, OTA-E-561 (Washington, DC: GPO, September). (R, S)

[OTA, 1993e], U.S. Congress, Office of Technology Assessment: *Energy Efficiency Technologies for Central and Eastern Europe*, OTA-E-562 (Washington, DC: GPO, Mai). (R, S)

[OTA, 1993g], U.S. Congress, Office of Technology Assessment: *Preparing for an Uncertain Climate,* 2 Bände, OTA-O-567 (Washington, DC: GPO, April). (R, G)

[OTA, 1994a], U.S. Congress, Office of Technology Assessment: *Saving Energy in U.S. Transportation*, OTA-ETI-589 (Washington, DC: GPO, Juli). (R, S)

[OTA, 1994b], U.S. Congress, Office of Technology Assessment: *Industry, Technology, and the Environment - Competitive Challenges and Business Opportunities*, OTA-ISC-586 (Washington, DC: GPO, Januar). (B15, R, G)

[OTA, 1994c], U.S. Congress, Office of Technology Assessment: *Climate Treaties and Models. Issues in the International Management of Climate Change. Background Paper* (Washington, DC: GPO, Juni). (R,S)

Ott, Hermann, 1996: „Völkerrechtliche Aspekte der Klimarahmenkonvention“, in: Brauch, Hans Günter (Hrsg.): *Klimapolitik* (Berlin-Heidelberg: Springer): 61-74. (B15, 33; E, V)

Otto, Gerd, 1990: *Aerogie - Windenergienutzung. Die schadstofffreie Energieversorgung oder die ökologische Physik der Energiebereitstellung* (Berlin: Aerogie). (S)

Otto, Gerd, 1991: *Geld sparen - Energie nutzen - Umwelt sanieren. Eine Empfehlung für Familie und Staat* (Berlin: Aerogie). (S)

Ozaki, Robert, 1991: *Human Capitalism. The Japanese Enterprise System as World Model* (Tokyo-New York-London: Kodansha International). (S)

Palinkas, Peter, 1992: *Die Europäische Energie-Charta und die Revision der EG-Verträge im Energiebereich* (Saarbrücken: Europa-Institut der Universität des Saarlandes). (B14, A)

Palz, Wolfgang, 1994a: „The need and prospects of photovoltaic system technology - a European perspective“, in: *International Journal on Solar Energy*, 16: 41-47. (B14, S)

Palz, Wolfgang, 1994b: „Development Concepts of Wind Technology in the European Union“, Brüssel, (unveröffentlicht). (B14, S)

Palz, Wolfgang, 1994c: „Power for the World - A Global Photovoltaic Action Plan“, in: *The Yearbook of Renewable Energies 1994* (London: James & James). (B24)

Palz, Wolfgang; Caratti, Giancarlo (Hrsg.), 1993: *Proceedings of Photovoltaic Cells & Devices R&D Contractor Meeting, Portici, 25-26 March 1993, Non-Nuclear Energy (Joule II)* (Brussels-Luxembourg: Office for Official Publications of the European Communities). (R, S)

Parker, Larry B.; Blodgett, John E., 1994a: *Climate Change: Three Policy Perspectives,* CRS Report for Congress, 94-816 ENR (Washington, DC: CRS, 25. Oktober). (B15, R, V)

Parker, Larry B.; Blodgett, John E., 1994b: *Climate Change Action Plans,* CRS Report for Congress, 94-404 ENR (Washington, DC: CRS, 9. Mai). (B15, R, S, V)

Parker, Larry, 1992: *Carbon Taxes: Cost-Effective Environmental Control or Just Another Tax?* - CRS Report for Congress, 92-623 ENR (Washington, DC: CRS, 4. August). (R, S)

Parker, Mike, 1994: *The Politics of Coal's Decline. The Industry in Western Europe* (London: Earthscan). (S)

Patterson, Walt, 1994: *Power from Plants. The Global Implications of New Technologies for Electricity from Biomass* (London: Earthscan). (S)

Pauer, Erich (Hrsg.), 1991: *„Schwarzes Gold" in Japan. Beiträge zur Geschichte des japanischen Steinkohlebergbaus & Katalog* (Marburg: Japan-Zentrum). (S)

Paulus, Stephan, 1995: *Marktwirtschaftliche Instrumente der Umweltpolitik in Entwicklungsländern* (Eschborn: GTZ). (V, S)

Peake, Stephen, 1994: *Transport in Transition. Lessons from the History of Energy* (London: Earthscan). (S, V)

Pedersen, Maribo P., 1993: *Die Entwicklung der Windenergietechnologie und ihre Anwendung in Holland und Dänemark,* Regenerative Energie, VDI Berichte 1024 (Düsseldorf: VDI). (S, V)

Pelzer, Norbert; Gutermuth, Paul-Georg, 1983: „Regelungen zur Entsorgung im internationalen Vergleich", in: *Energiewirtschaftliche Tagesfragen*, Nr. 3: 144-148. (A)

Pertz, Klaus, 1992: *Studie über den Wettbewerb zwischen konventionellen und regenerativen Energiesystemen in Entwicklungsländern, Phase 1* (Eschborn: GTZ). (B19, 35; S)

Petrick Jr., Alfred, 1986: *Energy Resource Assessment* (Boulder-London: Westview Press). (S, V)

Pfaffenberger, Wolfgang; Kemfert, Claudia; Scheele, Ulrich, 1996: *Arbeitsplatzeffekte von Energiesystemen* (Frankfurt/M.: VWEW-Verlag). (B21, S)

Pfister, Christian (Hrsg.), 1995: *Das 1950er Syndrom. Der Weg in die Konsumgesellschaft* (Bern: Haupt). (S)

Philips, M., 1991: *The Least Cost Energy Path for Developing Countries: Energy Efficient Investments for the Multilateral Development Banks* (Washington, DC: International Institute for Energy Conservation). (S, V)

Piasecki, Bruce; Asmus, Peter, 1990: *In Search of Environmental Excellence - Moving Beyond Blame* (New York: Simon & Schuster). (S)

Pilavachi, P.A.; Commission of the European Communities, 1992: *Energy. Energy Efficiency in Process Technology. An International Conference. Vouliagmeni (Athens), Greece, 19-22 October 1992* (Brussels: DG Science, Research and Development, Joint Research Centre). (R, S)

[Pilkington, 1996]: *Status Report on Solar Thermal Power Plants. Report on Experience, Prospects and Recommendations to Overcome Market Barriers of Parabolic Trough Collector Power Plant Technology* (Köln: Pilkington-Solar International, Januar). (B32)

Plinke, Eckhard, 1992: *Energy and Emission Control Strategies for Turkey. Analysis with special regard to the integration of Turkey into the European Community* (Idstein: Schulz-Kirchner). (S)

Pohl, Manfred, 1996: *Das Bayernwerk. 1921 bis 1996* (München, Piper). (S)

Polster, Gerhard, 1993: *Energie aus der Sonne* (Arzberg: Polster). (S)

Pontenagel, Irm (Hrsg.), 1993: *Energy in Africa. Economic and Political Initiatives for Application of Renewable Energies in Development Countries* (Bochum: Ponte Press). (S)

Pontenagel, Irm (Hrsg.), 1995: *Das Potential erneuerbarer Energien in der Europäischen Union. Ansätze zur Mobilisierung erneuerbarer Energien bis zum Jahr 2020* (Berlin-Heidelberg-New York: Springer). (B24, S, V)

Porter, Gareth; Brown, Janet Welsh, 1991: *Global Environmental Politics. Dilemmas in World Politics* (Boulder-San Francisco-London: Westview). (S)

Posorski, Rolf, 1995: „Photovoltaic water pumps, an attractive tool for rural drinking water supply", Paper for the ISES Solar World Congress, *In the Search of the Sun*, Harare, Zimbabwe, 11.-15. September. (B19)

Prestowitz, Clyde V., 1988: *Trading Places. How We Allowed Japan to Take the Lead* (New York: Basic Books). (B36, S)

Princen, Thomas; Finger, Matthias, 1994: *Environmental NGOs in World Politics. Linking the local and the global* (London-New York: Routledge). (S)

Prittwitz, Volker von, 1990: *Das Katastrophen-Paradox - Elemente einer Theorie der Umweltpolitik* (Opladen: Leske + Budrich). (S)

Prittwitz, Volker von (Hrsg.), 1993: *Umweltpolitik als Modernisierungsprozeß. Politikwissenschaftliche Umweltforschung und - lehre in der Bundesrepublik* (Opladen: Leske + Budrich). (S)

Prognos AG (Hrsg.), 1990: *Energieprognose bis 2010. Die energiewirtschaftliche Entwicklung in der Bundesrepublik Deutschland* bis *zum Jahr 2010* (Landsberg: Edition mi-Poller). (S)

Prognos AG (Hrsg.), 1991: *Externe Effekte der Energieversorgung. Versuch einer Identifizierung. Beiträge zu einem interdisziplinären Seminar der Prognos AG, Basel* (Baden-Baden: Nomos). (S)

Prognos, 1992: *Identifizierung und Internalisierung externer Kosten der Energieversorgung*, Studie im Auftrag des BMWi (Stuttgart: Schäffer-Poeschel). (B18)

Prognos, 1995: *Die Energiemärkte Deutschlands im zusammenwachsenden Europa - Perspektiven bis zum Jahr 2020* (Basel: Prognos, Oktober). (B18)

Prognos; Institut für Energetik, 1995: „Technisch-wirtschaftliche Analysen der Potentiale zur Verminderung des Energieverbrauchs der Nutzung fossiler Energieträger und der Emission energiebedingter klimarelevanter Spurengase für die neuen Bundesländer", in: Enquête-Kommission „Schutz der Erdatmosphäre" (Hrsg.): *Studienprogramm,* Bd. 3: *Energie,* Teilbd. 1 (Bonn: Economica). (S)

Prognos; ISI, 1991: *Konsistenzprüfung einer denkbaren zukünftigen Wasserstoffwirtschaft* (Karlsruhe: ISI; Basel: Prognos). (B27, S)

Pruschek, Rudolf; et al., 1995: „Ermittlung und Verifizierung der Potentiale und Kosten der Treibhausgasminderung durch Kraft-Wärme-Kopplung in der Industrie", in: Enquête-Kommission „Schutz der Erdatmosphäre" (Hrsg.): *Studienprogramm,* Bd. 3: *Energie,* Teilbd. 1 (Bonn: Economica). (S)

Pusch, Klaus, 1995: *Solarenergie und Raumplanung. Analyse und Interpretation von Hemmnissen am Beispiel der Photovoltaik als Grundlage für ein Solarenergieprogramm* (Marburg: Tectum). (S)

Quennet-Thielen, Cornelia, 1996: „Stand der internationalen Klimaverhandlungen nach dem Klimagipfel in Berlin", in: Brauch, Hans Günter (Hrsg.): *Klimapolitik* (Berlin-Heidelberg: Springer): 75-86. (B33)

Quitmann, Eckhard; Krüger, Uwe, 1993: *Sonne und Wind konkret genutzt* (Aachen: Elektor). (S)

Qureshi, Ata; Hobbie, D. (Hrsg.), 1994: *Climate Change in Asia* (Manila: Asian Development Bank).

Radkau, Joachim, 1986: „Zur angeblichen Energiekrise des 18. Jahrhunderts", in: *Vierteljahrschrift zur Sozial- und Wirtschaftsgeschichte*, 73,3: 1-37. (B2)

Rady, Hussein M., 1987: *Regenerative Energien für Entwicklungsländer. Rahmenbedingungen - Strategien - Technologien - Wirtschaftlichkeit - Ökologie* (Baden-Baden: Nomos). (S, V)

Raetz, Karlheinz, 1993: *Die reale Utopie. Vom energieautarken Wohnhaus zur solaren Zivilisation* (Braunschweig: Kuhle). (S)

Ranganathan, V.; Mbewe, Abel C., 1995: „Feast and Famine. The Case of Zambia's power sector", in: *Energy Policy*, 23,12: 1093-1096. (V)

Rappaport, Roy A., 1971: „The flow of energy in an agricultural society", in: *Scientific American,* 224: 116-133.

Rath, Ursula, 1994: *Weniger Watt für Kühlschrank & Co. Tips und Tricks zum Stromsparen* (Düsseldorf: Verbraucher-Zentrale NRW). (S)

Räuber, Armin, 1996: „Stand der Photovoltaik", Vortrag 11. Symposium Photovoltaische Solarenergie, Kloster Banz, Ostbayerisches Technologie-Transfer-Institut e.V. (OTTI), Regensburg, März. (B10)

Raudszus, Frank; Rupp, Ludger; Schmitz, Robert, 1992: *Das Solarenergie-Buch* (Düsseldorf: Sybex). (V)

Rayner, Steve, 1991: „The Greenhouse Effect in the US: the Legacy of Energy Abundance", in: Grubb, Michael; Brackley, Peter; Ledic, Michele; Mathur, Ajay; Rayner, Steve; Russell, Jeremy; Tanabe, Akira: *Energy Policies and the Greenhouse Effect,* Bd. 2: *Country Studies and Technical Options* (Aldershot: Dartmouth): 233-278. (S, V)

Reader, Mark; Hardert, Ronald; Moulton, Gerald L. (Hrsg.), 1980: *Atom's Eve. Ending the Nuclear Age. An Anthology* (New York-St. Louis: McGraw-Hill). (S)

Rechsteiner, Rudolf, 1995: *Strom Vision. Wege zu einer neuen Energiepolitik* (Zürich: Unionsverlag). (S)

Recknagel, Hermann; Sprenger, Eberhard, 1985: *Taschenbuch für Heizungs- + Klimatechnik* (München-Wien: R. Oldenbourg). (B13)

Rehbinder, E.; Stewart, R., 1985: *Environmental Protection Policy* (Berlin-New York: de Gruyter). (S)

Rehfeldt, Knud, 1996: „Windenergienutzung in der Bundesrepublik Deutschland - Stand 31.12.1995", in: *DEWI Magazin*, 5,7: 18-28. (B6)

Reich, Robert B., 1983: *The Next American Frontier* (New York: Time Books). (B36, S)

Reich, Robert B., 1992: *The Work of Nations. Preparing Ourselves for the 21st Century Capitalism* (New York: Vintage Books). (G, E)

Reich, Robert B., 1993: *Die neue Weltwirtschaft. Das Ende der nationalen Ökonomie* (Frankfurt/M.-Berlin: Ullstein). (G, E)

Reichert, Jürgen; et al., 1993: *Synopse von CO_2-Minderungs-Maßnahmen und -Potentialen in Deutschland* (Bonn: BMU, Dezember). (B27, V)

Reinhardt, Guido, 1993: *Energie und CO_2-Bilanzierung Nachwachsender Rohstoffe* (Wiesbaden: Vieweg). (B8, G)

Reinmuth, Friedrich, 1994: *Energieeinsparung in der Gebäudetechnik. Baukörper und technische Systeme der Energieverwendung* (Würzburg: Vogel). (S)

Reiß, Thomas; Hohmeyer, Olav; Hüsing, Bärbel; Jaeckel, Gerhard, 1992: *Biologische Wasserstoffgewinnung. Begleitende Technikfolgenabschätzung* (Karlsruhe: FhG-ISI). (B30)

Renn, Ortwin; Webler, Thomas; Rakel, Horst; Dienel, Peter; Johnson, Branden, 1993: „Public Participation in Decision Making: A Three-Step Procedure", in: *Policy Sciences*, 26,3: 189-214. (B12, V)

Rennings, Klaus, 1994: *Indikatoren für eine dauerhaft-umweltgerechte Entwicklung* (Stuttgart: Metzler-Poeschel). (S)

[Research Group, 1994], Research Group on African Development Perspectives Bremen: Bass, Hans H.; et al. (Hrsg.): *African Development Perspectives Yearbook 1992/93*, Vol. 3: *Energy And Sustainable Development* (Münster-Hamburg: LIT). (B35, E)

Reynolds, David, 1991: *Britannia Overruled: British Policy and World Power in the Twentieth Century* (London: Longman). (B36, S)

Rifkin, Jeremy, 1981: *Entropy - Into the Greenhouse World* (New York: Bantam Books).

Rinehart, J. S., 1980: *Geysers and Geothermal Energy* (Berlin: Springer). (S)

Rip, Andre; Misa, Thomas J.; Schot, Johan (Hrsg.), 1995: *Managing Technology in Society. The Approach of Constructive Technology Assessment* (London: Pinter). (B30)

Rittershofer, Werner, 1994: *Das Lexikon - Wirtschaft - Arbeit - Umwelt - Europa* (Köln: Bund). (E)

Rivest, Ronald; Shamir, Adi; Adleman, Leonard, 1978: „A Method for Obtaining Digital Signatures and Public-Key Criptosystems", in: *Communications of the ACM*: 120-126. (B12, G)

Robertson, James, 1994: *Benefits and Taxes: A Radical Strategy for Economic Efficiency, Social Justice and Ecologically Sustainable Ways of Life – A Discussion Paper* (London: New Economics Foundation). (V)

Röbke-Doerr, Peter, 1996: *Solarstromanlagen bauen und installieren* (Niedernhausen: Falken). (S)

Rode, Reinhard, 1993: *High Tech Wettstreit 2000. Strategische Handels- und Industriepolitik: Europa versucht's, die USA fangen an, Japan macht's vor* (Frankfurt/M.-New York: Campus). (B36, E)

Rodi, Michael, 1993: *Umweltsteuern. Das Steuerrecht als Instrument der Umweltpolitik* (Baden-Baden: Nomos). (V)

Rodot, Michel (Hrsg.), 1994: „Renewable Energies in Europe. Proceedings of the Euroforum on Renewable Energies, UNESCO, Paris, 5 June 1993", in: *International Journal of Solar Energy - Photovoltaics - Heating - Biomass - Wind,* 15,1-4: 1-210. (S)

Roggen, Peter, 1979: *Die internationale Energie-Agentur. Energiepolitik und wirtschaftliche Sicherheit* (Bonn: Europa-Union). (S)

Roos, Johanna, 1994: *Sibirien zwischen Ökonomie und Politik. Zur Erschließung der Energieträger Erdöl und Erdgas* (Köln: Wissenschaft und Politik). (V)

Rosenbaum, Walter A., 1987: *Energy Politics and Public Policy,* 2. Aufl.(Washington, DC: Congressional Quarterly Press). (S)

Ross, Marc H.; Williams, Robert H., 1981: *Our Energy: Regaining Control. A Strategy for Economic Revival Through Redesign in Energy Use* (New York-St. Louis ; et al.: Mc Graw Hill). (S)

Rotarius, Thomas (Hrsg.), 1993: *Windkraft nutzen. Ratgeber für Technik und Praxis* (Cölbe: Rotarius). (S)

Roth, Werner, 1995: „Autonomie durch Photovoltaiksysteme mit Zusatzstromerzeugern", 10. Symposium Photovoltaische Solarenergie, Kloster Banz, Ostbayerisches Technologie-Transfer-Institut e.V. (OTTI), Regensburg, März. (B10)

Rothen, Silvia M., 1993: *Kohlendioxid und Energie. Eine Untersuchung für die Schweiz* (Chur-Zürich: Rüegger). (S)

Rowlands, Ian H., 1992: *Global Environmental Change and International Relations* (London: Macmillan). (S)

Rowlands, Ian H., 1994: „International influences on electricity supply in Zimbabwe", in: *Energy Policy*, 22 (Februar): 131-143. (V)

Rübsamen, Rosemarie; Delfs, Christiane; Haas, Gabi; Lassen, Rita, 1995: *Energiegemeinschaften. Umweltfreundliche Stromversorgung in der Praxis* (München: Piper). (S)

Rucht, Dieter, 1980: *Von Whyl nach Gorleben. Bürger gegen Atomprogramm und nukleare Entsorgung* (München: C.H. Beck). (S)

Ruf, Werner, 1993: „Länderübergreifende Statistiken: Nordafrika", in: Nohlen, Dieter; Nuscheler, Franz (Hrsg.): *Handbuch der Dritten Welt,* Bd. 6: *Nordafrika und Naher Osten*, 3. Aufl. (Bonn: J.H.W. Dietz): 111-118. (B33)

Ruiz-Altisent, M. (Hrsg.): *Biofuels. Application of Biological Derived Products as Fuels or Additives in Combustion Engines* (Brussels: European Commission, DG XII Science, Research and Development). (R, S)

Rummel, Fritz; Kappelmeyer, Oskar, 1993: *Erdwärme; Geothermal Energy. Energieträger der Zukunft? Fakten - Forschung - Zukunft; Future Energy Source? Facts - Research - Future* (Karlsruhe: C.F. Müller). (B9, G, E)

Rumpel, Marc, 1996: „Stand der Blockheizkraftwerkstechnik 1994 in Deutschland", in: *Elektrizitätswirtschaft*, 3: 100-107. (B21, G)

Ruske, Barbara; Teufel, Dieter, 1980: *Das sanfte Energie-Handbuch. Wege aus der Unvernunft der Energieplanung in der Bundesrepublik* (Reinbek: Rowohlt). (S, V)

Sachs, Ignacy; Silka, Dana, 1990: *Food and Energy. Strategy for Sustainable Development* (Tokyo: United Nations UP). (S, V)

Sachs, Stefan, 1990: *Aufbau und Anwendung solar elektrischer Systeme. Grundlagen und stationäre Systeme* (Weilersbach: G. Reichel). (S)

Sachs, Wolfgang (Hrsg.), 1994: *Der Planet als Patient. Über die Widersprüche globaler Umweltpolitik* (Berlin-Basel-Boston: Birkhäuser). (S, V)

Sailer, Bernhard, 1994: *Beiträge zur Erforschung der Grundlagen einer Pyritsolarzelle* (Konstanz: Hartung-Gorre). (S)

Salzwedel, J. (Hrsg.), 1982: *Grundzüge des Umweltrechts* (Berlin: E. Schmidt). (S)

Sandtner, Walter, 1993: „Zum Bund-Länder-1000-Dächer-Phototovoltaik-Programm", in: *Stromdiskussion: Dokumente und Kommentare zur energiewirtschaftlichen und energiepolitischen Diskussion: Erneuerbare Energien. Ihre Nutzung durch die Elektrizitätswirtschaft* (Frankfurt: IZE): 1537-1540. (B17, A)

Sanner, Burkhard, 1990: „Ground Coupled Heat Pump Systems, R&D and practical experiences in FRG", in: Saito, Takamoto; Igarashi, Yoshio (Hrsg.): *Heat Pumps, Proceedings 3rd IEA Heat Pump Conference Tokyo 1990* (Oxford: Pergamon): 401-409. (A)

Sanner, Burkhard, 1992: *Erdgekoppelte Wärmepumpen - Geschichte, Systeme, Auslegung, Installation* (Karlsruhe: IZW). (B9, A, G)

Sanner, Burkhard, 1994: „Schweden: Unterirdische Thermische Energiespeicherung", in: *Geothermische Energie*, 9: 12-15. (B9, A)

Sanner, Burkhard, 1995: „Earth Heat Pumps and Underground Thermal Energy Storage in Germany", in: Barbier, Enrico; Frye, George; Iglesias, Eduardo; Pálmason, Gudmundur (Hrsg.): *Proceedings of the World Geothermal Congress, 1995* (Auckland: IGA): 2167-2172. (A)

Sanner, Burkhard; Knoblich, Klaus, 1993: „Saisonale Kältespeicherung als Teil fortschrittlicher Gebäudeklimasysteme", in: *VDI-Berichte*, 1029: 453-467. (B9, A)

Sanner, Burkhard; Knoblich, Klaus; Klugescheid, Matthias, 1994: „Speicherung von Niedertemperaturwärme im Erdreich zum Heizen und Kühlen", in: *VDI-Berichte*, 1168: 299-312. (B9, A)

Sanner, Burkhard; Stiles, Lynn, 1995: „Die größte erdgekoppelte Wärmepumpenanlage der Welt - Richard Stockton College, New Jersey", in: *Geothermische Energie*, 12: 9-11. (B9, A)

Sartzis, Ioannis, 1988: *Energiewirtschaftspolitik und wirtschaftliche Entwicklung. Eine Untersuchung am Beispiel Griechenlands* (München: Hieronymus Buchreproduktion). (S)

Schade, Diethard; Weimer, Wolfgang, 1995: *Klimaverträgliche Energieversorgung in Baden-Württemberg. Drei Pfade in die Zukunft* (Stuttgart: Akademie für Technikfolgenabschätzung in Baden-Württemberg). (S)

Schaefer, Helmut; Geiger, Bernd; Rudolph, Manfred, 1995: *Energiewirtschaft und Umwelt*, Umweltschutz Grundlagen und Praxis, Bd. 14 (Bonn: Economica). (B1, E)

Schafhausen, Franzjosef, 1996: „Klimavorsorgepolitik der Bundesregierung", in: Brauch, Hans Günter (Hrsg.): *Klimapolitik* (Berlin-Heidelberg: Springer): 237-249. (B1, 7, 25; 29, E)

Scharpf, Fritz W., 1991: „Die Handlungsfähigkeit des Staates am Ende des zwanzigsten Jahrhunderts", in: *Politische Vierteljahresschrift*, 32,4: 621-634. (B29)

Schaumann, Peter, (i.E.): „Klimaverträgliche Wege der Entwicklung der deutschen Strom- und Fernwärmeversorgung - Systemanalyse mit einem regionalen Energiemodell" (Dissertation in Vorbereitung, Universität Stuttgart). (A)

Schaumann, Peter; Läge, Egbert; Rüffler, Wolfgang; Molt, Stephan; Fahl, Ulrich; Diekmann, Jochen; Ziesing, Hans-Joachim, 1994: *Integrierte Gesamtstrategien der Minderung energiebedingter Treibhausgasemissionen*, (2005-2020) (Stuttgart: Institut für Energiewirtschaft und Rationelle Energieanwendung). (A)

Schaumann, Peter; Molt, Stephan; Läge, Egbert; Rüffler, Wolfgang; Fahl, Ulrich; Voß, Alfred, 1996: *Climate Change Mitigation Strategies for Germany - Integrated dynamics approach to the year 2020,* Tagungsband für das International Symposium: Electricity, Health and the Environment: Comparative Assessment in Support of Decision Making, (Wien: IAEA; i.V.). (A)

Schaumann, Peter; Schlenzig, Christoph, 1996: „MESAP III - Ein Werkzeug für Energie- und Umweltmanagement", in: *Energiemodelle in der Bundesrepublik Deutschland - Stand der Entwicklung* (Tagungsband) (Stuttgart: Institut für Energiewirtschaft und Rationelle Energieanwendung; i.V.). (A)

Schaumann, Peter; Schweicke, Otto, 1995: *Entwicklung eines Computermodells mit linearer Optimierung zur Abbildung eines regionalisierten Energiesystems am Beispiel Gesamtdeutschlands*, Wissenschaftliche Berichte Nr. 1481, Heft 39 (Zittau: HTWS, Juni). (B25)

Schaumann, Peter; Voß, Alfred (Hrsg.), 1991: *Energie, Umwelt und Klima. Eine wachsende Herausforderung für Europa. Tagungsbeiträge des internationalen Symposiums vom 15.-16. Oktober 1990 in Stuttgart* (Köln: TÜV Rheinland). (S)

Scheer, Hermann (Hrsg.), 1987: *Die gespeicherte Sonne. Wasserstoff als Lösung des Energie- und Umweltproblems* (München: Piper). (S, V)

Scheer, Hermann, 1993: *Sonnen-Strategie. Politik ohne Alternative* (München-Zürich: Piper). (B24, G)

Scheer, Hermann; Ghandi, Maneka; Altken, Donald; Hamakawa, Yoshihiro; Palz, Wolfgang (Hrsg.), 1994: *The Yearbook of Renewable Energies 1994* (London: James & James). (E, G)

Scheer, Siegfried, 1983: *Stromsparen beim Waschen. Warmwasseranschluß für Wasch- und Geschirrspülmaschine: Eine Umbauanleitung* (Staufen: Ökobuch). (S)

Scheidegger-Wüthrich, Barbara, 1993: *Sonnenenergienutzung; Exploitation de l'énergie solaire* (Blauen: Schweizer Baudokumentation). (S)

Schenk, Gerd, 1994: *Solarenergie. Loseblattausgabe* (Dietzenbach: ALS-Verlag). (S)

Scherer, Frederic M., 1992: *International High-Technology Competition* (Cambridge, MA-London: Harvard UP). (S)

Schiel, Wolfgang, 1995: „Dish/Stirling-Systeme". Papier für VDI-Tagung „Solarthermische Kraftwerke II" Stuttgart, 11.-12. Oktober 1995, in: *VDI Bericht 1200* (Düsseldorf: VDI-Verlag). (B32)

Schiffer, Hans-Wilhelm, 1994: *Energiemarkt Bundesrepublik Deutschland* (Köln: TÜV Rheinland). (G)

Schipper, Lee; Meyers, Stephen; et al., 1992: *Energy Efficiency and Human Activity: Past Trends, Future Prospects* (Cambridge-New York: Cambridge UP). (S, V)

Schlaich, Jörg, 1995: *Das Aufwindkraftwerk. Strom aus der Sonne - einfach - erschwinglich - unerschöpflich* (Stuttgart: Deutsche Verlags-Anstalt). (S)

Schlaich, Sibylle; Schlaich, Jörg, 1991: *Erneuerbare Energien nutzen: Bevölkerungsexplosion und globale Umweltzerstörung* (Düsseldorf: Werner). (S)

Schlegel, Peter, 1988: *Energie - für oder gegen den Menschen? Aktuelle Energieprobleme* (Esslingen: Bamako). (S)

Schlusche, Kai-Hendrick; Pohlmann, Max; Just, Wolfgang, 1995: „Klimaschutzstrategien von EVU in Nordrhein-Westfalen", in: *Energiewirtschaftliche Tagesfragen*, 12: 772-779. (S)

Schmid, Beat, 1985: *Ökologische und ökonomische Chancen der schweizerischen Energiepolitik* (Zürich: vdf Hochschulverlag). (V)

Schmid, Günther; Voß, Alfred, 1991: „Cost-effectiveness of air-pollution control measures", in: *Energy*, 16,10: 1215-1224. (A)

Schmid, Jürgen (Hrsg.), 1994: *Photovoltaik - Strom aus der Sonne. Technologie, Wirtschaftlichkeit und Marktentwicklung* (Karlsruhe: C.F. Müller). (V)

Schmid, Jürgen; Klein, Hans-Peter, 1991: *Performance of European Wind Turbines. A Statistical Evaluation from the European Wind Turbine Database EUROWIN* (London-New York: Elsevier Applied Science). (S)

Schmidhuber, Peter M., 1991: *Der EG Binnenmarkt für Energie und Wettbewerb* (Baden-Baden: Nomos). (G, V)

Schmidt, Ernst, 1953: *Thermodynamik*, 5. Aufl., (Berlin-Heidelberg: Springer).

Schmidt, Manfred G. (Hrsg.), 1983: *Pipers Lexikon zur Politik.* Bd. 2: *Westliche Industriegesellschaften. Wirtschaft - Gesellschaft - Politik* (München: Piper). (B1, E)

Schmidt, Manfred G. (Hrsg.), 1992: *Lexikon der Politik.* Bd. 3: *Die westlichen Länder* (München: C.H. Beck). (B1, E)

Schmidt, Manfred G., 1995: *Wörterbuch zur Politik* (Stuttgart: Kröner). (B1, E)

Schmitt, Dieter; Heck, Heinz (Hrsg.), 1990: *Handbuch Energie* (Pfullingen: Neske). (G)

Schneider, Hans K., 1990: *Aufsätze aus 3 Jahrzehnten zur Wirtschafts- und Energiepolitik* (München-Wien: R. Oldenbourg). (V)

Schoedel, Siegfried, 1993: *Photovoltaik, Grundlagen und Komponenten für Projektierung und Installation*, 2. Aufl. (München: Pflaum). (S, V)

Scholz, Rupert; Langer, Stefan, 1992: *Europäischer Binnenmarkt und Energiepolitik* (Berlin: Duncker & Humblot). (G)

Schön, Donald A., 1983: *The reflective practitioner. How professionals think in action* (New York: Basic Books). (B30)

Schönwiese, Christian-Dietrich, 1996a: „Naturwissenschaftliche Grundlagen: Klima und Treibhauseffekt", in: Brauch, Hans Günter (Hrsg.): *Klimapolitik* (Berlin-Heidelberg): 3-20. (B17, 18, 23, 25, 33)

Schönwiese, Christian-Dietrich, 1996b: „Klimamodelle: Vorhersagen und Konsequenzen", in: Brauch, Hans Günter (Hrsg.): *Klimapolitik* (Berlin-Heidelberg): 21-32. (B1, B23, 25, 33; E)

Schönwiese, Christian-Dietrich; Diekmann, Bernd, 1989: *Der Treibhauseffekt. Der Mensch ändert sein Klima* (Reinbek: Rowohlt). (B33)

Schot, Johan, 1991: *Technology Dynamics. An Inventory of Policy Implications for Constructive Technology Assessment* (Den Haag: NOTA). (B30)

Schot, Johan, 1992: „Constructive Technology Assessment and Technology Dynamics. The Case of Clean Technologies", in: *Science, Technology and Human Values*, 17,1: 36-56. (B30)

Schramm, Günter, 1994: „Korruption im Netz", in: *Akzente, Aus der Arbeit der GTZ, Focus Energie*: 53-57. (B19)

Schreier, Norbert; Wagner, Andreas; Orths, Ralf; Kallenbach, Beate; Rotarius, Thomas, 1994: *So baue ich eine Solaranlage. Technik, Planung und Montage* (Cölbe: Wagner). (S)

Schrödinger, Erwin, 1951: *Was ist Leben?* (München: Leo Lehman Verlag). (B4)

Schulz, Heinz, 1993: *Kleine Windkraftanlagen. Technik - Erfahrungen, Meßergebnisse* (Staufen: Ökobuch). (S)

Schurr, Sam H.; Darmstadter, Joel; Perry, Harry; Ramsey, William; Russell, Milton, 1979: *Energy in America's Future. The Choices Before Us. A Study by the Staff of the RFF National Energy Strategies Project* (Baltimore-London: Johns Hopkins UP). (S)

Schwartz, Michiel; Thompson, Michael, 1990: *Divided We Stand. Redefining Politics, Technology and Social Choice* (New York: Harvester Wheatsheaf). (B30)

Schweitzer, Martin; et al., 1994: *Energy Efficiency Advocacy Groups: A Study of Selected Interactive Efforts and Independent Initiatives* (Oak Ridge: National Laboratory, ORNL/CON-377). (S, V)

Schwimann, Michael; Mell, Wolfgang R., 1979: *Das Recht der Sonnen- und Windenergienutzung. Einführung in ein juristisches Neuland* (Wien: Manz). (S, V)

Seaborg, Glenn T.; Loeb, Benjamin S., 1993: *The Atomic Energy Commission Under Nixon. Adjusting to Troubled Times* (New York: St. Martin's Press). (S)

Seemann, Thomas; Wiechmann, Ralf, 1993: *Solare Hausstromversorgung mit Netzverbund. Technik, Finanzierung, Recht, praktische Beispiele* (Berlin: VDE). (S)

Segerstahl, Boris (Hrsg.), 1991: *Chernobyl. A Policy Response Study.* Springer Series Environm. Management (Berlin: Springer). (V)

Seidel, Jürgen, 1992: *Elektrische Energie aus dem Wind. Basiswissen - Arbeitsvorschläge - Kopiervorlagen* (Hamburg: Hamburgische Electricitäts-Werke). (S)

Seifert, Christoph, 1990: *Meteorologische Analyse der Wind- und Strahlungsverhältnisse in deutschen Mittelgebirgen. Ermittlung der Energiepotentiale kleiner Windenergieanlagen und photovoltaischer Anlagen* (Gießen: Universität Gießen, Geographisches Institut). (S)

Seifried, Dieter, 1986: *Das Geschäft mit der Ware Energie. Die Geschäftspolitik der Freiburger Energie- und Wasserversorgungs-AG: Absatzfördernde Preisgestaltung statt Energieeinsparung* (Freiburg: Öko-Institut) (S)

Seifried, Dieter, 1991: *Gute Argumente. Energie* (München: C.H. Beck). (E)

Seitz, Konrad, 1990: *Die japanisch-amerikanische Herausforderung. Deutschlands Hochtechnologie-Industrien kämpfen ums Überleben* (Stuttgart-München: Bonn Aktuell). (S)

Semboja, Haji H.H., 1994: „The effects of an increase in energy efficiency on the Kenyan economy", in: *Energy Policy*, 22 (März): 217-225. (V)

Senk, Gerhard, 1994: *Referatensammlung Alternative Energienutzung für Heizung und Warmwasser durch Solaranlagen, 23. März 1994, Böblingen* (Berlin-Köln: Beuth). (S)

Senk, Gerhard, 1995: *Referatensammlung Wärmeschutz- und Heizungsanlagen-Verordnung, Energieoptimierung von Gebäuden, 15. März 1995, Berlin* (Berlin: Beuth). (S)

Sick, Friedrich, 1996, „Tageslichtnutzung", in: ders.: *Thermische Nutzung von Sonnenenergie in Gebäuden*" (Berlin-Heidelberg: Springer). (B10)

Siefen, Heinz; Spierer, Charles (Hrsg.), 1989: *Rationelle Energieverwendung in der Bundesrepublik Deutschland, der Schweiz und in Norwegen. Berichte von zwei Workshops* (Köln: TÜV Rheinland). (S)

Sieferle, Rolf Peter, 1982: *Der unterirdische Wald. Energiekrise und Industrielle Revolution (*München). (B2, A)

Sieferle, Rolf Peter, 1990: „The Energy System - A Basic Concept of Environmental History", in: Brimblecombe, Peter; Pfister, Christian (Hrsg.): *The Silent Countdown. Essays in European Environmental History* (Berlin-New York): 9-20. (B2, A)

Sieker, Ekkehard (Hrsg.), 1986: *Tschernobyl und die Folgen. Fakten - Analysen - Ratschläge* (Bornheim-Merten: Lamuv). (S)

Sierig, Jan, 1993: *Photovoltaik und Energiespeicher in elektrischen Energieversorgungssystemen* (Aachen: Augustinus-Buchhandlung). (S)

Simon, Werner, 1994: *$CuGaSe_2$ als Solarzellenmaterial* (Konstanz: Hartung-Gorre). (S)

Simonis, Udo Ernst, 1986: *Ökonomie und Ökologie* (Karlsruhe: C.F. Müller). (S)

Simonis, Udo Ernst, 1988a: *Ökologische Orientierungen*, 2. Aufl. (Berlin: edition sigma). (S)

Simonis, Udo Ernst (Hrsg.), 1988b: *Lernen von der Umwelt - Lernen für die Umwelt. Theoretische Herausforderungen und praktische Probleme einer qualitativen Umweltpolitik* (Berlin: edition sigma). (S)

Simonis, Udo Ernst (Hrsg.), 1988c: *Präventive Umweltpolitik* (Frankfurt/M.-New York: Campus). (S)

Simonis, Udo Ernst (Hrsg.), 1990: *Basiswissen Umweltpolitik*, 2. Aufl. (Berlin: edition sigma). (E)

Sissine, Fred. J., 1994: *Renewable Energy: A New National Commitment?* CRS Issue Brief IB93063 (Washington, DC: CRS, 10. Februar). (B15, R, S, V)

Sissine, Fred. J., 1995a: *Energy Efficiency: A New National Commitment?* CRS Issue Brief IB85130 (Washington, DC: CRS, 27. Februar). (B15, R, S)

Sissine, Fred. J., 1995b: *Renewable Energy: A New National Commitment?* CRS Issue Brief IB93063 (Washington, DC: CRS, 23. Februar). (B15, R, S)

Sitte, Ralf, 1994: *Energiepolitik im geeinten Deutschland. Eine Bestandsaufnahme zwischen ökologischer Neuordnung und Tradierung überkommener Strukturen* (Düsseldorf: Hans-Böckler-Stiftung). (S)

Skelton, Luther W., 1984: *The Solar-Hydrogen Energy Economy. Beyond the Age of Fire* (New York-Cincinnati: Van Nostrand Reinhold Co.). (S)

Sklar, Scott; Sheinkopf, Kenneth, 1991: *Solar Energy. Easy and Inexpensive Applications for Solar Energy* (Chicago: Bonus Books). (S, V)

Smil, Vaclav, 1991: *General energetics. Energy in the biosphere and civilization* (New York: John Wiley). (B2)

Smil, Vaclav, 1994: *Energy in World History* (Boulder-San Francisco-Oxford: Westview). (B1, V)

Smits, Rund; Leyten, Jos, 1991: *Technology Assessment. Weakhound of Speurhond* (Zeist: Kerkebosch). (B30)

[SMUD, 1996], in: *The Solar Letter*, 6,10: 149. (B10)

Solar Energy Industries Association, 1991: *Solar Electric Applications and Directory of the U.S. Photovoltaic Industry* (Washington, DC: Solar Energies Industrial Association). (S)

Solar Energy Industries Association, 1992: *An Alternative Energy Future* (Washington, DC: Solar Energy Industries Association, April). (S, V)

Solar Energy Research Institute, 1991: *Photovoltaic Fundamentals* (Washington, DC: DOE, September). (R, S)

Solarer Wasserstoff. Energieträger der Zukunft. Broschüre zur Ausstellung der Deutschen Forschungsanstalt für Luft- und Raumfahrt (DLR), des Zentrums für Sonnenenergie und Wasserstoffwirtschaft (ZSW) und des Ministeriums für Wirtschaft, Mittelstand und Technologie (Stuttgart: DLR, ZSW). (B33)

Solomon, Barry D., 1995: „Global CO_2-Emissions Trading: Early Lessons from the U.S. Acid Rain Program", in: *Climatic Change*, 30,1: 75-96. (B12, V)

Spangenberg, Joachim, 1991: *Umwelt und Entwicklung. Argumente für eine globale Entwicklungsstrategie* (Marburg: Schüren). (E)

Spera, David A. (Hrsg.), 1994: *Wind Turbine Technology. Fundamental Concepts of Wind Turbine Technology* (New York: ASME Press). (S)

Sperber, Christian; Schettler-Köhler, Horst P., 1995: *Wärmeschutzverordnung '95 - WSchV. Handbuch für die planerische und baupraktische Umsetzung - Kommentar,* 2. Aufl. (Essen: Verlag für Wirtschaft und Verwaltung). (G, V)

Spitzley, Helmut, 1989: *Die andere Energiezukunft. Sanfte Energienutzung statt Atomwirtschaft und Klimakatastrophe* (Stuttgart: Bonn aktuell). (E)

Sprenger, Rolf Ulrich; et al., 1994: *Das deutsche Steuer- und Abgabensystem aus umweltpolitischer Sicht. Eine Analyse seiner ökologischen Wirkungen sowie Möglichkeiten und Grenzen seiner stärkeren ökologischen Ausrichtung*, ifo Studien zur Umweltökonomie 18 (München: ifo). (G, V)

Spulber, Nicolas, 1995: *The American Economy. The Struggle for Supremacy in the 21st Century* (Cambridge-New York: Cambridge UP). (S)

Stadt Frankfurt am Main, Umweltdezernat; Koenigs, Tom; Schaeffer, Roland (Hrsg.), 1993: *Energiekonsens? Der Streit um die zukünftige Energiepolitik* (München: Raben). (B29)

Staiß, Frithjof, 1995: *Community Action Plan for Renewable Energies (RE): RE in the Mediterranean Region. Final Report.* (Luxembourg: European Parliament, Directorate General for Research, Project IV/95/39). (B33, A)

Staiß, Frithjof, 1996a: „Renewable Energies in the Mediterranean Region", in: Palinkas, Peter (Hrsg.): *European Community Action Plan for Renewable Energies*, Working Paper W-19 (Luxembourg: European Parliament, Directorate General for Research). (B32, A)

Staiß, Frithjof, 1996b: *Photovoltaik - Technik, Potentiale, Perspektiven* (Wiesbaden: Vieweg). (B32, A)

Staiß, Frithjof; Böhnisch, H.; Mößlein, J.; Pfisterer, F.; Stellbogen, D., 1994: *Photovoltaische Stromerzeugung. Import solarer Elektrizität. Wasserstoff* (Stuttgart: Akademie für Technikfolgenabschätzung in Baden-Württemberg). (B33, A)

Starbatty, Joachim; Vetterlein, Uwe, 1990: *Die Technologiepolitik der Europäischen Gemeinschaft. Entstehung, Praxis und ordnungspolitische Konformität* (Baden-Baden: Nomos). (S)

Starzer, Otto, 1993: *Solar Wasserstoff. Bestandsaufnahme und Ausblick* (Wien: Energieverwertungsagentur). (S)

Statistisches Bundesamt, 1994: *Länderbericht Algerien 1994* (Stuttgart: Metzler-Poeschel). (B33)

Stavins, Robert N., 1995: „Transaction Costs and Tradeable Permits", in: *Journal of Environmental Economics and Management*, 29,2: 133-148. (B12, V)

Steeg, Helga, 1989: *Lage und Perspektive der internationalen Energiepolitik* (Bern: Energieforum Schweiz). (S)

Steel, W.F.; Diaye, A.E.N; Kariisa, G.M.B.; Kohler, D., 1983: *Energy Policy and Planning*, Economic Research Papers No. 1 (Abidjan: African Development Bank, Juni). (V)

Steger, Ulrich; Hüttl, Adolf (Hrsg.): *Strom oder Askese? Auf dem Weg zu einer nachhaltigen Strom- und Energieversorgung* (Frankfurt/M.-New York: Campus). (S)

Stehen, Nicola (Hrsg.), 1994: *Sustainable Development and the Energy Industries. Implementation and Impacts of Environmental Legislation* (London: Earthscan). (S)

Steierwald, G.; Flasche, B.; Kolb, A.; et al., 1994: *Energieeinsparung und CO_2-Minderung im Verkehr. Verkehrsvermeidung, Verkehrsverlagerung, Erhöhung der Netzeffizienz* (Stuttgart: Akademie für Technikfolgenabschätzung in Baden-Württemberg). (S)

Stein, Gerhard; Hake, Jürgen-Friedrich, 1995: „Das IKARUS Projekt", in: Eberlein, Dieter (Hrsg.): *Systemanalyse und Technikfolgenabschätzung. Die Praxis in den deutschen Großforschungseinrichtungen* (Frankfurt/M.-New York: Campus): 35-50. (B30)

Steinberger-Willms, Robert, 1993: *Untersuchung der Fluktuationen der Leistungsabgabe von räumlich ausgedehnten Wind- und Solarenergie-Konvertersystemen in Hinblick auf deren Einbindung in elektrische Versorgungsnetze* (Aachen: Shaker). (S)

Sterner, Thomas, 1995: *Economic Policies for Sustainable Development* (Dordrecht: Kluwer). (G)

Stobaugh, Robert; Yergin, Daniel (Hrsg.): *Energy Future. Report of the Energy Project at the Harvard Business School* (New York: Random House). (S)

Stock, Manfred, 1996: „Klimawirkungsforschung: Mögliche Folgen des Klimawandels für Europa", in: Brauch, Hans Günter (Hrsg.): *Klimapolitik* (Berlin-Heidelberg): 33-45. (B23, 25)

Stoklas, Karlheinz, 1991: *Windenergienutzung* (Stuttgart: IRB). (S)

Strey, Gernot, 1989: *Umweltethik und Evolution* (Göttingen: Vandenhoeck & Rupprecht). (S)

Ströbele, Wolfgang, 1984: *Wirtschaftswachstum bei begrenzten Energieressourcen* (Berlin: Duncker & Humblot). (S)

Subroto, H.E., 1990: *OPEC's Energy Policy* (Bochum: Universität Bochum, Institut für Berg- und Energierecht). (S)

Sugai, Masuro, 1992: „The Anti-Nuclear Power Movement in Japan", in: Krupp, Helmar (Hrsg.): *Energy Politics and Schumpeter Dynamics. Japan's Policy Between Short-Term Wealth and Long-Term Global Welfare* (Tokyo: Springer): 286-306. (B16)

Süß, Werner; Becher, Gerhard (Hrsg.), 1993: *Politik und Technologieentwicklung in Europa. Analysen ökonomisch-technischer und politischer Vermittlungen im Prozeß der europäischen Integration* (Berlin: Duncker & Humblot). (S)

[1000 Dächer, 1994]: *1000 Dächer Meß- und Auswerteprogramm, Jahresjournal 1994* (Freiburg-Leipzig: FhG-ISE; München: WIP; Augsburg: JRC; Ispra: IST).

[TERES, 1994], European Commission: *The European Renewable Energy Study (TERES), Prospects for Renewable Energy in the European Community and Eastern Europe up to 2010: Main Report; Annex 1: Technology Profiles; Annex 2: Country Profiles; Annex 3: Reference Data* (Brussels-Luxembourg: European Commission). (B1, 14; G, R)

Tettinger, Peter J., 1993: *Legal problems of energy supply within the European Communities* (Bochum: Universität Bochum, Institut für Berg- und Energierecht). (S)

Theunert, Sabine, 1986: *Anwendung eines Mesoskalen-Modells zur Bestimmung des natürlichen Windenergieangebotes im deutschen Küstenbereich* (Hannover: Universität Hannover, Institut für Meteorologie). (S)

Theunert, Sabine; Tetzlaff, Gerd; Bufe, Helga, 1989: *Auswertung der Windmeßdaten von sechs Standorten in Norddeutschland. 1. Teilbericht zum Forschungsvorhaben der PreussenElektra „Nutzung der Windenergie mit großen Windkraftkonvertern"* Bd. B (Hannover: Universität Hannover, Institut für Meteorologie). (S)

Thier, Bernd, 1991: *Wärmeaustauscher. Energieeinsparung durch Optimierung von Wärmeprozessen* (Essen: Vulkan). (S)

Thorwest, Ingo, 1992: *Aufkonzentrieren von Biomasse mit Hydrozyklonen* (Aachen: Shaker). (S)

Tietenberg, Thomas H., 1985: *Emissions Trading: An Exercise in Reforming Pollution Policy* (Washington, DC: Resources for the Future). (B12, G)

Tietzel, Manfred (Hrsg.), 1978: *Die Energiekrise: Fünf Jahre danach* (Bonn: Verlag Neue Gesellschaft). (S)

Tilton, Mark, 1996: *Restrained Trade. Cartels in Japan's Basic Materials Industries* (Ithaca-London: Cornell UP). (S)

Tintrup, Erik, 1991: *Solartechnik. Die Energie der Zukunft: Grundlagen, Anwendungen, Perspektiven* (München: Heyne). (S)

Tischer, Christian, 1994: *Wirtschaftliche Energienutzung in Kleinbetrieben* (Leipzig-Stuttgart: Deutscher Verlag für Grundstoffindustrie). (S)

Tolba, M.K., 1979: „What could be done to combat desertification", in: Bishay, A.; McGinnies, W.G. (Hrsg.): *Advances in desert and arid land technology and development*, Bd. 1 (Chur-London-New York: Harvard Academic Publishers): 5-22. (B33)

Topping, John C. Jr.; Quereshi, Ala; Dabi, Christopher, 1996: „Building on the Asian Climate Initiative: A Partnership to Produce Radical Innovation in Energy Systems", in: *The Journal of Environment and Development*, 5,1 (März): 4-27. (S, V)

Toure, Abdoul Wahab; Dianka, Mamadou; Diemé, Michel, 1992: „Energy and Industrialisation in Senegal", in: Khennas, Smail (Hrsg.): *Industrialisation, Mineral Resources and Energy in Africa* (Oxford: Codesria): 154-181. (B34)

Traube, Klaus, 1992: *Perspektiven der Umstrukturierung des westdeutschen Energiesystems angesichts des CO_2-Problems*. Studie im Auftrag des Ministeriums für Wirtschaft, Mittelstand und Technologie, NRW (Bremen: Bremer Energie-Institut, Mai). (B32)

Trepl, Ludwig, 1987: *Geschichte der Ökologie - Vom 17. Jahrhundert bis zur Gegenwart* (Frankfurt/M.: Athenäum). (S)

Trieb, Franz, 1995: *Solar Electricity Generation - Description and Comparison of Solar Technologies for Electricity Generation* (Stuttgart: DLR, Juli). (B32)

Triebswetter, Ursula; et al., 1995: *Ansatzpunkte für eine ökologische Steuerreform: Überlegungen zum Abbau umweltpolitisch kontraproduktiver Regelungen* (München). (V)

Truffer, Bernhard; Rudel, Roman; Cebon, Peter B.; Duerrenberger, Gregor; Jaeger, Carlo C., 1996: „Innovative Responses in the Face of Global Climate Change“, in: Cebon, Peter B.; Dahinden, Urs; Davies, Hew; Imboden, Dieter; Jaeger, Carlo C. (Hrsg.): *A View from the Alps. Regional Perspectives to Global Climate Change* (Cambridge, MA: MIT Press). (B12, A)

Trzyna, Thaddeus C. (Hrsg.), 1995: *A Sustainable World. Defining and Measuring Sustainable Development* (London: Earthscan). (S)

Tsuru, Shingeto, 1993: *Japan's Capitalism. Creative Defeat and Beyond* (Cambridge-New York: Cambridge UP). (S)

Turnball, Mildred, 1991: *Soviet Environmental Policies and Practices. The Most Critical Investment* (Aldershot: Dartmouth). (S)

Tushman, Michael L.; Andersen, Philip, 1986: „Technological Discontinuities and Organizational Environments“, in: *Administrative Science Quarterly*, 31: 439-465. (B12, V)

U.S. Department of State, 1992: *National Action Plan for Global Climate Change* (Washington, DC: GPO, Dezember). (R, S)

[U.S. GAO, 1992], United States General Accounting Office. Report to Congressional Requesters: *Export Promotion. Federal Efforts to Increase Exports of Renewable Energy Technologies,* GAO/GGD-93-29 (Washington, DC: GAO, Dezember). (B15, R, S)

[U.S. GAO, 1993], United States General Accounting Office: *Efforts Under Way to Develop Solar and Wind Energy,* GAO/RCED-93-118 (Washington, DC: GAO, Mai). (R, S)

U.S. Government, 1994: *Climate Action Report. Submission of the United States of America Under the U.N. Framework Convention on Climate Change* (Washington, D.C.: Department of State, GPO). (R, V)

U.S. Office of Science and Technology Policy, Committee on Environment and Natural Resources Research: *Our Changing Planet; The FY 1995 Global Change Research Program: A Supplement to the U.S. President's FY 1995 Budget* (Washington, DC: GPO). (R, S)

Ueberhorst, Reinhard (unter Mitarbeit von P. Jansen und Joachim Radkau), 1992: „Planungsstudie zur Bildung und Arbeit einer unabhängigen Kommission zur Förderung energiepolitischer Verständigungsprozesse in der Bundesrepublik Deutschland im Auftrag des Bundesministeriums für Wirtschaft“, Elmshorn, verf. Ms.

Ueberhorst, Reinhard, 1995: „Warum brauchen wir neue Politikformen?“, in Friedrich-Ebert-Stiftung (Hrsg.): *Reform des Staates - Neue Formen kooperativer Politik* (Bonn: Friedrich-Ebert-Stiftung): 9-41.

Umweltbundesamt (Hrsg.), 1994a: *Umweltabgaben in der Praxis. Sachstand und Perspektiven* (Berlin: UBA). (G)

Umweltbundesamt, 1994b: *Jahresbericht 1993* (Berlin: UBA). (R, S)

Unger, Jochen, 1993: *Alternative Energietechnik* (Stuttgart: B.G. Teubner). (S)

Union of Concerned Scientists, 1993: *Powering the Midwest: Renewable Electricity for the Economy and the Environment* (Washington, DC: Union of Concerned Scientists, April). (S, V)

United Nations, 1981: *Report of the UN Conference on New and Renewable Sources of Energy, Nairobi, 10.-21.8.1981* (New York: United Nations). (B18)

United Nations, Centre for Science and Technology for Development, 1991: *Advanced Technology Assessment System: Energy Systems, Environment and Developmen. A Reader* (New York: United Nations). (R, S)

United Nations, Department of Economic and Social Development, 1992: *Advanced Technology Assessment System: Prospects for Photovoltaics: Commercialisation, Mass Production and Application for Development* (New York: United Nations). (R, S)

Urbanek, Axel, 1980: *Fünfzig deutsche Sonnenhäuser. Ausgeführte Solaranlagen zur Brauchwassererwärmung, Raum- und Schwimmbadheizung,* 2. Aufl. (Ebersberg: Sonnenenergie). (S)

Utterback, James M., 1994: *Mastering the Dynamics of Innovation. How Companies Can Seize Opportunities in the Face of Technological Change* (Boston, MA: Harvard Business School Press). (B12, V)

Vale, Brenda; Vale, Robert, 1991: *Ökologische Architektur. Entwürfe für eine bewohnbare Zukunft* (Frankfurt/M.-New York: Campus). (V)

Van Dieren, Wouter; Sas, Henk; Van Soest, J.P., 1985: *An analysis of phosphate policy in the Netherlands* (Amsterdam: Institute for Environment and Systems Analysis). (B30)

[VDEW, 1994], Vereinigung Deutscher Elektrizitätswerke, Landesgruppe Nordrhein-Westfalen: *Handlungshilfe zur Erstellung von CO_2-Minderungskonzepten* (Frankfurt/M.: VWEW-Verlag). (S)

[VDEW, 1995], Vereinigung Deutscher Elektrizitätswerke: „Erklärung der VDEW zur Klimavorsorge“, in: *Elektrizitätswirtschaft*, 9: 474-476. (B21)

Voermans, Rainer, 1995: „1 MW-Photovoltaikanlage Toledo/Spanien. Erste Betriebsergebnisse und kumulierter Energieaufwand“, 10. Symposium Photovoltaische Solarenergien, Kloster Banz, Ostbayerisches Technologie-Transfer-Institut e.V. (OTTI), Regensburg, März. (B10)

Volkmer, Martin, 1988: *Elektrische Energie aus Solarzellen. Erzeugung elektrischer Energie, Kohlekraftwerk, Solarelektrische Stromversorgungsanlage, Bedarf an elektrischer Energie* (Hamburg: Hamburgische Electricitäts-Werke). (S)

Volkrodt, Wolfgang, 1992: *Eine ganz andere Technik. Neue Wege ins postindustrielle Zeitalter* (Pfungstadt: Edition Ergon). (S)

Voß, Alfred (Hrsg.), 1992a: *Die Zukunft der Stromversorgung* (Frankfurt/M.: VWEW-Verlag). (A, E, G)

Voß, Alfred, 1992b: „Energie und Umwelt: Herausforderung an der Schwelle zum dritten Jahrtausend“, in: Voß, Alfred (Hrsg.): *Die Zukunft der Stromversorgung* (Frankfurt/M.: VWEW): 15-46. (A)

Voß, Alfred; Hermann, Dieter, 1993: „Reduktion der CO_2-Emissionen in der Bundesrepublik Deutschland - Ziele und Möglichkeiten“, in: *VDI-GET-Jahrbuch* (Düsseldorf: VDI-Verlag): 64-102. (B21, A, E)

Voß, Alfred; Schaumann, Peter, 1995: „Effiziente CO_2-Minderungsstrategien - Welchen Beitrag leistet die Kernenergie“, in: Deutsches Atomforum e.V. (Hrsg.): *Stromerzeugung im Spannungsfeld von Ökologie und Ökonomie - Die Rolle der Kernenergie* (Bonn: Verlag INFORUM): 205-245. (A)

Voß, Alfred; Schlenzig, Christoph; Reuter, Albrecht, 1995: MESAP III: „A Tool for Energy Planning and Environmental Management - History and New Developments“, in: Hake, Jürgen-Friedrich; Kleemann, Manfred; Kuckshinrichs, Wilhelm; Martinsen, Dag; Walbeck, Manfred (Hrsg.): *Advances in System Analysis: Modelling Energy-Related Emissions on a National and Global Level*, Konferenzen des Forschungszentrums Jülich, Bd. 15 (Jülich: Forschungszentrum Jülich): 375-412. (B25, A)

Voß, Alfred; Stelzer, Thomas; Wiese, Andreas, 1993: „Vergleichende Bilanzierung verschiedener Stromerzeugungsoptionen“. 2. Deutscher Fachkongreß „Die ganzheitliche Bilanzierung von Industrie-Produkten“, Frankfurt/M., 6.-7. Dezember. (A)

Wagemann, Günther; Eschrich, Heinz, 1994: *Grundlagen der photovoltaischen Energiewandlung. Solarstrahlung, Halbleitereigenschaften und Solarzellenkonzepte* (Stuttgart: Teubner). (S)

Wagner, Siegfried; Bareiss, Rainer; Guidati, Gianfranco, 1996: *Wind Turbine Noise* (Berlin: Springer). (S)

Wallace, David, 1995: *Environmental Policy and Industrial Innovation. Strategies in Europe, the US and Japan*, The Royal Institute of International Affairs, Energy and Environment Programme (London: Earthscan). (B12, 15; E, G)

Wallace, David, 1996: *Sustainable Industrialization* (London: Earthscan/RIIA). (S, V)

Walletschek, Hartwig; Graw, Jochen (Hrsg.), 1995: *Ökolexikon - Stichworte und Zusammenhänge*, 5. Aufl. (München: C.H. Beck). (E)

Walter, Johann; Horbach, Jens, 1996: „The German Environment Industry - Present Structure and Development", in: *The Environment Industry. The Washington Meeting - OECD Documents* (Paris: OECD): 91-100. (B36, S)

Walubengo, Dominic; Kimani, Miururi J. (Hrsg.), 1993a: *Whose Technologies? The Development and Dissemination of Renewable Energy Technologies (RETS) in Sub-Saharan Africa* (Nairobi: KENGO Regional Wood Energy Programme for Africa - RWEPA). (B35, V)

Walubengo, Dominic; Kimani, Miururi J., 1993b: „The Dissemination of Renewable Energy Technologies in Sub-Saharan Africa", in: Kimani, Miururi J.; Naumann, Ekkehard (Hrsg.): *Recent Experiences in Research, Development & Dissemination of Renewable Energy Technologies in Sub-Saharan Africa* (Nairobi: KENGO International Outreach Department): 55-64. (B35)

Walubengo, Dominic; Kimani, Miururi J., 1993c: „Dissemination of RETS in Africa", in: dies. (Hrsg.): *Whose Technologies? The Development and Dissemination of Renewable Energy Technologies (RETS) in Sub-Saharan Africa* (Nairobi: KENGO Regional Wood Energy Programme for Africa - RWEPA): 60-80. (B35)

Walubengo, Dominic; Onyango, Adelheid, 1992: *Energy Systems in Kenya. Focus on Rural Electrification* (Nairobi: KENGO/RWEPA). (V)

Walz, Rainer, 1991: „Energieeinsparpotentiale in den westdeutschen Ländern", in: *Energieanwendung*, 40,10-11: 321-326. (A)

Walz, Rainer, 1994: *Die Elektrizitätswirtschaft in den USA und der BRD - Vergleich unter Berücksichtigung der Kraft-Wärme-Kopplung und der rationellen Elektrizitätsnutzung* (Heidelberg: Physica). (B27, A, V)

Walz, Rainer, 1995: „How Germany Proceeds to Reach its 25-30% CO_2-Reduction Target (compared to 1987) in 2005", in: Speranza, A.; Tibaldi, S.; Fantechi, Roberto (Hrsg.): *Global change. Proceedings of the first Demetra meeting held at Chianciano Terme, Italy from 28 to 31 October 1991* (Brüssel-Luxemburg: EU DG XII): 418-429. (B27, A, V)

Wanderer, Jochen, 1994: *Energieeinsparung in Hüttenwerken. Senkung des Energieverbrauchs in metallurgischen Betrieben. Chronologischer Auszug aus dem internationalen Schrifttum mit 116 Literaturhinweisen von 1979 bis 1994* (Heere: J. Wanderer). (S)

Wang, Baoli, 1993: *Die Entwicklungsprobleme der Elektrizitätsversorgung in der VR China* (Frankfurt/M.: Lang). (S)

Wang, Ji-Yang, 1995: „Historical Aspects of Geothermal Energy in China", in: Barbier, Enrico; Frye, George; Iglesias, Eduardo; Pálmason, Gudmundur (Hrsg.): *Proceedings of the World Geothermal Congress, 1995* (Auckland: IGA): 389-394. (B9)

Warnecke, Günter; Huch, Monika; Germann, Klaus (Hrsg.), 1992: *Tatort „Erde". Menschliche Eingriffe in Naturraum und Klima* (Berlin-Heidelberg: Springer). (V)

Wasmeier, Martin, 1995: *Umweltabgaben und Europarecht. Schranken des staatlichen Handlungsspielraums bei der Erhebung öffentlicher Abgaben im Interesse des Umweltschutzes* (München: C.H. Beck). (V)

Watanabe, Chihiro, 1995: „Mitigating Global Warming by Substituting Technology for Energy", in: *Energy Policy*, 23,4-5: 447-461. (B16)

[WBGU, 1996], Wissenschaftlicher Beirat der Bundesregierung Globale Umweltveränderungen: *Welt im Wandel. Wege zur Lösung globaler Umweltprobleme. Jahresgutachten 1995* (Berlin-Heidelberg: Springer). (B1, 15; R, V)

Weber, Arnd; Carter, Robert; Pfitzmann, Birgit; Schunter, Matthias; Stanford, Chris; Waidner, Michael, 1995: *Secure International Payment and Information Transfer* (Frankfurt/M.: Project CAFE). (B12, V)

Weber, Beate, 1996: „Global denken - lokal handeln. Klimaschutz Heidelberg", in: Brauch, Hans Günter (Hrsg.): *Klimapolitik* (Berlin-Heidelberg: Springer): 271-278. (B28)

Weber, Rudolf, 1984: *Energie. Die Ergebnisse von 27 Projekten. Schlußbericht des Nationalen Forschungsprogrammes in „Forschung und Entwicklung im Bereich der Energien"* (Bern: Paul Haupt). (S)

Weber, Rudolf, 1994: *Besser und sparsamer heizen! Neueste Energieforschung - von Architektur bis Wärmepumpen. Eine Fundgrube für Bauherren und Hausbesitzer* (Vaduz: Olynhus). (S)

[WEC, 1992], World Energy Council: *Survey of Energy Resources* (London: WEC). (S, V)

[WEC, 1993], World Energy Council: *Energy for Tomorrow's World - The Realities, the Real Options and the Agenda for Achievements* (London: Kogan Page). (B1, 36, G, S)

[WEC, 1994], World Energy Council: *New Renewable Energy Resources: A Guide to the Future* (London: Kogan Page). (B36, S)

[WEC, 1995a], World Energy Council - International Institute for Applied Systems Analysis, IIASA: *Global Energy Perspectives to 2050 and Beyond. Report 1995* (London: WEC; Laxenburg: IIASA). (B1, 36, G, S)

[WEC, 1995b], World Energy Council: *Survey of Energy Resources* (London: WEC). (B5)

[WEC, 1995c], World Energy Council: *Financing Energy Development: A Guide to the Future* (London: Kogan Page). (S)

[WEC, 1995d], World Energy Council: *Energy Efficiency Improvement Utilising High Technology* (London: WEC). (S)

[WEC, 1995e], World Energy Council: *Global Transport Sector Energy Demand Towards 2020* (London: WEC). (S) [WEC, 1995f],

[WEC, 1995f], World Energy Council: *Post Rio '92 - Developments Relating to Climate Change, Report on Proceedings of the First Conference of the Parties to the UN Fraumework Convention on Climate Change, Berlin, Germany* (London: WEC). (S)

[WEC, 1995g], World Energy Council: *Climate Change: Scientific, Technical, and Institutional Developments Since 1992* (London: WEC). (S)

[WEC, 1995h], World Energy Council: *Energy-Economy Analysis: Linking the Macroeconomic and Systems-Engineering Approaches*, WP-92-42 (Laxenburg: IIASA). (S)

[WEC, 1995i], World Energy Council: „The Congress Conclusions and Recommendations", 16th WEC Congress, Tokyo 8-13 October 1995 (Pressetext). (S, V)

Weidlich, Bodo; Kerschberger, Alfred, 1992: *Energiegerechte Bauschadensanierung: Ein Leitfaden für die Praxis* (Karlsruhe: C.F. Müller). (S)

Weidner, Helmut, 1996: *Basiselemente einer erfolgreichen Umweltpolitik. Eine Analyse und Evaluation der Instumente der japanischen Umweltpolitik* (Berlin: edition sigma).
Weigt, Volker, 1987: *Planungsinstrumente im Energiesektor eines Entwicklungslandes. Untersucht am Beispiel der Elektrifizierung und Energieplanung in Ecuador* (Köln: Botermann + Botermann). (S)
Weik, Helmut, 1991: *Sonnenenergie in der Baupraxis. Solar-Architektur und Solar-Technik - Grundlagen und Anwendungen* (Renningen-Malmsheim: expert). (S)
Weik, Helmut, 1995: *Sonnenenergie für eine umweltschonende Baupraxis. Solar-Architektur und Solar-Technik - Grundlagen und Anwendungen* (Renningen-Malmsheim: expert). (S)
Weiss, Werner; Lardy, Michael 1995: *Solare Großanlagen* (Saarbrücken: Energiewende). (S)
Weizsäcker, Carl Christian von; Paulus, Melanie, 1994: „Konzentration und Wettbewerb in der leitungsgebundenen Energiewirtschaft", in: *Wirtschaftsdienst*, 9: 482-488. (S)
Weizsäcker, Carl-Friedrich von, 1978: *Deutlichkeit - Beiträge zu politischen und religiösen Gegenwartsfragen* (München: C. Hanser). (B4)
Weizsäcker, Ernst Ulrich von, 1989, 1990: *Erdpolitik. Ökologische Realpolitik an der Schwelle zum Jahrhundert der Umwelt* (Darmstadt: Wissenschaftliche Buchgesellschaft). (B12, G)
Weizsäcker, Ernst Ulrich von (Hrsg.), 1994: *Umweltstandort Deutschland. Argumente gegen die ökologische Phantasielosigkeit* (Berlin-Basel-Boston: Birkhäuser).
Weizsäcker, Ernst Ulrich von; et al., 1992: *Ökologische Steuerreform. Europäische Ebene und Fallbeispiel Schweiz* (Chur-Zürich: Rüegger). (E, G)
Weizsäcker, Ernst Ulrich von; Jesinghaus, Jochen, 1992: *Ecological Tax Reform* (London-New Jersey: Zed Books). (E, G)
Weizsäcker, Ernst Ulrich von; Lovins, Amory B.; Lovins, L. Hunter, 1995: *Faktor Vier. Doppelter Wohlstand - halbierter Naturverbrauch. Der neue Bericht an den Club of Rome* (München: Droemer Knaur). (B1, 12, 36; G, V)
Welsch, Heinz, 1996: *Klimaschutz, Energiepolitik und Gesamtwirtschaft. Eine allgemeine Gleichgewichtsanalyse für die Europäische Union* (München-Wien: R. Oldenbourg). (V)
Weltbank, 1980: *Jahresbericht 1980* (Washington, DC: Weltbank). (B19)
Weltbank, 1992: *Weltentwicklungsbericht 1992, Entwicklung und Umwelt* (Washington, DC: IBRD/World Bank). (B35, S)
Wenner, Lettie McSpadden, 1990: *U.S. Energy and Environmental Interest Groups. Institutional Profiles* (New York-Westport-London: Greenwood Press). (S, V)
Werbeck, Thomas, 1994: *Die Tarifierung elektrischer Energie. Eine kritische Analyse aus ökonomischer Sicht* (Berlin: Duncker & Humblot).
Wereko-Brobby, Charles, 1993: „Innovative Economic Policy Instruments and Institutional Reform - The Case of Ghana", in: Karekezi, Stephen; Mackenzie, Gordon A. (Hrsg.): *Energy Options for Africa. Environmentally Sustainable Alternatives* (London-New Jersey: ZED Books): 23-38. (B35)
Wereko-Brobby, Charles; Hagan, Essel Ben, 1991: „Energy and the environment in Ghana: Issues and challenges", in: *International Journal of Global Energy Issues*, 3,1: 31-34. (B35)
Wey, Klaus-Georg, 1982: *Umweltpolitik in Deutschland* (Opladen: Westdeutscher Verlag). (S)
White, James C. (Hrsg.), 1993: *Global Energy Strategies. Living with Restricted Greenhouse Gas Emissions* (New York-London: Plenum). (S)

Wiese, Andreas, 1994: *Simulation und Analyse einer Stromerzeugung aus erneuerbaren Energien in Deutschland*, Forschungsbericht des Instituts für Energiewirtschaft und Rationelle Energieanwendung, Band 16 (Stuttgart: Institut für Energiewirtschaft und Rationelle Energieanwendung). (B6, A)

Wiese, Andreas; Albiger, J.; Kaltschmitt, Martin; et al., 1994: *Windenergie-Nutzung* (Stuttgart: Akademie für Technikfolgenabschätzung in Baden-Württemberg). (A, S)

Wilhelm, Sighard, 1990: *Ökosteuern. Marktwirtschaft und Umweltschutz* (München: C.H. Beck). (E)

Wilk, Heinrich, 1995: *Solarstrom. Handbuch zur Planung und Ausführung von Photovoltaikanlagen* (Saarbrücken: Energiewende). (S, V)

Wilken, Ludger, 1989: *Umweltgerechte Beleuchtungsanlagen. Handbuch zum Austausch und zur Entsorgung PCB-haltiger Kondensatoren und zur Errichtung von energiesparenden Leuchten* (Dülmen: Laumann). (S)

Wilker, Lothar, 1984: „Internationale Nuklearpolitik“, in: Boeckh, Andreas (Hrsg.): *Pipers Lexikon zur Politik.* Bd. 5: *Internationale Beziehungen. Theorien - Organisationen - Konflikte* (München: Piper): 248-253. (B1, E)

Williams, Dan R.; Good, Larry, 1994: *Guide to the Energy Policy Act of 1992* (Lilburn: Fairmont Press). (B15, S, V)

Williams, Edward, R., 1993: „The U.S. Energy Strategy“, in: White, James C. (Hrsg.): *Global Energy Strategies Living with Restricted Greenhouse Gas Emissions* (New York-London: Plenum Press): 97-100. (B15, S)

Williams, R.H.; Terzian, G., 1993: *A Benefit/Cost Analysis of Accelerated Development of Photovoltaic Technology* (Princeton, NJ: Princeton University, Center for Energy and Environmental Studies).

Willke, Helmut, 1995: „The Strategic Defense Initiative: A Case Study of the Political Economy of a Military Research Program“, in: Willke, Helmut; Krück, Carsten P.; Thorn, Christopher: *Benevolent Conspiracies. The Role of Enabling Technologies in the Welfare of Nations. The Cases of SDI, SEMATECH and EUREKA* (Berlin-New York: de Gruyter): 7-39. (B36, S, V)

Windheim, Rolf, 1980: *Nutzung der Windenergie* (Jülich: KFA Jülich). (B7)

Winnacker, Karl, 1980: *Schicksalsfrage Kernenergie. Stationen der deutschen Atompolitik. Radioaktivität und Sicherheit* (München: Goldmann). (E, V)

Winter, Carl-Jochen (Hrsg.), 1988: *Hydrogen as an Energy Carrier - Technologies, Systems, Economy* (Berlin-Heidelberg: Springer). (A)

Winter, Carl-Jochen, 1990: „Vor dem Eintritt in das 21. Jahrhundert - Regenerative Utopien?“, in: Heck, Heinz; Schmitt, Dieter (Hrsg.): *Handbuch Energie* (Pfullingen: Günther Neske). (A)

Winter, Carl-Jochen, 1991: „Renewable Energies' Utilization“, in: *The Engineering Response to Global Climate Change,* Report of June 1991 Workshop, National Institute for Global Environmental Change, Louisiana, USA. (A)

Winter, Carl-Jochen, 1992: „To What Extent Can Renewable Energy Systems Replace Carbon-based Fuels in the Next 15, 50 and 100 Years?“, in: Pearman, G.I. (Hrsg.): *Limiting Greenhouse Effects - Controlling Carbon Dioxide Emissions* (Chichester: John Wiley & Sons): 135-163. (A)

Winter, Carl-Jochen, 1993a: *Energie von A-Z. Lexikon Rationeller Energieeinsatz - Erneuerbare Energien - Solarer Wasserstoff. Begriffe und Praxistips für Unternehmer und Berater* (Köln: Deutscher Wirtschaftsverlag). (B1, A, E, G)

Winter, Carl-Jochen, 1993b: *Die Energie der Zukunft heißt Sonnenenergie* (München: Droemer Knaur). (A, E, V)

Winter, Carl-Jochen; Kaltschmitt, Martin, 1995: „Der Energiekonsens kann auf erneuerbare Energien zählen - Beachtliche Potentiale in Deutschland", in: *Energie-Dialog*, Nr.1: 34-35. (B6, A)

Winter, Carl-Jochen; Nitsch, Joachim (Hrsg.), 1989: *Wasserstoff als Energieträger - Technik, Systeme, Wirtschaft*, 2. Aufl. (Berlin-Heidelberg: Springer). (B32, A)

Winter, Carl-Jochen; Sizmann, Rudolf Leopold; Vant Hull, Lorin L. (Hrsg.), 1991: *Solar Power Plants* (Berlin-Heidelberg: Springer). (B10, A)

Wintzer, Detlev; Fürniß, Beate; Klein-Vielhauer, Sigrid; Leible, Ludwig; Nieke, Eberhard; Rösch, Christine; Tangen, Heinrich, 1993: *Technikfolgenabschätzung zum Thema Nachwachsende Rohstoffe* (Münster: Landwirtschaftsverlag). (B8, V)

Wirl, Franz, 1994: *Sind Energiesparmaßnahmen von Versorgungsunternehmen wirtschaftlich?* (Wien: Springer). (S)

Wisnewski, Joe; Sampson, R. Neil, 1993: „Terrestrial biospheric carbon fluxes: Quantification of sinks and sources of CO_2", in: *Water, Air, & Soil Pollution*, 70,1-4, (Spec. Issue, Dordrecht: Kluwer). (B8)

Wissing, Siegfried; Corvinus, Friedemann (Hrsg.), 1989: *Sonderenergieprogramm 1982 - 1988. Zwischenbilanz und Perspektiven. Vorträge, Berichte und Protokolle der Ansprechpartnertagung SEP 1988 in Poppenhausen, Rhön vom 5.9. bis 7.9.1988* (Eschborn: GTZ). (S)

Witte, Larry C.; Schmidt, Philip S.; Brown, David R., 1988: *Industrial Energy Management and Utilization* (Berlin: Springer). (S, V)

Wittwer, Volker; Gombert, Andreas; Graf, Wolfgang; Köhl, Michael, 1995: *Advanced windows with a wide range in solar transmittance. Proceedings*, SPIE Conference, San Diego. (B10, A)

Wohlmuth, Karl, 1993a: „Economics of Renewable Energy Technologies in Sub-Saharan Africa", in: Kimani, Miururi J.; Naumann, Ekkehard (Hrsg.): *Recent Experiences in Research, Development & Dissemination of Renewable Energy Technologies in Sub-Saharan Africa* (Nairobi: KENGO International Outreach Department): 21-41. (B35, A)

Wohlmuth, Karl, 1993b: „Wirtschaftspolitische Rahmenbedingungen der Förderung von kleinen und dezentralen Energieprojekten. Am Beispiel afrikanischer Länder südlich der Sahara", in: Köllmann, Carsten; Oesterdiekhoff, Peter; Wohlmuth, Karl (Hrsg.): *Kleine Energieprojekte in Entwicklungsländern* (Münster-Hamburg: LIT): 215-268. (B35, A)

Wohlmuth, Karl, 1994a: „Towards a New Energy Policy for Africa - An Introduction", in: Research Group on African Development Perspectives Bremen: Bass, Hans H.; et al. (Hrsg.): *African Development Perspectives Yearbook 1992/93*, Bd. 3: *Energy And Sustainable Development* (Münster-Hamburg: LIT): 57-73. (B35, A)

Wohlmuth, Karl, 1994b: „Policy Reform and Promotion of Renewable Energy Technologies in Sub-Saharan African Countries, in: Research Group on African Development Perspectives Bremen: Bass, Hans H.; et al. (Hrsg.): *African Development Perspectives Yearbook 1992/93*, Bd. 3: *Energy And Sustainable Development* (Münster-Hamburg: LIT): 136-158. (B35, A)

Wolferen, Karel van, 1989: *The Enigma of Japanese Power. People and Politics in a Stateless Nation* (London: Macmillan). (B36, S)

Woods, J.; Hall, David O., 1994: *Bioenergy for Development*, Environment and Energy Paper No. 13 (Rom: FAO). (B8)

Woodward, Alison E.; Ellig, Jerry; Burns, Tom R., 1994: *Municipal Entrepreneurship and Energy Policy. A Five Nation Study of Politics, Innovation and Social Change* (Yverdon ; et al.: Gordon and Breach). (S)

World Bank, 1989a: *Energy Strategy for Sub-Saharan Africa, for Rome Meeting, FAO Headquarters, April 17-18, 1989* (Washington, DC: The World Bank, Energy Development Division, Industry and Energy Department). (B35, S)

World Bank, 1989b: *Sub-Saharan Africa. From Crisis to Sustainable Growth. A Long-Term Perspective Study* (Washington, DC: The IBRD/The World Bank). (B35, S)

World Bank, 1993: *The World Bank's Role in the Electric Power Sector* (Washington, DC: World Bank). (R, S)

World Bank, 1994: *World Development Report 1994, Infrastructure for Development* (New York, NY: Oxford UP). (B19)

World Energy Conference, 1993: *1989 Survey of Energy Resources* (Oxford: Holywell Press).

World Resources Institute, 1994: *World Resources 1994-95 - A Guide to the Global Environment* (New York - Oxford: Oxford UP). (S)

Worm, Thomas; Praetorius, Barbara, 1995: „Europas mühsamer Weg zur ökologischen Steuerreform", in: Greenpeace e.V. (Hrsg.): *Der Preis der Energie - Plädoyer für eine ökologische Steuerreform* (München: C.H. Beck): 189-205. (E, S)

Wortmann, Klaus, 1994: *Psychologische Determinanten des Energiesparens* (Psychologie Verlags Union). (S)

Woyke, Wichard (Hrsg.), 1977, [2]1980, [4]1990, [5]1993, [6]1995: *Handwörterbuch Internationale Politik*, 1. Aufl. (Opladen: Leske + Budrich). (B1, E)

Wright, David, 1991: *Biomass - A new future?* (Brussels: Commission of the European Communities, DG XII). (B8, R)

Wrixon, Gerard T.; Rooney, Anne-Marie E.; Palz, Wolfgang, 1993: *Renewable Energy - 2000* (Heidelberg: Springer). (E, G)

Würfel, Peter, 1996: *Physik der Solarzellen* (Heidelberg-Berlin-Oxford: Spektrum Akademischer Verlag). (B10)

Wynne, Brian, 1988: „Unruly Technology: Practical Rules, Impractical Discourses and Public Understanding", in: *Social Studies of Science*, 18: 147-167. (B12, V)

Yergin, Daniel, 1991: *The Prize. The Epic Quest for Oil, Money and Power* (New York: Simon & Schuster). (S, V)

Yergin, Daniel; Hillenbrand, Martin (Hrsg.), 1983: *Global Insecurity. Beyond Energy Future. A Strategy for Political and Economic Survival in the 1980s* (Middlesex-New York: Penguin). (S, V)

Young, John E.; Sachs, Aaron, 1994: *The Next Efficiency Revolution. Creating a Sustainable Materials Economy*, Worldwatch Paper 121 (Washington, DC: Worldwatch Institute). (S, V)

Yuzawa, Takeshi (Hrsg.), 1994: *Japanese Business Success. The Evolution of a Strategy* (London-New York: Routledge). (B36, S)

Zängl, Wolfgang, 1993: „Der Energiekonsens als Politik. Eine ausgewählte Presse-Chronologie", in: Stadt Frankfurt am Main, Umweltdezernat; Koenigs, Tom; Schaeffer, Roland (Hrsg.): *Energiekonsens? Der Streit um die zukünftige Energiepolitik* (München: Raben): 216-230. (B29)

Zweibel, Ken, 1990: *Harnessing Solar Power. The Photovoltaics Challenge* (New York-London: Plenum). (S, V)

Zu den Autoren

Ahl, Christian, Dr. sc. agr.: Studium der Agrarwissenschaften, Promotion in Bodenkunde; seit 1985 Akad. Rat am Institut für Bodenwissenschaft der Universität Göttingen; zwischenzeitlich Beratungsaufenthalte in Uruguay und China; von 1991-1993 STOA-Fellow in der Generaldirektion IV des Europäischen Parlamentes zur Technikfolgenabschätzung; Betreiber eines Ingenieurbüros Ahl & Heuer Bioenergie zur Planung und Konzeptionierung von Biomasse-Heizkraftwerken. *Anschrift*: Institut für Bodenwissenschaft, Von-Siebold-Str. 4, 37075 Göttingen und Am Bärenberg 70, 37077 Göttingen.

Altner, Günter, Dr. rer. nat., Dr. theol.: Von 1971-1973 Professor für Humanbiologie an der Pädagogischen Hochschule Schwäbisch Gmünd; seit 1977 Professor für Theologie an der Universität Koblenz-Landau; Mitbegründer des Öko-Instituts Freiburg; 1979-1982 Mitglied der Enquête-Kommission „Zukünftige Kernenergiepolitik" des Deutschen Bundestages; Vorsitzender des Beirats des Wissenschaftlichen Zentrums für Umweltsystemforschung an der Universität/Gesamthochschule Kassel; zahlreiche Veröffentlichungen zu Grenzfragen zwischen Naturwissenschaften und Sozialethik. *Anschrift:* Zum Steinberg 55, 69121 Heidelberg.

Carstensen, Thomas Uwe, Dipl.-Wirtsch. Ing., Dipl.-Ing.: Zehnjährige Tätigkeit als Planungsingenieur in der Bau- und Chemiebranche, anschließend siebenjährige Tätigkeit in der Energieberatung für Industriebetriebe und Kommunen; seit 1990 Betreiben des eigenen Unternehmens WINKRA-ENERGIE Verwaltungs- und Beteiligungsgesellschaft für Energien mbH (Projektierung und Betrieb von Windparks und anderen Energieanlagen) sowie deren Tochtergesellschaften; Herausgeber der Zeitschrift WIND/ENERGIE/AKTUELL, Verlag WINKRA-RECOM GmbH; seit 1986 Vorsitzender der Deutschen Gesellschaft für Windenergie e.V., Hannover; seit 1993 Präsident des Bundesverbandes Erneuerbare Energie e.V. (BEE), Hannover. *Anschrift*: BEE e.V., Lutherstraße 14, 30171 Hannover, Tel.: 0511/28 23 66 und WINKRA-ENERGIE GmbH, Leisewitzstraße 37, 30175 Hannover; Tel.: 0511/288 32 60.

Dürr, Hans-Peter, Prof. Dr.: Physik-Diplom Technische Hochschule Stuttgart (1953); Promotion in Theoretischer Kernphysik bei Edward Teller an der University of California, Berkeley (1956); Wissenschaftlicher Mitarbeiter von Werner Heisenberg (1958-1976); Gastprofessor in Berkeley und Madras, Indien (1962); Wissenschaftliches Mitglied des Max-Planck-Instituts für Physik und Astrophysik, München (1963); Professor an der Universität München (1969); Geschäftsführender Direktor des Max-Planck-Instituts für Physik und Astrophysik (1978-1980) und des Werner-Heisenberg-Instituts für Physik (1970, 1977-1980, 1987-1992); Arbeitsgebiete: Kernphysik, Elementarteilchenphysik, Quantenfeldtheorie und Gravitation sowie Erkenntnistheorie, gesellschaftliche Fragen über Verantwortung des Wissenschaftlers, Abrüstung und Friedenssicherung, Energie, Ökologie und Ökonomie, Entwicklung. *Anschrift:* Max-Planck-Institut für Physik, Föhringer Ring 6, 80805 München.

Eichelbrönner, Matthias, Dipl.-Ing.: Studium der Elektrotechnik mit der Fachrichtung Energiewirtschaft an der Technischen Universität München; Referent und Vertreter des Geschäftsführers des Forums für Zukunftsenergien e.V., Bonn; Arbeitsgebiete: Erneuerbare Energien, übergeordnete Studien und Projekte, Erarbeitung von Fachveröffentlichungen, Betreuung von Arbeitsgremien und Fachveranstaltungen über Mitgliedschaft in Beiräten; Mitgliedschaften: Gesellschaft für praktische Energiekunde e.V., München, Verein

Deutscher Ingenieure. *Anschrift*: Forum für Zukunftsenergien e.V., Godesberger Allee 90, 53175 Bonn.

Fahl, Ulrich, Dr. rer. pol.: Abteilungsleiter Energiewirtschaft und Systemtechnische Analysen (ESA) am Institut für Energiewirtschaft und Rationelle Energieanwendung (IER) der Universität Stuttgart; 1983 Diplom im Fachbereich Wirtschaftswissenschaften (Volkswirtschaftslehre) an der Albert-Ludwigs-Universität Freiburg; 1990 Promotion an der Universität Stuttgart; von 1983-1989 Wissenschaftlicher Mitarbeiter am Institut für Kernenergetik und Energiesysteme (IKE) der Universität Stuttgart; seit 1990 Abteilungsleiter am Institut für Energiewirtschaft und Rationelle Energieanwendung (IER); Arbeitsschwerpunkte: Energiebedarfsanalysen, Integrierte Ressourcenplanung, Angewandte Energieplanung und Systemanalysen, Energie - Wettbewerb - Handel, Verkehr - Energie - Umwelt, Energie und Klima, Energie und Sustainable Development, Elektrizitäts-, Gas- und Fernwärmewirtschaft. *Anschrift:* IER, Heßbrühlstraße 49a, 70565 Stuttgart.

Furger, Franco, Dr. Ing.: 1992 Promotion an der Eidgenössischen Technischen Hochschule in Zürich; anschließend Tätigkeit am Institut für Sozialforschung in Frankfurt am Main; z.Z. am Institute of Public Policy, George Mason University, Fairfax, Virginia; Interessenschwerpunkte: Umweltpolitik und Techniksoziologie. *Anschrift*: The Institute of Public Policy, George Mason University, Fairfax, VA 22030-4444, USA.

Geipel, Helmut, Dipl.-Ing. (Verfahrenstechnik): Regierungsdirektor, Leiter des Referats 413 „Neue Energieumwandlungstechniken" im Bundesministerium für Bildung, Wissenschaft, Forschung und Technologie (BMBF); Studium der Verfahrenstechnik in Karlsruhe, Diplom 1969; 1969-1978 Wissenschaftlicher Mitarbeiter in den Forschungszentren Karlsruhe und Grenoble (Frankreich) auf dem Gebiet der Tieftemperaturtechnik, in der Studiengesellschaft für Uranisotopentrennverfahren Essen und NUKEM GmbH Hanau auf dem Gebiet des Kernbrennstoffkreislaufs; seit 1978 im damaligen Bundesministerium für Forschung und Technologie Referent in den Bereichen Nukleare Entsorgung, Technikfolgenabschätzung, Physikalische Technologien; 1990-1993 Wissenschaftsreferent der Botschaft in Buenos Aires. *Anschrift*: BMBF, Godesberger Allee 185-189, 53170 Bonn.

Grawe, Joachim, Prof. Dr. iur.: Hauptgeschäftsführer der Vereinigung Deutscher Elektrizitätswerke - VDEW - e.V. Frankfurt am Main; zuvor Ministerialbeamter in Stuttgart (Wirtschaft) und Bonn (Entwicklungshilfe) sowie Geschäftsführer der Fichtner Development Engineering GmbH Stuttgart; Honorarprofessor für Energiewirtschaft an der Universität Stuttgart; zeitweilig auch Lehrbeauftragter an der Rhein.-Westf. Technischen Hochschule Aachen; Ministerialdirektor a. D.; Mitglied/Vorstandsmitglied verschiedener energiepolitischer, -wirtschaftlicher und -wissenschaftlicher sowie umweltpolitischer Gremien und Vereinigungen, u.a. Arbeitsgemeinschaft Fernwärme (AGFW), Deutsches Atomforum, Deutsche Stiftung für Umweltpolitik, Forum für Zukunftsenergien und Gesellschaft für Energiewissenschaft und Energiepolitik (GEE). *Anschrift*: VDEW e.V., Stresemannallee 23, 60596 Frankfurt am Main.

Grin, John, Dr.: Studium der Physik, Mathematik und Friedensforschung an der Freien Universität Amsterdam; Promotion in Physik und Friedensforschung; seit 1991 Assistenzprofessor in der Abteilung Politische Verwaltung der Universität Amsterdam; Mitglied von AFES-PRESS e.V. (stellvertretender Vorsitzender) und INSTEAD; Arbeitsschwerpunkte: Energie- und Umweltpolitik und -technologie, politische Implikationen von C^3I-Technologien in der NATO posture und im Rahmen einer nonprovokativen Verteidigung; Technikbewertung von zivilen und militärischen Vorhaben und Methoden der Technikfolgenabschätzung. *Anschrift:* Universiteit van Amsterdam, PSCW Vakgroep Bestuurskunde, O.Z. Achterburgwal 237; NL-1012 DL Amsterdam.

Gutermuth, Paul-Georg, Dr. jur., Ministerialrat: Studium der Rechtswissenschaften in Münster, München und am College of William and Mary, Williamsburg (USA); 1965 Promotion; seit 1966 tätig im Bundesministerium für Wirtschaft (BMWi) mit verschiedenen Verwendungen, Schwerpunkt Energiepolitik; 1968-1969 Kommission der Europäischen Gemeinschaften; 1971-1974 Deutsche Botschaft Teheran (Iran); 1978-1983 Bereichsleiter in der Physikalisch-Technischen Bundesanstalt, Braunschweig (nukleare Entsorgung); 1983-1987 Leiter des Referats Kohlemarkt im BMWi; seit 1987 Leiter des Referats Erneuerbare Energien und Kohleveredlung im BMWi; seit 1993 Mitglied des ECOSOC-„Ausschusses für neue und erneuerbare Energiequellen und Energie für Entwicklung" in New York (USA). *Anschrift*: Bundesministerium für Wirtschaft, 53107 Bonn.

Henssen, Hermann, Dr. rer. nat.: Studium der Physik in Köln und Urbana (Ill.); Hauptabteilungsleiter bei Interatom (Siemens/KWU) zuständig für Kernauslegung und Datenverarbeitung, seit 1991 im Ruhestand; Vorsitzender der Arbeitsgruppe „Strategien" des Forums für Zukunftsenergien e.V., Bonn; Mitglied des Arbeitskreises Energie der Deutschen Physikalischen Gesellschaft. *Anschrift*: Untergründemich 4, 51491 Overath.

Horlacher, Hans-Burkhard, Prof. Dr.-Ing. habil.: Studium des Bauingenieurwesens an der Universität Stuttgart; mehrere Jahre Tätigkeit in verschiedenen Baufirmen und Ingenieurbüros; Promotion und Habilitation am Institut für Wasserbau der Universität Stuttgart; seit 1993 Professur für Konstruktiven Wasserbau, TU Dresden; Direktor des Institutes für Wasserbau und Technische Hydromechanik; Arbeitsgebiete: Energiewasserbau, Stauanlagen, Strömungsberechnung für Rohrleitungssysteme, Bemessungsgrundlagen für Wasserbauwerke, Umweltschutz. *Anschrift*: TU Dresden, Institut für Wasserbau und THM, 01062 Dresden; e-mail: hb_hor@bbbrs5.bau.tu-dresden.de.

Kaltschmitt, Martin, Dr.-Ing.: 1981-1986 Studium an der Technischen Universität Clausthal; 1986-1990 Doktorand an der Universität Stuttgart; 1990 Promotion; 1991-1992 Post-Doc Stipendiat der DFG; 1992-1993 Leiter der Abteilung „Umwelt und Energie" beim Kuratorium für Technik und Bauwesen in der Landwirtschaft (KTBL), Darmstadt; seit 1993 Leiter der Abteilung „Neue Energietechnologien und Technikanalyse (NET)" am Institut für Energiewirtschaft und Rationelle Energieanwendung (IER), Universität Stuttgart. *Anschrift*: Institut für Energiewirtschaft und Rationelle Energieanwendung (IER), Universität Stuttgart, Heßbrühlstr. 49a, 70565 Stuttgart; Tel.: 0711/780-6116, Fax: 0711/780-3953.

Kleinkauf, Werner, Prof. Dr.-Ing.: Studium der Elektrotechnik an der TU Braunschweig, Schwerpunkt: Energie- und Regelungstechnik; von 1969-1972 Wissenschaftlicher Mitarbeiter am Institut für Energiewandlung und Elektrische Antriebe der Deutschen Forschungsanstalt für Luft- und Raumfahrt (DLR) in Braunschweig; danach bis 1976 Abteilungsleiter in diesem Institut und Wissenschaftlicher Leiter des gesamten DLR-Programms für Energieversorgung in Braunschweig und Stuttgart; 1974 Promotion zum Dr.-Ing. an der TU-Braunschweig im Institut für Regelungstechnik als externer Kandidat mit dem Thema „Energieaufbereitung für thermionische Generatoren", seit 1976 Hochschullehrer an der Universität Gh-Kassel mit einer Professur für Elektrische Energieversorgungssysteme mit den Arbeitsschwerpunkten: Leistungselektronik sowie Regelung und dynamisches Verhalten von elektrischen Energieversorgungssystemen; 1988 Gründung des hessischen Instituts für Solare Energieversorgungstechnik (ISET e.V.) mit derzeit 65

Mitarbeitern und gleichzeitig dessen Vorstandsvorsitzender. *Anschrift*: Institut für Solare Energieversorgungstechnik e.V., Königstor 59, 34119 Kassel; Tel.: 0561/7294-0, Fax: 0561/7294-100.

Krupp, Helmar, Dipl.-Physiker, Dr.-Ing. habil., apl. Professor: Industrietätigkeit; 1954-1971 Battelle-Institut Frankfurt am Main; Gründungsdirektor und Leiter des Fraunhofer-Instituts für Systemtechnik und Innovationsforschung in Karlsruhe; 1990-1992 Gastprofessor an der Universität von Tokio. *Anschrift*: Burgunderweg 7, 76356 Weingarten.

Lawitzka, Helmut, Dr.-Ing., Dipl.-Wirtsch.-Ing: Studium an der RWTH Aachen; Regierungsdirektor, Mitarbeiter im Referat 411 für Rationelle Energieanwendung des Bundesministeriums für Bildung, Wissenschaft, Forschung und Technologie (BMBF), dort zuständig für die Bereiche Fernwärme und Kraft-Wärme-Kopplung, Rationelle Energieanwendung in der Industrie sowie in Haushalt und Kleinverbrauch, Schwerpunkte hier die Förderkonzepte Solarthermie 2000, Solaroptimiertes Bauen sowie Fernwärme 2000. *Anschrift*: BMBF, Godesberger Allee 185-189, 53170 Bonn.

Lehmann, Harry, Dipl.-Physiker: Studium der Physik in Aachen; von 1978-1983 Tätigkeit am CERN in Genf; 1984-1991 Gründung und Leitung eines Ing. Büros für Systemanalyse im Energie- und Umweltbereich; seit 1985 Lehrauftrag an der Fachhochschule Jülich in den Fächern „Numerisches Verfahren in der Energie- und Umwelttechnik" und „Solararchitektur"; seit 1988 Mitglied des europäischen Vorstandes von EUROSOLAR; seit 1991 Leiter der Systemanalyse am Wuppertal Institut für Klima, Umwelt und Energie; seit 1994 Vorsitzender der Deutschen Sektion von EUROSOLAR; seit 1996 einer der Vorstandssprecher des „E5-European Business Council for a Sustainable Energy Future". *Anschrift*: Wuppertal Institut für Klima, Umwelt und Energie, Döppersberg 19, 42103 Wuppertal; e-mail: Harry.Lehmann@mail.wupperinst.org.

Linkohr, Rolf, Dr. rer. nat., Dipl.-Physiker, MdEP: Studium der Physik und der physikalischen Chemie an den Universitäten Stuttgart und München, Promotion über die Kinetik von Ionentauschern, Forschungstätigkeit bei der Automobil GmbH, Entwicklung von Traktionsbatterien für elektrische Straßenfahrzeuge; seit 1979 Mitglied des Europäischen Parlaments für die SPD; Schwerpunkte der politischen Arbeit: Energie- und Forschungspolitik, internationale Beziehungen, Technikfolgenabschätzung; Vorsitzender der Europäischen Energiestiftung, Brüssel/Straßburg. *Anschrift*: Europäisches Parlament, 97-113, Rue Belliard, B-1040 Brüssel, Belgien; Tel.: +32-2-284-5452 ** FAX: +32-2-284-9452.

Liptow, Holger, Dipl.-Ing.: Projektleiter der GTZ für Maßnahmen zur Umsetzung der Klimarahmenkonvention in Entwicklungsländern; deutscher Vertreter im Climate Change Forum (CC: FORUM) der Vertragsstaatenkonferenz zur Klimarahmenkonvention; seit 1982 als Fachplaner in der Abteilung Energie und Transport der GTZ zuständig für die Planung, Durchführung, Steuerung und Überwachung von Projekten der deutschen Technischen Zusammenarbeit mit den Schwerpunkten Energiepolitik und -planung sowie Nutzung von erneuerbaren Energiequellen in Afrika, Asien, Lateinamerika und dem Pazifik. *Anschrift*: Deutsche Gesellschaft für Technische Zusammenarbeit (GTZ) GmbH, Postfach 51 80, 65726 Eschborn.

Luhmann, Hans-Jochen, Dr. rer. pol., Dipl.-Volkswirt: Promotion zum Thema: „Energieeinsparung durch Verstärkung dezentraler Kapitalallokation. Wirtschaftspolitische Vorschläge zum Abbau von Wettbewerbsnachteilen für die Energieeinsparung im Bereich der Haushalte und Kleinverbraucher"; 1974-1980 Mitglied der Arbeitsgruppe

Umwelt, Gesellschaft, Energie (AUGE) an der Universität Essen, Wissenschaftlicher Assistent an der Universität Essen, Berater von Prof. Dr. K.M. Meyer-Abich im Rahmen dessen Tätigkeit in der Enquête-Kommission „Zukünftige Kernenergie-Politik" des Deutschen Bundestages; 1981-1983 Studienleiter beim Deutschen Evangelischen Kirchentag; 1984-1992 Fichtner Beratende Ingenieure, zuletzt Leiter der Fachabteilung „Ökonomie und Recht"; seit 1993 stellvertretender Direktor der Abteilung Klimapolitik des Wuppertal Institut für Klima, Umwelt, Energie GmbH; Mitglied des Beirats für den Beauftragten des Rates der Evangelischen Kirche Deutschland (EKD) für Umweltfragen sowie Beirat des Herausgebers der Zeitschrift „Ecological Budget Reform" (Kanada). *Anschrift*: Wuppertal Institut für Klima, Umwelt, Energie GmbH, Postfach 10 04 80, 42004 Wuppertal.

Luther, Joachim, Prof. Dr.: Promotion 1970 auf dem Gebiet der Atomphysik an der TU Hannover; 1970-1973 Wissenschaftlicher Assistent an der TU Hannover; 1974-1993 o. Prof. an der Universität Oldenburg; seit 1978 schwerpunktmäßig Arbeiten auf den Gebieten „solare Systemtheorie", „Energiemeteorologie" und „Windenergie"; Aufbau eines Dritte Welt-bezogenen Studienganges „Renewable Energies", 1993 Berufung an die Universität Freiburg, gleichzeitig Leiter des Fraunhofer-Institut für Solare Energiesysteme. *Anschrift*: Fraunhofer-Institut für Solare Energiesysteme, Oltmannsstr. 5, 79100 Freiburg.

Mabe, Jacob Emmanuel, Dr. Dr. phil, Dipl. sc.pol.: geb. 1959 in Mandoumba/Kamerun; Studium der Politikwissenschaft, Philosophie, Volkswirtschaftslehre und Völkerrecht in München; Doppelpromotion zum Dr. phil in Augsburg (Politikwissenschaft) und Ludwig-Maximilians-Universität München (Philosophie); freier Wissenschaftler und Lehrbeauftragter am Fachbereich Philosophie der Universität Frankfurt am Main; Arbeitsschwerpunkte: Internationale Energiepolitik, Nord-Süd-Beziehungen, politische Systemlehre, politische Philosophie, Kulturphilosophie, Erkenntnistheorie, systematische Philosophie, interkulturelle Philosophie, Transzendentalphilosophie. *Anschrift*: Erlenbacher Weg 4, 64658 Fürth/Odenwald.

Maurer, Andreas, Diplom-Politologe an der Universität Frankfurt am Main, Diplome d'Études Européennes Approfondies (Europa-Kolleg Brügge): Wissenschaftlicher Mitarbeiter am Institut für Europäische Politik, Bonn; Schwerpunkt der Tätigkeiten: Wandel europapolitischer Grundverständnisse, Europäisches Parlament und Interorganbeziehungen, Nationale Parlamente in der EU, Regierungskonferenz 1996, Umweltpolitik und Subsidiarität. *Anschrift*: Institut für Europäische Politik, Europa-Zentrum, Bachstraße 32, 53115 Bonn.

Mez, Lutz, Dr. rer. pol.: Studium der Politologie, Soziologie, Volkswirtschaftslehre und Skandinavistik in Berlin, Promotion 1976; Geschäftsführer der Forschungsstelle für Umweltpolitik, Fachbereich Politische Wissenschaft, Freie Universität Berlin; 1993-1994 Gastprofessor am Roskilde Universitätscenter, Dänemark, Department of Environment, Technology and Social Studies; seit 1989 Mitglied des Energiebeirats von Berlin; Arbeitsgebiet: Vergleichende Analyse der Energie- und Umweltpolitik. *Anschrift*: Forschungsstelle für Umweltpolitik, FU Berlin, Schwendenerstr. 53, 14195 Berlin; e-mail: umwelt1@zedat.fu-berlin.de

Michelsen, Gerd, Prof. Dr. rer. nat., Dr. phil. hab.: Studium der Volkswirtschaftslehre und Promotion an der Universität Freiburg i. Br.; Habilitation an der Universität Hannover, Venia Legendi für Erwachsenenbildung; Universitätsprofessor für Ökologie mit Schwerpunkt Umweltbildung und -beratung an der Universität Lüneburg; Gründungsmitglied und erster Geschäftsführer des Freiburger Öko-Instituts bis 1980; Leiter der Zentralen Einrichtung für Weiterbildung der Universität Hannover bis 1993; Verwaltung einer Professur bis 1995; seitdem Hochschullehrer an der Universität Lüneburg; Veröffentlichungen zur Umwelt-/Ökopolitik und Energiepolitik, zur Erwachsenenbildung und wissenschaftlichen Weiterbildung, Umweltbildung u.a.; Projektarbeiten: Umweltbildung und -beratung, allgemeine Erwachsenenbildung und wissenschaftliche Weiterbildung, Energiepolitik u.a. *Anschrift*: Am Burgberg 3, 30989 Gehrden.

Nahm, Werner, Prof. Dr.: Promotion 1972 im Fachbereich Physik der Universität Bonn; Forschung und Lehre am CERN (Genf), in Davis (Kalifornien) und Bonn; Mitarbeit am Bericht der Schweizerischen Naturforschenden Gesellschaft zur Sicherheit der nuklearen Energieerzeugung; seit 1981 Mitglied des Arbeitskreises Energie der DPG. *Anschrift*: Physikalisches Institut der Universität Bonn, Nußallee 12, 53115 Bonn.

Nitsch, Joachim, Dr.-Ing.: Studium des Maschinenbaus sowie der Luft- und Raumfahrttechnik in Stuttgart; 1971 Promotion an der RWTH Aachen; 1966-1974 Wissenschaftlicher Mitarbeiter am Institut für Chemische Raketenantriebe der Thermodynamik der DLR in Lampolshausen bei Heilbronn; seit 1975 am Institut für Technische Thermodynamik der DLR in Stuttgart, Abteilungsleiter „Systemanalyse und Technikbewertung“; Mitglied des Vorstands von Eurosolar; zahlreiche Veröffentlichungen zu neuen Energiesystemen mit den Schwerpunkten rationelle Energienutzung und erneuerbare Energiequellen. *Anschrift*: Deutsche Forschungsanstalt für Luft- und Raumfahrt, Institut für Technische Thermodynamik, Pfaffenwaldring 38-40, 70569 Stuttgart.

Nottarp, Daniel, Dipl.-Ing.: Studium der Philosophie und der Elektrischen Energietechnik in Marburg, Rüsselsheim und Berlin; Schwerpunkte der Tätigkeiten: Beratung und Planung zur energieeffizienten Steuerung von elektrischen Antrieben und Anlagen, Erstellung von leicht verständlichen Bedienungsanleitungen, Beratung zur Technikfolgenabschätzung. *Anschrift*: Frhr.-vom Stein Str. 31, 65812 Bad Soden/Ts.

Owsianowski, Rolf-p., Dipl.-Ing. Chemie: 1964-1970 Studium der Chemie an der TU-Berlin; 1970-75 Assistent am FB Chemie der TUB; 1975-1979 Mitarbeiter bei der IPAT-TU-Berlin (Interdisziplinäre Projektgruppe für Angepaßte Technologie); 1979 Eintritt in die GTZ, dort GATE (German Appropriate Technology Exchange); 1979-1982 Projektsprecher in der GTZ, Projekte im Energiebereich, Technologie-Transfer, angepaßte Technologie, Umweltschutz; 1982-1985 Berater bei CRES der CEAO (Westafrikanische Wirtschaftsgemeinschaft) in Bamako (Mali); 1985-1988 Inlandsmitarbeiter der GTZ (Fachübergreifende Konzeptionen); 1988-1994 Ansprechpartner der GTZ beim SEP-Marokko in Marrakesch; ab 1994 Fachplaner in der OE 411 mit Projekten in Algerien, Argentinien, Brasilien, Chile, Guinea, Jordanien, Marokko, Mexiko, Syrien, Thailand. *Anschrift*: Deutsche Gesellschaft für Technische Zusammenarbeit (GTZ) GmbH, OE 411, Postfach 5180, 65726 Eschborn, FAX: 06196-79-1366 und Franz-Dietz-Str. 9, 61440 Oberursel.

Palinkas, Peter, Dr., Dipl.-Volkswirt: Studium der Volkswirtschaft und Promotion im Fachbereich Wirtschaftswissenschaften; 1978-1981 Tätigkeit als wissenschaftlicher Assistent am HWWA-Institut für Wirtschaftsforschung in Hamburg; seit 1981 Beamter im Europäischen Parlament (Luxemburg); z.Z. innerhalb einer Stabsabteilung für Wirtschaftsfragen verantwortlich für Fragen des EU-Binnenmarktes und speziell für Fragen der Energie- und Forschungspolitik der Gemeinschaft. *Anschrift*: Europäisches Parlament, Directorate General for Research, Internal Market, Schuman 6/81, L-2929 Luxemburg.

Sandtner, Walter, Dr. jur.: Ministerialrat; Leiter des Referats „Erneuerbare Energien“ im Bundesministerium für Bildung, Wissenschaft, Forschung und Technologie (BMBF), Bonn; Studium der Rechtswissenschaften an der Universität München, an der École Nationale d'Administration (ENA) in Paris und an der Harvard University; von 1974-1981 zuständig für europäische Forschungsorganisationen; von 1981-1986 Wissenschaftsattaché an der EU-Vertretung in Brüssel. *Anschrift*: BMBF, Godesberger Allee 185-189, 53170 Bonn.

Sanner, Burkhard, Dr.: 1981-1985 Wissenschaftlicher Mitarbeiter am Geologisch-Paläontologischen Institut der Universität Gießen; 1985-1989 Projektleiter Forschung geothermische Energie bei der Helmut Hund GmbH, Wetzlar; seit 1990 Wissenschaftlicher Mitarbeiter am Institut für Angewandte Geowissenschaften der Universität Gießen; Mitglied der Deutschen Geologischen Gesellschaft, der European Union of Geosciences, der Schweizerischen Vereinigung für Geothermie u.a.; stellvertretender Vorsitzender der Geothermischen Vereinigung; stellvertretender Obmann des VDI-Richtlinienausschusses VDI 4640 „Thermische Nutzung des Untergrundes"; seit 1986 in verschiedenen Programmen der Internationalen Energie-Agentur (IEA) in Paris aktiv; z.Z. in Annex 8 „Underground Thermal Energy Storage" des IEA-Energiespeicherprogramms. *Anschrift*: Institut für Angewandte Geowissenschaften der Justus-Liebig-Universität Gießen, Diezstraße 15, 35390 Gießen; Tel.: 0641/702 86000.

Schaumann, Peter, Dipl.-Ing.: Gruppenleiter am Institut für Energiewirtschaft und Rationelle Energieanwendung (IER) der Universität Stuttgart; 1989 Diplom im Fachbereich Energietechnik über die „Berechnung der Auswirkungen von ausgewählten Instrumenten zur Durchsetzung umweltpolitischer Ziele"; seit 1989 Wissenschaftlicher Mitarbeiter am Institut für Energiewirtschaft und Rationelle Energieanwendung; seit 1993 Gruppenleiter des Optimierungsforums am IER; von 1987-1988 Arbeitsaufenthalt am Department of Nuclear and Energy Engineering der University of Arizona (USA); seit 1994 beratender Teilnehmer des Energy Technology Systems Analysis Programme (ETSAP) der International Energy Agency (IEA); Arbeitsschwerpunkte: technisch-ökonomisch-ökologische Analysen und Bewertung von Energietechniken und Energiesystemen, Erstellung und Anwendung systemtechnischer Modelle, Systemanalysen zur Entwicklung der Energieversorgung. *Anschrift*: IER, Heßbrühlstraße 49a, 70565 Stuttgart

Schreiber, Michael, Dipl.-Wirtsch.-Ing.: 1979-1985 Studium an der Universität/TU Hamburg im Fachbereich Wirtschaftsingenieurwesen; 1985-1991 nach Labortätigkeit Projekt-Ingenieur im Bereich Planung/Projektierung für Technische Gebäudeausrüstung bei Heinrich Nickel GmbH in Betzdorf/Sieg; 1988-1991 parallel zur Berufstätigkeit Teilnahme am Weiterbildungsprogramm Energie-Beratung/Energie-Management an der Technischen Universität Berlin; seit 1992 bei LTG Energie-Management Frankfurt am Main verantwortlich für die Entwicklung und Durchführung von Projekten zum Energie-Management über Drittfinanzierung. *Anschrift*: LTG Energie-Management Niederlassung Frankfurt, Am Seedamm 44, 60489 Frankfurt.

Sieferle, Rolf Peter, Prof. Dr.: Apl. Professor für Neuere Geschichte an der Universität Mannheim; Lehrbeauftragter für Umweltgeschichte an der ETH Zürich; Privatgelehrter und freier Publizist; zahlreiche Veröffentlichungen zur Ideengeschichte von Natur und Technik sowie zur Umweltgeschichte. *Anschrift*: Bergstraße 59, 69120 Heidelberg.

Staiß, Frithjof, Dipl.-Wirtsch.-Ing.: Leiter des Fachbereichs „Systemanalyse" im Zentrum für Sonnenenergie- und Wasserstoff-Forschung Baden-Württemberg (ZSW); seit mehr als zehn Jahren Beschäftigung mit der technisch-wirtschaftlichen Bewertung und der Entwicklung von Ausbaustrategien für erneuerbare Energiequellen mit dem Schwerpunkt Analyse solarer Kraftwerke. *Anschrift*: ZSW, Heßbrühlstraße 21c, 70565 Stuttgart.

Truffer, Bernhard, Dr. rer. nat.: 1993 Promotion an der Universität Fribourg (CH); seither Wissenschaftlicher Mitarbeiter an der Abteilung für Humanökologie der EAWAG (Eidgenössische Anstalt für Wasserversorgung, Abwasserreinigung und Gewässerschutz); Interessenschwerpunkte: Sozio-technische Innovationen im Umweltbereich, Techniksoziologie, Innovationsökonomie. *Anschrift*: Humanökologie-EAWAG, Überlandstraße 133, CH-8600 Dübendorf.

Voß, Alfred, Prof. Dr.-Ing.: Institutsleiter am Institut für Energiewirtschaft und Rationelle Energieanwendung (IER) der Universität Stuttgart; 1973 Promotion an der Technischen Hochschule Aachen; von 1976-1977 Arbeitsaufenthalt am International Institute for Applied Systems Analysis (IIASA), Laxenburg bei Wien; von 1977-1982 Leiter der Programmgruppe „Systemforschung und Technologische Entwicklung" der KFA Jülich; von 1983-1989 Institutsleiter am Institut für Kernenergetik und Energiesysteme (IKE) der Universität Stuttgart; von 1991-1994 Mitglied der Enquête-Kommission „Schutz der Erdatmosphäre" des 12. Deutschen Bundestages; Mitglied des wissenschaftlichen Beirats der Fachzeitschrift „Elektrizitätswirtschaft"; Mitherausgeber der Buchreihe „Interdisciplinary Systems Research"; Mitglied des Vereins Deutscher Ingenieure (VDI), der Kerntechnischen Gesellschaft (KTG), der Gesellschaft für Energiewirtschaft und Energiepolitik (GEE) und des Forums für Zukunftsenergien e.V. *Anschrift*: IER, Pfaffenwaldring 31, 70569 Stuttgart.

Walz, Rainer, Dr.: Studium und Promotion in Volkswirtschaftslehre an der Universität Freiburg; Wissenschaftlicher Mitarbeiter an der University of Wisconsin 1987/88 und der Enquête-Kommission „Vorsorge zum Schutz der Erdatmosphäre" des Deutschen Bundestages 1989/90; seit 1991 am Fraunhofer-Institut für Systemtechnik und Innovationsforschung (FhG-ISI), seit 1996 stellvertretender Leiter der Abteilung Umwelttechnik und Umweltökonomie; Forschungsgebiete: gesamtwirtschaftliche Effekte von Umweltschutzmaßnahmen, Energie- und Klimapolitik sowie Sustainable Development; Mitglied im Expert Review Team des Intergovernmental Panel on Climate Change (IPCC) und im Arbeitskreis Ökologische Bewertung der Society for Environmental Toxicology and Chemistry (SETAC); Lehrbeauftragter für Umweltökonomik an der Universität Freiburg; Friedrich-August-von Hayek Preisträger 1993. *Anschrift*: Fraunhofer-Institut für Systemtechnik und Innovationsforschung (ISI), Breslauer Straße 48, 76139 Karlsruhe.

Wettling, Wolfram, Prof. Dr.: Promotion 1968 im Fachbereich Physik an der Universität Freiburg; 1968-1970 post doc. an der TU Kopenhagen; 1970-1988 am Fraunhofer-Institut für Angewandte Physik in Freiburg; 1975 Habilitation im Fachbereich Physik an der Universität Konstanz; 1982 apl. Professor für Physik an der Universität Konstanz; seit 1990 apl. Professor an der Universität Freiburg; seit 1988 Leiter der Abteilung Solarzellentechnologie am Fraunhofer-Institut für Solare Energiesysteme. *Anschrift*: Fraunhofer-Institut für Solare Energiesysteme, Oltmannsstr. 22, 79100 Freiburg.

Wiese, Andreas, Dr.-Ing.: 1985-1990 Studium des Maschinenbaus an der Technischen Hochschule Darmstadt; 1991-1994 Doktorand an der Universität Stuttgart; 1994 Promotion am Institut für Energiewirtschaft und Rationelle Energieanwendung (IER) auf dem Arbeitsgebiet „Simulation Regenerativer Energien"; 1994-1995 Wissenschaftlicher Mitarbeiter am IER; seit 1995 Mitarbeiter bei Lahmeyer International in Frankfurt am Main, dort als Projektleiter verantwortlich für die Erstellung von Energiekonzepten sowie für den Arbeitsbereich Erneuerbare Energien. *Anschrift*: Lahmeyer International GmbH, Lyonerstr. 22, 60528 Frankfurt am Main; Tel.: 069/6677-116, Fax: 069/6677-665.

Winter, Carl-Jochen, Prof. Dr.-Ing.: 1958 Diplom Maschinenbau und 1966 Promotion an der TH Darmstadt; 1958-1966 Wissenschaftlicher Mitarbeiter und Assistent am Lehrstuhl für Thermische Turbomaschinen, TH Darmstadt; 1966-1972 Versuchsleiter/Unternehmensbereichsleiter Dornier GmbH; 1972-1976 Geschäftsführer/Prokurist zweier mittelständischer Firmen in Bayern und in Berlin, Optische Meßtechnik, Metallische Werkstoffe; seit 1981 Vorlesungen über nicht-konventionelle Energiesysteme, energierohstofflose Energieversorgung und seit 1983 Honorarprofessor an der Universität Stuttgart; 1976-1991 Vorstandsmitglied Deutsche Forschungsgemeinschaft für Luft- und Raumfahrt, Leiter der Forschungsbereiche Energetik sowie Werkstoffe und Bauweisen, Leiter des Forschungszentrums Stuttgart; 1988-1992 Vorstandsmitglied des Zentrums für Sonnenenergie- und Wasserstoff-Forschung Baden-Württemberg; seit 1989 Stellv. Vorstandsvorsitzender des Forums für Zukunftsenergien; seit 1990 Geschäftsführender Gesellschafter der ENERGON Carl-Jochen Winter GmbH, Überlingen; 1991-1994 Mitglied der Enquête-Kommission „Schutz der Erdatmosphäre" des 12. Deutschen Bundestages. *Anschrift*: Obere St.-Leonhardstraße 9, 88662 Überlingen; Tel./Fax: 07551/68124.

Wittwer, Volker, Dr.: 1974 Promotion im Fachbereich Festkörperphysik an der TU München; ab 1974 Wissenschaftlicher Mitarbeiter im Bereich Displayphysik am Fraunhofer-Institut für Angewandte Festkörperphysik in Freiburg; seit 1981 Abteilungsleiter für thermische und optische Systeme am neu gegründeten Fraunhofer-Institut für Solare Energiesysteme in Freiburg; 1993 Habilitation im Fachgebiet „Angewandte Physik" im Fachbereich Physik der Universität Oldenburg. *Anschrift*: Fraunhofer-Institut für Solare Energiesysteme, Oltmannsstr. 5, 79100 Freiburg.

Wohlmuth, Karl, Prof. Dr.: Studium der Wirtschaftswissenschaften in Wien; wissenschaftliche Tätigkeit an den Universitäten in Linz, Österreich und an der Freien Universität Berlin; seit 1971 Professor für den Vergleich ökonomischer Systeme in Bremen; Entwicklungsländerforschung, insbesondere Afrikaforschung; Leiter des Forschungsprojektes „Energie & Entwicklung"; Tätigkeiten für internationale Organisationen der Entwicklungszusammenarbeit; Herausgeber des African Development Perspectives Yearbook. *Anschrift*: Universität Bremen, Fachbereich Wirtschaftswissenschaften, Institut für Weltwirtschaft und Internationales Management, Postfach 330 440, 28334 Bremen; Tel.: 0421/218-3074, Fax: 0421/218-4550.

Zum Herausgeber

Brauch, Hans Günter (geb. 1.6.1947), Dr. phil.: 1995-1996 Vertreter einer Professur für Internationale Wirtschaftsbeziehungen an der Universität Leipzig; von 1989-1992 und 1994-1995 Vertretungsprofessor an der Johann Wolfgang Goethe-Universität Frankfurt am Main sowie von 1993-1994 Lehrstuhlvertreter an der PH Erfurt-Mühlhausen. Von 1976-1989 Wissenschaftlicher Mitarbeiter an den Universitäten Heidelberg und Stuttgart, Research Fellow an der Harvard und Stanford University und Lehrbeauftragter für Politikwissenschaft an den Universitäten Darmstadt, Tübingen, Stuttgart und Heidelberg. Studium der Politischen Wissenschaft, Neueren Geschichte, des Völkerrechts und der Anglistik an den Universitäten Heidelberg und London; 1976 Promotion an der Universität Heidelberg.

Seit 1987 Vorsitzender der AG Friedensforschung und Europäische Sicherheitspolitik (AFES-PRESS), Mitglied des Council der International Peace Research Association (1992-1996) und des Board of Editors des UNESCO Yearbook on Peace and Conflict Studies (1990-), Mitglied des Institute for Strategic Studies, der Pugwash Movement for Science and World Affairs und der International Studies Association, seit 1994 des Forums für Zukunftsenergien und von Eurosolar, 1996 Gründungsmitglied von Strademed (Toulouse). Herausgeber von drei wissenschaftlichen Reihen: *Rüstungskontrolle aktuell, Militärpolitik und Rüstungsbegrenzung* (10 Bände), ab Bd. 11: *Frieden - Sicherheit - Umwelt* und *AFES-PRESS Report*. *Anschrift*: Alte Bergsteige 47, 74821 Mosbach.

Buchveröffentlichungen:

Englische Bücher: (Hrsg. mit D.L. Clark): Decisionmaking for Arms Limitation - Assessments and Prospects (1983); (Hrsg.) Star Wars and European Defence - Implications for Europe: Perceptions and Assessments (1987); (mit R. Bulkeley): The Anti-Ballistic Missile Treaty and World Security (1988); (Hrsg.): Military Technology, Armaments Dynamics and Disarmament (1989); (Hrsg. mit R. Kennedy): Alternative Conventional Defense Postures in the European Theater Bd. 1: The Military Balance and Domestic Constraints (1990); Bd. 2: Political Change in Europe: Military Strategy and Technology (1992); Bd. 3: Military Alternatives for Europe after the Cold War (1993); (Hrsg. mit H.J. v.d. Graaf, J. Grin und W. Smit): Controlling the Development and Spread of Military Technology (1992).

Deutsche Bücher: Struktureller Wandel und Rüstungspolitik der USA (1940-1950), (1977); Entwicklungen und Ergebnisse der Friedensforschung (1969-1978), (1979); Abrüstungsamt oder Ministerium? Ausländische Modelle der Abrüstungsplanung (1981); Der Chemische Alptraum oder gibt es einen C-Waffen-Krieg in Europa? (1982); (mit A. Schrempf): Giftgas in der Bundesrepublik (1982); Die Raketen kommen! (1983); Perspektiven einer Europäischen Friedensordnung (1983); (Hrsg.): Kernwaffen und Rüstungskontrolle (1984); (Hrsg.): Sicherheitspolitik am Ende? (1984); Angriff aus dem All. Der Rüstungswettlauf im Weltraum (1984); (Hrsg. mit R.D. Müller): Chemische Kriegführung und chemische Abrüstung (1985); (Hrsg.): Vertrauensbildende Maßnahmen und Europäische Abrüstungskonferenz (1986); (mit R. Fischbach): Militärische Nutzung des Weltraums - Eine Bibliographie (1988); (Hrsg.): Klimapolitik (1996); (mit J. Grin, H. v. de Graaf, W. Smit): Institutionen, Verfahren und Instrumente einer präventiven Rüstungskontrollpolitik (1997).

Personen- und Sachverzeichnis

Druck: Saladruck, Berlin
Verarbeitung: Buchbinderei Lüderitz & Bauer, Berlin